# 프랑스 요리의 기술

Mastering the Art of
French Cooking

# Mastering the Art of French Cooking

## 프랑스 요리의 기술

## Cooking

### 줄리아 차일드

## Julia Child

## Simone Beck
## Louisette Bertholle

### 시몬 베크, 루이제트 베르톨

시도니 코린 그림　김현희, 마효주 옮김

먹거리를 향한 넘치는 애정과 창의성으로
오랜 세월에 걸쳐 세계에서 손꼽히는 요리를 창조해낸
농부, 어부, 주부와 귀족, 그리고 요리사 들이 있는
아름다운 프랑스에 이 책을 바칩니다.

# 출간 40주년 기념판 발간에 부쳐

## 줄리아 차일드

이 책이 처음 출간된 40년 전, 미국 음식은 어땠을까요? 현재를 사는 것이 매우 중요한 저에게 그 시절을 기억하기란 무척 어렵습니다. 저는 캘리포니아주 남부에 있는 풍족한 가정에서 자랐습니다. 어머니가 매사추세츠주 출신이었기 때문에 가족의 뿌리는 뉴잉글랜드 문화에 닿아 있었죠. 집의 상차림은 1910~1920년대의 와스프(WASP), 즉 전형적인 백인 중산층 방식을 따랐습니다. 12~14명의 대가족이 둘러앉은 일요일 점심때는 전통적인 큼직한 프라임 립 로스트를 먹는 식이었어요. 소고기 대신 잘 숙성된 커다란 양 넓적다리를 먹을 때도 있었는데, 이때 양고기는 언제나 회색이었고, 선홍색인 레어 상태였던 적은 한 번도 없었습니다. 여기에 곁들이는 차림도 항상 그레이비와 민트 소스였고요. 때로는 살진 로스트 치킨과 크림에 조린 양파, 매시트포테이토를 먹기도 했습니다. 늘 육식에 열광해온 제 기억에 특별히 남는 것은 립 로스트 외에도 살코기와 지방이 잘 마블링된 커다란 포터하우스 스테이크 같은 소고기 요리입니다. 그 시절 소고기는 특유의 육향이 진했고 육즙도 풍부했죠. 물론 지방 함량이 아닌 고기 자체의 품질을 중시하던 행복한 시대였기 때문에 가능했던 이야기랍니다. 저희 집에서 요리란 언제나 단순하고 정직한 것이었고, 캘리포니아주라는 지리적 이점 덕에 신선한 과일과 채소를 늘 풍족하게 먹을 수 있었어요.

조금 더 자세히 얘기하자면 아스픽(aspic)이 기억납니다. 신선한 토마토로 맛을 낸 소고기 콩소메(consommé)에 휘핑한 크림을 살짝 올린 젤리 형태의 마드릴렌(madrilène)은 그 시절 제가 가장 좋아했던 고급 수프였습니다. 당시는 사워크

7

림이 등장하기 이전이라 휘핑크림을 썼습니다. 또 여자들끼리 오찬 모임을 즐길 때 수프에 멜바 토스트를 곁들이는 것이 기본이었습니다. 그때는 살림을 하는 전업주부들이 많았고, 그래서 시간 여유가 있었죠. 그런 자리에는 세심하게 구성된 코스 메뉴가 나왔는데, 종종 커다란 고리 모양 틀에 넣어 굳힌 토마토 아스픽이 나오곤 했습니다. 아스픽 한가운데에는 닭고기나 게살, 바닷가재살을 넣은 샐러드가 소복하게 담겨 있었죠.

1950년대 여자들의 점심 풍경 가운데 지금까지 생생하게 기억나는 날이 있습니다. 그날 모임을 주최한 분은 우리를 멋지게 꾸며진 식탁으로 안내했어요. 정해진 자리에 앉은 우리 앞에는, 예쁜 도자기 접시에 아스픽이 담겨 있었습니다. 우뚝 솟은 모습이 얼핏 남근을 연상시키는 그 아스픽 속에는 주사위 모양으로 썬 청포도와 마시멜로, 바나나가 굳어 있었고, 주위로는 휘핑한 흰 크림이 보기 좋게 듬뿍 뿌려져 있었죠. 이처럼 정성스럽게 꾸며진 아스픽 아래에는 상추 여러 장을 받쳤는데, 그 상추 아래에 무언가를 숨기기에는 크기가 너무 작았습니다. 이후 메인 코스가 끝나고 손님들의 환호 속에 위풍당당하게 모습을 드러낸 것은 어마어마하게 큰 코코넛 케이크였습니다. 시판 케이크 믹스를 사용한 것이 틀림없었음에도 대단히 공을 들여 모양을 낸 케이크였죠. 이것이야말로 손님을 후하게 접대하려고 정성을 다해 준비한, 그 시절의 전형적인 식사 풍경이었습니다.

남편 폴과 결혼한 1940년대 중반만 해도, 저는 부엌에서 음식을 만들어본 경험이 거의 없었습니다. 하지만 시어머니가 워낙 훌륭한 요리 솜씨를 갖춘 분이고 남편도 프랑스에 살아본 경험이 있었던 덕에, 저 역시 잡지 〈구르메(Gourmet)〉와 〈요리의 즐거움(Joy of Cooking)〉을 길잡이 삼아 요리에 진지하게 관심을 두기 시작했죠. 처음에는 저녁 한 끼를 차려내는 데 몇 시간씩 걸렸지만, 남편은 계속 저를 응원했습니다. 그러다 결혼 후 1년쯤 지났을 때, 남편이 파리 주재 미국 대사관에서 일하게 되었어요.

꿈을 이룬 듯했습니다. 저는 예전부터 항상 프랑스라는 나라에 대해 알고 싶었고, 무일푼 청년 시절에 프랑스에서 살아본 경험이 있던 남편 또한 그곳으로 다시 돌아가기를 꿈꿨거든요. 남편은 언어적 재능이 뛰어나서 프랑스어를 멋지게 구사했습니다. 반면 저는 학창 시절 내내 프랑스어 수업을 들었는데 실제로 쓰이는 말은 거의 들을 기회가 없이 모든 동사의 변화형만 달달 외는, 실생활에서 전혀 쓸모없는 옛날 교육법으로 배웠었죠. 그래서 결국 프랑스어를 말할 수도, 알아들을 수도 없었습니다. 저희 부부는 운 좋게도 루이 14세 시대 양식으로 지어진 멋진 건물 꼭대기 층에 집을 얻었습니다. 새로운 환경에 어느 정도 적응이 끝나자마자, 저는 르 코르동 블루(le Cordon Bleu)에 등록했어요. 벌리츠(Berlitz) 어학원과 남편의 도움도 있었지만, 특히 당시에는 모든 수업을 프랑스어로 진행했던 르 코르동 블루에 다니면서 저의 프랑스어 회화 실력은 조금씩 나아졌습니다.

미국인이든 프랑스인이든 제 주변 사람들 가운데 프랑스 요리에 관심이 있는 이는 단 한 명도 없는 듯했어요. 미국인 동료들에게는 모두 집안일과 쇼핑, 요리를 대신하는 팜 드 메나주(femme de ménage, 가정부)가 있었죠. 그래서 요리와 장보기(정말 재미있는 일인데!)는 물론 손님 접대도 직접 하는 제가 좀 이상한 사람으로 취급되었어요. 그러던 어느 날, 대사관에서 일하는 한 친구에게 시몬 베크 피슈바셰라는 프랑스 여성을 소개받았습니다. 훌쩍 큰 키와 멋진 금발, 쾌활한 성격이 인상적인 심카(시몬의 애칭)는 어릴 때부터 집에서 좋은 음식을 먹고 자랐고, 그래서인지 요리에 관심이 많아서 르 코르동 블루의 대표 셰프인 앙리 펠라프라의 수업도 많이 들었다고 했어요. 우리는 만나자마자 서로에게 호감을 느꼈죠. 심카는 저를 프랑스 여성들의 미식 동아리인 '르 세르클 데 구르메트(Le Cercle des Gourmettes)'에 데려갔습니다. 이곳 회원들은 한 달에 두 번씩 화요일에 어느 전자제품 회사 주방에서 함께 점심을 만들어 먹었어요.

대부분 60~70대인 동아리 회원들은 오직 오찬을 먹기 위해서 그 자리에 모였죠. 심카의 친구이자 동료인 루이제트 베르톨 역시 그곳 회원이었습니다. 우리 세 사람은 셰프와 함께 일하고 싶어서 보통 아침 9시에 일찌감치 갔습니다. 그리고 셰프를 도와 스터핑을 채운 꿩고기나 클래식한 와인 소스를 곁들인 익힌 굴, 틀에 넣어 만든 예쁜 디저트 같은 놀랍도록 정교한 요리를 준비했어요. 철저히 프랑스적인 환경에서 부유한 프랑스인들을 위한 가장 세련된 요리를 만드는 과정을 직접 지켜보고 참여할 수 있다는 점에서 그 시간은 외국인인 저에게 엄청난 기회였죠. 그들과 함께 파리에서 보냈던 몇 년간 저는 매우 귀중한 경험과 지식을 쌓을 수 있었습니다.

이 기간에 몇몇 미국인 친구들은 저와 루이제트, 심카에게 요리 수업을 부탁했어요. 그들은 감자 삶는 법 같은 가정식부터 파테 앙 크루트에 이르기까지 기본적인 프랑스 요리를 배우고 싶어했습니다. 미국인 친구들이 요리 학교 대신 우리를 선택한 것은 물론 프랑스어를 하지 못하기 때문이었어요. 매사에 열정이 넘치는 심카는 기꺼이 동의했죠. 그리하여 1950년에 '레콜 데 트루아 구르망드(*L'École des 3 Gourmandes*, 식도락가 세 사람이 세운 학교)'가 문을 열었습니다. 우리는 직접 수업을 진행하면서도 때때로 제가 가장 좋아하는 르 코르동 블루의 셰프인 막스 뷔냐르에게 전문적인 도움을 구하기도 했어요.

뷔냐르 셰프는 자신의 가족이 운영하는 레스토랑 주방의 견습생으로 업계에 첫발을 내디뎠습니다. 이후 파리에서 전형적인 여러 단계를 두루 거치며 경력을 쌓았죠. 그중에는 그 시절 대서양을 가로지르던 호화로운 기선과 런던 리츠 호텔도 있었는데, 리츠에서는 프랑스 요리의 거장 에스코피에 밑에서 잠시 일한 적도 있었습니다. 제2차 세계대전이 발발하기 전, 뷔냐르 셰프는 브뤼셀에서 자신의 레스토랑인 '르 프티 바텔'을 열었지만 전쟁이 일어나면서 독일군의 점령을 피해 도망쳐야 했습니다. 제가 그의 제자가 되었을 때는 업계에서 이미 물러나 요리를 가르치는 일에만 전념하던 시기였어요.

우리는 르 코르동 블루를 다시 찾아가 훌륭한 제과장이자 교수인 클로드 틸몽에게 도움을 청했습니다. 젊은 시절 틸몽 셰프는 '카페 드 파리'의 파티시에였습니다. 당시 그는 프랑스 가정식에 관한 대표적인 요리책인 《마담 E. 생탕주의 요리책(*Le Livre de Cuisine de Mme. E. Saint-Ange*, 1927)》을 저자와 함께 작업하기도 했습니다.

여러분은 우리의 변변찮은 요리 수업에 어떻게 이처럼 훌륭한 강사들을 모실 수 있었는지 궁금할 거예요. 전통 있는 요리 학교의 셰프들은 만년에 강의 요청을 반기는 편입니다. 제자들에게 존경받으면서 우아한 환경에서 일할 수 있고, 보수 또한 레스토랑에서 받게 될 액수보다 훨씬 많기 때문이죠. 우리 세 사람도 이 같은 제자들의 원조를 받았는데, 결코 나쁘지 않았습니다!

저를 만나기 전부터 심카와 루이제트는 미국인을 위한 프랑스 요리책을 집필해왔습니다. 그들에게는 미국인 공동저자가 필요했고, 저는 기꺼이 작업에 함께하기로 했죠. 우리는 요리 수업을 위해 모든 레시피를 직접 써야 해서 책의 기초도 서서히 잡혔어요. 특히 수업에서 만들었던 모든 요리에 상세한 설명을 붙이고, 어떤 재료를 다루는 방식과 그 이유, 기본적인 조리 기술에 대해서도 자세하고 조리 있게 전하고 싶었습니다. 우리 책의 전반적인 목표는 프랑스 요리에 덧씌워진 신비감을 벗겨내고 독자들에게 프랑스 요리가 무엇인지 알리는 것이었습니다. 책을 집필하는 동안 우리 부부는 파리에서 마르세유로, 다시 독일로 거처를 옮겨야 했죠. 마지막 발령지는 노르웨이였고, 그곳에서 남편은 마침내 외교관 일을 그만두었습니다. 이후 우리는 매사추세츠주 케임브리지에 있는 오래된 3층 회색 널벽집에 완전히 정착했어요.

드디어 우리의 책이 세상에 나왔을 때, 미국 대통령은 J. F. 케네디였습니다. 당시 뉴스에는 케네디 가족이 백악관에서 어떻게 살고, 무엇을 먹는지를 비롯한 일거수일투족이 화제였어요. 백악관에는 르네 베르동이라는 재능 있는 프랑스 셰프가 있었고, 그가 준비한 호화로운 저녁 식탁에 관한 기사가 자주 언론을 장식했죠. 1961년부터 미국인들은 무리를 지어 유럽으로 향했어요. 배를 타면 일주일 가까이 걸리던 여정이 비행기로 단 몇 시간이면 도착할 수 있게 된 덕분이었죠. 사람들은 다소 모험적인 음식에 흥미를 느꼈고, 그러한 요리를 가정에서 먹는 것에 자부심을 느끼기 시작했습니다.

심카가 책의 출간을 돕기 위해 파리에서 날아왔는데, 그녀에게는 생애 첫 미국 방문이었습니다. 심카는 감미로운 프랑스 억양이 섞인 영어를 구사했고, 모든 면에서 다분히 프랑스인답게 느껴졌어요. 실제로 남편과 나는 그녀를 '라 쉬페르 프랑세즈(*La Super Française*, 우수한 프랑스 여성)'라고 불렀습니다. 심카는 책이 출간되기 몇 년 전부터 파리에서 요리 수업을 진행했던 터라 미국의 여러 도시에 친구와 제자 들이 있었어요. 각 도시를 돌며 직접 책을 홍보하자고 제안한 것도 심카였죠. 당시 북 투어(book tour)는 유명 저자들에게도 참신한 생각이었으니 기껏 첫 요리책을 펴낸 우리로서는 당연히 매우 낯설게 느껴지는 일이었습니다. 그때 어떻게 그처럼 대담할 수 있었는지 모르겠지만 어쨌든, 심카와 나, 남편, 이렇게 우리 셋은 북 투어에 나섰어요. 출발 전 다른 도시에 사는 친구들에게 간다고 미리 알리고, 우리에게 기회를 줄 것을 부탁했습니다.

첫번째 목적지는 심카와 저 둘 다 친구가 있는 시카고였어요. 일반 가정집을 돌며 요리를 직접 만들어 보였고 〈시카고 트리뷴〉과 인터뷰도 했죠. 그 후에는 디트로이트로 향했고, 샌프란시스코에서는 한 대형 백화점의 요청으로 수많은 사람 앞에서 요리 시연을 했습니다. 백화점 대표의 아내는 충동적으로 마들렌 팬,

그러니까 마르셀 프루스트의 《잃어버린 시간을 찾아서》로 유명해진 조개 모양의 작은 프랑스 케이크를 구울 때 쓰는 틀을 12개나 샀지만, 그 자리에 있는 다른 사람들과 마찬가지로 마들렌이 익숙하지 않다고 했어요. 심카는 당연히 마들렌에 대해 잘 알고 있었죠. 그래서 우리는 요리 시연 중에 마들렌 수십 개를 만들어 객석에 나누어주었죠. 그날 그 백화점에서는 마들렌 팬을 재주문해야 할 만큼 불티나게 팔려나갔습니다.

저의 고향인 캘리포니아주 패서디나에서는 조리 시설이 전혀 갖추어져 있지 않은 어느 사설 클럽의 극장에서 시연했습니다. 우리는 휴대용 가스레인지와 쿡탑, 물을 퍼 나를 양동이, 시연을 위한 180센티미터의 긴 테이블을 어렵게 구해서 꽤 복잡한 메뉴를 성공적으로 만들어냈어요. 첫 요리는 당시에는 무척 이국적인 음식이었던 키슈 오 로크포르(205쪽)였죠. 그다음은 고리 모양의 틀에 구워내는 멋진 생선 무스인 무슬린 드 푸아송(661쪽)을 만들었고요. 마지막은 심카의 대표작이자 제가 가장 좋아하는 시바 여왕의 초콜릿 아몬드 케이크인 렌 드 사바(786쪽)였습니다. 지금 다시 생각해보면 그처럼 열악한 조건에서 어떻게 그렇게 세련된 음식들을 만들어낼 수 있었는지 놀랍기만 합니다.

오전 시간은 매우 빨리 흘러갔는데, 그도 그럴 것이 오후의 시연을 위한 연습을 반복해야 했습니다. 심카와 제가 무대에서 요리책에 사인하고 관객들을 응대하는 동안, 필요한 일에는 무조건 자진해서 나서는 남편은 혼자 남아서 끈적거리고 비린내가 나고 초콜릿으로 얼룩진 그릇들을 치웠죠. 설거지는 어디서 했을까요? 남편은 조그만 개수대와 세제가 놓인 작은 옷장 크기만 한 여자 화장실에서 온갖 접시며 조리 도구, 냄비 등을 닦았습니다. 전직 외교관이자 문화 담당관이었던 남편이 이처럼 아무런 불만 없이 적극적으로 우리를 후원했다는 데 지금도 종종 감탄이 나옵니다.

북 투어의 마지막 목적지는 뉴욕이었습니다. 당시 미국에서 가장 존경받는 유명한 프랑스 요리 선생이었던 디오니 루커스의 레스토랑에서 저녁식사를 하는 것으로 우리의 여행은 마무리되었죠. 북 투어 이전, 심카가 먼저 뉴욕을 찾았을 때 우리 책을 담당했던 크노프 출판사의 젊은 편집자 주디스 존스는 특별히 만나고 싶은 사람이 있는지 물었습니다. 저는 늘 제임스 비어드에 대해 알고 싶었고, 심카는 노르망디에서 친구로 지냈던 디오니 루커스를 만나고 싶어했습니다. 만남은 디오니의 레스토랑에서 이루어졌고, 그녀가 점심 메뉴인 유명한 오믈렛을 만드는 동안 우리는 카운터 맞은편에 앉아서 이야기를 건넸습니다. 디오니와 심카는 얼마 지나지 않아 노르망디 시절을 회상하며 활기찬 대화를 주고받았죠. 마침내 디오니가 심카에게 "너를 위한 디너파티를 열고 싶어!"라고 말했습니다. 이처럼 반가운 제안은 어디서도 들어본 적이 없었죠! 우리는 북 투어가 끝나는 12월의 어느 날로 약속을 잡았습니다.

우리는 여정 중에 디오니와 여러 차례 통화를 했습니다. 심카와 디오니의 끝없는 대화는 디즈니랜드의 공중전화에서도 이어졌고, 그날 남편은 동전을 수없이 제공해야 했죠. 마침내 12월 파티의 메뉴가 정해졌습니다. 첫번째 코스와 디저트를 맡은 디오니는 자신의 대표 메뉴인 클래식한 화이트소스를 얹은 혀가자미 필레를 준비하기로 했어요. 우리는 메인 코스로 에폴 다뇨 비로플레(*épaule d'agneau viroflay*)를 만들기로 했죠. 이 요리는 413쪽 지고 우 에폴 드 프레살레, 파르시와 비슷하지만 스터핑으로 시금치와 양송이버섯을 넣습니다. 운 좋게도 와인은 업계에서 일하는 심카의 사촌에게 제공받기로 했어요. 문제는 그날 파티에 초대할 손님 목록을 만드는 것이었습니다.

그러나 심카와 우리 부부는 뉴욕의 외식 업계에서 그저 몇몇 이름만 알 뿐 친구가 한 명도 없는 초보 전문가였어요. 결국 연락한 사람은 친절한 제임스 비어드였고, 그는 늘 그렇듯 열정적으로 이번 프로젝트에 함께하기로 했죠. 제임스의 소개로 우리는 생각나는 모든 인물들을 초대했고, 놀랍게도 서른 명에 가까운 이들이 수락했습니다.

디너파티 당일, 저와 심카는 뉴욕 이스트사이드에서 멀리 떨어진, 엘리베이터도 없는 4층 건물 꼭대기에 있는 조카의 비좁은 아파트에서 꼼짝 않고 양고기와 씨름했습니다. 그동안 남편은 파티 현장 준비를 도맡았어요. 인쇄소를 찾아내서 눈 깜박할 새에 메뉴를 인쇄했고, 좌석표를 파악해서 손님들이 앉을 자리를 정리했으며, 손님들이 도착하기 직전 와인 병까지 열어두었습니다. 일찌감치 파티에 나타난 친절한 제임스 비어드가 우리와 크노프 출판사의 주디스 존스와 빌 코슐랜드에게 손님들을 일일이 소개했습니다. 그날 저녁식사는 더할 나위 없이 훌륭했으며, 자정이 넘도록 자리를 떠난 사람이 한 명도 없을 만큼 모두가 즐거운 시간을 보냈습니다.

그것이 우리의 시작이었습니다. 〈뉴욕 타임스〉의 영향력 있는 음식 전문 기자인 크레이그 클레이번은 우리 책에 대해 놀랄 만한 호평을 실어주었어요. 우리는 NBC 방송국의 대표적인 아침 프로그램인 〈투데이 쇼〉에도 출연했죠. 몇 달 뒤, 퍼블릭 텔레비전이 아직 '교육 방송(Educational Television)'이었을 때, 우리가 사는 보스턴 지역 방송국에서는 뉴스 앵커와 기자 위주의 프로그램 편성에서 벗어나 좀더 다양한 내용을 다루기로 방침을 정했습니다. 그리하여 미술과 과학 관련 프로그램이 먼저 선을 보였고, 요리 프로그램을 저에게 진행해달라고 했어요. 저는 이미 그 방송국의 서평 프로그램에 출연한 적이 있었죠. 우리 책에 관한 이야기를 나눈 것은 물론, 카메라 앞에서 당시에는 매우 참신했던 프랑스식 오믈렛을 만들고 커다란 구리 믹싱볼에 달걀흰자의 거품을 내는 요령을 시연했어요. 우리는 세 편으로 이루어진 파일럿 프로그램을 제작하는 데 동의했고, 이것은 1962년 여름에 방송되었습니다.

　　방송국에서는 당시 과학 프로그램 전문이었던 젊은 감독 러셀 모래시를 우리의 담당 프로듀서로 정했습니다. 그는 현재 〈이 오래된 집(This Old House)〉 〈승리 정원(The Victory Garden)〉 같은 히트 프로그램들로 널리 알려져 있죠. 조감독은 〈엘리너 루스벨트(Eleanor Roosevelt)〉 시리즈를 만들었던 루스 록우드였습니다. 남편의 변함없는 지원 덕분에 저는 루스와 머리를 맞대고 30분 분량의 프로그램 세 편을 구성했어요. 이때 만든 요리는 레드 와인을 붓고 끓인 유명한 닭고기 스튜인 코크 오 뱅(334쪽), 틀 없이 굽지만 절대 무너지지 않는 치즈 수플레인 수플레 데물레(230쪽), 그리고 프랑스식 오믈렛(183쪽)이었어요.

　　첫 방송은 1962년 7월의 어느 월요일 저녁 8시에 시작되었습니다. 그날 날씨는 몹시 덥고 습했죠. 당시 우리 집에는 에어컨이 없었기 때문에 텔레비전을 정원에 설치하고 커다란 환풍기를 튼 채 친구들과 저녁을 먹으며 방송을 시청했답니다. 그다음 주에 방송된 나머지 두 편은 휴가철임에도 꽤 높은 시청률을 올렸죠. 텔레비전에서 최초로 요리 전문 프로그램을 진행한 것은 디오니 루커스였지만, 그녀는 얼마 동안 방송계를 떠나 있었기 때문에 당시에는 우리 프로그램이 유일했습니다. 방송국에서는 우리에게 추가로 열세 편을 더 진행해달라고 했어요. 한 해 52주는 13주씩 4분기로 나뉘거든요. 우리는 승낙했고, 이 책에서 전반적인 아이디어를 빌려 〈프렌치 셰프(The French Chef)〉라는 프로그램을 선보였습니다.

왜 제목을 〈프렌치 셰프〉라고 정했을까요? 나는 프랑스인도 셰프도 아닌데 말이죠. 첫번째 이유는 이 프로그램에 진짜 프랑스인 셰프들을 모시고 싶었기 때문입니다. 그러나 훗날까지도 저의 바람은 이루어지지 않았죠. 좀더 중요한 두번째 이유는 짧은 제목에서 진정한 프랑스 요리를 다루는 프로그램이라는 인상이 확실히 전해지기 때문이었어요. 또 텔레비전 프로그램 편성표의 한 줄짜리 공간에 딱 들어맞는 제목이라는 점도 못지않게 중요했죠. 프랑스 요리에 대해 알고 싶어하는 사람들이 꽤 많았던지 우리 프로그램은 초반부터 좋은 반응을 얻었습니다. 처음에는 보스턴 지역에서만 방송됐지만 곧 피츠버그에서도 볼 수 있었고, 샌프란시스코에 이어 뉴욕까지 입성했을 때는 비로소 우리가 성공했음을 느낄 수 있었죠! 우리는 열세 편을 더 진행해달라는 WGBH-보스턴의 요청에 따라 방송을 계속 이어갔습니다. 텔레비전 방송은 확실히 책 판매에 도움이 되었어요. 우리는 한때 〈타임〉의 표지를 장식하기까지 했거든요.

이 책은 1961년에 처음 출간된 《프랑스 요리의 기술》의 40주년 기념판으로서, 본질적으로는 초판본과 동일합니다. 1983년에 나온 개정판은 특히 미국의 주방에 푸드 프로세서가 등장했던 엄청난 시대적 변화에 맞추어 내용을 수정한 것이었죠. 비교 대상이 없는 이 놀라운 기계가 출현하기 전에도 전기 블렌더와 반죽기가 있었지만, 푸드 프로세서는 생선 무스나 크넬처럼 만드는 데 무척 힘이 드는 수많은 요리에 혁신을 불러왔어요. 파이 반죽처럼 제법 까다로운 과정을 거쳐야 했던 요리가 간단해졌고, 양송이버섯 다지기, 치즈 갈기, 빵가루 만들기, 양파 슬라이스하기 등 반복적이고 귀찮은 작업을 단시간에 끝낼 수 있게 되었습니다.

《프랑스 요리의 기술》은 제목에서 모든 것을 말합니다. 이 책은 맛있고 보기에도 좋은, 그래서 먹는 즐거움을 주는 훌륭한 음식을 어떻게 만드는지 알려줍니다. 이러한 음식을 만드는 데 반드시 뛰어난 조리 기술이 필요한 것은 아닙니다. 물론 여러분이 기대하는 만큼 까다롭고 정교한 작업이 요구될 때도 있지만요. 그저 자신이 만드는 음식을 정확히 이해하고 요리에 온갖 정성과 주의를 기울이면 됩니다. 방대한 프랑스 요리에서 사용하는 조리 기술을 완전히 익힌다면 대부분의 요리를 만들 수 있다는 것이 저의 생각입니다. 다시 말해, 논란의 여지가 있을지도 모르지만 프랑스식 조리 기술로 탄탄히 무장하면 이탈리아, 멕시코, 심지어 중국 요리사보다 더 나을 수도 있다고 봅니다.

어느 나라의 요리든 기본적인 부분에서는 특별히 다를 것이 없습니다. 문제는 어디서부터 시작하느냐죠. 가장 신선하고 질 좋은 재료를 고르고, 칼을 쥐는 요령과 양파 썰기, 아스파라거스 껍질 벗기기, 버터와 밀가루로 루 만들기 등을 책을 통해 배우고, 전문가가 하는 모습을 직접 보고 따라 하며 확인받는 것도 중요하지만, 무엇보다 요리에 대한 진지한 태도가 가장 중요합니다. 칼로 감자를 슬라이스하고, 토마토의 껍질을 벗겨서 씨와 즙을 제거하는 일에 익숙지 않다면, 처음에는 속도도 느리고 결과물도 만족스럽지 않을 것입니다. 그러나 제대로 해보겠다는 결심만 있다면, 놀랄 만큼 짧은 시간에 기술을 완전히 몸에 익힐 수 있을 거예요.

요리를 가르치는 책인 만큼 여기에 실은 레시피들은 모두 매우 상세하게 썼어요. 단순한 오믈렛에도 여덟 페이지씩이나 내어줬죠. 이처럼 모든 설명이 나와 있으니 글을 읽을 수 있는 사람은 당연히 요리도 할 수 있습니다. 우리는 경험을 통해 배웁니다. 요리가 제대로 완성되었다는 것은 중요한 설명을 하나도 빠뜨리지 않았다는 증거입니다. 예를 들어, 닭고기를 브로일러에 구울 때는 열원에서 12~15cm로 떨어지게 놓습니다. 또 새끼양 넓적다리 로스트의 표면에 바를 마늘 머스터드 소스를 만들 때 기름은 한 방울씩 천천히 섞어야 합니다. 이처럼 세세한 설명이 지면을 차지하므로 실제로는 간단한 레시피도 무척 길어 보입니다.

단언컨대 요리를 배울 때 중요 사항 가운데 하나는 먹는 법을 배우는 겁니다. 자기도 어떤 맛인지도 모르면서 훌륭한 요리를 만들어낸다는 것은 어불성설이죠. 와인 전문가가 되려면 자신의 능력 한도 내에서 좋은 와인을 많이 마셔봐야 하는 것처럼, 훌륭한 요리를 배우려면 가격과 상관없이 가장 잘 만든 것을 찾아내야 합니다. 그래서 그 요리를 맛보고, 분석하고, 동료들과 토론하고, 다른 곳에서 먹었을 때와 비교해봐야 합니다.

이 책을 처음 기획했던 1950년대부터 1980년대까지 우리는 미국에서 최고급 버터와 진한 크림의 엄청난 사용량에 대해서는 개의치 않고 그저 원하는 대로 맛있게 조리해서 먹었습니다. 이러한 우리의 취향은 이 책 속에, 특히 소스 부문에 잘 나타나 있어요. 소스에 크림을 넣어서 졸이고, 신선한 버터 한 스푼을 넉넉히 넣고 섞으면 더 매끈하고 윤기가 흐르며 호사스러운 맛이 나지요. 지금까지 저는 소스의 재료 비율이나 만드는 과정을 한 번도 수정하지 않았습니다. 이것이 제가 처음 생각했던 조리 방식이기 때문이에요. 그러나 소스 맛을 풍부하게 해줄 크림이나 버터의 사용량이 기본 레시피에 큰 영향을 주지는 않으므로, 이들을 얼마나 넣을지는 각자 판단하면 됩니다. 예를 들어, 저는 넉넉한 1테이블스푼 대신 깎은 1테이블스푼을 넣었어요.

제가 생각하는 무병장수의 길은 '매끼 적은 양을 천천히 골고루 먹고, 간식은 피하는' 이성적인 식사법입니다. 또한 무엇보다 즐겁게 먹는 것이 중요하죠!

이것이야말로 스스로를 위한 행복한 과제가 아닐까요? 식탁에서 누릴 수 있는 기쁨은 무한합니다. 투주르 보나페티!(*Toujours bon appétit!* 늘 맛있게 먹기를!)

# 《프랑스 요리의 기술》이 출간되기까지

### 편집자 주디스 존스

1960년 6월 내 책상 위에 엄청난 분량의 원고가 놓였다. 줄리아 차일드라는 미국 여성이 두 프랑스 여성, 시몬 베크, 루이제트 베르톨과 함께 집필한 프랑스 요리 논문처럼 보였다. 당시 나는 크노프 출판사에서 주로 프랑스 번역서를 담당하는 3년차 편집자였다. 그런데 내가 프랑스 요리에 관심이 많다는 것은 회사 내에서 공공연한 사실이있기 때문에 이 원고는 당연히 내 차지였다.

원고는 케임브리지에서 에이비스 디 보토가 보낸 것이었다. 당시 우리 출판사의 스카우터로 일했던 에이비스는 역사가이자 작가인 버나드 디 보토의 아내였다. 버나드는 〈애틀랜틱 먼슬리(The Atlantic Monthly)〉에 주방용 칼을 주제로 한 칼럼을 기고하기 전에, 대서양 건너 파리에 살던 줄리아 차일드에게 편지로 몇 가지 사항을 문의한 적이 있다. 이를 계기로 줄리아와 인연을 맺게 된 에이비스는 그녀가 베르톨과 베크와 함께 요리책을 집필 중이라는 이야기를 듣고 미국 출판사를 알아봐주겠다고 말했다. 그러나 처음 연락한 출판사에서는 "프랑스 요리를 이렇게까지 자세히 알고 싶어하는 미국인이 과연 있을까요?"라는 말과 함께 출간을 거절했다.

그런 미국인이 바로 나였다. 원고를 한 장 한 장 넘길 때마다 드디어 기도에 응답을 받은 기분이었다. 나는 파리에서 3년 반 동안 살았다. 차일드 부부도 그즈음 파리에 있었지만, 한 번도 마주친 적은 없다. 그 시절에는 요리를 기껏 정육점, 빵집, 채소 가게, 생선 가게 등에서 배울 수밖에 없었다. 이것저것 물어본 다음 집으로 돌아와 비좁은 부엌에서 정육점 주인의 아내가 알려준 대로 감자튀김을 만들고, 생선 장수에게 들은 대로 도미를 소테했다.

이후 미국으로 돌아온 나는 시중에 프랑스 요리를 제대로 다룬 책이 거의 없다는 말도 안 되는 사실을 알았다. 그나마 있는 책들은 단순히 축약된 레시피 모음집에 불과했고, 가정에서 직접 프랑스 요리를 해보고 싶은 사람들을 위한 가르침은 전혀 없었다. 조리 기술을 설명하지도, 좋은 재료를 선택하는 요령을 알려주지도 않고, 레시피에서 제대로 만든 요리는 어떤 것인지, 실수를 만회할 수 있는 방법은 무엇인지도 설명하지 않았다. 그래서 일반 가정, 특히 미국 가정에서 요리를 담당하는 주부들은 프랑스 요리에 무지할 수밖에 없었다.

그런데 이러한 문제에 대한 해답이 줄리아 차일드의 원고에 모두 담겨 있었다. 예를 들어 소고기 스튜 레시피를 자세히 들여다보면, 브레이징용 소고기는 어떤 부위인지, 지방은 어떤 종류를 사용하는 것이 좋은지(정답은 쉽게 타지 않는 지방), 고기를 소테하기 전 수분을 제거해야 하는 이유는 무엇인지, 부케 가르니는 어떤 역할을 하는지, 양파와 양송이버섯 가니시를 따로 소테하면 어떤 점에서 좋은지 모두 설명되어 있었다. 나는 곧장 집으로 달려가 레시피대로 소고기 스튜를 만들었고, 한입을 먹자마자 드디어 파리에서 먹었던 것에 버금가는, 진정한 프랑스식 뵈프 부르기뇽을 완성했음을 깨달았다. 나는 이 원고가 혁명적인 요리책이 될 거라고 확신했다. 나를 이처럼 반하게 만든 원고라면 다른 사람들에게도 분명히 비슷한 반응을 얻을 터였다.

다음 페이지에 등장하는 리뷰는 당시 내가 크노프 출판사에서 이 '프랑스 요리책'이 출간되기를 간절히 바라는 마음으로 작성한 것이다. 나는 앵거스 캐머런 선배에게도 도움을 요청했다. 봅스메릴 출판사의《요리의 즐거움》이 출간되었을 때 담당 편집자였던 앵거스는 자신에게 남의 지갑을 열 줄 아는 재주가 있어서 책 홍보 방법을 확실히 안다고 자부하는 사람이었다. 결국, 이 책에 대한 앵거스의 리뷰 또한 정확히 들어맞았다(그의 리뷰 가운데 마지막 문단을 다음 페이지에 소개한다).

그다음부터는 다 알려진 이야기다. 1961년 가을, 우리는《프랑스 요리의 기술》을 출간했다(좀 다른 이야기지만, 우리가 정한 제목을 처음 들은 앨프리드 크노프는 그런 제목의 책을 사는 사람이 한 명이라도 있다면 자신의 모자를 뜯어 먹겠다고 말했다). 크레이그 클레이번이 우리 책을 '요리책의 걸작'이라고 칭찬하자, 크리스마스가 되기도 전에 2쇄를 찍을 수 있었다. 물론 이듬해 여름 줄리아 차일드가 〈프렌치 셰프〉로 텔레비전 화면에 등장하면서부터는 미국의 전 국민이 그녀와 사랑에 빠졌다. 그녀가 카메라 앞에서 가르치는 모든 내용은 이 기념비적인 책을 바탕으로 한 것이다. 자신이 만드는 요리를 확실히 이해하고, 정성을 다해 만들고, 좋은 재료와 알맞은 조리 도구를 쓰고, 무엇보다 스스로 요리하는 과정을 즐기라는 말은 모두 이 책에 나온다.

# 줄리아 차일드, 시몬 베크, 루이제트 베르톨의
## 《프랑스 요리의 기술》 리뷰

**편집자 주디스 존스의 검토 의견**

이것은 미국인을 위해 쓴 프랑스 요리에 관한 책이다. 두 달 가까이 꼼꼼히 읽고 레시피를 따라서 간단한 요리부터 꽤 까다로운 요리까지 만들어본 결과, 이 책은 그저 최고의 레시피북이 아니라 상당히 독특한 요리책이다. 다른 어떤 책에서도 이처럼 훌륭하게 프랑스 요리의 비법을 미국 독자들을 위해 번역해서 설명한 예를 본 적이 없다. 그 이유가 무엇일까? 저자들은 책 속에 그저 많은 레시피를 욱여넣거나 프랑스 요리의 이국적인 특성을 부각하지 않고, 조리 기술 자체를 강조했다. 내게 이 책을 읽고 공부하는 과정은 르 코르동 블루의 기초 과정을 이수하는 것 같았다. 특히 가정에서 요리하다가 문제(고기 자르는 법, 조리 도구와 재료의 용도 등)가 닥쳤을 때 책에서 배운 내용을 어떻게 적용할 것인지에 전체적인 초점이 맞추어져 있다는 점에서 더욱 유익했다. 이 책은 게으른 사람들을 위한 것이 아니라, 실력을 향상시키려는 요리사들, 그저 괜찮은 정도에서 만족하지 않고 프랑스 요리를 예술로 만드는 미묘한 완벽의 경지를 향해 위대한 한 발짝을 내디디려는 요리사들을 위한 것이다.

이 책에 실린 레시피들은 프랑스 요리의 고전 가운데서도 핵심에 해당하는 요리들만 영리하게 추려낸 것이다(차례 첨부). 첫머리에서는 우선 해당 요리에 대한 일반적 사항(재료 살 때 유의할 점, 가장 쓰기 좋은 조리 도구, 조리 시간, 익힘 정도의 확인 방법, 요리의 맛을 더 살리기 위한 비법 등)을 소개한다. 다음에는 보통 아주 세세한 기본 레시피가 이어지고, 다양한 소스를 이용해 같은 요리에 변화를 주는 변형 레시피가 그 뒤를 잇는다. 본문에서 꽤 많은 부분은 요리 자체가 아닌 실용적인 세부 사항에 할애되어 있다. 구체적인 이유를 설명하지 않고, 그저 어떻게 하라고 지시하는 경우는 거의 없다. 저자들은 주관이 뚜렷한 완벽주의자이자 고급스러운 요리를 추구하는, 좋은 의미에서의 속물이다. 다시 말해, 시간이 부족하다면 기꺼이 냉동식품의 사용을 허용하지만, 그 경우에도 어떻게 하면 더 훌륭한 맛을 낼 수 있는지 알려준다. 또한 저자들은 자신이 할 수 있는 최선을 다하되, 절대로 무엇을 해라 마라 강요하지 않는다. 그저 경험상 자신들의 방식을 택했을 때 어떤 결과를 낳았는지 강조해서 알려줄 뿐이다.

끝으로 이 책이 조지프 도넌의 《정통 프랑스 요리(The Classic French Cuisine)》를 포함해 우리 출판사에서 펴낸 다른 요리책에 부정적인 영향을 줄 가능성은 없다고 본다. 오히려 이 책은 프랑스 요리를 다룬 책들에 도움이 될 것이다. 이 책에서 배운 조리 기술을 상대적으로 덜 상세한 다른 책들의 레시피에 효과적으로 적용할 수 있기 때문이다. 이 책은 분명 프랑스 요리책의 고전이 될 것이다.

**앵거스 캐머런의 리뷰**

이 원고는 비교 대상을 찾기 힘들 만큼 놀라운 성과물이다. 확신하건대 출간 직후 요리하는 사람이라면 누구나 입소문을 통해 이 책의 존재를 알게 될 것이다. 이 책이 출간되면 다른 출판사들도 분명히 이런 보물을 찾아나설 것이다. 따라서 우리는 확신을 갖고 과감히 덤벼들어야 한다.

# 첫 출간 당시(1961년)의 평가

"(프랑스 요리에 관한) 가장 포괄적이고 기념비적이며 감탄할 만한 책이 이번 주에 출간되었다. 이 책은 비전문가들을 위한 필독서가 될 것이다. (…) 요리책의 걸작."

— 1961년 10월 16일《프랑스 요리의 기술》이 처음 출간되었을 때
〈뉴욕 타임스〉에 실린 크레이그 클레이번의 평가

"이 책을 내가 쓴 것이 아니라 안타까울 뿐."

— 제임스 비어드, 요리연구가

## 《프랑스 요리의 기술》이 지난 40여 년 동안 발휘한 영향력

"줄리아 차일드는 프랑스 음식을 알기 쉽게 설명하고 요리와 먹는 행위의 기쁨과 즐거움을 되찾아줌으로써 '셰 파니스'를 비롯한 많은 레스토랑을 시작하는 데 길을 열어주었다. 미국의 새로운 식재료 문화를 탄생시켰고, 그 재료로 맛있는 음식을 만들 수 있다는 자신감을 우리에게 심어주었다."

—앨리스 워터스, 캘리포니아 소재 레스토랑 셰 파니스(Chez Panisse) 창업자

"미국 대중의 프랑스 요리에 대한 두려움을 없애준 줄리아 차일드의 책이 벌써 출간 40주년을 맞았다니 놀랍기만 하다. 줄리아 차일드 이후 대중은 모든 진지한 요리책 작가들의 이야기에 더욱 귀 기울이게 되었다. 게다가 이 책을 기반으로 제작한 텔레비전 요리 프로그램은 직접 요리하기를 망설이는 사람들에게 자신감을 불어넣는 순기능을 했다."

— 미미 셰러턴, 음식 평론가

"줄리아 차일드는 20세기 중반에 미국 중서부에서 태어나 어중간한 음식을 먹고 자란 나와는 완전히 반대인 사람이었다. 또한 내가 본 요리하는 모든

여자들과도 달리 배우 준 록하트처럼 진지한 열망이 있었다. 줄리아는 요리가 완벽하지 못해도 큰 웃음과 고함으로 넘겨버렸다. 요리를 가르치는 것 같지만, 실제로는 이 모든 결점과 식욕을 가진 인간들에게 힘을 준 것이다. 줄리아의 목소리를 처음 들었을 때, 나는 구제불능이었다. 당시 나는 '비폭력적인 요리'를 제공하는 페미니스트 레스토랑의 요리사였다. 줄리아 차일드가 없었다면, 나는 현미와 두부를 결코 식탁에 올리지 못했을 것이다. 심지어 여전히 완벽하지 못한 것에 대해 두려워했을 게 분명하다. 줄리아 차일드의《프랑스 요리의 기술》을 통해 나는 겁내지 않고 요리하는 법을 배웠다. 이 책을 보고 요리하면서 실패에 대한 두려움을 극복했기 때문이다. 줄리아 차일드는 모든 세대에 이 같은 선물을 안겨주었다. 물론 맛있는 저녁식사와 함께."

**— 몰리 오닐, 음식 평론가 겸 요리책 작가**


"친구이자 저자, 인기 방송인인 줄리아 차일드를 알고 지낸 세월이 길어질수록, 얼마나 한결같은 사람인지 더 깊이 깨닫게 된다.《프랑스 요리의 기술》은 20세기 미국에서 출간된 가장 영향력 있는 책 가운데 하나로 꼽힌다. 무엇보다 이 책은 줄리아의 텔레비전 요리 프로그램과 연계되어 미국인들에게 다양한 난이도의 정통 프랑스 요리를 가르쳤다. 줄리아 차일드처럼 이 책은 미국 문화 발전의 촉매제가 된 하나의 고전이다. 내가 소장한 책(1975년 판)은 너무 너덜너덜해서 강력 접착테이프를 붙여둔 모습이 자연스럽다. 원래 요리 전문가를 위해 쓰인 요리책은 아니지만, 나를 포함한 내가 아는 몇몇 젊은 미국 셰프들은 이 책을 자주 참고했다. 우리에게 줄리아는 신뢰받는 비밀 멘토였으며, 그녀의 레시피는 명쾌하고 믿을 수 있었기 때문이다. 이는 지금도 마찬가지이다."

**— 재스퍼 화이트, 매사추세츠 소재 서머 색(Summer Shack) 셰프**


"《프랑스 요리의 기술》에는 정통 프랑스 요리 레시피들이 담겨 있다. 이 요리들이 맛있는 것은 별다른 술책을 쓰지 않고도 재료 자체의 조화를 통해 뛰어난 풍미를 만들어내기 때문이다. 이 책의 진정한 의도는 줄리아 차일드가 쓴 1983년판 서문의 첫머리에 쓰여 있다. '이 책은 예산과 허리둘레, 빡빡한 일과…… 그 밖에도 **맛있는** 음식을 만드는 즐거움에 방해가 되는 모든 상황에 **가끔은** 무심할 수 있는, 하인을 두지 않고 요리하는 미국인들을 위한 것입니다(강조는 필자).'

지금도 나는 줄리아의 보 프랑스 오를로프를 처음으로 완성했을 때 느꼈던 흥분과 자부심을 기억한다. 양파와 쌀을 푹 무르게 익혀서 만든 소스 수비즈는 내가 가장 자신 있는 요리 목록에서 한 번도 빠진 적이 없다. 그러나 내가 가진 줄리아의 책에 묻은 손때는 대부분 찢어진 표지에 가득한데, 이는 르 마르키나 초콜릿 수플레를 만들면서 생긴 것이다.

이 책은 요리를 어떻게 하는지, 그리고 왜 그렇게 해야 하는지 가르쳐줄 것이다."

— 리디아 샤이어, 보스턴 소재 비바(Biba) 셰프 겸 대표

"내가 처음《프랑스 요리의 기술》에 빠져든 것은 1970년대 초였던 것으로 기억한다. 당시 나는 천국을 만난 듯한 기분이었다. 내가 전혀 몰랐던 온갖 기술들이 영어로 설명되어 있다니! 요리 경험이 전혀 없었던 나에게는 이 책의 꼼꼼한 레시피와 상세한 설명이 무척 요긴했다. 내가 줄리아의 책을 읽고 있다고 하자 어머니는 "아, 그 이상한 여자? 요리가 너무 복잡해서 나와는 안 맞더라."라고 말씀하셨다. 나는 어머니의 그 말을 귓등으로 흘려듣고 계속 줄리아의 책을 읽었다. 지금까지도《줄리아》(나는 이 책을 이렇게 부른다)는 내가 무언가를 어떻게 해야 할지 모를 때 뒤적거리는 책이다."

— 고든 해머즐리, 보스턴 소재 해머즐리 비스트로(Hamersley's Bistro) 셰프

"미국의 음식 전문 방송국인 푸드 네트워크나 유명한 셰프들이 생겨나기 훨씬 전에 줄리아 차일드가 있었다.《프랑스 요리의 기술》은 나의 어머니가 가족을 위해 산 첫 요리책이었다. 내가 요리 업계에 입문하는 데 영향을 준 것은 줄리아 차일드의 이 책과 첫 텔레비전 시리즈, 그리고 누가 봐도 요리하는 일 자체를 즐거워하는 그녀의 모습이었다. 언제나 따뜻하고 우아한 태도로 여전히 열심히 일하면서 자신이 지닌 지식과 삶에 대한 애정을 나누

는 줄리아는 그녀를 알고 이 업계에서 일하기로 한 모든 이들에게 지금까지도 큰 귀감이 된다. 줄리아 차일드는 현재는 물론 앞으로도 영원히 '위대한 요리의 여왕'일 것이다. 그녀가 나누어준 응원과 우정에 감사를 표합니다."

— 데이비드 체키니, 샌타바버라 소재 와인 캐스크(Wine Cask) 셰프 겸 대표

《프랑스 요리의 기술》은 프랑스의 조리 기술에 대한 내 지식의 토대를 이룬 첫 입문서였다. 줄리아의 책과 방송, 그리고 실제 주방 실습을 통해 얻은 경험은 내가 진지한 요리를 시작하도록 이끌었다. 줄리아는 좋은 친구이자 훌륭한 요리사, '위대한 요리의 장인'으로서 요리에 대한 경외심과 사랑으로 우리 모두의 삶에 영향을 미쳤다."

— 에머릴 러가시, 뉴올리언스 소재 에머릴스 레스토랑(Emeril's Restaurant) 셰프 겸 대표

"줄리아 차일드는 음식에 대한 우리의 사고를 조금씩 확실히 바꾸어놓았다. 그녀는 '오트 퀴이진(haute cuisine)'이라는 용어에 대한 두려움을 없애주었다. 또한 요리의 기초와 조리 기술의 중요성을 강조함으로써 미식에 대한 인식을 크게 확장시켰고, 훌륭한 식사가 주는 기쁨을 더 확실히 깨닫도록 자극했다. 나는 수년 동안 줄리아의 요리 프로그램을 넋이 빠진 사람처럼 시청하면서 그녀의 유머에 포복절도했다.
줄리아는 이 나라의 보물이자 요리 분야의 유행 선도자이며, 모두에게 사랑받는 타고난 선생님이다."

— 토머스 켈러, 나파밸리 소재 프렌치 런드리(The French Laundry) 셰프 겸 대표

"1961년은 우리에게 다음과 같은 즐겁고도 중요한 세 가지 사건이 일어난 해였다.

- 파블로 피카소, 〈램프가 있는 정물화〉를 그림
- 오드리 헵번의 영화 〈티파니에서 아침을〉 첫 개봉
- 줄리아 차일드의 《프랑스 요리의 기술》, 크노프 출판사에서 첫 출간

요즘 유행인 과장하기를 싫어하는 나는 간단히 이렇게 말하겠다. 이 책은 진짜 프랑스 음식이 어떤 것인지 명확히 알려주는 데 그치지 않고 우리에

게 요리하는 법까지 가르쳐준다.”

— 조지 랭, 뉴욕 맨해튼 소재 카페 데 자르티스트(Café des Artistes)의 창업자 겸 셰프

“1961년 줄리아 차일드의 《프랑스 요리의 기술》이 출간된다. 곧이어 WGBH-보스턴에서는 흑백 화면으로 된 그녀의 요리 프로그램을 방영한다. 줄리아는 천년에 한 번 나올까 말까 한 위대한 선생님 중 한 명으로 꼽힌다. 똑똑하고 카리스마가 넘치는 그녀가 보여주는 조금은 어설픈 손재주는 시청자에게 전혀 위압감을 주지 않는다. 그 결과 미국의 각 가정에서는 갑자기 야심만만한 요리사들이 생겨난다.”

— 제프리 스타인가튼, '지난 천년 동안 식사 시간의 즐거움과 아름다움을 발전시키는 데
기여한 사건 및 인물'에게 수여하는 보그 밀레니얼 식음료상 선정 위원

# 서문

이 책은 예산과 허리둘레, 빡빡한 일과, 아이들 끼니 챙기기, 온종일 아이들의 뒤치다꺼리에 매달려야 하는 사회적 분위기, 그 밖에도 맛있는 음식을 만드는 즐거움에 방해가 되는 모든 상황에 가끔은 무심할 수 있는, 하인을 두지 않고 요리하는 미국인들을 위한 것입니다. 요리를 사랑하는 이들을 위해서 쓴 책이므로 모든 레시피는 독자가 조리의 전 과정을 정확히 파악하고 이해할 수 있을 만큼 상세하게 기술했습니다. 그러다보니 여느 요리책보다 설명이 다소 많은 편이고, 몇몇 레시피는 특히 길게 느껴질 것입니다. 하지만 구하기 힘든 특이한 재료를 사용한 레시피는 없습니다. 실제로 이 책은 제목을 《미국 슈퍼마켓 재료로 프랑스 요리 만들기》라고 붙여도 좋을 정도입니다. 프랑스 요리의 탁월성은 물론 일반 요리의 뛰어난 가치는 무엇보다 조리 기술에서 비롯되기 때문입니다. 이러한 조리 기술은 좋은 기본 재료가 구비된 곳이라면 어디서든 적용될 수 있습니다. 이 책에서는 지하 저장고의 오래된 와인이며 각종 소스들 사이에서 법석을 떠는 흰 모자를 쓴 파트롱(patron, 주인), 소박한 레스토랑을 눈부신 식탁보와 냅킨 등으로 꾸미느라 생긴 갖가지 에피소드 같은 것들은 일부러 다루지 않았습니다. 이처럼 낭만적인 막간 스토리를 끼워넣으면 자칫 프랑스 요리가 모두가 행복하게 누릴 수 있는 현실 세계가 아닌, 영원히 닿을 수 없는 이상향처럼 느껴질 수 있어서입니다. 프랑스 요리는 제대로 된 설명만 있다면 누구나 어디서든 만들 수 있습니다. 우리는 이 책이 그러한 설명을 제공하는 데 도움이 되기를 바랍니다.

조리 기술에는 고기를 소테할 때 육즙 손실 없이 갈색이 나게 하는 요령, 뜨거운 소스에 달걀노른자를 분리되지 않게 섞는 방법, 타르트의 윗면을 노릇노릇하고 봉긋하게 만들기 위해 오븐 안에서 위치를 선정하는 법, 양파를 단시간에 다지는 기술 같은 기본적인 사항들이 포함됩니다. 요리의 종류에 따라 필요한 재료는 모두 다르지만, 어떤 요리든 일반적인 조리 과정은 똑같이 적용됩니다. 자신이 만들 수 있는 요리의 범위가 넓어질수록 수없이 많게만 보이던 레시피들이 몇 가지 주제별 기본 및 변형 레시피로 분류된다는 것을 깨닫게 됩니다. 예를 들어, 바닷가재 요리인 오마르 아 라메리켄은 기술적 측면에서 닭고기 요리인 코크 오 뱅과 겹치는 부분이 많습니다. 그런가 하면 코크 오 뱅은 소고기 요리 뵈프 부르기뇽과 거의 똑같은 기술로 만듭니다. 이들은 모두 프리카세류에 속하고, 따라서 프리카세식으로 만들면 됩니다. 소스 영역을 살펴보면, 송아지고기 블랑케트에 쓰이는 크림과 달걀노른자 소스는 데친 혀가자미나 가리비 그라탱에 쓰이는 소스와 같은 유형에 속합니다. 따라서 이들 소스를 만들 때는 레시피를 일일이 살펴볼 필요가 없으며, 혹시라도 빠뜨렸을지 모를 재료를 확인하는 정도로만 참고하면 됩니다.

프랑스 요리에서 요구되는 각종 조리 기술은 모두 어떻게 맛을 내느냐 하는 한 가지 목적을 위한 것입니다. 프랑스 사람들은 요리에 관한 한 특이한 조합이나 눈에 띄는 플레이팅에는 거의 관심이 없습니다. 선택할 수 있는 전통 요리의 종류가 어마어마하기 때문에(실제로 프랑스 요리책 제목 중에는《달걀로 만들 수 있는 1000가지 요리》라는 것도 있습니다) 그들은 이미 널리 알려진 요리라도 흠잡을 데 없이 조리되어 나온 것을 맛볼 때 가장 큰 기쁨을 느낍니다. 예를 들어, 완벽한 양고기 나바랭을 만들려면 고기의 겉만 갈색이 나게 소테해서 스톡과 각종 양념을 넣고 오븐에 뭉근히 익힌 다음 체에 국물을 걸러 표면의 불순물을 걷어내고, 향미 채소를 추가하는 등 대단히 많은 조리 단계를 거쳐야 합니다. 모든 단계는 그리 어렵지 않게 실행할 수 있지만 저마다 중요한 의미가 있기 때문에 하나라도 생략하거나 다른 단계와 합쳐버리면 나바랭 고유의 식감과 맛이 크게 훼손됩니다. 우리 모두에게 익숙한 '사이비 프랑스 요리'가 제대로 만든 프랑스 요리에 크게 뒤처지는 주된 이유는 바로 여러 조리 단계 중 하나를 건너뛰거나 제멋대로 합치고, 버터나 크림 같은 재료와 시간을 아껴서입니다. '너무 번거롭다' '너무 비싸다' '별 차이 없다' 같은 말은 좋은 음식에 대한 종말을 알리는 것과 마찬가지입니다.

요리는 특별히 어려운 예술이 아닙니다. 많이 해보고 많이 배울수록 이해의 폭도 넓어집니다. 하지만 여느 예술과 마찬가지로 요리도 실습과 경험이 필요합니다. 요리에 넣을 수 있는 가장 중요한 재료는 요리 자체에 대한 사랑입니다.


## 범위

이 책처럼 상세하게 설명하는 프랑스 요리 완전 교본이 있다면 아마 축약하지 않은 사전만큼 크고 두꺼울 것입니다. 성경책에 쓰이는 얇은 종이에 인쇄한다고 해도, 반드시 독서대에 올려놓고 읽어야 할 정도일 겁니다. 우리는 독자들이 읽기 편한 크기의 책을 만들기 위해, 개인적으로 특별히 좋아하고 그래서 독자들도 관심 두기를 바라는 레시피들을 선정했습니다. 여기에 포함되지 않은 훌륭한 요리들도 많고, 빠진 내용도 엄청납니다. "파트 푀이테는 왜 없나요? 크루아상은 어디 있죠?"라고 묻는 이들도 있을 것입니다. 우리가 생각하기에 이러한 것들은 주방에서 직접 시연해야 하는 레시피입니다. 파트 푀이테나 크루아상은 촉감이 요구되는 음식으로, 직접 눈으로 보고 손으로 만들어봐야만 익힐 수 있기 때문입니다. 케이크는 왜 5종뿐이고, 그나마 프티 푸르는 왜 하나도 없느냐? 삶거나 수플레로 만들거나 으깬 감자 요리는 왜 없느냐? 주키니 요리는? 송어 요리는? 풀레 아 라 마랭고는? 그린 샐러드는? 카나르 아 라 프레스와 소스 루아네즈는? 이 모든 질문에 대한 답은 단 하나, '지면 부족'입니다.

## 레시피에 관한 주의사항

이 책의 모든 레시피는 세로로 나눠 편집되어 있습니다. 왼쪽에는 재료와 특별히 필요한 조리 도구를, 오른쪽에는 구체적인 조리법을 적었습니다. 따라서 조리의 각 단계에서 무엇을 어떻게 다루어야 하는가를 항상 한눈에 파악할 수 있을 것입니다. 기본 레시피의 제목은 굵은 이탤릭체로 표기했으며, 요리 이름 뒤에 특수 기호✣가 붙어 있는 것은 변형 레시피가 딸려 있다는 뜻입니다. 대부분의 레시피는 설명 중간에 [*] 표시가 있는데, 이것은 바로 먹지 않을 때 그 단계까지 요리를 미리 준비할 수 있다는 뜻입니다. 기본 레시피에는 그 요리를 메인 코스로 낼 때 곁들이면 좋을 와인과 채소에 대한 설명이 포함되어 있습니다.

이 책의 주요 목적은 요리하는 방법을 알려줌으로써 독자들이 기본적인 조리 기술을 이해하고, 그리하여 서서히 레시피에 의존하지 않게 만드는 데 있습니다. 이를 위해 식품을 종류별로 나누어 관련 있는 것들끼리 한 부문으로 묶고, 각 부문에 포함된 레시피들은 공통된 조리 기법을 이용하는 것으로 정했습니다. 예를 들어, 273쪽부터는 화이트 와인에 포칭한 생선 필레 요리를, 329쪽부터는 치킨 프리카세를, 203~210쪽에서는 각종 키슈를 다루었습니다. 각 장과 부문의 첫머리에 나오는 설명을 먼저 읽고 구체적인 레시피로 넘어가면 우리의 의도를 잘 이해할 수 있을 것입니다. 이 책을 좀더 가볍게 읽고 싶은 독자들을 위해, 우리는 각 레시피에 독립성을 부여하려 노력했습니다. 한 레시피에서 다른 레시피를 확인해야 하는 부분이 나오는 것은 항상 문제입니다. 이런 대목이 적으면 중요한 포인트를 놓칠 수 있고, 반대로 너무 많으면 읽다가 화가 날 수 있습니다. 그러나 모든 조리 기술을 나올 때마다 일일이 설명하면, 짧은 레시피가 길어지고 긴 레시피는 시도하기 힘들어집니다.

## 양

이 책의 레시피들은 대부분 3코스로 이루어진 미국식 메뉴에 익숙한 성인 여섯 명을 기준으로 짠 것입니다. 그래서 보통 오르되브르, 수프, 메인 코스, 샐러드, 치즈, 디저트 등 6코스로 구성되는 정통 프랑스식 메뉴와 비교하면 재료 양이 약 2배 더 많습니다. 부디 대부분의 독자가 이 책에 제시된 양에 만족하기를 바랍니다. 레시피에 재료 양이 4~6인분이라고 적혀 있다면, 이는 나머지 메뉴 구성이 단출할 경우 네 명이 먹기에 충분하고 나머지 메뉴가 푸짐하면 여섯 명까지 먹을 수 있다는 뜻입니다.

## 조언

수년 동안 요리를 가르치면서 확실히 알게 된 것은 요리를 처음 시작한 사람일수록 새로운 요리를 할 때 레시피조차 확인하지 않고 일단 열정적으로 덤벼든다는 것입니다. 그러다가 갑자기 생각지 못한 재료나 조리 과정, 시간 순서의 변화가 생기면 당황하고 좌절해 요리를 완전히 망치기도 합니다. 따라서 독자들의 요리 경력과 상관없이 항상 레시피부터 읽을 것을 권합니다. 이는 익숙한 요리를 만들 때도 똑같이 적용되는 원칙입니다. 조리의 각 단계를 눈으로 확인하면, 어떤 기술과 재료, 시간, 도구가 필요한지 정확히 파악할 수 있어서 나중에 놀랄 일이 없습니다. 레시피는 항상 많은 정보를 함축한 언어로 이루어져 있습니다. 그러므로 작지만 중요한 포인트 하나라도 놓치지 않으려면 아주 주의 깊게 읽어야 합니다. 요리에 대한 전반적인 지식을 키우기 위해서는 새로운 레시피를 자신이 알고 있던 레시피와 비교하고, 어떤 레시피나 조리 기술을 좀더 넓은 요리 영역에 응용할 수 있을지 주목해야 합니다.

이 책에서는 조리 전 재료 준비에 드는 시간은 추정하지 않았습니다. 양송이버섯 약 1.4kg을 슬라이스하는 데 30분이 걸리는 사람들이 있는가 하면, 단 5분 만에 끝내는 이들도 있기 때문입니다.

요리를 만드는 내내 자신이 하는 작업에 특별히 주의를 기울이세요. 사소한 사항까지 정확성을 기해야 그런대로 먹을 만한 요리가 아닌 훌륭한 요리를 만들 수 있습니다. 레시피에 '캐서롤의 뚜껑을 덮고 국물이 계속 뭉근하게 끓도록 온도를 조절한다' '버터의 거품이 가라앉기 시작할 때까지 가열한다' '뜨거운 소스를 달걀노른자에 조금씩 섞는다'라고 나오면 그대로 따라야 합니다. 처음에는 느리고 서툴 수 있지만, 계속하다보면 속도와 솜씨는 점점 늘 것입니다.

요리할 때는 충분한 시간 여유를 가져야 합니다. 대부분의 요리는 미리 준비해서 시작하거나 부분적으로 조리해둘 수 있습니다. 특별히 노련한 요리사가 아닌 이상, 한 끼 식사에 아주 길거나 복잡한 레시피의 요리를 한 가지 이상 준비하는 것은 피해야 합니다. 그렇지 않으면 지쳐서, 애쓴 만큼 기쁨을 얻기가 힘듭니다.

오븐이나 브로일러에 굽는 요리의 경우, 반드시 충분히 예열된 상태에서 음식을 올려야 합니다. 그렇지 않으면 수플레는 부풀어오르지 않고, 타르트 셸은 부스러지고, 그라탱은 겉이 노릇해지기도 전에 지나치게 익을 것입니다.

요리할 때 냄비를 아끼는 것은 자신을 방해하는 꼴입니다. 필요한 팬과 그릇, 조리 도구는 모두 꺼내서 사용하되, 다 쓰고 난 뒤에는 곧장 물에 담가두어야 합니다. 요리할 때는 틈틈이 주변을 깨끗이 정리해야 헷갈리는 것을 피할 수 있습니다.

손과 손가락을 자유롭게 쓰기 위한 훈련을 계속하십시오. 손은 매우 훌륭한 도구입니다. 뜨거운 음식을 다루는 훈련을 하면 시간을 절약할 수 있습니다. 조리용 칼은 항상 날카롭게 관리하세요.

무엇보다 즐거운 시간이 되기를 바랍니다.

S.B., L.B., J. C.
1961년 7월

# 1983년판 서문

이 책의 초판본은 1950년대 후반에 기획해서 집필한 것입니다. 이후 특히 조리 도구가 많이 변했습니다. 가장 의미 있는 변화는 전기 푸드 프로세서의 등장이었습니다. 이 기계 덕분에 양송이버섯과 양파 곱게 다지기, 감자 슬라이스하기, 마요네즈 만들기, 파이와 대량 이스트 발효 반죽 만들기, 퓌레와 무스 만들기 등 이전에는 긴 시간과 노고가 필요했던 많은 조리 과정을 깜짝 놀랄 만큼 가볍게 끝낼 수 있게 되었습니다. 이번 개정판에 푸드 프로세서를 포함한 여러 레시피를 싣기는 했지만, 처음부터 이 기계가 있었다면 이를 이용한 요리를 훨씬 더 많이 만들어냈을 것입니다. 1950년대에는 음식이 눌어붙지 않는 코팅 팬이 없었습니다. 다목적 밀가루는 반드시 체에 쳐서 사용해야 했고, 그래서 계량 체계도 복잡했습니다. 이에 관한 내용은 이번 개정판에서는 생략했습니다. 초콜릿의 성질이 바뀌면서 새로운 초콜릿 수플레 레시피가 나왔을 뿐 아니라 초콜렛을 녹이는 기술 또한 달라졌습니다. 쌀은 영양이 더 풍부해졌고, 익히는 데 걸리는 시간도 줄었습니다. 이번 개정판에서는 요리용 온도계의 수치를 많이 변경했습니다. 그 밖에도 곳곳에서 소소한 사항들을 고쳤으며, 달라진 시대 상황에 따라 이따금 설명까지 새롭게 고쳐야 했습니다. 그림도 몇 가지 더하거나 수정했습니다.

그러나 전체적으로 이 책은 이전과 다름없이 요리를 사랑하는 이들을 위해서 쓴 정통 프랑스 요리 입문서입니다. 우리의 한 친구 말대로, 고급 요리는 지금까지와 마찬가지로 앞으로도 내내 사람들에게 당연히 인기를 끌 것입니다. 놀랄 만큼 훌륭한 식사 시간을 만들어 주니까요!

S.B. 그리고 J. C.
브라마팜과 샌타바버라에서
1983년 2월

# 차례

출간 40주년 기념판 발간에 부쳐 · · · · · · · 7

《프랑스 요리의 기술》이 출간되기까지 · · · · 18

《프랑스 요리의 기술》 리뷰 · · · · · · · · 21

서문 · · · · · · · · · · · · · · · 28

1983년판 서문 · · · · · · · · · · · 33


주방 기구 · · · · · · · · · · · · 37

용어 정의 · · · · · · · · · · · · 47

재료 · · · · · · · · · · · · · · 53

계량 · · · · · · · · · · · · · · 60

온도 · · · · · · · · · · · · · · 65

썰기 · · · · · · · · · · · · · · 67

와인 · · · · · · · · · · · · · · 72


제1장 수프 · · · · · · · · · · · · 79


제2장 소스 · · · · · · · · · · · · 98


제3장 달걀 · · · · · · · · · · · · 170

제4장 앙트레와 오찬 요리 · · · · · · · · · 195

제5장 생선 · · · · · · · · · 271

제6장 가금류 · · · · · · · · · 303

제7장 육류 · · · · · · · · · 361

제8장 채소 · · · · · · · · · 508

제9장 콜드 뷔페 · · · · · · · · 633

제10장 디저트와 케이크 · · · · · · · · 679

옮긴이 주 · · · · · · · · · 795
요리 목록 · · · · · · · · · 799

## 한국어판 일러두기

- 이 책은 1961년에 처음 출간되었으며, 1983년에 재료와 주방 기구 등의 변화와 발전으로 일부 수정되었습니다. 한국어판은 2013년판을 옮겼습니다.
- 이 책의 외국어와 외래어 표기는 국립국어원의 외래어 표기법을 기준으로 했습니다. 그러나 관용적인 표기는 그대로 살렸고, 특히 프랑스에서 성과 수의 활용에 따라 발음이 달라지는 경우, 단어의 뜻을 제대로 전달하기 위해 의도적으로 원형의 발음대로 표기하기도 했습니다. (예를 들어, 달걀을 가리키는 *œuf*가 복수형 *œufs*가 되면 '외'라고 표기해야 하나, 단수형 '외프'로 적었습니다.)
- 한국어판의 도량형은 영어판의 야드파운드법 수치를 미터법으로 환산한 것이고, 독일어판과 스페인어판을 참고했습니다.
- 요리명 뒤에 ✛가 붙어 있으면 해당 요리를 응용한 레시피가 있다는 뜻이며, 이 표지가 앞에 붙어 있다면 참고할 기본 레시피가 있다는 뜻입니다.
- 레시피 중간에 [*]가 나오면 그 지점까지 미리 준비한 다음, 나머지는 나중에 완성해도 좋다는 뜻입니다.
- '※주' '※개정판 주'는 이 책의 집필진이 쓴 주석입니다.
- 이 책의 뒷부분에는 옮긴이가 한국 독자들의 이해를 돕기 위해 본문에 설명이 나오지 않은 용어들의 뜻을 풀어준 '옮긴이 주'가 실려 있습니다.
- 이 책의 맨 마지막에는 '요리 목록'이 실려 있어, 찾고 싶은 요리들의 쪽수를 알아낼 수 있습니다.
- 이 책 '제7장 고기'에서 집필진이 설명한 것처럼, 미국과 프랑스는 도축 방식이 다를 뿐만 아니라 같은 부위도 다르게 부릅니다. 이는 우리에게도 적용되는 것으로, 잘못된 정보를 전달하는 위험을 줄이기 위해, 미국육류수출협회에서 붙인 명칭을 활용하거나 미국식 단어를 발음대로 읽어주었습니다.
- 한국식 조리 용어로 대체했을 때 그 뜻을 온전하게 전달할 수 없는 미국식 조리 용어들은 우리말로 옮기지 않고 영어 발음을 표기했습니다. (예를 들어, 로스팅, 브레이징, 브로일링, 소테, 포칭 등 자주 나오는 단어들은 그대로 표기하고, 이에 관한 설명은 '옮긴이 주'에 적었습니다.)

# 주방 기구
*Batterie de Cuisine*

이론상 훌륭한 요리사라면 어떤 상황에서도 그럴듯한 요리를 만들어내야 할 것입니다. 그러나 조리 도구를 제대로 갖추면 요리가 훨씬 쉽고 즐거워지며, 효율성도 높일 수 있죠. 좋은 조리 도구는 한번 사면 몇 년은 쓸 수 있는 데다 그리 비싸지도 않습니다. 법랑 코팅된 커다란 무쇠 캐서롤은 여섯 대짜리 소갈비 가격과 비슷하고, 새끼양고기 다리 한 짝 값이면 큼직한 법랑 스킬릿을 마련할 수 있으며, 좋은 과도도 작은 양갈비 두 쪽 값 정도죠. 합리적인 가격대의 훌륭한 조리 도구를 구하려면 호텔이나 레스토랑에 납품하는 업소용 도매점에서 사는 것이 가장 좋습니다. 이곳에서 파는 조리 도구는 거칠게 다뤄지는 것을 염두에 두고 만들어져 튼튼하고 전문적입니다.

## 스토브와 오븐

**스토브**

스토브는 다양한 화력을 낼 수 있어야 하기 때문에, 주방이 넓고 가스압도 충분히 세다면 업소용 가스레인지를 들이는 것이 좋습니다. 그렇지 않다면 화력이 약한 가정용 가스레인지보다는 현대식 전기레인지가 훨씬 좋습니다.

**오븐**

열이 순간적으로 발산되는 가스 오븐과는 달리, 전기 오븐은 열이 더 균일하게 발산되어 페이스트리류(특히 머랭)를 굽는 데 적합합니다. 브로일링(broiling)에는 가스 오븐을 사용하는 것이 바람직하지만, 특히 열 조절 장치가 달린 전기 오븐이라면 가스 오븐에 뒤지지 않습니다. 가스 오븐과 전기 오븐을 모두 갖추는 것이 가장 이상적입니다.

# 냄비, 팬, 캐서롤

냄비, 팬, 캐서롤(casserole)은 바닥이 두꺼워야 안정감이 있고, 열전도율이 높은 재질이라야 음식이 바닥에 눌어붙어 타지 않습니다. 안쪽에 주석을 입힌 무거운 구리 재질도 좋지만 유지하는 데 비용이 많이 듭니다. 따라서 가장 좋은 것은 법랑을 입힌 무쇠 제품이나 안쪽이 스테인리스로 된 묵직한 알루미늄 제품입니다. 표면이 매끈해서 음식이 변색될 염려가 없고, 설거지하기도 쉽습니다. 바닥에 구리를 얇게 입힌 스테인리스 제품은 외양은 멋질지 몰라도 열전도율이 낮습니다. 바닥에 깔린 구리가 쓸모가 있으려면 두께가 최소한 약 3mm 이상이어야 하기 때문입니다. 한편 바닥에 알루미늄을 깐 주물 제품도 열을 고루 전달하여 좋습니다. 유약을 발라 구운 도기 제품도 좋지만, 표면에 실금이 생기면 사용을 중지해야 합니다. 갈라진 틈새로 기름이 스며들었다가 음식을 조리할 때마다 밖으로 배어나오기 때문입니다. 내열유리와 내열자기 제품도 좋지만 깨지기 쉽다는 결정적인 단점이 있습니다. 두꺼운 알루미늄과 무쇠는 열전도율은 높지만 화이트 와인이나 달걀노른자가 들어가는 요리를 하면 변색됩니다. 이 같은 문제 때문에 이 책의 몇몇 레시피에서는 법랑 소스팬을 쓰라고 구체적으로 명시해두었습니다. 이 경우 법랑 코팅된 무쇠, 스테인리스, 주석을 입힌 구리, 내열유리, 유약을 바른 도기나 자기 등 녹슬거나 착색되지 않는 재질의 팬을 쓰면 됩니다.

## 구리 냄비

열을 고루 전달하고 쉽게 식지 않는 구리 냄비는 만족도가 가장 높은 조리 도구입니다. 안쪽에 주석을 입힌 덕에 음식 색이 변할까봐 염려할 필요도 없습니다. 요새는 전시 또는 장식 효과를 위한 구리 냄비며 솥을 무척 많이 팝니다. 보통 얇고 반짝이는 데다 광택이 뛰어난 황동 손잡이가 달려 있죠. 그러나 구리 냄비가 실용적인 조리 도구로서 가치가 있으려면 두께는 약 3mm 이상에다 손잡이는 묵직한 철제여야 하며, 안쪽에 주석을 얇게 입혀야 합니다. 주석 부분은 사용할수록 점점 닳아서 결국 구리가 드러나기 때문에 몇 년마다 새로 입혀야 합니다. 구리 냄비의 주석이 벗겨졌다면, 일단 조리 직전에 안쪽을 문질러 닦은 뒤 조리를 마치자마자 음식을 다른 그릇으로 옮기면 됩니다. 조리가 끝난 음식을 계속 담아두면, 유해한 화학반응이 일어날 수 있습니다. 그러므로 주석이 벗겨진 구리 냄비는 발견 즉시 새로 코팅을 맡기는 것이 좋습니다.

이처럼 구리 냄비는 주석 코팅에 신경 써야 할뿐더러 닦는 것도 문제입니다. 쉽게 변색되기 때문입니다. 시중에 많이 나와 있는 간편한 구리 제품 전용 세척제를 써도 좋지만, 가정에서 직접 만들 수도 있습니다. 식초 ½컵에 소금과 분말 연마제를 ¼컵씩 섞으면 훌륭한 홈메이드 세척제가 완성됩니다. 이 혼합액을 구리 표면에 문지르는데, 변색이 심할 경우에는 철수세미를 쓰면 됩니다. 뜨거운 물로 헹궈낸 뒤 냄비 안쪽의 주석 코팅 부분은 연마제를 묻힌 철 수세미로 닦으면 되지만, 냄비를 조리에 사용한 적이 있다면 절대 샀을 당시와 같은 광택을 되살릴 수는 없으므로 기대해서는 안 됩니다. (안타깝지만 세척할 때마다 아주 조금씩 주석 코팅이 벗겨질 수밖에 없다는 것을 유념하세요.)

구리 냄비를 내용물이 없는 상태로 불 위에 두면 안쪽에 입힌 주석이 녹을 수 있으니 주의해야 합니다. 구리 프라이팬에 고기를 구울 때 역시 같은 이유로 불 조절에 특별히 신경 써야 합니다. 조리하는 도중에 주석 부분이 군데군데 반짝이기 시작하면 불을 줄이세요.

## 논스틱 코팅 냄비와 팬

이 책의 초판본이 출간된 이후, 시중에는 음식이 달라붙지 않도록 특수한 재질로 코팅한 조리 도구들이 많이 나왔으며, 기술 발전으로 코팅의 내구성도 더욱 좋아졌어요. 저 역시 논스틱(non-stick) 코팅 베이킹 트레이와 케이크 틀, 머핀 팬 등에 열광하고 있습니다. 그중에서도 가장 만족스러운 것은 프라이팬입니다. 코팅 프라이팬은 특히 오믈렛이나 감자 소테, 해시브라운을 만들 때 더없이 유용합니다. 하지만 코팅된 표면은 무척 조심해서 다루어야 합니다. 금속이 아닌 나무나 플라스틱 도구를 사용하고, 장난이 심하거나 조리와 무관한 사람은 아예 손을 못 대게 해야 합니다. 무엇보다 코팅 상태가 영원히 유지될 거라는 기대는 버리는 것이 좋습니다.

## 법랑 코팅한 주물 재질 조리 도구

타원형 캐서롤

캐서롤은 원형보다 타원형이 더 실용적입니다. 스튜나 수프 외에도 커다란 닭이나 로

스트용 고기를 통째로 넣을 수 있기 때문입니다. 가로, 세로, 깊이가 각각 약 15cm, 20cm, 9cm쯤 되는 약 2L 용량의 캐서롤과 약 23cm, 30cm, 15cm인 7~8L짜리 캐서롤을 함께 갖추면 쓸모가 많습니다.

오븐용 용기

원형이나 타원형 오븐용 용기는 닭고기나 오리고기, 기타 육류를 통째로 구울 때 쓸 수 있으며, 그라탱 용기로도 활용할 수 있습니다.

소스팬

다양한 크기의 소스팬은 꼭 갖춰야 하는 조리 도구입니다. 금속 손잡이가 달린 소스팬은 오븐에 넣을 수도 있습니다.

전문가용 스킬릿과 소테 팬

전문가용 스킬릿은 옆면이 비스듬한 프라이팬으로, 프랑스어로 푸알(*poêle*)이라고 합니다. 재료를 노릇노릇하게 지지거나, 양송이버섯과 닭 간 등 작게 썬 재료를 익힐 때 유용합니다. 긴 손잡이 덕에 담긴 음식을 일일이 뒤집는 대신 흔들어가며 익힐 수 있습니다. 소테 팬(sauté pan), 일명 소투아르(*sautoir*)는 옆면이 일직선이며, 보통 작은 스테이크나 간, 얇게 썬 송아지고기, 닭고기 같은 재료를 노릇하게 구운 뒤 뚜껑을 덮고 속까지 익힐 때 많이 씁니다.

**일반적으로 많이 쓰는 냄비, 로스터, 채소용 필러, 스푼, 스패출러 등을 제외한 유용한 조리 도구들**

주방용 칼 및 칼날 버리기

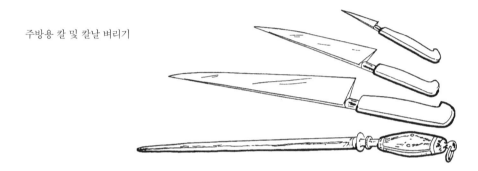

주방용 칼은 아주 날카로워야 합니다. 그렇지 않으면 썰거나 다질 때 재료가 뭉개지거나 으깨집니다. 칼날로 토마토를 그었을 때 칼의 무게만으로 껍질에 바로 칼집이 난다면 날카롭다고 할 수 있습니다. 하지만 아무리 예리한 칼날이라도 그 상태가 오래 유지되지는 않습니다. 그러므로 필요할 때마다 가는 것이 중요합니다. 무쇠 칼은 벼리기는 쉽지만, 녹이 슬어 변색이 잘 된다는 단점이 있습니다. 대신 품질이 뛰어난 스테인리스 칼을 주방용품점에서 사는 것이 좋습니다. 칼의 품질을 시험해보는 가장 좋은 방법은 먼저 작은 칼을 사서 직접 사용해보는 것입니다. 그림에 보이는 칼들은 프랑스 요리 전문가용으로, 썰기, 다지기, 뼈 바르기 등 다양한 용도에 쓰입니다. 좋은 칼을 고르기 힘들다면, 단골 정육점 직원이나 전문적인 교육을 받은 셰프에게 물어보는 것도 하나의 방법입니다.

주방용 칼은 사용한 뒤 곧장 손으로 하나씩 따로 씻어서 보관해야 합니다. 변색된 칼날은 철수세미와 연마제를 쓰면 광택이 다시 살아납니다. 칼은 손이 닿기 쉬운 벽에 전용 자석 홀더를 설치하고 붙여서 보관하는 것이 실용적입니다. 그렇게 하면 다른 물건에 부딪혀서 칼날이 무뎌지거나 이가 나가는 것을 방지할 수 있습니다.

음식을 휘젓는 용도로 쓰려면 나무 스푼보다 나무 스패출러가 더 실용적입니다. 표면이 평평해서 팬이나 볼 안쪽에 붙은 내용물까지 말끔하게 긁어낼 수 있기 때문입니다. 한편 고무 주걱은 볼이나 팬에 담긴 소스를 긁어낼 때, 음식을 휘젓거나 폴딩해서 섞을 때, 소스 등을 바를 때 매우 유용합니다. 보통 나무 스패출러는 프랑스 수입품 전문점에서만 살 수 있지만 고무 주걱은 거의 모든 주방용품점에서 쉽게 찾아볼 수 있습니다.

거품기

거품기는 달걀, 소스, 통조림 수프 등을 젓거나 재료를 고루 섞을 때 유용합니다. 특히 한 손만 쓰기 때문에 양손을 동원해야 하는 회전식 달걀 믹서(rotary egg mixer)보다 더 편리합니다. 크기는 소형부터 초대형까지 다양하며, 선택의 범위가 가장 넓은 곳은 업소용 주방용품점입니다. 가정에서는 그림 맨 왼쪽에 있는 달걀흰자 전용 거품기를 포함한 다양한 크기의 거품기가 있어야 하는데, 그 용도는 217쪽에서 설명하겠습니다.

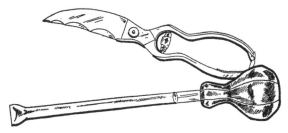

조리용 스포이트와 가금류 전용 가위

조리용 스포이트(bulb baster)는 캐서롤 안의 고기와 채소에 소스나 양념을 끼얹을 때, 또는 로스팅한 고기에서 배어난 기름을 제거할 때 유용합니다. 일부 플라스틱 재질의 스포이트는 뜨거운 기름이 닿으면 녹을 수 있으므로, 관의 끝부분이 금속으로 되어 있는 제품을 사는 것이 좋습니다. 가금류 전용 가위는 가금류를 튀기거나 굽기에 앞서 관절을 자를 때 필요합니다. 스테인리스보다는 강철로 만든 제품이 날을 버리기 쉬우므로 더 실용적입니다.

체와 공이

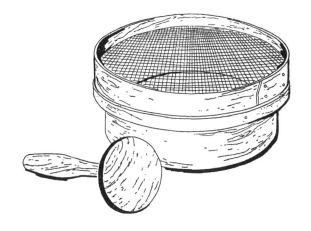

프랑스에서는 식품의 입자를 곱게 만들 때 스테인리스 재질의 원통형 체를 씁니다. 으깬 바닷가재 껍데기와 버터 같은 재료를 체 위에 올려놓고 공이로 문질러 거릅니다. 원통형이 아닌 체는 대개 넓은 볼이나 푸드 밀 위에 얹어놓고 쓰면 됩니다.

푸드 밀과 갈릭 프레스(마늘 다지개)

푸드 밀(food mill)과 갈릭 프레스(garlic press)는 수많은 주방용품 가운데서도 손꼽힐 만큼 유용한 도구입니다. 푸드 밀은 수프나 소스, 채소, 과일, 생선, 무스 재료 등을 으깰 때 씁니다. 가장 추천하고 싶은 형태는 지름 약 14cm의 강판 3개가 딸린 제품입니다. 강판은 구멍 크기에 따라 대, 중, 소로 나뉘어서 용도에 맞게 갈아 끼울 수 있습니다. 갈릭 프레스는 껍질을 벗기지 않은 마늘이나 조각낸 양파를 으깰 때 사용합니다.

푸드 프로세서

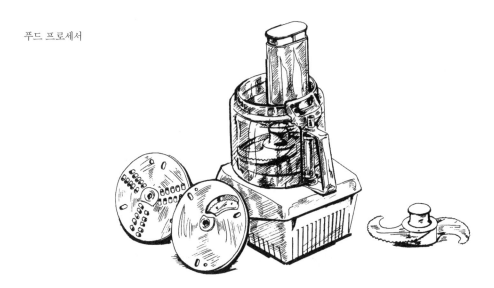

이 멋진 기계가 우리 주방에 등장한 것은 1970년대 중반으로, 이 책의 초판이 출간된 지 무려 15년이 흐른 뒤였습니다! 푸드 프로세서(food processer)는 조리 과정에 혁신을 불러일으켜, 가장 섬세한 '오트 퀴이진' 요리 중 하나인 무스를 단 몇 분 만에 아이들 놀이처럼 만들 수 있게 탈바꿈시켰습니다. 이 기계는 슬라이스하기, 썰기, 으깨기 등 칼로 할 수 있는 온갖 조리 과정을 단시간에 해내는 것은 물론이고, 파이 크러스트 반죽이나 마요네즈, 이스트 반죽까지 훌륭하게 만들어냅니다. 전문 요리사는 모두 푸드 프로세서를 사용하며, 특히 합리적인 가격대의 제품이 나온 이후로는 더욱 보편화되었습니다.

절구와 절굿공이

목재나 도자기 재질의 작은 절구는 허브를 짓찧거나 견과류를 빻을 때 유용합니다. 더 큰 절구는 보통 대리석 재질로, 갑각류나 포스미트(forcemeat) 등을 빻거나 으깰 때 씁니다. 하지만 최근에는 전기 블렌더나 미트 그라인더, 푸드 밀을 사용하는 경우가 많습니다.

다목적 전기 믹서
1. 달걀용 거품기
2. 밀가루 반죽용 갈고리
3. 되직한 튀김옷 반죽이나
   간 고기 등을 뒤섞을 때 쓰는
   납작한 젓개

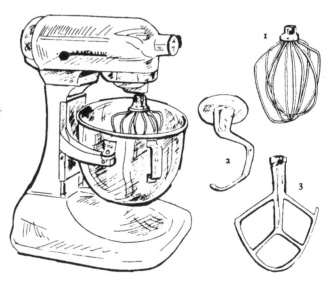

다목적 전기 믹서는 많은 양의 고기 반죽이나 과일 케이크 반죽, 이스트 반죽을 쉽게 만드는 것은 물론, 달걀흰자를 단단하게 휘핑하는 일도 간단히 해냅니다. 이 기계에 장착된 거품기는 스스로 회전하면서 전용 믹싱볼 내에서 빙빙 돌기 때문에 달걀흰자를 전체적으로

계속 저을 수 있습니다. 또한 고기를 갈아 소시지 속을 채워넣을 수 있는 튜브가 달린 미트 그라인더와 믹싱볼 아래 받쳐서 쓰는 워터 재킷(water jacket) 역시 유용합니다. 이 정도의 사양을 갖춘 전기 믹서는 비싸지만 매우 견고해서 요리를 많이 한다면 평생의 동반자가 될 수 있습니다.

# 용어 정의

지금까지 이 책에서는 요리를 하는 사람이라면 누구나 익히 알 만한 일반적인 미국식 조리 용어를 사용했지만, 이번 장에서는 자칫 잘못 이해할 수 있는 몇몇 프랑스 조리 용어들의 정확한 의미를 밝혀두겠습니다.

### 그라티네(*gratiner*)

소스를 끼얹은 요리를 뜨거운 브로일러에 넣어 상단이 노릇해질 때까지 굽는 것입니다. 소스 위에 빵가루나 강판에 간 치즈 가루, 작게 조각낸 버터를 뿌려서 구우면 부분적으로 연갈색이 돌아 더 먹음직스럽게 보입니다.

### 나페(*napper*, nap)

음식에 소스를 끼얹는 것을 말합니다. 이때 소스의 농도는 음식에서 미끄러지지 않을 만큼 걸쭉하되, 음식의 형태가 그대로 드러날 정도로 묽어야 합니다.

### 나페 라 퀴이예르(*napper la cuillère,* coat a spoon)

프랑스에서 소스의 농도를 묘사할 때 쓰는 유일한 표현일 듯합니다. 크림수프에 스푼을 담갔다가 빼면 스푼 표면에 수프가 얇게 코팅되며, 음식에 끼얹는 소스에 스푼을 담갔다가 빼면 표면에 소스가 꽤 두껍게 코팅됩니다.

### 데그레세(*dégraisser,* degrease)

뜨거운 액체의 표면에 쌓인 기름기를 제거하는 기술입니다.

### 소스, 수프, 스톡

약하게 끓고 있는 소스나 수프, 스톡에 뜬 기름기는 손잡이가 긴 스푼으로 얇은 기름층을 긁어내듯이 떠내면 제거할 수 있습니다. 이 단계에서 전부 제거하지 않아도 됩니다. 남은 기름기는 조리가 끝난 뒤에 완전히 제거합니다. 액체가 아직 뜨겁다면 기름기가 모두 위로 떠오르도록 5분쯤 그대로 둡니다. 그다음 더 무거운 기름기를 한쪽으로 모아 쉽게 제거할 수 있도록 솥이나 냄비를 약간 기울여 스푼으로 떠냅니다. 기름기를 최대한 걷어내고 나면(이 작업은 결코 단시간에 끝나지 않습니다), 액체의 표면에 키친타월을 살짝 담가 남은 기름층을 말끔히 걷어냅니다. 물론 가장 쉬운 방법은 액체를 차갑게 식혀서 표면에 굳어 있는 기름기를 걷어내는 것입니다.

### 로스트

고기를 로스팅하는 도중에 팬 바닥에 고인 기름기를 제거하려면, 기름이 한쪽 귀퉁이에 모이도록 팬을 살짝 기울인 채 조리용 스포이트로 빨아올리거나 큰 스푼으로 떠냅니다. 이 단계에서 기름기를 완전히 제거할 필요는 없으므로 눈에 띄는 것만 대충 없애고, 오븐이 식지 않도록 재빨리 끝냅니다. 시간을 오래 끌었을 경우, 예정된 오븐 작동 시간에 몇 분을 더 추가합니다.

고기가 다 구워지면 팬에서 꺼낸 다음, 로스팅팬을 기울여 조리용 스포이트나 스푼으로 한쪽 귀퉁이에 모인 기름기를 떠냅니다. 소스를 만들 때 사용할 갈색 육즙은 그대로 둡니다. 고기 기름을 1~2테이블스푼 정도 남겨서 소스에 섞으면 풍미와 무게감을 더할 수 있습니다.

특히 고기에서 배어난 육즙의 양이 많을 경우, 기름기를 제거하는 방법은 다음과 같습니다. 물에 적신 면포를 체에 2~3겹 깔고 얼음을 넉넉히 담은 뒤 소스팬 위에 걸쳐놓습니다. 여기에 기름기와 육즙을 부으면 기름기는 차가운 얼음에 닿아 응고되고 육즙만 소스팬 안으로 떨어집니다. 이 과정에서 얼음이 녹아 육즙에 섞이기 때문에, 걸러낸 육즙은 센 불에 단시간 졸여내 풍미를 농축하면 됩니다.

### 캐서롤

스튜나 도브, 그 밖에 캐서롤에 담아 조리하는 요리의 경우, 캐서롤을 기울여 기름기를 한쪽으로 모은 뒤 스푼으로 떠내거나 조리용 스포이트로 빨아올립니다. 또는 뚜껑을 비스듬히 덮고 양쪽 엄지손가락으로 꽉 누른 채 두 손으로 캐서롤을 들어서 안에 담긴 액체를 전부 다른 팬에 따라 낸 뒤 팬에서 기름기를 제거하고 다시 캐서롤에 붓는 방법도 있습니다.

※ 개정판 주: 현재는 시중에서 효율적인 기름 분리기(fat separator)를 구할 수 있습니다. 뜨거운 상태의 육즙을 피처에 부어서 기름층이 분리되면 아래쪽에 달린 뾰족한 주둥이를 통해 맑은 육즙을 따라내다가, 탁한 지방층이 내려오면 따르는 것을 멈추면 됩니다.

### 데글라세(*déglacer*, **deglaze**)

고기를 로스팅하거나 소테한 뒤, 팬에 남아 있는 기름을 제거한 다음 액체를 붓고 약한 불로 끓이면 고기가 익으면서 바닥에 눌어붙은 육즙의 향미가 끓는 액체에 배어듭니다. 소스에 고기의 향미를 입힐 수 있으므로, 모든 육즙 소스를 만들 때 아주 중요한 단계입니다. 이렇게 만들어진 소스는 고기와의 궁합이 돋보입니다.

### 라프레시르(*rafraîchir*, **refresh**)

뜨거운 음식을 찬물에 담가 재빨리 식혀 더 익는 것을 막거나, 찬물에 담가 식힌 뒤 불순물을 깨끗이 씻는 것을 가리킵니다.

### 레뒤이르(*réduire*, **reduce**)

액체를 졸여서 양을 줄이고 맛과 향을 응축한다는 뜻입니다. 소스를 만들 때 중요한 단계입니다.

### 레뒤이르 앙 퓌레(*réduire en purée*, **purée**)

질감이 단단한 식품을 짓이겨서 사과 소스나 매시트포테이토 같은 곤죽 상태로 만든다는 뜻입니다. 절구, 미트 그라인더, 푸드 밀, 블렌더를 쓰거나 체에 눌러 통과시키는 방법을 씁니다.

### 마세레(*macérer*, **macerate**), 마리네(*mariner*, **marinate**)

다른 향미를 더하거나 질감을 연하게 만들기 위해 액상 양념에 재우는 기법입니다. '마세레'는 설탕과 주류에 재운 체리처럼 대개 과일류에 적용되는 용어이지만, '마리네'는 레드 와인에 재운 소고기처럼 육류에 사용하는 용어입니다. 한편 '마리나드(*marinade*)'는 피클용 단촛물이나 소금물 또는 와인과 식초, 기름, 콩디망(*condiment*)을 섞어서 만든 용액을 일컫습니다.

### 멜랑제(*mélanger*, **blend**)

스푼이나 포크, 스패출러 등으로 음식을 가볍게 뒤섞는다는 뜻입니다.

## 부이르(*bouillir,* boil)

엄밀히 말해, 액체를 가열해 물결이 일며 거품이 올라오면 끓는다고 합니다. 하지만, 실제로는 끓는 강도를 셋으로 나누어 약하게, 중간 정도로, 팔팔 끓이기로 정의할 수 있습니다. 액체를 약한 불에서 끓이면 이따금 공기 방울이 올라오고 다른 부분은 거의 움직임이 없는데, 이것을 '미조테(*mijoter*)'라고 합니다. 이보다 더 약한 불에서 끓이면 거품이 전혀 올라오지 않고 액체의 표면이 미세하게 떨리기만 합니다. '프레미르(*frémir*)'라고 부르는 이 조리법은 생선살이나 기타 섬세한 재료를 낮은 온도에서 포칭할 때 사용합니다.

## 브레제(*braiser,* braise)

기름을 두른 팬에서 재료 겉면만 색깔이 나게 지진 다음, 캐서롤에 옮기고 약간의 액체를 부어 뚜껑을 덮은 채 뭉근하게 익히는 조리 기술입니다. 특히 채소에 버터를 넣고 뚜껑을 덮어 익히는 것은 에튀베(*étuver*)라고 하지만, 영어로는 적당한 단어가 없기 때문에 이 또한 같은 용어를 씁니다.

## 블랑시르(*blanchir,* blanch)

끓는 물에 재료를 넣고 무르거나 숨이 죽을 때까지 가볍게 데치는 조리법입니다. 양배추나 양파 같은 채소의 강한 맛을 없앨 때나 베이컨의 짠맛과 훈연향을 빼고 싶을 때도 이 방법을 사용합니다.

## 소테(*sauter,* sauté)

재료를 아주 적은 양의 뜨거운 기름에 갈색이 나도록 굽고 익히는 조리법입니다. 보통 뚜껑이 없는 스킬릿을 씁니다. 스튜용 소고기의 경우처럼 겉면만 갈색이 돌게 구울 수도 있고, 슬라이스한 간처럼 이 과정에서 속까지 완전히 익힐 수도 있습니다. 소테는 가장 중요한 기본 조리 기술 가운데 하나로, 다음의 몇 가지 포인트를 놓치면 실패하기 쉽습니다.

1) 팬에 재료를 넣기 전, 기름을 붓고 연기가 나기 직전까지 매우 뜨겁게 가열합니다. 기름의 온도가 높지 않으면 재료 본연의 즙이 빠지며 노릇한 색깔도 잘 나지 않습니다. 소테용 유지류로는 돼지비계, 기름, 또는 버터와 기름을 함께 씁니다. 일반 버터는 발연점이 낮아서 권장 온도까지 가열하면 타기 쉬우므로 기름과 섞어서 사용하거나 정제해서 불순물을 없앤 뒤 사용합니다(55쪽).

2) 재료는 수분을 완전히 제거해야 합니다. 수분이 남아 있으면 재료와 기름 사이에 수증기가 발생해서 노릇한 색을 내기가 힘들어집니다.

3) 재료가 팬에 가득 담겨서는 안 됩니다. 소테할 때 재료 사이에 넉넉한 공간이 확보되

지 않으면 노릇하게 굽는 것이 아니라 재료를 찌는 모양새가 되고, 즙이 재료에서 빠져나와 탈 수 있습니다.

## 아로제(*arroser*, baste)

스푼으로 녹인 버터나 기름, 액체 등을 음식 위에 끼얹는다는 뜻입니다.

## 아세(*hacher*, mince)

재료를 아주 잘게 다진다는 의미입니다(68쪽 그림).

## 앵코르포레(*incorporer*, fold)

달걀흰자 같은 무른 재료를 수플레 반죽과 같이 더 되직한 재료에 살살 섞는 것을 말합니다. 자세한 설명과 그림은 219~220쪽을 참고합니다. 익힌 아티초크 하트나 송아지 뇌 등을 소스에 버무릴 때처럼 재료를 으깨거나 부서뜨리지 않고 조심스럽게 섞는 것을 뜻하기도 합니다.

## 쿠페 앙 데(*couper en dés*, dice)

재료를 약 3mm 크기의 작은 주사위 모양으로 깍둑썰기하는 기법입니다(70쪽 그림).

## 페르 소테(*faire sauter*, toss)

스푼이나 주걱을 사용하는 대신 뒤집듯 팬을 튕겨 조리 중인 음식을 뒤섞는 조리법입니다. 팬케이크를 공중으로 띄워서 뒤집는 것을 생각하면 됩니다. 이 기술은 채소를 조리할 때도 유용한데, 별도의 도구를 쓰지 않아서 채소의 모양을 망가뜨릴 위험이 적기 때문입니다. 뚜껑을 덮은 캐서롤에서 조리할 때는 엄지손가락으로 뚜껑을 단단히 누른 채 양쪽 손잡이를 움켜쥐고 가볍게 원을 그려가며 위아래로 흔듭니다. 그러면 캐서롤 안의 내용물이 뒤섞이면서 아래쪽에 있던 것들이 위로 올라와 균일하게 익습니다. 뚜껑이 없는 스킬릿의 경우, 엄지손가락이 위로 가도록 두 손으로 손잡이를 잡고 앞뒤로 미끄러뜨리듯 흔듭니다. 스킬릿을 몸쪽으로 당길 때마다 아주 가볍게 위로 쳐드는 것이 요령입니다.

## 포셰(*pocher*, poach)

매우 약하게 끓는 액체에 재료를 담가서 익히는 조리법입니다. 이 용어는 '버터에 포셰한 닭가슴살 요리'처럼 액체가 재료에 스며들어 촉촉하게 익힌다는 의미로 쓰이기도 합니다.

**푸에테(*fouetter*, beat)**

스푼이나 포크, 거품기, 자동 휘핑기 등으로 음식이나 액체를 세게 저어 고루 섞는 것을 말합니다. 이때 어깨를 쓰면 금세 지칠 수 있으므로 팔꿈치부터 손목까지의 근육을 사용할 수 있도록 연습합니다.

용어 정의

# 재료

와인과 증류주, 그 밖에 푸아그라, 트러플 정도를 제외하면 이 책에서 등장하는 재료는 모두 미국 슈퍼마켓에서 구할 수 있습니다. 다음은 그중 몇 가지 재료에 관한 설명입니다.

## 골수(*mœlle*)

골수는 소의 정강이뼈 안에 든 지방질을 가리키는 용어로, 약하게 끓는 물에 삶아서 소스, 가니시, 카나페 등을 만들 때 씁니다. 기본 손질법은 다음과 같습니다.

| | |
|---|---|
| 소 정강이뼈 1개(약 12cm) | 소뼈를 세워놓고 클리버(cleaver)로 반으로 쪼갭니다. 한쪽에서 골수를 되도록 통째로 분리한 뒤, 뜨거운 물에 담갔던 칼로 슬라이스하거나 깍둑썰기합니다. |
| 부용 또는 소금물 | 조리에 앞서 부용이나 소금물에 넣고 부드러워질 때까지 3~5분쯤 데친 뒤 물기를 제거해서 씁니다. |

## 기름(*huile*)

고전적인 프랑스식 레시피에서는 요리와 샐러드에 무향·무미의 식물성 기름을 주로 사용하는데, 땅콩이나 옥수수, 목화씨, 참깨, 양귀비씨, 그 밖에 이와 유사한 재료에서 짜낸 기름입니다. 지중해식 요리에 많이 쓰는 올리브유는 특성이 너무 강해서 요리의 미묘한 풍미를 살리는 데 방해가 됩니다. 이 책에서는 어떤 기름을 사용하든 별 차이 없는 레시피의 경우 단순히 '기름'이라고 적었습니다.

## 밀가루(*farine*)

미국의 밀가루는 대부분 경질소맥(hard wheat)이지만, 보통 프랑스 가정에서는 연질 소맥(soft wheat)으로 만든 밀가루를 씁니다. 또한 프랑스 밀가루는 대부분 표백을 거치지 않습니다. 그래서 밀가루가 들어가는 프랑스식 레시피를 미국에서 시도하면 결과물이 질적으로 다를 수밖에 없습니다. 그 차이는 특히 이스트 반죽과 페이스트리에서 두드러집니다. 미국 밀가루로 프랑스 밀가루와 최대한 비슷한 효과를 내기 위해 노력한 결과, 무표백 중력분과 표백 박력분을 각각 3:1 비율로 섞으면 된다는 것을 알아냈습니다.

케이크와 페이스트리를 만들 때는 밀가루를 정확히 계량해서 써야 실패를 면할 수 있습니다. 가장 좋은 방법은 저울을 이용하는 것으로, 특히 많은 양을 조리할 때는 꼭 필요합니다. 그러나 일반 가정에서라면 다음 설명과 같이 컵과 스푼을 사용하는 것만으로도 충분합니다.

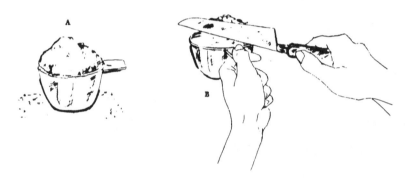

이 책에서 밀가루를 계량할 때는 항상 건식 재료용 계량컵을 밀가루 통에 직접 넣고 밀가루를 수북하게 퍼 담습니다(A). 이때 계량컵을 흔들거나 밀가루를 꾹꾹 누르지 않습니다. 밀가루의 높이가 계량컵 가장자리와 수평을 이루도록 칼등으로 평평하게 깎아서 소복히 담긴 밀가루를 덜어냅니다(B). 계량컵에 담긴 밀가루만 체에 칩니다.

이 책의 초판본에서는 밀가루를 항상 체에 쳐서 사용했고, 체 아래쪽에 계량컵을 받쳐 놓고 그 위에서 밀가루를 쳐서 내리는 방식을 권장했습니다. 그러나 똑같은 1컵이라도 박력분은 중력분보다 중량이 덜 나가기 때문에 이러한 방식은 여러모로 번거로웠습니다. 대신 앞의 그림처럼 계량컵에 밀가루를 수북하게 담은 뒤 평평하게 깎는 방식이 훨씬 쉽고 확실합니다. 다음 제시된 도표는 그림과 같은 방식으로 계량한 밀가루의 대략적인 중량을 정리한 것입니다.

계량컵에 담아 위를 평평하게 깎은 밀가루의 부피와 실제 밀가루 중량

| | | |
|---|---|---|
| 3½컵 | 1lb | 450g |
| 1컵 | 5oz | 140g |
| ¾컵 | 3½oz | 100g |
| ⅔컵 | 3¼oz | 90g |
| ½컵 | 2½oz | 70g |
| ⅓컵 | 1½oz | 40g |
| 1TS | ¼oz | 7g |
| 3¾컵 | 17½oz | 490g |

※ 주: 프랑스 요리 레시피에서 밀가루 1큰술(*1 cuillère de farine*)은 보통 프랑스에서 쓰는 테이블스푼으로 수북하게 1술, 또는 15~20g을 가리킵니다. 이것은 미국에서 평평하게 깎은 2테이블스푼에 해당합니다.

## 버터(*beurre*)

살균된 스위트 크림 대신 유지방이 풍부한 발효 크림으로 만드는 프랑스 버터는 염분이 없고, 특유의 고소한 향이 납니다. 이 책에서는 케이크 아이싱이나 특별히 재료에 무염 버터를 명시한 몇몇 디저트 레시피를 제외하면, 미국의 가염 버터와 프랑스 버터 가운데 어느 것을 써도 상관없습니다.

※ 주: 최근 미국에서는 무염 버터를 '스위트 버터'라고 부르는 추세입니다. 이러한 이름 자체는 꽤 매력적이지만, 엄밀히 말해 비발효 스위트 크림으로 만든 버터는 가염 여부와 상관없이 스위트 버터라고 불립니다.

### 정제 버터(*beurre clarifié*)

일반 버터를 가열해서 액체 상태로 녹이면 소스팬 바닥에 하얀 찌꺼기가 가라앉습니다. 정제 버터는 그 위에 떠 있는 맑고 노란 액체를 가리킵니다. 밑에 가라앉는 것은 일반 버터를 가열했을 때 까맣게 타는 성분으로, 이를 분리한 정제 버터는 일반 버터보다 발연점이 높아서 쉽게 타지 않습니다. 정제 버터는 동그랗게 자른 카나페용 빵 또는 뼈와 껍질을 제거한 닭가슴살처럼 섬세한 재료를 노릇하게 소테할 때 사용합니다. 또한 브라운 버터 소스의 기본 재료가 되며, 특히 입자가 고운 브라운소스에 넣을 루를 볶을 때 쓰이기도 합니다. 버터를 정제하려면 우선 버터를 적당한 크기로 잘라 소스팬에 넣고 중간 불로 가열합니다. 버터가 완전히 녹으면 표면의 거품을 걷어내고, 바닥의 침전물을 남기고 맑은 노란색 액체만 걸러 큰 볼에 옮겨 담습니다. 침전물은 수프나 소스

에 섞으면 진한 맛과 점성이 살아납니다.

*버터 온도와 버터 거품*

이 책에서는 오믈렛을 만들기 위해 버터를 뜨거운 팬에 녹이거나 소테하기 전 버터와 기름을 가열할 때 버터 거품이 특정한 모양을 띨 때까지 기다리라고 할 것입니다. 이는 거품의 상태가 버터 온도를 알려주는 확실한 지표이기 때문입니다. 버터가 막 녹기 시작했을 때는 거품이 거의 나지 않으며, 이때 온도로는 재료를 노릇하게 소테할 수 없습니다. 열을 계속 가하면 버터에 함유된 수분이 증발하면서 거품이 보글보글 일기 시작하지만, 이렇게 거품이 이는 동안에도 버터 온도는 기껏해야 약 100℃쯤으로 그리 높지 않습니다. 버터가 열을 받으며 수분이 거의 다 증발하면 거품이 점점 가라앉는 것이 보입니다. 이어 거품이 거의 완전히 잦아들면서 연한 갈색이 되고, 진한 갈색으로 변했다가 결국 시커멓게 타는 것을 확인할 수 있습니다. 버터에 기름을 약간 섞으면 발연점이 높아져서 버터만 썼을 때보다 더 높은 온도까지 가열해도 타지 않지만, 눈에 보이는 일련의 과정은 같습니다. 따라서 달걀이나 고기를 팬에 넣는 시점은 녹아서 뜨거워진 버터가 갈색으로 변하기 전으로, 버터의 상태를 보면 쉽게 알 수 있습니다. 거품이 계속 인다면 잠시 기다립니다. 거품이 가라앉기 시작하는 것이 보이면 버터가 충분히 뜨거워진 것이므로 재료를 넣어 조리를 시작해도 됩니다.

## 베이컨(*lard de poitrine fumé*)

전통적인 프랑스 요리 레시피에 쓰이는 베이컨은 훈제 과정을 거치지 않은 신선한 무염 베이컨(*lard de poitrine frais*)으로 미국에서는 찾아보기 힘듭니다. 따라서 이 책에서는 보통 염장 돼지고기보다 신선한 맛이 특징인 훈제 베이컨을 사용했고, 특유의 훈연 향을 없애기 위해 항상 약하게 끓는 물에 데쳐서 씁니다. 이 과정을 거치지 않으면 요리에서 베이컨 맛만 날 수 있습니다.

*데치기*

냄비에 베이컨 약 110g당 물 1L 비율로 찬물을 붓고 베이컨을 넣습니다. 냄비를 불에 올리고 물이 끓기 시작하면 불을 줄여 약한 불로 10분 동안 삶습니다. 베이컨을 건져서 흐르는 찬물에 깨끗이 헹군 다음 키친타월로 물기를 제거합니다.

## 부케 가르니(*bouquet garni*)

부케 가르니란 파슬리, 타임, 월계수 잎을 하나로 묶은 것을 가리키는 용어로, 수프나 스튜,

소스, 브레이징한 육류와 채소 등에 풍미를 더하기 위해 사용합니다. 허브가 줄기나 잎의 모양이 그대로 살아 있는 신선한 상태라면 전체를 파슬리로 감싸 실로 묶으면 되고, 마른 허브라면 깨끗한 면포로 싸서 묶으면 됩니다. 이렇게 한 다발로 묶으면 각각의 허브가 국물에 떠다녀서 조리 과정 도중에 걷어낼 일이 없으며, 나중에 한꺼번에 들어내기도 쉽습니다. 셀러리, 마늘, 펜넬 등 다른 허브를 더할 수는 있지만, 이는 '셀러리 줄기를 포함한 중간 크기의 부케 가르니'와 같이 레시피에 구체적으로 언급된 경우로 한정합니다. 기본 부케 가르니는 작은 크기를 기준으로 파슬리 줄기 2대, 월계수 잎 ⅓장, 타임 줄기 1대 또는 ⅛티스푼으로 구성됩니다.

### 셜롯(*échalotes*)

셜롯은 작은 양파의 일종으로 약간의 마늘향과 섬세한 풍미가 특징입니다. 소스나 다른 요리의 스터핑, 기타 일반적인 요리에 은은한 양파 맛을 더할 때 씁니다. 셜롯이 없을 경우 골파의 흰 부분을 다져서 넣어도 됩니다. 셜롯과 골파 모두 없다면, 아주 곱게 다진 양파를 끓는 물에 1분 동안 데친 뒤 찬물에 헹궈 물기를 제거해서 씁니다. 레시피에서 아예 빼도 상관없습니다.

### 정과(*fruits confits*)

체리, 오렌지 필, 레몬, 살구, 안젤리카(angelica) 같은 과일류를 설탕에 조려 오래 저장할 수 있도록 만든 것을 가리킵니다. 표면은 대개 끈적거리지만 설탕옷을 입혀 끈적거리지 않게 만들 수도 있습니다. 정과는 다양한 디저트 레시피에 많이 쓰이며, 보통 식료품점에서 유리병이나 상자에 포장된 것을 종류별로 또는 섞어서 구입할 수 있습니다.

### 치즈(*fromage*)

프랑스 요리에서 가장 많이 쓰는 치즈는 스위스 치즈와 파르메산 치즈입니다. 미국에 수입되는 스위스 치즈는 두 가지 타입으로, 자잘한 구멍이 난 그뤼예르 치즈와 지방이 풍부하고 염분은 낮으며 구멍이 큰 에멘탈 치즈입니다. 이 책의 레시피에서는 어느 쪽을 사용해도 좋으며, 수입 스위스 치즈 대신 위스콘신에서 나는 스위스식 치즈를 써도 좋습니다. 프랑스 요리 레시피에서 가끔 보이는 프티 쉬이스(*petit suisse*)라는 크림치즈는 필라델피아 크림치즈와 비슷합니다.

### 크림(*crème fraîche, crème double*)

프랑스산 크림은 젖산과 천연 효소의 작용으로 걸쭉한 농도와 고소한 풍미를 얻은 발효 크림으로, 신맛이 나지 않습니다. 대량생산된 사워크림 제품은 유지방 함유량이 고작 18~20 퍼센트 정도여서 발효 크림을 대체할 수 없으며, 가열할 경우 멍울져 분리되기도 합니다. 프랑스산 크림은 유지방 성분이 최소 30퍼센트 이상입니다. 이 크렘 프레슈(crème fraîche)를 쓰는 레시피의 경우, 유지방 함유량이 비슷한 미국산 휘핑크림을 대신 사용할 수 있습니다. 여기에 버터밀크를 약간 섞어 걸쭉하게 만들면 프랑스산 크림과 꽤 비슷한 맛이 나고, 가열 해도 멍울져 분리되지 않으며, 냉장고에서 열흘 이상 보관이 가능합니다. 이렇게 만든 크림 은 과일이나 디저트에 곁들이거나 요리용으로 사용할 수 있습니다.

시판 버터밀크 1ts
휘핑크림 1컵

휘핑크림에 버터밀크를 섞어 30℃ 이하의 미지근한 온도로 중탕합니다. 유 리병에 이를 붓고 뚜껑을 살짝 덮은 뒤 15~30℃의 온도에서 걸쭉해질 때까 지 그대로 둡니다. 더운 날에는 5~8시간, 추운 날에는 24~36시간이 걸립니 다. 마지막으로 크림을 고루 휘저은 다음 뚜껑을 닫고 냉장고에 보관합니다.

※ 주: 비발효 또는 스위트 크림을 프랑스에서는 '플뢰레트(fleurette)'라고 부릅니다.

### 트러플(truffes)

트러플은 지름 약 2.5~5cm 크기의 둥그스름하고 냄새가 강한 검은색 주름진 버섯으로, 프랑스와 이탈리아의 일부 지역에서 매년 12월 초부터 1월 말까지 채취됩니다. 트러플의 가격은 사시사철 비쌉니다. 트러플 채취 기간에 프랑스를 방문한 여행객은 누구나 신선한 트러플이 뿜어내는 기막힌 향을 잊지 못합니다. 통조림 트러플 역시 훌륭하긴 하지만 신선한 트러플 본연의 풍미를 느끼기에는 많이 부족합니다. 대신 통조림 트러플에 마데이라 와인 1~2테이블스푼을 넣고 30분쯤 지난 뒤 사용하면 트러플의 풍미를 더욱 살릴 수 있습니다. 트러플은 스크램블드에그나 오믈렛을 장식할 때, 그리고 고기가 들어간 스터핑과 파테, 각종 소스를 만들 때 씁니다. 소스와 스터핑에 통조림 국물을 추가하면 요리에 트러플의 풍미가 더 강해집니다. 쓰고 남은 통조림 트러플은 냉동 보관할 수 있습니다.

### 허브(herbes)

고전적인 프랑스식 레시피에서 허브를 사용하는 경우는 여느 미국인들이 생각하는 것보다 훨씬 드뭅니다. 연중 쓰는 파슬리, 타임, 월계수 잎, 타라곤과 제철에 나는 신선한 차이브와 처빌 정도가 있습니다. 이밖에 지중해 연안 프랑스에서는 바질, 펜넬, 오레가노, 세이지, 사프란 등도 자주 씁니다. 프랑스 사람들은 허브가 '요리의 악센트'이자 보완제일 뿐, 주재료 본래의 풍미를 지배할 정도가 되면 결코 안 된다고 생각합니다. 당연한 말이지만 허브는 신선한 상태로 쓰는 것이 가장 좋으며, 몇몇 종류는 냉동 보관하기 쉽습니다. 주변에서 살 수 있는 말린 허브 역시 대체로 훌륭합니다. 말리거나 냉동한 허브를 사용할 때는 본연의 맛과 향이 유지되어 있는지 꼭 확인하세요.

*월계수 잎에 관해*
미국산 월계수 잎은 유럽산에 비해 향이 더 강하고 맛도 조금 다릅니다. 이 책에서는 미국의 유명 향신료 회사에서 수입해 포장 판매하는 월계수 잎을 쓸 것을 권장합니다.

# 계량

전 세계 국가에서 1파인트(pint, pt)는 곧 1파운드(pound, Ib)를 가리키며, 오직 영국에서만 물 1파인트가 1.25파운드에 해당합니다. 이 책에 나오는 모든 계량 수치는 전자의 규칙을 따릅니다. 다음의 표는 프랑스식 계량값과 가장 가까운 미국식 계량값을 비교 정리한 것입니다.

| 미국식 스푼/컵 | 프랑스식 계량 | 액량 온스(oz) | 액량 그램(g) |
|---|---|---|---|
| **1ts(티스푼)** | 1 *cuillère à café*(커피 스푼) | ⅙ | 5 |
| **1TS(테이블스푼)** | 1 *cuillère à soupe*(수프 스푼),<br>1 *cuillère à bouche*(테이블스푼),<br>1 *verre à liqueur*(술잔) | ½ | 15 |
| **1컵(=16TS)** | ¼L에서 2TS을 뺀 것 | 8 | 227 |
| **2컵(=1pt)** | ½L에서 50ml를 뺀 것 | 16(=1Ib) | 454 |
| **4컵(=1qt)** | 900ml | 32 | 907 |
| **6⅔TS** | 100ml, 1 demi-verre(½잔) | 3½ | 100 |
| **1컵+1TS** | ¼L | 8½ | 250 |
| **4⅓컵** | 1L | 2.2Ib | 1000(=1kg) |

**1자밤(une pincée)**은 어떤 재료든 엄지와 검지로 집어올린 양으로, 넉넉한 자밤과 적은 자밤이 있습니다.

**영국식 계량값**

온스, 파운드 같은 건량 단위와 인치, 피트 등의 길이 단위는 영국과 미국이 같습니다. 그러나 액량 단위는 다른데, 영국의 액량 온스(fluid ounce, fl oz)는 미국의 0.96배이며, 영국에서 1파인트는 20액량 온스, 1쿼트(quart, qt)는 40액량 온스이며, 1질(gill)은 5액량 온스 또는 미국 계량컵으로 약 ⅔컵입니다.

| 단위 | 변환 |
|---|---|
| 온스 → 그램 | 온스 × 28.35 |
| 그램 → 온스 | 그램 × 0.035 |
| 리터 → 쿼트(미) | 리터 × 0.95 |
| 리터 → 쿼트(영) | 리터 × 0.88 |
| 쿼트(미) → 리터 | 쿼트 × 1.057 |
| 쿼트(영) → 리터 | 쿼트 × 1.14 |
| 인치 → 센티미터 | 인치 × 2.54 |
| 센티미터 → 인치 | 센티미터 × 0.39 |

**컵(cup)-밀리리터(ml) 변환(100ml=6⅔TS)**

| 컵 | 밀리리터 | 컵 | 밀리리터 |
|---|---|---|---|
| ¼ | 56 | 1¼ | 283 |
| ⅓ | 75 | 1½ | 300 |
| ½ | 113 | 1⅔ | 340 |
| ⅔ | 150 | 1¾ | 375 |
| ¾ | 168 | 2 | 400 |
| 1 | 227 | 2 | 450 |

**그램(g)-온스(oz) 변환**

| 그램 | 온스 | 그램 | 온스 | 그램 | 온스 |
|---|---|---|---|---|---|
| 25 | 0.87 | 75 | 2.63 | 100 | 3.5 |
| 30 | 1.0 | 80 | 2.8 | 125 | 4.4 |
| 50 | 1.75 | 85 | 3.0 | 150 | 5.25 |

# 기타 단위

다음은 이 책에 나오는 여러 재료의 계량값을 수치화한 것입니다.

## 감자

중간 크기 감자 1개는 3½~4온스입니다.

슬라이스하거나 다진 감자 1파운드는 약 3½~4컵입니다.

껍질을 벗기지 않은 신선한 감자 1파운드로는 매시트포테이토 약 2컵을 만들 수 있습니다.

## 달걀

미국 기준 큰 달걀 1개의 무게는 약 2온스입니다.

미국 기준 큰 달걀흰자 1개는 1온스 또는 2테이블스푼입니다.

미국 기준 큰 달걀노른자 1개는 ½온스 또는 1테이블스푼입니다.

## 당근

중간 크기 당근 1개는 2½~3온스입니다. 슬라이스하거나 다진 당근 1파운드는 3½~4컵입니다.

## 마늘

중간 크기 마늘 1쪽은 1/16온스 또는 1/8티스푼입니다. 손에 밴 마늘 냄새를 없애려면 손을 찬물에 헹군 뒤 소금으로 문질러 닦고, 다시 찬물에 헹군 다음 비누와 따뜻한 물로 한 번 더 씻으면 됩니다. 필요하면 이 과정을 반복하세요.

## 밀가루

54~55쪽 무게 환산표와 계량법을 참고하세요.

## 빵가루

꽉 눌러 담지 않은 습식 빵가루 2온스는 약 1컵, 건식 빵가루 2온스는 ¾컵 정도 됩니다.

## 버섯

슬라이스한 양송이버섯 ½파운드는 약 2½컵입니다.

다진 양송이버섯 ½파운드는 약 2컵입니다.

## 버터

버터 1파운드는 각각 16온스, 2컵, 32테이블스푼에 해당합니다. ¼파운드짜리 스틱 버터 1개는 각각 4온스, ½컵, 8테이블스푼과 같습니다. 버터의 양을 스푼으로 쉽게 계량하려면, ¼파운드짜리 스틱에 칼로 눈금만 표시하여 8등분하면 됩니다. 이렇게 나눈 1조각이 1테이블스푼입니다.

## 베이컨

깍둑썰기한 생베이컨 2온스는 약 ⅓컵입니다.

## 사과

통사과 3파운드를 얇게 슬라이스하면 약 8컵이 되고, 사과 소스로 만들 경우 약 3½컵이 나옵니다.

## 쌀

생쌀 ½파운드는 약 1컵입니다. 생쌀 1컵으로 밥을 지으면 약 3컵이 됩니다.

## 셜롯

중간 크기 셜롯 1개를 다지면 ½온스 또는 1테이블스푼입니다.

## 설탕(그래뉴당)

그래뉴당 1컵은 6½온스 또는 190그램입니다.
1파운드는 2½컵 또는 454g입니다.
100g은 3½온스 또는 ½컵입니다.

## 설탕(슈거 파우더)

고운 분말 형태의 슈거 파우더 1컵은 2¾온스 또는 80그램입니다.

## 셀러리 줄기

중간 크기 셀러리 줄기 1대의 무게는 1½~2온스입니다. 셀러리 줄기 2대는 ¾~1컵 정도 됩니다.

**소금**

채소를 데치거나 수프나 소스에 기본 간을 할 때는 액체 1쿼트당 소금 1~1½티스푼을 넣습니다. 뼈를 제거한 생고기에 기본 간을 할 때도 고기 1파운드당 소금 1~1½티스푼을 뿌립니다. 소스나 수프에 소금을 너무 많이 넣었을 경우, 신선한 감자를 갈아넣으면 짠맛을 중화할 수 있습니다. 감자를 갈아넣고 약한 불로 7~8분쯤 끓인 다음 소스나 수프를 체에 거르면 됩니다. 소금기가 감자에 많이 흡수되어 소스나 수프가 더는 짜게 느껴지지 않을 것입니다.

**아몬드**

껍질을 벗긴 통아몬드, 아몬드 가루, 세로로 채 썬 아몬드 4온스는 약 ¾컵입니다.

**양배추**

잘게 썰거나 슬라이스해서 꽉꽉 눌러 담은 양배추 ½파운드는 3컵 정도 됩니다.

**양파**

중간 크기 양파 1개는 2½~3온스입니다.

슬라이스하거나 다진 양파 1파운드는 약 3½~4컵입니다.

손에 밴 양파 냄새를 없애는 방법은 마늘 냄새를 없애는 방법과 같습니다.

**치즈**

강판에 간 치즈를 살짝 눌러 담아 2온스가 나오면 약 ½컵 분량입니다.

**토마토**

토마토 1개는 4~5온스입니다. 599쪽 설명과 같이 신선한 토마토 1파운드를 껍질과 씨를 제거하고 즙을 짜낸 뒤 과육만 잘게 썰면 1½컵이 나옵니다.

# 온도

## 화씨와 섭씨

**화씨온도(°F)를 섭씨온도(℃)로 변환하려면**, 32를 뺀 다음 5를 곱하고 9로 나눕니다.

예) $212°F - 32 = 180$

$180 \times 5 = 900$

$900 \div 9 = 100℃$

**섭씨온도를 화씨온도로 변환하려면**, 9를 곱하고 5로 나눈 뒤 32를 더합니다.

예) $100℃ \times 9 = 900$

$900 \div 5 = 180$

$180 + 32 = 212°F$

# 온도 변환표

(미국-프랑스-영국)

| 화씨온도 (미/영) | 섭씨온도 | 오븐용어(미) | 오븐용어(프) 일반 오븐 온도 세팅 | 일반 오븐 온도 세팅(영) |
|---|---|---|---|---|
| 160 | 71 | | 1단계 | |
| 170 | 77 | | | |
| | | | | |
| 200 | 93 | | 트레 두(*Très Doux*), 에튀브(*Étuve*) | |
| 212 | 100 | | | |
| 221 | 105 | | 2단계 | |
| | | | | |
| 225 | 107 | 매우 낮음 | 두(*Doux*) | |
| 230 | 110 | (very row) | 3단계 | ¼단계(241°F) |
| 250 | 121 | | | |
| 275 | 135 | | | ½단계(266°F) |
| | | | | |
| 284 | 140 | 낮음 | 무아얭(*Moyen*), 모데레(*modéré*) | 1단계(291°F) |
| 300 | 149 | (slow) | | |
| 302 | 150 | | 4단계 | |
| 320 | 160 | | | 2단계(313°F) |
| 325 | 163 | | | |
| | | | | |
| 350 | 177 | 중간 | 아세 쇼(*Assez Chaud*), 봉 푸르(*bon four*) | 3단계(336°F) |
| 356 | 180 | (Moderate) | | 4단계(358°F) |
| 375 | 190 | | 5단계 | |
| 390 | 200 | | | 5단계(379°F) |
| 400 | 205 | | | 6단계(403°F) |
| | | | | |
| 410 | 210 | 높음 | 쇼(*chaud*) | |
| 425 | 218 | (Hot) | 6단계 | 7단계(424°F) |
| 428 | 220 | | | |
| 437 | 225 | | | |
| 450 | 232 | | | 8단계(446°F) |
| | | | | |
| 475 | 246 | 매우 높음 | 트레 쇼(*trés chaud*), 비프(*vif*) | 9단계(469°F) |
| 500 | 260 | (Very Hot) | 7단계 | |
| | | | | |
| 525 | 274 | | 8단계 | |
| | | | | |
| 550 | 288 | | 9단계 | |

# 썰기

## 잘게 썰기, 슬라이스하기, 깍둑썰기, 다지기

프랑스 요리를 할 때는 슬라이스하기, 깍둑썰기, 다지기, 모양내서 썰기 등 다양한 썰기 기술을 익혀야 합니다. 칼질이 느린 편이라면 레시피에서 다진 채소 2컵과 슬라이스한 양송이버섯 약 900g이 필요하다고 할 경우 시도할 엄두조차 내기 힘들 것입니다. 다양한 썰기 기술을 연마하기 위해서는 몇 주에 걸쳐 틈틈이 연습해야 하지만, 일단 손에 익으면 절대 잊어버릴 일이 없습니다. 칼질이 빠르면 시간을 크게 절약할 수 있는 데다, 전문가처럼 칼을 다룬다는 사실에 은근한 자부심까지 가질 수 있습니다.

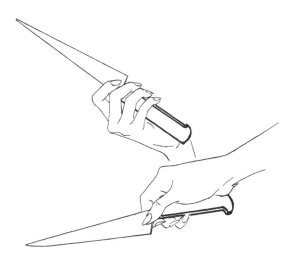

칼 쥐는 법

기본적인 썰기와 슬라이스를 할 때는 엄지와 검지로 손잡이 쪽 칼등 부분을 잡고 나머지 손가락으로 손잡이를 감쌉니다.

잘게 썰기

칼날의 양쪽 끝부분을 잡고 위아래로 빠르게 움직이며 썹니다. 재료가 넓게 퍼지면 간간이 칼날로 재료를 모아 쌓아놓고 다시 썰면 됩니다.

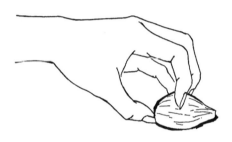

둥근 재료 슬라이스하기(a)

감자처럼 둥글거나 약간 길쭉하게 생긴 재료를 슬라이스할 때는 먼저 재료를 절반으로 자른 뒤 단면이 도마 바닥에 닿게 놓습니다. 왼손 엄지를 제외한 나머지 손가락으로 재료의 옆면을 잡고, 엄지로는 재료를 조금씩 밀면서 슬라이스합니다. 왼손 손가락 끝은 모두 엄지 쪽을 향해야 칼에 베이지 않습니다.

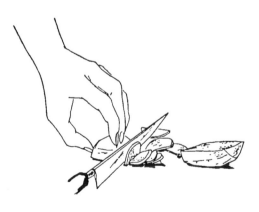

둥근 재료 슬라이스하기(b)

칼날이 도마와 직각을 이루도록 한 뒤 빠르게 내리찍듯이 움직이면서, 칼날이 도마에 닿을 때마다 슬라이스한 재료를 옆으로 조금씩 밀어냅니다. 왼손가락 마디를 기준으로 칼질의 간격을 가늠하세요. 처음에는 속도가 나지 않지만, 익숙해지면 감자 약 900g을 5분 안에 슬라이스할 수 있을 만큼 효율적인 방식입니다.

길쭉한 재료 슬라이스하기

당근처럼 길쭉한 재료를 슬라이스할 때는 먼저 한쪽 면을 얇게 잘라서 잘린 면이 도마에 닿게 놓습니다. 이어서 감자와 똑같이 슬라이스합니다.

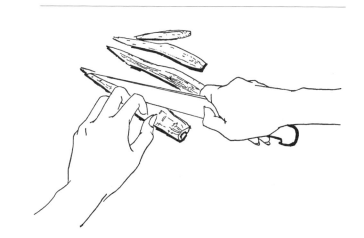

길게 채썰기(a)

당근이나 감자 같은 채소를 쥘리엔(*julienne*)으로 썰 때는 먼저 채소의 한쪽 면을 얇게 잘라낸 뒤 도마에 놓고, 약 3mm 두께로 길게 슬라이스합니다.

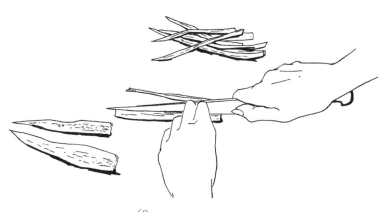

길게 채썰기(b)

슬라이스한 채소를 2장씩 포개놓고 약 3mm 두께로 길고 가늘게 썹니다. 이어 원하는 길이에 맞추어 썰면 됩니다.

단단한 채소 깍둑썰기

채소를 길게 채썰기와 같은 방법으로 썰되, 맨 마지막에 한 움큼씩 쥐고 작은 주사위 모양으로 썹니다.

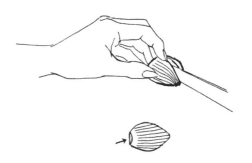

양파와 셜롯 깍둑썰기(a)

양파와 셜롯을 깍둑썰기할 때 적용되는 이 기술은 일단 손에 익으면 번개처럼 빨리 끝 낼 수 있습니다. 우선 양파를 뿌리 끝까지 2등분한 뒤, 잘린 단면이 도마에 닿게, 뿌리 쪽이 왼쪽으로 가게 놓습니다. 수직으로 잘게 칼집을 넣되, 양파가 흩어지지 않도록 뿌 리 끝부분까지 자르지는 않습니다.

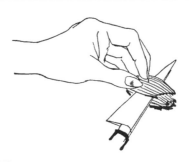

양파와 셜롯 깍둑썰기(b)

**썰기**

양파의 아래쪽부터 수평으로 칼집을 층층이 넣습니다. 이때도 뿌리 쪽은 자르지 않습니다.

양파와 셜롯 깍둑썰기(c)

마지막으로 위에서 아래로 썰면 양파가 작은 주사위 모양으로 조각조각 썰립니다.

**양송이버섯**

양송이버섯을 써는 다양한 방법은 603~604쪽에 그림과 함께 설명되어 있습니다.

# 와인

## 1. 조리용 와인

음식도 사람과 마찬가지로 와인이나 스피릿(spirit)을 통해 한층 더 생기 있게 변할 수도, 망가질 수도 있습니다. 화이트 와인, 레드 와인, 베르무트, 마데이라 와인, 브랜디에서 음식의 특성을 더하는 요소는 조리 과정 중에 대개 증발해버리는 알코올이 아닌 고유의 향미입니다. 따라서 요리에 사용하는 와인이나 증류주는 반드시 품질이 뛰어나야 합니다. 과일향이나 산미가 지나치거나 어떤 의미로든 맛이 없다면, 보통 졸여서 향미를 농축하는 조리 과정을 통해 그 맛이 더 도드라질 뿐입니다. 그러므로 요리에 쓸 좋은 와인이 없다면 아예 넣지 않는 편이 훨씬 낫습니다. 맛없는 와인은 단순한 요리도 망칠 수 있고, 고급 요리의 품질을 크게 떨어뜨리기 때문입니다.

### 화이트 와인

요리용 화이트 와인은 반드시 맛이 강하고 드라이해야 합니다. 과일향이나 신맛이 나는 것은 절대로 요리에 쓰면 안 됩니다. 이런 점에서 가장 만족할 만한 요리용 화이트 와인은 피노 블랑이나 샤르도네 종 포도로 빚은 마콩(*Mâcon*)산 와인입니다. 요리용 와인에 알맞은 모든 특성을 갖춘 데다 프랑스에서는 가격도 저렴한 편이죠. 하지만 미국에서는 이 와인을 합리적인 가격에 구입할 수 없으므로, 드라이한 화이트 베르무트가 훌륭한 대용품이 될 수 있습니다. 좋은 화이트 베르무트는 잘못 고른 화이트 와인보다 훨씬 낫습니다.

## 레드 와인

요리에 사용할 수 있는 레드 와인은 숙성 기간이 짧고 품질이 뛰어나며 바디감이 묵직한 풀바디(full-bodied) 와인이어야 합니다. 프랑스에서라면 마콩 레드 와인이나 비교적 저렴한 부르고뉴(*Bourgogne*) 와인, 생테밀리옹(*St.-Émilion*)처럼 보르도산 와인 가운데서도 더 묵직한 와인이나 이와 비슷한 특성을 갖춘 훌륭한 지역 와인을 고르면 됩니다.

알코올 도수를 높인 주정강화 와인(fortified wine)이나 증류주, 리큐어(혼성주)는 주로 조리의 마지막 단계에서 풍미를 더할 때 씁니다. 이러한 술은 반드시 품질이 우수해야 하는 만큼 가격도 비싸지만, 요리에는 극히 적은 양이 쓰이므로 한번 사두면 오랫동안 쓸 수 있습니다. 만일 이러한 술을 사는 데 큰돈을 쓰고 싶지 않다면, 재료 목록에서 빼거나 아예 다른 레시피를 선택해도 됩니다.

### 럼과 리큐어

디저트에 사용합니다. 럼 특유의 향미를 한껏 내려면 자메이카산 다크 럼이 가장 좋습니다. 리큐어 가운데 이 책에서 가장 많이 사용하는 것은 오렌지 리큐어입니다. 오렌지 리큐어의 기준이 될 만한 훌륭한 수입산 브랜드로는 쿠앵트로(*Cointreau*)와 그랑 마르니에(*Grand Marnier*)가 있으며, 퀴라소 리큐어를 써도 좋습니다.

### 마데이라 와인과 포트와인

소스 마데르(121쪽)를 곁들인 햄이나 포트와인에 조리한 닭고기와 같이 소스에 풍미를 더할 때 마지막에 자주 씁니다. 이들 와인은 중간 정도의 드라이함을 지닌 수입산이어야 하며, 좋은 회사에서 만든 합리적 가격대의 제품을 선택해도 좋습니다.

### 셰리와 마르살라 와인

프랑스 요리에서는 거의 쓰지 않습니다. 프랑스 요리 레시피에서 마데이라 와인이나 포트와인을 대신해 썼을 경우, 프랑스 요리 특유의 풍미가 사라질 위험성이 큽니다.

### 브랜디

디저트부터 소스, 콩소메, 아스픽, 플랑베까지 프랑스 요리에서 가장 많이 사용하는 증류주입니다. 시중에는 이름만 브랜디일 뿐 맛이 끔찍한 혼합물이 무척 많기 때문에 이 책에서는 레시피에 브랜디가 필요한 경우, 좋은 브랜드의 제품을 쓰라는 뜻에서 구체적으로 코냑을 명시했습니다. 반드시 특상급(V.S.O.P.) 브랜디일 필요는 없지만, 어떤 제품을 사용하든 훌륭한 코냑의 맛에 버금갈 정도여야 합니다.

# 2. 와인과 음식

프랑스 와인은 음식과 무척 잘 어울린다는 장점이 있습니다. 또한 상황에 맞게 선택할 수 있는 폭이 넓어서 항상 즐거운 고민을 하게 됩니다. 와인 초보자라면 어떤 요리에 어떤 와인을 내야 할지 공부할 때 기억해야 할 핵심은, 와인은 음식의 맛을 보완하고 음식은 와인의 특성을 부각시키면서 자연스러운 조화를 이루어야 한다는 것입니다. 묵직한 와인은 섬세한 요리의 맛을 해치고, 양념이 진한 요리는 가벼운 와인의 맛을 뭉개버릴 수 있습니다. 쌉쌀한 와인을 달콤한 디저트와 함께 마시면 신맛이 나고, 레드 와인을 생선 요리에 곁들이면 와인에서 비린내가 느껴질 가능성이 큽니다. 와인과 음식의 훌륭한 조합은 기억에 오래 남기 마련입니다. 서로의 특성에 영향을 주는 콩팥 요리와 고급 부르고뉴 레드, 진한 화이트 와인 소스를 얹은 혀가자미와 부르고뉴 화이트, 리큐어가 들어간 수플레(soufflé à la liqueur)와 샤토 디켐(Château d'Yquem) 등이 대표적입니다. 더 단순한 미각적 즐거움을 선사하는 조합으로는 중후한 레드 와인과 맛이 강한 치즈, 화이트 와인과 굴, 레드 와인과 소고기 스튜, 차가운 로제 와인과 햄, 소시지 등이 있습니다. 와인 공부는 평생 취미로 삼을 만한 일로, 와인의 타입과 생산 연도, 음식과의 마리아주를 비교하며 마시고 즐기는 것이 와인에 대해 알아가는 유일한 방법입니다.

이 책에서는 메인 코스의 기본 레시피마다 어울리는 와인을 추천해두었습니다. 이 장에서는 우선 일반적으로 조화가 입증된 와인과 음식의 목록을 제시했습니다. 프랑스 요리에 관한 책답게 주로 프랑스산 와인을 골랐습니다.

## 달콤한 화이트 와인(샴페인 제외)
가장 유명한 것은 소테른(Sauternes)으로, 그중에서도 샤토 디켐이 가장 훌륭합니다. 포도밭과 생산 연도에 따라 중후한 풀바디 와인에서부터 비교적 라이트한 와인까지 다양합니다.

→ 달콤한 화이트 와인은 흔히 평가절하되고는 합니다. 하지만 품질만 뛰어나다면 디저트 무스, 크림, 수플레, 케이크 등과 멋진 조화를 이루며, 훌륭한 소테른 와인은 푸아그라나 닭 간 파테와 함께 먹으면 상당히 맛있습니다. 한편 예전에는 굴을 먹을 때 달콤한 화이트 와인을 함께 마시곤 했습니다.

## 드라이한 라이트바디 화이트 와인
보통 알자스산 리슬링(Riesling), 뮈스카데(Muscadet), 상세르(Sancerre)와 함께 푸이퓌메(Pouilly-Fumé), 푸이퓌이세(Pouilly-Fuissé), 샤블리(Chablis)가 대표격입니다. 이른바 뱅 드 페이(vins de pays)라고 하는 지역 등급 와인은 대개 이 유형에 속합니다.

→ 굴, 차가운 갑각류, 삶은 갑각류, 노릇하게 구운 생선, 차가운 고기, 달걀, 앙트레와 함께 냅니다.

## 드라이한 풀바디 화이트 와인

부르고뉴 화이트 와인, 코트 뒤 론(*Côtes du Rhône*), 드라이한 그라브(*Graves*) 와인이 대표적입니다.
→ 굴, 가금류, 크림소스를 곁들인 송아지고기와 함께 냅니다. 부르고뉴 화이트 와인은 푸아그라와 함께 마실 수 있으며, 뫼르소(*Meursault*)와 로크포르 치즈도 괜찮은 조합입니다.

## 로제 와인

→ 로제 와인은 어떤 음식과 함께 내어도 되지만 보통 찬 음식, 파테, 달걀, 돼지고기에 곁들입니다.

## 라이트바디 레드 와인

메도크(*Médoc*)나 그라브 지역에서 생산된 보르도 와인이 대표격입니다. 다수의 지역 생산 와인과 뱅 뒤 페이도 이 유형에 포함됩니다.
→ 보르도 와인은 로스트 치킨이나 칠면조, 송아지고기, 양고기와 함께 냅니다. 소고기 필레, 햄, 간, 메추라기고기, 꿩고기, 푸아그라 외에도 카망베르 같은 부드러운 숙성 치즈와도 잘 어울립니다. 지역 생산 와인과 뱅 드 페이는 소고기나 양고기 스튜, 도브, 부야베스, 햄버거, 스테이크, 파테 같은 캐주얼한 요리와 특히 잘 어울립니다.

## 풀바디 레드 와인

부르고뉴와 론 지역에서 생산된 우수한 와인이 모두 이 유형에 속합니다. 생테밀리옹산 풀바디 보르도 와인도 여기에 포함될 수 있습니다.
→ 이 유형의 와인은 오리고기, 거위고기, 콩팥, 잘 숙성된 수렵육, 레드 와인으로 마리네이드한 고기, 맛이 강한 로크포르 치즈와 잘 어울립니다. 그 밖에도 맛이 진한 음식과 풍미가 강한 와인의 조합이 요구될 때는 언제든 이 유형의 와인을 내면 됩니다.

## 샴페인

브뤼트(*brut*)
→ 아페리티프(*apéritif*, 식전주) 또는 저녁의 마무리용 술로 적절합니다. 식사 내내 함께해도

좋습니다.

드라이, 세크(*sec*)

→ 아페리티프로 내거나 갑각류, 푸아그라, 견과류와 말린 과일 등에 곁들입니다.

스위트, 두(*doux*), 드미세크(*demi-sec*)

→ 달콤한 샴페인 역시 큰 관심을 받지 못하지만, 디저트나 페이스트리와 함께 즐길 수 있는 유일한 와인입니다.

# 3. 와인 보관하기와 내기

기포를 만들기 위해 설탕을 넣는 샴페인을 제외하면, 우수한 품질의 프랑스산 와인이란 같은 수확 연도에 단일한 포도밭에서 재배된 단일 품종의 포도를 압착해 그 즙을 발효시킨 순수한 와인을 말합니다. 품질은 더 낮더라도 종종 맛이 아주 훌륭할 수 있고, 순수한 포도즙만으로 만들기도 합니다. 하지만 포도의 작황이 좋지 않은 연도에는 알코올 도수를 높이기 위해 설탕을 첨가하거나, 와인에 바디감을 부여하고 맛을 균일하게 내기 위해 다른 포도밭이나 지역에서 생산된 와인을 섞기도 합니다. 와인의 품질은 원재료인 포도의 품종과 재배 지역, 생산 연도의 기후 등에 의해 좌우됩니다. 1929년과 1947년처럼 매우 특별한 해에는 더 낮은 품질의 와인도 충분히 훌륭할 수 있으며, 조건에 부합하는 와인은 가격을 매기기 힘든 수준으로 격상됩니다. 와인 판매상에게 구할 수 있는 빈티지 차트를 참고하면 해마다 각 지역에서 생산되는 다양한 와인에 대한 평가를 볼 수 있습니다.

홀륭한 와인은 별도의 보존제를 첨가하지 않은 살아 있는 액체입니다. 와인의 일생 역시 청년기, 중년기, 노년기, 죽음이라는 네 단계를 거치며, 제대로 신경 써서 다루지 않으면 병들어 일찍 죽어버립니다. 만약 와인 병을 오랫동안 똑바로 세워두면 코르크가 바싹 말라서 병 안으로 공기가 들어가고, 와인이 상하게 됩니다. 병을 함부로 흔드는 행위도, 극심한 온도 변화도 와인의 맛에 나쁜 영향을 끼칩니다. 와인을 잘 숙성시키려면 약 10℃ 정도인 어둡고 환기가 잘되는 장소에 옆으로 눕혀서 보관해야 합니다. 1~2년만 숙성시켜 마실 와인이라면 온도가 10~18℃로 비교적 일정하게 유지되는 어둡고 조용한 곳에 보관하면 됩니다.

아무리 변변치 않은 와인이라도 마시기 전 며칠 동안 숙성시키면 맛이 훨씬 좋아집니다. 와인이 판매점에서 가정까지 이동하면서 상했던 맛이 회복되기 때문입니다. 고급 와인, 특히 레드 와인은 적어도 2~3주의 회복 기간을 주면 맛이 좋아집니다.

## ** 와인을 낼 때 가장 적당한 온도

레드 와인은 숙성 기간이 매우 짧고 라이트한 것만 아니라면 보통 실온, 즉 약 18℃ 정도로 냅니다. 이보다 온도가 낮으면 와인의 특성이 완전히 드러나기 힘듭니다. 약 10℃로 유지되는 저장고에 있던 와인의 경우, 식사가 시작되기 4시간 전에 미리 꺼내 실온에 보관하는 것이 좋습니다. 와인의 온도를 인위적으로 높이는 것은 금물입니다. 오래 숙성된 와인은 병을 데울 경우 아예 못 마시게 될 수도 있습니다. 와인의 온도가 너무 차갑다면 잔에 따라서 자연스럽게 온도가 오르게 하는 편이 더 좋습니다.

화이트 와인, 샴페인, 로제 와인은 차가운 온도로 냅니다. 대체로 당도가 높은 와인일수록 차갑게 마시는 것이 좋습니다. 소테른 와인이나 달콤한 샴페인은 냉장고에 4~5시간쯤 넣어두었다가 냅니다. 그 밖에 다른 화이트 와인은 너무 차가우면 오히려 맛이 떨어지므로 2~3시간이면 충분합니다.

## ** 코르크 따기

화이트 와인과 로제 와인, 그리고 다수의 레드 와인, 특히 숙성 기간이 짧은 레드 와인은 식탁에 내기 직전에 코르크를 땁니다. 하지만 꼭 그래야만 하는 것은 아니며, 이 규칙은 보르도산 레드 와인과 기타 카베르네 품종 와인에 특별히 적용됩니다. 이러한 유형의 와인에 대해 전문가들은 코르크를 따자마자 따르기를 권하는데, 잔에 담긴 채로 점차 달라져가는 맛을 시음할 것을 권합니다. 개봉 후 몇 분 만에 맛이 평범해지는 고급 레드 와인이 있는 한편, 잔 안에서 향이 살아날 시간을 충분히 주지 않으면 아주 형편없게 느껴지는 와인도 있습니다. 특정 와인을 미리 시음해서 잘 알고 있다면, 따르고 마시는 방식도 그에 따라 결정하면 됩니다. 숙련된 와인 전문가가 되는 길은 따로 있지 않습니다. 와인은 많이 마셔보고 음미할수록 더 잘 알 수 있습니다.

## ** 와인 바스켓, 디캔터, 와인 잔

오래 숙성된 레드 와인은 병 바닥에 침전물이 모여 있습니다. 따라서 침전물이 와인 전체에 퍼지지 않도록 반드시 조심스럽게 다루어야 합니다. 이러한 와인은 침전물이 따라 나오지 않게 조심하면서 디캔터에 옮기거나, 바스켓에 병을 비스듬히 눕힌 채로 따르면 됩니다. 병을 바스켓에 담은 상태에서 따를 때는 아주 부드럽게 따라야 병 밖으로 나오려던 와인이 도로 들어가서 침전물이 섞이는 일이 생기지 않습니다.

숙성 기간이 짧은 레드 와인, 화이트 와인, 로제 와인, 샴페인은 침전물이 없으므로 와인 바스켓을 사용할 필요가 없습니다. 이러한 와인을 따른 뒤에는 병을 똑바로 세워두면 됩니다.

와인 잔의 크기는 와인의 향미가 진할수록 더 커야 합니다. 작은 잔은 와인의 향이 퍼져 나갈 공간이 부족한 데다, 잔을 빙빙 돌려서 향을 이끌어내기도 힘듭니다. 두루 사용할 수 있는 좋은 와인 잔은 튤립 모양에 약 ¾~1컵 용량입니다. 와인을 따를 때는 잔의 중간 높이 바로 아래 지점까지 채웁니다.

## 제1장

# 수프
*Potages et Soupes*

잘 끓인 수프 한 그릇과 샐러드, 약간의 치즈와 과일이면 알찬 점심 또는 가벼운 저녁 한 끼로 충분합니다. 통조림 수프를 쉽게 살 수 있는 요즘, 입맛에 맞게 홈메이드 수프를 조리해 먹는 것은 참신하면서도 만족스러운 경험입니다. 수프는 대체로 만들기 어렵지 않으며, 먹기 수 시간 전에 대부분의 조리 과정을 미리 끝내둘 수 있어 식탁에 올리기도 편리합니다. 여기서는 대표적인 수프 레시피 몇 가지를 소개하겠습니다.

**❋❋ 블렌더, 푸드 프로세서, 압력솥 사용에 대한 팁**

우리는 블렌더와 푸드 프로세서에 열광하지만, 수프용 채소를 갈 때만큼은 언제나 푸드 밀을 찾습니다. 블렌더와 푸드 프로세서를 쓰면 채소의 질기고 단단한 부분이 함께 갈리지만, 푸드 밀을 쓰면 섬유질을 걸러낸 부드러운 퓌레만 얻을 수 있기 때문입니다.

압력솥은 시간을 절약할 수 있다는 장점이 있습니다. 단, 수프용 채소는 약 1기압 압력에서 5분 동안만 익혀야 합니다. 더 오래 익히면 압력솥에 조리한 요리 특유의 맛이 나기 때문입니다. 정확히 5분 뒤 압력솥의 증기를 빼고 수프의 맛이 제대로 살아날 때까지 15~20분간 약한 불에 끓입니다.

# 포타주 파르망티에(*potage parmentier*)✢
## 리크나 양파를 넣은 감자 수프

리크와 감자로 끓인 수프는 맛과 향이 뛰어나고 만들기도 아주 간단합니다. 또 수프 베이스로도 유용해서 워터크레스를 더하면 크레송 수프가 되고, 크림을 섞어 차갑게 식히면 비시수아즈로 변신합니다. 기본 레시피를 약간 변형해 당근, 껍질콩, 콜리플라워, 브로콜리 같은 채소를 섞어도 잘 어울리며, 비율은 취향에 따라 조절하면 됩니다.

**약 2L(6~8인분)**

3~4L 용량의 소스팬
　또는 압력솥
껍질을 벗겨 슬라이스하거나
　깍둑썰기한 감자 약 450g
연한 녹색 잎을 포함해 잘게 썬
　리크나 양파 약 450g 또는 3컵
물 약 2L
소금 1TS

소스팬에 채소와 물, 소금을 모두 넣고 뚜껑을 비스듬히 덮어 재료가 푹 익을 때까지 40~50분 약한 불로 끓입니다. 압력솥을 쓸 경우 약 1기압으로 5분 익힌 뒤 증기를 빼고 뚜껑을 연 채 15분 동안 약한 불에서 더 끓입니다.

익은 채소는 소스팬에서 포크로 으깨거나 국물과 함께 푸드 밀에 부어 퓌레로 만듭니다. 간을 맞춥니다.
[*] 조리를 마친 수프는 뚜껑을 연 채 한쪽에 두었다가 내기 직전에 약하게 끓어오르도록 데웁니다.

휘핑크림 4~6TS
　또는 말랑한 버터 2~3TS
다진 파슬리 또는 차이브 2~3TS

불에서 내린 수프에 휘핑크림이나 버터를 섞어줍니다. 튜린(tureen)이나 수프용 컵에 붓고 허브로 장식합니다.

## ✢ 포타주 오 크레송(*potage au cresson*)
### 워터크레스 수프

포타주 파르망티에를 살짝 변형한 포타주 오 크레송은 풍미가 무척 뛰어납니다. 기본 레시피를 참고하여 완성하세요.

**6~8인분**

포타주 파르망티에에 필요한 재료
   (풍미를 강화하기 위한 크림이나
   버터는 나중에 사용)
워터크레스 잎과 연한 줄기 약 110g
   또는 1팩

---

포타주 파르망티에 레시피대로 합니다. 단, 수프를 퓌레로 만들기 전에 워터크레스를 넣고 잘 휘저으며 5분 동안 약한 불에서 더 끓입니다. 푸드 밀에 부어 부드러운 퓌레로 만들고 간을 맞춥니다.

---

휘핑크림 4~6TS 또는 말랑한 버터
   2~3TS
선택: 30초 동안 끓는 물에 데쳐서
   찬물에 헹구고 물기를 뺀
   워터크레스 잎 작게 1움큼

---

불에서 내린 수프에 휘핑크림이나 버터를 넣고 고루 섞습니다. 워터크레스 잎(선택)으로 장식합니다.

---

## ❖ 차가운 워터크레스 수프

다음에 나오는 비시수아즈와 똑같이 조리하되, 불에서 내리기 전 워터크레스를 넣고 5분 동안 약하게 끓인 뒤 퓌레로 만듭니다.

## ❖ 비시수아즈(*vichyssoise*)
   차가운 리크와 감자 수프

앞서 소개한 포타주 파르망티에 레시피에 미국식 아이디어를 더해 만든 차가운 수프입니다.

**6~8인분**

껍질 벗겨 슬라이스한 감자 3컵
흰 부분만 슬라이스한 리크 3컵
화이트 스톡이나 치킨 스톡 또는
   통조림 치킨 브로스 약 1.4L
소금

---

포타주 파르망티에 레시피와는 달리 채소에 스톡이나 브로스를 부어 약한 불로 끓입니다. 블렌더나 푸드 밀을 이용해 퓌레로 만든 뒤 촘촘한 체에 거릅니다.

---

휘핑크림 ½~1컵
소금, 백후추

---

걸러 만든 퓌레에 휘핑크림을 섞고 간을 맞춥니다. 찬 음식은 더 싱겁게 느껴지니 간을 약간 세게 합니다. 냉장고에서 차게 식힙니다.

---

차가운 수프용 컵
다진 차이브 2~3TS

차갑게 준비한 수프용 컵에 붓고 차이브로 장식합니다.

### ☞ 변형 레시피

포타주 파르망티에에 각종 채소를 1~2컵 더해서 레시피에 변화를 주어도 좋습니다. 추가 재료의 비율은 중요하지 않으므로 얼마든지 취향을 따르면 됩니다. 프랑스 가정과 작은 식당에서 나오는 맛있고 다양한 수프는 포타주 파르망티에를 베이스로 남은 채소나 소스, 몇 가지 신선한 재료를 더해서 만든 것입니다. 끓인 수프에 헤비 크림 1~2컵을 섞어서 차갑게 식힌 뒤 신선한 허브를 뿌려서 내는 등 자신만의 특별한 차가운 수프를 만들어보는 것도 좋습니다. 멋진 레시피를 발견해낸다면 비밀 레시피로 간직할 수 있답니다.

처음부터 감자와 리크 또는 양파와 약한 불에 끓이거나 압력솥에 익혀야 하는 채소
- 슬라이스하거나 깍둑썰기한 당근과 순무
- 토마토(껍질과 씨를 제거하고 과육만 잘게 썬 것, 599쪽) 또는 물기를 뺀 통조림 토마토
- 50퍼센트만 익힌 렌틸, 완두 등 마른 콩류(콩 삶은 물도 함께 사용)

퓌레로 만든 수프에 넣고 10~15분 동안 약한 불로 끓여야 하는 채소
- 신선하거나 냉동된 것을 깍둑썰기한 리마콩, 브로콜리, 오이, 오크라, 완두, 주키니, 껍질콩, 콜리플라워
- 손으로 잘게 뜯거나 채 썬 수영(sorrel), 시금치, 양배추, 상추

식탁에 내기 직전 수프와 섞어 데우기만 하면 되는 채소
- 앞서 열거한 모든 채소의 자투리(깍둑썰기해서 익힌 것)
- 토마토(껍질과 씨를 제거하고 즙을 낸 뒤 과육만 깍둑썰기한 것, 599쪽)

---

## 포타주 블루테 오 샹피뇽(*potage velouté aux champignons*)
### 양송이버섯 크림수프

진한 풍미를 자랑하는 이 양송이버섯 크림수프는 특별한 날은 물론 일요일 저녁 가벼운 식

사의 메인 요리로도 적합합니다.

**6~8인분**

| | |
|---|---|
| 약 2.5L 용량의 바닥이 두꺼운 법랑 소스팬<br>다진 양파 ¼컵<br>버터 3TS | 버터를 두른 팬에 양파를 넣고, 부드러워지되 색깔은 나지 않도록 약한 불에서 8~10분 동안 익힙니다. |
| 밀가루 3TS | 익힌 양파에 밀가루를 넣고 중간 불에서 3분 동안 색깔이 나지 않게 볶습니다. |
| 뜨거운 화이트 스톡이나 치킨 스톡 6컵(또는 통조림 치킨 브로스 6컵에 파슬리 줄기 2대, 월계수 잎 ⅓장, 타임 ⅛ts을 넣은 것)<br>소금, 후추<br>신선한 양송이버섯 350~450g에서 기둥 부분만 잘게 썬 것 | 불을 끈 다음, 뜨거운 스톡 또는 치킨 브로스를 붓고 밀가루가 완전히 풀리도록 고루 섞습니다. 취향에 따라 간을 맞춥니다. 양송이버섯 기둥을 넣은 뒤 고루 저어주고 뚜껑을 반쯤 덮은 채 20분 이상 뭉근하게 끓입니다. 위로 떠오르는 거품은 중간중간 걷어냅니다. 체에 거르며 양송이버섯 기둥을 국자로 꾹꾹 눌러 즙을 짜낸 뒤, 국물만 다시 소스팬에 붓습니다. |
| 버터 2TS<br>법랑 소스팬<br>양송이버섯 350~450g에서 갓 부분만 얇게 썬 것<br>소금 ¼ts<br>레몬즙 1ts | 다른 소스팬에 버터를 녹입니다. 버터가 거품을 내며 끓으면 양송이버섯과 소금, 레몬즙을 넣고 가볍게 뒤섞습니다. 뚜껑을 덮어 5분간 약한 불에서 익힙니다. |
| | 익힌 양송이버섯과 익으면서 나온 국물을 준비된 수프 베이스와 섞어 약한 불에서 10분 동안 끓입니다.<br>[*] 곧장 내지 않을 경우, 뚜껑을 연 채 크림 또는 우유 1테이블스푼을 끼얹어 표면을 얇게 코팅합니다. 다음 단계로 넘어가기 직전에 2~3분쯤 약하게 끓어오를 정도로 다시 데웁니다. |
| 달걀노른자 2개<br>휘핑크림 ½~¾컵<br>약 3L 용량의 믹싱볼<br>거품기<br>나무 스푼 | 믹싱볼에 달걀노른자와 휘핑크림을 넣고 거품기로 섞습니다. 그다음 뜨거운 수프 한 컵을 스푼으로 조금씩 넣어가며 거품기로 계속 휘젓습니다. 남은 수프를 천천히 부어 섞은 뒤 간을 맞춥니다. 수프를 소스팬에 다시 붓고 달걀노른자가 살짝 익을 때까지 중간불에서 1~2분 저으면서 데웁니다. 수프가 끓어오르지 않도록 주의합니다. |

말랑한 버터 1~3TS
선택: 버터와 레몬즙을 넣고 익힌
    양송이버섯 6~8개(기둥을 떼고 갓
    부분에 세로로 칼집을 넣어 모양낸
    것, 605쪽) 또는 다진 처빌이나
    파슬리 2~3TS

불을 끄고 버터를 1스푼씩 넣고 고루 젓습니다. 튜린이나 수프 컵에 담은 뒤 양송이버섯과 허브(선택)로 장식합니다.

---

# 포타주 크렘 드 크레송(*potage crème de cresson*)‡
## 워터크레스 크림수프

특별한 저녁 식사에 올릴 만한 매력적인 수프입니다.

**6인분**

다진 골파 또는 양파 ⅓컵
버터 3TS
약 2.5L 용량의 바닥이 두꺼운 소스팬

버터를 두른 소스팬에 양파를 넣고 뚜껑을 덮은 채 투명해질 때까지 5~10분 약한 불에 익힙니다. 색깔이 나지 않게 주의합니다.

---

잎과 연한 줄기 부분만 깨끗이
    씻어 물기를 제거한 워터크레스
    3~4컵(꽉 눌러 채움)
소금 ½ts

익힌 양파에 워터크레스와 소금을 넣고 잘 섞습니다. 워터크레스가 숨 죽고 줄기가 부드럽게 휘어질 때까지 뚜껑을 덮고 약 5분 동안 약한 불로 익힙니다.

---

밀가루 3TS

밀가루를 넣고 중간 불에서 3분간 볶습니다.

---

뜨거운 화이트 스톡
    또는 통조림 치킨 브로스 5½컵

불을 끈 채 스톡을 붓고 다시 5분 동안 약한 불로 끓입니다. 푸드 밀을 이용해 퓌레처럼 만든 뒤 소스팬에 옮겨 간을 맞춥니다.
[*] 바로 내지 않을 경우, 뚜껑을 덮지 말고 그대로 두었다가 다음 단계로 넘어가기 전에 약하게 데웁니다.

---

달걀노른자 2개
휘핑크림 ½컵
약 3L 용량의 믹싱볼
거품기
말랑한 버터 1~2TS

믹싱볼에 달걀노른자와 크림을 넣고 거품기로 섞습니다. 여기에 뜨거운 수프 1컵을 방울방울 넣으며 계속 휘젓습니다. 나머지 수프도 얇은 물줄기 모양으로 혼합물에 흘려넣고 고루 섞습니다. 수프를 다시 소스팬에 붓고 중간 불에 올린 뒤 달걀노른자가 익을 때까지 1~2분쯤 휘저으며 가열합니다. 이때 수프가 끓어오르지 않도록 주의합니다. 불을 끄고, 버터를 1스푼씩 섞습니다.

뜨거운 물에 30초 동안 데친 뒤
찬물에 헹궈 물기를 제거한
워터크레스 잎 1움큼

수프를 튜린이나 수프 컵에 담은 뒤 준비한 워터크레스로 장식합니다.

차가운 수프로 내고 싶다면, 마지막에 버터를 넣지 않고 그대로 식힙니다. 만약 지나치게 걸쭉하다면, 먹기 전에 크림을 더 섞어줍니다.

❖ 포타주 크렘 도제유(*potage crème d'oseille*), 포타주 제르미니(*potage germiny*)
수영 크림수프

❖ 포타주 크렘 데피나르(*potage crème d'épinards*)
시금치 크림수프

워터크레스 대신 수영이나 시금치를 사용한다는 점을 제외한다면 앞선 포타주 크렘 드 크레송 레시피와 동일합니다. 대신 채소는 실처럼 가늘게 썰어서 넣기 때문에 수프를 퓌레로 만들 필요가 없습니다.

---

## 수프 아 로뇽(*soupe à l'oignon*)✢
양파 수프

이 수프는 버터와 기름을 두른 팬에 양파를 오랫동안 푹 익힌 다음 스톡을 붓고 약한 불로 천천히 끓여서 양파 특유의 깊고 진한 풍미가 우러나게 하는 것이 포인트로, 조리하는 데 최소한 2시간 30분 이상 소요됩니다. 양파를 버터에 익힐 때는 계속 불 앞에서 지켜봐야 하지만, 이후 육수를 붓고 끓일 때는 상관없습니다.

**6~8인분**

| | |
|---|---|
| 얇게 채 썬 양파 약 700g<br>버터 3TS<br>기름 1TS<br>약 4L 용량의 뚜껑이 있는 바닥이<br>　두꺼운 소스팬 | 버터와 기름을 두른 소스팬에 양파를 넣고 뚜껑을 덮은 채 약한 불로 15분 동안 천천히 익힙니다. |
| 소금 1ts<br>설탕 ¼ts(양파의 색깔을 낼 때) | 뚜껑을 열고 중간 불로 조정한 뒤 소금과 설탕을 넣습니다. 이어 양파가 고른 황갈색으로 변할 때까지 자주 뒤적이며 30~40분 익힙니다. |
| 밀가루 3TS | 밀가루를 뿌리고 고루 휘저으며 3분 동안 볶습니다. |
| 뜨거운 브라운 스톡이나 통조림<br>　비프 부용 약 2L(또는 뜨거운 물<br>　1L에 스톡 또는 부용 약 1L를<br>　더한 것)<br>드라이한 화이트 와인 또는 화이트<br>　베르무트 ½컵<br>소금, 후추 약간 | 불을 끄고 뜨거운 육수를 붓습니다. 와인을 넣고 간을 맞춘 뒤 뚜껑을 살짝 덮고 30~40분 이상 약한 불로 뭉근히 끓입니다. 위로 떠오르는 불순물은 틈틈이 걷어냅니다. 다시 간을 맞춥니다.<br>[*] 완성된 수프는 뚜껑을 덮지 말고 한쪽에 두었다가 내기 전에 다시 약하게 끓입니다. |
| 코냑 3TS<br>크루트 몇 조각(다음 레시피 참고)<br>강판에 간 스위스 치즈<br>　또는 파르메산 치즈 1~2컵 | 식탁에 올리기 직전 코냑을 넣어줍니다. 튜린이나 수프 컵에 크루트를 올리고 그 위로 수프를 부은 뒤 강판에 간 치즈를 고루 뿌립니다. |

☞ **양파 수프용 가니시**

### 크루트(*croûtes*)
바싹 구운 바게트

| | |
|---|---|
| 2~2.5cm 두께로 썬 바게트<br>　12~16조각 | 로스팅팬에 바게트를 겹치지 않게 한 겹으로 깔아줍니다. 약 165℃로 예열해둔 오븐에서 수분이 바싹 마르고 연갈색이 돌 때까지 약 30분간 굽습니다. |
| 올리브유 또는 비프 드리핑<br>마늘 1쪽 | 바게트가 반쯤 구워지면 올리브유나 비프 드리핑을 바게트 양면에 1티스푼씩 바르고 마저 굽습니다. 굽기가 끝나면 2등분한 마늘의 단면을 바싹 구운 바게트에 문질러 향을 입혀도 좋습니다. |

## 크루트 오 프로마주(*croûtes au fromage*)
### 치즈 크루트

강판에 간 스위스 치즈
　또는 파르메산 치즈
올리브유 또는 비프 드리핑

크루트 한쪽 면에 올리브유나 비프 드리핑을 바른 다음 강판에 간 치즈를 고루 올립니다. 식탁에 올리기 직전, 뜨거운 브로일러에 올려 치즈를 얹은 윗면이 갈색이 나게 굽습니다.

## ✤ 수프 아 로뇽 그라티네(*soupe à l'oignon gratinée*)
### 치즈를 얹어 그라탱을 한 양파 수프

앞선 레시피로 만든 양파 수프
내열 튜린이나 캐서롤,
　1인용 양파 수프용 냄비
얇게 썬 스위스 치즈 약 60g
강판에 간 양파 1TS
크루트 12~16조각
강판에 간 스위스 치즈 또는 스위스
　치즈와 파르메산 치즈 혼합 1½컵
올리브유 또는 녹인 버터 1TS

오븐을 약 165℃로 예열해둡니다. 양파 수프를 끓여서 튜린이나 수프 전용 냄비에 붓습니다. 여기에 준비된 치즈와 양파를 섞습니다. 크루트를 수프에 띄우고 그 위에 강판에 간 치즈를 올린 다음, 올리브유 또는 녹인 버터를 끼얹고 오븐에 넣어 20분 동안 굽습니다. 예열된 브로일러 밑으로 옮겨 윗면에 연한 갈색이 돌 때까지 1~2분쯤 구운 뒤 바로 냅니다.

## ✤ 수프 그라티네 데 트루아 구르망드(*soupe gratinéee des trois gourmandes*)
### 치즈를 얹어 그라탱을 한 고급 양파 수프

치즈를 얹은 양파 수프에 마지막 포인트를 더하는 단계는 식탁에 올리기 전 주방에서 마쳐도 좋고, 내는 사람이 식탁에서 직접 선보여도 좋습니다.

약 2L 용량의 믹싱볼
옥수수 전분 1ts
달걀노른자 1개
우스터소스 1ts
코냑 3TS

믹싱볼에 달걀노른자와 옥수수 전분을 넣고 거품기로 섞은 다음 우스터소스와 코냑을 섞습니다.

수프 아 로뇽 그라티네
국자
서빙 포크

식탁에 내기 전, 수프에 덮인 단단한 치즈 크러스트의 가장자리를 서빙 포크로 들어올려서 수프를 한 국자 덜어냅니다. 덜어낸 수프를 달걀노른자 혼합물에 방울방울 흘려넣으면서 서빙 포크로 고루 휘저어 섞습니다. 이어 천천히 수프 두 국자를 더 섞는데, 이때는 조금 더 빨리 넣어도 좋습니다.

다시 치즈 크러스트를 들어올리고 수프와 섞은 달걀 혼합물을 도로 원래의 수프를 붓습니다. 그다음 국자를 치즈 크러스트 밑으로 집어넣어 가볍게 휘저은 뒤 곧바로 냅니다.

---

## 수프 오 피스투(*soupe au pistou*)

### 마늘과 바질, 허브를 넣은 프로방스풍 채소 수프

지중해 연안에서는 초여름에 수프 오 피스투를 즐겨 먹습니다. 이즈음에는 신선한 바질과 흰콩, 큼지막한 스노 피(snow pea) 등이 시장에 쏟아져 나오고, 시장에서는 "오늘 맛난 피스투 만들어보세요!"라고 외쳐댑니다. 원래 피스투는 이탈리아의 페스토처럼 마늘, 바질, 토마토, 치즈 등으로 만든 소스를 말합니다. 이 소스는 스파게티에 버무려 먹어도 좋지만, 채소를 듬뿍 넣은 수프에 섞어도 맛있습니다. 다행히 수프 오 피스투는 반드시 여름철의 신선한 채소로 만들어야 하는 것은 아닙니다. 사시사철 구하기 쉬운 통조림 강낭콩이나 흰콩, 냉동 껍질콩, 말린 바질 등을 써도 상관없습니다. 그 밖에 완두콩, 깍둑썰기한 애호박, 피망 등 원하는 제철 채소를 껍질콩과 함께 넣어도 좋습니다.

**6~8인분**

물 3L
깍둑썰기한 당근, 감자,
　리크(흰 부분)나 양파 각 2컵
소금 1TS
　(가능하면 신선한 흰콩 2컵을
　준비. 이 경우 다음 재료에서
　통조림 흰콩은 제외)

물과 채소, 소금을 큰 냄비에 넣고 40분 동안 뭉근하게 끓입니다. 압력솥을 이용할 경우, 5분 동안 압력 조리한 뒤 김을 빼고 뚜껑을 연 채 약한 불에 15~20분쯤 더 끓입니다. 간을 맞춥니다.

잘게 썬 신선한 껍질콩 또는
　썰어서 얼린 냉동 껍질콩 2컵
삶은 흰콩 또는 강낭콩
　(둘 다 통조림도 무방) 2컵
부순 스파게티 또는 베르미첼리
　⅓컵
마른 흰 빵 1쪽 잘게 부순 것
후추 ⅛ts
사프란 1자밤

으깬 마늘 4쪽
신선한 토마토퓌레 6TS(124쪽)
　또는 토마토 페이스트 4TS
잘게 썬 신선한 바질 ¼컵
　또는 말린 바질 1½TS
강판에 간 파르메산 치즈 ½컵
엑스트라 버진 올리브유 ¼~½컵

껍질콩의 초록빛을 살리기 위해 식탁에 올리기 20분 전에 삶은 콩과 스파게티(또는 베르미첼리), 빵, 향신료를 끓는 수프에 넣습니다. 약 15분간 약한 불로 천천히 끓이다가 껍질콩이 완전히 익으면 곧 불을 끕니다. 간을 다시 맞춥니다.

수프가 끓는 동안 다음과 같이 피스투를 준비합니다. 수프용 튜린에 마늘과 토마토퓌레, 바질, 강판에 간 치즈를 넣고 나무 스푼으로 되직한 질감이 될 때까지 잘 섞습니다. 여기에 올리브유를 방울방울 흘려 섞습니다.
수프가 완성되면 한 컵을 떠서 피스투에 천천히 부어 섞습니다. 나머지 수프를 마저 부어줍니다. 뜨거운 바게트나 올리브유를 발라 구운 크루트(86쪽)와 함께 식탁에 올립니다.

---

# 아이고 부이도(*aïgo bouïdo*)‡
## 마늘 수프

아이고 부이도는 처음 맛을 보면 결코 무엇이 들어갔는지 알 수 없을 것입니다. 익힌 마늘에서는 특유의 강한 향미가 거의 사라지고, 알아채기 힘든 미묘하고 향긋한 풍미가 느껴지기 때문입니다. 아이고 부이도는 지중해 지역에서 간과 혈액 순환, 신체 및 정신 건강에 매우 유익한 음식으로 알려져 있습니다. 보통 수프 2L에 마늘 1통이 들어가는데 이는 결코 많은 양이 아니며, 마늘을 특히 좋아하는 사람들에게는 오히려 부족하게 느껴질 것입니다.

**6~8인분**

마늘 1통 또는 껍질을
　벗기지 않은 마늘 16쪽

끓는 물에 마늘을 넣고 30초 동안 데칩니다. 찬물에 헹구어 껍질을 벗깁니다.

물 2L

소금 2ts

후추 1자밤

정향 2개

세이지 ¼ts

타임 ¼ts

월계수 잎 ½장

파슬리 줄기 4대

올리브유 3TS

약 3L 용량의 소스팬

마늘과 나머지 재료를 소스팬에 넣고 30분 동안 끓인 뒤 간을 맞춥니다.

---

거품기

달걀노른자 3개

수프용 튜린

올리브유 3~4TS

수프용 튜린에 달걀노른자를 넣고 진득해질 때까지 거품기로 충분히 휘젓습니다. 여기에 마요네즈를 만들 때처럼 올리브유를 조금씩 흘려 넣으며 계속 젓습니다.

---

체

크루트 몇 조각(86쪽)

강판에 간 스위스 치즈 또는
　파르메산 치즈

식탁에 올리기 전, 뜨거운 수프 한 국자를 달걀노른자 혼합물에 방울방울 넣어 섞습니다. 이 혼합물을 천천히 체에 걸러 나머지 수프에 섞은 뒤 고루 저어줍니다. 이때 마늘은 꾹꾹 눌러 즙을 최대한 짜냅니다. 크루트와 치즈를 올려 바로 냅니다.

## ❖ 수프 아 뢰프 프로방살(*soupe à l'œuf, provençale*)
### 포치드 에그를 곁들인 마늘 수프

아이고 부이도(달걀노른자와
　올리브유로 하는 리에종 과정
　생략)

신선한 달걀 6개

약한 불에서 30분 동안 푹 끓인 아이고 부이도를 체에 걸러 넓고 얕은 소스팬에 옮깁니다. 간을 맞추고 다시 약한 불에 올립니다. 170쪽 설명에 따라 수프에서 포치드 에그를 만듭니다.

---

크루트 6~8조각(86쪽)

잘게 썬 파슬리 2~3TS

강판에 간 스위스 치즈
　또는 파르메산 치즈 1컵

개별 수프 접시에 크루트를 1조각씩 놓고 그 위에 포치드 에그를 올립니다. 수프를 담고 파슬리로 장식합니다. 강판에 간 치즈를 고루 뿌립니다.

## ❖ 수프 아 라유 오 폼 드 테르(*soupe à l'ail aux pommes de terre*)

사프란으로 맛을 낸 감자 마늘 수프

아이고 부이도(달걀노른자와
  올리브유로 하는 리에종
  과정 생략)
깍둑썰기해서 데친 감자 3컵
사프란 1자밤

약한 불에 30분 동안 푹 끓인 아이고 부이도를 체에 걸러 소스팬에 옮깁니다. 여기에 감자와 사프란을 넣고 약한 불로 20분쯤 또는 감자가 푹 익을 때까지 끓인 뒤 간을 맞춥니다. 크루트와 강판에 간 스위스 치즈 또는 파르메산 치즈를 곁들여 식탁에 올립니다.

## 수프 오 슈(*soupe aux choux*), 가르뷔르(*garbure*)

메인 코스용 양배추 수프

소박한 재료에 만들기도 쉽지만 추운 겨울날 한 그릇 먹으면 마음까지 따뜻해지는 훌륭한 수프를 소개합니다. 프랑스의 바스크 지방에서는 이 양배추 수프와 항상 함께 먹는 음식이 있는데, 바로 냄새는 조금 고약하지만 풍미가 뛰어난 염장 돼지고기인 라르 랑스(*lard rance*)입니다. 바스크 지방에서는 라르 랑스가 빠진 양배추 수프는 밍밍하다고 생각합니다. 인접한 베아른 지역에서는 양배추 수프의 조리 단계 마지막에 콩피 두아(*confit d'oie*, 거위 콩피)를 넣어 따뜻하게 먹기도 합니다.

**약 8인분**

물 3.5L
껍질을 벗기고 큼직하게 썬
  '삶기용' 감자 3~4컵
지방이 적은 염장 돼지고기나
  베이컨 또는 가공하지 않은
  훈제 햄 약 700g

냄비에 물과 감자, 고기를 모두 넣고 끓입니다.

큼직하게 썬 양배추 약 900g

으깬 후추 열매 8알 또는 고춧가루
　큰 1자밤

소금

파슬리 줄기 6대와 월계수 잎
　1장을 묶은 것

마저럼 1/2ts

타임 1/2ts

으깬 마늘 4쪽

정향을 1개씩 박은 중간 크기 양파
　2개

껍질을 벗겨 4등분한 당근 2개

선택:

껍질을 벗겨 4등분한 순무 2~4개

슬라이스한 셀러리 줄기 2~3대

신선한 흰콩 또는 반조리된
　흰콩 1~2컵(강낭콩이나 흰콩
　통조림은 불을 끄기 10~15분
　전에 수프에 넣고 함께 끓이기)

크루트 몇 조각(86쪽)

감자 냄비에 양배추와 기타 재료를 모두 넣습니다. 뚜껑을 반쯤 덮은 채 고기가 연해질 때까지 약한 불로 1시간 30분~2시간 끓입니다. 파슬리와 월계수 잎을 빼냅니다. 고기는 건져서 먹기 좋은 크기로 썬 다음 다시 냄비에 넣습니다. 간을 맞추고 국물 위로 떠오른 지방을 걷어냅니다.

[*] 바로 먹지 않을 경우, 뚜껑을 열어서 한쪽에 두었다가 식탁에 내기 전에 다시 약한 불로 데웁니다.

수프를 튜린이나 수프 접시에 덜어서 크루트와 함께 냅니다.

# 지중해풍 생선 수프 레시피

제대로 된 지중해풍 생선 수프 레시피가 무엇인지는 프랑스 요리 전문가들 사이에서도 항상 논쟁거리입니다. 지중해 지방에 살지 않는 한, 이 수프의 필수 재료로 꼽히는 특정한 둑중개류, 성대류, 숭어류, 동미리류, 바닷장어류, 놀래기류, 도미류 등을 구하기는 힘듭니다. 그러나 냉동 생선과 통조림으로 파는 대합 주스만 있어도 충분히 맛있는 생선 수프를 끓일 수 있습니다. 지중해풍 생선 수프 맛의 핵심은 언제든 쉽게 구할 수 있는 토마토와 양파, 리크, 마늘, 허브, 올리브유 같은 부재료이기 때문입니다.

## ✳✳ 재료가 되는 생선
수프에는 보통 지방 함유량이 낮은 생선이 들어갑니다. 다양한 종류의 생선을 사용할수록 수프의 맛이 더 풍부해지고, 큰 넙치나 장어, 육질이 단단한 일부 가자미류처럼 젤라틴을 함유한 생선을 쓰면 더욱 묵직한 맛이 납니다. 수프로 만들기 좋은 생선은 다음과 같습니다.

| | |
|---|---|
| 농어류 | 북대서양대구류(pollock or Boston Bluefish) |
| 대구류 | 도미(Porgy or Scup) |
| 붕장어 또는 바닷장어 | 홍민어(Redfish or Red Drum) |
| 가자미류 | 둑중개류(Rockfish or Sculpin) |
| 그루퍼 | 작은 대구류(Scod) |
| 하스돔류(grunt) | 빨간통돔, 맹그로브 도미(Red or Gray Snapper) |
| 해덕대구 | 점민어(Spot) |
| 명태 | 민물송어, 바다송어 |
| 레몬 서대기 | 조개류와 갑각류(대합, 가리비, 홍합, 게, 바닷가재) |
| 퍼치 | |

생선은 조리하기 전 깨끗이 씻어 비늘을 벗기고 내장을 제거합니다. 대가리를 비롯한 서덜은 피시 스톡을 내는 데 씁니다. 크기가 큰 생선은 수평으로 갈라 폭이 약 5cm가 되도록 썹니다. 대합은 껍데기를 박박 문질러 씻고, 홍합은 같은 방법으로 씻은 뒤 물에 담가서 해감합니다(294쪽). 가리비는 깨끗이 씻습니다. 생물 게와 바닷가재는 조리 직전에 몸통을 반으로 가릅니다. 바닷가재는 모래주머니와 내장을 반드시 제거합니다.

# 수프 드 푸아송(*soupe de poisson*)
## 맑은 생선 수프

수프 드 푸아송은 부야베스와 맛이 같지만, 국물을 체에 거르고 익힌 파스타를 넣어서 살짝 점성을 더한다는 점이 다릅니다. 지중해 지역에서라면 갓 잡은 오색 빛깔의 작은 생선 수십 마리를 넣고 수프를 끓일 수 있을 것입니다. 하지만 대가리와 뼈 등 서덜을 포함한 생선 한 마리나 갑각류 껍데기, 심지어 시판 대합 주스 한 병으로도 충분히 맛을 낼 수 있습니다.

### 6~8인분

수프용 냄비
채 썬 양파 1컵
잘게 썬 리크 ¾컵
  (양파 ½컵 추가로 대체 가능)
올리브유 ½컵

냄비에 올리브유를 두르고 양파와 리크가 부드러워지되 색깔이 나지 않게 5분 동안 약한 불에 익힙니다.

으깬 마늘 4쪽
큼직하게 썬 완숙 토마토
  약 450g이나 국물을 뺀 통조림
    토마토 1½컵, 또는
    토마토 페이스트 ¼컵

익힌 양파에 마늘과 토마토를 섞은 뒤 중간 불에서 5분간 더 익힙니다.

물 2.5L
파슬리 줄기 6대
월계수 잎 1장
타임 또는 바질 ½ts
사프란 넉넉하게 2자밤
약 5cm인 말린 오렌지 필 1조각
  또는 ½ts
후추 ⅛ts
소금 1TS(대합 주스 사용 시 제외)
생선살(지방 함량이 낮은 종류),
  대가리와 뼈 등을 포함한 서덜,
  갑각류 껍데기, 냉동 생선(93쪽)
  1.4~1.8kg 또는 대합 주스 1L에
  물 1.5L를 섞은 것(이 경우 소금은
  넣지 않음)

물과 파슬리를 포함한 허브, 양념, 생선살을 추가하고 뚜껑을 연 채 중간 불에서 30~40분 푹 끓입니다.

| | |
|---|---|
| 약 5cm 길이로 부러뜨린 스파게티 또는 베르미첼리 ½~⅔컵<br>3L 용량의 소스팬 | 수프의 건더기를 꾹꾹 눌러 즙을 짜내며 체에 걸러 소스팬에 옮깁니다. 간을 맞추고 취향에 따라 사프란을 더 넣어도 좋습니다. 여기에 스파게티 또는 베르미첼리를 넣고 익을 때까지 10~12분 휘저으며 끓입니다. 다시 간을 맞춥니다. |
| 크루트 몇 조각(86쪽)<br>강판에 간 스위스 치즈 또는 파르메산 치즈와 루유 1~2컵(루유 레시피는 다음 레시피를 참고) | 튜린이나 수프 접시에 크루트를 담고 그 위에 수프를 붓습니다. 치즈와 루유를 고루 뿌려서 냅니다. |

## ☞ 변형 레시피

스파게티나 베르미첼리 대신 깍둑썰기한 삶은 감자 3~4컵을 넣거나 90쪽 수프 아 뢰프 프로방살 레시피와 같이 수프에 포치드 에그를 곁들여도 좋습니다.

## ☞ 루유(*rouille*)

마늘, 붉은 피망, 고추로 만든 소스

수프 드 푸아송이나 부야베스에 곁들이는 이 매운 소스는 손님들이 각자 취향에 따라 섞어 먹을 수 있게 하는 것이 좋습니다.

## 약 1컵 분량

| | |
|---|---|
| 잘게 썰어 소금물에 삶은 뒤 물기를 제거한 붉은 피망 또는 붉은 파프리카 통조림 1/4컵<br>끓는 물에 연해질 때까지 삶은 작은 고추 1개 또는 타바스코 소스 약간<br>수프에 넣어 익힌 중간 크기 감자 1개<br>으깬 마늘 4쪽<br>바질 또는 타임, 세이버리 1ts | 모든 재료를 볼이나 절구에 넣고 찧어 아주 곱고 끈적한 페이스트로 만듭니다. |
| 엑스트라 버진 올리브유 4~6TS<br>소금, 후추 | 계속 찧거나 고루 섞으며 마요네즈를 만들 때처럼 올리브유를 방울방울 더합니다. 소금, 후추로 간을 합니다. |
| 뜨거운 수프 2~3TS | 먹기 직전, 뜨거운 수프를 조금 섞어 소스보트에 붓습니다. |

# 부야베스(*bouillabaisse*)

부야베스

제대로 끓인 부야베스 한 냄비는 원하는 만큼 엄청난 효과를 발휘할 수 있지만, 부야베스는 본질적으로 간단한 지중해풍 생선 수프라는 것을 잊어서는 안 됩니다. 어부가 당일 잡은 신선한 생선이나 판매성이 떨어지는 잡어에 올리브유, 마늘, 리크, 양파, 토마토, 허브 등 지중해 지방 특유의 부재료를 더해 맛을 낸 것이 부야베스입니다. 생선은 향긋한 국물에서 재빨리 익힌 뒤 큰 접시에 옮겨 담고, 국물은 따로 튜린에 부어서 생선과 함께 냅니다. 손님들은 각자의 수프 접시에 이 둘을 덜어 먹으면 됩니다. 부야베스와 잘 어울리는 와인은 로제인 코트 드 프로방스(*Côtes de Provence*)나 보졸레(*Beaujolais*) 같은 가볍고 숙성 기간이 짧은 강한 맛의 레드 와인, 코트 드 프로방스나 리슬링 같은 드라이한 화이트입니다.

이상적인 부야베스에는 신선한 생선이 최소한 6종 이상 들어갑니다. 따라서 최소 6인분을 만들어야 맛이 제대로 납니다. 부야베스를 만들 때는 대서양 가자미나 장어, 겨울 가자미처럼 생선살이 단단하고 젤라틴을 함유한 종류와 메를루사, 새끼 대구, 작은 북대서양대구류, 레몬 서대기 등 육질이 부드럽고 잘 부스러지는 종류를 함께 써야 합니다. 조개류와 갑각류는 꼭 넣을 필요도 없고 보통 레시피에 포함되지도 않지만, 확실히 보기에는 좋습니다.

생물 바닷가재와 게를 제외한 생선 종류는 모두 깨끗이 씻어 토막낸 뒤 조리의 마지막 단계 전까지 냉장고에 보관해도 좋습니다. 수프 국물은 끓여서 체에 걸러도 됩니다. 생선을 국물에 실제로 익히는 시간은 약 20분이면 충분하며, 이후 바로 내야 합니다.

### 6~8인분

스파게티나 베르미첼리를 제외한, 수프 드 푸아송 레시피에 들어가는 재료(생선 대가리와 뼈 등 서덜을 사용하되, 양이 부족하면 시판 대합 주스로 국물 맛을 보강)

93쪽 설명대로 선택해 손질한 다양한 생선(지방 함량이 낮은 종류) 2.7~3.6kg, 기타 조개류나 갑각류

94쪽 수프 드 푸아송 레시피대로 모든 재료를 30~40분 끓입니다. 체에 거르며 스푼이나 국자로 건더기를 꾹꾹 눌러 즙을 짭니다. 국물 맛을 확인해 간과 농도를 조절하는데, 이 단계에서 맛을 내야 추후에 번거롭지 않습니다. 완성된 수프 베이스의 양은 약 2.5L로, 폭이 좁고 깊은 냄비에 보관합니다.

식탁에 내기 20분 전, 수프 베이스를 신속히 팔팔 끓입니다. 바닷가재, 게, 육질이 단단한 생선을 넣고 5분 동안 센 불로 재빨리 팔팔 끓입니다. 육질이 부드러운 생선과 대합, 홍합, 가리비 등을 넣고 다시 센 불로 5분 정도 끓이거나 생선살을 포크로 찔렀을 때 폭 들어갈 정도가 되면 불을 끕니다. 너무 오래 끓이지 않도록 주의합니다.

예열한 큰 접시
튜린
크루트 몇 조각(86쪽)
굵게 다진 파슬리 ⅓컵
선택: 루유 1종지(95쪽)

수프에 익힌 생선을 건져서 큰 접시에 보기 좋게 담고 간을 맞춥니다. 튜린에 크루트를 놓고 그 위로 수프를 붓습니다. 생선 위에도 수프 한 국자를 고루 끼얹고, 다진 파슬리를 생선과 수프에 각각 뿌립니다. 루유를 곁들여 곧바로 식탁에 올립니다.

# 제2장

# 소스
*Sauces*

소스는 프랑스 요리에서 빛나는 위치를 차지하고 있지만, 만드는 법에는 특별히 숨겨진 비밀이나 미스터리 같은 것은 없습니다. 프랑스 요리에 쓰이는 소스는 종류가 너무나 많아서 목록만 언뜻 보면 몹시 방대해 보일 수 있습니다. 하지만 그 수많은 소스들이 크게 6가지 계열로 나뉘고, 각 계열에 속하는 소스는 대체로 만드는 방식이 동일하다는 사실을 알면 그리 버겁지는 않을 것입니다. 예를 들어, 소스 베샤멜과 소스 블루테가 속하는 화이트소스 계열을 만들 때 필요한 기술은 모두 동일하지만, 사용되는 재료와 장식 요소가 조금씩 다르고, 그에 따라 소스의 이름도 달라질 뿐입니다. 소스 베샤멜에 치즈를 갈아넣으면 소스 모르네, 다진 허브를 넣으면 소스 시브리가 되고, 피시 스톡과 화이트 와인을 넣은 생선 블루테에 크림과 달걀노른자, 버터를 더하면 멋진 소스 파리지엔이 되는 식입니다. 달걀노른자와 버터를 베이스로 만든 소스 또한 이와 마찬가지입니다. 타라곤과 후추, 식초로 맛을 낸 것은 소스 베아르네즈, 레몬즙을 더한 것은 소스 올랑데즈라고 합니다. 또 소스 올랑데즈에 휘핑한 크림을 섞으면 소스 무슬린이 됩니다. 따라서 몇 개 안 되는 기본 소스의 조리법만 익히면, 방대한 소스 체계 전체를 어렵지 않게 파악할 수 있습니다. 각종 소스의 기초가 되는 기본 소스를 계열별로 구분하면 다음과 같습니다.

## 화이트소스

이 계열에 속하는 소스는 소스 베샤멜과 소스 블루테에서 파생되었습니다. 소스 베샤멜과 소스 블루테는 사촌지간으로, 둘 다 밀가루를 버터에 볶아 만든 루(*roux*)를 사용해 걸쭉하다는 공통점이 있습니다. 다만 소스 베샤멜은 우유를, 소스 블루테는 우유 대신 생선이나 육류, 가금류를 베이스로 한다는 점이 다릅니다. 화이트소스는 전통적인 프랑스 요리의 근본을 이루며, 일반 가정 요리에서도 빼놓을 수 없습니다. 화이트소스는 삶은 달걀과 잘게 썬 버섯처럼 단순한 재료만으로도 먹음직스럽고 그럴듯해 보이는 요리를 만들 수 있을 만큼 유용합니다. 삶은 달걀과 양송이버섯에 소스 모르네를 끼얹고 그라탱 방식으로 표면을 노릇하게 구우면 색다르게 연출할 수 있습니다. 또 포칭한 생선이 남았을 때 살만 잘게 부수어 볶은 양파와 섞은 뒤, 크림소스를 섞고 버터에 볶은 빵가루를 소복이 덮어서 오븐에 구워내면 훌륭한 요리로 재탄생합니다. 삶은 닭고기에 걸쭉한 치킨 소스 블루테를 뿌리고, 조린 양파와 밥을 약간 곁들이면 멋진 풀 아 리부아르가 됩니다. 이 간단하면서도 훌륭한 소스가 없다면 매일 요리를 하기가 몹시 곤란해질 것입니다.

## 브라운소스

오랜 시간 동안 푹 익힌 소고기 스튜의 일종인 도브나 팟 로스트(pot roast), 라구에는 모두 브라운소스가 들어갑니다. 소테나 브라운 프리카세, 로스트 방식의 요리도 마찬가지죠. 브라운소스는 화이트소스보다 만들기가 더 까다롭고 복잡하며, 오귀스트 에스코피에(Auguste Escoffier, 1846~1935년)로 대표되는 그랑드 퀴진의 시대 이후로 그 조리법이 조금씩 변하기도 했습니다. 이에 관해서는 112~113쪽에서 더 이야기했습니다.

## 토마토소스, 달걀노른자 소스, 소스 올랑데즈 계열, 오일과 식초 소스(프렌치드레싱)

이 계열의 소스들은 따로 소개할 필요가 없기에 건너뛰겠습니다.

## 버터 소스

버터를 각종 허브와 양념, 퓌레 등과 함께 휘핑하여 크림 형태로 부드럽게 만든 소스입니다. 이 가운데 가장 중요한 것은 따뜻한 버터 소스, 즉 1970년대 초에 등장한 누벨 퀴진(nouvelle cuisine)의 시그니처 아이템 '뵈르 블랑(beurre blanc)'입니다. 원래 뵈르 블랑은 삶은 생선과 채소에만 곁들이는 소스였습니다. 그러나 (일단 제대로 할 줄만 알면!) 쉽게 만들 수 있어서 현재는 어느 레스토랑에서나 조리 방식에 크게 상관없이 생선, 육류, 가금류 요리에 두루 쓰는 소스가 되었습니다.

맛이 진한 소스, 특히 버터 소스나 크림을 넣은 화이트소스는 조금씩 써야 합니다. 한 끼에 하나씩만 내야 합니다. 소스는 요리의 참맛을 가리는 위장 수단이나 가면이 되어서는 안 됩니다. 소스의 역할은 원래 음식의 맛을 더욱 살아나게 하고 오랫동안 유지되게 하거나 보완하는 것, 비슷한 요리에 다양성을 부여하는 것입니다.

# 화이트소스
*Sauces Blanches*

화이트소스는 루(버터에 밀가루를 볶은 것)에 우유나 화이트 스톡을 부어 단시간에 뚝딱 만들 수 있으며, 달걀, 생선, 닭고기, 송아지고기, 채소 등과 잘 어울립니다. 또한 크림수프나 수플레, 그 밖에 따뜻한 오르되브르의 베이스로 사용되기도 합니다.

　　루이 14세가 집권하던 17~18세기의 소스 베샤멜은 지금보다 더 호화로웠습니다. 당시의 소스 베샤멜은 우유와 송아지고기, 각종 양념을 크림과 함께 끓여 걸쭉하게 만든 것이었죠. 반면 현대 프랑스 요리에서는 기본 재료인 우유에 버터나 크림, 허브 또는 소스에 맛을 살려줄 향미제만을 더해 재빨리 완성합니다.

　　소스 블루테를 만드는 법은 소스 베샤멜과 동일합니다. 대신 루에 닭고기나 송아지고기, 생선으로 끓인 스톡을 붓는다는 점이 다르며, 이때 종종 와인을 함께 넣기도 합니다. 취향에 따라 우유나 크림을 추가하기도 합니다.

## ** 루

프랑스 요리에서는 소스의 농도를 조절할 때 밀가루와 버터를 씁니다. 소스에 들어갈 액체를 더하기에 앞서 밀가루와 버터를 수 분간 약한 불에 볶는데, 이렇게 만든 것을 루라고 합니다. 이 과정을 거쳐야 소스에서 덜 익은 밀가루 특유의 맛이 나지 않고, 우유나 스톡을 부었을 때 밀가루 입자가 수분을 잘 흡수합니다. 소스의 농도는 액체 1컵당 사용한 밀가루의 양과 비례하는데, 미국에서 시판되는 경질소맥으로 만든 다목적 중력분의 경우 보통 다음과 같은 기준으로 조절합니다. 여기서 밀가루 1테이블스푼은 테이블스푼으로 뜬 다음 윗면을 평평하게 깎은 양을 말합니다.

| | |
|---|---|
| 묽은 소스나 수프 | 액체 1컵당 밀가루 1TS |
| 중간 농도의 일반적 소스 | 액체 1컵당 밀가루 1½TS |
| 걸쭉한 소스 | 액체 1컵당 밀가루 2TS |
| 수플레 베이스 | 액체 1컵당 밀가루 3TS |

## ** 조리 시간

예전에 출판된 요리책에서는 화이트소스, 특히 소스 블루테는 익지 않은 밀가루 맛을 없애고 맛을 응축하기 위해 수 시간 동안 푹 끓일 것을 권하는 경우가 많았습니다. 하지만 밀가루를 버터에 충분히 볶아 루를 제대로 만들고, 맛이 잘 우러난 진한 스톡을 쓴다면 요리 시작 단계에서 해결할 수 있습니다. 물론 오랫동안 정성껏 끓여낸 소스 블루테는 특유의 섬세한 맛이 있으므로 여유롭다면 그렇게 하는 것이 좋습니다. 그러나 이 책에 소개된 레시피는 실용성을 염두에 두고 있기 때문에 그렇게 하지 않았습니다.

## ＊＊ 소스팬 고르기

화이트소스를 만들 때는 반드시 바닥이 두꺼운 법랑, 스테인리스, 내열유리, 자기, 주석을 입힌 구리 재질의 소스팬을 사용해야 합니다. 바닥이 얇은 팬은 열전도율이 낮아서 소스가 바닥에 눌어붙을 수 있습니다. 알루미늄 재질을 사용하면 화이트소스, 특히 와인이나 달걀노른자가 들어간 소스의 색깔이 달라집니다.

## 소스 블루테에 들어가는 스톡

가정에서 화이트 스톡을 끓이는 법은 162쪽에 나와 있습니다. 화이트 치킨 스톡은 306쪽, 피시 스톡은 168쪽, 대합 주스 피시 스톡은 169쪽에 각각 소개되어 있습니다. 직접 만든 화이트 스톡 대신 시판되는 통조림 치킨 브로스를 사용하려면 다음과 같은 준비 과정을 거치면 됩니다.

통조림 치킨 브로스 또는 국물만
  거른 맑은 닭고기 채소 수프 2컵
채 썬 양파, 당근, 샐러리 각 3TS
드라이한 화이트 와인 ½컵
  또는 화이트 베르무트 ⅓컵
파슬리 줄기 2대, 월계수 잎 ⅓장,
  타임 1자밤

통조림 치킨 브로스 또는 맑은 닭고기 채소 수프에 채소, 와인, 허브를 넣고 약한 불로 30분 동안 끓입니다. 간을 맞추고 체에 국물만 거르면 소스 블루테에 쓸 준비가 끝납니다.

## 소스 베샤멜(*sauce béchamel*)
## 소스 블루테(*sauce velouté*)
### 루로 만든 기본적인 화이트소스

이 기본 소스는 5분이면 만들 수 있으며, 향미제나 부재료를 더해 더욱 풍성한 맛을 낼 수도 있습니다. 그 비법은 기본 레시피 마지막 단계에 소개하겠습니다.

**2컵 분량(중간 농도)**

| | |
|---|---|
| 바닥이 두꺼운 1.5L 용량의 법랑 소스팬(스테인리스, 주석을 입힌 구리, 자기, 내열유리 소스팬도 가능) <br> 버터 2TS <br> 밀가루 3TS <br> 나무 스패출러 또는 스푼 | 소스팬을 약한 불에 올리고 버터를 녹입니다. 여기에 밀가루를 섞고 2분 동안 계속 저으며 색깔이 나지 않게 볶습니다. 버터와 밀가루가 잘 섞여 거품을 내며 끓으면 화이트 루가 완성됩니다. |
| 작은 소스팬에 우유 2컵과 소금 ¼ts을 넣고 데운 것 또는 끓는 화이트 스톡 2컵(앞의 '소스 블루테에 들어가는 스톡' 설명 참고) <br> 거품기 | 루를 불에서 내립니다. 거품이 가라앉으면 바로 뜨거운 스톡 또는 우유를 전부 붓고 거품기로 세게 휘저어 섞습니다. 소스팬 벽면에 붙은 루까지 싹싹 긁어 멍울지지 않게 완전히 풀어줍니다. <br> 중간 불에 소스팬을 올리고 거품기로 저어가며 데웁니다. 소스가 끓기 시작하면 1분쯤 더 휘젓다가 불을 끕니다. |
| 소금, 백후추 | 소스를 불에서 내리고 소금, 후추로 간을 맞춥니다. 이제 향미제를 더할 준비가 끝났습니다. <br> [*] 소스를 당장 쓰지 않을 경우, 고무 주걱으로 팬 안쪽 벽면에 묻은 소스를 말끔히 걷어냅니다. 소스 표면에 막이 생기는 것을 방지하기 위해 약간의 우유나 스톡, 녹인 버터를 끼얹습니다. 소스팬의 뚜껑을 연 채 약하게 끓는 물에 담가 따뜻하게 둡니다. 냉장 또는 냉동 보관해도 됩니다. |

## ☞ 주의사항

앞의 레시피대로 따라하면 틀림없이 적절한 농도의 매끈한 소스를 만들 수 있습니다. 그러나 혹시라도 문제가 생겼다면 다음 방법으로 해결해보세요.

| | |
|---|---|
| **소스에 멍울이 생겼을 때** | 루가 뜨거울 때 팔팔 끓기 직전인 우유나 스톡을 부었다면 이런 문제는 결코 발생하지 않습니다. 그러나 소스에 멍울이 생겼다면 아주 촘촘한 체에 거르거나 블렌더에 간 다음 약한 불에 5분 동안 데우면 됩니다. |
| **소스가 너무 뻑뻑할 때** | 소스를 약한 불에 가볍게 끓입니다. 우유나 크림, 스톡 등을 1스푼씩 넣어서 농도를 맞춥니다. |

**소스가 너무 묽을 때**

첫번째 방법은 소스를 적당히 센 불에서 나무 스푼으로 계속 휘저으며 적절한 농도가 될 때까지 졸이는 것입니다.

두번째 방법은 팬에 버터 ½테이블스푼과 밀가루 ½테이블스푼을 잘 섞어 되직한 상태로 만듭니다(뵈르 마니에*beurre manié*). 이것을 불에서 내린 뒤 소스에 넣고 거품기로 휘저어 완전히 풉니다. 소스를 불에 올려 1분 동안 휘저어가며 끓입니다.

# 화이트소스에 풍미 더하기

버터와 크림, 달걀노른자는 화이트소스에 진한 맛을 더해 더 완벽한 소스의 풍미를 끌어내는 역할을 합니다. 기본적인 화이트소스인 소스 베샤멜이나 소스 블루테도 간만 잘 맞추면 그대로 식탁에 올릴 수 있지만, 여기에 버터나 크림, 달걀노른자를 더하면 훨씬 더 맛있게 변합니다.

## ☞ 버터 더하기

진한 화이트소스를 만드는 가장 간단한 방법은 식탁에 내기 직전에 신선한 버터를 섞는 것입니다. 버터는 소스가 좀더 부드러워지고, 약간 더 걸쭉해지게 하며, 다른 요리에서는 찾아보기 힘든 프랑스 요리만의 느낌을 내주기도 합니다. 버터의 양은 기본적인 화이트소스 1컵에 ½~1테이블스푼이면 충분합니다. 피시 스톡을 쓴 화이트소스라면 ½컵까지 넣을 수 있습니다. 하지만 버터를 1테이블스푼 이상 섞은 소스는 바로 내야 합니다. 많은 양의 버터가 들어간 소스를 다시 데우거나, 계속 뜨거운 상태로 두거나, 그라탱 요리에 쓸 경우, 버터가 액화되면서 마치 우유를 섞은 것처럼 묽어지거나 소스 표면에 둥둥 뜨기 때문입니다. 하지만 버터가 많이 들어간 화이트소스를 실수로 가열하더라도, 분리된 소스 올랑데즈를 되살릴 때와 같은 방법으로 조리하면 곧 원래 상태로 돌아올 것입니다(128쪽).

### 2컵 분량

버터 2~8TS
　(일반적인 양은 1~2TS)
거품기

소스에 모든 향미제를 더한 뒤 식탁에 올리기 직전 불에서 내립니다. 버터를 한 번에 ½테이블스푼씩 넣습니다. 버터는 넣을 때마다 잘 저어서 소스에 완전히 섞이게 합니다. 완성된 소스는 뜨거운 음식 위에 스푼으로 끼얹거나 따뜻하게 데운 그릇에 따로 담아서 바로 냅니다.

## ☞ 크림 더하기

### 소스 크렘(*sauce crème*)과 소스 쉬프렘(*sauce suprême*)

소스 베샤멜에 크림을 더한 것을 소스 크렘, 소스 블루테에 크림을 더한 것을 소스 쉬프렘이라고 합니다. 크림을 넣으면 소스가 묽어지므로 베이스가 되는 소스 베샤멜이나 소스 블루테를 평소보다 되직하게 만들어야 적절한 농도의 소스가 완성됩니다.

소스 크렘은 채소, 달걀, 생선, 가금류, 따뜻한 오르되브르, 그 밖에 그라탱 요리에 쓸 수 있습니다.

### 2컵 분량

| | |
|---|---|
| 되직한 소스 베샤멜<br>　또는 소스 블루테 1½컵<br>　(밀가루 3TS+버터 2½TS+<br>　우유나 스톡 1½컵, 101쪽)<br>휘핑크림 ½컵<br>소금, 백후추<br>레몬즙 | 소스를 약한 불로 가볍게 끓입니다. 크림을 1테이블스푼씩 넣고 고루 저어 원하는 농도로 조절합니다. 소금과 백후추로 간을 맞추고 레몬즙을 몇 방울 더합니다. |
| 선택: 말랑한 버터 1~2TS<br>　(그라탱 요리에 쓸 소스라면<br>　사용하지 말 것) | 소스를 불에서 내려 식탁에 내기 직전에 버터를 ½테이블스푼씩 넣고 섞습니다. |

## ☞ 달걀노른자와 크림 더하기

### 소스 파리지엔(*sauce parisienne*)과 소스 알망드(*sauce allemande*)

달걀노른자와 크림을 더한 화이트소스는 프랑스 요리를 통틀어 진하고 부드럽기로 손꼽힙니다. 보통 소스 파리지엔으로 불리는 이 소스는 과거에는 소스 알망드라고 불렸으며, 추가한 향미제나 곁들이는 요리에 따라 다른 이름으로 불리기도 합니다. 그중 가장 간단한 것은 소스 풀레트(*sauce poulette*)로, 소스 블루테 베이스에 고기나 생선, 양파, 버섯으로 맛을 냅니다. 널리 알려진 소스 노르망드(*sauce normande*)는 화이트 와인과 피시 스톡을 넣어 끓인 소스 블루테에 홍합, 굴, 새우, 갑각류, 버섯을 진하게 우린 국물을 더한 것입니다. 카르디날(*cardinal*), 낭튀아(*Nantua*), 주앵빌(*Joinville*) 등 갑각류가 들어간 소스 블루테류는 특별한 재료를 곁들이고 마지막에 갑각류 버터를 넣어 풍미를 더한 것입니다. 앞서 언급한 소스들은 모두 기본 소스 블루테에 달걀노른자와 크림으로 진한 맛을 더한 것으로, 버터가 들어가는 경우도 많습니다. 따라서 한 가지 소스를 만들 줄 알면 나머지도 쉽게 만들 수 있습니다.

달걀노른자로 소스를 걸쭉하게 잘 만드는 비결은 처음 달걀노른자를 풀 때 반드시 차가운 액체를 조금 섞는 것입니다. 그렇게 해야 이후 뜨거운 액체를 조금씩 넣었을 때 달걀노른자의 온도가 서서히 올라가 멍울지지 않습니다. 이 같은 예비 과정을 제대로 마쳤다면 소스를 불에 올려 끓여도 됩니다. 이때는 밀가루 베이스 소스와 완전히 섞여서 가열해도 분리될 염려가 없습니다.

다음에 소개할 소스 파리지엔은 달걀, 생선, 가금류, 따뜻한 오르되브르, 그라탱 요리에 두루 사용됩니다. 버터를 많이 넣은 소스 파리지엔은 주로 화이트 와인에 포칭한 생선 필레(273쪽)에 곁들입니다.

**2컵 분량**

| | |
|---|---|
| 되직한 소스 베샤멜 또는 소스 블루테(밀가루 3TS, 버터 2½TS, 우유나 스톡 1½컵, 101쪽) 1½컵 바닥이 두꺼운 2L 용량의 법랑 소스팬 | 소스를 소스팬에 담고 약한 불로 끓입니다. |
| 달걀노른자 2개 휘핑크림 ½컵 8컵 용량의 믹싱볼 거품기 | 믹싱볼에 달걀노른자와 휘핑크림을 넣고 거품기로 잘 섞습니다. 여기에 뜨거운 소스 ½컵을 방울방울 흘리며 계속 휘젓습니다. 나머지 소스를 가는 물줄기로 천천히 흘려넣으며 고루 섞은 다음 다시 소스팬에 옮겨 담습니다. |
| 나무 스패출러 또는 스푼 | 소스팬을 적당히 센 불에 올리고 소스가 눌어붙지 않도록 나무 스푼으로 바닥 전체를 고루 휘저으며 가열합니다. 소스가 끓기 시작하면 계속 휘젓다가 1분 후에 불을 끕니다. |
| 소금, 백후추 레몬즙 선택: 휘핑크림 | 소스를 촘촘한 체에 걸러 달걀노른자에 붙어 응고된 달걀흰자 찌꺼기를 제거합니다. 소스팬을 깨끗이 씻은 뒤 걸러낸 소스를 다시 옮겨 붓습니다. 약한 불로 끓이며 소금과 백후추로 간을 맞추고 취향에 따라 레몬즙을 약간 넣어 맛을 냅니다. 소스가 너무 되직하면 크림을 한 번에 1테이블스푼씩 넣어 묽게 해줍니다. [*] 바로 내지 않을 경우, 팬의 안쪽 벽면에 묻은 소스를 말끔히 걷어내고 표면이 마르지 않도록 크림이나 스톡을 살짝 끼얹습니다. 소스는 식으면서 농도가 더 되직해지며 커스터드처럼 보입니다. 다시 데우면 원래 상태로 돌아가니 걱정하지 않아도 됩니다. 소스는 냉동 보관해도 좋습니다. |

선택: 말랑한 버터 1~2TS
(그라탱 요리에 쓸 소스라면
사용하지 말 것)

소스를 불에서 내리고, 내기 직전에 버터를 조금씩 넣어 고루 섞습니다.

# 소스 베샤멜과 소스 블루테에서 파생된 소스

소스 베샤멜과 소스 블루테(101쪽)에서 파생된 주요 소스 몇 가지를 소개하겠습니다.

## 소스 모르네(*sauce mornay*)
### 치즈를 더한 소스

어울리는 음식: 달걀, 생선, 가금류, 송아지고기, 채소, 파스타, 따뜻한 오르되브르

**주의:** 이 소스를 오븐에 굽거나 그라탱 방식으로 조리할 음식에 끼얹을 예정이라면, 제시된 치즈의 양은 최소한으로 쓰고 마지막에 버터를 더하는 과정도 생략합니다. 치즈를 너무 많이 넣으면 소스가 끈적거릴 수 있고, 버터를 넣으면 녹은 버터가 소스 표면에서 둥둥 뜨기 때문입니다.

중간 농도의 소스 베샤멜 또는
소스 블루테(101쪽) 2컵
굵게 간 스위스 치즈 또는 굵게 간
스위스 치즈와 곱게 간 파르메산
치즈를 섞은 것 ¼~½컵

준비된 소스가 끓어오르면 불에서 내린 다음 치즈를 넣습니다. 치즈가 소스에 완전히 녹아들 때까지 고루 섞습니다.

소금, 후추
육두구 1자밤
선택: 카엔페퍼 가루 1자밤,
말랑한 버터 1~2TS

소금, 후추, 육두구, 카엔페퍼 가루(선택)를 취향에 따라 넣습니다. 버터를 사용할 경우, 불을 끄고 식탁에 내기 직전 조금씩 넣고 고루 섞습니다.

# 소스 오로르(*suce aurore*)

## 토마토로 맛을 더한 소스 베샤멜 또는 소스 블루테

어울리는 음식: 달걀, 생선, 채소, 닭고기

| | |
|---|---|
| 소스 베샤멜나 소스 블루테(104쪽) 또는 소스 크렘(101쪽) 2컵<br>신선한 토마토로 만든 퓌레(124쪽) 또는 토마토 페이스트 2~6TS | 준비된 소스를 약한 불로 가볍게 끓입니다. 여기에 원하는 빛깔과 맛이 날 때까지 토마토 퓌레 또는 페이스트를 1테이블스푼씩 섞습니다. 간을 맞춥니다. |
| 말랑한 버터 1~2TS<br>선택: 다진 파슬리나 처빌, 바질, 타라곤 1~2TS | 불을 끈 뒤, 버터와 허브(선택)를 차례로 넣고 고루 섞습니다. |

# 소스 시브리(*sauce chivry*)

# 소스 아 레스트라공(*sauce à l'estragon*)

## 허브를 넣은 화이트 와인 소스와 타라곤 소스

어울리는 음식: 달걀, 생선, 채소, 포칭한 닭고기

| | |
|---|---|
| 작은 법랑 소스팬<br>드라이한 화이트 와인 1컵 또는 화이트 베르무트 ⅔컵<br>신선한 처빌과 타라곤, 파슬리를 섞은 것 또는 타라곤만 다진 것 4TS (말린 허브 2TS로 대체 가능)<br>다진 설롯 또는 골파 2TS | 모든 재료를 소스팬에 넣고 불에 올려 10분 동안 약한 불로 끓입니다. 와인이 졸아들어 3테이블스푼쯤 남으면, 허브 원액이 완성된 것입니다. |
| 소스 베샤멜<br>또는 소스 블루테(101쪽)<br>또는 소스 크렘(104쪽) 2컵 | 허브 원액을 체에 거르면서 스푼으로 꾹꾹 눌러 즙을 짜냅니다. 준비된 소스와 섞어 약한 불로 2~3분 끓입니다. |
| 다진 녹색 허브 또는 파슬리, 타라곤 3~4TS<br>말랑한 버터 1~2TS | 불에서 내려 신선한 허브와 버터를 넣고 잘 휘저어 곧바로 식탁에 올립니다. |

# 소스 오 카리(*sauce au cari*)
## 연한 카레 소스

어울리는 음식: 생선, 송아지고기, 양고기, 닭고기, 칠면조고기, 달걀, 채소
소스 베샤멜 또는 소스 블루테를 만들 때 카레로 맛을 냅니다.


### 2½컵 분량

| | |
|---|---|
| 곱게 다진 양파 ½컵<br>버터 4TS<br>2L 용량의 법랑 소스팬 | 소스팬에 버터와 양파를 넣고 약한 불로 10분 동안 색깔이 나지 않게 익힙니다. |
| 카레 가루 2~3TS | 카레 가루를 섞고 2분 동안 약한 불로 천천히 볶습니다. |
| 밀가루 4TS | 밀가루를 넣고 약한 불에서 휘저으며 3분쯤 더 볶습니다. |
| 뜨거운 우유나 화이트 스톡 또는<br>　피시 스톡 2컵 | 불을 끈 다음 뜨거운 우유나 스톡을 붓고 잘 젓습니다. 다시 불에 올려 10~15분쯤 가끔 휘저어가며 천천히 끓입니다. |
| 휘핑크림 4~6TS<br>소금, 후추<br>레몬즙 | 휘핑크림을 1테이블스푼씩 넣어 원하는 농도가 되면 간을 맞추고 맛을 보며 레몬즙을 넣습니다. |
| 말랑한 버터 1~2TS<br>선택: 다진 파슬리 2~3TS | 불에서 내려 버터를 조금씩 넣습니다. 파슬리(선택)를 넣어 고루 섞고 바로 식탁에 올립니다. |


# 소스 수비즈(*sauce soubise*)
## 양파로 맛을 낸 소스

어울리는 음식: 달걀, 송아지고기, 닭고기, 칠면조고기, 양고기, 채소, 그라탱 요리
이 훌륭한 소스를 변형한 또 다른 레시피는 436쪽에서 소개하겠습니다.

**약 2½컵 분량**

| | |
|---|---|
| 슬라이스한 양파 약 450g<br>　또는 4컵<br>소금 ¼ts<br>버터 6TS<br>약 2.5L 용량의 바닥이 두꺼운<br>　법랑 소스팬 | 소스팬에 양파, 소금, 버터를 넣고 뚜껑을 덮은 채 약한 불로 20~30분 동안 양파가 색깔이 나지 않도록 익힙니다. |
| 밀가루 4TS | 익힌 양파에 밀가루를 넣고 약한 불에서 3분 동안 휘저으며 볶습니다. |
| 뜨거운 우유나 화이트 스톡<br>　또는 피시 스톡 2컵 | 불에서 내리고 뜨거운 우유나 스톡을 부어 섞습니다. 약한 불에서 가끔씩 저어주며 15분 동안 끓입니다. 이것을 체에 붓고 꾹꾹 눌러가며 거르거나, 푸드 밀에 통과시키거나, 블렌더로 갈아줍니다. |
| 휘핑크림 6~8TS<br>소금, 후추<br>육두구 1자밤 | 소스를 다시 약한 불로 가열해 끓어오르면 휘핑크림을 스푼으로 조금씩 떠넣으면서 원하는 농도로 조절합니다. 소금, 후추, 육두구로 간을 합니다. |
| 말랑한 버터 1~2TS(그라탱 요리에<br>　쓸 소스라면 사용하지 말 것) | 불에서 내리고 버터를 조금씩 섞은 뒤 바로 식탁에 올립니다. |

# 소스 바타르드(*sauce bâtarde*)
# 소스 오 뵈르(*sauce au beurre*)‡

## 유사 소스 올랑데즈

어울리는 음식: 삶은 생선, 삶은 닭고기, 삶은 양고기, 삶은 감자, 아스파라거스, 콜리플라워, 셀러리, 브로콜리

조리 시간이 짧고 활용하기 좋은 이 소스는 익히지 않은 루 또는 뵈르 마니에로 만들기 때문에 소스 베샤멜이나 소스 블루테류에 포함되지 않습니다. 달걀노른자가 들어가서 먹음직스러운 황금빛을 띠며, 버터를 충분히 넣으면 소스 올랑데즈와 맛이 비슷해집니다.

**2컵 분량 (중간 농도)**

| | |
|---|---|
| 액체 또는 반고체인 버터 2TS<br>밀가루 3TS<br>2L 용량의 바닥이 두꺼운 법랑<br>　소스팬<br>고무 주걱 | 소스팬에 버터와 밀가루를 넣고 고무 주걱으로 뭉친 곳 없이 잘 반죽합니다. |
| 뜨거운 화이트 스톡, 채소 데친 물<br>　2컵(뜨거운 물 2컵에 소금 ¼ts을<br>　섞은 것으로 대체 가능)<br>거품기 | 반죽에 스톡이나 물을 한꺼번에 붓고 거품기로 세게 휘저어 고루 섞습니다. |
| 달걀노른자 1개<br>휘핑크림 2TS<br>2L 용량의 믹싱볼<br>소금, 백후추<br>레몬즙 1~2TS | 믹싱볼에 달걀노른자와 휘핑크림을 넣고 거품기로 충분히 섞은 다음, 만들어둔 혼합물 ½컵을 방울방울 넣어 섞습니다. 남은 혼합물도 가늘게 흘려넣으며 섞습니다. 소스팬에 다시 옮겨 가끔 저어가며 적당히 센 불로 가열합니다. 끓어오르기 시작하면 5초 후에 불에서 내려 맛을 보며 소금, 후추, 레몬즙으로 간을 합니다.<br>[*] 당장 먹지 않을 경우, 소스 표면이 마르지 않도록 녹인 버터 ½테이블스푼으로 코팅해둡니다. |
| 말랑한 버터 4~8TS | 불에서 내리고 버터를 한 번에 1테이블스푼씩 섞은 뒤 바로 식탁에 올립니다. |

## ❖ 소스 오 카프르(*sauce aux câpres*)

케이퍼로 맛을 낸 화이트소스

어울리는 음식: 삶은 생선 또는 삶은 양고기 넓적다리

| | |
|---|---|
| 소스 바타르드 2컵<br>케이퍼 2~3TS | 버터를 넣어 소스를 완성하기 직전, 케이퍼를 넣고 잘 섞습니다. 불에서 내려서 버터를 넣어줍니다. |

## ❖ 소스 아 라 무타르드(*sauce à la moutarde*)

머스터드를 넣은 화이트소스

어울리는 음식: 브로일링한 고등어, 청어, 참치, 황새치

| | |
|---|---|
| 마지막에 버터를 섞지 않은<br>　소스 바타르드 2컵<br>머스터드(맛이 강한 디종<br>　머스터드류) 2TS<br>말랑한 버터 4~8TS | 머스터드와 버터를 고무 주걱으로 잘 섞습니다. 불에서 내려서 뜨거운 소스에 머스터드 혼합물을 1테이블스푼씩 넣어서 충분히 저은 뒤 바로 냅니다. |


## ❖ 소스 오 장슈아(*sauce aux anchois*)

앤초비로 맛과 향을 더한 화이트소스

어울리는 음식: 삶은 생선 또는 삶은 감자

| | |
|---|---|
| 통조림 앤초비 으깬 것 2TS 또는<br>　앤초비 페이스트 1TS<br>소스 바타르드 2컵 | 버터를 넣어서 소스가 완성되기 직전, 앤초비를 섞습니다. 불에서 내려서 버터를 섞고 바로 식탁에 올립니다. |

# 브라운소스
## *Sauces Brunes*

정통 프랑스식 브라운소스의 베이스는 고기로 만든 브라운 스톡을 긴 시간 약한 불에 끓인 다음, 여기에 다른 재료를 더해 다시 오래 끓여낸 소스 에스파뇰(*sauce espagnole*)입니다. 이 소스 에스파뇰에 스톡과 각종 재료를 더하고 표면에 떠오르는 기름과 불순물을 걸어내며 장시간 뭉근하게 끓이면 전통적인 기본 브라운소스인 드미글라스(*demi-glace*)가 완성됩니다. 이 과정을 모두 거치려면 수일이 걸리는데, 수고롭게 만드는 만큼 결과물은 더없이 훌륭합니다. 그러나 이 책에서는 더 손쉬운 조리과정을 추구하므로, 이런 식의 조리법은 소개하지 않겠습니다.

브라운소스는 밀가루를 버터에 볶은 브라운 루나 옥수수, 감자, 쌀 등에서 추출한 전분, 애로루트 가루를 섞어 걸쭉합니다. 밀가루를 섞은 브라운소스는 적어도 2시간 이상 불순물을 걸어가며 뭉근하게 끓여야 풍미가 완전히 살아납니다. 반면 전분과 애로루트 가루를 넣은 경우는 몇 분만 끓여도 충분하며, 제대로 만들기만 하면 맛이 뛰어납니다. 가정에서 요리할 때는 오랫동안 끓여야 하는 정통 브라운소스보다 전분이나 애로루트 가루를 섞은 소스가 훨씬 유용합니다. 그래서 이 책에서 다루는 메인 코스 요리에도 대부분 전분이나 애로루트 가루를 섞은 브라운소스를 사용합니다.

다음에 소개할 기본 브라운소스 레시피는 서로 대체하여 쓸 수 있습니다. 3가지 모두 117쪽부터 나오는 각종 복합 소스로 변형할 수 있습니다.

## 브라운소스에 들어가는 고기 스톡

브라운 스톡 레시피는 160~164쪽에 다양하게 소개되어 있습니다. 여기서 소개할 브라운소스 레시피 중 소스 브륀과 소스 라구는 스톡 대신 시중에서 살 수 있는 통조림 비프 부용을 써도 됩니다. 그러나 전분을 넣는 쥐 리에를 완성하기 위해서는 다음과 같은 방법으로 통조림 특유의 맛을 숨기고 풍부한 맛을 더해야 합니다. 통조림 콩소메는 단맛이 강해서 스톡 대체품으로 추천하지 않습니다.

## 통조림 비프 부용 활용하기

통조림 비프 부용 2컵
잘게 다진 양파, 당근 각 3TS
잘게 다진 셀러리 1TS
레드 와인, 드라이한 화이트 와인 또는
　화이트 베르무트 ½컵
파슬리 줄기 2대
월계수 잎 ⅓장
타임 ⅛ts
선택: 토마토 페이스트 1TS

통조림 비프 부용과 다른 재료들을 약한 불에서 20~30분 끓입니다. 이것을 촘촘한 체에 거르면 소스에 사용할 준비가 끝납니다.

---

# 소스 브륀(*sauce brune*)
## 밀가루 베이스의 브라운소스

브라운소스 가운데 가장 훌륭하면서도, 전통적인 소스 드미글라스에 가장 근접한 소스입니다. 준비 과정이 다소 까다로운 데다 2시간 이상 뭉근히 끓여야 한다는 어려움이 있지만, 조리 시간이 길수록 결과물은 더 좋아집니다. 냉장 상태로 며칠간 보관할 수 있고, 냉동하면 몇 주간도 괜찮습니다.

### ✳✳ 브라운 루

이러한 타입의 소스를 걸쭉하게 만드는 브라운 루는 밀가루와 유지류를 고른 갈색이 돌 때까지 함께 익힌 것입니다. 일반적인 브라운소스를 만들 때는 밀가루를 라드(lard)나 식용유에 볶습니다. 하지만 푸아그라나 달걀, 볼로방처럼 맛이 섬세한 요리에 곁들일 소스라면 반드시 밀가루를 정제 버터에 볶아야 합니다. 정제 버터란 일반 버터를 녹인 뒤, 타면서 쓴맛을 내는 우유 속 성분을 분리해낸 순수한 버터를 가리킵니다.

**소스 브륀 약 1L 분량**

약 2L 용량의 바닥이 두꺼운
  소스팬
잘게 다진 당근, 양파, 셀러리
  각 ⅓컵
깍둑썰기한 삶은 햄 3TS
  (깍둑썰기해서 끓는 물에 10분
  간 익혀서 찬물에 헹궈 물기를
  제거한 베이컨으로 대체 가능)
정제 버터(55쪽)나 라드 또는
  식용유 6TS

준비된 채소와 햄(또는 베이컨)을 버터나 라드, 식용유에 10분 동안 약한 불에 익힙니다.

밀가루 4TS
나무 스패출러 또는 스푼

익힌 채소에 밀가루를 섞고 적당히 약한 불에 올려 계속 뒤섞으며 황갈색이 날 때까지 8~10분쯤 볶습니다.

거품기
뜨거운 브라운 스톡이나 통조림
  비프 부용 6컵
토마토 페이스트 2TS
중간 크기의 부케 가르니
  (파슬리 줄기 3대, 월계수 잎
  ½장, 타임 ¼ts을 면포에 싼 것)

소스팬을 불에서 내린 뒤 바로 뜨거운 스톡이나 부용을 한꺼번에 붓고 거품기로 잘 휘저어 섞습니다. 이어 토마토 페이스트를 섞은 뒤 부케 가르니를 넣습니다.

다시 약한 불에 올려 뚜껑을 반쯤 덮고 2시간 이상 뭉근하게 끓입니다. 중간에 위로 떠오르는 불필요한 기름과 거품 등은 걷어내고, 지나치게 걸쭉할 경우 스톡 등 액체를 적절히 보충합니다. 완성된 소스는 약 4컵 분량으로, 농도는 스푼을 담갔을 때 스푼 표면이 코팅될 정도면 적당합니다.

소금, 후추

간을 맞춘 다음, 스푼으로 채소 건더기를 꾹꾹 눌러 즙을 짜가며 체에 거릅니다. 마지막으로 기름기를 완전히 제거하면 소스가 완성됩니다.
[*] 소스를 바로 쓰지 않을 경우, 냄비 안쪽 벽면에 묻은 소스를 말끔히 긁어낸 다음, 스톡을 소스 표면에 살짝 끼얹어 마르지 않게 합니다. 소스가 식으면 뚜껑을 덮어 냉장 또는 냉동 보관합니다.

# 소스 라구(*sauce ragoût*)⁂

### 내장을 넣은 밀가루 베이스의 브라운소스

기본적으로 소스 브륀과 유사하지만, 수렵육, 소, 양, 송아지, 거위, 오리, 칠면조 등의 뼈와 잡고기, 내장 등을 써서 맛이 더 강렬합니다.

**4컵 분량**

| | |
|---|---|
| 바닥이 두꺼운 3~4L 용량의 소스팬<br>내장이나 뼈, 잡고기 1~4컵<br>  (날것 그대로 또는 익힌 것)<br>다진 당근, 양파 각 ½컵<br>정제 버터(55쪽), 라드 또는 식용유<br>  6TS(필요시 추가) | 버터나 라드, 식용유를 소스팬에서 뜨겁게 가열한 뒤 준비된 내장과 뼈, 잡고기, 채소를 갈색이 나게 볶아서 별도의 접시에 옮깁니다. |
| 밀가루 4TS | 소스팬에 남아 있는 기름에 밀가루가 갈색이 나도록 약한 불로 볶습니다. 필요하면 버터나 식용유를 더 씁니다. |
| 뜨거운 브라운 스톡<br>  또는 통조림 비프 부용 5~6컵<br>선택: 드라이한 화이트 와인이나<br>  레드 와인 1컵 또는 드라이한<br>  화이트 베르무트 ⅔컵<br>선택: 토마토 페이스트 3TS<br>  중간 크기의 부케 가르니(파슬리<br>  줄기 3대, 월계수 잎 ½장, 타임<br>  ¼ts을 면포에 싼 것) | 불을 끄고 끓는 스톡, 선택 사항인 와인과 토마토 페이스트를 넣고 고루 섞습니다. 부케 가르니를 추가하고, 앞서 볶아놓은 채소와 내장 등도 다시 소스팬에 넣은 뒤 약한 불로 2~4시간쯤 푹 끓입니다. 중간에 위로 떠오르는 불순물은 걷어냅니다. 체에 거른 다음 기름기를 제거하고 간을 맞추면 완성입니다. |

## ⁂ 소스 푸아브라드(*sauce poivrade*)

### 수렵육에 어울리는 브라운소스

이 소스의 레시피는 기본적으로 소스 라구와 똑같습니다. 수렵육을 마리네이드했다면, 와인을 넣는 대신 마리네이드할 때 썼던 액체를 1~2컵 넣어도 좋습니다. 소스가 완성되면 후추를 듬뿍 넣습니다.

❖ 소스 브네종(*sauce venaison*)

사슴 고기에 어울리는 브라운소스

식탁에 내기 직전 푸아브라드 소스에 레드커런트 젤리 ½컵과 휘핑크림 ½컵을 섞은 것입니다.

---

## 쥐 리에(*jus lié*)
### 전분을 넣은 브라운소스

쥐 리에는 오랜 시간 푹 끓여야 하는 브라운소스를 대체할 수 있는 유용한 소스로, 약 5분이면 만들 수 있습니다. 하지만 스톡에 전분이나 애로루트 가루를 넣어 걸쭉하게 만든 소스에 지나지 않으므로, 베이스가 되는 스톡이 훌륭하지 않으면 결코 음식 맛을 살리지 못합니다. 이 소스는 오랫동안 뭉근히 끓인 고기 육수로 만들어야 맛과 향이 진합니다. 따라서 통조림 부용을 쓸 경우에는 113쪽에서 소개한 대로 우선 부용에 와인과 각종 향신료를 넣고 끓이는 준비 과정을 거쳐야 합니다. 이 유형의 브라운소스는 보통 옥수수 전분을 써서 농도를 조정합니다. 그러나 장봉 브레제 오 마데르(477쪽)나 칸통 아 로랑주(348쪽)같이 특별히 맑은 소스가 필요할 때는 애로루트 가루를 쓰는 것이 좋습니다. 프랑스 요리에서는 옥수수 전분 대신 감자나 쌀에서 추출한 전분을 많이 사용합니다.

**2컵 분량**

| | |
|---|---|
| 옥수수 전분<br>　또는 애로루트 가루 2TS<br>잘 끓인 브라운 스톡<br>　또는 통조림 비프 부용(113쪽)<br>　2컵으로 만든 스톡<br>1L 용량의 소스팬<br>거품기 | 옥수수 전분 또는 애로루트 가루에 차가운 스톡 2테이블스푼을 넣고 완전히 푼 다음, 나머지 스톡을 모두 붓고 거품기로 고루 섞습니다. 희부연 소스가 맑아지며 약간 걸쭉해질 때까지 약한 불에 올려 5분 동안 끓인 뒤 간을 맞춥니다. |
| 선택: 마데이라 와인, 포트와인<br>　또는 코냑 ¼컵 | 와인이나 코냑을 넣고 맛을 보며 알코올이 모두 날아갈 때까지 2~3분 더 끓입니다.<br>[*] 이 소스는 필요할 때 다시 데워서 쓸 수 있습니다. |

# 브라운소스에서 파생된 소스

다음은 앞서 소개한 소스 브륀, 소스 라구, 쥐 리에 중 하나를 활용한 대표적인 소스 레시피입니다. 보통 곁들이는 메뉴의 주재료를 조리할 때 나온 국물을 섞어야 맛이 더욱 풍부해집니다.

## 소스 디아블(*sauce diable*)
### 후추를 듬뿍 넣은 브라운소스

어울리는 음식: 브로일링한 닭고기, 로스팅하거나 브레이징한 돼지고기, 포크찹, 먹고 남은 따뜻한 고기 요리

| | |
|---|---|
| 4컵 용량의 소스팬 또는 고기를 익혔던 팬(조리 시에 빠져나온 육즙도 기름을 걷어내고 함께 사용)<br>다진 셜롯 또는 어린 골파 1~2TS<br>버터 또는 기타 유지류 1TS<br>드라이한 화이트 와인 1컵 또는<br>　드라이한 화이트 베르무트 ⅔컵 | 팬에 다진 셜롯과 버터를 넣고 2분 동안 색깔이 나지 않도록 약한 불에서 익힙니다. 여기에 와인을 붓고 수분의 양이 3~4테이블스푼으로 줄어들 때까지 단시간에 바짝 졸입니다. |
| 브라운소스(112~116쪽) 2컵<br>흑후추<br>카엔페퍼 가루 | 브라운소스를 붓고 약한 불로 2분 동안 끓입니다. 흑후추와 카엔페퍼 가루를 넉넉히 넣어 맵싸한 맛을 냅니다. |
| 말랑한 버터 1~3TS<br>다진 파슬리 또는 다양한 녹색 허브<br>　2~3TS | 불을 끈 다음 버터를 조금씩 넣으며 고루 섞습니다. 파슬리나 허브를 섞어 바로 냅니다. |

## 소스 피캉트(*sauce piquante*)
### 소스 디아블에 피클과 케이퍼를 넣은 브라운소스

어울리는 음식: 로스팅하거나 브레이징한 돼지고기, 포크찹, 삶거나 브레이징한 우설, 삶은 소고기, 먹고 남은 따뜻한 고기 요리

**소스 디아블 조리 과정에 더하여**

| | |
|---|---|
| 다진 피클 2TS<br>케이퍼 2TS | 소스를 불에서 내리기 직전, 피클과 케이퍼를 넣고 잘 휘저은 뒤 약한 불로 잠깐 더 끓입니다. 불을 끄고 버터와 허브를 섞습니다. |

## 소스 로베르(*sauce Robert*)
### 머스터드를 넣은 브라운소스

어울리는 음식: 로스팅하거나 브레이징한 돼지고기, 포크찹, 삶은 소고기, 브로일링한 닭고기 또는 칠면조고기, 먹고 남은 따뜻한 고기 요리, 햄버그스테이크

| | |
|---|---|
| 약 1.5L 용량의 바닥이 두꺼운<br>소스팬 또는 육류를 조리한 냄비<br>(조리 시에 빠져나온 육즙도<br>기름을 걷어내고 함께 사용)<br>곱게 다진 양파 ¼컵<br>버터 1TS<br>식용유 또는 기타 유지류 1ts | 팬에 버터와 식용유, 양파를 넣고, 양파가 연갈색이 돌 때까지 약한 불에 10~15분 동안 익힙니다. |
| 드라이한 화이트 와인 1컵 또는<br>드라이한 베르무트 ⅔컵 | 와인을 붓고 수분의 양이 3~4테이블스푼으로 줄어들 때까지 센 불로 바짝 졸입니다. |
| 브라운소스(112~116쪽) 2컵 | 브라운소스를 붓고 약한 불에 10분 동안 더 끓인 뒤 간을 맞춥니다. |
| 말랑한 버터 2~3TS과 설탕 ⅛ts을<br>섞은 디종 머스터드 3~4TS<br>잘게 썬 파슬리 2~3TS | 불을 끈 다음 준비된 머스터드 혼합물과 파슬리를 소스에 차례로 넣어 섞은 뒤 바로 냅니다. |

## 소스 브륀 오 핀 제르브(*sauce brune aux fines herbes*)
## 소스 브륀 아 레스트라공(*sauce brune à l'estragon*)
### 허브나 타라곤을 넣은 브라운소스

어울리는 음식: 소테한 닭고기, 송아지고기, 토끼고기, 브레이징한 채소, 먹고 남은 따뜻한 고기 요리, 포치드 에그, 베이크트 에그(baked egg)

½~¾L컵 용량의 법랑 소스팬
드라이한 화이트 와인 1컵 또는
   드라이한 화이트 베르무트 ⅔컵
다진 셜롯 또는 골파 2TS
신선한 허브 4TS
   또는 말린 허브 2TS(파슬리,
   바질, 처빌, 로즈마리, 오레가노,
   타라곤만 가능)

모든 재료를 소스팬에 넣고 액체의 양이 2~3테이블스푼으로 줄어들 때까지 10분 동안 천천히 졸여 허브 원액을 만듭니다.

---

브라운소스(112~116쪽) 2컵
1.5~2L 용량의 소스팬

허브 원액을 체에 거르면서 스푼으로 꾹꾹 눌러가며 즙을 짜냅니다. 브라운소스와 섞은 다음, 약한 불에 올려 1분 동안 끓입니다.

---

말랑한 버터 1~3TS
곱게 다진 파슬리나 다양한 녹색
   허브, 또는 타라곤 2~3TS

불을 끈 다음 버터를 조금씩 넣으며 고루 섞습니다. 이어 허브를 섞어 바로 식탁에 올립니다.

## 소스 브륀 오 카리(*sauce brune au cari*)
### 카레를 넣은 브라운소스

어울리는 음식: 양고기, 닭고기, 소고기, 쌀밥, 달걀 요리

---

2L컵 용량의 바닥이 두꺼운 소스팬
곱게 다진 양파 1½컵
버터 2TS
기름 1ts

소스팬에 양파와 버터, 기름을 넣고 연갈색이 돌 때까지 약 15분 동안 익힙니다.

---

카레 가루 3~4TS

익힌 양파에 카레 가루를 고루 섞고 1분 동안 약한 불에 익힙니다.

---

선택: 으깬 마늘 2쪽

마늘을 넣고 고루 휘저은 뒤 30초 동안 약한 불에 익힙니다.

---

브라운소스(112~116쪽) 2컵

브라운소스를 붓고 약한 불에서 10분 동안 푹 끓입니다.

---

레몬즙 2~3ts

간을 맞추고 취향에 따라 레몬즙을 넣습니다.

---

말랑한 버터 1~3TS
곱게 다진 신선한 파슬리 2~3TS

불을 끈 다음 버터를 조금씩 넣으며 고루 섞습니다. 신선한 파슬리를 섞고 바로 식탁에 올립니다.

# 소스 뒥셀(*sauce duxelles*)
## 버섯을 넣은 브라운소스

어울리는 음식: 브로일링하거나 소테한 닭고기, 송아지고기, 토끼고기, 또는 달걀 요리, 먹고 남은 따뜻한 고기 요리, 파스타

| | |
|---|---|
| 2L 용량의 바닥이 두꺼운 소스팬<br>곱게 다진 양송이버섯 또는 버섯<br>  기둥 약 1컵<br>셜롯 또는 골파 2TS<br>버터 1TS<br>기름 ½TS | 달군 팬에 버터와 기름을 두르고 양송이버섯을 셜롯 또는 양파와 함께 4~5분 볶습니다. |
| 드라이한 화이트 와인 ½컵 또는<br>  드라이한 화이트 베르무트 ⅓컵 | 와인을 붓고 수분이 거의 다 증발할 때까지 센 불로 바짝 졸입니다. |
| 브라운소스(112~116쪽) 1½컵<br>토마토 페이스트 1½TS | 브라운소스와 토마토 페이스트를 넣고 5분 동안 약한 불에 끓인 뒤 간을 맞춥니다. |
| 레몬즙 2~3ts | 간을 맞추고 취향에 따라 레몬즙을 넣습니다. |
| 말랑한 버터 1~3TS<br>다양한 녹색 허브 또는<br>  파슬리 3~4TS | 불을 끄고 버터를 조금씩 넣으며 고루 섞습니다. 이어 파슬리나 허브를 넣고 바로 식탁에 올립니다. |

# 소스 샤쇠르(*sauce chasseur*)
## 신선한 토마토, 마늘, 허브로 맛을 낸 버섯 브라운소스

어울리는 음식: 소스 뒥셀과 같습니다.
소스 샤쇠르는 소스 뒥셀과 비슷하지만 맛이 조금 더 묵직합니다. 자세한 레시피는 450쪽 에스칼로프 드 보 샤쇠르에서 소개하겠습니다.

# 소스 마데르(*sauce madère*)
# 소스 오 포르토(*sauce au porto*)
## 마데이라 와인 또는 포트와인을 넣어 맛을 낸 브라운소스

어울리는 음식: 소고기 필레, 햄, 송아지고기, 닭 간, 달걀 요리, 볼로방 가니시

| | |
|---|---|
| 마데이라 와인 또는 포트와인 ½컵<br>1.5L컵 용량의 소스팬 | 소스팬에 와인을 붓고 센 불로 바짝 졸여서 양을 약 3테이블스푼으로 줄입니다. |
| 브라운소스(112~116쪽) 2컵<br>선택: 미트 글레이즈(164쪽) 1~2ts<br>마데이라 와인 또는 포트와인<br>  3~4TS(필요시) | 졸인 와인에 브라운소스를 붓고 1~2분 약한 불에 끓입니다. 맛을 봐서 간을 맞추고, 필요하다고 판단될 경우 미트 글레이즈를 넣습니다. 와인이 부족하면 1테이블스푼씩 더 넣고 약한 불에 살짝 끓여서 알코올을 날립니다. |
| 말랑한 버터 2~3TS | 불을 끈 다음 버터를 조금씩 섞어서 바로 냅니다. |

# 소스 페리괴(*sauce périgueux*)
## 트러플과 마데이라 와인을 넣은 브라운소스

어울리는 음식: 소고기 필레, 신선한 푸아그라, 햄, 송아지고기, 달걀 요리, 탱발

| | |
|---|---|
| 소스 마데르<br>깍둑썰기한 통조림 트러플<br>  2~4개와 통조림 국물 | 처음 마데이라 와인을 졸일 때 통조림 안에 든 물을 함께 넣고 소스 마데르 레시피 그대로 조리합니다. 미트 글레이즈 등으로 맛을 낸 뒤 트러플을 넣고 1분 동안 약한 불에 끓입니다. 불을 끈 다음 버터를 조금씩 고루 섞어서 바로 냅니다. |

## ☞ 기타 브라운소스
다음 브라운소스들은 이 책에 실린 개별 레시피에서 자세히 소개하겠습니다.

## 브라운 디글레이징 소스(brown deglazing sauce)
이 소스는 고기를 익힌 로스팅팬이나 프라이팬 바닥에 눌어붙은 육즙을 스톡 또는 와인으로 녹여서 만듭니다. 육즙이 남은 팬에 스톡이나 와인을 붓고 시럽처럼 끈적한 상태가 될 때까지 졸인 다음, 불을 끄고 버터 한 덩이를 섞어서 약간 걸쭉하게 만듭니다. 다양한 브라

운소스 중에서도 만들기 쉽고 유용하며 맛있기로 손꼽히는 이 소스는 수많은 요리에 활용할 수 있습니다. 310쪽 풀레 로티에 곁들이는 브라운 디글레이징 소스 레시피를 보면 자세하게 설명되어 있습니다.

### 소스 아 리탈리엔(*sauce à l'italienne*)

햄과 버섯, 허브로 맛을 낸 브라운소스로, 만드는 법은 496쪽 리 드 보 브레제 아 리탈리엔 레시피에 나옵니다. 소 뇌 요리나 소테한 간, 달걀 요리, 파스타에도 잘 어울립니다.

### 소스 보르들레즈(*sauce bordelaise*)

소뼈 골수와 레드 와인으로 맛을 낸 브라운소스로, 506쪽 로농 드 보 아 라 보르들레즈 레시피에 설명되어 있습니다. 스테이크, 햄버거, 달걀 요리와도 훌륭한 조화를 이룹니다.

### 소스 아 로랑주(*sauce à l'orange*)

오렌지 필을 곁들여 오렌지 향이 나는 브라운소스로 348쪽 칸통 아 로랑주에 자세히 나옵니다. 구운 햄이나 돼지고기 구이에도 잘 어울립니다.

### 소스 부르기논(*sauce bourguignonne*)

레드 와인으로 맛을 낸 브라운소스로 175쪽 외프 아 라 부르기논에서와 같이 항상 베이컨, 양송이버섯, 조린 양파 가니시와 함께 곁들입니다. 그 밖에 스위트브레드, 뇌, 소테한 소고기, 닭고기와도 잘 어울리는데, 뵈프 부르기뇽(391쪽)과 코크 오 뱅(334쪽)이 대표적입니다.

# 토마토소스
## Sauces tomate

---

## 소스 토마트(*sauce tomate*)
### 가장 기본적인 토마토소스

잘 만든 기본 토마토소스는 그 자체로 식탁에 올릴 수 있으며, 허브로 맛을 내거나 다른 소스에 섞어서 써도 좋습니다. 신선한 토마토로 만드는 것이 가장 좋지만, 통조림이나 시판되는 토마토퓌레를 써도 괜찮습니다. 맛을 제대로 내려면 약 1시간 30분 동안 약한 불에 푹 끓여야 합니다.

### 약 2½컵 분량

| | |
|---|---|
| 약 2.5L 용량의 바닥이<br>　두꺼운 소스팬<br>작게 깍둑썰기한 당근, 양파,<br>　셀러리 각 ¼컵<br>곱게 다져서 삶은 햄(곱게 다져서<br>　끓는 물에 10분간 익혀서 찬물에<br>　헹궈 물기를 제거한 베이컨으로<br>　대체 가능) 2TS<br>버터 3TS<br>기름 1TS | 소스팬에 준비한 채소와 햄 또는 베이컨, 버터와 기름을 넣고 10분 동안 약한 불로 익힙니다. 타지 않게 주의합니다. |
| 밀가루 1½TS | 익힌 채소와 햄에 밀가루를 섞어서 약한 불에 휘저어가며 3분 동안 볶습니다. |
| 뜨거운 스톡 또는 통조림 비프<br>　부용 1½컵 | 불을 끈 다음 스톡이나 부용을 섞습니다. |

잘 익은 붉은 토마토(껍질 그대로 잘게 썬 것) 4컵(통조림 토마토 3컵 또는 통조림 토마토퓌레 1½컵에 물 1½컵을 더한 것으로 대체 가능)

소금 ¼ts

설탕 ⅛ts

껍질을 까지 않은 마늘 2쪽

파슬리 줄기 4대

월계수 잎 ½장

타임 ¼ts

토마토와 소금, 설탕을 넣고 젓습니다. 마늘과 허브를 넣고 이따금 떠오른 불순물을 걷어내며 1시간 30분~2시간쯤 약한 불로 뭉근하게 끓입니다. 소스가 졸아들어서 너무 되직해졌다면 물을 적당히 보충합니다. 다 끓인 소스는 약 2½컵 분량에 진하고 걸쭉해야 합니다.

토마토 페이스트 1~2TS(필요시)

소스를 체에 거르고 간을 맞춥니다. 색깔이 연하다 싶으면 토마토 페이스트를 1~2테이블스푼 넣고 다시 약한 불에 5분 동안 끓입니다.
[*] 바로 식탁에 올리지 않을 경우, 소스가 마르지 않도록 스톡이나 기름 몇 방울을 끼얹어 표면을 코팅합니다. 냉장 또는 냉동 보관할 수 있습니다.

---

## 쿨리 드 토마트 아 라 프로방살(*coulis de tomates à la provençale*)
### 마늘과 허브를 넣은 신선한 토마토퓌레

어울리는 음식: 브로일링하거나 삶은 닭고기, 삶은 소고기, 고기 패티, 먹고 남은 따뜻한 고기 요리, 달걀, 파스타, 피자

지중해풍 요리의 참맛을 느낄 수 있는 진하고 걸쭉한 토마토소스입니다.

### 약 2컵 분량

약 3L 용량의 바닥이 두꺼운 소스팬
곱게 다진 양파 ⅓컵
올리브유 2TS

올리브유를 두른 소스팬에 다진 양파를 넣고, 색깔이 나지 않게 약 10분간 약한 불로 익힙니다.

밀가루 2ts

밀가루를 넣고 3분 동안 타지 않게 약한 불에 볶습니다.

잘 익은 붉은 토마토(껍질과 씨,
　　과즙을 제거하고 과육만 잘게 썬
　　것, 599쪽) 1.25kg(약 4½컵)
설탕 ⅛ts
으깬 마늘 2쪽
중간 크기 부케 가르니(파슬리
　　줄기 4대, 월계수 잎 ½장, 타임
　　¼ts을 깨끗한 면포에 싼 것)
펜넬 ⅛ts
바질 ⅛ts
사프란 적게 1자밤
고수 씨 적게 1자밤
약 2.5cm 길이의 말린 오렌지 필
　　1조각(또는 ¼ts)
소금 ½ts
토마토 페이스트 1~2TS(필요시)
소금, 후추

토마토, 설탕, 마늘, 허브, 각종 향신료를 모두 넣고 섞습니다. 뚜껑을 덮고 10분 동안 약한 불에 끓여 토마토즙이 충분히 우러나게 합니다. 뚜껑을 열고 약한 불에 30분 동안 더 끓입니다. 소스가 너무 되직해져 탈 것 같으면 물이나 토마토즙을 1테이블스푼씩 더 넣어줍니다. 스푼으로 뜨면 한 덩어리를 이룰 만큼 걸쭉해지고, 재료가 한데 섞여 푹 익은 맛이 나면 퓌레가 완성된 것입니다. 부케 가르니를 제거하고, 색깔이 너무 연할 경우 토마토 페이스트를 1~2테이블스푼 넣고 2분 동안 약한 불에 더 끓입니다. 마지막으로 간을 맞춥니다. 취향에 따라 소스를 체에 걸러도 좋습니다.
[*] 냉장 또는 냉동 보관할 수 있습니다.

# 소스 올랑데즈 계열

---

## 소스 올랑데즈(*sauce hollandaise*)
### 레몬즙으로 맛을 더한 달걀노른자 버터 소스

소스 올랑데즈는 레몬즙을 넣은 따뜻한 달걀노른자에 버터를 서서히 섞어 만든, 묽지 않은 크림 같은 황금빛 소스입니다. 가장 널리 알려진 소스 중 하나이지만, 달걀노른자가 분리되기 쉽기 때문에 가장 만들기 두려워하는 소스이기도 합니다. 하지만 블렌더를 이용하면 편리하고 실패할 일도 거의 없습니다(129쪽). 그러나 유능한 요리사라면 환경에 따라 다양하게 변하는 달걀노른자의 속성을 알고 있어야 하므로 소스 올랑데즈의 수제 조리법을 익히는 것이 매우 중요하다고 판단했습니다. 다음은 블렌더를 이용할 때만큼 쉽고 빠르게 소스 올랑데즈를 만들 수 있는 레시피로, 조리 시간은 약 5분이면 됩니다. 그 밖에도 소스 올랑데즈를 만드는 방법은 무수히 많지만, 모두 달걀노른자를 버터와 섞어 크림 같은 질감인 소스로 완성됩니다.

**\*\* 수제 소스 올랑데즈를 만들 때 꼭 기억해야 할 2가지 포인트**

**1. 달걀노른자 데우기와 걸쭉하게 만들기**

달걀노른자를 걸쭉하고 매끈한 크림처럼 만들려면 반드시 천천히, 그리고 조금씩 온도를 높여야 합니다. 달걀노른자에 갑자기 열을 가하면 단단해지고, 지나치게 열을 가하면 스크램블드에그처럼 익어버립니다. 따라서 달걀을 풀 때는 그릇을 뜨거운 물에 담그거나 약한 불에 올려놓고 천천히, 그리고 부드럽게 휘저어야 합니다.

**2. 버터**

달걀노른자에 일정 양의 버터를 흡수시키는 것은 어렵지 않습니다. 버터를 섞을 때는 앞서 넣은 버터가 달걀노른자와 완전히 섞이고 난 뒤에 조금씩 더해야 합니다. 처음부터 너무 많은 버터를 한꺼번에 넣으면 소스가 묽어집니다. 또 버터의 총량이 달걀노른자가 흡수할 수 있는 양보다 더 많으면 소스가 분리되고 맙니다. 달걀노른자 1개가 흡수할 수 있는 버터의 최대 양은 보통 약 80g 정도입니다. 하지만 소스 올랑데즈를 만들어본 경험이 없다면, 버터는 약 60g 또는 ¼컵 미만으로 넣는 것이 안전합니다.

**1~1½컵 분량(4~6인분)**

| | |
|---|---|
| 버터 170~220g 또는 ¾~1컵<br>　（스틱형 버터 1½~2개）<br>작은 소스팬 | 소스팬에 적당한 크기로 자른 버터를 넣고 중간 불로 녹인 뒤 한편에 둡니다. |
| 약 1.5L 용량의 적당히 무게가<br>　나가는 법랑 또는<br>　스테인리스 소스팬<br>거품기<br>달걀노른자 3개 | 소스팬에 달걀노른자를 넣고 거품기로 약 1분간 저어 걸쭉하고 진득하게 만듭니다. |
| 찬물 1TS<br>레몬즙 1TS<br>소금 넉넉하게 1자밤 | 달걀노른자에 물과 레몬즙, 소금을 넣고 30초 동안 더 젓습니다. |
| 차가운 버터 1TS<br>찬물 한 냄비(필요시 소스팬을<br>　담가 식히기 위한 것) | 버터를 더 넣되 휘젓지 않습니다. 그다음 소스팬을 아주 약한 불이나 매우 약하게 끓는 물 위에 올린 채 거품기로 달걀노른자 혼합물을 계속 저어 서서히 걸쭉하고 매끈한 크림처럼 만듭니다. 이 과정은 보통 1~2분 소요되는데, 너무 빨리 걸쭉해지거나 멍울질 것 같으면 즉시 소스팬을 찬물에 담그고 계속 저어 식힙니다. 그런 다음 다시 불에 올려 계속 저어줍니다. 휘저을 때 소스팬 바닥이 보이기 시작하고, 달걀혼합물이 거품기에 묽은 크림처럼 엉겨 붙으면 충분히 걸쭉해진 것입니다. |
| 차가운 버터 1TS | 소스팬을 즉시 불에서 내려 차가운 버터를 섞습니다. 달걀노른자가 식으면서 더 이상 익지 않을 것입니다. |
| 녹인 버터 | 녹인 버터를 방울방울 또는 약 ¼티스푼씩 넣으며 거품기로 계속 휘젓습니다. 아주 진한 크림의 농도로 걸쭉해지기 시작하면 버터를 더 빠른 속도로 붓습니다. 이때 버터를 녹인 팬 바닥에 있는 우윳빛 침전물이 섞여 들어가지 않도록 조심합니다. |
| 소금, 백후추<br>레몬즙 약간 | 취향에 따라 소금과 후추, 레몬즙을 더해 소스를 완성합니다. |

*소스 따뜻하게 보관하기*

소스 올랑데즈는 따뜻하되 뜨겁지 않은 상태로 내야 합니다. 온도가 지나치게 높은 상태로 두면 소스가 묽어지거나 분리됩니다. 아주 약한 스토브 근처에 두거나 미지근한 물이 담긴 냄비에 담가두면 1시간 이상 문제없습니다. 버터를 많이 넣은 소스 올랑데즈는 그대로 보관하기가 힘듭니다. 따라서 처음에는 버터를 레시피에 적힌 최소량만 쓰고, 내기 직전에 말랑한 버터를 더 넣는 것이 좋습니다.

### 레스토랑에서 쓰는 비법

소스 베샤멜 또는 소스 블루테(101쪽) 1테이블스푼을 소스 올랑데즈에 섞거나, 처음 달걀노른자를 풀 때 옥수수 전분 1티스푼을 넣으면 소스를 장시간 따뜻하게 보관할 수 있습니다.

### 소스가 너무 되직할 때

뜨거운 물이나 채소 삶은 물, 스톡, 우유, 크림을 1~2테이블스푼 정도 넣어 섞습니다.

### 소스가 걸쭉해지지 않을 때

버터를 너무 빨리 섞어서 소스가 걸쭉해지지 않는 경우라면 쉽게 해결할 수 있습니다. 따뜻한 물로 헹군 믹싱볼에 레몬즙 1티스푼과 소스 1테이블스푼을 넣고, 거품기로 가볍게 저어 걸쭉한 크림처럼 만듭니다. 이어서 나머지 소스를 ½테이블스푼씩 넣고 계속 휘젓습니다. 매번 소스와 레몬즙 혼합물이 완전히 걸쭉해진 뒤 새로 소스를 더 넣어야 합니다. 이 방법은 언제나 효과가 있습니다.

### 소스가 멍울지거나 분리될 때

완성된 소스가 분리되기 시작한다면 찬물 1테이블스푼을 넣고 섞으면 대개 원래대로 돌아옵니다. 이 방법이 통하지 않으면 앞서 소개한 방법을 시도합니다.

### 남은 소스 활용하기

남은 소스 올랑데즈는 하루 이틀은 냉장 또는 냉동 보관할 수 있습니다. 소스 블루테와 소스 베샤멜을 걸쭉하게 만드는 용도로 써도 좋은데, 불에서 내린 뜨거운 소스에 한 번에 1테이블스푼씩 고루 섞어서 바로 내면 됩니다.

남은 소스를 다른 첨가물 없이 그대로 쓰려면, 소스팬을 아주 약한 불이나 뜨거운 물에 올려 먼저 2테이블스푼만 넣고 충분히 휘젓습니다. 이어 나머지 소스를 1테이블스푼씩 천천히 더하며 계속 휘저으면 됩니다.

## ☞ 블렌더를 이용해 소스 올랑데즈 만들기

이 레시피는 소스 올랑데즈를 아주 짧은 시간 안에 만들 수 있는 방법으로, 녹인 버터를 아주 조금씩 흘려넣기만 하면 무조건 성공할 수 있습니다. 소스가 걸쭉해지지 않을 경우 다른 그릇에 옮겼다가, 블렌더를 작동시킨 상태에서 다시 가늘게 흘려넣으면 됩니다. 이렇게 하면 버터가 식으면서 걸쭉한 소스가 만들어집니다. 수제 소스 올랑데즈에 입맛을 들이면 블렌더로 만든 소스는 무언가 부족하다고 느낄 수 있는데, 이는 블렌더로 만든 소스가 지나치게 균질한 탓일 가능성이 큽니다. 어쨌든 이 방법은 8세 어린이도 해낼 수 있을 만큼 쉽고 간단하니 적극 권장합니다.

**약 ¾컵 분량**

| | |
|---|---|
| 달걀노른자 3개<br>소금 ¼ts<br>후추 1자밤<br>레몬즙 1~2TS | 달걀노른자와 소금, 후추, 레몬즙 1테이블스푼을 블렌더 용기에 넣습니다. 소스가 완성되면 취향에 따라 레몬즙을 더 넣어도 되며, 다음에 소스 올랑데즈를 만들 때 같은 레몬즙 비율을 쓰면 됩니다. |
| 버터 약 110g(스틱형 버터 1개) | 버터를 적당한 크기로 썰어서 작은 소스팬에 넣고 거품이 일 때까지 가열합니다. |
| 행주(블렌더에 튀김 방지용 뚜껑이 장착되어 있을 경우 필요 없음) | 블렌더 용기의 뚜껑을 덮고, '강'으로 2초간 작동시킵니다. 뚜껑을 열고 작동 중인 블렌더에 재빨리 뜨거운 버터를 가늘게 흘려넣습니다. 이때 내용물이 밖으로 튀면 행주로 닦아주세요. 준비한 버터를 ⅔ 정도 섞으면 소스는 걸쭉한 크림처럼 변할 것입니다. 버터를 넣을 때는 팬 바닥의 우윳빛 침전물과 섞이지 않도록 조심합니다. 소스 맛을 보고, 필요에 따라 소금과 후추를 더 넣습니다.<br>[*] 완성한 소스를 당장 쓰지 않을 경우에는 블렌더 용기째 미지근하되 따뜻하지 않은 물에 담가둡니다. |

*더 많은 양의 소스 올랑데즈를 만들 때*

블렌더를 이용할 때 달걀노른자에 섞을 수 있는 버터의 양은 손으로 만들 때의 절반 정도입니다. 앞서 소개한 수제 소스 올랑데즈 레시피에서는 달걀노른자 3개에 버터 약 220~250g을 섞을 수 있었던 반면, 블렌더를 이용한 레시피에서는 약 110g밖에 섞지 못합니다. 블렌더에 그 이상의 버터를 넣으면 소스가 너무 빡빡해져서 기계가 작동을 멈출 수 있습니다. 따라서 소스의 양을 2배로 늘리려면, 소스를 블렌더 용기에서 소스 팬이나 큰 그릇으로 옮긴 다음, 녹인 버터 ½컵을 조금씩 흘려넣으며 거품기로 섞어야 합니다.

# 소스 올랑데즈 계열의 다양한 소스들

소스 무슬린 사바용을 제외한 다른 소스 올랑데즈 계열의 소스는 기본 소스 올랑데즈와
완전히 똑같은 방법으로 만듭니다. 기본 향미제로 레몬즙 대신 식초와 허브 또는 농축한
화이트 와인 피시 스톡을 사용한다는 차이점이 있지만, 기법은 다르지 않습니다.

## 부재료 섞기

기본 소스 올랑데즈에는 다음과 같은 다양한 재료를 섞을 수 있습니다.

### 허브
포치드 에그나 삶은 생선 요리에 곁들이는 소스 올랑데즈에는 다진 파슬리와 차이브, 타라
곤을 넣습니다.

### 퓌레, 곱게 다진 재료
소스 올랑데즈에 아티초크 하트나 아스파라거스, 익힌 갑각류로 만든 퓌레를 2~3테이블스
푼쯤 넣으면 달걀 요리에 잘 어울립니다. 곱게 다져서 소테한 양송이버섯을 넣어도 좋습니
다. 610쪽 뒥셀 레시피를 참고하세요.

### 올랑데즈 아베크 블랑 되프(*hollandaise avec blancs d'œufs*)
#### 휘핑한 달걀흰자를 넣은 소스 올랑데즈

어울리는 음식: 생선, 수플레, 아스파라거스, 달걀 요리
단단하게 휘핑한 달걀흰자를 소스 올랑데즈에 섞으면 양이 늘어나고 질감이 가벼워져서
더 많은 사람들에게 대접할 수 있습니다.

단단하게 휘핑한 달걀흰자(217쪽)  |  식탁에 올리기 직전에 달걀흰자를 소스 올랑데즈에 가볍게 섞습니다.
2~3개
소스 올랑데즈(126쪽) 1½컵

**소스 무슬린**(*sauce mousseline*)
**소스 샹티이**(*sauce chantilly*)
휘핑한 크림을 넣은 소스 올랑데즈

어울리는 음식: 생선, 수플레, 아스파라거스

| | |
|---|---|
| 차가운 휘핑크림 ½컵 | 차갑게 냉각한 믹싱볼과 거품기를 이용해 크림을 휘핑합니다(680쪽). |
| 소스 올랑데즈(126쪽) 1½컵 | 크림을 소스 올랑데즈에 가볍게 섞어 바로 냅니다. |

**소스 말테즈**(*sauce maltaise*)
오렌지로 맛을 낸 소스 올랑데즈

어울리는 음식: 아스파라거스, 브로콜리

오렌지 맛을 더한다는 점을 제외하면 만드는 방법은 일반 소스 올랑데즈와 동일합니다.

| | |
|---|---|
| 달걀노른자 3개<br>레몬즙 1TS<br>오렌지즙 1TS<br>소금 1자밤<br>차가운 버터 2TS<br>녹인 버터 ⅓~⅔컵 | 달걀노른자를 걸쭉해질 때까지 휘저은 다음 레몬즙과 오렌지즙, 소금을 넣고 다시 휘젓습니다. 여기에 차가운 버터 1테이블스푼을 넣고 약한 불에 올려 걸쭉해질 때까지 가열합니다. 남은 차가운 버터 1테이블스푼과 녹인 버터를 차례로 조금씩 더해 섞습니다. |
| 오렌지즙 2~4TS<br>오렌지 1개(껍질만 갈아서 준비) | 오렌지즙을 한 번에 1테이블스푼씩 넣고 섞은 뒤 오렌지 껍질을 넣고 휘저어 완성합니다. |

## 생선 요리에 어울리는 소스 올랑데즈

화이트 와인에 익힌 생선 필레나 생선 수플레에 소스 올랑데즈를 곁들일 경우, 생선을 삶은 국물을 졸여서 응축된 맛을 내는 퓌메(*fumet*)를 만들면 소스의 맛을 낼 때 레몬즙 대신 쓸 수 있습니다.

## 소스 뱅 블랑(*sauce vin blanc*)
### 화이트 와인 생선 퓌메를 넣은 소스 올랑데즈

| | |
|---|---|
| 화이트 와인 피시 스톡 1컵 | 피시 스톡을 3테이블스푼만 남을 때까지 바짝 졸여 생선 퓌메, 퓌메 드 푸아송(*fumet de poisson*)을 만듭니다. 차갑게 식힙니다. |
| 소스 올랑데즈 재료(126쪽, 레몬즙과 물은 제외) | 기본 레시피에 따라 소스 올랑데즈를 만들되, 레몬즙과 물 대신 생선 퓌메를 넣어줍니다. |

## 소스 무슬린 사바용(*sauce mousseline sabayon*)
### 크림과 화이트 와인 생선 퓌메를 넣은 소스 올랑데즈

크림과 생선 퓌메로 달걀노른자를 걸쭉하게 만들어 소스 올랑데즈의 풍미를 더욱 살린 이 소스는 227쪽 수플레 드 푸아송에 자세히 소개했습니다.

---

## 소스 베아르네즈(*sauce béarnaise*)‡

어울리는 음식: 스테이크, 삶거나 튀긴 생선, 브로일링한 닭고기, 달걀 요리, 탱발
소스 베아르네즈는 소스 올랑데즈와 거의 똑같지만 맛과 강도가 조금 다른데, 레몬즙 대신 와인과 식초, 셜롯, 후추, 타라곤을 졸여 만든 원액으로 맛을 냅니다. 그러나 만드는 방법은 비슷합니다.

**1½컵 분량**

| | |
|---|---|
| 와인 식초 ¼컵<br>드라이한 화이트 와인<br>  또는 화이트 베르무트 ¼컵<br>곱게 다진 셜롯 또는 골파 1TS<br>곱게 다진 타라곤 1TS<br>  또는 말린 타라곤 ½TS<br>후추 ⅛ts<br>소금 1자밤<br>작은 소스팬 | 소스팬에 식초와 와인, 셜롯(또는 골파), 허브, 기타 양념을 모두 넣고 중간 불로 끓입니다. 양이 2테이블스푼으로 졸아들면 불을 끄고 그대로 식힙니다. |

달걀노른자 3개
차가운 버터 2TS
녹인 버터 ½~⅔컵
잘게 다진 신선한 타라곤
　또는 파슬리 2TS

달걀노른자를 걸쭉해질 때까지 풀고, 앞서 만든 식초 혼합물을 체에 걸러 섞습니다. 여기에 차가운 버터 1테이블스푼을 넣고 약한 불에 올려 걸쭉하게 만듭니다. 차가운 버터 1테이블스푼을 마저 넣고, 이어 녹인 버터를 조금씩 흘려넣습니다. 간을 맞추고, 타라곤이나 파슬리를 섞어줍니다.

## ❖ 소스 쇼롱(*sauce choron*)
토마토로 맛을 낸 소스 베아르네즈

토마토 페이스트 또는
　토마토퓌레 2~4TS
소스 베아르네즈 1½컵

소스 베아르네즈에 토마토 페이스트를 1테이블스푼씩 넣어가며 간을 맞춥니다.

## ❖ 소스 콜베르(*sauce Colbert*)
미트 글레이즈를 넣은 소스 베아르네즈

화이트 와인 1TS에 녹인
　미트 글레이즈(164쪽) 1~1½TS
소스 베아르네즈 1½컵

화이트 와인에 녹인 미트 글레이즈를 소스 베아르네즈에 고루 섞습니다.

# 마요네즈 계열

---

## 마요네즈(*mayonnaise*)‡
### 달걀노른자와 기름으로 만든 소스

마요네즈는 소스 올랑데즈처럼 달걀노른자에 유지류를 흡수시켜 걸쭉한 크림같이 만든 소스입니다. 그러나 달걀노른자를 따뜻하게 데울 필요가 없어서 조리 과정은 훨씬 간단합니다. 마요네즈 역시 블렌더를 이용해 만들 수 있지만, 푸드 프로세서를 쓰면 한 번에 더 많은 양을 만들 수 있고 맛도 더욱 뛰어납니다. 이 주방기기들은 거의 자동화되어 기술이 없어도 됩니다. 한편 마요네즈를 손으로 만들거나 자동 휘핑기로 만들 경우 달걀노른자의 속성에 익숙해질 필요가 있습니다. 전반적인 달걀노른자 요리에 통달하려면 소스 올랑데즈와 마찬가지로 마요네즈도 기계를 쓰지 않고 만들 수 있어야 합니다. 대신 과정만 이해하면 어려울 것은 전혀 없고, 몇 번 해보면 10분 안에 마요네즈 약 1L를 만들 수 있게 됩니다.

**\*\* 수제 마요네즈를 만들 때 꼭 기억해야 할 몇 가지 포인트**

### 1. 온도
마요네즈는 모든 재료가 실온일 때 가장 만들기 쉽습니다. 달걀노른자의 찬 기운을 없애기 위해 믹싱볼은 미리 따뜻한 물에 담가서 데웁니다. 기름도 차갑다면 미지근하게 데워야 합니다.

### 2. 달걀노른자
다른 재료를 넣기 전에 반드시 거품기로 1~2분 휘저어 풀어놓아야 합니다. 달걀노른자가 걸쭉하고 끈끈해지면 기름을 흡수할 준비가 된 것입니다.

### 3. 기름 섞기
처음에 기름을 섞을 때는 아주 천천히 한 방울씩 흘려넣어야 합니다. 소스가 진한 크림처럼 걸쭉해지면 좀더 빠르게 섞을 수 있습니다.

## 4. 비율

미국의 분류 체계에 따라 대란에 해당하는 달걀(약 57g) 1개의 달걀노른자가 흡수할 수 있는 기름의 최대량은 약 170g 또는 ¾컵입니다. 이 양을 넣으면, 기름과 결속되는 달걀노른자의 특성이 사라지면서 소스가 묽어지거나 분리됩니다. 마요네즈를 처음 만드는 초보라면, 달걀노른자 1개당 기름은 ½컵을 넘기지 않는 것이 좋습니다. 완성된 소스 양을 기준으로 각 재료의 적정 비율은 다음과 같습니다.

| 달걀노른자 | 기름 | 식초 또는 레몬즙 | 완성된 소스 |
|---|---|---|---|
| 2개 | 1~1½컵 | 2~3TS | 1¼~1¾컵 |
| 3개 | 1½~2¼컵 | 3~5TS | 2~2¾컵 |
| 4개 | 2~3컵 | 4~6TS | 2½~3⅔컵 |
| 6개 | 3~4½컵 | 6~10TS | 3¾~5½컵 |

※ 주: 다음은 기계가 아닌 손으로 마요네즈를 만드는 법입니다. 자동 휘핑기를 이용할 때도 같은 과정을 따릅니다. 커다란 믹싱볼을 사용하고, 크림을 휘핑할 때와 같은 속도로 작동시키면 됩니다. 휘핑기를 돌리는 동안 고무 주걱으로 소스를 긁어 휘핑기 날 쪽으로 계속 밀어주어야 합니다.

### 2~2¾컵 분량

2.5~3L 용량의 바닥이 둥근
　믹싱볼(유약을 입힌 도자기,
　유리, 스테인리스 재질)
믹싱볼이 미끄러지는 것을 막아줄
　묵직한 냄비 또는 소스팬
달걀노른자 3개
큰 거품기

믹싱볼을 뜨거운 물에 담가서 덥힌 뒤 물기를 제거합니다. 달걀노른자를 넣고 1~2분 휘저어 걸쭉하고 끈적하게 만듭니다.

와인 식초 또는 레몬즙 1TS
소금 ½ts
분말형 머스터드
　또는 머스터드 소스 ¼ts

달걀노른자에 식초나 레몬즙, 소금, 머스터드를 넣고 30초간 더 휘젓습니다.

| | |
|---|---|
| 올리브유나 샐러드유 또는 둘을 섞은 것 (차갑다면 미지근하게 데우고, 초보자라면 기름은 최소량만 쓸 것) 1½~2¼컵 | 달걀노른자 혼합물에 기름을 방울방울 흘려넣으며, 걸쭉해질 때까지 쉬지 않고 계속 휘젓습니다. 젓는 속도는 초당 2회 정도면 충분하며, 꾸준히 휘젓기만 한다면 거품기를 쥔 손이나 젓는 방향을 바꿔도 상관없습니다. 기름은 티스푼으로 넣거나 믹싱볼 가장자리에 기름 용기의 주둥이를 걸쳐놓으면 됩니다. 소스보다는 기름을 주시해야 실수가 없습니다. 10초마다 기름을 더하는 것을 멈추고 소스를 계속 휘저으며 달걀노른자에 기름이 제대로 흡수되고 있는지 확인합니다. 기름을 ⅓~½컵 정도 섞고 나면 소스가 아주 진한 크림처럼 걸쭉해집니다. 이쯤 되면 큰 고비는 넘긴 것이므로, 잠시 쉬어도 좋습니다. 남은 기름을 1~2테이블스푼씩 더하며, 기름을 더 넣을 때마다 저어 고루 섞습니다. |
| 와인 식초 또는 레몬즙 약간(필요시) | 소스가 지나치게 되직하고 빡빡해지면, 와인 식초나 레몬즙을 약간 넣어 묽게 만든 뒤 다시 기름을 섞습니다. |
| 끓는 물 2TS 식초, 레몬즙, 소금, 후추, 머스터드 | 끓는 물을 소스에 섞습니다. 이렇게 하면 소스가 분리되지 않습니다. 맛을 보며 각종 양념을 섞어줍니다. |
| | 소스를 당장 사용하지 않을 경우, 싹싹 긁어서 작은 그릇에 옮겨 담은 뒤 덮개를 단단히 씌워 표면이 굳는 것을 막습니다. |

## ✱✱ 분리된 마요네즈 되살리기

즉석에서 마요네즈를 만드는 것은 다음의 몇 가지 사항만 준수하면 결코 어렵지 않습니다. 첫째, 따뜻하게 데운 믹싱볼에 달걀노른자를 넣고 거품기로 저어 완전히 푼 다음 기름을 넣어야 합니다. 둘째, 기름은 소스가 걸쭉해지기까지는 아주 조금씩 천천히 섞어야 합니다. 셋째, 달걀노른자 1개가 흡수할 수 있는 기름의 최대량은 ¾컵이므로 절대 이를 넘지 않아야 합니다. 좀처럼 걸쭉해지지 않거나 완성된 소스에서 기름이 겉돌면 마요네즈가 분리된 것입니다. 어떤 경우든, 마요네즈를 되살리는 방법은 간단합니다.

먼저 믹싱볼을 뜨거운 물에 담가 따뜻하게 데운 뒤 물기를 제거합니다. 믹싱볼에 머스터드 1티스푼과 분리된 마요네즈 1테이블스푼을 넣고 거품기로 몇 초간 휘저어 걸쭉한 크림처럼 만듭니다. 남은 마요네즈를 티스푼으로 조금씩 떠넣으며 계속 젓습니다. 이때 앞서 넣은 분량이 완전히 섞인 것을 확인한 다음 더 넣어야 합니다. 분리된 마요네즈는 이 방법만 따르면 무조건 되살릴 수 있습니다. 한 번에 조금씩, 특히 처음에는 조금씩 추가해야 한다는 점을 반드시 명심해야 합니다.

## ＊＊ 냉장 보관하기

마요네즈를 며칠 동안 냉장 보관하면 묽게 변하기 쉽습니다. 특히 상온이 아닐 때 소스를 휘저을 경우 더욱 그렇습니다. 이처럼 마요네즈가 분리되었다면 앞에서 설명한 방법으로 되살려야 합니다.

## ☞ 자동 휘핑기나 푸드 프로세서로 마요네즈 만들기

휘핑기 용기에 달걀 1개와 머스터드, 소금을 1자밤씩 넣고 30초간 작동시킨 다음, 레몬즙 1테이블스푼을 넣고 다시 10초쯤 더 돌립니다. 마지막으로 블렌더를 '강'으로 작동시킨 상태에서 기름 약 1컵을 조금씩 가늘게 흘려넣으면 마요네즈가 간단히 완성됩니다. 기름을 1컵보다 많이 넣으면 기계가 돌아가지 않으니 주의해야 합니다. 그런데 휘핑기 날에 부딪혀가며 고무 스패츌러로 용기에 담긴 소스를 싹싹 긁어내도 총량은 1¼컵보다 적습니다. 아무래도 마요네즈가 기계 곳곳에 묻어 있기 때문입니다. 그러니까 마요네즈이지요. 그래도 푸드 프로세서를 쓰면 더 좋은 품질의 마요네즈를 더 많이 만들 수 있습니다.

**마요네즈 약 2컵 분량**
**(강철 날이 장착된**
**푸드 프로세서 사용)**

| | |
|---|---|
| 달걀 1개, 달걀노른자 2개 | 달걀과 달걀노른자를 푸드 프로세서에 넣고 1분간 작동시킵니다. |
| 분말형 머스터드 ¼ts<br>소금 ½ts<br>신선한 레몬즙 또는 와인 식초<br>　(두 가지를 함께 사용해도 됨) | 기계가 작동 중인 상태에서 머스터드, 소금, 레몬즙 또는 식초 1티스푼을 추가합니다. |
| 품질 좋은 기름<br>　(올리브유 또는 샐러드유) 2컵<br>소금, 후추, 레몬즙<br>　또는 와인 식초 약간(필요시) | 기계가 계속 작동 중인 상태에서 기름을 아주 조금씩 흘려넣기 시작합니다. 준비된 기름의 절반을 넣고 소스가 매우 걸쭉한 크림처럼 되면 잠시 기계 작동을 멈춥니다. 소스가 걸쭉해지기까지는 기계를 멈추면 안 됩니다. 레몬즙 또는 식초로 소스의 농도를 묽게 만든 뒤 다시 남은 기름을 조금씩 넣으며 기계를 돌립니다. 소금, 후추, 레몬즙 또는 식초로 세심하게 간을 맞춥니다. |

## ❖ 마요네즈 오 핀 제르브(*mayonnaise aux fines herbes*)

녹색 허브를 더한 마요네즈

어울리는 음식: 오르되브르, 달걀, 생선, 육류

곱게 다진 녹색 허브(타라곤, 바질,
　처빌, 차이브, 파슬리, 오레가노
　등) 3~4TS
마요네즈(134쪽~137쪽) 1½컵

소스를 며칠 동안 두고 먹을 계획이라면, 허브를 끓는 물에 1분간 데친 뒤 찬물에 헹궈 마른 행주로 두드려 물기를 제거합니다. 이렇게 하면 허브의 초록빛이 살아나고 소스에 넣어도 상하지 않습니다. 다진 허브를 마요네즈에 고루 섞습니다.

## ❖ 마요네즈 베르트(*mayonnaise verte*)

녹색 허브 퓌레를 더한 마요네즈

어울리는 음식: 오르되브르, 달걀, 생선, 육류

허브 퓌레 약 4TS 분량:
　시금치 잎 8~10장
　잘게 썬 셜롯 또는 골파 2TS
　워터크레스 잎 ¼컵
　파슬리 잎 ¼컵
　타라곤 1TS 또는 말린 타라곤
　½TS
　선택: 처빌 2TS

작은 소스팬에 물 1컵을 팔팔 끓입니다. 시금치 잎과 셜롯(또는 골파)을 넣고 2분 동안 끓인 뒤 나머지 재료를 모두 넣고 1분간 더 끓입니다. 건더기만 체에 걸러서 흐르는 찬물에 헹군 다음 키친타월로 가볍게 두드려 물기를 제거합니다.

마요네즈 1½컵을 만들 재료
　(135쪽 또는 137쪽)

블렌더로 마요네즈를 만든다면, 준비한 허브를 달걀노른자와 함께 넣고 앞서 소개한 기본 레시피를 따릅니다. 수제 마요네즈의 경우, 허브를 블렌더로 갈거나 칼로 곱게 다진 뒤 촘촘한 체에 걸러서 매끈한 퓌레 상태로 만듭니다. 이것을 완성된 마요네즈에 고루 섞습니다.

## ❖ 소스 리비에라(*sauce riviera*)

### 뵈르 몽펠리에(*beurre montpellier*)

버터나 크림치즈, 피클, 케이퍼, 앤초비를 더한 허브 마요네즈

어울리는 음식: 오르되브르, 샌드위치 스프레드, 달걀, 생선, 얇게 저민 콜드미트(송아지고기, 소고기, 돼지고기)

**약 2¼컵 분량**

| | |
|---|---|
| 피클, 케이퍼, 통조림 앤초비 또는<br>  앤초비 페이스트 각 2TS<br>말랑한 버터 또는 크림치즈 ½컵<br>마요네즈 베르트 | 피클, 케이퍼, 앤초비를 칼로 곱게 다진 다음 버터나 크림치즈에 넣고<br>고루 섞습니다. 이것을 마요네즈 베르트에 1테이블스푼씩 섞어줍니다. |


## ❖ 소스 타르타르(*sauce tartare*)

### 완숙 달걀노른자로 만든 마요네즈

삶은 달걀노른자 역시 기름을 흡수시켜 마요네즈로 만들 수 있는데, 일반 마요네즈와 맛과 질감이 완전히 다릅니다. 체에 거른 달걀흰자를 섞으면 소스에 가볍고도 풍성한 양감이 생겨 스푼으로 떠서 찬 음식에 올리기 좋습니다. 이 소스는 몹시 되직하기 때문에 블렌더로는 만들 수 없습니다.

**1½~2컵 분량**

| | |
|---|---|
| 완숙 달걀노른자 3개<br>머스터드 1TS<br>소금 ¼ts | 믹싱볼에 달걀노른자와 겨자, 소금을 넣고 스푼으로 아주 곱게 으깹니다. 멍울 없이 매끈한 페이스트처럼 되지 않으면 달걀노른자가 기름을 흡수하지 못합니다. |
| 기름 1컵<br>와인 식초<br>  또는 레몬즙 약간(필요시) | 일반 마요네즈를 만들 때처럼(134쪽) 기름을 아주 조금씩 흘려넣으며 소스가 걸쭉해질 때까지 거품기로 계속 휘젓습니다. 너무 빡빡해지면 와인 식초나 레몬즙으로 조절합니다. |

곱게 다진 피클 3~4TS
곱게 다진 케이퍼 3~4TS
곱게 다진 녹색 허브(파슬리,
　차이브, 타라곤 등) 2~4TS
선택: 체에 내린 삶은 달걀흰자
　2~3개

다진 피클과 케이퍼를 마른 행주로 싸서 물기를 꼭 짭니다. 이것을 준비된 소스에 넣고 고루 섞습니다. 허브와 달걀흰자(선택)를 차례로 섞고 간을 맞춥니다.

## ❖ 소스 레물라드(*sauce rémoulade*)

앤초비, 피클, 케이퍼, 허브를 넣은 마요네즈

이 소스는 소스 타르타르와 동일한 재료로 맛을 낸 마요네즈입니다. 단, 앤초비 페이스트가 ½티스푼 정도 들어가고, 완숙 달걀노른자를 쓰지 않고 만든 마요네즈라는 점이 다릅니다.

## ❖ 마요네즈 콜레(*mayonnaise collée*)

차가운 요리 장식용 젤라틴 마요네즈

젤라틴을 녹여 마요네즈에 섞어서 굳히면 소스가 형태를 유지하기 때문에 차갑게 내는 달걀이나 생선, 채소의 겉면을 코팅할 때 씁니다. 또 짤주머니에 넣어 요리를 장식할 때도 사용합니다.

### 약 1¾컵 분량

※ 주: 다음 재료 분량대로 소스를 만들면 스푼으로 떠서 찬 음식의 겉면을 코팅하기에 알맞습니다. 짤주머니에 넣어서 쓰려면 더 빡빡해야 하는데, 마요네즈 2컵을 기준으로 액상 재료 ½컵에 젤라틴을 2테이블스푼 녹이면 됩니다.)

### 젤라틴 용액 ⅓컵을 만들기

화이트 와인 또는
　화이트 베르무트 2TS
와인 식초 1TS
치킨 스톡, 비프 스톡
　또는 피시 스톡 2½TS
분말형 젤라틴 1TS
　또는 판젤라틴 1장

작은 소스팬에 액상 재료를 전부 붓습니다. 여기에 젤라틴 가루를 뿌리고 몇 분간 그대로 두고 녹입니다. 소스팬을 약한 불에 올리고 뭉친 것이 없을 때까지 고루 휘젓습니다. 미지근한 온도로 식힙니다.

| 마요네즈(135쪽 또는 137쪽) 1½컵 | 젤라틴 용액을 마요네즈에 섞은 다음 간을 맞춥니다. 처음에는 소스가 묽어지지만 젤라틴이 굳으면서 서서히 걸쭉해집니다. |
| --- | --- |
| | 이 소스는 완전히 굳기 직전에 사용해야 합니다. 소스가 지나치게 빡빡해지면 잠시 약한 불에 올려서 휘젓습니다. |

## ❖ 소스 아욜리(*sauce aïoli*)
프로방스풍 갈릭 마요네즈

어울리는 음식: 익힌 생선, 부리드(*bourride*), 달팽이, 삶은 감자, 껍질콩, 완숙 달걀

소스 아욜리는 향긋한 마늘향이 나는 진하고 걸쭉한 마요네즈로, 전통적인 방식으로 만들어야 맛과 질감을 제대로 살릴 수 있습니다. 특히 마늘은 아주 고운 페이스트처럼 되도록 절구에 넣고 충분히 빻아야 합니다. 블렌더를 쓰면 어떤 이유에서인지 마늘에서 쓴맛과 날내가 나기 때문에 피하는 것이 좋습니다. 또한 블렌더로 간 달걀흰자는 진정한 지중해풍 소스 아욜리의 특징인 섬세하고도 묵직한 질감을 내지 못합니다.

**약 2컵 분량**

| 마른 흰 빵(두께 약 1cm) 1쪽<br>우유 또는 와인 식초 3TS | 가장자리를 잘라낸 빵을 잘게 부수어 작은 그릇에 담습니다. 우유 또는 식초를 끼얹고 빵이 부드러운 곤죽 상태가 되도록 5~10분쯤 그대로 둡니다. 마른 행주로 싸서 물기를 짜냅니다. |
| --- | --- |
| 묵직한 볼 또는 손절구<br>나무 절굿공이<br>으깬 마늘 4~8쪽 | 빵과 마늘을 볼에 넣고 절굿공이로 5분 이상 빻아 아주 곱고 매끈한 페이스트처럼 만듭니다. |
| 달걀노른자 1개<br>소금 ¼ts | 달걀노른자와 소금을 넣고 절굿공이로 계속 빻아 걸쭉하고 끈적한 상태로 만듭니다. |
| 질 좋은 올리브유 1½컵<br>거품기<br>끓는 물 또는 피시 스톡 3~4TS<br>레몬즙 2~3TS | 올리브유를 방울방울 흘려넣으며 계속 빻습니다. 소스가 진한 크림처럼 걸쭉해지면 기름을 좀더 빠른 속도로 넣으며 절굿공이 대신 거품기로 휘저어도 좋습니다. 소스가 너무 빡빡해지면 물이나 스톡, 레몬즙을 조금씩 넣으며 농도를 조절합니다. 완성된 소스는 스푼으로 떴을 때 모양이 유지될 만큼 되직해야 합니다. 마지막으로 간을 맞춥니다. |

주의: 기름이 겉돌면서 소스가 분리되면 136쪽에서 소개한 해결책에 따라 되살리면 됩니다.

## ❖ 생선 수프용 아욜리

생선 수프에 들어가는 소스 아욜리의 경우, 직전 레시피에 달걀노른자를 더 넣습니다. 보통 1인분에 1개가 적당합니다.

## ❖ 소스 알자시엔(*sauce alsacienne*)
### 소스 드 소르즈(*sauce de Sorges*)
반숙 달걀로 만든 허브 마요네즈

어울리는 음식: 삶아서 따뜻하게 내는 소고기, 닭고기 또는 생선

### 약 2컵 분량

| | |
|---|---|
| 달걀 2개 | 달걀을 끓는 물에 3분 동안 삶습니다. 냉장고에서 갓 꺼낸 달걀의 경우 30초 더 익힙니다. 달걀을 깨서 달걀노른자는 믹싱볼에 담고 달걀흰자는 따로 남겨둡니다. |
| 머스터드 1TS<br>소금 ½ts<br>와인 식초 또는 레몬즙 1TS<br>기름 1컵 | 134쪽에서 설명한 대로 기본 마요네즈를 만듭니다. 달걀노른자를 걸쭉하고 끈적해질 때까지 충분히 푼 다음 머스터드, 소금, 식초나 레몬즙을 섞습니다. 이어 기름을 방울방울 흘려넣으며 계속 휘저어서 진한 크림처럼 만듭니다. |
| 휘핑크림이나 사워크림<br>  또는 비프 스톡이나 치킨 스톡,<br>  피시 스톡 ¼컵<br>곱게 다진 설롯 또는 골파 1½TS<br>케이퍼 1½TS<br>다진 다양한 허브 믹스(파슬리,<br>  타라곤, 바질 등) 또는 다른<br>  허브와 섞지 않은 딜 3∼4TS<br>반숙 달걀흰자(곱게 다지거나 체에<br>  내린 것) | 액상 재료를 천천히 소스에 부으며 고루 젓습니다. 나머지 재료도 모두 섞고 간을 맞춥니다. |

# 오일과 식초 소스 계열
## *Vinaigrettes*

---

## 소스 비네그레트(*sauce vinaigrette*)✝
### 프렌치드레싱

어울리는 음식: 샐러드

마리네이드를 할 때 씁니다. 프랑스 요리에서 기본 프렌치드레싱이란 질 좋은 와인 식초와 기름에 소금, 후추, 그 밖에 신선한 제철 허브를 섞어 만든 소스를 말합니다. 원한다면 머스터드를 추가해도 좋습니다. 여기에 마늘을 더하기도 하는데, 이는 주로 남부 프랑스에서만 찾아볼 수 있습니다. 우스터소스나 카레, 치즈, 토마토 등은 정통 프렌치드레싱에는 들어가지 않으며, 특히 설탕을 넣은 것은 프렌치드레싱이라고 할 수 없습니다.

　프렌치드레싱에 들어가는 식초와 기름의 비율은 보통 1:3이지만, 만드는 사람의 입맛에 맞춰 조금씩 더하거나 빼도 됩니다. 식초 대신 레몬즙을 쓰거나, 식초와 레몬즙을 섞어서 써도 좋습니다. 기름은 특별한 맛이 없는 샐러드유나 올리브유가 적당합니다. 샐러드에 쓸 드레싱을 만들 때는, 믹싱볼이나 유리병에 모든 재료를 넣고 고루 섞은 다음에 샐러드에 끼얹거나 버무리도록 합니다. 또한 샐러드용 채소의 물기를 완전히 제거해 드레싱이 잘 섞일 수 있도록 합니다. 샐러드에 쓰는 드레싱은 무조건 먹기 직전에 만드는 것이 가장 좋으며, 며칠 동안 묵힌 드레싱은 산패되어 불쾌한 맛이 나기 쉽습니다.

### 약 ½컵 분량

질 좋은 와인 식초 또는 식초와
　레몬즙을 섞은 것 ½~2TS
소금 ⅛ts
샐러드유 또는 올리브유 6TS
후추 큰 1자밤
선택: 머스터드 분말 ¼ts

믹싱볼에 식초나 레몬즙, 소금, 머스터드(선택)를 넣고 소금이 녹을 때까지 고루 휘젓습니다. 그다음 기름을 한 방울씩 넣어 섞으며 후추를 뿌려 완성합니다. 또는 유리병에 모든 재료를 한꺼번에 넣고 뚜껑을 닫은 뒤 30초 동안 세게 흔들어서 섞는 방법도 있습니다.

선택: 다진 녹색 허브(파슬리,
　차이브, 타라곤, 바질 등) 1~2TS
　또는 말린 허브 1자밤

드레싱을 샐러드에 끼얹기 직전, 준비한 허브를 고루 섞고 다시 한번 간을 맞춥니다.

## ❖ 소스 라비고트(*sauce ravigote*)

허브, 케이퍼, 양파를 넣은 비네그레트

어울리는 음식: 따뜻하거나 차게 내는 삶은 소고기, 삶은 닭고기, 삶은 생선, 족발, 송아지 머리, 채소

| | |
|---|---|
| 소스 비네그레트(143쪽) 1컵<br>다진 케이퍼 1ts<br>곱게 다진 설롯 또는 골파 1ts<br>다진 녹색 허브(파슬리, 차이브,<br>  타라곤, 처빌 등) 또는 파슬리 2TS | 모든 재료를 비네그레트에 고루 섞어 취향에 따라 간을 맞춥니다. |

## ❖ 비네그레트 아 라 크렘(*vinaigrette à la crème*)

사워크림 드레싱, 딜 소스

어울리는 음식: 차가운 달걀 요리, 채소, 따뜻하거나 차가운 생선 요리

| | |
|---|---|
| 달걀노른자 1개<br>휘핑크림 또는 사워크림 4TS<br>소스 비네그레트(143쪽) ½컵<br>레몬즙 약간<br>곱게 다진 녹색 허브(파슬리,<br>  차이브, 타라곤, 처빌, 버넷<br>  또는 딜만) 2TS | 믹싱볼에 달걀노른자와 크림을 넣고 고루 휘저어 섞습니다. 마요네즈를 만들 때와 같이 비네그레트를 조금씩 흘려넣으며 계속 젓습니다. 취향에 따라 레몬즙을 더하고 허브를 넣습니다. |

## ❖ 소스 무타르드(*sauce moutarde*)

허브를 넣은 차가운 머스터드 소스

어울리는 음식: 차가운 소고기, 돼지고기, 채소

머스터드(맛이 강한 디종  
　머스터드류) 2TS  
끓는 물 3TS

작은 믹싱볼을 뜨거운 물에 헹궈 데웁니다. 여기에 머스터드를 넣고 물을 조금씩 넣으면서 거품기로 휘저어 섞습니다.

올리브유 또는 샐러드유 ⅓ ~ ½컵

올리브유 역시 조금씩 흘려넣으며 계속 휘저어 걸쭉한 크림처럼 만듭니다.

소금, 후추  
레몬즙  
곱게 다진 파슬리 또는 녹색 허브  
　1~2TS

소금과 후추, 레몬즙을 취향에 따라 섞은 뒤 허브를 넣습니다.

# 따뜻한 버터 소스 계열
## Sauces au Beurre

---

## 뵈르 블랑(*beurre blanc*), 뵈르 낭태(*beurre nantais*)‡
### 화이트 버터 소스

어울리는 음식: 원래는 삶은 생선을 위한 소스였지만 현재는 모든 어패류에 활용. 또 아스파라거스, 브로콜리, 콜리플라워 같은 채소류와 소테한 송아지고기, 닭고기, 콩팥, 간 등

뵈르 블랑은 루아르강 유역의 낭트(*Nantes*)라는 도시에서 처음 만들어진 유명한 소스로, 전통적으로 강꼬치고기에 곁들여 브로셰 오 뵈르 블랑(*brochet au beurre blanc*)이라는 요리에 쓰입니다. 따뜻하고 걸쭉하며 크리미한 연한 황금빛의 이 소스는 버터에 셜롯과 와인 식초, 레몬, 기타 양념을 섞은 것입니다. 오랫동안 푹 끓여야 하는 정통 소스보다 훨씬 만들기 쉬운 데다 다양한 요리에 두루 어울린다는 장점 덕에 1970년대 초 이른바 누벨 퀴이진을 지향하는 셰프들이 특히 선호했습니다. 뵈르 블랑은 레몬즙과 식초 대신 고기나 생선에서 흘러나온 육즙을 바짝 졸여서 베이스로 사용하는 소스입니다. 예를 들어 닭 간이나 푸아그라를 소테한 뒤 팬 바닥에 눌어붙은 육즙을 와인과 다진 셜롯, 약간의 와인 식초로 디글레이징해서 걸쭉한 시럽에 가까운 상태로 만든 다음, 버터를 듬뿍 섞으면 뵈르 블랑이 완성됩니다. 즉 뵈르 블랑은 디글레이징 기법으로 만드는 일반 소스와 비슷하지만, 4~6인분을 만들 때 들어가는 버터의 양은 최대 220g으로 일반적인 디글레이징 소스에 쓰이는 2~3테이블스푼보다 훨씬 많습니다. 버터의 열량은 1테이블스푼에 100칼로리에 달하기 때문에 단순히 버터에 소테한 음식도 따져보면 깜짝 놀랄 만큼 어마어마하게 (치명적일 정도로) 기름진 셈입니다. 그러나 이 책에서 소개하는 레시피가 대부분 그렇듯 버터의 양은 '각자 알아서' 조절하면 됩니다.

뵈르 블랑을 조리할 때의 포인트는 버터가 기름처럼 변하는 것을 막는 것입니다. 즉 버터를 녹아서 주르르 흐르는 상태가 아닌, 따뜻하고 걸쭉하며 크리미한 상태로 유지시켜야 합니다. 소스 베이스를 바짝 졸여 산(酸) 성분을 농축하면 화학반응이 일어나면서 유고형분이 팬 바닥으로 가라앉지 않고 계속 떠 있게 됩니다. 다음에서 제시하고 있듯 버터를 섞는 방법은 2가지로, 첫번째는 고전적인 방식대로 버터를 천천히 크림처럼 만드는 것, 두번째는 비교적 최신 방식으로 단시간에 끓이는 것입니다. 어떤 방법을 따르든 레시피에서 제시한 양보다 버터를 더 많이 넣는 것은 좋지만, 더 적게 넣으면 소스에서 신맛이 강하게 느껴질 것입니다.

**약 1컵 분량**

## 향미 베이스 만들기

약 1.5L 용량의 스테인리스 소스팬
화이트 와인 식초 2½TS
드라이한 화이트 와인이나
  베르무트 또는 레몬즙 2½TS
곱게 다진 셜롯 또는 골파 1TS
소금 ½ts
백후추 ⅛ts
버터 2TS

소스팬에 모든 재료를 넣고 시럽처럼 걸쭉해질 때까지 바짝 졸여 전체 양이 약 1½테이블스푼으로 줄어들도록 합니다.

## 고전적인 버터 섞기

거품기
냉장해서 차가운 고급 무염 버터
  약 220g(스틱형 버터 2개,
  16조각으로 썰어서 준비)
소금, 후추, 레몬즙 약간(필요시)

소스팬을 불에서 내린 뒤 곧장 차가운 버터 2조각을 넣고 휘젓습니다. 버터가 부드럽게 녹으면서 크림처럼 변하면 1조각을 더 섞습니다. 소스팬을 아주 약한 불에 올리고 계속 휘저으며 버터를 1조각씩 더 합니다. 반드시 먼저 넣은 버터가 소스와 완전히 섞여 걸쭉해진 것을 확인한 다음에 넣도록 합니다. 진한 상아색 크림의 묽은 소스 올랑데즈처럼 되어야 합니다. 준비된 버터를 다 섞고 나면 바로 불에서 내리고, 취향에 따라 소금과 후추 등으로 간을 합니다.

## 버터 섞기―단시간 끓이는 방식

앞서 소개한 레시피대로 향미 베이스를 만들고, 버터도 앞의 레시피와 동일한 양과 크기로 썰어 준비합니다. 단, 버터는 냉장 상태가 아니어도 됩니다. 졸인 향미 베이스를 단시간 내로 가열해 끓기 시작하면 버터를 1조각씩 넣고 고루 휘저어줍니다. 즉시 걸쭉하고 크리미한 거품이 바글바글 끓어오를 것입니다. 준비된 버터를 모두 넣으면 딱 2초만 더 끓인 뒤 곧바로 내용물을 볼이나 다른 소스팬에 옮겨서 더 이상 끓지 않게 합니다. 계속 끓이면 향미 베이스가 완전히 졸아서 아무런 역할을 하지 못하고, 버터는 크리미한 소스가 아닌 맑은 정제 버터로 금세 변하니 주의하세요.

## 소스 형태 유지하기

완성된 뵈르 블랑을 다시 데우거나 너무 따뜻하게 보관하면, 곧 묽어지면서 기름처럼 변하기 십상입니다. 그러므로 소스가 담긴 용기를 미지근한 물에 담가두거나, 아주 약하게 켜둔 가스불 근처 또는 온기가 남아 있는 쿡탑 위 선반에 놓는 것이 좋습니다. 이미 묽어진 소스를 다시 걸쭉하게 만들려면, 차가운 믹싱볼에 우선 1스푼만 덜어 세게 저은 뒤, 나머지 소스도 스푼으로 천천히 조금씩 더하며 계속 젓습니다. 소스를 다시 데우려면 뜨거운 와인이나 바짝 졸인 스톡, 헤비 크림 등을 한 방울씩 흘려넣으며 고루 휘젓습니다. 이때 뜨거운 액체의 양은 총 2~3테이블스푼이면 충분합니다.

## ❖ 뵈르 오 시트롱(*beurre au citron*)
레몬 버터 소스

어울리는 음식: 브로일링하거나 삶은 생선, 아스파라거스, 브로콜리, 콜리플라워 등
뵈르 블랑을 약간 변형한 소스로, 생선이나 채소류와 무척 잘 어울립니다.

**약 ½컵 분량**

| | |
|---|---|
| 0.5~1L 용량의 적당히 묵직한 법랑 소스팬<br>레몬즙 ¼컵<br>소금 ⅛ts<br>백후추 1자밤<br>거품기<br>냉장한 버터 약 110g(스틱형 버터 1개, 8조각으로 잘라서 준비) | 소스팬에 레몬즙, 소금, 후추를 넣고 총량이 1테이블스푼으로 줄어들 때까지 졸입니다. |
| | 불에서 내린 뒤 곧장 차가운 버터 2조각을 넣습니다. 다시 아주 약한 불에 올리고 나머지 버터를 1조각씩 더 넣어가며 계속 휘저어 걸쭉한 크림처럼 만듭니다. 준비된 버터를 모두 넣으면 바로 불에서 내립니다. |
| 뜨거운 피시 스톡이나 채소 스톡 또는 물 2~3TS | 내기 직전, 뜨거운 스톡이나 물을 조금씩 넣어 소스를 따뜻하게 데웁니다. 간을 맞춘 뒤 살짝 미지근하게 데운 소스보트에 옮겨 식탁에 올립니다. |

# 뵈르 누아르(*beurre noir*)
# 뵈르 누아제트(*beurre noisette*)
## 브라운 버터 소스

어울리는 음식: 셔드 에그, 송아지 뇌, 삶거나 소테한 생선, 닭가슴살, 채소

제대로 만든 뵈르 누아르에서는 고소한 냄새와 맛이 납니다. 하지만 '검은 버터'라는 이름과 달리 실제로 검은색을 띠지는 않습니다. 버터를 가열하면 유당이나 유지방 같은 성분이 헤이즐넛(누아제트) 색깔에서 진갈색으로 변하는데, 여기서 더 오래 끓이면 까맣게 타서 쓴맛이 나므로 조심해야 합니다. 뵈르 누아르는 단시간에 만들 수 있는 소스입니다. 소테한 간이나 닭가슴살같이 갈색을 띠는 음식에 곁들일 경우, 조리를 마치고 난 팬에 그대로 소스를 만들 수도 있습니다. 반면 포칭한 송아지 뇌나 포치드 에그처럼 흰 음식에 곁들이려면 팬을 따로 쓰고, 시커먼 침전물을 제외한 맑은 부분만 써야 합니다.

**약 ¾컵 분량(6~8인분)**

버터 약 170g(스틱형 버터 1½개)
소금, 후추
곱게 다진 파슬리 3~4TS
와인 식초나 레몬즙 3~4TS 또는
  케이퍼 1~2TS


### *음식을 조리하고 난 팬에 만들 경우(식탁에 내기 직전)*

버터를 적당한 크기로 조각내어 준비합니다. 소테한 음식을 다른 그릇에 옮긴 다음 그 팬에 버터를 넣습니다. 소테한 음식에 소금과 후추로 간을 하고 필요하면 파슬리도 뿌립니다. 팬의 손잡이를 잡고 중간 불 위에서 빙빙 돌려가며 버터를 녹입니다. 버터는 끓어오르다가 곧 거품이 가라앉으면서 색깔이 점점 진해질 것입니다. 버터가 황갈색으로 변하는 즉시 불에서 내려 준비된 음식 위에 붓습니다. 색이 순식간에 변하니 주의합니다. 이어 팬에 식초, 레몬즙 또는 케이퍼를 넣고 신맛이 날아가도록 재빨리 끓여서 졸인 뒤 브라운 버터 위에 끼얹어 바로 냅니다.


### *별도의 팬에 만들 경우(미리 만들어둘 수 있음)*

버터를 적당한 크기로 조각내어 작은 소스팬에 넣습니다. 팬의 손잡이를 잡고 중간 불

위에서 빙빙 돌려가며 버터를 녹입니다. 끓어오르던 버터의 거품이 가라앉으면서 곧 색깔이 나기 시작하면 몇 초 더 가열하다가, 황갈색이 돌면 즉시 팬을 불에서 내리고 불순물이 가라앉도록 잠시 내버려둡니다. 간을 맞춰 완성한 맑은 갈색의 뵈르 누아르를 파슬리로 장식한 음식 위에 끼얹었거나, 팬 바닥에 가라앉은 침전물이 섞이지 않도록 조심하며 다른 그릇이나 팬에 옮깁니다. 소스팬을 씻은 뒤 식초, 레몬즙 또는 케이퍼를 넣고 센 불에 재빨리 졸여서 신맛을 날립니다. 음식 위에 끼얹어 바로 내거나, 다시 뵈르 누아르를 부어넣고 한편에 두었다가 식탁에 올리기 직전에 다시 데웁니다.

# 차가운 향미 버터
## *Beurres Composés*

버터에 맛을 내기 위한 허브나 와인, 머스터드, 달걀노른자, 갑각류 살, 기타 재료를 섞어 크리미한 소스로 만들면 다양한 요리의 풍미를 돋우는 데 활용할 수 있습니다.

### *따뜻한 요리에 올리기*
그릴에 갓 구운 생선이나 고기를 식탁에 낼 때 그 위에 차가운 향미 버터를 한 조각 올립니다.

### *끼얹기*
고기나 생선, 버섯을 오븐에 구울 때 향미 버터를 끼얹습니다.

### *소스와 수프에 섞기*
소스나 수프에 향미 버터를 넣고 고루 저어서 바로 냅니다.

### *삶은 달걀의 필링 또는 샌드위치 스프레드로 활용하기*
버터에 달걀노른자와 허브를 넣고 잘 섞어서 삶은 달걀의 흰자 안을 채우거나 샌드위치 스프레드로 활용합니다.

### *장식으로 쓰기*
차갑지만 성형이 가능한 상태의 향미 버터를 짤주머니에 넣어 애피타이저나 차가운 요리를 멋지게 장식할 수 있습니다.

### *모양 만들기*
향미 버터를 접시 위에 얇게 바른 뒤 냉장고에 넣어 굳힙니다. 나이프나 커터칼을 뜨거운 물에 담근 다음 단단해진 버터를 다양한 모양으로 오려 카나페나 차가운 요리 장식에 활용합니다.

# 뵈르 앙 포마드(*beurre en pommade*)‡
## 크림화한 버터

향미 버터를 만들기 위해서는 우선 버터를 크림처럼 부드럽게 만든 다음 향미제를 섞어야 합니다. 이를 위해서는 자동 블렌더를 이용해도 되고, 공이로 찧거나 나무 스푼으로 조금씩 으깬 다음 가볍고 부드러운 크림처럼 될 때까지 세게 휘저어도 됩니다. 이어 향미제를 넣고 고루 섞은 뒤 서늘한 장소에서 굳히면 완성입니다. 향미 버터는 냉장고에 보관할 경우 평범한 냉장 버터처럼 단단해지므로 유의해야합니다.


## ❖ 뵈르 드 무타르드(*beurre de moutarde*)
### 머스터드 버터

어울리는 음식: 콩팥, 간, 스테이크, 브로일링한 생선
소스 풍미 더하기에도 유용합니다.

버터 ½컵
시판 머스터드(맛이 강한 디종
  머스터드류) 1~2TS
소금, 후추
선택: 곱게 다진 파슬리
  또는 다양한 녹색 허브 2TS

버터를 저어 크림처럼 만듭니다. 머스터드를 ½티스푼씩 넣어가며 고루 섞습니다. 소금, 후추를 넣어 간을 맞추고, 취향에 따라 허브를 넣어도 좋습니다.


## ❖ 뵈르 당슈아(*beurre d'anchois*)
### 앤초비 버터

어울리는 음식: 브로일링한 생선, 삶은 달걀 필링, 샌드위치
소스 풍미 더하기에도 유용합니다.

| | |
|---|---|
| 버터 ½컵 | 버터를 크림처럼 만듭니다. 앤초비를 ½티스푼씩 넣어가며 고루 섞습 |
| 통조림 앤초비 으깬 것 2TS 또는 | 니다. 취향에 따라 후추와 소량의 레몬즙을 넣고 다진 허브로 맛을 |
| 앤초비 페이스트 1TS | 내도 좋습니다. |
| 후추 | |
| 레몬즙 | |
| 선택: 곱게 다진 파슬리 또는 | |
| 다양한 녹색 허브 1~2TS | |

## ❖ 뵈르 다유(*beurre d'ail*)

마늘 버터

어울리는 음식: 브로일링하거나 삶은 생선, 스테이크, 햄버그스테이크, 양갈비, 삶은 감자, 카나페

소스와 수프의 풍미 더하기에 유용합니다. 최상의 맛과 식감을 내는 마늘 버터를 만들려면 절구에 마늘을 충분히 찧어 매끈한 페이스트로 만듭니다. 그다음, 버터를 천천히 조금씩 넣으며 마늘 페이스트와 고루 섞이도록 계속 찧어야 합니다. 시간이나 인내심이 부족하다면 절구 대신 간단히 갈릭 프레스를 사용해도 좋지만, 맛과 식감은 절구를 쓸 때에 미치지 못합니다.

| | |
|---|---|
| 껍질을 벗기지 않은 마늘 2~8쪽 | 끓는 물에 마늘을 넣고 잠시 가라앉은 물이 다시 끓어오르면 5초 후 |
| 끓는 물 약 1L | 건집니다. 껍질을 벗긴 뒤 찬물에 헹굽니다. 다시 끓는 물에 넣었다가 |
| | 물이 다시 끓어오르면 30초 후 건져내어 찬물에 헹굽니다. 데친 마 |
| | 늘을 절구에 넣고 고운 페이스트가 될 때까지 찧거나 갈릭 프레스로 |
| | 으깹니다. |
| | |
| 버터 ½컵 | 버터와 마늘 페이스트를 함께 찧거나 고루 휘저어서 크림처럼 부드럽 |
| 소금, 후추 | 게 만듭니다. 맛을 보며 소금, 후추를 넣고 취향에 따라 허브를 넣어 |
| 선택: 곱게 다진 파슬리 또는 | 도 좋습니다. |
| 다양한 녹색 허브 1~2TS | |

### ❖ 뵈르 아 뢰프(*beurre à l'œuf*)
달걀노른자 버터

어울리는 음식: 샌드위치, 카나페, 완숙 달걀
일반 장식용으로도 유용합니다.

---

버터 ½컵

버터를 크림처럼 만듭니다.

---

체에 눌러 통과시킨
   완숙 달걀노른자 4개
소금, 후추
선택: 곱게 다진 차이브
   또는 다양한 녹색 허브 1~2TS

달걀노른자를 체에 내린 뒤 준비한 버터에 넣고 고루 섞습니다. 맛을
보며 소금, 후추로 간하고 취향에 따라 허브를 넣어도 좋습니다.

### ❖ 뵈르 메트르 도텔(*beurre maître d'hôtel*)
파슬리 버터
### 뵈르 드 핀 제르브(*beurre de fines herbes*)
허브 버터
### 뵈르 데스트라공(*beurre d'estragon*)
타라곤 버터

어울리는 음식: 브로일링한 육류와 생선 요리
소스와 수프의 풍미 더하기에도 유용합니다.

---

버터 ½컵
레몬즙 1TS
곱게 다진 파슬리나 다양한
   녹색 허브, 타라곤 또는 말린
   타라곤과 신선한 파슬리 2~3TS
소금, 후추

버터를 크림처럼 만듭니다. 레몬즙을 방울방울 넣은 다음 허브를 섞
습니다. 취향에 따라 소금, 후추로 간을 맞춥니다.

## ❖ 뵈르 콜베르(*beurre Colbert*)
고기 향미를 더한 타라곤 버터

어울리는 음식: 브로일링한 육류와 생선

| 뵈르 데스트라공 재료<br>미트 글레이즈(164쪽) 1TS | 뵈르 데스트라공에 미트 글레이즈를 방울방울 넣어 섞습니다. |
|---|---|

## ❖ 뵈르 푸르 에스카르고(*beurre pour escargots*)
달팽이 요리용 버터

어울리는 음식: 식용 달팽이, 브로일링한 육류와 생선, 브로일링한 홍합, 대합, 굴
굽거나 브로일링한 생선 및 버섯에 끼얹었을 때도 유용합니다.

| 버터 ½컵<br>다진 셜롯 또는 골파 2TS<br>으깬 마늘 1~3쪽(취향에 따라 조절)<br>곱게 다진 파슬리 2TS<br>소금, 후추 | 버터를 크림처럼 만듭니다. 셜롯이나 골파를 마른 행주로 싸서 수분을 꼭 짜낸 뒤, 마늘, 파슬리와 함께 버터에 섞습니다. 취향에 따라 소금, 후추로 간을 맞춥니다. |
|---|---|

## ❖ 뵈르 마르샹 드 뱅(*beurre marchand de vins*)
레드 와인을 넣은 셜롯 버터

어울리는 음식: 스테이크, 햄버그스테이크, 간
브라운소스 풍미 더하기로도 유용합니다.

| | |
|---|---|
| 레드 와인 ¼컵<br>다진 셜롯 또는 골파 1TS<br>미트 글레이즈 1TS 또는 브라운<br>　스톡이나 통조림 비프 부용 ½컵<br>후추 넉넉하게 1자밤 | 와인에 셜롯 또는 골파, 미트 글레이즈, 후추를 넣고 바짝 졸입니다.<br>양이 약 1½테이블스푼으로 줄어들면 불을 끄고 그대로 식힙니다. |
| 버터 ½컵<br>다진 파슬리 1~2TS<br>소금, 후추 | 버터를 크림처럼 만든 다음, 졸인 와인에 한 번에 1테이블스푼씩 넣<br>고 고루 섞습니다. 파슬리를 넣고 취향에 따라 소금, 후추로 간을 합<br>니다. |

## ❖ 뵈르 베르시(*beurre Bercy*)
　화이트 와인을 넣은 셜롯 버터

어울리는 음식: 스테이크, 햄버그스테이크, 간
브라운소스 풍미 더하기로도 유용합니다.

| | |
|---|---|
| 뵈르 마르샹 드 뱅 재료<br>　(레드 와인은 드라이한 화이트<br>　와인이나 베르무트로 대체) | 뵈르 마르샹 드 뱅의 조리 과정을 따른 다음, 취향에 따라 다음 단계<br>로 넘어갑니다. |
| 선택: 깍둑썰기한 소 골수<br>　(소금을 넣어 끓인 물에 3~4분<br>　익힌 것, 53쪽) 3~4TS | 소 골수를 넣고 고루 섞고 마지막으로 간을 합니다. |

## ❖ 뵈르 드 크뤼스타세(*beurre de crustacés*)
　갑각류를 넣은 버터

어울리는 음식: 샌드위치 스프레드, 카나페, 완숙 달걀
차가운 요리를 장식하거나, 갑각류 소스와 비스크, 통조림 및 냉동 갑각류를 이용한 수프
의 풍미 더하기로도 유용합니다.
　갑각류 버터는 바닷가재, 게, 민물가재, 새우 등에서 살을 발라내고 남은 다리, 배딱지,

알, 내장 등을 익혀서 버터에 섞은 것입니다. 갑각류의 붉은 껍데기 덕분에 버터도 연한 분홍빛을 띠며, 껍데기와 살 부스러기가 섞여 풍미가 좋습니다. 갑각류 살만 넣어서 만들 경우, 토마토 페이스트를 약간 섞으면 빛깔이 납니다.

전통적인 레시피는 다음과 같습니다. 우선 화강암 재질의 커다란 절구에 갑각류 껍데기와 살을 넣고 묵직한 나무 절굿공이로 찧어 퓌레를 만듭니다. 그다음 버터를 넣고 퓌레와 완전히 섞일 때까지 계속 찧습니다. 이 버터 혼합물을 촘촘한 금속 체에 내려 미세한 껍데기 조각을 걸러내면 완성입니다. 전체적인 조리 과정은 길고 힘들어 보이지만, 매우 단순해서 그저 절굿공이로 열심히 찧기만 하면 놀라운 버터를 맛볼 수 있습니다. 블렌더를 이용하면 단시간에 풍미가 뛰어난 갑각류 버터를 만들 수 있습니다.

**약 ⅔컵 분량**

| | |
|---|---|
| 익힌 갑각류 부속물 1컵<br>　또는 껍질째 익힌 통새우 ½컵<br>　또는 익은 갑각류 살 ½컵과<br>　토마토 페이스트 1½TS | 갑각류 부속물이나 살을 약 6mm 크기로 썰거나 미트 그라인더로 갑니다. |
| 뜨거운 녹인 버터 약 110g(½컵) | 블렌더 용기를 뜨거운 물로 충분히 따뜻하게 데운 다음 재빨리 물기를 제거합니다. 여기에 준비한 갑각류와 뜨거운 버터를 넣고 뚜껑을 덮어서 '강'으로 몇 초간 돌립니다. 버터가 빡빡한 페이스트처럼 변하면 스위치를 끕니다. 버터 혼합물을 소스팬에 옮겨 약한 불로 데웁니다. 버터 혼합물이 따뜻해지면 다시 블렌더에 넣어서 갑니다. 필요할 경우 이 과정을 한 번 더 반복합니다. |
| 촘촘한 체와 체를 걸칠 만한 볼<br>절굿공이 또는 나무 스푼<br>소금, 백후추 | 매우 촘촘한 체에 내려 버터 혼합물을 최대한 꼼꼼하게 거릅니다. 버터가 식으면서 부분적으로 굳으면 나무 스푼으로 고루 섞습니다. 취향에 따라 소금, 후추로 간을 합니다.<br>[*] 이 버터는 냉동 보관이 가능합니다. |

*2차로 걸어내기*

버터 혼합물을 거르고 난 체에 남은 버터와 갑각류 살을 알뜰하게 걸어내기 위해서는 아주 약한 불에서 가볍게 끓는 물에 체를 5분 동안 담갔다가 뺀 뒤 그대로 식힙니다. 이렇게 하면 액체 표면에서 굳은 버터를 걸어낼 수 있습니다. 버터는 소스에 섞어 풍미를 더하고, 남은 액체는 피시 스톡의 베이스로 활용할 수 있습니다.

# 기타 소스

다음은 이 책의 여러 요리 레시피에 등장하는 소스 목록입니다. 대부분 지역성을 띠거나 특정 음식에 어울리는 특징이 있습니다.

### 소스 스페시알 아 라유 푸르 지고(*sauce speciale à l'ail pour gigot*)
로스팅한 양고기에 어울리는 특별한 마늘 소스로 412쪽을 참고하세요.

### 소스 무타르드 아 라 노르망드(*sauce moutarde à la normande*)
돼지고기에 어울리는 크림 머스터드 소스로 465쪽을 참고하세요.

### 소스 네네트(*sauce nénette*)
돼지고기나 삶은 소고기에 어울리는 크림 머스터드 토마토소스로 471쪽을 참고하세요.

### 소스 퐁뒤 드 프로마주(*sauce fondue de fromage*)
살짝 마늘향이 나는 와인 풍미의 크리미한 치즈 소스로 173쪽을 참고하세요. 함께 소개된 포치드 에그 외에도 채소, 생선, 닭고기, 치즈를 얹어 그라탱 방식으로 조리한 파스타에 잘 어울립니다. 오븐이나 브로일러에서 갈색이 돌도록 잠깐 구워내는 따뜻한 오르되브르 스프레드로도 쓸 수 있습니다.

### 소스 쇼프루아, 블랑슈네주(*sauce chaud-froid, blanche-neige*)
헤비 크림, 육류나 가금류 또는 피시 스톡, 타라곤을 넣고 졸인 농축액에 젤라틴을 섞은 소스입니다. 차가운 닭고기나 생선의 표면에 입히거나, 틀에 부어 굳히는 무스 형태로 먹습니다. 훌륭한 차가운 소스로, 밀가루가 들어간 소스 블루테로 만드는 전통적인 소스 쇼프루아보다 맛이 훨씬 섬세합니다. 이 소스가 나오는 레시피로는 649쪽 쉬프렘 드 볼라유 앙 쇼프루아 블랑슈네주, 652쪽 크라브 우 오마르 앙 쇼프루아 블랑슈네주, 661쪽 무슬린 드 푸아송 블랑슈네주 등이 있습니다.

# 스톡과 아스픽
*Fonds de Cuisine–Gelée*

훌륭한 프랑스 요리의 뛰어난 풍미는 조리 및 양념, 소스 등에 들어간 스톡에 따라 영향을 받는 경우가 많습니다. 프랑스어 '퐁 드 퀴이진(*fonds de cuisine*)'은 문자 그대로 '요리의 기반 내지 운영 자본'을 뜻합니다. 스톡은 고기와 뼈 또는 생선의 서덜을 채소, 향신료, 물과 함께 오랫동안 푹 끓인 것을 가리킵니다. 이것을 국물만 거른 뒤 필요에 따라 바짝 졸여서 향미를 농축시키면 수프 베이스가 되고, 스튜나 고기 조림, 채소 요리에 촉촉함을 더할 때 쓸 수도 있습니다. 또 고기나 생선 맛이 나는 모든 종류의 소스를 만들 때도 사용합니다. 스톡은 만들기가 매우 쉽고 간단해서, 재료를 불에 올린 다음에는 알아서 끓도록 내버려두고 거의 신경 쓰지 않아도 됩니다. 스톡은 수주 동안 냉동 보관할 수 있으며, 수분이 모두 날아갈 때까지 바짝 졸이면 응축된 맛의 미트 글레이즈가 됩니다.

## 홈메이드 스톡의 대체품

저장해둔 홈메이드 스톡이 없다면, 시중에서 쉽게 구할 수 있는 통조림 비프 부용이나 치킨 브로스, 버섯 브로스, 대합 주스로 대신할 수 있습니다. 보통 프랑스에서 쉽게 구하기 힘든 이 저렴한 대체품들은 고기나 와인, 향미 채소와 함께 푹 끓이면 제법 만족할 만합니다. 맛을 향상시키기 위한 전처리 방법은 113쪽 비프 부용과 101쪽 치킨 브로스, 169쪽 대합 주스에 나와 있습니다. 큐브형 부용은 통조림보다 맛이 더 떨어지지만 급할 때는 써도 괜찮습니다. 단, 통조림 콩소메는 단맛이 강한 편이라 추천하지 않습니다.

## 스톡의 재료

가장 고급스러운 스톡 재료는 신선한 뼈와 고기, 채소입니다. 하지만 최상급 콩소메를 만들기 위한 스톡이 아닌 이상, 집에 있는 재료에 새로 산 신선한 재료를 몇 가지 더해서 만들면 됩니다. 평소 냉동실에 소고기, 송아지고기, 가금류의 뼈와 기타 자투리 고기를 모아두었다가 충분히 모였을 때 스톡을 끓이면 좋습니다. 고기와 뼈는 스톡의 맛을 내고, 특히 뼈에는 젤라틴이 상당량 포함되어 있어 함께 끓이면 스톡이 묵직해집니다. 익히지 않은 송아지 뼈, 그중에서도 무릎도가니와 우족은 젤라틴 함유량이 가장 많습니다. 식혔을 때 자연스럽게 굳어 젤리처럼 변하는 스톡을 만들고 싶다면 166쪽에 소개된 재료에 무릎도가니와 우족을 더하면 됩니다.

## 양, 햄, 돼지

스톡을 끓일 때 돼지뼈를 너무 많이 넣으면 단맛이 도드라질 수 있습니다. 양뼈나 햄을 발라내고 남은 돼지 넓적다리뼈는 뼈 자체의 풍미가 지나치게 강하기 때문에 일반적인 용도의 스톡을 끓일 때는 넣으면 안 됩니다. 그러나 특별히 이들 뼈로 끓인 스톡이 필요하다면 일반 스톡과 똑같은 방법으로 끓이면 됩니다.

## 채소

당근, 양파, 셀러리, 리크 등 보통 수프를 끓일 때 많이 쓰는 채소는 모두 스톡 재료로 쓸 수 있습니다. 원한다면 여기에 파스닙 1~2개를 더해도 좋습니다. 감자, 고구마 등 탄수화물 성분을 많이 함유한 채소는 국물을 탁하게 하므로 일반 용도의 스톡에는 어울리지 않습니다. 순무, 콜리플라워, 양배추류 역시 맛이 강해서 일반 용도의 스톡 재료로 적합하지 않습니다.

## 압력솥

압력솥이 스톡을 만들 때 가장 효율적인 조리 기구라고 생각할 수도 있겠지만, 직접 실험해 본 결과, 그렇지는 않았습니다. 육류를 넣은 스톡은 압력솥으로 약 45분간 조리했을 때 맛의 최대치를 끌어낼 수 있습니다. 여기서 풍미를 최대한으로 높이기 위해서는 뚜껑을 연 상태로 약한 불에 1~2시간 더 끓여야 합니다. 또한 실험 결과 가금류 스톡은 압력솥으로 20분 이상 조리하면 불쾌한 맛이 나는 것을 확인했습니다. 따라서 20분이 지나면 압력을 빼고, 뚜껑을 연 채 약한 불로 1시간 이상 뭉근하게 더 끓이는 게 좋습니다.

---

# 퐁 드 퀴이진 생플(*fonds de cuisine simple*)‡
## 간단한 육류 스톡

잡다한 뼈와 자투리 고기로 끓이는 스톡의 기본 레시피입니다. 이 스톡은 미트 소스, 고기와 채소 브레이징을 만들 때, 수프의 풍미를 더할 때 쓰고, 육류를 굽고 난 팬을 디글레이징할 때 쓰기도 합니다. 스톡은 뼈만 넣고 끓여도 되지만 고기를 섞어주면 맛이 더욱 살아납니다. 뼈와 고기의 적당한 비율은 약 1:1입니다. 더 많은 과정을 거치는 스톡도 조리 과정은 동일합니다.

**약 2~3L 분량**

5~8cm로 자른 고기와 뼈
  (송아지나 소의 뼈와 고기,
  가금류의 자투리 고기 및 내장,
  날것이든 익힌 것이든 상관없음)
  약 3kg
약 8~10L 용량의 냄비
찬물

냄비에 준비한 고기와 뼈를 넣고, 찬물을 재료 위 5cm 높이까지 부은 뒤 중간 불에 올립니다. 내용물이 서서히 끓기 시작하면서 불순물이 표면에 떠오르면 더는 떠오르지 않을 때까지 스푼이나 국자로 약 5분에 걸쳐 말끔히 걷어냅니다.

소금 2ts
껍질을 긁어낸 중간 크기 당근 2개
껍질을 벗긴 중간 크기 양파 2개
중간 크기 셀러리 줄기 2대
부케 가르니(타임 ¼ts, 월계수 잎
  1장, 파슬리 줄기 6대, 껍질을
  까지 않은 마늘 2쪽, 정향 2개를
  깨끗한 면포에 싼 것)
선택: 깨끗이 씻은 리크 2대

모든 재료를 냄비에 집어넣습니다. 국물이 재료 위로 2~3cm 이상 올라오지 않을 경우 찬물을 보충합니다. 국물이 다시 약하게 끓기 시작하면 표면의 불순물을 걷어내고, 김이 빠질 공간 3cm쯤을 남기고 뚜껑을 비스듬히 덮은 채 4~5시간 뭉근하게 끓입니다. 내용물의 표면에 거품이 1~2방울 올라오는 정도로 매우 약하게 끓여야 합니다. 이따금 표면에 모인 기름과 불순물을 걷어내도 됩니다. 국물이 건더기 아래로 내려갈 만큼 졸아들면 끓는 물을 더 부어야 합니다.

**절대 팔팔 끓이면 안 됩니다.** 스톡이 끓으면서 기름과 불순물이 퍼져서 국물 색이 탁해집니다. **중간에 조리를 중단해도 됩니다.** 바쁠 때는 중간에 불을 껐다가 나중에 다시 조리를 하면 됩니다.

**식기 전에 냄비 뚜껑을 꽉 덮으면 안 됩니다.** 내용물이 상할 염려가 있으니 완전히 식힌 다음 뚜껑을 덮어야 합니다. 맛을 보고 재료의 맛이 잘 우러났다 싶으면 불을 끄고 체에 걸러 국물만 그릇에 옮깁니다.

## ** 기름 제거하기

스톡을 5분 동안 그대로 두었다가 표면의 기름을 스푼이나 국자로 걷어냅니다. 이어 키친 타월을 표면에 덮어 남은 기름을 흡수시킵니다.

또 다른 방법으로는, 스톡 그릇을 뚜껑을 덮지 않은 상태로 냉장고에 넣어 표면의 기름이 굳으면 걷어냅니다.

## ** 마지막 맛내기

기름을 제거한 스톡 맛을 보고 너무 연하다 싶으면 다시 불에 올려 끓입니다. 수분이 날아가면서 맛이 더 진해질 것입니다. 마지막으로 간을 맞추면 완성입니다.

**∗∗ 보관하기**

스톡이 차갑게 식으면 뚜껑을 덮어서 냉장하거나, 병에 옮겨 담아 냉동합니다. 냉장한 스톡은 3~4일에 한 번씩 다시 끓여야 상하지 않습니다.

다음은 신선한 재료로 끓이는 각종 정통 스톡의 레시피입니다. 물론 재료의 비율은 각자의 예산이나 냉장고에 저장해둔 뼈와 고기의 양에 따라 조절할 수 있습니다. 주재료는 조금씩 다르지만 앞서 소개한 기본 스톡과 똑같은 방법으로 만들면 됩니다.

## ⚜ 퐁 블랑 (*fonds blanc*)
송아지고기와 뼈로 만든 화이트 스톡

화이트 스톡은 특별히 훌륭한 소스 블루테나 수프를 만들고 싶을 때 씁니다. 익히지 않은 송아지고기와 뼈를 처음부터 스톡 냄비에 넣고 끓이면 회색의 몽글몽글한 불순물이 엄청나게 나오는데, 이를 완전히 제거하지 않으면 국물이 탁해집니다. 다음과 같이 고기를 한 번 데친 뒤 스톡을 끓이면 이 문제는 쉽게 해결됩니다.

**2~3L 분량**

| | |
|---|---|
| 지방이 적은 송아지 정강잇살<br>　　약 1.4kg<br>익히지 않은 송아지 뼈를 토막낸 것<br>　　약 1.8kg | 준비한 고기와 뼈를 냄비에 넣고, 재료가 잠길 만큼 찬물을 부어 불에 올립니다. 끓기 시작하면 5분 동안 약한 불에 끓이다가 불을 끕니다. 물을 버리고 고기와 뼈를 찬물로 씻어 불순물을 말끔히 제거합니다. 사용한 냄비도 깨끗이 씻습니다. |
| 기본 스톡 레시피(160쪽)에<br>　　들어가는 채소와 허브, 양념 | 뼈와 고기를 다시 냄비에 넣고 찬물을 재료가 잠길 만큼 부어 불에 올립니다. 약하게 끓기 시작하면 불을 줄이고, 떠오른 불순물을 걷어냅니다. 준비한 채소와 허브, 양념을 넣고 기본 레시피에서와 같이 4~5시간 이상 약한 불로 더 끓입니다. |

## ❖ 퐁 블랑 드 볼라유(*fonds blanc de volaille*)

가금류로 만든 화이트 스톡

수프와 소스에 쓰는 스톡입니다. 만드는 법과 재료는 앞서 소개한 퐁 블랑과 거의 똑같지만, 채소를 넣을 때 스튜용 암탉 1마리를 통째로 또는 몇몇 부위를 함께 넣는다는 점이 다릅니다. 닭은 부드럽게 익으면 꺼내도 되고, 스톡은 그대로 몇 시간 더 뭉근하게 끓여도 됩니다.

## ❖ 퐁 브룅(*fonds brun*)

브라운 스톡

브라운 스톡은 브라운소스나 콩소메를 만들 때 쓰고, 채소와 적색육을 브레이징할 때도 활용합니다. 스톡의 빛깔을 살리기 위해 고기와 뼈, 채소를 먼저 갈색으로 익힌 다음 물을 붓고 끓입니다. 기타 조리 과정은 기본 스톡을 만들 때와 동일한데, 재료를 갈색으로 구워서 끓이면 브라운 스톡이 됩니다.

### 3~4L 분량

| | |
|---|---|
| 얕은 로스팅팬<br>소고기 정강잇살 약 1.4kg<br>토막낸 소뼈와 송아지뼈 1.4~1.8kg<br>껍질을 긁어내서 4등분한 당근 2개<br>껍질을 벗겨서 2등분한 양파 1개 | 오븐을 약 230℃로 예열합니다. 고기와 뼈, 채소를 로스팅팬에 잘 올려 오븐의 중간 칸에 넣습니다. 균일하게 갈색으로 구워지도록 재료를 이따금씩 뒤집어가며 30~40분 굽습니다. |
| 약 8~10L 용량의 냄비 | 구운 재료를 오븐에서 꺼내 로스팅팬에서 기름을 따라냅니다. 구운 재료를 냄비에 옮깁니다. 로스팅팬에 물 1~2컵을 붓고 끓여서 바닥에 눌어붙은 갈색 육즙을 디글레이징한 다음 냄비에 그대로 붓습니다. |
| 소금 2ts<br>셀러리 줄기 2대<br>기본 스톡 레시피에 나오는 허브와<br>　양념(면포에 싸서 준비) | 기본 스톡을 끓일 때와 똑같이 재료가 잠기도록 찬물을 붓습니다. 약하게 끓기 시작하면 불순물을 걷어내고, 나머지 재료를 넣어 4~5시간 이상 약한 불에 푹 끓입니다. |

## ❖ 퐁 브륑 드 볼라유(*fonds brun de volaille*)
가금류로 만든 브라운 스톡

가금류를 넣고 끓인 기본적인 브라운 스톡 레시피는 305쪽에 나와 있습니다. 닭뼈와 각종 부속물을 갈색이 나게 구울 때는 팬을 사용해야 합니다. 오븐에 구우면 쉽게 타서 불쾌한 맛이 날 수 있기 때문입니다.


## ❖ 글라스 드 비앙드(*glace de viande*)
미트 글레이즈

지금까지 소개한 여러 스톡 중 하나를 시럽처럼 걸쭉해질 때까지 바짝 졸인 것으로, 차갑게 식으면 단단한 젤리처럼 굳습니다. 스톡 3L를 졸여서 만든 미트 글레이즈의 양은 1½컵 정도로, 그만큼 보관하기도 쉽습니다. 소스나 수프에 이 미트 글레이즈를 ½티스푼만 넣어도 무언가 부족하게 느껴졌던 맛이 확 살아납니다. 스톡 대신 글레이즈를 뜨거운 물에 녹여서 쓸 수도 있습니다. 이처럼 미트 글레이즈는 주방에 늘 두면 매우 유용하며, 시중에서 파는 미트 엑스트랙트(meat extract)나 큐브형 부용보다 맛도 더 뛰어납니다.

홈메이드 스톡 2~3L

스톡을 체에 거르고 기름기를 완전히 제거합니다. 소스팬에 옮긴 뒤 뚜껑을 연 채로 약 1L 정도가 될 때까지 천천히 졸입니다. 매우 촘촘한 체에 걸러 더 작은 소스팬으로 옮긴 다음, 다시 불에 올려서 스푼 표면에 살짝 코팅되는 시럽처럼 될 때까지 뭉근히 졸입니다. 이 단계에서는 스톡이 타기 쉬우므로 계속 불 앞에서 지켜봐야 합니다. 체에 밭쳐 유리병에 담습니다. 미트 글레이즈가 완전히 식어서 젤리처럼 변하면 뚜껑을 닫아 냉장 또는 냉동합니다.

미트 글레이즈는 냉장고에서 수주 동안 보관할 수 있습니다. 군데군데 곰팡이가 생겨도 괜찮습니다. 저장해둔 미트 글레이즈를 사용할 때는 필요한 양만큼 유리병에서 퍼내 따뜻한 물에 헹군 다음, 소스팬에 물을 약간 넣고 약한 불에서 다시 진득한 시럽 상태가 될 때까지 함께 뭉근히 끓입니다.

# 스톡 정제하기
## *Clarification du Bouillon*

진한 홈메이드 콩소메나 젤리형 수프 또는 아스픽을 만들 때는 반드시 스톡을 정제해야 맑고 아름답게 빛나는 요리를 완성할 수 있습니다. 달걀흰자를 차가운 스톡에 푼 다음 끓어오르기 직전의 상태로 15분 동안 가열하면 스톡이 맑게 정제되는데, 달걀흰자가 몽글몽글 익으면서 스톡 전체에 퍼져 지저분한 불순물을 자석처럼 끌어당기는 역할을 하기 때문입니다. 이렇게 모인 불순물은 서서히 떠올라 아래쪽에는 맑은 국물만 남게 됩니다.

스톡을 정제하는 과정은 몇 가지만 명심하면 매우 간단합니다. 우선 스톡에서 기름을 완벽히 제거해야 하고, 스톡에 닿는 기구 또한 기름기가 전혀 묻어 있지 않아야 합니다. 또한 정제할 때는 스톡을 조심스럽게 다루어야 달걀흰자가 흐트러지지 않고 불순물을 제대로 끌어모을 수 있습니다.

### 스톡 약 1L 분량

차가운 스톡 1.25L
소금, 후추
깨끗이 닦은 2.5L 용량의 소스팬

스톡의 기름기를 완전히 제거합니다. 이때 지방 성분이 조금이라도 남아 있으면 정제 과정에 방해가 되니 주의합니다. 맛을 보며 소금으로 간을 맞춥니다. 찬 음식은 간이 약해지므로 스톡을 차갑게 낼 예정이라면 간을 약간 세게 합니다.

깨끗이 닦은 약 2L 용량의 믹싱볼
거품기
달걀흰자 2개
선택: 기름기가 전혀 없는
   곱게 다진 소고기 ¼컵(약 60g)
리크의 초록 부분 또는
   골파 윗부분을 다진 것 ¼컵
다진 파슬리 2TS
타라곤 또는 처빌 ½TS

믹싱볼에 스톡 1컵과 달걀흰자를 넣고 고루 저어줍니다. 취향에 따라 기름기가 전혀 없는 곱게 다진 소고기를 넣어도 좋습니다. 나머지 스톡은 소스팬에 부어 끓입니다. 달걀흰자 혼합물을 계속 휘저으면서 뜨거운 스톡에 천천히 아주 조금씩 흘려넣습니다. 다 섞었다면 소스팬에 붓고 중간 불에 올려 다시 끓입니다. 스톡이 끓기 전에는 거품기로 천천히 계속 저어서 하얗게 익어가는 달걀흰자가 계속해서 국물 전체에 고루 퍼지게 합니다. 스톡이 약하게 끓기 시작하면 바로 휘젓기를 멈춥니다. 달걀흰자가 올라오면 소스팬을 불의 가장자리로 옮겨서 스톡의 한 쪽만 매우 약하게 끓입니다. 5분마다 소스팬을 90도씩 돌려가며 고루 가열합니다.

깨끗이 빨아서 물에 적신 면포 5장
아주 깨끗한 체
아주 깨끗한 약 3L 용량의 볼
아주 깨끗한 국자
마데이라 와인이나 포트와인 또는
   코냑 ⅓컵

체 안쪽에 면포를 겹겹이 깔고, 볼을 체 아래 받칩니다. 체는 안쪽으로 국물을 부었을 때 볼에 차오르는 국물의 표면이 체 밑바닥에 닿지 않을 만큼 커야 합니다. 달걀흰자가 흐트러지지 않게 최대한 조심하며 스톡과 달걀흰자를 국자로 떠서 면포 위로 붓습니다. 그러면 정제된 맑은 스톡만 볼에 담깁니다. 면포에 남은 달걀흰자는 5분쯤 그대로 두어 국물이 완전히 빠지게 합니다. 그 뒤 체를 치우고 정제된 스톡에 와인이나 코냑을 넣고 잘 섞습니다.

# 젤리형 스톡
*Gelée*

---

## 홈메이드 젤리형 스톡

우족이나 송아지 무릎도가니에는 천연 젤라틴이 다량 함유되어 있어서 그 자체만으로 젤리형 스톡을 만들 수 있으며, 여기에 돼지껍질을 넣으면 더 좋습니다. 이 재료들을 160~164쪽에 소개된 여러 스톡에 넣고 함께 끓이면 젤리형 스톡 약 3L를 얻을 수 있습니다. 재료는 다음과 같이 준비하면 됩니다.

| | |
|---|---|
| 우족 2개 | 우족은 보통 정육점에 주문하면 잘 손질된 상태로 살 수 있습니다. 우족을 찬물에 박박 문질러가며 깨끗이 씻습니다. 이어 8시간 동안 찬물에 담가 핏물을 빼는데, 중간에 몇 차례 물을 갈아줍니다. 큰 냄비에 우족을 넣고 잠길 만큼 찬물을 부어 5분 동안 끓인 다음 건져서 찬물에 깨끗이 헹굽니다. 이렇게 손질을 마친 우족은 스톡에 활용할 준비가 끝난 것으로, 채소와 함께 스톡에 넣고 끓이면 됩니다. |
| 또는 토막 낸 송아지 무릎도가니 약 450g | 냄비에 송아지 무릎도가니를 넣고, 잠길 만큼 찬물을 부어 5분 동안 끓인 다음 찬물로 깨끗이 씻습니다. 이렇게 손질을 마친 뒤 채소와 함께 스톡에 넣고 끓이면 됩니다. |
| 선택: 신선한 돼지껍질 (염장도 상관없음) 약 110g | 돼지껍질을 찬물에 박박 문질러 씻습니다. 냄비에 돼지껍질을 넣고 잠길 만큼 찬물을 부어 10분 동안 약한 불로 끓입니다. 그다음 건져서 찬물에 깨끗이 헹굽니다. 이렇게 손질을 마친 돼지껍질은 우족이나 송아지 무릎도가니, 채소와 함께 스톡에 넣고 끓이면 됩니다. |

### 시판 젤라틴 사용하기

일반 스톡, 정제 스톡, 통조림 부용과 콩소메에 무향 젤라틴을 다음과 같은 비율로 넣으면 아스픽(미트 젤리)으로 변형할 수 있습니다.

미국에서 많이 쓰는 분말형 젤라틴 1봉은 약 8g 또는 약간 부족한 1테이블스푼이고, 프랑스에서 주로 사용하는 판형 젤라틴 1장은 2g입니다. 따라서 판형 젤라틴 4장은 분말형 젤라틴 1봉과 같은 양입니다.

젤리형 수프: 액상 재료 3컵당 젤라틴 1봉

아스픽 또는 차가운 요리 장식용: 액상 재료 2컵당 젤라틴 1봉

틀 안쪽을 코팅하는 용도: 액상 재료 1½컵당 젤라틴 1봉

### 분말형 젤라틴 사용법

젤라틴 1봉을 차가운 스톡 ¼~½컵에 뿌려넣고 부드러워질 때까지 3~4분 그대로 둡니다. 여기에 나머지 스톡을 붓고 중간 불에서 저어가며 몇 분간 데웁니다. 젤라틴이 완전히 녹아서 덩어리가 하나도 보이지 않으면 불에서 내립니다.

### 판형 젤라틴 사용법

프랑스에서 구할 수 있는 젤라틴은 대부분 판형입니다. 판형 젤라틴을 찬물에 10분쯤 담가서 부드럽게 만듭니다. 물기를 뺀 다음 젤라틴을 스톡에 넣고 약한 불에서 끓이며 완전히 녹을 때까지 계속 젓습니다.

### 와인으로 맛을 더하기

젤리에 풍미를 더하기 위해 넣는 와인은 주로 포트와인이나 마데이라 와인, 코냑입니다. 사용량은 1컵당 와인 1~2테이블스푼이면 충분합니다. 와인이나 코냑은 먼저 젤라틴을 다 녹인 다음 뜨거운 스톡에 넣습니다. 액체를 추가하는 것이긴 하지만, 워낙 양이 적은 데다 알코올 성분은 대부분 날아가기 때문에 젤리의 점성에는 영향을 주지 않습니다.

## 젤리 테스트하기

젤리는 쓰기 전에 반드시 테스트를 거쳐야만 낭패를 보는 일이 없습니다. 작은 접시를 차갑게 식혀서 완성된 젤리를 약 1cm 두께로 붓고 냉장고에 10분가량 넣어서 굳힙니다. 젤리를 꺼내서 포크로 가른 다음 실온에 10분쯤 둡니다. 젤리형 수프는 형태가 부드럽게 유지되어야 하고, 아스픽은 갈라놓은 덩어리들이 허물어지지 않고 똑바로 서 있어야 합니다. 틀 안쪽을 코팅하는 용도라면 젤리는 더 탄탄해야 틀 안에 넣는 재료가 비어져 나오지 않게 감쌀 수 있습니다. 젤리가 너무 단단하면 젤라틴을 넣지 않은 스톡을 더 넣어서 다시 테스트하고, 반대로 젤리가 너무 무르면 젤라틴을 더 넣은 후 다시 테스트합니다.

# 피시 스톡
*Fumets de Poisson*

---

## 퓌메 드 푸아송 오 뱅 블랑(*fumet de poisson au vin blanc*)
화이트 와인을 넣은 피시 스톡

풍미가 좋은 맛있는 피시 스톡의 기본 레시피입니다. 이 스톡은 생선 블루테의 베이스로 사용합니다. 여기서 생선의 양을 줄이면 생선 수프를 만들거나 생선을 포칭하는 데 적합한 연한 맛의 스톡이 완성됩니다.

### 약 2컵 분량

약 6~8L 용량의 법랑
　　또는 스테인리스 재질의
　　소스팬이나 냄비
지방이 없는 신선한 생선살과
　　대가리, 뼈, 껍질 등의 서덜
　　(큰 넙치, 명태 또는 가자미류
　　질 좋은 냉동 생선, 신선하거나
　　먹다 남은 조개류 추천) 1kg
얇게 슬라이스한 양파 1개
파슬리 줄기 6~8대(잎은 스톡의
　　색깔을 어둡게 할 수 있으므로
　　모두 떼고 사용)
레몬즙 1ts
소금 ¼ts
드라이한 화이트 와인 1컵 또는
　　드라이한 화이트 베르무트 ⅔컵
모든 재료가 잠길 정도의 찬물
선택: 양송이버섯 기둥 ¼컵

모든 재료를 소스팬에 넣고 약한 불에서 가열합니다. 끓기 시작하면 거품 같은 불순물을 계속 걷어내며 뚜껑을 연 채 30분 동안 약하게 끓입니다. 촘촘한 체에 거른 뒤 간을 맞춥니다. 완성된 피시 스톡은 냉장 또는 냉동 보관할 수 있는데, 냉장할 경우에는 이틀에 한 번씩 끓여야 상하지 않습니다.

## ❖ 비상용 피시 스톡 — 대합 주스

병에 든 시판 대합 주스를 쓰면 신선한 피시 스톡을 훌륭하게 대체할 수 있습니다. 단, 대합 주스는 염도가 높으므로 졸이면 더욱 짜진다는 점을 명심해야 합니다.

**스톡 약 2컵 분량**

약 6L 용량의 법랑 또는
　스테인리스 재질의 소스팬
시판 대합 주스 1½컵
물 1컵
드라이한 화이트 와인 1컵 또는
　드라이한 화이트 베르무트 ⅔컵
얇게 슬라이스한 양파 1개
파슬리 줄기 6대
선택: 양송이버섯 기둥 ¼컵

모든 재료를 소스팬에 넣고 국물의 양이 약 2컵으로 줄어들 때까지 30분 동안 뭉근히 끓입니다. 체에 거른 뒤 간을 맞춥니다. 스톡의 맛이 너무 짜면 희석해서 사용합니다.

제3장

# 달걀

*Œufs*

달걀을 전형적인 아침식사로 먹는 대신 따뜻한 앙트레나 오찬, 저녁식사에 활용한다면 매우 다양한 요리를 만들 수 있습니다. 달걀로 만든 소스나 가니시만 해도 여러분의 요리 경력을 모두 끌어내어 써먹어야 할 만큼 다양합니다. 이번 장에서는 포치드 에그, 셔드 에그(shirred egg), 베이크트 에그, 스크램블드에그, 오믈렛을 집중적으로 다루며 각각의 기본 레시피와 다양한 변형 레시피를 소개하겠습니다.

와인과 달걀은 썩 어울리는 조합이 아닙니다. 그러나 보통 사람들은 와인을 앙트레와 함께 내고 싶어한다는 점을 생각한다면, 이때 선택할 수 있는 가장 좋은 와인은 그라브, 샤블리, 푸이퓌이세 같은 묵직하면서도 매우 드라이한 화이트 와인이나 로제 와인입니다.

## 외프 포셰(*œufs pochés*)✣

포치드 에그

외프 포셰는 약하게 끓는 물에 날달걀을 깨뜨려 넣고 달걀흰자는 굳고 달걀노른자는 액체 상태가 되도록 4분 정도 익힌 요리입니다. 완벽한 외프 포셰는 깔끔한 타원형이며 달걀흰자가 달걀노른자를 완전히 감싸고 있어야 합니다. 외프 포셰를 만들 때는 반드시 매우 신선한 달걀을 사용해야 합니다. 즉 깨뜨렸을 때 달걀노른자가 볼록하게 서 있고, 달걀흰자는 단단히 응집된 상태로 달걀노른자에 붙어 있으며, 달걀흰자의 주된 덩어리에서 극소량의 수분만이 떨어져나가는 상태여야 합니다. 달걀흰자가 힘없이 풀어지고 물기가 지나치게 많은 오래된 달걀로는 외프 포셰를 만들기 힘듭니다. 주르르 흐르는 달걀흰자가 끓는 물에서 몽글몽글 퍼져버리면서 달걀노른자를 감싸주지 못하기 때문입니다. 달걀이 원하는 만큼 신선하지 않다면 먼저 껍데기째 약하게 끓는 물에 8~10초쯤 담갔다가 꺼냅니다. 이렇게 하면 달걀흰자가 약간 단단해져서 물속에 깨뜨려 넣었을 때 달걀노른자를 감싼 채로 형태를 유지할 수 있습니다. 가장 좋은 해결책은 주방기구 전문점에서 파는 전용 국자를 쓰는 것입니다. 먼저 달걀을 껍데기째 10초간 끓는 물에 삶은 다음, 약하게 끓는 물에 전용 국자를 담그고, 필요하면 식초를 물에 조금 넣고, 그 안에 달걀을 깨뜨려 넣으면 됩니다. 이후 약 4분이 지나면 완벽한 외프 포셰가 만들어집니다. 또 다른 방법은 달걀을 껍데기째 6분 동안 삶아서 외프 몰레를 만드는 것입니다. 껍데기를 벗긴 외프 몰레는 어떤 레시피에서든 외프 포셰를 대신할 수 있습니다.

## 외프 포셰 만들기

달걀을 끓는 물에 넣을 때는 다음 설명처럼 직접 물에 깨뜨려 넣는 방법이 있고, 먼저 작은 접시에 깨뜨려 담은 다음, 끓는 물 위에서 기울여 그 안으로 달걀을 미끄러뜨리듯 넣는 방법도 있습니다.

| | |
|---|---|
| 소스팬 또는 스킬릿 1개<br>　(지름 20~25cm, 깊이 6~7cm)<br>식초(달걀의 모양을 잡는 데<br>　도움이 됨) | 소스팬이나 스킬릿에 물을 약 5cm 깊이로 붓고, 식초를 적정량(물 1L 당 1테이블스푼) 섞습니다. 팬을 가열해 끓기 시작하면 불을 약하게 줄입니다. |
| 신선한 달걀 4개<br>나무 스패출러 또는 스푼<br>구멍 뚫린 국자 또는 스푼 | 달걀 1개를 톡톡 쳐서 깨뜨린 다음 끓는 물 위에 최대한 가까이 댄 채 껍데기를 갈라 내용물을 물속에 빠뜨립니다. 재빨리 나무 스푼으로 2~3초 동안 달걀흰자를 안쪽으로 살살 밀어 달걀노른자를 감싸게 합니다. 물이 계속 매우 약하게 끓도록 불을 조절하면서, 나머지 달걀도 같은 방식으로 합니다. |
| 찬물이 담긴 볼 | 4분이 지나면, 구멍 뚫린 스푼으로 첫번째 달걀을 건져서 손가락으로 가볍게 눌러 익은 정도를 확인합니다. 달걀흰자는 단단히 익되 달걀노른자는 아직 부드러운 것이 느껴지면 곧장 달걀을 찬물에 담가 식초 성분을 씻어내고, 달걀이 계속 익는 것을 막습니다. 나머지 달걀도 시간이 지나면 끓는 물에서 건집니다. 외프 포셰를 더 만들려면 같은 물을 쓰면 됩니다.<br>[*] 완성한 외프 포셰는 찬물에 몇 시간 동안 담가두거나 건져서 냉장 보관해도 좋습니다. |

뜨거운 소금물(물 1L당 소금 1½ts)
깨끗한 마른 행주

외프 포셰를 내려면 먼저 칼로 흰자 주변의 지저분한 부분을 다듬은 다음, 뜨거운 소금물에 30초쯤 담가서 안쪽까지 따뜻하게 데웁니다. 이어 구멍 뚫린 스푼으로 하나씩 건져내어, 스푼 밑에 마른 행주를 접어서 받친 채 달걀을 살살 굴려서 물기를 빼면 낼 준비가 끝납니다.

☞ **외프 포셰의 대체품**

## 외프 몰레(*œufs mollets*)
### 6분 동안 삶은 달걀

달걀흰자는 익고 달걀노른자는 부드러운 반고체 상태인 반숙 달걀입니다. 껍데기를 벗긴 외프 몰레는 외프 포셰 대신 활용할 수 있습니다.

끓는 물 약 2L
껍데기에 금이 가지 않은 달걀 6개

달걀을 끓는 물에 살살 넣고 다음 시간표대로 천천히 삶습니다. 냉장고에서 막 꺼낸 차가운 달걀이라면 삶는 시간을 1분 더 추가합니다.

| | |
|---|---|
| 대란(large egg, 최소 57g) | 6분 |
| 특란(extra large egg, 최소 64g) | 6분 30초 |
| 왕특란(jumbo egg, 최소 71g) | 7분 |

삶기가 끝나면 곧장 끓는 물을 따라서 버리고 찬물을 냄비에 부어 1분쯤 그대로 둡니다. 이렇게 하면 달걀흰자의 형태가 고정되어서 껍데기를 쉽게 벗길 수 있습니다. 달걀을 딱딱한 표면에 살짝 부딪쳐서 껍데기를 깨뜨린 다음 흐르는 물에 대고 조심스럽게 껍데기를 벗깁니다.

완성된 외프 몰레를 차갑게 낼 계획이라면 냉장고에 넣어둡니다. 따뜻하게 내려면 뜨거운 물에 1분 동안 담가서 데웁니다.

# 외프 쉬르 카나페(œufs sur canapés)
# 외프 앙 크루스타드(œufs en croustades)‡

카나페, 아티초크 밑동, 버섯, 타르트 등에 얹은 포치드 에그

외프 포셰에 각종 소스와 다진 재료, 상상력을 더하면 따뜻한 앙트레 또는 오찬 메뉴로 무한한 변신을 할 수 있습니다. 그중 몇 가지를 소개합니다.


## ❖ 외프 아 라 퐁뒤 드 프로마주(œufs à la fondue de fromage)

치즈 퐁뒤 소스를 얹은 포치드 에그 카나페

진한 치즈와 와인의 풍미에 약간의 마늘 향까지 느껴지는 크리미한 소스로, 달걀과 특히 잘 어울립니다. 106쪽에서 소개한 소스 모르네로 대체해도 좋습니다.

### 6인분(1½컵 분량)

| | |
|---|---|
| 1L 용량의 소스팬<br>다진 설롯 또는 골파 1TS<br>버터 1TS<br>으깬 마늘 1쪽 | 팬에 버터를 두르고 다진 설롯 또는 골파를 1~2분 색깔이 나지 않게 볶습니다. 마늘을 더해서 30초 더 볶습니다. |
| 드라이한 화이트 와인 1½컵 또는<br>　드라이한 화이트 베르무트 ¾컵<br>스톡 또는 통조림 비프 부용 ¼컵 | 볶은 채소에 와인과 스톡을 붓고 센 불로 끓여서 국물의 양이 3~4테이블스푼 정도 남을 때까지 졸입니다. |
| 옥수수 전분 1½TS<br>휘핑크림 1¼컵<br>작은 믹싱볼 | 크림 2테이블스푼에 옥수수 전분을 섞은 다음, 남은 크림의 절반을 넣고 고루 섞습니다. 이 혼합물을 앞의 채소와 와인에 붓고 계속 휘저으며 약한 불에서 2분 동안 끓입니다. 남은 크림은 1테이블스푼씩 더하며 소스의 농도를 조절합니다. 소스가 스푼 표면에 두껍게 코팅될 정도가 적절합니다. |
| 강판에 간 스위스 치즈 ½~⅔컵<br>소금, 후추<br>육두구 1자밤 | 치즈를 넣고 약한 불에서 계속 저으며 끓입니다. 치즈가 완전히 녹아서 소스의 질감이 매끈하고 크리미해지면 완성입니다. 필요하다면 크림을 몇 스푼 더 넣어줍니다. 간을 맞춘 뒤 불에서 내렸다가 필요할 때 다시 데웁니다. |

| | |
|---|---|
| 외프 포셰 또는 외프 몰레 6개<br>카나페(263쪽) 6개 | 외프 포셰와 카나페를 준비합니다. |
| 강판에 간 스위스 치즈 3TS<br>녹인 버터 1TS<br>얇은 오븐용 팬 또는 내열 접시 | 식탁에 내기 직전, 브로일러를 매우 뜨겁게 예열합니다. 물기를 제거한 차가운 외프 포셰를 카나페 위에 하나씩 올리고 스푼으로 소스를 끼얹은 다음, 치즈를 뿌리고 버터를 끼얹습니다. 이것을 브로일러에 넣고, 달걀이 따뜻해지고 소스의 색깔이 노릇해질 때까지 1분쯤 굽습니다. 이때 달걀이 지나치게 익지 않도록 주의합니다. 완성된 요리는 접시에 옮겨 담거나 내열 접시째로 냅니다. |

☞ **변형 레시피**

치즈 퐁뒤 소스 약간에 데쳐서 썬 시금치나 다져서 소테한 햄을 1~2스푼 섞어서 카나페에 두툼하게 발라 그 위에 달걀을 얹어도 좋습니다. 빵 대신 타르트 셸이나 기둥을 떼고 살짝 구운 양송이버섯, 익힌 아티초크 밑동을 이용해도 좋습니다.

## ❖ 외프 앙 크루스타드 아 라 베아르네즈(*œufs en croustades à la béarnaise*)
양송이버섯과 소스 베아르네즈를 곁들인 포치드 에그

**8인분**

| | |
|---|---|
| 곱게 다진 양송이버섯 약 450g<br>버터 3TS<br>다진 셜롯 또는 골파 3TS<br>법랑 스킬릿 | 양송이버섯을 1움큼씩 마른 행주에 싸서 물기를 꽉 비틀어 짭니다. 뜨겁게 달군 스킬릿에 버터를 녹인 뒤 버섯과 셜롯 또는 골파를 넣고, 뭉친 부분이 없게 흩트리며 7~8분 소테합니다. |
| 밀가루 1½TS | 소테한 채소에 밀가루를 고루 뿌리고, 중간 불에서 3분 동안 더 볶습니다. |
| 마데이라 와인 또는 포트와인 ¼컵<br>휘핑크림 ½컵<br>소금 ½ts<br>후추 1자밤 | 와인을 붓고 고루 저으며 1분 동안 끓인 뒤 크림의 ⅔를 넣고 계속 젓습니다. 소금, 후추를 넣고 2~3분 약한 불에서 끓입니다. 이 버섯 혼합물이 너무 되직해지면, 남은 크림을 1테이블스푼씩 더하며 농도를 조절합니다. 간을 맞추고 불에서 내립니다. |

타르틀레트 8개(지름 5~6cm에 깊이 약 4cm, 264쪽)

외프 포셰 또는 외프 몰레 8개

소스 베아르네즈 또는 소스 쇼롱 (132~133쪽) 2~2½컵

내기 직전, 버섯과 타르트 셸, 달걀을 따뜻하게 데웁니다. 타르트 셸 안에 버섯 혼합물을 2~3테이블스푼씩 채우고, 그 위에 달걀을 올린 다음 소스를 끼얹습니다. 커다란 접시에 한꺼번에 담아내거나 개인용 접시에 담아 바로 냅니다.

☞ **변형 레시피**

양송이버섯 대신 크림소스에 조린 조개류를 넣고(267쪽 퐁뒤 드 크뤼스타세 참고), 달걀에 소스 올랑데즈를 끼얹어도 좋습니다. 그 밖에 타르트 셸 대신 브로일링한 양송이버섯 갓이나 토마토, 익힌 아티초크 밑동을 써도 좋습니다.

## ❖ 외프 아 라 부르기뇬(*œufs à la Bourguignonne*)

레드 와인에 익힌 포치드 에그

가벼운 저녁식사나 겨울철 오찬에 잘 어울리는 메뉴로, 특히 소테한 닭 간이나 브레이징한 양파, 소테하거나 브로일링한 양송이버섯을 곁들이면 더욱 근사한 요리가 됩니다. 가벼운 부르고뉴 레드 와인이나 보졸레 와인과 훌륭한 조합을 이룹니다. 전통적인 방식은 외프 포셰를 포칭할 때 와인을 쓰는 것이지만, 원한다면 맹물에 익히는 일반적인 방식을 택해도 괜찮습니다.

**8인분**

브라운 스톡 또는 통조림 비프 부용 2컵

숙성 기간이 짧은 좋은 레드 와인 2컵

지름 약 20cm 소스팬

신선한 달걀 8개

스톡과 와인을 섞어 가열하다가 약하게 끓기 시작하면 달걀을 넣고 외프 포셰를 만듭니다. 달걀을 건져서 내열 용기에 담은 뒤, 만들 때 쓴 와인 혼합물을 용기의 약 2mm 깊이로 부어 한쪽에 둡니다. 식탁에 내기 약 5분 전, 약하게 끓는 물에 용기째 중탕하여 외프 포셰를 따뜻하게 데웁니다.

월계수 잎 ½장과 파슬리 줄기 2~3대를 실로 묶은 것

타임 ¼ts

으깬 마늘 1쪽

다진 셜롯 또는 골파 1TS

카옌페퍼 가루 1자밤

후추 1자밤

외프 포셰를 만들 때 쓴 와인 혼합물에 허브, 마늘, 셜롯 또는 골파, 기타 양념을 모두 넣고 센 불로 바짝 졸입니다. 와인 혼합물의 양이 2컵으로 줄어들면 불에서 내리고, 파슬리와 월계수 잎을 빼냅니다.

| | |
|---|---|
| 말랑한 버터 1½TS<br>밀가루 2TS<br>선택: 레드커런트 젤리 1TS | 매끈한 페이스트 상태의 뵈르 마니에를 만듭니다. 이것을 앞의 와인 혼합물에 넣고 거품기로 잘 섞은 뒤 30초 동안 끓입니다. 레드커런트 젤리를 넣으면 빛깔과 맛이 더 좋아집니다. 마지막으로 간을 맞춥니다.<br>[*] 당장 쓰지 않을 경우, 다음 단계에서 넣을 버터 일부를 조각내어 위에 점점이 올리고 뚜껑을 덮지 않은 채 한쪽에 둡니다. |
| 말랑한 버터 1~2TS | 식탁에 내기 직전, 소스를 약한 불로 가볍게 끓여 다시 데웁니다. 불을 끄고 버터를 넣고 섞습니다. |
| 카나페 8개(263쪽)<br>  (선택: 마늘 1쪽을 2등분한 뒤<br>  단면으로 문질러서 마늘향을<br>  더해도 좋음)<br>다진 파슬리 2~3TS | 카나페 위에 뜨거운 달걀을 1개씩 올려서 큰 접시나 개인용 접시에 담습니다. 준비한 고명이 있다면 카나페 주위에 놓아 장식하고, 스푼으로 뜨거운 소스를 끼얹습니다. 파슬리로 장식해서 바로 냅니다. |

## ❖ 외프 앙 줄레(*œufs en gelée*)

아스픽으로 감싼 포치드 에그

이 레시피는 645쪽에서 소개하겠습니다.

---

## 외프 쉬르 르 플라(*œufs sur le plat*)
## 외프 미루아르(*œufs miroir*)[‡]

### 셔드 에그

외프 쉬르 르 플라 또는 외프 미루아르는 작고 납작한 그릇에 버터를 바르고 그 안에 달걀을 깨뜨려서 넣은 다음 브로일러 아래에서 단시간에 구워낸 요리입니다. 완성되면 달걀흰자는 형태가 잡힐 만큼 부드럽게 익고, 달걀노른자는 액체 상태로 투명하고 윤기 있는 얇은 막에 덮여 있습니다. 오븐에 구우면 식감이 뻣뻣해지므로 절대 권장하지 않습니다.

**1인분**

브로일러를 매우 뜨겁게 예열해둡니다.

지름 약 10cm의 얇은 직화 내열
  그릇
버터 ½TS
달걀 1~2개

그릇을 중간 불에 올리고 버터를 넣습니다. 버터가 녹으면 곧장 달걀을 깨뜨려서 넣고, 그릇 바닥에 달걀흰자가 얇게 굳을 때까지 30초쯤 익힌 뒤 불에서 내립니다. 그릇을 기울여서 녹은 버터를 달걀에 끼얹고 한쪽에 둡니다.

소금, 후추

식탁에 내기 1~2분 전, 달걀 그릇을 뜨거운 브로일러 아래 약 2.5cm 떨어진 곳에 놓습니다. 몇 초마다 그릇을 안쪽으로 밀어넣었다가 빼기를 반복하면서 녹은 버터를 달걀에 끼얹습니다. 1분쯤 지나 달걀흰자가 어느 정도 익어 형태가 잡히고 달걀노른자가 윤기 있는 얇은 막으로 덮이면 브로일러에서 그릇을 완전히 뺍니다. 소금, 후추를 뿌리고 곧바로 냅니다.

☞ **변형 레시피**

앞서 소개한 기본 레시피를 응용해 다양하게 변형된 외프 쉬르 르 플라를 만들 수 있습니다.

❖ **오 뵈르 누아르(*au beurre noir*)**
  브라운 버터 소스를 끼얹은 것

일반 버터 대신 149쪽 브라운 버터 소스를 사용합니다.

❖ **오 핀 제르브(*aux fine herbes*)**
  허브 버터를 끼얹은 것

일반 버터 대신 154쪽 허브 버터나 타라곤 버터를 사용합니다.

### ❖ 아 라 크렘(*à la crème*)
크림을 얹은 것

기본 레시피에서 버터의 양을 절반만 사용합니다. 그릇 바닥에 깔린 흰자가 살짝 익었을 때 휘핑크림 2테이블스푼을 달걀 위에 붓고, 그릇째 브로일러 아래에 넣습니다. 녹은 버터와 크림을 달걀에 끼얹을 필요는 없습니다.

### ❖ 그라티네(*gratinés*)
치즈를 뿌려 그라탱을 한 것

만드는 법은 아 라 크렘과 같지만, 마지막에 강판에 간 치즈 1티스푼을 위에 뿌리고 작게 조각낸 버터를 올립니다.

### ❖ 피페라드(*pipérade*)
토마토, 양파, 피망을 곁들인 것

양파, 청피망, 토마토를 볶아서 피페라드(193쪽)를 만듭니다. 그다음 기본 레시피대로 조리한 뒤, 브로일러 아래에 넣기 전에 피페라드를 스푼으로 떠서 달걀 주위에 올립니다.

### ☞ 변형 레시피
식탁에 올리기 직전, 소테한 버섯, 콩팥, 닭 간, 소시지, 아스파라거스, 브로일링한 토마토, 소스 토마토 등 원하는 토핑을 달걀 주위에 올립니다.

---

## 외프 앙 코코트(*œufs en cocotte*)‡
래머킨에 구운 달걀

도자기나 내열유리 재질의 1인용 래머킨에 달걀 1~2개를 구워낸 요리입니다. 래머킨을 뜨거운 오븐에 직접 넣으면 달걀의 안쪽이 익기도 전에 겉만 뻣뻣해지므로, 반드시 끓는 물에 중탕해야 합니다.

**1인분**

오븐을 약 190℃로 예열해둡니다.

버터 ½ts
래머킨(지름 6~8cm, 깊이 약 3cm)
  1개
휘핑크림 2TS
끓는 물이 약 2cm 높이로 담긴
  중탕용 팬
달걀 1~2개

래머킨 안쪽에 버터를 바릅니다. 이때 나중에 쓸 버터를 약간 남깁니다. 휘핑크림 1테이블스푼을 넣고, 중간 불에서 약하게 끓는 물에 래머킨을 담급니다. 크림이 뜨거워지면 달걀 1~2개를 래머킨에 깨뜨려서 넣습니다. 남은 크림을 달걀 위에 붓고 앞서 남겨둔 버터를 올립니다.

예열된 오븐 가운데 칸에 래머킨을 넣어 7~10분간 익힙니다. 래머킨을 움직였을 때 달걀 표면이 살짝 흔들릴 정도면 다 익은 것입니다. 오븐에서 꺼낸 뒤에도 잔열이 달걀을 좀더 익히므로, 절대 지나치게 익혀서는 안 됩니다.

소금, 후추

소금, 후추로 간을 하고 곧바로 냅니다.
[*] 오븐에서 꺼낸 래머킨은 식탁에 내기 전 뜨거운 물에 10~15분 담가두어도 좋습니다. 이 경우 달걀이 지나치게 익는 것을 막으려면 약간 덜 익었을 때 오븐에서 꺼내야 합니다.

## ❖ 외프 앙 코코트 오 핀 제르브(*œufs en cocotte aux fines herbes*)
허브를 넣어 래머킨에 구운 달걀

앞의 기본 레시피에서 크림에 파슬리, 차이브, 처빌을 섞은 것 또는 타라곤 다진 것을 ½티스푼 섞습니다.

### ☞ 소스
휘핑크림 대신 117~122쪽에서 소개한 다양한 브라운소스, 특히 허브, 버섯, 토마토를 넣은 브라운소스 중 하나를 선택해 사용합니다. 106~111쪽 화이트소스 중에서는 양파를 넣은 소스 수비즈나 소스 오 카리가 특히 잘 어울립니다. 123~125쪽 토마토소스 역시 휘핑크림을 대신할 수 있습니다.

☞ **변형 레시피**

다음 재료를 익혀서 크림이나 소스와 함께 래머킨 바닥에 1~2테이블스푼을 깔고 조리해도 좋습니다.

다진 양송이버섯, 아스파라거스, 시금치, 아티초크 하트

깍둑썰기한 바닷가재살, 새우살, 게살

깍둑썰기한 트러플 또는 푸아그라 슬라이스 1조각

---

## 외프 브루예(*œufs brouillés*)‡

### 스크램블드에그

프랑스식 스크램블드에그인 외프 브루예는 포크로 떠서 입으로 가져가는 동안 모양이 겨우 유지될 만큼 부드럽고 크리미합니다. 약한 불에서 달걀을 저으며 천천히 익혀서 전체적으로 커스터드 덩어리처럼 만드는 것이 포인트입니다. 달걀 1개당 ½티스푼 정도의 액체를 소금과 섞어서 간을 맞추면 달걀흰자와 달걀노른자가 고루 섞이는 데 도움이 됩니다. 액체를 더 많이 쓰거나 익으면서 수분이 생기는 재료를 더할 경우, 달걀이 너무 질어져서 모양을 제대로 잡기가 힘듭니다.

**4~5인분**

포크 또는 거품기
달걀 8개 또는 달걀 7개와
　달걀노른자 2개
믹싱볼
소금, 후추
물 또는 우유 4ts

믹싱볼에 달걀과 소금, 후추, 물(또는 우유)을 넣고 달걀흰자와 달걀노른자가 섞일 때까지 20~30초 고루 휘젓습니다.

말랑한 버터 2TS
지름 18~20cm의 묵직한 소스팬
    또는 스킬릿(코팅된 제품 추천,
    달걀물이 2~2.5cm 높이까지
    올라오게 되므로 팬의 깊이는
    그 이상이어야 함)

팬 안쪽 바닥과 벽면에 버터를 바릅니다. 달걀물을 붓고 적당히 약한 불에 올립니다. 팬의 바닥까지 닿도록 내용물을 계속 천천히 휘젓습니다. 처음 2~3분은 아무 변화가 보이지 않고, 달걀의 온도만 서서히 올라갈 것입니다. 달걀물이 갑자기 커스터드처럼 되직해지기 시작하면, 팬을 불에서 내렸다가 다시 올리기를 반복하면서 빠른 속도로 계속 휘젓습니다. 달걀이 거의 원하는 만큼 익었다 싶을 때 팬을 불에서 내립니다. 이후에도 달걀은 잔열에 더 익습니다.

말랑한 버터 또는 휘핑크림
    1½ ~2TS
버터를 바른 따뜻한 접시
파슬리 줄기 약간

달걀이 적당히 익으면 곧장 버터나 크림을 넣고 섞습니다. 이렇게 하면 달걀이 더 이상 익지 않습니다. 취향에 따라 소금, 후추로 간을 맞추고 접시에 담은 뒤 파슬리로 장식해서 냅니다.

[*] 완성된 외프 브루예는 바로 식탁에 올리지 않을 경우 접시에 옮겨 담는 대신 소스팬째 미지근한 물에 담가두면 됩니다. 그러나 가능하면 빨리 내는 것이 좋습니다.

### ❖ 오 핀 제르브(*aux fines herbes*)
    허브를 넣은 것

파슬리, 처빌, 차이브, 타라곤 등 신선한 허브를 곱게 다져서 처음 달걀을 풀 때 넣습니다. 이후 식탁에 내기 직전 다진 허브를 위에 더 뿌립니다.

### ❖ 오 프로마주(*au fromage*)
    치즈를 넣은 것

조리 마지막 단계에서 버터를 넣을 때 강판에 간 스위스 치즈 4~6테이블스푼을 함께 넣고 고루 섞습니다.

### ❖ 오 트뤼프(*aux truffes*)
    트러플을 넣은 것

처음 달걀을 풀 때 깍둑썰기한 트러플 1~2조각을 넣습니다. 이후 식탁에 내기 직전 완성된 외프 브루예 위에 잘게 썬 트러플을 약간 뿌립니다.

## ☞ 가니시

외프 브루예는 햄, 베이컨, 소시지 외에도 브로일링하거나 소테한 양송이버섯, 콩팥, 닭 간,
소테한 가지나 주키니, 브로일링한 토마토, 토마토소스, 피페라드(193쪽), 깍둑썰기해 소테
한 감자, 버터에 버무린 완두콩, 아스파라거스, 아티초크 하트를 곁들일 수 있습니다.

# 오믈렛
*Omelettes*

잘 만든 프랑스식 오믈렛은 살짝 부풀어오른 매끈한 황금빛 타원형을 띠며, 안쪽은 부드럽
고 크리미합니다. 30초면 뚝딱 만들 수 있기 때문에 간단한 식사로 더할 나위 없이 훌륭한
메뉴입니다. 오믈렛은 제대로 만들려면 상당히 까다로운 조리 기술이 필요해서 전문가에게
배우는 것이 가장 좋습니다. 하지만, 지금껏 한 번도 오믈렛을 만들어본 적 없는 초보자라
면 이 책에 설명된 2가지 기술 중 하나만 익혀도 제법 그럴듯한 오믈렛을 완성해낼 수 있을
것입니다. 레시피를 보고 오믈렛을 만들 때 어려운 점은, 조리를 시작하기 전 모든 과정을
읽고 외워서 머릿속에 그려본 다음 직접 실행에 옮겨야 한다는 것입니다. 일단 프라이팬에
달걀물을 붓고 나면 모든 과정을 신속하게 처리해야 하므로, 중간에 멈추거나 책을 들여다
보고 다음 단계를 확인할 시간이 없습니다. 따라서 오믈렛을 잘 만들기 위해서는 연습만이
해결책입니다. 며칠 동안 기회가 있을 때마다 많은 사람을 위해 오믈렛을 만들고 또 만들어
보세요. 망친 오믈렛은 기꺼이 버릴 준비가 되어 있어야 합니다. 이렇게 하다보면 머지않아
기술이 향상되어 여러분의 취향에 맞춘 오믈렛을 만들 수 있게 됩니다.

    이 책에서는 신속하고 전문적인 오믈렛 조리 기법 2가지를 소개하겠습니다. 첫번째는
매우 간단하고, 두번째는 좀더 세밀한 손 기술을 요구합니다.

## ✽✽ 오믈렛용 팬

오믈렛을 만들 때는 달걀이 팬 안에서 이리저리 쉽게 미끄러질 수 있어야 하기 때문에, 음
식이 눌어붙기 쉬운 팬을 써서는 안 됩니다. 이 책의 초판본이 출간된 뒤로는 안쪽이 코팅
된 묵직한 알루미늄 재질의 오믈렛 전용 팬을 어디서나 쉽게 구할 수 있게 되어, 이를 감사
하는 마음으로 쓰고 있답니다. 오믈렛을 잘 만들기로 유명한 디오니 루커스는 특별히 주문
제작한 약 2cm 두께의 주물 알루미늄 팬을 고집하는 반면, 또 다른 오믈렛의 여왕인 마담
로멘 드 리옹(*Madame Romaine de Lyon*)과 여러 프랑스 요리사들은 이 책의 그림에 나오는
것과 같은 3mm 두께의 일반 무쇠팬을 추천합니다. 그러나 여러분이 어떤 팬을 사든, 손잡
이가 길고, 벽면이 곧게 기울어진 약 5cm 깊이의 제품을 선택해야 합니다. 바닥 지름은 약
18cm여야 하는데, 달걀 2~3개로 오믈렛을 만들기에 적당한 크기입니다.

    이 책의 그림에서 소개된 프랑스식 무쇠팬을 쓸 경우, 먼저 철수세미와 연마제로 팬을
박박 문질러 닦고 물에 깨끗이 헹구어 말린 다음 불에 올려 1~2분쯤 달구세요. 팬 바닥이
손을 대기 힘들 정도로 뜨거워지면 식용유를 묻힌 키친타월로 고루 문지르고, 하룻밤 동안
그대로 둡니다. 처음 오믈렛을 만들기 전에는 먼저 팬에 소금 1티스푼을 뿌리고 다시 불에

달군 뒤 키친타월로 바닥을 박박 문지릅니다. 이후 팬을 깨끗하게 문질러 닦으면 비로소 준비가 끝납니다. 팬을 오믈렛 전용으로 쓸 예정이라면(현명한 결정입니다), 오믈렛을 만든 뒤 특별히 세척할 필요 없이 그저 키친타월로 바닥만 깨끗이 닦아주면 됩니다. 그렇지 않을 경우에는 팬을 물로 씻어 잘 말린 뒤 불에 달구었다가 가볍게 기름칠을 해서 보관해야 합니다. 보관 중이던 무쇠팬이 다시 끈적거리면 소금을 뿌려 키친타월로 문지릅니다. 어떤 팬이나 마찬가지지만 특히 무쇠팬은 내용물이 없는 채로 불 위에 놓아두면 안 됩니다. 이렇게 하면 내부 구조에 문제가 생겨서 이후 계속 음식물이 눌어붙게 됩니다.

**\*\* 달걀물 준비하기**

오믈렛 하나를 만들 때는 달걀을 최대 8개까지 쓸 수 있습니다. 그러나 보통 달걀 2~3개로 만드는 1인분의 오믈렛이 식감도 가장 부드럽고, 연습하기에도 좋은 크기입니다. 만드는 데도 30초가 채 안 걸리기 때문에 짧은 시간 안에 여러 개를 만들 수 있습니다. 여러분이 굉장한 요리 전문가이며 식당 주방에서 쓰는 것과 비슷한 크기의 가스레인지를 갖추고 있지 않은 이상, 이보다 더 크게 오믈렛을 만드는 것은 권장하지 않습니다. 하지만 굳이 만들고 싶다면, 반드시 알맞은 크기의 팬을 준비해야 합니다. 또 오믈렛은 단시간에 조리해야 하므로 달걀물을 팬에 부었을 때 높이가 약 6mm를 넘으면 안 됩니다. 바닥 지름이 약 18cm인 팬은 달걀 2~3개 분량의 오믈렛을 만들기에 적당합니다. 달걀 8개로 커다란 오믈렛을 만들려면 지름 25~28cm인 팬이 필요합니다.

　팬에 버터를 녹이기 직전, 달걀을 믹싱볼에 깨뜨려 넣고 소금과 후추를 더합니다. 그다음 달걀 흰자와 노른자가 완전히 섞일 때까지만 커다란 테이블포크로 휘젓습니다. 보통 30~40회 저으면 충분합니다. 달걀 2~3개를 쓴 오믈렛을 여러 개 만들 경우, 커다란 믹싱볼에 필요한 달걀과 양념을 한꺼번에 모두 넣고 섞은 다음 국자나 계량스푼을 준비합니다. 미국 기준으로 대란(최소 57g) 2개를 풀면 약 6테이블스푼, 3개는 약 9테이블스푼이 나옵니다. 오믈렛을 만들 준비가 끝나면, 달걀물을 4~5번 세게 휘저은 뒤 계량스푼 등으로 적정량을 떠냅니다.

**\*\* 완성된 오믈렛을 팬에서 접시로 옮겨 담기**

오믈렛은 어떻게 조리했든 완성 후에는 항상 팬의 가장자리에 놓이게 됩니다. 바로 이 상태에서 다음과 같이 오믈렛을 팬에서 접시로 옮겨 담습니다.

왼손으로 접시를 듭니다. 팬의 손잡이가 오른쪽을 향하도록 돌립니다. 오른손 엄지가 위로 올라오도록 손잡이를 움켜잡습니다. 오믈렛이 접시 한가운데 놓이도록 팬의 벽면을 접시의 중앙에서 약간 떨어진 부분에 갖다 댑니다. 이 상태에서 접시와 팬을 안쪽으로 45도쯤 기울입니다.

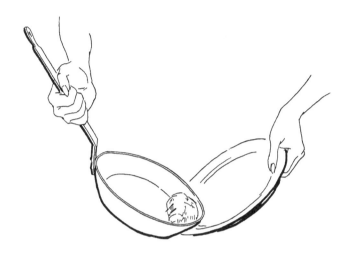

팬을 재빨리 뒤집어서 오믈렛을 접시에 담습니다.

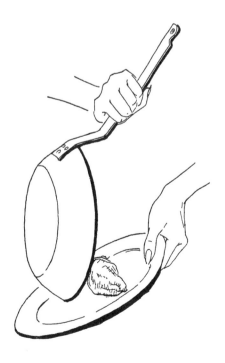

오믈렛의 형태가 깔끔하지 않을 경우, 포크 뒷면으로 쓱쓱 밀어서 보기 좋게 다듬습니다. 오믈렛은 따뜻한 상태로 두면 식감이 뻣뻣해지므로, 말랑한 버터를 오믈렛 위쪽에 펴 바른 뒤 최대한 빨리 냅니다.

---

## 오믈레트 브루예(*omelette brouillée*)

### 스크램블드 오믈렛

이 요리는 프랑스식 오믈렛 팬으로 조리하는 것이 가장 좋지만, 대신 스킬릿을 써도 됩니다.

**오믈렛 1개(1~2인분)**
**조리 시간: 30초 이하**

달걀 2~3개
소금 큰 1자밤
후추 1자밤
믹싱볼
포크

믹싱볼에 달걀과 소금, 후추를 넣고 포크로 20~30초 휘저어 달걀 흰자와 노른자를 고루 섞습니다.

---

버터 1TS
바닥 지름 약 18cm인 오믈렛 팬
포크

팬에 버터를 넣고 아주 센 불에 올립니다. 전기레인지를 쓸 경우 열원이 빨갛게 달궈져야 합니다. 버터가 녹을 때 팬을 이리저리 기울여 벽면 전체를 코팅합니다. 버터의 거품이 거의 잦아들고 색깔이 변하기 시작하면, 달걀물을 부어도 좋을 만큼 팬이 충분히 달구어졌다는 신호입니다.

엄지손가락이 위에 오도록 왼손으로 팬의 손잡이를 잡고, 팬을 불 위에서 앞뒤로 빠르게 흔들기 시작합니다. 동시에 포크를 평평한 뒷면이 바닥에 닿게끔 오른손에 쥐고, 익기 시작하는 달걀물을 재빨리 휘저어 반복적으로 팬 바닥 전체에 넓게 퍼뜨립니다. 3~4초쯤 지나면 달걀물이 질척하고 몽글몽글한 커스터드처럼 익을 것입니다. 필링을 준비했다면 이때 넣습니다.

팬 바닥이 불에서 45도쯤 기울어지도록 손잡이를 살짝 들어올린 다음, 포크의 뒷면으로 달걀을 팬의 아래쪽 구석으로 재빨리 밀어냅니다. 팬을 계속 기울인 상태에서 오믈렛이 팬의 벽면에 달라붙지 않도록 포크로 오믈렛 밑의 벽면을 쓱 긁어줍니다.

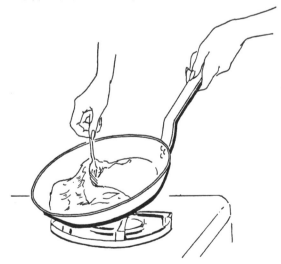

오른손 주먹으로 팬의 손잡이를 짧게 4~5번 탁탁 칩니다. 이렇게 하면 오믈렛이 팬 표면에서 떨어지면서 바깥쪽 가장자리가 안쪽으로 접힙니다.

팬을 기울인 채 1~2초 오믈렛 밑면을 약간 노릇하게 굽습니다. 시간을 너무 길게 끌면 달걀이 지나치게 익을 수 있으니 주의합니다. 잘 만든 오믈렛은 중심부가 부드럽고 크리미해야 합니다.

따뜻하게 데운 접시
말랑한 버터

185쪽 그림에서처럼 오믈렛을 접시에 뒤집어 담습니다. 오믈렛 위쪽에 버터를 약간 바르고, 최대한 빨리 냅니다.

## 오믈레트 룰레(*omelette roulée*)‡
### 말이식 오믈렛

이 오믈렛은 반드시 프랑스식 오믈렛 팬으로 만들어야 하며, 전기레인지보다는 화력이 강한 가스 불로 조리해야 성공 확률이 더 높습니다. 오믈레트 룰레는 오믈렛을 만드는 방법 중 가장 재미있는 대신 더 많은 연습이 필요합니다. 우선 센 불에서 팬을 살짝 기울인 채로 앞뒤로 흔들어서 달걀물이 계속 팬 아래쪽 벽면에 부딪히면서 걸쭉해지게 합니다. 그다음 팬을 더욱 비스듬히 기울여서 흔들면 달걀이 팬 아래쪽 벽면을 타고 돌돌 말리면서 형태가 잡힙니다. 이 동작을 손에 완전히 익히려면 팬에 마른 콩 ½컵을 넣고 연습하면 됩니다. 팬 안의 콩을 한꺼번에 많이 뒤집을 수 있게 되면 제대로 감이 생긴 것입니다. 그러나 실제 오믈렛을 만들 때의 동작은 이렇게 연습할 때보다 더 거칠고 예리해야 합니다.

**오믈렛 1개(1~2인분)**
**조리 시간: 30초 이하**

달걀 2~3개
소금 넉넉하게 1자밤
후추 1자밤
믹싱볼
포크

믹싱볼에 달걀과 소금, 후추를 넣고 20~30초 휘저어 달걀 흰자와 노른자를 고루 섞습니다.

버터 1TS
바닥 지름 약 18cm인 오믈렛 팬
포크

팬에 버터를 넣고 아주 센 불에 올립니다. 버터가 녹기 시작하면 팬을 이리저리 기울여 벽면까지 전체 면을 버터로 코팅합니다. 거품이 거의 잦아들고 버터 색깔이 변하기 시작하면 팬이 충분히 달구어졌다는 신호이므로 곧장 달걀물을 붓습니다. 말이식 오믈렛을 만들 때는 버터의 온도를 정확히 맞추는 것이 매우 중요합니다.

달걀물이 팬 바닥에 얇게 퍼져서 부쳐지도록 2~3초 그대로 둡니다.

엄지손가락이 모두 위로 오도록 두 손으로 팬 손잡이를 잡고, 팬을 불에서 20도 정도 되는 각도로 비스듬히 들어올린 상태에서 강하고 빠르게 몸 쪽으로 당겼다가 밀어내기를 반복합니다. 1초에 한 번 당겼다가 밀어내는 속도면 됩니다.

팬을 몸 쪽으로 당기는 순간 달걀은 팬의 아래쪽 벽면에 부딪혔다가 안쪽으로 말리게 됩니다. 팬을 과감하게 휙휙 움직이지 않으면 달걀이 팬 바닥에 달라붙어 떨어지지 않으니 주의합니다. 이렇게 팬을 몇 번 흔들면 달걀이 걸쭉해집니다. 오믈렛 안에 채워넣을 필링을 준비했다면 이때 넣습니다.

팬을 더 큰 각도로 기울인 채 계속 흔들어서 달걀이 팬의 아래쪽 벽면을 타고 조금씩 말려들게 합니다.

오믈렛의 모양이 잡히면, 바로 팬을 불에 가까이 대서 오믈렛 밑면을 노릇노릇해지게 1~2초쯤 굽습니다. 이보다 더 시간을 끌면 달걀이 지나치게 익게 되므로 주의합니다. 잘 만든 오믈렛은 중심부가 부드럽고 크리미해야 합니다. 오믈렛의 모양이 깔끔하지 않다면 포크 뒷면으로 쓱쓱 밀어서 다듬으면 됩니다.

185쪽 그림 설명을 참고해 오믈렛을 접시에 담고, 버터를 위쪽에 조금 바른 다음 최대한 빨리 냅니다.

**달걀**

## ❖ 오 핀 제르브(*aux fines herbes*)

허브를 넣은 것

처음 달걀을 풀 때 처빌, 파슬리, 차이브, 타라곤 등의 녹색 허브를 곱게 다져서 1테이블스푼을 넣고 섞습니다. 완성된 오믈렛 위에도 다진 허브를 더 뿌려서 냅니다.

## ❖ 오 프로마주(*au fromage*)

치즈를 뿌린 것

앞서 소개한 2가지 오믈렛 조리 방식에서 처음 팬에 달걀물을 붓고 2~3초 동안 가만히 둔 다음, 강판에 간 스위스 치즈나 파르메산 치즈를 1~2테이블스푼 고루 뿌립니다. 취향에 따라 완성된 오믈렛 위에 강판에 간 치즈 가루를 더 뿌리고, 조각낸 버터를 올린 다음, 뜨거운 브로일러에 치즈가 녹아서 노릇해질 때까지 구워도 좋습니다.

## ❖ 오 제피나르(*aux épinards*)

시금치를 넣은 것

처음 달걀을 풀 때 익힌 시금치 퓌레(558쪽)를 2~3테이블스푼 섞습니다. 이후 과정은 기본 오믈렛을 만들 때와 동일합니다.

### ☞ 기타 응용법

앞서 소개한 2가지 오믈렛 조리 방식에서 처음 팬에 달걀물을 붓고 2~3초 동안 둔 다음, 다음 재료 중 하나를 ¼컵 정도 달걀에 고루 뿌립니다. 이후 과정은 기본 오믈렛을 만들 때와 동일합니다.

깍둑썰기해서 소테한 감자와 다진 허브

깍둑썰기한 트러플

깍둑썰기해서 소테한 햄, 닭 간, 양송이버섯

깍둑썰기해서 익힌 아스파라거스 또는 아티초크 하트

깍둑썰기해서 익힌 새우살, 게살, 바닷가재살

주사위 모양으로 잘라 버터에 소테한 딱딱한 흰 빵

## 오믈레트 그라티네 아 라 토마트(*omelettes gratinées à la tomates*)
### 속에 토마토를 넣고 크림과 치즈를 얹어 그라탱을 한 오믈렛

가벼운 저녁식사나 오찬 메뉴로 적당한 이 요리는 미리 준비했다가 식탁에 내기 직전 브로일러에 구울 수 있습니다.

### 4~6인분

| | |
|---|---|
| 달걀 2개로 만든 오믈렛 4개 또는<br> 달걀 3개로 만든 오믈렛 2개<br>버터를 바른 접시<br>버터를 바른 얕은 내열 그릇 | 기본 레시피대로 오믈렛을 만들되 달걀을 약간 덜 익힙니다. 오믈렛 하나가 완성될 때마다 버터를 바른 접시에 담았다가 버터를 바른 내열 그릇으로 미끄러뜨리듯 옮깁니다. 여러 개의 오믈렛을 나란히 놓습니다. |
| 신선한 토마토퓌레(124쪽) 1컵 | 각 오믈렛 양쪽 끝 약 1cm쯤 남기고 가로로 길게 칼집을 낸 다음, 그 사이로 토마토퓌레를 채웁니다.<br>[*] 준비된 오믈렛을 바로 내지 않을 경우, 말랑한 버터를 오믈렛 윗면에 바른 뒤 유산지를 덮어둡니다. |
| | 브로일러를 아주 뜨겁게 예열합니다. |
| 휘핑크림 또는 크렘 프레슈(57쪽)<br> ½~⅔컵<br>강판에 간 스위스 치즈 ⅓컵<br>녹인 버터 ½TS | 식탁에 내기 직전, 오믈렛 위에 크림을 붓고 치즈와 녹인 버터를 고루 뿌립니다. 뜨거운 브로일러의 열원에서 약 8cm쯤 떨어진 곳에 내열 그릇을 올립니다. 오믈렛이 따뜻해지고 치즈가 살짝 노릇해질 때까지 1~2분 굽습니다. 이때 달걀이 지나치게 익지 않도록 주의합니다. 곧바로 식탁에 냅니다. |

## 피페라드(*pipérade*)
### 양파, 피망, 토마토, 햄을 곁들인 오픈형 오믈렛

이 오믈렛은 바스크 지방의 별미로, 미리 준비해둔 피페라드만 있으면 단시간에 만들 수 있습니다. 둥글게 접힌 전형적인 오믈렛이 아닌 데다 조리할 때 쓴 팬을 그대로 식탁에 올리기 때문에 팬 바닥에 달걀이 살짝 눌어붙어도 괜찮습니다. 따라서 이 요리는 깊지 않은 내열 도기 그릇이나 예쁜 스킬릿에도 조리할 수 있습니다.

**4~6인분**

햄(두께 약 6mm, 가로 약 5cm,
　　세로 약 8cm) 8~12조각
올리브유 또는 버터 2TS
법랑 스킬릿(지름 20~23cm)

햄은 뜨거운 올리브유나 버터에 앞뒤로 살짝 노릇하게 구워서 한쪽에 두었다가 넣기 직전에 다시 데웁니다.

얇게 슬라이스한 양파 ½컵
얇게 슬라이스한 청피망 또는
　　홍피망 ½컵
소금, 후추

햄을 굽고 난 기름으로 양파와 피망을 약한 불에서 색깔이 나지 않게 익힙니다. 이때 스킬릿의 뚜껑을 덮고 조리합니다. 취향에 따라 소금, 후추로 간을 합니다.

으깬 마늘 ½쪽
카엔페퍼 가루 약간
빨갛게 익은 단단한 토마토
　　(껍질과 씨, 즙을 제거한 뒤
　　슬라이스해서 준비, 599쪽)
　　2~3개
소금, 후추

익힌 양파와 피망에 마늘과 카엔페퍼 가루를 넣고 고루 섞습니다. 양파 위에 토마토 썬 것을 올리고 소금을 뿌립니다. 스킬릿 뚜껑을 덮고 5분 동안 뭉근히 익힙니다. 뚜껑을 열고 불을 더 세게 조절한 다음, 이따금 팬을 흔들어가며 토마토에서 배어나온 즙이 거의 날아갈 때까지 몇 분 동안 끓입니다. 취향에 따라 소금, 후추로 간을 맞춘 뒤 그대로 두었다가 쓰기 전에 다시 데웁니다.
[*] 이 단계까지는 미리 준비해도 좋습니다.

올리브유 또는 버터 1½TS
식탁에 올릴 만한 예쁜 스킬릿
　　또는 깊지 않은 내열 그릇
　　(지름 28~30cm)
소금 ¼ts과 후추를 약간 넣고
　　가볍게 푼 달걀 8~10개
큰 포크
다진 파슬리 또는 다양한 녹색
　　허브 2~3TS

스킬릿이나 내열 그릇에 올리브유나 버터를 넣고 달굽니다. 충분히 뜨거워지면 달걀물을 붓고 포크로 재빨리 휘젓습니다. 달걀이 크리미한 상태로 익으면 곧바로 불에서 내린 뒤 뜨거운 피페라드를 그 위에 넓게 펼쳐 올리고, 일부는 달걀과 조심스럽게 섞어줍니다. 따뜻하게 데운 햄을 피페라드 위에 얹고, 다진 허브를 뿌려서 바로 냅니다.

제4장

# 앙트레와 오찬 요리
*Entrées and Luncheon Dishes*

---

### 파트 브리제(*pâte brisée*)
타르트 셸과 페이스트리 반죽

제대로 만든 파트 브리제는 부드럽고 바삭하며 버터맛이 진하게 느껴집니다. 그중 최고인 파트 브리제 핀(*pâte brisée fine*)은 무게를 기준으로 밀가루와 버터를 5:4의 비율로 섞어 만든 것입니다. 미국산 경질소맥으로 만든 다목적 강력분에 버터만 넣어 타르트 셸을 만들면 살짝 퍼석거리는 느낌이 납니다. 반면 버터와 베지터블 쇼트닝을 3:1의 비율로 쓰면 부드러운 질감과 버터의 풍미가 느껴지죠. 미국의 일반적인 레시피와는 달리, 프랑스에서는 타르트 반죽을 만들 때 마지막 단계에서 손바닥으로 반죽을 꾹꾹 눌러서 밀어줍니다. 밀가루와 지방을 고르게 섞기 위한 것인데, 이 과정을 프레자주(*fraisage*)라고 합니다.

### 밀가루 1컵당 비율(밀가루 계량법과 무게 환산표 참고, 54~55쪽)
다목적 강력분 1컵(약 140g)

버터 약 80g(스틱¾개)과 쇼트닝 약 30g(2TS)

얼음물 3~4 ½TS

소금 ½ts

선택: 설탕 ⅛ts (노릇하게 구워짐)

# 손과 푸드 프로세서를 이용한 파트 브리제 기본 반죽 방법

## 손으로 반죽하기

연습을 많이 해서 반드시 빠른 손놀림을 익혀야만 버터가 말랑해지는 걸 최소화할 수 있습니다. 특히 주방이 따뜻한 편이라면 더더욱 그렇습니다. 반죽할 때는 손가락을 아주 빠르고 가볍게 움직여야 하며, 따뜻한 손바닥이 반죽에 닿아 있어서는 절대로 안 됩니다. 원한다면 자동 반죽기를 써도 좋지만, 요리를 배우는 단계에서는 손으로 직접 반죽하며 어떤 느낌인지 익히는 과정이 꼭 필요합니다. *Il faut mettre la main à la pâte!*(반죽에 손을 대보아야 한다!)

| | |
|---|---|
| 다목적 밀가루 2컵(평평하게 깎아서 계량, 54쪽)<br>소금 1ts<br>설탕 ¼ts<br>차가운 버터 약 170g(1½스틱, 사방 약 1cm 크기로 잘라서 준비)<br>차가운 쇼트닝 4TS | 커다란 믹싱볼에 밀가루, 소금, 설탕, 버터, 쇼트닝을 모두 넣습니다. 손가락 끝으로 혼합물을 빠르게 비벼서 버터를 오트밀 낱알 크기로 잘게 부숩니다. 밀가루와 지방을 완전히 섞는 것은 나중에 할 예정이므로 이 단계에서 지나치게 애쓸 필요는 없습니다. |
| 얼음물 ½컵(필요시 추가) | 물을 붓고 한 손끝을 둥글게 모은 채 반죽을 재빨리 섞어서 한 덩어리로 만듭니다. 한데 뭉쳐지지 않고 남은 밀가루와 지방이 있다면, 물을 몇 방울씩 최대 1테이블스푼까지 더 뿌려서 반죽과 합칩니다. 뭉친 반죽을 꽉꽉 눌러서 공처럼 둥그스름한 형태로 빚습니다. 반죽이 끈적거리지 않고 부드럽게 잘 뭉쳐졌다면 197쪽 프레자주 단계로 넘어갑니다. |

## 푸드 프로세서로 반죽하기

앞서 소개한 재료의 비율은 용량이 약 2L인 푸드 프로세서로 반죽을 만들 때 알맞은 양입니다. 그러므로 기계의 용량에 맞추어 재료의 양을 늘리면 됩니다. 먼저 마른 재료를 계량해 칼날이 장착된 상태의 프로세서에 넣습니다. 차가운 스틱 버터를 세로로 길게 4등분하고 약 1cm 폭으로 조각내서 차가운 쇼트닝과 함께 밀가루에 넣습니다. 푸드 프로세서를 4~5번에 걸쳐 잠깐씩 작동시킨 다음, 얼음물을 ½컵보다 조금 적게 준비합니다. 다시 기계를 작동시키고 준비한 물을 한꺼번에 붓습니다. 이어 동작 버튼을 잠깐씩 눌렀다가 떼기를 몇 차례 반복하면, 칼날 부분에 반죽이 조금씩 뭉치기 시작할 것입니다. 그렇지 않을 경우, 물을 몇 방울 더 넣고 같은 과정을 계속 반복합니다. 반죽이 덩어리지기 시작하면 완성된 것이므로 더 이상으로 섞지 않습니다. 고무 주걱으로 긁어서 작업대로 옮긴 뒤 프레자주 단계로 넘어갑니다.

## 프레자주 또는 반죽의 마지막 단계

밀가루를 살짝 뿌린 반죽판 위에 반죽을 올려놓습니다. 따뜻한 손바닥 가운데가 아닌 손바닥 아래쪽 두툼한 부분으로 한 번에 2테이블스푼 정도의 반죽을 움켜쥐고 바깥쪽으로 약 15cm쯤 쭉쭉 밀어내는 동작을 빠르게 반복합니다. 이것이 지방과 밀가루를 최종적으로 고루 섞어주는 단계인 프레자주입니다.

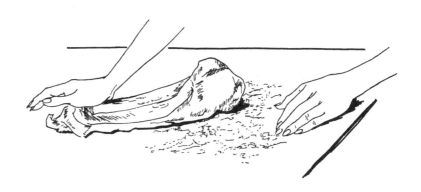

고무 주걱이나 나무 스패출러로 퍼진 반죽을 모아 다시 한 덩어리로 뭉칩니다. 반죽을 재빨리 매끈한 공 모양으로 만듭니다. 반죽에 밀가루를 살짝 뿌리고 유산지로 싸서 냉동실에 1시간쯤 넣어 단단하게 굳히거나, 냉장실에 2시간 또는 하룻밤 넣어둡니다.

굽지 않은 타르트 반죽은 냉장고에서 2~3일, 냉동고에서 수 주 동안 보관할 수 있습니다. 단, 공기가 닿지 않도록 항상 유산지로 싸서 비닐 봉지에 넣어 밀봉해두어야 합니다.

## 반죽 밀기

타르트 반죽은 버터 함량이 많기 때문에 최대한 빨리 밀어야 합니다. 그러지 않으면 반죽이 축축 늘어져서 다루기 힘들어집니다.

　목재나 대리석 반죽판에 밀가루를 살짝 뿌리고 그 위에 반죽을 놓습니다. 반죽이 너무 단단하면 밀대로 두드려 부드럽게 한 뒤 재빨리 납작한 원반 형태로 밉니다. 반죽은 밀대로 밀었을 때 갈라지지 않을 만큼 충분히 유연해야 합니다.

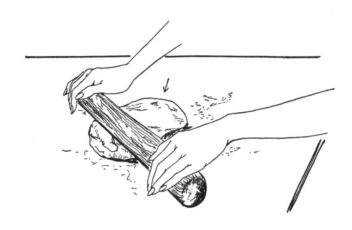

반죽 윗면에 밀가루를 살짝 뿌립니다. 반죽 중심에 밀대를 가로질러 올리고 일정한 압력으로 앞뒤로 조심스럽게 조금씩 굴려서 밀기 시작합니다. 이어 반죽 중심에서 약간 아래쪽에서부터 시작해 가장 먼 가장자리에서 약 2.5cm 안쪽 지점까지, 항상 몸 바깥쪽으로 밀대를 힘 있게 굴립니다.

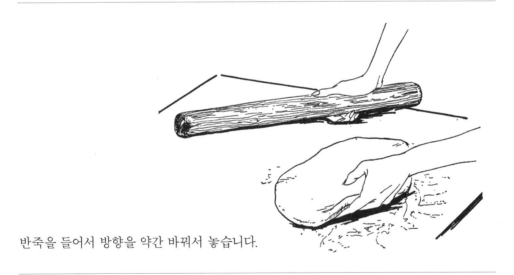

반죽을 들어서 방향을 약간 바꿔서 놓습니다.

앞과 같은 방식으로 반죽을 밉니다. 이어 반죽을 들어서 약간 방향을 바꾼 다음 다시 밀기를 반복합니다. 반죽이 달라붙지 않도록 반죽판과 반죽 윗면에 밀가루를 조금씩 뿌립니다. 이렇게 반죽을 밀어서 두께 약 3mm, 지름은 준비한 파이 팬 또는 플랑(*flan*) 링보다 약 5cm 정도 더 큰 원 모양으로 만듭니다. 모양이 고르지 않다면 튀어나온 부분은 잘라내고,

안으로 들어간 부분에 물을 묻혀 앞서 잘라낸 반죽 자투리를 이어붙인 뒤 밀대로 밀어 매끈하게 만듭니다.

이렇게 민 반죽은 곧바로 다음 조리 과정으로 넘어가야 축축 늘어지는 것을 막을 수 있습니다.

## 타르트 셸 만들기

플랑 링,
바닥이 분리되는 케이크 팬

키슈는 옆면이 수직인 타르트 셸 안에 필링을 채우고 윗면이 드러나 보이게 구운 음식입니다. 프랑스에서는 타르트를 성형할 때 베이킹 트레이 위에 바닥이 없는 금속제 플랑 링으로 만듭니다. 타르트가 다 구워지면 플랑 링을 들어낸 다음, 베이킹 트레이에 놓아둔 식힘망이나 접시로 타르트를 미끄러뜨리듯 옮깁니다. 플랑 링 대신 옆면이 수직이며 바닥이 분리되는 2.5~3cm 깊이의 케이크 팬을 써도 같은 효과를 낼 수 있습니다. 내용물을 분리할 때는 먼저 케이크 팬을 병 위에 올려놓고 옆면을 밑으로 뺍니다. 이어 날이 길쭉한 스패출러를 팬의 바닥과 타르트 사이에 밀어넣어서 타르트를 식힘망이나 접시로 옮기면 됩니다. 타르트 셸은 파이 팬 2개를 겹쳐서 만들 수도 있지만, 바깥쪽으로 기울어진 타르트 셸 옆면이 필링의 무게 때문에 무너질 수 있으므로 이 방식은 권장하지 않습니다.

키슈

필링을 틀에 채운 다음 익혀야 하는 타르트나 키슈는 반쯤 구운 타르트 셸을 씁니다. 반면 이미 익힌 필링을 채워넣어 잠시 데우기만 해도 되는 타르트나 차갑게 내는 생과일 타르트는 완전히 구운 셸을 씁니다.

틀 안쪽에 버터를 칠합니다. 바닥이 없는 플랑 링을 사용한다면 베이킹 트레이에도 버터를 칠해야 합니다.

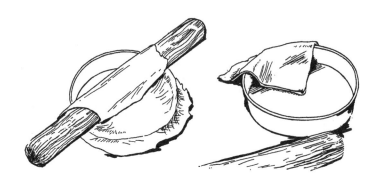

반죽을 뒤집어서 밀대에 둘둘 말았다가 틀 위에서 굴려 펼칩니다. 반죽을 반으로 접고, 다시 반으로 접은 뒤 틀에 걸쳐서 펼치는 방법도 있습니다.

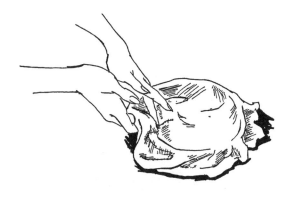

케이크 팬의 안쪽 바닥(플랑 링을 쓸 경우는 베이킹 트레이)에 반죽을 가볍게 눌러 밀착시킵니다. 그다음 팬의 둥그런 모서리를 따라 반죽 가장자리를 위로 들어올리며 약 1cm씩 안쪽 벽면에 살살 밀어넣습니다. 이렇게 하면 타르트 셸 벽면이 더 두껍고 튼튼해집니다. 틀 위에 밀대를 올려놓고 굴려서 남는 반죽을 잘라냅니다.

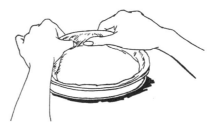

엄지손가락으로 반죽을 약 3mm씩 틀 위로 밀어올리고, 틀 안쪽 둥근 벽면을 따라 반죽을 매끈하고 고르게 밀착시킵니다.

칼등쪽으로 타르트 셸 위쪽 모서리를 눌러
무늬를 장식합니다.

포크로 타르트 셸 바닥을 약 1cm 간격으로 콕콕 찔러 작은 구멍을 냅니다.

타르트 셸 벽면이 무너지고 바닥이 부푸는 것을 방지하려면, 바닥에 버터를 칠한 또 다른 틀에 마른 콩을 한 줌 담아서 타르트 셸 위에 얹습니다. 그림처럼 알루미늄 포일이나 유산지에 버터를 발라서 타르트 셸 안쪽에 깔고 벽면에 꼼꼼히 밀착시킨 뒤, 그 안에 마른 콩을 채우는 방법도 있습니다. 이렇게 하면 타르트 셸은 콩의 무게 덕분에 구워지는 동안 틀에 단단히 붙어 있게 됩니다.

성형을 마친 타르트 셸은 곧장 굽지 않을 경우 냉장 보관합니다.

# 타르트 셸 굽기

## 반쯤 구운 타르트 셸

약 205℃로 예열해둔 오븐의 가운데 칸에서 타르트 셸의 형태가 굳을 때까지 8~9분 동안 굽습니다. 모양을 잡기 위해 위에 얹었던 틀 또는 포일과 마른 콩을 제거합니다. 타르트 셸의 바닥이 부풀지 않도록 포크로 콕콕 찔러 구멍을 뚫은 다음, 다시 오븐에 넣어 2~3분 동안 굽습니다. 타르트 셸의 색깔이 노릇하게 변하면서 틀 벽면에서 조금씩 떨어지기 시작하면 곧장 오븐에서 꺼냅니다. 타르트 셸 옆면이 약해 보이거나 필링을 넣었을 때 갈라질 것처럼 느껴지면, 타르트 셸을 틀에서 분리하지 말고 그대로 필링을 채웁니다. 이때 틀은 타르트나 키슈에 필링을 채우고 구운 다음 마지막에 제거합니다.

## 완전히 구운 타르트 셸

오븐에 넣어 연한 갈색이 돌 때까지 7~10분 더 굽습니다.

## 틀에서 빼내기

타르트 셸이 다 구워지면 틀을 빼고 식힘망으로 미끄러뜨리듯 옮깁니다. 식히는 동안 전체적으로 공기가 통해야 눅눅해지지 않습니다.

# 키슈
*Quiches*
오픈 타르트

키슈 로렌은 가장 널리 알려지긴 했지만 사실 입맛을 돋워주고 만들기도 쉬운 앙트레인 키슈의 한 종류일 뿐입니다. 키슈는 키슈 로렌처럼 크림과 베이컨을 넣거나, 치즈와 우유, 토마토와 양파, 게살 같은 부재료를 달걀과 섞어서 타르트 셸에 부은 다음 노릇노릇하게 부풀어오를 때까지 오븐에서 구워낸 요리입니다. 키슈는 사실 실패할 가능성이 거의 없는 데다 자기만의 재료를 조합해 독특하게 만들 수도 있습니다. 키슈에 샐러드와 따뜻한 바게트, 차가운 화이트 와인을 곁들이고, 이어서 과일까지 내면 완벽한 점심 또는 저녁 식사가 됩니다. 또 격식 있는 저녁식사의 첫 코스로도 잘 어울리죠. 작게 만든 키슈는 따뜻한 오르되브르로도 활용할 수 있습니다.

다음의 레시피는 모두 지름 약 20cm 크기의 타르트 셸을 기준으로 한 것입니다. 필링을 채울 때는 부풀어오를 것을 생각해 셸 깊이의 ¾ 정도만 채워야 합니다. 지름 약 20cm짜리 셸에는 필링이 약 2½컵 들어가며, 4~6인이 먹을 수 있습니다. 지름 약 25cm짜리 셸에는 필링이 이보다 2배 정도 더 들어가며, 6~8인이 먹을 수 있습니다.

반쯤 구운 타르트 셸은 키슈를 조리하기 몇 시간 전에 미리 구워두어도 좋습니다. 필링 또한 미리 준비해 믹싱볼째 냉장고에 보관하면 됩니다. 식탁에 내기 30분 전, 필링을 타르트 셸 안에 부어 약 190℃로 예열한 오븐에 넣습니다. 25~30분이 지나면 필링이 적당히 부풀어오르고 윗면이 노릇노릇해집니다. 필링의 중심부를 칼날로 찔렀을 때 묻어나는 것이 없으면 완성입니다. 오븐의 전원을 끄고 문만 연 상태로 완성된 키슈를 그대로 넣어두면 약 10분간 부풀어 있다가 식으면서 점점 가라앉습니다. 이후에 키슈를 다시 데워도 더 이상 부풀어오르지 않습니다. 차가운 키슈는 훌륭한 간식 메뉴이며, 피크닉에 가져가기도 좋습니다.

---

## 키슈 로렌(*quiche lorraine*)‡
크림과 베이컨을 넣은 키슈

키슈의 고전인 키슈 로렌에는 헤비 크림과 달걀, 베이컨이 들어가며 치즈는 넣지 않습니다. 보통 베이컨은 끓는 물에 데쳐서 훈연 향과 짠맛을 제거해서 쓰지만, 취향에 따라 이 단계를 생략해도 됩니다. 베이컨 대신 깍둑썰기한 햄을 버터에 가볍게 소테해 넣어도 좋습니다.

**4~6인분**

오븐을 190℃로 예열합니다.

슬라이스 베이컨 약 80~110g
　(중간 두께로 6~8조각)
물 1L
반쯤 구운 타르트 셸(지름 약 20cm,
　202쪽) 1개

베이컨을 길이 약 2.5cm, 폭 약 6mm로 썹니다. 약하게 끓는 물에 5분 동안 데친 뒤 찬물로 헹궈 키친타월로 물기를 제거합니다. 스킬릿에 살짝 갈색이 나게 구운 다음, 타르트 셸 바닥에 눌러서 깝니다.

달걀 3개 또는 달걀 2개와
　달걀노른자 2개
휘핑크림 또는 휘핑크림과 우유를
　반반으로 섞은 것 1½~2컵
소금 ½ts
후추 1자밤
육두구 1자밤
콩알 크기로 조각낸 버터 1~2TS

믹싱볼에 달걀, 크림(또는 크림과 우유를 반반 섞은 것), 기타 양념을 넣고 섞습니다. 간을 맞춘 다음 이 달걀 혼합물을 타르트 셸 안에 붓고 위쪽에 조각낸 버터를 고루 올립니다.

예열된 오븐 맨 위 칸에 넣어, 키슈가 부풀고 갈색이 돌 때까지 25~30분 굽습니다. 뜨거운 접시에 담아 바로 냅니다.

❖ 키슈 오 프로마주 드 그뤼예르(*quiche au fromage de gruyère*)
　스위스 치즈를 넣은 키슈

기본적으로는 키슈 로렌 레시피와 같습니다. 대신 크림과 달걀을 섞은 혼합물에 강판에 간 스위스 치즈 약 60~110g(½~1컵)을 넣고 고루 섞어줍니다. 보통 베이컨은 넣지 않으며, 크림 대신 우유만 넣어도 됩니다.

# 키슈 오 로크포르(*quiche au roquefort*)‡
로크포르 치즈를 넣은 키슈

**4~6인분**

오븐을 약 190℃로 예열합니다.

로크포르 치즈 또는 블루치즈
　약 80g(6TS)
크림치즈 또는 코티지치즈 170g
（소형 팩 2개）
말랑한 버터 2TS
휘핑크림 3TS
달걀 2개
소금, 백후추
카엔페퍼 가루(취향에 따라)
다진 차이브 ½TS 또는 골파의
　초록 부분을 다진 것 ½ts
반쯤 구운 타르트 셸(지름 약
　20cm, 202쪽) 1개

치즈, 버터, 크림을 포크로 섞은 다음 달걀을 넣고 고루 젓습니다. 이 혼합물을 체에 누르며 걸러서 덩어리를 제거합니다. 간을 맞추고, 다진 차이브나 골파를 섞습니다. 이렇게 준비한 필링을 타르트 셸 안에 붓고, 예열된 오븐 맨 위 칸에 넣어 25~30분 또는 키슈가 부풀고 갈색이 돌 때까지 굽습니다.

## ❖ 키슈 오 카망베르(*quiche au camembert*)
카망베르를 넣은 키슈

로크포르 치즈 대신 같은 양의 카망베르나 브리, 리더크란츠(Liederkranz) 치즈를 사용합니다. 이때 치즈의 외피는 제거해야 합니다. 쓰다 남은 자투리 치즈가 있을 경우, 로크포르 치즈를 포함한 치즈들 전부 또는 일부를 섞어도 됩니다.

# 키슈 아 라 토마트, 니수아즈(*quiche à la tomate, niçoise*)
앤초비와 올리브로 맛을 낸 토마토 키슈

**4~6인분**

오븐을 약 190℃로 예열합니다.

지름 20~23cm인 법랑
　또는 스테인리스 스킬릿
다진 양파 ¼컵
올리브유 2TS

스킬릿에 올리브유를 두르고, 약한 불에 다진 양파를 5분 정도 색깔이 나지 않게 볶습니다.

빨갛게 익은 단단한 토마토
　790g~900g
으깬 마늘 1쪽
오레가노, 바질 또는 타임 ½ts
소금 ½ts
후추 ⅛ts

토마토는 껍질과 씨, 즙을 제거하고 과육만 적당한 크기로 썹니다 (599쪽). 스킬릿에 토마토를 볶다가 마늘, 허브, 양념을 넣습니다. 뚜껑을 덮고 약한 불로 5분 동안 익힙니다. 그다음 뚜껑을 열고 센 불로 올려, 이따금 팬을 흔들어가며 5분쯤 더 익혀 수분을 거의 다 날립니다. 불에서 내려 잠시 식힙니다.

달걀 1개, 달걀노른자 3개
잘게 썬 앤초비 필레 8개
올리브유 3TS(앤초비 캔에 들어
　있는 기름 포함)
토마토 페이스트 3TS
잘게 썬 파슬리 3TS
파프리카 가루 1ts
카엔페퍼 가루 1자밤

믹싱볼에 달걀, 달걀노른자, 잘게 썬 앤초비, 올리브유, 토마토 페이스트, 파슬리, 기타 양념을 모두 넣고 고루 섞습니다. 익힌 토마토에 조금씩 넣어 가볍게 뒤적이며 섞습니다. 간을 맞춥니다.

반쯤 구운 타르트 셸
　(지름 약 20cm, 202쪽) 1개
씨를 뺀 블랙 올리브
　(바싹 마른 지중해 타입) 12알
강판에 간 파르메산 치즈
　또는 스위스 치즈 ¼컵
올리브유 1TS

앞서 만든 토마토 필링을 타르트 셸 안에 채웁니다. 올리브를 보기 좋게 올린 뒤 강판에 간 치즈를 뿌리고 올리브유를 끼얹습니다. 예열된 오븐 맨 위 칸에 넣고, 25~30분 또는 키슈가 부풀고 상단에 연한 갈색이 돌 때까지 굽습니다.

# 키슈 오 프뤼이 드 메르(*quiche aux fruits de mer*)

새우나 게, 바닷가재를 넣은 해산물 키슈

**4~6인분**

오븐을 약 190℃로 예열합니다.

다진 셜롯 또는 골파 2TS

버터 3TS

익힌 게살이나 익혀서 잘게 썬
    새우살, 바닷가재살(통조림
    제품도 무방) 약 110g(1컵)

소금 ¼ts

후추 1자밤

마데이라 와인 또는 드라이한
    화이트 베르무트 2TS

팬에 버터를 녹인 뒤, 다진 셜롯이나 골파를 중간 불에서 1~2분 익힙니다. 식감은 부드러워지되 타지 않게 주의합니다. 여기에 준비된 해산물을 넣고 살살 뒤적이며 2분 동안 익힙니다. 소금과 후추를 뿌립니다. 와인을 넣고 센 불로 잠시 끓인 다음 살짝 식힙니다.

달걀 3개

휘핑크림 1컵

토마토 페이스트 1TS

소금 ¼ts

후추 1자밤

믹싱볼에 달걀, 크림, 토마토 페이스트, 기타 양념을 넣고 고루 섞습니다. 천천히 익힌 해산물을 섞고 간을 맞춥니다.

반쯤 구운 타르트 셸(지름 약
    20cm, 202쪽) 1개

강판에 간 스위스 치즈 ¼컵

필링을 타르트 셸 안에 붓고, 강판에 간 치즈를 뿌립니다. 예열된 오븐 맨 위 칸에 넣고 키슈가 부풀고 연한 갈색이 돌 때까지 25~30분 굽습니다.

---

# 키슈 오 조뇽(*quiche aux oignons*)
## 양파를 넣은 키슈

**4~6인분**

다진 양파 약 900g(약 7컵)

버터 3TS

식용유 1TS

묵직한 스킬릿에 식용유와 버터를 두르고 양파를 넣습니다. 약 1시간 동안 약한 불에서 가끔 뒤적여주며 양파가 아주 연해지고 황금빛이 될 때까지 푹 익힙니다.

밀가루 1½TS

밀가루를 뿌리고 고루 섞은 뒤 2~3분 익힙니다. 불을 끄고 살짝 식힙니다.

오븐을 약 190℃로 예열합니다.

앙트레와 오찬 요리

달걀 2개 또는 달걀노른자 3개
휘핑크림 ⅔컵
소금 1ts
후추 ⅛ts
육두구 1자밤
강판에 간 스위스 치즈 약
  60g(½컵)
반쯤 구운 타르트 셸
  (지름 약 20cm, 202쪽) 1개
콩알 크기로 조각낸 버터 1TS

믹싱볼에 달걀(또는 달걀노른자), 크림, 기타 양념을 넣고 고루 섞습니다. 강판에 간 치즈의 절반을 조금씩 익힌 양파에 넣어 간을 맞춥니다. 이렇게 준비한 필링을 타르트 셸에 부은 다음 남은 치즈를 위에 뿌리고, 조각낸 버터를 곳곳에 올립니다. 예열된 오븐 맨 위 칸에 넣어 키슈가 부풀고 연갈색이 돌 때까지 25~30분 굽습니다.

---

## 피살라디에르 니수아즈(*pissaladière niçoise*)

### 앤초비와 블랙 올리브를 넣은 양파 타르트

이 요리는 달걀이 들어가지 않기 때문에 엄밀히 말하면 키슈가 아닙니다. 니스 지방에서는 필링을 타르트 셸에 넣거나 이탈리아 피자처럼 둥글납작한 빵 반죽에 얹어 만듭니다.

**4~6인분**

다진 양파 약 900g
올리브유 4TS
중간 크기의 부케 가르니(파슬리
  줄기 4대, 타임 ¼ts, 월계수 잎
  ½장을 깨끗한 면포에 싼 것)
껍질을 벗기지 않은 마늘 2쪽
소금 ½ts
정향 가루 1자밤
후추 ⅛ts

올리브유를 두른 팬에 양파, 부케 가르니, 마늘, 소금을 넣고 양파가 푹 무를 때까지 약한 불로 약 1시간 동안 익힙니다. 부케 가르니와 마늘을 건져냅니다. 정향 가루와 후추를 섞고, 간을 맞춥니다.

오븐을 약 205℃로 예열합니다.

반쯤 구운 타르트 셸
  (지름 약 20cm, 202쪽) 1개
통조림 앤초비 필레 8개
씨를 뺀 블랙 올리브
  (바싹 마른 지중해 타입) 16알
올리브유 1TS

푹 익힌 양파를 타르트 셸 안쪽에 펴 바르고, 그 위에 앤초비를 부채 모양으로 올립니다. 올리브로 군데군데 보기 좋게 장식하고, 올리브유를 뿌립니다. 예열한 오븐 맨 위 칸에서 10~15분 또는 거품이 올라오며 지글지글 익을 때까지 굽습니다.

# 플라미슈(*flaimiche*), 키슈 오 푸아로(*quiche aux poireaux*)‡
### 리크를 넣은 키슈

**4~6인분**

오븐을 약 190℃로 예열합니다.

리크 흰 부분만 슬라이스한 것
  3½컵
물 ½컵
소금 1ts
버터 3TS

바닥이 두꺼운 소스팬에 리크, 물, 소금, 버터를 넣은 뒤 뚜껑을 덮고 적당히 센 불로 수분이 거의 다 날아갈 때까지 끓입니다. 불을 낮추고 리크가 푹 무르도록 20~30분 동안 뭉근히 익힙니다.

달걀 3개
휘핑크림 1½컵
육두구 1자밤
후춧가루 ⅛ts
반쯤 구운 타르트 셸
  (지름 약 20cm, 202쪽) 1개
강판에 간 스위스 치즈 ¼컵
콩알 크기로 조각낸 버터 1TS

믹싱볼에 달걀, 크림, 양념을 모두 넣고 고루 섞습니다. 익힌 리크를 조금씩 넣은 뒤 간을 맞춥니다. 이렇게 준비한 필링을 타르트 셸 안에 붓습니다. 그 위에 강판에 간 치즈를 고루 얹고, 군데군데 버터를 올립니다. 예열된 오븐 맨 위 칸에서 키슈가 부풀고 연갈색이 돌 때까지 25~30분 굽습니다.

## ❖ 키슈 오 장디브(*quiche aux endives*)
### 엔다이브를 넣은 키슈

기본 레시피대로 하되, 리크 대신 슬라이스한 엔다이브를 사용하고, 엔다이브를 익힐 때 물에 레몬즙 1티스푼을 섞습니다.

## ❖ 키슈 오 샹피뇽(*quiche aux champignons*)
### 양송이버섯을 넣은 키슈

플라미슈와 키슈 오 푸아로 레시피와 똑같이 휘핑크림, 달걀, 강판에 간 치즈, 버터, 반쯤 구운 지름 약 20cm짜리 타르트 셸을 준비합니다. 양송이버섯은 다음과 같이 조리합니다.

다진 셜롯 또는 골파 2TS

버터 3TS

슬라이스한 양송이버섯 약 450g

소금 1ts

레몬즙 1ts

선택: 마데이라 와인 또는
　포트와인 2TS

바닥이 두꺼운 소스팬에 버터를 넣고 다진 셜롯 또는 골파를 잠깐 익힙니다. 여기에 양송이버섯, 소금, 레몬즙, 와인(선택)을 넣고 고루 섞습니다. 뚜껑을 덮고 적당히 약한 불에서 8분 동안 익힙니다. 뚜껑을 열고 센 불로 바꿔 수분이 완전히 날아가고 버섯이 버터에 볶아지기 시작할 때까지 몇 분 동안 끓입니다.

버섯을 달걀과 크림 혼합물에 조금씩 넣어 잘 섞습니다. 이렇게 준비된 필링을 타르트 셸 안에 부은 뒤 강판에 간 치즈를 뿌리고 버터를 군데군데 올립니다. 약 190℃로 예열해둔 오븐 맨 위 칸에 넣어 25~30분 굽습니다.

## ❖ 키슈 오 제피나르(*quiche aux épinards*)
### 시금치를 넣은 키슈

209쪽 플라미슈 레시피와 똑같이 휘핑크림, 달걀, 강판에 간 치즈, 버터, 반쯤 구운 지름 약 20cm짜리 타르트 셸을 준비합니다. 시금치는 다음과 같이 조리합니다.

법랑 소스팬

곱게 다진 셜롯 또는 골파 2TS

버터 2TS

데쳐서 잘게 썬 시금치(558쪽)
　또는 냉동 시금치(564쪽) 1¼컵

소금 ½ts, 후춧가루 ⅛ts

육두구 1자밤

셜롯 또는 골파를 버터에 잠깐 익힙니다. 여기에 시금치를 넣고 중간 불에서 몇 분 동안 볶아서 수분을 완전히 날립니다. 소금, 후추, 육두구를 넣고 간을 맞춥니다. 볶은 시금치를 달걀 혼합물에 조금씩 넣어 섞습니다. 이렇게 준비한 필링을 타르트 셸 안에 부은 뒤, 강판에 간 치즈를 뿌리고 버터를 군데군데 올립니다. 약 190℃로 예열한 오븐 맨 위 칸에서 25~30분 굽습니다.

# 그라탱
## *Gratins*

앞서 소개한 다양한 키슈용 필링을 타르트 셸 대신 깊지 않은 내열 그릇이나 내열유리 재질의 파이 접시에 부어서 구우면 그라탱 요리가 됩니다. 다음의 레시피들은 대부분 타르트 셸에 구웠을 때가 더 대단해 보이기는 하지만, 양이 상당해서 그릇에 굽는 것이 더 좋습니다.

---

## 라페 모르방델(*râpée morvandelle*)
### 햄, 달걀, 양파를 넣은 감자 그라탱

**4인분**

오븐을 약 190℃로 예열합니다.

곱게 다진 양파 ½컵
올리브유 2TS
버터 2TS

올리브유와 버터를 두른 팬을 약한 불에 올리고 양파를 색깔이 나지 않게 5분 정도 익힙니다.

잘게 깍둑썰기 한 햄 ½컵(약 80g)

불을 약간 더 키운 뒤, 햄을 잠깐 볶습니다.

달걀 4개
으깬 마늘 ½쪽
다진 파슬리 또는 차이브와
  처빌 2TS
강판에 간 스위스 치즈 ⅔컵
  (약 80g)
휘핑크림, 라이트 크림 또는 우유
  4TS
후추 1자밤
소금 ¼ts

믹싱볼에 달걀, 마늘, 허브, 치즈, 크림 또는 우유, 기타 양념을 모두 넣고 고루 섞습니다. 여기에 볶은 햄과 양파를 섞습니다.

중간 크기 감자 3개(약 280g)

감자는 껍질을 벗겨서 구멍이 큰 강판에 간 다음, 손으로 꽉 쥐어 물기를 짜냅니다. 물기를 제거한 감자를 달걀 혼합물에 고루 섞고, 간을 맞춥니다.
[*] 이 단계까지는 미리 준비해도 좋습니다.

버터 2TS

지름 약 28~30cm, 깊이 약 5cm의
오븐용 그릇이나 스킬릿
(또는 지름 약 15cm의
1인용 내열 그릇 여러 개)

콩알 크기로 조각낸 버터 ½TS

내열 그릇에 넣고 가열한 버터가 녹아 거품이 일면 감자와 달걀 혼합물을 붓고, 작게 조각낸 버터를 군데군데 올립니다. 예열된 오븐 맨 위 칸에 넣고 표면이 먹음직스러운 갈색으로 변할 때까지 30~40분 굽습니다. 조리한 그대로 바로 식탁에 냅니다.

---

# 그라탱 드 폼 드 테르 오 장슈아
## (*gratin de pommes de terre aux anchois*)‡
### 감자, 양파, 앤초비 그라탱

**4인분**

오븐을 190℃로 예열합니다.

---

다진 양파 ⅔컵
버터 2TS

팬에 버터를 녹인 뒤 다진 양파를 넣고 5분 동안 색깔이 나지 않게 약한 불로 볶습니다.

---

깍둑썰기한 감자 약 200g(약 2컵)
소금물

끓는 소금물에 감자를 넣고 약간 설컹거릴 때까지 6~8분 삶은 뒤 물기를 완전히 제거합니다.

---

깊이 4~5cm, 3~4컵 용량의
내열 그릇(지름 20cm의 내열유리
재질인 파이 접시 등) 1개

올리브유에 절인 통조림 앤초비
필레 8~10개

내열 그릇 안쪽에 버터를 칠합니다. 삶은 감자의 절반을 바닥에 깔고, 그 위에 볶은 양파 절반을 올립니다. 양파 위에 앤초비를 얹은 다음, 남은 양파와 감자를 차례로 층층이 덮습니다.

---

달걀 3개, 휘핑크림 1½컵, 소금
½ts, 후춧가루 ⅛ts을 고루 섞은
것 또는 간을 잘 맞춘 소스
베샤멜(101쪽) 2컵

달걀과 크림 혼합물 또는 소스 베샤멜을 감자 위에 붓고, 그릇을 가볍게 흔들어 소스가 바닥까지 스며들게 합니다.

---

강판에 간 스위스 치즈 ¼컵
앤초비 통조림 국물 1TS 또는
버터 1TS

강판에 간 치즈 가루를 감자 위에 평평하게 덮어줍니다. 앤초비 통조림 국물을 고루 뿌리거나 작게 썬 버터를 군데군데 올립니다.
[*] 이 단계까지는 미리 준비해도 좋습니다.

예열된 오븐 맨 위 칸에 넣고 30~40분 동안 노릇노릇하게 굽습니다.

## ❖ 그라탱 드 폼 드 테르 에 소시송(*gratin de pomme de terre et saucisson*)

감자, 양파, 소시지 그라탱

기본적으로는 앞의 기본 레시피와 동일합니다. 단, 감자를 깍둑썰기하는 대신 슬라이스하고, 앤초비 대신 폴란드식 소시지를 슬라이스해서 감자 사이에 군데군데 끼웁니다.

## ❖ 그라탱 드 푸아로(*gratin de poireaux*)

햄, 리크 그라탱

기본적으로는 앞의 기본 레시피와 동일하므로, 달걀 크림 혼합물이나 소스 베샤멜도 같은 양을 넣습니다. 단, 소스 베샤멜에 치즈를 섞은 소스 모르네(106쪽)로 대신할 수 있으며, 리크는 다음과 같이 조리합니다.

| | |
|---|---|
| 약 2cm 굵기의 리크 12대 | 리크는 흰 부분만 폭 약 5cm로 썹니다. |
| 바닥이 두꺼운 소스팬<br>소금 ½ts<br>버터 2TS<br>물 1컵 | 소스팬에 리크와 소금, 버터, 물을 넣고 뚜껑을 덮은 뒤 적당히 센 불에서 수분이 거의 다 날아갈 때까지 끓입니다. 약한 불에서 리크가 푹 무르도록 20~30분 익힙니다. |
| 익힌 얇은 슬라이스 햄 6~8조각 | 리크를 하나씩 슬라이스 햄으로 감싸서 안쪽에 버터를 칠한 내열 그릇에 가지런히 담습니다. 그 위에 달걀과 크림 혼합물이나 소스를 붓고, 기본 레시피대로 오븐에 굽습니다. |

## ❖ 그라탱 당디브(*gratin d'endives*)

햄과 엔다이브 그라탱

엔다이브를 통째로 버터에 익혀서(586쪽) 햄으로 감싼 뒤 달걀 크림 혼합물이나 소스 베샤멜을 끼얹어 기본 레시피대로 오븐에 굽습니다.

---

# 그라탱 오 프뤼이 드 메르(*gratin aux fruits de mer*)‡

크림에 조린 연어 또는 기타 생선 그라탱

통조림 연어나 참치, 대합 또는 먹고 남은 생선이나 갑각류 및 조개에 진한 크림소스를 더하면 간단하면서도 맛있는 메인 코스 요리를 만들 수 있습니다. 내열 그릇을 사용하면 미리 만들어두었다가 식탁에 내기 직전 오븐에 굽기만 하면 됩니다. 반면 타르트 셸에 채워 구우려면 오븐에 넣기 직전 필링을 넣어야 합니다. 여기에서는 연어를 썼지만, 다른 해산물로 대신해도 됩니다.

**4~6인분**

---

오븐을 약 220℃로 예열합니다.

---

곱게 다진 양파 ¼컵
버터 3TS
약 2L 용량의 바닥이 두꺼운
　소스팬

소스팬에 버터와 양파를 넣고 약한 불에서 약 5분간 색깔이 나지 않게 익힙니다.

---

밀가루 3TS

양파에 밀가루를 넣고 고루 휘저으며 타지 않게 2분쯤 볶습니다.

---

끓는 우유 1컵
드라이한 화이트 와인 또는
　드라이한 화이트 베르무트 ¼컵
연어 통조림 국물(있을 경우만)
소금 ¼ts
후추 1자밤
오레가노 ¼ts
휘핑크림 4~6TS

불을 끈 다음 끓는 우유를 붓고 고루 젓습니다. 이어 와인, 연어 통조림 국물, 양념을 차례로 섞습니다. 이 소스를 다시 적당히 센 불에 올려 잘 저으며 끓입니다. 몇 분 뒤 와인의 알코올 성분이 날아가고 농도가 제법 걸쭉해지면 크림을 몇 스푼 넣어 중간 정도의 농도로 조절합니다. 간을 맞춥니다.

익힌 연어(통조림도 무방) 1½컵
선택: 소테한 양송이버섯,
    슬라이스한 완숙 달걀
지름 약 20cm, 깊이 약 5cm의
    내열 그릇 또는 비슷한 크기의
    구운 타르트 셸(202쪽)
강판에 간 스위스 치즈 ¼
콩알 크기로 자른 버터 1TS

소스에 연어를 넣은 다음 다시 간을 확인합니다. 소테한 양송이버섯과 슬라이스한 완숙 달걀을 함께 넣어도 좋습니다. 내열 그릇 또는 타르트 셸 안에 펴 바르듯 채웁니다. 강판에 간 치즈를 뿌리고, 버터를 군데군데 올립니다. 예열된 오븐 맨 위 칸에 넣고 표면이 노릇해질 때까지 15분 정도 굽습니다.

### ❖ 그라탱 드 볼라유(*gratin de volaille*), 그라탱 드 세르벨(*gratin de cervelles*), 그라탱 드 리 드 보(*gratin de ris de veau*)
양송이버섯과 닭고기, 칠면조고기, 뇌 또는 스위트브레드 그라탱

기본 레시피는 앞서 소개한 그라탱 오 프뤼이 드 메르와 같지만, 생선 대신 익힌 닭고기나 칠면조고기, 뇌, 스위트브레드를 씁니다. 여기에 소테한 양송이버섯을 더하고, 다진 골파 또는 셜롯과 함께 버터에 살짝 볶아 필링을 만듭니다. 육류의 양이 부족하거나 좀더 든든한 요리를 만들고 싶다면 밥이나 면을 넣어줍니다. 또한 소스 베샤멜을 만들 때는 우유 대신 농축된 치킨 스톡이나 양송이버섯 국물, 쓰다 남은 닭고기 소스를 넣어도 좋습니다. 잘 만든 소스만 있다면, 남은 음식을 재활용하기에 매우 좋은 레시피입니다.

# 수플레
## *Soufflés*

수플레란 간단히 말해 단단하게 거품을 낸 달걀흰자에 다른 재료나 퓌레를 섞은 것입니다. 이것을 틀에 부어 오븐에 구우면 표면이 봉긋하게 부풀면서 먹음직스러운 갈색을 띠게 됩니다.

## ✳✳ 달걀흰자

수플레를 만들 때 가볍고 폭신한 질감을 내려면 달걀흰자의 거품을 단단하고 풍성하게 올리는 것, 그리고 이것을 기본 재료와 잘 섞는 것이 관건입니다. 둘 다 원리만 이해하면 무척 단순한 작업입니다.

달걀흰자를 저었을 때 생기는 풍성한 거품은 사실 달걀 흰자의 얇은 막에 둘러싸여 뭉쳐 있는 많은 미세 기포입니다. 수플레를 오븐에 구우면 이 기포들이 팽창하면서 수플레가 봉긋하게 부풀어오릅니다. 옛 프랑스 셰프들의 정통 방식대로 구리로 된 믹싱볼과 거품기를 써서 손수 거품을 내든, 편리한 자동 휘핑기를 이용하든, 휘핑을 끝낸 달걀흰자의 부피는 7~8배로 늘어나야 합니다. 또한 거품은 아주 매끈하고 벨벳과 같은 윤기가 흘러야 하며, 218쪽의 그림처럼 끝이 뾰족하게 설 만큼 단단해야 합니다.

### 주의사항

달걀흰자에 달걀노른자가 조금이라도 섞이거나, 믹싱볼이나 거품기에 기름기가 묻어 있을 경우에는 흰자의 거품을 제대로 올릴 수 없습니다. 기름기가 섞이면 달걀흰자가 기포를 형성하고 유지하는 데 방해가 됩니다. 따라서 조리를 시작하기 전, 먼저 거품기나 믹싱볼 같은 도구를 주방용 세제로 깨끗이 씻어서 잘 말려야 합니다. 달걀흰자는 차가울 때보다 실온일 때 더 풍성하게 거품이 만들어집니다. 차가운 달걀흰자를 휘핑하면 종종 몽글몽글한 덩어리가 생깁니다. 따라서 달걀이 차갑다면 달걀흰자를 분리하기 전 미지근한 물에 10분쯤 담가두거나, 분리한 뒤 실온에 15~20분 정도 그대로 두었다가 거품을 내는 것이 좋습니다.

## ✳✳ 거품기와 믹싱볼

달걀흰자를 휘핑할 때 옛 프랑스 셰프들이 쓰던 코팅되지 않은 구리 믹싱볼을 쓰면, 아주 부드럽고 매끄럽고, 풍성한 달걀흰자 거품이 만들어지며, 놀랄 만큼 긴 시간 동안 '안정적'으로 유지됩니다. 프랑스 요리의 설명하기 힘든 미스터리 가운데 하나죠. 거품이 안정적으로 유지된다는 것은, 휘핑한 지 몇 분 지나지 않아 윤기를 잃거나 물처럼 흐르는 상태로 변하지 않는다는 뜻입니다. 하지만 다행히 스테인리스나 플라스틱 재질의 믹싱볼도 달걀흰자에 안정제 역할을 하는 타르타르 크림을 약간 넣고 저으면 거품이 아주 잘 생깁니다. 플라스틱 믹싱볼은 달걀흰자 휘핑 전용으로 하나를 마련해두는 것이 좋습니다. 같은 믹싱볼에 마요네즈 등을 만들기 위해 기름을 넣으면, 플라스틱의 미세한 구멍 안으로 기름이 스며들어 나중의 달걀흰자 휘핑에 방해가 되기 때문입니다. 유리나 도자기 재질의 믹싱볼은 벽면이 미끄러워서 달걀흰자를 지탱하지 못하기 때문에 추천하지 않습니다. 거품기는 최대 지름이 13~15cm에 이르는 대형 거품기나 자동 휘핑기를 써도 좋습니다. 각각의 사용법은 다음과 같습니다.

## ** 휘핑하기

### 거품기로 달걀흰자 휘핑하기(달걀흰자 2~8개 분량)

물기 없이 깨끗한 대형 거품기와 코팅되지 않은 구리, 스테인리스 또는 흠집 없는 플라스틱 재질의 바닥이 둥근 믹싱볼을 준비합니다. 믹싱볼의 크기는 지름 약 23~25cm에 깊이 13~15cm, 거품기는 최대 지름이 13~15cm 정도여야 합니다. 휘핑하는 도중 믹싱볼이 움직이는 것을 막으려면 바닥에 물에 적신 냄비 받침을 깔거나, 묵직한 냄비 안에 볼을 넣으면 됩니다.

우선 믹싱볼에 달걀흰자를 넣습니다. 냉장고에서 방금 꺼낸 달걀이라면, 실온에 15~20분 그대로 둡니다. 처음에는 거품기를 수직으로 세워 초당 2회의 속도로 20~30초 빙빙 돌리며 휘젓습니다. 달걀에 거품이 일기 시작하면 달걀흰자 4개당 소금 1자밤을 넣습니다. 소금은 달걀흰자에 살짝 풍미를 더하며, 달콤한 디저트용 수플레를 만들 때도 꼭 필요합니다. 믹싱볼의 재질이 코팅되지 않은 구리가 아닐 경우에는 소금과 함께 달걀흰자 4개당 타르타르 크림을 ¼티스푼보다 살짝 적게 넣어줍니다.

어깨 근육을 쓰면 금방 지치므로 아래팔과 손목의 근육으로 거품기를 점점 더 빠르게 휘저어 초당 약 4회의 속도로 높입니다. 이때 달걀흰자에 공기가 최대한 많이 들어가게 하며, 반대쪽 손으로 믹싱볼을 조금씩 돌려주면 달걀을 한꺼번에 고루 저을 수 있습니다.

달걀흰자가 단단해지는 것이 느껴지면 즉시 거품기로 살짝 떠서 수직으로 들어봅니다. 거품의 끝부분이 그림과 같이 뾰족한 모양을 유지하면, '단단한 달걀흰자 거품' 올리기에 성공한 것입니다. 그러나 모양이 유지되지 않는다면, 몇 초 동안 더 휘핑한 뒤 다시 테스트에 들어갑니다. 적절한 농도로 거품을 낸 달걀흰자는 지체 없이 수플레 혼합물에 섞어야 합니다.

### 기계를 써서 달걀흰자 휘핑하기(달걀흰자 2개부터)

기계로 달걀흰자의 거품을 올리려면, 믹싱볼 안의 내용물 전체를 끊임없이 움직일 수 있는 장치가 필요합니다. 따라서 휘핑기가 스스로 회전하는 동시에 믹싱볼 둘레를 따라 계속 빙빙 도는 기계를 쓰면 가장 좋습니다. 이때 믹싱볼은 약간 좁은 듯한 원통 모양이어야 하며, 45쪽 다목적 전기 믹서와 같은 유형이 좋습니다. 집에 있는 자동 휘핑기가 구식이라 장착된 믹싱볼의 바닥이 넓고 평평하다면, 믹싱볼만 바닥이 좁고 둥근 것으로 대체해도 더 훌륭한 결과물을 얻을 것입니다. 또는 집에 핸드 휘핑기가 있다면, 둥근 믹싱볼 둘레를 따라 빙빙 돌리는 방식으로 거품을 올리면 됩니다.

　자동 휘핑기를 작동시킬 때는 항상 처음에는 1분 이상 '약'으로 돌리다가, 달걀흰자가 풀리고 거품이 생기기 시작하면 서서히 속도를 올립니다. 약 1분 뒤 흰자가 부드럽게 거품이 나기 시작하면, 달걀흰자 4개당 타르타르 크림 ¼티스푼과 소금 큰 1자밤을 섞습니다. 다시 믹서의 속도를 서서히 올리며 약 1분 동안 더 작동시킵니다. 이때 절대 자리를 비우지 말고 계속 달걀의 상태를 지켜보아야 거품을 지나치게 내는 실수를 면할 수 있습니다. 달걀흰자의 표면에 거품기 자국이 남기 시작하면 기계의 작동을 멈추고, 앞의 그림에서와 같이 거품을 퍼 올려서 농도를 확인합니다.

### 달걀흰자에 설탕을 넣을 때

케이크나 달콤한 수플레 반죽에 달걀흰자 거품을 섞을 경우, 우선 거품에 부드러운 봉우리가 생겨날 때쯤 설탕을 뿌린 뒤, 단단한 봉우리가 생길 때까지 다시 휘핑하는 것이 일반적입니다. 설탕은 달걀흰자 거품을 안정시키고 질감을 더 단단하게 만드는 역할을 합니다.

### 달걀흰자를 지나치게 휘핑했을 때

고성능 휘핑기를 사용하면 자칫 달걀흰자를 지나치게 휘핑하기 쉽습니다. 달걀흰자를 너무 오랫동안 휘저으면 벨벳 같은 윤기가 사라지고 몽글몽글한 덩어리가 생기며, 오븐에 구웠을 때 잘 부풀어 오르지도 않습니다. 이럴 때는 달걀흰자 1개를 더 넣고 다시 휘핑하면 보통 정상적인 상태로 되돌릴 수 있으며, 레시피의 비율에도 별다른 영향을 미치지 않습니다.

### 달걀흰자 냉동하기

익히지 않은 달걀흰자는 얼렸다가 녹여서 거품을 내도 아무 문제가 없습니다. 달걀흰자 2개는 ¼컵 분량으로, 우선 작은 용기에 부어 얼린 것을 빼내어 플라스틱 통에 옮겨 담아 냉동 보관하면 나중에 녹여서 사용할 수 있습니다.

### 휘핑한 달걀흰자 섞기

수플레의 주재료를 모두 섞어 간까지 맞췄다면, 달걀흰자 거품이 부피를 최대한 유지하도록 살살 섞어줍니다. 마치 거품을 접어서 혼합물 사이에 집어넣는 것 같아서 폴딩(folding)이라고 부르는 이 과정은 다음과 같습니다.

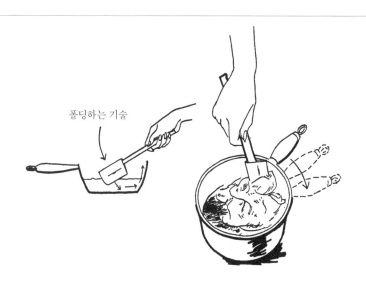

폴딩하는 기술

먼저 달걀흰자 거품을 1스푼 크게 퍼서 수플레 혼합물에 섞습니다. 이어 고무 주걱으로 나머지 거품을 퍼서 그 위에 올립니다. 이제 그림과 같이 고무 주걱을 세워서, 내용물을 위쪽 중앙에서부터 바닥까지 가르듯 재빨리 몸 쪽으로 당겼다가, 소스팬 벽면을 타고 왼쪽으로 끌어올리며 중앙으로 퍼냅니다. 이렇게 하면 팬 바닥에 있던 수플레 혼합물이 일부 달걀 거품 위로 옮겨집니다. 이어서 소스팬을 천천히 조금씩 돌려가며 앞선 동작을 반복하면 거품이 수플레에 완전히 섞입니다. 이 모든 과정은 1분 안에 끝내야 하며, 너무 완벽하게 하려고 애쓰지 않아도 됩니다. 풍성한 달걀 거품이 가라앉는 것보다는 섞이지 않은 부분을 남기는 편이 더 낫습니다.

## ** 미리 준비할 경우

수플레 혼합물을 틀에 담아 오븐에 넣을 준비까지 마친 상태라면, 바로 굽지 않고 잠시 외풍이 없는 따뜻한 장소에 두어도 괜찮습니다. 혼합물의 표면이 마르지 않도록 커다란 빈 냄비나 솥으로 덮어두어야 합니다. 이렇게 통풍을 차단해두면 1시간 정도는 원래 부피가 그대로 유지됩니다.

## ** 수플레 전용 틀

수플레는 너무 깊지 않은 도자기나 내열유리 용기에 구울 수 있으며, 미국에서는 이러한 재질의 수플레 전용 그릇을 쉽게 살 수 있습니다. 그러나 샤를로트(charlotte)라는 프랑스제 원통형 금속 틀을 쓰는 편이 더 실용적입니다. 샤를로트는 다음과 같이 크기도 다양하고 저렴하며, 구하기 힘들 경우 프랑스 수입품 전문점에서 주문할 수 있습니다.

### 샤를로트 틀

| 깊이 | 바닥 지름 | 용량 |
|---|---|---|
| 약 8cm | 약 11cm | 약 750ml |
| 약 9cm | 약 14cm | 약 1.5L |
| 약 10cm | 약 15cm | 약 2~2.2L |

샤를로트가 없을 경우, 각 레시피에 알맞은 크기의 도자기 또는 내열유리 그릇을 써도 됩니다. 미국의 수플레 레시피에서는 대부분 일반적인 미국식 수플레 용기를 사용하고, 높이를 늘릴 때는 버터를 바른 알루미늄 포일이나 갈색 종이를 두 겹으로 겹쳐서 그릇의 테두리를 감쌌다가 수플레를 완성한 뒤 벗겨내는 방법을 권합니다. 하지만 직접 시험해보니 이 방법은 귀찮았습니다. 그래도 이 방법이 좋다면, 앞서 나온 표에 적힌 틀의 깊이와 바닥 지름의 값을 참고하여 틀에 종이를 덧댔을 때 늘어나는 용량을 계산해야 합니다.

수플레 틀

## ** 수플레 틀 준비하기

수플레가 잘 부풀 수 있도록 틀의 벽면과 바닥에 버터를 두껍게 바릅니다. 이어 버터를 바른 부분에 강판에 간 치즈 가루나 빵가루를 묻힙니다. 특히 틀 벽면에 얇게 고르게 묻을 수 있도록 신경 씁니다. 그러고 나서 틀을 거꾸로 뒤집어서 테이블에 대고 톡톡 두드려 달라붙지 않은 가루를 떨어냅니다.

## ** 오븐에 넣기

수플레를 약 205℃로 예열한 오븐 가운데 칸에 넣고 곧바로 온도를 약 190℃로 낮추어 굽습니다. 이렇게만 하면 실패할 확률은 거의 없습니다.

## ** 기본 재료 비율

치즈, 생선, 시금치 등 어떤 재료를 넣든 수플레의 기본 재료 비율은 거의 똑같습니다.

### 샤를로트 틀

| 재료 | 양(약 1.5L 용량의 틀 기준) | 양(약 2L 용량의 틀 기준) |
|---|---|---|
| 진한 농도의 소스 베샤멜 또는 소스 블루테 | 버터 2½TS<br>밀가루 3TS<br>액상 재료 1컵 | 버터 3½TS<br>밀가루 4½TS<br>액상 재료 1½컵 |
| 소스에 넣는 달걀노른자 | 4개 | 6개 |
| 추가 맛내기 재료(치즈, 생선, 고기, 채소) | ¾컵 | 1¼컵 |
| 단단하게 거품을 낸 달걀흰자 | 5개 | 7~8개 |

**\*\* 수플레 굽기 확인하기**

약 190℃의 오븐에서 25~30분 구운 수플레는 틀의 테두리 위로 5~8cm쯤 부푼 상태로, 윗면이 먹음직스러운 갈색을 띨 것입니다. 속이 크리미한 수플레를 원한다면 바로 식탁에 올려도 좋지만, 내구성이 약해 봉긋하게 부풀었던 모양이 곧 가라앉을 것입니다. 오븐에서 4~5분 더 구운 뒤, 조리용 바늘이나 얇은 칼날을 수플레 안쪽에 푹 찔렀다가 뺐을 때 묻어 나오는 것이 없다면 더 천천히 가라앉을 것입니다. 잘 구운 수플레는 전원을 끈 뜨거운 오븐에서 약 5분 동안 봉긋한 모양을 유지하며, 이후 조금씩 식으면서 가라앉기 시작합니다. 따라서 수플레는 굽자마자 바로 먹어야 합니다.

**\*\* 수플레 내기**

서빙용 스푼과 포크를 수직으로 잡고 수플레의 윗면에 살짝 구멍을 내고 벌려서 1인분씩 덜어냅니다.

***

# 수플레 오 프로마주(*soufflé au fromage*)‡
## 치즈 수플레

이 기본 레시피는 이어지는 레시피들을 위한 상세한 안내서입니다. 메인 코스용 수플레를 만들 때는 모두 이 레시피를 따라하면 됩니다.

**4인분**

**수플레 베이스 소스 준비하기**

| | |
|---|---|
| 6컵 용량의 수플레 틀(220쪽) | 오븐을 약 205℃로 예열합니다. |
| 버터 1TS<br>강판에 간 스위스 치즈 또는<br>　파르메산 치즈 1TS | 모든 재료를 계량해 준비합니다. 틀 안쪽에 버터를 칠하고, 강판에 간 치즈를 뿌립니다. |

버터 3TS

약 2.5L 용량의 소스팬

밀가루 3TS

나무 스패출러 또는 스푼

끓는 우유 1컵

거품기

소금 ½ts

후춧가루 ⅛ts

카엔페퍼 가루 1자밤

육두구 1자밤

소스팬에 버터를 녹입니다. 밀가루를 넣고 나무 스패출러 또는 스푼으로 고루 뒤섞으며 중간 불에서 거품이 올라올 때까지 2분 동안 색깔이 나지 않게 볶습니다. 팬을 불에서 내리고, 거품이 가라앉으면 끓는 우유를 한꺼번에 붓습니다. 거품기로 세게 저어 잘 섞은 다음 각종 양념을 섞습니다. 적당히 센 불에서 거품기로 계속 휘저으며 다시 1분쯤 끓여 매우 걸쭉하게 만듭니다.

달걀노른자 4개

소스를 불에서 내린 뒤 곧바로 달걀 하나를 깨 달걀 흰자와 노른자를 분리합니다. 달걀흰자는 믹싱볼에 따로 담고, 달걀노른자만 뜨거운 소스 한가운데 넣습니다. 거품기로 휘저어 달걀노른자를 소스와 고루 섞습니다. 나머지 달걀도 같은 방식으로 분리해서 달걀노른자만 소스에 섞습니다. 소스의 간을 맞춥니다.

[*] 이 단계까지는 미리 준비할 수 있습니다. 소스 표면에 조각낸 버터를 점점이 올립니다. 다음 단계로 넘어가기 전 소스를 미지근하게 데웁니다.

## 달걀흰자와 치즈 섞기

달걀흰자 5개

소금 1자밤

거칠게 간 스위스 치즈 또는
    스위스 치즈와 파르메산 치즈
    ¾~1컵(80~110g, 맛의 강도에
    따라 양 조절)

앞서 달걀흰자를 모아둔 믹싱볼에 달걀흰자를 1개 더 넣습니다. 소금을 넣고, 217~218쪽 그림과 설명을 참고하여 단단하게 거품을 냅니다. 달걀 거품을 크게 1스푼(전체 거품의 ¼ 정도) 떠서 소스에 가볍게 섞습니다. 거칠게 간 치즈를 1스푼만 남기고 소스에 섞습니다. 남은 달걀 거품을 소스 위에 올려서 조심스럽게 폴딩하되, 지나치게 섞어 달걀 거품이 모두 가라앉지 않도록 주의합니다(219쪽).

## 굽기

수플레 혼합물을 버터를 발라 준비한 틀에 담습니다. 틀 깊이의 약 ¾ 지점까지는 채워질 것입니다. 틀의 바닥을 테이블에 가볍게 톡톡 친 다음, 칼날을 눕혀서 수플레 표면을 매끈하게 다듬습니다. 남겨둔 거칠게 간 치즈를 뿌립니다.

수플레 틀을 약 205℃로 예열한 오븐의 가운데 칸에 넣고, 곧장 약 190℃로 낮춥니다. 이후 20분 동안은 오븐을 열지 마세요. 25~30분 후면 수플레가 틀의 테두리 위로 약 5cm쯤 부풀어 오르고, 표면이 먹음직한 갈색을 띠게 됩니다. 모양이 확실히 잡히도록 4~5분 더 구운 뒤 곧바로 식탁에 올립니다.

## ❖ 수플레 방돔(*soufflé vendôme*)
포치드 에그를 올린 수플레

앞서 소개한 기본 레시피에 따라 수플레 혼합물을 준비합니다. 이 혼합물을 절반만 틀에 채워넣은 다음, 그 위에 차가운 포치드 에그(170쪽) 4~6개를 올립니다. 남은 혼합물로 포치드 에그를 덮고 치즈 가루를 뿌린 다음 약 190℃의 오븐에서 25~30분 굽습니다. 식탁에 낼 때는 수플레 안에 든 포치드 에그가 1개씩 들어가도록 조심스럽게 잘라서 1인분씩 담습니다. 수플레 오 제피나르를 만들 때도 포치드 에그를 넣어 구울 수 있습니다.

---

## 수플레 오 제피나르(*soufflé aux épinards*)
시금치를 넣은 수플레

**4인분**

| | |
|---|---|
| 약 1.5L 용량의 수플레 틀(220쪽) | 틀에 버터를 바르고 치즈를 뿌립니다. 오븐을 약 205℃로 예열합니다. 다음의 재료를 계량해 준비합니다. |
| 법랑 소스팬<br>다진 셜롯 또는 골파 1TS<br>버터 1TS<br>데쳐서 잘게 썬 시금치(또는 잘게 썬 냉동 시금치, 이 경우 조리 시간이 몇 분 더 소요됨) ¾컵<br>소금 ¼ts | 소스팬에 버터를 녹인 뒤 셜롯이나 골파를 잠깐 볶습니다. 여기에 시금치와 소금을 넣고 적당히 센 불에서 몇 분 동안 볶아 시금치의 수분이 최대한 날아가도록 합니다. 팬을 불에서 내립니다. |
| 수플레 베이스 소스(222쪽) | 수플레 베이스 소스를 만듭니다. 달걀노른자를 소스에 섞고 난 뒤 시금치를 섞습니다. 간을 맞춥니다. |
| 달걀흰자 5개<br>소금 1자밤<br>강판에 간 스위스 치즈<br> ⅓~½컵(40~60g) | 믹싱볼에 달걀흰자와 소금을 넣고 휘저어서 단단한 거품을 냅니다(217~218쪽). 거품의 ¼을 소스에 넣고 가볍게 섞습니다. 강판에 간 치즈를 1테이블스푼만 남기고 전부 소스에 섞습니다. 남겨둔 달걀 거품을 소스에 올려 폴딩합니다. 수플레 혼합물을 틀에 담고 남은 치즈를 뿌립니다. 예열된 오븐 가운데 칸에 넣고 오븐의 온도를 약 190℃로 낮추어 25~30분 굽습니다. |

## ☞ 다른 재료 더하기
### 햄

곱게 다진 삶은 햄 ⅓컵

버터에 셜롯을 볶을 때 햄을 함께 넣습니다. 이후 시금치를 섞습니다.

### 양송이버섯

곱게 다진 양송이버섯 약 110g
버터 1TS
소금, 후추

양송이버섯을 1움큼씩 마른 행주로 감싼 뒤 비틀어 짜서 수분을 제거합니다. 버터에 5분 정도 볶아서 알알이 떨어지게 만듭니다. 간을 맞추고, 시금치와 함께 수플레 혼합물에 섞습니다.

### 기타 채소

만드는 법은 시금치 수플레와 동일합니다. 양송이버섯, 브로콜리, 아티초크 하트, 아스파라거스 등을 익혀 곱게 다지거나 퓌레처럼 만들어서 ¾컵을 넣으면 됩니다.

---

# 수플레 드 소몽(*soufflé de saumon*)
### 연어를 넣은 수플레

**4인분**

약 1.5L 용량의 수플레 틀(220쪽)
버터 1ts
강판에 간 스위스 치즈 또는
   파르메산 치즈 1TS

수플레 틀의 안쪽에 버터를 바릅니다. 오븐을 약 205℃로 예열합니다. 모든 재료를 계량해둡니다.

다진 셜롯 또는 골파 2TS
버터 3TS
약 2.5L 용량의 소스팬
밀가루 3TS
끓는 액상 재료(연어 통조림
   국물을 넣은 우유) 1컵
소금 ½ts
후춧가루 ⅛ts
토마토 페이스트 1TS(색깔 내기)
오레가노 또는 마저럼 ½ts

소스팬에 버터를 녹인 뒤 셜롯이나 골파를 잠시 볶습니다. 여기에 밀가루를 넣고 2분 동안 더 볶습니다. 팬을 불에서 내린 다음, 끓는 액상 재료를 섞습니다. 양념과 토마토 페이스트, 허브를 넣고 다시 불에 올려 1분 동안 계속 휘저으며 끓입니다.

앙트레와 오찬 요리

달걀노른자 4개
살을 잘게 부순 익힌 연어살
　또는 통조림 연어 ¾컵
강판에 간 스위스 치즈 ½컵
　(약 60g)

팬을 불에서 내린 다음 달걀노른자를 1개씩 넣고 고루 섞습니다. 이어 잘게 부순 연어를 넣고, 강판에 간 치즈를 1테이블스푼만 남기고 섞습니다.

달걀흰자 5개
소금 1자밤

믹싱볼에 달걀흰자와 소금을 넣고 휘저어서 단단한 거품을 냅니다 (217~218쪽). 달걀 거품의 ¼을 수플레 혼합물에 가볍게 섞고, 나머지 거품도 위로 올려 폴딩합니다. 수플레 혼합물을 준비한 틀에 담고, 남겨둔 강판에 간 치즈를 뿌립니다. 예열된 오븐 가운데 칸에 넣고, 온도를 190℃로 낮추어 약 30분 동안 굽습니다.

☞ **변형 레시피**

수플레 드 소몽과 같은 방식과 비율로, 다음 재료 중 하나를 ¾컵 넣어 수플레를 만들 수 있습니다.

　잘게 부순 통조림 참치 또는 익힌 생선살

　익혀서 곱게 다지거나 간 바닷가재살, 새우살, 게살

　익혀서 퓌레로 만든 송아지 스위트브레드 또는 뇌

　익히지 않은 생선이나 닭고기를 넣고 싶다면, 곱게 간 뒤 끓는 우유와 함께 베이스 소스에 넣은 다음 2분 동안 끓입니다. 여기에 달걀노른자를 섞고 이후 과정은 기본 레시피를 따르면 됩니다.

# 오트 퀴이진에서 착안한 생선 수플레

다음에 소개할 수플레 레시피는 앞서 소개한 것들보다 조금 더 복잡한데, 모두 화이트 와인에 포칭한 생선 필레를 주재료로 하고, 소스 올랑데즈 계열의 맛있는 소스인 소스 무슬린 사바용을 곁들입니다. 생선은 일찌감치 와인에 포칭해도 되며, 베이스 소스와 소스 올랑데즈도 준비해두어도 좋습니다. 단, 소스 올랑데즈는 당장 쓰지 않을 경우 미지근하게 보관해야만 묽어지지 않는다는 점을 명심해야 합니다. 소스 올랑데즈가 식으면, 약한 불에서 다시 데우되, 너무 익히면 안 됩니다.

# 수플레 드 푸아송(*soufflé de poisson*)‡
## 생선 수플레

### 4~6인분

약 1.5L 용량의 수플레 틀(220쪽)
버터 1ts
강판에 간 스위스 치즈
  또는 파르메산 치즈 1TS

수플레 틀 안쪽에 버터를 칠하고 강판에 간 치즈를 뿌립니다. 다른 재료는 정확한 양을 계량해서 준비해둡니다. 오븐을 약 205℃로 예열합니다.

### 생선 손질하기

껍질을 벗긴 가자미 필레 약 350g
소금 ¼ts
후추 1자밤
다진 셜롯 또는 골파 1TS
드라이한 화이트 와인
  또는 화이트 베르무트 ½컵

가자미 필레 절반을 으깨어 약 ⅔~¾컵의 생선살 퓌레를 준비합니다. 273쪽에 소개된 화이트 와인에 생선 필레 포칭하는 법에 따라, 나머지 생선살은 밑간을 한 다음 버터 바른 오븐용 그릇에 다진 셜롯과 함께 가지런히 담습니다. 이어 모든 재료가 살짝 잠길 만큼 와인과 물을 붓고 약한 불로 가열합니다. 끓어오르기 시작하면 버터를 바른 유산지로 덮개를 씌워 오븐 맨 아래 칸에 넣고 8~10분 굽습니다. 포크로 생선살을 찔렀을 때 쉽게 들어가면 오븐에서 꺼냅니다. 국물을 체에 걸러 법랑 소스팬에 넣고 ¼컵으로 줄어들 때까지 바짝 졸입니다. 이 국물은 한쪽에 두었다가 이후 소스 무슬린 사바용을 만들 때 씁니다.

### 수플레 혼합물 만들기

밀가루 2 ½TS
버터 3TS
약 2.5L 용량의 소스팬
끓는 우유 1컵
소금 ½ts
후추 ⅛ts
앞에서 만든 생선살 퓌레

소스팬에 버터와 밀가루를 넣고 약한 불에서 색깔이 나지 않게 2분 동안 천천히 볶습니다. 팬을 불에서 내린 뒤 끓는 우유, 소금, 후추, 생선 퓌레를 넣고 고루 섞습니다. 팬을 다시 불에 올려 2분 동안 휘저어가며 끓입니다.

달걀노른자 4개

소스팬을 불에서 내린 다음 곧장 달걀노른자를 1개씩 섞습니다. 간을 맞춥니다.

달걀흰자 5개
소금 1자밤
강판에 간 스위스 치즈 ⅓컵
  (약 60g)

믹싱볼에 달걀흰자와 소금을 넣고 휘저어 단단한 거품을 냅니다 (217~218쪽). 달걀 거품의 ¼을 수플레 혼합물에 넣고 섞습니다. 나머지 거품을 조심스럽게 넣고 폴딩합니다.

앙트레와 오찬 요리

## 틀 채우기

준비된 틀에 수플레 혼합물의 ⅓을 채웁니다. 와인에 포칭한 생선살을 길이 약 5cm, 폭 약 1cm 크기로 썰어서 먼저 절반만 수플레 위에 가지런히 올립니다. 남은 수플레 혼합물의 절반으로 생선을 덮고, 그 위에 다시 나머지 생선을 가지런히 올립니다. 남은 수플레 혼합물을 모두 부어 생선을 덮습니다.

## 수플레 굽기

강판에 간 스위스 치즈 1TS

수플레 표면에 강판에 간 치즈를 뿌리고, 약 205℃로 예열된 오븐의 가운데 칸에 넣습니다. 이후 곧장 오븐의 온도를 약 190℃로 낮추어 약 30분 동안 굽습니다. 수플레가 부풀면서 표면이 노릇해지고, 꼬챙이나 칼끝으로 부푼 옆면을 찔렀다가 뺐을 때 묻어나오는 것이 없으면 다 구워진 것입니다. 수플레를 굽는 동안 곁들일 소스를 준비합니다. 수플레는 굽자마자 식탁에 올립니다.

## 소스 무슬린 사바용(1½컵 분량) 만들기

달걀노른자 3개
휘핑크림 ½컵
농축된 생선 육수 ¼컵
법랑 4컵들이 소스팬, 거품기

소스팬에 달걀노른자와 크림, 생선 육수를 넣고 약한 불에서 휘저으며 끓입니다. 소스가 점점 걸쭉해지면서 묽은 크림처럼 거품기를 코팅하면 불에서 내립니다(74℃). 이 이상으로 뜨거워지면 달걀노른자가 덩어리지며 익으니 조심합니다.

10조각으로 자른 말랑한
버터 약 170g(스틱 1½개)

팬을 불에서 내려 버터를 1조각씩 섞습니다. 1조각이 거의 녹아서 소스에 흡수되면 다음 조각을 넣습니다. 준비된 버터를 모두 섞으면 소스 올랑데즈처럼 농도가 진해집니다.

소금, 후추
선택: 레몬즙

세심하게 간을 맞추고, 필요할 경우 레몬즙을 몇 방울 섞습니다. 완성된 소스는 미지근한 물(뜨거운 물은 금물)에 그릇째 담가둡니다. 수플레가 다 구워지면 따뜻하게 데운 소스보트에 소스를 부어 수플레와 함께 냅니다.

## ❖ 수플레 드 오마르(*soufflé de homard*), 수플레 드 크라브(*soufflé de crabe*), 수플레 오 크르베트(*soufflé aux crevettes*)
바닷가재, 게, 새우 수플레

앞의 레시피와 같이 생선살 퓌레 약 ¾컵을 넣어 수플레 혼합물을 만듭니다. 단, 수플레 안쪽에 와인에 포칭한 생선 대신 다음 재료를 넣습니다.

| | |
|---|---|
| 익혀서 깍둑썰기한 바닷가재살, 게살, 새우살 ⅔컵<br>버터 2TS<br>소금 ¼ts<br>후추 1자밤<br>마데이라 와인, 셰리 또는 드라이한 화이트 베르무트 3TS | 다진 해산물을 버터, 양념과 함께 3분 동안 가볍게 볶다가 와인을 끼얹고 뚜껑을 덮어 1분 동안 약한 불로 끓입니다. 뚜껑을 열고 센 불로 바꾸어 수분을 재빨리 날립니다. |

## ❖ 필레 드 푸아송 앙 수플레(*filets de poisson en soufflé*)
접시에 구운 생선 수플레

수플레는 커다란 접시에 구워도 보기 좋게 부풀어오릅니다. 이 레시피는 베이스 소스에 생선 퓌레를 섞지 않고, 달걀노른자도 1개만 넣기 때문에 앞서 소개한 생선 수플레보다 더 가벼운 맛을 냅니다.

**6인분**

| | |
|---|---|
| | 오븐을 약 190℃로 예열합니다. |
| 껍질을 벗긴 가자미 필레 약 200g<br>드라이한 화이트 와인 또는 화이트 베르무트 ½컵<br>소금 ½ts<br>후추 1자밤<br>다진 셜롯 또는 골파 1TS | 모든 재료를 계량해서 준비합니다. 273쪽 화이트 와인에 생선을 포칭하는 법을 참고하여, 생선 필레에 셜롯과 양념을 넣고 와인에 8~10분 데칩니다. 국물만 걸러서 법랑 소스팬에 넣고 양이 ¼컵으로 줄어들 때까지 졸여서 육수를 만듭니다. 이 육수는 소스 무슬린 사바용에 씁니다. 오븐의 온도를 약 220℃로 높입니다. |

버터 2½TS
밀가루 3TS
약 2.5L 용량의 소스팬
끓는 우유 1컵
소금 ½ts
후추 1자밤
육두구 1자밤
달걀노른자 1개

소스팬에 버터와 밀가루를 넣고 약한 불로 색깔이 나지 않게 2분 동안 천천히 볶습니다. 불에서 내려 끓는 우유와 각종 양념을 넣어 고루 섞습니다. 다시 불에 올려 1분 동안 휘저으며 끓입니다. 불을 끄고 달걀노른자를 섞어 넣습니다. 간을 맞춥니다.

---

달걀흰자 4~5개
소금 1자밤
거칠게 간 스위스 치즈 ½컵
　(약 60g)

달걀흰자에 소금을 넣고 휘저어서 단단한 거품을 냅니다(217~218쪽). 달걀 거품의 ¼을 수플레 베이스 소스에 넣고 고루 휘젓습니다. 거칠게 간 치즈도 2테이블스푼만 남기고 섞어줍니다. 남은 달걀 거품을 조심스럽게 폴딩합니다.

---

버터를 바른 타원형 내열 접시
　(가로 길이 약 40cm)

접시 바닥에 수플레 혼합물을 약 6mm 두께로 폅니다. 와인에 데친 생선 필레를 잘게 부순 뒤 6등분해서 접시에 올립니다. 남은 수플레 혼합물을 그 위에 쌓아 6개의 덩어리를 만듭니다. 남겨둔 치즈를 뿌리고, 약 220℃로 예열된 오븐 맨 위 칸에 넣고 15~18분 굽습니다. 수플레가 적당히 부풀고 표면이 먹음직한 갈색을 띠면 다 된 것입니다.

---

소스 무슬린 사바용 1½컵에
　필요한 재료(228쪽)

수플레를 굽는 동안, 기본 생선 수플레 레시피에 따라 소스를 준비합니다. 따뜻한 소스보트에 담아 수플레와 함께 식탁에 올립니다.

---

## 수플레 데물레(*soufflé démoulé*), 무슬린(*mousseline*)
### 틀 없는 수플레

틀 없는 수플레는 대부분 묵직한 질감의 푸딩과 비슷하지만, 이 수플레는 식감도 가볍고 맛도 좋습니다. 1시간 넘게 오븐에서 중탕으로 천천히 익혀서 틀에서 빼내면 완성입니다. 틀에 구운 수플레만큼 높이 부풀지는 않지만 가라앉는 폭이 더 작으며, 완성 후 낼 때까지 30분 동안 따뜻하게 보관할 수 있습니다. 다음 레시피에 나온 달걀 노른자와 흰자의 개수와 조리 방식만 지키면, 앞서 소개한 여러 수플레의 다양한 재료를 같은 방식으로 조리할 수 있습니다. 틀 없는 치즈 수플레는 멋진 애피타이저로 내기 좋으며, 닭 간이나 소시지, 양송이버섯, 껍질콩, 아스파라거스를 곁들이면 메인 코스 요리로도 손색이 없습니다.

**애피타이저일 때 6인분**
**메인 코스일 때 4인분**

---

오븐을 약 175℃로 예열합니다.

---

소스 토마트(123쪽) 또는 신선한
   토마토퓌레(124쪽) 1½컵

소스를 약하게 끓입니다.

---

버터 ½TS
약 2L 용량의 수플레 틀
   (약 깊이 10cm가 좋음)
곱게 간 스위스 치즈 또는
   파르메산 치즈 2TS

수플레 틀 안쪽에 버터를 두껍게 바릅니다. 특히 바닥을 신경을 써서 발라야 수플레를 쉽게 빼낼 수 있습니다. 버터를 칠한 부분에 강판에 간 치즈 가루를 고루 묻힙니다.

---

버터 2½TS
밀가루 3TS
약 2.5L 용량의 소스팬
나무 스푼
끓는 우유 ¾컵
거품기
소금 ½ts
후춧가루 넉넉하게 1자밤
육두구 1자밤

소스팬에 버터를 녹인 뒤 밀가루를 넣고 휘저어 중간 불에서 색깔이 나지 않게 2분 동안 볶습니다. 거품이 올라오면 불을 끈 뒤 끓는 우유와 각종 양념을 세게 휘저어 섞습니다. 다시 중간 불에 올려 휘저으며 1분 동안 끓입니다. 팬을 불에서 내립니다.

---

달걀노른자 3개
거품기

뜨거운 소스에 달걀노른자를 1개씩 넣어 고루 섞습니다. 간을 맞춥니다.

---

달걀흰자 6개
소금 1자밤
거칠게 간 스위스 치즈
   (또는 스위스 치즈와 파르메산
   치즈 섞은 것) 1컵

다른 믹싱볼에 달걀흰자와 소금을 넣고 휘저어 단단한 거품을 냅니다 (217~218쪽). 달걀 거품의 ¼을 베이스 소스에 고루 섞은 다음, 거칠게 간 치즈를 섞습니다. 남은 달걀 거품을 조심스럽게 넣고 폴딩합니다.

수플레 혼합물을 틀에 담습니다. 틀 높이의 약 ⅔ 지점까지 채워질 것입니다. 틀을 냄비 안에 놓고, 틀 주위로 끓는 물을 혼합물과 같은 높이까지 붓습니다. 냄비를 예열된 오븐의 가운데 칸에 넣어 약 1시간 15분 동안 굽습니다. 냄비 안의 물이 절대 끓지 않도록 온도를 조절하며 천천히 구워야 합니다. 수플레가 틀 위로 약 1cm쯤 부풀어오르고, 윗면이 바삭해지고 갈색이 돌며, 부피가 줄어들어 틀의 벽면에서 약간 떨어지는 것처럼 보이면 다 구워진 것입니다.

따뜻하게 데운 접시를 수플레 위에 뒤집어 얹은 다음, 접시와 수플레 틀을 동시에 뒤집습니다. 이어 틀과 접시를 함께 단단히 붙잡고 아래로 한두 번 세게 흔들면 수플레가 틀에서 쑥 빠집니다. 틀 안쪽에 버터를 제대로 칠했고 충분히 익었다면, 틀에서 깔끔하게 빠져나온 수플레는 전체적으로 황금빛 갈색을 띨 것입니다. 마지막으로 소스 토마트를 수플레 주변에 올려서 냅니다. 수플레의 색깔이 얼룩덜룩할 경우, 소스 토마트를 수플레 위에 붓고 파슬리로 장식하면 됩니다.

[*] 완성 후 식사까지 30분쯤 기다려야 한다면, 틀에서 뺀 수플레를 뜨거운 물이 담긴 냄비에 그대로 담아, 전원이 꺼진 뜨거운 오븐에 다시 넣고 문을 열어둡니다.

## 수플레 오 블랑 되프(*souffié aux blancs d'œufs*)
### 달걀흰자만 넣은 치즈 수플레

강렬한 치즈의 풍미와 가벼운 식감이 특징인 이 수플레는 남은 달걀흰자로 만들기에 좋습니다. 달걀흰자는 냉동 보관이 가능하므로, 남을 때마다 모아두었다가 적당히 모이면 수플레로 만들 수 있습니다. 달걀흰자 1개는 2테이블스푼입니다.

| **4인분** | |
| --- | --- |
| | 오븐을 약 205℃로 예열합니다. |
| 약 1.5L 용량의 수플레 틀 | 수플레 틀 안쪽에 버터를 바르고, 강판에 간 치즈 가루를 뿌립니다 (162쪽). 모든 재료는 계량해서 준비합니다. |

버터 2 ½TS

밀가루 3TS

약 2.5L 용량의 소스팬

약하게 끓인 라이트 크림 ¾컵

소금 ½ts

후춧가루 ⅛ts

육두구 넉넉하게 1자밤

소스팬에 버터를 녹인 뒤 밀가루를 넣고 2분 동안 색깔이 나지 않게 약한 불로 볶습니다. 불을 끄고, 크림과 각종 양념을 넣고 고루 섞습니다. 불을 다시 켜고 1분 동안 휘저으며 끓인 다음 팬을 불에서 내립니다.

달걀흰자 6~7개(¾~⅞컵)

소금 큰 1자밤

거칠게 간 스위스 치즈 ¾컵(약 80g)

사방 약 5mm 크기로 깍둑썰기한
　스위스 치즈 ¾컵(약 80g)

달걀흰자에 소금을 넣고 단단하게 거품을 냅니다(217쪽). 달걀 거품의 ¼을 수플레 혼합물에 넣고 휘저어 섞습니다. 거칠게 간 치즈는 1 테이블스푼을 남기고 전부 섞고 깍둑썰기한 치즈 조각도 넣어 섞습니다. 남은 달걀흰자를 조심스럽게 폴딩합니다.

준비된 틀에 수플레 혼합물을 담고, 남겨둔 치즈를 뿌립니다. 약 205℃로 예열된 오븐의 가운데 칸에 넣고, 곧장 온도를 약 190℃로 줄여 25~30분 굽습니다. 수플레가 부풀어오르고 윗면에 갈색이 돌면 완성입니다. 곧바로 식탁에 냅니다.

---

## 탱발 드 푸아 드 볼라유(*timbales de foies de volaille*)
### 틀 없는 닭 간 커스터드

이 작고 섬세한 앙트레는 보통 1인용 래머킨에 구워서 소스 베아르네즈와 함께 뜨거운 상태로 냅니다. 커다란 원기둥형 틀 하나에 모든 재료를 담고, 한가운데에 소스를 채워서 굽는 방법도 있습니다. 블렌더를 이용하면 단시간에 만들 수 있지만, 블렌더가 없다면 간을 미트 그라인더로 간 뒤 체에 내려서 나머지 재료를 섞으면 됩니다.

**8인분 4컵 분량**

오븐을 약 175℃로 예열합니다.

| | |
|---|---|
| 버터 1 ½TS<br>밀가루 2TS<br>끓는 우유 1컵<br>소금 ¼ts<br>후추 1자밤 | 작은 소스팬에 버터를 녹인 뒤 밀가루를 색깔이 나지 않게 2분 동안 볶아서 걸쭉한 소스 베샤멜을 만듭니다. 불을 끄고 끓는 우유와 양념을 넣어 고루 섞습니다. 다시 2분 동안 휘저으며 끓입니다. 완성된 소스는 가끔 저어서 식히고, 그동안 다른 재료를 준비합니다. |
| 닭 간 약 450g(약 2컵)<br>달걀 2개<br>달걀노른자 2개<br>소금 ¼ts<br>후춧가루 ⅛ts | 블렌더에 닭 간, 달걀, 달걀노른자, 양념을 모두 넣고 뚜껑을 덮은 뒤 '강'으로 1분 동안 돌립니다. |
| 휘핑크림 6TS<br>포트와인, 마데이라 와인<br>　또는 코냑 2TS | 앞의 혼합물에 식은 소스 베샤멜과 휘핑크림, 와인을 넣고 블렌더를 15초간 더 작동시킵니다. 체에 걸러서 믹싱볼에 담습니다. |
| 선택: 잘게 썬 통조림 트러플 1개 | 트러플(선택)을 섞고 간을 맞춥니다.<br>[*] 바로 오븐에 굽지 않을 경우, 완성된 혼합물은 뚜껑을 덮어서 냉장 보관합니다. |
| 버터 1TS<br>½컵 용량의 래머킨 8개 또는<br>　약 1L 용량의 원형 틀 1개 | 래머킨 또는 틀 안쪽에 버터를 두껍게 바르고 간 혼합물을 채워넣습니다. 약 3mm의 높이를 남기도록 합니다. |
| 냄비에 2.5~4cm 높이로 담긴<br>　끓는 물 | 냄비에 물을 붓고, 래머킨 또는 틀을 그 안에 놓습니다. 냄비를 예열된 오븐의 가운데 칸에 넣고 25~30분 굽습니다. 바늘이나 칼로 중심부를 찔렀다가 뺐을 때 묻어나는 것이 없고, 커스터드가 작아지면서 벽면에서 살짝 떨어지면 다 구워진 것입니다.<br>[*] 바로 내지 않을 경우, 전원을 끈 뜨거운 오븐에 넣고 문을 살짝 열어두면 15~20분은 문제없습니다. |
| 소스 베아르네즈 2컵(132쪽) | 칼로 커스터드의 옆면을 빙 둘러서 구운 용기에서 분리한 다음, 접시나 개인 접시에 뒤집어 담습니다. 소스 1테이블스푼씩 끼얹고, 남은 소스는 따로 냅니다. |

☞ **변형 레시피**

햄, 닭고기, 칠면조고기, 스위트브레드, 연어, 바닷가재, 게, 가리비, 양송이버섯, 아스파라거스, 시금치 등을 넣은 커스터드도 만들 수 있습니다. 재료의 비율과 만드는 방식은 탱발 드 푸아 드 볼라유와 똑같습니다.

☞ **기타 소스**

소스 오로르(107쪽)

소스 마데르(121쪽)

소스 페리괴(121쪽)

소스 브룅 아 레스트라공(118쪽)

# 슈, 뇨키, 크넬

---

## 파트 아 슈(*pâte à choux*)
### 슈 반죽, 슈 페이스트리

파트 아 슈는 소스 베샤멜처럼 쉽고 빠르게 준비할 수 있는 유용한 메뉴로, 요리를 하는 사람이라면 누구나 만들 줄 알아야 합니다. 시중에서 파는 믹스 제품은 신선한 달걀과 뜨거운 물이 추가적으로 필요한데도, 사람들이 계속 사서 쓰는 유일한 이유는 슈 반죽이 그저 굉장히 되직한 화이트소스 내지 밀가루에 물과 양념, 버터, 달걀을 섞어 만든 파나드(*panade*)일 뿐이라는 사실을 모르기 때문일 것입니다. 달걀은 반죽이 구워지면서 부풀어 오르게 하는 역할을 합니다. 절반 비용에 10분도 안 되는 시간만 들이면, 누구나 신선한 버터향이 느껴지는 슈 반죽을 만들 수 있습니다.

　다음 레시피대로, 또는 이 레시피에 치즈를 더해서 구운 파트 아 슈는 오르되브르용 슈로 낼 수 있고, 여기에 설탕으로 단맛을 더하면 슈크림용 슈로 쓸 수 있습니다. 파트 아 슈에 매시트포테이토나 익힌 세몰리나를 섞으면 뇨키가 됩니다. 또 곱게 간 생선살이나 송아지 고기, 닭고기를 섞으면 일종의 고기 완자인 크넬을 만들 때 쓰거나 무스로 활용할 수 있습니다.

**약 2컵 분량**

| | |
|---|---|
| 약 1.5L 용량인 바닥이 두꺼운 소스팬<br>물 1컵<br>작게 조각낸 버터 약 80g<br>　(6TS 또는 스틱 ¾개)<br>소금 1ts<br>후춧가루 ⅛ts<br>육두구 1자밤 | 소스팬에 물과 버터, 양념을 모두 넣고 약한 불에 올려 버터가 완전히 녹을 때까지 끓입니다. 그동안 밀가루를 계량해 덜어둡니다. |
| 다목적 중력분 ¾컵<br>　(평평하게 깎아서 계량, 54쪽) | 소스팬을 불에서 내린 뒤 곧장 밀가루를 전부 부어줍니다. 나무 스패출러나 스푼으로 몇 초간 강하게 휘저어 고루 섞습니다. 적당히 센 불에서 1~2분 동안 휘저으며 가열합니다. 혼합물이 팬의 벽면과 스푼에 묻는 대신 엉겨서 하나의 덩어리를 이루고, 팬 바닥에 눌어붙기 시작하면 불에서 내립니다. |

달걀 4개(미국 기준으로 대란)

스푼으로 반죽 한가운데를 움푹 들어가게 판 다음, 곧장 달걀 하나를 깨뜨려 그 안에 넣습니다. 스푼으로 몇 초간 휘저어 달걀이 반죽에 완전히 스며들게 합니다. 나머지 달걀도 똑같은 방식으로 하나씩 반죽에 섞습니다. 세번째와 네번째 달걀은 스며드는 시간이 조금 더 걸리므로, 모든 달걀이 반죽에 완전히 섞일 때까지 잘 휘젓습니다.

## 디저트용 슈를 위한 파트 아 슈

앞선 레시피에서 물과 버터를 끓일 때 설탕 1티스푼을 더 넣고, 소금은 1티스푼에서 1자밤으로 줄이면 됩니다. 그밖에 재료나 만드는 법은 완전히 똑같습니다.

## 남은 파트 아 슈 보관하기

파트 아 슈는 보통 만들자마자 따뜻한 상태로 곧장 씁니다. 그렇지 않을 경우에는 표면에 버터를 바르고 유산지로 덮어서 마르지 않게 보관합니다. 특별히 따뜻한 파트 아 슈를 써야 하는 레시피라면, 바닥이 두꺼운 소스팬에 담아 약한 불에 올려서 뭉친 부분이 없도록 강하게 휘저으며 잠깐 데웁니다. 손가락을 댔을 때 미지근하면 충분하며, 그 이상 가열하면 나중에 잘 부풀지 않으므로 주의해야 합니다. 파트 아 슈는 냉장고에 며칠간 보관할 수 있으며, 냉동도 가능합니다. 앞서 설명한 대로 필요할 때 가볍게 데워서 쓰면 작은 슈를 만들 때 좋습니다. 반면 커다란 슈를 만들 때는 갓 만든 반죽만큼 풍성하게 부풀어오르지 않으니 주의하세요.

단시간에 따뜻한 오르되브르를 만들어야 한다면, 남은 파트 아 슈가 유용하게 쓰입니다. 따뜻하게 데운 파트 아 슈 ½컵에 헤비 크림 3~4테이블스푼을 넣고 고루 휘저은 다음, 강판에 간 치즈나 곱게 다진 햄 또는 대합살을 몇 스푼 섞습니다. 이 혼합물을 크래커나 토스트, 삼각형으로 자른 식빵 위에 펴 발라서 뜨거운 오븐에 15분 정도 구우면 예쁘게 부풀어 오른 카나페가 완성됩니다.

# 슈
*Choux*

슈는 페이스트리의 파삭함을 유지하도록 마무리 작업만 제대로 하면 실패하지 않을 겁니다. 일단 뜨거운 오븐에 들어가면 동그란 파트 아 슈가 저절로 노릇노릇하게 부푸는데, 잘 만든 슈는 촉감이 단단하되 맛은 부드럽고 보송보송해야 합니다. 뜨거운 슈를 오븐에서 막 꺼냈을 때는 완벽하게 익은 것처럼 보이지만, 그대로 내버려두면 식으면서 점점 눅눅해집니다. 슈 안쪽 덜 익은 부분에서 서서히 수분이 나와 단단한 겉면까지 축축하게 만들기 때문입니다. 이 안타까운 상황을 피하려면, 작은 슈에 구멍을 내서 안쪽 증기를 빼야 합니다. 커다란 슈는 길게 칼집을 내거나 아예 덜 익은 부분을 제거하기도 합니다. 이것이 슈를 만드는 유일한 비법입니다.

슈를 한두 차례 만들어보면, 오븐에 넣기까지 30분이면 되는 너무나도 유용한 요리라는 것을 알게 될 것입니다. 속이 꽉 찬, 뜨거운 한입 크기 슈는 애피타이저로 내기 매우 좋습니다. 큰 슈는 속에 크림에 조린 생선이나 육류, 버섯을 채워서 첫번째 메뉴로 낼 수 있습니다. 또한 달콤하게 만든 슈는 아이스크림이나 커스터드를 채워서 초콜릿이나 캐러멜을 뿌려 멋진 디저트로 내면 됩니다.

## 짤주머니

짤주머니를 쓰면 슈를 가장 깔끔한 모양으로 만들 수 있습니다. 짤주머니가 없다면, 스푼으로 반죽을 떠서 베이킹 트레이에 올리면 됩니다.

# 작은 슈

**지름 3~4cm인 작은 슈 36~40개 분량**

오븐을 약 220℃로 예열합니다.

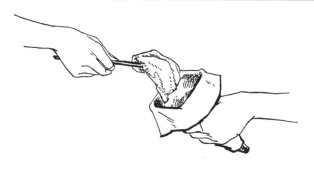

앞의 레시피에 따라 따뜻한 파트 아 슈 2컵을만들때 필요한 재료 지름 약 1cm인 원형 깍지를 끼운 짤주머니

앞서 소개한 레시피대로 파트 아 슈를 만듭니다. 그림처럼 짤주머니 윗부분을 손 위로 약 8cm 접어 내립니다. 고무 스패출러로 따뜻한 파트 아 슈를 퍼서 짤주머니에 담습니다.

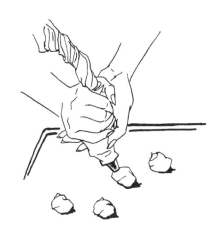

버터를 바른 베이킹 트레이 2개

베이킹 트레이 위에 파트 아 슈를 지름 약 2.5cm, 높이 약 1cm로 둥글게 짜서 올립니다. 각 반죽은 4~5cm쯤 간격을 둡니다.

달걀 1개와 물 ½ts을 쉬어 작은 볼에 푼 것 페이스트리 브러시

제과용 브러시를 달걀물에 담갔다가 평평한 면으로 반죽을 살짝 눌러줍니다. 이때 달걀물이 슈를 타고 흘러 베이킹 트레이에 떨어지면 슈가 잘 부풀지 않으므로 주의합니다.

앙트레와 오찬 요리

약 220℃로 예열된 오븐 맨 위 칸과 아래 칸에 넣고 약 20분간 굽습니다. 슈가 처음보다 2배로 커지고 황금빛 갈색이 돌며 단단하고 파삭한 촉감이 느껴지면 다 구워진 것입니다. 슈를 오븐에서 꺼내 뾰족한 칼끝으로 옆면에 구멍을 냅니다. 이것을 전원을 끈 뜨거운 오븐에 다시 넣고 문을 열어서 10분쯤 둡니다. 슈를 식힘망에 올려서 식힙니다.

## 큰 슈

**지름 약 8cm의 슈 10~12개 분량**

앞의 레시피를 따라 따뜻한 파트 아 슈 2컵을 만들 때 필요한 재료
지름 약 2cm인 원형 깍지를 끼운 짤주머니

버터를 바른 베이킹 트레이

앞서 소개한 레시피대로 파트 아 슈를 만듭니다. 239쪽 그림처럼 파트 아 슈를 퍼서 짤주머니에 담습니다.

베이킹 트레이 위에 파트 아 슈를 지름 약 5cm, 최고 높이 약 2.5cm로 동그랗게 짜서 올립니다. 반죽은 5cm쯤 간격을 둡니다. 달걀물을 묻힌 페이스트리 브러시의 평평한 면으로 반죽을 살짝 눌러줍니다.

약 220℃로 예열된 오븐 맨 위 칸과 아래 칸에 넣어 약 20분간 굽습니다. 슈가 2배로 커지고 색깔이 노릇노릇해지면, 오븐 온도를 190℃로 낮추어 황금빛 갈색이 돌고 단단하며 파삭한 촉감이 느껴질 때까지 10~15분 더 굽습니다. 슈를 오븐에서 꺼내 옆면에 약 2.5cm 길이로 칼집을 낸 다음, 전원을 끈 뜨거운 오븐에 다시 넣고 문을 열어서 10분쯤 둡니다.

이제 슈 하나를 반으로 갈라서 상태를 확인합니다. 중심부가 축축할 경우, 다른 슈의 칼집 안으로 티스푼 손잡이를 찔러넣어 축축한 부분을 파내거나, 가로로 2등분해서 덜 익은 부분을 포크로 긁어냅니다. 모두 이처럼 하면 됩니다. 이어 절반으로 자른 슈가 완전히 식어서 파삭해지면, 2개를 맞물려 다시 동그랗게 만들어줍니다.

## 슈 냉동하기

슈는 냉동해도 아무 문제가 없습니다. 쓰기 직전에 꺼내서 약 220℃로 예열한 오븐에 3~4분 녹이면 파삭한 질감을 되찾습니다.

## 슈 안에 필링 채우기

애피타이저나 앙트레로 낼 슈는, 265~268쪽에 소개된 크림 필링 중 하나를 채우면 됩니다. 짤주머니 안에 크림을 담은 뒤 슈 옆면에 칼집을 내서 그 사이로 짜넣거나, 슈 윗부분을 잘라내고 스푼으로 크림을 떠서 넣으세요. 이어 약 220℃로 예열한 오븐에 2~3분 데웁니다. 디저트용 슈라면 아이스크림이나 691쪽 크렘 파티시에르를 넣습니다. 휘핑한 달걀흰자는 선택입니다.

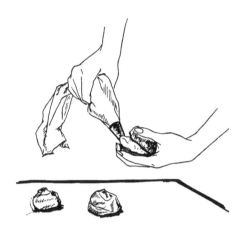

## 프티 슈 오 프로마주(*petits choux au fromage*)
### 치즈 슈

필링을 채울 필요가 없는 칵테일 애피타이저로, 뜨겁거나 차갑게 낼 수 있습니다. 치즈가 많이 들어가서 기본 슈만큼 부풀지는 않습니다.

**구웠을 때 지름 약 4cm인
슈 40개 분량**

오븐을 약 220℃로 예열합니다.

강판에 간 스위스 치즈
  (또는 스위스 치즈와
  파르메산 치즈) 1컵(약 110g)
따뜻한 파트 아 슈 2컵(236쪽)

따뜻한 파트 아 슈에 치즈를 고루 섞고, 간을 맞춥니다. 베이킹 트레이 위에 동그랗게 짜서 올린 다음 달걀물을 발라서 앞선 작은 슈 레시피대로 굽습니다. 취향에 따라 달걀물을 바른 뒤, 그 위에 치즈를 조금씩 뿌려도 좋습니다.

# 뇨키
## *Gnocchi*

뇨키와 크넬은 퓌레를 섞은 파트 아 슈로 만드는 일종의 완자입니다. 모양은 타원형 또는 원통형이며, 약하게 끓는 소금물이나 부용에 넣고 거의 2배로 커질 때까지 15~20분 삶습니다. 다 익으면 물기를 뺀 뒤 뜨거운 소스를 끼얹어서 내거나, 치즈와 버터 또는 소스를 얹어 그라탱으로 만듭니다.

　　뇨키와 크넬은 비교적 만들기 쉬운 데다 미리 포칭해서 둘 수 있고, 냉장 또는 냉동 보관할 수 있어서 유용하게 써먹을 수 있습니다.

---

## 뇨키 드 폼 드 테르(*gnocchi de pommes de terre*)✢
### 감자 뇨키

감자 뇨키는 오찬 메뉴로 훌륭하며, 로스트에 곁들이는 탄수화물을 많이 함유한 채소 대신 내어도 좋습니다.

**익혔을 때 가로 약 8cm, 세로 약 4cm인 뇨키 약 12개 분량**

| | |
|---|---|
| 중간 크기 구이용 감자 3~4개<br>　(약 450g) | 감자는 껍질을 벗겨서 4등분한 다음 소금을 넣은 물에서 부드러워질 때까지 삶습니다. 물기를 빼고 포테이토 라이서로 으깹니다. 이렇게 준비하면 약 2컵이 나옵니다. |
| | 바닥이 두꺼운 소스팬에 으깬 감자를 넣고 중간 불에서 1~2분 이리 저리 뒤섞으며 수분을 날립니다. 감자가 바닥에 눌어붙기 시작하면 불에서 내립니다. |
| 따뜻한 파트 아 슈(236쪽) 1컵<br>강판에 간 스위스 치즈<br>　(또는 스위스 치즈와 파르메산<br>　치즈) ⅓컵(약 40g) | 으깬 감자에 파트 아 슈와 강판에 간 치즈를 섞고 간을 맞춥니다. |
| | 감자 혼합물을 디저트 스푼으로 1스푼씩 떠서 밀가루를 살짝 뿌린 도마 위에 올려놓고, 손바닥으로 굴려 길이 약 6cm, 지름 약 2.5cm 성노인 원통처럼 싱형합니다. |

| 지름 약 30cm인 스킬릿에 끓는 | 스킬릿에 소금물을 붓고 약하게 끓입니다. 뇨키를 물속에 조심스럽 |
| 소금물 | 게 넣고 뚜껑을 연 채 15~20분 삶습니다. 물이 팔팔 끓으면 뇨키가 |
| | 부스러질 수 있으므로 끓기 직전인 상태를 유지해야 합니다. 뇨키가 |
| | 거의 2배로 커지고 물속에서 쉽게 뒤집히면 다 익은 것입니다. 식힘 |
| | 망이나 마른 행주에 받쳐 물기를 빼고, 다음에 제시된 여러 방식대로 |
| | 냅니다. |

## ❖ 뇨키 그라티네 오 프로마주(*gnocchi gratinés au fromage*)
### 치즈를 뿌려 그라탱을 한 뇨키

| 앞서 조리한 뇨키 | 안쪽에 버터를 칠한 얕은 오븐용 용기에 물기를 뺀 뇨키를 담습니다. |
| 강판에 간 스위스 치즈 | 뇨키 위에 강판에 간 치즈를 고루 얹고, 조각낸 버터를 군데군데 올 |
| 또는 파르메산 치즈 ½컵 | 립니다. 덮개를 씌우지 않고 한쪽에 둡니다. |
| 콩알 크기로 조각낸 버터 2TS | |

식탁에 내기 10분 전, 준비된 뇨키를 적당히 뜨거운 브로일러 아래에
서 천천히 갈색이 나게 데웁니다.

## ❖ 뇨키 모르네(*gnocchi Mornay*)
### 치즈 소스를 얹어 구운 뇨키

**소스 약 3컵 분량**

| 버터 4TS | 소스팬에 버터를 녹인 뒤 밀가루를 넣고 약한 불에서 2분 동안 색깔 |
| 밀가루 4 ½TS | 이 나지 않게 볶습니다. 불을 끄고, 우유와 양념을 넣고 고루 섞습니 |
| 2L 용량인 소스팬 | 다. 다시 1분간 휘저으며 끓입니다. |
| 끓는 우유 3컵 | |
| 소금 ¾ts | |
| 후춧가루 ⅛ts | |
| 육두구 넉넉하게 1자밤 | |

| 거칠게 간 스위스 치즈 ¾컵 | 소스팬을 불에서 내려 잠시 휘저어 식힙니다. 치즈를 섞고, 간을 맞춰 |
| (약 80g) | 치즈 소스를 완성합니다. |

뇨키 드 폼 드 테르(242쪽)
곱게 간 스위스 치즈 3TS
콩알 크기로 자른 버터 1TS

깊이가 약 5cm인 오븐 용기 안쪽에 버터를 칠하고 뇨키를 담습니다. 스푼으로 치즈 소스를 떠서 뇨키 위에 끼얹고, 버터를 군데군데 올립니다. 덮개를 씌우지 말고 한쪽에 둡니다.

내기 약 10분 전, 적당히 뜨거운 브로일러 아래에서 천천히 갈색이 나게 굽습니다.

☞ 뇨키 드 폼 드 테르에 더할 수 있는 재료

뇨키 반죽에 다음 재료 중 한 가지를 치즈와 함께 더할 수 있으며, 이렇게 만든 뇨키는 메인 코스로 특히 잘 어울립니다.

차이브, 파슬리 등 신선한 녹색 허브 다진 것 3~4TS

익힌 햄 또는 베이컨 다진 것 ¼~½컵

깍둑썰기해 소테한 양송이버섯 또는 닭 간 ¼~½컵

---

# 뇨키 드 스물 아베크 파트 아 슈(*gnocchi de semoule avec pâte à choux*) 파탈리나(*patalina*)
## 세몰리나 뇨키

이탈리아 뇨키는 세몰리나와 버터, 양념으로 만들지만, 파트 아 슈를 넣어 만든 프랑스 뇨키는 세몰리나에 파삭하고 가벼운 식감을 더한 것입니다. 세몰리나는 곡식 가루로, 마카로니를 만들 때 쓰는 듀럼밀을 체에 내렸을 때 남는 중간 크기 입자의 잔여물입니다. 가공하지 않은 세몰리나를 익히는 데는 20~30분이 걸리고, 세몰리나를 가공한 아침식사용 시리얼은 3~4분이면 익습니다.

**익혔을 때 가로 약 8cm, 세로 약 4cm인**
**뇨키 약 12개 분량**

물 1½컵
버터 1TS
소금 ½ts
후추 ⅛ts
육두구 1자밤

소스팬에 물, 버터, 양념을 넣고 끓입니다.

세몰리나를 가공한 아침식사용
시리얼 ¼컵(약 60g)

끓는 물에 시리얼을 천천히 뿌리면서 나무 스푼으로 계속 휘젓습니다. 시리얼이 스푼 뒷면에 엉겨붙을 만큼 걸쭉해질 때까지 3~4분 계속 저으며 끓입니다. 다 익으면 약 1¼컵이 됩니다.

강판에 간 스위스 치즈 또는
파르메산 치즈 ½컵(약 60g)
따뜻한 파트 아 슈(236쪽) 2컵

파트 아 슈에 시리얼과 치즈를 차례로 섞고, 간을 맞춥니다.

밀가루를 뿌린 도마 위에 반죽을 놓고 작은 원통형으로 빚은 다음, 소금을 친 물에 삶아서 물기를 뺍니다. 앞서 등장한 두 레시피처럼 간 치즈나 치즈 소스를 얹어 브로일러 아래에서 갈색이 나게 굽습니다.

# 크넬
## *Quenelles*

이 섬세하고 훌륭한 프랑스 요리에 익숙지 않은 이들을 위해 설명하자면, 크넬이란 파트 아 슈에 크림과 곱게 간 날생선이나 송아지고기 또는 닭고기를 섞어서 타원형이나 원통형으로 빚은 다음, 양념한 국물에 포칭한 음식을 가리킵니다. 맛있는 소스와 함께 뜨겁게 내는 크넬은 특별한 애피타이저나 오찬 메뉴가 될 수 있습니다. 질감이 수플레처럼 가벼워 끓는 물에 포칭할 때 겨우 모양이 유지될 정도입니다. 작게 만들어서 1인용 무스처럼 개별적으로 냅니다. 재료의 혼합물이 너무 되직하면, 크넬을 익혔을 때 식감이 퍽퍽하고 무거워집니다. 따라서 만일 생선 크넬을 만든다면, 크림이 생선살에 최대한 흡수되는, 육질이 단단하고 젤라틴 성분이 풍부한 생선이 좋습니다. 크넬은 크림이 들어가 식감이 가볍고 섬세합니다.

### 주의사항

프랑스에서 이 책을 집필하던 1950년대는 '푸드 프로세서가 발명되기 전'이었기 때문에 크넬 같은 무스 혼합물을 만들기가 무척 힘들고 번거로웠습니다. 따라서 크넬은 오트 퀴진의 영역에 속해 있었고, 힘든 일을 도맡아 할 젊은 견습 요리사가 많은 대형 레스토랑에서나 만들 수 있는 요리였죠. 당시에 크넬을 만드는 과정은 다음과 같았습니다. 우선 생선을 커다란 화강암 절구에 넣고 커다란 나무 절굿공이로 찧은 다음, 곱게 으깬 생선살을 파트 아 슈에 섞어 북처럼 생긴 넓은 체에 얹었습니다. 가장 귀찮은 작업, 즉 이 혼합물을 나무 방망이로 짓눌러 체에 통과시키는 과정이 뒤를 이었습니다. 이때 생선 가시나 연골 조각 등을 꼼꼼히 골라내야 했습니다. 이 과정을 마친 뒤에는 체 바닥에 엉겨붙은 끈적거리는 반죽을 손바닥만 한, 진짜 동물 뿔로 만든 타원형 주걱으로 싹싹 긁어내야 했고요. (당시는 '플라스틱 탄생 전'이기도 했습니다.) 그리고는 나중에 크림을 최대한 섞어 넣고도 크넬이 모양을 유지할 수 있도록 체에 거른 혼합물을 얼음 위에 얹어 차갑게 식혀야 했습니다. 이렇게 당시의 크넬은 만드는 데 말 그대로 몇 시간씩 걸렸고, 맛도 환상적이었습니다. 그러나 생선살 혼합물을 체에 내리고 난 뒤 촘촘한 거름망 사이에 긴 생선 뼛조각을 일일이 문질러서 빼내야 하는 세척 과정은 결코 즐겁지 않았죠. 즉 크넬은 가정에서 일상적으로 만들 수 있는 요리가 아니었습니다. 이 책의 초판본을 낼 때, 크넬 레시피에서 절구와 절굿공이를 삭제한 것이 현명한 선택이라고 자부했습니다. 당시 시중에 나와 있던 블렌더는 전혀 만족스럽지 않았으나, 미트 그라인더의 날카로운 칼날에 재료를 두 번씩 갈아서 차갑게 식힌 뒤 자동 믹서를 써서 만든 크넬은 무척 훌륭했기 때문입니다. 초판본에 실린 크넬 레시피에서도 재료를 체에 내리는 생고생을 생략했으며, 이 판본에서도 그렇게 했습니다. 하지만 일부 요리사는 여전히 체를 사용하는데, 확실히 체에 내리면 크넬 식감이 더 부드러워집니다. 따라서 이 책에서 체로 내리는 과정은 선택입니다.

물론 푸드 프로세서가 있는 오늘날, 앞서 설명한 과정은 모두 옛날이야기일 뿐입니다. 크넬과 무스를 만드는 데 걸리는 시간은 글자 그대로 몇 분이면 충분하며, 크넬은 드디어 환상 세계에서 먹을 법한 최고급 요리가 아닌, 일반 가정에서도 쉽게 만들 수 있는 일상적인 요리가 되었습니다.

# 크넬 드 푸아송(*quenelles de poisson*)‡
## 생선 크넬

프랑스에서는 보통 생선 크넬을 크넬 드 브로셰(*quenelles de brochet*)라고 부르며, 보통 강꼬치고기로 만들었을 가능성이 큽니다. 강꼬치고기는 맛이 뛰어난 생선이지만 청어처럼 잔가시가 많아 크넬로 만드는 것이 가장 먹기 편한 조리법입니다. 따라서 강꼬치고기로 크넬을 만들 경우, 반드시 절구에 충분히 찧은 다음 체에 내려야 합니다. 다른 방법으로는 절대 가시를 제거할 수 없습니다. 대신 가시를 바른 생선 필레라면 그대로 갈아서 사용해도 좋습니다.

### 생선 고르기
생선은 지방이 적고 젤라틴 성분이 적당히 함유되어 있으며 육질이 단단한 것이 좋습니다. 가자미류처럼 육질이 가볍고 잘 부스러지는 생선은 크림을 조금밖에 흡수하지 못해 크넬을 만들었을 때 무미건조한 느낌이 듭니다. 대서양가자미와 아귀도 좋고, 대서양기름가자미나 겨울가자미도 좋습니다. 신선도가 뛰어난 서대 역시 좋은 선택입니다. 앞서 언급한 생선만큼 쉽게 구하기는 어려워도 명태, 민대구, 붕장어도 크넬 재료로 괜찮습니다.

**크넬 약 16개 분량**
**파트 아 슈 2컵 분량**

물 1컵
바닥이 두꺼운 약 1.5L 용량의 소스팬
소금 1ts
버터 4TS
밀가루 ¾컵(평평하게 깎아서 계량, 54쪽)
달걀(미국 기준으로 대란) 2개
달걀흰자 2개(¼컵)
약 4L 용량의 믹싱볼
각얼음 1판
얼음이 잠길 정도의 물

236쪽 파트 아 슈 만드는 법에 따라 소스팬에 물과 소금, 버터를 넣고 끓입니다. 버터가 다 녹으면 곧바로 팬을 불에서 내린 다음, 밀가루를 한꺼번에 넣고 나무 스패출러나 스푼으로 고루 휘젓습니다. 이어 적당히 센 불에서 혼합물을 몇 분간 계속 휘저으며 끓입니다. 혼합물이 엉겨 붙어 한 덩어리가 되면 불을 끈 뒤 달걀을 한 번에 1개씩 고루 섞고, 이어 달걀흰자까지 휘저어 섞어줍니다. 팬을 얼음물로 채워진 믹싱볼 안에 넣고 몇 분간 휘저으며 식힙니다. 생선을 준비하는 동안 팬은 계속 얼음 위에 얹어둡니다. 생선 퓌레를 섞기 전에 파트 아 슈를 충분히 차갑게 만들어야 합니다.

**크넬 혼합물**

껍질과 가시를 제거한 차가운 생선 필레(앞선 설명대로 지방이 적은 종류) 약 570g (꽉 눌러 담았을 때 2½컵)
푸드 프로세서(강철 날)
소금 ½ts
백후추 ¼ts
차가운 헤비 크림 4~6TS (또는 6~8TS 이상)
고무 스패출러

차가운 생선 필레를 약 2.5cm 폭으로 길게 썰고, 이것을 약 2.5cm 길이로 다시 썹니다. 자른 생선살을 푸드 프로세서 용기에 담습니다. 이어 앞서 준비한 차가운 파트 아 슈와 소금, 후추, 헤비 크림 4테이블스푼도 넣고 푸드 프로세서를 30초 정도 작동시킵니다. 필요할 경우 중간에 잠시 작동을 멈추고 벽면에 붙은 혼합물을 고무 스패출러로 긁어서 밑으로 모아줍니다. 혼합물이 너무 되직해 보이면 크림을 1테이블스푼씩 섞습니다. 크림을 최대한 많이 넣고 싶겠지만, 스푼으로 떴을 때 형태를 유지할 만큼의 농도를 유지하도록 합니다.

소스팬
소금물
다진 트러플 2TS 또는 육두구 큰 1자밤

소스팬에 소금물을 매우 약하게 끓입니다. 테스트를 위해 크넬 혼합물을 스푼으로 조금 떠서 넣고 몇 분간 포칭한 뒤 맛을 봅니다. 크림을 더 넣어도 잘 흡수될 것 같다면 더해도 좋지만, 과한 것보다는 부족한 것이 낫습니다. 필요하면 간을 더 하고, 트러플이나 육두구를 넣어 고루 섞습니다. 다음 단계로 곧장 넘어가지 않을 경우, 혼합물은 냉장고에 보관합니다.

**크넬 빚기, 포칭하기**

다음과 같이 스푼을 이용하면 가장 섬세한 식감의 크넬을 만들 수 있습니다. 242쪽 뇨키처럼 밀가루를 뿌린 도마 위에서 손바닥으로 굴려 원통형으로 빚으면 모양은 더 깔끔하지만 식감이 더 묵직해집니다.

찬물에 담가 둔 디저트용 스푼 2개
지름 약 30cm 스킬릿에 아주
  약하게 끓인 피시 스톡 또는
  소금물

찬물에 담갔던 스푼으로 차가운 크넬 반죽을 동그랗게 한 덩이 떠냅니다. 이 스푼을 왼손으로 옮겨 잡고, 물 묻힌 두번째 스푼의 우묵한 쪽으로 반죽 윗면을 매끈하게 다듬습니다. 이어 두번째 스푼을 반죽 아래로 밀어넣어서 첫번째 스푼에서 반죽을 떼어낸 다음, 약하게 끓는 피시 스톡 또는 소금물에 떨어뜨립니다. 같은 방식으로 재빨리 나머지 반죽도 모양을 잡아서 끓는 액체에 넣고, 뚜껑을 연 채 15~20분 포칭합니다. 물은 아주 약하게 끓어오르기 직전인 상태를 유지해야 합니다. 크넬이 처음보다 거의 2배로 커지고 이리저리 쉽게 뒤집히면 다 익은 것입니다. 크넬을 구멍 뚫린 스푼으로 건져서 철망이나 마른 행주에 받쳐 물기를 뺍니다.

[*] 바로 내지 않을 경우, 버터를 살짝 바른 접시에 크넬을 담고 녹인 버터를 브러시로 고루 발라준 다음 유산지로 덮어서 냉장고에 넣습니다. 이렇게 하면 하루 이틀은 문제없이 보관할 수 있습니다.

☞ **크넬 만들기에 실패했을 때: 생선 무스**

반죽이 너무 질어서 모양을 빚어 포칭하기 힘들 때, 크넬 대신 무스로 변신시키면 본래의 뛰어난 맛을 그대로 살릴 수 있습니다. 안쪽에 버터를 칠한 수플레 틀이나 플랑 링, 또는 래머킨에 반죽을 꽉꽉 채워서 끓는 물이 담긴 냄비 안에 넣습니다. 이것을 냄비째 약 190℃로 예열해둔 오븐에 넣어, 무스가 부풀어오르면서 틀 벽면에서 약간 떨어질 때까지 구우면 됩니다. 틀에서 뺀 무스는 280~282쪽에 소개된 다양한 생선용 소스나 227쪽 수플레 드 푸아송 레시피에 나오는 맛있는 소스 무슬린 사바용과 함께 냅니다.

☞ **어울리는 소스**

크넬은 다음 레시피처럼 미리 소스를 끼얹었다가 식탁에 올리기 직전에 그라탱 방식으로 구워서 낼 수도 있고, 포칭하자마자 뜨거운 소스를 얹어서 낼 수도 있습니다. 만일 두번째 방식을 선택했으나 크넬을 미리 포칭했다면, 안쪽에 버터를 칠한 내열 그릇에 담은 뒤 덮개를 씌워 175℃인 오븐에서 10~15분 데운 다음 소스를 끼얹으면 됩니다. 280~282쪽에 소개된 생선 요리를 만들 때, 포칭한 생선 필레 대신 써도 좋습니다. 이들 생선 요리는 소스 낭튀아나 소스 노르망드 같은 버터 맛이 진한 맛있는 소스를 곁들입니다.

## ❖ 그라탱 드 크넬 드 푸아송(*gratin de quenelles de poisson*)
화이트 와인 소스를 얹어 그라탱을 한 크넬

**소스 쉬프렘 드 푸아송 4컵,**
**데친 크넬 16개 분량(247쪽)**

버터 5TS
밀가루 7TS
약 2L 용량인 법랑 소스팬
끓는 우유 1½컵
바짝 졸인 끓는 화이트 와인
　피시 스톡(168쪽) 1½컵
소금 ½ts
백후추 ⅛ts

소스팬에 버터를 녹인 뒤 밀가루를 넣고 약한 불로 2분 동안 색깔이 나지 않게 천천히 볶습니다. 불을 끄고 끓는 우유와 피시 스톡, 양념을 넣어 고루 섞습니다. 다시 1분 동안 휘저으며 소스가 매우 걸쭉해지도록 끓입니다.

휘핑크림 ¾~1컵
소금, 후추
레몬즙

소스를 뭉근히 끓이면서, 크림을 1스푼씩 넣으며 휘저어 농도를 조절합니다. 농도는 스푼 표면에 소스가 두껍게 코팅될 정도가 적당합니다. 맛을 봐서 소금, 후추로 간을 맞추고, 필요할 경우 레몬즙을 더합니다.

안쪽에 버터를 살짝 칠한 약 5cm
　깊이 오븐용 그릇
강판에 간 스위스 치즈 3TS
콩알 크기로 조각낸 버터 1TS

준비된 오븐용 그릇에 소스를 약 6mm 높이로 붓습니다. 물기를 뺀 크넬을 소스 위에 가지런히 얹고, 스푼으로 남은 소스를 끼얹습니다. 강판에 간 치즈를 뿌리고, 버터 조각을 점점이 올립니다. 덮개를 씌우지 않은 채 한쪽에 둡니다.

식탁에 내기 10~15분 전, 준비된 크넬을 적당히 달궈진 브로일러 아래에서 갈색이 나게 천천히 굽습니다.

## ❖ 크넬 오 쥐이트르(*quenelles aux huîtres*)
굴을 넣은 생선 크넬

다진 셜롯 또는 골파 ½TS
버터 1TS
껍데기를 깐 굴(큰 것) 12알
드라이한 화이트 와인 ½컵 또는
   드라이한 화이트 베르무트 ⅓컵
소금 ¼ts
후추 1자밤

작은 소스팬에 버터를 녹인 뒤 다진 셜롯을 잠시 볶습니다. 여기에 굴과 와인, 양념을 넣고, 끓기 직전인 온도에서 3~4분 포칭합니다. 굴이 익어서 커지면 건져내고, 팬에 남은 국물을 센 불에서 바짝 졸입니다. 국물 양이 절반으로 줄어들면 불을 끄고, 나중에 소스에 사용합니다.

생선 크넬 반죽에 필요한 재료
   (247쪽)

굴을 하나씩 생선 크넬 반죽으로 감싸서 원통형으로 빚습니다. 앞서 소개한 생선 크넬 레시피대로 크넬을 포칭한 다음 소스를 더합니다.

## ❖ 크넬 드 소몽(*quenelles de saumon*)
연어 크넬

재료 비율과 조리 방식은 247쪽에서 소개한 생선 크넬 기본 레시피와 완전히 동일하며, 흰살 생선 대신 생연어나 물기를 완전히 뺀 통조림 연어 2컵을 넣는다는 것이 다릅니다. 붉은 빛을 더하기 위해 토마토 페이스트 1테이블스푼을 더 넣어도 좋습니다. 이 크넬은 소스 블루테나 그밖에 생선 크넬에 어울리는 다양한 소스와 함께 냅니다.

## ❖ 크넬 드 크뤼스타세(*quenelles de crustacés*)
새우살, 바닷가재살, 게살 크넬

재료 비율과 조리 방식은 247쪽에서 소개한 생선 크넬 기본 레시피와 완전히 동일하며, 생선 대신 새우살이나 바닷가재살, 게살을 2컵 분량 넣는다는 것이 다릅니다. 신선한 생물이든 익힌 것이든 상관없으며, 통조림 제품을 써도 됩니다. 소스 역시 기본 레시피와 같습니다.

## ❖ 크넬 드 보(*quenelles de veau*), 크넬 드 볼라유(*qunelles de volaille*)
### 송아지고기, 닭고기, 칠면조고기 크넬

이 크넬 요리는 가벼운 오찬이나 소박한 저녁식사에 잘 어울립니다. 만드는 과정은 기본 생선 크넬과 똑같습니다.

크넬 레시피 재료(247쪽)
　(단 생선 대신 껍질과 뼈,
　연골 등을 제거한 신선한
　송아지고기나 닭고기, 칠면조
　고기 2컵)
버터를 바른 지름 약 30cm짜리
　스킬릿
간을 맞춘 끓는 치킨 스톡이나 빌
　스톡(veal stock) 또는 소금물

푸드 프로세서에 갈아야 하는 고기는 파트 아 슈와 마찬가지로 미리 차갑게 냉장한 뒤 사방 약 2.5cm 크기로 깍둑썰기합니다. 고기는 생선보다 크림을 더 많이 흡수할 수 있으므로 크림 양을 늘려도 좋습니다. 크넬을 빚기에 앞서 끓기 직전까지 데운 스톡이나 약한 소금물에 크넬 혼합물을 시험 삼아 소량 익혀보고, 간이 잘 맞는지 확인합니다. 이어 크넬을 빚어 스킬릿에 가지런히 넣고, 끓는 스톡이나 물을 크넬 위 약 5cm 높이까지 부어 15~20분 포칭합니다. 다 익은 크넬을 건져서 아래 방식대로 냅니다.

### ✳✳ 식탁에 내기

**크넬 오 그라탱(*quenelles au gratin*)** 크넬을 포칭할 때 피시 스톡과 우유 대신 빌 스톡이나 치킨 스톡을 쓰면, 재료 비율과 만드는 방식은 250쪽에 나오는 소스 레시피와 동일합니다. 243쪽 뇨키 모르네처럼 치즈 소스를 크넬에 곁들여 내도 좋습니다.

**소스 마데르를 얹은 크넬** 소스 마데르(121쪽)나 소스 페리괴(121쪽)를 뜨거운 크넬에 끼얹어 냅니다.

# 크레이프
## *Crêpes*

프랑스 가정에서는 크레이프를 사순절 전날이나 성촉절을 기념하는 디저트로 활용할 뿐
아니라, 남은 재료나 집에 있는 간단한 재료를 이용해 영양가 있는 메인 코스 요리를 만들
수 있는 매력적인 방법으로 여깁니다. 크레이프는 소스를 펴 바르고 생선, 고기, 채소 등을
넣어 돌돌 만 다음 브로일러 아래에 노릇노릇하게 구워서 먹기도 합니다. 이보다 더 화려한
크레이프 요리는 가토 드 크레프(*gâteau de crêpe*)로, 필링을 바른 크레이프 24장을 층층이
쌓아올린 다음 오븐에 데워서 맛있는 소스를 끼얹습니다. 층마다 다른 소스를 바른 크레이
프를 수플레 틀 안에 겹겹이 쌓아서 오븐에 데운 다음 틀에서 빼내 소스를 끼얹기도 합니
다. 말아서 노릇하게 구운 크레이프를 포함해, 어떤 방식이든 크레이프 요리는 미리 준비했
다가 식탁에 올리기 직전에 데워서 낼 수 있습니다.

디저트인 크레프 쉬크레(*crêpes sucrées*)와 앙트레로 내는 크레프 살레(*crêpes salées*)는 재
료 비율은 약간 다르지만, 반죽을 섞어서 부치는 방식은 똑같습니다. 다음 레시피는 블렌더
를 이용해 단시간에 크레이프를 만드는 법입니다. 블렌더가 없다면 우선 달걀을 밀가루에
서서히 섞고, 다른 액상 재료를 1스푼씩 더하며 고루 휘저은 다음 마지막으로 버터를 섞습
니다. 이어 반죽을 체에 한 번 걸러 멍울을 완전히 제거하면 됩니다. 크레이프 반죽은 밀가
루가 액체 속에서 충분히 팽창할 수 있도록 조리하기 최소 2시간 전에 만들어야 부드럽고
가벼운 식감의 얇은 크레이프를 얻을 수 있습니다.

---

## 파트 아 크레프(*pâte à crêpes*)
### 크레이프 반죽

**지름 15~16cm 크레이프
25~30장 분량**

차가운 물 1컵
차가운 우유 1컵
달걀 4개
소금 ½ts
밀가루 1½컵 (평평하게 깎아서
　계량, 54쪽)
녹인 버터 4TS
고무 주걱

물과 우유, 달걀, 소금을 블렌더에 넣습니다. 밀가루와 버터를 차례
로 더합니다. 뚜껑을 닫고, 블렌더를 '강'으로 1분 동안 작동시킵니다.
용기 벽면에 밀가루 반죽이 달라붙으면 고무 주걱으로 긁어내린 뒤
2~3초 더 섞어줍니다. 완성된 반죽은 덮개를 씌워 최소 2시간 동안
냉장 보관합니다.

반죽 농도는 매우 가벼운 크림 정도로, 나무 스푼 표면에 코팅될 정도여야 합니다. 가장 처음에 부친 크레이프가 지나치게 묵직하게 느껴지면, 반죽에 물을 1스푼씩 섞어가며 농도를 조절합니다. 적절한 두께는 약 2mm입니다.

## 크레이프 부치는 법

첫번째 부치는 크레이프는 반죽 농도와 팬에 부어야 할 적정량, 불 세기 등을 시험하기 위한 것입니다.

무쇠 스킬릿 또는 크레이프 전용
팬(바닥 지름 약 16~18cm)
지방질의 베이컨이나 돼지비계
1조각 또는 식용유 2~3TS과
페이스트리 브러시

팬에 돼지비계를 문지르거나 식용유를 살짝 바릅니다. 팬을 적당히 센 불에 올리고 연기가 나기 시작할 때까지 달굽니다.

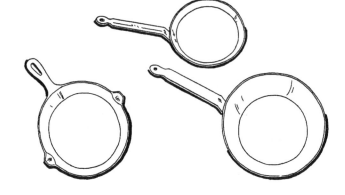

**크레이프 전용 무쇠 팬**
(위) 프랑스식 크레이프 팬
(왼쪽) 미국식 스킬릿
(오른쪽) 오믈렛 팬

3~4TS(¼컵)이 떠지는 국자
또는 계량컵

달구어진 팬을 불에서 내리고, 오른손으로 손잡이를 잡은 채 왼손으로 ¼컵보다 살짝 적은 양의 반죽을 팬 한가운데에 붓습니다. 팬을 재빨리 사방으로 기울여 반죽이 팬 전체에 얇게 퍼지게 합니다. 이 과정을 단 2~3초에 마쳐야 합니다. 팬 바닥에 달라붙지 않은 남은 반죽은 그릇에 도로 따라내고, 다음 크레이프를 부칠 때 어느 정도가 적당할지 감을 잡습니다.

팬을 다시 불에 올려 60~80초 가열합니다. 이어 팬을 전후, 상하로 짧고 강하게 흔들어 바닥에 달라붙은 크레이프를 떼어냅니다. 고무 주걱으로 크레이프 가장자리를 들어서 밑면이 예쁜 연갈색을 띠면 뒤집습니다.

고무 주걱 2개로 크레이프를 뒤집습니다. 또는 그림과 같이 몸에 가까운 쪽 가장자리를 두 손으로 가볍게 잡고 끌어당겨서 뒤집거나, 팬을 위로 휙 쳐들어서 크레이프가 저절로 뒤집히게 해도 좋습니다.

뒤집힌 면을 약 30초 동안 노릇노릇하게 굽습니다. 이 면은 대개 군데군데 갈색이 나게 부쳐지기 때문에 낼 때는 항상 보이지 않게 하거나 아래쪽을 향하게 놓습니다. 크레이프가 다 익으면 식힘망에 미끄러뜨리듯 옮겨서 몇 분간 식힌 다음 접시에 쌓습니다. 다시 팬에 기름을 칠하고 연기가 나기 시작할 때까지 불에 달군 뒤, 앞과 똑같은 방식으로 나머지 크레이프를 부칩니다. 갓 구운 크레이프를 따뜻하게 보관하려면, 접시에 쌓인 크레이프 위에 그릇을 덮어서 약하게 끓는 물에 중탕하거나 미지근한 오븐에 넣어둡니다. 미리 구워두었다가 필요할 때 데워서 써도 상관없으며, 냉동 보관해도 됩니다.

크레이프를 만드는 과정에 익숙해지면 팬 2개를 동시에 사용해 한 번에 2장씩 부칠 수 있으며, 크레이프 24장을 만드는 데 채 30분도 걸리지 않습니다.

## 가토 드 크레프 아 라 플로랑틴(*gâteau de crêpes à la florentine*)⁂
### 크림치즈, 시금치, 양송이버섯으로 속을 채워 겹겹이 쌓은 크레이프

깊지 않은 오븐용 그릇에 겹겹이 필링을 채운 크레이프를 쌓아올리고, 그 위에 맛있는 소스를 끼얹어 오븐에 구워내면 독특한 앙트레나 메인 코스 요리가 됩니다. 완성된 모양이 층층이 쌓아 만든 케이크나 원통형 덩어리처럼 보입니다. 레시피에서 제시한 시금치, 치즈, 양송이버섯 대신 각자 원하는 필링을 넣어도 되며, 1~2가지가 아닌 3~4가지 재료를 함께 써도 좋습니다. 265쪽 퐁뒤 오 그뤼예르와 마찬가지로, 전부 곱게 으깬 생선이나 조개 및 갑각류 살, 송아지고기, 햄, 닭고기, 닭 간을 익혀서 다지거나 곱게 간 것에 소스를 버무린 것입니다. 여기에 입맛에 따라 익힌 아스파라거스나 가지, 토마토, 시금치, 양송이버섯 등을 더할 수 있습니다. 그밖에 필링 종류에 따라 소스 토마트(123쪽), 소스 마데르(121쪽), 소스 수비즈(108쪽)를 써도 좋습니다. 필링에 소스를 한 종류 이상 써도 괜찮고, 층층이 쌓은 크레이프에 또 다른 소스를 끼얹어도 됩니다.

이 요리는 아침에 준비해두었다가 저녁식사 시간에 다시 데워서 낼 수 있습니다.

## 4~6인분

| 지름 약 16cm 크레이프 24장 분량의 반죽(253쪽) | 크레이프를 부쳐서 한쪽에 둡니다. |

## 소스 모르네(106쪽) 3컵 분량 준비하기

| 밀가루 5TS 버터 4TS 약 1.5L 용량인 소스팬 | 소스팬에 버터를 녹인 뒤 밀가루를 2분 동안 색깔이 나지 않게 천천히 볶습니다. |
| 끓는 우유 2¾컵 소금 ½ts 후추 ⅛ts 육두구 큰 1자밤 | 불을 끄고, 끓는 우유와 양념을 넣고 고루 섞습니다. 다시 1분 동안 휘저으며 끓입니다. |
| 휘핑크림 ¼컵 거칠게 간 스위스 치즈 1컵 | 불을 줄여 약하게 끓이면서 크림을 1스푼씩 떠 넣고 잘 휘젓습니다. 소스가 스푼 표면에 두껍게 코팅될 만큼 걸쭉해지면 완성된 것입니다. 소스를 불에서 내려 간을 맞춘 다음, 준비한 치즈를 2테이블스푼만 남기고 넣어 고루 섞습니다. 표면에 막이 생기지 않도록 우유를 살짝 부어둡니다. |

## 시금치 필링 만들기

| 다진 셜롯 또는 골파 1TS 버터 2TS 데쳐서 잘게 썬 시금치(558쪽) 1½컵 소금 ¼ts | 법랑 소스팬에 버터를 녹인 뒤 셜롯 또는 골파를 살짝 볶습니다. 여기에 시금치와 소금을 넣고, 적당히 센 불로 2~3분 계속 휘저으며 볶아 수분을 날립니다. 앞서 만든 소스 모르네 ½~⅔컵을 붓고 고루 섞습니다. 뚜껑을 덮고 8~10분 동안 뭉근하게 끓이며 눌어붙지 않도록 가끔 휘젓습니다. 간을 맞추어 한쪽에 둡니다. |

## 치즈에 버무린 양송이 필링 만들기

코티지치즈 1컵 또는
    크림치즈 약 220g
소금, 후추
달걀 1개

믹싱볼에 치즈와 양념을 넣고 곱게 으깹니다. 앞서 만든 소스 모르네 ⅓~½컵과 달걀을 차례로 넣어 고루 섞습니다.

다진 양송이버섯 약 110g(1컵)
다진 셜롯 또는 골파 1TS
버터 1TS
기름 ½TS

스킬릿에 버터와 기름을 두르고 양송이버섯과 셜롯을 5~6분 볶습니다. 이것을 치즈 혼합물에 고루 섞고, 다시 간을 맞춥니다.

## 크레이프 층층이 쌓기

지름 약 23cm, 깊이 약 4cm의
    오븐용 원형 그릇
강판에 간 치즈 3TS
버터 ½TS

오븐용 그릇 안쪽에 버터를 바릅니다. 바닥 한가운데 크레이프를 1장 깔고, 치즈에 버무린 양송이버섯 필링을 얇게 펴서 바릅니다. 그 위에 두번째 크레이프를 올려 살짝 누르고, 시금치 필링을 한 층 올립니다. 이런 식으로 크레이프와 필링을 계속 번갈아 쌓아올리면서 마지막 층은 크레이프로 마무리합니다. 남은 치즈 소스를 층층이 쌓은 크레이프 윗면과 옆면에 고루 끼얹습니다. 강판에 간 치즈 3테이블스푼을 뿌리고, 콩알 크기로 조각낸 버터 3~4조각을 군데군데 올립니다. 구울 준비가 끝난 크레이프는 한쪽에 둡니다.

## 굽기

식탁에 내기 25~30분 전, 준비된 크레이프를 약 175℃로 예열해둔 오븐 맨 위 칸에 넣습니다. 크레이프가 전체적으로 따뜻하게 데워지고 상단이 연갈색으로 변하면 오븐에서 꺼낸 다음, 케이크처럼 잘라서 냅니다.

## ❖ 탱발 드 크레프(*timbale de crêpes*)

다양한 필링을 넣어 틀에 구운 크레이프

**6인분**

1.5L 용량인 원통형 틀
 (높이 약 9cm, 지름 약 16cm
 샤를로트를 권장)
지름 약 17cm 크레이프 10장,
 지름 약 15cm 크레이프 12장
크림 필링 3~4컵(265~268쪽에
 소개된 퐁뒤 중 하나 또는
 여럿 선택)

틀 안쪽에 버터를 바릅니다. 넓은 크레이프 10장을 절반 크기로 잘라서 틀 안쪽에 붙이는데, 이때 더 보기 좋게 부쳐진 면을 틀과 맞닿게 합니다. 자른 크레이프의 뾰족한 부분은 바닥 중심을 향해두고, 반대쪽 끝부분은 틀 바깥쪽을 향하도록 틀에 걸쳐둡니다. 필링과 크레이프를 틀 안에 층층이 쌓아올립니다. 마지막 필링을 바른 뒤 틀 바깥쪽을 향해 늘어진 부분을 접어 올려서 그 위에 덮고, 마지막 남은 크레이프를 올립니다.

토마토소스, 치즈 소스 등
 준비한 필링에 어울리는 소스
 2½컵

끓는 물이 담긴 냄비 안에 틀을 넣고, 약 175℃로 예열해둔 오븐 맨 아래 칸에서 크레이프가 전체적으로 데워질 때까지 30~40분 굽습니다. 버터를 바른 접시 위에 뒤집어서 틀을 벗겨내고, 준비한 소스를 듬뿍 끼얹습니다.

## ❖ 크레프 파르시 에 룰레(*crêpes farcies et roulées*)

필링을 넣어 둥글게 만 크레이프

크레이프 아래쪽 ⅓ 지점에 필링을 1스푼 듬뿍 떠서 올린 다음 둥글게 원통형으로 맙니다.

둥글게 만 크레이프를 버터에 구워서 뜨겁게 데운 접시에 담고 파슬리를 뿌려 장식합니다. 또는 얕은 오븐용 그릇에 담아 소스를 듬뿍 끼얹고 강판에 간 치즈를 뿌린 다음, 적당히 뜨거운 브로일러 아래에서 연갈색이 돌게 구워서 내는 방법도 있습니다.

조금 더 격식을 갖추고 싶다면, 267~268쪽에 나오는 갑각류, 조개 또는 닭고기 필링을 사용하면 좋습니다. 전부 잘 만든 소스 블루테가 공통적으로 들어갑니다. 소스를 만들 때, 절반은 같은 양의 갑각류나 조개살, 닭고기와 함께 섞어서 필링을 만들고, 나머지 절반은 소량의 헤비 크림을 섞어 묽게 만든 뒤 층층이 쌓은 크레이프 윗면과 옆면에 바릅니다.

# 오르되브르
## Hors d'œuvres

페이스트리를 즐겨 만드는 사람들을 위해 따뜻한 오르되브르 몇 가지와 차가운 오르되브르 하나를 소개하겠습니다. 263쪽 카나페와 264쪽 타르틀레트, 269쪽 쇼송을 보통 크기보다 크게 만들면 애피타이저나 오찬 메뉴로 낼 수 있습니다.

---

## 아뮈즈괼 오 로크포르(*amuse-gueule au roquefort*)
### 차갑게 먹는 로크포르 치즈볼

**약 24개 분량**

로크포르 치즈 또는 블루치즈
  약 200g
말랑한 버터 4~6TS
다진 차이브 또는
  골파 초록 부분 1½TS
곱게 다진 셀러리 1TS
카엔페퍼 가루 1자밤
소금(필요시)
후추 ⅛ts
코냑 1ts 또는 우스터소스 몇 방울

볼에 치즈와 버터 4테이블스푼을 넣고 충분히 으깨서 매끈한 페이스트처럼 만듭니다. 여기에 차이브나 골파, 셀러리, 양념, 코냑 또는 우스터소스를 넣어 고루 섞습니다. 반죽이 너무 되직하면, 버터를 아주 조금씩 더해서 섞습니다. 간을 맞춘 다음, 반죽을 떼어 굴려서 약 1cm 지름인 공 모양으로 빚습니다.

고운 건식 빵가루(흰 빵) ½컵
아주 곱게 다진 파슬리 2TS

빵가루와 파슬리 가루를 섞어 접시에 담고, 그 위에 치즈볼을 굴려 가루를 고루 묻힙니다.

그대로 또는 이쑤시개를 하나씩 꽂아서 냅니다.

# 부세, 갈레트, 바게트
## Bouchées, Galettes, Baguettes

다음에 소개할 오르되브르는 프랑스식 치즈 비스킷으로 따뜻할 때 먹는 것이 더 좋지만, 차갑게 내도 괜찮습니다. 미리 구워서 냉동했다가 뜨거운 오븐에 5분쯤 데워서 낼 수 있습니다.

---

## 갈레트 오 프로마주(*galettes au fromage*)‡
### 치즈 갈레트

이 갈레트는 깃털처럼 가벼운 식감이며, 보통 스위스 치즈로 만들지만, 다른 치즈를 쓰거나 여러 치즈를 섞어도 되고, 쓰다 남은 치즈를 사용해도 괜찮습니다. 반죽에 들어가는 밀가루 양은 딱 갈레트가 구워지며 부스러지지 않을 만큼이라서, 스위스 치즈를 쓴다면, 밀가루는 ¾컵이 적당합니다. 연질 치즈를 쓴다면 밀가루를 더 넣어야 하며, 항상 테스트용으로 1개를 먼저 구워보아야 합니다.

**갈레트 약 30개 분량**

---

오븐을 약 220℃로 예열합니다.

---

강판에 간 스위스 치즈
  또는 혼합 치즈 200g
  (꽉 눌러 담아서 약 2컵)
말랑한 버터 200g
다목적 밀가루 ½컵(필요시 추가)
후추 ¼ts
카옌페퍼 가루 1자밤
소금

믹싱볼이나 도마 위에서 모든 재료를 섞어 반죽합니다. 끈적거리는 반죽을 1스푼 떼서 두 손바닥 사이에 굴려 동그랗게 빚은 다음, 납작하게 눌러 약 6mm 두께인 원반 모양으로 만듭니다. 뜨거운 오븐에 테스트용 갈레트를 10~15분 구워서 형태를 관찰합니다. 잘 구운 갈레트는 처음보다 지름이 약간 늘어나고 가볍게 부풀어오른 상태로, 먹음직한 갈색을 띠어야 합니다. 만일 너무 많이 옆으로 퍼졌거나 쉽게 바스라진다면, 반죽에 밀가루 ¼컵을 더 섞고 다시 테스트합니다.

---

버터를 가볍게 칠한 베이킹 트레이
달걀 1개에 물 ½ts을 섞어서 푼
  달걀물
페이스트리 브러시
강판에 간 스위스 치즈 ½컵
식힘망

테스트 결과가 만족스럽다면, 나머지 반죽으로 갈레트를 모두 빚어서 베이킹 트레이에 배열합니다. 갈레트 윗면에 달걀물을 발라주고 강판에 간 치즈를 조금씩 뿌립니다. 오븐에서 10~15분 굽습니다. 갈레트가 가볍게 부풀고 연갈색이 돌면 오븐에서 꺼내 식힘망에 옮겨 식힙니다.

## ❖ 갈레트 오 로크포르(*galettes au roquefort*)
로크포르 치즈 갈레트

이 갈레트 반죽은 타르트나 쇼송 반죽으로도 쓸 수 있습니다.

**갈레트 약 30개 분량**

로크포르 치즈
  또는 블루치즈 약 110g
약 2L 용량인 믹싱볼
말랑한 버터 약 110g
휘핑크림 2TS
달걀노른자 1개
밀가루 ¾컵(평평하게 깎아서
  계량, 54쪽)

믹싱볼에 치즈를 담아 큰 포크로 으깹니다. 버터, 크림, 달걀노른자를 넣고 고루 섞은 다음 밀가루를 넣고 반죽합니다. 동그란 공 모양으로 빚은 반죽을 유산지로 감싸서 냉장해 굳힙니다. 공 모양 반죽을 납작하게 눌러 약 6mm 두께로 만든 다음, 지름 약 4cm인 원형 쿠키 틀로 찍어냅니다. 윗면에 달걀물을 발라서 앞서 소개한 레시피대로 굽습니다.


## ❖ 갈레트 오 카망베르(*galettes au camembert*)
카망베르 치즈 갈레트

이 갈레트 반죽은 타르트나 쇼송 반죽으로도 쓸 수 있습니다.

**갈레트 50개 분량**

숙성된 카망베르, 브리 또는
  리더크란츠 치즈 170~220g
약 2L 용량인 믹싱볼
말랑한 버터 약 80g(스틱 ¾개)
달걀 2개
소금 ½ts
후추 ⅛ts
카엔페퍼 가루 1자밤
체에 내린 다목적 중력분 2컵

치즈의 딱딱한 껍질을 긁어내고 말랑한 부분만 믹싱볼에 담아 포크로 으깹니다. 버터를 섞고, 이어 달걀과 양념까지 고루 뒤섞습니다. 밀가루를 넣은 뒤 잠깐 동안 반죽해서 매끈하고 탄력 있는 반죽을 만듭니다. 반죽이 너무 부드러우면 밀가루를 1테이블스푼 정도 더 넣습니다. 반죽을 유산지로 싸서 차갑게 굳힌 다음, 약 6mm 두께로 밀어서 약 4cm 지름인 원형 쿠키 틀로 찍어서 냅니다. 앞선 기본 레시피대로 윗면에 달걀물을 바르고, 약 175℃로 예열한 오븐 맨 위 칸에서 연갈색이 날 때까지 15분쯤 굽습니다.

앙트레와 오찬 요리

# 부셰 파르망티에 오 프로마주(*bouchées parmentier au fromage*)
## 감자 치즈 스틱

한입 크기인 이 귀여운 오르되브르는 매시트포테이토를 넣어 더 부드럽고 맛있습니다.

**약 60개 분량**

구이용 감자 200g
  (중간 크기 감자 2개)

감자는 껍질을 벗겨서 4등분한 다음 소금을 넣어 끓인 물에 푹 삶습니다. 물기를 제거하고 포테이토 라이서로 곱게 으깹니다. 으깬 감자 양은 1컵 정도가 됩니다.

바닥이 두꺼운 소스팬에 감자를 넣고 중간 불로 2~3분 볶습니다. 팬 바닥에 감자가 얇게 눌어붙기 시작하면 수분이 거의 날아갔다는 신호이므로 불을 끕니다.

밀가루 ⅔컵(평평하게 깎아서 계량, 54쪽)
말랑한 버터 약 110g(스틱 1개)
달걀 1개
강판에 간 스위스 치즈 약 110g
  (1컵)
백후추 ⅛ts
육두구 1자밤
카옌페퍼 가루 1자밤
소금(필요시)

감자에 먼저 밀가루를 넣고, 이어 버터도 조금씩 섞어줍니다. 마지막으로 달걀, 치즈, 각종 양념을 넣고 고루 뒤섞은 다음 간을 맞춥니다. 오븐을 약 215℃로 예열해둡니다.

버터를 가볍게 칠한 베이킹 트레이 2개

세로로 홈이 파인 지름 6mm의 깍지를 이용해 베이킹 트레이 위에 감자 혼합물을 약 6cm 길이로 짜서 올립니다. 각 반죽은 약 1cm 정도 간격을 둡니다.

예열된 오븐에 베이킹 트레이 2개를 모두 넣고 연갈색이 돌 때까지 약 15분 동안 굽습니다.

# 카나페, 크루트, 타르틀레트
## *Canapés, Croûtes, Tartlettes*

미국에서 완제품으로 쉽게 구할 수 있는 멜바 토스트는 따뜻한 애피타이저에 활용하기 좋지만, 여기서는 좀더 우아한 대체품을 소개하겠습니다. 이들은 각종 레시피에 서로를 대신해서 쓸 수 있으며, 미리 만들어두어도 되고, 필링을 얹거나 채운 뒤 노릇하게 구워두었다가 식탁에 올리기 전 다시 데워서 내어도 좋습니다. 재료에 빵이 나와 있을 경우, 너무 부드러워서 쉽게 짜부라지는 빵이 아닌, 홈메이드 타입인 탄력 있고 묵직한 흰 빵을 씁니다. 프랑스식 레시피에서는 프랑스식 식빵인 팽 드 미(*pain de mie*)를 씁니다.

---

### 카나페(*canapés*), 크루통(*croûtons*)
버터에 굽거나 아무것도 첨가하지 않은 둥근 빵

별다른 재료를 첨가하지 않고 구워 얇게 썬 흰 빵은 삼각형이나 원형으로 자르면 카나페의 완벽한 받침대가 될 수 있습니다. 그 위에 필링을 펴 바른 다음 약 220℃로 예열한 오븐에서 넣어, 빵은 바삭하게 구워지고 필링은 가볍게 부풀어서 윗면이 노릇해질 때까지 두면 간단한 카나페가 완성됩니다. 좀더 화려한 카나페를 만들고 싶다면, 다음 순서를 따릅니다.

빵을 약 6mm 두께로 썬 다음, 뭉툭한 톱니 모양의 지름 약 4~5cm의 쿠키 틀을 이용해 동그란 모양으로 찍어냅니다. 스킬릿에 정제 버터(55쪽)를 약 3mm 두께로 넣고, 빵을 앞뒤로 살짝 노릇하게 굽습니다. 필요할 경우 버터를 더 넣습니다. (원형이 아닌 삼각형으로 자른 것은 크루통이라고 부르며, 앙트레를 장식할 때 씁니다.)

필링(265~268쪽)을 만들어 카나페에 약 1cm 높이로 쌓아줍니다. 강판에 간 치즈를 올리고 녹인 버터를 한 방울 끼얹습니다. 베이킹 트레이에 놓고 뜨거운 브로일러 아래에 잠깐 넣어 상단을 살짝 노릇하게 굽습니다. 식탁에 내기 전에 미리 만들어두었다면, 약 175℃인 오븐에서 몇 분간 데웁니다.

## 크루트(*croûtes*)
### 구운 빵 틀

먼저 뻣뻣한 빵 가장자리를 잘라내고 사방 2.5cm 크기로 깍둑썰기하거나 원형 쿠키 틀로 찍어냅니다. 그 빵 한가운데를 파낸 다음, 손가락 끝으로 파낸 부분 바닥과 옆면을 꼭꼭 다져서 약 6mm 두께의 빵 틀을 만듭니다. 이 빵 틀 바깥 면과 6mm 두께인 모서리에 녹인 버터를 바르고, 베이킹 트레이에 올려 약 230℃로 예열한 오븐 맨 위 칸에 넣고 5분 동안 갈색이 나게 굽습니다.

구운 빵 틀의 빈 공간에 필링(265쪽~268쪽)을 선택해 채운 다음, 상단에 강판에 간 치즈를 약간 올리고 녹인 버터를 한 방울 떨어뜨립니다. 이것을 뜨거운 브로일러 아래에서 필링의 표면이 살짝 노릇해질 때까지 잠깐 굽습니다. 미리 만들어두었다가 175℃인 오븐에서 몇 분간 데워서 냅니다.


## 타르틀레트(*tartelettes*)
### 소형 타르트 셸

195~202쪽에서 설명한 일반적인 페이스트리 반죽과 타르트 셸 만들기 과정을 따르되, 반죽을 두께 약 3mm보다 더 얇게 밉니다. 깊이 약 1cm, 지름 5~6cm 크기인 작은 타르트 틀이나 얕은 머핀 틀 안쪽에 버터를 칠한 다음, 안쪽 옆면과 바닥에 반죽을 깔아줍니다. 칼등으로 반죽 가장자리에 홈을 파 장식하고, 반죽 바닥을 포크로 콕콕 찔러 구멍을 냅니다. 동그랗게 오린 유산지에 버터를 칠해서 반죽 위에 놓고 마른 콩을 한 줌씩 담습니다. 콩 대신 또 다른 틀을 반죽 위에 올려놓아도 좋습니다. 이렇게 하면 반죽이 구워지면서 바닥이 부풀고 벽면이 바스라지는 것을 막을 수 있습니다. 이것을 약 205℃로 예열한 오븐에서 모양이 잡힐 때까지 7~8분 굽습니다.

유산지와 콩 또는 올려놓았던 틀을 빼냅니다. 반죽 바닥을 포크로 다시 한번 콕콕 찌른 뒤 오븐에 2~3분 더 굽습니다. 노릇하게 색깔이 나고, 반죽이 쪼그라들어 틀 벽면에서 약간 떨어지기 시작하면 오븐에서 꺼냅니다. 이렇게 구워서 타르틀레트 셸이 된 반죽을 틀에서 빼내 식힘망에 올려 식힙니다.

필링을 선택해 타르틀레트 셸 가운데 담습니다. 강판에 간 치즈를 약간 올리고, 녹인 버터를 한 방울 떨어뜨립니다. 베이킹 트레이에 옮긴 다음 약 230℃로 예열한 오븐에서 필링 윗부분에 갈색이 돌 때까지 5분쯤 굽습니다. 식탁에 올리기에 앞서 미리 만들어두었다면 175℃ 오븐에서 몇 분간 데워서 냅니다.

# 파르스
## *Farces*

이 다목적 크림 필링은 카나페, 크루트, 타르틀레트에 모두 어울립니다. 슈(238쪽)나 쇼송(269쪽), 크로켓(268쪽), 크레이프(253~258쪽)에도 곁들일 수 있습니다.

---

## 퐁뒤 오 그뤼예르(*fondue au gruyère*)‡
### 스위스 치즈로 만든 크림 필링

**약 2컵 분량**

버터 2½TS
밀가루 3TS
약 2L 용량인 소스팬
거품기
끓는 우유 또는 끓는 라이트 크림
 1½컵
소금 ½ts
후추 ⅛ts
육두구 1자밤
카옌페퍼 가루 1자밤

소스팬에 버터를 녹인 뒤 밀가루를 색깔이 나지 않게 2분 동안 약한 불에 볶습니다. 불에서 내려 끓는 우유나 크림을 섞고 양념을 넣습니다. 다시 1분간 휘저으며 끓입니다. 농도가 매우 걸쭉해지면 간을 맞춥니다.

달걀노른자 1개
거칠게 간 스위스 치즈
   (또는 스위스 치즈와
   파르메산 치즈) 약 110g(1컵)
버터 2TS

소스를 불에서 내립니다. 소스 한가운데 달걀노른자를 떨어뜨린 다음 곧장 거품기로 세게 휘저어 섞습니다. 계속 휘저으며 약간 식힌 뒤 치즈와 버터를 차례로 넣습니다. 세심하게 간을 맞춥니다. 당장 사용하지 않는다면, 표면이 굳지 않도록 버터 조각을 점점이 올립니다.

### ❖ 마늘과 와인

버터 ½TS
다진 셜롯 또는 골파 1½TS
으깬 마늘(작은 것) 1쪽
드라이한 화이트 베르무트 ½컵

작은 법랑 소스팬에 버터를 녹인 뒤 셜롯(또는 골파)과 마늘을 살짝 볶습니다. 와인을 붓고 센 불로 팔팔 끓여서 와인 양을 ¼컵으로 졸입니다. 기본 레시피에서 우유 1½컵 중 ¼컵을 이렇게 졸인 와인으로 대체합니다.

### ❖ 햄

다진 햄 또는 캐나다식 베이컨
   ½컵
버터 ½TS

햄을 버터에 살짝 소테합니다. 기본 레시피에서 치즈 양을 절반으로 줄이고 대신 햄을 넣습니다.

### ❖ 양송이버섯, 닭 간

다진 양송이버섯 또는 닭 간
   약 110g
버터 1TS
소금, 후추

양송이버섯 또는 닭 간을 버터에 소테한 다음 소금, 후추로 간합니다. 기본 레시피에서 치즈 양을 절반으로 줄이고 대신 양송이 또는 닭 간을 넣습니다.

# 퐁뒤 드 크뤼스타세(*fondue de crustacés*)‡
### 갑각류살이나 대합살을 넣은 크림 필링

**약 2컵 분량**

다진 셜롯 또는 골파 1½TS

버터 2TS

다지거나 얇게 저민 갑각류살 또는
   대합살(삶은 것 또는 통조림)
   또는 다진 통조림 대합 1¼컵

드라이한 화이트 와인이나
   화이트 베르무트 ⅓컵 또는
   마데이라 와인이나 셰리 3~4TS

소금

후추

선택: 타라곤이나 처빌 등 다진
   허브 1TS 또는 말린 타라곤이나
   오레가노 ½ts

약 2L 용량인 소스팬이나 작은 법랑 스킬릿에 버터를 녹인 뒤 셜롯 또는 골파를 약한 불로 살짝 익힙니다. 여기에 갑각류나 대합 등을 넣고 볶은 뒤 2분 동안 약한 불로 익힙니다. 와인을 붓고 뚜껑을 덮어 1분 동안 약하게 끓입니다. 뚜껑을 열고 센 불로 수분이 거의 날아갈 때까지 바짝 졸입니다. 간을 맞추고 선택 재료인 허브를 고루 섞습니다.

버터 2TS

밀가루 2½TS

끓는 액상 재료(우유에 농축한
   피시 스톡이나 시판 양송이버섯
   주스, 또는 대합 주스를 더한 것)
   1컵

후추 ⅛ts

소금

다른 약 2L 소스팬에 버터를 녹인 뒤 밀가루를 색깔이 나지 않게 2분 동안 볶습니다. 불을 끄고 끓는 액체와 후추, 소금을 넣고 고루 섞어 간을 맞춥니다. 다시 1분 동안 휘저으며 끓입니다.

달걀노른자 1개

휘핑크림 ¼컵

볼에 달걀노른자와 크림을 넣고 고루 섞습니다. 불에서 내린 소스를 달걀 혼합물에 한 번에 1스푼씩 섞습니다. 이것을 다시 소스팬에 붓고 1분 동안 휘저으며 끓입니다. 소스가 매우 걸쭉해지면 간을 맞춥니다.

강판에 간 스위스 치즈 ¼컵

앞서 준비한 갑각류나 대합 등을 소스에 폴딩하고, 강판에 간 치즈도 같은 방식으로 섞습니다. 다시 간을 맞춥니다. 바로 먹지 않을 경우, 표면이 굳지 않도록 조각낸 버터를 군데군데 올려둡니다.

## ❖ 퐁뒤 드 볼라유(*fondue de volaille*)
닭고기나 칠면조고기를 넣은 크림 필링

만드는 방법과 재료 비율은 퐁뒤 드 크뤼스타세와 동일합니다. 단, 갑각류나 대합 살 대신 익혀서 다진 닭고기나 칠면조고기, 오리고기, 수렵육을 1컵 넣습니다.

# 크렘 프리트, 퐁뒤, 크로메스키
## *Crème Frites, Fondues, Cromesquis*

앞서 소개한 크림 필링은 모두 차갑게 굳혀서 사각형 또는 원형으로 자른 다음, 달걀물과 빵가루를 입혀 뜨거운 기름에 노릇노릇하게 튀겨 크로켓으로 만들 수 있습니다. 다만 크림 필링이 훨씬 더 되직해야 하므로, 다음과 같은 방식으로 조리합니다.

### 사각형 크로켓(가로세로 약 6cm, 두께 약 1cm) 24개 분량

밀가루 ½컵
우유 1½컵
달걀노른자 2개
소금, 후추, 육두구
버터 2TS
앞서 소개한 재료 1컵
녹인 버터 1TS

묵직한 소스팬에 밀가루를 넣고 우유를 조금씩 부으며 거품기로 섞습니다. 중간 불에서 혼합물이 엉기기 시작할 때까지 계속 휘젓습니다. 불에서 내린 뒤 달걀노른자를 넣고 세게 휘젓습니다. 멍울 없이 매끈하게 섞이면, 다시 불에 올려 2분 동안 저으며 끓여 걸쭉하게 만듭니다. 다시 불에서 내리고 양념과 버터를 섞습니다. 크림 필링이 약간 식었을 때 재료를 넣고 고루 섞습니다. 버터를 살짝 칠한 접시에 약 1cm 두께로 넓게 펼칩니다. 표면에 녹인 버터를 발라 덮개를 씌운 뒤 몇 시간 동안 차갑게 식힙니다.

밀가루 1컵
파이 접시 3장
달걀물(달걀 1개, 달걀흰자 2개, 식용유 1TS, 물 1TS, 소금, 후추를 고루 섞은 것)
고운 건식 빵가루(흰 빵) 2컵
튀김용 기름과 장비

밀가루, 달걀물, 빵가루를 각각 접시 3장에 담습니다. 스패출러로 차가운 소스 1½테이블스푼을 떠서 밀가루 위에 떨어뜨립니다. 전체적으로 밀가루를 가볍게 묻힌 뒤 네모나게 빚습니다. 달걀물에 담가 스푼으로 달걀물을 고루 끼얹습니다. 포크로 건져서 빵가루 위에 떨어뜨린 다음, 톡톡 두들겨가며 빵가루를 표면 전체에 고르게 입힙니다.
[*] 이렇게 튀김옷을 입히는 과정은 하루 전에 해도 됩니다. 덮개를 씌워 냉장 보관합니다.

약 190℃ 기름에 크로켓 4~5개를 한꺼번에 넣고 2~3분간 갈색이 나게 튀긴 다음, 구깃구깃한 키친타월에 받쳐 기름을 뺍니다. 필요할 경우, 약 230℃로 예열한 오븐에서 2~3분 데웁니다.

# 쇼송
## *Chaussons*

---

## 프티 쇼송 오 로크포르(*petits chaussons au roquefort*)
### 로크포르 치즈를 넣은 미니 쇼송

한입 크기인 이 귀엽고 맛있는 오르되브르는 얇게 민 페이스트리 반죽을 사각형이나 타원형, 원형으로 잘라서 만듭니다. 우선 반죽 한가운데 필링을 조금 올리고 가장자리에 달걀물을 바른 다음, 필링이 보이지 않도록 반죽을 반으로 접거나 또 다른 반죽으로 덮습니다. 이것을 뜨거운 오븐에 넣어 갈색으로 부풀 때까지 구우면 완성입니다. 만들 때는 필링을 너무 많이 넣으면 반죽을 맞물려 마무리하기 어려우며, 반죽은 굽는 과정에서 터지지 않도록 꼼꼼하게 봉해야 합니다. 원형 반죽 2장을 가장 효과적으로 맞붙일 수 있는 방법은 라비올리 스탬프(둘레에 톱니가 박힌 지름 약 5cm의 묵직한 금속 고리)를 이용하는 것입니다.

쇼송 안에는 로크포르 치즈 말고도 다양한 필링을 넣을 수 있습니다. 265~268쪽에서 소개한 크림 필링은 물론, 닭 간, 소시지, 송아지고기 등을 각종 부재료와 섞은 파테 혼합물(665~668쪽), 그밖에 제7장 육류에서 다룰 분쇄육 혼합물도 좋습니다. 작은 돼지고기 소시지나 시판되는 소시지용 고기도 쓸 수 있죠. 쇼송은 약 6cm 크기 애피타이저용부터 약 30cm가 넘는 앙트레용까지 원하는 크기와 모양으로 만들 수 있습니다.

**쇼송 약 40개 분량**

로크포르 치즈 또는 블루치즈
　약 200g
약 3L 용량인 믹싱볼
말랑한 버터 약 110g(스틱 1개)
달걀노른자 2개
키르슈 또는 코냑 1~2TS
후추 1¼ts
다진 차이브 또는 골파의
　초록색 부분 2TS

믹싱볼에 치즈를 넣고 큰 포크로 으깹니다. 버터를 고루 섞고, 이어 달걀노른자, 키르슈나 코냑, 후추, 차이브 또는 골파를 넣고 잘 섞습니다.

휘핑크림 2~6TS

만든 혼합물에 크림을 1스푼씩 너무 질척거리지 않을 만큼만 섞습니다. 쇼송의 필링은 상당히 되직한 페이스트 상태여야 합니다. 간을 맞춥니다.

차갑게 굳힌 파트 브리제
　(밀가루 4컵이 들어감, 195쪽)

반죽을 밀어 약 3mm 두께인 직사각형을 만듭니다. 라비올리 커터나 칼로 반죽을 가로와 세로 약 6cm인 정사각형으로 자릅니다.

오븐을 약 220℃로 예열합니다.

달걀물(달걀 1개에 물 1ts을
　섞은 것)
페이스트리 브러시
버터를 살짝 바른 베이킹 트레이

정사각형 반죽 중앙에 필링을 1테이블스푼씩 올립니다. 반죽 가장자리에 약 6mm 폭으로 달걀물을 바릅니다. 반죽을 반으로 접어 삼각형을 만든 뒤 가장자리를 손끝으로 꼭 눌러 붙입니다. 맞붙인 부분을 포크 끝으로 눌러 무늬를 넣습니다. 성형이 끝난 쇼송은 베이킹 트레이에 올리고, 남은 반죽으로 계속 쇼송을 만듭니다. 윗면에 달걀물을 바른 다음, 칼끝으로 얕게 비스듬한 그물 무늬를 새깁니다. 이어 익는 동안 김이 빠질 수 있도록 한가운데에 약 3mm 깊이로 구멍을 뚫어둡니다.

예열된 오븐 맨 위 칸에서 15분쯤 굽습니다. 쇼송이 살짝 부풀고 연갈색이 돌면 다 구워진 것입니다.

쇼송은 구워두었다가 데워서 내도 됩니다. 구운 쇼송은 냉동이 가능하며, 필요할 때 약 220℃ 오븐에서 5분쯤 데우면 됩니다.

# 제5장

# 생선
*Poisson*

프랑스의 생선 요리는 대단히 훌륭합니다. 1년 내내 신선한 생선이 넘쳐날뿐더러 생선을 조리하고 그에 어울리는 소스를 만드는 감각과 기술이 매우 뛰어나기 때문입니다.

이번 장에서는 맛있는 가리비 요리 둘, 참치나 황새치 요리 하나, 바닷가재 요리 셋, 그 밖에 홍합 요리 몇 가지를 소개합니다. 그러나 레시피보다도 중요한 것은 전형적인 프랑스식 생선 요리 방식, 즉 생선살을 화이트 와인에 포칭해서 와인 소스와 함께 내는 법을 익히는 것입니다. 또한 아주 간단한 소스부터 시작해 그랑드 퀴이진의 가장 유명한 몇 가지 소스까지 소개하겠습니다. 여기에는 생선 블루테(밀가루를 버터에 볶아 만든 화이트 루에 생선 육수를 넣고 뭉근히 끓인 소스)에 크림과 달걀노른자로 진한 맛을 더한 몇몇 소스도 포함되어 있습니다. 기본적으로 104쪽에서 자세히 소개한 기본 소스와 같은 방법으로 만들어지죠. 이렇게 소스 블루테는 여러 향미제를 더해서 다양하게 모습을 바꾸어가며 프랑스 요리의 거의 모든 단계에 등장한답니다.

## ** 생선 선택 시 주의사항

생선은 냄새와 맛이 모두 신선해야 합니다. 자르지 않은 생선의 눈은 꽉 차 있고 선명해야 하며, 생기 없이 불투명하고 막이 낀 것처럼 보여서는 안 됩니다. 아가미는 선홍빛을 띠고, 살은 눌렀을 때 단단해야 하며, 껍질은 윤기가 흐르고 신선해야 합니다.

냉동 생선은 영하의 온도를 일정하게 유지하는 운송 및 보관 설비를 제대로 갖춘 가게에서 사야 합니다. 살 때는 조금도 녹은 부분이 없이 꽝꽝 얼어 있는지 확인합니다. 포장 용기 바닥에 생선에서 흘러나온 즙이 얼어 있으면 생선이 해동되었다가 다시 냉동되었다는 증거입니다. 냉동 생선은 조리하기 전에 냉장실에서 해동시키거나 흐르는 찬물에 녹입니다.

**\*\* 식탁에 내기**

소스를 보기 좋게 끼얹은 멋진 생선 요리는 번듯한 코스 메뉴로 낼 수 있으며, 어울리는 와인과 바게트 몇 조각만 곁들여도 좋습니다. 생선 요리를 메인 코스 요리로 낼 경우, 갑각류나 조개류에는 리소토나 밥을, 기타 생선류에는 삶은 감자를 함께 내세요. 샐러드나 채소류는 생선, 소스, 와인의 조화에 방해가 될 수 있으므로 나중에 내야 합니다.

# 화이트 와인에 포칭한 생선 필레

## 생선 필레

혀가자미(솔, sole) 필레 요리를 포함한 유명한 프랑스 요리는 대개 화이트 와인에 포칭한 생선과 그 육수로 만든 맛있는 크림소스가 중심을 이룹니다. 미국에서는 납작한 생선과 필레를 대부분 '솔'이라고 부르지만, 진짜 '솔'은 미국 자생종이 아니기 때문에 실제로는 흔한 가자미류일 때가 많습니다. 미국으로 공수된 유럽산 혀가자미를 살 수 있다고는 하지만 보통 시장에서는 찾아보기가 힘듭니다. 혀가자미는 껍질을 벗겨서 필레를 뜨기가 쉽고, 육질이 결집되어 있으면서도 결이 고와서 포칭하기에 안성맞춤입니다. 유럽산 혀가자미를 대체하기에 가장 좋은 생선은 겨울가자미나 대서양기름가자미, 서대, 광어 등입니다. 지역에 따라 다르나 미국에서는 이러한 생선들을 공통적으로 '솔 필레'라고 부릅니다. 그밖에 성질은 다르지만 솔을 대체할 수 있는 훌륭한 생선으로는 명태, 각시가자미, 옥돔, 민물송어, 필레가 너무 두꺼울 경우 약 1cm 두께가 되도록 가로로 저미면 되는 대서양가자미, 대구, 북대서양 대구류, 줄농어, 아귀 등이 있습니다. 다시 말해, 지방질이 적은 흰살 생선이라면 무엇이든 다음 레시피에서 솔을 대신해 쓸 수 있습니다. 포칭하는 중에 살이 부서진다면, 소스를 얹은 뒤 오븐에 구워 그대로 식탁에 냅니다.

---

### 필레 드 푸아송 포셰 오 뱅 블랑[‡]
### (*filets de poisson pochés au vin blanc*)
화이트 와인에 포칭한 생선 필레

**6인분**

오븐을 약 175℃로 예열합니다.

안쪽에 버터를 칠한 내열 그릇
  (지름 25~30cm, 깊이 4~5cm)
곱게 다진 셜롯 또는 골파 2TS
껍질과 가시를 제거해 1인분
  크기로 자른 혀가자미
  또는 가자미 필레 약 1.1kg
소금, 후추
작게 조각낸 버터 1½TS
① 생선뼈와 대가리, 지느러미
  등으로 만든 화이트 와인 피시
  스톡(168쪽) 1¼~1½컵
② 드라이한 화이트 와인 ¾컵
  또는 드라이한 화이트 베르무트
  ⅔컵에 시판 대합 주스 ¼컵,
  물을 약간 섞은 것
③ 와인 1½컵과 물을 약간 섞은 것

내열 그릇 바닥에 셜롯 또는 골파 절반을 넓게 펼칩니다. 필레에 소금, 후추로 가볍게 밑간을 한 다음, 준비된 그릇에 서로 조금씩 겹치도록 배열합니다. 필레 두께가 얇을 경우, 반으로 접어 세모꼴을 만들어도 좋습니다. 필레 위에 남은 셜롯 또는 골파를 고루 뿌리고, 버터 조각을 군데군데 올립니다. 차가운 액상 재료와 물(①~③ 중 택 1)을 재료가 겨우 잠길 만큼 붓습니다.

버터를 바른 유산지
  (알루미늄 포일은 와인을
  변색시키므로 사용 금물)

준비한 내열 그릇을 불에 올려 끓기 직전까지 뭉근히 가열합니다. 생선 위에 버터를 바른 유산지를 덮은 다음, 예열된 오븐 맨 아래 칸에 넣습니다. 계속 약하게 끓는 상태로 필레 두께에 따라 8~12분 가열합니다. 포크로 찔렀을 때 쉽게 들어가면 다 익은 것입니다. 지나치게 익히면 필레가 마르고 푸석푸석해지므로 주의합니다.

법랑 소스팬

내열 그릇에 덮개를 씌워 국물을 소스팬에 모두 따라냅니다.
[*] 이제 생선은 소스만 끼얹어서 내면 됩니다. 그릇째로 뚜껑을 덮어 뜨겁지만 끓지 않는 물 위에 두면 몇 분 동안 따뜻하게 보관할 수 있습니다. 아니면 앞서 썼던 유산지를 덮은 채 한쪽에 두었다가 필요할 때 약하게 끓는 물에서 몇 분쯤 중탕해도 좋습니다. 데울 때는 필레를 지나치게 익히면 안 됩니다. 소스를 끼얹기 전에 그릇 안 액체는 모두 따라 버립니다.

## ❖ 필레 드 푸아송 베르시 오 샹피뇽(*filets de poisson Bercy aux champignons*)
양송이버섯과 함께 화이트 와인에 포칭한 생선 필레

소스 베르시(*sauce Bercy*)는 화이트 와인 피시 스톡으로 만들 수 있는 소스 중 가장 간단합니다. 생선을 포칭한 국물에 뵈르 마니에를 섞어 걸쭉하게 만든 다음, 크림으로 풍미를 더합니다. 생선과 양송이버섯, 크림소스를 조합해 만든 이 요리는 간편하게 만든 솔 본 팜(*sole bonne femme*)입니다. 부르고뉴나 그라브, 트라미너(Traminer) 화이트 와인과 함께 냅니다.


**6인분**

슬라이스한 양송이버섯 약 350g
    또는 3½컵
버터 2TS
법랑 스킬릿
소금 ⅛ts
후추 1자밤

스킬릿에 버터를 녹인 뒤 적당히 센 불로 양송이버섯을 1~2분 색깔이 나지 않게 볶습니다. 소금, 후추로 간해서 한쪽에 둡니다.


혀가자미 또는 가자미 필레
    약 1.1kg
필레 드 푸아송 포셰 오 뱅 블랑
    재료(273쪽)
약 2L 용량의 법랑 또는
    스테인리스 소스팬

기본 레시피대로 필레에 소금, 후추로 밑간을 해서 안쪽에 버터를 칠한 내열 그릇에 담습니다. 그 위에 양송이버섯을 넓게 펼쳐서 올립니다. 액상 재료를 붓고 생선을 포칭한 다음, 국물을 소스팬에 모두 따릅니다. 브로일러를 예열합니다.


소스팬에 담긴 국물을 센 불로 바짝 졸여 1컵 분량으로 만듭니다.


밀가루 2½TS에 말랑한 버터 3TS를
    잘 섞은 뵈르 마니에로 준비
휘핑크림 ¾~1컵
소금, 후추
레몬즙

액상 재료를 불에서 내려 뵈르 마니에를 넣고 고루 휘젓습니다. 이어 크림 ½컵을 넣고 다시 가열합니다. 끓기 시작하면 남은 크림을 1스푼씩 더하며 소스 농도를 맞춥니다. 소스가 스푼 표면에 코팅될 정도면 적당합니다. 취향에 따라 소금, 후추로 간을 맞추고 레몬즙을 몇 방울 떨어뜨립니다.


강판에 간 스위스 치즈 ¼컵
작게 조각낸 버터 1TS

스푼으로 소스를 떠서 생선 위에 끼얹습니다. 강판에 간 치즈를 고루 뿌리고 버터를 군데군데 올립니다. 생선이 담긴 내열 그릇을 뜨거운 브로일러에서 15~18cm 떨어진 지점에 올려 생선이 데워지고 소스 표면이 노릇노릇해질 때까지 2~3분 구워서 바로 냅니다.
[*] 미리 만들었다면 다음과 같이 데워서 냅니다. 우선 강판에 간 치즈와 버터를 올린 뒤 한쪽에 두었다가, 내기 직전에 스토브에 올려 약하게 끓입니다. 소스가 끓기 시작하면 예열된 브로일러에 옮겨 표면에 갈색이 돌 때까지 1~2분 굽습니다.

## ❖ 필레 드 푸아송 아 라 브르통(*filets de poisson à la bretonne*)

채소와 함께 화이트 와인에 포칭한 생선 필레

앞선 레시피를 따르되, 가늘게 썬 당근, 양파, 셀러리, 양송이버섯을 버터에 익혀서 생선 위에 올립니다. 다양한 채소 덕분에 맛도 좋고 보기에도 좋은 요리입니다.

| | |
|---|---|
| 필레 드 푸아송 베르시 오 샹피뇽 재료(274쪽), 양송이버섯 양은 100g으로 줄이고 다음 채소를 준비할 것<br>당근 1개<br>리크 흰 부분 2대(또는 양파 2개)<br>연한 셀러리 줄기 2대 | 모든 채소를 길이 약 4cm, 폭 약 3mm으로 썹니다. 양송이버섯을 제외한 나머지 채소는 소스팬에 넣고 뚜껑을 덮은 채 버터와 함께 색깔이 나지 않게 20분 동안 뭉근히 익힙니다. 여기에 양송이버섯을 더해서 2분 동안 더 익힙니다. 소금, 후추로 간을 맞춥니다.<br><br>밑간을 한 생선 필레에 익힌 채소를 넓게 펼쳐 올리고, 액상 재료를 자박하게 부어서 포칭합니다. 앞선 레시피대로 소스를 만듭니다. |

## ❖ 필레 드 푸아송 그라티네, 아 라 파리지엔

### (*filets de poisson gratinés, à la parisienne*)

화이트 와인에 포칭한 생선 필레와 달걀노른자를 넣은 크림소스

다음 레시피에서는 생선을 포칭한 국물을 밀가루와 버터로 만든 화이트 루와 섞어서 생선 블루테를 만듭니다. 여기에 크림과 달걀노른자를 섞어 벨벳처럼 부드럽고 맛있는 소스 파리지엔으로 변신시키죠. 소스 파리지엔은 소스 베르시와 재료가 거의 같지만 익힌 루와 달걀노른자가 들어가 훨씬 더 미묘한 맛과 식감을 내며, 이후 소개할 모든 훌륭한 생선 요리용 소스의 베이스가 됩니다. 이 레시피에서와 같이 소스 파리지엔을 끼얹어 그라탱 방식으로 구워낼 경우, 전체적인 요리 전체를 미리 준비했다가 필요할 때 데워서 낼 수 있습니다. 레시피 뒤에 이어지는 제안에 따라 생선 필레에 소스를 끼얹기 전, 익힌 갑각류를 필레 옆에 곁들여도 좋습니다. 이 요리는 차가운 부르고뉴 화이트 와인이나 고급 그라브 화이트 와인과 함께 냅니다.

**6인분**

| | |
|---|---|
| 화이트 와인에 포칭한 혀가자미<br>　또는 가자미 필레(273쪽)<br>　약 1.1kg | 기본 레시피에서 설명한 대로 생선을 화이트 와인에 포칭합니다. 남은 국물을 법랑 소스팬에 옮긴 뒤 재빨리 바짝 졸여서 1컵 분량으로 농축합니다. |

**소스 파리지엔(2½컵 분량) 만들기**

| | |
|---|---|
| 약 2L 용량의 바닥이 두꺼운 법랑<br>　또는 스테인리스 소스팬<br>버터 3TS<br>밀가루 4TS<br>나무 스패출러 또는 나무 스푼<br>생선을 포칭한 국물<br>우유 ¾컵<br>거품기 | 소스팬에 버터를 녹인 뒤 밀가루를 넣고 고루 휘저으며 색깔이 나지 않게 2분 동안 약한 불에 볶습니다. 밀가루와 버터가 완전히 섞여 거품이 일면 불을 끄고, 생선 포칭한 국물과 우유를 차례로 섞어줍니다. 다시 1분 동안 계속 휘저으며 끓여서 매우 되직한 소스로 만듭니다. |
| | 브로일러를 예열합니다. |
| 달걀노른자 2개<br>휘핑크림 ½컵<br>2L 용량인 믹싱볼<br>거품기<br>나무 스푼<br>여분의 휘핑크림<br>소금, 백후추, 레몬즙 | 믹싱볼에 달걀노른자와 크림을 넣고 거품기로 고루 섞습니다. 앞서 만든 뜨거운 소스 1컵을 조금씩 흘려넣으며 계속 휘젓습니다. 이어 나머지 소스도 천천히 가늘게 흘려넣으며 섞습니다. 믹싱볼 안 혼합물을 소스팬으로 옮긴 뒤, 적당히 센 불에서 눌어붙지 않도록 나무 스푼으로 바닥까지 고르게 휘저어가며 가열합니다. 끓기 시작하면 계속 휘저으며 1분쯤 더 끓입니다. 크림을 1스푼씩 넣으며 스푼 표면에 코팅될 정도로 소스 농도를 조절합니다. 소금, 후추, 레몬즙 몇 방울로 세심하게 간을 맞춘 다음 체에 거릅니다. |
| 강판에 간 스위스 치즈(소스<br>　표면에 색을 내기 위한 것) 2TS<br>작게 조각낸 버터 1TS | 스푼으로 소스를 떠서 생선 필레 위에 끼얹습니다. 강판에 간 치즈를 뿌리고, 버터를 군데군데 올립니다.<br>[*] 바로 내지 않을 경우 한쪽에 둡니다. |
| | 식탁에 내기 직전, 스토브에 올려 약하게 끓입니다. 소스가 끓기 시작하면 예열된 브로일러로 옮겨 표면에 갈색이 돌 때까지 굽습니다. |

# 갑각류 가니시

포칭한 생선 필레에 소스를 끼얹기 전, 익힌 갑각류 살을 1가지 이상 필레 옆에 곁들여도 좋습니다. 요리의 주가 되는 생선을 포칭한 뒤 남은 국물을 졸일 때는 갑각류를 익힐 때 나온 육즙을 섞으면 훨씬 더 특색 있는 소스를 만들 수 있습니다.

다음은 신선한 갑각류를 익힌 다음 살을 발라 버터와 각종 양념에 소테해서 풍미를 더하는 방법을 간략히 설명한 것입니다. 미리 익혀두었거나 통조림 제품을 쓸 경우에는 버터에 소테하는 마지막 과정만 거치면 됩니다.

## 바닷가재

288쪽에 소개된 바닷가재 요리인 오마르 테르미도르 레시피 초반부 설명대로, 바닷가재를 와인과 각종 향미 재료와 함께 찝니다. 바닷가재가 식으면 살을 발라내 슬라이스하거나 깍둑썰기합니다. 이어 팬에 버터 2테이블스푼을 녹인 뒤 바닷가재살을 넣고, 다진 셜롯 또는 골파 1테이블스푼, 소금, 후추와 함께 2~3분 동안 소테합니다. 드라이한 화이트 와인이나 화이트 베르무트 3테이블스푼을 넣어 섞고 1분 동안 끓여서 수분을 거의 날려 보냅니다. 바닷가재살은 이 상태로 조리 과정에 투입하면 됩니다.

## 새우

바닷가재와 같은 조리법을 쓰되, 새우를 통째로 물에 넣고 5분 동안 약한 불에 삶습니다. 이어 새우를 건져내지 말고 그대로 식힙니다. 껍데기를 벗기고 새우살만 버터, 양념, 와인과 함께 소테합니다.

## 민물가재

민물가재는 영어로는 크레이피시(crayfish) 또는 크로피시(crawfish), 프랑스어로는 에크르비스(écrevisse)라고 합니다. 생김새는 작은 바닷가재처럼 보이지만, 몸길이는 겨우 10~13cm입니다. 기본 조리법은 새우와 동일하며, 꼬릿살만 가니시로 씁니다. 가슴살과 나머지 껍데기는 갈아서 뵈르 드 크뤼스타세(156쪽)를 만드는 데 쓸 수 있습니다.

## 껍데기를 깐 생굴

굴을 소스팬에 담아 가열하며 배어나오는 즙에 약하게 끓입니다. 굴이 살짝 부풀어오를 때까지 3~4분 동안 익힌 뒤 건져서 물기를 빼면 조리에 활용할 준비가 끝납니다.

# 홍합

294쪽 설명대로 신선한 홍합 약 1kg을 박박 문질러 닦은 뒤 물에 담가 해감합니다. 법랑이나 스테인리스 소스팬에 홍합과 드라이한 화이트 와인 ⅓컵 또는 드라이한 화이트 베르무트 ⅓컵, 다진 셜롯 또는 골파 3테이블스푼, 파슬리 줄기 3대, 후추 1자밤을 넣고 뚜껑을 덮은 채 센 불로 5분쯤 끓입니다. 이때 중간에 몇 번 뒤적거립니다. 홍합 껍데기가 벌어지면 불을 끄고, 살만 발라냅니다.

# 소스와 생선 필레의 고전적인 조합

식탁에 내기 직전, 277쪽 필레 드 푸아송 그라티네, 아 라 파리지엔의 소스 파리지엔에 버터를 넉넉히 섞어주면 맛이 훨씬 더 부드럽고 풍부해집니다. 소스는 버터를 넣고 오래 휘저을수록 더욱 맛있어집니다. 그러나 버터 함량이 많은 소스가 모두 그렇듯, 버터를 넣은 뒤에는 소스를 따뜻하게 하면 안 됩니다. 그러면 버터가 액화되면서 소스 농도가 묽어지거나 표면에 버터 기름이 둥둥 뜨기 때문입니다. 여기서는 포칭한 생선 필레와 다양한 갑각류 가니시의 전통적인 조합를 몇 가지 소개하니, 자유롭게 참고하면 됩니다. 자신만의 새로운 조합을 만들어보아도 좋습니다. 다음 각 레시피에서는 프랑스어 요리 이름에 소스 이름이 들어갑니다. 고급 부르고뉴 화이트 와인과 함께 내고, 따뜻한 바게트만 곁들이면 하나의 코스 메뉴로도 훌륭합니다.

## 솔 아 라 디에푸아즈(*sole à la dieppoise*)‡
홍합과 새우를 곁들인 생선 필레

**6인분**

### 생선 포칭하기

화이트 와인에 포칭한 혀가자미 또는
　가자미 필레(273쪽) 약 1.1kg
화이트 와인에 찐 신선한 홍합
　(279쪽) 약 1kg
껍질을 벗겨 양념과 함께 버터에
　소테한 새우(278쪽) 약 200g

버터를 가볍게 바른 접시 중앙에 포칭한 생선 필레를 가지런히 놓고, 그 주변에 홍합과 새우를 놓습니다. 식탁에 내기 직전, 덮개를 씌워 약하게 끓는 물에서 몇 분간 중탕해 데웁니다. 접시 바닥에 생긴 국물을 버리고, 생선 위에 다음 소스를 고루 끼얹습니다.

## 소스 2½컵 분량

2.5L 용량인 법랑 소스팬
버터 3TS
밀가루 4TS
해산물 농축액(생선을 포칭하고
　홍합을 찔 때 나온 국물을 섞어서
　졸인 것) 1컵
우유 ¾컵
달걀노른자 2개와 휘핑크림 ½컵
　(2L 용량인 믹싱볼에 고루 섞어서
　준비)
소금, 후추
레몬즙 약간

277쪽 소스 파리지엔 만드는 법에 따라, 소스팬에 버터를 녹인 뒤 밀가루를 넣고 2분 동안 색깔이 나지 않게 약한 불에서 볶습니다. 밀가루와 버터가 완전히 섞여 거품이 일면 불에서 내리고, 뜨거운 해산물 농축액과 우유를 차례로 섞습니다. 다시 1분 동안 끓입니다. 뜨거운 소스를 달걀노른자와 크림 혼합물에 조금씩 넣으며 고루 휘저어 섞습니다. 이것을 다시 소스팬에 옮겨 1분 동안 계속 휘저으며 끓입니다. 필요시 크림을 더 넣어 농도를 조절하고, 간을 맞춘 다음 체에 거릅니다. 바로 내지 않을 경우, 소스 표면에 녹인 버터를 1스푼 끼얹어 코팅해줍니다.

말랑한 버터 4~16TS
　(보통 6~8TS)

생선을 내기 직전, 준비된 소스를 다시 약한 불에 가열합니다. 끓기 시작하면 팬을 불에서 내린 다음, 버터를 1테이블스푼씩 넣어 고루 휘젓습니다.

## 요리 완성하기

껍질째 익힌 통새우 6마리
얇게 슬라이스한 통조림 트러플
　6~12조각

소스를 스푼으로 떠서 바로 뜨거운 생선과 홍합, 새우 위에 끼얹습니다. 통새우와 트러플로 장식한 뒤 냅니다.

다음 요리는 모두 기본 레시피와 같은 방식으로 만듭니다. 생선을 포칭하는 법은 273쪽을, 갑각류 가니시 조리법은 278~279쪽을 참고하세요.

### ❖ 솔 아 라 노르망드(*sole à la normande*)
　해산물과 양송이버섯을 곁들인 생선 필레

기본 레시피를 따르되, 가니시에 굴과 양송이버섯, 민물가재(구할 수 있을 경우)를 더합니다. 생선 위에 소스를 끼얹은 다음, 통새우나 민물가재, 슬라이스한 트러플, 크루통(263쪽)으로 장식합니다.

## ❖ 솔 발레브스카(*sole Walewska*)
갑각류와 트러플을 곁들인 생선 필레

기본 레시피를 따르되, 가니시에 민물가재나 새우, 바닷가재 살을 쓰고, 소스에 일반 버터가 아닌 뵈르 드 크뤼스타세(156쪽)를 섞습니다. 생선 위에 소스를 끼얹은 다음, 얇게 썬 트러플과 익힌 바닷가재 집게발 또는 통새우로 장식합니다.

## ❖ 솔 아 라 낭튀아(*sole à la nantua*)
민물가재를 곁들인 생선 필레

만드는 법은 솔 아 라 디에푸아즈와 동일합니다. 단, 민물가재를 가니시로 올리고, 소스에 일반 버터가 아닌 뵈르 드 크뤼스타세(156쪽)를 섞습니다.

## ❖ 솔 본 팜(*sole bonne femme*)
양송이버섯을 곁들인 생선 필레

274쪽 필레 드 푸아송 베르시 오 샹피뇽 레시피에서와 같이 생선 필레를 얇게 썬 양송이버섯과 함께 화이트 와인에 포칭합니다. 소스는 기본 레시피에 나온 대로 만듭니다. 생선 필레에 소스를 끼얹은 다음, 홈을 내며 돌려깎은 양송이버섯 갓(605쪽) 6개를 버터와 레몬즙에 조려서(606쪽, 샹피뇽 아 블랑) 가니시로 올립니다.

## ❖ 필레 드 솔 파르시(*filets de sole farcis*)
속을 채워넣은 생선 필레

247쪽 크넬 드 푸아송을 1컵 만들어서 뒥셀(610쪽) ¼컵, 휘핑크림 2~3테이블스푼과 고루 섞습니다. 이렇게 준비된 필링을 밑간한 생선 필레 중앙에 1스푼씩 올리고, 반으로 접거나 돌돌 말아서 감싼 다음 흰색 실로 묶습니다. 포칭한 다음 가니시를 얹고, 앞서 소개한 소스 가운데 1가지를 끼얹습니다.

# 코키유 생자크 아 라 파리지엔(*coquilles Saint-Jacques à la parisienne*)

### 양송이버섯과 함께 화이트 와인에 포칭한 가리비 관자

앞서 포칭한 생선 필레에 곁들였던 소스 파리지엔을 가리비 관자에 끼얹어서 껍데기째 그라탱 방식으로 구워도 무척 맛있습니다. 이 요리는 미리 만들어두었다가 식탁에 올리기 직전 노릇하게 구워낼 수 있으며, 차갑게 냉장한 훌륭한 부르고뉴 화이트 와인이나 고급 그라브 화이트 와인과 잘 어울립니다. 가리비는 보통 애피타이저나 가벼운 오찬 메뉴로 냅니다.

**가리비 6개 분량**

## 가리비 관자 익히기

| | |
|---|---|
| 드라이한 화이트 와인 1컵 또는<br>　화이트 베르무트 ¾컵<br>소금 ½ts<br>후추 1자밤<br>월계수 잎 ½장<br>다진 셜롯 또는 골파 2TS<br>약 2L 용량인 스테인리스 또는<br>　법랑 소스팬 | 와인에 양념을 모두 넣고 5분 동안 약하게 끓입니다. |
| 세척한 가리비 관자 약 450g<br>슬라이스한 양송이버섯 약 200g | 끓인 와인에 가리비 관자와 양송이버섯을 넣고 재료가 겨우 잠길 만큼 물을 부은 다음, 다시 불에 올려 뚜껑을 덮은 채 5분 동안 뭉근히 끓입니다. 구멍 뚫린 스푼으로 관자와 양송이버섯을 건져서 볼에 담아놓습니다. |

## 소스

| | |
|---|---|
| | 관자와 양송이버섯을 익히고 난 국물을 센 불로 바짝 졸여서 1컵 분량으로 만듭니다. |
| 약 2L 용량인 스테인리스 또는<br>　법랑 소스팬<br>버터 3TS<br>밀가루 4TS<br>우유 ¾컵<br>달걀노른자 2개<br>휘핑크림 ½컵(필요시 추가)<br>소금, 후추<br>레몬즙 약간 | 277쪽 소스 파리지엔 레시피에 따라 소스팬에 버터를 녹인 뒤 밀가루를 넣고 약한 불에서 색깔이 나지 않게 2분 동안 볶습니다. 불에서 내리고, 앞서 만든 농축액 1컵과 우유를 차례로 섞습니다. 다시 1분 동안 끓입니다. 믹싱볼에 달걀노른자와 크림을 고루 섞은 다음, 여기에 방금 전 끓인 혼합물을 조금씩 흘려넣으며 잘 휘젓습니다. 이것을 다시 소스팬에 옮겨서 1분 동안 계속 저으며 끓입니다. 농도를 더 묽게 조절하고 싶다면 크림을 더 넣으면 됩니다. 소금, 후추, 레몬즙으로 간을 맞추고, 체에 걸러 소스를 완성합니다. |

## 요리 완성하기

가리비 껍데기 또는 ⅓컵 용량인
   내열유리나 도자기로 만든
   가리비 모양 접시 6개

관자를 약 3mm 두께로 슬라이스합니다.

버터 ½TS
강판에 간 스위스 치즈 6TS
6조각으로 자른 버터 1½TS

관자와 양송이버섯에 소스 ⅔를 붓고 잘 섞습니다. 가리비 껍데기 또는 가리비 모양 접시에 버터를 칠합니다. 관자와 양송이버섯을 스푼으로 떠서 담고, 나머지 소스를 끼얹습니다. 강판에 간 치즈를 뿌리고 버터를 점점이 올려 브로일러용 팬에 옮겨 담습니다.
[*] 브로일러에 굽기 전에는 한쪽에 두거나 냉장 보관합니다.

식탁에 내기 15분 전, 적당한 온도로 예열된 브로일러에서 20~23cm 떨어진 지점에 관자를 놓고 소스 윗면에 갈색이 돌고 전체적으로 데워질 때까지 굽습니다. 최대한 빨리 냅니다.

# 프로방스식 레시피 2가지

---

## 코키유 생자크 아 라 프로방살(*coquilles Saint-Jacques à la provençal*)
### 와인, 마늘, 허브를 곁들여 그라탱을 한 가리비 관자

이 멋진 요리는 준비했다가 식탁에 내기 직전에 그라탱 방식으로 구워낼 수 있습니다. 다음 재료 비율은 애피타이저로 낼 때를 기준으로 한 것입니다. 메인 요리로 내려면 재료 양을 2배로 늘려야 합니다. 차가운 로제 와인이나 코트 드 프로방스 같은 드라이한 화이트 와인과 함께 냅니다.

**가리비 6개 분량**

| | |
|---|---|
| 다진 양파 ⅓컵<br>버터 1TS<br>다진 셜롯 또는 골파 1½TS<br>다진 마늘 1쪽 | 작은 소스팬에 버터를 녹인 뒤 약 5분간 약한 불에서 양파가 투명해지게 익힙니다. 이어 셜롯 또는 골파, 마늘을 넣고 1분쯤 더 볶아서 한쪽에 둡니다. |
| 세척한 가리비 관자 약 700g<br>소금, 후추<br>체에 친 밀가루 1컵 | 물기를 제거한 관자를 약 6mm 두께로 슬라이스합니다. 조리하기 직전 소금과 후추로 밑간을 하고 밀가루에 굴린 뒤 여분의 밀가루를 떨어냅니다. |
| 버터 2TS<br>올리브유 1TS<br>지름 25cm인 법랑 스킬릿 | 뜨겁게 데운 버터와 올리브유에 관자를 넣고 2분 동안 연갈색이 나도록 재빨리 굽습니다. |
| 드라이한 화이트 와인 ⅔컵 또는<br>  드라이한 화이트 베르무트<br>  ½컵에 물 3TS을 섞은 것<br>월계수 잎 ½장<br>타임 ⅛ts | 와인 또는 물과 섞은 베르무트를 관자 위에 끼얹습니다. 이어 허브와 익힌 양파를 넣습니다. 뚜껑을 덮고 5분 동안 뭉근하게 끓입니다. 뚜껑을 열고, 소스가 너무 묽은 듯하면 1분 동안 재빨리 졸여서 약간 걸쭉하게 만듭니다. 간을 맞추고, 월계수 잎을 건져냅니다. |
| 버터를 바른 가리비 껍데기 또는<br>  ⅓컵 용량인 내열유리나 도자기<br>  재질의 가리비 모양 접시 6개<br>강판에 간 스위스 치즈 ¼컵<br>버터 2TS(6조각으로 잘라서 준비) | 스푼으로 가리비 껍데기나 접시에 관자와 소스를 떠서 담습니다. 강판에 간 치즈를 뿌리고 버터 조각을 올립니다.<br>[*] 굽기 전 한쪽에 두거나 냉장 보관합니다. |

식탁에 내기 직전, 가리비를 적당한 온도로 예열된 브로일러 아래에 넣어 치즈가 연갈색으로 변하고 전체적으로 데워질 때까지 3~4분 굽습니다.

---

# 통 아 라 프로방살(*thon à la provençal*)
## 와인, 토마토, 허브를 더한 참치 또는 황새치 스테이크

토마토, 와인, 허브, 마늘이 참치나 황새치 맛과 뛰어난 대비 효과를 발휘하는 이 요리는 따뜻하게 또는 차갑게 낼 수 있습니다. 삶은 감자와 껍질콩을 곁들여도 좋고, 차갑게 냉장한 로제 와인이나 코트 드 프로방스 또는 리슬링 같은 드라이한 화이트 와인과 잘 어울립니다.

**6~8인분**

약 2cm 두께로 썬 신선한 참치 또는 황새치 스테이크 약 1.1kg (냉동 상태라면 해동해서 준비)
가로 약 35cm, 세로 약 23cm, 깊이 약 8cm인 오븐용 내열 그릇
소금 1ts
레몬즙 2TS
올리브유 6TS
후추 ⅛ts

생선 껍질을 제거하고 내기 좋은 크기로 썹니다. 그릇에 소금과 레몬즙을 넣고 고루 섞은 뒤 올리브유와 후추를 더해 양념을 만듭니다. 생선에 양념을 고루 바릅니다. 유산지를 씌워서 1시간 30분~2시간 마리네이드합니다. 중간에 몇 번 생선을 뒤집으며 양념을 고루 바릅니다. 생선을 건져서 키친타월로 수분을 꼼꼼히 닦아냅니다. 마리네이드에 사용하고 남은 양념은 비린내가 배었으므로 버립니다.

---

올리브유 3~4TS(필요시)
스킬릿

뜨겁게 데운 올리브유에 생선을 넣고 앞뒷면을 각각 1~2분 동안 재빨리 노릇노릇하게 구워서 다시 오븐용 용기에 담습니다.

---

오븐을 약 175℃로 예열합니다.

---

다진 양파 1컵
잘 익은 붉은 토마토(껍질과 씨, 즙을 모두 제거하고 과육만 잘게 썬 것, 599쪽) 약 1.1kg
으깬 마늘 2쪽
오레가노 ½ts
타임 ¼ts
소금 ¼ts
후추 ⅛ts

스킬릿에 양파를 5분쯤 약한 불에서 볶아 색깔이 나지 않게 익힙니다. 토마토 과육, 마늘, 양념, 허브를 넣고 고루 섞은 뒤 뚜껑을 덮어 5분 동안 뭉근히 익힙니다. 간을 맞추고 생선 위에 넓게 펼쳐 올립니다.

| | |
|---|---|
| 드라이한 화이트 와인 1컵<br>또는 화이트 베르무트 ⅔컵 | 뚜껑을 덮거나 알루미늄 포일을 씌운 뒤 불에 올려 약하게 끓입니다. 이어 예열된 오븐 맨 아래 칸에 넣어 15분 동안 익힙니다. 와인을 붓고, 30분 동안 더 굽습니다. 소스가 약하게 끓기 시작하면 바로 오븐 온도를 약 165℃로 낮춥니다. |
| 접시 | 생선을 접시에 옮겨 담습니다. 생선에 묻은 소스를 긁어모아 도로 그릇에 넣습니다. 소스를 마무리하는 동안 생선을 5분 정도 따뜻하게 보관해둡니다. |
| 맛과 빛깔을 좋게 해줄<br>토마토 페이스트 1~2TS<br>선택: 풍미의 깊이를 더해줄<br>미트 글레이즈(164쪽) 1TS | 소스를 센 불로 바짝 졸여서 약 2컵 분량으로 만듭니다. 토마토 페이스트와 미트 글레이즈(선택)를 넣고 잘 휘저은 뒤 잠시 약하게 끓입니다. 간을 맞춥니다. |
| 밀가루 1TS에 말랑한 버터 1TS를<br>고루 섞어 뵈르 마니에로 준비)<br>잘게 썬 파슬리 2~3TS | 불을 끄고 뵈르 마니에를 섞습니다. 다시 1분 동안 약하게 끓인 뒤 파슬리를 넣고 잘 휘젓습니다. 생선 위에 소스를 스푼으로 끼얹어 냅니다. [*] 바로 내지 않을 경우, 생선을 한쪽에 두었다가 덮개를 씌워서 오븐에 다시 데우면 됩니다. 이때 생선을 지나치게 익히지 않도록 주의해야 합니다. |

# 유명 바닷가재 레시피 2가지

**✻✻ 살아 있는 바닷가재를 손질할 때 주의사항**

살아 있는 바닷가재를 찌거나 반으로 가르는 데 거부감이 든다면, 조리하기 직전에 칼끝으로 양쪽 눈 사이 지점을 푹 찌르거나, 등 쪽에서 가슴과 꼬리가 만나는 지점을 살짝 절개해 척수를 끊으면 바로 죽습니다.

---

## 오마르 테르미도르(*homard thermidor*)✝
### 껍데기에 담아 그라탱을 한 바닷가재

오마르 테르미도르를 제대로 만들려면 아주 많은 단계를 거쳐야 하므로, 어떤 레스토랑에 가든 굉장히 비쌀 수밖에 없습니다. 그러나 딱히 만들기 어려운 요리는 아니며, 미리 만들어두었다가 식탁에 내기 직전에 데워서 낼 수도 있습니다. 이 책에서 소개하는 오마르 테르미도르는 소스를 끼얹기 전 바닷가재 살을 뜨거운 버터에 볶아서 붉은 장밋빛이 돌게 만들기 때문에 더욱 보기 좋습니다. 바닷가재는 마리당 약 900g짜리를 사야 적당합니다.

**6인분**

**바닷가재 찌기**

뚜껑이 있는 큰 냄비
  (스테인리스 또는 법랑)
드라이한 화이트 와인 3컵
  또는 화이트 베르무트 2컵에
  물 2컵을 더한 것
큰 양파 1개, 중간 크기 당근 1개,
  셀러리 줄기 1대(모두 얇게
  슬라이스해서 준비)
파슬리 줄기 6대
월계수 잎 1장
타임 ¼ts
통후추 6알
타라곤 또는 말린 타라곤 1TS
산 바닷가재 3마리
  (마리당 무게 1kg)

냄비에 와인과 물, 채소, 허브, 각종 양념을 모두 넣고 15분간 약하게 끓입니다. 불을 키워서 팔팔 끓어오르면 바닷가재를 산 채로 넣고 뚜껑을 덮어 20분쯤 끓입니다. 바닷가재가 선홍빛을 띠고, 머리에 달린 긴 더듬이가 쉽게 쑥 빠지면 다 익은 것입니다.

슬라이스한 양송이버섯 200g

버터 1TS

레몬즙 1ts

소금 ¼ts

뚜껑이 있는 소스팬(스테인리스
또는 법랑)

바닷가재를 찌는 동안, 소스팬에 양송이버섯과 버터, 레몬즙, 소금을 넣고 뚜껑을 덮은 채 10분 동안 세지 않은 불에서 익힙니다.

## 소스

다 익은 바닷가재를 냄비에서 꺼냅니다. 냄비에 남은 바닷가재 육수에 양송이버섯을 익힌 국물을 부은 뒤, 센 불로 바짝 졸여서 약 2¼컵 분량으로 만듭니다.

약 1L 용량인 스테인리스 또는
법랑 소스팬

졸인 육수를 체에 걸러 소스팬에 옮긴 뒤 다시 약하게 끓입니다.

버터 5TS

밀가루 6TS

약 1.5L 용량의 바닥이 두꺼운
스테인리스 또는 법랑 소스팬

나무 스푼

거품기

크림 1TS

두번째 소스팬에 버터를 녹인 뒤 밀가루를 약한 불에서 색깔이 나지 않게 2분 동안 볶습니다. 불을 끄고, 뜨거운 바닷가재 육수를 부어 고루 휘젓습니다. 다시 1분간 계속 휘저으며 끓입니다. 소스 표면이 마르지 않도록 크림을 끼얹어 코팅해서 한쪽에 둡니다.

3L 용량인 믹싱볼

분말형 머스터드 3TS

달걀노른자 2개

휘핑크림 ½컵

카옌페퍼 가루 약간

바닷가재를 껍데기가 망가지지 않게 주의하며 세로로 반 가릅니다. 머리 쪽 모래주머니와 창자를 떼어냅니다. 주황색과 녹색을 띠는 알과 내장을 고운 체에 내려 믹싱볼에 담고, 머스터드, 달걀노른자, 크림, 후추와 함께 고루 섞습니다. 이 혼합물에 앞서 준비한 소스를 조금씩 흘려넣으며 섞어줍니다.

휘핑크림 4~6TS

앞서 섞은 소스를 다시 팬에 옮겨서 나무 스푼으로 계속 저으며 가열합니다. 끓기 시작하면 2분 동안 더 끓입니다. 크림을 1스푼씩 넣어가며 농도를 조절합니다. 소스는 스푼 표면에 제법 두껍게 코팅될 만큼 걸쭉해야 합니다. 세심히 간을 맞추고, 표면이 마르지 않도록 크림 1테이블스푼으로 코팅해준 다음 한쪽에 둡니다.

## 바닷가재살 소테

바닷가재 꼬리와 집게발에서 살을 발라내 사방 약 1cm 크기로 깍둑 썰기합니다.

| | 스킬릿에 버터를 넣고 중간 불에 올립니다. 버터에서 거품이 일다가 |
|---|---|
| 지름 약 30cm의 스테인리스 또는 | 가라앉기 시작할 때, 바닷가재살을 넣고 천천히 뒤적이며 소테합니 |
| 법랑 스킬릿 | 다. 약 5분 뒤 붉은 장밋빛을 띠면 코냑을 붓고 스킬릿을 흔들어가며 |
| 버터 4TS | 1~2분쯤 끓여서 수분 양을 절반으로 줄입니다. |
| 코냑 ⅓컵 | |

**요리 완성하기**

오븐을 약 220℃로 예열합니다.

바닷가재살이 담긴 스킬릿에 앞서 준비해둔 양송이버섯과 소스의 ⅔를 넣고 가볍게 섞습니다.

| | 반으로 가른 바닷가재 껍데기를 로스팅팬 위에 올립니다. 소스에 버 |
|---|---|
| 얕은 로스팅팬 또는 오븐용 내열 접시 | 무린 바닷가재살과 양송이버섯을 껍데기 안에 소복하게 담고, 그 위 |
| 강판에 간 파르메산 치즈 또는 | 에 남은 소스를 끼얹습니다. 강판에 간 치즈를 뿌리고 버터 조각을 |
| 스위스 치즈 ½컵 | 올립니다. |
| 작게 조각낸 버터 2TS | [*] 이 단계까지는 미리 준비했다가 냉장 보관할 수 있습니다. |

약 220℃로 예열한 오븐 맨 위 칸에서 10~15분 굽습니다. 바닷가재살이 보글보글 끓어오르고 소스 윗면에 갈색이 돌면 오븐에서 꺼내 접시에 담아 곧바로 냅니다.

## ❖ 오마르 오 자로마트(*homard aux aromates*)
허브 소스를 곁들인 와인에 찐 바닷가재

이 요리는 오마르 테르미도르를 변형한 것은 아니지만, 여기서 함께 소개하는 게 좋겠습니다.

| | 앞선 레시피에서 설명한 대로 바닷가재를 약 20분간 찝니다. 바닷가 |
|---|---|
| 오마르 테르미도르 레시피에서 | 재를 건져내고 냄비에 남은 육수를 바짝 졸여서 2컵 분량으로 만듭 |
| 바닷가재 3마리를 찔 때 사용한 | 니다. 육수 속 당근과 양파는 건져내지 않아도 됩니다. |
| 재료(바닷가재, 와인, 허브, | |
| 향미 채소) | |

| | 불을 끄고, 졸인 바닷가재 육수에 뵈르 마니에를 섞습니다. 다시 15초 |
|---|---|
| 밀가루 1½TS에 말랑한 버터 | 동안 끓입니다. 불을 줄이고 약하게 끓는 상태에서 크림을 1스푼씩 |
| 1½TS을 고루 섞은 뵈르 마니에 | 넣어서 계속 휘저으며 가벼운 크림수프처럼 만듭니다. 간을 맞추고 |
| 휘핑크림 약 1컵 | 허브를 섞습니다. |
| 다진 녹색 허브(파슬리, 처빌, | |
| 타라곤, 또는 파슬리만) 3~4TS | |

바닷가재를 세로로 반을 가릅니다. 머리 쪽의 위주머니와 창자를 제거합니다. 접시에 바닷가재를 담고, 그 위에 소스를 부어서 냅니다.

## 오마르 아 라메리켄(*homard à l'américaine*)
### 와인, 토마토, 마늘, 허브와 함께 익힌 바닷가재

오마르 아 라메리켄은 살아 있는 바닷가재를 적당한 크기로 잘라서, 기름을 두른 팬에 껍데기가 빨갛게 변할 때까지 소테한 다음, 코냑으로 불을 붙여 잡내를 날리고, 와인, 향미 채소, 허브, 토마토를 넣고 포칭한 요리입니다. 프랑스에서는 격식 있는 저녁식사가 아니라면 핑거볼과 냅킨과 함께 바닷가재를 껍데기째 차려서 손님이 직접 살을 발라 먹게 합니다. 지켜본 바로는 미국인은 대부분 바닷가재 살과 껍데기가 분리되어 나오는 쪽을 선호하는 듯합니다. 이는 요리사를 더 번거롭게 만드는 것이므로 안타까운 일이 아닐 수 없습니다.

오마르 아 라메리켄의 탄생 배경에 관해서는 의견이 분분합니다. 몇몇 권위자는 이 요리를 바닷가재가 많이 서식하는 프랑스 브르타뉴 지방의 옛 지역명인 아르모리크(*Armorique*)를 따서 '오마르 아 라르모리켄(*homard à l'armoricaine*)'이라고 부릅니다. 반면 '아르모리켄'이라는 이름은 말도 안 된다고 반박하는 사람들도 있습니다. 토마토로 맛을 내는 것은 브르타뉴 지방에서는 흔치 않은 데다, 프로방스풍 요리를 하던 파리의 한 셰프가 미국인 고객이나 토마토 원산지에서 영감을 얻어 '아 라메리켄'이라는 이름을 붙였다는 것입니다. 어느 쪽이든 오마르 아 라메리켄은 신선한 바닷가재로 만드는 훌륭한 요리라는 것만은 분명합니다. 또한 제가 그리 선호하지 않는 재료인 냉동 바닷가재 꼬리를 가장 맛있게 조리할 수 있는 방법 가운데 하나이기도 합니다.

이 요리는 피시 스톡으로 만든 리소토나 일반 쌀밥, 그리고 부르고뉴나 코트 뒤 론, 그라브 같은 드라이한 화이트 와인과 훌륭한 조화를 이룹니다.

**6인분**

산 바닷가재(약 1.1kg) 3마리 또는 냉동 바닷가재 꼬리 (약간 해동해서 길게 절반으로 가른 것) 6개

바닷가재를 세로로 길게 반을 가릅니다. 머리 쪽 위주머니와 기다란 창자를 제거합니다. 주황색과 녹색을 띠는 물질은 따로 모아둡니다. 집게발과 관절을 떼어내 껍데기를 살짝 부숩니다. 가슴에서 꼬리를 분리합니다.

올리브유 3TS

지름 약 30cm인 묵직한 법랑 스킬릿

  또는 캐서롤

스킬릿에 올리브유를 넣고 연기가 나기 직전까지 아주 뜨겁게 데웁니
다. 여기에 바닷가재를 살이 아래쪽으로 가도록 놓고 몇 분 동안 소테
한 다음, 뒤집어서 껍데기가 선홍빛으로 변할 때까지 굽습니다. 바닷
가재를 접시에 옮겨 담습니다.

---

중간 크기 당근 1개

  잘게 깍둑썰기한 것

중간 크기 양파 1개

  잘게 깍둑썰기한 것

같은 스킬릿에 당근과 양파를 넣고 이리저리 뒤섞으며 약 5분간 무르
게 익힙니다.

---

오븐을 약 175℃로 예열합니다.

---

소금, 후추

다진 셜롯 또는 골파 3TS

으깬 마늘 1쪽

코냑 ⅓컵

잘 익은 토마토(껍질과 씨, 즙을

  제거하고 과육만 잘게 썬 것,

  599쪽) 약 450g

토마토 페이스트 2TS

피시 스톡(168쪽) 1컵 또는 시판

  대합 주스 ⅓컵

드라이한 화이트 와인 1½컵 또는

  화이트 베르무트 1컵

선택: 미트 글레이즈(164쪽) ½TS

잘게 썬 파슬리 2TS

타라곤 1TS 또는 말린 타라곤 1ts

바닷가재에 소금, 후추를 뿌려서 스킬릿에 다시 넣습니다. 다진 셜롯
또는 골파, 마늘도 더합니다. 스킬릿을 중간 불에 올리고 코냑을 붓습
니다. 얼굴을 옆으로 돌린 채 성냥불로 코냑에 불을 붙인 뒤 불길이
가라앉을 때까지 스킬릿을 계속 천천히 흔듭니다. 나머지 재료를 모
두 넣고 섞은 다음 약하게 끓입니다. 뚜껑을 덮어 예열된 오븐 가운
데 칸에 넣고, 20분 동안 불을 조절해 바닷가재가 약하게 끓는 액체
속에서 뭉근하게 익도록 합니다.

---

말랑한 버터 6TS

모아둔 주황색과 녹색 물질

약 3L 용량인 믹싱볼

바닷가재가 익는 동안, 바닷가재에서 긁어낸 주황색과 녹색 물질을
고운 체에 스푼으로 꾹꾹 누르며 내려서 버터와 고루 섞습니다. 한쪽
에 둡니다.

---

다 익은 바닷가재를 접시에 옮깁니다. 껍데기에서 살을 발라도 좋습
니다. 스킬릿에 남은 국물을 센 불에 바짝 졸여 약간 걸쭉하게 만듭
니다. 다음 단계에서 버터 혼합물까지 섞으면 더욱 진한 소스가 될
것입니다. 취향에 따라 세심하게 간을 맞춥니다.

[*] 이 단계까지 미리 준비한 뒤 마무리는 나중에 해도 됩니다.

바닷가재를 다시 소스에 넣고 약하게 끓여서 데웁니다. 뜨거운 소스 1컵을 버터 혼합물에 조금씩 넣으며 고루 섞습니다. 이것을 바닷가재가 담긴 스킬릿에 붓고, 약한 불에 올려 2~3분 가볍게 흔들면서 주황색과 녹색 물질을 살짝 익힙니다. 절대 소스가 끓어오르지 않도록 불 조절에 유의합니다.

고리 모양의 리소토 틀 또는 쌀밥
파슬리(또는 파슬리와 타라곤)
  다진 것 2~3TS

접시에 밥을 둥근 고리 모양으로 담고, 고리 안에 바닷가재와 소스를 올립니다. 허브로 장식해서 바로 냅니다.

# 홍합
## *Moules*

길쭉한 타원형 흑청색 껍데기 속에 맛있는 산호색 속살을 감추고 있는 홍합은 '가난한 사람을 위한 굴'이라는 별명으로도 불립니다. 어느 바닷가에서든 바위와 부두에 다닥다닥 붙어 있으며, 썰물 때는 매우 쉽게 채취할 수 있습니다. 홍합을 직접 캐려면 반드시 깨끗하고 맑은 바닷물에서 자란 것만 택해야 합니다.

### ✳✳ 홍합 손질하기, 해감하기

홍합은 조리하기 전 반드시 꼼꼼하게 세척해야 합니다. 홍합 안에 들어 있을지도 모르는 모래를 제거하고, 껍데기에 붙어 있는 점액질과 지저분한 이물질을 없애야 쪘을 때 맛있는 육수를 얻을 수 있습니다. 껍데기가 꽉 맞물려 있지 않거나 다른 홍합보다 무게가 훨씬 가벼운 것은 버려야 합니다. 반대로 너무 무거운 홍합도 안쪽에 모래만 가득 들어 있을 가능성이 크기 때문에 버립니다. 이렇게 골라낸 홍합은 먼저 흐르는 물에서 하나씩 거친 솔로 깨끗하게 박박 문질러 닦습니다. 이어 홍합 양쪽 껍데기가 맞물리는 지점에 비어져 나와 있는 수염을 작은 칼로 떼어냅니다. 이렇게 손질을 끝낸 홍합은 대야나 양동이에 깨끗한 물을 받아서 1~2시간 담가둡니다. 이렇게 하면 홍합이 모래를 뱉어내고, 소금기도 약간 빠집니다. 해감을 마친 홍합을 체에 건져서 다시 한번 씻은 뒤 물기를 빼면 조리 준비가 끝납니다.
**주의:** 홍합을 해감할 때 물에 밀가루를 섞기도 하는데, 이렇게 하면 홍합이 밀가루를 먹어서 살이 더 촉촉하고 통통해지며, 동시에 모래도 더 확실히 뱉는다는 이야기가 있습니다. 밀가루 양은 물 약 2L당 ⅓컵 정도가 적당하며, 먼저 소량의 물에 밀가루를 넣고 거품기로 고루 휘저은 다음 나머지 물을 부으면 밀가루가 완전히 섞입니다. 홍합 해감이 끝나면 체에 건져서 찬물로 씻습니다.

### ✳✳ 통조림 홍합

통조림 홍합을 사용할 경우에는 모래에 특히 더 신경 써야 합니다. 캔 바닥에 모래가 조금이라도 가라앉아 있다면, 홍합을 찬물에 담가두고 여러 번 물을 갈아가며 해감합니다. 하나를 먹어보았을 때 여전히 지금거린다면, 해감을 더 합니다. 다음에 소개할 레시피 가운데 먼저 나오는 두 레시피만 빼면 신선한 홍합 대신 품질이 뛰어난 통조림 홍합을 사용해도 좋습니다. 소스에 들어가는 스톡 대신 통조림 국물을 써도 좋습니다. 통조림 국물을 소량의 화이트 와인이나 베르무트와 함께 약하게 끓인 뒤, 레시피에 필요한 스톡과 양이 같아지도록 끓는 우유를 더해서 쓰면 됩니다.

# 물 아 라 마리니에르 I(*moules à la marinière I*)

### 각종 향미제로 맛을 낸 홍합 와인 찜

전형적인 프랑스식 홍합 요리법 가운데 가장 단순한 레시피입니다. 큰 냄비에 홍합을 껍데기째 넣고 와인과 각종 향미제와 함께 쪄낸 이 요리는 만드는 데 5분 정도면 됩니다. 이렇게 익힌 홍합을 껍데기째 수프 접시에 담고, 그 위에 홍합을 쪘던 맛 좋은 국물을 붓습니다. 각자 손이나 포크로 홍합을 하나씩 까서 살을 발라 먹은 뒤 껍데기는 여분의 접시에 버리면 됩니다. 식탁에는 여분의 접시와 포크 외에, 국물을 떠먹을 수 있는 스푼과 큰 냅킨, 손을 씻을 수 있는 핑거볼도 준비해야 합니다. 이 요리는 바게트와 버터, 그리고 차갑게 식힌 뮈스카데나 그라브, 푸이 같은 가볍고 드라이한 화이트 와인을 함께 내면 좋습니다.

### 6~8인분

가볍고 드라이한 화이트 와인 2컵
　또는 화이트 베르무트 1컵
8~10L 용량인 뚜껑이 있는
　법랑 냄비
다진 셜롯이나 골파,
　또는 아주 곱게 다진 양파 ½컵
파슬리 줄기 8대
월계수 잎 ½장
타임 ¼ts
후추 ⅛ts
버터 6TS

냄비에 와인과 다른 재료를 모두 넣고 가열합니다. 알코올 성분이 다 날아가고 국물 양이 약간 줄어들 때까지 2~3분 끓입니다.

세척과 해감을 마친 홍합(279쪽)
　약 6kg

홍합을 냄비에 넣고 뚜껑을 꽉 닫은 다음 센 불로 바짝 끓입니다. 중간에 여러 차례 양손으로 냄비 손잡이를 움켜잡고 엄지손가락으로 뚜껑을 단단히 누른 채 위아래로 짧고 강하게 흔들어줍니다. 이렇게 하면 냄비 속 홍합 위치가 바뀌면서 더 고르게 익습니다. 약 5분 뒤 홍합 껍데기가 저절로 벌어지면 다 익은 것입니다.

굵게 다진 파슬리 ½컵

커다란 그물국자로 홍합을 퍼서 넓은 수프 접시에 담습니다. 국물은 혹시 있을지도 모르는 모래가 가라앉도록 잠시 그대로 두었다가, 국자로 퍼서 홍합 위에 끼얹습니다. 파슬리 가루를 뿌려 바로 냅니다.

## 물 아 라 마리니에르 II(*moules à la marinière II*)
### 각종 향미제와 빵가루로 맛을 낸 홍합 와인 찜

이번 레시피는 앞과는 달리 홍합을 익힐 때 빵가루를 넣어서 소스를 걸쭉하게 만듭니다.
홍합을 아주 깨끗하게 씻고 확실히 해감해야 나중에 빵가루에 모래가 섞이지 않습니다.

**6~8인분**

| | |
|---|---|
| 곱게 다진 양파 3컵<br>버터 약 110g(8TS)<br>8~10L 용량인 뚜껑이 있는<br>  법랑 냄비 | 냄비에 버터를 녹인 뒤 양파를 넣고 약 10분 동안 약한 불에서 하얗<br>고 투명하게 푹 익힙니다. |
| 가볍고 드라이한 화이트 와인 2컵<br>  또는 화이트 베르무트 1컵<br>고운 건식 빵가루(홈메이드 타입<br>  흰 빵으로 만든 것) 1½컵<br>잘게 썬 파슬리 ½컵<br>후추 ⅛ts<br>월계수 잎 1장<br>타임 ¼ts | 모든 재료를 양파에 섞은 다음, 뚜껑을 덮고 10분간 뭉근하게 끓입<br>니다. 눌어붙지 않도록 중간에 가끔 뒤적입니다. 월계수 잎을 건져냅<br>니다. |
| 세척과 해감을 마친 홍합(279쪽)<br>  약 6kg<br>잘게 다진 파슬리 ⅓컵 | 홍합을 넣고 뚜껑을 덮은 채 냄비를 흔들어 잘 섞습니다. 냄비를 센<br>불에 올려 홍합 껍데기가 벌어질 때까지 끓입니다. 중간에 냄비를 여<br>러 차례 흔들어서 섞습니다. 다 익은 홍합과 소스를 국자로 퍼서 수<br>프 접시에 담고, 파슬리를 뿌려서 냅니다. |

## 물 오 뵈르 데스카르고(*moule au beurre d'escargot*)
## 물 아 라 프로방살(*moules à la provençale*)
### 껍데기에 그라탱을 한 홍합

첫번째 코스 메뉴로 잘 어울리는 요리입니다. 바게트와 마콩, 코트 드 프로방스, 키안티
(Chianti)처럼 강하고 쌉쌀한 와인 또는 이에 상응하는 미국 와인을 함께 냅니다.

**4~6인분**

| | |
|---|---|
| 세척과 해감을 마친 특대형 홍합<br>　(279쪽) 48개 | 홍합은 물 아 라 마리니에르 I(295쪽)처럼 껍데기째 찌거나, 익히지 않은 상태에서 칼로 껍데기를 열어둡니다. 후자가 더 낫습니다. 양쪽 껍데기 중에서 살이 붙어 있지 않은 쪽은 버리고, 살이 붙어 있는 나머지 반쪽을 얕은 내열 그릇에 담습니다. |

말랑한 버터 약 170g(스틱 1½개)
약 2L 용량인 믹싱볼
나무 스푼
곱게 다진 셜롯 또는 골파 3TS
으깬 마늘 1~3쪽
　(취향에 따라 양 조절)
다진 파슬리 ¼컵
고운 건식 빵가루(흰 빵) ½컵
소금, 후추

믹싱볼에 버터를 넣고 가벼운 크림 상태가 될 때까지 휘젓습니다. 나머지 재료를 모두 넣고 고루 섞은 뒤 간을 맞춥니다. 이 혼합물을 홍합 위에 조금씩 펴 바릅니다.

[*] 이 단계까지는 미리 준비해놓아도 됩니다. 구울 준비를 마친 홍합은 유산지를 덮어 냉장 보관합니다.

식탁에 내기 2~3분 전, 홍합을 아주 뜨거운 브로일러 아래에 넣어서 버터가 보글보글 끓고 빵가루가 노릇해지면 바로 냅니다.

---

# 살라드 드 물(*salade de moules*)
### 허브 오일로 마리네이드한 홍합

| | |
|---|---|
| 신선한 홍합 익힌 것 2컵<br>　(통조림, 냉동 제품도 가능) | 신선한 홍합을 물 아 라 마리니에르 I(295쪽) 레시피대로 쪄서 껍데기는 버립니다. |

향이 진하지 않은 올리브유나
　샐러드유 4TS
드라이한 화이트 베르무트 1TS에
　레몬즙 1TS을 섞은 것
곱게 다진 셜롯 또는 골파 2TS
다진 파슬리 또는 다양한 녹색 허브
　3TS
후추 1자밤

식탁에 내기 30분 전, 재료를 모두 볼에 담아 잘 섞어서 홍합살을 마리네이드합니다. 양념이 충분히 밴 홍합살은 그대로 내거나, 양념을 따라낸 다음 마요네즈(134쪽) ½컵에 버무려서 내도 좋습니다. 낼 때는 볼이나 홍합 껍데기에 옮겨 담습니다.

# 물 앙 소스(*moules en sauce*)
# 무클라드(*mouclades*)
# 물 아 라 풀레트(*moules à la poulette*)
# 물 아 라 베아르네즈(*moules à la béarnaise*)‡
## 소스에 버무려 가리비 껍데기에 담은 홍합살

조금 더 격식 있는 홍합 요리를 소개합니다. 홍합을 와인과 각종 향미제와 함께 찐 다음, 그 국물로 버터향이 진한 크림소스를 만듭니다. 이 소스는 281쪽에 있는 버터를 많이 넣은 소스 파리지엔과 기본적으로 똑같지만, 풍미는 아주 다릅니다. 홍합을 브르타뉴식으로 한 쪽 껍데기에 올려서 내는 것을 무클라드라고 합니다. 이 레시피에서는 홍합을 살만 발라서 소스에 버무린 뒤 가리비 껍데기에 올려 내는데, 이 경우 식사 시간에 앞서 요리를 미리 준비해둘 수 있습니다. 이처럼 소스를 곁들이는 홍합 요리는 각종 재료를 사용해 다양하게 변형할 수 있습니다. 예를 들어, 이 레시피에서 카레와 마늘, 펜넬 대신 양송이버섯 기둥 ½컵을 더하면 물 아 라 풀레트가 됩니다. 또 특정 향미제를 빼고 소스 블루테에 크림과 달걀노른자, 버터를 넣는 대신 식탁에 내기 직전에 소스 베아르네즈 1컵을 섞으면 물 아 라 베아르네즈가 됩니다.

### 6인분

세척과 해감을 마친 홍합(279쪽, 소금기를 최대한 빼기 위해 2시간 해감하는 것을 추천) 5~6kg
물 알 라 마리니에르 I(295쪽)에 들어가는 와인과 향미제
추가: 카레 가루 ¼ts, 펜넬 1자밤, 으깬 마늘 1쪽

295쪽 물 아 라 마리니에르 I 레시피대로 홍합을 와인과 향미제에 찐 다음, 껍데기를 까서 살만 볼에 모아둡니다. 홍합을 찌고 남은 국물을 체에 걸러 법랑 소스팬에 넣고, 센 불로 바짝 끓여서 국물 맛을 진하게 만듭니다. 이때 국물을 지나치게 졸이면 소금기가 너무 강해질 수 있으므로 중간에 여러 번 맛을 보도록 합니다. 다음 순서에서 소스를 만들 때 쓸 국물 1½컵을 덜어둡니다.

버터 3TS
밀가루 4TS
약 2L 용량인 바닥이 두꺼운 법랑 소스팬
나무 스푼

소스팬에 버터와 밀가루를 넣고 2분 동안 볶습니다. 밀가루와 버터가 완전히 섞여 자잘하게 거품이 일되 색깔이 나지 않아야 합니다. 완성된 루를 불에서 내립니다.

| | |
|---|---|
| 거품기 | 앞서 졸인 뜨거운 홍합 국물을 체에 걸러서 루에 붓습니다. 냄비 바닥에 가라앉아 있을지도 모르는 모래알이 섞여 들어가지 않도록 주의합니다. 거품기로 휘저어 루와 국물을 완전히 섞습니다. 다시 불에 올려 1분간 계속 저으며 끓여서 되직한 소스를 만듭니다. |
| 달걀노른자 2개<br>휘핑크림 ½컵<br>믹싱볼<br>거품기<br>나무 스푼<br>소금<br>후추<br>레몬즙 약간 | 믹싱볼에 달걀노른자와 크림을 넣고 잘 섞습니다. 여기에 뜨거운 소스를 천천히 조금씩 흘려넣으며 고루 휘젓습니다. 소스를 다시 팬에 옮겨 적당히 센 불에서 나무 스푼으로 팬 바닥까지 닿게 전체적으로 휘저으며 끓입니다. 소스가 끓기 시작하면 1분간 휘저으며 끓인 다음 소스를 불에서 내리고, 취향에 따라 소금과 후추로 세심하게 간을 맞춥니다. 필요할 경우 레몬즙도 몇 방울 넣습니다. 홍합살을 소스에 넣고 가볍게 섞습니다.<br>[*] 바로 내지 않을 경우, 팬 벽면에 묻은 소스를 깨끗이 정리하고 소스 표면에 소량의 우유를 끼얹어 코팅합니다. 이어 덮개를 씌우지 않은 상태로 한쪽에 두었다가 필요할 때 다시 약하게 끓여서 다음 단계로 넘어갑니다. |
| 말랑한 버터 4~8TS<br>버터를 칠한 가리비 껍데기 또는<br>　내열유리나 도자기로 만든<br>　가리비 모양 접시(½컵 용량) 6개<br>파슬리 줄기 약간 | 식탁에 내기 직전, 불을 끈 상태에서 소스에 버무린 홍합에 버터를 1스푼씩 가볍게 섞습니다. 앞서 넣은 버터가 소스에 완전히 흡수되기 전에 버터를 더 넣으면 안 됩니다. 소스에 버무린 홍합을 가리비 껍데기에 소복하게 담고, 파슬리로 장식해서 바로 냅니다. |

### ❖ 필라프 드 물(*pilaf de moules*)
　홍합 필라프

홍합을 앞선 레시피와 똑같이 준비해서 소스에 버무린 다음, 고리 모양으로 담은 리소토 (629쪽)와 함께 냅니다.

### ❖ 수프 오 물(*soupe aux moules*)
　홍합 수프

소스에 버무린 홍합으로 홍합 수프를 만들 수도 있습니다. 소스에 크림과 달걀노른자를 넣어 섞은 뒤, 끓는 우유를 몇 컵 부어서 크림수프처럼 만듭니다. 여기에 홍합을 넣고 다시 약하게 가열해, 끓어오르면 불에서 내립니다. 식탁에 내기 직전에 버터 2테이블스푼을 1스푼씩 넣고 폴딩하기를 반복하며 섞습니다. 다진 파슬리나 처빌를 뿌려서 냅니다.

# 기타 소스와 레시피

**다른 장에 나오는 생선 요리**

수플레 드 소몽(225쪽)

수플레 드 푸아송(227쪽)

수플레 드 오마르, 수플레 드 크라브, 수플레 오 크르베트(229쪽)

필레 드 푸아송 앙 수플레(229쪽)

수플레 데물레, 무슬린(230쪽)


탱발 드 푸아 드 볼라유(233쪽)

크넬 드 푸아송(247쪽)

퐁뒤 드 크뤼스타세(267쪽)

키슈 오 프뤼이 드 메르(206쪽)

그라탱 오 프뤼이 드 메르(214쪽)

부야베스(96쪽)

오마르, 크라브, 크르베트 앙 아스피크(647쪽), 크라브 우 오마르 앙 쇼프루아, 블랑슈네주
(652쪽)

무스 드 소몽(661쪽)

무슬린 드 푸아송, 블랑슈네주(661쪽), 무슬린 드 크뤼스타세, 블랑슈네주(663쪽)


**삶거나 오븐에 구운 생선에 어울리는 소스**

소스 올랑데즈와 각종 변형 소스(126~133쪽)

소스 바타르드, 소스 오 뵈르(109~111쪽)

뵈르 블랑(146쪽), 뵈르 오 시트롱(148쪽)

뵈르 누아르(149쪽)

소스 시브리(107쪽)

소스 아욜리(141쪽)

소스 알자시엔(142쪽)

소스 라비고트(144쪽)

비네그레트 아 라 크렘(144쪽)

**소테하거나 브로일링한 생선에 어울리는 소스**

소스 아 라 무타르드(111쪽)

뵈르 누아르(149쪽)

차가운 향미 버터(151~157쪽)


**차가운 생선에 어울리는 소스**

마요네즈와 각종 변형 소스(134~142쪽)

소스 라비고트(144쪽)

비네그레트 아 라 크렘(144쪽)

# 제6장

# 가금류
*Volaille*

## 닭고기
*Poulet, Poulard*

프랑스 요리를 대표하는 가장 훌륭한 레시피 가운데 몇 가지는 닭고기를 위해 만들어졌으며, 프랑스 조리법과 소스 만들기의 기본 기술은 거의 닭고기와 연관되어 있다고 해도 과언이 아닙니다. 닭고기 요리에서 가장 중요한 포인트는 맛있고 품질이 우수한 닭을 구하는 것입니다. 현대 양계 방식은 기록적인 시간 안에 닭을 보기 좋게 키워서 매우 합리적인 가격에 판매하는 놀라운 성과를 이루어냈지만, 닭고기 맛 자체는 관심에서 멀어진 것 같습니다. 그저 가격만을 중요시하는 사람이라면, 꼭 곰 인형 안에 든 솜뭉치 같은 맛이 나는 닭고기를 자주 사게 되었을 겁니다. 이런 닭고기는 허브와 와인, 각종 향신료를 듬뿍 더해야 그나마 맛을 낼 수 있죠. 그러나 닭고기는 닭고기 맛이 나야 하고, 그 자체의 풍미가 뛰어나서 별다른 양념 없이 버터만 발라서 로스팅하거나 소테하거나 숯불에 굽는 것만으로도 충분히 만족스러운 경험을 선사해야 합니다. 그러므로 닭고기를 살 때는 품질과 맛에 특별한 자부심을 가진 판매자를 찾기 위한 노력을 아끼지 않도록 합시다.

**✱✱ 닭의 종류**

미국에서 닭은 부화된 지 얼마나 지났느냐에 따라 몇 가지 종류로 나뉘는데, 닭 나이는 곧 조리 방식과 직결됩니다. 예를 들어, 브로일러는 브로일링과 로스팅 방식에는 적합하지만, 고기를 화이트소스에 조리는 프리카세 조리법을 거치면 연한 육질이 뻣뻣하고 질겨질 수 있습니다. 반면 노계인 스튜잉 헨(stewing hen)은 살이 워낙 단단해서 프리카세나 스튜로 만드는 수밖에 없습니다.

| 미국 분류법 | 가장 유사한 프랑스 분류법 | 손질된 닭의 무게 (미국 기준) | 조리 방식 |
|---|---|---|---|
| 스쿼브 치킨(squab chicken) 베이비 브로일러(baby broiler) | 푸생(*poussin*) 코클레(*coquelet*) | 350~450g | 브로일링, 그릴링, 로스팅 |
| 브로일러(broiler) (2~3개월) | 풀레 누보 (*poulet nouveau*) | 700g~1.1kg | 브로일링, 그릴링, 로스팅 |
| 프라이어(fryer) | 풀레 드 그랭 (*Poulet de grain*, 소) 풀레 렌 (*poulet reine*, 대) | 1.1kg~1.6kg | 튀기기, 소테, 로스팅, 캐서롤 로스팅, 프리카세, 삶기 |
| 로스터(roaster) | 풀레 그라(*poulet gras*) 풀라르드(*poularde*) | 보통 1.6~3kg | 로스팅, 캐서롤 로스팅, 삶기, 프리카세 |
| 케이폰(capon) 케이포네트(caponette) | 샤퐁(*chapon*) | 1.6~3.2kg | 로스팅, 캐서롤 로스팅, 삶기, 프리카세 |
| 스튜잉 치킨(stewing chicken), 스튜잉 파울 (stewing fowl) (8~12개월) | 풀 드 라네 (*poule de l'année*) | 보통 1.8kg 이상 | 스튜, 프리카세 |
| 올드 헨(old hen) 올드 코크(old cock) 올드 루스터(old rooster) (12개월 이상) | 비에유 풀(*vieille poule*) 코크(*coq*) | 보통 1.8kg 이상 | 육질이 연할 경우: 스튜, 프리카세 육질이 질길 경우: 수프 스톡, 포스미트, 파테(압력솥 조리용) |

## ** 냉동 닭고기 해동하기

업계 전문가들에 의하면, 냉동 닭고기를 해동하는 가장 좋은 방법은 투명한 비닐 포장지에 싸인 상태 그대로 냉장실에서 천천히 녹이는 것입니다. 이렇게 하면 육즙과 맛 손실을 최소화할 수 있습니다. 그 외에 가장 쓸 만한 방법은 포장지를 벗긴 뒤 흐르는 찬물에 담가놓는 것입니다. 이때 간, 모래주머니, 염통 등 내장을 최대한 빨리 제거하고, 다리와 날개도 가능한 한 빠른 시간 내에 몸통에서 떼어놓는 것이 좋습니다.

비교적 어린 닭에 속하는 로스터나 프라이어, 브로일러도 이따금 육질이 꽤 질기고 뻣뻣할 수 있습니다. 미국의 전국 가금류 및 달걀 협회에 따르면 이는 대개 고기가 너무 신선할 때 냉동했기 때문입니다. 냉동 닭고기가 맛이 없다면, 여러 차례 녹았다가 얼어서 육즙이 많이 빠져나갔거나, 풍미를 갖출 만큼 성장하지 못한, 지나치게 어린 닭일 가능성이 큽니다.

## ** 씻어서 물기 제거하기
상업적으로 사육된 닭은 대개 가공 중에 무더기로 얼음에 재워두는 과정을 거칩니다. 따라서 닭고기를 사면 깨끗이 씻어서 물기를 제거한 다음 보관 또는 조리하는 것이 안전합니다.

## ** 깃털 그슬리기
보통 미국에서 파는 닭고기는 깃털이 완벽하게 제거된 상태입니다. 하지만 깃털이 남아 있다면, 직접 남아 있는 깃털 모낭을 일일이 뽑고 짜낸 뒤, 가스불이나 알코올 불에 재빨리 그슬려 남아 있을지도 모르는 깃털 잔여물까지 없애야 합니다.

---

# 치킨 스톡

진하게 끓인 치킨 스톡은 닭 목과 내장으로 쉽게 만들 수 있으며, 아무리 단순한 소스도 이 스톡을 넣으면 더욱 특별해집니다.

---

## 브라운 치킨 스톡

**약 1컵 분량**

바닥이 두꺼운 2L 용량 소스팬
닭 목, 모래주머니, 염통,
  기타 자잘한 부스러기
슬라이스한 양파 1개
슬라이스한 당근 1개
돼지기름 또는 식용유 1½TS

준비한 닭고기 부속을 2~3cm로 썹니다. 뜨겁게 데운 기름에 닭고기와 채소를 갈색이 나게 볶습니다.

브라운 스톡 또는 화이트 스톡
   (통조림 비프 부용이나
   치킨 브로스도 가능) 2컵
파슬리 줄기 2대
월계수 잎 ⅓장
타임 ⅛ts

갈색으로 변한 기름을 버립니다. 스톡과 허브를 넣고, 닭고기가 약 1cm쯤 잠길 만큼 물을 붓습니다. 뚜껑을 약간 연 채 1시간 30분 이상 뭉근하게 끓입니다. 필요할 경우 표면에 떠오르는 거품을 걷어냅니다. 체에 거른 뒤 기름기를 제거하면 스톡이 완성됩니다.

## 화이트 치킨 스톡

만드는 법은 브라운 치킨 스톡과 동일합니다. 단, 재료를 갈색이 나게 익히지 말고, 화이트 스톡이나 통조림 치킨 브로스를 사용합니다.

**\*\* 스터핑 채우기 주의사항**

스터핑은 미리 준비해도 괜찮지만, 닭고기 배 속을 채우는 작업은 반드시 익히기 직전에 해야 합니다. 많은 재료를 섞어 만든 스터핑이 자칫 닭고기 속에서 쉬어서 고기를 변질시킬 수 있기 때문입니다.

**\*\* 꿰매어 고정하기**

조리하기 전에 실로 꿰매서 단단히 고정해야 굽는 동안 다리와 날개, 목 껍질이 제자리를 유지해서 더 보기 좋고 깔끔하게 식탁에 올릴 수 있습니다. 다음은 프랑스식으로 통닭을 꿰매는 방법으로, 조리용 바늘이나 돗바늘, 흰색 실이 필요합니다. 매듭은 총 2번 짓는데, 꼬리 쪽에서 두 다리를 모아서 한 번 묶고, 가슴 끝에서 양 날개와 목 껍질을 고정한 뒤 또 한 번 묶습니다.

**첫번째 매듭**

바늘로 몸통 아래쪽을 꿰뚫습니다.

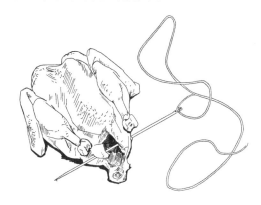

반대 방향으로 한쪽 다리 위를 지나서 가슴뼈 끝부분을 꿰뚫은 다음, 반대쪽 다리 위를 지나 매듭을 짓습니다.

**두번째 매듭**

두번째 관절과 닭다리가 만나는 지점(무릎)에 바늘을 찔러넣고 몸통을 꿰뚫어서 반대쪽 같은 지점으로 빼냅니다.

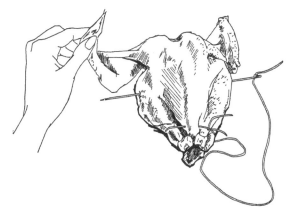

**가금류**

닭고기를 가슴이 아래로 가게 뒤집습니다. 양 날개를 접어 몸통에 붙인 다음, 먼저 바늘로 한쪽 날개를 꿰뚫습니다. 이어 늘어진 목 껍질을 등뼈 한쪽에 붙여 바늘을 통과시킨 다음 반대쪽 날개로 빼냅니다. 실을 팽팽하게 당겨서 매듭을 짓습니다.

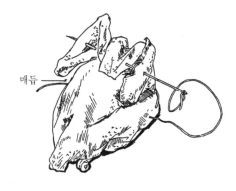

이제 오븐에 넣거나, 꼬챙이에 꿰어 로스팅을 또는 포칭을 하면 됩니다.

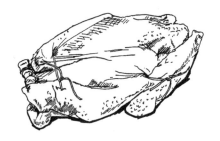

## ** 익은 상태 확인하기

스튜잉 치킨은 포크로 고기를 찔렀을 때 부드럽게 쑥 들어가면 다 익은 것입니다. 로스터나 프라이어, 브로일러 같은 비교적 어린 닭은 원래 육질이 연하므로, 포크를 깊이 찔렀다가 뺐을 때 핏기가 전혀 없는 맑은 노란색 육즙이 흘러나오면 완전히 익었다고 보면 됩니다. 통닭은 항문 쪽으로 빠져나오는 육즙이 마지막까지 핏기가 전혀 없이 맑은 노란색을 띠면 완성된 것입니다. 덜 익은 닭고기는 먹으면 안 되지만, 지나치게 익은 닭고기 또한 육즙과 풍미가 사라지고 육질이 뻣뻣해져서 먹기가 곤란합니다. 한편 프랑스인이 다 익었다고 보는 것이 일부 미국인 입맛에는 덜 익은 것처럼 느껴지는 듯합니다. 그래서 닭고기 중심부 온도가 조리용 온도계로 80~82℃를 가리킬 때를 다 익은 것으로 판단하고, 이를 바탕으로 레시피를 만들었습니다. 미국인들의 입맛을 기준으로 한다면 88℃가 되어야 다 익은 것입니다.

**\*\* 익히는 시간: 오븐에 구울 때, 캐서롤에 구울 때, 꼬챙이에 꿰어 구울 때, 삶을 때**

이 시간표는 실온 상태에서 스터핑을 채우지 않은 생닭을 기준으로 합니다. 오븐 온도는 덮개를 씌우지 않고 구울 때는 약 175℃, 덮개를 씌워서 구울 때는 약 165℃입니다. 닭고기 중심부 온도는 80~82℃에 이르면 다 익은 것입니다. 만일 미국 기준으로 88℃에 맞추고 싶다면, 전체 굽는 시간을 5~10분 더 늘립니다. 크기가 큰 닭은 작은 닭에 비해 단위 무게당 소요되는 조리 시간이 더 짧습니다. 1.8kg짜리 닭고기를 익히는 데 소요되는 시간은 70~80분이지만, 무게가 거의 2배에 가까운 3kg짜리 닭고기를 익힐 때는 이보다 시간을 20~30분 더 늘리면 됩니다. 배 속에 스터핑을 채운 닭은 10~30분을 추가합니다.

## 무게별 조리 시간

오븐 온도 약 175℃ 기준

| 손질 후 무게 | 손질 전 무게 | 먹을 사람 수 | 총 조리 시간 |
|---|---|---|---|
| 약 350g | 약 450g | 1~2인 | 30~40분 |
| 약 560g | 약 900g | 2인 | 40~50분 |
| 약 900g | 약 1.4kg | 2~3인 | 50~60분 |
| 약 1.4kg | 약 1.8kg | 4인 | 70~80분 |
| 약 1.8kg | 약 2.3kg | 4~5인 | 75~90분 |
| 약 2kg | 약 2.7kg | 5~6인 | 85~100분 |
| 약 2.4kg | 약 3.2kg | 6~8인 | 90~105분 |

# 로스트 치킨

---

## 풀레 로티(*poulet rôti*)‡
로스트 치킨

요리사 실력이나 레스토랑 수준은 언제나 로스팅한 통닭에서 드러납니다. 껍질은 바삭하고 노릇노릇하며, 속살은 촉촉하고 부드러운 로스트 치킨을 완성해내기까지 오랜 훈련이 필요한 것은 아닙니다. 그러나 완벽한 로스트 치킨을 만들고 싶다면 계속 오븐 근처를 맴돌며 익어가는 소리를 듣고, 무엇보다 지속적으로 육즙을 끼얹고, 때맞추어 위치를 바꾸는 등 완벽을 추구하는 마음이 필요하죠. 한편 쇠꼬챙이에 꿰어 닭을 지방으로 감싸서 빙글빙글 돌리며 굽는 방식은 육즙을 계속 끼얹을 필요가 없기 때문에 오븐을 쓰는 방식보다는 훨씬 덜 번거롭습니다.

    프랑스에서는 작은 닭은 스터핑을 채우지 않고 구울 때가 많습니다. 내장을 꺼낸 빈 배 속은 소금과 버터로 양념하고, 껍질에도 버터를 발라 굽습니다. 오븐을 쓸 경우, 먼저 약 220℃에서 껍질에 연갈색이 날 때까지 10~15분 굽습니다. 그다음 온도를 약 175℃로 낮춘 뒤 수시로 뒤집고 육즙을 끼얹으며 완전히 익힙니다. 낼 때는 로스팅팬 바닥에 눌어붙은 육즙을 스톡에 녹여서 디글레이징 기법으로 간단하게 만든 브라운소스를 1스푼보다 약간 적게 끼얹어 냅니다.

☞ **어울리는 채소**
브로일링한 토마토, 버터를 바른 껍질콩 또는 완두콩, 소테하거나 로스팅하거나 튀긴 감자 또는 크레프 드 폼 드 테르(617쪽)
그라탱 도피누아(619쪽) 중 하나와 껍질콩 또는 완두콩
속을 채운 양송이버섯, 글레이징한 당근과 양파
라타투유(596쪽)와 소테한 감자

☞ **어울리는 와인**
메도크산 같은 가벼운 레드 와인 또는 로제 와인

**4인분**

**예상 로스팅 시간: 70~80분**

오븐을 220℃로 예열합니다.

손질된 튀김용 또는
  로스팅용 닭(약 1.4kg) 1마리
소금 ¼ts
말랑한 버터 2TS

닭고기 안쪽에 소금을 고루 뿌리고, 버터 1테이블스푼을 문질러 바릅니다. 이어 307~308쪽처럼 바늘로 꿰매서 고정합니다. 물기를 완전히 제거하고, 나머지 버터를 껍질에 골고루 문지릅니다.

재료를 충분히 담을 수 있는
  깊지 않은 로스팅팬
소스용 향미제: 당근과 양파
  슬라이스 약간
끼얹은 소스: 버터 2TS에 양질의
  식용유 1TS을 더한 것
  (소스팬에 녹여서 페이스트리
  브러시와 함께 준비)

닭고기는 가슴 쪽이 로스팅팬의 바닥에 닿게 담고, 주변에 채소를 흩뿌리듯 올려서 예열된 오븐 중간 칸에 넣습니다. 겉면에 연갈색이 돌 때까지 15분간 굽습니다. 첫 5분 동안은 왼쪽 옆면으로 눕혀서, 마지막 5분 동안은 오른쪽 옆면으로 눕혀서 굽습니다. 위치를 바꾸고 나면 녹인 버터와 식용유 혼합액을 브러시로 바릅니다. 오븐이 식지 않도록 재빨리 끝냅니다.

오븐 온도를 약 175℃로 낮춥니다. 닭고기는 계속 옆으로 눕혀둔 상태에서 8~10분마다 버터와 식용유를 끼얹어줍니다. 버터와 식용유를 모두 쓴 뒤에는 로스팅팬 바닥에 고인 육즙을 끼얹습니다. 닭고기에서 익어가는 소리가 나되 지방이 타지 않을 정도로 오븐 온도를 적절히 조절합니다.

소금 ¼ts

35~40분쯤 지났을 때, 닭고기에 소금을 뿌리고 반대쪽으로 뒤집습니다. 계속 육즙을 끼얹습니다.

소금 ¼ts

예상 완료 시간이 15분 남았을 때, 다시 소금을 뿌리고 닭가슴이 위로 오게 뒤집습니다. 육즙을 계속 끼얹습니다.

닭고기가 거의 다 구워지면 오븐 안에서 갑자기 쉭쉭대는 소리가 연달아 나고, 가슴이 부풀면서 껍질이 약간 빵빵해지며, 다리를 살짝 눌렀을 때 연하게 느껴지고 관절 부분이 쉽게 움직입니다. 더 분명히 확인하려면, 다리에서 가장 두꺼운 부분을 포크로 찔러서 맑은 노란색 육즙이 흐르는지 봅니다. 끝으로 닭고기를 기울였을 때 항문 쪽에서 흐르는 육즙도 맑은 노란색을 띠면 확실히 다 익은 것입니다. 만약 육즙에서 분홍빛이 살짝 보인다면 5분쯤 더 익힌 뒤 다시 확인합니다.

로스팅이 끝나면, 묶었던 실을 제거하고 뜨겁게 데운 접시에 담습니다. 오븐에서 갓 꺼낸 풀레 로티는 썰어내기 전 실온에 5~10분 두어야 육즙이 다시 조직에 고루 퍼집니다.

---

다진 설롯 또는 골파 ½TS
브라운 치킨 스톡
　(또는 통조림 치킨 브로스나
　비프 부용) 1컵
소금, 후추
말랑한 버터 1~2TS

로스팅팬에 남은 기름을 2테이블스푼만 남기고 모두 따라냅니다. 다진 설롯 또는 골파를 그 기름에 1분 동안 뭉근히 볶습니다. 여기에 스톡을 붓고 센 불로 끓이며, 나무 스푼으로 바닥에 눌어붙은 육즙을 긁어내면서 스톡이 ½컵으로 줄어들 때까지 바짝 졸입니다. 소금, 후추로 간을 맞춥니다. 불을 끈 다음, 식탁에 내기 직전에 버터를 조금씩 넣어서 완전히 섞이도록 고루 휘젓습니다. 완성된 소스를 닭고기 위에 1스푼 끼얹고, 나머지는 소스보트에 담아 함께 냅니다.

## ** 식탁에 내기 전 시간이 남았을 때

풀레 로티는 전원을 끈 뜨거운 오븐 안에 문을 살짝 열어둔 채로 20~30분 두어도 괜찮습니다. 다시 데우는 것은 신선하고 촉촉한 맛이 사라지므로 피합니다.

## ❖ 풀레 아 라 브로슈(*poulet à la broche*)
　　꼬챙이에 끼워 구운 로스트 치킨

**예상 로스팅 시간: 오븐에 구운
풀레 로티와 동일(309쪽 표)**

데쳐서 찬물에 헹군 베이컨
　3~4줄(56쪽, 일반 베이컨은
　닭 전체에 특유의 맛을 배게
　하므로 피해야 함)

풀레 로티 레시피대로 닭고기에 간을 한 뒤 실로 꿰매서 고정합니다. 이어 가슴 위쪽에서 항문 쪽으로 꼬챙이를 뀁니다. 물기를 완전히 제거한 뒤, 껍질에 버터를 문질러 바르고 소금을 뿌립니다. 데친 베이컨을 가슴과 통다리 위쪽에 얹고 흰 실로 묶어 고정합니다. 베이컨이 있으므로 마지막 단계 직전까지 육즙 등을 끼얹지 않아도 됩니다.

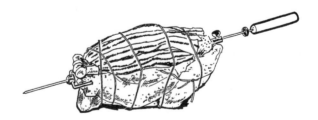

고기를 쇠꼬챙이에 꿰어 돌리면서 로스팅하는 장치가 있다면, 문을 닫고 중간 온도에서 로스팅합니다. 완료 15분 전 베이컨을 떼어내고, 팬에 떨어진 기름을 닭 겉면에 끼얹으며 마저 익힙니다.

오븐에 쇠꼬챙이를 걸 수 있는 장치가 있다면 브로일러 온도를 중간으로 맞추고 오븐 문을 살짝 연 채, 떨어지는 육즙과 기름을 받을 팬을 닭고기 아래 놓고 시작합니다. 완료 15분 전, 베이컨을 떼어내고 브로일러 온도를 높인 뒤 자주 육즙을 끼얹으면서 갈색으로 익을 때까지 로스팅합니다.

오븐에 로스팅한 풀레 로티와 똑같은 방식으로 고기가 완전히 익었는지 확인하고, 역시 같은 방법으로 소스를 만듭니다.

## ❖ 풀레 로티 아 라 노르망드(*poulet rôti à la normande*)
허브와 닭 내장을 채워서 크림을 끼얹은 로스트 치킨

풍성한 재료의 조합이 돋보이는 이 요리는 기본 로스트 치킨 레시피대로 닭을 로스팅하다가 마지막에 헤비 크림을 끼얹어 완성합니다. 소스는 버터 향이 밴 노릇노릇한 닭 껍질에서 떨어져 팬에 고인 육즙과 크림을 섞어서 만듭니다.

### ☞ 어울리는 채소
소테한 양송이버섯과 감자, 또는 껍질콩과 브레이징한 양파와 함께 냅니다.

### ☞ 어울리는 와인
차가운 부르고뉴 화이트 와인이나 그라브 화이트 와인, 메도크 레드 와인이 적당합니다.

**4~5인분**

**허브와 닭 내장 준비하기**

막을 벗겨서 다진 닭 모래주머니
버터 1TS
기름 ⅛ts
작은 스킬릿
잘게 썬 닭 염통
잘게 썬 닭 간 1~4개
다진 셜롯 또는 골파 1TS

뜨겁게 데운 버터와 기름에 닭 모래주머니를 넣고 2분 동안 소테합니다. 이어 염통, 간, 셜롯 또는 골파를 넣고 2분간 더 소테합니다. 닭 간은 단단하게 익되 속에 분홍빛이 남아 있게 익힙니다. 뜨거운 혼합물을 믹싱볼에 옮겨 담습니다.

거칠게 간 습식 빵가루 ⅔컵

크림치즈 4TS

말랑한 버터 2TS

다진 파슬리 3TS

타라곤 또는 타임 ⅛ts

소금 ⅛ts

후추 1자밤

나머지 재료를 소테한 내장과 잘 섞습니다. 취향에 따라 세심하게 간을 맞춘 뒤, 그대로 식힙니다.

---

손질된 튀김용 또는 로스팅용 닭
　(약 1.4kg) 1마리

소금 ¼ts

버터 1TS

닭고기 안쪽에 소금을 뿌리고, 앞서 만든 스터핑을 너무 빽빽하지 않게 채웁니다. 항문을 꿰매거나 이쑤시개로 봉합니다. 날개와 다리를 실로 고정하고, 물기를 제거한 다음 껍질에 버터를 문질러 바릅니다.

## 닭고기 로스팅

휘핑크림 1컵

닭고기를 오븐에 로스팅하거나(310쪽), 쇠꼬챙이에 꿰어 로스팅합니다(312쪽). 1시간쯤 구웠다면, 로스팅팬 바닥에 고인 기름을 1테이블스푼만 남기고 모두 제거합니다. 닭고기가 완전히 익을 때까지 휘핑크림 2~3테이블스푼을 3~4분에 한 번씩 끼얹습니다. 닭고기에서 흘러내린 크림이 팬 바닥에서 굳어도 이 시점에서는 신경 쓸 필요 없습니다.

---

소금 ¼ts

닭고기를 뜨거운 접시에 옮겨 소금을 뿌립니다.

## 소스 만들기

진한 브라운 치킨 스톡
　또는 통조림 비프 부용 3TS

로스팅팬에 남은 크림에 스톡이나 부용을 섞어 2~3분 재빨리 끓이면서 팬에 눌어붙은 육즙을 디글레이징합니다.

---

휘핑크림 3~4TS

소금, 후추

레몬즙 약간

식탁에 올리기 직전, 팬을 불에서 내린 뒤 크림을 한 번에 1스푼씩 고루 섞어 매끈한 소스를 만듭니다. 간을 맞추고, 레몬즙을 몇 방울 떨어뜨립니다.

---

스푼으로 소스를 조금 떠서 닭고기에 끼얹고, 나머지는 따뜻한 소스보트에 담아 식탁에 냅니다.

## ❖ 풀레 오 포르토(*poulet au porto*)

양송이버섯을 넣은 포트와인 크림소스를 끼얹은 로스트 치킨

닭고기와 크림, 양송이버섯은 이 책에서 자주 등장하는 훌륭한 조합입니다. 완벽한 맛을 보장하는 이 레시피는 전혀 어렵지 않지만, 미리 만들어두면 닭고기의 신선하고 촉촉한 맛이 사라지므로 바로 만들어서 먹어야 합니다. 로스팅한 닭고기를 썰어서 코냑을 끼얹고 불을 붙인 다음, 포트와인과 크림, 양송이버섯으로 만든 소스에 몇 분 동안 조렸다가 내면 됩니다. 이 요리는 주방에 들일 수 있는 미식가 친구에게 대접할 때 좋습니다.

### ☞ 어울리는 채소

이 요리의 특별한 맛에 방해가 될 수 있는 채소는 피해야 합니다. 가장 좋은 것은 폼 드 테르 소테(622쪽)나 완벽하게 간을 맞춘 리소토(629쪽) 정도입니다. 채소가 너무 부족하다고 느껴지면 완두콩이나 아스파라거스, 오뇽 글라세 아 블랑(571쪽)을 추가할 수 있습니다.

### ☞ 어울리는 와인

뫼르소나 몽라셰(*Montrachet*) 같은 고급 부르고뉴 화이트 와인을 차갑게 내거나 샤토급의 그라브 화이트 와인을 함께 냅니다.

**4인분**

| | |
|---|---|
| 손질된 튀김용 또는 로스팅용 닭 (약 1.4kg) 1마리 | 310쪽 풀레 로티 레시피대로 닭고기를 로스팅합니다. 지나치게 익히지 않도록 주의합니다. |
| 신선한 양송이버섯 약 450g | 닭고기를 로스팅하는 동안 버섯을 다듬어서 씻습니다. 큰 것은 4등분하고, 작은 것은 통째로 씁니다. |
| 약 2.5L 용량인 스테인리스 또는 법랑 소스팬<br>물 ¼컵<br>버터 ½TS<br>레몬즙 ½ts<br>소금 ¼ts | 소스팬에 물과 버터, 레몬즙, 소금을 넣고 끓입니다. 끓으면 양송이버섯을 넣고 뚜껑을 덮어 8분 동안 약한 불에서 익힙니다. 국물은 한쪽에 따라 둡니다. |
| 휘핑크림 1컵<br>크림 1TS에 옥수수 전분 ½TS을 섞어서 갠 것<br>소금, 후추 | 소스팬에 양송이버섯과 휘핑크림, 크림에 갠 옥수수 전분을 넣고 2분 동안 약하게 끓입니다. 간을 맞추어 한쪽에 둡니다. |

닭고기가 다 구워지면 카빙 보드에 옮겨 실온에 잠시 두고, 그동안 소스를 완성합니다.

다진 셜롯 또는 골파 ½TS
약간 드라이한 포트와인 ⅓컵
양송이버섯 익힌 국물
크림 혼합물에 조린 양송이버섯
소금, 후추
레몬즙 약간

로스팅팬에 남은 기름을 2테이블스푼만 남기고 모두 따라 버립니다. 여기에 셜롯 또는 골파를 넣고 1분 동안 볶습니다. 양송이버섯을 익힌 뒤 따라두었던 국물을 포트와인과 함께 붓고 센 불로 바짝 끓이면서 바닥에 눌어붙은 육즙을 디글레이징합니다. 소스 양이 약 ¼컵으로 줄어들면 크림 혼합물에 조린 양송이버섯을 넣고, 약한 불로 2~3분 끓여서 약간 걸쭉해지도록 합니다. 취향에 따라 간을 맞추고 레몬즙을 몇 방울 떨어뜨립니다.

직화 가능 캐서롤 또는 체이핑
　디시(chafing dish)
버터 1TS
소금 ⅛ts

캐서롤이나 체이핑 디시 안쪽에 버터를 칠합니다. 닭고기를 적당한 크기로 재빨리 자른 다음, 소금을 살짝 뿌려 용기에 담습니다.

코냑 ¼컵

중간 불 또는 알코올램프 불로 가열하다가 닭고기에서 지글지글 소리가 나면 코냑을 붓고, 고개를 옆으로 돌린 채 성냥불로 코냑에 불을 붙입니다. 캐서롤을 계속 천천히 흔들어 불길을 가라앉힙니다. 이어 캐서롤을 기울여 닭고기 위에 소스를 듬뿍 끼얹습니다. 뚜껑을 덮고 절대 끓지 않게 불을 조절해가며 소스 맛이 닭고기에 충분히 배도록 5분 동안 두었다가 바로 냅니다.
[*] 완성된 요리를 캐서롤째 약하게 끓는 물에 담가두거나, 잔열이 남아 있는 오븐에 넣고 문을 살짝 열어두면 10~15분은 그대로 두어도 괜찮습니다. 그러나 가능하면 빨리 먹는 것이 좋습니다.

### ✤ 코클레 쉬르 카나페(*coquelets sur canapés*)
　닭 간 카나페와 양송이버섯을 곁들여 로스팅한 스쿼브 치킨

새끼 집비둘기, 코니시 헨, 자고새, 메추라기, 비둘기 고기도 동일한 레시피로 요리할 수 있습니다. 이 고전적인 프랑스 레시피는 영계를 포함한 작은 가금류에 모두 적용할 수 있습니다. 간은 잘게 썰어 양념해서 버터에 구운 빵 위에 펴 바른 다음, 식탁에 내기 직전 브로일러에 노릇하게 굽습니다. 빵 위에 구운 가금류를 올리고, 와인을 넣은 디글레이징 소스와 소테한 양송이버섯을 곁들여 냅니다.

**주의:** 양송이버섯과 카나페는 가금류를 로스팅하는 동안 준비해도 되지만, 완성되자마자

바로 식탁에 내야 하므로 마음 편하게 미리 만들어두는 게 최선인 듯합니다.

☞ **어울리는 채소**

소테한 감자, 가늘게 채썰어 튀긴 감자, 감자 수플레, 홈메이드 감자칩 외에 다른 것은 권장하지 않습니다.

☞ **어울리는 와인**

닭, 코니시 헨, 비둘기 고기에는 메도크 레드 와인을, 야생 조류에는 생테밀리옹이나 부르고뉴 레드 와인을 함께 냅니다.

**6인분(1인당 1마리씩)**

### 양송이버섯 준비하기

| | |
|---|---|
| 신선한 양송이버섯 약 700g<br>버터 2TS<br>기름 1TS<br>지름 24~30cm 법랑 스킬릿 | 버섯을 다듬어서 씻습니다. 작은 것은 그대로 두고, 큰 것은 4등분합니다. 마른 행주로 물기를 제거합니다. 뜨겁게 데운 버터와 기름에 버섯을 넣고 연갈색이 날 때까지 5~6분 소테합니다. |
| 다진 셜롯 또는 골파 1TS<br>으깬 마늘 ½쪽 | 버섯에 셜롯 또는 골파와 마늘을 추가하고 중간 불에서 2분 동안 더 볶습니다. 한쪽에 둡니다. |

### 카나페 준비하기

| | |
|---|---|
| 홈메이드 타입 흰 빵 | 약 6mm 두께로 썬 빵 6장을 준비합니다. 가장자리 부분을 잘라내고, 가로 약 5cm, 세로 약 9cm인 직사각형으로 자릅니다. |
| 정제 버터 ½컵(55쪽)<br>스킬릿 | 뜨겁게 데운 정제 버터에 빵을 앞뒤로 살짝 굽습니다. |

조리할 닭 또는 가금류에서 분리한
   간 6개
신선한 돼지비계 또는
   뜨거운 물에 10분간 데친 뒤
   찬물에 헹궈 물기를 제거한
   베이컨 지방 3TS
소금 ¼ts
후추 넉넉하게 1자밤
마데이라 와인이나 포트와인
   또는 코냑 1TS
선택: 푸아그라 2~3TS

간을 깨끗이 손질합니다. 손질할 때 검은색 또는 녹색을 띠는 부분은 잘라 버립니다. 이어 돼지비계 또는 베이컨 지방 부분과 함께 거의 으깨듯 아주 곱게 다져 볼에 담습니다. 각종 양념과 와인, 푸아그라(선택)를 넣고 잘 섞습니다. 간 혼합물을 구운 빵 한쪽 면에 펴 바른 뒤, 브로일링팬에 담아 한쪽에 둡니다. 카나페를 식탁에 내기 직전 구울 수 있도록 브로일러를 때맞추어 예열합니다.

## 가금류 로스팅하기

오븐을 약 205℃로 예열합니다.

손질된 스쿼브 치킨
   또는 코니시 헨, 새끼집비둘기
   등 가금류(280~340g) 6마리
소금 ½TS
곱게 다진 셜롯 또는 골파 2TS
말린 타라곤 ½ts
버터 4TS
뜨거운 물에 10분 동안 데쳐서
   헹군 뒤 물기를 제거한 베이컨
   6줄

가금류 배 속에 소금, 셜롯 또는 골파, 타라곤, 버터 1티스푼을 고루 발라서 양념합니다. 몸체를 바늘로 꿰매서 고정하고, 물기를 제거한 뒤 껍질에 버터를 문질러 바릅니다. 데친 베이컨을 가로로 2등분해서 가슴과 넓적다리에 각각 묶습니다.

6마리를 옆으로 눕혀 담으면
   딱 맞는 크기의 깊지 않은
   로스팅팬
고급 식용유 1TS에 녹인 버터 3TS
페이스트리 브러시

가금류를 로스팅팬에 담아 예열된 오븐 가운데 칸에 넣습니다. 다 익을 때까지 5~7분에 한 번씩 식용유와 버터를 바릅니다.
스쿼브 치킨은 로스팅하는 데 30~40분 걸립니다. 항문에서 마지막으로 떨어지는 육즙이 핏기 없이 맑은 노란색을 띠면 완전히 익은 것입니다.
코니시 헨은 보통 스쿼브 치킨보다 육질이 더 단단해서 약 45분이 걸립니다. 다리를 눌렀을 때 부드럽게 느껴지면 다 익은 것입니다.
자고새와 메추라기는 육질이 연한 새끼일 경우는 스쿼브 치킨과, 다 큰 상태일 경우는 코니시 헨과 같은 기준으로 판단합니다.
새끼집비둘기와 비둘기는 맑은 노란색이 아닌 매우 연한 분홍빛 육즙이 흐르는, 약간 덜 익은 상태로 내도 괜찮습니다.

| 소금 ½ts | 다 익으면 묶었던 실을 제거한 뒤 소금을 뿌리고 따뜻한 접시에 담습니다. 잔열이 남은 오븐에 넣고, 문은 약간 열어둡니다. |

## 소스 만들기

| 다진 셜롯 또는 골파 1TS<br>브라운 치킨 스톡, 브라운 스톡<br>또는 통조림 비프 부용 1 ½컵<br>마데이라 와인 또는 포트와인 ¼컵<br>말랑한 버터 1~2TS | 로스팅팬에 남은 기름을 2테이블스푼만 남기고 모두 따라 버립니다. 팬에 다진 셜롯이나 골파를 넣고 1분 동안 천천히 볶습니다. 스톡이나 부용, 와인을 붓고 센 불로 끓이면서 바닥에 눌어붙은 육즙을 디글레이징해 약 ½컵 분량으로 바짝 졸입니다. 간을 맞추고 불을 끕니다. 식탁에 내기 전에 소스에 버터를 넣고 잘 휘저어 섞습니다. |

## 요리 완성하기

| | 식탁에 내기 직전, 앞서 준비한 카나페를 뜨거운 브로일러 아래에 넣어 1분 동안 지글지글 굽습니다. |
| 버터 1TS<br>소금 ¼ts<br>후추 약간 | 앞서 준비한 버터, 양송이버섯에 버터, 소금, 후추를 넣고 중간불에서 살살 뒤섞으며 데웁니다. |
| 워터크레스 잎이나 파슬리 줄기<br>한 줌 | 카나페를 가금류 아래에 하나씩 깔고 그 주위에 양송이버섯을 올립니다. 워터크레스 잎이나 파슬리로 장식한 뒤, 소스를 스푼으로 끼얹어서 냅니다. |

# 캐서롤 로스트 치킨

___

## 풀레 푸알레 아 레스트라공(*poulet poêlé à l'estragon*)‡
### 타라곤으로 맛을 낸 캐서롤 로스트 치킨

실로 꿰매 고정한 닭고기를 버터와 기름에 갈색으로 소테한 다음, 허브와 각종 양념과 함께 캐서롤에 넣고 뚜껑을 덮어 로스팅하는 요리입니다. 이 조리 방식은 향긋한 허브와 버터 향이 배인 수증기로 캐서롤 안의 닭고기를 찌듯이 익힘으로써 뛰어난 풍미와 연한 식감을 만들어내는 것이 장점입니다. 오븐에 조리하면 더 고르게 익힐 수 있지만, 갖고 있는 캐서롤이 무겁다면 가스레인지를 사용해도 됩니다. 가스레인지를 쓴다면, 조리 중 닭고기를 자주 뒤집고 육즙을 끼얹어주어야 하며, 조리 시간도 오븐을 사용했을 때보다 조금 더 걸립니다.

☞ **어울리는 채소와 와인**

310쪽 풀레 로티와 같습니다.

**4인분**
**예상 로스팅 시간: 70~80분(309쪽 표)**
**적합한 닭: 로스터, 프라이어(큰 것), 케이폰**

---

오븐을 약 165℃로 예열합니다.

---

손질된 로스팅용 닭(약 1.4kg)
　1마리
소금 ¼ts
후추 1자밤
버터 2TS
타라곤 줄기 3~4대 또는
　말린 타라곤 ½ts

닭고기 배 속에 소금, 후추, 버터 1테이블스푼으로 밑간을 하고, 타라곤이나 말린 타라곤을 뿌립니다. 닭을 실로 꿰매 고정합니다(307쪽). 물기를 완전히 제거하고, 남은 버터를 껍질에 문질러 바릅니다.

---

묵직한 직화 가능 캐서롤
　(닭고기를 앞뒤, 위아래로
　뒤집어도 딱 맞게 들어갈 크기)
버터 2TS
기름 1TS(필요시 추가)

캐서롤을 적당히 센 불에 올리고 버터와 기름을 데웁니다. 버터 거품이 가라앉기 시작하면, 가슴이 아래로 향하게 넣고 2~3분 갈색이 나게 소테합니다. 버터는 내내 뜨거워야 하지만 절대 타서는 안 되므로 불을 잘 조절합니다. 나무 스푼 2개나 행주를 사용해 껍질이 찢어지지 않도록 주의하면서 닭고기를 뒤집어서 반대쪽도 같은 방법으로 소테합니다. 같은 방식으로 계속 이리저리 뒤집어가며 전체적으로(특히 가슴과 다리에) 황금빛이 돌게 소테합니다. 이 과정은 10~15분 걸립니다. 냄비 바닥에 항상 기름이 얇게 덮혀 있어야 하므로, 기름이 부족하면 조금 더 넣습니다.

---

버터 3TS(필요시)

소테한 닭을 꺼낸 뒤, 캐서롤의 기름이 탔다면, 깨끗하게 버리고 새 버터를 넣습니다.

슬라이스한 양파 ½컵

슬라이스한 당근 ¼컵

소금 ¼ts

타라곤 줄기 3~4대

   또는 말린 타라곤 ½ts

캐서롤에 당근과 양파를 넣고 5분 동안 색깔이 나지 않게 볶습니다. 소금과 타라곤을 더 넣어줍니다.

---

소금 ¼ts

조리용 스포이트

알루미늄 포일

딱 맞는 캐서롤 뚜껑

닭고기에 소금을 뿌린 다음, 가슴쪽이 볶은 채소와 맞닿게 놓습니다. 조리용 스포이트로 캐서롤 안 버터를 닭고기에 고루 끼얹습니다. 그 위에 알루미늄 포일 한 장을 얹고, 뚜껑을 덮어 다시 가열합니다. 지글지글 소리가 나면 캐서롤을 예열된 오븐 가운데 칸에 넣습니다.

---

닭고기에서 계속 조용히 익는 소리가 나도록 온도를 조절해가면서 70~80분 로스팅합니다. 중간에 한두 차례 캐서롤 안 버터와 육즙을 고기 위에 끼얹습니다. 다리를 움직였을 때 쉽게 돌아가고, 항문에서 마지막으로 흘러내리는 육즙이 맑은 노란색을 띠면 다 익은 것입니다.

---

닭고기를 접시에 옮겨 담고, 묶었던 실을 제거합니다.

## 브라운 타라곤 소스 만들기

브라운 치킨 스톡 2컵 또는

   통조림 비프 부용 1컵에

   통조림 치킨 브로스 1컵을

   섞은 것

옥수수 전분 1TS에 마데이라 와인

   또는 포트와인 2TS을 섞어서

   갠 것

타라곤 또는 파슬리 다진 것 2TS

말랑한 버터 1TS

준비한 스톡을 캐서롤에 붓고 2분 동안 약하게 끓이면서 바닥에 눌어붙은 육즙을 디글레이징합니다. 기름은 1테이블스푼만 남기고 모두 걷어냅니다. 전분 갠 것을 섞고 1분 동안 약하게 끓입니다. 이어 센 불로 바짝 끓여 약간 걸쭉한 소스를 만듭니다. 취향에 따라 세심하게 간을 맞추고, 필요할 경우 타라곤을 더 넣습니다. 체에 걸러 따뜻하게 데운 소스보트에 담습니다. 다진 타라곤과 버터를 넣고 고루 섞습니다.

## 식탁에 내기

선택: 타라곤 잎 10~12장

   (끓는 물에 30초 동안 데친 뒤

   찬물에 헹궈 키친타월로 물기를

   제거한 것)

닭고기 위에 소스를 한 스푼 끼얹고, 가슴과 다리 위에 타라곤 잎(선택)을 올려 장식합니다. 신선한 파슬리 또는 따로 준비한 소테한 감자, 브로일링한 토마토를 가니시로 곁들입니다.

**✲✲ 식탁에 내기 전 시간이 남았을 때**

30분쯤 남았다면, 소스를 만들 때 체에 거른 뒤 버터를 섞지 말고 소스팬에 담아둡니다. 닭 고기는 캐서롤 안에 두고, 그 위에 알루미늄 포일 한 장을 얹은 뒤 뚜껑을 비스듬히 덮습니다. 캐서롤을 아주 약하게 끓는 물에 담가놓거나, 잔열이 남은 오븐에 넣고 문을 열어둡니다. 소스는 식탁에 내기 직전에 다시 데워서 버터를 넣고 섞습니다.

☞ 스터핑

## 파르스 뒥셀(*farce duxelles*)
### 양송이버섯 스터핑

스터핑을 채운 로스트 치킨은 굽는 시간을 10~15분 늘려야 합니다.

**닭 1마리(약 1.4kg) 분량**

| | |
|---|---|
| 곱게 다진 양송이버섯 약 350g<br>버터 1TS<br>기름 1TS<br>다진 셜롯 또는 골파 1½TS<br>지름 약 25cm 스킬릿 | 양송이버섯을 1움큼씩 마른 행주로 감싼 다음 꽉 비틀어 짜서 수분을 뺍니다. 스킬릿에 버터와 기름을 넣고 뜨겁게 데워지면 버섯과 셜롯 또는 골파를 알알이 흩트리며 5~8분 동안 볶습니다. 믹싱볼에 옮겨 담습니다. |
| 막을 제거한 뒤 다져서 준비한<br>  닭 모래주머니<br>잘게 썬 닭 간<br>버터 1TS<br>작은 스킬릿 | 닭 모래주머니를 뜨겁게 데운 버터에 2분 동안 소테한 다음, 닭 간을 넣고 2분 더 소테합니다. 양송이버섯이 담긴 믹싱볼에 담습니다. |
| 마데이라 와인 또는 포트와인 ¼컵 | 버섯을 익혔던 스킬릿에 와인을 붓고 양이 1테이블스푼으로 줄어들 때까지 바짝 졸입니다. 졸인 와인을 버섯과 내장이 담긴 믹싱볼에 긁어 담습니다. |
| 건식 빵가루 ¼컵<br>크림치즈 3TS<br>말랑한 버터 1TS<br>타라곤 또는 말린 타라곤 다진 것<br>  ½ts<br>다진 파슬리 2TS<br>소금 ¼ts<br>후추 큰 1자밤 | 나머지 재료를 모두 믹싱볼에 넣어 고루 섞습니다. 취향에 따라 세심히 간을 맞춘 다음 식힙니다. 닭고기 배 속에 스터핑을 너무 빽빽하지 않게 채웁니다. 항문을 꿰매거나 꼬챙이로 봉한 뒤, 고기를 실로 고정합니다. 앞선 레시피에 설명한 대로 갈색이 나게 익힌 다음 로스팅합니다. |

## ❖ 풀레 앙 코코트 본 팜(*poulet en cocotte bonne femme*)
베이컨, 양파, 감자를 곁들인 캐서롤 로스트 치킨

닭고기를 베이컨과 채소와 함께 익혀 서로의 맛과 향이 조금씩 배게 한 요리입니다. 따로 채소를 곁들이지 않아도 이 요리 하나면 메인 요리로 충분하지만, 색의 조화를 위해 브로일링한 토마토를 함께 내도 좋습니다.

**4인분**

| | |
|---|---|
| 자르지 않은 베이컨 약 200g<br>직화 가능 캐서롤<br>버터 1TS | 베이컨은 껍질을 제거하고 폭 약 1cm, 길이 약 4cm 크기로 썹니다. 약하게 끓는 물 2L에 베이컨을 넣고 10분 동안 익힌 뒤 찬물에 헹궈서 물기를 제거합니다. 캐서롤에 버터를 녹이고 베이컨을 연갈색이 돌 때까지 2~3분 소테합니다. 바닥에 생긴 기름은 그대로 둔 채 베이컨만 건져 접시에 담습니다. |
| 실로 고정해 버터를 바른 손질한 로스팅용 닭(약 1.4kg) 1마리 | 319쪽 기본 레시피처럼 캐서롤에 남은 뜨거운 기름으로 닭고기 표면이 갈색이 되도록 익힙니다. 고기를 다른 접시에 옮기고, 남은 기름은 버립니다. |
| | 오븐을 약 165℃로 예열합니다. |
| 껍질을 벗긴 작은 양파<br>(지름 약 2.5cm) 15~25개 | 양파를 끓는 소금물에 넣고 5분 동안 삶은 뒤 건져서 한쪽에 둡니다. |
| '삶기용' 감자 또는 작은 햇감자<br>450~700g | 감자는 껍질을 벗겨 길이 약 5cm, 지름 약 2.5cm로 길쭉하고 둥그스름하게 다듬습니다. 찬물에 넣고 뚜껑을 덮어 익히다가 끓어오르면 곧바로 건져 물기를 제거합니다. |
| 버터 3TS<br>소금 ¼ts<br>중간 크기의 부케 가르니(파슬리 줄기 4대, 월계수 잎 ½장, 타임 ¼ts을 깨끗한 면포에 싼 것)<br>조리용 스포이트<br>알루미늄 포일<br>딱 맞는 캐서롤 뚜껑 | 캐서롤에 버터를 넣고 거품이 일 때까지 가열합니다. 물기를 제거한 감자를 넣고 중간 불에서 2분 동안 이리저리 굴려가며 수분을 날립니다. 이렇게 하면 나중에 감자가 캐서롤 바닥에 눌어붙지 않습니다. 감자는 캐서롤 한쪽에 펼쳐놓고, 그 옆에 소금을 뿌린 닭고기를 놓습니다. 이때 가슴이 위를 보게 합니다. 베이컨과 양파를 감자 위에 얹고, 부케 가르니도 올립니다. 캐서롤 안의 녹은 버터를 조리용 스포이트로 빨아들여서 모든 재료에 고루 뿌립니다. 알루미늄 포일을 닭고기 위에 얹고, 뚜껑을 꽉 덮습니다. |

캐서롤을 불에 올립니다. 지글지글 소리가 나면 예열된 오븐 가운데 칸으로 옮겨서 닭이 완전히 익을 때까지 70~80분 로스팅합니다 (309쪽 표). 중간에 한두 번 캐서롤 안의 버터와 육즙을 닭고기에 끼얹습니다. 별도 소스는 필요 없습니다.

# 치킨 소테

---

## 풀레 소테(*poulet sauté*)‡
### 버터에 소테한 닭고기

적합한 닭: 튀김용 닭

본래 풀레 소테는 토막 낸 닭을 각종 양념과 함께 버터, 또는 버터와 기름에 익혀 낸 요리입니다. 마지막 단계 직전까지 액체는 일체 들어가지 않습니다. 닭고기를 소테하면 짧은 시간 내에 맛있게 조리할 수 있지만, 완성하자마자 곧장 먹지 않으면 신선하고 촉촉한 소테 특유의 맛이 떨어집니다. 반면 닭을 소스에 조리는 프리카세는 다시 데우기만 하면 본래 맛을 유지할 수 있습니다.

**✳✳ 닭을 토막낼 때 주의사항**

프랑스에서는 닭을 토막낼 때 양쪽 날개에 가슴 아래쪽 근육이 일부 포함되도록 자릅니다. 가슴 부위는 갈비뼈를 제거하고 가로로 2등분합니다. 닭다리는 닭다리와 넓적다리로 나눕니다. 이렇게 하면 그대로 내기 알맞은 닭고기 총 8토막이 나오며, 원한다면 여기에 가로로 2등분한 등 부분을 포함시킬 수 있습니다.

미국에서는 보통 닭을 토막낼 때 닭다리 2개, 넓적다리 2개, 가슴살 2개, 가슴 근육을 포함하지 않은 날개 2개로 나눕니다. 가슴 부위 살을 고루 익히려면 갈비뼈 밑으로 칼을 밀어넣어 갈비뼈를 제거합니다. 원한다면 양쪽 가슴살을 가로로 2등분해도 좋습니다.

## ☞ 어울리는 와인과 채소

310쪽 풀레 로티와 동일합니다.

**4~6인분**
**총 조리 시간: 30~35분**

### 노릇하게 굽기(8~10분)

| | |
|---|---|
| 토막 낸 튀김용 닭(약 1.1~1.4kg) 1마리 | 닭고기의 물기를 완전히 제거합니다. 축축한 부분이 있으면 색깔이 제대로 나지 않습니다. |
| 지름 약 25cm인 묵직한 캐서롤 또는 스킬릿<br>버터 2TS에 기름 1TS을 더한 것 (팬 바닥 전체에 항상 기름막이 있어야 하므로 필요시 추가)<br>닭을 뒤집을 때 쓸 집게 | 캐서롤 또는 스킬릿을 적당히 센 불에 올리고 버터와 기름을 넣습니다. 버터 거품이 거의 가라앉았을 때, 토막 낸 닭고기를 껍질이 아래로 가게 놓습니다. 이때 토막들이 서로 겹치지 않으면서 여유 공간이 남도록 적당량만 넣습니다. 2~3분 뒤 고기 표면에 황금빛이 돌면 뒤집어서 반대쪽 표면을 소테합니다. 기름이 타지 않고 계속 뜨거운 온도를 유지하도록 불을 조절합니다. 황금빛으로 익은 고기는 곧바로 건져내고, 그 자리에 생고기를 넣어 계속 소테합니다. |

### 마무리하기(20~25분)

| | |
|---|---|
| 소금, 후추<br>선택: 녹색 허브(타임, 바질, 타라곤 섞은 것 또는 타라곤만) 1~2ts 또는 말린 허브 1ts<br>버터 2~3TS(필요시) | 다릿살에 소금, 후추, 허브(선택)로 양념합니다. 좀더 빨리 익는 날개와 가슴살은 나중에 양념합니다. 캐서롤 안의 기름이 타서 갈색으로 변했다면 모두 버리고 버터를 새로 넣습니다. 캐서롤을 중간 불에 올린 뒤 다릿살을 넣고 뚜껑을 덮어 8~9분 천천히 익힙니다. |
| 소금, 후추<br>조리용 스포이트 | 날개와 가슴살을 양념해서 다릿살과 합칩니다. 조리용 스포이트를 이용해 캐서롤 바닥의 녹은 버터를 고기 위에 고루 끼얹습니다. 뚜껑을 덮고 15분쯤 더 익히며, 중간에 두세 차례 고기를 뒤집으며 기름과 육즙을 끼얹습니다. |
| | 다릿살의 가장 두꺼운 부분을 꼬집었을 때 부드럽고, 포크로 깊숙이 찔렀을 때 맑은 노란색 육즙이 흐르면 다 익은 것입니다. |
| | 고기를 건져 뜨겁게 데운 접시에 담습니다. 덮개를 씌워 2~3분 따뜻하게 두고, 그사이 소스를 재빨리 마무리합니다. |

## 브라운 디글레이징 소스 만들기

다진 셜롯 또는 골파 1TS
선택: 드라이한 화이트 와인 ½컵
　　또는 드라이한 화이트 베르무트
　　⅓컵
브라운 치킨 스톡이나
　통조림 비프 부용 또는
　통조림 치킨 브로스 ¾~1컵
말랑한 버터 1~2TS
선택: 다진 파슬리 또는 녹색 허브
　1~2TS

캐서롤 안의 기름을 2~3테이블스푼만 남기고 모두 버립니다. 여기에 다진 셜롯이나 골파를 넣고 1분 동안 약한 불에서 익힙니다. 스톡을 붓고 센 불로 끓이면서 바닥에 눌어붙은 육즙을 긁어내 디글레이징 하고 액체 양이 ⅓컵이 될 때까지 바짝 졸입니다. 스톡을 부을 때 와인을 함께 넣으면 좋습니다. 간을 맞춥니다. 불을 끄고, 식탁에 내기 직전에 버터와 허브(선택)를 넣고 고루 휘젓습니다.

고기 주위에 준비한 채소를 보기 좋게 담습니다. 소스를 고기 위에 부어서 바로 냅니다.

**✳✳ 식탁에 내기 전 30분쯤 남았을 때**

소스는 버터를 섞는 마시막 단계 직전까지만 완성해둡니다. 조리힌 닭고기를 내열유리나 스테인리스, 법랑 캐서롤에 담고, 소스를 끼얹습니다. 뚜껑을 비스듬히 덮어 아주 약하게 끓는 물에 냄비째 담가서 중탕합니다. 식탁에 내기 직전, 불을 끄고 캐서롤을 기울여 소스에 버터를 섞어서 닭고기에 고루 끼얹습니다.

**✳✳ 미리 부분적으로 조리해두기**

닭고기는 겉면이 갈색이 나게 소테합니다. 다릿살을 8~9분 익힌 다음, 날개와 가슴살을 넣고 5분 정도 더 소테합니다. 캐서롤을 불에서 내려 뚜껑을 덮지 않은 채 한쪽에 둡니다. 식탁에 올리기 10~15분 전, 뚜껑을 덮어 불에 얹어 조리를 마무리합니다. 또는 캐서롤을 가열한 뒤 약 175℃로 예열된 오븐에서 15~20분 익힙니다.

## 풀레 소테 아 라 크렘(*poulet sauté à la crème*)
### 디글레이징한 크림소스를 곁들인 치킨 소테

다진 셜롯 또는 골파 1TS
드라이한 화이트 와인 1/2컵 또는
   드라이한 화이트 베르무트 1/3컵
휘핑크림 1컵

풀레 소테 레시피대로 닭고기를 소테해서 뜨거운 접시에 담습니다. 캐서롤에 있는 기름을 1테이블스푼만 남기고 모두 버립니다. 셜롯 또는 골파를 캐서롤에 넣고 1분 동안 볶습니다. 와인을 붓고 센 불로 끓이면서 바닥에 눌어붙은 육즙을 디글레이징해 약 3테이블스푼이 되도록 바짝 졸입니다. 여기에 크림을 섞어 약간 걸쭉해질 때까지 끓입니다.

말랑한 버터 1~2TS
선택: 다진 파슬리 또는
   다양한 녹색 허브 1~2TS

간을 맞춥니다. 불을 끄고, 먹기 직전에 버터와 허브(선택)를 넣어 고루 휘저어줍니다.

소스를 닭고기에 부으면 완성입니다.

## 풀레 소테 샤쇠르(*poulet sauté chasseur*)
### 토마토 양송이버섯 소스를 곁들인 치킨 소테

450쪽 에스칼로프 드 보 샤쇠르에 사용한 소스와 동일한 방식으로 만듭니다.

## ❖ 풀레 소테 오 제르브 드 프로방스(*poulet sauté aux herbes de Provence*)
### 허브와 마늘로 맛을 낸 치킨 소테와 소스 파리지엔

바질과 타임, 세이버리, 약간의 펜넬과 마늘로 프랑스 남부인 프로방스 지방의 풍미를 살렸으며, 이는 신선한 허브를 넣으면 더욱 생생하게 살아납니다. 소스는 올랑데즈 계열로, 캐서롤 바닥에 남은 버터와 허브 향이 밴 육즙을 디글레이징한 뒤 달걀노른자를 섞어서 걸쭉하고 크리미하게 만든 것입니다. 낼 때는 폼 드 테르 소테(622쪽)나 크레프 드 폼 드 테르(617쪽), 브로일링한 토마토, 그리고 차가운 로제 와인을 함께 냅니다.

**4~6인분**

묵직한 지름 약 25cm 직화 가능
   캐서롤 또는 스킬릿
버터 100g(스틱 1개)
토막 낸 튀김용 닭(1.1~1.4kg)
   1마리(마른 행주로 물기를
   완전히 제거)
타임 또는 세이버리 1ts
바질 1ts
가루 낸 펜넬 ¼ts
소금, 후추
껍질을 벗기지 않은 마늘 3쪽

캐서롤에 버터를 넣고 가열합니다. 버터가 거품을 내며 끓으면 닭을 넣고 7~8분 이리저리 뒤집어가며 겉면이 진한 노란빛이 돌 정도로만 소테합니다. 날개와 가슴살은 접시에 옮기고, 다릿살은 허브와 소금, 후추를 뿌려 양념한 다음 마늘을 더합니다. 뚜껑을 덮고 약 9분간 약한 불에 익힙니다. 날개와 가슴살을 양념해서 캐서롤에 넣고, 캐서롤 바닥의 녹은 버터를 고기에 고루 끼얹은 뒤 약 15분 동안 더 익힙니다. 중간에 두세 차례 고기를 뒤집으며 육즙 등을 끼얹습니다. 고기가 연하게 익고, 포크로 찔렀을 때 흐릿한 노란색 육즙이 흐르면 다 익은 것입니다.

다 익은 닭고기를 뜨거운 접시에 옮기고, 덮개를 씌워 따뜻하게 보관합니다.

드라이한 화이트 와인 ⅔컵 또는
   드라이한 화이트 베르무트 ½컵

캐서롤에 마늘을 넣고 스푼으로 으깬 다음 껍질을 제거합니다. 와인을 붓고 센 불로 바짝 끓이면서 바닥에 눌어붙은 육즙을 디글레이징합니다. 와인이 절반으로 줄어들면 불을 끕니다.

달걀노른자 2개
레몬즙 1TS
드라이한 화이트 와인 또는
   화이트 베르무트 1TS
작은 법랑 소스팬
거품기

소스팬에 달걀노른자를 넣고 고루 휘저어 걸쭉하고 끈적하게 만듭니다. 레몬즙과 와인을 섞습니다. 캐서롤에 끓인 이 와인 소스를 한 번에 ½티스푼씩 넣고 잘 저어 소스 올랑데즈처럼 걸쭉하고 크리미한 소스를 만듭니다.

선택: 말랑한 버터 2~3TS
다진 바질, 펜넬 순 또는 파슬리
   2TS

소스를 아주 약한 불에서 4~5초 데워 더 걸쭉하게 만듭니다. 불에서 내린 다음 취향에 따라 버터를 더 넣고 휘젓습니다. 허브를 고루 섞고, 간을 맞춥니다. 스푼으로 소스를 닭고기 위에 끼얹어서 냅니다.

# 치킨 프리카세

적합한 닭: 프라이어, 로스터, 어린 스튜잉 치킨

수많은 치킨 요리 레시피를 살펴보다보면 소테라고 부르지만 실제로는 프리카세인 경우가 꽤 많으며, 프리카세라고 부르지만 실제로는 스튜일 때도 있습니다. 사실 프리카세는 소테와 스튜의 중간쯤 되는 조리 방식입니다. 소테에는 액체가 전혀 들어가지 않고, 스튜는 닭을 처음부터 액체에 약하게 끓여서 만듭니다. 한편 치킨 프리카세를 만들 때는 고기를 먼저 버터 또는 버터와 기름에 익힙니다. 살이 약간 부어오르면서 단단해지면 그때 액상 재료를 넣는 것이죠. 이 3가지 조리 방식은 미묘하지만 분명한 맛의 차이가 있습니다. 프리카세는 다음 레시피처럼 하얗게 만들거나, 334쪽 코크 오 뱅처럼 갈색이 나게 조리할 수 있습니다. 이 조리 방식은 요리를 미리 만들어두었다가 데워서 낼 때 이상적인데, 소스를 부은 상태로 식혔다가 다시 데워도 주재료인 닭 본래 풍미가 사라지지 않기 때문입니다.

## ** 프리카세에 적합한 닭

이어지는 레시피들은 모두 프라이어를 기준으로 한 것입니다. 브로일러와 같은 어린 닭은 육질이 너무 연하고 부드러워서 금세 육즙이 빠지고 질겨지므로 절대 프리카세로 조리하면 안 됩니다. 더 늙은 닭은 약한 불에서 25~30분 익히는 프라이어보다 더 오래 익혀야 합니다.

**로스팅용 닭**  약한 불로 35~45분 끓입니다.

**어린 스튜잉 치킨**  약한 불로 90분 이상, 또는 포크로 고기를 찔렀을 때 부드럽게 들어갈 때까지 끓입니다.

---

## 프리카세 드 풀레 아 랑시엔(*fricassée de poulet à l'ancienne*)✝
### 와인을 넣은 크림소스와 양파, 양송이버섯을 곁들인 옛날식 치킨 프리카세

이 요리는 전통적인 일요일 저녁식사 메뉴로, 어렵지 않게 만들 수 있습니다. 먼저 토막 낸 닭고기를 뜨거운 버터에 이리저리 뒤집어가며 소테한 다음, 양념과 밀가루를 뿌리고 화이트 와인과 화이트 스톡을 부어서 약한 불로 푹 끓입니다. 이어 다 익힌 닭고기를 건져내고 남은 국물을 바짝 졸인 뒤 크림과 달걀노른자를 섞어 걸쭉한 소스를 만듭니다. 닭고기에는 하얗게 조린 양파와 양송이버섯을 곁들이고, 쌀밥(626쪽)이나 리소토(629쪽), 버터에 버무린 면을 함께 내도 좋습니다. 다른 채소를 더 넣고 싶다면, 버터에 버무린 완두콩이나 아스파라거스를 가니시로 올립니다.

☞ **어울리는 와인**

차갑게 냉장한 묵직한 느낌의 부르고뉴, 코트 뒤 론, 보르도-그라브 화이트 와인을 함께 냅니다.

**4~6인분**

## 버터로 초벌 익히기

| | |
|---|---|
| 토막 낸 튀김용 닭(약 1.1~1.4kg) 1마리 | 마른 행주로 닭고기의 물기를 꼼꼼히 제거합니다. |
| 지름 약 25cm인 묵직한 직화 가능 캐서롤<br>얇게 슬라이스한 양파 1개, 당근 1개, 셀러리 줄기 1대<br>버터 4TS | 캐서롤에 버터를 녹인 뒤 채소를 넣고 약한 불로 5분 동안 색깔이 나지 않게 충분히 익힙니다. 채소를 캐서롤 한쪽에 밀어놓고, 불을 약간 키운 다음 닭고기를 넣고 1분에 한 번씩 뒤집어가며 3~4분 굽습니다. 고기가 살짝 단단해지고, 겉면에 연한 황금빛이 돌 정도면 충분합니다. |
| 선택: 말랑한 버터 2~3TS<br>다진 바질, 펜넬 순 또는 파슬리 2TS | 불을 다시 줄이고 뚜껑을 덮어 10분간 익힙니다. 이때 중간에 닭고기를 한 번 뒤집어줍니다. 고기는 약간 더 커지고 단단해지되, 색깔이 진해져서는 안 됩니다. |

## 밀가루옷 입히기

| | |
|---|---|
| 소금 ½ts<br>백후추 ⅛ts<br>밀가루 3TS | 닭고기 겉면 전체에 소금, 후추, 밀가루를 고루 뿌립니다. 캐서롤에서 밀가루가 묻은 닭고기를 이리저리 굴려가며 고기를 익혔던 버터로 표면을 코팅합니다. 뚜껑을 덮고 4분 동안 약한 불에서 익힙니다. 고기는 중간에 한 번 뒤집어줍니다. |

## 스톡과 와인에 끓이기

| | |
|---|---|
| 뜨거운 화이트 치킨 스톡이나 화이트 스톡 또는 통조림 치킨 부용 3컵<br>드라이한 화이트 와인 1컵 또는 드라이한 화이트 베르무트 ⅔컵<br>작은 부케 가르니(파슬리 줄기 2대, 월계수 잎 ⅓장, 타임 ⅛ts을 깨끗한 면포에 싼 것) | 캐서롤을 불에서 내린 뒤 뜨거운 스톡이나 부용을 붓고, 캐서롤을 가볍게 흔들어 밀가루가 섞이게 합니다. 와인과 부케 가르니를 넣고, 모든 재료가 잠길 만큼 스톡이나 물을 더 붓습니다. 불에 올려 약하게 끓입니다. 취향에 따라 소금을 더 넣어 간을 맞춥니다. |

뚜껑을 덮고 25~30분 아주 약한 불로 뭉근하게 끓입니다. 닭다리를 꼬집었을 때 연하게 느껴지고, 포크로 찔렀을 때 맑은 노란색 육즙이 흐르면 다 익은 것입니다. 닭고기를 건져 다른 접시에 옮겨 담습니다.

## 양파와 양송이버섯 가니시 준비하기

오뇽 글라세 아 블랑(571쪽)
  16~20개
샹피뇽 아 블랑(606쪽) 약 200g

닭고기를 익히는 동안, 가니시용 양파와 양송이버섯을 준비합니다. 이들을 조리하며 생긴 국물은 다음 단계 때 섞습니다.

## 소스 만들기

닭을 익혔던 캐서롤에 남은 국물을 2~3분 약하게 끓이며 표면에 떠오르는 기름을 걷어냅니다. 이어 불을 세게 키워서 국물을 휘저어가며 바짝 졸입니다. 국물이 2~2½컵으로 줄어들고, 스푼에 코팅될 만큼 농도가 걸쭉해지면 불을 끄고 간을 맞춥니다.

달걀노른자 2개
휘핑크림 ½컵
2L 용량인 믹싱볼
거품기

믹싱볼에 달걀노른자와 크림을 넣고 거품기로 섞습니다. 계속 휘핑하면서 위에서 준비한 뜨거운 소스 1컵을 스푼으로 조금씩 넣습니다. 나머지 소스도 가늘게 흘려넣으며 고루 휘젓습니다.

나무 스푼

소스를 다시 캐서롤에 붓거나, 스테인리스 또는 법랑 소스팬(알루미늄 팬은 금물)에 옮겨 담아 적당히 센 불에서 끓입니다. 소스가 바닥에 눌어붙지 않도록 나무 스푼으로 바닥까지 자주 저어줍니다. 끓기 시작하면 계속 저어가며 1분간 더 끓입니다.

소금, 백후추
레몬즙 몇 방울
육두구 1자밤

간을 맞추고, 레몬즙과 육두구를 넣어 맛을 더합니다. 완성된 소스를 고운 체에 거릅니다.

## 요리 완성하기

깨끗한 캐서롤

캐서롤에 닭고기와 가니시용 양파와 양송이버섯을 담고, 그 위에 소스를 붓습니다.
[*] 식탁에 내기 직전 다시 데우는 과정과 소스에 마지막으로 버터를 섞는 순서를 제외하면, 이 상태로 무한히 대기할 수 있습니다. 소스 표면에 막이 생기는 것을 막기 위해, 스푼으로 크림이나 스톡, 우유를 약간 끼얹어둡니다. 뚜껑을 덮지 않은 채 한쪽에 둡니다.

**데워서 내기**

| | |
|---|---|
| | 캐서롤을 중간 불에 올려서 약하게 끓입니다. 뚜껑을 덮고 닭고기가 전체적으로 뜨거워질 때까지 5분 동안 천천히 데웁니다. 중간중간 소스를 고기 위에 끼얹어줍니다. |
| 말랑한 버터 1~2TS | 불을 끄고, 캐서롤을 기울여 소스와 버터를 잘 섞은 다음, 고기 위에 충분히 끼얹어 버터 풍미가 닭에 스며들게 합니다. |
| 파슬리 줄기 약간 | 이 요리는 캐서롤에 담긴 상태 그대로 낼 수 있습니다. 또는 뜨겁게 데운 접시에 닭고기와 양파, 버섯을 옮겨 담은 뒤 주위에 쌀밥이나 면을 올리고, 소스를 듬뿍 끼얹어도 됩니다. 파슬리로 장식해서 냅니다. |

### ☞ 소스 변형

앞선 레시피는 소스를 변형하여 다양하게 만들 수 있습니다. 마지막에 달걀노른자로 걸쭉하게 만드는 과정을 생략하고, 크림소스를 넣어도 됩니다. 닭고기를 익혔던 국물을 걸쭉해질 때까지 졸인 다음, 약한 불로 천천히 끓이면서 헤비 크림을 1스푼씩 섞어 원하는 농도로 맞춰 크림소스를 완성합니다. 다른 변형 레시피는 다음과 같습니다.

### ❖ 프리카세 드 풀레 아 랭디엔(*fricassée de poulet à l'indienne*)
인도식 치킨 프리카세

| | |
|---|---|
| 향긋한 카레 가루 1~2TS | 닭고기를 버터에 5분간 소테한 후 카레 가루를 넣어 고루 섞습니다. 뚜껑을 덮고 10분 동안 약한 불에서 익힙니다. 이후 프리카세 드 풀레 아 랑시엔(329쪽) 레시피대로 조리합니다. |

### ❖ 프리카세 드 풀레 오 파프리카(*fricassée de poulet au paprika*)
파프리카 소스를 곁들인 치킨 프리카세

| | |
|---|---|
| 신선하고 향긋한 파프리카 가루 1½TS | 닭고기를 버터에 5분간 소테한 후 파프리카 가루를 고루 섞어줍니다. 뚜껑을 덮고 10분 동안 뭉근히 익힙니다. 이후 프리카세 드 풀레 아 랑시엔(329쪽) 레시피대로 조리합니다. |

| 파프리카 가루 ½TS(필요시) | 소스를 완성한 뒤 색깔이 너무 연해 보이면 파프리카 가루를 더 넣습니다. 소스는 연한 분홍빛을 띠어야 합니다. |

## ❖ 프리카세 드 풀레 아 레스트라공(*fricassée de poulet à l'estragon*)
타라곤 소스를 곁들인 치킨 프리카세

| 타라곤 줄기 4~5대<br>또는 말린 타라곤 2ts | 1차 조리한 닭고기를 약하게 끓일 때 사용할 와인과 스톡에 타라곤을 추가합니다. |
| 다진 타라곤 또는 파슬리 2TS | 완성된 소스에 타라곤이나 파슬리를 넣고 고루 섞습니다. |

---

# 퐁뒤 드 풀레 아 라 크렘(*fondue de poulet à la crème*)
### 양파와 함께 크림소스에 푹 익힌 닭고기

닭을 양파와 함께 버터에 노릇하게 구운 다음, 와인과 헤비 크림을 넣고 푹 끓여서 만드는 진하고 맛있는 요리입니다. 쌀밥이나 리소토(629쪽), 버터에 버무린 완두콩, 콩콩브르 오 뵈르(593쪽)를 곁들여, 묵직한 부르고뉴 화이트 와인이나 보르도-그라브 화이트 와인과 냅니다.

**4~6인분**

| 토막 낸 튀김용 닭(약 1.1~1.4kg)<br>1마리<br>버터 3TS<br>묵직한 지름 약 25cm의 직화 가능<br>캐서롤 | 닭고기는 물기를 꼼꼼히 제거합니다. 뜨거운 버터에 4~5분 이리저리 뒤집어가며 1차로 굽습니다. 고기 겉면은 약간 단단해지되, 색깔이 나서는 안 됩니다. 고기를 접시에 옮깁니다. |
| 얇게 슬라이스한 양파 1½컵 | 캐서롤에 남은 버터에 양파를 넣고 가볍게 볶습니다. 뚜껑을 덮고 약한 불에서 5분간 색깔이 나지 않게 아주 약한 불에서 익힙니다. |
| | 닭고기를 다시 캐서롤에 넣고, 뚜껑을 덮어서 10분 동안 고기가 약간 커지면서 단단해질 때까지 약한 불에서 익힙니다. 색깔이 노릇해지지 않게 주의하며 중간에 한 번 뒤집습니다. |

| | |
|---|---|
| 소금 ½ts<br>백후추 ⅛ts<br>카레 가루 ¼ts<br>코냑, 칼바도스, 마데이라 와인<br>　또는 포트와인 ⅓컵 또는<br>　드라이한 화이트 와인 ¾컵 또는<br>　드라이한 화이트 베르무트 ½컵 | 닭고기에 소금, 후추, 카레 가루를 뿌려서 양념합니다. 술이나 와인을<br>붓고 센 불로 바짝 졸입니다. |
| 작은 소스팬에 끓인 휘핑크림 3컵 | 뜨거운 크림을 붓고 약하게 끓이면서 소스를 닭고기 위에 고루 끼얹<br>습니다. 뚜껑을 덮고 약한 불에서 고기가 완전히 익을 때까지 30~35<br>분 푹 끓입니다. 살이 연해지고, 포크로 찔렀을 때 맑은 노란색 육즙<br>이 흐르면 다 익은 것입니다. 이때는 크림이 약간 덩어리진 것처럼 보<br>일 수 있으나 나중에 매끈해집니다. |
| | 닭고기를 건져서 뜨겁게 데운 접시에 담고, 뚜껑을 덮어 5분 동안 따<br>뜻하게 보관합니다. 그동안 소스를 마무리합니다. |
| 소금, 백후추<br>레몬즙 몇 방울<br>휘핑크림 3~4TS | 소스 표면 기름을 걷어내고, 센 불에서 계속 휘저어가며 스푼에 가볍<br>게 코팅될 정도로 졸입니다. 간을 맞추고, 레몬즙을 더해 맛을 냅니<br>다. 불을 끄고, 스푼으로 크림을 조금씩 더 넣으며 소스 멍울을 풀어<br>매끈하게 만듭니다. |
| 파슬리 줄기 약간 | 소스를 고기 위에 붓고, 파슬리로 장식해서 냅니다. |

## 코크 오 뱅(*coq au vin*)
### 양파, 양송이버섯, 베이컨을 곁들인 닭고기와인 찜

이 대중적인 요리는 코크 오 뱅이라는 명칭 외에도 코크 오 샹베르탱(*coq au Chambertin*),
코크 오 리슬링(*coq au riesling*) 등 조리에 사용한 와인 이름을 특정해서 부르기도 합니다.
화이트 와인과 레드 와인을 모두 쓸 수 있지만, 후자가 좀더 특색 있는 맛을 냅니다. 프랑스
에서는 보통 코크 오 뱅에 파슬리를 뿌린 감자만 곁들입니다. 녹색 채소를 더하고 싶다면
버터에 버무린 완두콩이 좋습니다. 코크 오 뱅은 숙성 기간이 짧은 묵직한 부르고뉴, 보졸
레, 코트 뒤 론 레드 와인과 함께 냅니다.

**4~6인분**

| | |
|---|---|
| 베이컨 살코기 80~110g | 베이컨은 지방을 잘라내고 길이 약 2.5cm, 폭 약 6mm인 직사각형 라르동(*lardon*)으로 썹니다. 물 2L를 약하게 끓여 베이컨을 10분 동안 데친 다음, 찬물에 헹궈 물기를 제거합니다. |
| 묵직한 지름 약 25cm의 직화 가능 캐서롤 버터 2TS | 베이컨을 뜨거운 버터에 아주 연한 갈색이 날 때까지 소테합니다. 다른 접시에 옮겨 담습니다. |
| 토막 낸 튀김용 닭(약 1.1~1.4kg) 1마리 | 닭고기는 물기를 꼼꼼히 제거합니다. 캐서롤에 남은 뜨거운 기름에 닭고기를 넣고 노릇해지도록 1차로 소테합니다. |
| 소금 ½ts 후추 ⅛ts | 소금, 후추로 간을 합니다. 베이컨을 다시 캐서롤에 넣고, 뚜껑을 덮어 10분 동안 천천히 익힙니다. 중간에 닭을 한 번 뒤집습니다. |
| 코냑 ¼컵 | 캐서롤 뚜껑을 열고 코냑을 붓습니다. 이어 고개를 옆으로 돌린 채 성냥으로 코냑에 불을 붙입니다. 캐서롤을 몇 초간 앞뒤로 흔들어 불길을 가라앉힙니다. |
| 숙성 기간이 길지 않은 묵직한 레드 와인(부르고뉴, 보졸레, 코트 뒤 론, 키안티 등) 3컵 브라운 치킨 스톡이나 브라운 스톡 또는 통조림 비프 부용 1~2컵 토마토 페이스트 ½TS 으깬 마늘 2쪽 타임 ½ts 월계수 잎 1장 | 와인을 캐서롤에 붓습니다. 이어 스톡을 닭고기가 잠길 만큼만 부어 줍니다. 토마토 페이스트와 마늘, 허브를 넣고 고루 섞습니다. 가열해서 약하게 끓어오르면 뚜껑을 덮고 고기가 완전히 익을 때까지 약한 불로 25~30분 뭉근하게 끓입니다. 육질이 연해지고 포크로 찔렀을 때 맑은 노란색 육즙이 흐르면 다 익은 것입니다. 닭고기를 건져서 접시에 옮겨 담습니다. |
| 오뇽 글라세 아 브룅(573쪽) 12~24개 상피뇽 소테 오 뵈르(607쪽) 약 200g | 고기가 익는 동안 양파와 양송이버섯을 준비합니다. |
| 소금, 후추 | 캐서롤에 남은 국물을 1~2분 약하게 끓여서 표면에 떠오른 기름을 걷어냅니다. 불을 세게 키워서 국물 양이 2¼컵 정도로 줄어들 때까지 바짝 졸입니다. 간을 맞춘 뒤 캐서롤을 불에서 내리고 월계수 잎을 건져냅니다. |

| | |
|---|---|
| 밀가루 3TS<br>말랑한 버터 2TS<br>받침 접시<br>고무 스패츌러<br>거품기 | 버터와 밀가루를 섞어 매끈한 페이스트처럼 만든 다음, 캐서롤 안의 뜨거운 국물에 붓고 거품기로 고루 섞습니다. 약한 불에 올려 계속 휘저으며 2분쯤 끓입니다. 소스는 스푼 표면에 코팅될 정도로 걸쭉해야 합니다. |
| | 캐서롤에 닭고기를 담고 주위에 양파와 양송이버섯을 놓습니다. 소스를 충분히 끼얹어줍니다.<br>[*] 바로 내지 않을 경우, 소스 표면이 마르지 않도록 소량의 스톡을 끼얹거나 작게 조각낸 버터를 군데군데 올린 뒤 뚜껑을 덮지 말고 한쪽에 둡니다. 이렇게 하면 무한히 대기할 수 있습니다. |
| | 먹기 전에, 다시 약하게 끓이며 소스를 닭고기에 끼얹어줍니다. 뚜껑을 덮고 닭이 고루 데워질 때까지 4~5분 약한 불로 가열합니다. |
| 파슬리 줄기 약간 | 캐서롤째 내거나 뜨거운 접시에 옮겨서 냅니다. 파슬리로 장식합니다. |

# 브로일드 치킨

---

## 풀레 그리예 아 라 디아블(*poulet grillés à la diable*)
### 머스터드, 허브, 빵가루를 입혀서 브로일링한 닭고기

브로일링해서 따뜻하게 먹어도 좋고, 차갑게 먹어도 좋은 닭고기 레시피를 소개하겠습니다. 브로일러에서 닭을 부분적으로 익힌 다음, 머스터드와 허브를 바르고 신선한 빵가루를 입혀서 다시 브로일러에 올려 갈색이 나게 구우면 완성됩니다. 이 요리는 거의 조리를 끝내 놓고 한쪽에 두거나 냉장고에 보관했다가 먹기 전 오븐에 익히기만 하면 되므로 매우 실용적입니다. 찍어 먹는 머스터드 소스만 있으면 다른 소스는 필요 없지만, 녹인 버터에 레몬 즙과 다진 허브를 섞은 간단한 소스나, 117쪽 소스 디아블을 곁들여 내도 좋습니다. 이 요리는 통째로 구운 토마토와 껍질콩, 차가운 로제 와인과도 잘 어울립니다.

**4~8인분**

브로일러를 적당히 뜨겁게 예열합니다.

손질된 브로일러(약 1.1kg)
   2마리(2등분 또는 4등분해서
   준비)
녹인 버터 6TS과 기름 2TS
   (작은 소스팬에 준비)
페이스트리 브러시
철망을 뺀 브로일링팬
소금

닭고기는 물기를 꼼꼼히 제거한 뒤, 버터와 식용유 혼합물을 표면에 고루 칠합니다. 브로일링팬에 닭고기 껍질 쪽이 바닥에 닿게 놓고 오븐 브로일러 아래에 놓습니다. 이때 겉면이 뜨거운 열원에서 13~15cm 떨어지게 합니다. 5분마다 한 번씩 버터와 기름을 닭에 발라서 앞뒤로 각각 10분씩 연한 갈색이 나게 굽습니다. 가볍게 소금 간을 합니다.

시판 머스터드(맛이 강한 디종
   머스터드류) 6TS
곱게 다진 셜롯 또는 골파 3TS
타임이나 바질, 또는 타라곤 ½ts
후추 ⅛ts
카엔페퍼 가루 1자밤

볼에 머스터드를 넣고 셜롯이나 골파, 허브, 각종 양념을 섞습니다. 여기에 닭고기에 칠하고 남겨두었던 버터와 기름 혼합물 절반을 방울방울 넣으면서 고루 휘저어 마요네즈처럼 크리미하게 만듭니다. 버터와 기름 혼합물은 나중을 위해 남겨둡니다. 닭고기에 머스터드 혼합물을 바릅니다.

신선한 빵가루(홈메이드 타입
   흰 빵을 한 번에 3~4장씩
   블렌더에 갈아서 만든 것) 4컵

빵가루를 넓은 접시에 펼치고, 그 위에서 닭고기를 굴려가며 가볍게 두드려 옷을 입힙니다.

철망을 장착한 브로일링팬
남은 버터와 기름 혼합물

닭고기 껍질이 브로일링팬의 철망과 맞닿게 놓습니다. 남겨둔 버터와 기름 혼합물 절반을 그 위에 고루 뿌립니다. 적당히 뜨거운 브로일러에서 10분 동안 갈색이 나게 굽습니다. 닭을 뒤집어 나머지 기름을 뿌린 뒤 다시 10분 더 굽습니다. 닭다리의 가장 두꺼운 부분이 연하게 느껴지고, 고기를 포크로 찔렀을 때 맑은 노란빛 육즙이 흐르면 다 익은 것입니다.

닭을 뜨겁게 데운 접시에 담아서 바로 냅니다.

**∗∗ 준비할 때 주의사항**

조리를 대부분 끝내놓고 싶다면, 빵가루 옷을 입힌 닭고기를 브로일러에서 앞뒤로 각각 5분씩만 굽습니다. 이제 최대 몇 시간 뒤 약 175℃로 예열된 오븐에서 20~30분 더 익히기만 하면 완성입니다. 단, 지나치게 익히지 않도록 주의합니다.

# 닭가슴살
## *Suprême de Volaille*

생닭에서 발라낸, 뼈와 껍질이 없는 닭가슴살을 프랑스어로 쉬프렘(*suprême*)이라고 합니다. 닭 한 마리에서 얻을 수 있는 쉬프렘은 두 덩이입니다. 이 중 날개 윗부분이 붙어 있으면 코틀레트(*côtelette*)입니다. 익힌 닭가슴살은 쉬프렘이 아니라 블랑 드 풀레(*blanc de poulet*)라고 부릅니다. 쉬프렘은 버터와 함께 캐서롤에 넣어 뚜껑을 덮은 채 '하얗게(*à blanc*)' 포칭할 수도 있고, '갈색이 나게(*à brun*)' 소테하거나 브로일링할 수도 있습니다. 고급 프랑스 요리에서는 닭가슴살을 액체에 담가 뭉근히 끓이지 않습니다. 닭가슴살은 조리하기 쉬운 부위이지만, 지나치게 익지 않도록 특별한 주의를 기울여야 합니다. 단 1분이라도 더 익히면, 살이 질기고 퍽퍽해질 수 있기 때문입니다. 완벽하게 조리된 닭가슴살은 흰색 바탕에 연분홍빛이 살짝 감돌고, 맑은 노란색 육즙을 흠뻑 머금고 있습니다. 조리 중 닭가슴살이 익었는지 확인하는 방법은 간단합니다. 손가락으로 겉면을 눌렀을 때 여전히 부드럽고 눌린 자국이 살짝 남으면 아직 덜 익은 것입니다. 반면 살이 금방 원래 상태로 되돌아오면 다 익었다고 판단합니다. 탄성이 전혀 없으면 지나치게 익은 것입니다. 닭가슴살은 6~8분만 익히면 되는 데다 매우 단순한 형태로 식탁에 올려도 되므로 금세 맛있는 식사를 완성할 수 있습니다.

### ＊＊ 닭가슴살 손질하기

1.1~1.4kg인 프라이어의 가슴 부위를 통째로 또는 반쪽만 사용합니다. 손가락을 살과 껍질 사이로 넣고 껍질을 위로 잡아당겨 벗깁니다. 그다음 살을 뼈에서 분리하기 쉽도록 가슴뼈에서 솟은 부분에 칼날을 대고 자릅니다. 날개와 몸통이 연결되는 부분에 칼날을 밀어넣고 날개를 떼어낸 다음, 흉곽을 따라 내려가면서 반대쪽 손으로 살을 잡아당겨 닭가슴살 한 덩이를 분리합니다. 이렇게 한쪽 닭가슴살을 뼈에서 통째로 분리한 다음 날개를 잘라냅니다. 가슴살 아래쪽 2/3지점까지 뻗은 하얀 힘줄을 잘라서 떼어냅니다. 너덜너덜한 가장자리를 잘라버리고, 묵직한 칼 옆면으로 살짝 눌러 평평하게 만들면 조리 준비가 끝납니다. 바로 조리하지 않는다면 유산지로 싸서 냉장 보관합니다.

# 쉬프렘 드 볼라유 아 블랑(*suprême de volaille à blanc*)‡
### 크림소스를 끼얹은 닭가슴살

버터에 버무린 아스파라거스나 완두콩, 아티초크 하트 또는 크림소스에 버무린 시금치, 치킨 스톡으로 만든 맛있는 리소토를 곁들여 냅니다. 와인은 차갑게 냉장한 부르고뉴 또는 트라미너 화이트가 잘 어울립니다.

### 4인분

오븐을 약 205℃로 예열합니다.

프라이어 2마리에서 발라낸
　닭가슴살(손질법은 앞의 설명
　참고) 4덩이
레몬즙 ½ts
소금 ¼ts
백후추 넉넉하게 1자밤
뚜껑이 있는 묵직한 지름
　약 25cm의 직화 가능 캐서롤
한쪽 면에 버터를 칠한 지름
　약 25cm 원형 유산지 1장
버터 4TS

닭가슴살에 레몬즙을 바르고 소금, 후추로 가볍게 밑간을 합니다. 캐서롤에 버터를 넣고 거품이 날 때까지 가열합니다. 닭가슴살을 버터에 굴린 뒤 위에 유산지를 얹고 뚜껑을 덮어 예열된 오븐에 넣습니다. 6분 뒤, 손가락으로 눌렀을 때 아직 부드러우면 다시 오븐에 넣어 조금만 더 익힙니다. 눌렀을 때 탄력이 느껴지면 다 익은 것입니다. 따뜻하게 데운 접시에 닭가슴살을 옮겨 담고 덮개를 씌운 뒤 2~3분 안에 재빨리 소스를 만듭니다.

### 소스 만들기

화이트 스톡이나 브라운 스톡
　또는 통조림 비프 부용 ¼컵
포트와인이나 마데이라 와인, 또는
　드라이한 화이트 베르무트 ¼컵
휘핑크림 1컵
소금, 후추
레몬즙(필요시)
다진 파슬리 2TS

닭가슴살을 익혔던 캐서롤에 스톡이나 부용을 붓고 센 불로 바짝 졸여서 끈적하게 만듭니다. 여기에 크림을 넣고 고루 휘저은 뒤 다시 센 불에서 약간 걸쭉해질 때까지 끓입니다. 불을 끄고, 취향에 따라 세심하게 간을 맞춥니다. 레몬즙도 몇 방울 넣어 풍미를 더합니다. 완성된 소스를 닭가슴살 위에 붓고, 파슬리를 뿌려 바로 식탁에 냅니다.

## ❖ 쉬프렘 드 볼라유 아르시뒤크(*supême de volaille archiduc*)
양파와 파프리카, 크림소스를 곁들인 닭가슴살

닭고기와 소스에 양파로 은은한 풍미를 입히고, 완성된 음식에 파프리카로 신선한 향과 예쁜 빛깔을 더한 맛있는 요리입니다.

| | |
|---|---|
| 곱게 다진 흰 양파 ⅔컵<br>버터 5TS<br>향긋한 붉은 파프리카 가루 1TS<br>소금 ⅛ts | 다진 양파를 끓는 물에 1분 동안 넣었다가 흐르는 찬물에 헹군 뒤 물기를 제거합니다. 캐서롤에 준비한 양파와 소금, 파프리카 가루, 버터를 넣고 뚜껑을 덮은 채 아주 약한 불에서 약 10분 동안 푹 무르게 익힙니다. 익은 양파는 투명하되 색깔이 나서는 안 됩니다. |
| 프라이어 2마리에서 발라낸<br>　닭가슴살 4덩이<br>쉬프렘 드 볼라유 아 블랑<br>　레시피에서 소개한 소스 재료 | 양파가 담긴 캐서롤에 닭가슴살을 넣고 쉬프렘 드 볼라유 아 블랑 레시피대로 익힙니다. 다 익으면 양파는 남기고 닭가슴살만 건져냅니다. 소스를 완성합니다. |

## ❖ 쉬프렘 드 볼라유 아 레코세즈(*supême de volaille à l'écossaise*)
향미 채소와 크림소스를 곁들인 닭가슴살

| | |
|---|---|
| 중간 크기 당근 1개, 연한 셀러리<br>　줄기 1~2대, 중간 크기 양파<br>　1개를 사방 약 3mm 크기로<br>　고르게 깍둑썰기한 것 ⅔~¾컵 | 캐서롤에 채소와 소금, 버터를 넣고 뚜껑을 덮은 채 약한 불에서 약 10분 동안 색깔이 나지 않게 푹 익힙니다. |
| 소금 ⅛ts<br>버터 5TS<br>프라이어 2마리에서 발라낸<br>　닭가슴살 4덩이<br>쉬프렘 드 볼라유 아 블랑<br>　레시피에서 소개한 소스 재료 | 닭가슴살을 채소가 담긴 캐서롤에 넣고 쉬프렘 드 볼라유 아 블랑 레시피대로 익힙니다. 다 익으면 채소는 남기고 닭가슴살만 건져냅니다. 소스를 완성합니다. |

## ❖ 쉬프렘 드 볼라유 오 샹피뇽(*suprême de volaille aux champignons*)

양송이버섯과 크림소스를 곁들인 닭가슴살

버티 5TS

다진 셜롯 또는 골파 1TS

슬라이스하거나 깍둑썰기한

  양송이버섯 약 100g

소금 ⅛ts

캐서롤에 버터를 넣고 중간 불로 거품이 날 때까지 가열합니다. 다진 셜롯 또는 골파를 넣고 색깔이 나지 않게 잠깐 볶습니다. 양송이버섯을 더해 색깔이 나지 않게 약 2분간 살짝 볶습니다. 소금을 뿌립니다.

프라이어 2마리에서 발라낸

  닭가슴살 4덩이

쉬프렘 드 볼라유 아 블랑

  레시피에서 소개한 소스 재료

닭가슴살을 양송이버섯이 담긴 캐서롤에 넣고 쉬프렘 드 볼라유 아 블랑 레시피대로 익힙니다. 다 익으면 버섯은 남기고 닭가슴살만 건져냅니다. 소스를 완성합니다.

---

## 쉬프렘 드 볼라유 아 브룅(*suprême de volaille à brun*)❖

### 버터에 소테한 닭가슴살

닭가슴살에 밀가루를 살짝 묻혀서 정제 버터에 소테한 것입니다. 같은 온도라도 일반 버터는 금세 타서 닭가슴살에 흔적을 남기는 반면, 정제 버터는 발연점이 더 높기 때문에 타지 않습니다. 이 요리에는 굽거나 스터핑을 채운 토마토, 버터에 버무린 완두콩이나 껍질콩, 버터에 소테한 포테이토볼 등이 잘 어울립니다. 와인은 보르도-메도크 레드를 함께 냅니다.

**4인분**

프라이어 2마리에서 발라낸

  닭가슴살 4덩이

소금 ¼ts

후추 큰 1자밤

밀가루 1컵(지름 약 20cm 접시에

  넓게 펼쳐서 준비)

닭가슴살을 소테하기 직전, 소금, 후추로 밑간을 한 다음 밀가루옷을 입히고 여분의 밀가루를 떨어냅니다.

지름 20~23cm 스킬릿

정제 버터(55쪽) 6~8TS

  (이후 소스를 만들 때 ¼컵이

  더 필요)

뜨겁게 데운 접시

스킬릿에 약 1.5mm 높이만큼 정제 버터를 부어 적당히 센 불에 올립니다. 버터 색깔이 약간 진해지기 시작하면 닭가슴살을 넣습니다. 버터가 계속 뜨거운 온도를 유지하되 색깔이 진노랑보다 더 진해지지는 않도록 불을 잘 조절합니다. 3분 뒤, 닭가슴살을 뒤집어 반대쪽 면을 익힙니다. 2분 뒤, 닭가슴살 겉면을 손가락으로 눌러봅니다. 탄력 있게 곧바로 원래 모습을 되찾으면 다 익은 것입니다. 녹은 버터는 스킬릿에 남긴 채 닭가슴살만 건져 뜨거운 접시에 담습니다.

## 뵈르 누아제트 만들기

정제 버터 4TS

다진 파슬리 3TS

레몬즙 1TS

스킬릿에 정제 버터를 추가하고 적당히 센 불로 1~2분쯤 가열합니다. 버터가 아주 연한 황갈색으로 변하면 곧바로 스킬릿을 불에서 내려 파슬리와 레몬즙을 섞습니다. 취향에 따라 간을 맞춘 뒤, 닭가슴살 위에 부어서 냅니다.

## ☞ 기타 소스

## 와인을 넣은 브라운 디글레이징 소스 만들기

다진 셜롯 또는 골파 1TS

포트와인 또는 마데이라 와인 ¼컵

브라운 스톡 또는 통조림 비프

  부용 ⅔컵

다진 파슬리 2TS

소테한 닭가슴살을 접시에 옮겨 담은 뒤, 스킬릿에 남은 버터에 셜롯 또는 골파를 넣고 살짝 소테합니다. 이어 와인과 스톡 또는 부용을 붓고 센 불로 바짝 졸여서 묽은 시럽과 같은 농도로 만듭니다. 완성된 소스를 닭가슴살 위에 붓고 파슬리를 뿌려서 냅니다.

## 트러플을 넣은 디글레이징 소스 만들기

통조림 트러플 1개 다진 것과

  통조림 국물

와인 넣은 브라운 디글레이징 소스

  재료(단, 파슬리 제외)

앞의 레시피대로 셜롯 또는 골파를 소테한 다음, 와인과 스톡 또는 부용, 다진 트러플과 국물을 넣고 센 불로 바짝 졸여서 시럽처럼 만듭니다. 완성된 소스를 닭가슴살 위에 붓습니다.

## ✣ 쉬프렘 드 볼라유 아 라 밀라네즈(*suprême de volaille à la milanaise*)

파르메산 치즈와 신선한 빵가루를 입혀서 구운 닭가슴살

프라이어 2마리에서 발라낸
　닭가슴살 4덩이
소금 ¼ts
후추 큰 1자밤
밀가루 1컵(지름 약 20cm 접시에
　넓게 펼쳐서 준비)
달걀 1개, 소금 ⅛ts, 올리브유
　½ts(지름 약 20cm 수프 접시에
　고루 섞어서 준비)
즉석에서 곱게 간 파르메산 치즈
　½컵과 고운 습식 빵가루 ½컵
　(지름 약 20cm 접시에 고루
　섞어서 준비)

닭가슴살에 소금, 후추로 밑간을 합니다. 이어 1덩이씩 차례로 밀가루 옷을 입히고 살짝 떨어냅니다. 달걀물에 담갔다가 치즈와 빵가루 혼합물에 굴려서 옷을 입히고, 납작한 칼로 톡톡 두드려 밀착시킵니다. 닭가슴살을 유산지 위에 올려놓고, 치즈와 빵가루 혼합물이 자리를 잡도록 10~15분 또는 수 시간 동안 그대로 둡니다.

쉬프렘 드 볼라유 아 브렁 레시피의
　뵈르 누아제트 재료

정제 버터에 닭가슴살을 앞뒤로 소테합니다. 손가락으로 눌렀을 때 탄력이 느껴지면 다 익은 것입니다. 뵈르 누아제트와 함께 냅니다.

# 오리고기
## *Canard, Caneton*

로스팅에 알맞은 오리는 부화된 지 6개월이 채 안 되는 오리, 즉 칸통(*caneton*)뿐입니다. 다행히 미국 시장에서는 이런 오리 외에는 찾아보기 힘듭니다. 미국에서 파는 오리는 보통 2~2.5kg이며 깃털과 내장 등을 깨끗이 제거한 뒤 냉동한 것이라, 닭보다 다루기가 훨씬 쉽습니다. 그저 냉장실에 넣어두거나 흐르는 찬물에 담가서 해동하기만 하면 바로 조리할 수 있습니다.

## ✽✽ 프랑스산 오리에 대하여
미국에서 상업적으로 사육되는 오리는 보통 집오리(White Pekin) 1종뿐인 반면 프랑스산 오리는 품종이 매우 다양합니다. 낭테(*nantais*)는 가장 흔히 식탁에 오르는 1.4kg 미만인 작은 오리이고, 루아네(*rouennais*)는 압축기로 누른 오리고기로 널리 알려져 있으며, 크고 늙은 오리인 카나르 드 바르바리(*canard de barbarie*)는 브레이징을 할 때 많이 씁니다.

## ✽✽ 로스트용으로 손질하기
오리 배 속과 목 주변에 붙어 있는 너덜너덜한 기름을 모두 떼어냅니다. 나중에 가슴살을 쉽게 썰어낼 수 있도록 Y자 모양의 위시본(wishbone)도 잘라냅니다. 날개 두번째 관절(팔꿈치 부분)을 기준으로 거의 뼈밖에 없으므로 잘라 스톡을 만들 때 씁니다. 꽁지 위쪽에 붙은 기름샘은 반드시 제거해야 합니다. 노란 지방 찌꺼기가 조금도 남지 않도록 말끔히 파내고, 그 자리에 소금과 레몬즙을 문지릅니다. 오리를 익히는 동안 피하지방이 잘 빠져나올 수 있도록 넓적다리와 등, 가슴 아래쪽 껍질을 약 1cm 간격으로 콕콕 찔러 작은 구멍을 내줍니다. 배 속에 양념을 하거나 스터핑을 채운 뒤, 꼬챙이나 실을 이용해 다리와 날개, 목 껍질을 몸통에 고정해야 나중에 식탁에 올렸을 때 모양이 깔끔합니다. 307~308쪽 그림과 설명을 참고해서 오리도 똑같이 고정합니다.

## ✽✽ 오리 스톡
오리 목과 염통, 모래주머니, 날개 하단은 스톡을 끓이는 데 쓸 수 있습니다. 만드는 법은 305쪽 치킨 스톡과 동일합니다.

## ✽✽ 고기를 썰 때 주의사항
오리는 같은 무게인 닭과 비교했을 때 몸통은 더 큰 반면 고기 양은 더 적습니다. 그래서 약 2kg짜리 오리 한 마리면 4~5인분밖에 나오지 않죠. 프랑스에서는 가슴살을 최대한 여러 겹으로 슬라이스합니다. 다음과 같이 하면 양쪽에서 4~6조각씩 가슴살을 얻을 수 있습니다. 먼저 두번째 관절과 다리를 잘라낸 다음, 꽁지가 고기를 써는 사람을 향하도록 오리를 옆으로 눕힙니다. 이어 꽁지에서 가까운 쪽부터 시작해, 가슴 아래쪽에서 가슴뼈 쪽을 향해 대각선으로 고기를 얇게 슬라이스합니다. 나머지 한쪽도 동일한 방식으로 고기를 썰되, 방향은 반대가 되어야 합니다.

## ✽✽ 로스팅하는 시간

프랑스 사람들은 고기를 찔렀을 때 연한 장밋빛 육즙이 흘러나오는 미디엄 레어인 오리고기 로스트를 선호합니다. 웰던으로 내려면 찔렀을 때 맑은 노란색 육즙이 흘러나와야 합니다. 지나치게 익힌 오리고기는 갈색을 띠며 퍽퍽해서 전혀 맛이 없습니다.

다음 표는 스터핑을 채우지 않은 실온 상태인 신선한 통오리를 기준으로 한 것입니다. 스터핑을 넣을 경우에는 여기에 20~30분을 추가해야 합니다.

**무게별 조리 시간**      오븐 온도 약 175℃기준

| 손질 후 무게 | 먹을 사람 수 | 미디엄 레어 | 웰던 |
|---|---|---|---|
| 약 1.6kg | 3~4인 | 65~70분 | 75~85분 |
| 약 2kg | 4인 | 75~80분 | 85~95분 |
| 약 2.5kg | 5~6인 | 85~90분 | 95~100분 |

## ☞ 어울리는 채소

'칸통 오 프티 푸아(caneton aux petits pois)'는 새끼오리고기 로스트에 완두콩을 곁들인 요리로, 프랑스에서 특히 봄철에 즐겨 먹는 조합입니다. 그밖에 오리고기 로스트와 어울리는 채소는 브로콜리, 방울양배추, 브레이징한 상추, 셀러리, 셀러리악, 양파, 순무 등입니다. 탄수화물을 함유한 채소를 내고 싶다면, 브레이징하거나 퓌레로 만든 밤, 셀러리악이나 순무를 섞은 매시트포테이토, 렌틸이나 흰강낭콩 퓌레를 추천합니다.

## ☞ 어울리는 와인

부르고뉴, 코트 뒤 론, 샤토뇌프뒤파프(Châteauneuf-du-Pape), 보르도-생테밀리옹 같은 묵직한 레드 와인을 함께 냅니다. 차갑게 냉장한 알자스의 트라미너 와인도 좋습니다.

# 칸통 로티(*caneton rôti*)‡
### 새끼오리고기 로스트

**5~6인분**
**예상 로스팅 시간: 80~100분**

오븐을 약 220℃로 예열합니다.

손질한 새끼오리(약 3kg) 2.5마리
소금 ½ts
후추 ⅛ts
타임 또는 세이지 1자밤
슬라이스한 중간 크기 양파 1개

오리고기 안쪽을 소금, 후추, 허브, 슬라이스한 양파로 양념합니다. 다리와 날개, 목 껍질을 몸통에 고정합니다. 넓적다리와 등, 가슴 아래쪽을 포크나 칼끝으로 콕콕 찔러줍니다. 물기를 완전히 제거합니다.

오리고기가 넉넉하게 들어가는
   크기의 얕은 로스팅팬
슬라이스한 중간 크기 당근 1개
슬라이스한 중간 크기 양파 1개

로스팅팬에 가슴이 위로 오게 놓고, 그 주위로 채소를 흩뿌립니다. 오븐 가운데 칸에서 15분 동안 연갈색이 나게 굽습니다.

조리용 스포이트

오븐 온도를 약 175℃로 낮추고 고기를 옆으로 눕힙니다. 고기에서 계속 익는 소리가 나되 지방이 타지는 않도록 온도 조절에 신경 씁니다. 이따금 팬 바닥에 모인 기름을 조리용 스포이트로 빨아들여서 제거합니다. 이를 고기에 끼얹을 필요는 없습니다.

약 30분 후 오리고기를 반대로 뒤집습니다.

소금 ½ts

요리를 시작한 지 65~85분이 되면 소금을 고기에 뿌리고 가슴이 위쪽으로 오게 뒤집습니다.

다리를 포크로 찔렀을 때 옅은 분홍빛 육즙이 흐르고, 고기를 들어 올렸을 때 항문 쪽에서 마지막으로 떨어지는 육즙도 옅은 분홍빛을 띠면 미디엄 레어로 구워진 것입니다. 옅은 노란색 육즙이 흐르면 웰던으로 구워진 것입니다.

오리고기가 다 익으면 묶었던 실을 제거한 뒤 접시에 옮겨서 잔열이 남아 있는 오븐에 넣고 문을 열어둡니다. 3~4분 재빨리 소스를 만듭니다.

| | |
|---|---|
| 브라운 덕 스톡(duck stock)이나<br>　　비프 스톡 또는 통조림 비프 부용<br>　　1½~2컵<br>선택: 포트와인 3~4TS | 로스팅팬을 기울여 스푼으로 기름을 1테이블스푼만 남기고 모두 퍼<br>냅니다. 스톡이나 부용을 붓고 센 불로 끓이면서, 채소를 으깨고 바<br>닥에 눌어붙은 육즙을 디글레이징합니다. 스톡이 바짝 졸아서 양이<br>절반으로 줄어들면 간을 맞춥니다. 와인(선택)을 넣으면, 약하게 1분<br>정도 더 끓여서 알코올 성분을 날립니다. |
| 말랑한 버터 1~2TS | 불을 끄고, 먹기 직전 소스에 버터를 넣고 고루 섞은 뒤 체에 걸러 소<br>스보트에 담습니다. 오리고기 위에 소스를 약간 끼얹어 냅니다. |

**\*\* 식탁에 내기 전 시간이 남았을 때**

완성된 오리고기 로스트를 잔열이 남아 있는 오븐에 문을 약간 열어둔 채 30분쯤 넣어두
었다가 식탁에 올려도 됩니다.

**\*\* 꼬챙이에 꿰어 로스팅하기**

오리고기는 쇠꼬챙이에 꿰어 빙글빙글 돌리며 굽는 방식에 매우 적합합니다. 312쪽 꼬챙이
에 꿰어 구운 로스트 치킨과 똑같은 방식으로 굽되, 베이컨으로 감싸는 것은 생략합니다.
버터나 육즙을 끼얹을 필요도 없습니다. 로스팅 시간은 오븐을 기준으로 하는 345쪽 시간
표와 같습니다.

**❖ 칸통 로티 아 랄자시엔(*caneton rôti à l'alsacienne*)**
　　소시지와 사과 스터핑을 채운 새끼오리고기 로스트

사과와 오리는 훌륭하게 조화를 이루며, 여기에 소시지까지 더하면 풍미가 훨씬 배가됩니
다. 사과와 소시지를 접시에 가니시로 올리고, 브레이징한 양파와 소테한 감자, 또는 감자
크레프까지 곁들여도 좋습니다. 와인으로는 차가운 알자스의 트라미너나 사과주가 잘 어
울립니다.

**5~6인분**

**예상 로스팅 시간: 105~120분**

### 소시지와 사과 스터핑 만들기

| | |
|---|---|
| 돼지고기 소시지 약 200g | 스킬릿에 기름을 두르고 소시지를 연갈색이 날 때까지 소테한 뒤 건집니다. 믹싱볼에 담아 포크로 대강 으깹니다. |
| 아삭아삭한 사과 4~5개 | 사과는 껍질을 벗겨 4등분한 뒤 씨를 제거합니다. 이를 다시 세로로 2등분 내지 3등분합니다. 소시지를 굽고 난 기름에 사과를 한 번에 몇 조각씩 소테합니다. 소테한 사과는 살짝 노릇하고 부드럽되 형태가 무너져서는 안 됩니다. |
| 설탕 1TS<br>계핏가루 ¼ts<br>소금 ¼ts<br>세이지 ¼ts<br>코냑 2TS | 볶은 사과를 접시에 담은 뒤 각종 양념과 코냑을 넣어 버무립니다. |
| 포트와인 ¼컵<br>스톡 또는 통조림 비프 부용 ¼컵 | 스킬릿에 남은 기름을 따라 버리고, 와인과 스톡 또는 부용을 부은 뒤 센 불로 바짝 졸입니다. 액체가 2~3테이블스푼으로 줄어들면 불에서 내려 소시지 위에 붓습니다. |
| | 사과와 소시지가 모두 식으면 살살 섞습니다. 이렇게 준비한 스터핑을 오리고기 배 속에 부족한 듯하게 채웁니다. 항문을 꿰매거나 꼬챙이로 봉하고, 다리와 날개를 몸통에 고정한 뒤 앞선 기본 레시피대로 굽습니다. |

# 칸통 아 로랑주(*caneton à l'orange*)‡

## 오렌지 소스를 곁들인 오리고기 로스트

가장 유명한 오리 요리 중 하나로 손꼽히는 칸통 아 로랑주는 로스팅한 오리고기에 신선한 오렌지를 가니시로 올리고, 오렌지로 맛을 낸 브라운소스를 곁들인 음식입니다. 이 요리에서 가장 중요한 요소는 바로 소스입니다. 육향이 진한 덕 스톡에 캐러멜로 진한 갈색을 내고, 와인과 오렌지 필로 향을 더한 뒤 애로루트 가루로 걸쭉한 농도를 내죠. 이 소스는 반드시 미리 준비해두어야 하는데, 오리가 다 구워지면 2~3분 안에 요리가 완성되어야 하기 때문입니다.

## ☞ 어울리는 채소와 와인

오리와 소스, 오렌지의 조화로운 맛을 방해해서는 안 됩니다. 가장 잘 어울리는 채소는 소테한 감자나 가느다란 감자튀김, 홈메이드 감자칩 정도입니다. 와인은 보르도-메도크 레드나 뫼르소, 몽라셰, 코르통-샤를마뉴(Corton-Charlemagne) 같은 부르고뉴 화이트를 차갑게 내는 것이 좋습니다.

주의: 소스 재료 중 가장 중요한 것은 훌륭한 덕 스톡 2컵입니다. 스톡은 2시간 정도 뭉근히 끓여야 하므로 반드시 미리 만들어야 합니다.

### 5~6인분

#### 오렌지 필 데치기

선명한 빛깔의 오렌지 4개

오렌지 껍질 맨 바깥쪽 주황색 부분을 채소 필러로 얇게 벗겨낸 다음 폭 약 1.5mm, 길이 약 4cm로 썹니다. 물 1L에 15분 동안 약한 불에 끓인 뒤 건져서 키친타월로 물기를 제거합니다.

#### 오리고기 로스팅

손질된 새끼오리(약 2.5kg) 1마리
소금 ½ts
후추 1자밤

오리고기 배 속에 소금, 후추를 뿌리고, 준비된 오렌지 필 ⅓을 넣습니다. 다리와 날개를 실로 꿰매 고정한 다음 346쪽 기본 레시피대로 굽습니다.

#### 소스 만들기

1L 용량 소스팬
설탕(그래뉴당) 3TS
레드 와인 식초 ¼컵
진한 브라운 덕 스톡
  (만드는 법은 305쪽 브라운
  치킨 스톡과 동일하며,
  닭 부산물 대신 오리
  부산물을 씀) 2컵
애로루트 가루 2TS를 포트와인 또는
  마데이라 와인 3TS에 갠 것
데친 오렌지 필 남은 것

오리를 로스팅하는 동안, 다음과 같이 새콤달콤한 캐러멜 소스를 만듭니다. 소스팬에 설탕과 식초를 넣고 적당히 센 불에서 몇 분간 끓입니다. 진갈색 시럽처럼 변하면 곧장 불에서 내리고 덕 스톡 ½컵을 붓습니다. 다시 약한 불로 1분 동안 끓이면서 계속 저어 캐러멜을 녹입니다. 나머지 스톡을 모두 붓고, 애로루트 가루 갠 것을 섞습니다. 이어 오렌지 필을 넣고 3~4분 뭉근히 끓여서 약간 걸쭉하면서 맑고 투명한 소스를 만듭니다. 간을 맞추어 한쪽에 둡니다.

## 오렌지 가니시 만들기

| | |
|---|---|
| 껍질을 벗긴 오렌지 4개 | 오렌지 4개에서 과육만 깔끔하게 발라내 접시에 담아 덮어둡니다. |

## 요리 완성하기

| | |
|---|---|
| | 오리고기가 다 구워지면 실을 제거하고 접시에 담아 잔열이 남은 오븐에 넣고 문을 열어둡니다. |
| 포트와인 또는 마데이라 와인 ½컵 | 로스팅팬에 남은 기름을 최대한 제거한 뒤, 와인을 붓고 센 불로 끓이면서 바닥에 눌어붙은 육즙을 디글레이징합니다. 2~3테이블스푼으로 줄어들 때까지 바짝 졸입니다. |
| 미리 준비해둔 소스 베이스<br>질 좋은 오렌지 리큐어 2~3TS<br>오렌지 비터스 또는 레몬즙 약간 | 졸인 와인을 체에 걸러 소스 베이스에 섞고 약한 불에 올립니다. 끓기 시작하면 맛을 보면서 오렌지 리큐어를 1스푼씩 섞습니다. 기분 좋은 오렌지 맛이 나되 너무 달아서는 안 됩니다. 맛이 부족하게 느껴지면 오렌지 비터스나 레몬즙을 약간 더합니다. |
| 말랑한 버터 2TS | 식탁에 내기 직전, 불을 끄고 버터를 넣어 고루 섞습니다. 완성된 소스를 따뜻하게 데운 소스보트에 붓습니다. |
| | 오렌지 과육을 오리고기 몸통 위에 길게 얹고, 나머지는 접시 양쪽 끝에 소복하게 쌓아 올립니다. 소스를 오렌지 필과 함께 스푼으로 떠서 오리고기 위에 끼얹고, 곧바로 냅니다. |

## ❖ 칸통 오 스리즈(*caneton aux cerises*)
### 칸통 몽모랑시(*caneton Montmorency*)
#### 체리를 곁들인 오리고기 로스트

오렌지 외에도 오리고기 로스트에 가니시로 곁들이기 좋은 과일로는 체리와 복숭아가 있습니다. 오리고기는 346쪽 기본 레시피대로 굽고, 바로 앞의 레시피를 참고하여 캐러멜과 애로루트 가루가 들어간 소스를 만듭니다. 이때 소스에서 오렌지 필과 오렌지 리큐어는 빼고, 대신 다음과 같이 과일을 넣어 익힙니다.

| | |
|---|---|
| 씨를 뺀 붉거나 검은 체리<br>　36~48개(냉동 체리는 해동 뒤<br>　물기를 제거해서 준비)<br>1L 용량 법랑 소스팬<br>레몬즙 1TS<br>포트와인 또는 코냑 3TS<br>설탕(그래뉴당) 2~3TS | 소스팬에 체리와 레몬즙, 포트와인이나 코냑, 설탕을 넣고 고루 섞습니다. 최소한 20~30분 그대로 둡니다. |
| | 오리고기를 로스팅하고 로스팅팬에 눌어붙은 육즙을 와인으로 디글레이징해서 소스에 섞은 다음, 체리에 붓습니다. 이를 아주 약한 불에 올려 체리를 3~4분 데칩니다. 이때 액체가 약하게라도 끓으면 과일이 쪼그라들 수 있으니 불 조절에 특히 신경 씁니다. 구멍 뚫린 스푼으로 체리를 건져서 오리고기와 그 주위에 올립니다. |
| 말랑한 버터 2TS | 소스를 바짝 졸여서 약간 걸쭉하게 만듭니다. 간을 맞춘 뒤 불을 끄고 버터를 고루 섞습니다. 완성된 소스를 따뜻하게 데운 볼에 붓고, 스푼으로 조금 떠서 오리고기 위에 끼얹습니다. 바로 냅니다. |

## ❖ 칸통 오 페슈(*caneton aux pêches*)
### 복숭아를 곁들인 오리고기 로스트

| | |
|---|---|
| 씨를 뺀 잘 익은 단단한 복숭아<br>　작은 것 6개 또는 큰 것 3개<br>　또는 물기를 뺀 통조림 복숭아<br>　(이 경우 설탕 생략)<br>레몬즙 2TS<br>포트와인 또는 코냑 2~3TS<br>설탕(그래뉴당) 2~3TS | 신선한 복숭아를 쓸 거라면, 변색을 막기 위해 먹기 30분 전에 껍질을 벗겨 2등분합니다. 내열 그릇에 가지런히 담은 뒤 레몬즙과 와인, 설탕을 끼얹습니다. 소스를 섞기 전에 수차례 더 끼얹습니다. |
| | 오리고기를 로스팅하고 로스팅팬에 눌어붙은 육즙을 와인으로 디글레이징해서 소스에 섞은 다음, 복숭아에 붓습니다. 이후로는 앞선 칸통 오 스리즈 레시피를 따릅니다. |

# 칸통 푸알레 오 나베(*caneton poêlé aux navets*)‡
## 순무를 곁들인 오리고기 로스트

먼저 오리고기를 전체적으로 갈색이 나도록 소테한 다음 뚜껑이 있는 캐서롤에 넣어 조리합니다. 자체적으로 발생하는 증기로 익히기 때문에, 육질이 놀랄 만큼 부드러워지고 피하지방층은 로스팅했을 때보다 훨씬 잘 녹습니다. 함께 익히는 순무는 오리에서 빠져나온 육즙을 흡수해서 특히나 촉촉합니다. 다른 채소는 없어도 되지만, 원한다면 완두콩이나 브로콜리를 곁들여도 좋습니다. 이 요리에 잘 어울리는 와인은 보르도나 보졸레, 코트 뒤 론에서 생산된 레드입니다.

**5~6인분**
**예상 로스팅 시간: 80~100분**

---

오븐을 약 165℃로 예열합니다.

---

손질된 새끼오리(약 2.5kg) 1마리
소금 ½ts
후추 ⅛ts
오리고기가 넉넉히 담기는
　묵직한 타원형 캐서롤
신선한 돼지기름 또는 식용유 3TS

오리고기 배 속에 소금, 후추로 밑간을 합니다. 다리와 날개를 실로 고정한 뒤, 넓적다리와 등, 가슴 아래쪽을 바늘로 콕콕 찔러줍니다. 물기를 완전히 제거합니다. 319쪽을 참고해 오리고기를 뜨거운 기름에 전체적으로 갈색이 나게 소테합니다.

---

소금 ½ts
중간 크기 부케 가르니(파슬리
　줄기 4대, 월계수 잎 ½장, 타임
　¼ts을 깨끗한 면포에 싼 것)

캐서롤에 남은 기름을 버립니다. 오리고기에 소금을 고루 뿌리고, 가슴이 위로 향하게 해서 캐서롤에 담습니다. 부케 가르니를 넣고 뚜껑을 덮어 예열된 오븐 가운데 칸에서 50~60분 로스팅합니다. 고기에서 계속 지글지글 익는 소리가 나도록 온도 조절에 신경 씁니다. 기름은 끼얹지 않아도 됩니다.

---

단단하고 아삭아삭한 흰색 또는
　노란색 순무 약 900g

오리고기가 익혀지는 동안 순무를 준비합니다. 순무 껍질을 벗겨 길이 약 4cm인 커다란 올리브 모양으로 깎거나 사방 약 2cm 크기로 깍둑썰기합니다. 소금을 넣고 끓는 물에 5분 동안 삶은 뒤 건져냅니다.

---

조리용 스포이트

오리고기를 로스팅하기 시작한 지 50~60분 지났거나 예상 조리 완료 시간이 30~40분 남았을 때, 조리용 스포이트로 캐서롤 바닥에 모인 기름을 제거합니다. 삶은 순무를 오리고기 주위에 올리고, 뚜껑을 덮어 다시 오븐에 넣습니다. 이따금 캐서롤 안 국물을 순무에 끼얹어줍니다.

고기를 포크로 찔렀을 때 옅은 분홍빛 육즙이 흐르면 미디엄 레어, 맑은 노란색 육즙이 흐르면 웰던으로 익은 것입니다.

다진 파슬리 2~3TS

오리고기를 건져서 실을 제거하고, 뜨겁게 데운 접시에 담습니다. 구멍 뚫린 스푼으로 순무를 떠서 오리고기 주위에 올리고, 파슬리로 장식합니다. 캐서롤에 남은 국물에서 기름기를 걷어내고, 간을 맞추어 따뜻하게 데운 소스보트에 붓습니다. 바로 냅니다.

**＊＊ 식탁에 내기 전 시간이 남았을 때**

오리고기와 순무, 기름기를 제거한 국물을 뜨거운 캐서롤에 도로 넣고, 뚜껑을 비스듬히 덮어서 잔열이 남아 있는 오븐에 넣거나 아주 약하게 끓는 물에 담가두면 30분 정도 대기할 수 있습니다.


## ❖ 카나르 브레제 아베크 슈크루트-아 라 바두아즈
### (*canard braisé avec choucroute-à la badoise*)
자우어크라우트와 함께 브레이징한 오리고기


## ❖ 카나르 브레제 오 슈 루주(*canard braisé aux choux rouge*)
적채와 함께 브레이징한 오리고기

고전적인 조합의 이 두 요리는 만드는 방식이 동일합니다. 먼저 자우어크라우트나 적채를 ⅔ 정도 브레이징한 뒤, 갈색이 나게 익힌 오리고기를 캐서롤에 함께 넣고 조리하면 모든 재료가 서로 어우러지며 독특한 맛이 배어듭니다. 두 요리에는 파슬리를 뿌린 감자나 브레이징한 밤, 차가운 알자스-트라미너 화이트 와인이 잘 어울립니다.

**5~6인분**

슈크루트 브레제 아 랄자시엔(590쪽)
또는 슈 루주 아 라 리무진(589쪽)
900g에 필요한 재료
오리고기와 모든 재료를 담을 수
있는 캐서롤

슈크루트 브레제 아 랄자시엔 또는 슈 루주 아 라 리무진의 레시피를 따라 3시간 30분 동안 조리합니다.

| | |
|---|---|
| 손질된 새끼오리(약 3kg) 1마리 | 오리고기 배 속에 밑간을 하고, 실로 고정한 뒤 바늘로 껍질을 여러 번 찌른 다음 물기를 제거합니다. 앞선 기본 레시피대로 오리고기를 뜨거운 기름에서 갈색이 나게 소테합니다. 소금을 뿌려서 캐서롤에 담은 다음, 그 위에 슈크루트 브레제 아 랄자시엔이나 슈 루주 아 라 리무진을 수북하게 얹습니다. 뚜껑을 덮어 오리고기가 익을 때까지 약 1시간 30분 이상 브레이징합니다. |
| 파슬리 줄기 약간 | 다 익은 오리고기를 뜨겁게 데운 접시에 옮겨 담고, 실을 제거합니다. 자우어크라우트나 적채를 건져서 국물은 캐서롤에 짜낸 뒤 오리 주변에 올립니다. 파슬리로 장식합니다. |
| | 캐서롤 안 국물에서 기름기를 걷어낸 다음, 센 불로 바짝 졸여 맛을 응축시킵니다. 완성된 소스를 체에 걸러 소스보트에 담고, 오리고기 위에 1스푼 끼얹어 바로 냅니다. |

## 칸통 브레제 오 마롱(*caneton braisé aux marrons*)
### 밤과 소시지를 채워서 브레이징한 오리고기

만드는 법은 359쪽 우아 브레제 오 마롱과 동일합니다. 굽는 시간은 345쪽 시간표를 참고하되, 이 요리는 스터핑을 채웠으므로 30분 더 조리해야 합니다.

## 카나르 앙 크루트(*canard en croûte*)
### 스터핑을 채우고 페이스트리 반죽을 입힌 오리고기 로스트

이 요리 레시피는 670쪽에 나옵니다.

# 거위고기
*Oie*

오리와 마찬가지로 부화된 지 6개월 미만인 거위만이 미식가들의 관심대상이 될 수 있으며, 미국 시중에서는 이보다 더 자란 거위를 찾아보기 힘들 것입니다. 거위고기는 보통 냉동 상태로 판매되며, 냉장실에 넣거나 흐르는 찬물에 담가 해동해야 합니다. 344쪽 오리고기와 같은 방식으로 손질합니다.

## ** 거위기름

거위기름은 다른 음식을 조리할 때 끼얹거나 소테할 때 쓰기 좋은 재료입니다. 브레이징한 양배추나 자우어크라우트의 향미제로도 대단히 훌륭합니다. 한번 정제한 거위기름은 냉장고에서 몇 주 동안 보관이 가능합니다. 거위기름을 정제하려면 먼저 거위 배 속의 너덜너덜한 지방을 전부 떼어내서 약 1cm 크기로 썹니다. 이것을 약한 불에 올린 소스팬에서 물 1컵과 함께 뚜껑을 덮은 채 20분 동안 끓이면 기름이 조직에서 분리됩니다. 이어 뚜껑을 열고 계속 약한 불에 끓여 수분을 날립니다. 수분이 거의 다 날아가면 기름에서 탁탁 튀는 소리가 나기 시작합니다. 이 소리가 점점 잦아들고 기름이 완전히 녹으면서 마침내 소스팬 안에는 연한 노란색 액체와 아주 연하게 익은 갈색 껍질 조각이 남게 됩니다. 이것을 걸러서 유리병에 담아 보관하면 됩니다.

## ** 거위 껍질

갈색으로 익은 거위 껍질을 활용해 크루통이나 토스트, 크래커에 발라 먹는 스프레드인 프리통(*frittons*) 또는 그라통(*grattons*)을 만들 수 있습니다. 절구에 빻거나 미트 그라인더로 간 다음 스킬릿에 옮겨서 잠깐 데운 뒤, 취향에 따라 소금과 후추, 올스파이스로 양념합니다. 이것을 유리병에 꽉 눌러 담고, 완전히 식었을 때 위에 뜨거운 거위기름을 약 3mm 두께로 부어 막을 씌웁니다. 이렇게 만든 프리통은 몇 주간 냉장 보관할 수 있습니다.

## ** 구스 스톡(goose stock)

구스 스톡은 거위의 모래주머니와 목, 염통, 날개 끝부분 등으로 쉽게 만들 수 있습니다. 거위 간을 닭 간처럼 다른 요리에 쓰거나 스터핑재료로 쓸 생각이 없다면, 스톡을 끓이는 데 넣어도 됩니다. 만드는 법은 305쪽 치킨 스톡과 동일하며, 2시간 이상 뭉근히 끓여야 합니다.

## ** 거위고기에 채워넣는 스터핑

거위고기는 스터핑을 채워도 되고, 고기만 로스팅해도 상관없습니다. 곧 소개할 레시피에서는 프룬과 푸아그라, 밤을 채워넣는데, 그 외에 347쪽 칸통 로티 아 랄자시엔의 스터핑도 거위고기와 잘 어울립니다. 손질된 거위고기는 약 450g당 ¾~1컵 정도의 스터핑을 준비하면 됩니다. 예를 들어, 거위 무게가 약 3.6kg라면 스터핑은 6~8컵이 들어갑니다. 스터핑을 미리 만들어두더라도, 반드시 조리 직전에 거위고기 배 속에 채워야 합니다. 그렇지 않으면 거위고기와 스터핑 모두 상할 위험이 있습니다.

## ** 로스팅하거나 브레이징하는 시간

다음 표는 스터핑을 채우지 않은 실온 상태의 생고기를 연한 노란색 육즙이 흘러나오는 웰던으로 익힐 때를 기준으로 합니다. 거위고기를 지나치게 익히면 특히 가슴살이 퍽퍽해서 먹기 힘들어지니 주의해야 합니다. 다음 표에서 알 수 있듯, 거위고기가 클수록 단위 무게당 소요되는 조리 시간은 더 짧아집니다. 약 4kg짜리 거위고기를 익히는 데는 약 2시간이 걸리는 반면, 약 5.6kg짜리는 이보다 30분 정도만 더 익히면 됩니다. 일반적으로는 4~5kg짜리 거위고기를 사는 것이 가장 좋습니다. 이보다 더 큰 것은 더 오래 살아 육질이 뻣뻣할 수 있기 때문입니다. 적절한 오븐 온도는 로스팅은 약 175℃, 브레이징은 약 165℃입니다. 조리용 온도계로 측정한 고기의 중심부 온도는 약 82℃여야 합니다.

| 무게별 조리 시간 | | 오븐 온도 약 175℃ 기준 |
| --- | --- | --- |
| 손질 후 무게 | 먹을 사람 수 | 조리 시간(스터핑이 없을 때*) |
| 약 3.6kg | 6인 | 110~115분 |
| 약 4kg | 6~8인 | 약 120분 |
| 약 4.3kg | 8~9인 | 130~135분 |
| 약 4.7kg | 9~10인 | 135~140분 |
| 약 5kg | 10~12인 | 140~150분 |
| 약 5.6kg | 12~14인 | 150~160분 |

*스터핑을 채웠다면 20~40분을 더합니다.

# 우아 로티 오 프뤼노(*oie rôtie aux pruneaux*)

프룬과 푸아그라를 채워넣은 거위고기 로스트

거위고기를 로스팅하는 방식은 오리고기와 똑같습니다. 단, 피하지방이 오리보다 더 두껍기 때문에 15~20분마다 끓는 물을 끼얹어서 지방이 용해되도록 해야 합니다. 프룬과 거위고기는 대단히 훌륭한 조화를 이룹니다. 이 요리는 브레이징한 양파와 밤, 그리고 부르고뉴또는 샤토뇌프뒤파프 같은 묵직한 레드 와인과 함께 냅니다.

**주의:** 맛있는 소스를 만들려면 제대로 끓인 브라운 거위 스톡이 필요합니다. 스톡은 반드시 미리 준비해야 합니다. 앞선 설명을 참고하세요.

**6~8인분**

**예상 로스팅 시간: 약 2시간 30분**

## 말린 프룬과 푸아그라 스터핑 만들기

| | |
|---|---|
| 부드럽게 만든 프룬 40~50개 | 말린 프룬을 뜨거운 물에 5분 동안 담가둡니다. 최대한 깔끔하게 씨를 제거합니다. |
| 화이트 와인 1컵 또는<br>　드라이한 화이트 베르무트 ⅔컵<br>브라운 구스 스톡이나 브라운 스톡<br>　또는 통조림 비프 부용 2컵 | 소스팬에 프룬, 와인, 스톡 또는 부용을 넣고 뚜껑을 덮은 채 약 10분 동안 뭉근히 끓입니다. 프룬이 막 연해졌을 때 건져내고, 국물은 따로 남겨둡니다. |
| 다진 거위 간<br>곱게 다진 셜롯 또는 골파 2TS<br>버터 1TS | 작은 스킬릿에 버터를 넣고 거위 간과 셜롯 또는 골파를 2분 동안 소테한 다음, 싹싹 긁어서 믹싱볼에 담습니다. |
| 포트와인 ⅓컵 | 거위간을 볶은 스킬릿에 와인을 붓고 센 불로 바짝 졸입니다. 와인 양이 2테이블스푼으로 줄어들면 싹싹 긁어서 소테한 거위 간을 담아둔 믹싱볼에 담습니다. |
| 푸아그라 또는 양질의 간 파테<br>　½컵(약 110g)<br>올스파이스와 타임 1자밤씩<br>빵가루 2~3TS<br>소금, 후추 | 푸아그라 또는 간 파테, 각종 양념을 앞서 소테한 간과 섞습니다. 혼합물이 너무 질다고 판단되면 빵가루를 섞습니다. 맛을 보며 세심하게 간을 맞춥니다. 준비된 스터핑을 프룬 안에 1티스푼씩 채워넣습니다. |

오븐을 220℃로 예열합니다.

손질된 로스팅용 새끼거위(약 4kg)
　1마리
소금 1ts
깊지 않은 로스팅팬

거위고기 배 속에 소금을 뿌립니다. 프룬을 배 속에 적당히 채워서 넣고, 항문을 바늘로 꿰매거나 꼬챙이로 봉합니다. 다리와 날개, 목 껍질을 실로 몸통에 고정합니다. 넓적다리, 등, 가슴 아래쪽을 콕콕 찔러 구멍을 냅니다. 물기를 완전히 제거하고, 로스팅팬에 가슴이 위로 오게 놓습니다.

끓는 물
조리용 스포이트

346쪽 칸통 로티 레시피대로 거위고기를 뜨거운 오븐에서 15분 동안 갈색이 나게 굽습니다. 이어 고기를 옆으로 눕힌 뒤 오븐 온도를 약 175℃로 낮추어 계속 로스팅합니다. 15~20분마다 끓는 물을 2~3 테이블스푼씩 고기에 고루 끼얹고, 팬 바닥에 모인 기름을 조금씩 제거합니다. 이때 로스팅팬을 약간 기울인 상태에서 조리용 스포이트로 기름을 빨아올려 빼내면 편리합니다. 1시간 15분 정도 조리했다면 고기를 반대쪽 옆으로 눕히고, 2시간 15분 쯤 지났을 때는 등이 아래로 가게 뒤집습니다. 다리가 관절에서 쉽게 빠질 듯하고, 가장 두꺼운 부분을 포크로 찔렀을 때 옅은 노란색 육즙이 흐르면 다 익은 것입니다. 지나치게 익히면 고기 육즙이 다 빠져서 퍽퍽해지니 주의하세요.

거위가 다 구워지면 실을 제거한 뒤 접시에 옮겨 담습니다.

프룬을 끓이고 남은 국물
선택: 포트와인 ⅓~½컵
소금, 후추
말랑한 버터 2TS

로스팅팬을 약간 기울여 갈색 육즙을 제외한 기름만 스푼으로 떠냅니다. 프룬을 끓였던 국물과 포트와인(선택)을 팬에 붓습니다. 센 불에 올려 팔팔 끓이면서 바닥에 눌어붙은 육즙을 디글레이징하고, 바짝 졸여서 맛을 응축시킵니다. 소금, 후추로 간을 맞춥니다. 불을 끄고, 먹기 직전에 버터를 조금씩 넣어 고루 섞습니다. 완성된 소스를 따뜻하게 데운 소스보트에 붓습니다. 스푼으로 소스를 거위고기 위에 살짝 끼얹어 냅니다.

**※※ 식탁에 내기 전 시간이 남았을 때**

전원은 껐지만 잔열이 남은 오븐에 넣고 문을 열어두면 30~40분 대기할 수 있습니다.

# 우아 브레제 오 마롱(*oie braisée aux marrons*)

## 밤과 소시지를 채워넣어 브레이징한 거위고기

많은 사람이 로스팅한 거위고기보다 부드럽게 푹 브레이징한 거위고기를 더 좋아합니다. 고기가 더 연하고 맛이 더 풍부한 데다, 그냥 로스팅했을 때보다 뚜껑을 덮은 채 수증기로 익혔을 때 거위기름이 더 잘 녹아 나오기 때문입니다. 이 요리에 잘 어울리는 채소는 브레이징하거나 퓌레로 만든 밤, 브레이징한 상추, 양파, 리크 등입니다. 방울양배추나 브레이징한 양배추, 적채도 좋습니다. 부르고뉴, 코트 뒤 론, 샤토뇌프뒤파프 같은 레드 와인이나 차가운 알자스-트라미너 화이트 와인과 함께 냅니다.

**8~10인분(스터핑 재료가 있어 요리의 양이 늘어남)**
**예상 로스팅 시간(약 4kg짜리 1마리 기준), 2시간 30분**

### 소시지와 밤 스터핑(8컵 용량)

| | |
|---|---|
| 밤 약 700g이나 물기를 뺀 무가당 통조림 밤 4컵 | 생밤을 넣을 경우, 껍질을 벗겨 614~615쪽 설명대로 스톡과 양념에 푹 익힌 뒤 건져서 식힙니다. |
| 스터핑 재료용 송아지고기와 돼지고기 4컵(665쪽) 썰어서 버터에 볶은 거위 간 | 송아지고기와 돼지고기로 만든 스터핑에 거위 간을 섞습니다. 준비된 혼합물을 1스푼만 소테해서 간이 맞는지 확인합니다. |
| | 오븐을 약 230℃로 예열합니다. |
| 손질된 로스팅용 새끼거위(약 4kg) 1마리 소금 ½ts 깊지 않은 로스팅팬 | 거위고기 배 속에 소금 간을 합니다. 먼저 고기 스터핑을 넣고, 그 위에 밤을 넣는 식으로, 고기와 밤을 번갈아 켜켜이 채웁니다. 이때 꽁지 부분에 2~3cm 이상의 여유 공간을 남깁니다. 항문을 바늘로 꿰매거나 꼬챙이로 봉하고, 다리와 날개를 실로 묶어 고정한 뒤, 껍질을 바늘로 찔러 작은 구멍을 여러 개 내줍니다. 물기를 완전히 제거하고, 로스팅팬에 가슴이 위로 오도록 놓습니다. |
| | 거위고기를 뜨거운 오븐에서 15~20분 연갈색이 나게 굽습니다. 색깔이 고르게 나도록 중간에 여러 번 뒤집어줍니다. |
| 소금 1ts 거위를 충분히 담을 만한 뚜껑이 있는 로스터 | 거위고기에 소금을 고루 뿌리고, 로스터에 가슴이 위를 향하게 담습니다. 오븐 온도를 약 165℃로 낮춥니다. |

| | |
|---|---|
| 거위 목, 날개 끝부분, 모래주머니, 염통<br>슬라이스한 양파 1½컵<br>슬라이스한 당근 ½컵<br>정제한 거위기름이나 돼지기름<br>또는 식용유 4TS<br>스킬릿 | 스킬릿에 기름을 넣고 뜨겁게 가열해서 거위 부속물과 채소를 넣습니다. |
| 밀가루 6TS | 스킬릿에 밀가루를 넣어 섞고 약한 불에 갈색이 나게 몇 분간 볶아줍니다. |
| 뜨거운 브라운 스톡 또는<br>통조림 비프 부용 4컵<br>드라이한 화이트 와인 3컵 또는<br>드라이한 화이트 베르무트 2컵 | 불을 끄고, 끓는 스톡이나 부용, 와인을 차례로 넣고 고루 섞습니다. 잠시 약한 불에 끓인 다음, 로스터 속 거위고기 주위로 붓습니다. 필요하다면 국물 높이가 고기 높이의 ⅓ 정도 되도록 스톡을 더 붓습니다. |
| | 로스터를 약한불에 올리고, 끓어오르면 뚜껑을 덮어 약 165℃로 예열된 오븐 가운데 칸에 넣습니다. |
| 조리용 스포이트 | 로스터 속 국물이 계속 아주 약하게 끓도록 오븐 온도를 조절해가면서 약 140~150분 익힙니다. 고기에 국물을 끼얹을 필요는 없으며, 이따금 조리용 스포이트로 기름을 제거합니다. 다리가 관절에서 쉽게 빠져나올 듯하고, 넓적다리를 찔렀을 때 옅은 노란색 육즙이 흐르면 다 익은 것입니다. |
| | 거위고기를 접시에 옮겨 담고, 실을 제거합니다. |
| 소금, 후추<br>포트와인 ⅓~½컵 | 로스터 속 기름을 걷어내고(데그레세, 47쪽), 국물을 바짝 끓여서 스푼 표면에 가볍게 코팅될 정도로 걸쭉하게 만듭니다. 간을 맞춘 뒤 포트와인을 붓고 1~2분 약하게 끓여 알코올 성분을 날립니다. 볼이나 소스팬 위에 체를 걸쳐놓고, 소스를 부어 스푼으로 건더기를 꾹꾹 눌러가며 거릅니다. 완성된 소스 양은 5~6컵입니다. 거위고기에 소스를 1스푼 끼얹어서 냅니다. |

## ✳✳ 식탁에 내기 전 시간이 남았을 때

30~40분 기다려야 한다면, 거위고기를 다시 로스터에 담고 뚜껑을 비스듬히 덮습니다. 로스터를 잔열이 있는 오븐에 넣고 문을 열어두거나, 아주 약하게 끓는 물에 담가 중탕합니다.

# 제7장

# 육류
*Viandes*

소고기에서 양고기, 돼지고기, 햄, 스위트브레드, 콩팥, 간, 뇌에 이르는 다양한 육류를 활용한 놀랍도록 다채로운 프랑스 레시피 가운데 몇 가지만 선별하기란 상당히 어려운 문제였습니다. 결국 특별히 '더 프랑스 요리다운' 레시피와, 미국 요리사들이 특히 흥미를 가질 만한 레시피를 선택했습니다. 따라서 어디서든 비슷한 맛을 내는 로스트 비프나 브로일링한 찹 같은 요리 대신 수많은 프랑스 전통 요리와 지역색이 드러나는 라구, 스튜, 도브 등을 여럿 포함시켰습니다. 전부 맛도 좋은 데다 비교적 비용이 덜 들고 만들기 쉽다는 장점이 두드러지는 요리들이죠.

정통 프랑스 요리책을 많이 소장하고 있는 분들과 프랑스에 체류하고 있는 분들을 위해, 이 책에서는 고기의 각 부위를 가리키는 프랑스어를 미국식으로 옮기고 유사한 부위와 그에 대한 설명을 최대한 덧붙였습니다. 두 나라 문화가 완전히 다른 만큼 개념을 비교하는 작업에는 대단한 어려움이 따릅니다. 프랑스에서는 근육의 결을 따라 고기를 해체하는 반면, 미국 정육업자들은 보통 결 반대 방향으로 고기를 썹니다. 게다가 같은 부위라도 두 나라의 지역에 따라 부르는 명칭이 다르기 때문에, 레시피에 쓰이는 고기가 어느 부위인지 정확히 알기가 어렵습니다. 따라서 이 책에서는 미국식으로 정형한 고기의 부위별 명칭은 시카고에서 통용되는 용어를, 프랑스식으로 정형한 고기의 부위별 명칭은 파리에서 쓰는 용어를 사용했습니다.

# 소고기
## *Bœuf*

전문 요리사나 주부라면 소고기 등급과 부위에 대해 최대한 많이 아는 것이 좋습니다. 잘 모르고 소고기를 살 경우, 불필요한 실망과 지출을 할 수 있기 때문입니다. 소고기는 등급과 부위에 따라 조리 방식이 결정됩니다. 등급은 5가지로 나뉘며, 지육(枝肉)의 형태와 모양, 지방의 양과 분포, 살코기, 지방, 뼈의 색깔과 품질에 따라서 평가합니다. 자신들만의 용어를 쓰는 정육업자들도 있습니다. 미 연방 축산물 감독관들은 소고기를 높은 등급에서 낮은 등급 순으로 프라임(Prime), 초이스(Choice), 굿(Good), 커머셜(Commercial), 유틸리티(Utility)로 구분하며, 시중에서 판매되는 고기에 등급을 확인할 수 있는 도장을 찍습니다. 등급은 특히 로스팅과 브로일링용 고기 맛과 육질을 판단할 수 있는 중요 지표입니다. 초이스 또는 프라임 등급인 설로인(sirloin) 스테이크나 로스트는 굿 등급보다 근육 안에 분포된 지방 양이 많아 더 연하고 육즙도 풍부합니다. 굿 등급 어깨 부위(chuck)와 우둔 부위(rump)는 로스팅했을 때 무척 질기지만, 초이스 등급일 때는 꽤 연한 편입니다. 그러나 두 부위 모두 브레이징을 하기에는 적당하므로, 굳이 더 비싼 초이스 등급을 선택하지 않아도 됩니다. 정육점에서는 대개 등급이 높은 로스팅과 브로일링용 소고기는 3~6주의 숙성 과정을 거쳐 맛과 육질을 향상시킵니다.

소고기 특성을 잘 알기 위해서는 단계별, 부위별로 배우는 것이 좋습니다. 시작은 장을 볼 때마다 스테이크용 설로인을 자세히 살펴보는 것입니다. 살코기가 진한 선홍색을 띠고, 지방이 가늘고 고르게 퍼져 있으며, 고기 가장자리를 둘러싼 지방이 유백색을 띠고 단단합니까? 그렇다면 그것은 초이스 또는 프라임 등급입니다. 가장 좋은 부위인 티본(T-bone)이나 라운드본(round-bone)에 붙은 고기입니까? 아니면 그보다 육질이 떨어지는 엉치 쪽의 웨지본(wedge-bone)이나 핀본(pinbone)에 붙은 고기입니까? 이런 식으로 설로인을 섭렵한 다음, 다리 쪽으로 넘어가 탑 라운드(top round), 바텀 라운드(bottom round), 설로인 팁(sirloin tip) 등을 공부하고, 이어 다른 부위로 넘어가도록 합니다. 모르는 것은 물어보면 됩니다. 여러분이 고기에 대해 관심을 보이면 고기를 파는 사람도 여러분을 더 신경 써서 대할 것입니다.

# 스테이크
## *Biftecks*

프랑스와 미국에서 소의 몸통을 자르는 방식에는 큰 차이가 있기 때문에, 프랑스에서는 쉽게 구할 수 있는 스테이크 부위를 미국에서 똑같이 찾기란 거의 불가능합니다. 그러나 다양한 스테이크 레시피는 소스와 버터, 가니시에서 차별화되므로 이는 그리 중요한 문제는 아닙니다.

프랑스에서는 13번 갈비뼈와 우둔 부위 사이에 있는 안심(tenderloin) 또는 프랑스어로 필레(*filet*)를 한 덩이로 정형합니다. 이어 그 위쪽 채끝 등심(loin strip)을 추출해서 스테이크나 로스트로 씁니다. 따라서 쇼트로인(short loin)이나 설로인이 따로 없고, 결과적으로 티본, 포터하우스(porterhouse), 설로인 스테이크도 없습니다. 갈비 부위에서 가장 좋은 부위는 보통 뼈를 제거해서 앙트르코트(*entrecôte*)라는 립 스테이크 용도로 자릅니다.

## ** 알맞은 부위
종종 메뉴에 보이는 프랑스어로 된 스테이크 명칭에 관한 이해를 돕기 위해, 다음과 같이 간략한 설명과 함께 소개합니다.

### 앙트르코트(*entrecôte*)
립-로스트 부위인 9~11번 립에서 추출한 립(rib) 스테이크 또는 꽃등심(rib-eye) 스테이크. 쇼트로인 끝부분에서 자른 델모니코(Delmonico) 스테이크 또는 클럽 스테이크와 비슷합니다.

### 롬스테크(*romsteck, rumsteck*)
설로인과 맞닿는 우둔 부위 끝에서 자른 스테이크. 반드시 잘 숙성된 프라임 또는 초이스 등급을 선택해야 육질이 연합니다.

### 포 필레(*faux filet*), 콩트르 필레(*contre filet*)
안심보다는 포터하우스나 티본 스테이크에 더 가까운 채끝 등심 스테이크 또는 스트립(strip) 스테이크. 미국 소매점에서는 포터하우스나 티본 스테이크 수요가 많기 때문에 최상급 스트립 스테이크는 찾아보기 힘듭니다. 그나마 델모니코 스테이크나 클럽 스테이크가 가장 비슷한 부위라고 볼 수 있습니다.

*비프테크(bifteck)*

더 굵고 덜 연한 필레 끝부분에서 자른 텐더로인 벗(tenderloin butt) 또는 뉴욕 벗(New York butt) 스테이크. 설로인 스테이크 가운데 가장 좋은 부위에 속합니다. 프랑스에서 비프테크는 잘 손질된 델모니코, 클럽, 채끝 등심, 우둔 부위 스테이크처럼 지방이 적고 뼈가 없는 스테이크나 뒷다리 부위와 어깨 부위에서 얻은 연한 스테이크를 포함합니다. 이 책에서는 티본, 포터하우스, 설로인 역시 포함하도록 하겠습니다.

## ✱✱ 소고기 필레

초이스 또는 프라임 등급인 커다란 소고기의 필레는 중심부 지름이 9~10cm이고, 자른 단면에 지방이 매우 섬세하게 분포되어 있습니다. 미국에서는 대개 최상급을 티본이나 포터하우스 스테이크용으로 쓰기 때문에, 이 정도 크기와 품질인 필레는 찾기 힘듭니다.

### 필레의 전체 모습

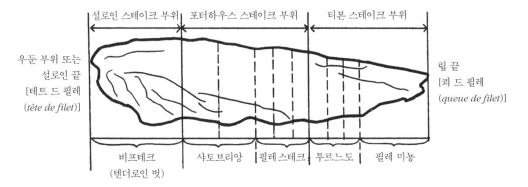

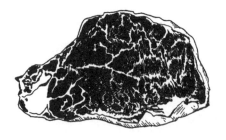

손질하지 않은 필레 중심부
: 샤토브리앙 부위

---

비프테크 또는 텐더로인 벗은 필레 가운데 비교적 덜 연한 부위이며, 앞의 스테이크 목록과 같이 분류됩니다.

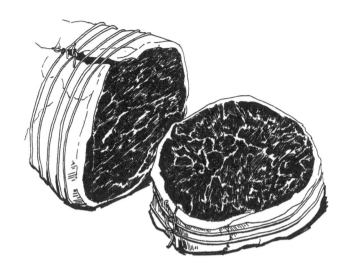

돼지비계로 감싼 투르느도

### 샤토브리앙(*châteaubriand, 마지막 알파벳 철자를 d대신 t로 쓰기도 함*)

초이스 또는 프라임 등급 포터하우스 스테이크의 안심 부분에 해당합니다. 손질하기 전 무게는 약 450g 남짓이며, 약 5cm 두께로 썰어 항상 브로일링하거나 그릴링하는 방식으로 조리합니다. 샤토브리앙보다 약간 더 가느다란 부분을 얇게 썬 것을 프랑스에서는 필레 스테크라고 합니다.

### 투르느도(*tournedos*)와 필레 미뇽(*filet mignon*)

티본 스테이크의 안심 부분에 해당하며, 필레의 꼬리 부분에 가까워질수록 지름이 작아집니다.

### ☞ 어울리는 와인

다음에 소개할 다양한 필레 스테이크는 전부 코트 뒤 론, 보르도-생테밀리옹, 보졸레 등 숙성 기간은 짧지만 어느 정도 묵직한 바디감을 갖춘 레드 와인과 잘 어울립니다.

### ☞ 어울리는 채소

미국에서 소고기 스테이크에 구운 감자를 곁들이는 게 대중적이라면, 프랑스에서는 비프 테크에 폼 프리트(*pommes frites*, 감자튀김)를 곁들입니다. 이 구식 조합에서 변화를 꾀하려면 퓌레 드 폼 드 테르 아 라유(616쪽)나 그라탱 도피누아(619~622쪽), 폼 드 테르 소테(622쪽) 정도가 좋습니다. 그 밖에 잘 어울리는 채소는 다음과 같습니다.

프티 푸아 프레 아 랑글레즈(552쪽), 아리코 베르 아 라 메트르 도텔(532쪽) 또는 슈
드 브뤼셀(538~544쪽)

토마트 그리예 오 푸르(600~602쪽)

샹피뇽 그리예(606쪽)

라타투유(596쪽)

나베 글라세 아 브룅(578쪽), 나베 아 라 샹프누아즈(579쪽)

브레이징한 채소(581~588쪽)


다음은 스테이크에 어울리는 몇 가지 고전적인 프랑스식 채소 가니시 조합입니다.


보아르네(*beauharnais*)
샹피뇽 파르시(611쪽), 퐁 다르티쇼 오 뵈르(518쪽)


브라방손(*brabançonne*)
슈 드 브뤼셀 아 라 모르네, 그라티네(541쪽), 폼 드 테르 소테 앙 데(624쪽)


카탈란(*catalane*)
토마트 아 라 프로방살(601쪽), 퐁 다르티쇼 오 뵈르(518쪽)


샤르트르(*chartres*)
샹피뇽 파르시(611쪽), 레튀 브레제(581쪽)


쇼롱(*choron*)
카르티에 드 퐁 다르티쇼 오 뵈르(519쪽), 폼 드 테르 소테 앙 데(624쪽)


마요(*maillot*)
나베 글라세 아 브룅(578쪽), 카로트 글라세(569쪽), 오뇽 글라세 아 브룅(573쪽), 레튀
브레제(581쪽)와 버터에 버무린 완두콩, 껍질콩


세비네(*sévigné*)
레튀 브레제(581쪽), 퓌메 드 샹피뇽(606쪽), 폼 드 테르 소테(622쪽)

# 비프테크 소테 오 뵈르(*bifteck sauté au beurre*)††
### 팬 브로일링한 스테이크

팬 브로일링은 작은 스테이크를 조리할 때 매우 효율적이며, 프랑스 요리의 특성이 잘 드러나는 스테이크 조리법입니다. 또한 육즙의 손실이 전혀 없고 고기가 다 익었는지 확인하기도 쉽습니다.

약 2.5cm 두께인 스테이크는 굽는 데 8~10분이 소요되며, 스테이크를 접시에 담은 뒤 1~2분 내에 소스나 팬에 남은 육즙으로 그레이비 소스를 완성해야 합니다. 그레이비 소스는 팬에 눌어붙은 육즙을 스톡이나 와인, 물로 디글레이징해서 바짝 졸이고 마지막에 버터를 섞어 완성합니다. 팬에 남은 육즙에 버터만 더해 진하게 끓인 이 소스는 1인분에 1~2테이블스푼이면 충분합니다.

## ✳✳ 고기 선택
여러분이 프랑스에 있다면 앙트르코트나 롬스테크, 포 필레 또는 비프테크용 고기를 선택할 것입니다. 미국에서는 연하고 숙성이 잘된 2~2.5cm 두께인 스테이크용 고기나 집에 있는 스킬릿에 맞는 크기로 다음과 같은 부위의 고기를 사면 됩니다.

| | | |
|---|---|---|
| 클럽 또는 델모니코 | 작은 설로인 | 텐더로인 벗 |
| 티본 | 로인 스트립(채끝 등심) 스테이크 | 럼프(우둔 부위) 스테이크 |
| 포터하우스 | 립 스테이크 | 척(어깨 부위) 스테이크 |

## ✳✳ 구입할 양
뼈가 포함되지 않은 스테이크의 경우 약 450g이 보통 2인분에 해당하며, 나머지 메뉴 구성이 풍성하다면 3인분까지 가능합니다. 커다란 설로인, 티본, 포터하우스 스테이크는 약 340g이 1인분입니다.

## ✳✳ 손질하기
먼저 불필요한 지방을 잘라내고, 가장자리를 빙 둘러가며 보통 지방과 살코기 사이에 있는 연골층마다 칼집을 조금씩 내줍니다. 이렇게 하면 스테이크가 익으면서 오그라드는 것을 막을 수 있습니다. 마지막에는 키친타월로 수분을 꼼꼼히 제거합니다. 수분이 남아 있으면 구울 때 색깔이 예쁘게 나지 않습니다.

**4~6인분(전체 메뉴의 구성에 따라 달라짐)**

고기가 겹쳐지지 않을 만한 크기인
 묵직한 스킬릿 1~2개
버터 1½TS과 기름 1½TS,
 또는 신선한 정제 비프 드리핑
 (필요시 더 추가)
2~2.5cm 두께의 스테이크용 고기
 900g~1.1kg

버터와 기름, 또는 비프 드리핑을 스킬릿에 넣고 적당히 센 불에 올립니다. 버터 거품이 가라앉기 시작하면 또는 비프 드리핑에서 연기가 나려고 하면 고기를 색이 나게 구울 수 있을 만큼 뜨겁게 데워졌다는 신호입니다. 고기를 넣고 한쪽 면을 3~4분 소테합니다. 기름이 타지 않으면서 계속 뜨거운 온도를 유지하도록 불의 세기를 잘 조절합니다. 뒤집어서 반대쪽 면도 3~4분 소테합니다. 고기 겉면에서 붉은 육즙이 한 방울 배어나는 것이 보이면 미디엄 레어(프랑스어로는 아 푸 앵*à point*)로 익은 것입니다. 또는 손가락으로 스테이크를 눌렀을 때 생고기와 달리 약간의 탄력이 느껴지기 시작하면, 그 역시 미디엄 레어로 익은 것입니다. 조금이라도 확신이 들지 않는다면 칼로 고기를 살짝 잘라보는 것이 좋습니다.

뜨겁게 데운 접시
소금, 후추

뜨거운 데운 접시에 고기를 옮겨 담고 재빨리 소금과 후추를 뿌립니다. 스테이크가 식지 않도록 서둘러 소스를 준비합니다.

액상 재료
 (스톡, 통조림 비프 부용,
 레드 와인, 드라이한 화이트
 와인, 드라이한 화이트
 베르무트, 물 중 택 1) ½컵
말랑한 버터 2~3TS

스킬릿 안 기름은 버리고 대신 준비한 액상 재료를 부어서 센 불에 올립니다. 바닥에 눌어붙은 육즙을 나무 스푼으로 긁어서 디글레이징하고, 바짝 졸여서 시럽처럼 만듭니다. 불을 끄고 버터를 고루 섞습니다. 버터가 액상 재료에 완전히 스며들면 묽은 소스가 됩니다. 이 소스를 고기 위에 끼얹어 냅니다.

☞ **향미 버터**

일반 버터 대신 다음 향미 버터 가운데 하나를 소스에 섞으면 맛이 더욱 살아납니다. 향미 버터는 각종 향미 재료를 넣어 휘핑한 크림 같은 버터로, 브로일링한 스테이크 위에 펴 발라서 곧장 냅니다.

뵈르 메트르 도텔(154쪽)

뵈르 드 핀 제르브(154쪽)

뵈르 드 무타르드(152쪽)

뵈르 베르시(156쪽)

뵈르 다유(153쪽)

뵈르 푸르 에스카르고(셜롯, 마늘, 허브 추가, 155쪽)

## ❖ 비프테크 소테 베르시(*bifteck sauté Bercy*)

셜롯과 화이트 와인 소스를 곁들인, 팬 브로일링한 스테이크

팬에 브로일링한 고기 위에 뵈르 베르시(156쪽)를 펴 발라서 냅니다.

**4~6인분(메뉴 구성에 따라 달라짐)**

| | |
|---|---|
| 스테이크용 고기 900g~1.1kg<br>버터 1TS<br>다진 셜롯 또는 골파 3TS | 비프테크 소테 오 뵈르 레시피대로 고기를 소테해서 뜨겁게 데운 접시에 담습니다. 스킬릿 안 기름을 버리고, 새 버터를 넣습니다. 셜롯 또는 골파를 버터에 1분 동안 약한 불에 소테합니다. |
| 드라이한 화이트 와인 또는<br>  드라이한 화이트 베르무트 ½컵 | 와인을 스킬릿에 붓고 센 불로 끓이면서 팬 바닥에 눌어붙은 육즙을 디글레이징해 약간 걸쭉한 시럽처럼 졸입니다. |
| 말랑한 버터 4~6TS<br>소금, 후추<br>다진 파슬리 2~3TS<br>선택: 깍둑썰기해서 포칭한<br>  소 골수(53쪽) 2~3TS | 불을 끄고, 버터를 한 번에 한 스푼씩 고루 섞어 소스를 걸쭉하게 만듭니다. 취향에 따라 소금, 후추로 간을 맞추고 다진 파슬리를 섞습니다. 골수(선택)를 폴딩해서 섞습니다. 고기 위에 소스를 올려서 냅니다. |

## ❖ 비프테크 소테 마르샹 드 뱅(*bifteck sauté marchand de vins*)
### 비프테크 소테 아 라 보르들레즈(*bifteck sauté à la bordelaise*)

레드 와인 소스를 곁들인, 팬 브로일링한 스테이크

앞의 비프테크 소테 베르시와 조리하는 법은 같습니다. 단, 화이트 와인 대신 레드 와인을 넣습니다. 여기에 소 골수(선택)를 추가하면 소스 보르들레즈가 됩니다.

## ❖ 비프테크 소테 베아르네즈(*bifteck sauté béarnaise*)

소스 베아르네즈를 곁들인, 팬 브로일링한 스테이크

**4~6인분(전체 메뉴의 구성에 따라 달라짐)**

| | |
|---|---|
| 스테이크용 고기 900g~1.1kg<br>액상 재료<br>　(브라운 스톡, 통조림 비프 부용,<br>　드라이한 화이트 와인 또는<br>　드라이한 화이트 베르무트 중<br>　택 1) ½컵<br>소스 베아르네즈(132쪽) ¾컵 | 비프테크 소테 오 뵈르 레시피대로 고기를 굽습니다. 스킬릿에 스톡이나 와인을 붓고 센 불로 끓이면서 디글레이징해 액체가 1½테이블스푼으로 줄어들 때까지 바짝 졸입니다. 이것을 소스 베아르네즈에 조금씩 섞습니다. |
| 소테한 감자<br>신선한 워터크레스<br>따뜻하게 데운 소스보트 | 감자와 워터크레스를 고기와 함께 접시 위에 보기 좋게 올립니다. 소스를 따뜻하게 데운 소스보트에 부어서 고기와 함께 냅니다. |

## ❖ 스테크 오 푸아브르(*steak au poivre*)

브랜디 소스를 곁들인 후추 스테이크

이 스테이크는 고기를 후추에 파묻거나 불붙인 브랜디로 고기 풍미를 완전히 가리는 실수를 범하지만 않는다면 성공적으로 완성할 수 있습니다. 사실 이 책에서는 브랜디를 끼얹어 불을 붙이는 과정을 아예 생략했습니다. 레스토랑에서 관광객에게 보여주는 쿠킹 쇼를 연상시키는 데다, 자칫 완전히 날아가지 않은 브랜디의 알코올 성분이 고기 맛을 망칠 수 있기 때문입니다.

**4~6인분(전체 메뉴의 구성에 따라 달라짐)**

| | |
|---|---|
| 통후추 믹스 또는 흰 통후추 2TS | 커다란 믹싱볼에 통후추를 담아 공이나 유리병 바닥으로 굵게 빻습니다. |
| 2~2.5cm 두께의 스테이크용 고기<br>　900g~1.1kg | 키친타월로 고기의 수분을 제거합니다. 손가락과 손바닥 전체로 통후추를 고기의 앞뒷면에 문지르며 꾹꾹 눌러 밀착시킵니다. 고기 위에 유산지를 덮어서 최소한 30분 동안 그대로 둡니다. 후추의 풍미가 고기에 밸 수 있도록 2~3시간 놓아두면 더 좋습니다. |

뜨겁게 데운 접시
소금

비프테크 소테 오 뵈르 레시피대로 뜨거운 버터와 기름에 고기를 소테합니다. 뜨겁게 데운 접시에 옮겨서 소금 간을 합니다. 고기를 식지 않게 두고 재빨리 소스를 준비합니다.

버터 1TS
다진 설롯 또는 골파 2TS
스톡 또는 통조림 비프 부용 ½컵
코냑 ⅓컵
말랑한 버터 3~4TS
소테하거나 튀긴 감자
신선한 워터크레스

스킬릿 안 기름을 버리고, 새 버터와 설롯 또는 골파를 넣고 1분 동안 살살 볶습니다. 스톡이나 부용을 붓고 센 불로 끓이면서 팬 바닥에 눌어붙은 육즙을 디글레이징합니다. 코냑을 추가하고 1~2분 팔팔 끓여서 알코올 성분을 날립니다. 불을 끄고, 말랑한 버터를 한 번에 ½테이블스푼씩 넣어 고루 섞습니다. 감자와 워터크레스를 고기와 함께 접시에 보기 좋게 올리고, 고기에 소스를 부어서 냅니다.

# 안심 스테이크
### *Filets steak, Tournedos, Filets Mignons*

필레 스테크, 투르느도, 필레 미뇽은 364쪽 그림에 나오는 필레에서 약 2.5cm 두께로 잘라낸 스테이크입니다. 이 중 가장 큰 필레 스테크는 지름이 8~9cm, 투르느도는 약 6cm, 필레 미뇽은 약 4cm에 불과합니다. 조리 방식이 모두 같으므로, 이 책에서는 이 세 가지를 통틀어 안심 스테이크(tenderloin steaks), 프랑스어로는 투르느도라고 부르겠습니다. 안심 스테이크는 지방과 주변의 힘줄을 모두 제거한 상태로, 보통 신선한 돼지비계나 끓는 물에 데친 베이컨으로 고기를 감싼 뒤 실로 묶어서 조리합니다. 이렇게 하면 익히는 동안 동그란 형태가 그대로 깔끔하게 유지됩니다. 묶었던 실은 식탁에 내기 전에 제거하고, 원한다면 베이컨이나 돼지비계 역시 빼도 좋습니다. 안심 스테이크는 브로일링을 해도 되지만, 보통은 뜨거운 버터에 겉은 갈색, 속은 육즙이 가득한 붉은빛을 띠도록 단시간에 소테하는 방식을 택합니다.

안심 스테이크도 앞선 스테이크 레시피와 똑같이 소스를 끼얹어 낼 수 있습니다. 그러나 가격이 비싼 만큼 대개 좋은 와인과 트러플, 정교한 가니시와 함께 내는 것이 일반적입니다. 안심 스테이크를 익히는 데는 8~10분, 소스를 만드는 데는 약 2분밖에 걸리지 않기 때문에, 시간을 조금 들여서 곁들이고 싶은 채소와 가니시를 준비할 수 있습니다. 다음은 안심 스테이크와 채소의 고전적인 조합 3가지입니다. 그 밖에 스테이크와 어울리는 채소는 366쪽을 참고하세요.

## 투르느도 소테 오 샹피뇽(*tournedos sautés aux champignons*)
## 투르느도 소테 샤쇠르(*tournedos sautés chasseur*)‡
### 양송이버섯과 소스 마데르를 곁들인 안심 스테이크

통째로 구운 토마토와 버터에 익힌 아티초크 하트, 버터에 소테한 알감자를 곁들이면 더욱
먹음직스러워 보입니다. 와인은 메도크 지역에서 생산된 질 좋은 보르도 레드가 잘 어울립
니다.

**스테이크 6장 분량**

카나페(지름 약 6cm, 두께
 약 5mm, 263쪽) 6조각
정제버터(55쪽) 3~4TS

뜨거운 정제 버터에 흰빵을 앞뒤로 구워서 아주 연한 갈색이 나게 만
듭니다. 먹기 직전 약 175℃의 오븐에서 1분쯤 데웁니다.

신선한 양송이버섯(아주 작은 것은
 통째로, 큰 것은 4등분) 약 200g
버터 2TS
기름 1TS
다진 셜롯 또는 골파 2TS
소금 ¼ts
후추 1자밤

뜨거운 버터와 기름에 양송이버섯을 연갈색이 날 때까지 5분 동안 소
테합니다. 셜롯 또는 골파를 넣고 1~2분 동안 더 소테합니다. 간을 맞
추고 한쪽에 둡니다.

두께 약 2.5cm, 지름 약 6cm의
 안심 스테이크용 고기 6덩이
 (365쪽 그림처럼 돼지비계로
 감싸서 준비)
버터 2TS(필요시 추가)
기름 1TS
스테이크가 충분히 담길 만한
 크기의 묵직한 스킬릿 1~2개

키친타월로 고기의 물기를 제거합니다. 스킬릿에 버터와 기름을 넣고
적당히 센 불에 올립니다. 버터 거품이 가라앉기 시작하는 것은 고기
가 갈색으로 구워질 만큼 버터가 충분히 뜨거워졌다는 신호이므로
곧장 고기를 올려 양면을 각각 3~4분씩 소테합니다. 손가락으로 고
기 윗면을 눌렀을 때 생고기일 때와 달리 약간의 탄성이 느껴지면 미
디엄 레어로 익은 것입니다.

| | |
|---|---|
| 소금, 후추<br>따뜻하게 데운 접시 | 스킬릿을 곧장 불에서 내립니다. 고기를 묶었던 실을 제거하고, 원한다면 돼지비계도 뺍니다. 소금, 후추로 재빨리 간을 한 다음, 카나페 위에 하나씩 올립니다. 고기를 잠시 식지 않게 보관하며 소스를 준비합니다. |
| 스톡 또는 통조림 비프 부용 ½컵<br>토마토 페이스트 1TS | 스킬릿 안 기름을 버리고, 스톡 또는 부용과 토마토 페이스트를 넣어 섞습니다. 센 불에 끓이며 팬 바닥에 눌어붙은 육즙을 디글레이징합니다. 액체가 2~3테이블스푼으로 줄어들 때까지 바짝 졸입니다. |
| 마데이라 와인 ¼컵에 애로루트<br>　가루 또는 옥수수 전분 ½TS을<br>　섞은 것<br>파슬리, 타라곤, 처빌 다진 것<br>　또는 파슬리만 다진 것 2TS | 와인 혼합물을 졸인 액체에 붓고, 1분 동안 팔팔 끓여서 알코올 성분을 날린 뒤 약간 걸쭉하게 만듭니다. 이어 소테한 양송이버섯을 넣고 맛이 어우러지도록 1분쯤 약한 불에서 끓인 다음 간을 맞춥니다. 소스와 양송이버섯을 스테이크 위에 올리고, 허브를 뿌려서 냅니다. |

## ❖ 투르느도 앙리 카트르(*tournedos Henri IV*)
아티초크와 소스 베아르네즈를 곁들인 안심 스테이크

### 스테이크 6장 분량

| | |
|---|---|
| 버터와 기름에 소테한 안심<br>　스테이크 6덩이<br>카나페(263쪽) 6조각<br>마데이라 와인이나 드라이한<br>　화이트 와인 또는 드라이한<br>　화이트 베르무트 ¼컵<br>비프 스톡 또는 통조림 비프 부용<br>　¼컵<br>퐁 다르티쇼 오 뵈르(518쪽) 6개<br>소스 베아르네즈(132쪽) ¾~1컵<br>폼 드 테르 파리지엔(624쪽,<br>　다진 파슬리 2TS에 굴려서 준비)<br>푸앵트 다스페르주 오 뵈르(527쪽) | 투르느도 소테 오 샹피뇽 레시피대로 굽습니다. 소금, 후추를 뿌린 다음, 뜨겁게 데운 접시에 카나페를 놓고 그 위에 한 조각씩 올립니다. 몇 분 동안 따뜻하게 보관합니다. 고기를 구웠던 기름을 버리고, 와인과 스톡 또는 부용을 스킬릿에 부어 센 불로 끓이면서 바닥에 눌어붙은 육즙을 디글레이징한 뒤 액체가 3테이블스푼으로 줄어들 때까지 바짝 졸입니다. 이 액체를 스푼으로 떠서 고기 위에 조금씩 끼얹고 그 위에 소스 베아르네즈를 채운 뜨거운 아티초크를 하나씩 올립니다. 뜨거운 감자와 아스파라거스로 접시를 장식해서 바로 냅니다. |

## ❖ 투르느도 로시니(*tournedos Rossini*)

푸아그라, 트러플, 소스 마데르를 곁들인 안심 스테이크

투르느도 로시니는 가장 고급스러운 안심 스테이크 요리입니다. 만일 여러분이 한겨울에 프랑스에 머문다면, 통조림 재료 대신 신선한 푸아그라와 트러플을 구할 수 있을 것입니다. 대부분의 투르느도 로시니 레시피는 카나페를 스테이크 받침대로 쓰지만, 이 책에서는 요리의 기품을 더욱 살리기 위해 카나페 대신 아티초크 밑동을 썼습니다.

　이 요리는 버터에 소테한 포테이포볼이나 버터에 버무린 완두콩, 아스파라거스, 또는 브레이징한 상추 등과 잘 어울리며, 메도크 지역에서 생산된 샤토급 보르도 레드 와인을 곁들이면 좋습니다.

**스테이크 6장 분량**

| | |
|---|---|
| 퐁 다르티쇼 아 블랑(517쪽) 3개<br>소금, 후추<br>녹인 버터 3TS | 삶은 아티초크 밑동을 가로로 2등분해서 소금, 후추, 녹인 버터로 양념한 뒤 뚜껑이 있는 그릇에 담습니다. 식탁에 내기 15분 전, 아티초크 밑동을 약 175℃인 오븐에 넣어 데웁니다. |
| 지름 약 4cm, 두께 약 6mm로<br>　슬라이스한 통조림 푸아그라<br>　블록 6조각<br>마데이라 와인 2TS<br>진한 스톡이나 퓌메 드 상피뇽<br>　(606쪽) 또는 통조림 비프 부용<br>　3TS | 푸아그라를 뚜껑이 있는 그릇에 담은 뒤 마데이라 와인과 스톡(또는 부용이나 퓌메 드 상피뇽)을 끼얹습니다. 식탁에 내기 10분 전, 푸아그라 그릇을 아주 약하게 끓는 물 위에 올려서 뭉근히 데웁니다. |
| 두께 약 2mm로 자른<br>　통조림 트러플 18~24조각<br>마데이라 와인 2TS<br>후추 1자밤<br>버터 1TS | 작은 소스팬에 트러플과 통조림 안에 들어 있던 국물, 마데이라 와인, 후추, 버터를 모두 넣습니다. 식탁에 내기 5분 전, 이 팬을 약한 불에 올려 따뜻하게 데웁니다. |
| 지름 6cm, 두께 2.5cm의<br>　필레 스테이크 6덩이<br>소금, 후추 | 372쪽 투르느도 소테 오 상피뇽 레시피대로 스테이크를 소테한 뒤 소금, 후추로 간을 합니다. |
| 따뜻하게 데운 접시 | 접시에 뜨거운 아티초크 밑동을 보기 좋게 올리고, 그 위에 고기를 1덩이씩 올립니다. 고기 위에 따뜻한 푸아그라 1조각을 얹고, 트러플을 올립니다. 따로 준비한 채소로 접시를 장식하고, 소스를 준비할 2~3분 동안 식지 않게 보관합니다. |

스톡 또는 통조림 부용 ½컵
푸아그라와 트러플을 건져내고
　남은 국물
애로루트 가루 또는 옥수수 전분
　1ts을 마데이라 와인 2TS에
　섞은 것
소금, 후추
말랑한 버터 3~4TS

고기를 구웠던 기름을 버리고, 같은 스킬릿에 스톡이나 부용, 그리고 푸아그라와 트러플을 건져내고 남은 국물을 붓습니다. 센 불로 끓이면서 바닥에 눌어붙은 육즙을 디글레이징해 액체가 절반으로 줄어들 때까지 바짝 졸입니다. 와인에 갠 전분과 섞어 혼합물을 붓고 1분 동안 약한 불에서 끓인 뒤 간을 맞춥니다. 불을 끄고 버터를 고루 섞습니다. 완성된 소스를 끼얹어 바로 냅니다.

# 햄버그스테이크
## *Bifteck Haché*

우리가 만났던 몇몇 미국인은 프랑스인이 햄버그스테이크를 먹는다는 사실에 충격을 받고는 했지만, 실제로 프랑스 사람들도 햄버그스테이크를 먹습니다. 다음에서 소개할 다양한 소스 가운데 하나를 곁들이면 프랑스식 햄버그스테이크인 비프테크 아셰(*bifteck haché*)는 캐주얼한 파티에서 비교적 저렴한 메인 코스로 내기에 손색이 없습니다. 365~366쪽 스테이크에 어울리는 채소와 와인은 비프테크 아셰와도 훌륭한 조화를 이룹니다.

　지방이 적은 소고기로 만들어야 가장 맛있으며, 소고기에서 제일 저렴한 부위인 어깨 부위와 목심이 가장 훌륭한 맛을 냅니다. 이보다 더 비싼 탑 설로인(top sirloin), 우둔 부위, 뒷다리 부위는 더 비싼 가격에도 불구하고 차선입니다. 정육점에서 고기를 살 때는 조금 까다롭게 굴어야 합니다. 지방과 힘줄을 모두 제거하고, 여러분이 보는 앞에서 고기를 갈아달라고 부탁하세요. 물론 더 좋은 선택은 집에서 직접 고기를 가는 것입니다. 고기의 지방 함량은 8~10퍼센트, 또는 약 450g당 40~50g정도여야 하며, 버터나 으깬 소의 지방, 골수, 신선한 돼지비계 등을 쓸 수 있습니다.

# 비프테크 아셰 아 라 리오네즈(*bifteck haché à la lyonnaise*)‡

## 양파와 허브를 넣은 햄버그스테이크

| | |
|---|---|
| 곱게 다진 양파 ¾컵<br>버터 2TS | 소스팬에 버터를 녹인 뒤 양파를 넣고 10분 동안 질감은 연해지되 색깔이 나지 않게 약한 불에서 익힙니다. 믹싱볼에 담습니다. |
| 지방이 적은 소고기 분쇄육<br>　약 680g<br>말랑한 버터나 비프 드리핑,<br>　소 골수 또는 돼지비계 간 것 2TS<br>소금 1½ts<br>후추 ⅛ts<br>타임 ⅛ts<br>달걀 1개 | 소고기와 버터 또는 지방, 각종 양념, 달걀을 양파가 담긴 믹싱볼에 넣고, 나무 스푼으로 세게 휘저어 고루 섞습니다. 간을 맞춥니다. 이 혼합물로 약 2cm 두께의 패티를 빚습니다. 유산지로 덮어 조리 전에는 냉장고에 넣어둡니다. |
| 밀가루 ½컵(넓은 접시에 펼쳐<br>　담아서 준비) | 패티를 소테하기 직전, 접시에 가볍게 굴려 밀가루를 골고루 묻힙니다. 가루를 살짝 떨어냅니다. |
| 버터 1TS과 기름 1TS, 또는<br>　스킬릿 바닥 전체를 얇게 덮을<br>　만큼의 기름<br>여러 장의 패티를 서로 겹치지 않게<br>　구울 만한 크기의 묵직한 스킬릿<br>　1~2개 | 스킬릿에 버터와 기름을 넣고 적당히 센 불에 올립니다. 버터 거품이 가라앉기 시작하면 고기를 갈색으로 구울 수 있을 만큼 뜨거워졌다는 신호이므로 곧장 패티를 넣고 소테합니다. 레어, 미디엄, 웰던 등 각자 취향에 맞게 패티 양면을 각각 2~3분 또는 그 이상 익힙니다. |
| 따뜻하게 데운 접시 | 햄버그스테이크를 접시에 담고, 소스를 만들 동안 식지 않게 보관합니다. |
| 액상 재료<br>　(비프 스톡, 통조림 비프 부용,<br>　드라이한 화이트 와인, 드라이한<br>　화이트 베르무트, 레드 와인 중<br>　택 1) ½컵 또는 물 ¼컵<br>말랑한 버터 2~3TS | 스킬릿 안 기름을 버린 뒤, 준비한 액상 재료를 붓고 센 불로 끓이면서 바닥에 눌어붙은 육즙을 디글레이징해 시럽처럼 바짝 졸입니다. 불에서 내려 버터를 한 번에 ½테이블스푼씩 넣어가며 고루 저어 완전히 스며들게 합니다. 완성된 소스를 햄버그스테이크에 부어서 냅니다. |

## ❖ 비토크 아 라 뤼스(*bitokes à la russe*)

크림소스를 곁들인 햄버그스테이크

| | |
|---|---|
| 기본 햄버그스테이크(또는 앞의<br>　비프테크 아셰 아 라 리오네즈)<br>　6개 분량에 필요한 재료 | 비프테크 아셰 아 라 리오네즈 레시피대로 햄버그스테이크를 버터와<br>기름에 구워서 따뜻하게 데운 접시에 담습니다. |
| 스톡 또는 통조림 비프 부용 ¼컵<br>휘핑크림 ⅔컵<br>소금, 후추<br>육두구 1자밤<br>레몬즙 약간 | 스킬릿 안 기름을 버립니다. 스톡 또는 부용을 붓고 센 불로 끓이면<br>서 팬에 눌어붙은 육즙을 디글레이징해 시럽처럼 바짝 졸입니다. 크<br>림을 붓고 다시 1~2분 팔팔 끓여서 약간 걸쭉하게 만듭니다. 취향에<br>따라 소금, 후추, 육두구, 레몬즙으로 양념합니다. |
| 말랑한 버터 2~3TS<br>다진 녹색 허브(파슬리, 차이브,<br>　타라곤, 처빌 믹스 또는<br>　파슬리만) 2TS | 불을 끈 뒤 버터를 한 번에 ½테이블스푼씩 넣어 섞고 고루 휘저어<br>완전히 스며들게 합니다. 다진 허브를 섞고, 스푼으로 햄버그스테이<br>크에 끼얹어 냅니다. |

### ☞ 향미 버터

다음에 나열된 버터 가운데 1가지를 스톡, 와인 또는 물로 디글레이징한 소스에 고루 섞습니다.

　　뵈르 메트르 도텔(154쪽)　　뵈르 베르시(156쪽)

　　뵈르 드 핀 제르브(154쪽)　　뵈르 다유(153쪽)

　　뵈르 드 무타르드(152쪽)　　뵈르 푸르 에스카르고(셜롯, 마늘, 허브 추가, 155쪽)

### ☞ 기타 소스

다음 소스 중 1가지를 따로 만듭니다. 소테한 햄버그스테이크를 접시에 옮겨 담은 뒤, 스킬릿에 소스를 붓고 센 불로 끓이면서 바닥에 눌어붙은 육즙을 디글레이징합니다. 완성된 소스를 햄버그스테이크 위에 붓습니다.

　　소스 토마트 또는 쿨리 드 토마트 아 라 프로방살(123~125쪽)

　　소스 푸아브라드(115쪽)

　　소스 로베르(118쪽)

　　소스 브륀 오 핀 제르브(118쪽)

　　소스 마데르(121쪽)

소스 오 카리(108쪽)

그밖에 비프테크 소테 오 뵈르의 레드 와인 소스와 화이트 와인 소스(369쪽), 투르느
도 소테 오 샹피뇽의 양송이버섯 소스(372쪽)를 활용해도 좋습니다.


# 소고기 필레
## *Filet de Bœuf*


---

### 필레 드 뵈프 브레제 프랭스 알베르
### (*filet de bœuf braisé prince Albert*)‡
푸아그라와 트러플 스터핑을 채워 브레이징한 소고기 필레

중요한 저녁식사에 어울리는 멋진 레시피입니다. 재료 하나하나가 모두 호화롭지만, 만들기
는 어렵지 않습니다. 소고기 필레는 보통 로스팅해서 내기 때문에 여기서는 덜 일반적인 브
레이징 레시피를 소개합니다. 레시피([*])에 나와 있듯이, 실질적으로 고기를 익히는 단계를
제외하고는 모두 사전에 끝낼 수 있습니다.

이 요리는 브레이징한 상추, 버터에 소테한 포테이토볼과 멋진 조화를 이룹니다. 와인은
메도크 지역에서 생산된 샤토급의 보르도 레드를 함께 냅니다. 가니시로 곁들일 수 있는 채
소는 366쪽에 나와 있습니다.

**8인분**

| | |
|---|---|
| 약 2.5cm 지름인 통조림 트러플<br>　4~6개<br>마데이라 와인 3TS | 트러플을 4등분합니다. 트러플과 통조림 국물, 마데이라 와인을 작은<br>볼에 담습니다. 뚜껑을 덮어서 마리네이드하고, 그동안 나머지 재료를<br>준비합니다. |

## 채소 브레이징하기(마티뇽*matignon*)

잘게 깍둑썰기한 당근과 양파
　각 ¾컵
잘게 깍둑썰기한 셀러리 ½컵
깍둑썰기한 삶은 햄 3TS
소금 ¼ts
후추 1자밤
작은 부케 가르니(파슬리 줄기
　2대, 월계수 잎 ⅓장, 타임 ⅛ts을
　면포에 싼 것)
버터 3TS
마데이라 와인 ⅓컵

작은 소스팬에 채소, 햄, 각종 양념, 부케 가르니, 버터를 모두 넣고
뚜껑을 덮은 채 채소가 부드럽게 익되 색깔이 나지 않도록 약한 불로
10~15분 가열합니다. 이어 와인을 붓고 수분이 거의 다 날아갈 때까
지 바짝 끓여서 한쪽에 둡니다.


## 푸아그라 스터핑 채우기

아주 곱게 다진 셜롯 또는
　골파 2TS
버터 1TS
푸아그라 무스(또는 더 비싸고
　맛있는 푸아그라 블록) 약 110g
　또는 ½컵
마데이라 와인 1TS
코냑 1TS
올스파이스 1자밤
타임 1자밤
후추 ⅛ts

작은 소스팬에 버터를 녹인 뒤 셜롯 또는 골파를 3분 동안 약한 불에
서 색깔이 나지 않게 익힙니다. 이것을 싹싹 긁어서 믹싱볼에 담고,
푸아그라 및 기타 재료를 고루 넣어 섞습니다. 간을 맞춥니다.


지방과 힘줄 등을 제거한
　소고기 필레 약 1.4kg
　(최소 지름 약 8cm 이상)
소금, 후추

고기에서 가장 보기 좋지 않은 면에 세로로 깊은 칼집을 넣습니다.
이때 양쪽 끝에서 약 6mm, 반대쪽 면에서 약 6mm 안쪽까지만 칼집
을 냅니다. 칼집 안쪽에 소금, 후추를 가볍게 뿌리고 푸아그라 혼합
물을 채우고, 그 가운데에 마리네이드한 트러플 조각을 일렬로 끼워
넣습니다. 남은 마리네이드는 나중을 위해 남겨둡니다. 스터핑을 너
무 많이 채우면 벌어진 부분을 닫을 수 없으므로 주의합니다.


폭 약 6cm, 길이는 필레와 같은
　신선한 돼지비계 또는 데친
　베이컨
흰색 실

벌어진 틈새를 맞붙이고, 그 위에 돼지비계나 베이컨을 올립니다. 흰
색 실로 약 2.5cm 간격마다 한 번씩 너무 헐겁지도 꽉 조이지도 않게
묶습니다.

## 필레 브레이징하기

오븐을 약 175℃로 예열합니다.

고기가 충분히 들어갈 만한
  묵직한 타원형 직화 가능 캐서롤
버터 2TS
기름 1TS
소금, 후추
요리용 온도계

캐서롤에 버터와 기름을 넣고 뜨겁게 가열한 뒤 필레를 전체적으로 연갈색이 나게 굽습니다. 갈색으로 변한 기름을 버리고, 고기에 소금, 후추로 살짝 간을 합니다. 이 단계에서 온도계를 고기에 꽂습니다. 앞서 준비한 채소를 고기 위에 넓게 펼쳐 얹습니다.
[*] 이 단계까지는 미리 준비해도 좋습니다.

브라운 스톡 또는 통조림 비프
  부용(또는 112쪽 브라운소스에
  마지막 전분을 첨가하지
  않은 것) 2~3컵
타원형으로 오린 알루미늄 포일
  1장
조리용 스포이트

스톡이나 부용, 또는 전분을 넣지 않은 브라운소스를 고기 높이의 중간까지 충분히 붓습니다. 불에 올려 약하게 끓입니다. 고기 위에 알루미늄 포일을 얹고 뚜껑을 덮어서 예열된 오븐 맨 아래 칸에 넣고 45~55분 익힙니다. 국물이 계속 뭉근히 끓도록 온도를 잘 조절하고, 중간에 서너 번 국물을 고기 위에 끼얹습니다. 고기에 꽂힌 온도계가 약 50℃를 가리키면 레어, 60℃는 미디엄 레어로 익은 상태입니다. 또 손가락으로 고기를 눌렀을 때 생고기와 달리 약간의 탄성이 느껴지면 다 익은 것입니다.

뜨겁게 데운 접시

고기를 묶었던 실과 돼지비계 또는 베이컨을 제거하고, 뜨거운 접시에 담습니다. 고기는 육즙이 다시 조직 안으로 스며들 수 있도록 반드시 10분 이상 식힌 뒤에 썹니다.

## 소스 만들기, 식탁에 내기

트러플을 재운 와인 마리네이드

캐서롤에 남은 국물에서 기름기를 걷어냅니다. 여기에 마리네이드를 붓고, 약 2컵 분량으로 줄어들 때까지 센 불로 바짝 졸여서 맛을 응축합니다.

애로루트 가루 또는 옥수수 전분
  1TS을 마데이라 와인 2TS에
  갠 것
선택: 깍둑썰기한 트러플 2~3TS

앞서 브라운소스를 쓰지 않았을 경우, 와인에 갠 전분을 소스에 고루 섞고, 선택 재료인 트러플을 넣습니다. 2~3분 약하게 끓인 뒤 간을 맞춥니다. 잘게 깍둑썰기해서 조린 채소(마티뇽)는 아직 와인 소스에 섞여 있는 상태입니다.

따로 준비한 채소를 접시에 보기 좋게 올립니다. 고기 위에 소스와 마티뇽을 1~2스푼 끼얹고, 나머지 소스는 작은 그릇에 담습니다. 고기를 약 1cm 두께가 되도록 가로로 썰어서 냅니다.

### ☞ 스터핑 없이 브레이징하기

고기에 스터핑을 넣고 싶지 않다면, 칼집을 넣어 스터핑을 채우는 과정만 빼고 앞의 레시피
와 동일하게 조리하면 됩니다. 고기를 접시에 담을 때, 구운 양송이버섯과 얇게 썬 트러플
을 번갈아 올려서 장식해도 좋습니다.

### ❖ 소고기 필레 마리네이드

마리네이드는 준비한 소고기 품질이 최상급이 아닐 경우 특히 유용합니다.

드라이한 화이트 와인 또는
   드라이한 화이트 베르무트 ½컵
마데이라 와인 ¼컵
코냑 2TS
소금 1ts
통후추 6알
타임 ¼ts
바질 ¼ts
파슬리 줄기 3대
다진 셜롯 또는 골파 3TS
통조림 트러플 2개 이상과
   통조림 국물

손질한 고기를 내열유리 또는 법랑 냄비나 그릇에 담습니다. 와인을 붓고 각종 양념, 허브, 셜롯이나 골파, 트러플을 섞습니다. 뚜껑을 덮어 6시간 또는 하룻밤 동안 마리네이드합니다. 중간에 몇 차례 고기를 뒤집고 마리네이드를 끼얹어줍니다. 고기를 건져서 물기를 완전히 제거한 다음 갈색이 나게 굽습니다. 남은 마리네이드는 트러플만 빼고 스톡과 섞어서 고기를 브레이징할 때 붓습니다. 트러플은 소스를 만들 때 넣으면 됩니다.

# 삶은 소고기
## *Pot-au-feu*

---

### 포토푀(*pot-au-feu*)
### 포테 노르망드(*potée normande*)
#### 돼지고기, 닭고기, 소시지, 채소와 함께 삶은 소고기

이번 레시피는 따뜻하고 푸짐한 가정식 저녁 메뉴입니다. 12인분 이상이며 손님들에게도 인기 만점입니다. 이 요리는 냄비째 식탁에 올리거나, 삶은 소고기 요리인 포토푀 특유의 느낌을 살릴 수 있는 그럴듯한 용기에 담아서 냅니다. 낼 때 주인은 먼저 소고기를 건져서 접시에 담습니다. 이어 소시지와 큼직한 돼지고기를 골라내고, 마지막으로 좌중의 환호를 받으며 닭을 꺼냅니다. 이 요리는 머스터드와 토마토를 넣은 크림소스나 허브 마요네즈 같은 소스 2~3가지와, 재료의 맛이 진하게 우러난 국물을 커다란 대접에 함께 냅니다. 모든 국물 요리가 그렇듯 포토푀 역시 만들기가 쉽고 간편합니다. 뭉근히 끓이는 4~5시간은 전혀 신경 쓸 필요가 없는 데다, 식탁에 오르기 한참 전에 요리가 완성되더라도 적어도 1시간은 냄비 안에서 따뜻하게 보관할 수 있기 때문입니다.

### ☞ 어울리는 채소와 와인

당근, 순무, 양파, 리크를 고기와 함께 조리합니다. 삶은 감자, 리소토, 버터에 버무린 면을 준비해 따로 내도 좋습니다. 와인은 보졸레나 보르도, 키안티 같은 깔끔한 맛의 레드나 차가운 로제가 잘 어울립니다.

### ☞ 알맞은 부위

**1순위**  우둔 부위(푸앵트 드 퀼로트*pointe de culotte* 또는 에귀이예트 드 롬스테크*aiguillette de rumsteck*)

**2순위**  설로인 팁(트랑슈 그라스*tranche grasse*)
바텀 라운드(지트 아 라 누아*gîte à la noix*)
어깨 부위(팔롱*paleron* 또는 마크뢰즈 아 포토푀*macreuse à pot-au-feu*)
차돌양지(밀리외 드 푸아트린*milieu de poitrine*)

**12~16인분**

모든 재료를 충분히 담을 만한 큰
　냄비
소고기: 우둔 부위, 설로인 팁,
　바텀 라운드, 어깨 부위 또는
　차돌양지 약 1.7kg(2시간
　30분~3시간 조리)
돼지고기: 어깻살, 앞다릿살, 목심
　또는 뒷다리살 약 1.7kg(3시간
　조리)
닭: 손질이 끝난 최상급 스튜잉
　헨(약 1.7kg) 1마리(2시간
　30분~3시간 조리)
소시지: 가볍게 훈제된 아침식사용
　소시지 또는 폴란드 소시지
　약 900g(30분 조리)

채소 가니시: 당근, 양파, 순무,
　리크(없어도 무방) 1인당
　1~2개씩 낼 수 있을 만큼
　준비(1시간 30분 조리)

국물용 채소와 허브: 껍질을
　긁어낸 당근 3개, 껍질 벗긴 양파
　3개(각각 정향을 1개씩 꽂아서
　준비), 껍질을 긁어낸 파스닙
　2개, 셀러리 줄기 2대, 리크
　2개(없어도 무방)
부케 가르니(파슬리 줄기 6대,
　월계수 잎 1장, 타임 ½ts, 마늘
　4쪽, 통후추 8알을 면포에 싼 것)
조리용 스톡: 모든 재료 위로 약
　15cm 올라올 정도로 충분한
　양의 스톡 또는 통조림 비프 부용
　3캔과 통조림 치킨 브로스 3캔에
　물을 섞은 것
선택: 신선한 또는 익힌 소뼈나
　송아지뼈, 부스러기 고기,
　가금류의 몸통, 목, 모래주머니

모든 재료를 냄비에 넣고 뭉근하게 끓이면 되지만, 각 재료는 시간차를 두고 넣어야 합니다. 모든 고기가 다 익을 수 있도록 식사하기 5시간 전에는 조리를 시작하는 것이 좋습니다. 소고기와 돼지고기는 불필요한 지방을 떼어내고, 1덩이로 묶어서 조리해야 익는 동안 형태를 유지할 수 있습니다. 닭은 실로 날개와 다리를 몸통에 고정시킵니다. 고기가 익었는지 확인할 때 쉽게 꺼낼 수 있도록 각각의 고깃덩이에 실을 연결해 냄비 손잡이에 묶어둡니다.
참고: 닭고기만으로도 만들 수 있으며, 풀 오 포(*poule au pot*)라고 합니다.

가니시용 채소를 준비합니다. 당근과 순무는 껍질을 벗겨서 세로로 4등분합니다. 양파는 껍질을 벗기고, 리크는 손질해서 씻습니다. 모든 채소를 깨끗한 면포에 싸서 한 개 또는 여러 개의 주머니를 만듭니다. 이렇게 하면 냄비에서 쉽게 꺼낼 수 있습니다.

냄비에 소고기와 국물용 채소, 부케 가르니, 선택 재료인 뼈와 기타 잡육을 모두 넣습니다. 스톡을 재료 위로 약 15cm 정도 올라오게 붓습니다. 스톡은 필요할 때 더 넣어도 좋습니다. 냄비를 중간 불에 올리고 뚜껑을 살짝 비스듬히 덮어서 1시간 동안 뭉근하게 끓입니다. 가끔 국물 위로 떠오르는 불순물을 걷어냅니다.

돼지고기와 닭고기를 넣고, 재빨리 다시 끓입니다. 약하게 끓기 시작하면 불을 줄이고 표면에서 불순물을 걷습니다. 다시 1시간 30분 동안 뭉근히 끓이면서 가끔 불순물을 걷어냅니다.

가니시용 채소를 넣고, 재빨리 다시 끓입니다. 국물 맛을 보고 필요하다면 소금으로 약하게 간을 합니다. 1시간 30분~2시간 더 끓이다가 마무리하기 30분 전에 소시지를 넣습니다. 고기는 포크나 쇠꼬챙이로 찔렀을 때 부드럽게 들어가면 다 익은 것입니다. 다른 고기보다 먼저 익은 것이 있다면, 국물 몇 국자와 함께 건져서 그릇에 담았다가 먹기 전에 다시 냄비에 넣어 데웁니다.
[*] 식사 시간보다 일찍 요리가 완성되었다면, 최소 45분 동안 냄비에 그대로 따뜻하게 보관할 수 있습니다. 그 이상 기다려야 한다면 다시 데웁니다.

냄비가 끓고 있는 동안, 레시피 마지막에 제시된 소스 1~2개를 준비합니다. 스톡이 필요하면 냄비 속 국물을 이용합니다.


**\*\* 식탁에 내기**

고기와 가니시용 채소를 건져내고 고기를 묶었던 실을 제거합니다. 뜨겁게 데운 넓은 접시에 채소를 담은 뒤 국물을 한 국자 끼얹고 파슬리로 장식합니다. 고기는 큼직한 캐서롤에 담아 식탁에서 직접 썰거나, 주방에서 썰어 접시에 담아서 냅니다. 국물은 체에 걸러 기름기를 제거하고 커다란 서빙 그릇에 담아 간을 맞춘 뒤 각자 떠먹을 수 있도록 합니다. 다음의 소스 1~2가지를 곁들여 냅니다.


**☞ 어울리는 소스**

소스는 1가지만 낼 경우 6~8컵, 2가지를 낼 경우 각각 4컵씩 만듭니다.

소스 알자시엔(142쪽)

소스 네네트(471쪽 코트 드 포르 소스 네네트)

소스 토마트 또는 쿨리 드 토마트 아 라 프로방살(123~125쪽)

소스 쉬프렘(104쪽)

# 브레이징한 소고기

*Pièce de Bœuf Braisée*

---

## 뵈프 아 라 모드(*bœuf à la mode*)‡

### 레드 와인에 브레이징한 소고기

브레이징한 소고기는 파티 요리로 제격입니다. 맛과 향은 물론 보기에도 좋고, 지나치게 익힐까봐 걱정하지 않아도 되며, 미리 조리해둘 수도 있습니다. 다음 레시피에서는 소고기를 익히기 전 레드 와인과 향미 채소에 6~24시간 마리네이드합니다. 이 단계를 건너뛴다면, 갈색이 나게 익힌 고기와 함께 마리네이드 재료를 캐서롤에 넣고 브레이징하면 됩니다.

### ☞ 어울리는 채소와 와인

뵈프 아 라 모드는 전통적으로 브레이징한 당근과 양파를 가니시로 올리고, 보통 버터에 버무린 파스타와 파슬리를 뿌린 감자, 쌀밥 등을 곁들입니다. 그밖에 다른 채소로는 브레이징한 양배추나 셀러리, 리크, 버터에 버무린 완두콩 등도 잘 어울립니다. 부르고뉴, 에르미타주(*Hermitage*), 코트 로티(*Côte Rôtie*), 샤토뇌프뒤파프 같은 개성 있는 레드 와인과 함께 내면 좋습니다.

### ** 알맞은 부위

필수는 아니지만, 브레이징용 소고기는 보통 라르데(*larder*)를 해서 조리합니다. 라르데란, 가늘게 자른 신선한 돼지비계를 소고기 안에 결대로 삽입하는 것을 말합니다. 이렇게 하면 고기를 익히는 동안 지방이 스며들어 촉촉해지고, 고기를 썰었을 때 모양도 예쁩니다. 이 작업은 보통 정육점에 부탁하면 됩니다.

　　브레이징용 소고기를 살 때는 최소한 약 1.4kg 이상인 덩어리 고기를 선택합니다. 익히는 동안 고기의 부피가 약간 줄어들기 때문에, 길이는 상관없지만 폭은 약 10cm가 넘어야 합니다. 고기 양은 약 450g이므로, 이는 2~3인분입니다.

**1순위**　우둔 부위(푸앵트 드 퀼로트 또는 에귀이예트 드 롬스테크)

**2순위**　설로인 팁(트랑슈 그라스)

　　　　어깨 부위(팔롱 또는 마크뢰즈 아 포토푀)

탑 라운드(탕드 드 트랑슈*tende de tranche*)

바텀 라운드(지트 아 라 누아)

홍두깨(롱 드 지트 아 라 누아*rond de gîte à la noix*)

**10~12인분**

### 레드 와인 마리네이드

모든 재료를 딱 맞게 담을 만한
   내열유리, 자기 또는 법랑 볼
얇게 슬라이스한 당근, 양파,
   셀러리 줄기 각 1컵
껍질째 2등분한 마늘 2쪽
타임 1TS
월계수 잎 2장
다진 파슬리 ¼컵
정향 2개 또는 올스파이스 열매
   4알
손질해서 실로 묶은 브레이징용
   소고기 약 2.3kg
소금 1TS
후추 ¼ts
숙성 기간이 짧은 무게감 있는
   레드 와인(부르고뉴, 코트 뒤 론,
   마콩 또는 키안티) 5컵
브랜디 ⅓컵
올리브유 ½컵

준비한 볼에 채소와 허브, 향신료의 절반을 담습니다. 고기에 소금, 후추를 문지른 뒤 채소 위에 얹고, 나머지 채소와 허브를 고기 위에 넓게 펼칩니다. 와인과 브랜디, 올리브유를 붓습니다. 뚜껑을 덮어서 최소한 6시간 동안(고기를 냉장할 경우는 12~24시간) 마리네이드합니다. 약 1시간마다 고기를 뒤집고 마리네이드를 끼얹습니다.

조리하기 30분 전, 고기를 건져서 체에 얹어 마리네이드를 빼냅니다. 고기를 소테하기 전 키친타월로 고기의 수분을 꼼꼼히 제거합니다. 고기에 수분이 남아 있으면 색깔이 예쁘게 나지 않습니다.

### 소고기 소테하고 브레이징하기

오븐을 약 175℃로 예열합니다.

고기와 재료를 충분히 담을 만한
   직화 가능 캐서롤 또는 묵직한
   로스트 전용 냄비
정제 돼지기름 또는 식용유 4~6TS

캐서롤에 기름을 넣고 적당히 센 불에 올립니다. 기름에서 연기가 나려고 할 때, 고기를 넣고 모든 면이 갈색이 나게 소테합니다. 이 과정은 약 15분이 걸립니다. 기름을 따라 버립니다.
[*] 이 단계까지는 미리 준비할 수 있습니다.

소스에 묵직함을 더하기 위한
　다음 재료 중 1가지 이상
토막 낸 송아지 넙다리뼈 1~2개
쪼갠 우족 1~2개
물 1L에 10분 동안 뭉근히 삶은
　뒤 물에 헹궈 물기를 뺀 신선한
　돼지껍질이나 베이컨 껍질 또는
　햄 껍질 약 100~200g
비프 스톡 또는 통조림 비프 부용
　4~6컵

캐서롤에 와인 마리네이드를 붓고 센 불로 팔팔 끓여서 양을 절반으로 줄입니다. 여기에 송아지 넙다리뼈, 우족, 돼지껍질을 넣고, 스톡이나 부용을 소고기 높이의 ⅔까지 올라오도록 붓습니다. 캐서롤을 약한 불에 올려 끓기 시작하면 표면의 불순물을 걷어내고, 뚜껑을 꽉 덮어서 예열된 오븐 맨 아래 칸에 넣습니다. 국물이 계속 약하게 끓을 수 있도록 온도를 잘 조절해가며 2시간 30분~3시간 동안 익힙니다. 중간에 고기를 몇 번 뒤집어줍니다. 고기를 뾰족한 포크로 찔렀을 때 쉽게 쑥 들어가면 다 익은 것입니다.

카로트 에튀베 오 뵈르
　(4등분해서 조리, 567쪽) 900g
오뇽 글라세 아 브룅(573쪽)
　24~36개

소고기를 브레이징하는 동안, 당근과 양파를 조리해서 필요할 때까지 한쪽에 둡니다.

뜨겁게 데운 접시

고기가 부드럽게 익으면, 접시에 옮겨 담고 묶었던 실을 제거합니다. 너덜너덜한 지방이 있다면 잘라내고, 소스를 마무리하는 5~10분 동안 식지 않게 둡니다.

애로루트 가루 또는
　옥수수 전분 1TS을
　마데이라 와인 또는 포트와인
　2TS에 섞은 것

고기를 브레이징하고 남은 국물에서 기름을 걷어냅니다. 스푼으로 채소 건더기를 꾹꾹 눌러가며 국물을 체에 걸러 소스팬에 담습니다. 1~2분 동안 약하게 끓이면서 불순물을 걷어냅니다. 이어 센 불로 바짝 졸여서 양을 약 3½컵으로 줄이고 맛을 응축시킵니다. 세심히 맛을 보아서 간을 맞춥니다. 소스의 농도는 약간 걸쭉해야 하며, 너무 묽으면 와인에 갠 전분을 넣고 고루 섞은 뒤 3분 동안 약하게 끓입니다. 준비해둔 조린 양파와 당근을 넣고 맛이 잘 어우러지도록 2분쯤 더 끓입니다.

구멍 뚫린 스푼
파슬리 줄기 약간
따뜻하게 데운 소스보트

구멍 뚫린 스푼으로 채소를 건져내 고기 주위에 담습니다. 파슬리로 장식합니다. 고기 위에 소스를 약간 붓고, 나머지는 따뜻하게 데운 소스보트에 담습니다. 또는 고기를 먹기 좋게 썰어서 접시에 담고, 채소와 파슬리로 장식한 뒤 소스를 고기 위에 몇 스푼 끼얹어도 좋습니다.


**✽✽ 식탁에 내기 전 시간이 남았을 때**

최대 1시간을 기다려야 한다면, 고기와 채소, 소스를 다시 캐서롤에 옮겨 담고 뚜껑을 비스듬히 덮어서 아주 약하게 끓는 물에 담가둡니다.

이보다 더 오래 기다려야 한다면, 고기를 슬라이스해서 내열 접시에 담고 채소를 주변에 올린 다음 소스를 고기와 채소에 끼얹습니다. 식탁에 내기 30분 전, 덮개를 씌워서 약 175℃의 오븐에 넣어 데웁니다. 남은 것은 다시 같은 방식으로 데우면 다음 날에 먹어도 괜찮습니다.

### ❖ 브레이징한 차가운 소고기(Cold Braised Beef)

뵈프 아 라 모드 레시피를 간단히 변형해 아스픽 형태인 뵈프 모드 앙 줄레(655쪽)를 만들 수 있습니다. 브레이징한 차가운 소고기는 또한 샐러드로 변신시킬 수 있으며, 자세한 방법은 641쪽 살라드 드 뵈프 아 라 파리지엔 레시피에 나와 있습니다.

### ❖ 피에스 드 뵈프 아 라 퀴이예르(*pièce de bœuf à la cuillère*)
소고기 틀에 담아 브레이징한 다진 소고기

전통 프랑스 요리에서 착안한 이 요리는 디너파티에 어울리는 색다른 소고기 요리입니다. 우선 소고기를 살짝 브레이징합니다. 그다음 고기의 윗부분과 가운데 부분을 도려내서 우묵한 그릇처럼 만든 뒤 빵가루를 묻혀 오븐에 노릇하게 굽습니다. 도려낸 고기는 잘게 다진 다음 소테한 양송이버섯, 다진 햄, 소스와 버무려서 오븐에 구워낸 소고기 틀에 담아서 냅니다. 이 레시피의 장점은 미리 만들어두었다가 먹기 직전에 5~10분만 데워서 내도 된다는 것입니다.

**10~12인분**

**소고기 브레이징하기**

기본 레시피에 따라 소고기 뵈프 아 라 모드와 소스를 만듭니다. 이때 고기는 기본 레시피보다 조리 시간을 줄여서 약간 덜 익히는데(약 2.3kg짜리 고깃덩이를 기준으로 약 3시간), 그래야 소고기 틀을 만들었을 때 형태가 단단하게 유지됩니다. 고기 부위는 지방이 적고 근육이 갈라지는 부분이 없는 탑 라운드를 선택합니다. 최소 약 2.25kg 이상인 덩어리로 준비해서, 폭과 높이가 약 13cm인 반듯한 직육면체로 자릅니다.

## 소고기 틀 만들기

고기가 다 익으면 소스에서 건져냅니다. 고기 형태를 보존하기 위해 도마와 약 900g의 물건으로 누른 채 1시간쯤 미지근해질 때까지 식힙니다. 이후 필요할 경우 지저분한 부분을 잘라내 반듯한 직육면체로 다듬습니다. 고기 옆면과 밑바닥의 두께가 약 1cm가 되도록 안쪽을 도려내서 네모난 빈 공간을 만듭니다. 도려낸 고기는 사방 약 3mm 크기로 잘게 썰어, 크고 바닥이 두꺼운 법랑 소스팬이나 스킬릿, 캐서롤에 담습니다.

## 스터핑 준비하기

신선한 양송이버섯 약 200g
  (4등분한 뒤 다진 셜롯
   또는 골파 1TS와 함께 버터와
   기름에 소테해서 준비, 607쪽)
지방이 적은 삶은 햄 다진 것 ¾컵
소고기 브레이징 소스 1½컵

잘게 썬 소고기에 양송이버섯과 햄, 소스를 넣고 고루 섞습니다. 뚜껑을 덮고 15~20분 약하게 끓입니다. 타지 않도록 중간에 자주 뒤적이고, 너무 되직하다고 느껴지면 소스를 조금 더 넣습니다. 스푼으로 떴을 때 1덩이로 뭉쳐 있다면 농도가 적당한 것입니다. 간을 맞추고, 표면이 마르지 않도록 소량의 녹인 버터 또는 스톡 1테이블스푼을 넣어 얇은 막을 형성해줍니다. 뚜껑을 덮지 않은 채 한쪽에 두거나 냉장 보관합니다.

## 소고기 틀 마무리하기

페이스트리 브러시
달걀 2개(물 1ts, 약간의 소금을
   넣고 고루 풀어서 준비)
고운 건식 빵가루 2컵(강판에
   간 파르메산 치즈 ½컵과 고루
   섞어서 준비)
녹인 버터 ½컵
로스팅팬과 철망

페이스트리 브러시로 소고기 틀에 전체적으로 달걀물을 바릅니다. 강판에 간 치즈와 빵가루 혼합물을 고루 묻히고 톡톡 두들겨 밀착시킵니다. 버터를 뿌린 뒤 철망 위에 올려 냉장 보관합니다.
[*] 이 단계까지는 하루 전에 미리 준비해둘 수 있습니다.

## 요리 완성하기

오븐을 약 230℃로 예열합니다.

채소 가니시(조린 양파와 당근,
　소테한 감자 또는 구운 토마토와
　껍질콩 또는 브레이징한 상추 등)
남은 소고기 브레이징 소스
뜨겁게 데운 큰 접시
다진 파슬리 ¼컵

식탁에 내기 약 5~10분 전, 소고기 틀을 오븐에 넣어 빵가루와 치즈가 연갈색이 나게 굽습니다. 준비한 속 스터핑을 다시 데워 약하게 끓도록 합니다. 채소 가니시와 소스를 뜨겁게 데웁니다. 큰 접시에 소고기 틀을 올리고 그 안에 고기 스터핑을 소복하게 담은 뒤 파슬리를 뿌립니다. 주변에 채소를 보기 좋게 배열합니다. 소스는 소스보트에 따로 담아냅니다. 손님들은 각자 서빙 스푼으로 바삭하고 부드럽게 익은 소고기 틀과 스터핑을 함께 개인 접시에 덜어 먹습니다.

# 소고기 스튜
## *Ragoûts de Bœuf*

고기를 갈색이 나게 소테한 다음 향미를 더한 국물에 뭉근하게 끓여내는 음식인 소고기 스튜는 몇 가지 유형으로 나뉘며, 이 가운데 가장 유명한 것은 뵈프 부르기뇽입니다. 도브, 에스투파드, 테린은 보통 고기를 갈색으로 굽지 않아도 되며 만들기도 훨씬 쉽습니다. 엄밀히 말하자면 색깔이 나게 살짝 구운 고기를 화이트소스에 뭉근히 끓인 요리는 프리카세라고 불러야 합니다. 그러나 최근에는 스튜가 대중적인 조리법이 되었으므로 이 책에서는 이 2가지를 항상 구분하지는 않겠습니다.

## ** 알맞은 부위
스튜는 좋은 고기로 만들수록 맛이 더 좋습니다. 더 저렴하고 질긴 고기도 쓸 수는 있지만, 가장 추천하는 부위는 다음과 같습니다. 보통 지방을 제거한 뼈 없는 살코기 약 450g은 2인분에 해당하며, 나머지 메뉴가 풍성하다면 3인분까지 될 수 있습니다.

**1순위** 우둔 부위(푸앵트 드 퀼로트 또는 에귀이예트 드 롬스테크)

**2순위** 어깨 부위(팔롱 또는 마크뢰즈 아 포토푀)

　　　　설로인 팁(트랑슈 그라스)

　　　　탑 라운드(탕드 드 트랑슈)

바텀 라운드(지트 아 라 누아)

## ** 조리 시간

소고기 스튜는 고기의 품질과 연한 정도에 따라서 2~3시간 푹 끓여야 합니다. 익히기 전에 마리네이드했다면 조리 시간이 단축됩니다. 스튜는 오븐 또는 가스불로 조리할 수 있지만, 열기가 더 일정하게 유지되는 오븐이 더 좋습니다.

---

# 뵈프 부르기뇽(*bœuf bourguignon*)
# 뵈프 아 라 부르기뇬(*bœuf à la bourguignonne*)
### 베이컨, 양파, 양송이버섯, 레드 와인을 넣고 끓인 소고기 스튜

유명한 요리가 으레 그렇듯, 가장 유명한 스튜인 뵈프 부르기뇽은 만드는 방식도 여러 가지입니다. 정성을 다해 완벽하게 맛을 낸 뵈프 부르기뇽은 단연코 인류가 만들어낸 가장 맛있는 소고기 요리 중 하나이며, 뷔페식 저녁식사의 훌륭한 메인 코스가 될 수 있습니다. 하루 전날 일찌감치 만들어둘 수도 있으며, 다시 데웠을 때 오히려 풍미가 더 깊어집니다.

### ☞ 어울리는 채소와 와인

뵈프 부르기뇽에는 전통적으로 삶은 감자를 곁들이지만, 버터에 버무린 면이나 쌀로 대체할 수도 있습니다. 녹색 채소를 더하고 싶다면 버터에 버무린 완두콩이 가장 좋습니다. 와인은 보졸레, 코트 뒤 론, 보르도-생테밀리옹 또는 부르고뉴 등 숙성 기간이 길지 않은 묵직한 레드가 잘 어울립니다.

### 6인분

| | |
|---|---|
| 덩어리 베이컨 약 170g | 베이컨은 껍질을 잘라내고, 두께 약 6mm, 길이 약 4cm인 라르동으로 썹니다. 물 1.5L에 베이컨과 껍질을 함께 넣고 10분 동안 뭉근하게 끓인 뒤 건져서 물기를 제거합니다. |
| | 오븐을 약 220℃로 예열합니다. |

| | |
|---|---|
| 지름 23~25cm, 깊이 약 8cm인 직화 가능 캐서롤<br>올리브유 또는 식용유 1TS<br>구멍 뚫린 스푼 | 캐서롤을 중간 불에 올리고 기름을 두른 뒤 베이컨을 2~3분 연갈색으로 소테합니다. 구멍 뚫린 스푼으로 베이컨을 접시에 옮깁니다. 캐서롤에 남은 베이컨 기름은 그대로 두었다가 소고기를 1차로 소테할 때 씁니다. |
| 약 5cm 정육면체로 썬 지방이 적은 스튜용 소고기(390쪽) 약 1.4kg | 키친타월로 고기의 수분을 제거합니다. 수분이 남아 있으면 소테할 때 색이 잘 나지 않습니다. 고기를 뜨거운 베이컨 기름에 한 번에 몇 조각씩 넣고 전체적으로 갈색이 나게 소테한 뒤 베이컨 접시에 옮깁니다. |
| 슬라이스한 당근 1개<br>슬라이스한 양파 1개 | 고기를 익혔던 기름에 채소를 갈색이 나게 소테합니다. 이후 캐서롤에 남은 기름은 따라 버립니다. |
| 소금 1ts<br>후추 ¼ts<br>밀가루 2TS | 소고기와 베이컨을 다시 캐서롤에 넣고, 소금과 후추로 양념합니다. 이어 밀가루를 뿌리고 흔들고 뒤섞어 고기에 얇은 밀가루옷을 입힙니다. 캐서롤을 뚜껑을 덮지 않은 채 예열된 오븐 가운데 칸에 넣어 4분 동안 익힙니다. 고기를 고루 뒤적거린 다음 다시 오븐에서 4분을 더 익힙니다. 이렇게 하면 고기에 입힌 밀가루옷이 노릇하게 익으면서 바삭한 식감을 낼 수 있습니다. 캐서롤을 오븐에서 꺼내고, 온도를 약 165℃로 낮춥니다. |
| 숙성 기간이 길지 않은 묵직한 레드 와인(앞의 어울리는 와인 리스트 또는 키안티 등) 3컵<br>브라운 비프 스톡 또는 통조림 비프 부용 2~3컵<br>토마토 페이스트 1TS<br>으깬 마늘 2쪽<br>타임 ½ts<br>월계수 잎 부순 것 1장<br>끓는 물에 데친 베이컨 껍질 | 캐서롤에 와인을 붓고, 이어 스톡 또는 부용을 고기가 간신히 잠길 만큼 붓습니다. 토마토 페이스트, 마늘, 허브, 베이컨 껍질도 넣고 캐서롤을 스토브에 올려 가열합니다. 약하게 끓기 시작하면 뚜껑을 덮어 예열된 오븐 맨 아래 칸에 넣습니다. 국물이 2시간 30분~3시간 동안 계속 뭉근히 끓을 수 있게 오븐 온도를 잘 조절합니다. 고기를 포크로 찔렀을 때 쉽게 쑥 들어가면 다 익은 것입니다. |
| 오뇽 글라세 아 브룅(573쪽) 작은 것 18~24개<br>샹피뇽 소테 오 뵈르(4등분해서 조리, 607쪽) 450g | 고기가 오븐에서 익는 동안 양파와 양송이버섯을 조리해 한쪽에 둡니다. |
| | 고기가 부드럽게 익으면 캐서롤 안의 내용물을 모두 체에 걸러 국물만 소스팬에 옮깁니다. 캐서롤을 깨끗이 씻어서 고기와 베이컨을 다시 담습니다. 앞서 조리한 양파와 양송이버섯을 고기 위에 올립니다. |

소스에서 기름을 제거한 뒤, 1~2분 약하게 끓이면서 다시 표면에 기름이 올라오는 대로 걷어냅니다. 소스는 2½컵 정도의 양에다 스푼 표면에 살짝 코팅될 만큼 걸쭉해야 합니다. 소스가 너무 묽다면 센 불로 바짝 졸이고, 너무 되직하면 스톡이나 부용을 몇 스푼 더 섞습니다. 세심하게 맛을 보아서 간을 맞춥니다. 완성된 소스를 고기와 채소 위에 붓습니다.

[*] 이 단계까지는 미리 준비해도 좋습니다.

파슬리 줄기 약간

**곧바로 낼 경우:** 캐서롤 뚜껑을 덮어서 2~3분 약하게 끓이면서 이따금 고기와 채소 위에 소스를 여러 번 끼얹어줍니다. 냄비째 식탁에 올리거나, 접시에 스튜를 옮겨 담고 삶은 감자, 면, 쌀밥 등을 곁들이고 파슬리로 장식해서 냅니다.

**나중에 낼 경우:** 스튜가 식으면 뚜껑을 덮어 냉장고에 넣습니다. 식탁에 내기 약 15~20분 전, 약한 불에 가열해 끓어오르면 불을 줄이고 뚜껑을 덮어 10분쯤 뭉근히 더 끓입니다. 중간에 이따금 소스를 고기와 채소 위에 끼얹어줍니다.

## 카르보나드 아 라 플라망드(*carbonnades à la flamande*)
### 맥주에 브레이징한 소고기와 양파

맥주는 전형적인 벨기에식 조림 요리에 쓰이는 재료로, 뵈프 부르기뇽에 들어가는 레드 와인과는 완전히 다른 풍미를 선사합니다. 맥주의 약간 드라이한 맛은 소량의 설탕으로 감추고, 조리의 마지막 단계에 식초를 살짝 더해 개성을 살립니다. 이 요리는 파슬리를 뿌린 감자 샐러드나 버터에 버무린 면, 그린 샐러드, 맥주와 함께 냅니다.

**6인분**

지방이 적은 어깨 부위 또는 우둔 부위 1.4kg
정제한 돼지기름 또는 품질 좋은 식용유 2~3TS
묵직한 스킬릿

오븐을 약 165℃로 예열합니다. 소고기를 가로 약 5cm, 세로 약 10cm, 두께 약 1.5cm로 썬 다음, 키친타월로 수분을 제거합니다. 스킬릿에 돼지기름이나 식용유를 약 2mm 높이로 붓고, 연기가 나려고 할 때까지 센 불로 가열합니다. 고기를 한 번에 몇 조각씩 넣고 재빨리 갈색이 나게 소테한 뒤 접시에 옮겨 담습니다.

슬라이스한 양파 약 700g 또는 6컵
소금, 후추
으깬 마늘 4쪽

불의 세기를 중간 정도로 줄입니다. 스킬릿에 남은 기름(필요시 추가)에 양파를 약 10분 동안 살짝 갈색이 나게 볶은 뒤 불에서 내려 소금, 후추로 간을 하고 마늘을 넣어 섞습니다.

지름 약 23~25cm, 깊이 약 9cm인
   직화 가능 캐서롤
소금, 후추

소테한 고기의 절반을 캐서롤에 담고, 소금, 후추로 가볍게 간을 합니다. 고기 위에 볶은 양파의 절반을 넓게 펼쳐 올리고, 그 위에 나머지 고기와 양파를 차례로 올립니다.

진한 비프 스톡 또는 통조림
   비프 부용 1컵
알코올 도수가 낮은 맥주
   (필스너 유형) 2~3컵
황설탕 2TS
부케 가르니(파슬리 6대 줄기,
   월계수 잎 1장, 타임 ½ts을
   면포에 싼 것)

고기와 양파를 소테한 스킬릿에 스톡이나 부용을 붓고 가열하며 바닥에 눌어붙은 육즙을 디글레이징합니다. 이 액체를 고기 위에 붓고, 고기가 간신히 잠길 만큼 맥주를 더 붓습니다. 황설탕을 고루 섞고, 부케 가르니를 고기 사이에 끼워넣습니다. 캐서롤을 불에 올려서 끓기 직전까지 가열한 뒤, 뚜껑을 덮어서 예열된 오븐 맨 아래 칸에 넣습니다. 국물이 2시간 30분 동안 계속 뭉근히 끓을 수 있도록 오븐 온도를 잘 조절합니다. 포크로 고기를 찔렀을 때 부드럽게 쑥 들어가면 다 익은 것입니다.

애로루트 가루 또는
   옥수수 전분 1½TS을 와인 식초
   2TS에 섞은 것

부케 가르니를 건져냅니다. 캐서롤 안의 국물을 소스팬에 옮겨서 기름을 걷어냅니다. 와인 식초 혼합물을 넣고 고루 섞은 다음 3~4분 약하게 끓입니다. 맛을 보아서 주의 깊게 간을 맞춥니다. 소스의 양은 2컵 정도가 될 것입니다. 소스를 고기 위에 붓습니다.
[*] 이 단계까지는 미리 준비해도 좋습니다.

파슬리를 뿌린 감자 샐러드 또는
   버터에 버무린 면
파슬리 줄기 약간

식탁에 낼 준비가 되면, 캐서롤의 뚜껑을 덮고 약 4분간 약하게 끓여 고기를 속까지 데웁니다. 캐서롤째 바로 식탁에 올릴 수도 있지만, 고기를 뜨겁게 데운 접시에 옮겨 담고 스푼으로 소스를 끼얹은 다음, 감자나 면을 곁들이고 파슬리로 장식해서 내도 좋습니다.

# 포피에트 드 뵈프(*paupiettes de bœuf*)
# 룰라드 드 뵈프(*roulades de bœuf*)
# 프티트 발로틴 드 뵈프(*petites ballotines de bœuf*)
## 스터핑을 채워 브레이징한 소고기 말이

포피에트는 얇게 저민 소고기로 속 재료를 감싸서 허브, 향미 채소와 함께 와인과 스톡에 브레이징한 요리입니다. 소고기 프리카세처럼 조리하지만, 돼지고기와 송아지고기로 만든 스터핑을 넣는다는 점이 색다릅니다. 포피에트는 미리 조리해둘 수 있으며, 남은 것을 다시 데우거나 아예 차갑게 내도 좋습니다. 따뜻한 포피에트에는 쌀밥, 리소토, 면, 소테한 양송이버섯, 브레이징한 양파와 당근, 버터에 버무린 완두콩이나 껍질콩, 브로일링한 토마토, 바게트 등을 곁들입니다. 와인은 보졸레, 코트 뒤 론, 키안티 같은 단순한 레드나 로제가 잘 어울립니다.

### 포피에트 약 18개(6인분)

잘게 다진 양파 ½컵
버터 1TS
약 3L 용량의 믹싱볼

약한 불에서 양파를 버터에 7~8분 동안, 색깔은 나지 않지만 부드러워질 때까지 볶습니다. 싹싹 긁어서 믹싱볼에 담습니다.

지방이 적은 돼지고기와 송아지고기 약 170g과 신선한 돼지비계 약 80g(함께 갈아서 약 1½컵으로 준비)
나무 스푼
으깬 마늘 1쪽
타임 ⅛ts
올스파이스 1자밤
후추 넉넉하게 1자밤
소금 ¼ts
잘게 썬 파슬리 ¼컵
달걀 1개

모든 재료를 볶은 양파가 담긴 믹싱볼에 담아 나무 스푼으로 세게 휘저어 잘 섞습니다.

지방이 적은 소고기(탑 라운드
　또는 어깨 부위) 약 1.1kg
　(두께 약 6mm, 지름 약 8cm로
　결 반대로 썰어 18장 준비)
소금, 후추
흰색 실

썰어둔 고기를 전부 유산지 위에 올린 다음 다른 유산지로 덮고 나
무 망치나 밀대로 두들겨 3mm 두께로 폅니다. 고기를 도마 위에 평
평하게 펼치고, 소금과 후추를 살짝 뿌립니다. 앞서 양파와 간 고기
등으로 만든 스터핑을 18개 덩어리로 나눈 뒤, 각 고기의 아래쪽 ⅓
지점에 하나씩 올립니다. 고기로 스터핑을 감싸듯 말아서 두께 약
4cm, 길이 약 10cm인 원통으로 만듭니다. 모양이 흐트러지지 않도
록 실 2개로 묶습니다. 키친타월로 수분을 제거합니다.

오븐을 약 165℃로 예열합니다.

정제한 돼지기름 또는
　품질 좋은 식용유 2~3TS
지름 약 25cm, 깊이 6~8cm인
　묵직한 직화 가능 캐서롤
슬라이스한 당근 ½컵
슬라이스한 양파 ½컵
밀가루 3TS
드라이한 화이트 와인 또는
　화이트 베르무트 1컵
브라운 스톡 또는 통조림 비프
　부용 1½컵

돼지기름 또는 식용유를 캐서롤에 넣고 연기가 나려고 할 때까지 가
열합니다. 포피에트를 한 번에 몇 개씩 전체적으로 연갈색이 나게 구
워서 접시에 옮겨 담습니다. 불을 중간으로 줄이고, 채소를 4~5분 휘
저으며 노릇하게 볶습니다. 여기에 밀가루를 더해 2~3분 천천히 노
릇해지도록 볶습니다. 캐서롤을 불에서 내린 뒤, 곧바로 와인을 부어
고루 저어줍니다. 이어 스톡이나 부용도 부어 섞습니다.

가로세로 약 10cm인 신선한
　돼지껍질, 베이컨 껍질 또는 염장
　돼지고기 껍질을 물 1L에 10분
　동안 뭉근하게 끓인 뒤 물기를
　뺀 것
부케 가르니(파슬리 줄기 6대,
　월계수 잎 1장, 타임 ½ts,
　마늘 2쪽을 면포에 싸서 준비)

캐서롤 바닥에 돼지껍질을 깔고 그 위에 포피에트를 올립니다. 스톡
이나 부용, 물을 포피에트가 간신히 잠길 만큼 붓습니다. 부케 가르
니를 넣습니다.

조리용 스포이트

캐서롤을 스토브에 올려 약한 불에 끓입니다. 뚜껑을 덮고 예열된 오
븐 맨 아래 칸에 넣습니다. 포피에트가 1시간 30분 동안 계속 뭉근히
끓을 수 있도록 오븐의 온도를 잘 조절합니다. 중간에 2~3번쯤 조리
용 스포이트로 국물을 포피에트 위에 끼얹습니다.

포피에트를 접시에 옮겨서 묶었던 실을 제거합니다. 캐서롤 안의 국
물을 체에 걸러 소스팬에 담고 기름을 완전히 걷어냅니다. 필요할 경
우 국물을 바짝 졸여 맛을 응축합니다. 완성된 소스는 1½~2컵 정
도의 양에, 농도는 스푼 표면에 가볍게 코팅될 정도여야 합니다. 간을
맞춥니다.

| | |
|---|---|
| 시판 머스터드(맛이 강한 디종 머스터드류) 1TS에 휘핑크림 ⅓컵을 섞은 것<br>거품기 | 불을 끄고, 머스터드와 크림 혼합물을 고루 섞은 다음 1분 동안 약하게 끓입니다. 포피에트를 다시 캐서롤에 넣거나 내열 접시에 담고 그 위에 소스를 붓습니다.<br>[*] 이 단계까지는 미리 준비해도 좋습니다. 소스의 표면이 마르지 않도록 스톡 또는 녹인 버터 1테이블스푼을 뿌려 얇게 코팅해줍니다. 포피에트가 식으면 뚜껑을 덮어 냉장고에 넣습니다. |
| 파슬리 줄기 약간 | 식탁에 내기 약 10분 전, 캐서롤을 불에 올려 끓기 직전까지 가열합니다. 뚜껑을 덮어 약한 불에 5분쯤 뭉근하게 더 끓입니다. 중간에 소스를 포피에트 위에 자주 끼얹습니다. 캐서롤째 바로 식탁에 올리거나, 접시에 포피에트를 옮겨 담고 스푼으로 소스를 끼얹은 다음 한쪽에 쌀밥이나 면을 곁들이고 파슬리로 장식해서 냅니다. |

☞ **소스와 조리법**

포피에트를 준비해서 갈색이 나게 소테한 뒤, 스톡을 붓고 끓이는 단계까지는 앞선 레시피대로 하되 소스와 조리법은 뵈프 부르기뇽(391쪽)이나 카르보나드 아 라 플라망드(393쪽) 레시피로 대신할 수 있습니다.

---

# 뵈프 아 라 카탈란(*bœuf à la catalane*)

쌀과 양파, 토마토를 넣은 소고기 스튜

이번에는 스페인과 지중해에 이웃한 프랑스 남부 지역의 푸짐한 요리를 소개하겠습니다. 그린 샐러드나 바게트, 숙성 기간이 길지 않은 묵직한 레드 와인과 함께 냅니다.

**6인분**

| | |
|---|---|
| | 오븐을 약 165℃로 예열합니다. |
| 덩어리 베이컨 110g<br>올리브유 2TS<br>지름 약 25cm인 묵직한 스킬릿<br>구멍 뚫린 스푼<br>8cm 깊이, 3L짜리 직화 가능 캐서롤 | 베이컨은 껍질을 잘라내고 두께 약 1cm, 길이 약 4cm 크기로 썹니다. 물 1L를 가열해 10분 동안 약하게 데친 다음 건져서 물기를 완전히 제거합니다. 스킬릿에 기름을 두르고 베이컨을 연갈색이 나게 볶습니다. 구멍 뚫린 스푼으로 건져서 캐서롤에 담습니다. |

| | |
|---|---|
| 가로세로 약 6cm, 두께 약 2.5cm로 썬 지방이 적은 스튜용 고기(390쪽) 1.4kg | 키친타월로 고기의 수분을 제거한 다음, 스킬릿에 남은 베이컨 기름을 연기가 나려고 할 때까지 뜨겁게 가열합니다. 고기를 한 번에 몇 조각씩 전체적으로 갈색이 나게 소테해서 캐서롤에 옮겨 담습니다. |
| 슬라이스한 양파 1½컵 | 불을 중간으로 줄이고, 양파를 살짝 노릇하게 볶습니다. 구멍 뚫린 스푼으로 건져서 캐서롤에 담습니다. |
| 물에 씻지 않은 깨끗한 생쌀 1컵 | 스킬릿에 남은 기름에 쌀을 넣고 중간 불로 2~3분 볶습니다. 쌀에서 우윳빛이 돌면 그릇에 옮겨 담습니다. |
| 드라이한 화이트 와인 또는 화이트 베르무트 1컵 | 스킬릿에 남은 기름을 따라 버린 다음, 와인을 붓고 가열하며 바닥에 눌어붙은 육즙을 디글레이징합니다. 이 액체를 캐서롤에 붓습니다. |
| 비프 스톡 또는 통조림 비프 부용 2~3컵 소금 후추 ¼ts 으깬 마늘 2쪽 타임 ½ts 사프란 1자밤 잘게 부순 월계수 잎 1장 | 캐서롤에 스톡 또는 부용을 고기가 거의 잠기도록 붓습니다. 가볍게 소금 간을 하고, 후추, 마늘, 허브를 넣고 고루 섞습니다. 캐서롤을 불에 올려 약하게 끓어오르면, 뚜껑을 꽉 덮어 예열된 오븐 아래 칸에 넣고 1시간 동안 뭉근히 익힙니다. |
| 잘 익은 붉은 토마토 약 450g짜리의 껍질, 씨, 즙을 제거한 뒤 과육만 잘게 썬 것(599쪽) 약 1½컵 | 오븐에서 캐서롤을 꺼내 준비한 토마토를 넣고 잘 섞습니다. 다시 불에 올려서 끓어오르면 뚜껑을 덮고 오븐에 넣어 1시간쯤 뭉근하게 끓입니다. 포크로 고기를 찔러서 거의 익었다고 판단되면 오븐에서 꺼냅니다. 오븐의 온도를 약 190℃로 높입니다. |
| 앞서 볶아둔 쌀 스톡 또는 통조림 부용(필요시) | 캐서롤을 살짝 기울여 국물 표면의 기름을 걷어냅니다. 국물의 양이 2~2½컵에 미치지 못하면 스톡이나 부용을 더합니다. 볶은 쌀을 넣고 잘 섞습니다. 캐서롤을 불에 올려 끓어오르면 뚜껑을 덮고 오븐 맨 아래 칸에 넣습니다. 온도를 잘 조절해 뭉근히 끓는 국물에 쌀을 익힙니다. 중간에 쌀을 휘젓지 않습니다. 약 20분 뒤 쌀이 국물을 모두 흡수해 부드럽게 익으면 오븐에서 꺼내 간을 맞춥니다. [*] 이 단계까지는 미리 준비할 수 있습니다. 바로 먹지 않는다면 캐서롤의 뚜껑을 비스듬히 덮어서 한쪽에 둡니다. 다시 데울 때는 뚜껑을 제대로 덮어 끓는 물에 30분쯤 중탕합니다. |
| 강판에 간 스위스 치즈 또는 파르메산 치즈 1컵(약 110g) | 식탁에 내기 직전, 강판에 간 치즈를 뜨거운 고기와 밥에 넣고 가볍게 섞습니다. 캐서롤째 식탁에 올리거나, 고기와 밥을 뜨겁게 데운 접시에 담아서 냅니다. |

## 도브 드 뵈프(*daube de bœuf*)
## 에스투파드 드 뵈프(*estouffade de bœuf*)
## 테린 드 뵈프(*terrine de bœuf*)‡

따뜻하게 또는 차갑게 먹는, 와인과 채소로 조리한 소고기 캐서롤 요리

도브(*daube*)는 뚜껑이 있는 캐서롤를 뜻하는 도비에르(*daubière*)에서 비롯된 이름입니다. 에스투파드는 뚜껑이 덮인 캐서롤 안에서 재료의 '숨을 죽여(*étouffer*)' 조리한다는 의미가 있습니다. 프랑스에 가면 거의 모든 지역에 고유의 도브나 에스투파드, 테린 요리가 있습니다. 소고기를 큼직한 덩어리째로 조리는 지역도 있고, 뵈프 부르기뇽과 비슷한 형태로 조리하는 지역도 있습니다. 소고기를 돼지비계로 감싸서 요리하는 곳도 많으며, 대부분 고기를 익히기 전 채소와 함께 와인에 마리네이드합니다. 이 책에서는 풍미가 진한 시골풍 도브 레시피를 소개하겠습니다. 격식 없는 메인 요리로 제격인 이 소고기 도브에는 삶은 감자, 리소토, 면, 그린 샐러드 등을 곁들입니다. 와인은 단순한 레드나 차가운 로제가 잘 어울립니다.

**주의:** 고기를 돼지비계로 감싸는 과정은 생략했으나, 원한다면 다음 설명처럼 해도 좋습니다. 소고기에 칼집을 넣고 얇고 길게 자른 돼지비계나 데친 베이컨을 집어넣으면 됩니다. 또한 소고기를 마리네이드하는 과정을 건너뛰고 마리네이드 재료 일체를 소고기와 함께 캐서롤에 넣어도 됩니다.

### 6인분

가로세로 약 6.5cm, 두께
   약 2.5cm로 썬 지방이 적은
   스튜용 소고기(390쪽) 1.4kg
커다란 도자기 볼
드라이한 화이트 와인이나 화이트
   베르무트 또는 레드 와인 1½컵
선택: 브랜디, 코냑 또는 진 ¼컵
올리브유 2TS
소금 2ts
후추 ¼ts
타임 또는 세이지 ½ts
잘게 부순 월계수 잎 1장
으깬 마늘 2쪽
얇게 슬라이스한 양파 2컵
얇게 슬라이스한 당근 2컵

소고기를 볼에 담고, 와인과 브랜디 또는 진(선택), 올리브유, 양념, 허브, 채소를 모두 넣어 섞습니다. 덮개를 씌우고 중간에 자주 뒤섞으면서 최소한 3시간 이상(냉장할 경우는 6시간) 마리네이드합니다.

길이 약 5cm, 두께 약 6mm로 썬
　기름기 적은 베이컨 약 200g
슬라이스한 양송이버섯
　1½컵(170g)
잘 익은 붉은 토마토 700g짜리의
　껍질, 씨, 즙을 제거한 뒤 과육만
　잘게 썬 것(599쪽) 약 2¼컵

약하게 끓인 물 2L에 베이컨을 넣고 10분 동안 데친 뒤 건져서 물기를 제거합니다. 양송이버섯과 토마토를 준비합니다.

마리네이드한 소고기를 체에 밭쳐 물기를 뺍니다.

오븐을 약 160℃로 예열합니다.

약 9cm 깊이, 5~6L인 캐서롤
체에 쳐서 접시에 담은 밀가루 1컵

캐서롤 바닥에 베이컨 3~4조각을 가지런히 깝니다. 마리네이드한 채소 한 주먹과 양송이버섯, 토마토를 베이컨 위에 흩뿌리듯 올립니다. 소고기를 한 덩이씩 밀가루에 굴려서 옷을 입힌 뒤 여분의 가루를 떨어냅니다. 채소 위에 고기를 한 층으로 빽빽이 얹고, 그 위에 다시 베이컨을 몇 조각 올립니다. 계속해서 채소, 고기, 베이컨을 순서대로 층층이 쌓습니다. 맨 위층에는 채소를 올리고 베이컨 2~3조각으로 마무리합니다.

비프 스톡 또는
　통조림 비프 부용 1~2컵

먼저 마리네이드에 썼던 와인을 캐서롤에 붓고, 스톡 또는 부용을 재료가 거의 잠기도록 충분히 붓습니다. 캐서롤을 불에 올려 끓어오르면 뚜껑을 단단히 덮어 예열된 오븐 맨 아래 칸에 넣습니다. 온도를 잘 조절해 2시간 30분~3시간 동안 국물이 계속 뭉근하게 끓도록 합니다. 포크로 고기를 찔렀을 때 부드럽게 쑥 들어가면 다 익은 것입니다.

캐서롤을 살짝 기울여 국물의 기름기를 걷어내고 간을 맞춥니다.
[*] 이 요리는 미리 준비했다가 먹기 직전에 데워서 낼 수 있으며, 차갑게 먹어도 맛있습니다.

❖ 도브 드 뵈프 아 라 프로방살(*daube de bœuf à la provençale*)
　마늘과 앤초비 소스로 맛을 낸 소고기 스튜

이번 레시피는 도브 드 뵈프의 조리법과 같지만, 마지막에 프로방스풍의 맛을 더했습니다. 먹고 남은 것을 그린 샐러드와 바게트를 곁들여서 차갑게 먹어도 맛있습니다. 도브 드 뵈프의 레시피에 다음 사항만 추가합니다.

올리브유에 절인 앤초비 필레 10개
케이퍼 2TS
큰 포크
와인 식초 3TS
앤초비 통조림에 있던 올리브유
   또는 일반 올리브유 3TS
으깬 마늘 2쪽
다진 파슬리 ¼컵
조리용 스포이트

볼에 앤초비와 케이퍼를 담고 포크로 으깬 뒤 나머지 재료를 모두 고르게 섞습니다. 2시간 30분 동안 오븐에서 익힌 도브를 꺼내 기름을 걷어냅니다. 앤초비 혼합물을 도브에 붓고, 조리용 스포이트로 고기 위에 국물을 고루 끼얹습니다. 캐서롤의 뚜껑을 덮어 고기가 연해질 때까지 다시 오븐에서 익힙니다.

# 소고기 소테
## Sauté de Bœuf

---

## 소테 드 뵈프 아 라 파리지엔(*sauté de bœuf à la parisienne*)‡
### 크림 양송이버섯 소스를 곁들인 소고기 소테

중요한 손님을 급히 대접해야 할 때 알아두면 유용한 메뉴입니다. 작게 썬 소고기 필레를 겉은 노릇하고 속은 분홍빛을 띠도록 재빨리 소테해서 소스와 함께 내면 됩니다. 다음 레시피는 30분 안에 쉽게 만들 수 있으며, 미리 썰어둔 고기와 소테한 양송이버섯이 준비되었다면 조리 시간은 절반으로 단축됩니다. 이어 등장하는 변형 레시피의 다양한 소스 재료 역시 모두 미리 준비해둘 수 있습니다. 식사 시간보다 일찍 요리를 완성했다면 다시 데울 때 고기가 지나치게 익지 않도록 각별히 신경을 써야 합니다. 지금 소개할 크림 양송이버섯 소스는 프랑스식 소고기 스트로가노프(stroganoff) 소스라고 할 수 있지만, 러시아식 사워크림 대신 신선한 휘핑크림을 사용하므로 자칫 조리 중에 소스가 굳어서 난감해지는 일은 없습니다.

### 6인분

| | |
|---|---|
| 슬라이스한 양송이버섯 약 200g<br>지름 23~25cm인 묵직한<br>  법랑 스킬릿<br>버터 2TS과 품질 좋은 식용유 1TS<br>다진 설롯 또는 골파 3TS<br>소금 ¼ts<br>후추 1자밤 | 607쪽 설명대로 양송이버섯을 뜨거운 버터와 기름에 약 5분 동안 연갈색이 나게 소테합니다. 설롯 또는 골파를 넣고 1분 동안 더 볶습니다. 소금과 후추로 간을 한 뒤 접시에 옮겨 담습니다. |
| 소고기 필레(텐더로인 벗이나<br>  필레의 양쪽 끝부분, 364쪽 그림<br>  참고) 약 1kg | 고기에서 불필요한 지방과 힘줄을 잘라내고 두께 약 1cm, 가로 약 5cm로 썰어서 약 60g이 되도록 합니다. 키친타월로 수분을 꼼꼼히 제거합니다. |
| 버터 2TS과 식용유 1TS<br>  (필요시 추가) | 스킬릿에 버터와 식용유를 넣고 적당히 센 불로 가열합니다. 버터의 거품이 가라앉기 시작하면, 소고기를 한 번에 여러 덩이씩 넣고 앞뒤로 각각 2~3분씩 소테합니다. 겉은 갈색이 나되 속은 붉은 장밋빛을 유지해야 합니다. 소테한 고기를 접시에 옮겨 담고, 스킬릿에 남은 기름은 버립니다. |

마데이라 와인(권장) 또는
　드라이한 화이트 베르무트 ¼컵
브라운 스톡 또는
　통조림 비프 부용 ¾컵
휘핑크림 1컵
크림 1TS과 옥수수 전분 2ts
　섞은 것

스킬릿에 와인과 스톡 또는 부용을 붓고 센 불로 끓이면서 바닥에 눌어붙은 육즙을 디글레이징합니다. 액체가 ⅓컵 정도로 줄어들 때까지 바짝 졸입니다. 휘핑크림을 붓고, 크림에 갠 전분도 고루 섞어줍니다. 이어 소테한 양송이버섯을 넣고 다시 1분 동안 약하게 끓입니다. 소스의 농도는 약간 걸쭉해야 합니다. 세심하게 맛을 보아서 간을 맞춥니다.

소금, 후추

소테한 소고기에 소금, 후추를 살짝 뿌리고, 접시에 고인 육즙과 함께 다시 스킬릿에 넣습니다. 소스와 양송이버섯을 고기 위에 끼얹거나, 모든 내용물을 캐서롤에 옮겨 담습니다.

말랑한 버터 2TS
파슬리 줄기 약간

식사 준비가 되면 스킬릿 또는 캐서롤의 뚜껑을 덮어서 약한 불에 3~4분 가열합니다. 자칫 소고기가 레어가 아닌 웰던으로 익을 수 있으므로 고기를 지나치게 익히지 않도록 신경 씁니다. 불을 끄고, 캐서롤을 살짝 기울인 채 소스에 버터를 조금씩 고루 섞은 뒤 고기 위에 계속 끼얹어 버터 향을 입힙니다. 파슬리로 장식해서 바로 냅니다.

## ❖ 소테 드 뵈프 아 라 부르기뇽(*sauté de bœuf à la bourguignonne*)
　양송이버섯, 베이컨, 양파를 곁들여 레드 와인 소스를 끼얹은 소고기 소테

### 6인분

소고기 필레(소테 드 뵈프 아 라
　파리지엔 레시피대로 손질한 뒤
　소테해서 준비) 약 1kg
끓는 물에 데친 덩어리
　베이컨(56쪽) 약 80g
레드 와인 1½컵
브라운 스톡 또는
　통조림 비프 부용 1½컵
으깬 마늘 1쪽
토마토 페이스트 1TS
타임 ¼ts

소고기를 소테해서 한쪽에 둡니다. 데친 베이컨을 두께 약 6mm, 길이 약 2.5cm인 막대 모양으로 썹니다. 고기를 소테했던 스킬릿에 넣고 연갈색이 나게 굽습니다. 스킬릿에 남은 기름을 따라 버린 다음, 나머지 재료를 모두 넣고 액체가 절반으로 줄어들 때까지 바짝 졸입니다.

| | |
|---|---|
| 뵈르 마니에(밀가루 1TS와 버터 1TS을 잘 섞어 페이스트 상태로 만든 것) 거품기 | 스킬릿을 불에서 내린 뒤 뵈르 마니에를 넣고 고루 섞습니다. 거품기로 계속 저으면서 1분 동안 약하게 끓입니다. |
| 오뇽 글라세 아 블랑(571쪽) 18개 샹피뇽 소테 오 뵈르(607쪽) 200g 소금, 후추 직화 가능 캐서롤 | 양파와 버섯을 넣고 2분 동안 약한 불에서 더 끓인 뒤 간을 맞춥니다. 소테한 소고기에 소금, 후추를 뿌려서 캐서롤에 가지런히 담습니다. 그 위에 소스와 베이컨, 채소를 올립니다. [*] 이 단계까지는 미리 준비해도 좋습니다. 캐서롤은 뚜껑을 덮지 않은 채 한쪽에 둡니다. |
| 말랑한 버터 2TS 파슬리 줄기 약간 | 낼 준비가 되었다면, 캐서롤의 뚜껑을 덮어 3~4분 약한 불에 올려 끓어오르지 않게 가열합니다. 불을 끄고 버터를 조금씩 고루 섞은 뒤 고기와 채소에 계속 끼얹어 버터 향을 입힙니다. 파슬리로 장식해 바로 냅니다. |

## ✥ 소테 드 뵈프 아 라 프로방살(*sauté de bœuf à la provençale*)

올리브와 허브, 신선한 토마토소스를 곁들인 소고기 소테

**6인분**

| | |
|---|---|
| 소고기 필레 약 1.1kg | 소테 드 뵈프 아 라 파리지엔 레시피의 설명대로 고기를 썰어서 소테한 뒤 접시에 옮겨 담습니다. |
| 드라이한 화이트 와인 또는 화이트 베르무트 ⅓컵 쿨리 드 토마트 아 라 프로방살(124쪽) 2컵 씨를 뺀 지중해식 블랙올리브 ⅓컵 신선한 다양한 녹색 허브 또는 파슬리 2TS | 스킬릿에 남은 기름을 따라 버리고, 와인을 붓습니다. 센 불로 끓이면서 바닥에 눌어붙은 육즙을 디글레이징하고, 와인의 양이 2테이블스푼으로 줄어들 때까지 바짝 졸입니다. 여기에 토마토퓌레를 넣고 잠깐 약하게 끓입니다. 이어 소테한 고기를 넣고 끓어오르지 않게 데웁니다. 올리브와 허브 또는 파슬리로 장식해서 바로 냅니다. |

# 양고기
## *Agneau et Mouton*

미국은 과학 기술을 통해 세계에서도 손꼽히는 와인을 생산해내는 기적을 이루었으며, 양계 뿐 아니라 양의 교배육종과 사육 분야에서도 엄청난 발전을 이룩했습니다. 이제 미국에서는 생후 5~7개월이지만 덩치는 큰 새끼양의 신선한 고기를 1년 내내 구할 수 있습니다. 2월 중순부터 4월까지는 캘리포니아의 임피리얼 밸리, 5월에서 7월까지는 네바다와 아이다호에서 자란 양을 접할 수 있고 가을에는 콜로라도의 산양, 겨울에는 오하이오와 아이오와에서 자란 양이 시중에 나옵니다. 또한 대형 슈퍼마켓에서 파는 양고기는 90퍼센트가 건강하게 키운 것을 보증하는 미국농무부(USDA)의 보라색 인증 마크와 '초이스'라는 등급 마크가 함께 찍혀 있습니다. 현재 시중에서 판매되는 양 다리 1개의 무게는 예전보다 거의 1kg 이상 더 무거워져 평균 3.6~4.1kg 정도이며, 매우 훌륭한 식사 경험을 제공하죠.

오늘날 미국에서 상업적으로 사육하는 양에는 '스프링 램(spring lamb)'이나 '밀크페드 램(milk-fed lamb)', '머튼(mutton)' 같은 구식 구분법이 더 이상 적용되지 않습니다. 그러나 이 책은 정통 프랑스 요리를 다루는 책인 만큼 전통적인 용어를 알아두어도 좋을 것입니다. 실제로 지금도 사설 정육 유통업자와 개인 농장주 사이에서는 이와 같은 명칭이 통용됩니다. 한편 호주와 뉴질랜드에서 수입된 양고기는 더 몸집이 작은 품종이며, 항상 냉동 상태로 판매됩니다.

## ✳✳ 양고기를 지칭하는 전통적 용어
### 핫하우스 램(hothouse lamb), 밀크페드 램(milk-fed lamb)
### — 아뇨 드 레(*agneau de lait*), 아뇨 드 포야크(*agneau de pauillac*)
젖을 떼지 못한 매우 어린 양의 고기로 최상의 미식 재료로 알려져 있습니다. 414~416쪽에서 소개한 여러 스터핑 가운데 하나를 채워서 로스팅하거나, 336쪽 브로일링한 닭고기처럼 적당히 토막 낸 뒤 머스터드를 발라 갈색이 나게 굽습니다. 부활절 전후로 그리스나 이탈리아계 사람이 많은 지역의 재래시장에 가면 쉽게 찾아볼 수 있습니다.

### 제뉴인 스프링 램(genuine spring lamb), 밀크피니시드 램(milk-finished lamb)
### — 아뇨 파스칼(*agneau pascal*)
생후 3~4개월 된 새끼양의 고기로 분홍빛을 띠며 맛은 섬세한 편입니다. 개인 농장주나 공급업자에게 직접 주문해야 구할 수 있으며, 로스팅, 브로일링, 그릴링하거나, 블랑케트 드 보 아 랑시엔(443쪽)처럼 스튜로 만들거나, 저온에서 포칭(422쪽)할 수 있습니다.

### 램(lamb) — 아뇨(*agneau*)

오늘날 대형 마켓에서 쉽게 구할 수 있는 생후 5~7개월인 새끼양의 고기입니다. 프랑스에서 최고급 양고기는 전통적으로 북부 해안 지역의 '레 프레 살레(*les prés salés*)'에서 방목한 양의 고기를 가리킵니다.

### 머튼(mutton) — 무통(*mouton*)

새끼양에 속하지 않는 생후 12~24개월의 양에서 얻은 고기로, 맛이 진한 만큼 반드시 제대로 된 숙성 단계를 거쳐야 합니다. 새끼양고기처럼 통으로 오븐에 로스팅하거나, 갈비만 따로 브로일링하고, 나머지 부위는 스튜로 만듭니다. 불행히도 최근에는 프랑스에서조차 구하기 힘듭니다.

# 새끼양의 뒷다리 또는 어깨 부위
### *Gigot ou Épaule de Pré-salé*

### ** 조리 전 손질하기

지방층은 약간만 남겨두고 거의 잘라낸 다음, 너덜너덜한 지방을 말끔히 제거합니다. 검수 과정에서 찍힌 보랏빛 도장도 칼로 긁어냅니다.

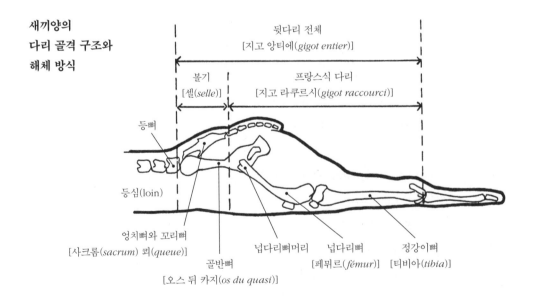

새끼양의
다리 골격 구조와
해체 방식

뒷다리 전체
[지고 앙티에(*gigot entier*)]

볼기
[셀(*selle*)]

프랑스식 다리
[지고 라쿠르시(*gigot raccourci*)]

등뼈

등심(loin)

엉치뼈와 꼬리뼈
[사크롬(*sacrum*) 쾨(*queue*)]

골반뼈
[오스 뒤 카지(*os du quasi*)]

넙다리뼈머리

넙다리뼈
[페뮈르(*fémur*)]

정강이뼈
[티비아(*tibia*)]

다음에 소개할 모든 레시피에서 약 2.7kg짜리 양의 뒷다리는 프랑스에서 일컫는 다리, 즉 볼기를 제외한 부분을 가리킵니다. 약 4kg짜리 뒷다리 전체는 너무 커서 일반 오븐에 들어가기 힘들지만, 로스팅하는 데 걸리는 시간은 거의 비슷합니다. 일부 고기 애호가들은 양 다리의 형태를 손보는 것에 반대하지만, 뼈를 조금 제거하면 썰기가 훨씬 쉬워집니다. 꼬리 뼈와 골반뼈를 도려내고, 넙다리뼈머리가 보이지 않도록 그 주변의 고기를 바늘로 꿰매거나 쇠꼬챙이를 꽂아 이어붙입니다. 골반뼈를 제거한 뒤 정강이만 남기고 싶다면, 바깥쪽을 절개하지 않은 채 고기 안쪽에서 다리뼈를 빼내도 됩니다. 이때는 넓적다리 끝부분을 바늘로 꿰매거나 꼬챙이를 꽂아서 봉합니다. 다리에서 모든 뼈를 제거했을 경우, 고기를 돌돌 말아서 실로 묶으면 쇠꼬챙이에 꽂아서 로스팅하기에 딱 좋은 상태가 됩니다. 이 모든 과정은 정육점에서 대부분 처리해주지만, 집에서 여러분 스스로도 어렵지 않게 할 수 있습니다. 발라낸 뼈와 고기 부스러기는 양고기 로스트에 곁들일 소스를 만들 때 활용하면 좋습니다 (115쪽 소스 라구 참고).

## ** 향미제와 스터핑

양고기에 은은한 마늘 향을 더하려면, 얇게 썬 마늘 3~4쪽을 정강이 끝부분 고기 안에 끼웁니다. 좀더 강한 향을 원한다면, 고기에 칼집을 몇 군데 내서 마늘을 더 끼우면 됩니다. 이 책에서는 414쪽 뼈 없는 양고기를 위한 마늘, 허브 스터핑을 시작으로 몇 가지 스터핑을 소개할 예정입니다. 그밖에는 양고기 표면에 바르는 지고 아 라 무타르드(412쪽)도 있습니다.

## ** 새끼양의 어깨 부위

미국에서 새끼양의 어깨 부위란 갈비의 아랫부분과 앞다리 정강이를 제외한, 포어쿼터 (forequarter, 앞쪽 몸통 ¼)의 절반을 가리킵니다. 따라서 이 부위는 사각형으로, 앞다리의 윗부분과 어깻죽지의 전체 또는 일부, 3~5번 어깨갈비, 목 부분의 등골뼈 2~3대로 구성됩니다. 전체의 무게는 1.8~2.7kg 정도이며, 그중 ⅓을 차지하는 뼈의 무게를 제외하면 1.1~1.8kg으로 줄어듭니다. 프랑스에서는 앞다리 정강이를 어깨의 일부로 취급하며, 대신 어깨갈비를 제외합니다. 그러므로 프랑스에서 양의 어깨 부위에 스터핑을 채운 요리를 만들고 싶다면, 고기를 살 때 코트 데쿠베르(*côtes découvertes*)를 일부 포함해달라고 부탁하여 스터핑을 넣을 공간을 확보하는 것이 좋습니다. 뼈를 제거할 때는 고기 표면에 붙은 얇은 막을 그대로 남겨야 로스팅할 때 덮개 역할을 할 수 있습니다. 어깨 부위에서 뼈를 제거한 뒤에는 고기를 둥글게 말아서 실로 묶은 뒤 그대로 로스팅해도 됩니다. 또 고기에 스터핑을 넣고 말아서 뚱뚱한 원기둥을 만들거나, 네모난 방석처럼 성형해서 구울 수도 있습니다. 이번 장의 모든 레시피에서는 뒷다리 대신 뼈를 바른 양의 어깨를 사용해도 좋습니다.

**\*\* 양고기 로스트 조리 시간**

양고기를 프랑스식으로 로스팅할 때는 먼저 약 230℃의 오븐에서 15분 동안 겉을 바싹 굽습니다. 이어 온도를 약 175℃로 낮추고 계속 구워서 붉은 장밋빛에 육즙을 가득 머금은 레어 상태로 익힙니다. 설사 웰던으로 익힌 양고기를 더 좋아하더라도 조리용 온도계의 숫자가 70℃를 넘어가지 않게 해야 고기의 육즙과 풍미를 보존할 수 있습니다. 고기의 단면이 분홍빛을 띠는 미디엄 상태는 내부 온도가 60~65℃입니다. 어깨 부위와 뒷다리에서 뼈를 제거하면 뼈가 붙어 있을 때보다 무게가 30% 정도 줄어들지만, 단위 무게당 조리 시간은 고기의 두께에 따라 보통 2배 이상으로 늘어납니다. 다음 표의 예상 조리 시간은 냉장하지 않은 고기를 기준으로 한 것이며, 이어지는 레시피에 명시된 양고기는 따로 언급이 없다면 기본적으로 뼈가 붙어 있는 상태입니다.

**뼈가 붙어 있는 뒷다리와 어깨 부위(약 2.7kg)**

| 상태 | 조리 시간 | 고기 중심부 온도 |
| --- | --- | --- |
| 레어 | 60~75분(약 450g당 10~12분) | 50~54℃ |
| 미디엄~웰던 | 75~90분(약 450g당 13~15분) | 63~70℃ |

**뼈를 제거한 뒷다리와 둥글게 만 어깨 부위(약 1.8kg)**

| 상태 | 조리 시간 | 고기 중심부 온도 |
| --- | --- | --- |
| 레어 | 105~120분(약 450g당 25~30분) | 52~54℃ |
| 미디엄~웰던 | 120~135분(약 450g당 30~35분) | 63~70℃ |

☞ **어울리는 채소**

콩

새끼양의 뒷다리와 콩은 가장 대중적인 조합입니다. 여기서 콩은 532쪽 아리코 베르 아 랑글레즈, 485쪽 마른 흰콩을 가리킵니다. 껍질콩, 강낭콩, 마른 콩 중 2가지 이상을 섞어서 요리한 것을 아리코 파나셰(*haricots panachés*)라고 합니다. 535쪽 아리코 베르 아 라 프로방살도 양고기에 잘 어울립니다. 그밖의 콩 레시피는 530~536쪽에 나와 있습니다.

*감자*

버터에 버무린 녹색 재소에 그라탱 도피누아(619~622쪽) 또는 퓌레 드 폼 드 테르 아 라유(616쪽)를 곁들여도 좋습니다. 폼 드 테르 소테(622쪽)는 그대로 내는 채소나 소스를 얹은 채소와 잘 어울립니다.

### 기타 채소
리 뒤셀(627쪽)에 버터에 익힌 완두콩(552~556쪽)와 토마트 그리예 오 푸르(600쪽)를 곁들입니다.

토마트 아 라 프로방살(601쪽), 껍질콩, 소테한 감자는 양고기 로스트와 언제나 잘 어울립니다.

가지와 양고기는 훌륭한 맛의 조화를 이룹니다. 596쪽 라타투유나 501쪽 오베르진 파르시 뒤셀도 좋습니다.

방울양배추(538~544쪽), 콜리플라워(545~551쪽)도 좋은 선택입니다. 채소를 별다른 양념 없이 단순하게 낼 경우, 그라탱 도피누아(619~622쪽)을 함께 곁들여도 좋습니다.

## ☞ 전통적인 가니시
다음은 프랑스 요리에서 전통적으로 양고기 로스트의 가니시로 올리는 몇 가지 채소의 조합입니다.

### 브뤼셀루아즈(*bruxelloise*)
앙디브 아 라 플라망드(586쪽), 슈 드 브뤼셀 에튀베 오 뵈르(540쪽), 폼 드 테르 소테(622쪽)

### 샤틀렌(*châtelaine*)
카르티에 드 퐁 다르티쇼 오 뵈르(519쪽), 토마트 그리예 오 푸르(600쪽), 셀리 브레제(583쪽), 폼 드 테르 소테(622쪽)

### 클라마르(*clamart*)
퐁 다르티쇼 오 뵈르(518쪽), 프티 푸아 프레 아 랑글레즈(552쪽), 폼 드 테르 소테(622쪽)

### 플로리앙(*florian*)
레튀 브레제(581쪽), 오뇽 글라세 아 브룅(573쪽), 카로트 에튀베 오 뵈르(567쪽), 폼 드 테르 소테(622쪽)

쥐디크(*judic*)

토마트 아 라 프로방살(601쪽), 레튀 브레제(581쪽), 폼 드 테르 소테(622쪽)


프로방살(*provençal*)

토마트 그리예 오 푸르(600쪽), 샹피뇽 파르시(611쪽)


비로플레(*viroflay*)

에피나르 오 쥐(560쪽), 카르티에 드 퐁 다르티쇼 오 뵈르(519쪽), 폼 드 테르 소테
(622쪽)


☞ **어울리는 와인**

양고기에는 레드 와인이 어울립니다. 어린 스프링 램의 섬세한 맛은 보르도-메도크 같은
가벼운 레드 와인과 최고의 조화를 이루고, 보르도-생테밀리옹 같은 좀더 강한 레드 와인
은 더 자란 새끼양에 어울립니다. 향이 강한 허브 스터핑을 채워넣거나 머스터드를 발라 구
운 양고기에는 코트 뒤 론이나 부르고뉴 같은 좀 더 묵직한 와인이 필요합니다.


---

# 지고 드 프레살레 로티(*gigot de pré-salé rôti*)‡
## 새끼양 다리 로스트

**8~10인분**

| | |
|---|---|
| | 오븐을 약 230℃로 예열합니다. |
| 새끼양 다리 약 2.7kg | 조리에 앞서 406~407쪽 설명대로 양고기를 손질합니다. 키친타월로 물기를 꼼꼼히 닦습니다. |
| 정제한 돼지기름이나 비프 드리핑, 또는 녹인 버터와 식용유 4TS<br>고기를 충분히 담을 만한 약 4cm 깊이의 로스팅팬<br>로스팅팬에 얹을 크기의 철망<br>조리용 스포이트 또는 손잡이가 긴 스푼 | 녹인 돼지기름이나 비프 드리핑, 또는 버터와 식용유 혼합물을 조리용 브러시로 양고기에 고루 바릅니다. 고기를 철망에 올려 로스팅팬에 담습니다. 예열된 오븐 맨 위 칸에 넣고, 표면이 전체적으로 연갈색이 날 때까지 15~20분 굽습니다. 이때 4~5분마다 한 번씩 고기를 뒤집고 흘러내린 기름을 끼얹어줍니다. 이렇게 고기의 표면을 먼저 바싹 구워주면 육즙이 빠지는 것을 막을 수 있습니다. |

조리용 온도계
대강 슬라이스한 큰 당근 1개
대강 슬라이스한 큰 양파 1개
선택: 조리가 끝나기 30분 전에
 넣을, 껍질을 벗기지 않은 마늘
 3~6쪽을 로스팅팬에 넣기

오븐의 온도를 약 175℃로 낮춥니다. 양고기에서 살이 가장 두툼한 부분에 조리용 온도계를 찔러넣습니다. 준비한 채소를 팬 바닥에 흩뿌립니다. 고기를 오븐 가운데 칸에 넣어 조리를 마무리합니다. 기름을 끼얹지 않아도 됩니다.

**총 조리 시간**

**레어:** 60~75분, 고기 중심부 온도 50~54℃

손끝으로 고기를 눌렀을 때 살짝 탄성이 느껴지고, 포크로 깊이 찌르면 붉은 장밋빛 육즙이 흐릅니다.

**미디엄:** 75~90분, 고기 중심부 온도 63~65℃

고기를 눌렀을 때 좀더 단단한 느낌이 들고, 포크로 찔렀을 때 연한 분홍빛 육즙이 흐릅니다.

---

소금 1ts
후추 ¼ts
뜨겁게 데운 접시

고기를 꿰맸던 실이나 꼬챙이를 제거하고, 소금, 후추를 뿌려서 접시에 담습니다. 오븐에서 꺼낸 뒤 실온에 20~30분쯤 두었다가 썰어야 육즙이 새어나오지 않고 고기에 스며듭니다.

---

스톡, 브라운 램 스톡
 또는 비프 부용 1컵
뜨겁게 데운 소스보트

로스팅팬에서 철망을 치우고, 바닥에 고인 기름을 스푼으로 떠서 버립니다. 스톡 또는 부용을 로스팅팬에 붓고 센 불로 끓이면서 바닥에 눌어붙은 육즙을 디글레이징하고 채소를 으깨서 섞습니다. 맛을 보며 간을 맞춥니다. 식탁에 내기 직전, 소스의 채소를 스푼으로 꾹꾹 누르며 체에 걸러서 소스보트에 담습니다. 양고기에서 빠져나온 육즙이 있으면 소스보트에 넣어 섞습니다.

---

워터크레스 또는 파슬리
뜨겁게 데운 접시

워터크레스나 파슬리로 장식합니다. 양고기는 식으면 바로 굳기 때문에 반드시 뜨겁게 데운 접시에 담아서 냅니다.

☞ **기타 소스**

앞선 레시피의 소스는 디글레이징 소스로 1인분에 1테이블스푼 정도면 충분합니다. 소스를 더 준비하고 싶다면, 양 뼈와 고기 부스러기를 활용한 소스 라구(115쪽)를 미리 2~3컵 정도 만들어둡니다. 앞선 기본 레시피에서 스톡을 부어 디글레이징하는 과정을 생략하고, 양고기를 구울 때 나온 국물에서 기름을 걷어낸 뒤 준비한 소스 라구를 고루 섞습니다. 이 것을 잠깐 약하게 끓여서 소스보트에 붓습니다.

## ❖ 소스 스페시알 아 라유 푸르 지고(*sauce spéciale à l'ail pour gigot*)
양고기 로스트에 곁들이는 마늘 소스

이 훌륭한 소스는 통마늘을 두 번 데치고 다시 푹 끓여서 강한 맛 대신 특유의 달큼한 풍미를 살린 것이 특징입니다.

**소스 1½~2컵 분량**

| | |
|---|---|
| 통마늘(큰 것) 1개<br>찬물 1L<br>소스팬 | 마늘을 1쪽씩 쪼갠 다음 찬물에 담가 불에 올립니다. 물이 끓기 시작하면 30초 동안 더 끓인 뒤 마늘을 건져서 껍질을 벗깁니다. 다시 찬물에 넣고 30초 동안 끓여서 건집니다. |
| 바닥이 두꺼운 약 1L 용량의<br>　소스팬<br>우유 ¾컵(필요시 추가)<br>소금 ⅛ts<br>로즈마리 또는 타임 ¼ts<br>흰쌀 1½TS | 소스팬에 우유, 소금, 허브, 흰쌀을 넣고 가열합니다. 약하게 끓기 시작하면 마늘을 넣고, 불을 줄여 45분 동안 뭉근하게 끓입니다. 중간에 쌀이 눌어붙을 것 같으면 우유를 1테이블스푼씩 넣습니다. |
| 브라운 램 스톡, 비프 스톡<br>　또는 통조림 비프 부용 1컵<br>체와 볼, 나무 스푼 또는 블렌더<br>소금, 후추 | 익힌 쌀에 스톡 또는 부용을 붓고 1분 동안 더 끓입니다. 이것을 체에 옮겨서 나무 스푼으로 꾹꾹 눌러가며 거르거나 블렌더로 갈아 퓌레처럼 만듭니다. 간을 맞춘 뒤 한쪽에 두었다가 필요할 때 다시 데웁니다. |
| 뜨겁게 데운 소스보트 | 기본 레시피대로 양고기를 로스팅한 뒤, 로스팅팬에 남은 기름을 걷어내고 스톡 또는 물 2~3테이블스푼을 넣어 바닥에 눌어붙은 육즙을 디글레이징합니다. 체에 걸러 뜨거운 마늘 소스에 섞고, 소스보트에 붓습니다. |

## ❖ 지고 아 라 무타르드(*gigot à la moutarde*)
허브 머스터드를 발라서 구운 양고기 로스트

양고기에 허브 머스터드를 바르면 편마늘이나 허브 스터핑을 넣을 필요도 없고, 구워지면서 먹음직스러운 갈색이 납니다.

**새끼양 뒷다리 1개(약 2.7kg) 분량**

시판 머스터드(맛이 강한 디종
　머스터드류) ½컵
간장 2TS
으깬 마늘 1쪽
로즈마리 또는 타임 으깬 것 1ts
생강가루 ¼ts
올리브유 2TS

볼에 머스터드, 간장, 마늘, 허브, 생강가루를 모두 섞습니다. 올리브
유를 몇 방울씩 흘려넣으면서 계속 세게 휘저어 마요네즈처럼 만듭
니다.

고무 스패출러 또는 페이스트리
　브러시

양고기에 머스터드 혼합물을 고루 발라서 로스팅팬 안의 철망에 올
립니다. 로스팅하기 몇 시간 전에 미리 해두면 고기에 양념이 더 잘
뱁니다.

약 175℃의 오븐에서 60~75분 동안 로스팅하면 미디엄 레어, 75~90
분이면 웰던으로 익습니다. 기본 레시피처럼 고기의 겉을 먼저 바싹
굽는 단계는 생략합니다.

---

## 지고 우 에폴 드 프레살레, 파르시(*gigot ou épaule de pré-salé, farci*)‡
### 스터핑을 채운 새끼양 뒷다리 또는 어깨 로스트

뼈를 제거한 양의 어깨와 뒷다리에는 다음에 소개할 스터핑 중 1가지를 넣어서 로스팅하면
좋으며, 특히 남은 고기는 차갑게 먹어도 맛있습니다. 평평한 표면에 뼈를 바른 고기를 껍
질 쪽이 밑으로 가게 놓고, 소금과 후추로 가볍게 간을 합니다. 뼈를 제거하고 난 빈 공간과
고기에 스터핑을 넓게 펴 바르듯 올린 뒤, 고기를 원통형으로 돌돌 말아 완전히 감쌉니다.
필요하다면 바늘로 꿰매거나 꼬챙이를 꽂아 고정하고, 약 2.5cm 간격으로 실을 묶어 고정
합니다. 이것을 오븐에 넣거나 꼬챙이에 꿰어 로스팅하며, 416쪽 레시피대로 익혀도 좋습니
다. 다음의 레시피는 뼈를 제거한 양고기 1.4~1.8kg을 기준으로 한 것입니다.

## ❖ 파르스 오 제르브(*farce aux herbes*)
### 마늘과 허브 스터핑

다진 파슬리 ½컵
으깬 로즈마리 또는 타임 ½ts
다진 셜롯 또는 골파 2TS
으깬 마늘 ½~1쪽
생강가루 ¼ts
소금 1ts
후추 ¼ts

모든 재료를 볼에 넣어 고루 섞습니다. 이 혼합물을 양고기 위에 넓게 펴 바른 뒤, 앞의 설명대로 고기를 돌돌 말아 실로 묶습니다.


## ❖ 파르스 드 포르(*farce de porc*)
### 돼지고기와 허브 스터핑

곱게 다진 양파 ¾컵
버터 2TS
약 3L 용량의 믹싱볼

작은 소스팬에 버터를 녹인 뒤 양파를 넣고 약한 불에서 색깔이 나지 않게 푹 익힙니다. 익힌 양파를 믹싱볼에 옮겨 담습니다.

습식 빵가루(바게트나 홈메이드
　타입의 빵) 1컵
미지근한 스톡 또는
　통조림 비프 부용 ½컵

빵가루를 스톡이나 부용에 5분 동안 담가둡니다. 이것을 체에 붓고 꾹 눌러 최대한 수분을 제거합니다. 거른 액체는 나중에 소스를 만들 때 쓰고, 빵가루만 믹싱볼에 담습니다.

지방이 적은 신선한 돼지고기
　분쇄육 약 220g(1컵)에 신선한
　돼지비계 간 것 약 110g(½컵)을
　섞은 것
으깬 마늘 1쪽
으깬 로즈마리나 세이지
　또는 타임 ¼ts
다진 파슬리 ¼컵
올스파이스 1자밤
소금 ½ts
후추 ¼ts
달걀 1개
나무 스패출러 또는 나무 스푼

재료를 모두 믹싱볼에 넣고, 나무 스푼으로 세게 휘저어 고루 섞습니다. 이 혼합물을 1스푼만 소테한 뒤 간을 확인합니다. 싱겁다고 판단되면 양념을 더 넣습니다.
양고기 위에 이 혼합물을 넓게 펴 바르듯 올립니다. 앞의 설명대로 고기를 둘둘 말아 실로 묶습니다.

## ❖ 파르스 오 로뇽(*farce aux rognons*)
### 쌀과 콩팥 스터핑

곱게 다진 양파 ¾컵
버터 1TS
흰쌀 ⅓컵
화이트 스톡 또는
　통조림 치킨 부용 ⅔컵

작고 바닥이 두꺼운 소스팬에 버터를 녹인 뒤, 양파를 넣고 4~5분 동안 색깔이 나지 않으면서 푹 무르게 익힙니다. 여기에 쌀을 추가하고 우윳빛이 날 때까지 약한 불에 2~3분 동안 볶습니다. 스톡이나 치킨 부용을 붓고 센 불로 가열해서 끓기 시작하면 뚜껑을 덮은 뒤 중간 불로 뭉근히 끓입니다. 중간에 휘젓지 않습니다. 약 15분 뒤 쌀이 국물을 다 흡수하고 거의 익은 듯하면 불을 끕니다. 이후 양고기 안에 넣어 완전히 익힐 것입니다.

으깬 로즈마리나 세이지
　또는 타임 ½ts
올스파이스 1자밤
후추 ¼ts
으깬 마늘 ½쪽
소금

허브, 올스파이스, 후추, 마늘을 포크로 잘 섞은 뒤 소금 간을 합니다.

양 콩팥 4개 또는 양 콩팥, 염통, 간
　합쳐서 약 1컵 분량
버터 1TS과 기름 1TS
소금, 후추

내장은 키친타월로 수분만 제거한 뒤 썰지 않고 그대로 둡니다. 뜨겁게 가열한 버터와 기름에 내장을 넣고 겉은 노릇하고 속은 여전히 분홍빛이 돌도록 재빨리 소테합니다. 약 3mm 두께로 슬라이스한 뒤 소금, 후추를 살짝 뿌리고, 앞서 익힌 쌀에 가볍게 넣어 섞습니다.

완전히 식은 스터핑을 양고기에 펴 바르듯 올립니다. 앞서 설명한 대로 고기를 돌돌 말아서 실로 묶습니다.

## ☞ 기타 여러 스터핑
만드는 과정은 기본 레시피와 동일합니다.

## ❖ 파르스 뒥셀(*farce duxelles*)
### 햄과 양송이버섯 스터핑

다져서 버터에 볶은 양파 ½컵
다져서 버터에 볶은 양송이버섯 약 110g
지방이 적은 햄을 삶아 다진 것 ¾컵
곱게 다진 돼지비계(또는 햄 지방) ¼컵
소금, 후추, 허브

## ❖ 파르스 오 졸리브(*farce aux olives*)

간 양고기와 올리브 스터핑

지방이 적은 양고기 분쇄육 ½컵
다져서 버터에 볶은 양파 ½컵
건식 빵가루 1컵(스톡이나 부용에 담갔다가 물기를 꽉 짜서 준비)
씨를 뺀 그리스산 블랙 올리브 12알(물 1L에 10분 동안 뭉근히 삶은 뒤 건져서 잘게 썰어 준비)
달걀 1개
소금, 후추, 허브, 올스파이스, 마늘

## ❖ 파르스 망토네즈(*farce mentonnaise*)

연어와 앤초비 스터핑

전혀 안 어울리는 조합 같지만 실제로는 꽤 훌륭한 조화를 이룹니다.

물기를 뺀 통조림 연어 ½컵
물기를 빼서 으깬 앤초비 6마리(올리브유에 절인 것)
지방이 적은 양고기 분쇄육 ½컵
다져서 버터에 볶은 양파 ¾컵
소금, 후추, 허브, 마늘

---

## 지고 우 에폴 드 프레살레 브레제 오 자리코
### (*gigot ou épaule de pré-salé braisé aux haricots*)
콩을 넣고 브레이징한 새끼양 다리 또는 어깨

브레이징은 성숙 단계에 접어든 새끼양고기나 어린 양고기의 육질을 촉촉하게 유지할 수 있는 조리 방법입니다. 특히 앞서 제안한 각종 스터핑을 양고기 안에 채우면 더욱 촉촉한 요리가 탄생합니다. 콩은 양고기 속에서 마저 익게 되며, 소스의 맛이 그대로 배어듭니다. 콩을 넣고 싶지 않다면 렌틸이나 밤 퓌레, 매시트포테이토, 쌀밥, 리소토 등을 함께 냅니다. 그 밖에 어울리는 채소는 껍질콩, 완두콩, 방울양배추, 구운 토마토 등이고, 가니시로 버터와 글레이징한 당근, 순무, 양파, 소테한 양송이버섯을 올려도 좋습니다. 와인은 보졸레, 보르도-생테밀리옹, 코트 뒤 론, 부르고뉴 등 묵직한 바디감의 레드가 잘 어울립니다.

## ✱✱ 조리 시간

거의 성숙한 새끼양이나 어린 양 고기는 약 450g당 40~50분 정도 브레이징하면 고기와 스터핑이 모두 익고 소스의 맛이 고기에 잘 배어듭니다. 따라서 다리 1개는 3시간 30분~ 4시간, 어깨는 약 2시간 30분 동안 익혀야 합니다. 뼈를 제거하고 스터핑을 넣은 양고기는 대개 이보다 1시간쯤 더 익힙니다. 고기를 포크로 찔렀을 때 부드럽게 쑥 들어가면 다 익은 것입니다. 조리 시간을 절반으로 줄이고 조리용 온도계가 약 65℃를 가리킬 때까지만 익히면 미디엄 레어, 70~74℃를 가리키면 웰던으로 익습니다. 그러나 이 경우에는 다양한 재료의 맛이 서로 조화롭게 어우러지는 것을 기대하기 힘듭니다.

## ✱✱ 콩

마른 흰콩을 넣고 싶다면, 물에 불렸다가 삶아서 넣어야 합니다. 2시간 이상 걸리는 이 과정은 양고기를 브레이징하는 동안 같이 진행합니다.

**8~10인분**

새끼양 다리 2.7~3.2kg
　또는 어깨 1.8~2.3kg
　(원한다면 뼈를 제거해 스터핑을
　넣어도 상관없음)
새끼양뼈(톱이나 칼로 잘라서 준비)
정제한 돼지기름 또는 식용유
　3~4TS
모든 재료가 알맞게 들어갈 만한
　크기의 묵직한 직화 가능 캐서롤
　또는 뚜껑이 있는 로스터
슬라이스한 큰 당근 2개
슬라이스한 큰 양파 2개
드라이한 화이트 와인이나
　레드 와인 2컵 또는 드라이한
　화이트 베르무트 1½컵
소금 ½ts
후추 ¼ts
비프 스톡 또는 통조림 비프 부용
　3~4컵
파슬리 줄기 4대
월계수 잎 1장
로즈마리나 타임 또는 세이지 1ts
껍질을 벗기지 않은 마늘 3쪽
선택: 토마토 페이스트 3TS
알루미늄 포일

오븐을 약 175℃로 예열합니다.

캐서롤에 돼지기름이나 식용유를 넣고 아주 뜨겁게 가열해서 양고기와 뼈를 순서대로 모든 면에 갈색이 나게 1차로 소테합니다. 이 과정에는 15~20분이 소요됩니다. 고기와 뼈를 접시에 옮겨 담고, 같은 캐서롤에 채소를 2~3분 동안 소테해서 구멍 뚫린 스푼으로 접시에 옮깁니다. 남은 기름을 따라 버리고, 와인 또는 베르무트를 붓고 센 불로 끓이면서 바닥에 눌어붙은 육즙을 디글레이징하고 액체의 양을 절반으로 바짝 졸입니다. 양고기를 소금, 후추로 밑간하고 살이 가장 두툼한 쪽이 위로 오도록 캐서롤에 담습니다. 고기 주위에 1차로 익힌 뼈와 채소를 넣습니다. 스톡 또는 부용을 고기 높이의 ⅔ 지점까지 올라오도록 충분히 붓습니다. 국물에 허브, 마늘, 토마토 페이스트(선택)를 넣고 고루 섞은 다음, 약한 불에 가열합니다. 끓어오르면 캐서롤 위에 알루미늄 포일을 씌우고, 뚜껑을 덮습니다. 예열된 오븐 맨 아래 칸에 넣고, 온도를 잘 조절해 국물이 계속 뭉근히 끓을 수 있게 합니다. 30분에 한 번씩 고기를 뒤집으며 국물을 촉촉하게 끼얹습니다.

조리가 끝나기 30분 전쯤 캐서롤에서 고기를 꺼냅니다(이 레시피의 첫머리에 있는 '조리 시간' 참고). 캐서롤에 남은 국물을 체에 걸러 기름을 걷어내고 간을 맞춥니다. 고기와 국물을 다시 캐서롤에 담고, 고기 주위로 다음과 같이 삶아둔 콩을 뿌립니다.

마른 흰 강낭콩 2½컵
끓는 물 6½컵
약 4L 용량의 냄비
소금 1½TS

끓는 물에 콩을 넣고 재빨리 팔팔 끓어오르게 해서, 정확히 2분 동안 삶은 뒤 1시간쯤 그대로 둡니다. 1시간이 지나자마자 소금을 넣고 다시 1시간 동안 뭉근하게 끓여서 그대로 둡니다. 콩은 아직 설익은 상태로, 나중에 양고기와 함께 완전히 익히면 됩니다. 콩을 물에서 건져 캐서롤 안에 담긴 고기 주위에 뿌립니다.

[*] 이 단계까지는 미리 준비할 수 있습니다. 이 레시피의 마지막 부분을 참고하세요.

캐서롤을 다시 불에 올려 약하게 끓어오르면 뚜껑을 덮고 오븐에 넣어 약 30분 동안 더 익힙니다. 고기를 포크로 찔렀을 때 부드럽게 들어가면 다 익은 것입니다.

뜨겁게 데운 접시
파슬리 줄기 약간
뜨겁게 데운 소스보트

양고기를 건져서 묶었던 실을 제거한 뒤 뜨겁게 데운 접시에 담습니다. 콩을 건져 물기를 뺀 뒤 고기 주위로 뿌리고, 파슬리로 장식합니다. 캐서롤 안에 남은 국물에서 기름기를 걷어내고 간을 맞추어 소스보트에 붓습니다.


**✳✳ 식탁에 내기 전 시간이 남았을 때**

양고기를 미리 조리해두고 싶다면, 고기를 연해질 때까지 푹 익힙니다. 이어 국물을 체에 걸러서 기름을 제거한 뒤 고기와 함께 다시 캐서롤에 넣습니다. 먹기 1시간 전, 캐서롤을 불에 올려 데운 다음, 뚜껑을 덮어 약 175℃로 예열된 오븐에 넣습니다. 20분 뒤 콩을 추가하고, 다시 오븐에서 고기의 중심부 온도가 약 54℃에 이를 때까지 30분쯤 더 데웁니다.

또는 고기를 다 익힐 때까지는 레시피를 따르되, 다 익은 고기를 썰어두는 방법도 있습니다. 먹기 좋게 썬 고기를 콩과 함께 내열 접시나 캐서롤에 담고, 소스를 스푼으로 조금 끼얹습니다. 뚜껑을 덮어두었다가 먹기 전 10분간 뭉근히 데워서 냅니다.


## 지고 앙 슈브뢰유(*gigot en chevreuil*)‡
### 레드 와인에 마리네이드한 양 다리

잘 숙성된 큼직한 새끼양 또는 어린 양의 다리를 와인에 며칠 동안 마리네이드하면 사슴 다리 고기와 굉장히 비슷한 맛이 납니다. 사슴고기처럼 구워서 소스 푸아브라드나 소스 슈브뢰유(sauce chevreuil)와 함께 냅니다. 이 요리에는 밤을 넣고 브레이징한 적채, 셀러리악과 감자 퓌레가 잘 어울리며, 여기에 좋은 부르고뉴 레드 와인을 곁들이면 더 좋습니다. 남은 고기를 슬라이스해서 차갑게 먹어도 맛있습니다.

양고기를 비교적 긴 시간 동안 마리네이드하면 수렵육 특유의 쿰쿰한 맛이 나는데, 이 레시피는 바로 이 맛을 내기 위한 것입니다. 따라서 마리네이드에 사용하는 채소는 반드시 익혀서 넣어야 상하지 않습니다.

## ❖ 마리나드 퀴이트(*marinade cuite*)
### 끓인 와인 마리네이드

얇게 슬라이스한 양파 1컵
얇게 슬라이스한 당근 1컵
2등분한 마늘 2쪽
올리브유 ½컵
3L 용량의 뚜껑이 있는
   법랑 소스팬

채소를 올리브유와 함께 소스팬에 넣고 뚜껑을 덮은 채 약한 불에서 색깔이 나지 않게 5분 동안 익힙니다.

숙성 기간이 길지 않은 풀바디
   레드 와인(마콩, 코트 뒤 론,
   보졸레, 부르고뉴, 키안티) 6컵
레드 와인 식초 1½컵
소금 1TS
통후추 1ts
정향 2개
파슬리 줄기 5대
월계수 잎 2장
로즈마리 1TS
주니퍼 베리(있을 경우) ½ts
   또는 진 ¼컵

익힌 채소에 와인과 식초, 기타 나머지 재료를 모두 넣고, 뚜껑을 비스듬히 덮어서 20분 동안 약하게 끓입니다. 완성한 마리네이드는 완전히 식힌 뒤에 사용합니다.

## ❖ 마리나드 오 로리에(*marinade au laurier*)

월계수 잎을 넣은, 끓이지 않은 와인 마리네이드

레드 와인 6컵
와인 식초 1½컵
올리브유 ½컵
월계수 잎 35장
소금 1TS
통후추 ½ts

이 와인 마리네이드는 끓일 필요 없이 양고기에 붓기만 하면 됩니다.

## ❖ 새끼양고기 마리네이드해서 로스팅하기

잘 숙성된 새끼양 또는 어린 양의
뒷다리 1개(3.2~3.6kg)

406~407쪽 설명대로 조리에 앞서 양고기를 손질합니다. 원할 경우
뼈를 제거해도 좋습니다.

딱 맞는 크기의 내열유리, 자기, 스테인리스, 법랑 재질의 볼이나 로
스트 전용 냄비, 양푼 등에 양고기를 담습니다. 준비한 마리네이드를
고기 위에 붓습니다. 실온에서 4~5일(냉장 보관 시 6~8일) 동안 매
일 3~4차례씩 고기를 뒤집고 마리네이드를 끼얹습니다.

고기를 건져서 철망에 얹어 30분 이상 그대로 둡니다. 로스팅하기 직
전 키친타월로 물기를 꼼꼼히 제거합니다. 410쪽 지고 드 프레살레
로티 레시피에 따라, 약 230℃의 오븐에서 15~20분 동안 기름을 끼
얹어주면서 겉을 바싹 구운 다음, 온도를 175℃로 낮추어 미디엄 레
어(고기 중심부 온도 64~65℃)로 로스팅합니다.

소스 푸아브라드나 소스 브네종(116쪽)을 함께 낼 계획이라면, 남은
양고기 마리네이드 ½컵을 소스 재료에 포함해서 만듭니다.

# 지고 아 랑글레즈(*gigot à l'anglaise*)

양파, 케이퍼 또는 토마토소스를 곁들인 삶은 양고기

프랑스 사람들은 영국 사람들이 어떤 식재료든 무조건 삶아서 조리한다는 고정관념이 있습니다. 따라서 프랑스 요리에서는 재료를 삶거나 데쳐서 단순하게 내는 음식에 항상 '아 랑글레즈(*à l'anglaise*)'라는 수식어가 붙습니다. 삶는 것은 양 다리를 맛있고 간단하게 익힐 수 있는 훌륭한 조리 방식입니다. 소금을 넣은 물에 푹 삶아서 익힌 다음, 그 물에 그대로 1시간 동안 담가두었다가 낼 수 있습니다. 하지만 이 같은 레시피에는 육질이 매우 연한 생후 3~4개월의 새끼양을 써야 하는데, 이보다 더 자란 양은 지방이 고기에 침투해서 강한 맛이 나기 때문입니다. 405~406쪽 양고기에 대한 설명을 참고하세요.

## ☞ 어울리는 채소와 와인

집에서 먹기 좋은 채소 가니시로는 양고기와 함께 1시간 동안 익힌 당근, 순무, 양파, 리크, 감자 등이 있습니다. 면포에 채소만 따로 싸서 넣으면 나중에 꺼내기가 쉽습니다. 더 격식 있는 식사를 위해서는 다음의 메뉴를 따로 만들어서 취향껏 조합하면 됩니다.

퓌레 드 나베 파르망티에(578쪽)

퓌레 드 폼 드 테르 아 라유(616쪽)

수비즈(575쪽)

슈 드 브뤼셀(538~544쪽)

껍질콩(530~536쪽)

라타투유(596쪽)

양고기에 양파 소스를 곁들이려면, 와인은 메도크 지역에서 생산된 보르도 레드를 준비합니다. 케이퍼나 토마토로 만든 소스를 함께 내려면 차갑게 냉장한 로제가 좋습니다.

## 6~8인분

| | |
|---|---|
| 제뉴인 스프링 램의 뒷다리 전체 1개(1.8~2.3kg) | 406~407쪽 설명대로 조리에 앞서 양고기를 손질합니다. 볼기를 포함한 뒷다리라면, 골반뼈를 제거합니다. |

조리용 온도계
양고기를 물에 완전히 잠기게
　할 만한 큰 냄비
냄비에 팔팔 끓인 물
물 1L당 소금 1½ts
　(물의 양에 맞추어 준비)

다리의 가장 두꺼운 부분에 온도계를 꽂고, 소금을 넣어 팔팔 끓인 소금물에 넣습니다. 물이 다시 약하게 끓기 시작할 때부터 고기 무게를 기준으로 조리 시간을 가늠하거나(고기 약 450g당 10~12분) 그냥 1시간쯤 삶아도 됩니다. 중심부 온도가 50~54℃이면 레어, 60~65℃면 미디엄으로 익은 것입니다. 조리하는 내내 물은 아주 약하게 끓어야 합니다.

[*] 냄비에서 건져낸 고기는 반드시 실온에서 20분쯤 식힌 뒤에 썹니다. 하지만 먹을 때까지 시간이 더 많이 남았다면, 고기를 냄비에서 건지지 말고 그대로 찬물을 부어서 50℃ 이하로 식힙니다. 이렇게 하면 고기가 더 이상 익지 않습니다. 이때 찬물은 물 1L당 소금 1½티스푼을 섞습니다. 이 상태로 고기를 1시간 이상 두어도 괜찮으며, 필요할 경우 가볍게 데워도 좋습니다.

다음 소스 중 1가지 3컵:
소스 오 카프르(110쪽)
소스 수비즈(108쪽)
쿨리 드 토마트 아 라 프로방살
　(124쪽)

양고기를 삶는 동안 소스를 만듭니다. 소스 오 카프르는 5분 이하, 소스 수비즈는 약 30분이면 만들 수 있고, 쿨리 드 토마트 아 라 프로방살은 끓이는 데만 1시간 30분이 걸립니다.

녹인 버터 3TS
다진 파슬리 ¼컵
뜨겁게 데운 접시
따뜻하게 데운 소스보트

준비가 끝나면 양고기를 건져서 뜨겁게 데운 접시에 담습니다. 녹인 버터를 고기 위에 끼얹고 파슬리를 뿌립니다. 소스는 따뜻하게 데운 소스보트에 담아 따로 냅니다.

# 양고기 스튜

*Ragoûts, Navarins, Haricots de Mouton*

성숙한 양은 살에 특유의 풍미가 배어 있기 때문에 프랑스에서는 스튜용 고기로 새끼양보다 성체인 양을 선호합니다. 그러나 육질이 연한 '제뉴인 스프링 램'을 활용하는 블랑케트(*blanquette*)를 제외하면, 보통 스튜에는 새끼양과 성체인 양 고기를 둘 다 쓸 수 있습니다. 라구, 나바랭, 아리코는 모두 스튜를 뜻합니다. 대다수의 언어학자들에 따르면 아리코(*baricot*)는 '무엇을 썰다'라는 뜻의 옛 프랑스어 알리코테(*balicoter*)에서 변형된 말이라고 합니다. 따라서 여기서 아리코는 콩을 뜻하지 않으며, 아리코 드 무통(*baricots de mouton*)도

콩을 넣은 양고기 스튜를 의미하지 않습니다. 스튜용 고기는 상당히 저렴한 편입니다. 이유가 궁금할 수도 있겠지만, 나바랭처럼 맛있는 요리를 쉽게 만들 수 있다는 점을 그저 고맙게 생각하면 됩니다. 그밖에 다른 양고기 스튜는 소고기 스튜와 동일한 방식으로 만들 수 있으며, 나바랭 레시피 마지막 부분에서 몇 가지를 소개하겠습니다.

## ✱✱ 알맞은 부위

스튜용 새끼양고기는 모두 같은 부위를 사용해도 좋지만, 다음과 같이 다른 부위를 섞어 쓰면 식감도 소스의 맛도 더욱 특별해집니다. 갈빗살과 다릿살로 스튜를 만들면 고기가 퍽퍽하고 질겨지므로 추천하지 않습니다. 메뉴 구성이 단출할 경우 뼈 없는 고기 약 450g이 2인분에 해당합니다. 다른 메뉴가 풍성하다면 3인분까지도 나옵니다.

*어깻살(에폴épaule, 바스 코트basse côtes)*
지방이 적은 살코기. 약간 퍽퍽합니다.

*가슴살(푸아트린poitrines)*
지방이 많고 식감이 좋습니다.

*갈비(오 드 코틀레트haut de côtelettes)*
지방이 적당하고, 뼈 특유의 풍미가 있습니다.

*목심(콜레collet)*
젤라틴 성분이 많아서 국물을 묵직하게 합니다.

## ✱✱ 손질하기

불필요한 지방과 막, 힘줄 등을 제거한 뒤 사방 약 5cm인 정육면체(무게 55~70g)로 썹니다. 고기에 뼈가 약간 붙어 있을 경우 국물에 풍미가 더해져 좋습니다. 식탁에 올릴 때는 뼈를 대부분 제거해서 내야 합니다.

## ✱✱ 조리 시간

스튜를 조리하는 데는 약 2시간이 걸립니다. 스토브에 올려 뭉근하게 끓일 수도 있지만, 사방에서 균일한 열을 공급하는 오븐에 조리하는 것이 더 좋습니다.

# 나바랭 프랭타니에(*navarin printanier*)✝
## 봄채소 양고기 스튜

나바랭 프랭타니에는 당근, 양파, 순무, 감자, 완두콩, 껍질콩 등 각종 채소를 넣어 끓인 가장 먹음직스러운 양고기 스튜로, 연한 채소가 쏟아져 나오는 봄철에 많이 먹었다고 합니다. 그러나 최근에는 냉동 기술의 발전으로 사시사철 언제든 만들 수 있기 때문에 더는 계절 음식이라고 할 수 없습니다. 냉동 완두콩과 껍질콩은 552쪽과 555쪽을 참고하세요. 이번 레시피는 유난히 긴데, 프랑스 요리의 걸작다운 나바랭을 완성하려면 세부적인 사항을 모두 준수하는 것이 중요하기 때문입니다. 다행히 특별히 어려운 단계는 하나도 없으며, 마지막에 녹색 채소를 추가하는 단계를 제외하면 모두 아침에 미리 준비해두었다가 저녁식사 직전 10~15분이면 완성할 수 있습니다.

양고기 스튜에는 따뜻한 바게트와 보졸레나 보르도 레드 와인을 곁들입니다. 로제 와인이나 마콩, 에르미타주, 또는 부르고뉴 산지의 묵직하고 드라이한 화이트 와인을 차게 한 것이 잘 어울립니다.

**6인분**

---

오븐을 약 230℃로 예열합니다.

---

스튜용 새끼양고기(레시피 앞의
  '알맞은 부위' 참고) 약 1.4kg
정제한 돼지기름 또는 식용유
  2~4TS
지름 25~30cm의 스킬릿
고기와 채소를 모두 담을 만한
  크기의 뚜껑이 있는
  직화 가능 캐서롤

고기를 사방 약 5cm인 정육면체로 썬 다음 키친타월로 물기를 제거합니다. 물기가 남아 있으면 고기를 소테할 때 색깔이 잘 나지 않습니다. 스킬릿에 기름을 넣고 매우 뜨겁게 가열합니다. 고기를 한 번에 몇 덩이씩 갈색이 나게 구워서 캐서롤에 옮겨 담습니다.

---

설탕(그래뉴당) 1TS

캐서롤에 담긴 고기에 설탕을 뿌리고, 적당히 센 불에서 3~4분 동안 살살 뒤적거려 설탕을 캐러멜화합니다. 이렇게 하면 먹음직스러운 호박색으로 변합니다.

소금 1ts
후추 ¼ts
밀가루 3TS

고기에 소금, 후추로 간을 하고, 밀가루를 고루 섞습니다. 캐서롤을 뚜껑을 덮지 않은 상태로 예열된 오븐 가운데 칸에 넣어 4~5분 동안 가열합니다. 고기를 뒤적거린 뒤 다시 오븐에서 4~5분 더 익힙니다. 이렇게 하면 고기 표면의 밀가루가 갈색으로 고루 익으면서 약간 바삭한 느낌을 낼 수 있습니다. 캐서롤을 오븐에서 꺼내고, 온도를 175℃로 낮춥니다.

브라운 램 스톡이나 브라운 비프 스톡, 통조림 비프 부용 2~3컵
잘 익은 붉은 토마토(껍질과 씨, 즙을 제거하고 약 1컵 분량의 과육만 잘게 썰어서 준비, 599쪽) 약 350g 또는 토마토 페이스트 3TS
으깬 마늘 2쪽
로즈마리 또는 타임 ¼ts
월계수 잎 1장

캐서롤 안의 기름을 따라 버립니다. 고기를 익혔던 스킬릿에 스톡 또는 부용 2컵을 붓고, 센 불로 끓이면서 바닥에 눌어붙은 육즙을 디글레이징합니다. 이 액체를 캐서롤에 붓고 몇 초간 약하게 끓이면서 캐서롤을 흔들며 국물과 밀가루를 섞습니다. 토마토 과육 또는 토마토 페이스트, 나머지 재료를 모두 넣고 1분 동안 약하게 끓입니다. 국물의 양은 고기가 겨우 잠길 정도여야 하며 부족하면 스톡을 더 붓습니다.

캐서롤의 뚜껑을 덮어서 오븐 맨 아래 칸에 넣습니다. 온도를 잘 조절해 1시간 동안 뭉근하게 끓입니다. 큰 볼 위에 체를 올리고, 캐서롤 안의 내용물을 모두 부은 다음 캐서롤을 물로 헹굽니다. 체 위의 뼛조각을 골라내고, 고기를 다시 캐서롤에 담습니다. 볼에 담긴 국물은 기름을 걷어내고 간을 맞추어 캐서롤에 도로 붓습니다. 그 뒤 다음과 같이 준비한 채소를 추가합니다.

껍질을 벗긴 '삶기용' 감자 6~12개
껍질을 벗긴 당근 6개
껍질을 벗긴 순무 6개
껍질을 벗긴 양파(지름 약 2.5cm) 12~18개

고기를 오븐에서 뭉근히 익히는 동안, 감자를 길이 약 4cm의 럭비공처럼 다듬어서 찬물에 담급니다. 당근과 순무는 4등분한 뒤 약 4cm 길이로 썹니다(인내심이 많다면 끝부분을 둥그스름하게 다듬으세요). 양파는 고르게 익도록 뿌리 쪽에 십자로 칼집을 넣어줍니다.

준비된 채소를 캐서롤 안의 고기 사이사이에 끼워 넣고 소스를 끼얹습니다. 캐서롤을 불에 올려 약한 불에 가열해 끓어오르면 뚜껑을 덮어 다시 오븐에 넣습니다. 온도를 잘 조절해 1시간 이상 계속 뭉근히 끓입니다. 고기와 채소를 포크로 찔렀을 때 부드럽게 쑥 들어가면 오븐에서 꺼냅니다. 캐서롤을 약간 기울여서 국물 표면의 기름기를 걷어내고, 다시 맛을 봐서 간을 맞춥니다.

깍지를 벗긴 완두콩 1컵
약 1cm 길이로 썬 껍질콩
　약 110g(약 1컵)
끓는 물 3L
소금 1½TS

오븐에서 스튜가 가열되는 동안 끓인 소금물에 완두콩과 껍질콩을 넣고, 뚜껑을 연 채 센 불로 약 5분 동안 또는 콩이 거의 익을 때까지 삶습니다. 불을 끄고 재빨리 체에 쏟은 뒤 찬물로 2~3분 동안 헹구어 계속 익는 것을 막고 색깔이 변하지 않도록 합니다. 필요할 때까지 한쪽에 둡니다.

[*] 이 단계까지는 미리 준비할 수 있습니다. 캐서롤은 뚜껑을 비스듬히 덮어서 한쪽에 두었다가 필요할 때 불에 올려 약하게 끓입니다.

식탁에 내기 직전, 완두콩과 껍질콩을 캐서롤 안의 다른 재료 위에 올리고 끓는 국물을 끼얹습니다. 뚜껑을 덮어서 녹색 채소가 부드럽게 익을 때까지 약 5분 동안 약한 불에서 끓입니다.

완성된 나바랭을 캐서롤째 식탁에 올리거나, 매우 뜨겁게 데운 접시에 담아서 냅니다.

앞에서 소개한 나바랭 레시피를 기본으로 다양한 양고기 스튜를 만들 수 있습니다. 완두콩과 껍질콩, 감자를 빼고, 끓는 소금을 친 물에 약간 설익게 삶은 흰 강낭콩이나 렌틸, 또는 붉은 강낭콩 통조림을 조리가 끝나기 30분 전에 추가해 양고기와 함께 푹 익히는 방법도 있습니다. 다음 여러 스튜는 소고기 스튜와 똑같은 방식으로 만들면 됩니다.

### ❖ 시베 드 무통(*civet de mouton*)
　　레드 와인, 양파, 양송이버섯, 베이컨을 넣은 양고기 스튜

391쪽 뵈프 부르기뇽 레시피를 따릅니다. 소고기는 3시간 30분~4시간 동안 뭉근히 익혀야 하지만 양고기는 2시간이면 충분합니다.

### ❖ 필라프 드 무통 아 라 카탈란(*pilaf de mouton à la catalane*)
　　쌀, 양파, 토마토를 넣은 양고기 스튜

뼈를 제거한 양의 어깨나 정강이를 이용해 397쪽 뵈프 아 라 카탈란 레시피대로 만듭니다. 소고기는 조리 시간이 3~4시간쯤 걸리지만, 양고기는 2시간이면 충분합니다.

## ❖ 도브 드 무통(*daube de mouton*)

와인, 양송이버섯, 당근, 양파, 허브를 넣은 양고기 캐서롤

뼈를 제거한 양의 어깨나 정강이를 이용해 399쪽 도브 드 뵈프 레시피대로 만듭니다. 레시피대로라면 조리 시간이 3~4시간쯤 걸리지만, 양고기는 2시간이면 충분합니다.


## ❖ 블랑케트 다뇨(*blanquette d'agneau*)

양파와 양송이버섯을 넣은 새끼양고기 스튜

생후 3~4개월의 양고기로 만든 맛있는 스튜로, 만드는 법은 송아지고기 편의 블랑케트 드 보 아 랑시엔(443쪽)과 똑같습니다.


## ❖ 램 섕크(lamb shanks)

새끼양의 앞다리 정강이

램 섕크는 프랑스어로 자레 드 드방(*jarrets de devant*)이라고 하는데, 프랑스에서는 이 부위를 어깨의 일부로 분류하여 따로 취급하지 않습니다. 이 부위는 뼈를 제거하거나 뼈가 붙은 채로 1인분에 1개씩 내며, 앞서 소개한 나바랭 프랭타니에 레시피대로 조리할 수 있습니다. (램 섕크는 고기를 갈색이 나게 구운 다음 국물을 자작하게 부어 익힌 요리로, 스튜나 프리카세와 크게 다르지 않습니다.)


# 양고기 패티
*Fricadelles d'Agneau*

신선한 양고기의 목심이나 기타 지방이 적은 부위로 만든 분쇄육에 뼈 없는 양고기용 스터핑(414~416쪽)을 섞어서 맛있는 '램'버그스테이크를 만들 수 있습니다. 마늘과 허브 스터핑을 제외한 나머지 재료와 분쇄육의 혼합 비율은 1:3 또는 1:4입니다. 이렇게 만든 양고기

패티는 375쪽부터 시작되는 햄버그스테이크 레시피대로 소테해서 같은 소스를 곁들여 냅니다.

# 무사카
*moussaka*

---

## 무사카(*moussaka*)
다진 양고기와 가지를 층층이 쌓아 구운 요리

무사카는 남은 양고기를 정교한 조리 과정을 통해 완벽하게 변신시킨 요리입니다. 구운 가지 껍질을 틀의 바닥과 벽면에 붙이고, 양고기와 가지, 양송이버섯을 섞어 양념한 혼합물을 그 안에 채워서 오븐에 굽습니다. 틀에서 빼낸 무사카는 빛나는 보랏빛 원통으로, 붉은빛의 토마토소스를 곁들여 먹습니다. 이 요리는 따뜻하게는 물론 차갑게 먹어도 맛있습니다.

　　무사카는 쌀밥이나 리소토, 버터에 버무린 껍질콩 또는 그린 샐러드와 잘 어울립니다. 와인은 마콩이나 에르미타주 같은 묵직하고 단맛이 적은 화이트 와인을 차갑게 내는 것이 좋습니다. 무사카에 토마토 샐러드와 바게트를 곁들이면 근사한 찬 요리로도 손색이 없습니다.

**8인분**

|  |  |
|---|---|
|  | 오븐을 약 205℃로 예열합니다. |
| 소스 토마트 3컵에 필요한 재료<br>　(123쪽) | 소스를 약하게 끓입니다. |
| 가지(가능하면 길이 17~20cm,<br>　무게 450g짜리 5개) 2.3kg<br>소금 1TS<br>올리브유 2TS<br>깊지 않은 로스팅팬 | 가지는 꼭지를 제거하고 길게 2등분한 다음, 껍질을 건드리지 말고 살 부분에만 칼집을 깊게 여러 번 넣습니다. 가지에 소금을 뿌려 30분 동안 그대로 둡니다. 찬물에 씻은 뒤 즙을 꽉 짜내고, 키친타월로 물기를 제거합니다. 올리브유를 문질러 바른 다음 로스팅팬에 껍질이 밑으로 가게 담습니다. 물을 약 1cm 높이까지 올라오게 붓고, 오븐 맨 위 칸에 넣어 가지가 무르게 익을 때까지 약 30분 동안 굽습니다. |

| | |
|---|---|
| 지름 23~25cm의 스킬릿<br>곱게 다진 양파 ⅔컵(85g)<br>올리브유 1TS<br>약 3L 용량의 믹싱볼 | 가지를 굽는 동안, 10~15분간 양파를 연해지되 색깔이 나지 않게 약한 불에서 올리브유에 볶습니다. 싹싹 긁어서 믹싱볼에 담습니다. |
| 곱게 다진 양송이버섯 약 220g<br>다진 셜롯 또는 골파 2TS<br>올리브유 1½TS | 양송이버섯을 1움큼씩 마른 행주에 싸서 힘껏 비틀어 즙을 짜냅니다. 즙은 소스 토마트에 섞고, 버섯은 셜롯 또는 골파와 함께 올리브유에 5분쯤 볶습니다. 버섯과 셜롯이 서로 알알이 떨어지면 믹싱볼에 담습니다. |
| 올리브유 3TS | 가지가 부드럽게 익으면 스푼으로 살만 파냅니다. 이때 껍질을 훼손하지 않도록 조심합니다. 가지 살의 절반을 잘게 썰어서 믹싱볼에 넣습니다. 나머지 절반은 깍둑썰기하거나 슬라이스한 뒤 뜨거운 올리브유에 연갈색이 나도록 재빨리 소테해서 한쪽에 둡니다. |
| 올리브유 ½ts<br>높이 약 10cm, 지름 약 18cm,<br>약 2L 용량의 원통형 틀<br>(샤를로트 추천) | 틀 안쪽에 올리브유를 칠합니다. 구운 가지 껍질을 보라색 쪽이 틀의 벽면에 맞닿도록 촘촘하게 붙입니다. 껍질의 뾰족한 끝부분은 틀 바닥의 중심부로 모이게 하고, 반대쪽 끝부분은 틀 바깥으로 늘어뜨립니다. |
| 익힌 양고기 분쇄육 2¼컵<br>소금 1ts<br>타임 ½ts<br>후추 ½ts<br>로즈마리 ½ts<br>중간 크기의 으깬 마늘 1쪽<br>걸쭉한 브라운소스 ⅔컵<br>(112~113쪽, 1번이나 2번<br>소스를 권장하지만 약식으로<br>만든 3번도 쓸 수 있음)<br>토마토 페이스트 3TS<br>달걀 3개<br>알루미늄 포일 | 오븐의 온도를 약 190℃로 조절합니다. 왼쪽의 모든 재료를 양파, 버섯, 가지가 담긴 믹싱볼에 넣고, 나무 스푼으로 세게 저어 고루 섞습니다. 맛을 보며 세심하게 간을 맞춥니다. 이 혼합물을 틀 바닥에 약 2.5cm 높이로 깔고, 그 위에 앞서 소테한 가지를 한 겹 올립니다. 계속해서 양고기 혼합물과 소테한 가지를 층층이 쌓고, 맨 위층은 양고기 혼합물로 마무리합니다. 틀 바깥쪽에 늘어져 있는 가지 껍질을 한 장씩 접어서 위쪽을 덮습니다. 알루미늄 포일로 덮개를 씌우고, 그 위에 뚜껑이나 접시를 덮습니다.<br>[*] 이 단계까지는 미리 준비할 수 있습니다. |
| 끓는 물이 담긴 큰 냄비<br>뜨겁게 데운 접시<br>소스 토마트<br>소스보트 | 틀을 끓는 물이 담긴 냄비에 넣고 오븐 맨 아래 칸에서 1시간 30분 동안 중탕합니다. 오븐에서 꺼낸 틀을 10분 동안 식힌 다음, 뜨거운 접시 위에 거꾸로 엎어서 틀만 빼냅니다. 소스 토마트 ½컵을 무사카 주위에 올리고, 나머지는 소스보트에 부어 따로 냅니다. |

# 송아지고기
## *Veau*

제대로 요리한 송아지고기는 특색 있는 맛을 자랑하며, 닭고기와 마찬가지로 다양한 향미제와 소스에 잘 어울립니다. 품질이 가장 뛰어난 것은 생후 5~12주의 젖먹이 송아지에서 얻은 고기로, 육질이 단단하고 매끈하며 결이 고운 데다 색깔은 아주 연한 분홍빛을 띱니다. 윤기가 흐르는 흰색 지방은 거의 대부분 몸통 안쪽의 콩팥 주변에 집중적으로 모여 있습니다. 송아지 뼈는 약간 붉은빛을 띠며, 톱만 갖고도 바스라지지 않고 쉽게 잘릴 만큼 연한 편입니다. 생후 12주 이상의 송아지는 요리 재료로는 더 이상 큰 매력이 없으며, 다 자란 소가 될 때까지 기다려야 합니다. 송아지는 젖을 떼고 곡물이나 풀을 먹기 시작하면 시간이 지날수록 살이 점점 더 붉은빛으로 변합니다. 그러다가 생후 12주 정도가 되면 선홍색으로 변하죠. 미국에서 시판되는 송아지고기의 상당량은 부분적으로 곡물이나 풀을 먹여 키운 것이고, 따라서 어두운 분홍에서 밝은 빨강까지 다양한 색을 띱니다. 이러한 고기도 상당히 먹을 만하지만, 젖만 먹고 자란 어린 송아지의 연한 육질과 섬세한 맛에는 결코 비할 수 없습니다. 송아지고기를 구입할 때는 색깔을 주의 깊게 살펴보는 연습을 해야 합니다. 우수한 품질의 송아지고기가 어떻게 생겼는지 확실히 알게 되면, 붉은빛을 띠는 고기는 피할 수 있을 것입니다. 유럽 사람들이 즐겨 찾는 매장에 가면 더 좋은 송아지고기를 구할 가능성이 더 커집니다.

# 송아지고기 캐서롤 로스트
## *Veau Poêlé*

송아지고기는 천연 지방으로 덮여 있지도 않고, 살코기 사이사이에 그물 모양으로 퍼진 지방의 마블링도 없습니다. 따라서 송아지고기는 향미 채소와 함께 캐서롤에 넣고 뚜껑을 덮은 채 수증기로 익혀야 촉촉하고 맛있습니다. 이 조리 방식은 미국 시장에서 가장 흔히 볼 수 있는 어두운 분홍색을 띤 송아지고기에 특히 적용하기 좋습니다.

## ** 알맞은 부위

**뼈를 제거한 송아지고기 약 450g(2~3인분) 기준**

### 라운드(*cuisseau raccourci*)

프랑스와 미국은 정형 방식이 완전히 달라, 프랑스에서 판매하는 송아지 뒷다리 부위를 미국에서 찾기란 불가능합니다. 프랑스의 송아지는 보통 생후 3~6주에 도축되는 미국의 송아지보다 더 자란 생후 5~12주에 도축되어 더 크고 성숙합니다. 따라서 뒷다리도 소와 같이 근육을 세로로 나누어, 누아(*noix*)와 수누아(*sous-noix*), 누아 파티시에르(*noix pâtissière*)로 나눕니다. 이렇게 하면 뼈가 없고 촘촘한 원통형 살코기가 나오기 때문에 익혔을 때 깔끔하게 슬라이스할 수 있습니다. 탑 라운드와 설로인 팁이 특히 별미이며, 탑 라운드는 에스칼로프용으로도 쓰입니다. 미국에서는 라운드를 결 반대로 썰어서 로스팅용이나 스테이크용 또는 에스칼로프용으로 쓰기 때문에 라운드 1조각에 탑 라운드, 바텀 라운드, 설로인 팁이 모두 들어 있습니다.

### 볼깃살(*culotte*)

이 부위는 뼈를 제거하고 고기만 돌돌 말아서 씁니다.

### 설로인(*quasi*)

역시 뼈를 제거하고 고기만 돌돌 말아서 씁니다.

### 허릿살, 등심, 콩팥을 포함한 등심(*selle, longe, rognonnade*)

송아지 등뼈에 붙은 살 부위로, 구울 때는 보통 뼈를 제거하고 고기만 돌돌 말아서 쓰며, 매우 비싼 편입니다.

### 어깨 부위(*épaule*)

뼈를 제거하고 고기만 돌돌 말아서 쓰며 앞선 부위에 비해 저렴한 편입니다. 일부 매장에서는 송아지고기의 앞다리를 아예 들여놓지 않기 때문에 구하기가 쉽지는 않습니다.

## ** 손질하기

앞선 목록에 있는 송아지고기 부위 가운데 뼈를 제거한 로스팅용 고기를 택합니다. 무게는 적어도 약 1.4kg 이상이어야 합니다. 가능하다면 고기를 실로 묶어서 지름 10~14cm의 단단한 원통 모양으로 성형합니다. 보통 미국 정육점에서는 로스팅용 고기의 윗면과 아랫면,

옆면을 얇은 돼지비계로 감싸서 팔지 않아서, 이 책에서는 끓는 물에 데친 베이컨으로 고기를 감쌀 것을 권합니다. 베이컨이 익으면서 지방이 녹아 나와 고기가 촉촉해집니다.

**✱✱ 조리 시간과 온도**

송아지고기는 항상 웰던으로 조리합니다. 즉, 붉은 기가 전혀 없는 맑은 노란색 육즙이 흐를 때까지(조리용 온도계가 약 80℃를 가리킬 때까지) 익혀야 합니다. 냉장된 고기가 아닌 말랑한 고기를 오븐에 넣었을 경우, 조리 시간은 고기 무게 약 450g당 30~40분을 기준으로 계산하는데, 고기의 두께에 따라 달라집니다.

**☞ 어울리는 채소**

*탄수화물 성분을 함유한 채소*

리소토(629쪽) 또는 오뇽 글라세 아 브룅(573쪽)

그라탱 쥐라시앵(620쪽) 또는 폼 드 테르 소테(622쪽)

*기타 채소*

레튀 브레제(581쪽), 앙디브 아 라 플라망드(586쪽), 셀리 브레제(583쪽), 콩콩브르 오 뵈르(593쪽)

에피나르 오 쥐(560쪽)

슈 드 브뤼셀 에튀베 아 라 크렘(541쪽), 슈 드 브뤼셀 아 라 밀라네즈(542쪽)

샹피뇽 소테 오 뵈르(607~610쪽)

프티 푸아 프레 아 랑글레즈(552쪽), 토마트 아 라 프로방살(601쪽)

카로트 글라세(569쪽), 오뇽 글라세 아 블랑(571쪽), 나베 글라세 아 브룅(578쪽)

**☞ 어울리는 와인**

보통 메도크 지역에서 생산된 품질 좋은 보르도 레드 와인이 가장 잘 어울립니다.

# 보 푸알레(*veau poêlé*)‡
### 송아지고기 캐서롤 로스트

아주 간단하고 맛있는 송아지고기 레시피입니다. 송아지고기를 로스팅하면 상당량의 육즙이 나오기 때문에, 1인분에 육즙 1테이블스푼 정도를 끼얹어 고기를 촉촉하게 하는 것으로 마무리하는 프랑스식 조리법을 따른다면 별도의 소스를 준비하지 않아도 됩니다.

**6인분**

오븐을 165℃로 예열합니다.

뼈를 제거하고 실로 묶어 성형한
로스팅용 송아지고기 약 1.4kg

키친타월로 고기의 수분을 꼼꼼히 제거합니다.

고기를 충분히 담을 만한 크기의
묵직한 직화 가능 캐서롤
버터 2TS
기름 2TS

캐서롤을 적당히 센 불에 올리고 버터와 기름을 뜨겁게 가열합니다. 버터의 거품이 가라앉기 시작하면, 고기를 넣고 전체적으로 노릇하게 소테합니다. 이 과정에 10~15분이 걸립니다. 소테한 고기는 접시에 옮겨 담습니다.

버터 3TS(필요시)
슬라이스한 당근 2개
슬라이스한 양파 2개
중간 크기 부케 가르니(파슬리 줄기
4대, 월계수 잎 ½장,
타임 ¼ts을 면포에 싼 것)

고기를 익힌 기름이 갈색으로 탔다면 모두 따라 버리고 새로 버터를 넣습니다. 채소와 부케 가르니를 넣고 볶다가 뚜껑을 덮은 뒤 약한 불에서 5분 동안 색깔이 나지 않게 익힙니다.

소금 ½ts
후추 ¼ts
조리용 온도계
약하게 끓는 물 1L에 10분 동안
삶은 뒤 찬물에 헹궈서 물기를
제거한 베이컨 비계 2줄
알루미늄 포일
조리용 스포이트

고기에 소금과 후추를 뿌려서 다시 캐서롤에 넣습니다. 캐서롤 안의 녹은 버터를 고기 위에 끼얹고, 온도계를 찔러 넣습니다. 데친 베이컨을 고기 위에 얹고, 알루미늄 포일로 덮개를 씌웁니다. 캐서롤을 뚜껑을 덮어 예열된 오븐 맨 아래 칸에 넣습니다. 온도를 잘 조절해 약 1시간 30분 동안 국물이 약하게 끓어오르며 고기가 뭉근하게 푹 익도록 합니다. 중간에 2~3차례 조리용 스포이트로 캐서롤 안의 육즙을 고기 위에 뿌립니다. 온도계가 약 80℃를 가리키거나, 고기를 포크로 찔렀을 때 맑은 노란색 육즙이 흘러나오면 다 익은 것입니다.

| | |
|---|---|
| 뜨겁게 데운 접시<br>소금, 후추<br>뜨겁게 데운 소스보트 | 고기를 뜨거운 접시에 옮겨서 묶었던 실을 제거합니다. 캐서롤 안에는 고기와 채소에서 흘러나온 즙이 1컵 이상 있을 것입니다. 국물 표면에 떠 있는 기름을 2테이블스푼만 남기고 모두 걷어냅니다. 캐서롤을 중간 불로 가열하면서 바닥과 벽면에 눌어붙은 육즙을 나무 스푼으로 긁어내 디글레이징하고, 채소를 으깨서 국물에 녹아들게 합니다. 국물의 양이 ¾~1컵 정도가 되도록 필요시 센 불로 졸입니다. 간을 맞추고 체에 걸러 소스보트에 붓습니다. 가니시로 준비한 채소를 고기 접시 위에 올려서 곧바로 냅니다.<br>[*] 곧바로 내지 않을 경우, 고기와 소스를 도로 캐서롤에 담고 뚜껑을 비스듬히 덮어 잔열이 남아 있는 오븐에 넣어둡니다. 이렇게 하면 최소한 30분은 따뜻함이 유지됩니다. |

## ❖ 보 푸알레 아 라 마티뇽(*veau poêlé à la matignon*)
깍둑썰기한 채소를 넣은 송아지고기 캐서롤 로스트

| | |
|---|---|
| 마데이라 와인 ⅓컵 | 보 푸알레의 기본 레시피를 따르되, 양파와 당근은 슬라이스하는 대신 사방 약 3mm 크기로 깍둑썰기합니다. 갈색으로 익힌 고기를 접시에 옮긴 다음, 새로 버터를 넣고 채소를 10분 동안 천천히 볶습니다. 이어 마데이라 와인을 붓고 수분이 거의 다 날아갈 때까지 센 불로 바짝 졸입니다. 고기를 다시 캐서롤에 넣고, 채소의 절반을 고기 위에 펼쳐서 얹고 나머지는 캐서롤 바닥에 둡니다. 계속해서 기본 레시피를 따릅니다. |
| 브라운 스톡 또는 통조림 비프<br>   부용 1컵<br>애로루트 가루 또는 옥수수 전분<br>   1TS을 마데이라 와인 2TS에 갠 것<br>선택: 깍둑썰기한 통조림 트러플<br>   1개와 통조림 국물 | 다 익은 송아지고기를 접시에 옮긴 다음, 캐서롤에 스톡 또는 부용을 붓고 5분 동안 약하게 끓입니다. 이어 부케 가르니와 베이컨을 건져내고 국물에서 기름을 걷어냅니다. 전분 혼합물과 트러플, 트러플 국물(선택)을 캐서롤에 넣고 고루 섞은 다음 5분 동안 약하게 끓인 뒤 간을 맞춥니다. 완성된 소스는 약간 걸쭉해진 상태여야 합니다. |
| 말랑한 버터 2TS<br>따뜻하게 데운 소스보트 | 불을 끄고, 식탁에 내기 전 소스에 버터를 조금씩 넣어 섞습니다. 먼저 넣은 버터가 완전히 흡수된 다음 넣어야 합니다. 소스와 채소 건더기를 한 국자씩 퍼서 고기 위에 끼얹습니다. 나머지 소스는 따뜻하게 데운 소스보트에 붓습니다. |

# 보 프랭스 오를로프(*veau prince Orloff*)

### 양파와 양송이버섯을 넣은 송아지고기 그라탱

아침에 미리 준비했다가 저녁에 다시 데워 낼 수 있어 파티용 음식으로 제격인 요리입니다. 익힌 송아지고기를 얇게 슬라이스한 뒤 사이사이에 양파와 양송이버섯을 펴 바르고, 가벼운 치즈 소스를 끼얹어두었다가 먹기 직전 노릇하게 구워내면 됩니다. 이 요리에는 브레이징한 상추나 엔다이브가 특히 잘 어울리며, 메독 지역에서 생산된 보르도 레드 와인이나 차가운 부르고뉴 화이트 와인을 함께 냅니다.

**10~12인분**

## 고기 로스팅하기

| | |
|---|---|
| 뼈를 발라서 실로 묶은 로스팅용 송아지고기 약 2.3kg | 434쪽 기본 레시피대로 갈색이 나게 익힌 고기를 캐서롤에 넣고 뚜껑을 덮은 채 약 2시간 30분 동안 로스팅합니다. 다 익은 고기는 캐서롤에서 건져서 실온에 30분쯤 두었다가, 다음의 준비를 모두 마쳤을 때 썰도록 합니다. |
| 약 1L 용량의 소스팬 | 고기를 익히는 동안 생겨난 국물을 체에 걸러서 소스팬에 담은 뒤 기름을 걷어냅니다. 센 불로 바짝 끓여서 1컵 분량으로 줄입니다. 이 국물은 나중에 소스 블루테에 섞습니다. |
| | 고기가 익는 동안 양파와 양송이버섯을 다음과 같이 준비합니다. |

## 수비즈

| | |
|---|---|
| 흰쌀 ¼컵<br>끓는 물 2L<br>소금 1TS | 쌀을 끓는 소금물에 넣고 5분 동안 끓인 뒤 물기를 뺍니다. |
| 버터 3TS<br>6~8컵 용량의 뚜껑이 있는 묵직한 직화 가능 캐서롤<br>슬라이스한 양파 약 450g(3½컵)<br>소금 ½ts | 캐서롤에 버터를 녹인 뒤 양파를 볶습니다. 양파에 버터가 완전히 코팅되면 소금 간을 하고 쌀을 넣어 같이 볶습니다. 이때 양파에서 나온 수분만으로 충분하므로 따로 물을 더 넣지 않아도 됩니다. 캐서롤의 뚜껑을 덮어 아주 약한 불에 올리거나, 오븐에서 익고 있는 고기 옆에 넣습니다. 45~60분 동안 쌀과 양파가 타지 않으면서 푹 무르게 익힙니다. |

## 양송이버섯 뒥셀 준비하기

곱게 다진 신선한 양송이버섯 220g
   (2컵)
다진 셜롯 또는 골파 3TS
버터 2TS
기름 1TS
지름 20cm의 법랑 스킬릿 또는
   바닥이 두꺼운 법랑 소스팬
소금, 후추

다진 양송이버섯을 1움큼씩 마른 행주에 싸서 꽉 비틀어 짭니다. 스킬릿에 버터와 기름을 넣고 뜨겁게 가열한 다음, 양송이버섯과 셜롯 또는 골파를 넣고 5~6분 동안 알알이 흩뜨리며 소테합니다. 간을 맞추어 한쪽에 둡니다.

---

송아지고기가 다 익으면, 다음과 같이 소스와 필링을 준비합니다.

## 걸쭉한 소스 블루테 만들기

버터 6TS
약 2L 용량의 바닥이 두꺼운
   법랑 소스팬
밀가루 8TS
나무 스푼
뜨거운 액상 재료(고기를 로스팅할
   때 나온 국물에 우유를 더한 것)
   3컵
거품기
육두구 1자밤
소금 ¼ts
후추 ⅛ts

소스팬에 버터를 녹인 뒤 밀가루를 넣고 색깔이 나지 않게 고루 저으며 2분 동안 볶습니다. 거품이 올라오면 팬을 불에서 내린 다음, 뜨거운 액상 재료를 한꺼번에 붓고 거품기로 세게 휘젓습니다. 양념을 섞고 다시 센 불에서 1분 동안 휘저으며 끓인 뒤 간을 맞춥니다. 완성된 소스 블루테의 농도는 매우 걸쭉해야 합니다.

휘핑크림 ½컵

앞서 조리한 쌀과 양파 혼합물에 이렇게 만든 소스 블루테 1컵을 붓습니다. 나머지 소스는 휘핑크림과 섞어서 약하게 끓는 물에 중탕으로 천천히 데웁니다.

## 쌀, 양파, 양송이버섯 필링 만들기

익힌 쌀과 양파 혼합물
양송이버섯 뒥셀
휘핑크림 ¼컵(필요시 추가)
소금, 후추

익힌 쌀과 양파를 체에 내리거나 블렌더로 곱게 갑니다. 이것을 양송이버섯 뒥셀에 붓고, 크림 ¼컵을 넣고 고루 휘저으면서 5분 동안 약하게 끓입니다. 농도가 스푼으로 떴을 때 모양이 유지될 만큼 되직해져야 합니다. 농도가 너무 묽다면 더 바짝 졸여서 수분을 날리고, 반대로 너무 뻑뻑하면 크림을 1테이블스푼씩 추가합니다. 간을 맞춥니다.

## 요리 완성하기

깊이 약 4cm, 길이 약 35cm의
　버터를 가볍게 칠한 내열 접시
소금, 후추
필링

송아지고기를 약 5mm 두께로 깔끔하게 슬라이스해서, 자른 순서대로 한쪽에 쌓아둡니다. 이어 접시에 다음과 같은 순서로 고기를 담습니다. 먼저 마지막에 슬라이스한 고기 조각을 접시에 올리고, 소금과 후추를 약간 뿌린 뒤 필링을 1스푼 펴 바릅니다. 이어 두번째 고기를 첫번째 고기와 절반쯤 겹치게 올리고, 소금과 후추를 뿌린 뒤 필링을 펴 바릅니다. 같은 방식으로 길쭉한 접시를 따라 고기를 올리고, 남은 필링은 고기 주변이나 위에 펴 바릅니다.

## 남은 소스 블루테 처리하기

크림 2~3TS(필요시)
강판에 간 스위스 치즈 ⅓컵

소스를 약하게 끓인 뒤 간을 맞춥니다. 소스의 농도는 스푼의 표면에 두껍게 코팅될 만큼 걸쭉해야 합니다. 단, 너무 되직하면 크림을 몇 스푼 넣어 묽게 만듭니다. 불에서 내리고 치즈를 넣어 섞습니다.

강판에 간 스위스 치즈 3TS
녹인 버터 3TS

소스를 스푼으로 떠서 고기 위에 끼얹고, 강판에 간 치즈를 뿌립니다. 이어 스푼으로 녹인 버터를 조금씩 끼얹습니다.
[*] 이 단계까지는 미리 준비할 수 있습니다. 덮개를 씌우지 말고 한쪽에 둡니다.

먹기 30~40분 전, 약 190℃로 예열된 오븐 맨 위 칸에 넣었다가 소스가 보글보글 끓고 윗면이 살짝 노릇해지면 곧바로 꺼냅니다. 자칫 지나치게 데우면 육즙이 모두 빠져서 풍미가 사라지니 주의합니다.

모든 준비가 끝나면, 접시를 잔열이 남아 있는 오븐에 넣고 문을 열어둡니다. 이렇게 하면 20~30분 동안은 요리의 온기를 유지할 수 있습니다.

---

## 보 실비(*veau sylvie*)
### 햄과 치즈를 곁들인 송아지고기 로스트

로스팅용으로 준비한 원통형 송아지고기의 한쪽 끝에서 반대쪽 끝까지 깊은 칼집을 넣어줍니다. 이어 브랜디와 마데이라 와인, 향미 채소에 마리네이드한 다음, 칼집 안에 햄과 치즈를 끼워넣고 뚜껑이 있는 캐서롤에 담아 로스팅합니다. 이렇게 조리한 고기를 슬라이스하면 햄과 치즈가 고기 안에 녹아들어간 것처럼 보입니다. 433쪽 추천 와인과 채소를 함께 곁들입니다. 이 요리는 그대로 차갑게 식혀서 먹어도 좋고, 표면에 아스픽을 입혀도 좋습니다.

프랑스식 정형 방식에 따른 송아지고기 분류에서 보 실비에 가장 적합한 부위는 탑 라운드 또는 위쪽 누아로, 이 부위는 길쭉한 원통형의 단일한 근육으로 이루어져 있습니다. 상대적으로 다루기 어려운 볼깃살, 라운드, 설로인도 이 레시피에 잘 어울립니다. 뼈를 바른 갈비 부위는 탑 라운드보다 비싸지만 가장 좋은 대체 부위입니다.

## 10~12인분

뼈를 바른 로스팅용 송아지고기
　약 2.3kg(가능하면 단일한
　근육으로 이루어진 길쭉한
　덩어리 형태로 준비)

고기에 스터핑을 채우기 위해, 고기의 한쪽 끝에서 반대쪽 끝까지 깊은 칼집을 넣어 마치 책처럼 벌립니다. 이때 고기에 2.5~4cm 간격으로 결을 따라 평행하게 칼집을 넣습니다. 고기의 밑면에서부터 약 1cm 정도는 자르지 않고 남겨둡니다. 이렇게 하면 윗면과 옆면은 열려 있지만 밑면은 붙어 있는 두툼한 고기 조각 3~4개가 생깁니다. 여러 개의 근육으로 이루어진 고기의 경우, 이렇게 칼집을 내면 몹시 지저분하고 너덜너덜해 보일 것입니다. 그러나 이후 실로 묶어서 모양을 잡으면 되니 신경 쓰지 않아도 됩니다.

코냑 ½컵
마데이라 와인 ½컵
올리브유 2TS
슬라이스한 당근 ¾컵
슬라이스한 양파 ¾컵
소금 1TS
큼직한 부케 가르니(파슬리 줄기
　6대, 월계수 잎 1장, 타임 ½ts,
　통후추 6알을 면포에 싼 것)
삶아서 약 2mm 두께로
　슬라이스한 넓적한 햄 최소 6장
약 2mm 두께로 슬라이스한 넓적한
　스위스 치즈 최소 12장
흰색 실

고기가 넉넉하게 담기는 크기의 도자기 볼을 준비하고, 재료를 모두 담아 고루 섞습니다. 여기에 고기를 담가서 마리네이드하며, 약 1시간 간격으로 고기를 뒤집고 마리네이드를 위에 충분히 끼얹어줍니다. 6시간 또는 하룻밤 뒤, 고기만 건져서 키친타월로 물기를 닦습니다. 남은 마리네이드는 버리지 말고 따로 둡니다. 고기를 칼집이 없는 쪽이 밑으로 오도록 도마 위에 놓습니다. 치즈 2장 사이에 햄 1장을 끼워 3~4조각으로 나뉜 고기 사이사이에 끼워넣습니다. 맨 끝의 고기는 치즈와 햄으로 덮지 않습니다. 벌어진 고기를 오므리고 원통형이 되도록 실로 묶어 고정합니다. 묶은 모양이 깔끔하지 않아도 고기가 익는 동안 형태가 단단히 잡히므로 신경 쓰지 않아도 됩니다. 소테할 때 색깔이 예쁘게 나도록 키친타월로 다시 고기의 물기를 꼼꼼히 닦습니다.

오븐을 약 230℃로 예열합니다.

버터 4TS

기름 2TS

고기를 충분히 담을 만한 크기의 뚜껑이 있는 직화 가능 캐서롤

조리용 스포이트

마리네이드를 체에 걸러서 액체는 따로 두고, 채소는 버터와 기름을 두른 캐서롤에 5분 동안 뭉근히 익힌 뒤 가장자리로 밀어둡니다. 불을 약간 센 불로 키웁니다. 고기를 칼집이 없는 쪽이 바닥에 닿게 넣어 5분 동안 갈색이 나게 지진 다음, 캐서롤 안의 기름을 고루 끼얹었습니다. 캐서롤은 뚜껑을 덮지 않은 채 예열된 오븐 맨 위 칸에 넣고, 고기의 윗면과 옆면에 갈색이 나도록 15분쯤 굽습니다. 중간에 4~5분 간격으로 버터와 기름을 끼얹어줍니다.

소금 ½ts

후추 ⅛ts

1L의 물에 10분 동안 약하게 삶은 뒤 찬물에 헹궈 물기를 제거한 베이컨 비계 2줄

조리용 온도계

알루미늄 포일

오븐의 온도를 약 160℃로 낮춥니다. 캐서롤을 오븐에서 꺼내 양념을 붓고 센 불로 바짝 끓여서 액체의 양을 ⅓로 줄입니다. 고기에 소금, 후추를 뿌리고, 데친 베이컨 비계를 위에 올립니다. 고기에 온도계를 꽂고 알루미늄 포일로 덮개를 씌웁니다. 캐서롤 뚜껑을 덮어 오븐 맨 아래 칸에 넣습니다. 온도를 잘 조절해 약 2시간 30분 동안, 또는 고기에 꽂은 온도계가 약 80℃를 가리킬 때까지 뭉근히 익힙니다. 중간에 3~4번쯤 캐서롤 안의 국물을 고기 위에 끼얹습니다.

434쪽 보 푸알레 레시피의 설명대로 고기를 접시에 담고, 소스를 준비합니다.

고기는 썰기 전 반드시 20분 동안 실온에 두어야 합니다. 썰 때는 모든 조각에 치즈와 햄이 들어가도록 가로로 썹니다.

# 송아지고기 스튜
### *Sauté de Veau, Blanquette de Veau*

프랑스에서 스튜용으로 가장 인기 있는 송아지고기는 연골을 포함한 가슴 부위인 탕드롱(*tendron*)입니다. 이 부위는 고기와 젤라틴이 섞여 있어서 스튜의 국물을 묵직하게 하고, 고기 자체도 익혔을 때 약간 쫄깃한 특유의 식감이 있습니다. 그러나 미국인의 입맛에는 이 특별한 부위가 그다지 만족스럽지 않을 수도 있습니다. 실제로 우리는 이 부위를 접시의 한 구석으로 밀어냄으로써 질이 낮은 고기를 먹지 않겠다는 뜻을 내비치는 손님을 보기도 했습니다. 그러므로 여러분이 대접할 미국인들의 개인적 취향을 잘 모르거나 그들의 입맛을 몸소 단련시킬 수 없다면, 다른 부위를 선택하는 게 더 현명할 것입니다. 가장 훌륭한 대안

은 뼈가 붙은 고기, 연골이 붙은 고기, 지방이 적은 고기 등 여러 부위를 섞어 쓰는 것입니다. 볼깃살, 설로인, 라운드는 약간 퍽퍽한 편이지만, 이런 고기를 더 좋아하는 사람들도 있습니다. 뼈를 제거한 고기를 사용할 경우, 토막낸 송아지뼈를 1컵 정도 넣고 함께 끓이면 스튜 국물에 무게감이 생기고 풍미도 좋아집니다.

## ** 알맞은 부위

뼈를 제거한 송아지고기는 나머지 메뉴 구성에 따라 약 450g이 2~3인분 정도 됩니다. 립이나 가슴 부위처럼 뼈가 붙은 고기는 1인분이 약 350g입니다.

> 가슴 부위(푸아트린*poitrine*, 탕드롱*tendron*)
>
> 꽃갈비(오 드 코트*haut de côtes*)
>
> 어깨 부위(에폴*épaule*)과 어깨갈비(코트 데쿠베르트*côtes découvertes*)
>
> 목심(콜레*collet*)
>
> 뒷사태(네르뵈 지트 아 라 누아*nerveux gîte à la noix*) 또는 정강이(자레*jarret*)
>
> 볼깃살, 라운드, 설로인은 적극 추천하는 부위는 아니지만 원한다면 써도 됩니다.

## ** 조리 시간

1시간 30분~1시간 45분 소요됩니다.

---

# 소테 드 보 마랭고(*sauté de veau marengo*)
### 토마토와 양송이버섯을 넣은 송아지고기 브라운 스튜

프로방스의 맛이 듬뿍 담겨 있는 단순하면서도 푸짐한 요리입니다. 쌀밥이나 면과 잘 어울리며, 완두콩이나 강낭콩과의 조화도 훌륭합니다. 와인은 차가운 로제 또는 숙성 기간이 길지 않은, 맛이 강한 화이트를 함께 냅니다. 모든 스튜와 마찬가지로 이 요리도 미리 만들어두었다가 식탁에 올리기 직전에 데워서 낼 수 있습니다.

**6인분**

오븐을 약 165℃로 예열합니다.

스튜용 송아지고기(부위는 앞의
　목록 참고) 약 1.4kg
　(크기 사방 약 5cm, 무게 약
　60g의 정육면체로 썰어서 준비)
올리브유 2~3TS(필요시 추가)
지름 25~30cm의 스킬릿
약 4L 용량의 직화 가능 캐서롤

키친타월로 고기의 수분을 꼼꼼히 제거합니다. 스킬릿에 기름을 넣고 연기가 나기 직전까지 뜨겁게 가열합니다. 고기를 한 번에 몇 조각씩 넣고 소테한 뒤 캐서롤에 옮겨 담습니다.

다진 양파 1컵

불의 세기를 중간으로 줄이고, 스킬릿에 남은 기름을 1테이블스푼만 남기고 모두 따라 버립니다. 여기에 다진 양파를 넣고 5~6분 동안 연갈색이 나게 볶습니다.

소금 1ts
후추 ¼ts
밀가루 2TS

양파를 익히는 동안 캐서롤 안의 고기에 소금과 후추를 뿌리고 뒤섞습니다. 이어 밀가루를 뿌리고 뒤섞습니다. 캐서롤을 흔들고 고기를 계속 뒤적거리며 밀가루를 묻힌 표면이 노릇해지도록 중간 불에서 3~4분 굽습니다. 불에서 내립니다.

드라이한 화이트 와인 또는
　드라이한 화이트 베르무트 2컵

양파가 담긴 스킬릿에 와인을 붓고 1분 동안 끓이면서 바닥에 눌어붙은 육즙을 디글레이징합니다. 스킬릿 안의 내용물을 모두 캐서롤에 붓습니다. 약한 불로 끓이면서 캐서롤을 흔들며 휘저어 액체와 밀가루를 고루 섞이게 합니다.

단단하고 잘 익은 붉은 토마토
　(껍질, 씨, 즙을 제거하고
　과육만 대충 썰어 1½컵 준비,
　599쪽) 약 450g 또는 통조림
　토마토(즙을 제외한 건더기만)나
　토마토퓌레(체에 내린 것) 1컵
바질 또는 타라곤 ½ts
타임 ½ts
길이 약 8cm, 폭 약 1cm의 오렌지
　필 1조각 또는 시판 오렌지 필
　가루 ½ts
으깬 마늘 2쪽
소금, 후추

캐서롤에 토마토를 넣고 잘 섞습니다. 허브, 오렌지 필, 마늘을 추가합니다. 캐서롤을 불에 올려 끓인 다음 가볍게 간을 하고, 뚜껑을 덮어 예열된 오븐 맨 아래 칸에서 1시간 15분~1시간 30분 동안 뭉근히 끓입니다. 고기를 포크로 찔렀을 때 거의 연하게 익었으면 오븐에서 꺼냅니다.

| | |
|---|---|
| 양송이버섯 약 220g<br>　(작은 것은 통째로, 큰 것은<br>　4등분해 준비) | 버섯을 캐서롤에 넣고 소스를 고루 끼얹습니다. 캐서롤을 다시 불에 올려 끓어오르면 뚜껑을 덮어 오븐에서 15분 더 익힙니다. |
| 옥수수 전분 ½TS을 물 1TS에<br>　갠 것(필요시) | 오븐에서 캐서롤을 꺼냅니다. 소스팬 위에 체를 걸쳐놓고 캐서롤 안의 내용물을 모두 붓습니다. 오렌지 필은 제거하고, 고기와 채소를 도로 캐서롤에 담습니다. 소스팬 안의 국물에서 기름을 걷어낸 뒤 센불로 바짝 끓여서 약 2½컵 분량으로 줄입니다. 소스는 약간 걸쭉해진 상태로, 진한 적갈색을 띠어야 합니다. 소스가 너무 묽으면 물에 갠 전분을 섞어 2분 동안 약하게 끓입니다. 간을 맞추고 다시 캐서롤 안의 고기 위로 붓습니다.<br>[*] 이 단계까지는 미리 준비할 수 있습니다. 캐서롤의 뚜껑을 비스듬히 덮어서 한쪽에 둡니다. |
| 다진 타라곤이나 바질 또는<br>　파슬리 2~3TS | 식탁에 내기 직전, 캐서롤의 뚜껑을 덮어 5~10분 동안 세지 않은 불에 끓입니다. 완성된 스튜는 캐서롤째 식탁에 올리거나, 고기와 채소를 소스와 함께 접시에 옮겨 담고 주위에 쌀밥이나 면을 올린 뒤 신선한 허브로 장식해서 내도 좋습니다. |

## 블랑케트 드 보 아 랑시엔(*blanquette de veau à l'ancienne*)
### 양파와 양송이버섯을 넣은 송아지고기 스튜

블랑케트 드 보는 프랑스에서 인기가 많은 스튜로, 삼삼하게 간을 한 화이트 스톡에 송아지고기를 푹 익혀낸 뒤 고기를 삶았던 스톡과 휘핑크림, 달걀노른자로 만든 진한 소스 블루테를 끼얹어서 내는 요리입니다. 블랑케트는 결코 만들기 어렵지 않으며, 크림과 달걀노른자로 소스의 걸쭉한 농도를 내는 10분 미만의 마지막 단계를 제외하고는 모든 것을 미리 만들어둘 수 있습니다. 하지만 상당히 섬세하고 고운 요리이기 때문에, 아주 연한 분홍빛을 띠는 뛰어난 품질의 송아지고기를 구하기 힘들다면 만들 생각조차 하지 말아야 합니다.

　이 요리는 쌀밥이나 면, 또는 삶은 감자나 매시트포테이토와 함께 냅니다. 이미 소스에 양송이버섯과 양파가 들어가므로 그밖에 다른 채소는 없어도 되지만, 완두콩이나 아티초크 하트, 구운 오이 정도는 곁들일 수 있습니다. 와인은 보르도-메도크산 레드나 차가운 로제가 잘 어울립니다.

## ✳✳ 불순물 제거 방법

송아지고기를 약한 불에 끓이면 엄청난 양의 회갈색 거품이 국물 위로 떠오르는데, 이 거품은 어떻게든 반드시 제거해야 합니다. 미국산 송아지고기는 대부분의 프랑스산 송아지고기보다 더 어린 송아지에서 얻은 것이기 때문에 불순물이 특히 더 많이 생기는 듯합니다. 송아지고기를 삶을 때 처음 30~40분 동안 계속 거품을 걷어내는 방법도 있고, 10분쯤 삶은 뒤 고기를 건져서 찬물에 재빨리 씻고 냄비도 헹궈낸 다음 고기를 삶았던 스톡을 체에 젖은 면포를 겹겹이 깔고 거르는 방법도 있습니다. 이후에는 레시피대로 계속 진행하면 됩니다. 이보다 더 간단한 거품 제거 방법은 다음과 같이 고기를 데치는 것입니다. 불순물을 완전히 제거하기만 하면 2가지 방법 중 어느 쪽을 택하든 상관없으므로 각자 선택하면 됩니다.

## 6인분

### 송아지고기 익히기

스튜용 송아지고기(441쪽)
    1.4kg(사방 약 5cm, 무게
    약 60g의 정육면체로 썰어서
    준비)
약 3~4L 용량의 법랑 직화 가능
    캐서롤

캐서롤에 고기를 담고 찬물을 고기 위 약 5cm 높이까지 붓습니다. 캐서롤을 가열해 2분 동안 뭉근히 끓입니다. 고기를 건져서 찬물에 재빨리 씻어내 모든 불순물을 제거합니다. 캐서롤도 깨끗이 헹굽니다. 고기를 다시 캐서롤에 담습니다.

차가운 화이트 스톡 또는 통조림
    치킨 브로스 5~6컵
정향 1개를 박은 큰 양파 1개
껍질을 벗겨서 4등분한 큰 당근
    1개
중간 크기 부케 가르니(잎을
    제외한 파슬리 줄기 8대, 월계수
    잎 ½장, 타임 ½ts, 중간 크기
    셀러리 줄기 2대를 면포에 싼 것)
소금

스톡이나 브로스를 고기 위로 약 1cm 올라오도록 붓습니다. 캐서롤을 천천히 가열해 끓이면서 몇 분 동안 거품을 걷어냅니다. 채소와 부케 가르니를 넣습니다. 스톡의 맛을 보고 필요하면 소금 간을 살짝 합니다. 뚜껑을 비스듬히 덮어 1시간 15분~1시간 30분 동안 뭉근하게 끓입니다. 고기를 포크로 찔렀을 때 부드럽게 들어가면 곧장 불을 끕니다. 고기를 지나치게 익히지 않게 주의하세요.

## 양파 익히기

껍질을 벗긴 지름 약 2.5cm의 양파
  18~24개
고기를 건져내고 캐서롤에 남은
  스톡 ½컵
소금 ¼ts
버터 1TS

블랑케트가 뭉근히 끓는 동안 양파를 준비합니다. 571쪽 오농 글라세 아 블랑 레시피대로 양파의 뿌리 쪽에 십자로 칼집을 낸 뒤 스톡, 소금, 버터와 함께 작은 소스팬에 넣고 뚜껑을 덮은 채 30~40분 동안 약한 불로 푹 익힙니다. 한쪽에 둡니다.

송아지고기가 연하게 익으면 커다란 볼을 밑에 받친 체에 캐서롤 안의 내용물을 모두 쏟아붓습니다. 뼛조각은 골라내고, 물로 깨끗이 헹군 캐서롤에 고기만 다시 담습니다. 앞서 준비한 양파를 고기 위에 가지런히 얹습니다.

## 소스 블루테(3½컵)와 양송이버섯 준비하기

8컵 용량의 바닥이 두꺼운
  법랑 소스팬
버터 4TS
밀가루 5TS
나무 스푼
고기를 익혔던 스톡 3¼컵
거품기
지름 약 2.5cm의 양송이버섯
  18~24개(기둥을 떼고 갓만
  레몬즙 1TS에 버무려서 준비)
소금, 백후추
레몬즙 1~2TS

소스팬에 버터를 녹인 뒤 밀가루를 넣고 약한 불에서 2분 동안 고루 저으며 볶습니다. 거품이 일면 불을 끄고, 스톡을 부으며 거품기로 세게 휘젓습니다. 소스를 휘저으며 가열하다가, 끓어오르면 표면에 생겨나는 막을 자주 걷어내며 10분 동안 세지 않은 불에 끓입니다. 양송이버섯 갓을 넣은 뒤, 표면의 막을 걷어가며 10분쯤 더 세지 않은 불에 끓입니다. 취향에 따라 소금, 후추로 간을 맞추고, 레몬즙을 추가합니다.

크림 또는 스톡 2TS

소스 블루테와 양송이버섯을 송아지고기 위에 붓습니다. 소스 표면에 크림 또는 스톡 2테이블스푼을 고르게 끼얹어 막이 생기는 것을 방지합니다. 캐서롤의 뚜껑을 비스듬히 덮어서 한쪽에 둡니다.
[*] 이 단계까지는 미리 준비해둘 수 있습니다.

## 소스에 크림과 달걀노른자 섞기

내기 10~15분 전, 캐서롤을 서서히 가열하며 소스를 고기 위에 끼얹습니다. 약하게 끓어오르면 뚜껑을 덮고 5분 동안 세지 않은 불에 끓인 뒤 불에서 내립니다.

달걀노른자 3개
휘핑크림 ½컵
6컵 용량의 믹싱볼
거품기

믹싱볼에 달걀노른자와 크림을 넣고 거품기로 휘저어 섞습니다. 뜨거운 소스 블루테 1컵을 1테이블스푼씩 추가하며 고루 휘젓습니다. 캐서롤을 약간 기울인 채 이 혼합물을 나머지 소스에 고루 섞으며 고기와 채소 위에 끼얹습니다.

소스가 약간 걸쭉해질 때까지 중간 불에서 캐서롤을 가볍게 흔들면서 데웁니다. 이때 끓지 않도록 주의합니다. (바로 내지 않을 경우, 소스 표면에 스톡을 1~2테이블스푼 끼얹어서 코팅해줍니다. 그다음 뚜껑을 비스듬히 덮어서 10~15분 동안 끓는 물이 아닌 뜨거운 물에 담가둡니다.)

다진 파슬리 2TS

캐서롤째 식탁에 올리거나, 가장자리에 쌀밥이나 면, 감자를 올린 접시에 옮겨 담습니다. 파슬리로 장식합니다.

# 송아지고기 에스칼로프
## *Escalopes de Veau*

프랑스식 송아지고기 에스칼로프는 뼈를 바른 고기를 약 1cm 두께로 슬라이스한 뒤 납작하게 두들겨서 약 6mm 두께로 얇게 편 것을 가리킵니다. 깔끔하고 평평한 모양의 에스칼로프를 준비하려면, 갈라지는 부분 없이 단일한 근육으로 이루어진 고깃덩이를 결 반대로 썰어야 합니다. 8분에서 10분 동안 익혀서 화려하거나 단순한 소스를 곁들여 내는 에스칼로프는 언제나 고가의 별미입니다. 에스칼로프는 빵가루나 밀가루를 입힐 수도 있지만, 그대로 팬에 굽는 편이 가장 맛있다고 생각합니다.

### ✱✱ 구입량
고기의 크기에 따라 에스칼로프 2~3조각이 1인분에 해당합니다.

### ✱✱ 품질
매우 빠른 시간 안에 조리가 끝나기 때문에 연한 분홍색에 육질이 연한 우수한 품질의 송아지고기를 구입해야 합니다. 짙은 분홍색이나 붉은 기가 도는 고기는 에스칼로프로 만들었을 때 육질이 질겨질 가능성이 큽니다.

## ** 라운드 에스칼로프

프랑스에서는 송아지 다리를 근육을 따라 세로로 자르기 때문에, 보통 탑 라운드에서 에스칼로프를 얻습니다. 이 부위는 갈라지는 부분이 없이 단일한 근육으로 이루어져 있기 때문에 익혔을 때 가장자리가 오그라들지 않습니다. 약 1cm 두께로 썬 통허벅살을 사서 직접 근육의 자연적인 모양을 따라 분리해도 같은 효과를 얻을 수 있습니다. 가장 큰 덩어리인 탑 라운드는 2등분할 수 있습니다. 홍두깨살을 포함한 바텀 라운드에서는 에스칼로프 1~2조각을 더 추출할 수 있습니다. 보통 근육이 나뉘는 부분, 뼈에서 가장 가까운 설로인 팁에서도 에스칼로프를 이상 추출할 수 있습니다. 이보다 더 작은 살덩이는 식사 테이블에서 더 먹을 수 있게 두거나, 스튜용 또는 분쇄육으로 활용할 수 있습니다.

## ** 립 에스칼로프

송아지 갈비는 다른 부위보다 더 비싸지만 다루기는 더 쉬우며, 일정한 크기의 에스칼로프를 얻을 수 있습니다. 정육점에 부탁해 송아지 갈비를 길쭉하게 잘라 뼈를 제거한 다음, 고기를 결 반대 방향으로 약 1cm 두께로 썰어달라고 하세요. 발라낸 뼈와 힘줄 등은 스톡을 끓일 때 활용합니다.

## ** 손질하기

에스칼로프를 둘러싼 투명한 근막이나 힘줄, 지방 등을 제거합니다. 이런 것이 남아 있으면 익혔을 때 고기가 오그라들 가능성이 큽니다. 손질한 에스칼로프를 유산지로 감싸고, 육류용 망치나 큰 식칼의 옆으로 눕힌 칼날 또는 밀대로 고기를 재빨리 가볍게 두들겨 약 6mm 두께로 만듭니다. 손질한 에스칼로프는 곧바로 조리하지 않을 경우 유산지에 싸서 냉장 보관합니다.

---

# 에스칼로프 드 보 아 라 크렘(*escalopes de veau à la crème*)‡
### 버섯과 크림을 곁들인 에스칼로프

이 송아지고기 에스칼로프 요리는 오찬의 메인 코스 요리로 손색이 없습니다. 손이 빠른 편이라면 30분 안에 완성할 수 있으며, 먹기 전에 5분만 데우면 되기 때문에 미리 만들어 준비해둘 수도 있습니다. 버터에 볶은 쌀밥이나 리소토, 껍질콩, 완두콩, 브레이징한 엔다이브, 그리고 차가운 부르고뉴산 화이트 와인을 함께 내면 더 좋습니다.

**6인분**

447쪽 설명대로 손질한 송아지고기
    에스칼로프 12장

키친타월로 에스칼로프의 물기를 완전히 제거합니다. 수분이 남아 있으면 소테할 때 색깔이 예쁘게 나지 않습니다.

버터 2TS와 기름 1TS
    (필요시 추가)
지름 25~30cm의 법랑 스킬릿

스킬릿에 버터와 기름을 넣고 적당히 센 불에 올립니다. 버터의 거품이 거의 다 가라앉으면, 에스칼로프 3~4장을 넣고 굽습니다. 고기를 한꺼번에 너무 많이 넣지 않도록 주의하세요. 기름이 매우 뜨겁지만 타지는 않도록 불을 잘 조절해가며 고기의 양쪽 면을 각각 1분 정도씩 소테합니다. 이때 고기에 연한 갈색이 돌고 배어나는 육즙이 분홍빛에서 노란색으로 바뀔 때까지 익혀야 합니다. 고기를 손끝으로 눌렀을 때 물컹하지 않고 탄성이 느껴지면 다 익은 것입니다. 익은 에스칼로프를 접시에 옮겨 담고, 필요할 경우 버터와 기름을 추가해서 나머지 고기를 모두 소테합니다.

다진 셜롯 또는 골파 3TS
버터 2TS(필요시)

스킬릿에 남은 기름을 2테이블스푼만 남기고 모두 따라 버립니다. 기름이 탔다면 모두 버리고, 버터 2테이블스푼을 새로 넣어 녹인 뒤 셜롯 또는 골파를 1분 동안 약한 불에 익힙니다.

드라이한 화이트 와인 ½컵 또는
    드라이한 화이트 베르무트나
    마데이라 와인 ⅓컵
브라운 스톡 또는 통조림 비프
    부용 ⅔컵
나무 스푼

스킬릿에 와인과 스톡 또는 부용을 붓고, 나무 스푼으로 바닥에 눌어붙은 육즙을 긁어냅니다. 센 불로 바짝 끓여서 액체의 양을 약 ¼컵으로 줄입니다.

휘핑크림 1½컵
애로루트 가루 또는 옥수수 전분
    ½TS를 물 1TS에 갠 것
소금, 후추

크림과 물에 갠 전분을 스킬릿에 붓고, 크림이 약간 걸쭉해질 때까지 몇 분 동안 끓입니다. 소스를 불에서 내려 소금과 후추로 간을 맞춥니다.

슬라이스한 양송이버섯 약 220g
버터 2TS
기름 1TS
소금, 후추

다른 스킬릿에 버터와 기름을 넣고 매우 뜨겁게 가열합니다. 양송이버섯을 넣고 연갈색이 날 때까지 4~5분 동안 소테합니다. 소금, 후추로 간을 하고 크림소스에 넣어 섞습니다. 1분 동안 약하게 끓인 뒤 불에서 내려 간을 맞춥니다.

| | |
|---|---|
| 소금, 후추 | 에스칼로프를 소금, 후추로 간하고 스킬릿에 담습니다. 양송이버섯과 크림소스를 끼얹습니다. |
| | [*] 이 단계까지 미리 준비할 수 있습니다. 요리가 담긴 스킬릿은 뚜껑을 비스듬히 덮어 한쪽에 둡니다. |
| | 식탁에 내기 전, 스킬릿의 뚜껑을 제대로 덮어 약하게 끓기 직전까지 4~5분 동안 가열합니다. 고기가 속까지 따뜻하게 데워지면 곧장 불에서 내립니다. 지나치게 익히지 않도록 주의합니다. |
| 뜨겁게 데운 접시 파슬리 줄기 약간 | 에스칼로프를 접시에 보기 좋게 담습니다. 크림소스와 양송이버섯을 스푼으로 떠서 고기 위에 듬뿍 올리고, 원할 경우 쌀밥이나 리소토를 고기 주위에 담습니다. 파슬리로 장식해서 냅니다. |

## ❖ 에스칼로프 드 보 아 레스트라공(*escalopes de veau à l'estragon*)

브라운 타라곤 소스를 끼얹은 에스칼로프

쌀밥, 면, 소테한 감자와 잘 어울리며 완두콩이나 껍질콩을 곁들여도 좋습니다. 보르도산 레드 와인과 함께 냅니다.

### 6인분

| | |
|---|---|
| 송아지고기 에스칼로프 12장 | 앞선 기본 레시피대로 고기를 손질해서 소테한 뒤 접시에 옮겨놓고 다음과 같이 소스를 만듭니다. |
| 다진 셜롯 또는 골파 3TS 드라이한 화이트 와인 ½컵 또는 드라이한 화이트 베르무트 ⅓컵 향긋한 타라곤(신선한 것 또는 말린 것) 1TS 브라운소스(112쪽) 또는 애로루트 가루 또는 옥수수 전분 1TS을 물 1TS에 개서 브라운 스톡이나 통조림 비프 부용 1컵에 섞은 것 | 에스칼로프를 구웠던 스킬릿에 셜롯 또는 골파를 1분 동안 볶습니다. 와인과 타라곤을 넣고 바닥에 눌어붙은 육즙을 디글레이징하고 액체가 2~3테이블스푼으로 줄어들 때까지 바짝 졸입니다. 여기에 브라운소스 또는 스톡과 전분 혼합물을 넣고 2~3분 동안 끓여서 약간 걸쭉하게 만듭니다. 간을 맞춥니다. |

| | |
|---|---|
| 소금, 후추 | 송아지고기에 소금, 후추로 가볍게 간을 한 뒤 스킬릿에 넣고 소스를 |
| 뜨겁게 데운 접시 | 끼얹습니다. 뚜껑을 덮어 끓어오르지 않게 주의하며 4~5분 동안 데 |
| 말랑한 버터 2TS | 웁니다. 고기를 건져 뜨겁게 데운 접시에 담고, 불을 끈 다음 소스에 |
| 다진 타라곤 또는 파슬리 1TS | 버터를 1테이블스푼씩 넣고 고루 저어 완전히 섞습니다. 다진 허브도 |
| | 넣어 섞습니다. 스푼으로 소스를 떠서 고기 위에 끼얹고 바로 냅니다. |

## ❖ 에스칼로프 드 보 샤쇠르(*escalopes de veau chasseur*)
양송이버섯과 토마토를 곁들인 에스칼로프

쌀밥이나 면, 볶은 감자와 함께 냅니다. 완두콩이나 껍질콩, 볶은 가지를 곁들여도 좋습니
다. 와인은 보졸레 레드나 차가운 로제가 잘 어울립니다.

### 6인분

| | |
|---|---|
| 송아지고기 에스칼로프 12장 | 앞선 레시피의 설명대로 고기를 손질해서 소테한 뒤 접시에 옮기고 |
| | 다음 소스를 준비합니다. |
| 다진 셜롯 또는 골파 ¼컵 | 고기를 소테한 스킬릿에 셜롯 또는 골파를 1분 동안 볶습니다. 여기 |
| 껍질과 씨, 즙을 제거한, 단단하고 | 에 토마토, 마늘, 각종 양념, 허브를 넣고 고루 섞은 다음 뚜껑을 덮고 |
| 잘 익은 붉은 토마토(껍질, 씨, | 5분 동안 약하게 끓입니다. 와인과 브라운소스(또는 스톡에 전분을 |
| 즙을 제거한 뒤 과육만 잘게 썬 | 섞은 것)를 붓고 센 불로 4~5분쯤 팔팔 끓여 걸쭉한 소스를 만듭니 |
| 것, 599쪽) 약 350g(1컵) | 다. 간을 맞추고 불에서 내립니다. |
| 으깬 마늘 ½쪽 | |
| 소금 ¼ts | |
| 후추 1자밤 | |
| 바질 또는 타라곤 ½ts | |
| 화이트 와인 ½컵 또는 | |
| 드라이한 화이트 베르무트 ⅓컵 | |
| 브라운소스(112쪽) ½컵 또는 | |
| 애로루트 가루나 옥수수 전분 | |
| 1TS을 물 1TS에 개서 브라운 | |
| 스톡이나 통조림 비프 부용 | |
| ½컵에 섞은 것 | |
| 슬라이스한 양송이버섯 225g | 다른 스킬릿에 버터와 기름을 넣고 아주 뜨겁게 가열한 뒤, 버섯을 소 |
| 버터 2TS | 테해서 소금, 후추로 양념합니다. 간을 맞춘 다음 토마토소스에 섞어 |
| 기름 1TS | 넣고 1분 동안 약하게 끓입니다. 다시 간을 맞춥니다. |
| 소금, 후추 | |

뜨겁게 데운 접시
다진 타라곤이나 바질 또는
　파슬리 2TS

송아지고기를 소금, 후추로 가볍게 간한 뒤 다시 스킬릿에 넣고 소스를 끼얹었습니다. 뚜껑을 덮어서 끓어오르지 않도록 주의하며 4~5분 동안 뭉근하게 데웁니다. 뜨겁게 데운 접시에 담아 허브로 장식해 냅니다.

# 송아지 갈비
## *Côtes de Veau*

송아지 갈비는 겉만 노릇하게 구운 뒤 스킬릿이나 캐서롤에서 뚜껑을 덮은 채 육즙이 분홍빛에서 노란색으로 변할 때까지 15~30분 동안 푹 익히는 단순한 방식으로 조리했을 때 가장 맛있다고 생각합니다. 특히 송아지고기는 보통 다른 재료의 맛이 배었을 때 진가를 발휘하므로 향미 채소와 허브를 넣고 브레이징하는 것이 좋습니다.

## ** 조리 전 손질하기

2.5~3cm 두께의 등심이나 갈비, 어깨갈비를 삽니다. 갈비의 위쪽에 붙은 등뼈 모서리는 반드시 잘라내야 고기를 어느 쪽으로든 최대한 납작하게 놓을 수 있습니다.

---

### 코트 드 보 오 제르브(*côtes de veau aux herbes*)‡
#### 허브를 넣고 브레이징한 송아지고기

이것은 모든 송아지 갈비에 적용할 수 있는 훌륭한 기본 레시피입니다. 낼 때는 팬에 눌어붙은 육즙으로 만든 단순한 디글레이징 소스를 끼얹을 수도 있고, 레시피 끝부분에 소개할 각종 소스 중 하나를 곁들일 수도 있습니다. 다음과 같이 조리한 송아지고기에는 소테한 감자, 브로일링한 토마토, 껍질콩, 그리고 차가운 로제 와인이 잘 어울립니다.

주의: 준비한 송아지 갈비가 2~3대 정도라면 마지막 조리 단계에서 뚜껑을 덮은 스킬릿에 넣어 스토브에 올려 익힙니다. 갈비 6대의 경우 오븐에서 끝까지 익히는 것이 더 편합니다.

**6인분**

오븐을 약 165℃로 예열합니다.

2.5cm 두께로 자른 큼직한 송아지
   갈비 6대
지름 25~30cm의 스킬릿
버터 2TS와 기름 1TS(필요시 추가)
소금, 후추
뚜껑이 있는 지름 25~30cm의
   묵직한 직화 가능 캐서롤

키친타월로 갈비의 수분을 제거합니다. 스킬릿에 버터와 기름을 넣고 뜨겁게 가열합니다. 버터의 거품이 거의 다 가라앉으면, 갈비를 한 번에 2~3대씩 넣고 양쪽 면을 3~4분씩 소테합니다. 소테한 갈비는 소금, 후추를 뿌려서 캐서롤에 서로 조금씩 겹치게 담습니다.

버터 3TS(필요시)
다진 셜롯 또는 골파 3TS
선택: 으깬 마늘 1쪽
드라이한 화이트 와인 또는
   드라이한 화이트 베르무트 ½컵
바질과 타임 섞은 것 또는
   타라곤 ½ts

스킬릿에 남은 기름을 3테이블스푼만 남기고 모두 따라 버립니다. 기름이 탔다면 모두 버리고 새로 버터를 넣습니다. 셜롯 또는 골파, 마늘(선택)을 넣고 1분 동안 천천히 볶습니다. 이어 와인과 허브를 넣고 몇 분 동안 약하게 끓이면서 스킬릿 바닥에 눌어붙은 육즙을 디글레이징합니다. 이것을 캐서롤 안의 갈비 위에 모두 붓습니다.

캐서롤을 불에 올려 국물이 약하게 끓을 때까지 가열합니다. 뚜껑을 덮고 예열된 오븐 맨 아래 칸에 넣어 15~20분 동안 익힙니다. 중간에 2~3차례 고기를 뒤집어주고 캐서롤 안의 국물을 끼얹어줍니다. 고기를 포크로 찔렀을 때 노란색 육즙이 흐르기 시작하면 다 익은 것입니다.

뜨겁게 데운 접시
스톡이나 통조림 부용 또는
   크림 ¼컵
소금, 후추
말랑한 버터 1~2TS

갈비를 뜨겁게 데운 접시에 옮겨 담습니다. 캐서롤에 스톡이나 부용, 크림을 붓고 센 불로 몇 분 동안 팔팔 끓여서 소스를 약간 걸쭉하게 졸인 뒤 간을 맞춥니다. 불을 끄고 버터를 조금씩 고루 넣어 섞습니다. 완성된 소스를 갈비 위에 부어서 냅니다.


**\*\* 식탁에 내기 전 시간이 남았을 때**

송아지 갈비는 미리 소테했다가 나중에 조리를 마무리할 수 있습니다. 조리가 끝난 갈비는 캐서롤 뚜껑을 비스듬히 덮어서 잔열이 남아 있는 오븐에 넣어두면 20분 정도 따뜻하게 보관할 수 있습니다. 이때 갈비를 지나치게 익히거나 데우면 육즙이 말라버릴 수 있으니 주의합니다.

다음에 소개할 소스 외에는 447~450쪽 송아지 에스칼로프 레시피에 나오는 양송이버섯과
크림, 토마토, 브라운 타라곤 소스 등도 곁들여 낼 수 있습니다.

| | |
|---|---|
| 소스 토마트 또는 쿨리 드 토마트<br>　아 라 프로방살(123~125쪽)<br>소스 마데르(121쪽)<br>소스 로베르(118쪽)<br>소스 뒥셀(120쪽) | 갈비를 조리하기 전, 소스 중 하나를 2컵 준비합니다. 갈비가 다 익으면 캐서롤의 갈비에 소스를 끼얹습니다. 곧바로 내지 않을 경우 한쪽에 둡니다. 내기 직전, 캐서롤의 뚜껑을 덮어 끓어오르지 않도록 주의하면서 4~5분 동안 약한 불에 다시 데웁니다. 갈비를 접시에 옮겨 담고, 불을 끈 뒤 버터 1~2테이블스푼을 캐서롤 안의 소스에 가볍게 저어 섞습니다. 소스를 갈비 위에 부어서 냅니다. |

☞ 변형 레시피

327쪽 풀레 소테 오 제르브 드 프로방스 레시피에 나온 허브와 마늘을 넣은 소스 올랑데즈
를 송아지 갈비에도 곁들일 수 있습니다. 또 323~324쪽 풀레 앙 코코트 본 팜 레시피를 참
고해, 데친 베이컨을 노릇하게 구운 라르동과 살짝 덜 익은 감자와 양파를 마지막 순서에
갈비와 함께 익혀도 좋습니다. 이때 채소는 미리 거의 무를 때까지 삶은 다음 갈비와 합쳐
서 오븐에 구워야 합니다. 다른 채소도 이와 마찬가지로, 버터에 브레이징한 당근과 아티초
크, 소테한 양송이버섯도 갈비에 추가할 수 있습니다.

## ❖ 송아지고기 스테이크

송아지고기 스테이크는 라운드나 설로인 부위를 2.5~3cm 두께로 썬 것으로, 조리 방법은
송아지 갈비와 동일합니다.

# 송아지고기 패티
*Fricadelles de Veau*

송아지고기 패티를 위한 멋진 레시피를 소개하겠습니다. 브레이징한 시금치 위에 송아지고
기 패티를 올리고, 굽거나 스터핑을 채운 토마토로 장식해서 차가운 로제 와인과 함께 내면

매력 넘치는 캐주얼한 메인 코스 요리로 손색이 없습니다. 시금치와 토마토 외에도 433쪽 어울리는 채소 목록에 나오는 것 중 몇 가지를 곁들여도 좋습니다. 분쇄육으로 쓸 수 있는 부위는 목심, 어깨, 정강이, 가슴 부위 등입니다. 고기를 갈기 전, 연골이나 힘줄, 근막, 기타 잡스러운 부분은 모두 제거해야 합니다. 또 햄 지방이나 돼지비계, 소시지 등을 항상 일정 비율로 섞어야만 패티가 퍽퍽하지 않습니다.

---

## 프리카델 드 보 아 라 니수아즈(*fricadelles de veau à la niçoise*)‡
### 토마토, 양파, 허브를 넣은 송아지고기 패티

양파, 마늘, 토마토는 간 송아지고기와 특별히 훌륭한 조화를 이룹니다. 혹시 남은 라타투유(596쪽)가 있다면, 토마토와 양파 대신 라타투유 ½컵을 넣어도 좋습니다.

**6인분**

| | |
|---|---|
| 곱게 다진 양파 ½컵<br>버터 2TS | 작은 스킬릿에 버터와 양파를 넣고 약한 불에서 8~10분 동안 무르되 색깔이 나지 않게 볶습니다. |
| 중간 크기 토마토(껍질, 즙, 씨를<br>　제거하고 과육만 썬 것, 599쪽)<br>　2개<br>으깬 마늘 1쪽<br>소금 ¼ts<br>바질 또는 타임 ½ts<br>약 3L 용량의 믹싱볼 | 토마토와 기타 재료를 모두 양파와 섞고, 뚜껑을 덮어 5분 동안 약한 불에서 익힙니다. 뚜껑을 열고 센 불에서 토마토의 수분이 거의 다 날아갈 때까지 바짝 졸입니다. 싹싹 긁어서 믹싱볼에 담습니다. |
| 건식 빵가루 1컵과 우유 ½컵<br>또는 익힌 쌀 ½컵을 송아지고기와<br>　함께 갈 것 | 토마토를 익히는 동안 빵가루를 우유에 5분 동안 불립니다. 이것을 체에 붓고 스푼으로 꾹꾹 눌러 우유를 최대한 짜냅니다. 빵가루를 믹싱볼에 추가합니다. |

지방이 적은 송아지고기
  약 450g(2컵)을 삶은 햄
  약 60g(½컵), 햄 지방 또는
  신선한 돼지비계 약 60g(½컵)과
  함께 간 것
소금 1ts
후추 ¼ts
다진 파슬리 3TS
달걀 1개
나무 스푼

고기, 양념, 파슬리, 달걀을 믹싱볼에 추가한 뒤 나무 스푼으로 세게 휘저어 고루 섞습니다. 조심스럽게 맛을 봐서 간을 맞춥니다. 이 혼합물을 6개나 12개의 공 모양 완자로 빚은 뒤, 손바닥으로 납작하게 눌러 약 1cm 두께의 패티를 만듭니다. 곧바로 익히지 않을 경우, 유산지를 덮어서 냉장 보관합니다.

체에 내린 밀가루 1컵
  (접시에 넓게 펼쳐서 준비)

패티를 소테하기 직전 밀가루옷을 가볍게 입히고 여분의 가루를 떨어냅니다.

버터 2TS와 기름 1TS을 넣은
  스킬릿 1~2개

스킬릿을 적당히 센 불에 올립니다. 버터 거품이 거의 다 가라앉으면, 패티를 넣고 양면을 각각 2~3분씩 소테합니다. 남은 기름을 따라 버린 뒤, 뚜껑을 덮은 채 15분 동안 약한 불로 더 익힙니다. 중간에 패티를 한 번 뒤집어줍니다.

뜨겁게 데운 접시

고기 패티를 따로 준비한 채소와 함께 뜨거운 접시에 담습니다. 소스를 만드는 동안 식지 않게 보관합니다.

브라운 스톡 또는 통조림 비프
  부용 ⅔컵
말랑한 버터 1~2TS

스킬릿에 남은 기름을 따라 버린 뒤, 스톡이나 부용을 붓고 센 불로 끓이면서 바닥에 눌어붙은 육즙을 디글레이징합니다. 액체의 양이 3~4테이블스푼으로 줄어들 때까지 바짝 졸입니다. 불을 끄고, 버터를 조금씩 소스에 넣어 고루 섞습니다. 완성된 소스를 패티 위에 부어서 바로 냅니다.

**＊＊ 식탁에 내기 전 시간이 남았을 때**

패티를 소테한 다음 캐서롤에 담습니다. 스킬릿에 스톡을 부어 디글레이징한 뒤 한쪽에 둡니다. 먹기 약 20~30분 전, 캐서롤을 불에 올려 고기에서 지글지글 소리가 날 때까지 가열한 다음 뚜껑을 덮어 약 165℃의 오븐에서 완전히 익힙니다. 식탁에 내기 직전에 소스를 다시 데워 버터를 넣은 뒤 잘 섞어서 패티 위에 붓습니다.

## ❖ 프리카델 드 보 아 라 크렘(*fricadelles de veau à la crème*)
크림 허브 소스를 곁들인 송아지고기 패티

타라곤 또는 바질 ½TS
드라이한 화이트 와인이나
　드라이한 화이트 베르무트 또는
　스톡 ½컵
휘핑크림 ½~¾컵
말랑한 버터 2TS
다진 타라곤, 바질 또는 파슬리
　½TS

기본 레시피대로 패티를 익혀서 뜨겁게 데운 접시에 담습니다. 패티를 소테했던 스킬릿에 타라곤이나 바질, 와인이나 스톡을 넣고 센 불로 끓이면서 바닥에 눌어붙은 육즙을 디글레이징합니다. 액체의 양이 3테이블스푼으로 줄어들 때까지 바짝 졸인 다음, 크림을 붓고 다시 바짝 끓여서 약간 걸쭉해진 상태로 만듭니다. 불을 끄고, 버터를 조금씩 고루 섞어 넣은 뒤 다진 허브를 가볍게 넣어 섞습니다. 완성된 소스를 패티 위에 붓습니다.


## ☞ 소스 변형

쿨리 드 토마트 아 라 프로방살
　(124쪽)
소스 브룅 오 핀 제르브,
　소스 브룅 아 레스트라공(118쪽)
소스 마데르(121쪽)
소스 로베르(118쪽)
소스 뒥셀(120쪽)

패티를 익힌 뒤, 스킬릿에 화이트 와인이나 화이트 베르무트 ½컵을 부어 디글레이징합니다. 이어 소스 1½~2컵을 추가해 1~2분쯤 약하게 끓입니다. 불을 끄고, 소스에 말랑한 버터 1~2테이블스푼을 고루 섞어 넣고 패티 위에 붓습니다.


## ❖ 프리카델 드 보 뒥셀(*fricadelles de veau duxelles*)
양송이버섯을 넣은 송아지고기 패티

454쪽 프리카델 드 보 아 라 니수아즈 레시피에 나오는 고기와 양파, 토마토 혼합물을 똑같이 사용합니다.

곱게 다진 양송이버섯 약 110g

양송이버섯을 1움큼씩 마른 행주에 싸서 꽉 비틀어 짭니다. 프리카델 드 보 니수아즈 레시피에서와 같이 익힌 다진 양파에 수분을 뺀 버섯을 넣고, 불을 키워서 4~5분 동안 소테합니다. 토마토를 추가하고 레시피대로 계속 진행합니다.

## ❖ 프리카델 드 보 망토네즈(*fricadelles de veau mentonnaise*)
송아지와 앤초비를 넣은 송아지고기 패티

이탈리아와 지중해 지역의 특색이 조화된 이 요리는 브레이징한 시금치와 구운 토마토, 또는 튀기거나 소테한 감자와 신선한 토마토 샐러드와 특히 잘 어울립니다.

---

통조림 참치(기름기를 빼서 으깬 것)
  ½컵
통조림 앤초비 필레(기름기를
  빼서 으깬 것) 6개 또는 앤초비
  페이스트 1TS

기본 레시피의 송아지고기 패티 혼합물에 참치와 앤초비를 섞습니다. 이후는 레시피대로 진행합니다.

## ❖ 익힌 송아지고기 분쇄육으로 만든 패티

앞서 소개한 패티 레시피 중 1가지를 따르되, 신선한 송아지고기 대신 익힌 송아지고기 분쇄육을 사용합니다. 고기가 너무 퍽퍽해지는 것을 막기 위해 패티 혼합물에 소시지 ½컵을 넣거나 햄 지방 또는 돼지비계 간 것 ¼컵을 추가합니다.

## ❖ 팽 드 보(*pain de veau*)
송아지고기 빵

앞서 소개한 송아지고기 패티 레시피 중 1가지를 따라 패티 혼합물을 준비합니다. 이것을 식빵 틀이나 수플레 틀에 눌러서 채워넣고, 그 위에 끓는 물에 데친 베이컨(56쪽) 2~3줄을 올립니다. 약 175℃의 오븐에서 1시간~1시간 30분 동안 굽습니다.

　고기가 수축되어 틀의 벽면에서 약간 떨어지고, 주변에 흐르는 육즙이 붉은 기가 전혀 없는 맑은 노란색을 띠거나 조리용 온도계가 80~85℃를 가리키면 다 익은 것입니다. 고기 빵을 틀에서 빼서 소스 토마트(123쪽)와 함께 냅니다. 차갑게 내려면, 다 익힌 고기 위에 무거운 것을 올려 압력을 가하면서 식힙니다.

# 돼지고기
*Porc*

## 마리네이드

신선한 돼지고기는 덩어리째로 로스팅하든 얇게 저며서 소테하든 상관없이, 조리 전에 마리네이드를 거치면 육질이 연해지고 더 다채로운 풍미가 생겨납니다. 마리네이드는 반드시 필요한 단계는 아니지만, 효과가 매우 뛰어나며, 마리네이드한 뒤 조리한 고기는 나중에 차갑게 식었을 때도 훨씬 먹기가 좋습니다. 마리네이드는 간단하게 소금, 허브, 향신료 등 마른 재료로만 할 수도 있고, 레몬즙 또는 와인에 식초, 허브, 향미 채소를 더한 양념을 만들어서 할 수도 있습니다.

고기를 마리네이드할 때는 반드시 도자기, 내열유리, 법랑, 스테인리스 같은 부식되지 않는 재질의 용기를 사용해야 합니다.

### ✳✳ 소요 시간

고기가 냉장 상태일 경우 최소 마리네이드 시간을 3분의 1 이상 늘려야 합니다.

| 부위 | 최소시간 | 권장시간 |
|---|---|---|
| 갈비와 스테이크 | 2시간 | 6~12시간 |
| 등심 로스트 | 6시간 | 24시간 |
| 뒷다릿살과 앞다릿살 | 2일 | 4~5일 |

---

### 마리나드 세슈(*marinade sèche*)
소금, 허브, 향신료 마리네이드

모든 신선한 돼지고기에 어울리는 마른 재료 마리네이드입니다. 육질을 연하게 할 뿐 아니라 돼지고기 본연의 맛을 살려주기 때문에 우리가 가장 선호하는 방법입니다.

**돼지고기 450g 기준**

소금 1ts
즉석에서 간 후추 ⅛ts
타임 또는 세이지 가루 ¼ts
월계수 잎 가루 ⅛ts
올스파이스 1자밤
선택: 으깬 마늘 ½쪽

모든 재료를 고루 섞어서 돼지고기 표면에 문질러 바릅니다. 볼에 담아 뚜껑을 덮어둡니다. 마리네이드 시간이 짧을 경우, 중간에 2~3번 고기를 뒤집어줍니다. 며칠 동안 마리네이드할 경우라면 매일 몇 차례씩 뒤집어야 합니다.

조리 전, 양념을 걷어내고 키친타월로 고기의 수분을 꼼꼼히 닦아줍니다.

# 마리나드 생플(*marinade simple*)
## 레몬즙과 허브 마리네이드

갈비, 스테이크, 뼈를 바른 비교적 작은 크기의 로스트에 적합합니다. 앞의 마른 양념과는 약간 다른 풍미를 고기에 더하고 싶을 때 효과적입니다.

**돼지고기 450g 기준**

소금 1ts
후추 ⅛ts
레몬즙 3TS
올리브유 3TS
파슬리 줄기 3대
타임 또는 세이지 ¼ts
월계수 잎 1장
으깬 마늘 1쪽

소금과 후추를 고기에 문질러 바릅니다. 나머지 재료를 볼에 넣어 섞은 뒤, 고기를 넣고 고루 끼얹습니다. 뚜껑을 덮고, 중간에 고기를 3~4번 뒤집어주며 양념을 끼얹습니다.

조리 전, 양념을 걷어내고 키친타월로 고기의 수분을 꼼꼼히 닦아줍니다.

# 마리나드 오 뱅(*marinade au vin*)

### 와인 마리네이드

갈비, 스테이크, 작은 크기의 로스트에도 쓸 수 있지만, 보통 뒷다릿살이나 앞다릿살을 마
리네이드할 때 많이 씁니다. 이 양념에 2~4일 동안 마리네이드한 돼지고기는 멧돼지와 비
슷한 풍미를 냅니다.

**주의:** 3일 이상 마리네이드할 경우 올리브유에 당근, 양파, 마늘을 아주 천천히 익힌 다음
레시피대로 합니다.

**돼지고기 약 1.4kg 기준**

소금 1TS

드라이한 화이트 와인 1컵 또는
   드라이한 화이트 베르무트 ⅔컵

소금을 돼지고기 표면에 문질러 바릅니다. 나머지 재료를 볼에 넣어
고루 섞은 뒤, 고기를 넣고 양념을 고루 끼얹습니다. 뚜껑을 덮고, 중
간에 고기를 서너 번 뒤집어주며 양념을 끼얹습니다.

올리브유 4TS

2등분한 마늘 3쪽

얇게 슬라이스한 당근 ½컵

얇게 슬라이스한 양파 ½컵

통후추 ½ts

월계수 잎 2장

타임 1ts

선택: 바질, 타라곤, 세이지, 민트
   각각 ¼ts, 고수 씨 5알,
   주니퍼 베리 5알

조리 전, 양념을 걷어내고 고기를 철망 위에 얹어 약 30분 동안 물기
를 뺍니다. 키친타월로 남은 물기를 꼼꼼히 닦아줍니다.

# 로스트 포크

### *Rôti de porc*

돼지고기는 보통 약 165℃의 오븐에서 덮개를 씌우지 않은 채 천천히 로스팅합니다. 이때
지방을 녹이기 위해 보통 중간에 몇 차례에 걸쳐 와인이나 스톡, 물을 1~2테이블스푼씩 끼

없습니다. 그러나 돼지고기를 먼저 뜨거운 기름에 갈색이 나게 구운 뒤, 송아지고기처럼 뚜껑이 있는 캐서롤에 넣어 익히면 육질이 훨씬 더 연하고 촉촉해집니다. 캐서롤 안의 수증기를 이용해 천천히 익히는 이 조리법은 지방을 효과적으로 녹여서 고기를 더욱 부드럽게 만들어줍니다.

### ✳✳ 준비하기

고기에서 뼈를 발라낸 뒤 마리네이드하면 양념의 맛이 더 잘 배어듭니다. 마리네이드가 끝난 뒤에는 고기를 둥글게 말아서 실로 묶습니다. 돼지고기 안쪽의 너덜너덜한 지방이나 두툼한 비곗덩어리는 물론 바깥쪽의 지방 역시 약 3mm 정도만 남기고 모두 제거합니다. 뒷다릿살이나 앞다릿살의 경우 바깥쪽의 껍질을 잘라냅니다. 이 껍질은 냉동했다가 고기를 조릴 때 넣으면 소스에 걸쭉하고 진한 무게감을 줄 수 있습니다.

### ✳✳ 알맞은 부위

뼈를 바른 돼지고기는 약 450g이 2~3인분입니다. 뼈를 포함한 돼지고기, 특히 등심을 오븐에 익힐 때는 약 350g이 1인분에 해당합니다.

**등심 부위(롱주*longe*)는 다음과 같이 나눕니다.**

#### 등심(밀리외 드 필레*milieu de filet*)

지방이 적은 살코기로, 소고기로 치면 등심과 안심이 함께 붙어 있는 포터하우스나 티본스테이크 부위에 해당합니다. 뼈를 발라서 둥글게 말지 않을 경우, 등뼈를 제거해야 나중에 자르기가 쉽습니다.

#### 갈비(카레*carré*)

지방이 적은 부위로, 소고기의 안심이 아닌 등심이 붙은 립에 해당합니다. 뼈를 발라서 둥글게 말지 않을 경우 등뼈를 제거해야 합니다.

#### 로인 엔드(푸앙트 드 필레*pointe de filet*)

소고기 우둔 부위에 해당하며 반드시 뼈를 발라야 합니다. 살코기와 지방이 적절히 섞여 있어 익혔을 때 육즙이 풍부합니다.

#### 목심(에신*échine*)

살코기와 지방이 섞여 프랑스에서 로스팅용으로 가장 선호하는 부위입니다. 어깨 쪽

참으로, 반드시 뼈를 제거해야 합니다.

**목전지(팔레트*palette*)** 살코기와 지방이 섞여 있으며 반드시 뼈를 제거해야 합니다.

**앞다릿살** 프랑스어로는 정확히 대응하는 표현이 없습니다. 일부는 팔레트이고, 일부는 장보노(*jambonneau*)입니다. 지방이 적고 반드시 뼈를 제거해야 합니다.

**뒷다릿살(장봉 프레*jambon frais*)** 지방이 적은 살코기입니다. 통째로 또는 부분적으로 살 수 있으며, 뼈를 바르는 것은 개인의 선호에 맡깁니다.

## ** 온도와 시간

돼지고기는 중심부 온도를 80~85℃ 정도로 익혔을 때 맛과 육질이 가장 훌륭하다고 생각합니다. 이때는 붉은 기가 전혀 없는 맑은 노란색 육즙이 흐르며, 고기는 분홍빛이 살짝 감도는 회색빛이 됩니다. 1919년에 공식 확인된 바에 따르면 돼지고기의 선모충은 레어 상태인 55℃(공식적으로는 58℃)까지만 익혀도 죽기 때문에, 돼지고기를 육즙이 다 빠질 때까지 바짝 익혀야 할 이유는 전혀 없습니다.

말랑한 돼지고기 한 덩이(약 1.3~3.6kg)를 중심부 온도가 82~85℃가 될 때까지 로스팅할 때 소요되는 시간은 약 450g당 30~45분입니다. 똑같은 무게라도 가늘고 길쭉한 등심은 두툼한 뒷다릿살이나 목전지보다 익히는 시간이 적게 걸리며, 보통 뼈를 제거한 고기는 뼈가 있는 고기보다 약 450g당 5~10분씩 더 소요됩니다. 조리를 마친 고기를 오븐에서 꺼내 식히려면 1시간쯤 걸리므로, 시간은 여유 있게 분배해야 합니다. 돼지고기를 약 165℃ 오븐에서 뚜껑을 덮은 채 로스팅할 때 부위별로 소요되는 시간은 다음과 같습니다.

| 부위와 무게 | 뼈가 있는 고기 | 뼈를 발라 둥글게 만 고기 |
| --- | --- | --- |
| 등심 부위 약 1.4kg | 90~105분 | 105~120분 |
| 등심 부위 약 2.3kg | 150~180분 | 180~210분 |
| 뒷다릿살 또는 앞다릿살 약 2.3kg | 약 210분 | 약 240분 |

## ☞ 어울리는 채소

*감자*

로스팅한 감자(돼지고기와 함께 조리 가능)

폼 드 테르 소테(버터 대신 돼지비계로 조리 가능, 622쪽)

퓌레 드 폼 드 테르 아 라유(616쪽)

그라탱 사부아야르(620쪽) 또는 그라탱 드 폼 드 테르 프로방살(621쪽)

*기타 채소*

포르 브레제 오 슈 루주(468쪽) 포르 브레제 아베크 슈크루트(468쪽), 모두 돼지고기
와 함께 조리 가능.

로티 드 포르 오 슈(467쪽)

슈 드 브뤼셀 에튀베 오 뵈르(540쪽), 슈 드 브뤼셀 아 라 밀라네즈(542쪽)

푸아로 그라티네 오 프로마주(588쪽), 셀리라브 브레제(584쪽)

토마트 아 라 프로방살(601쪽), 라타투유(596쪽)

오뇽 글라세 아 브룅(573쪽), 나베 글라세 아 브룅(578쪽) 모두 돼지고기와 함께 조리
가능.

칸통 로티(347~351쪽)의 사과, 체리, 복숭아, 우아 로티 오 프뤼노(357쪽)의 프룬.

☞ **어울리는 와인**

리즐링, 트라미너, 코트 뒤 론 같은 드라이한 화이트 와인이나 로제 와인을 함께 냅니다.

---

# 로티 드 포르 푸알레(*rôti de porc poêlé*)‡
### 돼지고기 캐서롤 로스트

프랑스식 오븐 돼지고기 레시피에서는 대부분 뼈를 바른 고기를 사용하기 때문에 이번 기
본 레시피에서도 뼈를 바른 고기를 쓰겠습니다. 오븐에 로스팅할 때는 등심 부위가 가장
비싸고 보기에도 가장 좋지만, 461쪽에 나열된 부위 중 하나로 대신할 수 있으며, 뼈는 제
거해도 제거하지 않아도 상관없습니다.

**6인분**

뼈를 제거한 로스팅용 돼지고기
약 1.4kg (원할 경우 소금 등으로
몇 시간 동안 마리네이드해서
준비, 458쪽)
정제 돼지기름, 비계 또는 식용유
4TS
고기를 충분히 담을 만한 묵직한
직화 가능 캐서롤

오븐을 160℃로 예열합니다. 키친타월로 고기의 수분을 완전히 제거합니다. 캐서롤에 기름을 넣고 적당히 센 불에 올립니다. 기름에서 거의 연기가 날 만큼 뜨거워졌을 때 고기를 넣고 전체적으로 갈색이 나게 소테합니다. 이 과정에 10분쯤 소요됩니다. 소테를 마친 고기는 접시에 옮겨 담습니다.

버터 2TS(필요시)
슬라이스한 양파 1개
슬라이스한 당근 1개
선택: 껍질을 벗기지 않은 마늘 2쪽
중간 크기 부케 가르니(파슬리
줄기 4대, 월계수 잎 ½장, 타임
¼ts 면포에 싼 것)

캐서롤에 남은 기름을 2테이블스푼만 남기고 모두 따라 버립니다. 기름이 탔다면 모두 따라 버리고 새 버터를 넣습니다. 채소와 마늘(선택)을 고루 섞고 부케 가르니를 넣은 뒤 뚜껑을 덮은 채 5분 동안 약한 불에 익힙니다.

조리용 스포이트

고기를 지방이 많은 면이 위로 오도록 캐서롤에 담습니다. 마리네이드하지 않은 고기라면 이때 소금과 후추 약간, 세이지 또는 타임 ½ 티스푼으로 양념합니다. 뚜껑을 덮고 고기에서 지글지글 소리가 날 때까지 가열한 다음, 예열된 오븐 맨 아래 칸에 넣어 약 2시간 동안 또는 조리용 온도계가 82~85℃를 가리킬 때까지 익힙니다. 중간에 2~3차례 조리용 스포이트를 사용해 캐서롤 안에 생긴 국물을 고기 위에 고루 끼얹습니다. 오븐의 온도를 잘 조절해 고기가 고르게 천천히 익을 수 있도록 합니다. 익으면서 고기와 채소에서 약 1컵 분량의 즙이 배어날 것입니다.

뜨겁게 데운 접시

고기가 다 익으면 뜨겁게 데운 접시에 옮겨 담고, 묶었던 실을 제거합니다.

드라이한 화이트 와인이나 스톡,
통조림 부용 또는 물 ½컵
뜨겁게 데운 소스보트

준비한 액체를 캐서롤에 붓고 2~3분 동안 약하게 끓입니다. 캐서롤을 기울인 채 기름을 1~2테이블스푼만 남기고 모두 걷어냅니다. 채소를 곱게 으깨서 국물에 섞습니다. 센 불로 바짝 끓여서 국물을 약 1컵 분량으로 졸인 뒤 체에 걸러 소스보트에 담습니다. 고기 주위로 따로 준비한 채소 가니시를 담고 소스와 함께 냅니다.

**＊＊ 식탁에 내기 전 시간이 남았을 때**

곧장 내지 않을 경우, 고기와 소스를 도로 캐서롤에 담은 뒤 뚜껑을 비스듬히 덮어서 잔열이 남은 오븐에 넣고 문을 열어둡니다. 이렇게 하면 30분 정도는 고기를 따뜻하게 보관할 수 있습니다.

### ☞ 소스 변형

돼지고기가 오븐에서 익는 동안 다음 소스 중 하나를 준비해 기름을 걷어낸 캐서롤 안의 국물과 섞어서 잠깐 약하게 끓입니다.

> 소스 디아블(117쪽)
>
> 소스 피캉트(117쪽)
>
> 소스 로베르(118쪽)
>
> 소스 푸아브라드(115쪽) 특히 와인에 마리네이드한 돼지고기와 잘 어울림.
>
> 소스 토마트(123쪽)

## ❖ 소스 무타르드 아 라 노르망드(*sauce moutarde à la normande*)

크림을 넣은 머스터드 소스

**약 2컵 분량**

| | |
|---|---|
| | 로스팅한 돼지고기를 접시에 옮겨 담고, 소스를 준비하는 10~15분 동안 식지 않게 보관합니다. |
| 체 | 캐서롤 안의 육즙을 체에 걸러서 볼에 담은 뒤 기름을 걷어냅니다. |
| 시드르 식초 ⅓컵<br>으깬 통후추 10알 | 식초와 통후추를 캐서롤에 넣고 식초의 양이 약 1테이블스푼으로 줄어들 때까지 센 불로 바짝 졸입니다. 여기에 육즙을 붓고 팔팔 끓여서 국물의 양을 약 ⅔컵으로 줄입니다. |
| 휘핑크림 1½컵<br>소금<br>물 2ts에 갠 분말 머스터드 2ts | 크림을 붓고 5분 동안 약하게 끓이면서 소금으로 간을 맞춥니다. 물에 갠 머스터드를 섞고 2~3분쯤 더 약하게 끓입니다. 소스의 농도는 스푼 표면에 가볍게 코팅될 정도여야 합니다. 간을 맞춥니다. |
| 말랑한 버터 1~2TS<br>따뜻하게 데운 소스보트 | 불을 끄고, 식탁에 내기 직전 버터를 조금씩 넣고 고루 섞습니다. 완성된 소스를 따뜻한 소스보트에 붓습니다. |

## ❖ 로티 드 포르 그랑메르(*rôti de porc grand' mère*)

감자와 양파를 넣은 돼지고기 캐서롤 로스트

양파와 감자를 돼지고기와 함께 조리하면 돼지고기 특유의 풍미가 채소에 스며듭니다.

**6인분**

| | |
|---|---|
| 뼈를 제거한 로스팅용 돼지고기 약 1.4kg(원할 경우 소금 등으로 몇 시간 동안 마리네이드해서 준비, 458쪽) | 463쪽 기본 레시피대로 뚜껑을 덮은 캐서롤에 고기를 익히되, 채소는 넣지 않습니다. 1시간 뒤 다음과 같이 준비한 양파와 감자를 넣습니다. |
| 껍질을 벗긴 지름 2.5~4cm의 양파 12~18개 | 양파 뿌리 쪽에 십자로 칼집을 낸 뒤 소금을 넣고 끓인 물에 5분 동안 삶아서 건져냅니다. |
| 작은 햇감자 또는 '삶기용' 감자 (껍질 벗겨서 약 4cm 길이의 럭비공 모양으로 다듬어 준비) 12~18개<br>스킬릿<br>정제 돼지기름 또는 식용유 2TS<br>소금<br>후추 | 소금을 넣고 끓인 물에 감자를 넣습니다. 물이 다시 끓어오르면 감자를 30초 동안 데친 다음 건져서 물기를 뺍니다. 감자를 캐서롤에 넣기 직전, 뜨거운 기름에 1~2분 동안 굴려서 연갈색이 나게 소테합니다. 소금, 후추로 간을 합니다. |
| | 돼지고기를 오븐에 넣고 1시간이 지나면 준비한 감자와 양파를 고기 주위로 올리고 캐서롤 안의 육즙을 끼얹습니다. 뚜껑을 덮고 다시 오븐에 넣어 고기를 완전히 익힙니다. 중간에 한두 번 육즙을 채소에 끼얹어줍니다. |
| 뜨겁게 데운 접시<br>다진 파슬리 1~2TS | 뜨거운 접시에 고기를 담고, 그 주위에 채소를 올린 다음 파슬리로 장식합니다. 캐서롤 안의 육즙에서 기름을 걷어낸 뒤 채소 위에 붓거나 뜨겁게 데운 소스보트에 담습니다. |

## ❖ 로티 드 포르 오 나베(*rôti de porc aux navets*)
### 순무를 넣은 돼지고기 캐서롤 로스트

돼지고기 육즙에 익힌 순무는 놀랄 만큼 맛있습니다. 만드는 법은 기본적으로 양파와 감자를 이용한 이전 레시피와 동일합니다. 순무는 껍질을 벗기고 4등분해서, 1인분에 4~6조각이 되게 합니다. 끓는 물에 2분 동안 삶은 뒤 건져냅니다. 이것을 요리가 완성되기 1시간 전에 캐서롤에 넣어 고기와 함께 익힙니다.


## ❖ 로티 드 포르 오 슈(*rôti de porc aux choux*)
### 양배추를 넣은 돼지고기 캐서롤 로스트

양배추를 좋아하는 사람들을 위한 메뉴입니다. 삶은 감자와 드라이한 알자스 와인 또는 맥주를 함께 냅니다.

### 6인분

| | |
|---|---|
| 뼈를 제거한 로스팅용 돼지고기 약 1.4kg(원할 경우 소금 등으로 몇 시간 동안 마리네이드해서 준비, 458쪽) | 463쪽 기본 레시피대로 고기를 당근, 양파, 각종 양념과 함께 뚜껑이 있는 캐서롤에 넣어 오븐에 익힙니다. 1시간 뒤, 다음과 같이 준비한 양배추를 추가합니다. |
| 폭 약 1.5cm로 슬라이스한 양배추 약 450g<br>큰 냄비<br>소금을 넣고 팔팔 끓인 물 7~8L (물 1L당 소금 1½ts 추가) | 끓는 물에 양배추를 넣고 재빨리 다시 끓어오르게 합니다. 뚜껑을 연 채로 2분 동안 익힙니다. 양배추를 건져 체에 밭치고 흐르는 찬물에 1~2분쯤 식힙니다. 물기를 완전히 빼서 한쪽에 둡니다. |
| 소금 ½ts<br>후추 ⅛ts<br>선택: 캐러웨이 씨 ½ts | 고기를 1시간쯤 익힌 뒤, 준비한 양배추를 고기 주위에 넣습니다. 소금, 후추, 캐러웨이 씨(선택)를 솔솔 뿌리고, 캐서롤 안의 국물을 고루 끼얹습니다. 뚜껑을 덮고 가열해 끓어오르면 다시 오븐에 넣어 고기를 완전히 익힙니다. 중간에 고기에서 배어난 육즙을 양배추에 몇 차례 끼얹어줍니다. |

| | |
|---|---|
| 뜨겁게 데운 접시<br>소금, 후추<br>파슬리 줄기 약간 | 고기를 뜨거운 접시에 옮겨 담습니다. 포크와 스푼으로 양배추를 건져서 물기를 어느 정도 뺀 뒤 고기 주위에 곁들입니다. 필요시 소금, 후추로 간을 맞춥니다. 캐서롤 안의 국물에서 기름을 걷어낸 뒤 양배추에 붓습니다. 신선한 파슬리 줄기로 장식합니다. |

## 포르 브레제 오 슈 루주(*porc braisé aux choux rouges*)‡
### 적채와 함께 브레이징한 돼지고기

적채는 돼지고기와 함께 브레이징하면 풍미가 더더욱 좋아집니다. 먼저 캐서롤에 적채를 넣고 3시간 동안 푹 익힌 다음, 돼지고기를 추가해 오븐에서 2시간 더 조리하면 완성됩니다.

**6인분**

| | |
|---|---|
| 슈 루주 아 라 리무진에 필요한<br>재료(원할 경우 밤을 빼도 좋지만<br>적채와 매우 잘 어울림, 589쪽) | 슈 루주 아 라 리무진 레시피대로 적채를 약 165℃의 오븐에서 3시간 동안 브레이징합니다. |
| 뼈를 제거한 로스팅용 돼지고기<br>1.4kg(원할 경우 소금 등으로<br>몇 시간 동안 마리네이드해서<br>준비, 458쪽) | 스킬릿에 돼지고기를 뜨거운 기름에 갈색이 나게 소테합니다. 적채가 담긴 캐서롤에 고기를 넣고, 뚜껑을 덮어 다시 오븐에서 고기가 완전히 익을 때까지 2시간 더 브레이징합니다. |
| 뜨겁게 데운 접시<br>소금, 후추 | 고기를 접시에 옮겨 담습니다. 적채는 수분을 빼고 고기 주위에 곁들입니다. 간을 맞춘 뒤 캐서롤 안의 국물에서 기름을 걷어내어 적채에 붓습니다. |

## ❖ 포르 브레제 아베크 슈크루트(*porc braisé avec choucroute*)
### 자우어크라우트와 함께 브레이징한 돼지고기

만드는 법은 포르 브레제 오 슈 루주와 동일하며, 적채 대신 590쪽 자우어크라우트를 넣습니다. 자우어크라우트를 3시간 동안 브레이징한 뒤, 갈색이 나게 소테한 돼지고기를 넣고 오븐에서 2시간 동안 더 익혀내면 완성입니다.

## 포르 실비(*porc sylvie*)
치즈 스터핑을 넣은 돼지고기

돼지고기 등심 부위가 책처럼 펼쳐지도록 세로로 깊은 칼집을 2~3개 넣습니다. 고기를 몇 시간 동안 마리네이드한 뒤, 스위스 치즈 슬라이스를 칼집 사이에 끼운 다음 캐서롤에 넣고 뚜껑을 덮어 익힙니다. 기본적인 조리법은 438쪽 보 실비 레시피를 따르되, 마리네이드 방법은 458~460쪽에서 선택합니다. 보 실비 레시피에 사용된 햄은 여기서는 제외합니다.

# 포크 찹과 스테이크
### *Côtes de Porc*

포크 찹과 스테이크는 두껍게 썰어서 양면을 갈색이 나게 소테한 다음, 앞의 캐서롤 로스트들처럼 캐서롤이나 스킬릿에 넣고 뚜껑을 덮은 채 익혔을 때 가장 맛있습니다.

포크 찹과 스테이크는 살 때 2.5~3cm 두께로 썰어달라고 하고, 고기에 붙은 등뼈 모서리는 평평하게 자르거나 아예 제거해달라고 해야 접시에 담을 때 어느 쪽으로든 반듯하게 놓을 수 있습니다. 바깥쪽의 지방은 조금만 남기고 모두 잘라냅니다. 최상급 찹은 센터 로인 또는 등갈비에서 추출한 것입니다. 두번째로 좋은 부위는 로인 엔드나 볼깃살, 어깨쪽 찹, 목전지의 어깨쪽 찹에서 나온 라운드 본입니다. 스테이크는 보통 앞다릿살이나 뒷다릿살에서 얻습니다.

보통 두툼한 포크 찹 1쪽이면 1인분으로 충분합니다. 스테이크는 고기 약 450g이 2~3인분에 해당합니다. 다음 레시피는 스테이크와 포크 찹에 모두 적용할 수 있기 때문에 편의상 모두 포크 찹이라고 부르겠습니다.

### ☞ 어울리는 채소와 와인
462~463쪽의 로스트 포크에 어울리는 채소 및 와인과 동일합니다.

# 코트 드 포르 푸알레(*côtes de porc poêlées*)‡

## 캐서롤에서 소테한 포크 찹

포크 찹 3~4대 또는 스테이크 2장 정도는 뚜껑이 있는 스킬릿에 넣고 스토브에 올려서 익힐 수 있습니다. 이보다 고기의 양이 더 많을 경우, 뚜껑이 있는 캐서롤에 담아 오븐에서 조리하는 편이 더 쉽습니다.

### 6인분

오븐을 약 165℃로 예열합니다.

두께 약 2.5cm의 포크 찹 6대
　(원한다면 소금, 레몬즙, 와인
　등으로 마리네이드해서 준비,
　458~460쪽)
정제 돼지기름이나 돼지비계
　또는 식용유 3~4TS
지름 25~30cm의 묵직한
　직화 가능 캐서롤

키친타월로 고기의 물기를 제거합니다. 캐서롤에 돼지기름이나 식용유를 넣고 적당히 뜨겁게 가열합니다. 고기를 한 번에 2~3대씩 넣고, 양면을 각각 3~4분 동안 갈색이 나게 굽습니다. 고기를 접시에 옮겨 담습니다.

마리네이드하지 않은 고기의 경우, 소금과 후추, 그리고 타임 또는 세이지 ¼티스푼으로 양념합니다.

버터 2TS
선택: 2등분한 마늘 2쪽

캐서롤에 남은 기름을 따라 버리고, 새 버터와 마늘(선택)을 넣습니다. 소테한 고기를 서로 조금씩 겹치게 담고 녹은 버터를 고루 끼얹습니다. 뚜껑을 덮어 고기에서 지글지글 소리가 날 때까지 가열한 뒤, 예열된 오븐 맨 아래 칸에서 25~30분 동안 익힙니다. 중간에 1~2번 고기를 뒤집어주고, 캐서롤 안의 국물을 끼얹습니다. 고기에서 붉은 기가 전혀 없는 맑은 노란색 육즙이 흐르면 다 익은 것입니다. 의심스러울 경우에는 뼈 옆에 칼집을 깊숙이 넣어서 확인합니다.

뜨겁게 데운 접시
드라이한 화이트 와인이나 드라이한
　화이트 베르무트, 브라운 스톡,
　통조림 비프 부용 또는 고기를
　마리네이드했던 양념 ½컵

고기를 따로 준비한 채소 가니시와 함께 뜨거운 접시에 담습니다. 고기를 익히는 동안 캐서롤 안에는 국물이 ½컵 정도 생겼을 것입니다. 이 국물 표면의 기름을 2테이블스푼만 남기고 모두 걷어냅니다. 캐서롤에 준비한 마리네이드 양념 ½컵을 붓고 센 불로 끓이면서 바닥에 눌어붙은 육즙을 디글레이징하고, 액체가 ½컵 정도로 줄어들 때까지 바짝 졸입니다. 맛을 보며 간을 맞추고, 완성된 소스를 고기 위에 붓습니다.

**∗∗ 식탁에 내기 전 시간이 남았을 때**

완성된 요리를 바로 내지 않을 경우, 고기를 도로 캐서롤에 넣고 소스를 끼얹은 뒤 뚜껑을 비스듬히 덮어 잔열이 남은 오븐에 넣어두면 20분 정도 따뜻하게 보관할 수 있습니다.

**☞ 소스 변형**

465쪽 소스를 선택해 쓸 수 있습니다. 다음은 포크 찹에 어울리는 또 다른 소스입니다.

## 코트 드 포르 소스 네네트(*côtes de porc sauce nénette*)
머스터드, 크림, 토마토소스를 곁들인 포크 찹

기본 레시피대로 고기를 익히는 동안, 다음과 같이 소스를 준비합니다.

| | |
|---|---|
| 휘핑크림 1½컵<br>소금 ¼ts<br>후추 1자밤 | 작은 소스팬에 크림, 소금, 후추를 넣고 분량이 1컵으로 줄어들 때까지 8~10분 동안 약하게 끓입니다. |
| 분말 머스터드 1TS<br>토마토 페이스트 2TS | 작은 볼에 분말 머스터드와 토마토 페이스트를 넣고 고루 섞습니다. 뜨거운 크림 혼합물을 붓고 거품기로 저어서 한쪽에 둡니다. |
| 다진 바질, 처빌 또는 파슬리 2TS | 다 익은 고기를 접시에 옮겨 담고, 캐서롤에 남은 국물에서 기름기를 걷어냅니다. 국물에 크림 혼합물을 붓고 3~4분 동안 약한 불로 끓입니다. 간을 맞춘 뒤, 허브를 넣고 고루 저어 고기 위에 끼얹습니다. |

**⁜ 코트 드 포르 로베르(*côtes de porc Robert*)**
 **코트 드 포르 샤르퀴티에르(*côtes de porc charcutière*)**
  신선한 토마토소스에 브레이징한 포크 찹

소테한 감자와 차가운 로제 와인이 잘 어울리는 포크 찹 요리입니다. 식탁에 올리기 직전 잘게 썬 피클과 케이퍼를 소스에 섞으면 '코트 드 포르 로베르'에서 '코트 드 포르 샤르퀴티에르'로 변신합니다.

**6인분**

| | |
|---|---|
| 두께 약 2.5cm의 포크 찹 6대 (원한다면 소금 등으로 몇 시간 동안 마리네이드해서 준비, 458쪽) 지름 25~30cm의 묵직한 직화 가능 캐서롤 | 오븐을 165℃로 예열합니다. 코트 드 포르 푸알레 레시피대로 고기를 갈색이 나게 소테해서 한쪽에 둡니다. |
| 버터 2TS 다진 양파 1컵 밀가루 1TS 잘 익은 토마토(껍질과 씨를 제거한 뒤 과육만 잘게 썬 것, 599쪽) 약 450g(1½컵) 소금 ½ts 후추 ⅛ts 세이지 또는 타임 ¼ts 으깬 마늘 큰 것 1쪽 | 캐서롤 안의 탄 기름을 따라 버리고, 새 버터를 넣어 녹입니다. 양파를 버터에 10분 동안 뭉근하게 익힙니다. 여기에 밀가루를 넣고 약한 불에서 2분 동안 더 볶은 뒤, 토마토와 기타 양념을 모두 넣고 고루 섞습니다. 뚜껑을 덮고 5분 동안 약한 불에 익힙니다. |
| 드라이한 화이트 와인 1컵 또는 드라이한 화이트 베르무트 ⅔컵 (남은 양념이 있다면 함께 섞을 것) 브라운 스톡 또는 통조림 부용 ½컵 토마토 페이스트 1~2TS | 와인과 스톡 또는 부용을 붓고 10분 동안 약한 불로 끓입니다. 간을 맞춘 뒤 토마토 페이스트를 섞어 소스의 맛과 색을 조절합니다. |
| | 고기를 미리 마리네이드하지 않았을 경우, 소금과 후추로 밑간을 한 뒤 캐서롤에 서로 조금씩 겹치게 담습니다. 토마토소스를 고기 위에 고루 끼얹습니다. [*] 이 단계까지는 미리 준비할 수 있습니다. |
| | 캐서롤의 뚜껑을 덮고 불에 올려 가열한 뒤, 끓어오르면 예열한 오븐 맨 아래 칸에 넣습니다. 온도를 잘 조절해서 고기가 완전히 익을 때까지 25~30분 동안 소스가 천천히 고르게 끓을 수 있게 합니다. |
| 뜨겁게 데운 접시 다진 바질 또는 파슬리 1~2TS | 고기를 접시에 옮겨 담습니다. 캐서롤 안의 소스에서 기름기를 걷어 내고, 농도가 약간 걸쭉해지도록 센 불로 바짝 끓입니다. 간을 맞추어 고기 위에 붓습니다. 허브를 뿌려서 바로 냅니다. |

갈색이 나게 소테한 포크 찹을 슈 루주 아 라 리무진(589쪽) 또는 슈크루트 브레제 아 랄자시엔(590쪽)가 담긴 캐서롤에 넣고 30분쯤 더 익혀서 요리를 완성할 수 있습니다. 또 데친 양파나 당근, 햇감자, 순무를 소테한 고기와 함께 캐서롤에 넣고 오븐에서 완전히 익혀도 좋습니다.

# 돼지고기 스튜
## *Ragoûts de Porc*

다음 소고기 스튜 레시피는 소고기 대신 돼지고기에도 유용합니다. 등심, 로인 엔드, 목전지 같은 지방과 살코기가 적당히 섞인 부위를 골라 뼈를 바른 뒤 스튜로 만듭니다. 조리 시간은 2시간~2시간 30분 정도로, 3시간 30분 이상 걸리는 소고기 스튜보다 빨리 완성할 수 있습니다.

    뵈프 아 라 카탈란(397쪽)
    도브 드 뵈프(399쪽)
    도브 드 뵈프 아 라 프로방살(400쪽)

# 햄
## *Jambon*

햄은 대규모 파티에 알맞은 식재료이지만, 단순히 삶거나 구운 햄 요리를 연달아 낸다면 특히 부활절이나 크리스마스 즈음에는 몹시 단조롭게 느껴질 것입니다. 여기서는 햄 요리의 품격을 높여줄 프랑스식 레시피 몇 가지를 소개하겠습니다.

## ☞ 어울리는 채소

*고전적인 조합*

에피나르 오 쥐(560쪽) 또는 에피나르 아 라 크렘(560쪽)

*기타 채소*

셀리 브레제(583쪽)나 셀리라브 브레제(584쪽) 또는 레튀 브레제(581쪽)

마롱 브레제(614쪽), 퓌레 드 마롱(614쪽)

오뇽 글라세 아 블랑(571쪽) 또는 푸아로 브레제 오 뵈르(587쪽)

매시트포테이토


## ☞ 어울리는 과일

프랑스 사람들은 햄과 과일의 조합을 그리 즐기지 않습니다. 하지만 특별히 과일을 좋아한다면, 거위 편의 357쪽에서 소개한 와인에 익힌 프룬과 347~351쪽의 오리고기와 조합한 과일들을 참고합니다.


## ☞ 어울리는 와인

보르도- 메도크나 보졸레, 마콩, 시농(*Chinon*)처럼 지나치게 묵직하지 않은 레드 와인이 가장 잘 어울립니다.


## ✳✳ 선택 요령

이번 장에서 소개할 레시피에서는 모두 가볍게 염장된 햄을 익힌 것을 사용합니다. 브레이징한 통햄 레시피에서는 구체적으로 3.6~4.5kg짜리 햄이라고 명시해두었지만, 무게가 약 450g정도 초과되어도 조리 시간 외에 달라지는 점은 없습니다. 돼지의 뒤쪽 넓적다리로 만든 햄을 통째로 구입하면 명절이나 파티의 느낌을 더 살릴 수 있습니다. 물론 반쪽짜리 햄이나 앞다릿살 햄(picnic ham), 목심으로 만든 햄을 사도 좋습니다. 이 책에서는 뼈가 붙은 햄 약 450g을 2인분으로 계산했습니다. 뼈를 바른 햄의 경우, 약 450g이 3~4인분에 해당합니다. 햄을 살 때는 껍질 또는 외피를 제거하고 바깥쪽의 지방 역시 3mm 정도만 남기고 모두 잘라냅니다. '완전 조리'된 햄은 보통 중심부 온도가 54~60℃에 이를 때까지 데워서 내면 되지만, 먼저 포크로 찔러 고기의 상태를 확인해야 합니다. 포크가 쉽게 들어가면 바로 먹어도 되며, 그렇지 않으면 햄이 연해질 때까지 더 조리해야 합니다.

# 장봉 브레제 모르방델(*jambon braisé morvandelle*)‡

## 와인에 브레이징한 햄과 양송이버섯 크림소스

햄을 향미 채소, 허브, 스톡, 와인과 함께 뚜껑이 있는 로스터에 넣고 뭉근히 데워서 다양한 풍미를 배게 한 요리입니다. 조릴 때 사용된 국물은 맛있는 소스로 간단히 변신시킬 수 있습니다.

### 16~20인분

슬라이스한 당근 약 110g

슬라이스한 양파 약 110g

버터 2TS와 기름 1TS 또는 정제한
　햄 기름 3TS

햄이 딱 맞게 들어가는 크기의
　뚜껑이 있는 묵직한 로스터
　또는 직화 가능 캐서롤

오븐을 약 165℃로 예열합니다. 로스터나 캐서롤에 버터와 기름 또는 햄 기름을 넣고 채소를 살짝 노릇해질 때까지 10분쯤 볶습니다.

껍질과 잉여 지방을 제거한 완전
　조리된 햄 또는 앞다릿살
　3.6~4.5kg

파슬리 줄기 6대

월계수 잎 1장

통후추 6알

타임 ½ts

정향 3알

부르고뉴산 화이트 와인 (샤블리
　또는 푸이퓌이세) 4컵 또는
　드라이한 화이트 베르무트 3컵

화이트 스톡이나 브라운 스톡 또는
　통조림 비프 부용 4~6컵

볶은 채소 위에 햄을 지방이 많은 쪽이 위로 오도록 놓습니다. 이어 나머지 재료를 모두 넣고 불에 올려 가열한 다음, 끓어오르면 뚜껑을 덮어 예열된 오븐의 가운데 칸에 넣습니다. 온도를 잘 조절해 냄비 안의 액체가 2시간 동안 계속 뭉근히 끓을 수 있게 합니다. 20분에 한 번씩 햄 위에 국물을 고루 끼얹어줍니다. 꼬챙이나 뾰족한 포크로 가장 두꺼운 부분을 찔렀을 때 부드럽게 들어가면 고기가 다 익은 것입니다.

### 선택: 햄 글레이징하기

셰이커에 담긴 슈거 파우더

얕은 로스팅팬과 철망

다 익은 햄을 냄비에서 건져냅니다. 햄 표면에 윤기를 더하는 글레이징 작업을 원한다면, 햄의 윗면과 옆면에 슈거 파우더를 가볍게 뿌린 뒤 로스팅팬 위의 철망에 올려놓습니다. 약 230℃로 예열한 오븐 맨 위 칸에 햄을 넣고 연갈색이 날 때까지 10~15분 동안 굽습니다. 국물을 끼얹어줄 필요는 없습니다.

오븐에서 꺼낸 햄을 실온에 20~30분 동안 두었다가 썹니다. 더 오래 기다려야 할 경우, 잔열이 남은 오븐에 다시 넣고 문을 열어두면 1시간 정도 따뜻하게 보관할 수 있습니다. 햄을 조릴 때 나온 국물로 다음과 같이 소스를 만듭니다.

## 크림 양송이버섯 소스 만들기

슬라이스한 양송이버섯 약 900g
버터 3TS
기름 1TS
다진 셜롯 또는 골파 3TS
커다란 법랑 스킬릿
소금, 후추

마른 행주로 양송이버섯의 수분을 제거합니다. 뜨거운 버터와 기름에 버섯을 넣고 연한 갈색이 날 때까지 5~6분 동안 소테합니다. 셜롯 또는 골파를 넣고 1분 동안 더 소테합니다. 간을 맞추어 둡니다.

햄을 브레이징한 국물
마르 드 부르고뉴(marc de bourgogne)나 마데이라 와인 또는 포트와인 ¼컵
약 2.5L 용량의 법랑 소스팬
밀가루 4TS와 말랑한 버터 4TS을 고루 섞은 것
휘핑크림 2~3컵

햄을 브레이징한 국물에서 기름기를 제거합니다. 센 불로 바짝 끓여서 국물의 양을 약 3컵으로 줄이고 맛을 응축합니다. 여기에 마르 드 부르고뉴나 와인을 붓고 1~2분쯤 약하게 끓여서 알코올 성분을 날립니다. 체에 걸러 소스팬에 옮겨 담은 뒤 밀가루와 버터 혼합물을 고루 섞습니다. 크림 2컵과 소테한 양송이버섯을 넣어 잘 휘젓습니다. 5분 동안 약하게 끓여서 스푼 표면에 가볍게 코팅될 정도의 농도로 만듭니다. 소스가 너무 걸쭉하면 크림을 더 넣어 섞습니다. 세심하게 맛을 보며 간을 맞춥니다.
[*] 바로 내지 않을 경우, 소스 표면이 굳지 않도록 크림 1테이블스푼을 끼얹은 뒤 덮개를 씌우지 말고 한쪽에 두었다가 식탁에 내기 직전에 다시 데웁니다.

## 크림 양송이버섯 소스(달걀노른자 포함) 만들기

슬라이스한 양송이버섯 약 900g
버터 3TS
기름 1TS
다진 셜롯 또는 골파 3TS
햄을 브레이징한 국물
마르 드 부르고뉴나 마데이라 와인 또는 포트와인 ¼컵
약 2.5L 용량의 법랑 소스팬

앞선 소스와 똑같이 양송이버섯을 버터와 기름에 소테하다가 마지막에 셜롯 또는 골파를 넣고 살짝 더 볶습니다. 햄을 브레이징한 국물에서 기름기를 제거한 뒤 센 불로 끓여 약 3컵 분량으로 졸이고, 마르 드 부르고뉴나 와인을 붓고 잠시 더 약하게 끓입니다. 체에 걸러 소스팬에 옮겨 담고, 소테한 버섯을 넣어 5분 동안 약한 불에 끓입니다.

달걀노른자 5개
옥수수 전분 1ts(소스 분리 방지용)
약 2L 용량의 믹싱볼
거품기
휘핑크림 2컵

나무 스푼
휘핑크림 ½~1컵
따뜻하게 데운 소스보트

믹싱볼에 달걀노른자와 옥수수 전분을 넣고 거품기로 잘 휘저어 섞습니다. 여기에 크림을 붓고 고루 저은 다음, 소스팬에 담긴 뜨거운 액체를 약 1½컵만 조금씩 천천히 넣어 섞습니다. 이 혼합물을 다시 소스팬에 붓습니다.
[*] 이 단계까지는 미리 준비할 수 있습니다.

식탁에 내기 직전, 소스팬을 중간 불에 올려서 소스가 약간 걸쭉해질 때까지 나무 스푼으로 저어가며 가열합니다. 이때 소스의 온도가 약 74℃를 넘어서면 달걀노른자가 분리될 수 있으므로, 이 온도에 가까워지지 않도록 불을 잘 조절해야 합니다. 소스가 너무 되직해 보이면 크림을 몇 스푼 더 넣어 섞습니다. 소스의 농도는 스푼 표면에 가볍게 코팅될 정도여야 합니다. 세심하게 맛을 보며 간을 맞춘 뒤 따뜻하게 데운 소스보트에 부어 곧장 냅니다.

## ❖ 장봉 브레제 오 마데르(*jambon braisé au madère*)
마데이라 와인에 조린 햄

마데이라 와인과 햄이 이루어내는 맛의 조합은 예전부터 프랑스에서 사랑받아왔습니다. 이 요리에는 스톡에 브레이징한 시금치와 브로일링하거나 스터핑을 채운 양송이버섯, 그리고 보르도-메도크산 레드 와인이 잘 어울립니다.

**16~20인분**

슬라이스한 양파 1컵
슬라이스한 당근 1컵
버터 2TS
기름 1TS
뚜껑이 있는 로스터
껍질과 잉여 지방을 제거한 완전히
  조리된 햄 3.6~4.5kg
마데이라 와인 2컵
스톡 또는 통조림 비프 부용 3컵
파슬리 줄기 6대
월계수 잎 1장
타임 ½ts
셰이커에 담긴 슈거 파우더

앞선 기본 레시피를 따라 오븐을 약 165℃로 예열합니다. 로스터에 버터와 기름을 넣고 채소를 연갈색이 나게 볶습니다. 햄을 추가하고, 와인과 스톡 또는 부용, 허브를 넣습니다. 냄비를 불에 올려 가열해 끓기 시작하면 뚜껑을 덮어 예열된 오븐에서 2시간~2시간 30분 동안 아주 천천히 익힙니다. 이때 20분에 한 번씩 햄에 국물을 끼얹어 줍니다. 햄이 부드럽게 익으면, 기본 레시피의 설명대로 슈거 파우더로 글레이징 작업을 합니다.

햄을 조린 국물에서 기름기를 제거한 뒤 센 불로 바짝 끓여서 3컵 분량으로 졸입니다. 체에 걸러 소스팬에 옮겨 담습니다.

| | |
|---|---|
| 애로루트 가루(소스를 뿌옇게 만들지 않아 옥수수 전분보다 더 좋음) 3TS<br>차가운 스톡이나 와인 또는 트러플즙 2TS<br>잘게 썬 통조림 트러플 2~3개와 통조림 트러플 국물 또는 뒥셀(610쪽) ½컵 | 애로루트 가루를 차가운 액상 재료에 잘 개서 소스팬에 담긴 뜨거운 국물과 고루 섞습니다. 여기에 트러플이나 양송이버섯 뒥셀을 넣고 5분 동안 약하게 끓인 뒤 간을 맞춥니다. 이때 소스의 농도는 아주 살짝만 걸쭉해진 정도로, 이후 버터를 추가하면 무게감과 풍미가 좋습니다. |
| 말랑한 버터 3TS<br>따뜻하게 데운 소스보트 | 낼 준비가 되면 소스를 다시 데웁니다. 불에서 내려 버터를 조금씩 고루 섞은 뒤 따뜻하게 데운 소스보트에 붓습니다. |

---

# 장봉 파르시 에 브레제(*jambon farci et braisé*)‡
## 양송이버섯을 채워서 브레이징한 햄

중요한 저녁식사에 어울리는 멋진 요리로, 슬라이스한 햄 사이사이에 스터핑을 넣은 뒤 마데이라 와인을 붓고 브레이징해서 완성합니다.

**12~14인분**

| | |
|---|---|
| 신선한 양송이버섯 약 900g<br>버터 3TS<br>기름 1TS<br>다진 셜롯 또는 골파 ½컵 | 양송이버섯을 손질해서 씻습니다. 버섯을 다진 다음 1움큼씩 마른 행주에 싸서 물기를 꽉 비틀어 짭니다. 버터와 기름을 두른 팬에 버섯과 셜롯 또는 골파를 넣고 서로 알알이 떨어질 때까지 8~10분 동안 천천히 볶습니다. |
| 마데이라 와인 또는 포트와인 ¼컵 | 소테한 버섯에 와인을 붓고 수분이 거의 다 날아갈 때까지 센 불로 바짝 졸입니다. |

소금, 후추
푸아그라 무스 또는 거위 간 무스
　　(보통 거위의 간으로 만든
　　무스는 푸아그라보다 훨씬
　　저렴함) 170~200g 또는 ¾컵
세이지 또는 타임 ½ts
올스파이스 1자밤
선택: 깍둑썰기한 통조림 트러플
　　1~2개(통조림 국물은 소스에
　　사용할 것)

양송이버섯을 믹싱볼에 옮겨 담고 소금, 후추로 간합니다. 여기에 나머지 재료를 모두 넣고 고루 섞습니다. 맛을 봐서 간을 맞춥니다. 햄이 이미 짭짤하므로 스터핑의 간은 세지 않아야 합니다.

껍질과 잉여 지방을 제거한 햄
　　약 4.5kg
깨끗하고 큼직한 면포(필요시)

햄의 위쪽 ⅔를 내기 좋은 크기로, 수평으로 얇고 깔끔하게 슬라이스해서 순서대로 차곡차곡 쌓아둡니다. 남은 ⅓은 슬라이스한 햄을 쌓는 받침대로 사용합니다. 준비한 양송이버섯 스터핑을 각 햄 슬라이스의 중앙에 1스푼씩 펴 바른 뒤, 받침대용 햄 위에 차곡차곡 얹어서 햄의 본래 형태와 비슷하게 쌓습니다. 슬라이스 햄을 안정적으로 보기 좋게 쌓았을 경우, 특별히 실로 묶어 고정할 필요 없이 그대로 브레이징해도 됩니다. 하지만 조금이라도 불안하다면 면포로 햄을 단단히 감쌉니다.

393쪽 레시피대로 햄을 익힌 채소, 허브, 스톡, 마데이라 와인과 함께 약 2시간 30분 동안 브레이징합니다. 낼 때는 559쪽 에피나르 에튀베 오 뵈르를 소스 마데르와 곁들입니다.

## ❖ 장봉 파르시 앙 크루트(*jambon farci en croûte*)
햄 스터핑을 채운 페이스트리 반죽

앞의 햄을 페이스트리 반죽에 싸서 구워내면 더욱 화려하고 멋진 요리가 됩니다. 이를 위해서는 햄에 스터핑을 발라서 브레이징한 뒤 1시간 정도 식혀야 합니다. 그런 다음 670쪽 파테 드 카나르 앙 크루트 레시피대로, 햄을 반죽에 감싸 190℃의 오븐에서 반죽이 다 익고 겉면이 노릇해질 때까지 30~40분 동안 구우면 완성입니다.

# 햄 슬라이스
## *Tranches de Jambon*

슬라이스한 햄은 비교적 단시간에 간단히 만들 수 있는 수많은 요리에 활용할 수 있습니다.

---

## 트랑슈 드 장봉 앙 피페라드(*tranches de jambon en pipérade*)
### 토마토, 양파, 피망과 함께 구운 햄 슬라이스

두툼하게 슬라이스한 훈연 햄을 이용한 이 요리는 오븐에 넣기 몇 시간 전에 미리 준비해
둘 수 있습니다. 소테한 감자, 껍질콩, 가벼운 레드나 로제 와인과 잘 어울립니다.

**6인분**

약 1cm 두께로 슬라이스한 햄
  1.1~1.4kg(먹기 좋은 크기로
  썰어도 됨)
정제한 햄 기름 또는 올리브유 3TS
큼직한 스킬릿
준비한 햄을 서로 겹치지 않게 담을
  만한 크기의 얕은 내열 그릇

햄에서 불필요한 지방을 잘라내고, 키친타월로 수분을 제거합니다.
스킬릿에 햄 기름이나 올리브유를 거의 연기가 나려고 할 때까지 가
열한 다음, 햄의 양면을 각각 1~2분씩 연갈색이 나게 굽습니다. 스킬
릿을 불에서 내려 햄을 내열 그릇으로 옮깁니다.

슬라이스한 양파 1컵
슬라이스한 청피망 1컵

불을 줄이고 스킬릿에 남은 기름에 양파를 고루 뒤섞은 다음 뚜껑을
덮어 5분 동안 약한 불에서 익힙니다. 이어 피망을 넣고 5분 동안 또
는 두 채소 모두 연해지되 색깔이 나지 않을 때까지 익힙니다.

단단하게 잘 익은 붉은 토마토(껍질,
  씨, 즙을 제거하고 과육만
  슬라이스한 것, 599쪽) 약 900g
으깬 마늘 2쪽
후추 ⅛ts
카옌페퍼 가루 1자밤
세이지 또는 타임 ¼ts

토마토 과육을 익힌 양파와 피망 위에 넓게 펼쳐 얹고, 마늘과 각종
양념을 넣습니다. 뚜껑을 덮고 5분 동안 뭉근히 가열해서 토마토의
수분이 빠져나오게 합니다. 뚜껑을 열고 스킬릿을 흔들어가며 몇 분
동안 센 불로 바짝 끓여서 수분을 거의 다 날립니다.

익힌 채소로 햄을 덮습니다.
[*] 이 단계까지는 미리 준비할 수 있습니다.

| 다진 파슬리 2~3TS | 오븐을 약 175℃로 예열합니다. 식탁에 올리기 20~30분 전, 내열 그릇에 덮개를 씌워 오븐의 가운데 칸에 넣고, 햄이 속까지 데워지고 포크로 찌르면 부드럽게 들어갈 때까지 익힙니다. 햄과 채소에서 배어난 즙을 햄에 끼얹고, 필요할 경우 소금을 더 넣어 간을 맞춥니다. 파슬리로 장식해서 냅니다. |

---

# 트랑슈 드 장봉 모르방델(*tranches de jambon morvandelle*)
### 크림과 소스 마데르를 곁들여 소테한 햄 슬라이스

스톡에 브레이징한 시금치를 깔고, 브로일링한 양송이버섯이나 소테한 감자를 주위에 올린 입맛 당기는 햄 요리입니다. 와인은 가벼운 레드나 샤블리 또는 푸이퓌이세가 잘 어울립니다.

**6인분**

| 약 6mm 두께로 슬라이스한 햄 1.1~1.4kg | 햄에서 불필요한 지방을 잘라내고 먹기 좋은 크기로 썹니다. 키친타월로 수분을 제거합니다. |
| 버터 2TS<br>기름 1TS<br>법랑 스킬릿 | 스킬릿에 버터와 기름을 두르고 뜨겁게 가열합니다. 햄을 한 번에 몇 조각씩 넣고 앞뒤로 1분씩 연한 갈색이 나게 구워서 접시에 옮겨 담습니다. |
| 밀가루 3TS<br>다진 셜롯 또는 골파 2TS<br>나무 스푼 | 스킬릿에 남은 기름을 2½테이블스푼만 남기고 모두 따라 버립니다. 밀가루를 나무 스푼으로 고루 저어 넣고, 셜롯 또는 골파를 넣어서 2~3분 동안 색깔이 나지 않게 약한 불에서 익힙니다. 스킬릿을 불에서 내립니다. |
| 잘 끓인 햄 스톡이나 화이트 스톡 또는 브라운 스톡, 또는 통조림 비프 부용 1컵<br>마데이라 와인 또는 포트와인 ½컵<br>거품기<br>토마토 페이스트 1TS<br>후추 넉넉하게 1자밤 | 작은 소스팬에 스톡 또는 부용과 와인을 붓고 가열합니다. 끓어오르면 볶은 밀가루를 넣고 거품기로 잘 섞습니다. 토마토 페이스트와 후추를 넣어 섞습니다. |

| | 소스를 눌어붙지 않게 저어가며 가열해 끓어오르면 크림을 섞습니다. 4~5분 동안 약하게 끓여서 스푼 표면에 가볍게 코팅될 정도의 농도로 졸입니다. 맛을 봐서 너무 짜지 않게 간을 맞춥니다. 코냑을 넣고 고루 섞습니다. 햄을 소스팬에 넣고 스푼으로 소스를 끼얹습니다. [*] 이 단계까지는 미리 준비할 수 있습니다. 소스 표면에 크림 1스푼으로 얇게 코팅해서 한쪽에 둡니다. |
|---|---|

휘핑크림 1½컵
코냑 3TS

뜨겁게 데운 접시(취향에 따라
   에피나르 오 쥐를 접시 위에
   소복하게 담아둘 것, 560쪽)

식탁에 내기 직전, 소스를 가열해 약하게 끓어오르면 뚜껑을 덮고 햄이 포크가 쉽게 들어갈 정도로 부드러워질 때까지 1~2분쯤 끓입니다. 다시 맛을 봐서 간을 맞춥니다. 햄을 접시에 옮겨 담습니다. 시금치를 준비했다면 시금치 위에 올립니다. 스푼으로 소스를 햄 위에 끼얹어 냅니다.

☞ **변형 레시피**

슬라이스해서 소테한 양송이버섯을 소스에 섞어 햄과 함께 뭉근히 끓여도 좋습니다.

---

## 트랑슈 드 장봉 아 라 크렘(*tranches de jambon à la crème*)
### 소테한 햄 슬라이스와 신선한 크림소스

이 유명한 레시피는 기본적으로는 앞서 소개한 레시피와 똑같지만, 더 진하고 섬세한 맛의 소스를 곁들인다는 점이 다릅니다.

**6인분**

6mm 두께로 슬라이스한 햄
   1.1~1.4kg
버터 2TS
기름 1TS
지름 23~25cm의 스킬릿
다진 셜롯 또는 골파 2TS
마데이라 와인 또는 포트와인 ⅔컵
코냑 3TS
나무 스푼

햄에서 불필요한 지방을 잘라내고 먹기 좋은 크기로 썬 다음 키친타월로 수분을 제거합니다. 햄을 뜨거운 버터와 기름에 앞뒤로 연갈색이 나게 구워서 접시에 옮겨 담습니다. 스킬릿에 남은 기름을 1테이블스푼만 남기고 모두 따라 버린 뒤, 셜롯 또는 골파를 넣고 2분 동안 천천히 익힙니다. 여기에 와인과 코냑을 붓고 센 불로 끓이면서 바닥에 눌어붙은 육즙을 디글레이징하고, 액체의 양이 3~4테이블스푼으로 줄어들 때까지 바짝 졸입니다.

휘핑크림 2컵

머스터드(디종 머스터드류) 2TS를
토마토 페이스트 1TS과 휘핑크림
2TS에 고루 섞은 것

후추 넉넉하게 1자밤

스킬릿에 크림을 붓고 머스터드 혼합물과 후추를 넣어 섞습니다. 이
어 크림의 양이 약 1½컵으로 줄어들 때까지 10~15분 동안 뭉근하게
끓여서 약간 걸쭉해지게 합니다. 너무 세지 않게 간을 맞춥니다.

---

햄을 다시 스킬릿에 넣고 소스를 끼얹습니다.
[*] 이 단계까지는 미리 준비할 수 있습니다.

---

뜨겁게 데운 접시(취향에 따라
에피나르 오 쥐를 접시 위에
소복하게 담아둘 것, 560쪽)

식탁에 내기 직전 소스를 가열해 끓어오르면 뚜껑을 덮고 햄이 속까
지 데워지고 연해질 때까지 몇 분 동안 뭉근히 끓입니다. 햄을 접시에
옮겨 담습니다. 이때 시금치를 준비했다면 시금치 위에 올립니다. 스
푼으로 소스를 햄 위에 끼얹어 냅니다.

# 카술레
*Cassoulet*

영양이 풍부한 콩과 육류의 조합인 카술레는 뉴잉글랜드의 보스턴 베이크트 빈처럼 프랑스 남서부를 대표하는 요리입니다. 정통 프랑스식 카술레가 무엇으로 이루어져 있는지는 끝없는 논쟁의 대상이 되어왔고, 그 때문에 카술레를 글이나 소문을 통해서만 접해본 사람들은 카술레가 그리스 신화의 신들이 먹을 법한 진귀한 요리일지도 모른다는 인상을 받고는 합니다. 하지만 카술레는 영양 만점의 소박한 시골풍 음식으로, 프랑스에서도 비교적 넓은 지방에서 그 유래를 찾을 수 있습니다. 카술레는 만드는 법도 재료도 지역별로 전해 내려오는 전통에 따라 다릅니다. 예를 들어 툴루즈 사람들은 거위 콩피(confit d'oie)를 넣지 않은 카술레는 진정한 카술레가 아니라고 주장합니다. 푸아그라를 얻기 위해 사육하는 수많은 거위를 처리할 방법이 반드시 필요한 지역의 특성상, 자연히 그 해결책으로 카술레가 떠오른 것이죠. 한편 일부에서는 카술레가 카스텔노다리(Castelnaudary)라는 지역에서 처음 생겨났으며, 원래는 콩과 돼지고기, 소시지만으로 구성된 요리였다고 단언합니다. 그런가 하면 카술레는 애초에 프랑스 유래의 음식이 아닌, 중동 지역의 누에콩(fava beans)과 양고기 스튜가 전해진 것에 불과하다는 소수의 주장도 있습니다. 이밖에도 온갖 변형된 견해와 독단론이 존재합니다. 다행히도 이같은 가설들은 카술레에 역사적 배경이 풍부하다는 정도로 정리하고 넘어가면 됩니다. 콩과 거위고기, 수렵육, 돼지고기, 소시지, 양고기 등 전통적으로 많이 쓰이는 육류만 있다면 어디서든 제대로 된 카술레를 만들 수 있기 때문입니다. 카술레에서 중요한 것은 특유의 풍미인데, 이것은 대개 콩과 고기에서 우러난 국물에서 나옵니다. 그리고 덧붙여 말하자면, 사실 거위 콩피가 만들기는 번거로워도 콩과 함께 푹 익혀내면 돼지고기와 구별하기 힘들 정도로 놀라운 맛을 낸답니다.

맛있는 카술레를 만들려면 꽤 긴 과정을 거쳐야 하는데, 다음의 레시피는 정통 카술레의 조리 방식에서 결코 벗어나지 않습니다. 카술레는 하루 만에 다 만들 수도 있지만 2~3일에 걸쳐 여유 있게 조리하는 것이 훨씬 쉽습니다. 카술레를 만들기 위해서는 돼지고기 등심 로스트, 와인에 브레이징한 양 어깨 부위, 수제 소시지 완자, 돼지고기 껍질과 함께 익힌 콩, 신선한 베이컨이나 염장 돼지고기, 각종 향미 채소가 필요합니다. 먼저 먹기 좋은 크기로 썬 고기를 콩, 다양한 액상 재료와 함께 캐서롤에 넣고, 재료의 맛이 어우러지도록 오븐에서 1시간쯤 익힙니다. 통째로 로스팅한 양고기를 쓰거나 남은 양고기 로스트를 활용하면 시간은 절약될지 몰라도 맛이 크게 떨어지고 카술레 특유의 맛있는 국물이 제대로 우러나지 않습니다. 수제 소시지 완자 대신 폴란드식 소시지를 콩과 함께 익혀도 좋습니다. 카술레는 한두 차례 만들어보면 어떻게 해야 더 취향에 맞는 맛있는 카술레가 나오는지 스스로 깨닫게 됩니다. 카술레에 사용할 수 있는 기타 육류에 대해서는 레시피 마지막에 소개하겠습니다.

## ☞ 어울리는 메뉴

카술레라는 이름에 걸맞게 만든 카술레는 결코 가벼운 요리가 아니며, 푸짐한 점심 정찬에 가장 잘 어울립니다. 나머지 메뉴는 맑은 수프나 젤리형 수프, 굴 같은 간단한 애피타이저가 있으면 내고, 그린 샐러드와 과일을 곁들이는 정도로 구성합니다. 와인은 강하고 드라이한 로제나 화이트, 숙성 기간이 길지 않은 묵직한 레드가 좋습니다.

## ** 콩

프랑스어로 된 카술레 레시피에는 대부분 단순히 '마른 흰콩'이라고 나와 있습니다. 일부 레시피는 카엔스(*Cayence*), 파미에(*Pamiers*), 마제르(*Mazères*), 라블라네(*Lavelanet*) 같은 프랑스의 특정 지역에서 생산된 흰 콩을 요구하기도 합니다. 우리의 경험상 미국산 흰강낭콩(American Great Northern beans)도 오래 묵은 상태가 아니라면 꽤 만족할 만한 맛을 냅니다. 콩을 냄비 뚜껑을 덮지 않은 채 익히는 대신 압력솥에 익히고 싶다면, 레시피의 설명대로 먼저 물에 불려야 합니다. 이어 필요한 모든 재료를 넣고 압력솥 사용법에 따라 단시간에 압력을 1기압으로 높여 정확히 3분 동안 익힙니다. 이어 압력이 서서히 저절로 빠질 때까지 15~20분 동안 기다립니다. 이렇게 익힌 콩은 국물의 맛이 흡수되도록 뚜껑을 연 채로 적어도 30분 동안 그대로 둡니다.

## ** 조리 순서

카술레는 다음 레시피의 마지막 순서에서처럼 각 재료를 최종 조합하기까지 여러 준비 단계를 거쳐야 합니다. 각 단계별 작업은 시간차를 두고 해도 좋고, 거의 동시에 할 수도 있습니다. 심지어 오븐에 넣기 바로 전 단계까지 준비를 마친 다음 냉장 보관했다가 1~2일 뒤에 구워도 상관없습니다.

# 카술레 드 포르 에 드 무통(*cassoulet de porc et de mouton*)

돼지고기 등심, 양고기 어깨 부위, 소시지를 넣은 베이크트 빈

**10~12인분**

## 돼지고기 등심 익히기

뼈와 불필요한 지방을 제거한
  돼지고기 등심 약 1.1kg(소금과
  향신료에 하룻밤 마리네이드하면
  맛이 훨씬 좋아짐, 458쪽)

463쪽 설명에 따라 돼지고기를 중심부 온도가 80~82℃에 이를 때까지 오븐에 익힌 뒤 식힙니다. 조리 중에 배어난 육즙은 따로 보관합니다.

## 콩 준비하기

마른 흰콩 약 900g 또는 5컵
  (미국산 흰강낭콩 추천)
약 8L 용량의 냄비
팔팔 끓는 물 5L

끓는 물에 콩을 넣습니다. 재빨리 다시 끓어오르게 해서 2분 동안 끓입니다. 냄비를 불에서 내리고, 콩이 뜨거운 물속에서 불면서 더 익도록 1시간 동안 그대로 둡니다. 이 작업이 끝나면 되도록 빨리 조리를 이어가도록 합니다.

신선한 돼지껍질 또는
  염장 돼지껍질 약 220g
묵직한 소스팬
큰 가위

콩이 부는 동안, 소스팬에 돼지껍질과 찬물 1L를 넣고 불에 올려 1분 동안 끓입니다. 돼지껍질을 건져 찬물에 헹군 뒤, 같은 과정을 한 번 더 반복합니다. 그다음 가위로 돼지껍질을 약 6mm 폭으로 자르고, 이를 다시 작은 세모꼴로 자릅니다. 돼지껍질에 다시 물 1L를 붓고 30분 동안 뭉근하게 끓인 다음, 그대로 한쪽에 둡니다. 이 같은 과정을 거친 돼지껍질은 신선하고 연해져서 콩과 함께 익혔을 때 국물에 쉽게 녹아듭니다.

훈제하거나 염장하지 않은, 지방이
  적은 신선한 베이컨(또는 지방이
  적은 우수한 품질의 염장
  돼지고기를 2L의 물에 10분 동안
  약한 불에 삶아서 건진 것)
  약 450g
슬라이스한 양파 1컵(약 110g)
돼지껍질과 삶은 물
부케 가르니(파슬리 줄기 6~8대,
  껍질 벗기지 않은 마늘 4쪽, 정향
  2알, 타임 ½ts, 월계수 잎 2장을
  면포에 싸서 묶은 것)
소금 1TS(염장 돼지고기를
  사용했을 경우는 필요 없음)

나열된 모든 재료를 콩이 담긴 냄비에 넣고 가열합니다. 끓어오르면 표면에 떠오르는 불순물을 걷어내고, 뚜껑을 덮지 않은 채 막 연해질 때까지 약 1시간 30분 동안 뭉근히 끓입니다. 조리하는 동안 끓는 물을 적당히 보충해서 콩이 계속 국물에 잠겨 있게 합니다. 다 익은 콩은 국물에 그대로 담가두었다가 사용하기 직전에 건져내고, 국물은 따로 보관합니다. 베이컨 또는 염장 돼지고기를 건져놓고, 부케 가르니는 버립니다.

## 양고기 익히기

뼈를 바른 양고기 어깻살 또는
    가슴살(표면의 얇은 막과
    불필요한 지방을 제거한 것)
    900g~1.1kg
정제한 신선한 돼지기름이나
    돼지고기를 오븐에 익힐 때
    나온 기름, 거위기름, 식용유
    4~6TS(필요시)
8L 용량의 묵직한 직화 가능
    캐서롤
토막낸 양뼈(돼지뼈를 약간
    섞어도 좋음) 약 450g
다진 양파 240g

으깬 마늘 4쪽
신선한 토마토퓌레나 토마토
    페이스트 6TS 또는 신선한
    토마토(껍질과 씨, 즙을 제거하고
    과육만 다진 신선한 것, 599쪽)
    4개
타임 ½ts
월계수 잎 2장
드라이한 화이트 와인 3컵 또는
    드라이한 화이트 베르무트 2컵
브라운 스톡 1L, 또는 통조림 비프
    부용 3컵에 물 1컵을 더한 것
소금, 후추

양고기를 사방 약 5cm 크기로 대강 썰고 키친타월로 일일이 수분을 제거합니다. 캐서롤에 기름을 약 2mm 두께로 붓고 연기가 나려고 할 때까지 가열합니다. 고기를 한 번에 몇 조각씩 넣고 전체적으로 갈색이 나게 소테한 뒤 접시에 옮겨 담습니다. 뼈도 갈색으로 소테해서 고기 옆에 놓습니다. 캐서롤 안의 기름이 탔을 경우 모두 따라 버리고 새 기름을 3테이블스푼 넣습니다. 불을 줄인 뒤 양파를 약 5분 동안 가볍게 갈색으로 소테합니다.

양고기와 뼈를 다시 캐서롤에 담고 마늘과 토마토 등 재료를 모두 넣어 섞습니다. 불에 올려 가열하면서 가볍게 소금 간을 합니다. 끓어오르면 뚜껑을 덮고 약한 가스불 또는 160℃의 오븐에서 1시간 30분 동안 뭉근히 익힙니다. 고기를 건져 접시에 담고, 뼈와 월계수 잎은 버립니다. 캐서롤에 남은 국물에서 표면에 뜬 기름을 2테이블스푼만 남기고 모두 걷어내고, 세심하게 간을 맞춥니다.

## 콩에 풍미 더하기

양고기를 익힌 국물에 삶아서 건져낸 콩을 넣습니다. 돼지고기를 익힐 때 생긴 국물이 있으면 여기에 같이 섞습니다. 콩이 국물에 완전히 잠기지 않으면, 콩을 삶았던 국물을 추가합니다. 캐서롤을 불에 올려 5분 동안 약한 불에 끓인 다음, 콩에 국물의 맛이 배도록 10분쯤 그대로 둡니다. 최종 조합 단계로 넘어갈 준비가 끝나면 콩을 건져냅니다.

## 수제 소시지 완자—소시스 드 툴루즈(*saucisse de Toulouse*) 대용

신선한 돼지고기 살코기 약 450g

신선한 돼지비계 약 150g

고기 분쇄기

3L 용량의 믹싱볼

나무 스푼

소금 2ts

후추 ⅛ts

올스파이스 넉넉하게 1자밤

으깬 월계수 잎 ⅛ts

아르마냐크 또는 코냑 ¼컵

으깬 마늘 1쪽

선택: 다진 통조림 트러플 1개와
　　통조림 국물

돼지고기와 비계를 고기 분쇄기의 중간 날로 갈아서 믹싱볼에 담습니다. 나머지 재료를 모두 넣고 고루 섞습니다. 고기 반죽을 시험 삼아 소량만 기름을 두른 스킬릿에 익혀서 맛을 보고, 부족한 양념을 보충합니다. 반죽을 지름 5cm, 두께 1cm로 둥글납작하게 빚어서 중간 불에 올린 스킬릿에 연갈색이 나게 굽습니다. 다 익은 고기는 키친타월로 받쳐 기름을 뺍니다.

## 조합하기

깊이 약 12~15cm, 8L 용량의
　　내열 캐서롤(전형적인 카슐레용
　　냄비는 안쪽에 유약을 바른 갈색
　　토기 제품이지만, 기타 도기나
　　철제 법랑도 상관없음)

건식 흰 빵가루 2컵과 다진 파슬리
　　½컵 섞은 것

돼지고기를 오븐에 익힐 때 나온
　　기름 또는 거위기름 3~4TS

돼지고기를 폭 4~5cm 정도의 크기로 보기 좋게 썹니다. 베이컨이나 염장 돼지고기는 약 6mm 두께로 슬라이스합니다. 캐서롤 바닥에 콩을 한 층 깔고, 그 위에 양고기, 돼지고기, 베이컨, 소시지 완자, 콩의 순서로 층층이 쌓습니다. 맨 위층은 콩과 소시지로 마무리합니다. 고기를 익혔던 국물을 모두 붓고, 부족할 경우 콩 삶은 국물을 보충해 맨 위층의 콩이 자작하게 잠기게 합니다. 다진 파슬리를 섞은 빵가루를 콩 위에 넓게 펼쳐 올리고, 돼지기름을 고루 뿌립니다.

[*] 여기까지 완성한 카슐레는 실온에 두거나 냉장 보관합니다. 이후 오븐에서 1시간 동안 구운 뒤 바로 내야 겉이 마르거나 지나치게 익지 않습니다.

## 오븐에 익히기

오븐을 약 190℃로 예열합니다. 카슐레가 담긴 캐서롤을 불에 올려 가열한 뒤, 약하게 끓어오르면 예열된 오븐 맨 위 칸에 넣습니다. 약 20분 뒤 카슐레 윗면이 약간 단단하게 구워지면, 오븐의 온도를 약 175℃로 낮추고 스푼 뒷면으로 단단한 껍데기를 부수어서 콩과 섞고 국물을 위쪽에 끼얹습니다. 이 과정을 표면에 껍데기가 생겨날 때마다 몇 차례 반복하되, 굽기를 마치기 전 마지막으로 만들어진 껍데기는 그대로 둔 채 냅니다. 카슐레를 오븐에서 익히는 동안 국물이 너무 걸쭉해지면 콩을 삶았던 국물을 1~2스푼 추가합니다. 카슐레는 약 1시간 동안 오븐에서 익혀서 캐서롤째 식탁에 올립니다.

☞ **변형 레시피**

앞선 레시피에 사용된 고기를 대신하거나 추가로 넣을 수 있는 몇 가지 육류를 소개하겠습니다.

### 거위 콩피

일반적으로 프랑스의 푸아그라 생산 지역에서 만드는 거위 콩피는 날개, 다리, 가슴 부위로 토막 낸 거위를 거위기름에 데쳐서 절인 것입니다. 미국에서는 흔히 수입 식품점에서 통조림으로 구할 수 있습니다. 거위 콩피를 앞선 기본 레시피에서 오븐에 익힌 돼지고기 대신 넣거나 추가할 수 있습니다. 거위고기 표면의 기름을 긁어내고 먹기 좋게 썬 다음, 통조림 안의 기름을 약간 넣고 노릇하게 굽습니다. 이것을 마지막 순서에서 콩과 다른 육류와 함께 캐서롤에 담아 오븐에 익혀서 마무리합니다.

### 신선한 거위고기, 오리고기, 칠면조고기, 자고새고기

브레이징하거나 로스팅한 뒤 내기 좋은 크기로 썰어서 기본 레시피의 로스트 포크 대신 또는 로스트 포크와 함께 쓸 수 있습니다. 마지막 순서에서 콩과 다른 육류와 함께 캐서롤에 담아 오븐에 익혀서 마무리합니다.

### 돼지 학(hock), 송아지 정강이

콩과 함께 약한 불로 푹 익힌 다음 내기 좋은 크기로 썰어서 캐서롤에 담아 오븐에 익혀서 마무리합니다.

### 폴란드식 소시지

미국의 슈퍼마켓에서 흔히 구할 수 있는 이 소시지는 파슬리, 양파, 마늘 등으로 맛을 낸 프랑스식 소시지를 훌륭하게 대체할 수 있습니다. 먼저 통째로 콩과 함께 30분 동안 푹 익힌 다음, 약 1cm 크기로 썰어서 마지막에 콩과 기타 육류와 함께 캐서롤에 담아 오븐에 익히면 됩니다. 폴란드식 소시지는 앞의 기본 레시피에서 수제 소시지 완자를 대신하거나 별도로 추가해 사용할 수 있습니다.

# 송아지 간 소테
## *Foie de Veau Sauté*

송아지 간을 조리할 때는 아주 뜨거운 버터와 기름에 소테해서 바깥쪽을 단단하게 익혀 육즙을 안에 가두는 것이 가장 중요합니다. 스킬릿을 너무 꽉 채워서 쓰지 말고 필요시 스킬릿을 하나 더 쓰는 것이 좋으며, 열원에 비해 너무 큰 스킬릿을 쓰면 안 됩니다. 송아지 간 소테는 안쪽은 분홍색으로 익어야 하고, 포크로 찍었을 때 나오는 육즙이 아주 연한 분홍빛을 띠어야 합니다. 송아지 간은 약 1cm 두께의 비슷한 크기로 자른 뒤, 조각마다 바깥쪽의 막을 제거하세요. 이 과정을 건너뛰면 익으면서 모양이 오그라듭니다.

### ☞ 어울리는 와인과 채소
브레이징한 토마토, 브레이징한 시금치, 라타투유(596쪽), 소테한 감자가 잘 어울립니다. 와인은 차가운 로제나 보르도, 보졸레 등 가벼운 레드를 곁들여 냅니다.

---

## 푸아 드 보 소테(*foie de veau sauté*)
### 송아지 간 소테

**6인분**

| | |
|---|---|
| 막을 제거한 약 1cm 두께의 송아지 간 6~12 슬라이스<br>소금, 후추<br>체에 걸러 넓은 접시에 펼친 밀가루 ½컵 | 조리에 들어가기 직전 송아지 간 슬라이스를 소금과 후추로 간하고 밀가루에 굴린 다음 여분의 가루를 떨어냅니다. |
| 묵직한 스킬릿 1~2개<br>스킬릿 1개당 버터 2TS과 기름 1TS<br>따뜻하게 데운 접시<br>채소 가니시, 워터크레스 또는 파슬리 | 스킬릿에 버터와 기름을 넣고 센 불로 가열합니다. 버터의 거품이 가라앉기 시작하면 충분히 가열되었다는 뜻으로, 송아지 간을 스킬릿에 넣습니다. 이때 각 슬라이스 사이에 약 6mm씩 공간을 둡니다. 버터가 아주 뜨거운 상태를 유지하되 타지는 않게 주의하며 2~3분 동안 소테합니다. 스패출러로 간 슬라이스를 뒤집어 뒷면을 1분 정도 소테합니다. 포크로 찔렀을 때 육즙이 아주 연한 분홍빛을 띠면 다 익은 것입니다. 따뜻한 접시에 옮겨 담고 따로 준비한 가니시를 얹거나, 워터크레스 또는 파슬리로 장식해서 냅니다. |

☞ **곁들이는 소스**

## 소스 크렘 아 라 무타르드(*sauce crème à la moutarde*)
### 크림 머스터드 소스

**약 1컵 분량**

| | |
|---|---|
| 브라운 스톡 또는 통조림 비프 부용 ½컵 | 송아지 간을 데운 접시에 옮기고, 즉시 스톡이나 부용을 스킬릿에 부어 넣고 센 불로 끓여 양이 절반으로 줄 때까지 졸입니다. 크림을 넣고 농도가 살짝 진해지도록 잠깐 끓입니다. |
| 머스터드 1TS을 말랑한 버터 2TS에 섞은 것<br>파슬리 줄기 약간 | 불에서 내린 다음 머스터드와 버터 혼합물을 스킬릿에 넣어 섞습니다. 이 소스를 송아지 간 주위에 끼얹고, 파슬리로 장식해서 냅니다. |

☞ **기타 소스**

다음 소스는 미리 만들어서 따로 내거나 소테한 송아지 간 주위에 끼얹어 냅니다. 양은 1½컵 정도면 충분합니다.

　　쿨리 드 토마트 아 라 프로방살(124쪽)

　　소스 로베르(118쪽)

　　소스 브룅 오 핀 제르브(118쪽)

　　소스 아 리탈리엔(122쪽, 496쪽)

　　차가운 향미 버터(151~157쪽) 익힌 송아지 간 슬라이스마다 1스푼씩 바르거나, 버터를 냉장해 조각낸 다음 따로 냅니다.

---

## 푸아 드 보 아 라 무타르드(*foie de veau à la moutarde*)
### 머스터드, 허브, 빵가루를 곁들인 송아지 간

보기에도 좋고 맛도 좋은 레시피입니다. 송아지 간을 잠깐 스킬릿에 구워 살짝만 노릇하게 만든 다음, 머스터드와 허브를 바르고 습식 빵가루를 입혀서 녹인 버터를 끼얹습니다. 그다음 뜨거운 브로일러 아래에 넣어 빵가루를 노릇하게 익히면 끝입니다. 스킬릿에 송아지 간을 소테하는 것은 5분이면 되며, 마지막 단계보다 수 시간 앞서서 끝낼 수 있습니다. 이 레시피에서는 너무 빨리 익지 않도록 송아지 간을 더 두껍게 썹니다.

**6인분**

| | |
|---|---|
| 막을 제거하고 약 1cm 두께로 썬 송아지 간 6슬라이스<br>소금, 후추<br>체에 걸러 넓은 접시에 펼친 밀가루 ½컵<br>버터 2TS<br>기름 1TS<br>묵직한 스킬릿 | 송아지 간을 소금과 후추로 간한 다음 밀가루를 입혀 아주 뜨거운 버터와 기름에 양면을 1분씩 소테합니다. 아주 살짝 노릇해지고 약간 단단해진 상태이되, 속까지 익어서는 안 됩니다. 소테가 끝나면 접시에 따로 둡니다. |
| 머스터드(맛이 강한 디종 머스터드류) 3TS<br>잘게 다진 셜롯 또는 골파 1TS<br>다진 파슬리 3TS<br>으깬 마늘 ½쪽<br>후추 1자밤<br>넓은 접시에 펼친 고운 흰 빵가루 3컵<br>기름을 친 브로일링 팬 | 작은 볼에 머스터드와 셜롯, 양념을 고루 섞습니다. 송아지 간을 익힌 기름을 방울방울 넣어 마요네즈와 비슷한 상태로 만들고, 이 혼합물을 송아지 간에 골고루 바릅니다. 한 번에 1장씩, 빵가루 위에 송아지 간을 놓고 위에 빵가루를 뿌린 다음 여분의 빵가루를 살살 떨어냅니다. 송아지 간에 붙은 빵가루를 칼날의 옆면으로 토닥여 고정시킵니다. 브로일링 팬에 송아지 간을 담습니다.<br>[*] 바로 브로일링하지 않을 경우, 유산지를 덮어 냉장 보관합니다. |
| | 내기 전에 브로일러를 매우 뜨거운 상태로 달굽니다. |
| 녹인 버터 6TS<br>따뜻하게 데운 접시 | 녹인 버터의 절반을 송아지 간에 끼얹습니다. 브로일러에서 약 5cm 떨어진 곳에 송아지 간을 놓고 1~2분 동안 노릇하게 구운 다음, 뒤집어서 남은 버터를 끼얹고 재빨리 노릇하게 굽습니다. 데운 접시에 담아서 냅니다. |

# 스위트브레드와 뇌

*Ris de Veau et Cervelles*

스위트브레드와 뇌는 식감도 맛도 비슷하지만, 뇌가 더 섬세한 재료입니다. 둘 다 거의 비슷한 조리법을 거치며, 조리에 들어가기 전 여러 시간 동안 찬물에 담가두어야 합니다. 이렇게 해야 표면에 뒤덮인 막을 불려서 제거할 수 있으며, 핏기가 용해되고, 색깔도 하얗게 변합니다. 조리하기 전에 먼저 소금과 식초를 넣은 물이나 쿠르 부용(*court bouillon*)에 포칭해야 한다고 주장하는 전문가들도, 아니라는 이들도 있습니다. 스위트브레드나 뇌를 브레이징할 생각이면, 포칭하는 과정은 맛이 빠져나가는 불필요한 단계가 됩니다. 한편 슬라이스해서 소테할 경우, 포칭하는 과정을 미리 거치면 단단해져서 썰기는 쉬워질지 모르나, 풍미와 부드러운 식감은 덜해집니다. 스위트브레드와 뇌는 쉽게 상하기 때문에 24시간 내로 조리하지 않을 경우 물에 담갔다가 데쳐두어야 합니다.

## ✱✱ 물에 담그기

우선 찬물에 씻은 다음, 1시간 30분~2시간 동안 찬물에 담가놓고 찬물을 여러 번 갈아 주거나, 흐르는 물에 담가둡니다. 그다음 바깥을 둘러싼 막을 살살, 최대한 제거하는데, 이때 살에 흠집이 나지 않도록 조심해야 합니다. 그러려면 시간이 좀 걸립니다. 다시 1시간 30분~2시간 동안 찬물에 담가두는데, 이번에는 물 1L당 식초 1테이블스푼을 섞어서 찬물을 여러 번 갈아줍니다. 다시 막을 최대한 벗겨낸 다음 손질하기로 넘어갑니다.

## ✱✱ 손질하기

스위트브레드는 송아지의 흉선으로, 보통 통으로 무게를 쟀을 때 약 450g이 나옵니다. 말랑한 흰색 관으로 연결된 2개의 덩어리로 이루어져 있으며, 두 덩어리 가운데 더 매끈하고 둥글며 단단한 쪽이 핵심 또는 누아(*noix*)로 불리며 더 우수한 상품입니다. 나머지 한 덩이는 목구멍 쪽 스위트브레드(*gorge*)로, 모양이 더 불규칙하며 핏줄이 많이 뻗어 있고, 갈라져 있을 때도 많습니다. 칼을 사용해 두 덩이를 흰색 관에서 분리하고, 남은 관은 스톡을 끓일 때 넣습니다. 뇌는 아래쪽의 희부연 부분을 잘라내면 끝입니다.

## 스위트브레드 데치기

앞선 설명대로 손질해 찬물에
담가둔 스위트브레드 여러 개
스위트브레드를 전부 넣으면 딱
알맞은 크기의 법랑 소스팬
찬물(1L당 소금 1ts과 레몬즙 1TS
추가)

스위트브레드를 소스팬에 넣고 그 위로 약 5cm쯤 올라오게 찬물을 붓습니다. 소금과 레몬즙을 넣고, 뚜껑을 연 채 15분 동안 약하게 끓입니다. 이때 절대 물이 팔팔 끓어오르지 않게 주의합니다. 스위트브레드를 건져서 찬물에 5분 동안 담갔다가 물기를 제거하면 소테할 준비 끝입니다.

## 뇌 데치기

앞선 설명대로 손질해서 찬물에
담가둔 다듬은 뇌 여러 개
뇌를 전부 넣으면 딱 알맞은 크기의
법랑 소스팬
끓는 물(1L당 소금 1ts과 레몬즙 1TS
추가)

뇌를 소스팬에 넣고 그 위로 약 5cm쯤 올라오게 끓는 물을 붓습니다. 소금과 레몬즙 또는 식초를 넣습니다. 물을 끓어오르기 직전의 상태로 유지하며, 뇌의 종류에 따라 시간은 다음과 같이 조절합니다.
새끼양: 15분
송아지, 돼지: 20분
소: 30분

소스팬을 불에서 내려 20분 동안 그대로 식힙니다. 데친 뇌를 당장 사용하지 않을 경우, 소스팬에 담긴 그대로 냉장고에 넣습니다. 이후 필요할 때 건져 물기를 제거하면 소테할 준비 끝입니다(499쪽).

**＊＊ 데친 스위트브레드와 뇌 압축하기**
데친 스위트브레드와 뇌를 2~3시간 동안 무겁고 큰 접시로 눌러서 압축하는 것을 선호하는 요리사들도 있습니다. 이렇게 수분을 빼서 납작하게 만들면 썰기가 쉬워집니다. 이 과정은 필수는 아니므로 각자 판단해서 선택합니다.

# 스위트브레드

---

## 리 드 보 브레제(*ris de veau braisés*)‡
### 브레이징한 스위트브레드

스위트브레드를 브레이징하는 것은 1차 조리 과정으로, 미리 뜨거운 물에 데칠 필요는 없습니다. 찬물에 담갔다가 막을 벗겨낸 스위트브레드를 먼저 버터에 뭉근하게 익힙니다. 이렇게 하면 질감이 살짝 단단해지고, 재료 자체에서 육즙이 약간 우러납니다. 이후 와인과 기타 향미제를 넣고 브레이징해서 요리를 완성합니다. 이렇게 스위트브레드를 하루 전에 익혔다가 이튿날 소스를 끼얹어서 낼 수 있습니다. 소스에 버무린 스위트브레드는 고리 모양의 리소토나 쌀밥 가운데 담거나, 볼로방 또는 구워낸 페이스트리 반죽에 담거나, 그라탱 방식으로 표면을 노릇하게 구워서 내도 됩니다. 물기를 빼고 차갑게 샐러드로 내도 좋습니다.

### ☞ 어울리는 채소와 와인

스위트브레드 요리에는 쌀밥이나 리소토, 버터에 버무린 완두콩, 브레이징하거나 크림에 버무린 시금치가 잘 어울립니다. 스위트브레드에 브라운소스를 곁들일 경우, 보르도-메도크 같은 가벼운 레드 와인이나 로제 와인과 함께 냅니다. 반면 크림소스를 곁들인 스위트브레드라면 부르고뉴 또는 그라브 화이트 와인이 잘 어울립니다.

### 6인분

잘게 깍둑썰기한 당근, 양파,
　셀러리, 햄 각 ¼컵
버터 4TS
중간 크기 부케 가르니(파슬리
　줄기 4대, 타임 ¼ts, 월계수 잎
　½장을 면포에 싼 것)
소금 ⅛ts
후추 1자밤
지름 약 25cm의 법랑 스킬릿

스킬릿에 버터를 녹인 뒤 부케 가르니, 양념을 넣고 채소와 햄을 약한 불에서 10~15분 동안 색깔이 나지 않게 익힙니다.

소금 ½ts
후추 넉넉하게 1자밤
스위트브레드(495쪽 설명대로
   찬물에 담갔다가 막을 벗겨내고
   손질) 700~900g

안쪽에 버터를 칠한 내열 접시
   또는 직화 가능 캐서롤(지름 약
   18cm 또는 스위트브레드를 서로
   겹치지 않게 담을 수 있는 크기)

드라이한 화이트 와인 ¾컵 또는
   드라이한 화이트 베르무트 ½컵
브라운소스를 곁들일 경우
   브라운 스톡 또는 통조림 비프
   부용 1컵, 크림소스를 쓸 경우
   화이트 스톡 또는 통조림 치킨
   브로스 1컵

소금, 후추로 밑간을 한 스위트브레드를 스킬릿에 넣고 녹은 버터와 익힌 채소를 끼얹습니다. 뚜껑을 덮어서 5분 동안 뭉근히 익힙니다. 스위트브레드를 뒤집어서 다시 버터와 채소를 끼얹고, 5분 동안 더 익힙니다. 스위트브레드에서 상당한 양의 육수가 배어날 것입니다.

스위트브레드만 건져서 캐서롤에 옮겨 담습니다.

오븐을 약 165℃로 예열합니다.

스위트브레드를 건져낸 스킬릿에 와인을 붓고 액체의 양이 ½컵으로 줄어들 때까지 센 불로 바짝 졸입니다. 이 국물과 채소, 부케 가르니를 캐서롤 안의 스위트브레드 위에 붓습니다. 준비한 스톡, 부용 또는 브로스를 스위트브레드가 간신히 잠길 만큼 더 붓습니다.

캐서롤을 불에 올려 가열하다가 약하게 끓어오르면 뚜껑을 덮어 오븐 맨 아래 칸에 넣습니다. 내용물이 계속 뭉근하게 끓어오르도록 불을 조절하며 45분 동안 익힙니다.
[*] 익힌 스위트브레드는 내기 직전까지 캐서롤 안에서 그대로 식게 둡니다.


## ❖ 리 드 보 브레제 아 리탈리엔(*ris de veau braisés à l'italienne*)
브레이징한 스위트브레드와 양송이버섯 브라운소스

### 6인분
앞선 레시피대로 오븐에
   브레이징한 스위트브레드

캐서롤에 담긴 스위트브레드를 건져 물기를 뺀 뒤 약 1cm 두께로 슬라이스해서 한쪽에 둡니다.

| | |
|---|---|
| 옥수수 전분 1TS을 드라이한<br>　화이트 와인 또는 베르무트<br>　1TS에 갠 것<br>토마토 페이스트 1TS<br>샹피뇽 소테 오 뵈르(607쪽)<br>　약 220g<br>깍둑썰기한 삶은 햄 ¼컵<br>소금, 후추 | 캐서롤 안의 국물을 센 불로 바짝 끓여서 1½컵 분량으로 줄입니다. 불에서 내리고, 부케 가르니를 건져냅니다. 이때 캐서롤 안에 남은 채소와 햄은 나중에 소스에 섞습니다. 와인에 갠 전분과 토마토 페이스트를 국물에 넣고 고루 섞습니다. 샹피뇽 소테 오 뵈르와 새로 준비한 햄도 잘 넣어 섞습니다. 캐서롤을 다시 불에 올리고, 휘저어가며 3분 동안 뭉근히 끓입니다. 간을 맞춘 뒤 슬라이스한 스위트브레드를 가볍게 섞습니다.<br>[*] 바로 내지 않을 경우, 소스 표면에 스톡 1테이블스푼으로 얇게 코팅합니다. |
| 다양한 녹색 허브(파슬리, 처빌,<br>　타라곤 등) 또는 파슬리 다진 것<br>　2TS | 식탁에 내기 직전, 소스에 버무린 스위트브레드를 2~3분 동안 약한 불에 데웁니다. 이어 접시에 옮겨 담거나 고리 모양의 밥 한가운데 또는 구워낸 페이스트리 틀 안에 소복하게 담고, 다진 허브로 장식해서 냅니다. |

## ❖ 리 드 보 아 라 크렘(*ris de veau à la crème*)
## 　리 드 보 아 라 마레샬(*ris de veau à la maréchale*)
### 　스위트브레드와 크림소스

| | |
|---|---|
| 리 드 보 브레제(495쪽) 700~900g | 브레이징한 스위트브레드를 약 1cm 두께로 슬라이스해서 둡니다. 캐서롤에 남은 국물을 센 불로 바짝 졸여서 양을 1¼컵으로 줄입니다. |
| 6컵 용량의 법랑 소스팬<br>버터 2½TS<br>밀가루 3TS | 다른 팬에 버터와 밀가루를 2분 동안 색이 변하지 않게 뭉근히 가열합니다. 거품이 생기기 시작하면 불에서 내린 다음, 뜨거운 상태의 국물을 체에 걸러서 부어 넣고 세게 휘저어 섞습니다. 다시 가열해서 1분 동안 약하게 끓입니다. 소스는 아주 걸쭉하게 변할 것입니다. |
| 휘핑크림 ⅔~1컵<br>소금, 후추<br>레몬즙 약간 | 소스에 크림 ½컵을 섞어 약하게 끓입니다. 이어 크림을 조금씩 더 넣어가며 스푼 표면에 가볍게 코팅될 정도로 농도를 조절합니다. 간을 맞추고, 필요할 경우 레몬즙을 몇 방울 추가합니다. |
| | 슬라이스한 스위트브레드를 원래의 캐서롤에 다시 넣거나 내열 접시에 담고 그 위에 소스를 붓습니다.<br>[*] 바로 내지 않을 경우, 소스의 표면을 크림 1테이블스푼으로 덮어줍니다. |

| | |
|---|---|
| 다양한 녹색 허브 또는 파슬리 다진<br>것 2TS | 식탁에 내기 직전, 스위트브레드를 3~4분 동안 가볍게 데우고 다진<br>허브를 뿌려 장식합니다. |

## ❖ 리 드 보 아 라 크렘 에 오 샹피뇽(*ris de veau à la crème et aux champignons*)
### 스위트브레드와 양송이버섯 크림소스

| | |
|---|---|
| 리 드 보 아 라 크렘 레시피에 필요한<br>재료<br>슬라이스한 양송이버섯 ½컵 | 앞선 레시피대로 소스를 만든 뒤, 양송이버섯을 섞어 넣고 약 10분<br>동안 뭉근하게 끓입니다. 양송이에서 배어난 수분으로 약간 묽어진<br>소스가 원래의 농도로 돌아오면 레시피대로 합니다. |

## ❖ 리 드 보 오 그라탱(*ris de veau au gratin*)
### 스위트브레드 그라탱

| | |
|---|---|
| 리 드 보 브레제(495쪽)와 앞서<br>소개한 여러 소스 중 하나에<br>필요한 재료<br>강판에 간 스위스 치즈 ¼컵<br>잘게 조각낸 버터 1TS | 안쪽에 버터를 칠한 내열 접시 또는 1인용 그라탱 용기에 슬라이스한<br>스위트브레드를 담고, 그 위에 소스를 붓습니다. 치즈를 고루 뿌리고,<br>버터 조각을 군데군데 올립니다. 낼 준비가 될 때까지 한쪽에 둡니다. |
| | 식탁에 내기 약 10분 전, 브로일러에서 18~20cm 정도 떨어진 위치에<br>올려 소스의 표면이 살짝 노릇해질 때까지 굽습니다. |

---

## 에스칼로프 드 리 드 보 소테(*escalopes de ris de veau sautés*)
### 버터에 소테한 스위트브레드 에스칼로프

만드는 법은 다음에 소개할 버터에 소테한 뇌와 동일하며, 500쪽에 나와 있는 소스 중 하나를 곁들입니다.

# 뇌

미국에서 가장 보편적으로 알려진 요리용 뇌는 송아지에서 추출한 것이지만, 새끼양의 뇌도 뛰어난 맛을 자랑합니다. 다 자란 양이나 돼지, 소의 뇌는 송아지 뇌에 비해 섬세한 식감이 다소 떨어지며, 브레이징하는 것이 가장 좋지만 원한다면 스킬릿에 소테해도 좋습니다. 뇌를 찬물에 담갔다가 막을 제거하는 방법은 493쪽에 나와 있습니다. 송아지, 양, 돼지, 소의 뇌는 494쪽 설명에 나오는 것처럼 조리 시간에 다소 차이가 있을 뿐 모두 같은 방식으로 조리할 수 있기 때문에, 이어지는 여러 레시피에서는 편의상 뇌를 무조건 송아지 뇌라고 부르겠습니다.

---

## 세르벨 오 뵈르 누아르(*cervelles au beurre noir*)
### 브라운 버터 소스를 곁들인 송아지 뇌

뵈르 누아르와 송아지 뇌는 완벽한 조화를 이룹니다. 가장 훌륭한 결과물을 얻으려면 뇌를 볶았던 팬에서 소스를 만드는 대신 항상 별도의 팬에 따로 준비해야 하는데, 그래야 소스의 빛깔이 맑고 깨끗하며 소화도 더 잘되기 때문입니다. 또한 레시피의 가장 마지막 단계에서 뇌를 소테하기 때문에, 이 요리는 거의 조리를 마치자마자 낼 수 있습니다.

　　세르벨 오 뵈르 누아르는 다양한 방식으로 만들 수 있는데, 이 책에서 선택한 레시피는 뇌를 미리 익혀서 슬라이스한 뒤, 비네그레트에 마리네이드했다가 소테해서 소스를 끼얹어 내는 것입니다. 그 밖에도 데쳐서 뜨거운 상태인 뇌에 뵈르 누아르를 끼얹어 내도 되고, 뇌를 미리 익히는 과정과 마리네이드하는 과정을 생략할 수도 있습니다. 후자의 방식대로 하려면 뇌를 찬물에 담갔다가 손질하고 슬라이스한 다음, 밑간을 하고 가볍게 밀가루 옷을 입혀서 소테한 뒤 그 위에 소스를 끼얹습니다.

### ☞ 어울리는 채소와 와인
이 요리는 대개 별도의 코스 메뉴로 편성됩니다. 하지만 소테한 뇌를 메인 코스에 내고 싶다면, 매시트포테이토나 파슬리 감자를 버터에 버무린 완두콩 또는 에피나르 오 쥐(560쪽)와 함께 냅니다. 와인은 보르도-메도크 같은 가벼운 레드나 로제가 잘 어울리며, 일반적이지는 않지만 부르고뉴산 화이트를 함께 내도 좋습니다.

**6인분(메인 코스용)**

| | |
|---|---|
| 송아지 뇌(494쪽 설명대로 찬물에<br>　담갔다가 손질한 뒤 데친 것)<br>　650g | 데친 뇌를 약 1cm 두께로 슬라이스합니다. |
| 레몬즙 3TS<br>소금 ⅛ts<br>2.5L 용량의 믹싱볼<br>후추 1자밤<br>올리브유 1TS<br>다진 파슬리 2TS | 믹싱볼에 레몬즙과 소금을 넣고 고루 휘젓습니다. 소금이 완전히 녹으면 후추, 올리브유, 파슬리를 섞어 비네그레트를 완성합니다. 여기에 슬라이스한 뇌를 가볍게 섞고 약 30분 동안 또는 스킬릿에 소테할 준비가 될 때까지 마리네이드합니다. |
| 뵈르 누아르 1컵(케이퍼는 생략<br>　가능, 149쪽) | 뇌를 마리네이드하는 동안, 뵈르 누아르를 준비해서 약하게 끓는 물에 식지 않게 담가둡니다. |
| 체에 친 밀가루 1컵<br>　(넓은 접시에 담아서 준비) | 소테하기 직전, 마리네이드한 뇌의 양념에서 건진 뇌를 밀가루에 굴린 뒤 여분의 밀가루를 떨어냅니다. |
| 묵직한 스킬릿 1~2개<br>스킬릿 1개당 버터 2TS과 기름 1TS | 스킬릿을 적당히 센 불에 올리고 버터와 기름을 넣습니다. 버터의 거품이 거의 다 가라앉으면 즉시 뇌를 넣고 앞뒤로 3~4분씩 연갈색이 나도록 굽습니다. |
| 뜨겁게 데운 접시 | 뇌를 접시에 보기 좋게 담고, 뜨거운 뵈르 누아르를 끼얹어서 냅니다. |

☞ **소스 변형**

　소스 아 리탈리엔(496쪽)

　쿨리 드 토마트 아 라 프로방살(124쪽)

## 세르벨 브레제(*cervelles braisées*)

브레이징한 송아지 뇌

송아지 뇌를 먼저 버터에 익힌 다음 향미 채소와 허브, 와인, 스톡을 넣어 오븐에서 브레이징합니다. 조리 방식은 495쪽 리 드 보 브레제 레시피와 동일하며, 소스도 똑같이 사용합니다. 단, 오븐에 뭉근히 익히는 시간은 뇌의 종류에 따라 다음과 같이 달라집니다.

| 종류 | 시간 |
| --- | --- |
| 새끼양 | 20분 |
| 송아지, 돼지 | 30분 |
| 소 | 45분 |

## 세르벨 앙 마틀로트(*cervelles en matelote*)

양송이버섯, 양파와 함께 레드 와인에 익힌 송아지 뇌

이 요리는 그 자체로 완벽한 하나의 코스입니다. 부르고뉴나 마콩에서 생산된 가벼운 레드 와인과 함께 냅니다.

**6인분**

숙성 기간이 길지 않은 질 좋은
  레드 와인(마콩 또는 부르고뉴)
  2컵
브라운 스톡 또는 통조림 비프
  부용 1컵
뇌를 겹치지 않게 넣을 만한 크기의
  법랑 소스팬
타임 ¼ts
파슬리 줄기 4대
으깬 마늘 1쪽
송아지 뇌(493쪽 설명대로 찬물에
  담갔다가 표면의 막을 벗겨낸 것)
  약 700g
안쪽에 버터를 칠한 서빙용 내열
  그릇

소스팬에 와인과 스톡 또는 부용, 허브, 마늘을 넣고 가열합니다. 약하게 끓어오르면 뇌를 넣고, 다시 끓어오르면 뚜껑을 연 채 끓기 직전의 온도에서 20분 동안 익힙니다. 불을 끄고 20분 동안 그대로 식히는데, 이렇게 하면 뇌에 국물 맛이 스며들면서 질감이 약간 단단해집니다. 뇌를 건져서 약 1cm 두께로 슬라이스한 뒤 버터를 칠한 그릇에 담습니다.

| | |
|---|---|
| 토마토 페이스트 ½TS<br>밀가루 2TS와 말랑한 버터 2TS을<br>　고루 섞은 것<br>소금, 후추 | 뇌를 건져내고 남은 국물에 토마토 페이스트를 고루 섞습니다. 센 불로 바짝 졸여 액체의 양을 1½컵으로 줄입니다. 불을 끄고 밀가루와 버터 혼합물을 섞습니다. 다시 1분 동안 저어가며 끓인 뒤 간을 맞춥니다. |
| 오뇽 글라세 아 브룅(573쪽) 24개<br>샹피뇽 소테 오 뵈르(607쪽)<br>　약 220g | 양파와 양송이버섯을 뇌 주위에 담습니다. 소스를 체에 걸러 뇌와 채소 위에 끼얹습니다.<br>[*] 바로 내지 않을 경우, 소스의 표면을 스톡이나 녹인 버터 1테이블스푼으로 덮어둡니다. |
| 말랑한 버터 1~2TS | 식탁에 내기 직전, 약한 불에서 3~4분 동안 뭉근하게 데웁니다. 이때 끓어오르지 않도록 주의합니다. 불을 끄고, 그릇을 약간 기울인 채 버터를 한 번에 ½테이블스푼씩 소스에 넣은 뒤 버터가 흡수될 때까지 뇌와 채소 위에 고루 끼얹습니다. |
| 하트 모양 크루통(263쪽) 12개<br>다진 파슬리 2~3TS | 크루통과 파슬리로 장식해서 냅니다. |

# 송아지와 새끼양 콩팥
*Rognons de Veau et de Mouton*

콩팥은 부드럽고 중심부가 약간 분홍빛을 띨 정도로 익혀야 합니다. 콩팥을 슬라이스해서 소테할 때는 항상 내부의 육즙이 터져나오는 것이 문제입니다. 화력이 엄청나게 세지 않은 이상 콩팥을 팬에 넣으면 몇 초 지나지 않아 육즙이 쏟아져나오기 때문에, 콩팥이 소테되기보다 익혀져서 단단해집니다. 이 문제의 해결법이자 경험상 가장 훌륭한 조리법은, 먼저 콩팥을 통째로 버터에 익힌 다음 슬라이스해서 소스에 넣고 잠깐 동안 데우는 것입니다. 그러나 익히지 않은 콩팥을 슬라이스해서 소테하고 싶다면, 아주 뜨겁게 가열한 버터와 기름에 2~3분 동안만 소테합니다. 이렇게 하면 표면에 갈색이 나지 않고 그저 완전히 익기만 해서, 겉은 회색을 띠지만 안쪽은 분홍빛이 약간 남아 있습니다. 이렇게 익힌 콩팥을 뜨겁게 데운 접시에 옮겨놓고, 다음의 레시피에서 소개할 소스 중 하나를 만든 뒤 콩팥을 넣고 따뜻할 정도로만 데워서 요리를 완성합니다. 여기서 소개할 콩팥 레시피들은 모두 식탁에서 체이핑 디시를 이용해 조리할 수 있습니다.

## ** 새끼양 콩팥

다음 레시피들은 모두 송아지 콩팥을 기준으로 만든 것이지만 새끼양 콩팥에도 똑같이 적용할 수 있습니다. 새끼양 콩팥은 2~3덩이가 1인분이며, 기본 레시피의 설명처럼 먼저 통째로 버터에 익히되, 10분이 아닌 4~5분 동안 익힙니다. 이후 과정은 레시피를 그대로 따르면 됩니다.

## ** 손질하기

새끼양 콩팥과 송아지 콩팥은 둘 다 표면에 얇은 지방층이 덮여 있습니다. 보통 시중에서 파는 콩팥은 이미 이 지방층이 제거된 상태입니다. 지방층 아래에는 콩팥을 감싸고 있는 얇은 막도 반드시 벗겨내야 합니다. 새끼양 콩팥과 송아지 콩팥의 아래쪽에 붙어 있는 지방 덩어리 또한 대부분 잘라 버립니다. 이렇게 다듬은 송아지 콩팥 1덩이의 무게는 대략 170~220g이고, 새끼양 콩팥은 약 40~60g입니다. 요리용 콩팥에서는 신선하고 좋은 향이 풍겨야 하고, 혹시라도 암모니아 냄새가 느껴진다면 그 정도가 아주 약해야 합니다. 송아지와 새끼양 콩팥은 수분을 쉽게 흡수하므로 절대 물에 씻거나 담가두면 안 됩니다.

# 로뇽 드 보 앙 카스롤(*rognons de veau en casserole*)‡

버터에 익힌 콩팥과 머스터드 파슬리 소스

이 요리를 따뜻한 오르되브르 대신 메인 코스로 내고 싶다면, 버터에 소테한 감자와 브레이징한 양파를 함께 곁들입니다. 와인은 부르고뉴 레드가 특히 잘 어울립니다.

**4~6인분**

| | |
|---|---|
| 버터 4TS<br>콩팥을 서로 겹치지 않게 담을<br>  만한 직화 가능 캐서롤<br>  또는 체이핑 디시<br>송아지 콩팥(얇은 막과 지방을<br>  제거한 것) 3덩이<br>뜨겁게 데운 접시와 덮개 | 캐서롤이나 체이핑 디시에 버터를 넣고 뜨겁게 가열합니다. 버터의 거품이 가라앉기 시작하면 콩팥을 넣고 이리저리 굴린 뒤 뚜껑을 덮지 않고 약 10분 동안 익힙니다. 중간에 1~2분마다 한 번씩 콩팥을 뒤집어줍니다. 콩팥을 익히는 내내 버터는 매우 뜨거워야 하지만 연기가 날 정도에 이르면 안 됩니다. 시간이 지날수록 콩팥에서 약간의 육즙이 배어나와 캐서롤 바닥에 눌어붙을 것입니다. 콩팥은 겉만 약간 단단해질 정도로 익혀야 하며, 표면에는 연갈색이 돌되 썰었을 때 중심부가 분홍빛을 띠어야 합니다. 익힌 콩팥을 뜨겁게 데운 접시에 옮겨 담은 뒤 덮개를 씌워서 몇 분 동안 식지 않게 보관합니다. |
| 다진 설롯 또는 골파 1TS<br>드라이한 화이트 와인 또는<br>  드라이한 베르무트 ½컵<br>레몬즙 1TS | 캐서롤에 남은 버터에 설롯 또는 골파를 넣고 1분 동안 소테합니다. 여기에 와인 또는 베르무트, 레몬즙을 붓고 끓이면서 바닥에 눌어붙은 육즙을 디글레이징하고, 액체의 양이 약 4테이블스푼으로 줄어들 때까지 바짝 졸입니다. |
| 머스터드(맛이 강한 디종<br>  머스터드류) 1½TS를 말랑한<br>  버터 3TS에 섞은 것<br>소금, 후추 | 불을 끈 뒤, 버터와 섞은 머스터드를 스푼으로 떠넣고 고루 휘젓습니다. 소금, 후추로 양념합니다. |
| 소금, 후추<br>다진 파슬리 3TS | 콩팥을 약 3mm 두께로 어슷하게 재빨리 슬라이스합니다. 소금, 후추를 뿌려서 콩팥에서 나온 육수와 함께 캐서롤에 넣습니다. 파슬리가루를 뿌린 뒤 약한 불에서 캐서롤을 가볍게 흔들어가며 콩팥이 전체적으로 데워지도록 1~2분 동안 가열합니다. 이때 소스가 끓지 않도록 주의하세요. |
| 뜨겁게 데운 접시 | 뜨겁게 데운 접시에 콩팥을 담아서 바로 냅니다. |

## ❖ 로뇽 드 보 플랑베(*rognons de veau flambés*)
브랜디를 붓고 불을 붙여 내는 송아지 콩팥과 양송이버섯 크림소스

소스와 주재료가 매우 훌륭한 조화를 이루는 이 요리는 흔히 고급 레스토랑에서 직접 손님 앞에서 조리하는 메뉴입니다. 가정에서 체이핑 디시를 이용해 만들 경우, 소테한 양송이버섯을 비롯한 모든 소스 재료를 각각 다른 그릇에 담아 가까이에 준비해두는 것이 좋습니다. 이 레시피대로 조리한 콩팥에 따뜻한 바게트와 부르고뉴산 레드 와인을 함께 곁들이면 하나의 코스로 손색이 없습니다.

**4~6인분**

| | |
|---|---|
| 송아지 콩팥(얇은 막과 지방을 제거한 것) 3덩이<br>버터 4TS<br>직화 가능 캐서롤 또는 체이핑 디시 | 기본 레시피의 설명대로 콩팥을 뜨거운 버터에 약 10분간 익힙니다. |
| 코냑 ⅓컵<br>뜨겁게 데운 접시와 덮개 | 콩팥 위에 코냑을 붓습니다. 얼굴을 옆으로 돌리고 성냥불로 코냑에 불을 붙입니다. 불길이 저절로 가라앉을 때까지 캐서롤 또는 체이핑 디시를 흔들어서 코냑을 콩팥에 끼얹습니다. 콩팥을 뜨겁게 데운 접시에 옮겨 담고 덮어둡니다. |
| 브라운소스(112쪽) ½컵<br>또는 통조림 비프 부용 ½컵에 옥수수 전분 1ts을 섞은 것<br>마데이라 와인 ⅓컵 | 캐서롤에 브라운소스나 전분을 섞은 부용을 붓고 와인을 추가합니다. 농도가 약간 걸쭉해질 때까지 몇 분 동안 센 불로 졸입니다. |
| 휘핑크림 1컵<br>다진 셜롯 또는 골파 1TS와 함께 슬라이스하여 버터에 소테한 양송이버섯 약 220g(607쪽)<br>소금, 후추 | 크림과 소테한 양송이버섯을 섞어 넣고 몇 분 동안 더 끓입니다. 소스의 농도는 스푼의 표면에 가볍게 코팅될 정도여야 합니다. 맛을 보고 소금, 후추로 간을 맞춥니다. |
| 머스터드(맛이 강한 디종 머스터드류) ½TS, 말랑한 버터 2TS, 우스터소스 ½ts을 섞은 것 | 불을 끄고, 머스터드 혼합물을 넣고 고루 젓습니다. |

소금, 후추
뜨겁게 데운 접시

콩팥을 약 3mm 두께가 되도록 가로로 재빨리 슬라이스합니다. 소금, 후추를 뿌린 뒤 콩팥과 육즙을 함께 소스에 넣습니다. 약한 불 위에서 캐서롤을 가볍게 흔들어가며 콩팥을 잠시 데웁니다. 이때 소스가 끓지 않도록 조심하세요. 뜨겁게 데운 접시에 콩팥을 담아서 곧바로 냅니다.

## ✥ 로뇽 드 보 아 라 보르들레즈(*rognons de veau à la bordelaise*)
송아지 콩팥과 골수를 넣은 레드 와인 소스

소스 보르들레즈는 레드 와인과 브라운소스에 셜롯, 허브를 넣고 졸인 다음 포칭한 소 골수 또는 송아지 골수를 섞은 것으로, 익힌 콩팥과 매우 잘 어울립니다. 소테한 감자와 브레이징한 양파 또는 버터에 버무린 완두콩, 그리고 부르고뉴 레드 와인을 함께 곁들이면 훌륭한 메인 코스 요리가 됩니다.

**4~6인분**

송아지 콩팥(얇은 막과 지방을
　제거한 것) 3덩이
버터 4TS
직화 가능 캐서롤 또는 체이핑 디시
뜨겁게 데운 접시와 덮개

504쪽 기본 레시피대로 캐서롤 또는 체이핑 디시에 녹인 뜨거운 버터에 콩팥을 넣고 약 10분 동안 익힙니다. 뜨겁게 데운 접시에 콩팥을 옮겨 담고, 식지 않도록 덮개를 씌워둡니다.

다진 셜롯 또는 골파 2TS
숙성 기간이 길지 않은 질 좋은
　레드 와인(부르고뉴, 마콩 등)
　½컵
타임, 후추, 월계수 잎 가루 각각
　큰 1자밤

캐서롤에 남은 버터에 셜롯 또는 골파를 넣고 1분 동안 볶습니다. 와인과 각종 양념을 추가한 뒤 센 불로 바짝 끓여서 액체의 양을 절반으로 줄입니다.

브라운소스 1컵 또는 통조림 비프
　부용 1컵에 애로루트 가루나
　옥수수 전분 1TS을 섞은 것
소금, 후추

브라운소스 또는 전분을 섞은 부용을 붓고 3~4분 동안 뭉근하게 끓여서 농도를 약간 걸쭉하게 만듭니다. 간을 맞춥니다.

소금, 후추
뜨거운 물에 2~3분 데쳐 연해진
   소, 송아지 골수(53쪽)를
   깍둑썰기한 것 ⅓컵
파슬리 2~3TS
뜨겁게 데운 접시

콩팥을 약 3mm 두께가 되도록 가로로 재빨리 슬라이스한 뒤 소금, 후추로 밑간을 합니다. 콩팥과 육즙을 소스에 넣고 골수를 가볍게 넣어 섞습니다. 약한 불 위에서 캐서롤을 가볍게 흔들어가며 콩팥을 잠시 데웁니다. 이때 소스가 끓지 않도록 주의하세요. 파슬리를 뿌리고 뜨겁게 데운 접시에 담아서 냅니다.

# 제8장

# 채소
*Légumes*

프랑스에서 신선한 가정식 채소 요리를 접해본 경험은 누구에게나 소중한 기억으로 남기 마련입니다. 여행을 다녀온 이들은 그리움이 묻어나는 목소리로 이렇게 말하죠. "껍질콩이 아예 개별 코스 메뉴로 나오던데, 그 맛을 잊을 수가 없어." 여기서 한술 더 떠서, 프랑스 채소는 맛부터가 다르기 때문에 그런 경험은 오직 프랑스에서만 가능하다는 사람이 있을 정도입니다. 그러나 상태가 좋은 신선한 제철 채소를 쓴다면 프랑스식 조리법으로 세계 어디서든 훌륭한 맛을 재현할 수 있습니다.

프랑스인은 채소를 영양학적 가치만 있는 재료로 보는 대신, 제대로 된 음식으로 취급합니다. 미국과 프랑스 요리의 차이점은 녹색 채소 조리법에서 극명하게 드러나는데요, 프랑스에서는 단독 메뉴로서 코스에 포함될 만큼 파릇하고 신선하며 깊은 맛이 살아 있는 메뉴를 만드는 것을 목적으로 합니다. 그런데 미국인 중에는 앞서 언급한 것과 프랑스 채소 요리에 대한 예찬을 늘어놓고도, 껍질을 벗기고, 삶고, 꼭 짜고, 체에 밭쳐 물기를 빼고, 데친 뒤 찬물에 헹구어 식히는 것 같은 프랑스식 채소 조리법에는 거부감을 갖는 사람이 많습니다. 그렇게 했다가는 가장 좋은 부분을 버리는 셈이라고 익히 들어왔기 때문이지요.

## ** 데치기
이 장에서 소개하는 모든 레시피는 본격적인 조리 및 풍미를 더하는 과정에 들어가기에 앞서, 소금을 넣고 팔팔 끓인 물에 채소를 데치거나 삶습니다. 이는 프랑스식 녹색 채소 요리의 가장 큰 비법으로, 이미 미국에서도 녹색 채소를 냉동실에 보관하기 위한 1차 조리법으로 널리 쓰이는 방식이죠. 데치기에 성공하려면 무조건 많은 양의 물을 끓여야 합니다. 약 900g~1.4kg의 채소를 데치기 위해서는 끓는 물 7~8L가 필요합니다. 그래야 채소를 넣는 순간 잠시 물 온도가 떨어지더라도 금세 다시 끓어올라 채소의 파릇함과 신선함, 깊은 맛이 보존되기 때문입니다. 물만 충분하다면 생생한 초록색을 살리기 위해 베이킹 소다를 넣을 필요도 없습니다.

## ** 찬물에 헹구기

데치기에 이어 두번째로 중요한 프랑스식 조리법입니다. 따끈따끈하게 데친 녹색 채소를 바로 식탁에 올릴 것이 아니라면, 즉시 많은 양의 찬물에 몇 분 동안 담가두어야 합니다. 잔열에 익어가던 채소는 찬물에 들어가는 즉시 색감과 식감, 맛이 보존됩니다. 채소를 계속 뜨거운 상태 그대로 팬이나 체에 담아둔다면 열기가 빠져나가지 않아 물렁해지고 색깔이 변하며 신선한 맛이 사라집니다. 채소를 익혀서 찬물에 헹구는 법을 익힌다면, 파티 전에 모든 채소를 익혀서 찬물에 헹궈두었다가, 식탁에 내기 전에 마무리만 하면 됩니다.

## ** 지나치게 익히지 않기

프랑스식 요리의 기본 원칙 중에는 '식재료를 지나치게 익히지 말 것' '다 익은 녹색 채소를 따뜻한 상태로 방치하지 말 것'이 있습니다. 채소는 조리가 끝난 즉시 먹을 것이 아니라면 식혔다가 다시 데우는 편이 좋습니다. 녹색 채소를 지나치게 익히거나 익힌 채로 방치하는 것은 색감과 식감, 맛, 그리고 영양소를 파괴하는 지름길입니다.

## ** 이 장에 관한 설명

프랑스 요리의 세계는 너무나 방대하므로, 여기에서 채소에 관한 모든 것을 다룰 수는 없습니다. 그래서 모든 채소를 얇게 소개하는 것보다 몇 가지만 선택해서 더 깊게 다루는 것이 좋다고 판단했습니다. 여기서 선보일 레시피 대부분은 녹색 채소가 주재료입니다. 더불어 감자 레시피 몇 가지와 다른 채소 레시피 1~2가지를 골라서 소개합니다.

# 녹색 채소

## 아티초크
### *Artichauts*

아티초크는 10월부터 이듬해 6월까지가 제철로, 4~5월에 가장 저렴하게 살 수 있습니다. 신선한 아티초크는 묵직하고 속이 빽빽이 들어차 있으며, 균일한 초록빛을 띠는 두꺼운 잎이 서로 바짝 달라붙어 돋아나 있습니다. 줄기 역시 신선하고 초록색이어야 합니다. 미국에서는 덜 자란 베이비 아티초크를 구하기가 쉽지 않으므로, 다음 레시피는 전부 무게 280~340g, 지름 10~11cm인 아티초크를 염두에 둔 것입니다.

익힌 아티초크에 소스 올랑데즈를 채운 것

### ** 식탁에 내기
삶은 아티초크는 따뜻하게 또는 차갑게 식혀서 식사를 시작할 때 내거나, 코스에서 샐러드를 대체할 요리로 냅니다. 아티초크에 와인을 곁들이면 와인의 풍미가 달라지기 때문에 전문가들은 대부분 와인보다는 물을 추천합니다. 그래도 와인을 곁들이고 싶다면 마콩처럼 강하고 드라이한 화이트 와인이나 타벨처럼 개성 있는 로제 와인을 차갑게 마시는 것이 좋습니다.

### ** 손질하기
다음과 같이 하나씩 차례대로 손질합니다. 우선 아티초크 밑동 근처에서 줄기를 구부려서 아티초크 하트까지 연결된 질긴 섬유질과 함께 줄기를 제거합니다.

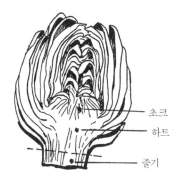

초크
하트
줄기

아티초크 단면

아티초크 밑동의 바깥쪽에 돋아난 작은 겉잎은 꺾어서 떼어내고, 수직으로 설 수 있도록 줄기와 연결되어 있던 밑동의 아랫면을 칼로 다듬습니다.

아티초크를 옆으로 누이고 봉오리 끝을 약 2.5cm 정도 잘라냅니다. 겉을 둘러싼 나머지 겉잎도 가위로 끝을 잘라서 다듬습니다. 흐르는 찬물에 씻습니다.

가위로 겉잎 끝을 잘라내기

다듬은 아티초크의 단면에 레몬즙을 바른 다음, 물 1L당 식초 1테이블스푼을 섞은 찬물에 담가둡니다. 산 성분이 아티초크의 갈변을 막아줍니다.

# 아르티쇼 오 나튀렐(*artichauts au naturel*)

## 통째로 익혀 따뜻하게 또는 차갑게 내는 아티초크

아티초크를 삶을 때는 큰 냄비를 쓰는 것이 좋습니다. 겉잎을 묶을 필요는 없습니다. 꽤 오랜 시간 익혀야 하며, 다 익으면 올리브색이 감돕니다. 생생한 초록색이 살아 있으면 베이킹소다를 넣었다는 뜻이라 프랑스인은 탐탁찮게 여깁니다.

| | |
|---|---|
| 손질이 끝난 아티초크 6개<br>팔팔 끓는 물 7~8L<br>물 1L마다 소금 1½ts<br>깨끗한 면포 | 끓는 소금물에 손질이 끝난 아티초크를 넣습니다. 봉오리 윗부분이 촉촉함을 유지하도록 접어서 2겹으로 만든 면포를 그 위에 덮어 색깔이 변하는 것을 막습니다. 최대한 빨리 물이 다시 끓어오르게 한 다음 면포를 치우고 35~45분 동안 약한 불에 삶습니다. 겉잎이 쉽게 분리되고 밑동에 칼이 부드럽게 들어가면 다 삶아진 것입니다. |
| 그물국자나 스푼으로 즉시<br>  냄비에서 꺼냅니다. | 위아래를 뒤집어 체에 받쳐서 물기를 뺍니다. |
| | 뜨거운 상태로, 또는 따뜻하거나 차갑게 식혀 식탁에 올립니다. |

## ** 먹는 법

아티초크를 먹을 때는 겉잎 끝을 손으로 집어 한 장 뜯어낸 다음, 녹인 버터나 뒤이어 소개될 소스에 잎의 아랫부분을 찍습니다. 겉잎의 위쪽 끝부분을 집은 상태로 그 밑을 앞니로 살짝 물고, 위에서 아래로 잎의 속살을 쏙 긁어내 아래쪽의 연한 부분을 먹습니다. 겉잎을 다 먹으면 아티초크의 몸통 가운데에 실같이 모여 있는 초크를 파낸 다음, 나이프와 포크를 써서 그 밑의 하트를 먹습니다.

## ** 식탁에 올리기 전 초크를 제거하려면

꼭 필요한 과정은 아니지만 초크를 제거하면 보기에 더 좋습니다. 아티초크의 봉오리를 살살 벌려서 아직 돋아나지 않은 연한 잎이 겹쳐 있는 중앙 부분을 통째로 들어냅니다. 그 아래가 바로 피어나기 전의 실 같은 작은 꽃이 모여 있는 게 초크입니다. 이 초크를 스푼으로 긁어낸 다음, 그 밑의 연한 꽃턱, 즉 하트에 소금과 후추를 뿌립니다. 아까 들어낸 중앙 부분은 위아래를 뒤집어 다시 빈 공간에 넣습니다.

☞ **따뜻한 아티초크에 곁들이는 소스**

녹인 버터

뵈르 오 시트롱(148쪽)

소스 올랑데즈(126쪽) 초크를 파냈다면 잎 사이사이를 벌려 하트 부분을 드러낸 다음 소스 올랑데즈 3~4 스푼을 끼얹고 파슬리 토핑으로 마무리합니다.

☞ **차가운 아티초크에 곁들이는 소스**

소스 비네그레트(143쪽)

소스 라비고트(144쪽)

소스 무타르드(144쪽)

소스 알자시엔(142쪽)

마요네즈(134쪽)

---

# 아르티쇼 브레제 아 라 프로방살(*artichauts braisés à la provençale*)‡
### 와인, 마늘, 허브와 함께 브레이징한 아티초크

아티초크를 브레이징하는 레시피는 이 틀에서 거의 벗어나지 않습니다. 원한다면 캐서롤에 잘게 썬 토마토 과육 1컵이나 햄 ½컵을 넣어도 좋고, 조리가 끝나기 10분 전에 소테한 양송이버섯 약 220g을 넣어도 좋습니다. 브레이징한 아티초크는 브레이징하거나 로스팅한 다른 육류에 곁들이거나 코스의 첫번째 메뉴로 내기 좋습니다. 손으로 먹으면 지저분해지기 쉬우므로 스푼과 나이프, 포크를 함께 내어 먹는 사람이 잎의 속살을 긁어낼 수 있도록 합니다.

## 6~8인분

큰 아티초크 6개
팔팔 끓는 물 7~8L
물 1L마다 소금 1½ts

아티초크 손질을 끝낸 뒤, 전체 높이가 약 4cm가 되도록 잎을 잘라 냅니다. 그다음 아티초크가 세로로 4등분되도록 십자로 자른 뒤 초크를 제거합니다. 끓는 물에 넣고 딱 10분 삶은 다음 체에 밭쳐 물기를 뺍니다.

---

오븐을 약 165℃로 예열해둡니다.

잘게 썬 양파 1컵(약 110g)
올리브유 6TS
아티초크가 한 층으로 깔릴 정도로
　큰 직화 가능 캐서롤(지름
　25~28cm, 뚜껑 필요)
다진 마늘(큰 것) 2알
소금, 후추

캐서롤에 올리브유와 양파를 넣고 5분 동안 색이 변하지 않도록 천천히 익힙니다. 마늘 4등분해 익혀둔 아티초크를 넣습니다. 소금과 후추를 뿌리고 뚜껑을 덮은 채로 10분 동안 약한 불로 익힙니다. 아티초크가 갈색으로 익지 않도록 주의합니다.

와인 식초 ¼컵
드라이 화이트 와인 또는
　드라이 화이트 베르무트 ½컵
스톡, 통조림 비프 부용 또는 물
　1½컵
부케 가르니(면포에 싸서 묶은
　파슬리 줄기 4대, 월계수 잎 ½장,
　타임 ¼ts)
유산지

식초와 와인을 붓고 불을 강하게 조절해 액체가 절반으로 줄어들 때까지 끓입니다. 육수나 부용, 물을 붓고 허브를 넣습니다. 끓어오르면 유산지를 아티초크 위에 덮고 캐서롤 뚜껑을 닫은 다음 예열한 오븐 가운데 칸에 넣습니다. 내용물이 계속 뭉근하게 끓어오르는 상태로 1시간 15분~1시간 30분 동안, 또는 액체가 거의 날아갈 때까지 둡니다.
[*] 바로 식탁에 올릴 것이 아니라면 뚜껑을 살짝 열어 한쪽에 두었다가 필요할 때 다시 데워 냅니다.

다진 파슬리 2~3TS

부케 가르니를 건져냅니다. 캐서롤째로 또는 따뜻한 접시에 옮겨 담아서 냅니다. 아티초크를 담은 접시 가장자리에 구운 토마토와 소테한 감자를 빙 둘러도 좋습니다. 파슬리를 뿌려 식탁에 올립니다.

### ❖ 아르티쇼 프랭타니에(*artichauts printaniers*)
　당근, 양파, 순무, 양송이버섯과 함께 브레이징한 아티초크

다른 채소를 추가하는 것만 빼면 바로 기본 레시피와 거의 똑같습니다. 올리브유 대신 버터를 쓰고 마늘은 덜 넣는 것이 좋으며, 와인을 더 넣으면 되므로 식초는 적게 넣거나 아예 넣지 않는 것이 좋습니다.

잘게 썬 양파, 올리브유(또는
　버터), 와인, 스톡, 양념을 포함한
　앞 레시피의 재료
껍질을 벗긴 지름 약 2.5cm 정도의
　작은 양파 12개
껍질을 벗겨 세로로 4등분한 뒤
　약 4cm 길이로 자른 당근 3~4개
껍질을 벗겨 세로로 4등분한 흰
　순무 3~4개

기본 레시피대로 아티초크를 4등분해 익히고, 잘게 썬 양파를 올리
브유 또는 버터에 익힙니다. 양파를 볶던 캐서롤에 아티초크를 넣고
가장자리에 작은 양파와 다른 채소를 빙 두릅니다. 소금과 후추로 간
하고 기본 레시피와 같은 방법으로 조리합니다.

기둥을 떼고 올리브유나 버터에
　살짝 소태한 양송이버섯 갓
　12~18개

조리가 끝나기 약 10분 전에 버섯을 넣습니다. 소스를 완성해 기본
레시피와 같은 방법으로 식탁에 올립니다.

# 아티초크 하트와 밑동
## *Fonds d'Artichauts*

아티초크 하트와 밑동을 같은 것으로 취급하는 경향이 있긴 하지만 둘은 엄연히 다른 부위
입니다. 하트는 안쪽의 봉오리와 초크, 밑동을 포함하는, 채 다 자라지 못한 연한 중심 부
분이고, 밑동은 보통 더 크게 자란 아티초크에서 잎과 초크를 제거한 아랫부분입니다. 외
국인들을 위한 식재료를 파는 시장 근처가 아니라면 통조림이나 병조림, 냉동 상태인 아티
초크 하트를 주로 보게 될 것입니다. 한편 밑동은 신선한 아티초크를 사면 직접 손질해서
조리할 수 있으며, 프랑스보다 아티초크가 비싼 미국에서 더욱 별미 취급을 받는 부위입니
다. 슬라이스해 버터에 조리기만 해도 맛있는 채소 가니시가 완성되고, 세로로 4등분해 소
스 비네그레트에 담아내면 코스의 근사한 첫번째 요리가 됩니다. 밑동을 통으로 포치드 에
그와 소스에 곁들여도 좋고, 갑각류 살을 섞은 마요네즈를 채워 차가운 오찬 메뉴로 즐겨도
좋습니다. 어떤 방법으로 조리하든, 우선 잎을 다듬어 밑동을 드러낸 다음, 흰색이 유지되
도록 블랑(*blanc*)에 삶도록 합니다.

## ✱✱ 손질하기

가능한 한 가장 큰 아티초크를 고릅니다. 이상적인 지름은 약 11cm로, 1인분에 적합한 크

기입니다. 그보다 작다면 1인당 2개를 내도록 합니다. 손질하는 법은 다음 그림을 참고하면 됩니다.

아티초크의 밑동 가까이에서 줄기를 부러뜨립니다. 아티초크를 거꾸로 들고 밑동의 맨 아래쪽에 붙어 있는 잎을 딱 소리가 날 때까지 바깥쪽으로 구부려 떼어냅니다. 같은 방식으로 불룩한 밑동의 맨 윗부분, 즉 봉오리가 안쪽으로 오므라지기 시작하는 부분까지 빙 둘러가며 잎을 모두 제거합니다.

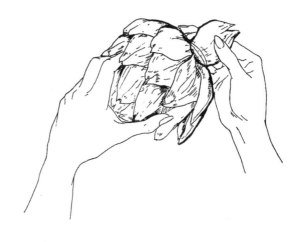

남아 있는 봉오리를 밑동의 윗부분에 가까운 지점에서 잘라냅니다. 색이 변하는 것을 막기 위해 잘라낸 단면에 즉시 레몬즙을 바릅니다.

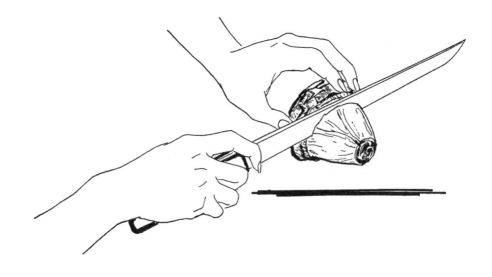

한쪽 손으로 칼을 단단히 잡은 뒤, 밑동을 칼날에 대고 반대쪽 손으로 회전시키며 깎아서 다듬습니다. 초록색을 띤 부분을 전부 제거해 흰빛을 띤 속살이 드러나게 합니다. 잘라낸 단면에는 틈틈이 레몬즙을 바릅니다. 손질이 끝나면 물 1L에 레몬즙 2테이블스푼을 섞어서 바로 담가둡니다.

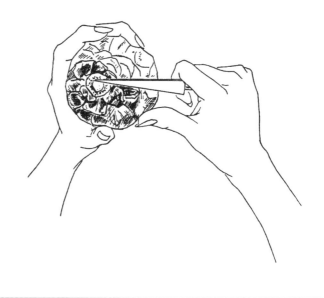

손질이 끝난 아티초크 밑동.
초크는 밑작업이 끝난 다음 제거합니다.

## 퐁 다르티쇼 아 블랑(*fonds d'artichauts à blanc*)
### 아티초크 밑동 밑작업

블랑은 소금물에 레몬즙과 밀가루를 더한 용액입니다. 밀가루와 레몬즙이 표백작용을 해 아티초크 밑동이나 서양 우엉, 송아지 머리처럼 색이 쉽게 변하는 재료의 변색을 막기 위해 쓰입니다.

아티초크 밑동은 무조건 법랑이나 내열유리, 스테인리스, 도기 재질의 조리 도구만을 써서 요리해야 합니다. 알루미늄이나 무쇠에 익히면 회색빛이 감돌게 됩니다.

**아티초크 밑동(대) 6~8개**

밀가루 ¼컵
법랑 소스팬
거품기
찬물 1L
레몬즙 2TS
소금 1½ts

소스팬에 찬물 약간과 밀가루를 넣고 거품기로 저어 고르게 섞인 묽은 반죽을 만듭니다. 나머지 물과 레몬즙, 소금을 섞습니다. 끓어오르면 약한 불로 낮춰 5분 동안 더 끓입니다.

아티초크를 넣습니다. 다시 혼합액이 끓어오르고, 아티초크를 칼날로 찔렀을 때 푹 들어갈 때까지 약한 불에서 30~40분 정도 더 익힙니다. 이때 아티초크는 계속 잠겨 있어야 합니다. 필요하다면 물을 더 넣습니다.

아티초크 밑동을 소스팬에 담근 채로 식힙니다. 하루나 이틀 정도 냉장 보관할 계획이라면 오일을 부어 표면을 한 겹 덮씌웁니다. 아티초크는 계속 용액 안에 보관하다가 조리 직전에 꺼내 찬물에 씻고, 스푼으로 초크를 살살 파낸 다음 남아 있는 잎 끝을 잘라내 다듬으면 됩니다.

조리가 끝나 초크를 제거한
아티초크 밑동

---

# 퐁 다르티쇼 오 뵈르(*fonds d'artichauts au beurre*)‡
## 통째로 버터에 익힌 아티초크 밑동

밑작업이 끝난 아티초크 밑동을 뜨거운 채소, 포치드 에그, 소스 베아르네즈, 트러플 등으로 채워 익히는 레시피입니다.

오븐을 약 165℃로 예열해둡니다.

앞서 제시된 방식으로 밑작업을
  한 아티초크 밑동 6개
소금, 백후추
버터 4TS
뚜껑이 있는 직화 가능 캐서롤
  (법랑, 내열유리, 스테인리스
  재질에 아티초크를 한 층으로
  넣을 만한 크기)
버터 바른 유산지

아티초크를 소금과 후추로 간합니다. 캐서롤에 버터를 넣고 가열해 버터가 녹아서 끓어오르면 불에서 내립니다. 버터가 녹은 캐서롤에 아티초크 밑동을 거꾸로 넣어 중심 부분을 촉촉하게 합니다. 그 위에 버터를 바른 유산지를 덮은 뒤 예열된 오븐 가운데 칸에 넣고 20분 동안 또는 충분히 가열될 때까지 둡니다. 지나치게 익지 않도록 조심합니다.

이제 다양한 레시피에 따라 아티초크 밑동에 필링을 채울 준비가 끝났습니다.

## ❖ 카르티에 드 퐁 다르티쇼 오 뵈르(*quartier de fonds d'artichauts au beurre*)
4등분해 버터에 익힌 아티초크 밑동

앞의 레시피와 같지만 아티초크 밑동을 4등분하고 버터에 셜롯이나 양파를 넣는다는 점이 다릅니다. 가니시로 써도 좋고, 브레이징한 당근과 양파나 소테한 양송이버섯 등 다른 채소와 곁들여도 좋습니다. 송아지고기, 닭고기, 달걀 요리와 잘 어울립니다.

밑작업을 한 아티초크 밑동 6개
  (517쪽)

아티초크 밑동을 4등분합니다. 오븐을 약 165℃로 예열해둡니다.

버터 4TS
약 1.5L 용량의 법랑 캐서롤
다진 셜롯 또는 골파 2TS
소금, 후추
버터 바른 유산지
다진 파슬리 2TS

캐서롤에 버터를 녹이고 셜롯 또는 골파를 넣은 다음 아티초크 밑동을 넣습니다. 소금과 후추로 간하고 위에 버터를 바른 유산지를 덮습니다. 뚜껑을 덮고 예열한 오븐 가운데 칸에 넣어 20분 동안 또는 버터가 채소에 잘 스며들 때까지 둡니다. 지나치게 익지 않도록 조심합니다. 식탁에 올리기 전 파슬리를 뿌립니다.
[*] 미리 조리를 끝낸 다음 다시 데워서 내어도 좋습니다.

## ❖ 퐁 다르티쇼 미르푸아(*fonds d'artichauts mirepoix*)
잘게 썬 채소를 곁들여 버터에 익힌 아티초크 밑동

아티초크 밑동을 단독 채소 메뉴로 내고자 할 때 좋습니다.

| | |
|---|---|
| 잘게 썬 당근, 양파, 셀러리 각 3TS<br>삶아서 잘게 썬 살코기 햄 2TS<br>앞의 버터에 익힌 아티초크 밑동<br>　레시피에 들어가는 재료 | 앞의 레시피에서와 같이 버터에 당근, 양파, 셀러리, 햄을 8~10분 동안 익힙니다. 채소가 부드러워지면 갈색으로 변하기 전에 나머지 재료를 넣고 기본 레시피대로 조리합니다. |

## ❖ 퐁 다르티쇼 아 라 크렘(*fonds d'artichauts à la crème*)
크림에 익힌 아티초크 밑동

송아지고기나 닭고기 로스트, 소테한 뇌, 스위트브레드와 함께 내면 좋습니다. 오믈렛과도 잘 어울립니다.

| | |
|---|---|
| 4등분해 앞에 제시된 레시피 중<br>　하나로 조리한 아티초크 밑동<br>　6개<br>휘핑크림 1½컵<br>소금, 후추<br>레몬즙 1ts(필요시 추가)<br>데운 접시<br>다진 파슬리 2TS | 앞서 제시된 레시피에서와 같이 아티초크 밑동이 익는 동안, 작은 소스팬에 휘핑크림을 넣고 끓여 양이 절반으로 줄어들면 소금, 후추, 레몬즙으로 간합니다. 아티초크 조리가 끝나면 그 위에 휘핑크림을 뜨거운 상태로 올립니다. 맛이 스며들도록 잠시 약한 불에 가열합니다. 데운 접시에 담고 파슬리를 뿌려 냅니다. |

## ❖ 퐁 다르티쇼 모르네(*fonds d'artichauts Mornay*)
치즈 소스를 올린 아티초크 밑동 그라탱

닭고기나 송아지고기 로스트, 소테한 닭고기나 송아지고기 에스칼로프, 간의 가니시로 냅니다. 아니면 뜨거운 첫번째 코스 요리나 오찬 메뉴로 내도 좋은데, 그럴 때는 소스를 뿌리기 전에 아티초크에 소테한 양송이버섯 1컵, 삶아서 잘게 썬 햄이나 익혀서 잘게 썬 닭고기

1컵을 얹으면 됩니다.

4등분해 버터에 익힌 아티초크
 밑동 6개(518쪽)
소스 모르네 1½컵(106쪽)
살짝 버터를 바른 오븐용 용기
 (지름 약 20cm, 깊이 약 5cm)
강판에 간 스위스 치즈 3TS
버터 1TS

아티초크 밑동이 익는 동안 소스 모르네를 만듭니다. 아티초크와 소스가 준비가 끝나면 소스의 ⅓을 오븐용 용기 바닥에 바르고 그 위에 아티초크를 올립니다. 나머지 소스를 붓고 치즈를 뿌린 다음 군데군데 콩알만 하게 조각낸 버터를 올립니다.

오븐을 약 190℃로 예열해두고 식탁에 올리기 30분 전에 넣습니다. 오븐 맨 위 칸에 넣어야 속까지 익고 소스 위쪽이 노릇하고 먹음직스럽게 구워집니다. 최대한 빨리 식탁에 올립니다.

---

## 퐁 다르티쇼 오 그라탱(*fonds d'artichauts au gratin*)
### 스터핑을 채운 아티초크 밑동 그라탱

뜨거운 첫번째 코스 요리나 오찬 메뉴로 내기 좋습니다.

**6인분**

블랑에 삶은 아티초크 밑동(대)
 6개(517쪽)
버터 바른 오븐용 용기
265~268쪽에 소개된 크림으로
 조리한 스터핑(햄, 닭고기,
 양송이버섯, 갑각류) 1~1½컵
강판에 간 스위스 치즈 ⅓컵
버터 1½TS

오븐용 용기에 아티초크 밑동을 넣고 밑동의 움푹한 부분에 봉긋한 형태로 스터핑을 담습니다. 치즈를 뿌리고 콩알만 하게 조각낸 버터를 올립니다. 오븐을 약 195℃로 예열해두고 식탁에 올리기 약 20분 전에 넣어 가열합니다. 오븐 맨 위 칸에 넣어야 속까지 익고 치즈가 노릇노릇하게 구워집니다.

### 냉동 아티초크 하트

보통 약 280g 단위로 포장되어 팔리는 냉동 아티초크 하트는 비교적 일찍 수확한 베이비 아티초크를 반으로 잘라 냉동한 것으로, 중앙에 연한 잎이 아직 붙어 있는 상태입니다. 꽁꽁 얼어붙은 아티초크는 서로 떼어낼 수 있을 만큼 해동한 다음에 조리해야 균일하게 익습니다.

**6인분 1컵**

다음(①~④) 중 택 1:

① 치킨 스톡 1컵

② 통조림 치킨 브로스 1컵

③ 버섯 브로스 ½컵과 물 ½컵

④ 물 1컵

잘게 썬 셜롯 또는 골파(또는 잘게
 썰어 버터에 부드러워질 때까지
 익힌 양파나 셀러리, 당근, 햄)
 2TS

버터 2TS

소금 ¼ts

법랑 소스팬 또는 스킬릿
 (지름 약 20cm)

부분 해동한 냉동 아티초크 하트
 2봉지(1봉지 약 280g)

법랑 소스팬에 스톡이나 브로스, 셜롯 또는 골파, 버터, 소금을 넣고 가열합니다. 끓어오르면 반쯤 해동한 아티초크 하트를 넣습니다. 뚜껑을 덮고 다시 끓어오르면 약한 불로 7~10분 동안 또는 아티초크 하트가 부드러워질 때까지 계속 끓입니다. 뚜껑을 열고 불을 더 세게 조절해 남아 있는 물기를 전부 증발시킵니다.

---

파슬리를 뿌려 내거나, 앞서 소개한 크림소스나 치즈 소스에 담아 냅니다. 소테한 양송이버섯이나 글레이징한 당근과 양파 등 기타 익힌 채소와 곁들여도 좋습니다.

# 아스파라거스
## *Asperges*

익힌 그린 아스파라거스는 연하면서도 축 늘어지지 않아야 하며, 생생한 초록색을 띠어야 합니다. 유럽에서 보기 쉬운 화이트 아스파라거스는 미국에서는 찾아보기 어렵지만, 조리 방법은 그린 아스파라거스와 똑같습니다. 프랑스식 아스파라거스 요리법은 우선 껍질을 벗긴 뒤 몇 개씩 묶어서, 커다란 냄비에 소금물을 팔팔 끓여 겉부분이 연해질 때까지 뭉근히 익힌 다음 바로 물기를 제거하는 것입니다. 아스파라거스는 껍질을 벗기면 더 빨리 익고 색감과 식감이 유지되며, 줄기 끝부분까지 다 먹을 수 있습니다. 껍질을 벗기기도, 그대로 두기도 하며, 줄기 끝 부분을 삶고 새순을 찌는 등 아스파라거스를 익히는 방법이란 방법은 다 시도해본 결과, 가장 생생하고 식욕을 돋우는 아스파라거스 요리법은 프랑스 요리법이라는 결론을 내리게 되었습니다.

## ** 식탁에 내기

통째로 삶은 아스파라거스는 뜨거운 상태로, 또는 차갑게 식혀서 첫번째 코스 메뉴로, 또는 샐러드를 대신해서 냅니다. 뜨거운 아스파라거스 요리는 그라브, 바르사크(Barsac), 푸이퓌메, 부브레(Vouvray) 등 너무 드라이하지 않은 화이트 와인을 차갑게 식혀서 곁들입니다. 식초 베이스의 소스를 곁들이는 차가운 아스파라거스라면 식초에 와인의 풍미가 영향을 받으므로 어떤 와인도 곁들이지 않는 것이 좋습니다.

## ** 고르기

줄기가 단단하고 빳빳하며, 자른 단면은 촉촉하고, 새순이 조밀하게 오므라든 아스파라거스를 골라야 합니다. 아스파라거스의 질기고 연한 정도는 줄기의 굵기에 상관없습니다. 껍질을 벗겨서 쓰는 이상 통통한 아스파라거스를 고르는 것이 손질도 쉽고 낭비도 덜합니다. 상태가 좋은 아스파라거스를 비슷한 크기로 맞춰 사려면 묶어서 파는 것보다는 개별로 파는 것을 고르는 것이 좋습니다. 메뉴에 따라 다르지만 보통 1인분에 통통한 아스파라거스 줄기 6~10개를 생각하면 됩니다.

## ** 손질하기

채소 필러는 껍질을 깊이 깎을 수 없어 아스파라거스를 손질할 때는 소용이 없습니다. 아스파라거스의 껍질을 벗기는 목적은, 특히 줄기 아랫부분의 바깥쪽 억센 껍질을 충분히 깎아내 전체 줄기를 먹을 수 있게 하는 것입니다. 따라서 껍질을 벗기는 것이 더 경제적이라 할 수 있습니다.

　우선 끝 부분이 위로 가도록 아스파라거스 줄기를 쳐듭니다. 작고 잘 드는 칼을 써서 약 2mm 정도 두께로 바깥쪽 껍질을 벗겨내어 연하고 촉촉한 속살이 드러나도록 합니다. 순이 뻗어나가는 쪽의 연한 초록빛 줄기로 내려가면서 점점 껍질이 얇게 벗겨지도록 칼날의 각도를 조절합니다. 순 아래쪽에 비늘처럼 붙어 있는 잎들은 전부 제거합니다. 껍질을 벗긴 아스파라거스는 찬물 가득 담긴 그릇에 넣어 씻고 물기를 제거합니다.

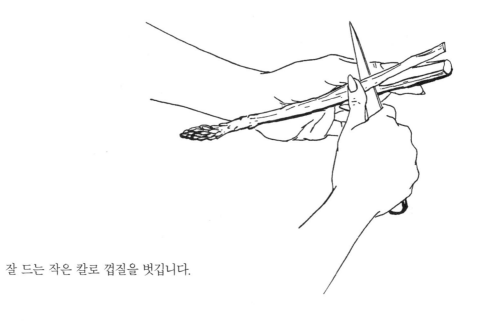

잘 드는 작은 칼로 껍질을 벗깁니다.

순을 가지런하게 모아 지름 약 9cm인 단이 되도록 위아래로 한 번씩 묶습니다. 조리 도중 먹어보며 익은 정도를 확인할 수 있도록 아스파라거스 1대는 묶지 않고 그냥 둡니다. 전체 길이가 같아지도록 줄기 끝 부분을 더 잘라도 좋습니다.

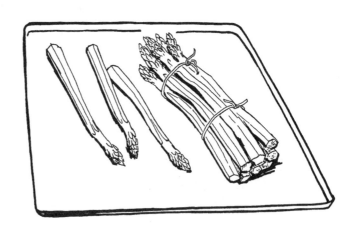

위아래로 한 번씩 묶어
고정합니다.

바로 조리할 것이 아니라면 깊이 약 1cm의 찬물에 세우고, 그 위에 비닐봉지를 씌워서 냉장 보관합니다.

# 아스페르주 오 나튀렐(*asperges au naturel*)

따뜻하게 또는 차갑게 먹는 삶은 아스파라거스

손질이 끝난 아스파라거스 단
  4~6개
커다란 냄비 또는 타원형 캐서롤에
  팔팔 끓는 물 7~8L
물 1L당 소금 1½ts

냄비나 캐서롤은 아스파라거스가 수평으로 들어갈 만큼 커야 합니다. 소금물을 팔팔 끓여 아스파라거스 단을 넣고 최대한 빨리 다시 물이 끓어오르도록 가열합니다. 다시 끓어오르면 불을 줄이고 뚜껑을 연 상태로 12~15분 동안 뭉근히 끓입니다. 잘린 단면을 칼로 찔러 쉽게 들어가면 다 삶아진 것으로, 아스파라거스가 전체적으로 살짝 휘어지되 축 늘어지지 않아야 합니다. 묶지 않고 삶은 아스파라거스를 먹어보며 익은 정도를 확인합니다.

흰색 냅킨(아스파라거스 물기 제거 목적)을 얹은 접시

아스파라거스가 부드럽게 삶아졌다면 즉시 단을 묶은 실에 포크를 꿰어 건져냅니다. 공중에 들어올린 채 몇 초간 물기를 빼고 냅킨 위에 조심스럽게 올려놓습니다. 실을 잘라내고 재빨리 같은 과정을 반복해 아스파라거스를 전부 꺼냅니다.

바로 식탁에 올릴 계획이 아닐 경우, 20~30분 동안 냅킨을 덮어두면 따뜻함이 유지됩니다. 아스파라거스를 삶은 물이 들어 있는 냄비 위에 넓은 접시를 걸쳐둡니다. 이렇게 보관하면 아스파라거스에서 계속 수분이 빠져나와 식감이 달라지지만, 맛과 색깔은 그대로 유지됩니다.

☞ **뜨거운 아스파라거스에 곁들이는 소스**

  1인당 3~4테이블스푼씩 쓰면 됩니다.

  소스 올랑데즈(126쪽) 익힌 아스파라거스를 퓌레로 만들어 3~4테이블스푼 섞어도 좋음

  소스 무슬린(131쪽)

  소스 말테즈(131쪽)

  소스 크렘(104쪽)

  뵈르 오 시트롱(148쪽)

## 차가운 아스파라거스

아스파라거스를 차갑게 식혀서 낼 때는 깨끗한 키친타월을 한 번 접고, 그 위에 삶은 아스파라거스를 한 겹으로 펼쳐 재빨리 식힙니다. 전체적으로 식었을 때 접시에 담아서 냅니다.

☞ **차가운 아스파라거스에 곁들이는 소스**

    1인당 2~4테이블스푼씩 쓰면 됩니다.

    소스 비네그레트(143쪽)

    비네그레트 아 라 크렘(144쪽)

    소스 라비고트(144쪽)

    소스 무타르드(144쪽)

    소스 알자시엔(142쪽)

    마요네즈(134쪽), 취향에 따라 녹색 허브 2~3테이블스푼 또는 퓌레로 만든 삶은 아스파라거스 4~6테이블스푼을 섞어도 좋습니다.


## 아스파라거스 순
### *Pointes d'Asperges*

순은 아스파라거스의 생장점으로, 초록색이 감도는 연한 부분을 전부 순이라고 일컫습니다. 따로 채소 요리로 내거나 가니시로 쓰며, 닭가슴살과 송아지고기 에스칼로프, 뇌 요리, 스위트브레드, 스크램블드에그, 오믈렛과 잘 어울립니다. 또한 소스로 활용해 타르트나 아티초크 하트를 채우기도 좋으며, 차가운 채소 요리로 내거나 샐러드 재료로 써도 좋습니다.

**\*\* 손질하기**

지름 6~10mm의 가느다란 아스파라거스를 골라, 줄기와 순을 꺾어서 분리합니다. 보통 전체 길이의 중간쯤 될 것입니다. 꺾은 줄기 부분은 따로 두세요. 외피를 벗기고 따로 익혀 수프나 퓌레에 넣습니다. 순의 아래쪽에 붙어 있는 비늘 같은 잎들을 전부 떼어내고 씻은 뒤, 약 4cm 길이로 잘라 지름 약 5cm의 단이 되도록 묶습니다. 남은 줄기는 썰어둡니다.

## 푸앵트 다스페르주 오 뵈르(*pointes d'asperges au beurre*)

### 버터에 익힌 아스파라거스 순

**채소 가니시로 4~6인분**

#### 데치기

앞서 제시된 방식으로 손질이 끝난
  아스파라거스 순 900g
팔팔 끓는 물 6L
소금 3TS

소금물을 끓여 썰어둔 아스파라거스 줄기를 넣고 5분 동안 데칩니다. 묶어둔 아스파라거스 순을 넣고 5~8분 더, 또는 연해질 때까지 약한 불에 데칩니다. 아스파라거스 순을 조심스럽게 건져서 물기를 제거합니다. 줄기도 건져 물기를 없앱니다.

[*] 아스파라거스를 식사 시간에 앞서 조리하거나 차갑게 식혀서 낼 계획이라면 찬물에 1~2분 담가 아스파라거스가 더 익지 않도록 하고 파릇한 색감을 살립니다. 물기는 제거합니다.

#### 버터에 조리기

오븐을 약 165℃로 예열해둡니다.

뚜껑 있는 오븐용 용기 또는
  내열 오븐용 및 서빙용 용기
말랑한 버터 1TS
소금, 후추
녹인 버터 4TS
유산지

오븐용 용기에 버터를 바릅니다. 썰어둔 아스파라거스 줄기를 밑에 깔고 소금, 후추, 그리고 녹인 버터의 일부를 뿌립니다. 묶어두었던 실을 제거하고 아스파라거스 순을 줄기 위에 늘어놓습니다. 소금, 후추, 녹인 버터를 뿌리고 유산지를 위에 덮습니다. 잠시 스토브에 올려 가열한 다음, 뚜껑을 덮고 오븐 가운데 칸에 넣어 10~15분 동안, 또는 아스파라거스가 전체적으로 데워질 때까지 둡니다. 바로 식탁에 올립니다.

### ☞ 소스 변형

아스파라거스에 곁들이면 좋은 소스는 525~526쪽에 나와 있습니다. 뜨거운 소스를 곁들인다면 앞의 레시피에서 아스파라거스는 순 부분만 데치고 버터에 조리는 과정은 생략하는 것이 좋습니다.

## 냉동 아스파라거스

냉동 아스파라거스는 조리 방법에 상관없이 축 늘어지기 마련이지만, 가장 쓸 만한 레시피를 소개합니다. 우선 꽁꽁 얼어붙은 아스파라거스가 서로 떼어질 만큼 해동시켜 균일하게 익을 수 있도록 합니다. 한꺼번에 많은 양을 요리할 경우 바닥이 넓은 소스팬 2개를 교대로 써서, 아스파라거스가 다 익을 때쯤 삶은 물이 다 증발할 수 있게 합니다.

부분 해동된 아스파라거스
  약 280g마다 다음을 준비:
물 ½컵
소금 ⅛ts
버터 1TS
넓은 법랑 소스팬 또는 스킬릿
뚜껑
후추 1자밤
소금(필요시 추가)
데운 접시
녹인 버터 또는 525쪽 소스 중
  하나

물과 소금, 버터를 소스팬이나 스킬릿에 넣고 끓입니다. 아스파라거스를 넣고 뚜껑을 덮은 뒤 5~8분 동안, 또는 아스파라거스가 부드러워질 때까지 약한 불에 삶습니다. 뚜껑을 열고 불을 더 세게 조절해 남아 있는 물기를 재빨리 증발시킵니다. 간을 하고 데운 접시에 담은 다음, 소스를 뿌리거나 따로 내어 바로 식탁에 올립니다.

## 탱발 다스페르주(*timbale d'asperges*)
### 틀에서 구운 아스파라거스

이 아스파라거스 커스터드 요리는 틀에 넣어서 모양을 낸 다음 빼내서 첫번째 코스나 오찬 메뉴로 내도 좋고, 송아지고기나 닭고기 로스트 또는 소테에 곁들여도 좋습니다. 틀에 들어가는 커스터드 혼합물은 익히기 수 시간 전에 완성해두어도 좋고, 다 익힌 다음 오랜 시간 동안 따뜻하게 보관하거나 한번 식힌 다음 다시 데워서 내도 괜찮습니다. 커스터드를 큰 틀이 아닌 작은 개별 컵 여러 개에 담아 모양을 내어도 좋습니다.

**주의**: 익혀서 썰어낸 방울양배추, 브로콜리, 콜리플라워, 시금치, 완두콩 퓌레도 같은 레시피로 조리할 수 있습니다. 아스파라거스 대신 해당 채소를 2½~3컵 쓰면 됩니다.

**6인분**

| | |
|---|---|
| 무향, 무미의 샐러드유<br>1.5L 용량의 수플레 틀<br>건식 빵가루 ¼컵 | 오븐을 160℃로 예열해둡니다. 틀에 샐러드유를 바르고 빵가루를 뿌려 안쪽 표면을 전부 덮습니다. 안 달라붙은 빵가루는 떨어냅니다. |
| 잘게 다진 양파 ½컵<br>버터 1TS | 뚜껑을 덮은 소스팬에 10분 동안 양파를 버터에 약한 불로 익힙니다. 색이 변하지 않게 조심합니다. |
| 약 3L 용량의 믹싱볼<br>흰 후추 넉넉하게 1자밤<br>소금 ¼ts<br>육두구 1자밤<br>강판에 간 스위스 치즈 ½컵<br>건식 빵가루 ⅔컵<br>달걀 5개<br>버터 4TS을 넣어 끓인 우유 1컵 | 양파를 믹싱볼에 넣고 양념과 치즈, 빵가루를 섞습니다. 달걀을 넣어 풉니다. 버터를 넣어 끓인 우유를 뜨거운 상태로 방울방울 떨어뜨려 커스터드를 만듭니다. |
| 삶은 아스파라거스 1.4kg,<br>　혹은 삶은 냉동 또는<br>　통조림 아스파라거스 3컵<br>소금, 후추 | 아스파라거스 줄기의 연한 부분을 약 1cm 크기로 잘라 믹싱볼의 커스터드에 넣고 섞습니다. 간을 맞춥니다.<br>[*] 여기까지 미리 준비해두어도 좋습니다. |
| 커스터드 틀이 넉넉하게 들어갈<br>　만한 냄비에 끓는 물 | 커스터드를 준비한 틀에 붓고, 틀을 끓는 물이 담긴 냄비에 넣고 중탕합니다. 예열한 오븐 맨 아래 칸에 넣고 35~40분 동안 굽습니다. 냄비 속 물의 온도가 끓어오르기 전 단계로 유지되도록 계속 온도를 조절합니다. 커스터드는 칼을 가운데에 찔러넣었다 빼냈을 때 내용물이 묻어 나오지 않으면 다 익은 것입니다. |
| 따뜻하게 데운 접시 | 틀을 물에서 꺼내 5분 동안 그대로 둡니다. 틀의 가장자리를 따라 칼을 빙 둘러서 커스터드를 떼어낸 다음 데워진 접시에 뒤집어 빼냅니다. 다음에 제시된 소스 중 하나를 둘레에 뿌려 냅니다.<br>[*] 바로 낼 것이 아니라면 커스터드를 틀에서 빼내지 말고, 틀에 담은 채 뜨거운 물에 그대로 둡니다. 물이 너무 식었다 싶을 때마다 중탕해도 좋습니다. 식탁에 올리기 직전 틀에서 빼내면 됩니다. |

☞ **곁들이는 소스**

다음 중 하나를 2½~3컵 준비합니다.

　소스 시브리(107쪽), 소스 모르네(106쪽), 소스 무슬린(131쪽)

# 껍질콩
## *Haricots Verts*

그린빈, 껍질콩, 줄기콩 등 다양한 이름으로 불리는 이 콩은 종류도 다양합니다. 꼬투리가 납작한 것도 있고, 둥그런 것도 있으며, 색깔도 균일한 것, 얼룩덜룩한 것 등이 있습니다. 오늘날 시중에는 꼬투리에 섬유질이 없는 것이 대부분입니다. 하지만 생김새가 어떻든 깨끗하고 신선해 보이며, 질감이 단단하고, 꺾으면 탄탄하게 부러지며, 속에 못다 자란 콩이 들어 있는 것을 고르세요. 가능하다면 둘레가 같은 것을 골라야 조리할 때 균일하게 익습니다. 둘레가 작을수록 프랑스의 껍질콩과 비슷해지므로, 지름이 약 6mm가 넘지 않는 것을 사는 것이 가장 좋습니다.

신선한 껍질콩은 손질에 시간이 걸리지만, 냉동 껍질콩에 비해 훨씬 맛이 풍부하기 때문에 품을 들일 가치가 충분합니다. 조리 과정 자체는 쉬우나 신선하고 풍부한 맛과 파릇한 색감을 유지하기 위해서는 주의를 기울여야 합니다. 데쳐두는 것은 조리하기 수 시간 전에도 가능하지만, 마무리 단계는 오직 먹기 직전에 해야 합니다. 껍질콩은 지나치게 익히거나, 다 익힌 뒤 단지 몇 분 동안이라도 뜨거운 상태로 방치한다면 색깔과 식감, 맛에 치명적인 영향을 받습니다.

**\*\* 식탁에 내기**
껍질콩은 모든 육류와 잘 어울립니다. 물론 개별적인 채소 메뉴로서도 손색이 없습니다.

**\*\* 구입할 양**
약 450g 정도면 메뉴에 따라 2~3인분이 나옵니다.

**\*\* 손질하기**
손가락으로 한쪽 끝을 꺾은 다음, 그대로 옆면을 따라 잡아당기면서 꼬투리 심줄을 제거합니다. 심줄이 없을 수도 있습니다. 반대쪽도 똑같이 처리합니다.

지름 6mm 정도의 껍질콩은 통째로 조리되며, 맛을 최대한 보존할 수 있습니다. 둘레가 그보다 크면 약 6cm 간격으로 비스듬하게 자르면 됩니다. 전용 기계를 써서 꼬투리째 세로로 길게 써는 것을 영어로 '프렌치한다(Frenching)'고 표현하기도 하지만, 이는 일반적으로 불필요한 손질법이라 사실 프랑스에서도 잘 쓰이지 않습니다. 썰어서 조리한 껍질콩은 통째로 조리한 껍질콩의 풍미를 절대 따라갈 수 없기 때문입니다.

조리를 시작하기 직전, 뜨거운 물에 껍질콩을 재빨리 씻으세요.

## 아리코 베르 블랑시(*baricots verts blanchis*)
### 데친 껍질콩 밑작업

어떤 껍질콩 레시피를 선택하든, 커다란 냄비에 소금을 넣은 물을 팔팔 끓여 데치는 것이 중요합니다. 이후의 조리법에 따라 부드러워질 때까지 또는 부드러워지기 직전까지 데친 다음 바로 물기를 제거하세요. 프랑스의 콩 요리법에 필수인 이 단계만 거치면 언제나 완벽한 맛과 식감을 자랑하는, 생생하고도 초록색이 살아 있는 껍질콩을 맛볼 수 있습니다.

**6~8인분**

끝을 손질해 씻은 껍질콩 약 1.4kg
최소 7~8L 용량의 팔팔 끓는 물
물 1L마다 소금 1½ts

팔팔 끓는 소금물에, 껍질콩을 한 번에 1움큼씩 넣습니다. 최대한 빨리 물이 다시 끓어오르게 한 다음, 뚜껑을 연 채 약한 불에 10~15분 동안 삶습니다. 8분이 지나고부터는 계속 하나씩 맛을 보며 익은 정도를 확인합니다. 연하면서도 아삭한 식감이 살짝 남아 있으면 다 익은 것입니다. 다 익으면 재빨리 체에 밭쳐 물기를 뺍니다.

### 바로 먹으려면

껍질콩을 바닥이 두꺼운 커다란 소스팬에 넣고 적당히 센 불에 살살 볶습니다. 휘젓는 대신 팬을 튕기며 볶아야 합니다. 2~3분 사이 물기가 증발하면 다음 레시피 중 하나를 선택해 조리하면 됩니다.

### 나중에 먹거나 차갑게 식혀서 내기

껍질콩 위로 찬물을 3~4분 동안 틀어둡니다. 이렇게 하면 껍질콩이 더 이상 익지 않아 색감과 맛, 식감이 보존됩니다. 물기를 제거한 다음, 깨끗한 키친타월 위에 흩어놓고 살살 토닥여 닦습니다. 체에 밭쳐두거나 볼에 넣고 뚜껑을 덮어 냉장고에 넣어둡니다. 냉장고에서는 24시간까지 완벽한 상태로 보관이 가능합니다.

다시 데우는 방법은 레시피에 따라 2가지로 나뉩니다. 첫번째 방법은 커다란 냄비에서 소금을 넣고 팔팔 끓인 물에 껍질콩을 넣고, 재빨리 다시 끓어오르게 한 뒤 물기를 제거하는 것입니다. 두번째는 버터나 기름 1~2테이블스푼을 가열해 껍질콩을 넣고 가볍게 볶은 뒤, 뚜껑을 덮어 중간 불로 3~4분 데우는 것입니다. 그다음 레시피를 따르면 됩니다.

# 버터에 익힌 껍질콩 레시피 2가지[‡]

버터가 들어간 껍질콩은 어떤 요리에 곁들여도 잘 어울립니다. 특히 양고기, 소고기, 닭고기, 송아지고기, 간을 로스팅하거나 브로일링한 요리와 잘 어울립니다. 물론 단독 코스 메뉴로 내어도 좋습니다.

## ✣ 아리코 베르 아 랑글레즈(*haricots verts à l'anglaise*)
버터에 익힌 껍질콩

**6~8인분**

앞서 제시된 방식으로 데친 껍질콩
   약 1.4kg
바닥이 두껍고 넓은 법랑 소스팬
   또는 스킬릿
소금, 후추
따뜻하게 데운 접시
작게 조각내거나 얇게 긁어내
   모양을 낸 버터 4~8TS

뜨거운 껍질콩을 소스팬이나 스킬릿에 넣고 적당히 센 불에 살살 볶아 수분을 날려 보냅니다. 취향에 따라 소금과 후추를 넣고 다시 가볍게 섞습니다. 접시에 담고 그 위에 버터를 흩뿌려 바로 식탁에 올립니다.

## ✣ 아리코 베르 아 라 메트르 도텔(*haricots verts à la maître d'hôtel*)
버터에 익혀 레몬즙과 파슬리를 섞은 껍질콩

**6~8인분**

앞서 제시된 방식으로 데친 껍질콩
   약 1.4kg
바닥이 두껍고 넓은 법랑 소스팬
   또는 스킬릿
소금, 후추
4조각으로 자른 말랑한 버터
   6~8TS
레몬즙 2~3ts
데운 접시
다진 파슬리 3TS

뜨거운 껍질콩을 소스팬이나 스킬릿에 넣고 적당히 센 불에 살살 볶아 수분을 날려 보냅니다. 다시 소금과 후추, 버터 1조각을 넣고 가볍게 섞습니다. 계속 가열하며 뒤섞는 와중에 나머지 버터와 레몬즙을 번갈아가며 넣습니다. 데운 접시에 담고 파슬리를 뿌려 바로 식탁에 올립니다.

# 크림에 익힌 껍질콩 레시피 2가지[‡]

크림에 익힌 껍질콩은 양고기나 송아지고기, 닭고기 로스트, 브로일링하거나 소테한 닭고기와 양 갈비, 소테한 간이나 송아지 갈비나 에스칼로프에 곁들여 내면 좋습니다.

## ❖ 아리코 베르 아 라 크렘(*baricots verts à la crème*)
크림에 익힌 껍질콩 1

**6~8인분**

| | |
|---|---|
| 씻은 뒤 양 끝을 딴 껍질콩<br>　약 1.4kg<br>바닥이 두껍고 넓은 법랑 소스팬<br>　또는 스킬릿(뚜껑 필요)<br>소금, 후추<br>말랑한 버터 3TS<br>휘핑크림 2컵 | 531쪽에 나온 대로 7~8L의 팔팔 끓는 소금물에 껍질콩을 데치되, 껍질콩이 연해지기 3~4분 전에 건져내어 물기를 뺍니다. 소스팬이나 스킬릿에 넣고 적당히 센 불에 살살 볶아 물기를 날려 보냅니다. 소금, 후추, 버터를 넣어 가볍게 섞은 다음, 휘핑크림을 붓고 뚜껑을 닫은 뒤 껍질콩이 부드러워지고 휘핑크림이 절반으로 줄어들 때까지 약 5분 동안 약한 불에 끓입니다. 간을 맞춥니다. |
| 데운 접시<br>다진 허브(세이버리, 타라곤, 또는<br>　파슬리) 3TS | 데운 접시에 담고 허브를 뿌려 바로 식탁에 올립니다. |

## ❖ 아리코 베르, 소스 크림(*baricots verts, sauce crème*)
크림에 익힌 껍질콩 2

휘핑크림이 들어가는 앞의 레시피에 비해 덜 기름진 메뉴입니다.

**6~8인분**

| | |
|---|---|
| 씻은 뒤 양 끝을 딴 껍질콩<br>　약 1.4kg<br>바닥이 두껍고 넓은 법랑 소스팬<br>　또는 스킬릿(뚜껑 필요) | 531쪽에 나온 대로 7~8L의 팔팔 끓는 소금물에 껍질콩을 데치되, 껍질콩이 부드러워지기 3~4분 전에 건져내어 물기를 뺍니다. 소스팬이나 스킬릿에 넣고 적당히 센 불에 살살 볶아 물기를 날려보냅니다. |

| | |
|---|---|
| 소금, 후추<br>말랑한 버터 3TS<br>다진 셜롯 또는 골파 3TS | 소금, 후추, 버터, 다진 셜롯이나 골파를 넣고 가볍게 섞은 다음 뚜껑<br>을 덮고 3~4분 동안 약한 불에 익힙니다. |
| 뜨거운 크림소스(소스 베샤멜에<br>　크림을 넣은 것, 104쪽) 3컵<br>소금, 후추<br>데운 접시<br>다진 허브(세이버리, 타라곤,<br>　또는 파슬리) 3TS | 뜨거운 크림소스를 껍질콩에 조심스럽게 섞습니다. 다시 뚜껑을 덮고<br>3~4분 동안, 또는 껍질콩이 연해질 때까지 약한 불에 조리합니다. 간<br>을 맞춘 뒤 데운 접시에 담고 허브를 뿌려 바로 식탁에 올립니다. |

## ☞ 추가하면 좋은 것

| | |
|---|---|
| 슬라이스해 버터에 소테한<br>　양송이버섯 220~450g | 양송이버섯을 소스와 함께 껍질콩에 섞습니다. |

---

## 아리코 베르 그라티네, 아 라 모르네
### (*haricots verts gratinés, à la Mornay*)
### 치즈 소스를 올린 껍질콩 그라탱

식사 시간 전 미리 만들어두기 좋은 메뉴입니다. 곁들이면 좋은 육류는 크림에 익힌 껍질콩
레시피에 제시된 메뉴와 같습니다.

**6~8인분**

| | |
|---|---|
| 썰은 뒤 양 끝을 딴 껍질콩<br>　약 1.4kg | 443쪽에 제시된 바와 같이 껍질콩을 데치다가 연해지는 즉시 찬물에<br>식힌 다음, 키친타월에 싸서 물기를 제거합니다. |
| 소스 모르네(106쪽) 3컵<br>버터를 살짝 바른 오븐용 용기<br>소금, 후추<br>강판에 간 스위스 치즈 ⅓컵<br>콩알 크기로 조각낸 버터 1TS | 소스의 ⅓을 오븐용 용기에 펴 바릅니다. 껍질콩의 간을 맞추고 소스<br>위에 얹습니다. 나머지 소스를 끼얹습니다. 치즈를 뿌리고 작게 조각<br>낸 버터를 올린 다음 뚜껑을 덮지 말고 한쪽에 둡니다. |

내기 30분 전에 약 190℃로 예열해둔 오븐에 넣습니다. 오븐 맨 위 칸에 넣어 껍질콩이 속까지 가열되고, 소스 위쪽이 먹음직스러운 갈색으로 변할 때까지 굽습니다.

## 아리코 베르 아 라 프로방살(*haricots verts à la provençale*)
### 토마토, 마늘, 허브를 넣은 껍질콩

맛이 풍부한 요리로, 양고기와 소고기 로스트, 스테이크, 갈비, 브로일링한 닭고기와 잘 어울립니다. 잘게 썰어 소테한 햄을 섞으면 오찬의 메인 코스나 저녁 식사로 훌륭합니다. 냉동 껍질콩을 활용하기 좋은 요리입니다.

**6~8인분**

가늘게 채썬 양파 2컵
올리브유 ½컵
바닥이 두껍고 넓은 법랑 소스팬
   또는 스킬릿(껍질콩이 넉넉하게
   들어가는 크기)

양파가 연하고 투명해지되, 갈색으로 변하지 않도록 주의하며 올리브유에 약한 불로 약 10분 동안 익힙니다.

잘 익은 토마토(껍질, 씨, 즙을
   제거하고 썰어낸 것, 599쪽)
   큰 것 4~6개
다진 마늘 2~4알
중간 크기의 부케 가르니(파슬리
   줄기 4대, 월계수 잎 ½장, 타임
   ½ts, 정향 2개를 면포에 싼 것)
토마토즙에 물을 더한 것 또는
   물만 ¾컵
소금, 후추

재료를 넣고 30분 동안 뭉근하게 끓입니다. 부케 가르니를 빼냅니다.

껍질콩 또는 부분 해동된 껍질콩
  약 1.4kg(부분 해동된 껍질콩은
  토마토를 넣은 팬이나 스킬릿에
  바로 넣을 것)
소금, 후추
다진 파슬리 또는 바질, 세이버리,
  타라곤, 파슬리 등 다양한 녹색
  허브를 다진 것 ¼컵

토마토가 익고 있을 때 소금을 넣고 끓인 7~8L의 물에 껍질콩을 데 칩니다. 531쪽에 나온 방법대로 하되, 껍질콩이 익어서 부드러워지기 3~4분 전에 건져내어 물기를 뺍니다. 양파, 토마토와 함께 넣고 살살 볶다가, 뚜껑을 덮고 이따금 뒤섞으며 부드러워질 때까지 약한 불로 8~10분 동안 약한 불로 끓입니다. 이 과정이 끝나면 내용물의 수분 이 거의 증발해 있을 것입니다. 하지만 아직 액체가 남아 있다면 센 불로 올리고 휘저으면서 빠르게 증발시킵니다. 간을 맞추고 허브를 섞은 다음 식탁에 올립니다.

# 노란 껍질콩

*Haricots Mange-tout, Haricots Beurre*

노란 껍질콩은 앞의 초록색 껍질콩과 같이 손질해 데친 다음, 앞서 제시된 껍질콩 레시피에 서 껍질콩 대신 쓸 수 있습니다. 다음은 크기가 큰 노란 껍질콩을 위한 레시피입니다.

---

## 아리코 망주투 아 레튀베(*haricots mange-tout à l'étuvée*)
### 양파, 상추를 곁들여 크림에 브레이징한 노란 껍질콩

**6~8인분**

연한 노란 껍질콩(큰 것) 약 1.4kg

530쪽에 나온 방법으로 노란 껍질콩을 씻은 뒤 손질하며 심줄을 전 부 제거합니다. 오븐을 약 175℃로 예열해둡니다.

말랑한 버터 2TS

뚜껑이 있는 내열 캐서롤 또는
오븐용 용기

잘게 썬 양파 1½컵

소금 1ts

후추 크게 1자밤

중간 크기의 부케 가르니(파슬리
줄기 4대, 월계수 잎 ½장, 타임
½ts을 면포에 싼 것)

잘게 찢은 보스턴상추 2통

버터 8TS

치킨 스톡이나 통조림 치킨 브로스
1½컵

유산지

오븐용 용기에 버터를 듬뿍 펴 바르고 먼저 양파를, 그 위에 노란 껍질콩을 간 다음 소금과 후추로 간합니다. 가운데에 부케 가르니를 묻고 맨 위에 상추를 얹습니다. 남은 버터를 갈라서 상추 위에 얹습니다. 스톡이나 브로스를 붓고 열원에 올려 뭉근히 끓어오르게 한 다음, 유산지와 뚜껑을 차례로 덮고 오븐 맨 아래 칸에 넣습니다. 45분 동안 꾸준히 약하게 끓어오르며 액체가 거의 증발하도록 온도를 조절합니다. 부케 가르니는 건져냅니다.

---

저지방 휘핑크림 2컵

소금, 후추

크림을 끓여 캐서롤에 붓고 오븐에서 30분 더 가열한 뒤 간을 맞춥니다.

[*] 반쯤 뚜껑을 덮어 한쪽에 두었다가 식탁에 올릴 때 재가열하면 됩니다.

---

다진 세이버리나 바질, 타라곤,
파슬리 3TS

식탁에 올리기 직전 허브를 뿌립니다.

.

## 냉동 초록 껍질콩, 노란 껍질콩

냉동 껍질콩은 한 덩어리로 꽁꽁 얼어붙어 있을 때보다 반쯤 해동되어 서로 분리될 때 더 고르게 익습니다. 2봉지보다 많은 양을 요리할 계획이라면 소스팬을 2개 쓰는 것이 좋습니다. 팬 하나에 채소를 너무 많이 넣으면 푹 익는 시점까지 수분이 다 날아가지 못합니다. 껍질콩은 세로로 길게 자르는 것보다 가로로 자를 때 맛이 더 풍부합니다.

---

껍질콩 약 280g마다 다음을 준비:

치킨 스톡, 통조림 치킨 브로스,
통조림 버섯 브로스, 또는
물 ½컵

잘게 다진 셜롯 또는 골파 1TS

소금 ¼ts

버터 1TS

바닥이 두꺼운 법랑 소스팬이나
스킬릿(뚜껑 필요)

팬에 치킨 브로스 등과 셜롯 또는 양파, 소금과 버터를 넣고 끓입니다. 부분 해동된 껍질콩을 넣고 뚜껑을 덮습니다. 중간에 한 번씩 휘저으며 5~6분 동안 약한 불로 끓이다가, 껍질콩이 연해지면 뚜껑을 열고 센 불로 올려 남아 있는 액체를 재빨리 증발시킵니다. 간을 맞춥니다.

이렇게 익힌 껍질콩은 앞부분에 소개된 다양한 초록 껍질콩 레시피대로 조리하면 됩니다. 만약 크림이나 소스를 넣고 브레이징할 계획이라면, 밑작업을 할 때 액상 재료를 절반만 쓰고 껍질콩도 반쯤 연해질 때까지만 익히세요. 크림이나 소스에 브레이징할 때 마저 익히면 됩니다.

만약 본격적으로 조리하기에 앞서 밑작업을 먼저 끝내놓고 싶다면, 익힌 껍질콩을 커다란 소스팬이나 접시에 서로 겹치지 않게 펼쳐서 재빨리 식히세요.

껍질콩을 차갑게 식혀서 낼 계획이라면, 버터 대신 올리브유를 쓰세요. 마찬가지로 다 익은 다음 겹치지 않게 펼쳐서 재빨리 식히면 됩니다.

# 방울양배추
## *Choux de Bruxelles*

다 익은 방울양배추는 생생한 초록색을 띠고 신선한 맛이 나며, 중심 부분에 약간의 아삭함이 남아 있어야 합니다. 지나치게 많이 익으면 색은 누런빛을 띠고 식감은 흐늘흐늘해지며 오래된 양배추 특유의 맛이 나게 됩니다.

단단하고 상태가 좋아 보이며 신선한 방울양배추를 균일한 크기로 고르는 것이 좋습니다. 전부 동그란 모양에 잎이 생생한 초록색이어야 합니다. 만져봐서 부드럽다면 너무 익은 것으로 맛이 없거나 상태가 좋지 않은 것이며, 요리하면 물러지고 맙니다.

**\*\* 구입할 양**
약 560g인 방울양배추는 채소 가니시로 만들었을 때 4~5인분이 나옵니다.

**\*\* 식탁에 내기**
버터에 익힌 방울양배추는 로스팅한 오리고기, 거위고기, 칠면조고기, 소고기, 돼지고기, 간, 햄, 소시지와 잘 어울립니다. 크림에 익힌 방울양배추는 앞의 육류나 닭고기 또는 송아지고기 로스트와 함께 내기 좋습니다.

**\*\* 손질하기**
방울양배추는 밑동을 작은 칼로 다듬은 다음 빨리 익을 수 있도록 십자로 홈을 내둡니다.

시든 잎과 누렇게 변한 잎은 전부 제거하세요. 물렁하거나 누런빛이거나 벌레 먹은 방울양배추는 통째로 버려야 합니다. 손질이 끝나면 물을 많이 받아서 재빨리 씻어낸 다음 물기를 빼냅니다. 오늘날에는 재배법이 바뀌어 채소 속으로 파고드는 벌레는 보이지 않으니, 옛날처럼 소금물에 10~15분 담가둘 필요는 없습니다.

---

# 슈 드 브뤼셀 블랑시(*choux de Bruxelles blanchis*)
## 데친 방울양배추 밑작업

방울양배추는 녹인 버터와 양념을 곁들여 내든, 뭉근하게 끓이든 브레이징하든, 무조건 소금을 넣은 대량의 끓는 물에 한차례 데쳐야 합니다. 이 과정은 개별 레시피를 따르기 수 시간 전에 끝내도 좋습니다.

| | |
|---|---|
| 손질해 씻은 방울양배추 1~2kg | 팔팔 끓는 소금물에 방울양배추를 넣습니다. 최대한 빨리 다시 물이 끓어오르게 합니다. |
| 팔팔 끓는 물 7~8L | |
| 물 1L마다 소금 1½ts | |

## 반쯤 익히기

| | |
|---|---|
| 그물국자 | 앞으로 소개될 대부분의 레시피에 활용할 수 있도록 방울양배추를 우선 반쯤 익히려면, 뚜껑을 열고 6~8분 동안 또는 거의 부드러워질 때까지 약한 불에 익혀야 합니다. 그물국자로 재빨리 건져내어 체에 밭쳐 물기를 제거합니다. |
| 체 | |

## 완전히 익히기

방울양배추를 완전히 익혀서 녹인 버터와 함께 즉시 식탁에 올리려면, 뚜껑을 열고 약한 불에 10~12분 동안 익힙니다. 칼이 밑동 부분에 쉽게 들어가면 다 익은 것입니다. 하나를 절반 잘라서 맛을 보고 다 익은 것이 확실해지면 바로 물기를 뺍니다.

## ✳✳ 조리 준비

방울양배추를 즉시 먹을 것이 아니라면, 물기를 뺀 뒤 깨끗한 키친타월을 겹쳐 깐 다음 그 위에 서로 닿지 않게 흩어서 놓습니다. 공기에 닿으면 재빨리 식어서 색깔과 식감이 유지됩니다. 물론 찬물에 담가도 되지만 이 방법으로 식히는 편이 식감이 더 좋습니다. 전체적으로 식으면 냉장고에서 24시간까지 완벽한 상태로 보관이 가능합니다. 나머지 조리 과정은 다음의 레시피 중 하나를 따르면 됩니다.

## 슈 드 브뤼셀 에튀베 오 뵈르(*choux de Bruxelles étuvés au beurre*)‡
### 버터에 브레이징한 방울양배추

버터에 브레이징한 방울양배추는 로스팅한 칠면조고기, 오리고기, 거위고기, 돼지고기, 스테이크, 갈빗살, 햄버그스테이크, 소테한 간과 함께 냅니다. 또는 크림이나 치즈, 밤을 곁들여도 좋습니다.

### 6인분

| | |
|---|---|
| 말랑한 버터 1½TS<br>방울양배추가 한두 겹으로 깔릴 만한 크기의 내열 캐서롤 또는 오븐용 용기(약 2.5L 용량) | 오븐을 약 175℃로 예열해둡니다. 버터를 캐서롤이나 오븐용 용기 안쪽에 바릅니다. |
| 데친 방울양배추 약 1.5kg<br>(반쯤 익힌 것, 539쪽)<br>소금, 후추<br>녹인 버터 2~4TS | 데친 방울양배추를 밑동이 아래로 향하게 하여 캐서롤이나 오븐용 용기에 담습니다. 가볍게 소금과 후추를 뿌리고 녹인 버터를 끼얹습니다. |
| 버터를 살짝 바른 유산지 | 유산지를 방울양배추 위에 얹고 뚜껑을 덮은 뒤 스토브에 올려 조리합니다. 지글지글 소리가 나면 예열해둔 오븐 가운데 칸에 넣습니다. 20분 동안, 또는 방울양배추가 푹 익고 버터가 잘 스며들 때까지 굽습니다. 최대한 빨리 식탁에 올립니다. |

## ❖ 슈 드 브뤼셀 에튀베 아 라 크렘(*choux de Bruxelles étuvés à la crème*)
크림에 브레이징한 방울양배추

송아지고기, 닭고기, 칠면조고기와 함께 냅니다.

**6인분**

| | |
|---|---|
| 슈 드 브뤼셀 에튀베 오 뵈르<br>　약 1.5kg<br>뜨거운 크림 ½~¾컵<br>소금, 후추<br>완두콩알 크기로 조각낸 버터<br>　1~2TS | 방울양배추를 앞의 레시피와 같이 조리하되, 버터 2테이블스푼만을 씁니다. 오븐에 캐서롤을 넣고 10분이 지나면 끓어오른 크림을 붓고 10분 더, 또는 방울양배추가 푹 익을 때까지 계속 오븐에 둡니다. 방울양배추가 크림을 거의 흡수할 것입니다. 간을 맞추고 작게 조각낸 버터를 올린 다음 최대한 빨리 식탁에 올립니다. |

## ❖ 슈 드 브뤼셀 오 마롱(*choux de Bruxelles aux marrons*)
밤을 넣고 브레이징한 방울양배추

특히 칠면조고기, 오리고기, 거위고기 로스트와 잘 어울리는 레시피입니다.

**6인분**

| | |
|---|---|
| 슈 드 브뤼셀 에튀베 오 뵈르<br>　약 1.5kg<br>마롱 브레제 2컵(614쪽) | 앞의 기본 레시피대로 방울양배추를 버터에 브레이징하되, 캐서롤에 밤을 함께 넣습니다. |

## ❖ 슈 드 브뤼셀 아 라 모르네, 그라티네(*choux de Bruxelles à la Mornay, gratiné*)
치즈 소스를 올린 방울양배추 그라탱

닭고기나 송아지고기 로스트와 함께, 또는 오찬이나 저녁 식사 메뉴로 올립니다.

**6인분**

슈 드 브뤼셀 에튀베 오 뵈르
　약 1.5kg
뜨거운 소스 모르네(61쪽) 2컵
버터를 살짝 바른 오븐용 용기
　(지름 약 23cm, 깊이 약 5cm)
강판에 간 스위스 치즈 ¼컵
콩알 크기로 조각낸 버터 1TS

앞선 기본 레시피에서와 같이 방울양배추를 버터에 브레이징하되, 버터는 2테이블스푼만 써도 좋습니다. 방울양배추 준비가 끝나면 소스를 만들어 ⅓을 오븐용 용기에 펴 바릅니다. 그 위에 방울양배추를 올리고 나머지 소스를 그 위에 스푼으로 끼얹은 뒤 치즈를 뿌리고 작게 조각낸 버터를 올립니다. 적당히 뜨겁게 데운 브로일러 아래에 2~3분 두어 상단을 노릇하게 구운 뒤 바로 식탁에 올립니다.

## ❖ 슈 드 브뤼셀 아 라 밀라네즈(*choux de Bruxelles à la Milanaise*)
치즈를 올린 방울양배추 그라탱

스테이크와 갈비에 잘 어울리는 치즈 가득한 레시피입니다.

**6인분**

슈 드 브뤼셀 에튀베 오 뵈르
　약 1.5kg
강판에 간 스위스 치즈 ½컵,
　파르메산 치즈 ½컵을 섞은 것
녹인 버터 2TS

앞의 기본 레시피대로 방울양배추를 브레이징하되, 오븐에 넣고 10분이 지나면 볼에 옮겨 담습니다. 오븐 온도를 약 230℃로 올려둡니다. 비워낸 오븐용 용기에 치즈 2~3테이블스푼을 뿌려 바닥과 옆면을 코팅합니다. 다시 방울양배추를 담고, 한 층씩 쌓을 때마다 그 위에 남은 치즈를 뿌립니다. 녹인 버터를 끼얹습니다. 뚜껑을 덮지 않은 채로 예열한 오븐 맨 위 칸에 넣고 10~15분 더 둡니다. 치즈가 노릇하고 먹음직스러워지게 구워지도록 합니다.

## 슈 드 브뤼셀 아 라 크렘(*choux de Bruxelles à la crème*)
썰어서 크림에 익힌 방울양배추

스테이크나 갈비, 로스팅한 소고기나 양고기, 돼지고기, 오리고기, 거위고기와 함께 냅니다.

**6인분**

| | |
|---|---|
| 손질해 썻은 방울양배추 약 1.5kg | 539쪽에 제시된 방법에 따라 방울양배추를 데치다가, 5분이 지나면 불을 끄고 물기를 뺍니다. 바로 조리에 들어갈 것이 아니라면 겹치지 않게 흩어놓고 식힙니다. 대강 썹니다. |
| 버터 3TS<br>법랑 스킬릿(지름 약 25cm)<br>소금 ¼ts<br>후추 크게 1자밤 | 팬에 버터를 가열해 끓어오르면 썰어둔 방울양배추를 넣고 소금과 후추로 간합니다. 적당히 센 불에서 몇 분간 뒤섞어 수분을 날려 보냅니다. 갈색으로 익지 않게 주의합니다. |
| 휘핑크림 ¾컵<br>소금, 후추 | 휘핑크림을 붓습니다. 끓어오르면 스킬릿 뚜껑을 덮고 8~10분 동안, 또는 방울양배추가 크림을 거의 흡수해 푹 익을 때까지 뭉근하게 익힙니다. 간을 맞춥니다. |
| 말랑한 버터 1~2TS<br>데운 접시<br>다진 파슬리 2TS | 내기 직전에 다시 가열합니다. 끓어오르면 불을 끄고 버터를 섞은 다음, 데운 접시에 담아서 파슬리를 뿌려 냅니다. |

---

# 탱발 드 슈 드 브뤼셀(*timbale de choux de Bruxelles*)
## 틀에서 구운 방울양배추

달걀, 우유, 치즈, 빵가루를 넣은 방울양배추 퓌레를 틀에 넣고 익혀서 크림소스와 함께 내는 메뉴입니다. 독특한 오찬 메뉴로서, 또는 송아지고기나 닭고기 로스트에 곁들여 내기 좋습니다. 440쪽 탱발 다스페르주 레시피와 같은 조리법을 따르되, 아스파라거스 대신 데친 방울양배추를 썰어서 같은 방법 및 재료를 쓰면 됩니다.

## 냉동 방울양배추

방울양배추를 전부 익혀서 활용하는 레시피입니다. 만약 반쯤 익힌 방울양배추를 활용하는 앞의 다양한 레시피에서 신선한 방울양배추 대신 냉동 방울양배추를 쓰고 싶다면, 이 레시피에 제시된 물을 절반만 쓰고, 3~4분 정도 가열해 냉동 방울양배추가 거의 익을 때까지 데치면 됩니다. 2봉지 이상을 조리할 경우 소스팬을 2개 쓰는 것이 좋습니다. 팬 하나에 방울양배추를 너무 많이 넣으면 푹 익을 때까지 수분이 다 증발하지 못합니다.

냉동 방울양배추 약 280g마다 다음을 준비:

물 ½컵

소금 ¼ts

버터 1TS

소금, 후추

방울양배추가 서로 떨어질 만큼만 해동시킵니다. 소스팬에 물과 소금, 버터를 넣고 끓입니다. 방울양배추를 넣고 뚜껑을 덮은 뒤 6~8분 동안 또는 방울양배추가 푹 익을 때까지 익힙니다. 뚜껑을 열고 불을 조절해 남아 있는 수분을 재빨리 날립니다. 간을 맞춥니다.

[*] 바로 조리하거나 식탁에 올릴 것이 아니라면 차가운 소스팬이나 접시에 겹치지 않게 넓게 펼쳐놓습니다.

# 브로콜리
## *Choux Broccoli, Choux Asperges*

어떤 이유에서인지는 몰라도 프랑스에는 이웃나라 이탈리아에서 흔히 보이는 브로콜리가 거의 쓰이지 않습니다. 분명 맛있고 유용한 채소지만, 이러한 이유로 이 책에서는 비중 있게 다루지 않겠습니다.

## ** 손질하기
브로콜리는 봉오리를 약 8cm 길이로 작게 나누고 줄기의 얇은 초록색 외피를 벗겨내야 빨리 익고 생생한 초록색을 유지합니다. 브로콜리 아랫부분의 잘린 단면 쪽 줄기는 희고 연한 속살이 나오도록 외피를 깊이 벗겨 사선으로 자르세요.

## ** 데치기
커다란 냄비에 물을 끓여 소금을 넣고 손질한 브로콜리를 데치세요. 우선 줄기 부분을 넣고 5분 뒤에 봉오리 부분을 넣습니다. 브로콜리는 연한 채소이므로 냄비에 걸칠 수 있는 스테인리스 채반에 넣어서 끓는 물에 넣고, 데치기가 끝나면 통째로 건져내는 것이 좋습니다. 브로콜리를 반쯤 익혔다가 추가적으로 조리할 계획이라면 봉오리 부분을 약 5분 동안 또는 거의 부드러워질 때까지 데칩니다. 완전히 익혀서 녹인 버터나 소스에 곁들여 낼 브로콜리는 8~10분 동안, 또는 칼이 줄기 부분에 쑥 들어갈 때까지 데쳐야 합니다. 바로 물기를 빼세요.

## ✱✱ 냉동 브로콜리

냉동 브로콜리는 543쪽 냉동 방울양배추 조리법을 따릅니다.

## ☞ 데친 브로콜리에 곁들이는 소스

더운 상태로 또는 차갑게 식혀서 내는 브로콜리에 곁들이는 소스는 525~526쪽에 제시된 아스파라거스에 곁들이는 소스와 같습니다.

## ☞ 기타 조리 방법

브로콜리는 다음의 방울양배추 레시피와 같은 방법으로 조리하면 됩니다.

슈 드 브뤼셀 에튀베 오 뵈르(540쪽)

슈 드 브뤼셀 에튀베 아 라 크렘(541쪽)

슈 드 브뤼셀 아 라 밀라네즈(542쪽)

슈 드 브뤼셀 아 라 모르네, 그라티네(541쪽)

슈 드 브뤼셀 에튀베 아 라 크렘(541쪽)

탱발 다스페르주(528쪽)

## ✱✱ 식탁에 내기

브로콜리는 아스파라거스처럼 더운 상태로 또는 차갑게 식혀서 소스 올랑데즈나 소스 비네그레트 등을 곁들여 개별 코스 메뉴로 내도 좋습니다. 크림에 익힌 브로콜리는 로스팅하거나 브로일링한 닭고기, 송아지고기 로스트, 소테한 송아지고기 에스칼로프와 잘 어울립니다. 녹인 버터를 끼얹었거나 치즈를 올려 노릇하게 구운 브로콜리는 소테한 간, 스테이크, 갈비, 브로일링한 닭고기와 잘 어울립니다.

# 콜리플라워
## *Chou-fleur*

단단하고 밀도 있는 봉오리가 달린 깨끗하고 흰 콜리플라워를 고릅니다. 밑동을 둘러싼 잎사귀는 생생하고 건강하며 초록색이어야 합니다.

## ** 구입할 양
지름이 20cm 정도 되는 콜리플라워는 4~6인분이 나옵니다.

## ** 식탁에 내기
그라탱을 하거나 소스를 곁들이는 콜리플라워는 개별 코스 메뉴로 내도 좋습니다. 콜리플라워는 조리 방법에 상관없이 칠면조고기, 닭고기, 양고기, 소고기, 돼지고기 로스트와 스테이크, 갈비와 잘 어울립니다.

## ** 손질하기
콜리플라워를 더 고르게 익히려면 봉오리를 작게 나누는 것이 좋습니다. 바깥쪽 잎사귀를 떼어내고 줄기는 봉오리에 근접한 부분에서 잘라냅니다. 작은 잎사귀와 껍질을 벗긴 줄기는 수프에 활용할 수 있습니다. 봉오리들을 중앙 줄기에서 잘라낸 다음 봉오리 밑에 달린 잔줄기의 외피를 칼로 벗겨냅니다. 지름 6mm 이상의 굵은 줄기는 세로로 칼집을 내어 더 빨리 익을 수 있게 합니다. 중앙 줄기는 안쪽의 연한 살이 드러나도록 껍질을 깊게 벗겨낸 다음 사선으로 썹니다. 찬물을 가득 받아 재빨리 씻어낸 뒤 물기를 뺍니다.

---

## 슈플뢰르 블랑시(*chou-fleur blanchi*)
### 데친 콜리플라워 밑작업

작은 봉오리로 잘라낸 콜리플라워 1~2개
냄비에 끓는 물 7~8L
물 1L마다 소금 1⅛ts
냄비에 걸칠 수 있는 스테인리스 채반이 있으면 편리
선택: 끓는 물 3L마다 우유 1컵을 추가하면 콜리플라워의 흰색을 유지할 수 있음

---

씻은 콜리플라워를 팔팔 끓는 물에 넣습니다. 채반을 쓰면 좋습니다. 물이 다시 최대한 빠르게 끓어오르도록 한 다음 9~12분 동안 뚜껑을 열고 약한 불로 익힙니다. 칼이 줄기에 쉽게 들어가면 다 된 것입니다. 먹어보고 확인합니다. 다 익어 부드럽되 중심에는 아삭함이 살짝 남아 있어야 합니다.

---

다 익으면 곧바로 그물국자로 건져내거나 채반째로 들어내어 물기를 제거합니다.

## 찬물에 헹구기

데친 콜리플라워를 바로 식탁에 올리지 않을 것이라면 또는 차갑게 식혀 낼 계획이라면, 바로 찬물에 넣어 헹구어야 합니다. 그래야 계속 익지 않고 생생한 맛과 식감이 유지됩니다. 찬물을 커다란 용기에 가득 받아 뜨거운 콜리플라워가 들어 있는 체 또는 망을 넣어 2~3분 기다린 뒤 건져서 물기를 제거합니다.

## 재가열하기

찬물에 헹군 콜리플라워를 다시 데워서 녹인 버터나 소스와 곁들여 내려면 물을 끓여서 찜기에 올려 속까지 데워지도록 4~5분 동안 찝니다. 그런 다음 소금과 후추로 간을 해 소스를 뿌려 식탁에 올립니다.

## 익힌 콜리플라워를 원래 모양으로 연출하기

조리하기 전의 모양 그대로 살릴 필요는 물론 없지만, 익힌 후 원래 모양으로 만들면 보기 좋습니다.

콜리플라워를 작게 나누어 자르기 전에, 전체 봉오리보다 너비와 깊이가 살짝 작은 볼을 준비해서 끓는 물 위에 올려 데웁니다. 콜리플라워를 잘라서 다 데치고 물기를 뺍니다. 가장 기다란 것부터 봉오리 부분이 아래로, 줄기가 위로 가게 해서 볼 가운데서부터 배열하기 시작합니다. 나머지 봉오리도 줄기가 중앙으로 모이도록 그 주위에 똑같이 배열해 볼을 채웁니다. 맨 위쪽에는 잘라냈던 줄기 부분을 얹고, 그대로 데운 접시에 뒤집어 얹은 뒤 볼을 걷어냅니다. 이렇게 하면 원래 모양대로 연출할 수 있습니다.

### ☞ 따뜻한 콜리플라워에 곁들이는 소스

지름 약 20cm에 달하는 콜리플라워는 소스 1~1½컵이면 됩니다. 만약 앞의 방법에 따라 콜리플라워를 원래 모양대로 연출하려면 볼을 접시에 엎기 전, 소스의 ⅓을 줄기 부분에 끼얹습니다.

뵈르 오 시트롱(148쪽)

뵈르 누아르(149쪽). 습식 빵가루 ¾컵을 버터와 함께 가열해도 좋습니다. 여기에 완숙으로 삶아 체에 거른 달걀노른자와 다진 파슬리를 섞으면 슈플뢰르 아 라 폴로네즈(*chou-fleur à la polonaise*)가 됩니다.

소스 크렘(104쪽)

소스 바타르드(109쪽)

소스 올랑데즈(126쪽)

소스 무슬린(131쪽)

## 소스 아 라 크렘(*sauce à la crème*)
### 휘핑크림 소스

**지름 약 20cm 콜리플라워 분량**

휘핑크림 2컵
작은 소스팬
소금, 백후추
레몬즙
말랑한 버터 2TS
거품기
장식용 파슬리

크림이 반으로 줄어들 때까지 소스팬에서 약한 불로 끓입니다. 취향에 따라 소금과 후추로 간하고 레몬즙을 뿌립니다. 한쪽에 두었다가 콜리플라워와 함께 낼 때 다시 데우면 됩니다. 소스를 불에서 내려 버터를 한 번에 ½테이블스푼씩만 넣어 거품기로 섞습니다. 다 되면 뜨거운 콜리플라워에 끼얹습니다. 파슬리를 뿌려서 냅니다.

## 슈플뢰르 아 라 모르네, 그라티네(*chou-fleur à la Mornay, gratiné*)
### 치즈를 올린 콜리플라워 그라탱

식사 시간보다 훨씬 전에 조리해도 됩니다. 온갖 로스트와 갈비, 스테이크에 잘 어울립니다. 547쪽에 나온 것과 같이 콜리플라워를 볼에 넣고 원래 모양대로 연출해도 좋습니다.

**4~6인분**

봉오리를 작게 나눈 지름 20cm의
　콜리플라워

546쪽에 나온 대로 소금을 넣은 7~8L의 물에 콜리플라워를 데칩니다. 9~12분이 지나면 찬물에 담가 식힌 다음 물기를 뺍니다.

소스 모르네(106쪽) 2½컵
버터를 살짝 바른 오븐용 용기
　(지름 약 20cm, 깊이 약 5cm)
소금, 후추
고운 건식 빵가루 2TS에
　스위스 치즈 2TS을 섞은 것
녹인 버터 2TS

소스의 ⅓을 오븐용 용기 바닥에 깝니다. 그 위에 콜리플라워를 놓고 소금과 후추로 간합니다. 나머지 소스를 끼얹고 위쪽에 빵가루와 치즈를 뿌립니다. 녹인 버터를 끼얹습니다.
[*] 구울 때까지 유산지로 대강 덮어 한쪽에 둡니다.

먹기 30분 전에 약 190℃로 예열해둔 오븐에 넣습니다. 오븐 맨 위 칸에 넣어 속까지 가열되고 소스 위쪽이 노릇하게 구워지도록 합니다. 최대한 빨리 식탁에 올립니다.

---

# 슈플뢰르 오 토마트 프레슈(*chou-fleur aux tomates fraîches*)
## 치즈와 토마토를 올린 콜리플라워 그라탱

특히 스테이크와 갈비, 햄버그스테이크와 잘 어울립니다.

**4~6인분**

| | |
|---|---|
| 작은 봉오리로 나눈 지름 약 20cm의 콜리플라워 | 546쪽에 나온 대로 끓는 소금물에 9~12분 동안 콜리플라워를 데친 다음 찬물에 헹구고 물기를 제거합니다. |
| 잘 익은 빨간 토마토(껍질, 씨, 즙을 제거한 과육) 약 450g (1½컵) | 토마토 과육을 약 1cm 너비로 길게 썹니다. |
| 버터를 바른 지름 25cm 정도의 얕은 오븐용 용기<br>소금 ¼ts<br>후추 크게 1자밤<br>녹인 버터 ½컵<br>고운 건식 빵가루 ¼컵에 강판에 간 스위스 치즈와 파르메산 치즈 ½컵을 섞은 것 | 콜리플라워를 오븐용 용기 중앙에 놓고 그 둘레에 토마토를 놓습니다. 소금, 후추로 간하고 녹인 버터 절반을 끼얹습니다. 치즈와 빵가루를 뿌리고 남은 버터를 끼얹습니다.<br>[*] 구울 때까지 한쪽에 둡니다. |
| | 먹기 30분 전에 약 190℃로 예열해둔 오븐에 넣습니다. 오븐 맨 위 칸에 넣어 속까지 가열되고 치즈가 노릇하게 구워지도록 합니다. 최대한 빨리 식탁에 올립니다. |

# 슈플뢰르 앙 베르뒤르(*chou-fleur en verdure*)
### 크림을 곁들인 콜리플라워와 워터크레스 퓌레

송아지고기, 닭고기, 칠면조고기 로스트 또는 브로일랑하거나 소테한 닭고기나 닭가슴살,
또는 송아지고기 에스칼로프에 곁들이면 좋습니다.

**4~6인분**

| | |
|---|---|
| 지름 약 20cm의 콜리플라워<br>줄기 쪽 지름이 약 8cm인<br>　신선한 워터크레스 다발<br>팔팔 끓는 물 7~8L<br>물 1L마다 소금 1½ts | 콜리플라워를 작은 봉오리로 나눈 다음, 중앙 줄기는 바깥쪽 질긴 껍질을 벗겨서 썰어냅니다. 워터크레스는 앞사귀가 줄기로 이어지는 부분 바로 위쪽에서 잘라냅니다. 잘라낸 줄기는 수프에 넣어 활용해도 좋습니다. 콜리플라워와 워터크레스를 씻고 물기를 뺍니다. 콜리플라워는 소금물에 6분 동안 약한 불로 삶은 뒤, 워터크레스 잎사귀를 넣고 4~5분 동안, 또는 콜리플라워가 부드러워질 때까지 끓입니다. 물기를 뺍니다. |
| 푸드 밀<br>약 3L 용량의 믹싱볼<br>고무 주걱<br>진한 소스 베샤멜(101쪽) 2컵<br>휘핑크림 ½컵<br>강판에 간 스위스 치즈 ½컵<br>소금, 후추 | 푸드 밀에 콜리플라워와 워터크레스를 넣어 퓌레로 만들고 믹싱볼에 담습니다. 소스 베샤멜을 넣고, 크림을 1스푼씩 섞되 퓌레가 너무 묽어지지 않도록 주의합니다. 고무 주걱으로 살짝 떴을 때 모양이 유지될 만큼 걸쭉한 농도여야 합니다. 치즈를 넣고 소금과 후추로 간합니다. |
| 버터를 살짝 바른 지름 20~23cm,<br>　깊이 약 5cm의 오븐용 용기<br>고운 건식 빵가루 2TS에 강판에 간<br>　스위스 치즈 2TS을 섞은 것<br>녹인 버터 2TS | 퓌레를 오븐용 용기에 붓고 치즈와 빵가루, 녹인 버터 순으로 위에 뿌립니다.<br>[*] 구울 때까지 한쪽에 둡니다. |
| | 먹기 30분 전에 약 190℃로 예열해둔 오븐에 넣습니다. 오븐 맨 위 칸에 넣고 속까지 익고 치즈와 빵가루가 노릇하게 구워지도록 합니다. 최대한 빨리 식탁에 올립니다. |

## 탱발 드 슈플뢰르(*timbale de chou-fleur*)
### 틀에서 구운 콜리플라워

데친 콜리플라워 퓌레에 달걀과 빵가루, 치즈, 우유를 넣은 것입니다. 수플레 틀에 넣어 굽고 소스를 뿌려 냅니다. 528쪽 탱발 다스페르주 레시피에서 아스파라거스 대신 콜리플라워를 쓰세요. 소스는 해당 레시피에서 추천하는 것 외에도 다음이 있습니다.

쿨리 드 토마트 아 라 프로방살(124쪽)
소스 오 카리(108쪽)


## 완두콩
### *Petits pois*

연하고 신선하며 달콤한 맛이 나는 완두콩은, 꼬투리가 생생한 초록색이며 촉감이 벨벳과도 같습니다. 제법 실하게 차오른 꼬투리를 고르세요. 완벽한 완두콩은 연하고 달콤한 맛이 납니다. 완두콩은 자라면서 커지고 단단해지며 달콤한 맛도 덜해집니다. 하지만 딱딱한 완두콩이라도 제대로 조리만 한다면 좋은 맛이 납니다. 가능하다면 균일하게 익도록 크기가 비슷하고, 속의 완두콩이 비슷한 상태로 자란 꼬투리를 고르세요.

완두콩 조리법을 전부 다룰 지면은 없는 탓에, 서로 다른 종류의 완두콩을 주재료로 하는 레시피를 하나씩 소개하도록 하겠습니다. 각각 작고 연한 완두콩, 크고 연한 완두콩, 단단한 완두콩, 상추와 양파를 넣어 브레이징한 완두콩, 냉동 및 통조림 완두콩 레시피입니다.

### ** 구입할 양
작고 연한 완두콩 꼬투리 약 450g을 벗기면 완두콩 1컵 정도가 나옵니다.
큰 완두콩 꼬투리 약 450g을 벗기면 완두콩 1½컵이 나옵니다.
꼬투리를 벗긴 완두콩 1컵은 레시피에 따라 1~3인분이 나옵니다. 이 책에서는 1컵을 2인분 기준으로 삼았습니다.

**\*\* 식탁에 내기**

개별 메뉴로도 좋고, 달걀부터 로스트, 스튜까지 온갖 요리에 곁들여도 좋습니다.

---

## 버터에 익힌 완두콩 레시피 4가지†

다음의 레시피는 달고 연한 콩부터 단단한 콩까지 다양한 콩을 겨냥한 것입니다. 요리할 콩에 맞는 것을 고르세요.

### ❖ 프티 푸아 프레 아 랑글레즈(*petits pois frais à l'anglaise*)
버터에 익힌 아주 연하고 달콤한 완두콩

봄에 이탈리아나 프랑스에서 작고 연하고 신선한 완두콩 요리를 먹어본 사람은 누구든 그 경험을 좋은 추억으로 간직할 겁니다. 가장 좋은 완두콩 조리법은 먼저 소금을 넣은 많은 양의 물에 데치는 것입니다. 완두콩을 건져내자마자 간을 맞추고 데운 접시에 담아 작게 조각낸 버터를 얹은 뒤 식탁에 올리면 끝입니다. 이 간단하고도 기본적인 조리법으로 완두콩의 색깔과 식감, 맛이 고스란히 보존됩니다.

**6인분**

| | |
|---|---|
| 아주 달고 연하며 어린 완두콩<br>  꼬투리 약 1.4kg(껍질을 벗기면<br>  3컵 분량)<br>팔팔 끓는 물 7~8L<br>물 1L마다 소금 1½ts | 껍질을 간 콩을 팔팔 끓인 소금물에 넣고 최대한 빨리 다시 끓어오르게 합니다. 그다음 4~8분 동안 뚜껑을 열고 약한 불에 콩을 데치면서, 자주 하나씩 먹어보며 다 익었는지 확인합니다. 다 익어 연하면서도 단단한 식감이 살짝 남아 있을 때 바로 물기를 빼야 맛과 색감이 유지되지만, 취향에 따라 더 몇 분 더 삶아도 좋습니다. |
| 체<br>바닥이 두꺼운 소스팬<br>소금, 후추<br>콩의 단맛에 따라 그래뉴당<br>  ½~1TS<br>데운 접시<br>작게 조각내거나 얇게 긁어내<br>  모양을 낸 버터 6TS | 즉시 물기를 뺀 다음 소스팬에 넣고 소금, 후추를 뿌린 다음 중간 불에 잠시 뒤섞으며 남은 수분을 날려 보냅니다. 다시 간을 맞추고 데운 접시에 담은 다음, 버터를 위에 얹어 바로 식탁에 올립니다. |

### ❖ 프티 푸아 에튀베 오 뵈르(*petits pois étuvés au beurre*)
버터에 익힌 크고 연한 완두콩

보통 시중에서 구할 수 있는 더 큰 완두콩을 위한 레시피입니다.

**6인분**

| | |
|---|---|
| 크고 연한 완두콩 꼬투리 약 900g<br>　(껍질을 벗기면 3컵 분량)<br>팔팔 끓는 물 7~8L<br>물 1L마다 소금 1½ts<br>체 | 완두콩을 끓는 소금물에 넣고 뚜껑을 덮지 않은 채로 5~10분 동안, 또는 거의 익을 때까지 삶고 물기를 뺍니다. 조리는 차후 마무리합니다.<br>[*] 만약 바로 식탁에 올릴 것이 아니라면, 찬물에 3~4분 동안 담가 열기를 식혔다가 물기를 뺍니다. 이렇게 하면 색깔과 식감을 보존할 수 있습니다. |
| 바닥이 두꺼운 법랑 소스팬<br>　(6~8컵 용량)<br>콩의 단맛 정도에 따라 그래뉴당<br>　½~1TS<br>소금 ¼ts<br>후추 크게 1자밤<br>말랑한 버터 6TS<br>선택: 다진 민트잎 1~2TS를 넣어<br>　영국풍 가미<br>소금, 후추<br>데운 접시 | 완두콩을 중간 불에 잠깐 볶아 물기를 날려 보낸 다음, 그래뉴당, 소금, 후추, 버터, 민트(선택)를 넣고 섞습니다. 완두콩이 버터에 잘 버무려지면 뚜껑을 덮고 아주 약한 불에 약 10분 정도 올려 가끔 휘저으며 연해질 때까지 가열합니다. 간을 맞추고 데운 접시에 담아 바로 냅니다. |

### ❖ 프티 푸아 오 조뇽(*petits pois aux oignons*)
양파를 넣고 버터에 익힌 완두콩

| | |
|---|---|
| 껍질을 벗겨 소금물에 넣고 거의<br>　연해질 때까지 삶은 흰 양파<br>　12~18개 또는 다진 셜롯이나<br>　골파 3~5TS | 프티 푸아 에튀베 오 뵈르 레시피대로 하다가 마지막 10분 조리 과정에서 완두콩에 삶은 양파나 다진 셜롯 또는 골파를 추가하고 똑같이 간합니다. |

## ❖ 푸아 프레 앙 브레자주(*pois frais en braisage*)
버터에 익힌 크고 단단한 완두콩

다 익어 거의 끝물에 수확한 큰 완두콩을 위한 레시피입니다. 식감이 부드러워지며, 맛도
좋아지고, 조리가 끝나도 초록색이 유지되지만, 살짝 주름이 질 것입니다.

### 6인분

바닥이 두꺼운 약 2.5L 용량의
　법랑 소스팬
크고 잘 익은 완두콩 꼬투리
　약 900g(껍질을 벗기면 3컵 분량)
잘게 찢은 커다란 보스턴상추 1통
소금 ½ts
그래뉴당 2TS
다진 골파 4TS
말랑한 버터 6TS

소스팬에 완두콩과 나머지 재료를 모두 넣습니다. 완두콩을 손으로
거칠게 쥐어 표면을 살짝 짓이기며 버터, 상추, 양파, 양념과 잘 섞이
게 합니다. 완두콩 위 6mm 높이까지 찬물을 붓습니다.

데운 접시

소스팬 뚜껑을 덮고 적당히 센 불에 올려 20~30분 동안 팔팔 끓입
니다. 20분이 지나면 하나씩 자주 먹어보며 부드럽게 익었는지 확인
합니다. 완두콩을 다 삶기 전 물이 다 증발하려 한다면 2~3테이블스
푼씩 더 넣습니다. 완두콩이 부드러워지면 뚜껑을 열고 가열해 남아
있는 수분을 재빨리 날려 보냅니다. 간을 하고 데운 접시에 담아서
냅니다.
[*] 즉시 먹을 것이 아니라면 뚜껑을 열고 한쪽에 둡니다. 식탁에 올
리기 전에 물 2~3테이블스푼을 넣고 뚜껑을 덮은 다음 완두콩이 다
데워지고 물기가 사라질 때까지 약한 불에 끓입니다.

## 프티 푸아 프레 아 라 프랑세즈(*petits pois frais à la française*)
상추와 양파를 곁들여 브레이징한 중간 크기의 연한 완두콩

이 레시피로 만든 요리는 완두콩 메뉴의 왕으로, 스푼으로 떠서 개별 코스 메뉴로 즐겨야
합니다. 와인을 곁들이고 싶다면 트라미너나 그라브처럼 너무 드라이하지 않은 화이트 와
인이나 로제 와인을 차갑게 시혀서 냅니다.

**4~6인분**

| | |
|---|---|
| 지름 18~20cm인 보스턴상추 1½통 흰 실 | 상추는 시든 잎사귀를 떼어내고 줄기를 다듬어 떼어낸 다음, 잎사귀가 벌어지지 않도록 모양을 유지한 상태로 씻습니다. 4등분해 각각의 조각이 조리 과정에서도 모양을 유지할 수 있도록 실을 수차례 둘러 묶습니다. |

| | |
|---|---|
| 버터 6TS 물 ½컵 그래뉴당 1½TS 소금 ½ts 후추 ⅛ts 바닥이 두꺼운 용량 약 3L의 법랑 소스팬 중간 크기의 연한 완두콩 꼬투리 약 1.4kg(껍질을 벗기면 3컵 분량) 흰 실로 하나로 묶은 파슬리 줄기 8대 지름 약 2.5cm의 골파 또는 소금물에 5분 동안 삶은 흰 양파(작은 것) 12개 | 소스팬에 버터와 물, 양념을 넣고 끓인 다음, 완두콩을 넣고 잘 버무려지도록 섞습니다. 그 가운데에 파슬리 줄기를 파묻고 위에 4등분한 상추 조각을 올린 다음 국물을 끼얹습니다. 양파는 골고루 익도록 밑동에 십자로 칼집을 내고 상추 사이에 올려놓습니다. |

| | |
|---|---|
| 불룩하게 솟은 뚜껑 또는 오목한 수프 그릇 | 기화된 수분이 뚜껑에 맺혀 다시 소스팬에 떨어지도록, 소스팬에 뚜껑을 뒤집어 얹고 그 안에 찬물이나 얼음을 채웁니다. 수프 그릇을 쓰려면 뒤집지 않고 얹습니다. 소스팬의 내용물이 끓어오르면 약한 불로 줄이고 20~30분 또는 완두콩이 연해질 때까지 더 끓입니다. 중간에 몇 번 뚜껑을 열고 완두콩과 다른 채소를 섞어 내용물이 골고루 익도록 합니다. 뚜껑이나 수프 그릇에 담아둔 물이 데워지면서 증발하면 얼음이나 찬물을 보충하세요. |

| | |
|---|---|
| 소금, 후추 | 완두콩이 부드럽게 익을 때쯤이면 소스팬의 국물이 거의 날아가 있을 겁니다. 간을 맞추세요. |

| | |
|---|---|
| 말랑한 버터 2TS 데운 접시 | 파슬리 줄기를 들어내고 상추를 묶어두었던 실을 풉니다. 먹기 직전에 완두콩과 양파에 버터를 넣어 섞으세요. 데운 접시에 담아 접시 가장자리 쪽에 상추를 올리고 즉시 식탁에 올리면 됩니다. |

## 냉동 완두콩

다음의 레시피를 쓰면 일반적으로 냉동 완두콩에서는 기대할 수 없는 맛을 낼 수 있습니다. 약 280g 단위로 포장된 봉지를 2개 이상 쓴다면 소스팬도 2개를 쓰세요. 1개에 완두콩을 너무 많이 넣으면 다 익을 때까지 수분이 제대로 증발하지 않습니다.

냉동 완두콩 약 280g마다
  다음을 준비:
버터 1TS
다진 셜롯이나 골파 1TS
소금 ¼ts
후추 1자밤
치킨 스톡이나 통조림 치킨
  브로스, 통조림 버섯 브로스
  또는 물 ½컵

완두콩을 서로 떼어낼 수 있을 만큼 부분적으로 해동시킵니다. 버터, 셜롯 또는 골파, 양념과 육수를 소스팬에 넣고 가열합니다. 끓어오르면 완두콩을 넣고 뚜껑을 덮은 채로 약한 불에 5~6분 동안, 또는 완두콩이 부드러워질 때까지 더 끓입니다. 뚜껑을 열고 가열해 남아 있는 수분을 재빨리 날려 보냅니다. 간을 맞춥니다.

## 통조림 완두콩

이 방법을 쓰면 통조림 완두콩의 맛이 더 좋아집니다.

통조림 완두콩 2개(600g 또는
  2½컵)마다 다음을 준비:
다진 셜롯 또는 골파 1½TS
버터 2TS
소금, 후추
스톡 또는 버섯 브로스 3TS

완두콩을 체에 받쳐 찬물로 헹구고 물기를 뺍니다.

셜롯이나 골파를 잠시 버터에 익힌 다음, 완두콩과 양념을 넣고 함께 버무립니다. 그다음 스톡이나 브로스를 붓고 완두콩이 잘 데워질 때까지 잠시 약한 불로 가열합니다. 다음으로 뚜껑을 열고 센 불로 높여 남아 있는 수분을 재빨리 증발시킵니다.

## 시금치
### *Épinards*

시금치는 제대로 조리하면 훌륭한 채소입니다. 가장 흔하게 볼 수 있는 종류의 연하고 신선한 시금치는 양념과 버터, 그리고 익힐 때 자체적으로 나오는 수분만으로도 좋은 맛을 내지만, 다른 시금치 품종은 팔팔 끓인 소금물에 데쳐 밑작업한 다음 눌러서 물기를 빼고 버터나 육수, 크림에 조리해야 합니다. 시금치는 단독 채소 메뉴로 내기도 좋지만 그 위에 포치드 에그나 생선, 닭가슴살을 올려 내기도 좋습니다. 또한 다른 요리의 스터핑이나, 수플레, 타르트, 틀에 넣어 만드는 요리에도 활용이 가능합니다.

## ** 식탁에 내기

시금치는 달걀, 생선, 닭고기, 스위트브레드, 햄, 로스트, 스테이크, 갈비, 소테 요리 등 안 어울리는 게 거의 없지만, 코스에서 단독 메뉴로 내어도 좋습니다. 시금치 그라탱은 앙트레나 오찬, 저녁 메뉴로도 좋습니다. 버터나 육수에 익힌 시금치를 단독 메뉴로 낼 계획이라면 리슬링처럼 드라이한 화이트 와인이 좋습니다. 크림에 브레이징한 시금치는 그라브 등 더 덜 드라이한 와인이 잘 어울립니다.

## ** 구입할 양

시금치 약 450g를 조리하면 1컵 정도 분량이 나오는데, 2인분으로 내기 충분합니다.

## ** 손질하기

어리고 연한 시금치라면 잎사귀의 맨 밑 부분에서 줄기를 잘라냅니다. 더 자란 시금치는 우선 한 손으로 잎사귀를 세로로 접어 뒷면이 위로 가게 한 다음, 다른 쪽 손으로 줄기를 잡고 위쪽으로 뽑아내어 잎사귀 뒷면으로 이어지는 억센 부분까지 제거합니다. 시들거나 누렇게 변한 잎사귀도 전부 제거합니다. 세척되어 포장된 시금치라고 해도 찬물을 가득 받아서 수 분간 위아래로 흔들어 씻어야 합니다. 씻은 물에 흙이 더는 가라앉지 않는 것을 확인할 때까지 반복한 다음 체에 받쳐 물기를 제거합니다.

## ** 주의사항

시금치는 마지막 조리 단계에 철이나 알루미늄 집기를 쓰면 신맛과 금속성의 맛이 납니다. 앞으로 소개될 레시피에서는 오직 법랑, 내열유리, 도기, 스테인리스 재질의 소스팬과 오븐용 용기를 쓰세요. 식탁에 올릴 때도 금속 접시가 아닌 법랑이나 도자기 그릇을 사용해야 합니다.

## 에피나르 블랑시(*épinards blanchis*)

데쳐서 썬 시금치 밑작업

**데쳐서 썬 시금치 3컵 분량**

시금치 약 1.4kg

앞서 나온 방법대로 시금치를 손질하고 씻습니다.

팔팔 끓는 물 최소 7~8L가 담긴
냄비
물 1L마다 소금 1½ts

시금치를 한 번에 한 포기씩 소금물에 넣습니다. 최대한 빨리 물이 다시 끓어오르게 한 다음 뚜껑을 덮지 않고 약 2분 동안 또는 시금치가 막 연해지려 할 때까지 약한 불에 데칩니다. 먹어보며 익은 정도를 확인합니다.

커다란 체

체를 냄비 위에 얹습니다. 키친타월을 쥔 채로 체를 눌러 냄비에 고정시키고 냄비를 기울여 물을 비웁니다. 그 상태로 수 분간 냄비에 찬물을 받아 시금치를 식힙니다. 이렇게 하면 색감과 식감이 보존됩니다. 체를 들어낸 다음, 시금치를 냄비에서 꺼내 체에 밭쳐 물기를 뺍니다. 손질할 때 미처 제거되지 않은 흙이 냄비 안에 남아 있을 겁니다.

시금치를 한 번에 조금씩 손에 쥐고 최대한 물기를 짭니다. 맨 마지막에 나오는 물기는 따로 받아두었다가 수프를 만들 때 활용해도 좋습니다.

스테인리스 칼 또는 푸드 밀

시금치를 도마에 놓고 커다란 칼로 자릅니다. 퓌레처럼 고운 입자를 원할 경우 푸드 밀에 통과시킵니다. 이제 시금치는 추가적인 조리 과정을 거칠 준비가 끝났습니다.
[*] 밑작업은 요리에 들어가기 수 시간에서 수일 전에 끝내도 좋습니다. 뚜껑을 덮어 냉장 보관하세요.

## 퓌레 데피나르 생플(*purée d'épinards simple*)‡

데쳐서 썬 시금치 또는 시금치 퓌레

이 레시피는 시금치를 수플레, 키슈, 커스터드, 크레프, 스터핑 또는 다음에 소개될 여러 레시피에 활용하기 전 거치는 마지막 단계입니다. 564~565쪽 레시피는 냉동 시금치를 재료로 한 똑같은 조리 방법을 소개한 것입니다.

**3컵 분량 또는 6인분**

버터 2TS
약 2.5L 용량의 바닥이 두꺼운
　법랑 소스팬
데친 시금치 3컵을 썰거나 퓌레로
　만든 것(바로 앞의 레시피 참고)
소금, 후추
육두구 1자밤

소스팬을 적당히 센 불에 올리고 버터를 넣습니다. 버터가 끓어 거품이 일 때 시금치를 넣고 휘젓습니다. 시금치의 수분이 거의 다 날아갈 때까지 2~3분 동안 계속 젓다보면 시금치가 소스팬 바닥에 눌어붙기 시작할 것입니다. 취향에 따라 간을 하면 다른 레시피에 활용될 준비가 끝났습니다.

## ❖ 에피나르 에튀베 오 뵈르(*épinards étuvés au beurre*)
버터에 브레이징한 시금치

버터의 풍미가 가득한 시금치는 스테이크, 갈비, 로스트, 햄, 소테한 간과 잘 어울립니다. 다른 요리를 시금치 위에 얹어서 낼 수도 있습니다.

**6인분**

앞의 레시피대로 만든
　시금치 퓌레 3컵
바닥이 두꺼운 법랑 소스팬
앞의 레시피대로 만든
　시금치 퓌레 3컵
바닥이 두꺼운 법랑 소스팬
버터 4TS
소금, 후추

앞선 레시피를 따라 시금치를 적당히 센 불에 버터와 양념을 넣고 브레이징하며 수분을 날린 다음, 버터를 4테이블스푼을 더 넣습니다. 소스팬의 뚜껑을 덮고 10~15분 동안 자주 휘저으며 시금치가 버터를 흡수하고 푹 익어 흐늘흐늘해질 때까지 약한 불에 조리하세요. 간을 맞춥니다.
[*] 바로 낼 것이 아니라면 뚜껑을 열어서 한쪽에 두세요. 식탁에 올리기 전 재가열하면 됩니다.

말랑한 버터 2TS
데운 도자기 그릇

시금치를 불에서 내리고 버터를 더 섞은 뒤 데워둔 도자기 그릇에 담아서 냅니다.

## ❖ 에피나르 오 장봉(*épinards au jambon*)
햄을 곁들인 시금치

버터에 소테한 잘게 썬 햄 ½컵
에피나르 에튀베 오 뵈르
　크루통(263쪽) 12개

시금치 조리가 끝나기 2~3분 전 햄을 섞습니다. 시금치와 햄을 담고 접시 둘레에 크루통을 놓습니다.

## ❖ 에피나르 오 쥐(*épinards au jus*)

스톡에 브레이징한 시금치

## ❖ 에피나르 아 라 크렘(*épinards à la crème*)

크림에 브레이징한 시금치

앞서 제시된, 에피나르 에튀베 오 뵈르를 대체할 만한 메뉴입니다. 곁들이는 다른 요리에 따라 스톡과 크림 중 어느 것이 더 잘 어울리는지 판단해 선택하세요. 이 레시피는 소테한 햄과 간, 뇌, 스위트브레드, 닭고기, 송아지고기와 잘 어울립니다. 육류와 함께 낸다면 에피나르 오 쥐가 더 나을 것입니다. 크림이나 스톡에 브레이징한 시금치는 치즈를 얹어 그라탱을 만들거나 에피나르 앙 쉬르프리즈처럼 크레프 필링으로 써도 좋습니다.

### 6인분

| | |
|---|---|
| 퓌레 데피나르 생플 3컵(558쪽)<br>체에 쳐서 곱게 거른 밀가루 1½TS | 앞의 레시피에서와 같이 적당히 센 불에서 버터를 녹여 시금치에 양념을 넣고 볶으며 수분을 날려 보낸 뒤, 중간 불로 줄입니다. 밀가루를 뿌린 다음 밀가루가 익도록 2분 동안 더 휘저으며 익힙니다. |
| 브라운 스톡이나 통조림 비프<br>  부용 또는 휘핑크림 1컵<br>소금, 후추 | 불에서 시금치를 내리고 스톡이나 부용, 휘핑크림의 ⅔를 1테이블스푼씩 섞습니다. 다시 가열해 끓어오르면 뚜껑을 덮고 약 15분 동안 약한 불에 뭉근하게 끓입니다. 시금치가 바닥에 눌어붙지 않도록 자주 저어줘야 합니다. 시금치가 너무 수분이 부족하다 싶으면 스톡 등을 1테이블스푼씩 추가합니다. 소금과 후추로 간을 맞춥니다.<br>[*] 바로 낼 것이 아니라면 표면에 스톡이나 휘핑크림 등을 고루 끼얹은 뒤 뚜껑을 연 상태로 한쪽에 두세요. 식탁에 올리기 전 다시 데우면 됩니다. |
| 말랑한 버터 1~2TS<br>데운 도자기 접시<br>선택: 완숙으로 삶아 체에<br>  내리거나 슬라이스한 달걀<br>  1~2개 | 시금치를 불에서 내리고 버터를 섞은 뒤 데워둔 접시에 담아서 냅니다. 달걀로 장식해도 좋습니다. |

## ❖ 에피나르 그라티네 오 프로마주(*épinards gratinés au fromage*)
치즈를 얹은 시금치 그라탱

스테이크나 갈비, 송아지고기나 닭고기 로스트, 소테한 간에 곁들이면 됩니다. 브로일링한 생선과도 잘 어울립니다.

**6인분**

| | |
|---|---|
| 강판에 간 스위스 치즈 ¾컵<br>에피나르 오 쥐 3컵(560쪽)<br>버터를 살짝 바른 오븐용 용기<br>  (지름 약 20cm, 깊이 약 4cm)<br>고운 건식 빵가루 2TS<br>녹인 버터 1½TS | 치즈 ⅔를 시금치에 섞고 이를 오븐용 용기에 담습니다. 살짝 봉긋한 모양으로 쌓아올리세요. 나머지 치즈를 빵가루와 섞어서 시금치 위에 골고루 얹은 다음, 녹인 버터를 끼얹습니다. |
| | 오븐을 약 190℃로 예열해두고 식탁에 올리기 약 30분 전에 넣습니다. 오븐 맨 위 칸에 넣어 위에 뿌린 치즈를 노릇하게 굽고 속까지 익힙니다. |

## ❖ 카나페 오 제피나르(*canapés aux épinards*)
시금치와 치즈 카나페

따뜻한 첫번째 코스 메뉴 또는 오찬 메뉴로 내기 좋은 요리입니다. 여기에 나온 것보다 더 작게 만들어서 칵테일 애피타이저로 내도 훌륭합니다.

**6인분**

| | |
|---|---|
| 흰 빵(가로세로 약 9cm에 약 6cm,<br>  두께 약 1cm) 12장<br>강판에 간 스위스 치즈 ¾컵<br>에피나르 오 쥐 3컵<br>고운 흰 빵가루 2TS<br>녹인 버터 2~3TS | 빵은 가장자리를 잘라낸 다음 스킬릿에서 뜨거운 버터와 오일에 구워 양면이 살짝 노릇해지도록 합니다. 치즈의 ⅔을 에피나르 오 쥐에 넣은 다음 구운 빵 1장당 2~3테이블스푼씩 얹습니다. 그 위에 나머지 치즈와 빵가루를 뿌리고 녹인 버터를 끼얹었습니다. |
| | 먹기 직전에 적당히 뜨겁게 데운 브로일러 아래에 넣어 위쪽에 뿌린 치즈를 노릇하게 굽고 속까지 익힙니다. |

## ❖ 에피나르 아 라 모르네, 그라티네(*épinards à la Mornay, gratinés*)
치즈 소스를 올린 시금치 그라탱

로스트나 스테이크, 갈비에 곁들여 내거나 따뜻한 첫 코스 메뉴, 또는 오찬 메뉴로 내기 좋습니다.

**6인분**

소스 모르네(106쪽) 1½컵
버터를 살짝 바른 오븐용 용기
　(지름 약 20cm, 깊이 약 4cm)
에피나르 오 쥐 또는 에피나르 아
　라 크렘(560쪽) 3컵
선택: 513쪽에 따라 슬라이스해
　버터에 소테한 양송이버섯
　약 220g
강판에 간 스위스 치즈 3TS
녹인 버터 1½TS

소스 ⅓을 오븐용 용기 밑바닥에 얇게 펴 바릅니다. 버섯을 추가하고 싶다면 시금치에 섞어서 넣습니다. 시금치를 오븐용 용기에 담고, 나머지 소스를 그 위에 끼얹습니다. 치즈를 뿌리고 녹인 버터를 끼얹습니다.

오븐을 약 190℃로 예열해두고 식탁에 올리기 약 30분 전에 넣습니다. 오븐 맨 위 칸에 넣어 위에 뿌린 치즈를 노릇하게 굽고 속까지 익힙니다.


## ❖ 에피나르 앙 쉬르프리즈(*épinards en surprise*)
커다란 크레프 밑에 숨긴 시금치

접시에 시금치를 담은 다음, 그 위에 프랑스식 팬케이크인 크레프를 덮어 시금치를 완전히 숨기는 재미있는 연출 방법입니다. 오찬의 메인 코스나 저녁식사로 내기 좋습니다. 잘게 썰어서 소테한 햄이나 양송이버섯을 시금치에 추가해도 좋습니다.

**6인분**

강판에 간 스위스 치즈 ½컵

에피나르 오 쥐 또는 에피나르 아
  라 크렘(560쪽) 3컵

얇게 버터를 발라 따뜻하게 데운
  도자기 접시(지름 약 20cm)

시금치를 완전히 뒤덮는 크기의
  파트 아 크레프(253쪽)

식탁에 올리기 직전, 뜨거운 시금치에 치즈를 섞은 뒤 접시에 담은 다음, 크레프로 그 위를 덮어서 냅니다.

---

## 프티 크레프 데피나르(*petits crêpes d'épinards*)

### 시금치 크레이프

시금치 크레이프는 두 번 접어서 로스트나 스테이크, 갈비에 가니시로 쓰기 좋습니다. 193~195쪽에 제시된 크레이프 레시피에 따라 필링을 채운 다음 따뜻한 코스의 첫번째 메뉴나 오찬 또는 저녁식사 메뉴로 내면 좋습니다.

### 지름 약 15cm짜리 크레이프 12개 분량

파트 아 크레프 재료의 절반(253쪽)
에피나르 블랑시 1컵(558쪽)

블렌더를 써서 크레이프 반죽을 만들 경우, 블렌더에 반죽이 섞이고 있을 때 데친 시금치를 넣어 퓌레를 만들면 됩니다. 블렌더를 쓰지 않는다면 푸드 밀로 만든 시금치 퓌레를 크레이프 반죽에 섞으세요. 크레이프를 굽기 전 2시간 동안 반죽을 휴지시킵니다. 시금치 크레이프 역시 일반 크레이프와 같은 방법으로 반죽한 다음 조리하면 됩니다.

---

## 탱발 데피나르(*timbale d'épinards*)

### 틀에서 구운 시금치

시금치 퓌레를 달걀, 우유, 치즈, 빵가루와 섞어 수플레 틀에 넣고 구운 다음 소스를 뿌려서 내는 요리입니다. 528쪽 탱발 다스페르주 레시피에서 아스파라거스 대신 퓌레 데피나르 생플(558쪽)을 쓰면 됩니다. 탱발 다스페르주에 곁들일 소스로 제시된 것 외에는 다음을 참고하세요.

소스 토마트 또는 쿨리 드 토마트 아 라 프로방살(123~124쪽)

소스 오로르(107쪽)

---

## 에피나르 아 라 바스케즈(*épinards à la basquaise*)
### 앤초비를 곁들인 시금치와 얇게 썬 감자 그라탱

**6인분**

| | |
|---|---|
| 강판에 간 스위스 치즈 ½컵<br>에피나르 오 쥐(560쪽) 3컵 | 치즈를 시금치에 넣어 섞습니다. |
| '삶기용' 감자 약 450g | 감자는 껍질을 벗겨 약 3mm 두께로 얇게 썹니다. 소금을 넣은 물에 5~6분 동안 또는 부드러워질 때까지 삶습니다. 물기를 뺍니다. |
| 살짝 버터를 바른 오븐용 용기<br>(지금 약 23cm, 깊이 약 5cm)<br>으깬 앤초비 2TS 또는 앤초비<br>페이스트 1TS을 말랑한 버터<br>4TS과 후추 ⅛ts에 섞은 것 | 감자의 절반을 오븐용 용기 바닥에 깝니다. 그 위에 앤초비와 버터, 후추를 섞은 혼합물의 절반을 덮고, 시금치 절반을 올립니다. 다시 감자, 앤초비 혼합물, 시금치 순으로 층을 쌓습니다. |
| 강판에 간 스위스 치즈 ⅓컵에<br>건식 빵가루 3TS을 섞은 것<br>녹인 버터 2TS | 치즈와 빵가루를 그 위에 골고루 뿌린 다음 녹인 버터를 끼얹습니다. |
| | 오븐을 약 190℃로 예열해두고 식탁에 올리기 약 30분 전에 넣습니다. 오븐 맨 위 칸 넣어 속까지 데워지고 위에 뿌린 치즈가 노릇하게 구워지도록 합니다. |

## 냉동 시금치

냉동 시금치는 신선한 시금치의 훌륭한 맛에는 미치지 못하며 잎사귀보다는 줄기 부분이 많지만, 그래도 쓸모가 있습니다. 다음과 같은 과정만 거친다면 앞서 소개된 다른 레시피에서도 신선한 시금치를 대체해서 쓸 수 있습니다. 봉지 2개 이상을 조리할 경우 소스팬 2개를 쓰세요. 소스팬 하나에 시금치를 너무 많이 넣으면 수분이 쉽게 날아가지 못해 시금치가 지나치게 익게 됩니다.

냉동 시금치 약 280g짜리
   봉지마다 다음을 준비:
묵직한 스테인리스 칼

칼에 무게를 실어서 썰 수 있을 만큼 해동된 상태라면, 통째로 냉동했든, 썬 채로 냉동했든, 퓌레 상태로 냉동했든 상관없습니다. 썰어둔 시금치나 퓌레 상태의 시금치라면 약 1cm 길이로 썰어주세요. 통째로 냉동된 시금치라면 작게 조각냅니다.

버터 1½TS
바닥이 두꺼운 법랑 소스팬 또는
   스킬릿
소금 ¼ts
후추 1자밤
육두구 1자밤

소스팬이나 스킬릿에 버터를 녹인 다음 시금치와 양념을 넣고 섞습니다. 뚜껑을 덮고 시금치가 완전히 녹아 수분이 다 빠져나오도록 1~2분간 약한 불로 가열하세요. 그다음 뚜껑을 열고 센 불로 높여 수분이 다 날아갈 때까지 2~3분 동안 볶습니다.

결과물은 558쪽 퓌레 데피나르 샘플을 대체할 수 있습니다. 또한 시금치 퓌레나 데친 시금치 대신 쓸 수 있습니다.

# 당근, 양파, 순무
## Carottes, Oignons, Navets

프랑스 요리에서 당근, 양파, 순무는 아주 비슷한 방식으로 조리되기 때문에 한꺼번에 다루도록 하겠습니다.

# 당근
## Carottes

당근은 뚜껑을 덮은 소스팬에서 약간의 수분과 버터, 양념을 넣고 조리하다가, 수분이 다 날아가 버터에 소테하기 시작할 때 가장 풍부한 맛을 냅니다.

### ✻✻ 식탁에 내기

버터에 조리거나 글레이징한 당근은 온갖 종류의 로스트와 잘 어울리며, 고기 요리를 장식하는 가니시로 쓰이는 다른 전형적인 채소들과도 잘 어우러집니다. 그 가운데 더 정성을 요구하는 조리법으로는 글레이징한 당근과 순무, 작게 썬 껍질콩과 완두콩, 콜리플라워, 그리고 버터에 소테한 포테이토볼 등, 작게 조각낸 채소를 곁들인다는 뜻의 '아 라 북티에르(*à la bouquetière*)'가 있습니다. 크림에 익힌 당근은 특히 송아지고기와 닭고기에 잘 어울립니다.

### ✻✻ 구입할 양

꼭지를 잘라낸 당근 약 450g이면 3~4인분이 나옵니다. 슬라이스하거나 잘게 썰거나 4등분한 당근 약 450g은 3½컵 정도가 나옵니다.

### ✻✻ 손질하기

줄기를 잘라낸 다음 채소 필러로 껍질을 벗기세요. 당근의 크기와 썰었을 때 내고자 하는 모양에 따라 가로로 슬라이스하거나 길이로 2등분 또는 4등분한 다음 잘라낸 조각들을 약 5cm 크기로 다시 써세요. 이 상태에서 취향에 따라 각진 모서리를 다듬어 길쭉한 마늘 모양으로 만들어도 좋습니다. 이렇게 하는 것을 '투르네 앙 구스(*tourner en gousses*)' '투르네 앙 올리브(*tourner en olives*)'라고 합니다.

끝물에 수확하여 단단한 당근 손질법은 따로 있습니다. 우선 길게 십자로 잘라 4등분한 다음, 가운데의 딱딱한 심을 잘라내세요. 프랑스어로 '루주 드 카로트(*rouge de carotte*)'라고 하는, 선홍빛의 바깥쪽 부분만을 사용하는 겁니다. 그다음 끓는 소금물에 5~8분 동안 데친 뒤 레시피에 활용하면 됩니다.

---

## 카로트 에튀베 오 뵈르(*carottes étuvées au beurre*)‡
### 버터에 브레이징한 당근

기본적인 레시피입니다. 이후 파슬리를 뿌리거나, 크림에 익혀서, 또는 다른 채소와 함께 내거나, 당근을 퓌레로 만들어서 내도 좋습니다.

**6인분**

약 2L 용량의 바닥이 두꺼운
   법랑 소스팬
껍질을 벗겨서 슬라이스하거나
   세로로 4등분해 썬 당근 약 700g
그래뉴당 1TS (맛을 살리기 위해
   넣음)
물 1½컵
버터 1½TS
소금 ½ts
후추 1자밤

소스팬에 설탕, 물, 버터, 소금을 넣고 끓어오르면 당근을 넣습니다. 뚜껑을 덮고 약한 불로 30~40분 동안, 또는 당근이 부드러워지고 수분이 날아갈 때까지 계속 끓입니다. 간을 맞춥니다.

[*] 바로 낼 것이 아니라면 뚜껑을 덮지 말고 한쪽에 두었다가 먹기 전에 재가열하세요.

---

## ❖ 카로트 오 핀 제르브(*carottes aux fines herbes*)
### 허브와 함께 브레이징한 당근

카로트 에튀베 오 뵈르 약 700g
말랑한 버터 2TS
다진 파슬리, 처빌과 차이브
   또는 파슬리만 2TS
데운 접시

식탁에 올리기 직전, 불에서 내린 다음 버터와 허브를 넣고 뒤섞은 다음 따뜻한 접시에 담아 냅니다.

## ❖ 카로트 아 라 크렘(*carottes à la crème*)
### 크림에 익힌 당근

휘핑크림 1~1½컵
카로트 에튀베 오 뵈르 약 700g
　(567쪽)
소금, 후추

소스팬에 크림을 가열해 끓어오르면 당근을 넣습니다. 뚜껑을 덮지
않은 채 15~20분 동안 또는 크림이 당근에 거의 다 흡수될 때까지
약한 불에 끓입니다. 간을 맞춥니다.

말랑한 버터 2TS
다진 파슬리, 처빌과 차이브,
　또는 파슬리만 2TS
데운 접시

내기 직전에 불에서 내린 다음 버터와 허브를 당근에 살살 섞습니다.
데운 접시에 담아 냅니다.


## ❖ 카로트 아 라 포레스티에르(*carottes à la forestière*)
### 아티초크 밑동, 양송이버섯과 함께 브레이징한 당근

십자로 4등분한 양송이버섯
　약 220g
오일 1TS
버터 1½TS
소금, 후추

스킬릿에 기름을 넣고 노릇한 색감이 아주 약하게 올라올 때까지 버
섯을 4~5분 동안 소테합니다. 소금과 후추로 간합니다.

다진 셜롯 또는 골파 2TS
카르티에 드 퐁 다르티쇼 오
　뵈르(519쪽) 또는 냉동 아티초크
　하트 익힌 것(521쪽) 3~4개
카로트 에튀베 오 뵈르(567쪽)
　약 700g

셜롯이나 골파, 그리고 아티초크 밑동을 버섯에 넣어 섞고 적당히 센
불에서 2~3분쯤 더 익힙니다. 냉동 아티초크를 쓴다면 따로 익힌 다
음 당근과 섞으세요. 아티초크 밑동과 버섯을 당근에 섞어줍니다.

브라운 스톡 또는 통조림 비프
　부용 ⅓컵
소금, 후추

스톡이나 부용을 채소에 붓고 뚜껑을 덮은 채로 수분이 거의 다 날
아갈 때까지 4~5분 동안 약한 불에 끓입니다. 간을 맞춥니다.

데운 접시
다진 파슬리, 처빌과 차이브
　또는 파슬리만 2TS

데운 접시에 담고 허브를 뿌려 냅니다.

## 카로트 글라세(*carottes glacées*)
### 글레이징한 당근

글레이징한 당근은 물 대신 스톡에 익힌다는 점, 그리고 국물이 졸아들며 팬 밑바닥에 끈적한 시럽이 남도록 버터를 더 넣고 설탕을 첨가한다는 점을 빼면 브레이징한 당근과 조리 과정이 똑같습니다. 식탁에 올리기 직전 이 시럽에 당근을 굴려서 겉면에 골고루 입히세요.

**6인분**

| | |
|---|---|
| 껍질을 벗겨 세로로 4등분해 약 5cm 길이로 자른 당근 약 700g<br>약 2.4L 용량의 바닥이 두꺼운 법랑 소스팬(뚜껑 필요)<br>브라운 스톡 또는 통조림 비프 부용 1½컵<br>그래뉴당 2TS<br>후추 1자밤<br>버터 6TS<br>소금, 후추 | 소스팬에 스톡이나 부용, 그래뉴당, 후추, 버터, 당근을 넣고 약한 불로 30~40분 동안 끓입니다. 당근이 푹 익어 부드러워지고 국물이 끈적한 시럽으로 바뀌면 불을 끄고 간을 맞추세요. |
| 데운 접시<br>아주 잘게 다진 파슬리 2TS | 식탁에 올리기 직전에 당근을 다시 데운 다음 겉면에 시럽이 입혀지도록 팬에서 살살 굴리세요. 데운 접시에 담거나 로스트를 담은 접시 가장자리에 얹은 다음 파슬리를 뿌려 냅니다. |

## 카로트 비시(*carottes Vichy*)
### 비시 당근

스톡 대신 비시 광천수를 쓴다는 것만 빼면 앞의 글레이징한 당근 레시피와 완전히 똑같습니다. 비시 광천수 대신 일반 생수에 약간의 소다를 넣어서 써도 됩니다. 비석회질의 생수로 조리하면 더 은은한 맛이 난다는 가정에 근거한 레시피입니다.

# 카로트 아 라 콩시에르주(*carottes à la concierge*)

### 양파, 마늘과 함께 크림에 익힌 당근 캐서롤

적색육, 돼지고기, 소시지, 또는 닭고기 로스트와 잘 어울리는 묵직한 요리입니다. 고기가 들어가지 않은 메인 코스 요리로 내어도 좋습니다.

**6인분**

껍질을 벗겨 약 6mm 길이로 자른
   당근 약 700g
슬라이스한 양파 약 220g
올리브유 4TS
약 2.5L 용량의 바닥이 두꺼운
   법랑 소스팬(뚜껑 필요)

소스팬에 당근과 양파, 올리브유를 넣고 이따금 저어주며 뚜껑을 닫은 채로 20분 동안 약한 불에 익힙니다. 채소가 부드러워지되 노릇해질 때까지 익힙니다.

다진 마늘 1알(큰 것)

당근과 양파가 다 익기 5분 전에 마늘을 넣습니다.

밀가루 1TS

채소에 밀가루를 넣어 섞고 3분 더 가열합니다.

뜨거운 브라운 스톡 또는
   통조림 비프 부용 ¾컵
뜨거운 우유 ¾컵
소금, 후추
설탕 1ts
육두구 1자밤

불을 끄고 뜨거운 스톡 또는 부용을, 그다음에는 우유를 붓고 양념을 더합니다. 뚜껑을 열고 20분 동안 또는 액체가 ⅓로 줄어들어 묽은 크림이 될 때까지 약한 불에 끓입니다. 간을 맞춥니다.

휘핑크림 4TS에 달걀 노른자 2개를
   섞은 것
고무 주걱
데운 접시
다진 파슬리 2TS

불을 끄고 식탁에 올리기 직전에 주걱으로 달걀 노른자와 휘핑크림을 넣어 섞습니다. 소스팬을 약한 불에 가열하며 빙 돌리면서 달걀이 걸쭉해지도록 합니다. 끓어오르는 온도에 가까워질 경우 달걀이 덩어리질 수 있으니 주의하세요. 데운 접시에 담아 파슬리를 뿌려 냅니다.

# 양파
*Oignons*

양파 없는 문명사회란 상상하기 어렵습니다. 양파의 맛은 다양한 형태로 디저트를 제외한 온갖 식사 메뉴의 재료로 활용되죠. 여기서는 통째로 익힌 다음 가니시로 잘 쓰이곤 하는 흰색 양파를 집중적으로 다루도록 하겠습니다. 스튜와 프리카세에 양파를 넣을 경우 양파를 따로 조리해야 모양도 유지되고 연한 식감을 즐길 수 있습니다.

## ** 구입할 양

작은 양파 약 450g으로 양파가 주재료인 채소 메뉴를 만들면 3~4인분이 나옵니다. 가니시로 쓰거나 다른 채소와 함께 요리한다면 1인당 작은 양파 3~4개를 쓴다고 생각하면 됩니다.

## ** 손질하기

양파 껍질을 벗길 때 가장 빠르고 깔끔하며 눈물이 덜 나는 방법은 팔팔 끓는 물에 양파를 5~10초 동안 담가 껍질이 헐거워지도록 하는 것입니다. 물기를 빼고 찬물에 헹군 다음 꼭지와 밑동을 잘라내세요. 조금만 잘라내야 양파의 층이 유지됩니다. 손으로 바깥쪽 껍질과 첫번째 층을 벗겨낸 다음, 양파가 터지지 않고 골고루 익을 수 있도록 밑동에 십자 모양으로 칼집을 내세요.

수확이 늦은 양파라 톡 쏘는 맛이 강하다면 또는 소화가 잘되도록 더 순한 맛을 내고 싶다면, 끓는 소금물에 5분 동안 넣고 약한 불로 데친 다음 건져서 레시피대로 조리하세요.

손에 밴 양파 냄새를 없애려면 찬물에 손을 씻고 소금으로 문지른 다음, 다시 찬물에 헹구세요. 그다음 따뜻한 물과 비누로 씻으면 됩니다.

---

## 오뇽 글라세 아 블랑(*oignons glacés à blanc*)‡
### 색깔이 나지 않게 글레이징한 양파

그대로 식탁에 올리거나 크림소스에 잠깐 익혀서 내면 됩니다. 프리카세나 블랑케트에 가니시로 써도 좋습니다.

지름 약 2.5cm의 껍질 벗긴
흰 양파 18~24개
바닥이 두꺼운 법랑 소스팬 또는
스킬릿(양파를 한 겹으로 담으면
딱 맞는 크기)
화이트 스톡이나 통조림 치킨
브로스, 드라이한 화이트 와인
또는 물 ½컵
버터 2TS
작은 부케 가르니(묶은 파슬리 줄기
2대, 타임 ⅛ts, 월계수 잎 ⅓장을
면포에 싼 것)

소스팬이나 스킬릿에 브로스, 버터, 양념, 부케 가르니와 함께 양파
를 넣습니다. 뚜껑을 덮고 40~50분 동안 약한 불로 뭉근하게 가열하
며 이따금씩 양파를 굴려 줍니다. 양파는 갈색으로 변해서는 안 되
며, 푹 익어 연해진 상태이되 모양을 유지해야 합니다. 조리가 미처
끝나지 않은 상태에서 수분이 다 증발하면 한 스푼씩 브로스를 더
넣어주세요. 부케 가르니를 빼냅니다.
[*] 식탁에 올리기 수 시간 전에 조리해놓은 뒤, 먹기 직전에 다시 데
워 다음 레시피를 따르면 됩니다.

## ❖ 프티 조뇽 페르시예(*petits oignons persillés*)
파슬리를 뿌린 양파

특히 크림소스를 곁들인 닭고기와 송아지고기, 생선과 잘 어울립니다.

오뇽 글라세 아 블랑
말랑한 버터 2TS
데운 접시
다진 파슬리 2TS

양파를 식탁에 올리기 직전에 간을 맞춥니다. 불에서 내린 다음 말랑
한 버터를 넣어 버무리고, 데운 접시에 담아 파슬리를 뿌려 냅니다.

## ❖ 프티 조뇽 아 라 크렘(*petits oignons à la crème*)
크림에 익힌 양파

송아지고기와 닭고기 로스트, 칠면조고기 또는 갈비, 스테이크, 햄버그스테이크, 소테한 송
아지고기, 닭고기, 간 요리와 함께 내면 좋습니다.

**6인분(오농 글라세 아 블랑 약 900g일 경우)**

소스 크렘(104쪽) 2컵
소금, 후추
말랑한 버터 1~2TS
다진 파슬리 2TS
데운 접시

소스에 브레이징한 양파에 넣고 5분 동안 뭉근히 가열합니다. 간을 맞춘 다음 불에서 내려 버터를 섞습니다. 데운 접시에 담아 파슬리를 뿌려 냅니다.

---

# 오농 글라세 아 브룅(*oignons glacés à brun*)‡
### 갈색이 나도록 브레이징한 양파

갈색이 나도록 조리하는 방법은 노릇하게 익은 듯한 느낌을 연출하고자 할 때 쓰입니다. 양파를 코크 오 뱅이나 뵈프 부르기뇽과 같이 갈색이 두드러지는 프리카세에 활용하거나 다른 채소와 함께 조리할 때 필요한 기법입니다.

지름 약 2.5cm의 껍질 벗긴
　흰 양파 18~24개
버터 1½TS
기름 1½TS
지름 약 23~25cm의 법랑 스킬릿

스킬릿에서 버터와 기름이 끓어오르면 양파를 넣고 중간 불에서 약 10분 동안 소테합니다. 바깥쪽 껍질이 찢어지지 않도록 주의하며 양파가 최대한 골고루 갈색으로 익도록 잘 뒤섞으세요. 전부 같은 속도로 색이 변하지는 않을 겁니다. 이후 다음 2가지 조리 방법 중 하나를 선택하세요.

## 브레이징하기

브라운 스톡, 통조림 비프 부용,
　드라이한 화이트 와인,
　레드 와인 또는 물 ½컵
소금, 후추
중간 크기 부케 가르니(파슬리
　줄기 4대, 월계수 잎 ½장, 타임
　¼ts을 면포에 싼 것)

육수 등을 붓고 취향에 따라 간한 다음 부케 가르니를 넣습니다. 양파는 완전히 푹 익되 모양을 유지할 때까지, 그리고 부어넣은 액체가 다 날아간 상태가 될 때까지 뚜껑을 덮고 약한 불에 40~50분 더 가열합니다. 부케 가르니를 빼내고 그대로 식탁에 올리거나 레시피 끝의 제안을 따르세요.

**굽기**

스킬릿의 내용물을 전부 얕은 오븐용 용기나 캐서롤에 옮겨 담습니다. 용기는 양파를 한 겹으로 깔면 딱 맞을 만큼의 크기여야 합니다. 175℃로 예열해둔 오븐 맨 위 칸에 넣고, 뚜껑을 덮지 않은 채로 40~50분 동안 굽습니다. 굽는 동안 양파를 한두 번 뒤집어줍니다. 양파는 모양을 유지한 채로 연하게 푹 익어, 황금빛을 띤 갈색으로 노릇하게 구워진 상태여야 합니다. 부케 가르니를 빼고 그대로 식탁에 올리거나 다음의 제안을 따르세요.

[*] 양파는 먹기 수 시간 전에 조리했다가 먹기 직전에 다시 데워도 좋습니다.

### ❖ 프티 조뇽 페르시예(*petits oignons persillés*)
파슬리를 뿌린 양파

말랑한 버터 1~2TS
데운 접시
다진 파슬리 1TS

버터에 뜨거운 양파를 살살 굴립니다. 데운 접시에 담거나 로스트 주위에 두른 뒤 파슬리를 뿌려 냅니다.

### ❖ 프티 조뇽 앙 가르니튀르(*petits oignons en garniture*)
다양한 채소

브레이징한 양파는 글레이징한 당근, 소테한 양송이버섯, 아티초크 하트, 소테한 감자 등 다른 채소와 잘 어울립니다.

## 통조림 양파

여러 브랜드의 삶은 양파 통조림을 가지고 시도해봤으나, 모두 불쾌한 단맛과 지나친 신맛이 느껴졌습니다. 또한 부드럽게 익히려면 더 오랜 시간이 걸리는 것을 확인했습니다. 그래도 양파가 없는 긴급 상황에서 통조림은 유용하므로, 훨씬 괜찮은 맛을 낼 수 있는 다음 방법을 소개합니다.

데친 양파(작은 것) 통조림 1개
　(약 560g)마다 다음을 준비:
버터 2TS
스톡, 통조림 비프 부용 또는
　버섯 육수 ¼컵
소금, 후추
작은 부케 가르니(파슬리 줄기
　2대, 월계수 잎 ⅓장, 타임 ¼ts을
　면포에 싼 것)

양파는 물기를 빼서 끓는 물에 넣습니다. 다시 물이 끓어오르면 1분 동안 익힌 뒤 양파의 물기를 뺍니다. 이렇게 하면 통조림 특유의 맛이 어느 정도 줄어듭니다. 그런 다음 소스팬에 버터, 육수, 양념, 부케 가르니과 함께 넣고, 양파가 푹 익고 액체가 다 날아갈 때까지 10~15분 동안 뚜껑을 덮은 채 약한 불로 가열합니다.

# 수비즈(*soubise*)

쌀과 함께 브레이징한 양파

슬라이스한 양파와 쌀, 버터를 퓌레 상태가 될 때까지 뭉근히 끓인 요리입니다. 쌀을 익히는 데는 양파 자체에서 나온 수분이면 충분합니다. 수비즈는 특히 송아지고기나 닭고기, '아 랑글레즈'로 삶은 양고기 다릿살 요리에 잘 어울립니다. 또한 단독 요리로 내는 방법 외에 소스 베샤멜이나 소스 블루테를 넣어 퓌레로 만든 다음 크림을 더하여 소스 수비즈로 만들어도 좋습니다.

**6인분**

오븐을 약 150℃로 예열해둡니다.

쌀 ½컵
팔팔 끓는 물 4L
소금 1½TS

끓인 소금물에 쌀을 넣고 딱 5분 동안 끓인 다음 즉시 물기를 뺍니다.

버터 4TS
약 3L 용량의 내열 캐서롤
얇게 슬라이스한 양파 약 900g
　(6~7컵 분량)
소금 ½ts
후추 ⅛ts
소금, 후추

캐서롤에 버터가 녹아 거품이 일면 양파를 넣고 휘젓습니다. 양파가 버터에 잘 버무려지면 즉시 쌀과 양념을 넣습니다. 뚜껑을 덮은 뒤 예열해둔 오븐에 넣고 가끔 휘저어주며 약 150℃로 1시간 정도 가열합니다. 그러면 쌀과 양파는 아주 연하게 푹 익어 약간 노릇한 색을 띠게 될 것입니다. 간을 맞추세요.
[*] 식탁에 올리기 수 시간 전에 조리해서 먹기 직전에 재가열해도 됩니다.

휘핑크림 ¼컵
강판에 간 스위스 치즈 ¼컵
말랑한 버터 2TS
데운 접시
다진 파슬리 1TS

식탁에 올리기 직전 크림과 치즈, 버터 순으로 넣어 섞습니다. 취향에 따라 다시 간을 맞춥니다. 데운 접시에 담고 파슬리를 뿌려 냅니다.

# 순무
## *Navets*

순무는 그 맛을 끌어내는 데 필요한 조리법을 쓰면 훌륭한 채소입니다. 버터나 육류의 지방을 쉽게 흡수하는데, 스튜나 브레이징한 요리에 넣거나 로스팅한 고기의 육즙으로 조리할 때 그 맛이 특히 돋보입니다. 프랑스에서 노란 스웨덴순무는 요리에 거의 쓰이지 않지만, 여기서 소개하는 레시피에서는 흰 순무 대신 스웨덴순무를 써도 좋습니다.

## ** 식탁에 내기
순무의 맛은 돼지고기, 소시지, 햄, 거위고기, 오리고기와 잘 어울립니다.

## ** 구입할 양
줄기를 잘라낸 순무 약 450g이면 3~4인분이 나옵니다. 슬라이스하거나 십자로 4등분한 순무는 부피가 3½컵 정도 됩니다.

## ** 손질하기
일찍 수확하는 작고 연한 순무는 보통 줄기가 붙어 있는 채로 팔리며, 다듬고 껍질만 벗겨서 데치지 않고 바로 요리에 씁니다. 겨울에 수확하는 억센 순무와 스웨덴순무는 무조건 줄기가 잘린 채 팔리며, 껍질을 두껍게 깎아낸 다음 슬라이스하거나 4등분합니다. 4등분한 순무는 마늘 모양과 비슷한 단정한 타원형으로 다듬기도 합니다. 이렇게 하는 것을 '투르네 앙 구스' '투르네 앙 올리브'라고 합니다. 딱딱하게 변하거나 섬유질이 너무 많은 순무는 버립니다.

## ✱✱ 데치기

순무와 스웨덴순무는 껍질을 벗기고 자른 뒤 소스팬에 넣어, 5cm 높이까지 잠기도록 물을 받아서 소금을 넣고 가열합니다. 물이 끓어오르면 3~5분 더, 또는 순무가 살짝 부드러워질 때까지 더 끓인 다음 불을 끄고 물기를 뺍니다. 이렇게 하면 지나치게 강해진 맛이 순화됩니다. 다음 레시피는 전부 겨울에 수확한 순무를 염두에 둔 것이니, 어리고 연한 순무를 쓴다면 데치는 과정을 생략하세요.

---

## 나베 아 레튀베(*navets à l'étuvée*)✢
### 버터에 브레이징한 순무

버터에 브레이징한 순무는 그대로 식탁에 올리거나 다른 채소와 섞어서 내면 됩니다. 맨 마지막에 로스트나 브레이징한 요리, 프리카세에 넣고 더 익혀도 좋습니다.

### 6인분

껍질을 벗겨 4등분한 순무
  약 900g(7~8컵)
약 3L 용량의 바닥이 두꺼운
  법랑 소스팬
버터 2TS
스톡, 통조림 비프 부용, 통조림
  치킨 부용 또는 물 1~1½컵
소금, 후추

순무를 소금물에서 3~5분 동안 익힙니다. 물기를 뺀 뒤 소스팬으로 옮겨 버터를 넣고 순무가 거의 잠길 만큼 부용 또는 물을 붓습니다. 약하게 간을 한 다음 뚜껑을 덮고 20~30분 동안 또는 순무가 무르되 모양이 살아 있을 때까지 약한 불에 끓입니다. 그때까지 수분이 다 날아가지 않았다면 뚜껑을 열고 끓여서 날려 보냅니다. 간을 맞추세요.

[*] 식탁에 올리기 수 시간 전에 만들어도 좋습니다.

---

## ✤ 나베 페르시예(*navets persillés*)
### 파슬리를 뿌린 순무

말랑한 버터 2TS
선택: 취향에 따라 레몬즙 약간
다진 파슬리 2TS
데운 접시

기본 레시피에 따라 조리합니다. 내기 직전에 뜨거운 순무에 버터를 살살 넣어 섞습니다. 원한다면 레몬즙을 넣어도 좋습니다. 파슬리를 뿌린 다음 데운 접시에 담아 냅니다.

## ❖ 퓌레 드 나베 파르망티에(*purée de navets parmentier*)
순무와 감자 퓌레

구운 칠면조고기, 오리고기, 거위고기, 햄, 돼지고기 로스트, 포크 찹이나 소시지와 함께 냅니다.

**6인분**

| | |
|---|---|
| 나베 아 레튀베(577쪽) 7~8컵<br>따뜻한 으깬 감자 2컵<br>말랑한 버터 4TS<br>소금, 후추<br>데운 접시<br>다진 파슬리 2TS | 순무를 퓌레로 만들어 으깬 감자와 섞습니다. 이를 소스팬에서 중간 불에 가열하며 뒤섞어 수분을 날리고 골고루 데웁니다. 먹기 직전에 불에서 내려 버터를 섞습니다. 취향에 따라 소금과 후추로 간을 맞춘 다음 데운 접시에 담고 파슬리를 뿌려 냅니다. |

---

# 나베 글라세 아 브륑(*navets glacés à brun*)
글레이징한 순무

글레이징한 순무는 로스트의 가니시로 쓰거나 개별 채소 메뉴로 내기 좋습니다. 끓이기 전에 갈색이 되도록 익히는 것, 또 시럽이 만들어지도록 설탕과 더 많은 양의 버터가 들어간다는 점을 제외하면 브레이징한 순무와 레시피가 비슷합니다.

**6인분**

| | |
|---|---|
| 껍질을 벗겨 4등분한 순무<br>  약 900g(7~8컵 분량) | 순무가 잠길 만큼의 물에 소금을 넣고 끓여 3~5분 동안 데칩니다. 물기를 빼고 키친타월로 물기를 말립니다. |
| 지름 25~30cm의 법랑 스킬릿<br>버터 2TS에 기름 2TS를 섞은 것,<br>  또는 가열해서 녹인 신선한<br>  돼지고기 또는 거위고기 기름<br>  4TS<br>스톡 또는 통조림 비프 부용<br>  1~1½컵<br>버터 2TS<br>그래뉴당 3TS | 순무를 뜨겁게 가열한 버터와 기름 또는 고기 기름에 3~4분 동안 소테해 살짝 갈색이 돌도록 합니다. 스톡이나 부용을 순무가 거의 잠길 만큼 붓고 버터와 그래뉴당을 넣으세요. 뚜껑을 덮고 20~30분 동안, 또는 순무가 모양을 유지하면서 연하게 익을 때까지 약한 불에 뭉근히 끓입니다. 간을 맞추세요.<br>[*] 먹기에 앞서 요리할 경우, 뚜껑을 연 채로 한쪽에 두세요. 내기 전에 필요에 따라 물을 1테이블스푼 더 넣고 뚜껑을 덮은 소스팬에 재가열하면 됩니다. |

데운 접시
아주 잘게 다진 파슬리 2TS

끈적한 시럽이 만들어지지 않았다면 뚜껑을 열고 재빨리 끓여서 남은 수분을 날려 보내세요. 이렇게 만들어진 글레이즈에 순무를 살살 굴리며 코팅합니다. 데워둔 접시에 담거나 로스트 주위에 올린 다음 파슬리를 뿌려 내세요.

---

# 나베 아 라 샹프누아즈(*navets à la champenoise*)
## 순무 캐서롤

순무를 싫어하는 사람도 이 요리를 맛보고 나면 보통 생각이 달라집니다. 돼지고기, 소고기, 오리고기, 거위고기, 칠면조고기, 햄 로스트, 그릴에 구운 소시지와 찰떡궁합을 자랑합니다. 특히 스웨덴순무에 잘 어울리는 레시피입니다.

**6~8인분**

껍질을 벗겨 4등분한 순무
약 1.1kg(8~9컵 분량)

순무가 잠길 만큼의 물에 소금을 넣고 끓여 3~5분 동안 데친 뒤 물기를 제거합니다.

베이컨 덩어리 약 110g

비계를 잘라낸 베이컨을 약 6mm의 정사각형으로 깍둑썰기합니다. ⅔컵 정도가 나올 것입니다. 물 1L에 10분 정도 약한 불로 삶은 다음 물기를 뺍니다.

용량 약 3L, 깊이 약 5cm의
직화 가능 캐서롤
버터 1TS
잘게 깍둑썰기한 양파 ⅔컵

베이컨에 살짝 갈색이 돌 때까지 버터에 수 분간 볶습니다. 양파를 넣어 섞고 뚜껑을 덮은 다음 양파가 갈색으로 익지 않도록 주의하며 5분 동안 약한 불에 익힙니다.

밀가루 1TS

밀가루를 넣고 섞어 2분 더 약한 불로 익힙니다.

스톡 또는 통조림 비프 부용 ¾컵
설탕 ¼ts
소금, 후추
세이지 ¼ts

불을 끄고 스톡이나 부용을 부어 넣습니다. 취향에 따라 간을 하고 세이지를 넣어 잠시 끓이다가 순무를 넣어 섞습니다. 뚜껑을 덮고 20~30분 동안 또는 순무가 부드럽게 익을 때까지 약한 불로 가열합니다. 소스가 너무 묽다면 뚜껑을 열고 걸쭉해질 때까지 수 분 동안 약한 불로 가열합니다. 간을 맞춥니다.
[*] 먹기 수 시간 전에 조리해 나중에 다시 데워도 됩니다.

다진 파슬리 2TS

파슬리를 뿌려 냅니다.

# 브레이징한 채소
## Légumes Braisées

## 상추, 셀러리, 엔다이브, 리크
### Laitues, Céleris, Endives, Poireaux

상추와 셀러리, 엔다이브, 리크를 브레이징하려면 상대적으로 긴 시간 동안 뭉근히 끓여야 합니다. 채소의 맛과 기타 액체 재료의 맛이 잘 섞이려면 보통 1시간 30분 이상이 걸립니다. 이렇게 풍미가 전해지는 과정이 바로 요리에서의 삼투입니다. 이 4가지 채소는 전부 브레이징한 다음 뚜껑을 덮지 않은 상태로 식혔다가, 먹기 전에 뚜껑을 덮고 다시 데우면 됩니다. 보관은 수 시간에서 그다음 날까지 가능합니다.

---

### 레뛰 브레제(laitues braisées)
허브와 스톡에 브레이징한 상추

그냥 물에 데친 상추는 너무도 시시한 메뉴죠. 하지만 허브를 넣은 스톡에 뭉근하게 브레이징한 상추는 아주 훌륭한 요리가 됩니다. 송아지고기나 소고기, 닭고기 로스트와 잘 어울립니다. 또한 그릴에 구운 토마토와 소테한 감자와 함께 고기 요리의 가니시로 써도 좋습니다. 보스턴상추와 치커리, 엔다이브 모두 브레이징하기에 좋습니다. 1인당 지름 약 15~20cm짜리 채소 1통을 쓰면 됩니다.

**6인분**

| | |
|---|---|
| 지름 약 15~20cm 상추 6통 | 상추 줄기를 다듬고 시든 잎사귀를 제거합니다. 상추 밑동을 잡고 한 번에 2개씩 찬물에 담근 채로 위아래로 살살 흔들며 흙을 모두 제거합니다. |

커다란 냄비에 팔팔 끓는 물 7~8L

물 1L마다 소금 1½ts

소금, 후추

팔팔 끓인 소금물에 상추 3통을 넣습니다. 최대한 빨리 물이 다시 끓어오르게 한 다음 뚜껑을 연 채 약한 불로 3~5분 동안 끓여 푹 익힙니다. 상추가 다 익어 숨이 죽으면 끓는 물에서 꺼내, 받아놓은 많은 양의 찬물에 2~3분 동안 담가 식힙니다. 나머지 상추도 같은 방법을 거칩니다. 한 번에 상추 1통씩 두 손으로 살살 짜내어 최대한 물기를 많이 빼낸 다음, 전부 세로로 반으로 잘라냅니다. 소금과 후추를 뿌리고 이번에는 가로로 접어서 통통한 삼각형 모양으로 만듭니다.

오븐을 175℃로 예열해둡니다.

두터운 베이컨 슬라이스 6개

가로세로 약 10cm 정사각형의

　베이컨 비계

베이컨과 비계를 물 1L에 10분 동안 끓입니다. 물을 버린 다음 찬물에 헹구어 물기를 말립니다.

지름 약 30cm의 내열 냄비

　(뚜껑 필요)

채썬 양파 ½컵

채썬 당근 ½컵

버터 3TS

냄비에 버터를 녹여 양파와 당근을 가열해 갈색으로 변하기 전 부드럽게 익을 때까지 약한 불로 익힙니다. 다 익으면 가장자리로 밀어낸 다음 삼각형으로 모양을 잡은 상추가 서로 빽빽이 들어차도록 냄비 바닥에 잘 넣습니다. 상추 위에 양파와 당근 일부를 골고루 끼었은 다음, 베이컨과 베이컨 비계를 넣습니다.

비프 스톡이나 통조림 비프 부용

　(취향에 따라 드라이한 화이트

　와인이나 드라이한 화이트

　베르무트 ½컵을 추가해도 좋음)

중간 크기 부케 가르니(파슬리

　줄기 4대, 타임 ¼ts, 월계수 잎

　½장을 면포에 싼 것)

버터 바른 유산지

상추가 거의 잠길 만큼 스톡을 붓고 부케 가르니를 넣습니다. 불에 올려 약한 불로 끓어오르게 한 다음, 상추 위에 버터를 바른 유산지를 얹고 냄비 뚜껑을 닫은 뒤 예열해둔 오븐에 넣습니다. 오븐 맨 아래 칸에 넣도록 합니다. 상추가 계속 뭉근하게 끓어오르도록 온도를 조절해 1시간 30분 동안 둡니다.

살짝 버터를 바른 접시

상추를 접시에 따로 담고 식지 않게 데워둡니다. 냄비에 남은 액체가 약 ½컵 분량으로 졸아들어 시럽처럼 될 때까지 재빨리 가열해 수분을 날려 보냅니다.

버터 2TS
다진 파슬리 2~3TS

냄비를 불에서 내려 안의 소스에 버터를 넣고 섞은 뒤 체에 걸러 상추에 끼얹습니다. 파슬리를 뿌려 내면 됩니다.

[*] 식사 시간 이전에 완성할 경우, 소스는 내기 직전에 뿌리세요. 남은 액체를 가열해 졸아든 소스를 체에 걸러 소스팬에 옮겨 담습니다. 상추는 버터를 바른 알루미늄 포일로 덮어 175℃로 가열한 오븐에 15분 동안 넣어두세요. 담아내기 직전 소스에 버터를 섞어 상추에 끼얹으면 됩니다.

---

## 셀리 브레제(*céleris braisés*)[‡]
### 허브와 스톡에 브레이징한 셀러리

처음과 마지막에 약간의 변형을 준 것 외에, 셀러리는 레튀 브레제와 같은 방법으로 브레이징하면 됩니다. 셀러리를 갈비, 스테이크, 소고기, 칠면조고기, 거위고기, 오리고기, 돼지고기, 양고기 로스트에 곁들이세요.

**6인분**

심줄 없이 연한 지름 약 5cm의
   셀러리 다발 6개
팔팔 끓는 물 7~8L
물 1L마다 소금 1½ts
흰색 실

셀러리는 뿌리를 다듬고 중앙의 순을 잘라내어, 15~18cm가 되도록 썬 다음, 깨끗이 씻어냅니다. 필요에 따라 따뜻한 물을 써도 좋습니다. 뿌리가 아래로 가게 하여 흐르는 물 아래에 두고 줄기를 손으로 벌려 먼지와 흙이 전부 씻겨나가도록 합니다. 그다음 끓는 소금물에 넣고 15분 동안 약한 불로 끓입니다. 물기를 빼고 찬물에 2~3분 동안 담가둡니다. 다시 물기를 빼고 셀러리를 깨끗한 키친타월로 살살 눌러 최대한 남은 물기를 제거합니다. 셀러리가 익는 도중에도 모양을 유지하도록, 다발로 만들어 흰색 실로 두세 군데 묶습니다.

| | |
|---|---|
| 레튀 브레제 재료(581쪽)<br>버터를 살짝 바른 오븐용<br>　또는 큰 용기 | 앞서 제시된 레튀 브레제 레시피를 따라, 셀러리가 한 층으로 다 깔릴 만큼 커다란 캐서롤 또는 오븐용 용기에 담습니다. 데친 베이컨 슬라이스와 익힌 양파, 당근을 끼얹고, 셀러리가 딱 잠길 만큼 육수와 와인을 붓습니다. 가볍게 간을 한 다음 부케 가르니를 넣고 뚜껑을 덮어 가열합니다. 끓어오르면 약 175℃의 오븐에 넣어 1시간 30분 동안 두세요. 그다음 뚜껑을 열고 오븐 온도를 약 205℃로 올려서, 중간에 두세 번 내용물에서 배어난 국물을 셀러리에 끼얹으면서 셀러리가 살짝 갈색으로 익을 때까지 30분 동안 더 가열하세요. 셀러리의 물기를 빼고 묶었던 끈을 풀어, 세로로 셀러리 다발을 절반씩 나눈 다음 접시에 담습니다. 바로 식탁에 올릴 것이면 뚜껑을 덮어 따뜻한 온도를 유지하세요. |
| 애로루트 가루, 감자 또는 옥수수<br>　전분 1TS에 마데이라 와인,<br>　포트와인, 스톡, 또는 부용<br>　2TS을 섞은 것 | 배어나온 국물을 체에 걸러 소스팬에 담아낸 다음, 분량이 1컵 정도로 줄어들 때까지 재빨리 가열합니다. 소스팬을 불에서 내려 전분 혼합물을 넣고 잘 섞어서 3~4분 동안 약한 불로 끓입니다. 간을 맞춥니다. |
| 말랑한 버터 2TS<br>다진 파슬리 2TS | 내기 직전, 불에서 내려 소스에 버터를 섞은 뒤 뜨거운 셀러리에 끼얹습니다. 파슬리를 뿌려 냅니다.<br>[*] 식사 시간 전에 미리 만들 경우 앞의 레튀 브레제 레시피를 참고하세요. |

### ❖ 브레이징하여 차갑게 식힌 셀러리

셀러리에서 배어나온 소스를 졸이기 전에 표면에 뜬 기름을 꼼꼼히 제거하세요. 전분과 버터를 넣는 단계는 건너뜁니다.

---

## 셀리라브 브레제(*céleri-rave braisé*)
### 스톡에 브레이징한 셀러리악

셀러리악은 맛좋은 겨울 채소로, 훌륭한 맛에 비해 아직 미국에 널리 퍼져 있지 않습니다. 다음 레시피에서와 같이 스톡에 브레이징하는 방법 말고도, 577쪽 나베 아 레튀베 레시피를 따라 약간의 액체와 버터, 양념에 뭉근히 브레이징한 다음 버터와 파슬리를 뿌려서, 또는 퓌레로 만들어 으깬 감자와 함께 낼 수도 있습니다. 셀러리악은 거위고기, 오리고기, 돼지고기, 햄, 칠면조고기 로스트와 잘 어울립니다.

**6인분**

| | |
|---|---|
| 셀러리악 약 900g | 셀러리악은 껍질을 벗겨 약 1cm 두께로 썹니다. 7~8컵이 나올 겁니다. 끓는 소금물에 잠기도록 넣고 5분 동안 약한 불에 데칩니다. 물기를 제거합니다. |
| | 오븐을 175℃로 예열해둡니다. |
| 비계를 제거한 베이컨 약 110g | 베이컨을 한 단면이 약 6mm가 되도록 깍둑썰기합니다. ⅔컵 정도가 나올 것입니다. 물 1L에 10분 동안 데친 다음 물기를 제거합니다. |
| 다진 양파 ⅔컵<br>버터 1TS<br>약 3L 용량의 직화 가능 캐서롤<br>브라운 스톡 또는 통조림 비프<br>　부용 1~1½컵<br>선택: 스톡이나 부용 ½컵을<br>　드라이한 화이트 와인 또는<br>　드라이한 화이트 베르무트<br>　½컵으로 대체<br>소금, 후추 | 캐서롤에 버터를 녹여 양파와 베이컨을 약한 불로 갈색이 돌지 않게 익힙니다. 셀러리악을 넣고 그 위에 양파와 베이컨을 얹습니다. 셀러리악이 딱 잠길 만큼만 스톡이나 부용을 붓고 가볍게 간을 합니다. |
| 버터를 바른 알루미늄 포일<br>조리용 스포이트<br>다진 파슬리 2TS | 캐서롤을 스토브에 올려 끓어오르게 한 다음 포일로 대강 덮습니다. 예열해둔 오븐 맨 위 칸에 넣고 약 1시간 동안 굽습니다. 도중에 2~3번 조리용 스포이트로 캐서롤에 고인 소스를 셀러리악에 끼얹습니다. 셀러리악이 푹 익어 아주 연해진 상태로 살짝 갈색이 감돌 때, 그리고 액체가 거의 증발했을 때 오븐에서 꺼냅니다. 파슬리를 뿌려 냅니다. |

# 앙디브 아 라 플라망드(*endives à la flamande*)‡
버터에 브레이징한 엔다이브

엔다이브는 겨울에 유용한 채소지만 미국에서는 너무 비싼 게 흠입니다. 버터에 브레이징하는 기본 레시피야말로 엔다이브를 가장 맛있게 먹을 수 있는 방법이라고 생각합니다. 완성되면 엔다이브는 먹음직스러운 연한 황금빛이 돌며, 버터를 천천히 흡수하여 특유의 맛이 더욱 살아나기 때문이죠. 엔다이브는 특히 송아지고기와 잘 어울립니다.

**6인분**

오븐을 약 165℃로 예열해둡니다.

잎사귀가 밀도 있게 돋아난
　중간 크기의 엔다이브 12개

밑동을 손질하고 시든 잎사귀는 전부 떼어냅니다. 흐르는 찬물에 하나씩 재빨리 씻어낸 다음 체에 밭쳐 물기를 제거합니다.

버터 5TS
2.5~3L 용량의 법랑 캐서롤
소금 ¼ts
레몬즙 1TS
물 ¼컵

캐서롤에 버터 1½테이블스푼을 펴 바른 다음, 그 위에 엔다이브를 두 겹으로 쌓아올립니다. 각 층 위에 소금과 레몬즙을 뿌리고, 콩알만 하게 조각낸 버터를 올립니다. 물을 붓고 뚜껑을 덮은 뒤 10분 동안, 또는 물이 2~3테이블스푼 정도로 줄어들 때까지 약한 불로 끓입니다.

버터 바른 유산지
다진 파슬리 2TS과 데운 접시,
　또는 얕은 오븐용 접시와
　녹인 버터, 다진 파슬리
　각각 2TS

엔다이브를 유산지와 뚜껑으로 차례로 덮고 예열해둔 오븐 가운데 칸에 넣어 1시간 동안 굽습니다. 그다음 뚜껑을 치우고 유산지는 그대로 둔 채 30분 동안 또는 엔다이브가 노릇노릇하게 변할 때까지 굽습니다. 식탁에 내는 방법은 2가지입니다. 우선 데운 접시에 엔다이브를 담거나 로스트 요리 주위에 담아 파슬리를 뿌려 냅니다. 더욱 먹음직스러워 보이는 연출을 원한다면, 오븐용 용기에 담아 녹인 버터를 끼얹고, 브로일러 아래에 넣어 윗면이 갈색을 띨 때까지 잠깐 구워도 좋습니다. 내기 직전 파슬리를 뿌리세요.

## ❖ 앙디브 그라티네(*endives gratinées*)
치즈를 올린 엔다이브 그라탱

앙디브 아 라 플라망드에 소스를 끼얹고 브로일러 아래에 넣어 윗면이 노릇해지도록 구워도 좋습니다. 소스를 끼얹기 전에 엔다이브를 얇게 썰어 익힌 햄에 통째로 싸면 훌륭한 메인 코스 요리가 됩니다. 209쪽 키슈 오 장디브와 214쪽 그라탱 당디브 레시피를 참고하세요.

**6인분**

소스 크렘(104쪽) 또는
  소스 모르네(106쪽) 2컵
살짝 버터를 바른 얇은
  오븐용 용기
앙디브 아 라 플라망드 12개
강판에 간 스위스 치즈 2~3TS
콩알만 하게 조각낸 버터 1TS

오븐용 용기에 소스의 ⅓을 바릅니다. 그 위에 앙디브 아 라 플라망드를 얹은 다음 그 위로 소스를 끼얹습니다. 치즈를 뿌리고 조각낸 버터를 올리세요.

식탁에 내기 전에 적당히 센 온도로 데운 브로일러 아래에 넣어 속까지 데우는 동시에 치즈 윗면을 노릇하게 굽습니다.

---

# 푸아로 브레제 오 뵈르(*poireaux braisés au beurre*)⁺

## 버터에 브레이징한 리크

로스트 비프, 스테이크, 칠면조고기에 곁들이기 좋습니다.

**6인분**

지름 약 4cm의 상태가 좋은
  신선한 리크 12개
정사각형이나 타원형 모양의
  뚜껑이 있는 직화 가능 캐서롤
  또는 오븐용 용기(손질한 리크가
  담길 만큼 길어야 함)
물 3~4컵
버터 6TS
소금 ½TS

뿌리를 잘라내고 시든 잎사귀를 전부 떼어낸 다음, 초록색 잎사귀 부분을 세로로 반으로 가릅니다. 잎사귀 사이사이를 손으로 벌려서 흐르는 물로 깨끗이 씻어냅니다. 약 18cm 길이가 되도록 잎사귀 부분을 잘라냅니다. 리크를 용기에 2~3층으로 담고, ⅔만큼 잠기도록 물을 붓습니다. 버터와 소금을 넣습니다.

센 불에 얹어 가열합니다. 끓어오르면 김이 빠져나갈 수 있도록 약 1mm 정도의 틈을 남겨두고 뚜껑을 대강 덮습니다. 내용물이 계속 끓어오를 수 있도록 온도를 조절합니다. 리크가 익으며 연해지는 동안 끓어오르는 물이 리크 상단까지 딱 맞게 올라올 수 있도록 합니다. 30~40분이 지나면 리크의 흰색 부분은 칼이 쉽게 들어갈 만큼 푹 익고, 수분은 거의 다 날아간 상태가 될 것입니다.

| | |
|---|---|
| 얕은 내열 오븐용 및 큰 용기 | 리크를 오븐용 용기에 옮겨 담고 앞의 과정에서 남은 국물을 그 위에 끼얹습니다. |

| | |
|---|---|
| 알루미늄 포일<br>다진 파슬리 2~3TS | 내기 30분 전, 포일로 대강 덮고 약 165℃로 예열해둔 오븐 가운데 칸에 넣어 20~30분 동안 또는 리크가 옅은 갈색으로 노릇하게 익을 때까지 가열합니다. 파슬리를 뿌려 냅니다.<br>[*] 이렇게 구워낸 다음 뚜껑을 덮지 않은 채 한쪽에 두었다가 나중에 데워서 내면 됩니다. |

## ❖ 푸아로 그라티네 오 프로마주(*poireaux gratinés au fromage*)
### 치즈를 올린 리크 그라탱

| | |
|---|---|
| 푸아로 브레제 오 뵈르<br>강판에 간 스위스 치즈, 또는<br>　스위스 치즈와 파르메산 치즈를<br>　강판에 갈아 섞은 것, 또는<br>　강판에 간 치즈와 빵가루를<br>　섞은 것 ½컵<br>녹인 버터 3TS | 브레이징한 리크를 오븐에서 살짝 노릇하게 구운 다음, 치즈 또는 치즈와 빵가루를 섞은 것을 그 위에 뿌립니다. 버터를 끼얹고 적당히 세게 온도를 올린 브로일러 아래에 3분 동안 넣어서 치즈를 노릇하게 굽습니다. |

## ❖ 푸아로 아 라 모르네, 그라티네(*poireaux à la Mornay, gratiné*)
### 치즈 소스를 올린 리크 그라탱

| | |
|---|---|
| 푸아로 브레제 오 뵈르<br>소스 모르네(106쪽) 2½컵<br>강판에 간 스위스 치즈 ¼컵<br>콩알만 하게 조각낸 버터 1TS | 브레이징한 리크를 오븐에서 살짝 노릇하게 구운 뒤, 그 위에 소스 모르네를 붓고 치즈를 뿌린 다음 콩알만 하게 자른 버터를 얹습니다. 적당히 뜨겁게 데운 브로일러 아래에 2~3분 넣어 윗면을 노릇하게 익힙니다. |

# 적채와 자우어크라우트
## Chou Rouge et Choucroute

브레이징한 적채와 자우어크라우트는 전체적인 맛이 살아나려면 4~5시간 동안 느리게 조리해야 합니다. 대신 일단 오븐에 넣으면 거의 들여다보지 않아도 되며, 전날 먼저 조리를 끝낸 다음 다시 데워서 먹는 편이 더 맛있습니다.

---

## 슈 루주 아 라 리무진(*chou rouge à la limousine*)
### 레드 와인에 밤과 함께 브레이징한 적채

레드 와인으로 브레이징한 적채는 거위고기, 오리고기, 돼지고기, 사슴고기, 멧돼지고기 로스트와 잘 어울립니다. 또는 353쪽 오리고기 레시피와 같이 육류를 적채와 함께 브레이징해도 좋습니다. 적색 채소는 조리 과정에 산(酸) 성분이 들어가야 붉은색을 유지할 수 있습니다. 그리하여 다음 레시피에는 신 사과와 레드 와인이 들어갑니다.

**6인분**

| | |
|---|---|
| | 오븐을 약 165℃로 예열해둡니다. |
| 베이컨 덩어리 약 110g | 베이컨은 비계를 제거한 뒤 길이 약 4cm, 넓이 약 6mm가 되도록 썹니다. ⅔컵 정도가 나올 것입니다. 물 1L에 10분 동안 삶은 다음 물기를 제거합니다. |
| 얇게 슬라이스한 당근 ½컵<br>슬라이스한 양파 1컵<br>정제한 거위기름이나 돼지기름<br>　또는 버터 3TS<br>뚜껑이 있는 5~6L 용량의<br>　직화 가능 캐서롤 | 냄비에 기름이나 버터를 가열한 다음, 뚜껑을 덮은 채 베이컨과 당근, 양파를 10분 동안 익힙니다. 갈색으로 익지 않도록 합니다. |
| 약 1cm 크기로 썬 적채 잎사귀<br>　900g(6~7컵) | 적채 잎사귀를 넣습니다. 기름과 양파, 당근과 잘 섞이면 다시 뚜껑을 덮고 10분 동안 약한 불에 익힙니다. |

잘게 썬 신 사과 2컵

으깬 마늘 2알

간 월계수 잎 ¼ts

정향 ⅛ts

육두구 ⅛ts

소금 ½ts

후추 ⅛ts

생산된 지 얼마 안 된 좋은 레드
와인(보르도, 마콩, 키안티 등)
2컵

브라운 스톡 또는 통조림 비프
부용 2컵

모든 재료를 넣고 젓습니다. 스토브에 얹은 혼합물이 끓어오르면 뚜껑을 덮고 예열해둔 오븐 가운데 칸에 넣습니다. 온도를 조절해 적채가 3시간~3시간 30분 동안 보글거리며 뭉근하게 익게 합니다.

---

껍질을 깐 밤 24개(613쪽)

소금, 후추

오븐의 적채에 밤을 추가해넣고 뚜껑을 덮은 채 1시간~1시간 30분 동안 또는 밤이 부드럽게 푹 익고 적채가 수분을 다 흡수할 때까지 더 가열합니다. 취향에 따라 간을 맞추고 다음과 같이 냅니다.

[*] 바로 낼 것이 아니라면 뚜껑을 열어둔 채 한쪽에 두었다가 먹기 전에 약한 불에 천천히 데웁니다.

---

파슬리 줄기 4~5대

데운 접시

데운 접시에 담거나 고기 요리 주변에 얹은 다음 파슬리를 뿌려서 냅니다.

---

## 슈크루트 브레제 아 랄자시엔(*choucroute braisée à l'Alsacienne*)‡

### 브레이징한 자우어크라우트

프랑스에서는 자우어크라우트를 꼭 짜내어 찬물에 15~20분 동안 담가 절임물의 맛을 최대한 빼낸 다음, 와인과 스톡, 향미 채소와 향신료에 브레이징합니다. 자우어크라우트의 일반적인 신맛을 그리 좋아하지 않았던 사람이라도 이 요리를 맛보면 생각이 바뀔지도 모릅니다. 자우어크라우트는 오리고기, 거위고기, 꿩, 돼지고기, 햄, 소시지와 아주 잘 어울립니다. 육류를 자우어크라우트와 함께 요리하면 더욱더 풍부한 맛을 낼 수도 있습니다.

**6인분**

| | |
|---|---|
| 홈메이드 자우어크라우트<br>  (가공 제품으로 대체 가능하지만<br>  맛이 훨씬 덜함)<br>  약 900g(약 5컵) | 자우어크라우트는 물기를 빼고 많은 양의 찬물에 15~20분 동안 담가둡니다. 그동안 물을 세 번 갈아줍니다. 맛을 보고 원하는 만큼 절임물의 맛이 빠져나갔다 싶을 때 물기를 뺍니다. 작게 1움큼씩 쥐고 최대한 꼭 짜낸 다음, 헤집어서 뭉친 모양을 풀어줍니다. |
| 베이컨 덩어리 약 220g | 베이컨은 비계를 제거하고 길이 약 5cm, 넓이 약 1cm가 되도록 썹니다. 물 2L에 10분 동안 익힌 다음 물기를 제거합니다. |
| | 오븐을 약 165℃로 예열해둡니다. |
| 얇게 슬라이스한 당근 ½컵<br>슬라이스한 양파 1컵<br>정제한 거위기름이나 돼지기름<br>  또는 버터 4TS<br>용량 2.5~3L의 뚜껑이 있는<br>  직화 가능 캐서롤 | 베이컨과 당근, 양파를 캐서롤에 넣어 뚜껑을 덮고 10분 동안 갈색으로 변하지 않게 주의하며 고기 기름이나 버터에 익힙니다. 자우어크라우트를 넣고 잘 섞고 나서 다시 뚜껑을 덮고 약한 불에 10분 더 익힙니다. |
| 부케 가르니(파슬리 줄기 4대,<br>  월계수 잎 1장, 후추 6알,<br>  주니퍼 베리 10개를 면포에 싼<br>  것) 없다면 캐서롤에 진 ¼컵을<br>  붓기<br>드라이한 화이트 와인 1컵 또는<br>  드라이한 화이트 베르무트 ⅔컵<br>화이트 스톡이나 브라운 스톡,<br>  통조림 비프 부용 또는<br>  통조림 치킨 부용 2~3컵<br>소금<br>버터 바른 유산지 | 부케 가르니를 자우어크라우트 속에 파묻고, 자우어크라우트가 잠길 만큼 와인과 육수를 붓습니다. 약하게 소금간을 한 다음 스토브에 얹어 가열합니다. 끓어오르면 유산지를 덮고 뚜껑을 닫은 다음 예열해둔 오븐 가운데 칸에 넣습니다. 자우어크라우트가 보글거리며 익도록 온도를 조절하며 4시간 30분~5시간 더 가열해 수분이 전부 자우어크라우트에 흡수되도록 합니다. 취향에 따라 간을 맞춥니다.<br>[*] 만약 바로 낼 것이 아니라면 뚜껑을 연 채로 한쪽에 둡니다. 천천히 다시 데워 식탁에 올립니다. |

## ❖ 슈크루트 가르니(*choucroute garnie*)
고기 가니시를 올린 자우어크라우트

슈크루트 브레제 아 랄자시엔은 얇게 썰어낸 로스트 포크나 포크 찹, 햄, 노릇하게 구운 소시지와 거위고기, 오리고기, 꿩고기 로스트를 얹어 내기 좋습니다. 보통 삶은 감자를 곁들여 리슬링이나 트라미너 같은 알자스 와인을 차갑게 해서 같이 냅니다. 같은 종류의 화이트 와인이나 맥주를 곁들여도 됩니다.

고기를 자우어크라우트와 함께 조리하고 싶다면 우선 기름을 달궈 노릇하게 익힌 다음, 자우어크라우트를 브레이징할 때 캐서롤에 넣으면 됩니다. 353쪽 카나르 브레제 아베크 슈크루트–아 라 바두아즈 레시피를 참고하세요.

# 오이
## Concombres

---

## 콩콩브르 오 뵈르(*concombres au beurre*)
### 구운 오이

오이는 조리하기 전에 수분을 빼두지 않으면, 익힐 때 물기가 지나치게 많이 나옵니다. 그러면 곤죽이 된 맛없는 결과물에 다시는 오이를 요리하지 않겠다고 다짐하게 되죠. 요리에 들어가기 전에 5분간 데치면 수분이 빠져나가지만, 오이의 맛 또한 거의 사라집니다. 대신 소금에 절이면 수분이 빠져나가고, 씁쓸한 유럽 오이라면 쓴맛도 제거할 수 있습니다. 거기에 오이의 맛은 그대로 남게 되는데, 약간의 식초와 설탕을 쓰면 이를 더욱 살릴 수 있습니다. 다음 레시피를 따르면 맛 좋은 요리가 탄생하니, 오이를 익히는 모든 요리에 활용하는 걸 추천합니다. 구운 오이는 로스팅하거나 브로일링하거나 소테한 닭고기, 로스팅한 송아지고기, 송아지 갈비와 송아지고기 에스칼로프, 소테한 뇌와 스위트브레드와 잘 어울립니다.

**6인분**

| | |
|---|---|
| 길이 약 20cm짜리 오이 6개 | 오이는 껍질을 벗긴 다음 세로로 반으로 갈라 스푼으로 씨 부분을 긁어냅니다. 반으로 가른 오이는 폭이 약 1cm가 되도록 썬 다음, 다시 약 5cm 길이로 썹니다. |
| 와인 식초 2TS<br>소금 1½ts<br>설탕 ⅛ts<br>약 2.5L 용량의 도자기 또는<br>　스테인리스 볼 | 볼에 오이를 담고 식초, 소금, 설탕에 버무립니다. 최소 30분, 많게는 수 시간 동안 그대로 둡니다. 물기를 제거하고 키친타월로 남은 물기를 제거합니다. |
| | 오븐을 약 190℃로 예열해둡니다. |
| 지름 약 30cm, 깊이 약 4cm인<br>　오븐용 용기<br>녹인 버터 3TS<br>딜 또는 바질 ½ts<br>다진 골파 3~4TS<br>후추 ⅛ts | 오븐용 용기에서 오이, 버터, 허브, 골파, 후추를 잘 섞습니다. 뚜껑을 덮지 않고 예열해둔 오븐 가운데 칸에 넣어 1시간 동안 구우면서 중간에 2~3번 잘 섞어줍니다. 오이가 부드럽게 익되, 아삭함과 단단함이 조금 남아 있을 때까지 익힙니다. 익는 동안 거의 색깔 변화는 없을 것입니다.<br>[*] 뚜껑을 연 채로 한쪽에 두었다가 파슬리를 뿌려서 내면 됩니다. |

## ❖ 콩콩브르 페르시예(*concombres persillés*)

파슬리를 뿌린 오이

데운 접시
다진 파슬리 2TS

구운 오이를 데운 접시에 담고 파슬리를 뿌려 냅니다.

## ❖ 콩콩브르 아 라 크렘(*concombres à la crème*)

크림에 익힌 오이

휘핑크림 1컵
소금, 후추
다진 파슬리 1TS

크림을 작은 소스팬에 끓여 반으로 줄어들 때까지 끓입니다. 소금과 후추로 간을 하고 뜨거운 구운 오이와 잘 섞은 뒤 파슬리를 뿌려 냅니다.

## ❖ 콩콩브르 오 샹피뇽 에 아 라 크렘(*concombres aux champignons et à la crème*)

양송이버섯과 함께 크림에 익힌 오이

양송이버섯 약 220g
법랑 스킬릿
휘핑크림 1컵
옥수수 전분 1ts에 물 1ts을 섞은 것
소금, 후추
다진 파슬리 2TS

버섯을 다듬고 썻어서 4등분한 다음 깨끗한 행주로 물기를 제거합니다. 스킬릿에 버섯만을 넣고 적당히 낮은 불에 5분 동안 익힙니다. 휘핑크림과 옥수수 전분에 물을 섞은 것을 넣고, 휘핑크림이 졸아들어 걸쭉해질 때까지 5분 동안 약한 불에 끓입니다. 소금과 후추를 넣고 잠깐 약한 불에 끓이며 간을 확인합니다. 뜨거운 구운 오이에 끼얹어 섞은 뒤 다진 파슬리를 뿌려 냅니다.

## ❖ 콩콩브르 아 라 모르네(*concomvres à la Mornay*)

치즈 소스를 곁들인 오이

소스 모르네(106쪽) 1½컵
강판에 간 스위스 치즈 2~3TS
콩알만 한 크기로 조각낸 비터 1TS

치즈 소스를 뜨거운 구운 오이와 섞습니다. 치즈를 뿌리고 조각낸 버터를 군데군데 얹은 다음 뜨겁게 달군 브로일러 아래에 넣고 2~3분 동안 구워 윗면을 살짝 노릇하게 익힙니다.

# 가지
## *Aubergines*

가지는 오이처럼 수분을 많이 품고 있어 조리에 들어가기 전에 물기를 빼야 합니다. 생으로 먹으면 시큼털털한 맛이 납니다. 가지 특유의 맛을 보존하는 동시에 수분과 쓴맛을 제거하려면 30분 동안 소금물에 담가두는 것이 가장 좋습니다.

---

## 오베르진 파르시 뒥셀(*aubergines farcies duxelles*)
### 양송이버섯을 채워넣은 가지

양고기 로스트와 양 갈비, 로스팅하거나 브로일링하거나 소테한 닭고기와 잘 어울리는 훌륭한 가지 요리입니다. 코스에서 단독 메뉴로 내어도 좋습니다. 두루두루 활용하기 좋고, 손질하는 데 시간이 제법 들지만, 굽기 전 과정은 수 시간 전, 심지어 하루 전날 미리 해두어도 됩니다.

**6인분(가지를 반으로 잘라서 낸다면 12인분)**

| | |
|---|---|
| 길이 약 15cm, 너비 약 8cm인 가지 3개 | 가지는 꼭지를 제거하고 세로로 절반 자른 다음, 단면에 약 2.5cm 간격으로, 껍질에서 약 6mm를 남긴 깊이까지 칼집을 냅니다. 브로일러를 예열해둡니다. |
| 소금 1TS<br>올리브유 2TS | 가지의 단면에 소금을 뿌린 뒤 해당 면이 타월에 맞닿도록 뒤집어서 30분 동안 둡니다. 살살 눌러서 최대한 물을 짜냅니다. 물기를 닦아내고 올리브유를 뿌립니다. |
| 가지가 한 겹으로 담길 만큼 넓고 얕은 로스팅팬 | 가지의 안쪽 단면이 위로 가도록 팬에 놓고 물을 3mm 높이로 붓습니다. 적당히 뜨겁게 예열된 브로일러에서 약 10~12cm 떨어진 위치에 가지를 넣습니다. 가지가 부드러워지고 표면이 살짝 노릇해질 때까지 10~15분 동안 굽습니다. |
| 약 3L 용량의 믹싱볼 | 가지 껍질은 그대로 두고 속살을 6mm 두께만 남긴 채 스푼으로 파냅니다. 파낸 과육을 썰어서 믹싱볼에 넣습니다.<br>참고: 다음 과정에서 가지 속을 채울 재료를 만들 때, 627쪽에 따라 버터에 익힌 쌀 1컵으로 버섯 일부를 대체해도 좋습니다. |

| | |
|---|---|
| 잘게 다진 양파 1컵<br>올리브유 또는 버터 1½TS<br>지름 23~25cm의 법랑 스킬릿<br>소금, 후추 | 올리브유나 버터에 양파를 넣고 약한 불로 10분 동안 푹 익히되 갈색으로 변하지 않도록 합니다. 가볍게 간하고 가지 속살이 담긴 믹싱볼에 넣습니다. |
| 잘게 다진 양송이버섯 약 450g<br>버터 3TS<br>올리브유 1TS<br>소금, 후추 | 610쪽 뒥셀 레시피에 제시된 대로 버섯을 키친타월에 감싼 채로 1움큼씩 손으로 짜서 즙을 짜냅니다. 버터와 올리브유에 살짝 노릇해질 때까지 5~6분 동안 볶습니다. 간을 하고 믹싱볼에 넣습니다. |
| 크림치즈 약 130g<br>다진 파슬리 4TS<br>바질 ½ts 또는 타임 ¼ts | 크림치즈를 포크로 으깬 다음 믹싱볼에 넣습니다. 허브도 넣어 섞은 다음 맛을 보며 간을 맞춥니다. |
| | 오븐을 약 190℃로 예열해둡니다. |
| 강판에 간 스위스 치즈 3TS에 고운<br>건식 빵가루 3TS을 섞은 것<br>녹인 버터 2~3TS | 믹싱볼에 담긴 혼합물로 가지 속을 채웁니다. 그 위에 치즈와 빵가루를 올리고 버터를 끼얹으세요.<br>[*] 여기까지 미리 준비해두어도 좋습니다. |
| | 식탁에 내기 40분 전에 오븐용 용기에 담고 물을 부어 약 3mm 높이로 차오르게 합니다. 예열해둔 오븐에 25~30분 정도 굽습니다. 오븐 맨 위 칸에 넣어 속까지 익고 치즈와 빵가루가 먹음직스럽게 구워지도록 합니다. |

# 라타투유(*ratatouille*)

### 토마토, 양파, 피망, 주키니를 넣은 가지 캐서롤

라타투유는 멋진 지중해풍 요리로, 라타투유를 요리하면 부엌에는 프로방스의 정수와도 같은 향기가 가득 찹니다. 맛이 강한 요리인 만큼 소고기, 양고기 로스트, 포토푀, 또는 로스팅하거나 브로일링하거나 소테한 닭고기와 잘 어울립니다. 라타투유는 다 식어서도 뜨거울 때만큼 맛이 좋고, 차갑게 식힌 고기에도 잘 어울리며, 식혀서 오르되브르로 내어도 좋습니다.

　라타투유를 제대로 만들려면 비교적 오랜 시간이 걸립니다. 각 재료를 따로 익힌 다음 한꺼번에 오븐용 용기에 넣어 잠깐 다시 익혀야 하기 때문이죠. 이 레시피는 마지막 조리 과정이 끝나고도 각 채소가 모양과 맛을 유지하는 유일한 라타투유 레시피입니다. 다행히 라타투유는 먹기 하루 전에 조리해도 좋은 요리로, 식혔다가 다시 데우면 더욱 풍부한 맛이 납니다.

**6~8인분**

| | |
|---|---|
| 가지 450g<br>주키니 450g<br>약 3L 용량의 도자기 또는<br>　스테인리스 재질의 믹싱볼<br>소금 1ts | 가지는 껍질을 벗겨 가로 약 2.5cm, 세로 약 8cm, 두께 약 1cm가 되도록 자릅니다. 주키니는 문질러 씻은 다음 양 끝을 잘라내고 가지와 비슷한 크기가 되도록 자릅니다. 믹싱볼에 자른 가지와 주키니를 넣고 소금을 뿌려 가볍게 섞습니다. 30분 두었다가 물기를 빼고, 키친 타월로 남은 물기를 닦아냅니다. |
| 지름 25~30cm의 법랑 스킬릿<br>올리브유 4TS(필요시 더 추가) | 올리브유를 뿌려서 달군 스킬릿에 가지와 주키니를 순서대로 볶습니다. 양쪽 단면에 아주 살짝 갈색이 감돌도록 약 1분 정도 익힙니다. 접시에 담아 한쪽에 둡니다. |
| 얇게 슬라이스한 양파 220g<br>　(약 1½컵)<br>슬라이스한 초록색 피망 2개<br>　(약 1컵)<br>올리브유 2~3TS(필요시)<br>으깬 마늘 2알<br>소금, 후추 | 가지와 주키니를 볶은 스킬릿에 필요하다면 올리브유를 더 넣고, 양파와 피망을 10분 동안 또는 갈색이 돌기 전 부드럽게 익을 때까지 가열합니다. 마늘을 섞고 간을 맞춥니다. |
| 단단하게 잘 익은 붉은<br>　토마토(껍질, 씨, 즙을 제거한<br>　과육, 599쪽) 450g(1½컵)<br>소금, 후추 | 토마토 과육을 약 1cm 너비로 슬라이스한 다음, 양파와 피망 위에 얹습니다. 소금과 후추로 간하고 스킬릿 뚜껑을 덮은 다음 약한 불로 5분 동안 또는 토마토즙이 배어나올 때까지 익힙니다. 뚜껑을 열고 스킬릿에 흘러나온 국물을 토마토 위에 끼얹습니다. 불을 더 세게 조절해 수분이 거의 다 날아갈 때까지 수 분간 끓입니다. |
| 용량 약 2.5L, 깊이 약 6cm의<br>　직화 가능 캐서롤<br>다진 파슬리 3TS | 토마토, 양파, 피망이 섞인 내용물 ⅓을 캐서롤 바닥에 깔고 그 위에 다진 파슬리 1테이블스푼을 뿌립니다. 가지와 주키니 절반을 그 위에 얹고, 다시 그 위에 남은 캐서롤 내용물 절반과 파슬리의 절반을 얹습니다. 그 위에 남은 가지와 주키니를, 그 위에 남은 캐서롤 내용물과 파슬리를 얹습니다. |

소금, 후추

캐서롤 뚜껑을 닫고 약한 불에 올려 10분 동안 익힙니다. 뚜껑을 열고 캐서롤을 비스듬하게 기울여 흘러나온 국물을 떠서 위에 끼얹습니다. 필요하다면 간을 맞춥니다. 불을 약간 더 세게 조절해 뚜껑을 연 채로 15분 동안 더 익히며, 수차례 더 국물을 내용물 위에 끼얹습니다. 국물이 거의 증발해 1~2테이블스푼 정도가 남도록 합니다. 불을 잘 조절해 바닥에 채소가 눌어붙지 않도록 유의하세요.
[*] 뚜껑을 연 채로 한쪽에 둡니다. 내기 직전에 다시 데우거나, 식은 상태로 식탁에 올리세요.

☞ **무사카** 가지와 양고기를 틀에 넣어서 구운 요리(429쪽)

# 토마토
## *Tomates*

토마토가 들어가는 레시피는 껍질을 벗기고 씨를 제거한 다음 즙을 짜내야 하는 것이 많습니다. 이러한 과정은 토마토소스, 달걀 요리에 쓰이는 토마토 퐁뒤, 토마토가 들어가는 바스크 지방과 프로방스 지방의 다양한 레시피, 그리고 토마토 과육을 잘게 썰어 수프나 소스에 넣어 뭉근하게 포칭하는 레시피에서 모두 쓰입니다. 토마토 약 450g 또는 중간 크기의 토마토 4~5개면 과육이 약 1½컵 나옵니다.

## ✱✱ 껍질 벗기기

단단하고 잘 익은 붉은 토마토를 고르세요. 토마토를 끓는 물에 잠기도록 1~2개씩 넣고 딱 10초 동안 데친 다음 바로 꺼냅니다. 줄기를 잘라내고 줄기가 제거된 구멍에서부터 껍질을 벗겨내면 됩니다.

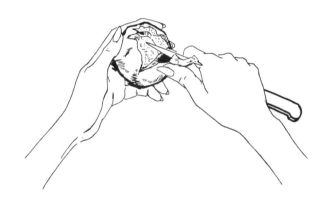

10초 동안 데치면 껍질이 과육에서
떨어져 쉽게 벗겨낼 수 있습니다.

## ✱✱ 토마토 씨 빼고 즙 짜내기

껍질을 벗긴 토마토를 세로가 아닌 가로로 반으로 자릅니다. 살살 쥐면서 중앙에서부터 씨를 빼내고 즙을 짜냅니다. 차가운 재료로 속을 채울 예정이라면 수분이 더 많이 빠져나오도록 안쪽에 소금을 뿌린 다음, 잘린 면이 아래를 향하게 한 채로 체에 밭칩니다.

반으로 가른 토마토의 중앙에서부터
씨와 즙을 짜냅니다.

**\*\* 토마토 과육 각둑썰기, 채썰기, 잘게 썰기**

앞에서와 같이 껍질을 벗겨 씨와 즙을 제거한 토마토를 썹니다. 대강 썬 토마토 과육을 토
마트 콩카세(*tomates concassées*)라고 합니다.

***

# 토마트 그리예 오 푸르(*tomates grillées au four*)
### 통째로 구운 토마토

육류나 껍질콩 요리 주변에 얹어서 내면 보기 좋습니다. 토마토가 모양을 유지하려면 마무
리할 때 구워야 합니다.

오븐을 약 200℃로 예열해두세요.

크기가 비슷하고 지름이 약 5cm를
　넘지 않는 단단하게 잘 익은
　붉은 토마토
소금, 후추
올리브유
기름칠한 로스팅용 팬(토마토가
　여유 있게 담길 만한 크기)

토마토를 썻어서 물기를 말립니다. 껍질에 최대한 구멍이 작게 나도록
꼭지를 잘라낸 다음, 꼭지를 제거한 구멍에 소금과 후추를 뿌립니다.
토마토에 올리브유를 바른 다음, 구멍이 아래로 가도록 팬에 얹습니
다. 토마토가 서로 눌리지 않게 합니다.

예열해둔 오븐 가운데 칸에 넣고 10분 동안 굽습니다. 토마토 껍질이 살짝만 벌어질 정도로만 구워지도록 주의 깊게 잘 살펴보세요. 너무 오래 익혀서 토마토가 터지면 안 됩니다.

소금, 후추
다양한 녹색 허브 또는
　파슬리 다진 것

흘러나온 즙을 토마토에 끼얹습니다. 소금과 후추로 살짝 간하고 허브나 파슬리를 뿌리세요. 최대한 빨리 식탁에 올립니다.

# 토마트 아 라 프로방살(*tomates à la provençale*)

### 빵가루, 허브, 마늘로 속을 채운 토마토

토마토 요리 중에서 맛이 좋기로 손꼽히는 프로방스풍 레시피입니다. 스테이크, 갈비, 로스팅한 소고기, 양고기, 닭고기, 브로일링한 고등어, 참치, 정어리, 청어, 황새치 등 다양한 요리와 잘 어울립니다. 뜨거운 오르되브르로 내거나 달걀 요리에 곁들여도 좋습니다.

**6인분**

오븐을 약 200℃로 예열해두세요.

지름 약 8cm의 단단하게 잘 익은
　붉은 토마토 6개
소금, 후추

토마토는 줄기를 제거하고 가로로 2등분합니다. 손에 쥐고 씨와 즙을 살살 짜낸 다음 토마토 안쪽에 소금과 후추로 가볍게 간합니다.

으깬 마늘 1~2알
다진 설롯 또는 골파 3TS
다진 바질과 파슬리 또는
　파슬리 4TS
타임 ⅛ts
소금 ¼ts
후추 넉넉하게 1자밤
올리브유 ¼컵
묵직한 습식 빵가루 ½컵
올리브유를 바른 얕은 로스팅팬
　(토마토를 여유 있게 한 층으로
　담으면 딱 맞는 크기)

모든 재료를 믹싱볼에 넣어 섞고 간을 맞춥니다. 비워낸 토마토 껍질 한 개당 내용물 1~2테이블스푼으로 속을 채웁니다. 올리브유를 몇 방울 뿌린 다음 팬에 토마토를 얹습니다. 토마토가 서로 눌리지 않도록 잘 배치합니다.
[*] 본격적인 조리 과정으로 들어가기에 앞서 여기까지 미리 준비해 두어도 좋습니다.

내기 전, 예열해둔 오븐 맨 위 칸에 넣고 10~15분 동안 또는 토마토
가 푹 익되 모양을 유지할 때까지, 그리고 빵가루 필링이 살짝 노릇하
게 익을 때까지 굽습니다.


### ❖ 토마트 파르시 뒥셀(*tomates farcies duxelles*)
양송이버섯으로 속을 채운 토마토

611쪽 샹피뇽 파르시 레시피에 나온 대로 필링을 만들어 바로 앞의 기본 레시피와 같이 조
리합니다.

# 양송이버섯
*Champignons de Couche-Champignons de Paris*

양송이버섯은 프랑스 요리에서 아주 중요한 재료입니다. 채소 메뉴나 가니시로 쓰이는 동시에, 수많은 요리와 소스에 풍미를 더하는 재료로 활용되죠. 양송이버섯의 맛과 질감을 보존하기 위해서는 절대 오래 익혀서는 안 됩니다. 양송이버섯을 소스에 활용할 경우, 보통 따로 익힌 다음 마지막에 넣어서 잠깐 끓여 풍미를 살리는 정도로 씁니다.

## ** 고르기
소포장된 것보다 대량으로 사서 하나씩 골라내는 것이 좋습니다. 양송이버섯은 종류에 따라 전체적으로 흰색을 띠기도, 갓의 색깔만 갈색이기도 합니다. 가장 신선한 버섯은 갓의 아래쪽 부분이 처져 있어 그 안쪽의 주름이 보이지 않으며, 갓과 기둥은 흠이나 변색 없이 매끈합니다. 눈으로 보기에도, 냄새를 맡아도 신선해야 합니다. 버섯은 채취 이후부터 갓이 펼쳐지기 시작해 안쪽의 주름이 밖으로 노출되며, 색이 짙어지고, 수분이 말라갑니다.

버섯을 바로 요리에 쓸 것이 아니라면 비닐봉지에 싸서 냉장실에 넣어두면 2~3일 동안 완벽하게 보관할 수 있습니다.

## ** 손질하기
버섯 기둥의 아래쪽을 잘라내 다듬습니다. 갓 안쪽의 주름이 조금이라도 바깥에서 보일 경우, 갓보다 안쪽 지점에서 기둥을 따내야 주름 사이에 들어간 흙을 씻어낼 수 있습니다.

조리하기 직전, 큰 양푼에 찬물을 받아 버섯을 담근 다음 수 초 동안 손으로 재빨리 비벼 흙먼지를 씻어냅니다. 즉시 체에 밭쳐 물기를 제거합니다. 받아둔 물에 흙 알갱이가 많이 떨어져 있다면 다시 물을 받아 버섯을 씻으세요. 키친타월로 물기를 닦아냅니다.

## ** 써는 법
씻고 물기를 닦아낸 다음, 다음과 같이 다양한 방법으로 자를 수 있습니다.

### 다지거나 썰기
다지기

양송이버섯을 도마에 한 뭉텅이로 올립니다. 양쪽 손가락을 모아 크고 잘 드는 일자 식칼의 칼날 양 끝을 잡고, 빠르게 위아래로 움직이며 썹니다. 썰면서 잘린 버섯을 계속 가운데로 모아주세요. 조각의 한 단면이 약 3mm 이하가 되도록 계속 썹니다.

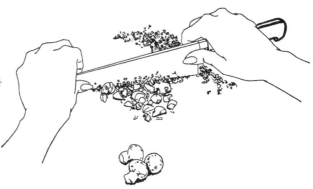

소량의 버섯은 칼의 양 끝을 엄지와
나머지 손가락으로 잡고 썹니다.
버섯 양이 많다면 하나씩
대강 썬 다음 푸드 프로세서에
1컵씩 넣고 다집니다.

## 슬라이스하기

통째로 슬라이스한 버섯

갓이 끝나는 부분에서 기둥을
잘라내어 슬라이스한 버섯 갓

기둥을 전부 따내
슬라이스한 버섯 갓

## 4등분하기

통째로 4등분한 버섯

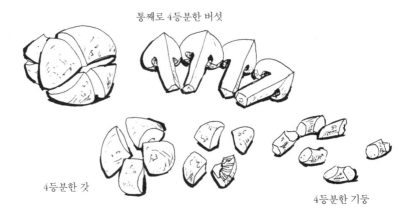

4등분한 갓

4등분한 기둥

604

**제8장**

모양을 낸 양송이버섯 갓은 스튜나 브로일링한 요리에 장식으로 쓰면 좋습니다. 기술을 익히려면 조금 연습이 필요하지만 연마해두면 요리에 전문적인 느낌을 가미하기 좋습니다.

갓에 모양을 낸 버섯

갓이 위로 가도록 양송이버섯을 왼손에 쥡니다. 잘 드는 작은 칼을 오른쪽 손에 들고 칼날이 몸 반대쪽으로 향하게 합니다. 오른손의 엄지는 버섯의 갓에 닿은 채로 방향을 잡는 역할을 합니다. 갓은 몸 쪽으로 돌려가면서 갓의 꼭대기부터 중간 부분까지 아주 얕게 홈을 냅니다. 칼은 고정되어 있고 버섯이 칼날과 반대 방향으로 회전하면서 스스로 잘라진다는 것을 유의하세요. 홈의 깊이와 방향을 조절하는 것은 왼손입니다. 같은 방법으로 갓을 빙 둘러 홈을 내세요.

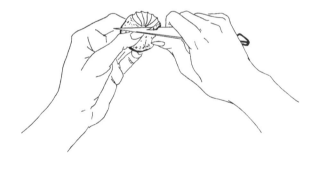

갓의 꼭대기에서 잘라내기 시작해서,
단단히 쥔 칼날의 반대 방향으로
몸 쪽을 향해 버섯을 회전시킵니다.

왼손이 칼날의 반대 방향으로
움직이는 과정에서 홈의 모양이
결정됩니다.

## 샹피뇽 아 블랑(*champignons à blanc*)
### 삶은 양송이버섯

양송이버섯을 화이트소스에 넣거나 흰색을 살려 가니시로 쓸 예정이라면 다음의 방법으로
조리하면 됩니다.

양송이버섯 약 110g
물 ⅓컵
소금 ⅛ts
레몬즙(버섯이 흰색을 유지하도록
　도움) ½TS
버터 1TS
4~6컵 용량의 법랑 소스팬

버섯을 다듬고 썰어낸 다음 레시피에 쓰인 대로 또는 앞의 그림을 참
고해 썹니다. 소스팬에 물, 소금, 레몬즙, 버터를 넣고 끓어오르면 버
섯을 넣고 골고루 뒤섞습니다. 뚜껑을 덮고 적당히 센 불로 5분 동안
가열하며 여러 번 뒤섞어줍니다. 다른 메뉴에 활용할 때까지 한쪽에
둡니다.


## 퓌메 드 샹피뇽(*fumet de champignons*)
### 양송이버섯 원액

삶은 버섯이나 통조림 버섯이 익으며 나온 액체를 가열해 졸인 것입니다. 소스를 만들 때
버섯의 풍미를 농축한 재료로 쓰입니다.

샹피뇽 아 블랑을 만들면서 삶은 버섯을 건져낸 다음 남은 액체를 빠
르게 가열해 시럽처럼 끈적해질 때까지 졸입니다.
[*] 바로 쓸 것이 아니라면 냉장실이나 냉동실에 보관합니다.


## 샹피뇽 그리예(*champignons grillés*)
### 구운 양송이버섯 갓

브로일링한 양송이버섯 갓은 주로 스테이크의 가니시로 쓰입니다. 개별 채소 요리로 내어도

좋고, 토스트에 얹어 따뜻한 오르되브르로 내어도 훌륭합니다.

| | |
|---|---|
| 원하는 크기의 양송이버섯 | 브로일러를 적당히 뜨겁게 예열합니다. 버섯 갓과 줄기를 분리한 다음 씻어서 물기를 뺍니다. 줄기는 다져서 뒤셀(610쪽)로 쓰면 좋습니다. |
| 녹인 버터<br>버터를 바른 얇은 오븐용 접시<br>소금, 후추 | 녹인 버터를 버섯 갓에 브러시로 바른 다음, 거꾸로 뒤집어 오븐용 접시에 담습니다. 가볍게 소금과 후추를 뿌린 다음, 열원에서 10~13cm 정도 떨어지도록 브로일러 아래에 넣고 5분 동안 천천히 굽습니다. 버섯 갓을 뒤집어서 다시 5분 동안 또는 갓이 잘 익고 살짝 노릇해질 때까지 더 굽습니다. |
| 선택: 뵈르 메트르 도텔(154쪽)<br>또는 뵈르 푸르 에스카르고<br>(155쪽) | 원한다면 파슬리를 섞은 버터에 잘게 다진 셜롯이나 으깬 마늘을 넣고, 이것으로 버섯 갓을 채워도 좋습니다. 갓의 움푹 파인 공간이 ⅓ 정도 차오르도록 버터를 안쪽에 채웁니다. |
| | 내기 직전에 버터가 녹아 거품이 일 때까지 브로일러로 1~2분간 데웁니다. |

---

## 샹피뇽 소테 오 뵈르(*champignons sautés au beurre*)‡
### 버터에 소테한 양송이버섯

소테한 양송이버섯은 개별 채소 메뉴 또는 다른 채소와 섞은 메뉴로 낼 수 있습니다. 코크 오 뱅(334쪽), 뵈프 부르기뇽(391쪽), 풀레 앙 코코트 본 팜(323쪽) 등에 필수적인 재료로 쓰이기도 하죠. 제대로 소테한 버섯은 살짝 노릇한 색이 감돌며, 더 익혀도 수분이 나오지 않습니다. 이렇게 익히려면, 버터를 아주 뜨겁게 가열하여 물기가 제거된 버섯을 넓찍한 팬에 소테해야 합니다. 팬의 면적에 비해 너무 많은 양의 버섯을 한꺼번에 넣으면 즙이 다 빠져나와버리며, 노릇한 색감도 나오지 않습니다. 따라서 버섯의 양이 많거나 화력이 시원치 않다면 조금씩 나누어 소테하는 것이 좋습니다.

| 지름 약 25cm의 법랑 스킬릿 | 스킬릿에 버터와 기름을 넣고 센 불에 올립니다. 버터가 가열되며 일 |
| --- | --- |
| 버터 2TS | 어난 거품이 잦아들기 시작하면 충분히 데워진 것이니 버섯을 넣으 |
| 기름 1TS | 세요. 4~5분 동안 뒤섞습니다. 소테하는 과정에서 처음에는 버섯이 |
| 씻어서 물기를 제거한 양송이버섯 | 기름을 흡수하지만, 2~3분이 지나면 표면에 기름이 다시 돌면서 노 |
| (작은 크기면 통째로 두고 크면 | 릇하게 볶아지기 시작할 것입니다. 살짝 노릇한 색깔이 감도는 즉시 |
| 세로로 슬라이스거나 4등분할 | 불에서 내리세요. |
| 것) 220g | |

| 선택: 다진 셜롯 또는 골파 1~2TS | 셜롯이나 골파를 버섯에 함께 넣고 뒤섞으며 중간 불에 2분 더 소테 |
| --- | --- |
| 소금, 후추 | 합니다. |
| | [*] 소테한 버섯은 다른 메뉴의 재료로 활용하기 전에 만들어두었다 |
| | 가 필요할 때 다시 익히면 됩니다. 내기 직전에 취향에 따라 간을 맞 |
| | 추세요. |

### ❖ 샹피뇽 소테 아 라 보르들레즈(*champignons sautés à la bordelaise*)
상롯, 마늘, 허브와 함께 소테한 양송이버섯

육류나 채소 메뉴의 가니시로 쓰면 좋습니다.

| 양송이버섯(작은 크기면 통째로 | 버섯이 살짝 노릇해질 때까지 기름과 버터에 소테합니다. |
| --- | --- |
| 두고 크면 세로로 4등분할 것) | |
| 약 220g | |
| 기름 1TS | |
| 버터 2TS | |

| 다진 셜롯 또는 골파 3TS | 셜롯 또는 골파, 원한다면 마늘을 넣습니다. 빵가루를 섞습니다. 중간 |
| --- | --- |
| 선택: 다진 마늘 1알(작은 것) | 불에 2~3분 동안 가볍게 뒤적이며 볶으세요. |
| 고운 건식 빵가루 3TS | |

| 소금, 후추 | 내기 직전에 취향에 따라 간을 맞추고 허브를 넣습니다. |
| --- | --- |
| 다진 허브(파슬리와 처빌, 차이브, | |
| 타라곤 또는 파슬리만) 3TS | |

## ❖ 샹피뇽 소테 아 라 크렘(*champignons sautés à la crème*)

크림에 익힌 양송이버섯

크림에 익힌 버섯은 카나페나 타르틀레트(264쪽), 타르트 셸, 아티초크 밑동 위에 얹어 가니시로 쓰거나, 오믈렛, 포치드 에그, 스위트브레드, 닭고기 등의 요리에 곁들여 내면 좋습니다.

| | |
|---|---|
| 양송이버섯(작은 크기면 통째로 두고 크면 세로로 슬라이스하거나 4등분하거나 다질 것) 약 220g<br>버터 2TS<br>기름 1TS<br>다진 셜롯 또는 골파 2TS | 버섯을 뜨겁게 달군 버터와 기름에 4~5분 동안 소테합니다. 필요 이상으로 노릇하게 익지 않도록 유의하세요. 셜롯 또는 골파를 넣고 중간 불에 2분 동안 더 볶습니다. |
| 밀가루 1ts | 밀가루를 넣고 휘저어가며 2분 더 익힙니다. |
| 휘핑크림 ⅔~1컵<br>소금 ⅛ts<br>후추 1자밤<br>선택: 마데이라 와인 2~3TS | 불을 끄고 휘핑크림과 양념을 넣어 섞습니다. 휘핑크림이 걸쭉해질 때까지 센 불에 재빨리 졸입니다. 와인을 쓴다면 넣고 잠깐 끓여 알코올을 날려 보낸 뒤 간을 맞춥니다.<br>[*] 보관해두었다가 나중에 재가열하면 됩니다. |
| 말랑한 버터 1~2TS | 불에서 내려 내기 직전 버터를 넣어 섞습니다. |

## ❖ 샹피뇽 소테, 소스 마데르(*champignons sautés, sauce madère*)

소스 마데르에 소테한 양송이버섯

버섯은 소스 마데르에 넣어서 활용할 수 있습니다. 필레 미뇽 소스나 타르트 필링으로 써도 좋고, 버섯에 소테한 닭 간과 햄을 더해 링 모양의 쌀밥을 얹어도 좋습니다. 오랜 시간 끓여낸 다음 밀가루를 넣어 걸쭉하게 만든 브라운소스가 없다면 이번 레시피에 제시된 것과 같이 애로루트 가루나 옥수수 전분으로 걸쭉하게 만든 부용을 써도 좋습니다.

| | |
|---|---|
| 세로로 슬라이스하거나<br>  4등분하거나 다진 양송이버섯<br>  약 220g<br>버터 2TS<br>기름 1TS<br>다진 셜롯 또는 골파 1TS | 버섯을 버터와 기름에 소테합니다. 다진 셜롯이나 골파는 마지막에<br>넣습니다. 접시에 담아 한쪽에 둡니다. |
| 마데이라 와인 ⅓컵 | 버섯을 소테할 때 쓴 스킬릿에 마데이라 와인을 붓고 절반으로 졸아<br>들 때까지 센 불에 재빨리 끓입니다. |
| 브라운소스(112~116쪽) 1컵 | 소스를 넣고 2~3분 동안 약한 불로 끓입니다. 그다음 소테한 버섯을<br>넣고 잠시 약한 불로 익혀 풍미를 더한 뒤, 간을 맞춥니다.<br>[*] 미리 준비해두어도 좋습니다. 소스 윗부분에 콩알만 하게 조각낸<br>버터를 올려 한쪽에 두세요. |
| 버터 1~2TS | 내기 직전에 다시 데우세요. 불을 끈 다음 버터를 섞어줍니다. |

---

## 뒥셀(*duxelles*)
### 버터에 소테한 다진 양송이버섯

뒥셀은 물기 없는 버섯으로, 다양한 요리의 스터핑으로 쓰거나 버섯 소스에 향미제로 첨가
됩니다. 한번 만들어두면 수 주 동안 냉장실에 보관할 수 있으며, 아예 냉동실에 보관해도
됩니다. 뒥셀은 다진 버섯에서 즙을 짜낸 뒤 익힌 것으로, 최대한 물기가 제거된 상태여야
합니다. 뒥셀에 수분이 남아 있으면 다른 음식의 속을 채우는 스터핑에 더했을 때 맛이 희
석되고 식감이 지나치게 부드러워집니다.

**약 1컵 분량**

| | |
|---|---|
| 잘게 다진 양송이버섯(통째로<br>  쓰거나 기둥만) 약 220g(약 2컵<br>  분량) | 버섯을 한 번에 1움큼씩 키친타월에 감싼 채로 짓누르며 최대한 즙<br>을 짜냅니다. 짜낸 즙은 모아서 소스나 수프에 활용해도 좋습니다. |

| | |
|---|---|
| 지름 약 20cm의 법랑 스킬릿 | 스킬릿에 버터와 기름을 넣고 가열해 버섯과 셜롯 또는 골파를 넣은 |
| 다진 셜롯 또는 골파 3TS | 뒤 적당히 소테하면서 자주 뒤섞어줍니다. 6~8분이 지나면 서로 달 |
| 버터 2TS | 라붙어 있던 버섯이 조각조각 떨어지고 약간 노릇하게 익기 시작할 |
| 기름 1TS | 겁니다. |
| | |
| 소금, 후추 | 취향에 따라 소금과 후추로 간을 합니다. 마데이라 와인과 스톡을 넣 |
| 선택: 마데이라 와인 ¼컵과 | 을 경우 센 불로 재빨리 졸여 수분을 전부 날립니다. |
| 　브라운 스톡 또는 | [*] 바로 요리에 활용할 것이 아니라면 식혀두세요. 밀폐 용기에 담아 |
| 　통조림 비프 부용 ¼컵 | 냉장실이나 냉동실에 넣어 보관합니다. |

# 샹피뇽 파르시(*champignons farcis*)
## 속을 채운 양송이버섯

속을 채운 양송이버섯은 따뜻한 오르되브르로 내거나 육류 요리의 가니시로 쓰면 좋습니다.

| | |
|---|---|
| | 오븐을 약 190℃로 예열해두세요. |
| | |
| 기둥을 제거한 갓 지름이 | 녹인 버터를 버섯 갓에 브러시로 바릅니다. 갓의 움푹 파인 쪽이 위 |
| 　5~8cm인 양송이버섯 12개 | 를 향하도록 오븐용 팬에 올리고 가볍게 소금과 후추로 간합니다. |
| 녹인 버터 2~3TS | |
| 살짝 버터를 바른 얕은 로스팅팬 | |
| 소금, 후추 | |
| | |
| 잘게 다진 양파 3TS | 갈색으로 익지 않도록 주의하며 양파를 버터와 기름에 넣고 3~4분 |
| 버터 2TS | 동안 소테합니다. 그다음 셜롯 또는 골파 그리고 버섯 기둥을 넣고 앞 |
| 기름 1TS | 의 뒤셀 레시피에서와 같이 소테합니다. |
| 다진 셜롯 또는 골파 3TS | |
| 잘게 다진 다음 키친타월에 짜서 | |
| 　즙을 제거한 양송이버섯 기둥 | |
| | |
| 선택: 마데이라 와인 ¼컵 | 마데이라 와인을 넣는다면 재빨리 센 불에 가열해 수분이 거의 다 날 |
| | 아가도록 합니다. |

고운 건식 빵가루 3TS
강판에 간 스위스 치즈 ¼컵
강판에 간 파르메산 치즈 ¼컵
다진 파슬리 4TS
타라곤 ½ts
소금, 후추
휘핑크림 2~3TS

불을 끄고 소테한 버섯에 빵가루와 치즈, 파슬리, 타라곤, 양념을 넣어 섞습니다. 촉촉해질 정도로만 한 번에 1스푼씩 휘핑크림을 넣어 섞으며 스푼으로 떴을 때 모양이 유지되도록 점도를 조절합니다. 간을 맞춥니다.

강판에 간 스위스 치즈 3TS
녹인 버터 2TS

만들어둔 스터핑을 버섯 갓에 채웁니다. 윗면에 약간의 치즈를 얹고 녹인 버터를 끼얹습니다.
[*] 이 순서까지 미리 준비해두어도 좋습니다.

약 190℃로 예열해둔 오븐 맨 위 칸에 넣습니다. 15~20분 동안 또는 버섯 갓이 다 익고 스터핑 윗면이 살짝 노릇해질 때까지 굽습니다.

## 통조림 버섯

통조림 버섯은 다음의 과정을 거치면 소스나 가니시로 쓸 때 더욱 맛이 풍부해집니다. 갈색으로 노릇하게 익혀야 한다면 우선 통조림 국물을 따라낸 다음 키친타월로 물기를 닦아내고, 다진 셜롯 또는 양파와 함께 버터와 기름에 재빨리 소테하세요.

물기를 제거한 통조림 버섯
  1캔(200g)마다 다음을 준비:
다진 셜롯 또는 골파 1TS
버터 2TS
소금, 후추
선택: 포트와인 또는
  마데이라 와인 1~2TS

작은 법랑 소스팬에 셜롯 또는 양파를 넣고 2분 동안 버터에 천천히 익힙니다. 갈색으로 익지 않도록 주의하세요. 양파와 양념을 넣고 버터에 골고루 버무려지도록 잘 섞습니다. 이때 와인을 넣고 뚜껑을 덮은 다음 약한 불에 2분 동안 가열하세요.
주의: 통조림에 들어 있던 국물은 양이 ⅓ 이하로 줄어들 때까지 다른 소스팬에 졸여서 소스에 풍미를 더하는 용도로 써도 좋습니다.

# 밤
## *Marrons*

밤은 겨울철이 제철입니다. 껍질 안에 알이 묵직하게 꽉 들어찬 밤이 신선하고 맛도 가장 좋습니다.

## ** 식탁에 내기

밤은 전통적으로 칠면조고기와 거위고기, 사슴고기, 멧돼지고기, 야생 오리고기, 꿩고기 로스트와 좋은 궁합을 자랑해왔습니다. 돼지고기와 소시지와도 잘 어울리죠. 밤 퓌레는 앞의 육류에 곁들여 낼 탄수화물 채소로 훌륭합니다. 통째로 브레이징한 밤은 보통 적채와 방울양배추, 양송이버섯, 양파, 당근 등 다른 채소와 함께 냅니다. 통째로 반쯤 익힌 밤은 거위고기와 칠면조고기를 채우는 소시지 스터핑으로 자주 쓰입니다.

## ** 구입할 양

밤 약 450g, 또는 35~40알이면 껍질을 벗긴 밤 2½컵 정도가 나옵니다.

## ** 밤 껍질 벗기기

밤은 단단한 겉껍질 밑에 쌉쌀한 속껍질이 있는데, 밤을 요리에 활용하려면 둘 다 제거해야 합니다. 어떤 방법을 쓰든 속껍질을 벗기는 데는 꽤 품이 들어갑니다. 다양한 방법을 모조리 시도해본 결과, 다음 방법이 가장 좋다는 것을 알아냈습니다. 밤톨의 모양을 온전히 유지하고 싶을 때 특히 좋은 방법입니다.

　우선 잘 드는 작은 칼을 써서 밤 한쪽 면의 껍질을 세로로 약 3mm 너비만큼 벗겨냅니다. 찬물을 받은 소스팬에 밤을 넣고 불에 올려 끓어오르면 1분 동안 삶으세요. 구멍이 뚫린 스푼을 사용해 한 번에 3알씩 건져올린 다음, 겉껍질과 속껍질을 벗겨냅니다. 잘 안 벗겨지는 밤은 한쪽에 모아두었다가, 한꺼번에 끓는 물에 잠깐 담근 다음, 다시 껍질 벗기기를 시도하면 됩니다. 밤이 따끈따끈할 때 이 모든 과정을 연속해서 거쳐야 합니다.

# 퓌레 드 마롱(*purée de marrons*)

### 밤 퓌레

**6~8인분**

바닥이 두꺼운 12컵 용량의 소스팬
껍질을 벗긴 밤 8컵
셀러리 줄기 2대
중간 크기 부케 가르니(파슬리
　줄기 4대, 월계수 잎 ½장, 타임
　⅛ts을 면포에 싼 것)
브라운 스톡 3컵 또는 통조림 비프
　부용 2컵에 물 1컵을 더한 것
푸드 밀

소스팬에 밤과 셀러리, 부케 가르니를 넣은 다음, 스톡이나 부용과 물을 섞은 것을 부어 밤 위로 약 4cm 정도 더 높게 차오르도록 합니다. 뚜껑을 덮지 않은 채로 45~60분 동안, 또는 밤이 푹 익을 때까지 아주 약하게 끓입니다. 너무 오래 삶아서 밤이 지나치게 물러지지 않도록 유의하세요. 바로 물기를 빼고 셀러리와 부케 가르니를 빼냅니다. 푸드 밀을 사용해 밤을 퓌레 형태로 만든 다음 다시 소스팬에 넣습니다.

말랑한 버터 또는 버터와
　휘핑크림 3~6TS
소금, 후추
설탕 1자밤(필요시 추가)

밤에 버터 또는 버터와 휘핑크림을 섞습니다. 퓌레가 너무 빡빡하다면 방금 밤을 삶았던 물을 한 스푼씩 넣으세요. 소금, 후추로 간을 맞춘 뒤 취향에 따라 설탕을 1~2자밤 넣습니다.
[*] 바로 낼 것이 아니라면 버터를 섞는 대신 퓌레 상단에 펴 발라 코팅해줍니다. 다시 데우려면 뚜껑을 덮은 뒤 끓는 물 위에 올려서 이따금씩 섞어주며 골고루 데워지도록 합니다.

# 마롱 브레제(*marrons braisés*)

### 브레이징한 밤

오븐을 약 165℃로 예열해둡니다.

껍질 깐 밤 24개

묵직한 직화 가능 캐서롤 또는
    오븐용 접시(밤을 딱 한 층으로
    펼쳐놓을 수 있는 크기)

애로루트 가루 또는 옥수수 전분
    1TS에 포트와인, 마데이라 와인
    또는 물 2TS을 잘 섞은 것

브라운 스톡 2컵 또는 통조림 비프
    부용 1½컵에 물 ½컵을 더한 것

물(필요시)

버터 3TS

밤을 캐서롤 또는 오븐용 접시에 담습니다. 와인이나 물에 섞은 전분을 스톡 또는 부용과 섞고, 밤 위에 끼얹습니다. 액체가 밤 위 1.3cm 정도 높이로 차오르게 하세요. 부족하다면 물을 부으면 됩니다. 버터를 넣고 가열해 끓어오르면 뚜껑을 덮고, 예열해둔 오븐 맨 아래 칸에 넣으세요. 45~60분 동안, 또는 밤이 푹 익을 때까지 액체가 아주 약하게 끓어오르는 상태를 유지하도록 온도를 조절합니다.

[*] 바로 낼 것이 아니라면 뚜껑을 연 채로 한쪽에 둡니다. 식혀두었다가 뚜껑을 닫고 스토브에 올려서 천천히 재가열한 뒤 다음 레시피대로 하면 됩니다.

액체가 시럽처럼 끈적하게 변하지 않았다면, 다른 소스팬에 따라낸 다음 가열해서 끓입니다. 소스는 캐서롤에 끼얹고, 이리저리 밤을 굴려 글레이징합니다. 그런 뒤 다음과 같이 냅니다.

파슬리를 뿌리거나 개별 레시피에 나온 대로 다른 채소와 함께 식탁에 올립니다.

# 감자
## *Pommes de Terre*

프랑스의 많고도 많은 감자 요리 가운데서 살짝 독특한 매시트포테이토와 감자 크레프, 감자 그라탱, 버터에 소테한 감자 레시피를 소개합니다.

### ✳✳ 구입할 감자의 종류

감자 품종을 특정해서 밝히는 대신, 아이다호산 감자처럼 다 익으면 파슬파슬하게 부서지는 흰 감자는 '구이용 감자', 익은 뒤에도 모양을 유지하는 흰 감자는 '삶기용 감자'로 부르겠습니다. 요리에 따라 알맞은 종류의 감자를 쓰는 것이 중요합니다. 예를 들어 그라탱 도피누아를 만들 때는 익히는 도중 감자가 부스러져서는 안 되기 때문에 삶기용 감자를 써야 합니다. 그래서 헷갈리지 않게 하기 위해 '삶기용'에는 따옴표를 붙였습니다.

---

## 퓌레 드 폼 드 테르 아 라유(*purée de pommes de terre à l'ail*)
### 마늘을 넣은 매시트포테이토

이 레시피를 시도해본 적이 없다면 통마늘이 2개나 들어간다는 것에 거부감을 느낄 수도 있습니다. 하지만 마늘의 양을 줄이면 나중에 후회할 것입니다. 마늘은 오래 익히면 특유의 강한 맛이 전부 사라지고 좋은 맛만 남기 때문입니다. 마늘을 넣은 매시트포테이토는 양고기, 돼지고기, 거위고기 로스트, 소시지와 잘 어울립니다. 마늘 소스와 감자는 내기 전에 따로 미리 준비해두어도 좋지만, 둘을 섞는 것은 꼭 먹기 직전에 해야 합니다. 완성된 매시트포테이토를 너무 오래 데우거나 한번 식혔다가 다시 데울 경우 식감이 안 좋아지기 때문입니다.

### 6~8인분

| | |
|---|---|
| 통마늘 2개(마늘 약 30알) | 마늘을 한 알씩 분리한 다음 끓는 물에 넣어 2분 동안 익힙니다. 물기를 제거하고 껍질을 벗깁니다. |
| 3~4컵 용량의 바닥이 두꺼운 소스팬(뚜껑 필요)<br>버터 4TS | 버터에 마늘을 넣고 약 20분 또는 마늘이 푹 익어 부드러워질 때까지 뚜껑을 덮고 가열합니다. 마늘이 갈색으로 익지 않도록 주의하세요. |

밀가루 2TS
뜨거운 우유 1컵
소금 ¼ts
후추 1자밤
체와 나무 스푼 또는 자동 블렌더

밀가루를 넣고 약한 불에서 계속 저으며 버터가 보글보글 끓어오르는 상태로 2분 동안 가열합니다. 소스팬의 내용물이 갈색으로 변하지 않도록 주의하세요. 불에서 내려 뜨거운 우유와 소금, 후추를 넣고 섞습니다. 계속 저으며 1분 동안 끓입니다. 소스를 체에 붓고 나무 스푼으로 휘저으며 통과시키거나 자동 블렌더에 넣고 갈아 퓌레 상태로 만든 다음, 약한 불에 2분 더 끓입니다.

[*] 여기까지 미리 준비해두어도 좋습니다. 소스 윗부분에 콩알 만하게 조각낸 버터를 올려 표면이 굳는 걸 방지하세요. 필요할 때 다시 데우면 됩니다.

---

구이용 감자 약 1.1kg
포테이토 라이서
2.4L 용량의 법랑 소스팬
나무 스패출러 또는 스푼
말랑한 버터 4TS
소금, 백후추

감자는 껍질을 벗겨 4등분한 다음 물을 잠길 만큼 붓고 소금을 넣어 푹 익을 때까지 삶습니다. 바로 물기를 제거하고 감자를 포테이토 라이서로 으깹니다. 뜨거운 상태로 소스팬에 넣고 중간 불에 올려, 스패출러나 스푼으로 잠시 뒤섞으며 수분을 날려 보내세요. 감자가 소스팬 밑바닥에 눌러붙어 막이 생기기 시작하면 바로 불에서 내려 버터를 한 번에 1테이블스푼씩 넣습니다. 소금, 후추로 간을 맞춥니다.

[*] 바로 낼 것이 아니라면 뚜껑을 연 채로 한쪽에 두세요. 다시 데우려면 뚜껑을 덮은 채 끓는 물 위에 올려 자주 뒤섞습니다.

---

휘핑크림 3~4TS
다진 파슬리 4TS
데워서 버터를 살짝 바른 접시

내기 전에 앞서 준비한 뜨거운 마늘 소스를 뜨거운 감자에 섞으세요. 감자가 너무 묽어지지 않도록 주의하며 크림을 한 번에 1테이블스푼씩 섞으세요. 파슬리를 넣고 마지막으로 간을 맞춘 다음 데운 접시에 담아 냅니다.

---

## 크레프 드 폼 드 테르(*crêpes de pommes de terre*)

### 강판에 간 감자 크레이프

로스트와 스테이크, 갈비에 아주 잘 어울리는 요리입니다. 달걀 프라이나 포치드 에그를 얹고 그 위에 치즈나 토마토소스를 뿌려도 좋고, 양송이버섯과 닭 간 또는 햄을 올려서 돌돌 만 다음 소스를 뿌려 윗면을 노릇하게 구워내도 좋습니다.

**지름 약 8cm 팬케이크 18개, 또는 지름 약 15cm 팬케이크 8개 분량**

크림치즈 약 220g
밀가루 3TS
약 3L 용량의 믹싱볼

믹싱볼에 크림치즈와 밀가루를 잘 섞습니다.

달걀 2개
소금 ½ts
후추 ⅛ts

달걀과 양념을 추가해 멍울지지 않게 잘 섞습니다.

단면 약 3mm로 잘게 썬 스위스
　치즈 약 170g(1¼컵)

스위스 치즈를 넣어 섞으세요.

구이용 감자 약 1.1kg
　(강판에 갈면 4컵)
강판

감자는 껍질을 벗겨 강판의 큰 구멍에 갑니다. 한 번에 1움큼씩 타월에 뭉쳐 짓이기며 물기를 최대한 많이 짜냅니다. 간 감자를 달걀과 치즈를 섞은 혼합물에 넣습니다.

휘핑크림 3~6TS
선택: 잘게 썬 삶은 햄 ½컵 또는
　소테한 양송이버섯, 닭 간 또는
　양파 ½컵
파슬리, 차이브, 처빌 등 허브
　3~4TS

크림을 넣은 걸쭉한 콜슬로 정도의 농도가 될 때까지, 한 번에 크림을 1테이블스푼씩 넣어 섞으세요. 묽어지지 않도록 주의해야 합니다. 선택 항목을 추가해넣고 취향에 따라 간을 맞추세요.

지름 약 25cm의 스킬릿
버터 1½TS(필요시 추가)
기름 ½TS(필요시 추가)
큰 스푼 또는 국자
데운 접시

스킬릿을 적당히 센 불에 올려 버터와 기름을 데웁니다. 끓어오른 거품이 가라앉기 시작할 때 믹싱볼의 내용물을 3국자씩 떠서 지름 약 8cm, 두께 약 1cm인 팬케이크 3개를 굽습니다. 불을 조절해서 3분 후 밑면이 살짝 노릇하게 익고 위쪽으로 기포가 올라오면, 팬케이크를 뒤집어서 반대쪽도 약 3분 정도 더 구워서 노릇하게 익힙니다. 팬케이크 3장을 접시에 1겹으로 옮겨 담고, 나머지 팬케이크를 같은 방법으로 굽는 동안 식지 않도록 데워둡니다.
[*] 바로 낼 것이 아니라면 베이킹 트레이에 팬케이크를 겹치지 않게 펼쳐놓고, 뚜껑을 덮지 않은 채 한쪽에 둡니다. 내기 전 약 200℃의 오븐에 4~5분 재가열합니다.

# 그라탱 도피누아(*gratin dauphinois*)⁜

### 우유, 치즈, 마늘을 넣은 감자 그라탱

그라탱 도피누아의 원조를 자청하는 레시피는 '원조' 부야베스 레시피만큼이나 많습니다. 그중 이 레시피를 선택한 것은 빠르고 간단하며 결과물에 풍미가 있기 때문입니다. 로스팅하거나 브로일링한 닭고기, 칠면조고기, 송아지고기와 특히 잘 어울립니다. 소고기, 돼지고기, 양고기 로스트, 스테이크, 갈비에는 우유 대신 스톡으로 조리한 그라탱 사부아야르 (*gratin savoyard*)가 더 어울리니 이 다음 레시피를 참고하세요. 그라탱 도피누아 레시피의 정통성을 따지는 이들은 기겁할지도 모르지만, 원한다면 치즈를 빼도 좋습니다. 대신 버터를 2테이블스푼 더 넣으세요.

**6인분**

오븐을 약 220℃로 예열해둡니다.

'삶기용' 감자 약 900g
  (슬라이스하면 6~7컵 분량)

감자는 껍질을 벗겨 약 3mm 두께로 썬 다음 찬물을 받아 담가두세요. 다음 조리 단계로 넘어갈 때 물기를 뺍니다.

지름 약 25cm, 깊이 약 5cm인
  내열 오븐용 및 서빙 용기
  (더 많은 양을 조리한다면
  지름만 더 큰 용기를 사용할 것)
껍질을 벗기지 않은 마늘 ½알
버터 4TS
소금 1ts
후추 ⅛ts
강판에 간 스위스 치즈 1컵(110g)
뜨거운 우유 1컵

오븐용 용기의 표면에 잘라낸 마늘의 단면을 문지른 다음, 버터 1테이블스푼을 펴 바릅니다. 감자는 물기를 빼고 키친타월로 남은 물기를 흡수시킵니다. 감자의 절반을 오븐용 용기에 펼쳐 담고 소금과 후추, 치즈, 버터의 절반을 그 위에 얹습니다. 나머지 감자를 그 위에 얹고 나머지 소금과 후추로 간한 다음 그 위에 남은 치즈와 버터를 골고루 얹습니다. 뜨거운 우유를 붓고, 오븐용 용기를 약한 불에 올립니다. 내용물이 끓어오르면 예열해둔 오븐 맨 위 칸에 넣습니다. 20~30분 동안 또는 감자가 푹 익고 우유는 감자에 흡수되며 윗면이 먹음직스럽게 노릇해질 때까지 굽습니다. 오븐 속 온도가 높고 용기가 얇아 감자가 빨리 익습니다.

[*] 약하게 끓는 물 위에 얹어, 뚜껑을 느슨하게 닫은 채로 30분까지 두어도 됩니다. 내기까지 더 오랜 시간이 걸릴 경우, 우유가 전부 졸아들기 직전에 오븐에서 꺼낸 다음 뚜껑을 덮지 않은 채로 한쪽에 둡니다. 먹기 전에 버터 2테이블스푼을 작게 조각 내어 위에 올린 다음 스토브에 올려 재가열하고, 다시 약 220℃의 오븐에 5~10분 동안 굽습니다.

## ❖ 그라탱 사부아야르(*gratin savoyard*)
### 스톡과 치즈를 넣은 감자 그라탱

**6인분**

그라탱 도피누아의 재료(우유,
　　버터는 다름)
우유 대신 브라운 스톡 또는
　　통조림 비프 부용 1컵
버터 6TS

그라탱 도피누아의 레시피대로 하세요. 다만 우유 대신 스톡을, 더
많은 양의 버터를 쓰면 됩니다.

## ❖ 그라탱 쥐라시앵(*gratin jurassien*)
### 헤비 크림과 치즈를 넣은 감자 그라탱

헤비 크림에 구운 감자는 양고기, 닭고기, 칠면조고기, 송아지고기, 소고기, 돼지고기 로스
트와 아주 잘 어울립니다. 이 레시피에서는 크림이 끓어올라 멍울지지 않도록 주의해야 합
니다.

**6인분**

오븐을 약 150℃로 예열해두세요.

버터 4TS
지름 25cm, 깊이 5cm의 내열
　　접시 3mm 두께로 슬라이스한
　　'삶기용' 감자 약 900g
소금 1ts
후추 ⅛ts
강판에 간 스위스 치즈 1컵
휘핑크림 1¼컵

버터 1테이블스푼을 용기에 펴 바른 뒤 그 위에 감자를 겹겹이 쌓으
며 한 겹마다 소금, 후추, 치즈, 작게 조각낸 버터를 올립니다. 맨 위
에 치즈와 버터 조각을 군데군데 흩뿌립니다. 크림을 그 위에 끼얹고
스토브 위에서 끓어오르기 직전까지 약한 불로 가열하세요. 그다음
예열해둔 오븐 가운데 칸에 넣고 1시간~1시간 15분 동안 굽습니다.
계속해서 온도를 조절해 크림이 끓어오르지 않도록 하세요. 감자는
푹 익어서 크림을 흡수한 상태에 윗면이 살짝 노릇해졌을 때 오븐에
서 꺼내면 됩니다.

### ❖ 그라탱 드 폼 드 테르 크레시(*gratin de pommes de terre Crécy*)

크림을 넣은 당근과 감자 그라탱

감자와 당근, 크림이 들어간 이 메뉴는 송아지고기나 닭고기와 잘 어울립니다. 앞의 그라탱 쥐라시앵 레시피와 같지만 감자 사이에 브레이징한 당근이 들어간다는 점이 다릅니다.

약 3mm 두께로 슬라이스한
  당근 2컵
버터 ½TS
소금 ¼ts
잘게 다진 셜롯 또는 골파 2TS
물 ¾컵
4~6컵 용량의 바닥이 두꺼운 법랑
  소스팬(뚜껑 필요)

소스팬에 물을 넣고 당근과 버터, 소금, 셜롯 또는 골파를 20~30분 동안 또는 물이 증발하고 당근이 푹 익을 때까지 약한 불로 끓입니다. 그다음 앞의 그라탱 쥐라시앵 레시피대로 따르되, 감자 사이에 당근을 번갈아 넣습니다.

### ❖ 그라탱 드 폼 드 테르 프로방살(*gratin de pommes de terre provençal*)

양파, 토마토, 앤초비, 허브, 마늘을 넣은 감자 그라탱

지중해풍의 묵직한 맛이 양고기나 소고기 로스트, 스테이크, 갈비, 그릴에 구운 고등어, 참치, 황새치와 잘 어울립니다. 차갑게 식은 상태에서 먹어도 맛있습니다. 감자를 익히는 데는 토마토가 익으며 나오는 즙 외에 다른 액체는 필요 없습니다.

**6인분**

오븐을 약 200℃로 예열해둡니다.

얇게 슬라이스한 양파 2컵
올리브유 2TS
작은 소스팬
토마토(껍질, 씨, 즙을 제거한
  과육, 599쪽) 약 700g( 4~5개,
  2¼컵)
소금 ¼ts

소스팬에 올리브유와 양파를 약한 불에 가열해 양파가 부드러워질 때까지 익힙니다. 양파가 갈색으로 변하지 않도록 합니다. 토마토 과육을 약 1cm 너비로 길게 잘라낸 다음 소금과 함께 소스팬에 넣어 섞습니다. 한쪽에 둡니다.

올리브유에 담긴 앤초비 통조림
  6개를 꼭 짜낸 것
으깬 마늘 2알
바질 ¼ts
타임 ¼ts
후추 ⅛ts
올리브유 2TS(앤초비에 남아 있는
  기름도 이 분량에 포함)

작은 믹싱볼에 앤초비와 마늘, 허브, 후추, 기름을 넣고 섞습니다.

기름을 바른 지름 약 25cm,
  깊이 약 5cm인 오븐용 접시
약 3mm 두께로 자른 '삶기용' 감자
  약 900g
강판에 간 파르메산 또는
  스위스 치즈 ¼컵
올리브유 1ts

토마토와 양파의 ¼을 오븐용 용기에 펴 담습니다. 그 위에 감자 절반, 믹싱볼의 앤초비 절반, 남은 토마토와 양파의 절반을 순서대로 올립니다. 그 위에 다시 남은 감자와 앤초비, 토마토와 양파를 얹습니다. 맨 위에는 치즈와 올리브유를 뿌립니다.

알루미늄 포일(필요시)

예열해둔 오븐 가운데 칸에 넣고 40분 정도, 또는 감자가 푹 익고 토마토에서 나온 즙을 다 흡수할 때까지 둡니다. 만약 윗면이 너무 갈색으로 구워지면 아주 헐겁게 포일을 덮어주세요.
[*] 먹을 때까지 계속 데워두거나 619쪽 그라탱 도피누아와 같이 다시 데워 냅니다.

---

# 폼 드 테르 소테(*pommes de terre sautées*)
# 폼 드 테르 푸르 가르니튀르(*pommes de terre pour garniture*)
# 폼 드 테르 샤토(*pommes de terre château*)
## 버터에 소테한 감자

감자 레시피에 할애된 분량이 많지는 않지만, 버터에 소테한 감자는 메인 코스 요리에 너무나도 자주 가니시로 등장하기 때문에 이렇게 따로 레시피를 싣기로 했습니다. 감자는 생으로 소테해야 좋은 맛이 살아나는 반면, 바닥에 들러붙으므로 이를 막기 위해 따로 준비 과정을 거치는 레시피를 따르는 것이 중요합니다.

## ❋❋ 손질하기

만약 요리를 하는 사람이 프랑스에 산다면, 길이 5~6cm의 매끈한 타원형에 속이 노란색 인 네덜란드산 감자를 사서 껍질을 벗겨 통째로 소테할 것입니다. 하지만 다른 곳에 사는 요리사라면 작은 '삶기용' 감자나 햇감자를 골라야 합니다. 전부 껍질을 벗긴 뒤, 길이는 5~6cm, 가장 넓은 단면의 너비는 2.5~3cm가 되도록 길쭉한 올리브 모양으로 깎아 다듬 습니다. 매끈하게 깎아야 소테할 때 굴리기 쉬우며, 표면이 균일하게 노릇해집니다. 자르고 남은 부분은 80쪽에 있는 포타주 파르망티에를 만드는 데 써도 좋습니다. 깎은 감자는 물 에 씻지 말고, 키친타월로 토닥이며 물기를 전부 제거하세요. 조리에 들어가기 한참 전에 껍질을 깎아둘 계획이라면, 촉촉한 타월에 말아두었다가 소테하기 직전에 마른 타월로 물 기를 말리세요.

### 4~6인분

| | |
|---|---|
| '삶기용' 감자 또는 햇감자 약 900g (5~6컵 분량) | 감자를 앞에 나온 수치대로 자르세요. 감자는 물에 씻지 않고 키친타 월로 물기를 말린다는 걸 기억하세요. |
| 정제 버터 3~4TS 또는 버터 2TS에 기름 1TS를 더한 것 (필요시 추가, 55쪽) 지름 25~28cm(감자가 한 층으로 깔릴 만큼의 크기)의 묵직한 스킬릿 | 스킬릿에 정제 버터 또는 버터와 기름이 2mm 두께로 깔리도록 넣고 적당히 센 불에 올립니다. 정제 버터가 아주 뜨겁게 달궈지되 색이 아직 변하지 않았을 시점에, 또는 버터와 기름에서 끓어오른 기포가 가라앉기 시작할 때 감자를 넣습니다. 버터가 계속 뜨거운 상태를 유 지하면서도 색이 변하지 않도록 불을 조절하며 2분 동안 가만히 둡 니다. 그다음 스킬릿을 앞뒤로 흔들어서 감자를 굴려, 이번엔 감자의 다른 쪽이 2분 동안 구워지도록 하세요. 감자가 전체적으로 살짝 노 릇하게 익을 때까지 같은 방식으로 4~5분 동안 계속합니다. 이렇게 하면 감자의 바깥쪽이 익어 일종의 피막이 생기고, 감자가 스킬릿에 들러붙지 않게 됩니다. |
| 소금 ¼ts | 감자에 소금을 뿌리고 스킬릿을 흔들어 잘 섞으세요. |
| 스킬릿에 꼭 맞는 묵직한 뚜껑 | 불을 줄이고 스킬릿에 뚜껑을 덮은 다음 감자를 15분 동안 더 익히 세요. 3~4분마다 한 번씩 스킬릿을 흔들어 감자가 들러붙지 않고 균 일한 색깔로 익을 수 있도록 합니다. |

감자는 겉면이 균일한 황금빛으로 변하고, 손가락으로 꽉 눌렀을 때 살짝 패이거나 칼이 쉽게 들어가면 다 익은 겁니다. 스킬릿 위로 뚜껑을 살짝 비스듬하게 든 상태로 기름을 따라 버리세요.
[*] 바로 낼 것이 아니라면 공기가 통하도록 뚜껑을 살짝 덮은 다음, 아주 약한 불에 올려서 30분 동안 데워도 좋습니다. 내기 직전에 지글지글하게 재가열해서 내세요.

말랑한 버터 2~3TS
다진 파슬리, 차이브, 또는 타라곤, 또는 다양한 녹색 허브 2~3TS
후추 넉넉하게 1자밤
데운 접시

불을 끄고 버터와 허브를 넣은 다음 후추를 뿌립니다. 감자를 굴려서 허브, 버터와 골고루 섞이도록 합니다. 감자를 육류 요리 주위에 빙 둘러 담거나 개별 접시에 따로 담아내세요.

### ✣ 폼 드 테르 파리지엔(*pommes de terre parisiennes*)

버터에 소테한 포테이토볼

### ✣ 폼 드 테르 소테 앙 데(*pommes de terre sautées en dés*)

썰어서 버터에 소테한 주사위 모양의 감자

앞의 레시피와 똑같은 방법을 따릅니다. 대신 감자를 포테이토볼 커터로 동그랗게 깎거나, 사방 약 6mm가 되도록 깍둑썰기하세요.

# 쌀
## *Riz*

어떤 방법을 써서 조리하든 쌀알은 온전한 모양을 유지해야 하고, 부드럽게 익되 서로 달라붙지 않는 상태여야 합니다. 생쌀을 조리하기란 어려운 일이 아니지만, 지레 겁을 먹고 조리된 것을 사는 사람들이 많습니다. 하지만 반조리된 쌀로는 만들 수 있는 레시피가 제한되며, 요리 실력을 발휘할 기회를 놓치게 됩니다. 쌀을 잘못 익혀서 결과물이 끈적끈적해지는 데는 2가지 경우가 있습니다. 쌀을 지나치게 익혔을 때입니다. 아니면 생쌀을 씻거나 기름에 소테하지 않아서 표면의 미세한 가루가 쌀알을 서로 달라붙게 할 때입니다.

## ✱✱ 쌀의 종류

쌀은 4만 가지 이상의 품종이 존재하지만, 그중 쉽게 살 수 있는 것은 그리 많지 않습니다. 장립종(long grain rice)은 기본 쌀밥과 리소토, 샐러드에 쓰이는 가장 찰기가 없는 쌀입니다. 그보다 낱알의 길이가 짧고 더 연한 중립종(medium grain rice)은 푸딩에 쓰기 좋습니다. 기본적으로 끈끈한 단립종(short grain rice)과 찹쌀은 보통 아시아 요리와 상업용 그레이비 소스를 만들 때 쓰입니다. 반조리식품으로서의 쌀은 631~632쪽에서 다룹니다.

## ✱✱ 강화미(enriched rice)

강화미란 도정 과정에서 깎여 나간 미네랄과 비타민을 더한 쌀을 말합니다. 성분이 쌀알의 표면에 뿌려져 있는 형태로, 물에 닿으면 씻기므로 강화 성분을 섭취하고자 한다면 조리 전후로 씻어서는 안 됩니다. 현재 미국 대부분의 주에서는 강화 성분을 추가하는 공정이 필수이기 때문에 쌀의 겉포장에 그 여부가 쓰여 있을 것입니다. 우리는 강화미가 일반미에 비해 2~3분 더 일찍 익는 것을 관찰할 수 있었습니다. 즉 리소토를 만들 때 일반미가 18분쯤 걸린다면, 강화미는 15분 정도가 걸립니다.

## ✱✱ 구입할 양

생쌀 1컵은 조리가 끝나면 약 3컵으로 불어나 4~6인분 정도가 됩니다.

## ✱✱ 뒤섞을 때 유의할 점

다 익은 쌀을 뒤섞을 때는 꼭 나무 포크나 젓가락을 쓰세요. 쌀알이 뭉개지지 않도록 주의하며 가볍게 뒤섞어야 합니다.

# 리 아 랭디엔(*riz à l'indienne*)
# 리 아 라 바푀르(*riz à la vapeur*)‡
## 쌀밥

쌀을 삶거나 쪄낸 일반 쌀밥을 만드는 방법에는 여러 가지가 있으며, 요리사들은 대부분 각자에게 맞는 방법 하나를 택해 계속 씁니다. 실험해본 결과, 가장 간단한 것으로 판명된 레시피를 소개합니다. 수 시간 전에 만들어두었다가 먹기 전에 다시 데우면 됩니다.

**6인분(4½컵 분량)**

일반 흰쌀 또는 강화 흰쌀 1½컵
약 2L 용량의 바닥이 두꺼운
   소스팬
물 3컵
소금 1ts

쌀을 소스팬에 넣고 물과 소금을 넣고 섞습니다. 센 불에 끓어오르게 한 다음 한 번 골고루 뒤섞은 뒤, 약한 불로 줄여 아주 약하게 끓입니다. 뚜껑을 덮고 12분 동안 두었다가, 뚜껑을 살짝 열고 재빨리 안을 확인합니다. 물이 거의 다 흡수된 것이 확인되면 포크로 몇 알을 떠서 먹어봅니다. 이때 쌀을 휘저었다가는 끈적함이 더해지므로, 쌀을 뒤적이지 않도록 주의합니다. 씹었을 때 보아 겉은 연하면서도 중심에 살짝 단단함이 남아 있는 상태, 즉 '알 덴테(al dente)'로 익었는지 확인합니다. 다시 뚜껑을 덮고 불을 끄고 뜸을 들입니다. 만약 쌀이 잘 익지 않았다면 물을 뿌려 몇 분 동안 더 익힙니다. 물이 다 흡수되지 않았다면 뚜껑을 열고 포크로 가볍게 뒤섞으며 수분을 날려 보냅니다.
이제 식탁에 올리면 됩니다. 바로 낼 것이 아니라면 다음의 방법을 쓰세요.

### 쌀밥 데우기

쌀밥이 다 되면 일단 식혀도 좋습니다. 밀폐용기에 넣어 냉장실에 하루나 이틀 정도 두었다가 다시 데우면 됩니다. 재가열하기 전에 우선 가볍게 뒤섞어준 뒤 다음과 같은 방법으로 찌세요.

### 쌀밥을 증기에 데우기

잘 씻어낸 면포 3겹
끓는 물 위에 걸친 체
뚜껑

쌀밥을 면포에 감싸 체에 올린 다음, 뚜껑을 덮고 끓는 물에 올립니다. 쌀밥이 충분히 데워질 때까지 수 분 동안 찝니다.

☞ **다른 방법**

## 리 아 랑글레즈(*riz à l'anglaise*)
## 리 오 뵈르(*riz au beurre*)
### 버터에 소테한 쌀밥

---

**프라잉 팬**: 쌀밥을 버터에 소테합니다. 데워질 때 가볍게 휘저어 섞으면서 양념을 첨가하세요.

**이중 냄비**: 쌀밥을 넣은 냄비에 뚜껑을 닫고, 이를 더 큰 냄비에 넣고 끓는 물로 중탕하세요. 데우면서 가볍게 섞으며 버터, 소금, 후추로 간을 합니다.


☞ **변형 레시피 및 식탁에 내기**

일반 쌀밥에는 다양한 맛을 첨가할 수 있습니다. 예를 들어 처음부터 쌀밥을 만들 때 물 용량의 절반을 치킨 브로스로 대체해도 됩니다. 또는 물이나 브로스에 화이트 와인이나 드라이한 화이트 프렌치 베르무트를 더해도 좋습니다. 월계수 잎 1장, 타임이나 타라곤 넉넉하게 1자밤, 또는 부케 가르니를 넣어 허브 맛을 입힐 수도 있습니다. 양고기 스튜나 카레 메뉴에 곁들여 낼 쌀밥이라면 카레나 강황, 사프란으로 색을 입혀 색다른 느낌을 내보세요. 양파와 마늘도 활용하면 좋습니다. 다진 양파 ⅓컵 정도를 기름이나 버터 1테이블스푼에, 또는 치킨 브로스나 와인 ½컵에 넣고 약한 불로 가열해 부드러워지면 쌀에 넣어 함께 조리하면 됩니다. 또는 처음부터 쌀에 다진 마늘이나 껍질을 깐 마늘을 낱개로 넣어도 좋습니다. 이 외에도 다른 레시피를 소개합니다.


❖ **리 뒥셀(*riz duxelles*)**
### 버터에 소테한 양송이버섯 쌀밥

잘게 다진 양송이버섯 약 220g
버터 2TS
기름 1TS
다진 셜롯 또는 골파 1~2TS
소금, 후추
버터 1~2TS 더
다진 파슬리 2~3TS

---

610쪽 뒥셀 레시피대로 버섯을 한 번에 1움큼씩 키친타월에 뭉쳐 물기를 짜냅니다. 그다음 6~8분 동안 버터와 기름에 아주 살짝 노릇하게 볶고, 셜롯 또는 골파를 넣어 약한 불에 2분 더 볶습니다. 뜨거운 상태의 쌀밥을 넣고 포크로 섞으며 취향에 따라 간을 맞춥니다. 나머지 버터와 파슬리를 마저 넣으세요.

[*] 한쪽에 두었다가 나중에 데워서 내면 됩니다.

## 리 아 로리앙탈(*riz a l'orientale*)

### 채식 라이스 볼

**4인분**

뜨거운 쌀밥 4컵

허브를 넣어 버터에 볶은
　다진 양파 1컵

마늘과 함께 기름에 볶은
　다진 가지 1컵

잘게 썬 호두 과육 ⅓컵

절반으로 자른 방울토마토 12개

소금, 후추

달걀지단 1줄

다진 파슬리

뜨거운 쌀밥을 여유 있게 큰 소스팬에 넣고 양파와 가지, 호두, 방울토마토를 재빨리 섞습니다. 취향에 따라 간을 맞추고 데워둔 볼에 담으세요. 달걀지단으로 장식한 다음 파슬리를 뿌려 냅니다. 손님에게 젓가락을 내주세요.

## 살라드 드 리(*salades de riz*)

### 라이스 샐러드

쌀밥은 다양한 샐러드 조합에 활용할 수 있으며, 언제나 손쉽고도 다양한 메뉴를 만드는 데 활용하기 좋습니다. 완두콩, 껍질콩, 햄, 닭고기 등 가금류, 양고기, 돼지고기 소시지, 새우살, 게살, 바닷가재살 등 잘게 썰어낼 수 있는 재료는 무엇이든 쌀밥과 섞을 수 있습니다. 다음과 같이 우선 샐러드유와 레몬즙, 다진 셜롯과 쪽파, 허브, 양념에 마리네이드해서 써도 좋습니다.

**4인분**

쌀밥 2~3컵

무향 무미의 샐러드유

레몬즙이나 와인 식초

소금, 후추

잘게 썬 쪽파 4줄기

세로로 4등분한 블랙 올리브 1움큼

잘게 썬 햄 ½컵

잘게 썰어 익힌 당근과 익힌 콩

　각 ½컵씩

잘게 찢은 로메인상추(작은 것)

　1통

브로콜리 1통을 작은 봉오리로

　나누어 익힌 것

쌀밥을 볼에 넣고 샐러드유 몇 방울과 레몬즙 또는 와인 식초, 소금, 후추와 섞어줍니다. 나무 스푼과 포크를 사용해 가볍게 섞어 쌀알이 손상되지 않도록 주의하세요. 상추와 브로콜리를 제외한 나머지 재료를 전부 가볍게 섞은 다음 간을 맞추세요. 찢은 상추를 접시에 깔고 그 위에 라이스 샐러드를 쌓아올린 다음, 소금, 후추, 레몬즙, 샐러드유로 간한 브로콜리 봉오리를 올려 장식하세요. 바질, 차이브, 처빌, 타라곤 등 허브를 추가해도 좋습니다.

# 리소토, 필라프, 필라우(*risotto, pilaf, pilau*)✝

## 리소토

프랑스풍 리소토를 만드는 일반적인 방법은 쌀을 양파와 함께 기름에 소테해 양념한 액상 재료에 익히는 것입니다. 결과물은 리소토, 필라프, 필라우 등 여러 이름으로 불리지만, 프랑스에서는 쌀을 먹는 다른 나라의 전통 요리법과는 별개로 이러한 요리법을 따르죠. 다음의 사항은 별다른 재료가 들어가지 않은 리소토에도, 채소, 닭고기, 해산물을 넣은 리소토에도 공통적으로 적용됩니다. 이를 명심한다면 손쉽게 맛있는 리소토를 만들 수 있습니다.

## ** 소테하기

쌀은 먼저 뽀얀 색으로 바뀔 때까지 버터에 2~3분 동안 약한 불로 볶아야 합니다. 쌀을 볶으면 쌀알을 덮고 있는 가루가 익어서 쌀이 너무 끈적해지는 것을 막을 수 있습니다.

## ** 분량 조절

생쌀 1컵마다 액상 재료를 2컵 넣으세요.

## ** 불 조절

불을 조절해 쌀이 액상 재료를 18~20분 사이에 다 흡수하게 합니다. 너무 빨리 흡수되면 쌀이 부드러워지지 않으며, 너무 느리게 흡수되면 지나치게 끈적해지고 쌀알이 부서지며 맛도 떨어집니다.

## ** 뒤섞기

액상 재료가 전부 흡수되기 전에는 쌀을 뒤섞지 마세요.

### 6인분

오븐을 약 190℃로 예열해둡니다.

잘게 다진 양파 ¼컵
버터 4TS
지름 약 20cm에 딱 맞는 뚜껑이
　있는 6컵 용량의 직화 가능
　캐서롤

양파가 부드러워질 때까지 버터에 5분 동안 약한 불에 볶습니다. 갈색으로 변하지 않도록 합니다.

깨끗한 생쌀 1½컵

쌀을 양파에 넣고 중간 불로 수 분 동안 볶습니다. 쌀이 갈색으로 변하지 않도록 합니다. 쌀알은 우선 투명해졌다가 점점 뽀얀 색으로 변할 것입니다.

리소토에 곁들일 재료에 따라
　(①~⑥ 중 택 1):
① 치킨 스톡 또는 통조림 치킨
　브로스 3컵
② 브라운 스톡 또는 통조림 비프
　부용과 물 3컵
③ 버섯 브로스와 물 3컵
④ 화이트 와인 피시 스톡 3컵
⑤ 화이트 와인과 물 또는
　화이트 베르무트와 물 3컵
⑥ 물 3컵
소금, 후추
작은 부케 가르니(파슬리 줄기
　2대, 월계수 잎 ⅓장, 타임 ⅛ts을
　면포에 싼 것)

쌀이 뽀얗게 변하면 바로 선택한 액상 재료를 넣습니다. 부케 가르니와 소금, 후추를 넣습니다. 끓어오르면 한 번 휘저은 다음 뚜껑을 닫고 예열해둔 오븐에 넣습니다. 오븐 맨 아래 칸에 넣으세요. 4~5분 이내로 계속 약하게 끓는 상태가 되면, 온도를 약 175℃로 내립니다. 쌀이 14~15분 내로 액상 재료를 다 흡수할 수 있도록 끓는 온도를 조절하세요. 이때 쌀을 건드려서는 안 됩니다. 그 뒤 뚜껑을 열고 쌀을 포크로 떠서 바닥에 액상 재료가 남아 있는지 확인하세요. 전부 날아가지 않았다면 다시 오븐에 넣고 2~3분 더 가열합니다. 캐서롤을 오븐에서 꺼내, 쌀이 살짝 '알 덴테'로 익기를 원한다면 뚜껑을 열어두고, 부드럽게 익기를 원한다면 뚜껑을 덮은 채 10분 기다리세요. 부케 가르니를 빼낸 다음 포크로 쌀을 가볍게 뒤섞고 간을 맞춥니다.
[*] 바로 낼 것이 아니라면 아주 약하게 끓는 물 위에 올려서 데워두세요. 또는 한쪽에 두었다가 필요할 때 캐서롤을 끓는 물에 올려 다시 중탕하면 됩니다.

## ✣ 리 앙 쿠론(*riz en couronne*)

라이스 링

쌀밥을 고리 모양으로 쌓아 그 가운데에 크림에 익힌 갑각류, 햄과 양송이버섯과 함께 소테한 닭 간, 버터에 익힌 완두콩 등 맛있는 소스 요리를 올린 것입니다.

**6인분**

| | |
|---|---|
| | 오븐을 약 175℃로 예열해둡니다. |
| 안쪽에 버터 ½TS을 펴 바른<br>  6컵 용량의 링 모양 틀<br>리소토<br>유산지<br>틀을 덮을 뚜껑<br>틀을 넣어 중탕할 끓는 물이 담긴 팬 | 리소토를 버터 바른 틀에 담습니다. 가볍게 툭툭 치면서 담으면 빈틈없이 채울 수 있습니다. 유산지로 틀 위쪽을 덮고 뚜껑을 덮은 다음, 틀을 끓는 물에 넣어 중탕하세요. 예열해둔 오븐 맨 아래 칸에 넣고 10분 동안 둡니다. |
| 살짝 버터를 발라 데운 동그란 접시 | 내기 직전에 접시를 틀 위에 거꾸로 얹은 다음, 둘을 한꺼번에 뒤집어 틀에 채웠던 리소토를 접시에 올립니다.<br>[*] 바로 낼 것이 아니라면 틀에 담긴 상태로 뚜껑을 덮어 약하게 끓는 물 위에 올려둡니다. |

### 특허 받은 반조리 쌀밥

특별한 찜 공정으로 쌀알을 단단하게 만들어, 조리 시 쌀이 서로 들러붙지 않게 처리된 쌀밥입니다. 조리 과정이 끝나기까지 액상 재료와 시간이 살짝 더 많이 필요하다는 점만 빼면 일반적인 쌀밥과 같이 취급하면 됩니다. 쌀밥의 맛도 보존되는 멋진 발명품이죠.

### 미리 조리되어 포장된 쌀밥

포장에 인쇄된 설명과 같이 소금과 끓는 물을 넣고, 뚜껑을 덮어 5분 동안 뜸을 들이면 됩니다. 버터에 소테한 양파나 셜롯을 더하고, 소금물 대신 양념을 한 스톡을 끓여서 넣으면 훨씬 맛있게 익힐 수 있습니다.

### 야생 쌀

야생 쌀은 프랑스에 그리 널리 보급되어 있지는 않지만, 이 변형된 리소토 레시피를 통하면 프랑스풍으로 맛있게 요리할 수 있습니다.

**6~8인분**

오븐을 약 175℃로 예열해두세요.

야생 쌀 1½컵
끓는 물 3L
소금 1½TS

끓인 소금물에 쌀을 넣고 5분 동안 뚜껑을 덮지 않은 채 끓인 뒤 물기를 전부 뺍니다.

잘게 다진 당근, 양파, 셀러리
　각 3TS
버터 4TS
약 2.5L 용량의 뚜껑이 있는
　직화 가능 캐서롤
브라운 스톡 또는 통조림 비프
　부용 1½컵
월계수 잎 1장
타임 ¼ts
소금, 후추

쌀이 끓는 동안 다진 채소가 연해질 때까지 버터에 약한 불로 5~6분 동안 볶습니다. 갈색으로 익지 않도록 주의하세요. 그다음 물기를 뺀 쌀을 넣고 중간 불에 올려 2분 동안 휘저으며 버터를 흡수시킵니다. 스톡이나 부용, 월계수 잎, 타임을 넣고 소금과 후추로 간합니다. 끓어오르면 뚜껑을 덮고, 예열해둔 오븐 맨 아래 칸에 넣어 30~35분 동안, 또는 쌀이 모두 익고 액상 재료를 전부 흡수할 때까지 둡니다. 쌀이 다 익기 전에 액상 재료가 전부 흡수되었다면 스톡이나 부용을 몇 방울 더 넣어줍니다. 쌀알이 버터로 가볍게 코팅되어 서로 달라붙지 않는 상태여야 합니다. 월계수 잎을 빼내고 포크로 쌀을 가볍게 섞어준 뒤 간을 맞추세요.
[*] 미리 만들어두었다가 낼 때 재가열하면 됩니다.

# 제9장

# 콜드 뷔페
*Préparations Froides*

찬 채소와 샐러드, 아스픽, 무스, 파테, 테린은 저녁식사 코스의 첫번째 메뉴로 내거나 여름 식사의 메인 요리로 식탁에 올릴 수 있습니다. 한꺼번에 여러 가지 종류를 마련해 뷔페 테이블을 준비해도 좋습니다. 다양한 샐러드 드레싱 레시피는 143쪽 소스 비네그레트부터 소개되어 있으며, 마요네즈는 134쪽부터 나옵니다.

# 차갑게 먹는 채소
## Légumes Servis Froids

---

## 레큄 아 라 그레크(*légumes à la grecque*)⁺
### 쿠르 부용에 익힌 채소

연중 언제 먹어도 신선한 메뉴로, 채소를 물과 기름, 허브, 양념을 넣은 향긋한 쿠르 부용 (*court bouillon*)에 익힌 것입니다. 우선 익힌 채소를 건져 접시에 담아내고, 쿠르 부용을 끓여서 맛을 농축시킨 채소 위에 끼얹습니다. 채소가 식으면 오르되브르로 내거나 다른 채소를 곁들여 샐러드로 내면 됩니다.

### ❖ 쿠르 부용(*court bouillon*)
### 채소로 만든 향긋한 브로스

**채소 약 450g(약 4컵 분량)**

물 2컵
올리브유 6TS
레몬즙 ⅓컵
소금 ½ts
다진 셜롯 또는 골파 2TS
허브(부케 가르니로 만들어도
　좋음): 파슬리 줄기 6대
　(가능하다면 뿌리도 포함),
　잎사귀가 달린 작은 셀러리 줄기
　1대 또는 셀러리 씨 ⅛ts, 펜넬
　줄기 1대 또는 펜넬 씨 ⅛ts, 타임
　줄기 1대 또는 말린 타임 ⅛ts,
　후추 열매 12알, 고수 씨 6개
약 5L 용량의 법랑 또는 스테인리스
　소스팬(뚜껑 필요)

모든 재료를 소스팬에 넣고 뚜껑을 덮은 채 10분 동안 약한 불로 끓입니다.

## ❖ 샹피뇽 아 라 그레크(*champignons à la grecque*)

쿠르 부용에 익힌 양송이버섯

| | |
|---|---|
| 양송이버섯(가능하다면<br>　단추 크기) 약 450g<br>쿠르 부용(체에 걸러도 좋음) 1컵 | 버섯을 다듬고 씻습니다. 작은 버섯은 그대로 두고, 큰 버섯은 4등분합니다. 버섯을 약한 불에 끓고 있는 쿠르 부용에 넣고 잘 섞습니다. 뚜껑을 덮고 10분 동안 약한 불에 끓입니다. |
| 구멍 뚫린 스푼<br>접시<br>소금, 후추 | 구멍이 뚫린 스푼으로 버섯을 소스팬에서 건져내어 접시에 담습니다. 남은 쿠르 부용을 빠르게 가열해 시럽처럼 될 때까지 졸입니다. 간을 맞추고 체에 걸러 버섯에 끼얹습니다.<br>[*] 버섯이 식으면 뚜껑을 덮은 채로 2~3일 동안 냉장 보관할 수 있습니다. |
| 다진 파슬리 또는 다양한 녹색<br>　허브 2~3TS | 식탁에 내기 직전에 허브를 뿌립니다. |

### ☞ 쿠르 부용에 익힌 기타 채소

다음에 나오는 채소는 전부 쿠르 부용과 함께 낼 수 있습니다. 쿠르 부용 레시피를 따라 만들고, 손질한 채소를 넣어 각각의 설명대로 약한 불에 끓인 뒤 건져서 접시에 담습니다. 쿠르 부용이 ¼컵 이하가 되도록 졸인 다음, 채소에 끼얹어 차갑게 식힙니다. 녹색 허브를 다져서 위에 뿌리고 식탁에 올리면 됩니다.

## ❖ 퐁 다르티쇼 아 라 그레크(*fonds d'artichauts à la grecque*)

쿠르 부용에 익힌 아티초크 밑동

**신선한 아티초크 밑동**

요리에 들어가기에 앞서 515쪽에 나온 방법대로 아티초크를 손질합니다. 초크(choke) 부분은 다 익힌 다음 제거하면 됩니다. 쿠르 부용에 넣어 약한 불에 끓이는 시간은 30~40분입니다.

**냉동 아티초크 하트**

요리에 들어가기에 앞서 아티초크 하트를 서로 분리될 수 있을 만큼 해동시킵니다. 아티초크는 냉동하기 전에 산 성분을 추가했으므로, 쿠르 부용을 만들 때 레몬즙은 1티스푼만 넣도록 합니다. 쿠르 부용에 넣어 약한 불에 끓이는 시간은 약 10분입니다.


### ✤ 셀리 아 라 그레크(*céleri à la grecque*)
쿠르 부용에 익힌 셀러리

'셀러리 하트'라고 표시된 셀러리 다발을 삽니다. 줄기의 바깥쪽 거친 부분은 전부 제거하고, 잎사귀가 돋아나기 시작하는 지점을 기준으로 윗부분은 잘라서 버립니다. 세로로 2등분 또는 4등분한 다음, 흐르는 물에 잘 씻어서 오븐용 용기에 담습니다. 뜨거운 쿠르 부용을 셀러리가 잠길 만큼 끼얹습니다. 모자라다면 물을 넣어도 됩니다. 용기의 뚜껑을 덮고 약하게 끓어오를 때까지 가열한 다음, 175℃로 예열해둔 오븐에 30~40분 동안 또는 셀러리가 부드러워질 때까지 굽습니다.


### ✤ 콩콩브르 아 라 그레크(*concombres à la grecque*)
쿠르 부용에 익힌 오이

오이는 껍질을 벗기고 세로로 절반 잘라, 스푼으로 씨를 긁어냅니다. 1cm 폭이 되도록 길게 썬 다음, 약 5cm 길이로 썹니다. 볼에 넣고 잘라낸 오이 4컵마다 소금 ½티스푼을 더해 잘 섞어준 다음 20분 동안 그대로 둡니다. 물기를 전부 빼고 앞의 레시피대로 합니다. 쿠르 부용에 넣어 약한 불에 끓이는 시간은 약 10분입니다.


### ✤ 오베르진 아 라 그레크(*aubergines à la grecque*)
쿠르 부용에 익힌 가지

가지는 껍질을 벗기고 한입 크기로 썬 다음, 가지 4컵마다 소금 ½티스푼, 레몬즙 1티스푼을 섞어 20분간 그대로 둡니다. 물기를 잘 뺀 다음 앞의 레시피를 따르세요. 쿠르 부용에 넣어 약한 불에 끓이는 시간은 약 10분입니다.

## ❖ 앙디브 아 라 그레크(*endives à la grecque*)
쿠르 부용에 익힌 엔다이브


## ❖ 프누유 아 라 그레크(*fenouil à la grecque*)
쿠르 부용에 익힌 펜넬

엔다이브나 펜넬은 세로로 2등분 또는 4등분해 흐르는 찬물에 꼼꼼히 씻어낸 다음, 앞의 레시피를 따르세요. 쿠르 부용에 넣어 약한 불에 끓이는 시간은 30~40분입니다.


## ❖ 푸아로 아 라 그레크(*poireaux à la grecque*)
쿠르 부용에 익힌 리크

리크는 뿌리를 잘라내고 초록색 부분에 길게 2개의 칼집을 낸 다음, 전체 길이가 약 18cm 가 되도록 초록색 잎의 끝 부분을 잘라냅니다. 잎사귀마다 꼼꼼히 흐르는 찬물에 씻어서 남아 있는 흙이 없도록 합니다. 내열 용기에 담긴 리크가 잠길 만큼 뜨거운 쿠르 부용을 끼 얹습니다. 쿠르 부용의 양이 부족하다면 끓는 물을 더 넣습니다. 뚜껑을 덮고 스토브에 올 려 끓이고 나서, 약 175℃로 예열해둔 오븐에 30~40분 동안 또는 리크가 푹 익을 때까지 넣어둡니다. 쿠르 부용을 따라내고 부피가 ⅓로 줄어들 때까지 졸인 다음, 리크에 끼얹고 그대로 식힙니다.


## ❖ 오뇽 아 라 그레크(*oignons à la grecque*)
쿠르 부용에 익힌 양파

지름 약 2.5cm가량의 알이 작은 흰 양파를 끓는 물에 1분 잠기게 둡니다. 물을 버리고 껍 질을 깝니다. 뿌리 부분에 십자로 칼집을 내어 균일하게 익을 수 있도록 합니다. 앞의 레시 피대로 합니다. 쿠르 부용에 넣어 약한 불에 끓이는 시간은 30~40분입니다.

## ❖ 푸아브롱 아 라 그레크(*poivrons à la grecque*)

쿠르 부용에 익힌 피망

피망을 세로로 잘라 씨와 심을 제거한 다음, 다시 2등분 또는 4등분합니다. 앞의 레시피대로 합니다. 쿠르 부용에 넣어 약한 불에 끓이는 시간은 약 10분입니다.

---

## 셀리라브 레물라드(*céleri-rave rémoulade*)
### 머스터드 소스를 뿌린 셀러리악

이 방법으로 요리한 셀러리악은 프랑스에서 일반적으로 오르되브르로 먹습니다. 익히지 않은 셀러리악은 보통 질기기 때문에 우선 소금과 레몬즙에 담가두어야 합니다. 하지만 '쥘리엔'이라고 하는 프랑스식 소형 채소 밀을 쓰면 이 과정을 건너뛰고 바로 소스를 끼얹을 수 있습니다.

**주의**: 셀리라브 레물라드는 소스 레물라드와는 전혀 관련이 없습니다. 소스 레물라드는 피클과 케이퍼 등을 섞은 마요네즈입니다.

---

| | |
|---|---|
| 셀러리악 약 450g<br>　(썰었을 때 3~3½컵 분량)<br>약 2L 용량의 믹싱볼<br>소금 1½ts<br>레몬즙 1½ts | 셀러리악은 껍질을 벗기고 69쪽 그림을 따라 길게 채를 썹니다. 믹싱볼에 넣고 소금과 레몬즙에 버무려 30분 동안 둡니다. 찬물에 헹구고 물기를 뺀 뒤 키친타월로 남은 물기를 닦아냅니다. |
| 디종 타입의 강한 머스터드 소스<br>　4TS<br>뜨거운 물 3TS<br>거품기<br>올리브유 또는<br>　샐러드유 ⅓~½컵<br>와인 식초 2TS<br>소금, 후추 | 믹싱볼을 따뜻한 물로 데운 다음 물기를 제거합니다. 머스터드를 넣고 뜨거운 물을 방울방울 떨어뜨려 거품기로 섞습니다. 기름을 한 방울씩 떨어뜨리며 거품기로 섞어 걸쭉한 소스를 만듭니다. 식초를 한 방울씩 넣어 섞은 다음 간을 맞춥니다. |
| 다양한 녹색 허브 다진 것 또는<br>　다진 파슬리 2~3TS | 셀러리악을 소스에 넣고 2~3시간, 또는 하룻밤 둡니다. 식탁에 내기 전에 허브를 뿌려 장식합니다. |

# 폼 드 테르 아 뤼일(*pommes de terre à l'huile*)

슬라이스한 감자에 오일과 식초 드레싱을 뿌린 프랑스식 샐러드

삶은 감자가 드레싱을 흡수할 수 있도록 뜨거울 때 슬라이스해 드레싱을 끼얹습니다. 뜨거운 상태 그대로, 또는 차갑게 식혀 그릴에 구운 소시지와 함께 먹으면 잘 어울립니다. 취향에 따라 감자에 마요네즈를 섞어도 좋습니다. 삶아서 슬라이스해도 부스러지지 않는 감자를 쓰세요.

## 6컵 분량

| | |
|---|---|
| '삶기용' 감자 약 900g<br>　(중간 크기의 감자 8~10개)<br>약 3L 용량의 믹싱볼 | 감자를 문질러 씻습니다. 감자가 잠길 만큼의 물에 소금을 넣어 끓이고, 감자를 넣습니다. 작은 칼로 찔러 부드럽게 들어갈 때까지 삶은 다음 물기를 뺍니다. 손으로 집을 수 있을 만큼 식으면 바로 껍질을 벗기고 약 3mm 두께로 썰어 믹싱볼에 넣습니다. |
| 드라이한 화이트 와인 4TS 또는<br>　드라이한 화이트 베르무트<br>　2TS에 스톡 또는 통조림 부용<br>　2TS을 섞은 것 | 와인이나 베르무트, 스톡 또는 부용을 따뜻한 감자에 끼얹어 살살 뒤섞어줍니다. 감자가 액체를 흡수할 때까지 몇 분간 그대로 둡니다. |
| 와인 식초 2TS, 또는 식초 1TS에<br>　레몬즙 1TS을 섞은 것<br>머스터드 소스 1ts<br>소금 ¼ts<br>작은 볼과 거품기<br>올리브유 또는 샐러드유 6TS<br>후추<br>선택: 다진 셜롯 또는 골파 1~2TS | 작은 볼에 식초 또는 식초와 레몬즙, 머스터드와 소금을 거품기로 섞습니다. 소금이 다 녹으면 오일을 한 방울씩 넣어 섞습니다. 취향에 따라 간을 맞추고 셜롯이나 골파(선택)를 넣어도 좋습니다. 만들어진 드레싱을 감자에 끼얹고 살살 섞어줍니다. |
| 다양한 녹색 허브 다진 것 또는<br>　파슬리 2~3TS | 따뜻한 상태로 또는 차갑게 식혀서 냅니다. 식탁에 내기 전 허브를 뿌려 장식합니다. |

# 섞지 않고 재료별로 가지런히 담아낸 샐러드
## Salades Composées

접시에 구역을 나누어 각 재료를 담아내는 샐러드 레시피 3가지와, 재료를 한데 섞은 샐러드 레시피 여러 개를 소개합니다. 후자의 경우 녹색 채소에 소스 비네그레트를 뿌리고 30분이 넘으면 신선한 색감이 사라지기 때문에, 조리 과정에서 각 샐러드 재료마다 그릇을 따로 써서 준비하는 것이 좋습니다. 내기 직전에 각 재료를 드레싱과 섞은 다음, 접시에 담습니다.

---

## 샐러드 니수아즈(*salade niçoise*)
### 지중해풍 콤비네이션 샐러드

보통 이 맛있는 샐러드에는 참치, 앤초비, 토마토, 감자, 껍질콩, 삶은 달걀, 상추가 들어갑니다. 각 재료를 원하는 방식으로 담아내어 시각적 효과를 주면 됩니다. 오르되브르로 내거나 여름철에 메인 코스 샐러드 요리로 내면 좋습니다.

**6~8인분**

아리코 베르 블랑시(531쪽,
　냉동 껍질콩은 537쪽) 3컵
4등분한 토마토 3~4개
소스 비네그레트(94쪽) 1컵
잎사귀를 떼어내 씻은 다음 물기를
　빼고 말린 보스턴상추 1통
샐러드 볼
폼 드 테르 아 뤼일(541쪽) 3컵
기름을 뺀 통조림 참치(통살) 1컵
씨를 뺀 블랙 올리브 ½컵
　(지중해식으로 말린 것이 좋음)
완숙으로 삶아 차갑게 식힌 뒤
　껍질을 벗겨 4등분한 달걀
　2~3개
통조림 앤초비 필레 6~12개
다진 녹색 허브 2~3TS

내기 직전에 껍질콩과 토마토에 비네그레트 몇 스푼을 끼얹어 간합니다. 상추 잎사귀는 샐러드 볼에서 비네그레트 ¼컵에 버무린 다음 볼 가장자리에 깝니다. 감자는 볼의 가장 밑에 얹고, 그 위에 껍질콩과 토마토, 참치, 올리브, 달걀, 앤초비를 모양을 내어 올립니다. 남은 드레싱을 끼얹고 허브를 뿌려 냅니다.

## 살라드 드 뵈프 아 라 파리지엔(*salade de bœuf à la parisienne*)
### 차가운 소고기와 감자 샐러드

삶거나 브레이징한 소고기를 활용해 여름철용 메인 코스 요리로 내거나 콜드 뷔페 테이블에 활용하기 좋은 레시피입니다. 고기의 양에 따라 나머지 재료의 양도 달라지니 분량을 명시하지는 않겠습니다.

삶거나 브레이징한 소고기를
　식혀서 얇게 슬라이스한 것
소스 비네그레트(143쪽)
순한 맛의 양파를 링 형태가
　되도록 세로로 얇게 썬 것
접시
폼 드 테르 아 뤼일(639쪽)
보스턴상추 또는 워터크레스
완숙으로 삶아 4등분한 달걀
4등분한 토마토
선택: 익혀서 차갑게 식힌
　껍질콩, 브로콜리나 콜리플라워,
　또는 통조림 비트
다진 녹색 허브

각각의 볼에 소고기와 양파를 담고 소스 비네그레트를 부어 최소 30분 동안 마리네이드합니다. 접시에 소고기를 양파와 번갈아 올리고 나머지 재료를 예쁘게 올립니다. 그 위에 소스 비네그레트를 스푼으로 떠서 끼얹은 다음 허브를 뿌려 냅니다.


## 살라드 아 라 다르장송(*salade à la d'Argenson*)
### 쌀이나 감자를 곁들인 비트 샐러드

비네그레트에 쌀이나 감자를 비트와 함께 일정 시간 동안 마리네이드하면 전부 비트 색깔로 물이 듭니다. 마리네이드가 끝나면 허브를 넣은 마요네즈를 섞거나, 온갖 익힌 채소와 고기, 메인 요리에서 남은 생선 등을 곁들여 영양이 풍부한 오르되브르나 메인 코스 요리, 또는 피크닉에 어울리는 요리로 활용할 수 있습니다.

**약 1L 이상의 분량**

살라드 드 리(628쪽), 또는
　삶아서 껍질을 벗겨 깍둑썰기한
　따뜻한 상태의 감자 2컵
깍둑썰기한 익힌 비트 또는
　통조림 비트 2컵
다진 셜롯 또는 골파 4TS
약 2L 용량의 볼
소스 비네그레트(143쪽) ¾컵

쌀이나 감자, 비트와 셜롯 또는 골파를 볼에 넣고 비네그레트와 뒤섞습니다. 취향에 따라 간을 맞추고 뚜껑을 덮은 뒤 최소 12시간 동안 (24시간 권장) 냉장 보관합니다.

마요네즈 오 핀 제르브
　또는 마요네즈 베르트(138쪽)
　1½~2컵
소금, 후추
다음 중 1가지 또는 몇 가지를 섞은
　1컵:
① 익힌 완두콩, 익혀서 잘게
　썬 껍질콩 또는 콜리플라워,
　브로콜리, 당근, 순무,
　아스파라거스
② 익혀서 잘게 썬 소고기 또는
　돼지고기, 가금류, 생선
③ 잘게 부스러진 통조림 참치
　또는 연어
④ 잘게 썬 생사과
⑤ 강판에 간 생당근
⑥ 호두
샐러드 볼
다음 중 선택해서 장식
　(전부도 가능):
　그린 올리브 또는 블랙 올리브,
　앤초비, 완숙으로 삶아
　슬라이스한 달걀, 워터크레스,
　파슬리 줄기

내기 전에 마요네즈와 다른 재료(①~⑥)를 섞고, 간을 잘 맞춥니다. 샐러드를 볼에 담고 장식을 얹어 냅니다.

# 아스픽
## *Préparations Froides en Aspic*

차갑게 식혀 타라곤 잎으로 장식한 닭고기를 젤리로 굳힌 요리, 닭 간을 틀에 넣어 굳힌 아스픽, 뵈프 모드 앙 줄레 등은 여름철에 내기 좋은 메뉴입니다. 특히 음식을 장식하는 것을 좋아한다면 즐겁게 만들 수 있습니다. 미적 감각을 발휘해 화려한 연출을 가미해도 좋고, 재미를 우선해도 좋습니다. 조금 경험이 쌓인다면 프로의 손길에서 탄생한 듯한 요리를 만들어낼 수 있을 것입니다.

### ** 줄레(*gelée*), 젤리(jelly), 아스픽(*aspic*)의 정의

'줄레'는 프랑스 요리에서 비프, 빌, 치킨, 피시 스톡처럼 자체적으로 젤라틴 성분을 함유하거나 젤라틴이 첨가되어 차갑게 식으면 단단해지는 것을 지칭하는 용어입니다. 요리가 액체 상태일 때도 굳은 상태일 때도 똑같이 '줄레gelée'라고 표현합니다. 이 책에서는 이러한 상태의 요리를 '젤리(jelly)' 또는 '젤리형 스톡(jellied stock)'이라 지칭하도록 하겠습니다. 이때 해당 요리는 차가울 수도 따뜻할 수도 있으며, 액체일 수도 고체일 수도 있습니다. 아스픽(aspic)은 젤리 그 자체를 가리킨다기보다, 젤리를 씌우거나 젤리에 굳혀 플레이팅까지 마친 요리 전체를 가리킵니다.

### ** 젤리 레시피

홈메이드 젤리형 스톡의 레시피는 166쪽에 나와 있습니다. 이 종류의 스톡은 거의 예외 없이 정제 과정을 거칩니다. 달걀흰자를 넣고 끓여 맑은 상태로 만든다는 뜻이죠. 스톡의 정제 방법은 165쪽에 나와 있습니다. 통조림 부용과 콩소메는 166쪽에 나온 방법에 따라 가루로 된 젤라틴을 섞어서 젤리로 만들 수 있습니다. 그 뒤로는 와인으로 젤리에 맛을 추가하는 방법이 소개되어 있습니다.

### ** 젤리 활용법

젤리는 요리에 활용하기에 앞서 점도를 확인해야 하는데, 방법은 다음과 같습니다. 우선 차가운 상태의 작고 오목한 그릇에 젤리를 약 1cm 높이로 담아서 10분 동안 또는 젤리가 단단해질 때까지 냉장실에 넣습니다. 그다음 포크로 으깨어 실온에 두었을 때, 조각난 젤리가 모양을 유지하면서도 질겨지지 않는지 확인하세요. 더 많은 정보와 젤라틴의 분량에 대한 설명은 166쪽에 나와 있습니다.

젤리를 단단하게 굳히려면 시간과 각얼음을 충분히 써야 합니다. 서둘러서는 안 됩니다.

복잡한 장식도 한 번에 끝낼 필요가 없습니다. 젤리를 스푼으로 끼얹어 겹겹이 쌓아 굳히는 과정은 어쩌다 한 번씩 시간이 날 때마다 하면 되며, 그다음날에 마무리해도 됩니다.

### 아스픽으로 요리 코팅하기

젤리형 스톡은 차가워지면 매우 빠르게 굳습니다. 요리를 젤리로 겹겹이 덮어서 굳힐 때는 스톡 전체를 데우는 대신 매번 필요한 만큼만 작은 소스팬에 덜어서 가열하면 됩니다. 데운 젤리형 스톡을 각얼음에 올린 용기에 담아 휘젓다가, 시럽처럼 걸쭉하게 변하면 스톡이 곧 응고된다는 신호입니다. 그때 즉시 얼음에 파묻어두었던 용기를 들어내고, 젤리를 스푼으로 떠서 차갑게 식힌 요리 위에 끼얹으면 됩니다. 요리는 10분 동안 다시 냉장해 새롭게 끼얹은 젤리 층을 굳힙니다. 요리 위에 쌓아 굳힌 젤리가 약 3mm 두께로 쌓일 때까지 같은 과정을 두세 번 더 반복하세요.

## ** 장식하기

### 다진 젤리

접시에 담은 요리 위로 젤리를 스푼으로 떠서 올릴 때면 보통 빈 공간이 생기거나 젤리가 요리의 가장자리 너머로 미끄러지기 마련입니다. 다진 젤리를 활용하면 이런 걱정은 하지 않아도 됩니다. 만드는 법은 다음과 같습니다. 접시나 팬에 젤리를 약 1cm 두께로 붓고 냉장해서 응고시킵니다. 그다음 굳은 젤리에 가로세로 3mm 이하 간격의 그물눈 모양으로 칼집을 냅니다. 짤주머니에 젤리를 넣어 요리 테두리를 따라 짜내거나, 접시의 빈 곳을 채워도 좋고, 그대로 스푼으로 떠서 원하는 곳에 쌓아도 좋습니다.

### 모양을 내서 잘라낸 젤리

요리 가장자리에 올려 장식하기 좋습니다. 접시나 팬에 젤리를 약 6mm 두께로 부어 냉장해서 응고시킨 다음 삼각형, 사각형, 다이아몬드 모양 등으로 잘라서 쓰면 됩니다.

### 디자인과 색깔

소용돌이 모양이나 식물 줄기, 나뭇가지, 꽃, 기하학적 패턴 등 화려한 장식을 만들 수 있습니다. 다음과 같이 해보세요. 우선 차갑게 식힌 요리 위에 젤리를 스푼으로 떠서 두세 겹 쌓습니다. 그다음 역시 차갑게 식힌 장식용 재료를 다양한 모양으로 잘라냅니다. 이를 바늘이나 꼬챙이 2개로 집어서, 거의 응고가 끝난 젤리에 살짝 담가 요리 위에 얹습니다. 접시를 냉장해 요리를 덮은 젤리와 장식용 재료를 함께 굳힙니다. 마지막으로 젤리를 한두 겹 더 끼얹어 고정된 장식용 재료 위를 투명하게 코팅합니다. 색깔별로 다음을 쓰면 됩니다.

**검정색:** 얇게 썬 트러플 또는 블랙 올리브.

**빨간색:** 통조림된 붉은 피망을 얇게 썰거나 사각형, 원형으로 모양을 내서 자른 것. 껍질과 씨를 제거하고 즙을 짜낸 토마토 과육(599쪽)을 잘게 썰거나 슬라이스하거나, 키친 타월에 감싼 상태로 짓눌러서 작은 공 모양으로 뭉친 것.

**노란색:** 완숙으로 삶은 달걀노른자에 말랑한 버터를 으깨어 넣고, 깍지를 낀 짤주머니에 담아 점 또는 물방울 모양으로 짜낸 것.

**주황색:** 익힌 당근을 슬라이스하거나 잘게 썰거나 길고 얇게 썬 것.

**초록색:** 타라곤 또는 절인 타라곤 잎을 끓는 물에 30초 데친 다음, 찬물에 헹구어 키친 타월에 말린 것. 초록 피망을 익혀서 얇고 길게 썰거나 잘게 썬 것. 리크나 골파의 초록색 잎 부분을 수 분 동안 연해질 때까지 약한 불에 데친 뒤, 찬물에 헹궈서 물기를 말린 다음 가늘게 썰어낸 것. 특히 소용돌이 모양이나 미모사의 줄기 모양을 연출할 때 좋습니다. 미모사 꽃은 앞의 노란색 재료로 짜내면 됩니다.

**흰색:** 완숙으로 삶은 달걀흰자를 얇게 슬라이스하거나 다지거나 특정 모양으로 자른 것.

## 외프 앙 줄레(*œufs en gelée*)
### 젤리에 넣은 포치드 에그

첫번째 코스 메뉴나 오찬 메뉴로 내어도 좋고, 차가운 육류나 생선, 채소 요리의 가장자리를 장식하는 데 써도 좋습니다.

**달걀 6개 분량**

젤리(166쪽 젤리형 스톡 또는 166쪽 젤라틴을 넣은 통조림 콩소메) 3컵

½컵 용량의 원형 또는 타원형 틀 (금속 재질이 결과물을 빼내기 쉬움) 6개

젤리를 약 3mm 높이로 틀마다 채운 다음 10분 동안 또는 젤리가 응고될 때까지 냉장실에 둡니다.

| | |
|---|---|
| 타라곤 잎 12장<br>　(생잎 또는 식초에 절인 것) | 타라곤 잎을 끓는 물에 넣고 30초 동안 데친 다음 건져서 찬물에 헹굽니다. 물기를 빼내고 남은 물기를 말려서 차갑게 식힙니다. 거의 다 굳은 젤리에 살짝 담근 다음, 틀마다 부어둔 젤리 위에 십자 모양으로 포갭니다. 타라곤 잎이 굳을 수 있도록 몇 분 더 냉장합니다. |
| 차갑게 식힌 포치드 에그<br>　(170쪽) 6개 | 틀에 포치드 에그를 넣습니다. 가장 안 예쁜 면이 위를 향하게 합니다. 거의 다 응고된 젤리를 포치드 에그가 잠길 만큼 붓습니다. 젤리가 다 굳을 때까지 1시간 정도 냉장하세요. |
| 차가운 접시<br>상추 잎 여러 장 | 내기 전에 틀을 뜨거운 물에 3~4초 동안 담그세요. 틀 가장자리를 따라 칼날을 넣어 빙 돌리고 틀을 뒤집은 뒤 쳐서 상추 잎을 깔아둔 차가운 접시 위에 내용물을 빼냅니다. |

☞ **기타 장식**

타라곤 잎 위에 얇게 썬 햄을 올리세요. 또는 틀 바닥에 트러플을 보기 좋게 깔고 그 위에 푸아그라와 포치드 에그를 차례로 올린 뒤, 나머지 젤리를 부어도 좋습니다.

---

# 푸아 드 볼라유 앙 아스피크(*foies de volaille en aspic*)‡
## 젤리에 넣은 닭 간

버터에 소테한 닭 간을 와인에 조려 젤리에 넣은 요리입니다. 만들기가 간단하며 오르되브르로 내기 좋습니다.

### ½컵 용량의 틀 6개 분량

| | |
|---|---|
| 젤리(166쪽 젤리형 스톡 또는<br>　166쪽 젤라틴을 넣은 통조림<br>　콩소메) 2½컵<br>½컵 용량의 원형 또는 타원형 틀<br>　(되도록 금속 재질) 6개 | 각 틀에 젤리를 약 3mm 높이로 붓고 냉장해 굳힙니다. |
| 닭 간(큰 것) 6개 | 닭 간의 검푸른 부분을 잘라냅니다. 키친타월로 물기를 전부 제거합니다. |

| | |
|---|---|
| 지름 약 20cm의 법랑 스킬릿<br>버터 2TS<br>기름 1TS<br>잘게 다진 셜롯 또는 골파 2TS | 적당히 센 불에 스킬릿을 얹어 버터와 기름을 달굽니다. 버터의 거품이 거의 가라앉을 즈음 닭 간을 넣고 겉면이 살짝 노릇해지도록 2분 동안 소테합니다. 셜롯과 골파를 넣고 가볍게 섞으며 5초 동안 더 소테한 다음 스킬릿에 뚜껑을 비스듬히 씌워 기름을 전부 따라냅니다. |
| 소금 크게 1자밤<br>후추 1자밤<br>올스파이스 1자밤<br>마데이라 와인이나 포트와인 ½컵,<br>  또는 코냑 ⅓컵 | 닭 간에 양념을 뿌리고 와인 또는 코냑을 붓습니다. 스킬릿 뚜껑을 덮고 약한 불로 8분 동안 끓인 다음, 닭 간을 건져내 따로 한쪽에 둡니다. 남은 액체를 팔팔 끓여 시럽처럼 걸쭉하게 변하면 스토브에서 내립니다. 닭 간을 다시 스킬릿에 넣어 굴려서 만들어진 소스를 골고루 묻힌 다음 차갑게 식힙니다. |
| 선택: 트러플 슬라이스 6개<br>차가운 접시 및 개인 접시<br>상추 잎 여러 장 | 틀마다 젤리를 붓고 트러플을 올린 다음, 그 위에 닭 간을 얹습니다. 거의 응고된 상태의 남은 젤리로 틀을 채워넣고 1시간 정도 냉장합니다. 틀에서 내용물을 빼내 상추 위에 올려서 냅니다. |

### ❖ 오마르, 크라브, 크르베트 앙 아스피크(*homard, crabe, ou crevettes en aspic*)
아스픽에 넣은 바닷가재살, 게살, 새우살

앞의 레시피에서 닭 간 대신 살을 발라낸 바닷가재, 게, 새우를 쓰면 됩니다.

---

### 풀레 앙 줄레 아 레스트라공(*poulet en gelée à l'estragon*)
젤리에 넣은 닭고기와 타라곤

칠면조, 코니시 헨, 어린 비둘기, 뿔닭, 꿩도 같은 방법으로 요리할 수 있습니다.
타라곤 젤리에 넣은 닭고기는 차갑게 먹는 가금류 메뉴 중에서도 만들기 쉽고 맛있기로 손꼽힙니다. 타라곤으로 맛을 낸 스톡에 닭고기가 완전히 잠기도록 하여 데친 다음 남은 스톡을 정제하여 젤리로 만들어도 좋고, 이 레시피에서 제시하는 더 단순한 방법을 따라도 좋습니다.

**6인분**

## 닭고기 익히기

손질이 끝난 로스팅용 닭
　약 1.4kg짜리 1마리
닭고기 안쪽에 양념할 소금 ⅛ts,
　버터 ½TS, 타라곤 줄기 3대 또는
　말린 타라곤 ½ts
겉면을 노릇하게 익히기 위한 버터
　2TS과 기름 1TS
뚜껑이 있는 묵직한 내열 캐서롤
소금 ¼ts
캐서롤에 뿌릴 타라곤 줄기 3대
　또는 말린 타라곤 ½ts

319쪽 풀레 푸알레 아 레스트라공 레시피를 따라, 닭고기 안쪽을 소금과 버터, 타라곤으로 양념합니다. 꼬챙이로 닭고기를 고정하고 겉면에 버터를 바른 다음, 캐서롤에 버터와 기름을 달궈 겉면을 전체적으로 노릇하게 익힙니다. 닭고기에 소금과 타라곤을 순서대로 뿌리고 뚜껑을 덮은 뒤 160℃로 예열해둔 오븐에 1시간 10분~1시간 20분 정도 굽습니다. 오븐에서 꺼내 닭고기를 실온에서 완전히 식힌 다음 냉장하세요.

## 타라곤 젤리

타라곤 줄기 2~3대 또는
　말린 타라곤 1ts
젤리(166쪽 브라운 치킨 스톡으로
　만든 젤리형 스톡 또는 166쪽
　젤라틴을 넣은 통조림 콩소메)
　4컵
법랑 소스팬

타라곤을 젤리에 넣어 섞고 약한 불에 얹습니다. 끓어오르면 뚜껑을 덮고 아주 약한 불로 10분 동안 가열해 타라곤을 우려냅니다.

마데이라 또는 포트와인 4~5TS
차가운 오목한 그릇

소스팬을 스토브에서 내린 다음 원하는 맛이 날 때까지 맛을 보며 1스푼씩 와인을 넣어 섞습니다. 아주 촘촘한 체 또는 깨끗한 면포를 몇 겹으로 겹친 것에 통과시켜 걸러냅니다. 차갑게 해둔 오목한 그릇에 조금 옮겨 담아 냉장시켜 적당히 단단하게 응고되는지 확인합니다.

## 닭고기 장식하기

약 40cm 길이의 타원형 접시

젤리를 3mm 높이로 붓고 냉장실에 넣어 굳힙니다.

닭고기를 발라내어 굳은 젤리 위에 모양새 있게 올립니다. 접시를 다시 냉장실에 넣습니다.

| | |
|---|---|
| 작은 소스팬<br>각얼음 | 소스팬을 얼음 위에 올리고 젤리를 1컵 넣어 휘젓습니다. 젤리가 걸쭉해져 거의 굳으면 소스팬을 바로 얼음에서 내립니다. 젤리를 스푼으로 떠서 닭고기 위에 끼얹습니다. 이 첫번째 젤리 층은 닭고기에 잘 달라붙지 않을 것입니다. 다시 닭고기를 10분 동안 냉장한 다음, 얼음에 올려 젤리가 거의 굳으면 닭고기 위에 끼얹습니다. 같은 과정을 반복하세요. |
| 타라곤 잎 또는 식초에 절인<br>  타라곤 잎 20~30장<br>꼬챙이, 젓가락 또는 작고 뾰족한<br>  칼 2개(타라곤 잎을 집는 용도)<br>거의 굳은 젤리가 담긴 오목한 그릇 | 타라곤 잎은 끓는 물에 10초 동안 데친 다음 얼음물에 헹구고 물기를 제거합니다. 거의 굳은 젤리에 잎을 하나씩 살짝 담가서 닭고기 위에 모양새 있게 올린 다음 냉장해서 굳힙니다. 마지막으로 거의 굳은 상태의 젤리를 한 겹 더 올리세요. |
| 팬 또는 접시 | 남은 젤리를 팬이나 접시에 담아 냉장시켜 응고시킵니다. 젤리를 약 3mm 크기로 다져 닭고기 둘레에 얹으세요. |
| | 냉장실에 넣어둡니다. 아주 더운 날씨가 아니라면 내기 1시간 전에 꺼내두세요. 닭고기는 너무 차갑지 않은 상태일 때 맛이 더 풍부하게 살아납니다. |

---

## 쉬프렘 드 볼라유 앙 쇼프루아, 블랑슈네주‡
### (*suprêmes de volaille en chaud-froid, blanche-neige*)
소스 쇼프루아를 끼얹은 닭가슴살

맛있고도 만들기 쉬운 장식적인 아스픽 요리로, 레시피 끝에 제시된 바와 같이 다양한 응용 메뉴로 활용이 가능합니다. 닭가슴살에 얹힌 상태로 응고되어 아스픽이 되는 차가운 크림소스는 클래식한 소스 쇼프루아(밀가루 기반의 소스 블루테를 젤리형으로 만들어 크림을 넣은 것)와 흡사합니다. 이 레시피에서 쓰이는 소스 쇼프루아 블랑슈네주는 타라곤으로 맛을 낸 스톡과 크림에 젤라틴을 풀어 졸인 것입니다. 일반 소스 쇼프루아에 비해 훨씬 가볍고 식감도 더 좋다는 것이 우리의 의견입니다. 오찬 메뉴로 내거나, 콜드 뷔페를 구성하는 요리 중 하나로 내면 좋습니다.

**6인분**

| | |
|---|---|
| 쉬프렘(튀김용 닭 3마리에서<br>  껍질과 뼈를 제거해 절반으로<br>  나눈 닭가슴살) 6개<br>큰 접시<br>유산지 | 339쪽 쉬프렘 드 볼라유 아 블랑 레시피의 앞부분에 나온 대로 닭가<br>슴살을 버터에 익힙니다. 기름을 따라내고 실온에서 식힌 다음 접시<br>에 담고 유산지를 덮어 냉장합니다. |

| | |
|---|---|
| 휘핑크림 1¼컵<br>306쪽 화이트 치킨 스톡 1½컵<br>  또는 얇게 슬라이스한 당근과<br>  양파 각각 ¼컵과 타임 1자밤을<br>  넣고 20분 동안 약한 불에 끓인<br>  통조림 치킨 브로스 1½컵<br>타라곤 줄기 1대 또는 말린 타라곤<br>  ¼ts<br>소금, 백후추 | 휘핑크림과 치킨 스톡 또는 치킨 브로스, 타라곤을 약한 불로 소스<br>팬에서 10분 정도 끓여 2컵 분량으로 졸입니다. 간을 맞추고 체에 거<br>릅니다. |

| | |
|---|---|
| 젤라틴 1TS<br>드라이한 화이트 베르무트 3TS | 젤라틴을 베르무트에 넣고 몇 분 동안 갠 다음, 앞서 만든 크림 혼합<br>물에 넣어 섞습니다. 이렇게 만든 소스를 약한 불에 올려 저어가며<br>젤라틴을 완전히 녹이세요. 소스가 살짝 걸쭉해져 응고되기 직전까<br>지 식히거나 부순 얼음에 올려 휘젓습니다. |

| | |
|---|---|
| | 닭가슴살에 걸쭉해진 소스를 스푼으로 끼얹은 다음 냉장해서 소스<br>를 굳힙니다. 마지막 한 차례 끼얹을 분량이 남을 때까지 같은 방법<br>으로 닭가슴살에 소스를 수차례 끼얹습니다. |

| | |
|---|---|
| 타라곤 잎이나 식초에 절인<br>  타라곤 잎 1움큼 또는 얇게<br>  슬라이스하거나 잘게 다진<br>  트러플 1움큼<br>워터크레스 또는 파슬리 | 타라곤 잎을 끓는 물에 30초 동안 데치고, 얼음물에 헹구어 물기를<br>제거합니다. 닭가슴살을 마지막 남은 소스로 코팅하고, 즉시 그 위에<br>타라곤 잎 또는 트러플을 올려 장식합니다. 접시의 가장자리에 워터<br>크레스나 파슬리 줄기를 빙 둘러 올린 다음, 냉장 보관해두었다가 식<br>탁에 올리면 됩니다. |

## ✱✱ 단계 추가하기

타라곤 잎이나 트러플이 단단하게 응고되면, 닭가슴살 위에 거의 응고된 상태의 젤리를
1~2겹 더 끼얹어 굳힙니다. 이전에 소개한 풀레 앙 줄레 아 레스트라공 레시피와 같은 방
법입니다. 다진 젤라나 모양을 내 잘라낸 젤리로 접시를 장식해도 좋습니다.

## ❖ 쉬프렘 드 볼라유 앙 쇼프루아 아 레코세즈

**(suprêmes de volaille en chaud-froid à l'écossaise)**

다진 채소를 곁들여 소스 쇼프루아를 끼얹은 닭가슴살

| | |
|---|---|
| 앞의 기본 레시피에 나온 재료<br>잘게 썬 당근, 셀러리, 양파<br>⅓컵씩을 버터 1½TS에 연해질<br>때까지 익힌 것<br>잘게 다진 트러플 1~2개 또는<br>잘게 썰어 버터에 익힌 버섯 ¼컵 | 기본 레시피에서 치킨 스톡과 휘핑크림 섞은 것을 졸일 때 익힌 당근, 셀러리, 양파를 넣습니다. 트러플 또는 버섯을 넣어 섞고, 그다음 젤라틴을 섞고, 나머지는 기본 레시피대로 합니다. 이 소스를 쓰면 닭가슴살에 추가적인 장식을 얹을 필요가 없습니다. |

## ❖ 쉬프렘 에 무스 드 볼라유 앙 쇼프루아

**(suprêmes et mousse de volaille en chaud-froid)**

소스 쇼프루아를 끼얹은 닭가슴살과 닭고기 무스

결혼식 피로연 등 격식 있는 뷔페에 낼 만한 멋진 요리입니다. 다진 젤리와 모양을 내서 자른 젤리 등 장식을 위한 레시피는 아스픽의 도입부를 참고하세요. 대강 어떻게 준비하는 것이 좋은지를 설명한 레시피인 만큼 몇 인분에 해당하는지는 따로 밝히지 않겠습니다.

| | |
|---|---|
| 쉬프렘 드 볼라유 앙 쇼프루아,<br>블랑슈네주 재료 | 닭가슴살을 조리해 냉장한 다음, 기본 레시피에 나온 대로 소스 쇼프루아 소스를 만듭니다. 닭가슴살은 2등분 또는 3등분해도 좋습니다. |
| 무슬린 드 볼라유(659쪽) 또는<br>무스 드 푸아 드 볼라유(658쪽)<br>차가운 접시<br>닭고기와 닭고기 무스 위에 끼얹어<br>굳히고 기타 장식을 만들 만큼의<br>젤리(166쪽 젤리형 스톡 또는<br>166쪽 젤라틴을 넣은 통조림<br>콩소메) | 무스를 틀에서 빼 접시에 올리고 그 주위로 거의 응고된 상태의 젤리를 약 3mm 두께로 부어 냉장합니다. |

트레이를 깐 철망 위에 차가워진 닭가슴살을 올리고 소스 쇼프루아를 여러 겹으로 끼얹습니다. 소스를 한 겹 끼얹을 때마다 냉장해서 굳혀야 합니다. 트러플이나 타라곤 잎을 써서, 또는 원하는 방식대로 장식한 다음 냉장해 굳히고, 그 위에 다시 거의 응고된 상태의 젤리를 겹겹이 입힙니다. 칼 2개로 철망에서 닭가슴살을 한 번에 하나씩 집어서, 접시에 올린 무스 주위에 놓습니다. 접시를 다진 젤리 또는 모양을 내어 자른 젤리로 장식합니다. 식탁에 낼 때까지 냉장 보관합니다.

## ❖ 크라브 우 오마르 앙 쇼프루아, 블랑슈네주

### (*crabe ou homard en chaud-froid, blanche neige*)

소스 쇼프루아를 끼얹은 게 또는 바닷가재

게나 바닷가재 역시 소스 쇼프루아를 끼얹은 닭고기와 비슷한 방법으로 조리합니다. 차가운 첫번째 코스 메뉴나 여름철의 오찬 메뉴로 내기 좋습니다. 살아 있는 바닷가재를 찌는 방법은 288쪽 오마르 테르미도르 레시피에 나와 있으며, 게를 찌는 방법도 이와 같습니다. 찌고 남은 물은 졸여서 피시 스톡 대신 쓰면 됩니다.

### 오르되브르 6인분

| | |
|---|---|
| 익힌 바닷가재살 또는 게살 2컵 | 바닷가재살이나 게살을 다지거나 찢습니다. 스킬릿에 버터를 가열해 거품이 올라올 만큼 달궈지면 설롯 또는 골파와 바닷가재살 또는 게살을 휘저으며 2분 동안 약한 불에 천천히 익힙니다. 머스터드와 카엔페퍼 가루를 넣고 간을 맞춥니다. 코냑을 넣고 코냑이 거의 다 날아갈 때까지 1~2분 동안 스킬릿을 흔들며 빠르게 끓입니다. 불을 끄고 차갑게 식힙니다. |
| 버터 3TS | |
| 법랑 스킬릿 | |
| 다진 설롯 또는 골파 2TS | |
| 분말형 머스터드 ⅛ts | |
| 카엔페퍼 가루 1자밤 | |
| 소금, 후추 | |
| 코냑 3TS | |

휘핑크림 1¼컵

화이트 와인 피시 스톡
  (바닷가재 또는 게를 쩌낸 물
  또는 168쪽 퓌메 드 푸아송 오
  뱅 블랑 또는 그다음에 소개된
  비상용 피시 스톡) 1¼컵

생타라곤 줄기 1대 또는 말린
  타라곤 ¼ts

젤라틴 1TS를 드라이한
  화이트 베르무트 3TS에 갠 것

바닷가재, 게 또는 가리비 껍데기
  6개 또는 ½컵 용량의 도자기나
  유리 그릇 6개

장식용으로 쓸 만큼의 바닷가재
  또는 게 집게발, 바닷가재살이나
  게살, 트러플 슬라이스, 또는
  데친 타라곤 잎

선택: 거의 응고된 상태의
  젤리형 스톡(166쪽) 1컵

649쪽 쉬프렘 드 볼라유 앙 쇼프루아, 블랑슈네주 레시피에서와 같이, 크림과 스톡, 타라곤을 약한 불에 끓여 2컵이 되도록 졸입니다. 이렇게 만든 뜨거운 소스에 젤라틴을 완전히 녹인 다음 체에 걸러, 간을 맞춘 다음 소스가 거의 응고될 때까지 식힙니다.

거의 응고된 상태의 소스 1⅓컵을 차갑게 식힌 바닷가재살 또는 게살과 섞습니다. 껍데기나 그릇에 담고 그 위에 남은 소스를 끼얹어 덧씌웁니다. 집게발, 바닷가재살이나 게살, 가리비살, 트러플, 타라곤 잎으로 장식합니다. 원한다면 차갑게 식힌 다음 그 위에 젤리형 스톡을 한 겹 덮습니다. 식탁에 낼 때까지 냉장 보관합니다.

---

# 볼라유 앙 에스카베슈(*volailles en escabèche*)
## 레몬 젤리에 넣은 차가운 가금류

닭, 비둘기, 꿩고기, 자고새, 코니시 헨도 같은 방법으로 요리할 수 있습니다. 이 레시피는 에스카베체로 유명한 파리의 한 레스토랑이 원조입니다. 그곳에서는 자고새가 성체로 자라는 늦가을부터 자고새 에스카베슈가 메뉴에 오릅니다. 이것은 자고새를 와인과 스톡, 올리브유, 식초, 향미 채소와 허브, 마늘, 레몬을 넣고 천천히 약한 불에 익힌 요리입니다. 그대로 식히면 국물은 레몬에 들어 있는 펙틴 성분과 뼈에 함유된 젤라틴 성분 덕분에 연한 젤리로 굳죠. 더 단단한 젤리를 원한다면 가금류가 다 익은 다음 소스에 젤라틴 가루를 더하면 됩니다. 스페인에서 유래한 요리인 에스카베슈는 보통 생선으로 만들지만, 레몬과 식초가 살을 부드럽게 만들어주기 때문에 노숙한 가금류로도 만들기에 아주 좋은 메뉴입니다. 가금류마다 익히는 시간은 다음과 같습니다.

| 종류 | 시간 |
|---|---|
| 부위별로 잘라낸 튀김용 닭 | 1시간 |
| 부위별로 잘라낸 로스팅용 닭 | 1시간 30분 |
| 부위별로 잘라낸 스튜용 닭 | 2시간 30분 이상 |
| 약 560g의 코니시 헨 또는 비둘기 | 1시간 30분 |
| 성체인 통자고새 | 2시간~2시간 30분 |
| 부위별로 잘라낸 꿩 | 2시간~2시간 30분 |

**밑작업 시간: 표 참고**
**약한 불에 익힌 후 부위별로 잘라낸 스튜용 닭 1마리(약 1.8kg) 분량**
**(코니시 헨과 자고새는 2마리, 부위별로 잘라낸 꿩 1마리 분량)**

얇게 슬라이스한 양파와 당근,
　셀러리 각 ½컵씩
껍질을 벗긴 마늘 6알
약 2L 용량의 소스팬
올리브유 ½컵

채소와 마늘을 소스팬에 넣고 올리브유에 10분 동안 익힙니다. 갈색이 나지 않도록 주의합니다.

드라이한 화이트 와인 ½컵 또는
　드라이한 화이트 베르무트 ⅓컵
와인 식초 ⅓컵
약 3mm 두께로 슬라이스한 레몬
　½개
얇게 슬라이스한 초록 피망
　또는 붉은 피망 ½컵
타임 ¼ts
로즈마리 ¼ts
월계수 잎 ½장
파슬리 줄기 2대
후추 열매 5알
화이트 스톡 또는 통조림 치킨
　브로스 2컵
소금

모든 재료를 넣고 휘저어 10분 동안 약한 불에 끓입니다. 만들어진 소스의 맛을 보며 양념이 적당한지 확인하고, 필요에 따라 소금으로 가볍게 간합니다.

부위별로 자른 스튜용 닭,
　닭의 목과 염통, 껍질을 벗긴
　모래주머니
닭고기가 꽉 들어차는 크기의
　묵직한 내열 캐서롤(뚜껑 필요)
구멍 뚫린 스푼

닭의 목, 염통, 모래주머니를 캐서롤 바닥에 깝니다. 그 위에 닭다리를 얹고, 그 위에 구멍 뚫린 스푼으로 익은 채소의 ½과 레몬 조각을 얹습니다. 그 위에 닭가슴살과 날개 부위를 올리고 나머지 채소를 올린 다음, 닭고기가 딱 잠길 만큼 만들어둔 소스를 붓습니다. 양이 부족하면 물을 추가합니다.

스토브에 올려 끓어오르면 뚜껑을 덮은 뒤, 계속 약한 불로 뭉근히 끓입니다. 또는 약 150℃로 예열해둔 오븐에 넣어 2시간 30분 동안 또는 닭고기가 푹 익되 고기와 뼈가 분리되지는 않을 정도로 뭉근히 끓여도 됩니다. 뚜껑을 열고 닭고기가 소스에 잠긴 채 30분 동안 식게 둡니다. 살에서 분리된 뼈가 보이면 건져냅니다.

닭고기와 소스를 담을 수 있는
  오목한 서빙 그릇
소금, 후추

오목한 서빙 그릇에 닭고기를 담습니다. 채소와 레몬 조각을 건져 닭고기와 잘 어우러지게 담습니다. 소스 윗부분의 기름을 떠내고 재빨리 끓여내어 2컵 분량이 되도록 졸입니다. 소스의 간을 맞추고 체에 걸러 닭고기 위에 끼얹습니다. 실온에서 식힌 다음 뚜껑을 덮고 냉장고에 넣습니다. 차가워지면 소스가 젤리형 수프 형태로 굳을 것입니다.

---

## 뵈프 모드 앙 줄레(*bœuf mode en gelée*)
### 젤리에 넣어 브레이징한 차가운 소고기

385쪽 뵈프 아 라 모드는 아주 손쉽게 차가운 메뉴로 만들 수 있습니다. 전통 방식대로 만들 계획이라면 최소 하루 전부터 준비 과정에 들어가야 합니다. 소고기 마리네이드에 24시간, 익히고 조리는 데 5시간, 젤리로 뒤덮어 차갑게 만드는 데 4~6시간이 걸리기 때문입니다. 완성한 다음에는 뚜껑을 덮어 2~3일간 냉장실에 보관해둘 수 있습니다. 라이트한 레드 와인과 바게트를 곁들이면 아주 잘 어울립니다.

**10~12인분**

뵈프 아 라 모드(385쪽) 약 2.3kg
  분량을 마리네이드하고
  브레이징하는 데 필요한 재료
  (브레이징한 당근, 양파 포함)

소고기를 마리네이드하고 브레이징한 다음, 레시피대로 당근과 양파를 브레이징합니다. 이때 마지막에 소스를 걸쭉하게 하는 과정은 생략합니다. 소고기를 카빙보드에 올립니다.

젤라틴 2TS
차가운 브라운 스톡 또는 통조림
  콩소메 3컵
소금, 후추
포트와인 또는 브랜디 ¼컵
차가운 오목한 그릇

소고기를 브레이징한 국물에서 기름을 꼼꼼히 제거한 다음, 3½~4컵 분량으로 졸아들 때까지 끓입니다. 젤라틴을 스톡이나 콩소메에 개어서 국물에 넣고, 젤라틴이 완전히 녹을 때까지 휘저으며 약한 불로 가열합니다. 세심하게 간을 맞추고 포트와인이나 브랜디를 부은 뒤 체에 거릅니다. 이제 액체는 젤리가 되었습니다. 167쪽에 나온 방법대로 차가운 그릇에 조금 덜어내어 잘 응고되는지 확인합니다.

## 틀에 넣어 간단하게 내기

슬라이스한 고기와 채소가
   들어가는 크기의 직사각형
   모양의 틀, 테린 또는 오븐용
   용기

소고기를 적당한 크기로 슬라이스해서 브레이징한 당근, 양파와 번갈아가며 틀 바닥에 깝니다. 틀에 젤리를 붓고(차가운 상태가 아니어도 됩니다) 4~6시간 동안, 또는 단단하게 굳을 때까지 냉장실에 넣어둡니다.

차가운 서빙용 접시
워터크레스, 파슬리,
   또는 보스턴상추 잎

낼 때가 되면 틀을 몇 초간 뜨거운 물에 넣었다가 가장자리를 따라 칼날을 넣어 한 바퀴 빙 돌립니다. 틀 위에 접시를 뒤집어 덮고 틀과 접시를 한꺼번에 뒤집은 다음, 틀을 툭 쳐서 접시 위로 틀 안의 아스픽을 빼냅니다. 워터크레스, 파슬리, 상추 잎으로 접시를 장식합니다.

## 장식해서 접시에 담아내기

소고기를 적당한 크기로 잘라 냉장합니다. 브레이징한 양파와 당근도 냉장합니다.

타원형의 접시

젤리를 약 3mm두께로 접시에 붓고 냉장해 굳힙니다. 그 위에 차가워진 소고기와 채소를 모양새 있게 얹습니다.

각얼음에 올린 작은 소스팬

소스팬에 젤리 2컵을 붓고 얼음 위에서 휘저어 걸쭉해지도록 냉각합니다. 응고되기 직전에 스푼으로 떠서 소고기와 채소 위에 한 겹 씩 운 다음 10분 동안 냉장합니다. 같은 과정을 2~3번 더 반복합니다. 남은 젤리는 냉장하여 3mm 크기로 썰어낸 다음 접시 둘레에 얹어서 냅니다.

# 틀로 모양을 낸 무스
## *Mousses Froides–Mousselines*

아스픽을 활용해 감각 있게 연출해낸 요리는 첫번째 코스 메뉴나 오찬 메뉴로서 또는 콜드 뷔페 테이블에서 언제나 돋보이는 존재입니다. 다음의 레시피는 전부 닭 간과 가금류, 햄, 생선 퓌레에 와인과 양념, 그리고 1가지 레시피만 빼면 젤리형 스톡을 재료로 합니다. 여기에 말랑한 버터나 휘핑크림을 섞으면 묵직한 맛과 프랑스어로 '무알뢰(*moelleux*)'라고 일컫는 부드러운 식감이 더해집니다. 자동 블렌더를 쓰면 조리 시간을 단축할 수 있습니다. 블렌더가 없다면 미트 그라인더의 가장 가는 날을 사용해 고기를 두 번 분쇄한 다음 액상 재료를 넣어 섞으면 됩니다. 생선은 푸드 밀을 사용해 퓌레 형태로 만들 수 있습니다.

이 섹션의 첫번째 레시피는 장식적인 볼에 담아 그대로 낼 수 있지만, 나머지 레시피는 혼합물을 틀에 넣어 굳힌 다음 내야 합니다. 틀 안쪽에 젤리를 입히지 않을 경우, 틀에서 내용물을 빼내어 뒤집은 다음 상단에 젤리나 661쪽 무슬린 드 푸아송, 블랑슈네주의 소스를 올려 글레이징해야 합니다. 그다음에는 트러플, 타라곤 잎, 모양을 내 썬 젤리 등으로 장식할 수 있습니다. 생선 무스라면 갑각류 살을 올려 장식해도 좋습니다.

## ✻✻ 틀 안쪽에 젤리를 입히는 법

가장자리에 젤리를 입힌 틀이란, 젤리형 스톡을 안쪽 표면에 약 3mm 두께로 단단하게 코팅한 틀을 말합니다. 그다음 무스를 채워넣고 냉장해서 굳히면 됩니다. 틀의 내용물을 빼내면 무스가 젤리 껍질 속에 담겨 있는 형태가 됩니다. 젤리는 정제한 스톡으로 만들어야 맑고 투명한 느낌을 줄 수 있습니다. 스톡 레시피와 정제 방법, 홈메이드 젤리형 스톡, 통조림 콩소메로 만든 젤리 레시피는 159쪽부터 나와 있습니다.

각얼음 위에 틀을 올린 상태에서, 한 스푼씩 젤리형 스톡을 떠넣으며 틀을 빙 돌려가며 기울여 젤리가 안쪽 면을 코팅하면서 굳어지도록 하는 방법도 있지만, 우리 생각에는 다음 방법이 더 쉽습니다.

| | |
|---|---|
| 정제한 젤리(166쪽 젤리형 스톡 또는 166쪽 젤라틴을 넣은 통조림 콩소메) 4컵<br>각얼음이 담긴 볼 | 젤리는 단단하게 응고되어야 합니다. 앞의 레시피에 나온 대로 조금 떠서 냉장하여 단단하게 굳는지 확인해봅니다. 확인이 끝나면 젤리가 걸쭉해져 거의 굳은 상태가 될 때까지 얼음 위에 올려둡니다. |
| 4컵 용량의 틀(금속 재질이 결과물을 빼내기 쉬움) | 응고되기 직전의 젤리를 틀에 붓고, 틀을 얼음에 파묻습니다. 잘 관찰하면서, 젤리가 틀의 가장자리에 3mm 두께로 굳는 즉시 아직 굳지 않은 나머지 젤리를 따라냅니다. 틀 바닥에 젤리가 너무 두껍게 굳었다면 뜨거운 물에 달군 스푼으로 파내면 됩니다. |
| | 젤리 테두리가 단단하게 굳을 때까지 틀을 약 20분 동안 냉각시킵니다. 그다음 차가운 무스를 해당 레시피에 따라 틀에 채워넣습니다. |

## ✻✻ 장식하기

낼 때의 모습을 고려해 틀 바닥에 장식용 재료를 깔고 싶다면, 우선 젤리를 약 2mm 두께로 부어 단단하게 굳을 때까지 냉각시킵니다. 644쪽에 제시된 장식 방법에서 하나 또는 여럿을 선택하거나, 슬라이스한 가금류, 햄, 혀, 새우, 바닷가재를 모양을 내어 썬 다음 차갑게 식힙니다. 선택한 재료를 거의 굳은 젤리에 살짝 담근 다음, 틀 바닥에 굳은 젤리 위에 올려서 다시 냉각하여 자리에 고정합니다. 그 뒤 바로 앞에 제시된 방법을 따라 틀 가장자리에 젤리를 입힙니다.

## \*\* 아스픽을 틀에서 꺼내기

틀을 아주 뜨거운 물에 3~4초 동안 담급니다. 틀이 금속제가 아니라면 몇 초 더 담그고 있어야 합니다. 재빨리 물기를 닦아낸 다음 그 위에 냉각해둔 접시를 뒤집어 올리고, 틀과 접시를 함께 뒤집어 툭 쳐서 아스픽을 틀에서 꺼냅니다. 또는 틀을 냉각해둔 접시 위에 거꾸로 세운 다음, 아주 뜨거운 물에 적셔 짜낸 타월을 그 둘레에 두르는 방법도 있습니다. 아스픽이 접시에 떨어져 나오는 즉시 틀을 들어내세요.

---

# 무스 드 푸아 드 볼라유(*mousse de foies de volaille*)
## 닭 간 무스

다음 무스는 잼 등을 담는 예쁜 유리병에 넣어서 칵테일 애피타이저에 발라 먹거나, 아스픽에 넣어 오르되브르로 낼 수 있습니다. 자동 블렌더가 있으면 만들기 쉽습니다. 블렌더가 없다면 간을 미트 그라인더나 푸드 밀로 갈아서 내세요.

### 약 2컵 분량

| | |
|---|---|
| 닭 간 약 450g 또는 약 2컵<br>다진 셜롯 또는 골파 2TS<br>버터 2TS<br>스킬릿<br>자동 블렌더 | 닭 간에서 검푸른 부분을 전부 제거한 다음 약 1cm 크기로 썹니다. 셜롯 또는 골파와 함께 뜨거운 버터에 2~3분 동안, 또는 닭 간이 속은 분홍빛이 돌되 겉은 단단하게 익을 때까지 소테합니다. 전부 블렌더에 넣습니다. |
| 마데이라 와인 또는 코냑 ½컵 | 와인 또는 코냑을 닭 간을 소테했던 팬에 붓고 끓여서 3테이블스푼 분량이 남을 때까지 빠르게 졸여냅니다. 블렌더에 넣습니다. |

| | |
|---|---|
| 휘핑크림 ¼컵<br>소금 ½ts<br>올스파이스 ⅛ts<br>후추 ⅛ts<br>타임 1자밤 | 크림과 양념을 블렌더에 넣습니다. 뚜껑을 덮고 '강'으로 수 초 동안 갈아 부드러운 페이스트를 만듭니다. |
| 녹인 버터 약 110g | 녹인 버터를 블렌더에 넣고 수 초 동안 더 갑니다. |
| 고운 체<br>나무 스푼<br>소금, 후추 | 블렌더의 내용물을 체에 눌러 통과시킨 다음 맛을 보며 간을 맞춥니다. |
| 예쁜 볼 또는 유리병<br>유산지 | 볼이나 유리병에 담아 넣고 유산지를 덮어 2~3시간 동안 냉각시킵니다. 또는 거의 굳은 상태가 될 때까지 냉각시킨 다음 656쪽에 제시된 방법대로 가장자리에 젤리를 입힌 틀에 채워넣습니다. 몇 시간 동안 냉각시킨 다음 틀에서 꺼냅니다. |

## 무슬린 드 볼라유(*mousseline de volaille*)‡
### 닭고기, 칠면조고기, 오리고기 또는 수렵 가금류 무스

다른 요리를 하고 남은 차가운 상태의 가금류 고기를 활용하기 좋은 메뉴입니다. 원한다면 여러 종류의 고기를 섞어도 좋습니다. 푸아그라, 간 파테, 닭 간, 스톡, 와인, 섬세한 양념을 더하면 밋밋한 고기의 맛이 살아납니다. 자동 블렌더가 없다면 미트 그라인더를 써서 재료를 퓌레 상태로 만드세요.

**약 6컵 분량(8~10인분)**

다진 셜롯 또는 골파 3TS
버터 1TS
4컵 용량의 소스팬
맛이 잘 우러난 가금류 스톡 또는
　화이트 스톡 2컵 또는
　얇게 슬라이스한 당근, 셀러리,
　양파 ¼컵과 부케 가르니를 넣고
　20분 동안 끓인 통조림 치킨
　브로스 2컵을 체로 거른 것
젤라틴 2TS을 드라이한 화이트
　와인이나 베르무트 ¼컵에 넣고
　갠 것
자동 블렌더

소스팬에서 셜롯 또는 골파를 버터에 2분 동안 익힙니다. 노릇하게 익지 않도록 주의합니다. 스톡과 젤라틴 혼합물을 넣고 1분 동안 약한 불로 끓입니다. 블렌더에 넣으세요.

익혀서 썰어낸 닭고기 등 가금류
　고기를 꽉 눌러 담아 2컵
푸아그라나 간 파테 ⅓컵 또는
　버터에 가볍게 소테한 닭 간 ½컵
3L 용량의 믹싱볼

가금류 고기와 푸아그라, 간 파테, 또는 소테한 간을 블렌더에 넣고 뚜껑을 덮은 뒤 '강'으로 1~2분 동안 곱게 갈아 퓌레를 만듭니다. 내용물을 믹싱볼에 옮깁니다.

코냑 또는 마데이라 와인 2~3TS
소금, 후추
육두구 1자밤

코냑 또는 와인을 취향껏 넣어 섞습니다. 양념이 세게 들어간 듯해도 휘핑크림이 들어가면 덜해지므로 간을 살짝 강하게 합니다. 만들어진 페이스트는 뚜껑을 덮고 가끔 휘저으며 거의 단단하게 굳을 때까지 냉장합니다.

차가운 휘핑크림 ¾컵
차가운 볼
차가운 거품기
선택: 다진 트러플 1~2개
안쪽에 오일을 바른 6컵 용량의
　틀 또는 656쪽에 나온 방식대로
　가장자리에 젤리를 입힌 8컵
　용량의 틀

680쪽에 제시된 방식에 따라 크림을 휘핑합니다. 부피가 2배로 불어나되 형태가 조금은 유지될 때까지 휘핑합니다. 차가워진 페이스트에 휘핑한 크림과 선택 사항인 다진 트러플을 섞고, 틀에 이 혼합물을 채워넣습니다. 유산지로 덮어 수 시간 동안 냉각시킨 다음 틀에서 빼냅니다.

## ✣ 무스 드 장봉(mousse de jambon)

햄 무스

바로 앞의 가금류 무스 레시피와 같은 조리법과 재료를 쓰되, 가금류와 푸아그라 대신 살코기 햄을 데쳐서 다진 것 2⅓컵을 쓰면 됩니다. 토마토 페이스트 1테이블스푼을 넣어서 색감을 주어도 좋습니다. 다진 트러플 1~2개 또는 버터에 소테한 다진 버섯 ½컵을 크림에 섞어서 무스에 첨가해도 됩니다.


## ✣ 무스 드 소몽(mousse de saumon)

연어 무스

가금류 무스 레시피와 같은 조리법 및 재료를 쓰되, 가금류와 푸아그라 대신 익힌 연어나 통조림 연어 2⅓컵을, 화이트 스톡 대신 퓌메 드 푸아송 오 뱅 블랑(168쪽)을 쓰면 됩니다.


---

# 무슬린 드 푸아송, 블랑슈네주(mousseline de poisson, blanche neige)✣
### 갑각류와 소스 쇼프루아를 곁들인 생선 무스

이 요리는 첫번째 코스 요리 또는 오찬 메뉴로 내기 좋으며, 콜드 뷔페 테이블에도 잘 어울립니다. 양념을 잘 맞추고 젤리를 만들 때 좋은 스톡을 써야만 좋은 맛이 납니다. 무스를 틀에 넣어 모양을 잡는 대신, 레시피의 제안대로 여러 개의 개별 접시에 담아낸 다음 소스를 뿌리고 장식을 올려도 좋습니다. 자동 블렌더가 없을 경우, 푸드 밀로 생선을 퓌레 상태로 만들면 됩니다.

## 약 6컵 분량(8~10인분)

고품질의 퓌메 드 푸아송 오 뱅 블랑(168쪽) 3¼컵(이 중 1¼컵은 레시피 끝의 소스를 만드는 데 쓰임)

껍질과 뼈를 제거한 혀가자미 또는 가자미 필레 ¾컵

작은 부케 가르니(파슬리 줄기 2대, 월계수 잎 ⅓장, 타임 ⅛ts을 면포에 싼 것)

약 2.5L 용량의 법랑 소스팬

소스팬에 스톡 2컵과 생선, 부케 가르니를 넣고 끓어오르려고 할 때까지 약한 불로 가열한 다음, 뚜껑을 덮고 끓기 전 단계의 온도로 약 8분 동안 생선을 포칭합니다. 포크로 찔렀을 때 쑥 들어갈 정도로 익히면 됩니다.

---

자동 블렌더
구멍 뚫린 스푼

구멍 뚫린 스푼으로 생선을 건져 블렌더에 넣습니다. 부케 가르니는 빼냅니다.

---

다진 양송이버섯 약 220g

버섯을 소스팬의 스톡에 넣고 8분 동안 약한 불로 끓입니다. 체에 걸러 버섯은 한쪽에 두고, 걸러낸 스톡을 소스팬에 다시 넣습니다.

---

젤라틴 2TS를 드라이한 화이트 베르무트 4TS에 갠 것

소금, 백후추

약 2.5L 용량의 믹싱볼

젤라틴을 갠 베르무트를 소스팬의 스톡에 넣고 휘저은 다음 잠깐 약한 불로 끓여 젤라틴을 완전히 녹입니다. 생선이 들어 있는 블렌더에 붓습니다. 뚜껑을 닫고 '강'으로 1~2분 동안 갈아 퓌레를 만듭니다. 아주 신중하게 맛을 보며 간을 맞춥니다. 믹싱볼에 붓고 버섯을 넣은 다음 냉장합니다. 한 번씩 휘저어주며 거의 응고된 상태가 되면 멈춥니다.

---

680쪽에 나온 대로 가볍게 휘핑한 차가운 크림 ¾컵

안쪽에 살짝 기름을 바른 6컵 용량의 링 모양 틀

차가운 접시

휘핑크림을 차가운 생선 무스에 섞어서 기름을 발라둔 틀에 채웁니다. 유산지를 덮어서 수 시간 동안 냉각하여 굳힙니다. 장식을 얹을 준비가 끝나면 무스를 틀에서 접시로 빼내어 다음의 소스를 끼얹습니다.

## 소스 쇼프루아, 블랑슈네주(2컵 분량)

앞에서 따로 남겨둔 퓌메 드 푸아송 오 뱅 블랑 1¼컵

휘핑크림 1¼컵

타라곤 ¼ts

젤라틴 1TS을 드라이한 화이트 베르무트 3TS에 갠 것

소금, 백후추

각얼음이 담긴 볼

스톡과 크림, 타라곤을 소스팬에 약한 불로 끓여 2컵 분량이 될 때까지 졸입니다. 젤라틴을 갠 베르무트를 넣고 잠깐 약한 불로 끓여 젤라틴을 완전히 녹입니다. 간을 맞추고 체에 거릅니다. 각얼음 사이에 파묻고 소스가 살짝 걸쭉해질 때까지 휘젓습니다.

드라이한 화이트 와인 또는
베르무트 ¼컵에 가열해
소금과 후추로 간한 다음
냉각한 익힌 새우살이나
바닷가재살, 게살 1½컵
얇게 슬라이스한 트러플 또는
644쪽에 나온 장식 재료

살을 발라낸 갑각류에 소스의 ½컵을 섞고, 링 모양 무스 가운데의 빈 공간에 채웁니다. 거의 굳은 상태의 소스를 스푼으로 떠서 여러 번 무스와 갑각류에 끼얹어 표면을 뒤덮고, 10분 동안 냉장합니다. 이 과정을 반복하며 위에 소스를 몇 겹 더 입힙니다. 소스를 마지막으로 끼얹은 다음에는 무스 위에 트러플 등을 얹어 장식하고, 식탁에 낼 때까지 냉장 보관합니다.

## ❖ 무슬린 드 크뤼스타세, 블랑슈네주(*mousseline de crustacés, blanche-neige*)
### 갑각류 무스

이전 레시피에서 익힌 갑각류 살을 혀가자미나 가자미로 대체하되, 맨 처음에 생선을 스톡에 넣고 약한 불에 끓이는 단계를 건너뜁니다.

# 파테와 테린
### *Pâtés et Terrines*

훌륭한 파테를 맛본 기억은 오래도록 남습니다. 다행히 파테는 만들기도 쉽고, 취향에 따라 다양한 재료를 조합해 자신만의 홈메이드 레시피를 만들 수도 있습니다. 하지만 고급 파테를 만들기 위해서는 어느 정도 주머니가 가벼워질 각오를 해야 합니다. 간 돼지고기와 돼지비계 외에도, 송아지고기, 코냑, 포트와인이나 마데이라 와인, 향신료, 기타 다른 고기, 수렵육, 간, 트러플 등이 들어가기 때문이죠. 이런 재료를 갈아서 익힌 다음, 오븐에 구워낸 용기째로 식탁에 올리면 파테나 테린이 됩니다. 이를 페이스트리 반죽으로 만든 크러스트에 넣어 구우면 파테 앙 크루트(*pâté en croûte*)가 됩니다. 닭, 칠면조, 오리 고기에서 뼈를 발라내고 잘라낸 고기로 파테를 만들어 껍질을 채워 구우면 갈랑틴이라고 합니다. 파테와 테린은 10일 동안 냉장 보관할 수 있습니다. 샐러드와 바게트만 있으면 즉석에서 끼니를 해결할 수 있으니 구비해두면 활용도가 높습니다.

　곁들이기 좋은 와인으로는 샤블리나 마콩처럼 드라이한 화이트 와인, 보졸레나 시농처럼 라이트한 레드 와인, 그리고 앞의 두 유형에 해당되는 기타 원산지의 와인이 있습니다.

## ✱✱ 돼지비계에 대해

신선한 돼지비계는 파테에 필수적인 재료입니다. 고기와 잘 섞인 비계는 고기가 마르는 것을 막고 더 가벼운 식감을 선사합니다. 얇게 썰어낸 바르드 드 라르(*bardes de lard*)는 오븐용 용기의 안쪽에 붙여 활용합니다. 가장 좋은 것은 돼지 옆구리 위쪽 껍질 바로 밑에 있는 비곗살로, 라르 그라(*lard gras*)라고 부릅니다. 단단하면서도 다른 부위의 비계처럼 쉽게 형태를 잃지 않죠. 안타깝게도 신선한 라르 그라는 미국의 일반적인 유통망을 통해서는 구하기가 힘듭니다. 따라서 라르 그라 대신 소금에 절인 돼지비계를 물에 10분 동안 데쳐 수분을 더하고 소금기를 제거한 것, 또는 생햄이나 등심 생고기에서 잘라낸 비계를 쓰면 됩니다. 오븐용 용기의 안쪽에 붙이는 용도로는 비계만으로 이루어진 두툼한 베이컨을 물에 10분 동안 데쳐 훈연향을 제거한 다음 써도 됩니다.

## ✱✱ 오븐용 용기

파테는 특정 직사각형이나 타원형 틀을 지칭하는 테린(*terrine*)은 물론, 수플레 용기, 캐서롤, 빵틀 등 어떤 로스팅용 용기에도 넣어서 익힐 수 있습니다. 유약을 입힌 도기, 도자기, 법랑, 내열유리 재질의 용기가 가장 좋습니다. 고기 등을 갈아서 섞은 혼합물 위에 알루미늄 포일을 덮은 다음, 무거운 뚜껑을 올립니다. 옛날 레시피에는 뚜껑이 오븐용 용기에서 떨어지지 않도록 걸쭉한 밀가루 반죽을 두껍게 만들어 뚜껑과 용기 사이에 붙이라고 나와 있는 것을 볼 수 있습니다.

## ✱✱ 보관하기

파테, 테린, 갈랑틴은 냉동 보관이 가능하지만 한번 냉동하면 식감이 원래대로 돌아오지 않습니다. 얼렸다가 해동한 파테를 맛보면 특유의 눅눅한 맛을 금방 알아차릴 수 있죠. 냉장실에서 10일 이상 보관하고 싶다면, 일단 차갑게 식혀서 틀에서 꺼낸 뒤, 익으면서 표면에 형성된 젤리를 제거해야 합니다. 그다음 유산지와 포일로 빈틈없이 감싸 밀폐하거나, 다시 테린에 넣고 돼지비계를 녹여 표면을 덮으면 됩니다.

## ✱✱ 아스픽

(아스픽 레시피는 166~169쪽에 소개되어 있습니다. 틀 안쪽에 젤리를 입히는 법은 656쪽을 참고하세요.)

파테를 아스픽에 넣으려면, 우선 냉각한 파테를 틀에서 빼낸 다음 표면에 굳은 기름을 긁어서 걷어내세요. 살짝 더 큰 틀의 바닥에 젤리형 스톡을 약 3mm 두께로 붓고 냉각해서 굳힙니다. 파테를 그 위에 넣고, 거의 응고된 젤리형 스톡을 부어 파테와 틀 사이의 빈틈을 채우고 그 위까지 덮으세요. 차갑게 굳힌 뒤 냉각해둔 접시에 빼냅니다.

또는 차가운 파테를 슬라이스한 다음, 바닥에 젤리형 스톡을 굳힌 접시에 잘 담아냅니다. 655쪽 뵈프 모드 앙 줄레를 장식해서 담아낼 때와 같이, 파테 위에 젤리를 스푼으로 한 겹 떠서 글레이징한 다음 그대로 굳혀서 내면 됩니다.

## 파르스 푸르 파테, 테린, 에 갈랑틴
### (*farce pour pâté, terrines, et galantines*)
### 돼지고기와 송아지고기 스터핑

다양한 용도로 활용이 가능한 이 요리는 스터핑, 즉 다른 주재료의 속을 채우는 것입니다. 스터핑은 프랑스어 파르스(*farce*)를 번역한 영어 단어입니다. 이 요리는 모든 파테, 테린, 갈랑틴의 기본으로도 활용할 수 있습니다. 밤과 섞으면 거위고기나 칠면조고기 로스트의 속을 채우는 데 쓸 수 있습니다. 돼지고기를 더하면 풍미를, 송아지고기로는 가벼운 맛을 낼 수 있습니다. 취향껏 재료의 비중을 다르게 바꾸어도 좋으며, 소테한 간이나 가금류, 수렵육을 갈아낸 것을 넣어도 됩니다. 다진 트러플을 넣으면 어떤 조합에나 잘 어울리며, 피스타치오나 길쭉하게 또는 주사위 모양으로 썬 돼지비계, 혀, 햄 등을 중간에 넣어서 결과물을 썰었을 때 잘라낸 단면에 무늬가 드러나게 하는 효과를 줄 수도 있습니다.

### 약 4컵 분량

| | |
|---|---|
| 아주 잘게 다진 양파 ½컵<br>버터 2TS<br>커다란 믹싱볼 | 작은 스킬릿에 버터를 달궈 양파가 연해지고 투명해질 때까지 8~10분 동안 익힙니다. 갈색이 나지 않도록 합니다. 믹싱볼에 담습니다. |
| 포트와인, 마데이라 와인 또는<br>코냑 ½컵 | 술을 스킬릿에 붓고 절반으로 줄어들 때까지 졸입니다. 믹싱볼에 넣습니다. |

돼지고기 살코기와 송아지고기
　살코기 각 약 350g(약 1½컵)과
　생돼지비계 약 220g(1컵)을
　곱게 갈아 섞은 것
가볍게 푼 달걀 2개
소금 1½ts
후추 ⅛ts
올스파이스 넉넉하게 1자밤
타임 ½ts
선택: 으깬 마늘 1알
나무 스푼

전부 믹싱볼에 넣고 혼합물의 꾸덕함이 덜해지고 모든 재료가 잘 뒤섞일 때까지 나무 스푼으로 힘 있게 휘젓습니다. 조금 덜어내어 소테해서 맛을 본 다음, 부족하다고 생각되는 재료를 더 넣어 섞습니다. 맛이 완벽해질 때까지 재료를 더하세요. 바로 요리에 활용할 것이 아니라면 뚜껑을 덮고 냉장 보관합니다.

---

# 테린 드 포르, 보, 에 장봉(*terrine de porc, veau, et jambon*)☨
## 햄을 곁들인 돼지고기와 송아지고기 파테

안에 송아지고기와 햄을 길게 썰어 넣어 장식한 이 파테는 다양한 파테 중에서도 가장 클래식한 버전입니다. 3가지 재료가 섞여서 아주 좋은 맛이 납니다.

**약 7컵 분량**
### 송아지고기 마리네이드하기

약 6mm 두께로 길게 썬
　송아지고기 살코기(라운드
　또는 필레) 약 220g
선택: 가로세로 약 6mm로
　깍둑썰기한 통조림 트러플
　2~3개와 통조림 국물
믹싱볼
코냑 3TS
소금과 후추 각각 넉넉하게 1자밤
타임 1자밤
올스파이스 1자밤
잘게 다진 셜롯 또는 골파 1TS

셜롯 또는 골파를 다지는 동안 송아지고기와 트러플, 통조림 국물을 볼에 넣고 코냑과 양념으로 마리네이드합니다. 조리하기 전에 송아지고기를 건져내고 마리네이드 소스는 따로 한쪽에 둡니다.

## 파테 모양 잡기

8컵 용량의 직사각형이나 타원형
  테린, 오븐용 용기, 캐서롤 또는
  빵틀
약 3mm 두께로 얇고 길게 썬
  라르 그라 또는 소금에 절인
  돼지비계나 베이컨 비계를
  데친 것(56쪽)
앞의 레시피대로 만든 돼지고기와
  송아지고기 스터핑 4컵
약 6mm 두께로 길게 썰어 삶은
  살코기 햄 220g
월계수 잎 1장
얇고 길게 썬 돼지비계 또는 데친
  베이컨(파테를 감싸는 용도)

오븐을 약 175℃로 예열해둡니다.

파테의 밑바닥과 안쪽 옆면에 돼지비계나 베이컨을 두릅니다. 돼지고기와 송아지고기 스터핑에 마리네이드 소스를 넣고 이를 3등분합니다. 손을 찬물에 적셔서 스터핑의 ⅓을 파테의 바닥에 깝니다. 마리네이드한 송아지고기 절반과 길게 썬 햄 절반을 번갈아가며 그 위에 덮습니다. 다진 트러플을 쓴다면 가운데에 한 줄로 얹으세요. 그 위에 다시 스터핑의 ⅓을 덮고 나머지 송아지고기와 햄을, 선택 항목인 트러플을 얹습니다. 마지막으로 남은 스터핑을 위에 얹고 월계수 잎을 가운데에 올린 다음 돼지비계 또는 데친 베이컨으로 한 겹 덮어 감쌉니다.

## 파테 굽기

알루미늄 포일
오븐용 틀을 덮을 묵직한 뚜껑
끓는 물이 담긴 팬

파테의 위쪽을 알루미늄 포일로 덮어 잘 싸고, 뚜껑을 덮은 다음 끓는 물에 넣으세요. 물은 틀 높이의 절반 정도까지 올라와야 합니다. 물이 끓어 증발한 만큼 중간중간 보충합니다. 예열해둔 오븐 맨 아래 칸에 넣고 1시간 30분 동안 굽습니다. 파테는 틀의 모양에 따라 굽는 시간이 달라지는데, 길쭉한 직사각형보다 원형이나 타원형의 틀이 더 오래 걸립니다. 파테가 익어 용기 안쪽으로 약간 부피가 줄어든 것이 보이고, 배어나온 지방과 육즙이 맑은 노란색을 띠며 붉은빛이 보이지 않으면 다 구워진 것입니다.

## 식히기, 냉각하기

파테를 물에서 꺼내 접시 위에 놓고 뚜껑을 들어냅니다. 파테를 덮은 포일 위에 파테에 딱 맞는 크기의 나무토막이나 팬, 캐서롤 등을 올려놓고, 그 위에 1.4~1.8kg의 무게가 될 만한 물건을 올립니다. 이렇게 하면 파테가 눌리면서 모양이 잡혀 사이에 들어간 공기가 빠져나갑니다. 그 상태로 실온에서 몇 시간 동안 또는 하룻밤 식힌 다음, 계속 물건을 얹은 채 냉장합니다.

**식탁에 내기**

틀에 담긴 파테를 칼로 슬라이스해 냅니다. 통째로 틀에서 빼내어 접시에 담거나, 664쪽에 제시된 방법에 따라 아스픽으로 장식해 내어도 됩니다.

## ❖ 파테 드 보 에 포르 아베크 지비에(*pâté de veau et porc avec gibier*)
수렵육을 넣은 돼지고기와 송아지고기 파테

토끼, 자고새, 꿩, 오리와 기타 수렵육 등을 활용합니다.

뼈와 껍질을 제거한 수렵육 약 450g
앞의 기본 레시피에서 길게 썬
   송아지고기와 햄을 뺀 모든 재료

앞의 기본 레시피에 따라 수렵육을 약 6mm 너비로 길게 썰어 코냑과 양념에 마리네이드합니다. 작게 조각난 고기는 갈아서 스터핑 혼합물에 넣어 섞은 다음 나머지 레시피를 따릅니다.

## ❖ 파테 드 보 에 포르 아베크 푸아(*pâté de veau et porc avec foie*)
간을 넣은 돼지고기와 송아지고기 파테

앞의 기본 레시피에서 길게 썬
   송아지고기와 햄을 뺀 모든 재료
닭이나 송아지, 양, 돼지,
   소의 간 약 450g

기본 레시피를 따르되, 스터핑에 들어갈 양파를 익힌 다음 간을 약 6mm 크기로 썰어 2~3분 동안 양파와 함께 소테합니다. 간은 살짝 단단하게 익되 안쪽에 여전히 붉은빛이 돌아야 합니다. 믹싱볼에 양파와 간을 넣고 나머지 레시피를 따릅니다. (취향에 따라 마리네이드에 들어가는 코냑과 다른 재료를 고기 스터핑에 섞어도 좋습니다.)

## ✻✻ 갈랑틴에 대해
다음의 레시피에서 뼈를 제거해 스터핑을 채워넣은 오리고기는 스터핑을 채우고 나서 젖은 키친타월에 감싸고, 스톡에 데치고, 무거운 것으로 눌러 식힌 다음 젤리형 스톡으로 글레이징하면 카나르 앙 크루트(*canard en croûte*)가 아니라 갈랑틴 드 카나르(*galantine de canard*)가 됩니다. 로스팅용 닭고기(큰 것)와 케이폰(식용 수탉), 칠면조고기도 같은 방식으로 요리해서 갈랑틴을 만들 수 있습니다.

## 파테 앙 크루트(*pâté en croûte*)

페이스트리 반죽에 넣어 구운 파테

카나르 앙 크루트

여기에 소개하는 파테 앙 크루트는 뼈를 제거한 오리 껍질에 오리고기 스터핑을 채우고 모양을 잡은 뒤, 장식적인 페이스트리 반죽으로 감싸서 구운 것입니다. 앞서 소개한 모든 파테는 이 레시피에서와 같이 가금류의 스터핑으로 활용할 수 있으며, 오리고기를 빼고 페이스트리 반죽에 바로 채워도 됩니다. 타원형의 틀로 성형한 페이스트리 반죽에 파테를 떠넣은 다음, 다시 한 겹의 타원형 페이스트리 반죽으로 감싸서 구우면 됩니다. 옆면 탈부착식 틀이 있다면 안쪽 표면에 페이스트리 반죽을 두르고 그 안에 파테를 넣은 다음, 또 한겹의 페이스트리 반죽으로 덮어 구워도 좋습니다. 모든 파테 앙 크루트는 성형에서부터 굽기까지 비슷한 방법을 따릅니다.

**\*\* 오리, 칠면조, 닭 뼈 바르는 법**

다른 사람이 가금류의 뼈를 제거하는 것을 지켜본 경험이 없다면, 이를 혼자서 직접 해내기란 불가능하다고 생각하기 쉽습니다. 물론 처음 시도할 때라면 긴장이 앞서서 45분 정도의 시간이 걸릴지 모르나, 두세 번 해보면 20여 분 만에 끝낼 수 있습니다. 목적은 살과 껍질을 뼈에서 온전히 들어내는 것으로, 몸체를 갈라내기 위해 칼집을 넣는 등과 목, 항문을 제외하면 껍질에 구멍이 나지 않도록 해야 합니다. 껍질은 파테를 담아내는 역할을 합니다. 뼈를 발라낸 가금류에 파테를 채워서 굽는 방법은 다음과 같습니다. 우선 가금류 속에 파테를 채우고, 그 위를 껍질을 덮어 실로 고정합니다. 이를 테린에 넣거나 페이스트리 반죽으로 감싸서 구울 때, 꿰맨 부분이 밑바닥으로 가게 하면 파테가 온전한 형태의 노릇한 껍질에 싸여 구워진 듯한 멋진 모습이 연출됩니다. 따라서 파테를 채울 가금류의 뼈를 바를 때

669

**콜드 뷔페**

는 칼날이 살이 아니라 뼈를 향하게 해서 껍질이 손상되지 않도록 주의하세요.

우선 가금류의 등쪽으로 목에서 꼬리까지 깊게 칼집을 넣으면 등뼈가 드러납니다. 그다음 잘 드는 작은 칼을 쥐고, 칼날이 뼈에서 떨어지지 않도록 주의하며 우선 몸체의 한쪽을 위에서부터 긁어내려옵니다. 칼로 살과 뼈를 분리하면서 다른 쪽 손으로 살을 뼈에서 잡아당깁니다. 날개와 다리가 몸통과 연결된 관절 부분은 잘라내고, 뼈와 껍질이 만나는 흉곽 가장자리에서 멈춥니다. 이 부분은 특히 껍질이 약해 쉽게 찢어지므로 조심해야 합니다. 같은 방법으로 반대쪽에서도 뼈를 발라냅니다. 이 작업을 반쯤 끝내고 나면 가금류의 몸체와 다리, 날개, 껍질이 한데 뒤엉켜 형체를 알아보기가 힘들어질 것입니다. 그래도 껍질이 찢어지지 않도록 주의하면서 계속 칼날을 뼈에 대고 잘라내기만 하면 됩니다. 반대쪽도 마찬가지로 흉곽 가장자리까지 내려오면 다시 멈춥니다. 몸체를 들어올려 칼날을 흉곽에 바짝 대고 잘라 뼈와 몸체의 살을 분리합니다. 갈비뼈를 덮은 얇은 껍질이 찢어지지 않도록 주의합니다. 날개는 팔꿈치에 해당하는 부분에서 잘라내어, 위쪽 날개뼈만 붙어 있도록 남겨둡니다.

그다음 도마에 살 부분이 위로 가도록 올립니다. 몸체에서 날개와 다리의 관절이 튀어나온 것이 보일 것입니다. 날개 쪽 뼈에서 살을 긁어 발라낸 다음, 뼈를 당겨서 제거합니다. 다릿살도 마찬가지로 다리뼈에서 분리합니다. 다리뼈는 원한다면 남겨두어도 좋습니다. 살에 붙은 지방을 전부 떼어내면, 파테와 갈랑틴을 만들 준비가 끝납니다.

---

## 파테 드 카나르 앙 크루트(*pâté de canard en croûte*)
뼈를 발라 속을 채우고 페이스트리 반죽에 넣어 구운 오리고기

**주의:** 이 레시피에 딸린 그림은 날개뼈와 다리뼈를 제거하지 않은 오리를 그린 것입니다.

### 12인분

### 오리고기 속 채우기

손질이 끝난 로스팅용
  새끼오리고기 약 2.3kg
소금 ½ts
후추 ⅛ts
올스파이스 1자밤
코냑 2TS
포트와인 2TS
선택: 통조림 트러플 2~3개와
  통조림 국물

앞의 설명에 따라 오리고기의 뼈를 제거하고, 배가 아래쪽으로 가도록 도마에 올립니다. 가슴살과 다릿살은 가장 두꺼운 부분을 잘라내어 가로세로 약 1cm 정도로 깍둑썰기합니다. 이를 다시 오리고기 속에 넣고 양념과 코냑, 포트와인을 뿌려 마리네이드합니다. 트러플과 통조림 국물(선택)을 더합니다. 오리고기를 돌돌 말아 볼에 넣고 냉장합니다.

파르스 푸르 파테, 테린, 에 갈랑틴
(665쪽) 4컵

돼지고기와 송아지고기 스터핑을 만들어 마리네이드한 오리고기에 넣습니다.

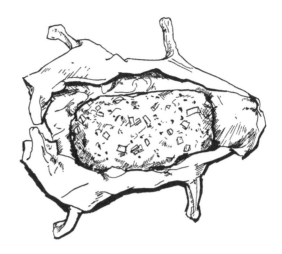

뼈를 발라내어 스터핑을 채운 오리고기

오리 껍질로 스터핑을 덮은 상태

요리용 바늘
흰 실

배 부분이 아래를 향하도록 오리고기를 도마에 얹은 다음, 스터핑을 중앙에 놓고 둥근 덩어리 모양으로 성형합니다. 오리고기 껍질이 스터핑을 완전히 감싸도록 당겨서 바늘과 실로 꿰매어 고정시킵니다. 실로 오리고기를 3~4회 둘러 원통 모양을 만듭니다.

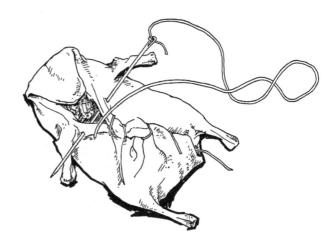

꿰매기

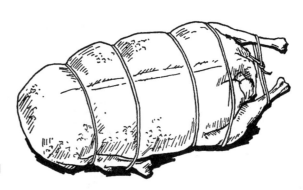

갈색이 나게 구울 준비가 끝난 오리고기

식용유 3TS
커다란 스킬릿

스킬릿에 식용유를 넣고 곧 연기가 올라올 때까지 달군 다음, 오리를 넣고 표면을 천천히, 골고루 갈색으로 굽습니다. 실온에서 식힙니다. 실은 오븐에 넣어 굽기가 끝날 때까지 계속 묶어둡니다.

## 페이스트리 반죽으로 크러스트 만들기

중력분 6컵(약 560g)
베지터블 쇼트닝 ¼컵(약 60g)
버터 ½컵(약 110g)
소금 1½ts
설탕 ¼ts
달걀 2개
찬물 약 ⅔컵

195쪽에 제시된 방법대로 차가운 페이스트리 반죽을 만듭니다.

오븐을 205℃로 예열해둡니다.

기름을 바른 베이킹 트레이
페이스트리 브러시
달걀 1개
찬물 1ts
작은 그릇

페이스트리 반죽의 ⅔을 떼어, 약 3mm 두께의 타원형으로 만들어 베이킹 트레이에 올립니다. 그 위에 가슴살이 위쪽을 향하도록 오리를 얹고, 반죽을 끌어올려 오리를 감쌉니다. 나머지 반죽을 약 3mm 두께로 밀어서 오리 위쪽의 남은 공간에 맞는 타원형 모양으로 잘라 얹습니다. 작은 그릇에 찬물과 달걀을 풀어서 브러시로 아래쪽 반죽의 가장자리에 바르고, 위쪽에 얹은 반죽을 그 위에 눌러 붙입니다. 이음새를 주름을 잡거나 꼬집어서 봉합합니다.

아래쪽 페이스트리 반죽에 감싼 오리고기

위 아래 페이스트리 반죽 봉합하기

**콜드 뷔페**

남은 반죽은 약 4cm 크기의 쿠키 커터를 써서 원형이나 타원형으로 찍어 잘라낸 다음, 칼등으로 그 위에 부챗살 모양의 선을 긋습니다.

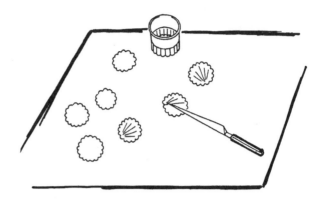

잘라낸 페이스트리 반죽

위쪽 페이스트리 반죽에 달걀물을 바르고 모양을 내서 자른 반죽을 올려 장식합니다. 그 위에도 달걀물을 바릅니다.

페이스트리 반죽 가운데에 약 3mm짜리 구멍을 낸 다음 브라운 페이퍼나 알루미늄 포일로 깔때기를 만들어 넣습니다. 갈랑틴이 오븐에서 익으면서 이 깔때기를 통해 증기가 빠져나갑니다. 깔때기 사이로 오리고기 껍질을 뚫고 파테에 꽂히도록 오븐용 온도계를 삽입합니다.

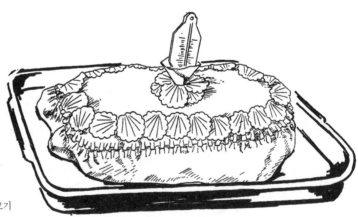

오븐에 구울 준비가 끝난 오리고기

**파테 굽기**

예열해둔 오븐 가운데 칸에 오리고기를 넣고 온도를 약 175℃로 낮춥니다. 2시간 동안 또는 온도계가 약 82℃를 가리킬 때까지 굽습니다.

오븐에서 꺼내 수 시간 동안 식힙니다. 너무 일찍 냉장실에 넣으면 페이스트리 크러스트에 습기가 차서 눅눅해지니 유의하세요. 충분히 식힌 다음 냉장합니다.

**✻✻ 식탁에 내기**

주방에서 약간의 추가 작업을 거치면 이 야심찬 요리에 걸맞은 방식으로 멋지게 낼 수 있습니다. 식탁으로 가지고 나가기 전, 페이스트리가 맞물린 선 바로 아래쪽을 칼로 빙 둘러 자른 다음, 위쪽의 페이스트리 뚜껑이 부서지지 않도록 조심스럽게 들어올립니다. 오븐에서 구워지며 오리고기의 크기가 살짝 줄어들어, 아래쪽 페이스트리에서 쉽게 분리할 수 있습니다. 건져낸 오리고기에서 묶은 실을 잘라내고, 아래쪽을 꿰맨 실도 제거합니다.

테이블에서 썰 계획이라면, 오리고기를 다시 페이스트리에 넣고 잘라낸 뚜껑을 올립니다. 이제 식탁으로 가져가서 뒤에 제시되는 방법에 따라 오리고기를 따로 들어내어 썰거나, 페이스트리에 든 채로 썰면 됩니다.

오리고기를 미리 썰어서 낼 계획이라면 2가지 방법이 있습니다. 하나는 오리고기를 페이스트리 안에서 꺼내 소세지를 썰듯 고기의 결 반대로 써는 것입니다. 나머지 하나는 오리의 가슴 한가운데에 길고 깊게 칼집을 넣은 다음, 칼집을 중심으로 양쪽에서 칼날을 비스듬히 뉘어 길이로 슬라이스하는 방법입니다. 그다음 썰어낸 오리고기를 아래쪽 페이스트리에 다시 넣고 페이스트리 뚜껑을 닫아서 식탁에 올리세요.

# 차갑게 먹는 기타 요리

이 책에서 따뜻하게 먹는 것으로 소개된 다음의 요리들도 차갑게 식혀서 낼 수 있습니다.

### 달걀

외프 브루예 피페라드(*œufs brouillés pipérade*), 즉 스크램블드에그에 피페라드(오믈렛 피페라드에 쓰인 초록 피망, 양파, 토마토, 193쪽)를 얹은 것. 스크램블드에그에 피페라드를 섞어서 냉장한 다음 토마토 속을 채웁니다.

### 생선

통 아 라 프로방살(286쪽).

### 가금류

풀레 그리예 아 라 디아블(336쪽).
풀레 소테(324쪽)와 풀레 소테 오 제르브 드 프로방스(327쪽)에서 소스를 뺀 것.
풀레 푸알레 아 레스트라공(319쪽). 차갑게 식혀서 내기에 가장 좋은 통닭 요리 중 하나입니다.
칸통 아 로랑주(348쪽). 그다음에 제시된 변형 레시피를 따라 다른 과일을 써도 좋습니다. 소스는 이 레시피에 따라 만들면 되는데, 애로루트 가루로 소스를 걸쭉하게 만드는 대신 2컵 분량의 소스마다 젤라틴을 1테이블스푼씩 녹인 다음, 풀레 앙 줄레 아 레스트라공(647쪽) 레시피의 설명대로 오리고기를 글레이징하세요.

### 소고기

도브 드 뵈프(399쪽).

### 양고기

무사카(429쪽). 차가운 상태로 먹기 좋은 메뉴로, 특히 남은 양고기 로스트를 활용하기 좋습니다.

### 돼지고기와 송아지고기

보 푸알레(434쪽)나 로티 드 포르 푸알레(463쪽). 둘 다 차갑게 먹기 좋으며, 드레싱을 뿌려 내고 싶다면 고기를 슬라이스해서 뵈르 몽펠리에(139쪽)를 사이사이에 바릅니다. 그 뒤 다시 뭉쳐서 모양을 잡아 그 위에 뵈르 몽펠리에를 끼얹은 다음 식탁에 올리기 전 냉장하면 됩니다.

보 실비(438쪽) 또는 포르 실비(469쪽).

### 햄

장봉 브레제 오 마데르(477쪽), 장봉 파르시 에 브레제(478쪽), 장봉 파르시 앙 크루트(479쪽). 전부 차갑게 내어도 좋은 요리로, 햄만 구워서 차갑게 식혀서 내는 것보다 더 공을 들인 메뉴입니다.

### 스위트브레드와 뇌

리 드 보 브레제(495쪽) 또는 세르벨 브레제(501쪽). 둘 다 소스 비네그레트와 허브를 뿌려 차가운 육류 요리로 내어도 좋고, 샐러드에 활용해도 좋습니다.

### 아티초크

아르티쇼 오 나튀렐(512쪽) 또는 퐁 다르티쇼 아 블랑(517쪽). 둘 다 차갑게 식혀서 소스 비네그레트 또는 마요네즈와 내면 됩니다. 차가운 아티초크를 채소나 육류, 가금류, 마요네즈에 섞은 생선으로 채우거나 이 장에 소개된 아스픽이나 무스로 채워도 좋습니다.

### 가지

오베르진 파르시 뒥셀(595쪽)은 차가운 양고기 로스트와 잘 어울립니다. 라타투유(596쪽)는 차갑게 먹어도 따뜻할 때 못지않게 맛있으며, 특히 차갑게 식힌 양고기, 소고기, 돼지고기, 닭고기 로스트, 그리고 생선과 잘 어울립니다. 남은 라타투유는 푸드 밀에 통과시켜 완숙으로 삶은 달걀노른자에 섞으면 삶은 달걀흰자에 올리거나 토마토 속에 채워서 활용할 수 있습니다.

### 셀러리와 리크

셀리 브레제(583쪽) 푸아로 브레제 오 뵈르(587쪽). 둘 다 차갑게 내는 다양한 채소의 일부로 써도 좋고, 차가운 육류와 함께 내어도 좋습니다.

### 감자

그라탱 드 폼 드 테르 프로방살(621쪽). 차가운 육류나 생선과 함께 냅니다.

**라이스 샐러드**

쌀밥은 샐러드나 급하게 차려야 하는 식사에 활용하기 좋습니다. 방법과 레시피는 628쪽 살라드 드 리를 참고하세요.

# 제10장

# 디저트와 케이크
*Entremets et Gâteaux*

## 기본 요리법과 정보

다음에 나오는 과정은 거의 모든 디저트 및 케이크 레시피에 활용됩니다. 기계가 필요한 것도 있고, 손으로 직접 하는 편이 더 나은 것도 있습니다. 전부 어렵지는 않지만 레시피를 정확히 따라야 요리를 성공적으로 완성할 수 있습니다.

### ✳✳ 달걀흰자

셀 수 없이 많은 디저트와 수플레, 스펀지케이크에는 단단하게 휘핑한 달걀흰자가 들어갑니다. 레시피의 성공 여부는 보통 달걀흰자를 얼마나 단단하고 풍성하게 휘핑하는지, 그리고 이것을 나머지 재료에 얼마나 잘 섞는지에 달려 있습니다. 달걀흰자를 잘 휘핑하는 것은 그만큼 중요하기 때문에 레시피에 등장할 때마다 관련 주의사항을 언급하도록 하겠습니다. 그림을 곁들인 달걀흰자에 대한 설명은 217쪽부터 나옵니다. 이 장을 보면 알겠지만 휘핑한 달걀흰자에는 전부 마지막에 설탕 1테이블스푼이 들어가는데, 이는 단단함과 묵직함을 더하기 위함입니다. 또한 따뜻하거나 차가운 소스, 크레이프 등의 묽은 반죽에 종종 달걀흰자를 섞는 것을 볼 수 있는데, 따뜻한 재료에 닿으면 액체로 변하는 휘핑크림과는 달리 질감을 유지할 수 있기 때문입니다.

### ✳✳ 달걀과 설탕을 휘핑해 리본 형성하기

달걀노른자와 설탕을 함께 휘핑할 때마다 '혼합물이 연한 노란색을 띠고 리본을 형성할 때까지' 계속 휘핑하라는 지시가 있을 것입니다. 이는 달걀노른자가 멍울지지 않고 익을 수 있도록 준비하는 단계입니다. 이를 위해서는 믹싱볼에 거품기나 자동 휘핑기로 달걀노른자를 휘핑하며 천천히 설탕을 넣은 다음 2~3분 동안 더 휘핑하면 됩니다. 색은 연한 노란색으로 변하고 질감은 걸쭉해져서, 들어올린 거품기에서 흘러내린 내용물이 다시 표면으로 떨어질 때 잠시 끈 즉 리본의 형태를 유지했다가 사라지게 될 것입니다. 여기서 계속 휘핑하면 달걀노른자가 멍울질 수 있으니 이 상태가 되면 멈추세요.

## ** 휘핑크림

프랑스 요리에서 쓰는 휘핑한 크림은 부피가 2배로 늘어나고 가볍고 매끄러우며 멍울이 없는 상태여야 합니다. 달걀흰자를 휘핑할 때와 마찬가지로 최대한 공기를 많이 넣으면 됩니다. 믹싱볼이 고정된 자동 휘핑기를 쓰면 레시피에 필요한 만큼 매끄럽고 가벼운 결과물이 나오지 않으며, 블렌더는 아예 쓰지 않는 것이 좋습니다. 매번 휘핑에 성공하기 위해서는 우선 얼음을 채운 볼에 얼음 높이만큼의 물을 붓고, 그 위에 더 작은 금속제 믹싱볼을 얹어 그 안에 차가운 헤비 크림을 담은 뒤 지름이 큰 거품기나 자동 핸드 휘핑기로 휘핑합니다. 4~5분이면 크림의 표면에 거품기의 자국이 잠시 남았다가 사라질 정도가 되며, 믿을 수 없을 만큼 부드러운 질감으로 바뀝니다.

### 주의사항

휘핑크림을 다른 재료에 섞을 때는 크림도 다른 재료도 전부 차가운 상태여야 합니다. 그렇지 않을 경우 크림은 묽어집니다.

### 프랑스의 크림에 대해

프랑스의 크렘 프레슈(crème fraîche)와 미국의 휘핑크림은 둘 다 비슷한 양의 유지방을 함유하고 있지만, 크렘 프레슈는 살짝 발효된 상태기 때문에 질감이 더 되직합니다. 따라서 일반 휘핑크림이 아닌 크렘 프레슈를 쓴다면 휘핑하기 전 크림과 차가운 우유나 얼음물 또는 간 얼음을 3대 1의 비율로 섞은 것을 더해서 살짝 묽게 만들어야 합니다.

### 크렘 샹티이(crème chantilly)
가벼운 휘핑크림

바바루아 등의 디저트, 그리고 디저트 소스에 쓰입니다.

**약 2컵 분량**

차가운 휘핑크림 약 250ml
얼음물에 올린 약 3L 용량의
　금속제 볼
지름이 큰 거품기 또는
　자동 핸드 휘핑기

얼음물에 얹은 볼에 크림을 붓고, 거품기가 볼 둘레에 전체에 닿도록 회전시키며 크림을 들어올리듯 휘핑합니다. 점차 속도를 중간 정도로 높여, 거품기를 크림에서 떼면 크림 표면에 가볍게 자국이 남을 때까지 계속 휘핑합니다. 크림을 떠서 표면에 떨어뜨리면 그 형태가 살짝 유지되어야 합니다.

### 단단한 휘핑크림 만들기

더 묵직함이 필요한 디저트를 만들 때면, 크림의 질감이 더 단단해지고 거품기를 뗀 자리에 크림이 솟아오를 때까지 몇 초 동안 더 휘핑합니다. 이 단계 이후 휘핑을 계속하면 크림이 멍울진 다음 버터로 변하기 시작하므로 여기서 멈춥니다.

### 휘핑크림 보관하기

휘핑크림은 냉장실에 수 시간 동안 보관할 수 있습니다. 보통 약간의 액체가 나오기 때문에 고운 체에 올려서 볼 위에 얹어두는 것이 좋습니다. 이렇게 하면 휘핑한 크림에서 배어나온 액체를 분리할 수 있습니다.

### 풍미를 더한 휘핑크림

식탁에 내기 전, 체에 친 슈거 파우더 2테이블스푼과 브랜디나 럼, 달콤한 리큐어 1~2 테이블스푼, 또는 바닐라 에센스 1~2테이블스푼을 넣어 섞습니다.

## ✳✳ 버터와 설탕 휘핑하기

수많은 디저트와 케이크 레시피에는 버터와 설탕을 함께 휘핑하라고 되어 있습니다. 이때는 자동 휘핑기를 써도 좋고, 거품기를 써서 직접 휘핑해도 좋습니다.

### 자동 휘핑기

페이스트리용 날이 있다면 그걸 쓰세요. 일반 거품기처럼 생긴 날을 쓰면 거품기 날 사이의 공간이 막힙니다. 우선 버터를 약 1cm 크기로 조각냅니다. 커다란 믹싱볼은 뜨거운 물로 데워서 물기를 제거하고, 버터와 설탕을 넣고 적당한 속도로 몇 분 동안 휘핑합니다. 가볍고 푹신한 질감에 연한 아이보리색으로 변하면 준비가 끝난 것입니다.

실온에 1시간 동안 두어 말랑해진 버터라면, 설탕과 함께 볼에 넣고 가볍고 폭신한 상태가 될 때까지 몇 분 동안 휘핑합니다. 차가운 상태의 딱딱한 버터라면, 우선 버터를 약 1cm 크기로 조각낸 다음 설탕과 함께 볼에 넣고, 볼을 끓어오르기 직전의 물 위에 올리세요. 나무 스푼으로 버터가 말랑해질 때까지 몇 초 동안 휘젓습니다. 그 뒤 찬물을 담은 그릇에 볼을 얹고 1~2분 동안 휘핑합니다. 가볍고 폭신한 질감으로 변하면 준비 끝입니다.

## ** 녹인 초콜릿

베이킹용 초콜릿은 쉽게 타기 때문에 특별한 방법으로 다뤄야 합니다. 우선 잘게 부순 초콜릿 또는 초콜릿 칩(약 60g으로 ⅓컵을 만들 수 있습니다)을 작은 소스팬에 넣습니다. 초콜릿만 넣어도 되고, 레시피에 따라 다른 액상 재료와 함께 넣어도 됩니다. 초콜릿이 든 소스팬을 끓는 물이 담긴 커다란 팬에 넣고, 커다란 팬을 바로 불에서 내립니다. 4~5분이 지나면 초콜릿이 중탕되어 완벽하게 녹아 있을 것입니다. 초콜릿은 조리에 활용할 때까지 계속 따뜻한 물속에 둡니다.

## ** 아몬드

통아몬드, 세로로 채 썬 아몬드, 아몬드 가루는 프랑스의 페이스트리와 디저트에 다양하게 활용됩니다. 아몬드 가루는 보통 파는 곳을 쉽게 찾아볼 수 없지만, 미국이라면 어디서나 데쳐서 껍질을 벗긴 통아몬드를 살 수 있습니다. 이것을 블렌더나 푸드 프로세서로 갈기만 하면 아몬드 가루가 됩니다. 앞으로 소개할 아몬드가 들어가는 모든 레시피는 아몬드 맛을 내기 위해 약간의 아몬드 에센스가 필요합니다. 프랑스에서는 스위트 아몬드(sweet almond) 외에도 쓴맛이 나는 비터 아몬드(bitter almond)를 1~2개 넣기 때문에 아몬드 에센스를 쓰지 않습니다. 하지만 비터 아몬드 오일에는 독성이 있어 많은 양을 한꺼번에 먹으면 위험하므로, 미국에서 비터 아몬드는 처방전이 있어야만 살 수 있습니다. 한편 아몬드 에센스는 몇 방울 또는 ¼티스푼만 써도 충분할 정도로 맛이 아주 강해서 조심스럽게 다뤄야 합니다.

*계량*

통아몬드, 부순 아몬드, 아몬드 가루 125g이면 약 ¾컵 정도가 나옵니다.

*데쳐서 껍질을 벗긴 아몬드*

아몬드를 껍질째 끓는 물에 넣고 1분 동안 데친 다음 물기를 뺍니다. 아몬드를 엄지와 검지로 꽉 집으면 껍질과 알맹이가 분리됩니다. 로스팅팬에 펼쳐서 약 175℃의 오븐에 넣고 5분 동안 건조합니다.

### 아몬드 가루

블렌더나 푸드 프로세서를 쓰면 아몬드를 가루로 만들기가 가장 쉽습니다. 블렌더에서는 무조건 한 번에 ½컵씩(푸드 프로세서는 1컵씩) 설탕 몇 테이블스푼과 함께 넣어 갈아야 합니다. 그렇게 하지 않으면 기름기가 돌며 뭉쳐서, 다른 마른 재료와 섞을 수 없게 됩니다.

### 구운 아몬드

통아몬드나 채 썬 아몬드, 아몬드 가루는 로스팅팬에 펼쳐서 약 175℃의 오븐에 넣어 10분 동안 구우면 됩니다. 타지 않도록 중간중간 아몬드를 자주 뒤섞으며 잘 지켜봐야 합니다. 굽기가 끝나면 살짝 노릇한 색감이 고르게 감돌아야 합니다.

## 프랄랭(*pralin*)
### 캐러멜을 입힌 아몬드

다양한 레시피에 활용되는 프랄랭은 만들기도 간단하며, 밀폐용기에 넣으면 수 주 동안 보관할 수 있습니다. 온갖 디저트와 소스에 재료로 활용되며, 아이스크림에 올리는 토핑과 케이크 아이싱 및 케이크 필링으로도 쓸 수 있습니다. 프랑스에서는 프랄랭을 헤이즐넛으로 만들거나, 헤이즐넛과 아몬드를 섞어서 만들기도 합니다.

**약 1컵 분량**

| | |
|---|---|
| 세로로 채 썬 아몬드 또는 아몬드 가루 ½컵 | 아몬드를 앞에 제시된 방법대로 약 175℃의 오븐에 굽습니다. |
| 그래뉴당 ½컵<br>물 2TS<br>기름을 바른 대리석판 또는 커다란 베이킹 트레이 | 작은 소스팬에 설탕과 물을 넣고 끓입니다. 설탕이 캐러멜화(이어지는 캐러멜 레시피 참고)되는 즉시 아몬드를 넣고 섞습니다. 계속 가열해 막 끓어오르기 시작할 때 소스팬의 내용물을 대리석판 또는 베이킹 트레이에 붓습니다. 10분 후 차갑게 식으면 단단하게 굳은 덩어리를 손으로 조각냅니다. 블렌더에 넣어서 갈거나 거친 입자가 될 때까지 빻거나 미트 그라인더에 통과시킵니다. |

# 마카롱 가루

눅눅해진 마카롱을 빻아 프랄랭 대신 쓸 수도 있습니다. 마카롱을 잘게 부수어 로스팅팬에 펼치고 약 90℃의 오븐에 1시간 동안 넣어둡니다. 웬만큼 수분이 마르고 표면이 살짝 노릇해지면 빼세요. 식으면서 수분이 마저 날아갑니다. 파삭해지면 블렌더에 갈거나 빻거나 미트 그라인더에 통과시키세요. 밀폐용기에 넣으면 수 주 동안 보관할 수 있습니다.

## 카라멜(*caramel*)
### 캐러멜

캐러멜은 옅은 갈색이 될 때까지 가열한 설탕 시럽입니다. 다른 음식에 향미제나 색소로 쓰거나 틀을 코팅할 때 씁니다.

**약 ½컵 분량**

그래뉴당 또는 으깬 각설탕 1컵
물 ⅓컵
작고 묵직한 소스팬(뚜껑 필요)

소스팬에 물과 설탕을 넣고 약하게 끓입니다. 불에서 내리고 설탕이 완전히 녹아 물이 투명해졌는지 휘저어 확인합니다. 뚜껑을 닫고 적당히 센 불에서 몇 분간 끓입니다. 1분쯤 후에 계속 살피며 거품이 일고 걸쭉해질 때까지 끓입니다. 뚜껑을 열고 천천히 휘저으면, 몇 초 안에 시럽의 색이 변하기 시작할 겁니다. 옅은 캐러멜 색이 되면, 불에서 내려서 저어줍니다. 색이 좀더 어두워지면 더 젓지 말고 팬을 찬물에 담가 식힙니다.

☞ **캐러멜 시럽**

물 ⅓컵을 캐러멜에 넣고 휘저으며 약한 불에 끓입니다. 캐러멜이 완전히 섞이면 멈춥니다.

# 틀 안쪽에 캐러멜 입히기

## 물 카라멜리제(*moule caramelisé*)
캐러멜을 입힌 틀

커스터드 크림을 넣은 디저트는 종종 캐러멜을 입힌 틀에 넣고 굽기 때문에 틀에서 빼내면 겉에 갈색 글레이즈를 입고 있습니다. 221쪽에 그림으로 나온 샤를로트처럼 금속 틀이라면 처음부터 그 안에서 캐러멜을 만들어도 좋습니다. 하지만 틀이 도자기 재질이라면 따로 만들어야 합니다. 금속 틀은 도자기 틀보다 캐러멜이 더 균일하게 입혀지며, 내용물을 빼내기도 더 쉽습니다. 따라서 이러한 형태의 디저트를 많이 만들 계획이라면 금속 틀을 장만하는 것이 좋습니다. 틀에서 구워낸 디저트를 빼내고 난 뒤, 그 안에 약간의 액체를 넣고 끓여서 남아 있는 캐러멜을 녹여내는 단계가 레시피 끝부분에 나올 겁니다. 이때 틀의 재질에 따라 가열해도 괜찮을 경우 약한 불에 올리고, 가열이 불가능하다면 이 단계는 건너뛰도록 합니다.

**6컵 용량**

**금속 틀을 쓸 경우**

그래뉴당 또는 으깬 각설탕 ½컵
물 2TS
찬물이 담긴 팬
접시

그래뉴당과 물을 틀에 넣고 중간 불로 끓이면서 틀을 기울이며 돌리다가 시럽이 캐러멜화되면 바로 틀을 찬물에 2~3초 동안 담가 살짝 식힙니다. 그다음 틀을 사방으로 기울여서 캐러멜에 바닥과 옆면을 전부 입힙니다. 캐러멜이 굳으면 접시 위에 틀을 거꾸로 엎어둡니다. 캐러멜을 입힌 틀 완성입니다.

**내열 도자기 틀을 쓸 경우**

소스팬에 캐러멜을 만듭니다. 소스팬을 가열하는 동안 도자기 틀을 뜨거운 물에 담가 데워두세요. 캐러멜이 만들어지는 즉시 틀을 뜨거운 물에서 꺼내, 캐러멜을 붓고 틀을 사방으로 기울여서 안쪽 면을 코팅합니다. 캐러멜이 굳으면 틀을 접시 위에 거꾸로 엎어둡니다.

# 틀 안쪽에 레이디핑거 깔기

샤를로트 말라코프

707쪽에 나오는 샤를로트 말라코프나 714쪽 디플로마트, 710쪽 샤를로트 샹티이 같은 디저트는 틀 안쪽을 레이디핑거(lady finger)로 채워야 합니다. 원통 형태의 틀 중에서도 221쪽에 나온 그림처럼 깊이 약 9~10cm인 샤를로트 타입의 틀이 가장 보기 좋습니다. 레이디핑거를 희석한 리큐어에 담그라는 레시피도 있고, 그대로 쓰는 레시피도 있지만, 두 경우 모두 틀에 레이디핑거를 까는 방법은 같습니다.

### 주의사항

레이디핑거를 쓰는 디저트는 오직 고급 레이디핑거로만 만들어야 합니다. 건조하고 부드러운 대신, 눅눅해서 흐느적거리는 레이디핑거를 써서는 안 됩니다. 보통 베이커리에서 파는 품질이 떨어지는 레이디핑거를 쓰면 훌륭한 디저트의 맛을 떨어뜨립니다. 홈메이드 레이디핑거 레시피는 773쪽에 나옵니다.

틀 바닥에 딱 들어맞도록 레이디핑거를 부채꼴로 자릅니다. 둥그런 쪽이 바닥에 닿도록 깝니다.

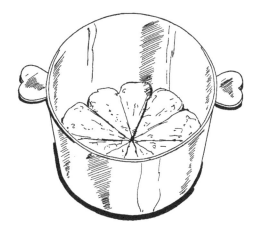

틀 바닥에 레이디핑거 깔기

---

레이디핑거의 둥그런 부분이 틀 벽에 닿도록, 세로로 세워 옆면을 촘촘하게 채웁니다. 옆면이 기울어진 틀이라면 레이디핑거의 윤곽을 미세하게 부채꼴로 다듬습니다.

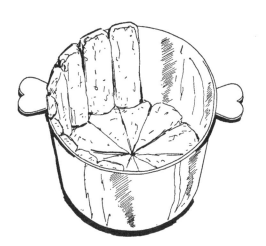

틀 옆면을 레이디핑거로 채우기

# 틀에서 빼내기

레이디핑거를 활용하는 디저트 외에도 이 장에 소개된 레시피 중에는 틀에 넣어 굽거나 모양을 잡은 다음 빼서 식탁에 올리는 것이 많습니다. 틀에서 내용물을 빼는 가장 쉬운 방법은 우선 접시를 틀 위에 거꾸로 엎고, 틀과 접시를 한꺼번에 빠르게 뒤집은 다음 접시를 평평한 곳에 내려놓고 틀의 바닥면을 쳐서 내용물이 빠져나오면 틀을 들어내는 것입니다.

## 바닐라

이 장의 디저트와 케이크에는 전부 바닐라 에센스를 넣을 수 있습니다. 바닐라 에센스 대신 바닐라 빈을 쓰려면, 디저트에 들어가는 뜨거운 액상 재료에 20분 동안 담가 우려내면 됩니다. 밀폐용기에 그래뉴당 약 450g을 넣고 바닐라 빈을 일주일 동안 꽂아두면 은은한 바닐라맛 설탕이 완성됩니다. 바닐라맛을 더 강하게 하려면 바닐라 빈 2개 또는 약 14g을 절구에 넣고 각설탕 115g 또는 약 ¾컵과 함께 빻은 다음 고운 체에 쳐서 쓰면 됩니다. 절구 대신 블렌더를 쓴다면 갈아낸 결과물을 밀폐용기에 일주일 보관해두었다가 고운 체에 쳐서 쓰세요.

## 설탕 시럽을 입힌 오렌지 필, 레몬 필

디저트 장식용으로 좋으며 만들기도 쉽습니다.

### 약 ½컵 분량

| | |
|---|---|
| 레몬 5개 또는 오렌지 3개<br>채소 필러<br>약한 불에 끓는 물 약 1L | 채소 필러로 레몬이나 오렌지의 껍질에서 색깔이 있는 부분을 깎아낸 뒤, 길이 약 4cm, 너비 약 2mm가 되도록 길게 채를 썹니다. 약한 불에 10~12분 동안 또는 씹으면 살짝 연해진 것이 느껴질 때까지 데칩니다. 찬물로 헹구고 키친타월에 남은 물기를 제거합니다. |
| 그래뉴당 1컵<br>물 ⅓컵<br>당과용 온도계(있으면 좋음)<br>바닐라 에센스 1ts | 작은 소스팬에 설탕과 물을 넣고 끈 단계(thread stage) 또는 110℃가 될 때까지 가열합니다. 불에서 내려 물기를 닦아낸 레몬이나 오렌지 필과 바닐라 에센스를 섞습니다. 레몬이나 오렌지 필이 설탕 시럽에 최소한 30분 동안 잠겨 있도록 둡니다. 다른 요리에 활용할 때 건져냅니다. 시럽에 담가서 냉장하면 수 주 동안 보관할 수 있습니다. |

## 밀가루

계량을 철저히 해야 합니다. 특히 케이크를 만들 때 정확한 계량은 필수입니다. 앞으로 나오는 모든 레시피는 54쪽에 소개한 밀가루 계량법에 기반합니다.

# 달콤한 소스 및 필링
## Sauces Sucrées et Crèmes

가벼운 커스터드 소스인 크렘 앙글레즈와 묵직한 커스터드 필링인 크렘 파티시에르는 프랑스식 디저트와 페이스트리에 필수로 쓰이는 재료입니다. 둘 다 만드는 법도 간단하며, 한번 익혀두면 두고두고 유용하게 쓸 수 있습니다.

---

## 크렘 앙글레즈(*crème anglaise*)‡
### 가벼운 커스터드 소스

달걀노른자와 설탕, 우유를 약한 불에 졸여 만든 묽은 크림 형태의 소스입니다. 끓는 온도에 가까워지면 달걀노른자가 멍울지며 익어버리니 주의하세요. 약간의 전분을 넣으면 너무 높은 온도에서 달걀노른자가 익는 상황을 조금은 방지할 수 있습니다. 소스를 이중 냄비에 끓이라고 주문하는 레시피도 있으나 이는 시간이 너무 오래 걸리므로, 바닥이 두꺼운 소스팬을 쓰고, 집중하세요. 당과용 온도계가 있다면 유용합니다.

크렘 앙글레즈의 기본 향미제는 바닐라입니다. 원한다면 바닐라에 커피, 리큐어, 초콜릿 등을 더할 수 있습니다. 소스는 디저트에 따라 따뜻하게 또는 차갑게 냅니다. 크림보다 덜 기름진 크렘 앙글레즈는 과일 디저트나 틀에 넣은 크림, 푸딩, 아이스크림 등에 쓰이며, 온갖 디저트를 만들 때 크림의 대체품으로 쓸 수 있습니다. 크렘 앙글레즈에 달걀노른자를 더 넣고 헤비 크림을 쓰면 아이스크림을 만들 때 쓰이는 커스터드가 되며, 달걀노른자와 젤라틴, 휘핑크림, 향미제를 추가하면 바바루아가 됩니다.

### 약 2컵 분량

그래뉴당 ½컵
달걀노른자 4개
약 3L 용량의 믹싱볼
거품기 또는 자동 휘핑기

설탕을 달걀노른자에 서서히 섞고 젓습니다. 혼합물이 연한 노란색을 띠고 리본을 형성할 때까지 2~3분 더 휘젓습니다(679쪽).

선택: 옥수수 전분 또는
　감자 전분 1ts

전분(선택)을 섞습니다.

뜨거운 우유 1¼컵

달걀노른자에 뜨거운 우유를 아주 천천히 방울방울 섞어, 달걀노른자를 약한 불에서 데웁니다.

---

바닥이 두껍고 깨끗한 법랑 또는
　스테인리스 소스팬
나무 스패출러 또는 스푼
당과용 온도계(있으면 좋음)
향미제(①~③ 중 택 1):
① 바닐라 에센스 1TS
② 바닐라 에센스 1ts과 럼이나
　키르슈, 코냑, 오렌지 리큐어,
　인스턴트 커피 1TS
③ 중간 단맛의 베이킹용 초콜릿
　약 60g~ 약 90g을 뜨거운
　우유에 녹여서 완성한 소스에
　바닐라 에센스 1ts을 섞은 것

믹싱볼의 혼합물을 소스팬에 옮겨서 중간 불에 가열합니다. 나무 스패출러 또는 스푼으로 천천히 계속 휘젓습니다. 소스팬의 밑바닥과 옆면까지 닿도록 고루 휘저어야 합니다. 소스가 스패출러나 스푼에 묽게 한 겹 씌워질 정도로 걸쭉해지면 불을 끕니다. 끓는 온도에 가까워지지 않도록 주의하세요. 최대 온도는 당과용 온도계로 측정했을 때 74℃(전분을 섞었다면 77℃)입니다. 그다음 불을 끄고 1~2분 동안 더 휘저어 온도를 낮춥니다. 고운 체에 걸러서 다음의 향미제 중 하나를 섞습니다.

---

뜨겁게 내려면 소스를 뜨겁지 않은 따뜻한 물에 올려둡니다. 내기 직전에 무가염 버터 1~2테이블스푼을 섞어도 좋습니다.

---

차갑게 내려면 소스팬을 찬물에 담가서 소스가 차가워질 때까지 자주 휘젓습니다. 뚜껑을 덮고 냉장합니다.

## ✢ 크렘 브륄레(*crème brûlée*)

크렘 브륄레는 영국 케임브리지 대학의 크라이스트 컬리지에서 유래한 것으로 알려져 있습니다. 앞의 크렘 앙글레즈 레시피에서와 같은 방법으로 기본 커스터드 크림을 만들되, 설탕의 양은 절반으로 줄이고 우유 대신 휘핑크림을 쓰면 됩니다. 낼 접시에 담아 냉장합니다. 윗면을 브라운 슈거로 글레이징하는 대신 683쪽 프랄랭을 약 3mm 두께로 얹어보세요. 이렇게 하면 크렘 앙글레즈 프랄리네(*crème anglaise pralinée*)가 됩니다. 딸기를 곁들여 내어도 좋습니다.

# 크렘 파티시에르(*crème pâtissière*)

## 커스터드 필링

이 커스터드에도 달걀노른자, 설탕, 우유가 들어가지만, 크렘 앙글레즈와는 달리 밀가루가 들어가니 끓어올라도 괜찮으며, 질감도 훨씬 걸쭉합니다. 넣는 밀가루의 양은 크렘 파티시에르의 용도에 따라 달라집니다. 이 레시피는 결과물을 과일 타르트의 베이스로 쓸 것을 염두에 둔 것이며, 여기에 휘핑한 달걀흰자를 추가하면 크렘 생토노레(*crème Saint-Honoré*)가 되어 슈크림을 채우는 데 쓰거나, 과일과 섞어 696쪽 플롱비에르(*plombières*) 같은 디저트를 만들 수 있습니다.

**약 2½컵 분량**

| | |
|---|---|
| 그래뉴당 1컵<br>달걀노른자 5개<br>약 3L 용량의 믹싱볼<br>거품기 또는 자동 휘핑기 | 설탕을 달걀노른자에 서서히 섞고 젓습니다. 혼합물이 연한 노란색을 띠고 리본을 형성할 때까지 2~3분 더 휘젓습니다(679쪽). |
| 밀가루(평평하게 깎아서 계량, 54쪽) ½컵 | 밀가루를 섞습니다. |
| 뜨거운 우유 2컵 | 믹싱볼의 내용물을 계속 휘저으면서 뜨거운 우유를 방울방울 흘려서 섞습니다. |
| 깨끗하고 바닥이 두꺼운 약 2.5L 용량의 법랑 소스팬<br>거품기 | 소스팬에 옮겨 담고 적당히 센 불에 올립니다. 소스팬의 바닥까지 골고루 닿도록 거품기로 휘젓습니다. 소스가 끓어오르면서 군데군데 멍울지는 곳이 생기는데, 계속 저으면 멍울이 없어집니다. 끓어오르면 불을 조절해, 적당히 낮은 불에서 2~3분 동안 저어가며 밀가루를 익힙니다. 소스팬 밑바닥에 눌어붙지 않도록 주의하세요. |

버터 1TS

향미제(①~④ 중 택 1):

① 바닐라 에센스 1½TS

② 바닐라 에센스 2ts와 럼이나
　 키르슈, 코냑, 오렌지 리큐어,
　 인스턴트 커피 2~3TS

③ 럼이나 커피 2TS에 녹인 중간
　 단맛의 베이킹용 초콜릿
　 약 80g과 바닐라 에센스 1ts

④ 아몬드 가루(683쪽)나 마카롱
　 가루(684쪽) ½컵에 아몬드
　 에센스 ¼ts과 바닐라 에센스 2ts

소스팬을 불에서 내려 버터를 섞고 향미제 중 하나를 넣습니다. 바로 요리에 활용할 것이 아니라면 소스팬 옆면에 묻은 크렘 파티시에르를 정리한 다음 표면에 말랑한 버터를 잘게 조각내어 올려서 표면이 굳는 것을 막습니다. 냉장 상태로 일주일 동안 보관할 수 있으며, 아예 냉동 보관해도 좋습니다.

## 크렘 생토노레(*crème Saint-Honoré*)
### 휘핑한 달걀흰자를 넣은 커스터드 필링

크렘 파티시에르에 단단하게 친 달걀흰자를 추가하면 타르트나 슈크림의 필링으로 활용하거나 디저트 크림으로 식탁에 올릴 수 있습니다. 초콜릿, 리큐어, 간 오렌지 필, 프랄랭 등 레시피와 어울리는 어떤 것으로도 맛을 낼 수 있습니다.

**5~6컵 분량**

크렘 파티시에르 2½컵
달걀흰자 8개
소금 넉넉하게 1자밤
그래뉴당 2TS

앞의 레시피에 따라 크렘 파티시에르를 만들고, 선택한 향미제를 넣어 섞습니다. 거품기를 꺼내면 부드러운 봉우리가 생겨날 때까지 달걀흰자와 소금을 휘핑합니다. 설탕을 뿌리고 218쪽에 묘사된 바와 같이 거품기를 떼어내면 단단한 봉우리가 생겨날 때까지 다시 휘핑합니다. ¼을 뜨거운 상태의 크렘 파티시에르에 섞고, 뒤이어 나머지를 넣습니다. 차갑게 낼 계획이라면 냉장고에 넣어 식힙니다.

# 프랑지판(*frangipane*)

## 아몬드 커스터드 필링

아주 걸쭉하게 만든 크렘 파티시에르에 마카롱 가루나 아몬드 가루를 넣은 것입니다. 크레프나 타르트의 필링으로 활용할 수 있습니다. 남은 프랑지판은 같은 양의 크렘 파티시에르에 섞어 필링으로 활용할 수 있습니다.

**약 2컵 분량**

거품기 또는 자동 휘핑기
달걀 1개
달걀노른자 1개
약 3L 용량의 믹싱볼
그래뉴당 ¾컵
밀가루(평평하게 깎아서 계량,
　54쪽) ⅓컵
뜨거운 우유 1컵

달걀과 달걀노른자를 믹싱볼에 넣고 젓습니다. 서서히 설탕을 섞고, 혼합물이 연한 노란색을 띠고 리본을 형성할 때까지 계속 젓습니다 (679쪽). 밀가루를 넣고, 뜨거운 우유를 방울방울 조금씩 넣어 섞습니다.

바닥이 두껍고 깨끗한 약 2.5L
　용량의 법랑 소스팬
거품기
나무 스푼

소스팬에 옮겨 담고 중간 불에 올립니다. 소스팬 바닥까지 골고루 닿도록 거품기로 천천히 휘젓습니다. 멍울이 없어지고 밀도 높은 페이스트처럼 걸쭉하게 변할 때까지 계속 빠르게 휘젓습니다. 그다음 적당히 낮은 불에서 나무 스푼으로 2~3분 동안 휘저어 밀가루를 충분히 익힙니다. 소스팬 밑바닥에 눌어붙지 않도록 주의하세요.

버터 3TS
바닐라 에센스 2ts
아몬드 에센스 ¼ts
마카롱 가루(684쪽) 또는 아몬드
　가루(683쪽) ½컵
선택: 키르슈 2~3TS

불을 끄고 버터를 넣고 향미제와 마카롱 가루 또는 아몬드 가루, 키르슈(선택)를 넣어 섞습니다. 바로 사용할 계획이 아니라면 소스팬 옆면에 묻은 프랑지판을 정리한 다음 표면에 잘게 조각낸 말랑한 버터를 올려서 표면이 굳는 것을 방지합니다. 냉장 상태로 일주일 동안 보관할 수 있으며, 아예 냉동 보관해도 좋습니다.

# 과일 소스✣

과일 소스는 생과일이나 냉동 과일 퓌레, 과일 잼이나 젤리로 만듭니다. 아이스크림, 커스터드 디저트, 다양한 푸딩에 활용할 수 있습니다.

## ✤ 소스 오 프레즈(*sauce aux fraises*)

신선한 딸기 소스

## ✤ 소스 오 프랑부아즈(*sauce aux framboises*)

신선한 라즈베리 소스

### 약 2컵 분량

| | |
|---|---|
| 신선한 딸기 또는 신선한 라즈베리 약 1L<br>체, 나무 스푼<br>아주 곱게 간 그래뉴당 ¾~1¼컵<br>블렌더 또는 자동 휘핑기<br>키르슈나 코냑, 레몬즙 2~3TS | 딸기나 라즈베리는 꼭지를 떼고 씻어서 물기를 뺀 다음 체에 눌러서 거릅니다. 취향에 따라 설탕을 더합니다. 블렌더에 2~3분 동안 갈거나 자동 휘핑기로 10분 동안 휘핑합니다. 설탕은 완전히 녹아야 하며, 퓌레는 질감이 걸쭉해야 합니다. 키르슈나 코냑, 레몬즙을 넣어 섞습니다. |

### 냉동 딸기 또는 라즈베리로 만들기

해동한 다음 물기를 전부 빼서 체에 눌러 거릅니다. 퓌레의 농도가 옅어지도록 해동될 때 나온 물을 조금 넣어 섞습니다. 키르슈나 코냑, 레몬즙으로 풍미를 더합니다.

### 잼, 프리저브, 젤리로 만들기(약 1컵 분량)

| | |
|---|---|
| 오렌지 마멀레이드 ½컵과<br>   살구 프리저브 ½컵<br>또는 딸기잼이나 라즈베리잼 ½컵과<br>   레드커런트 젤리 ½컵<br>키르슈나 코냑 2~3TS<br>체, 나무 스푼 | 잼과 프리저브 등을 소스팬에 섞고, 중간 불에 올려 녹입니다. 키르슈나 코냑으로 맛을 더하고 잠깐 약한 불에 끓인 다음 체에 통과시킵니다. |

## 체에 거른 살구 프리저브

살구 프리저브나 살구잼은 레시피에서 활용하기에 앞서, 불에 올려 녹을 때까지 휘젓습니다. 그다음 체에 눌러 통과시켜 껍질을 걸러냅니다. 바로 쓸 것이 아니라면 원래 용기에 다시 넣어 계속 보관할 수 있습니다.

## 글레이즈⁑

살구 프리저브나 레드커런트 젤리는 약 105℃에서 끓이면, 펙틴 성분 덕분에 식으면서 살짝 응고되어 손을 대어도 끈적하게 묻어나지 않습니다. 그 상태에서 글레이즈로 쓰면 됩니다. 타르트 윗면에 브러시로 발라 윤기를 내거나 케이크에 발라 간단한 아이싱으로 활용할 수 있으며, 필링을 채우기 전 페이스트리 안쪽에 발라 가볍게 방수막을 만들어도 좋습니다.

### ✛ 아브리코(*abricot*)
살구 글레이즈

### ✛ 줄레 드 그로제유(*gelée de groseilles*)
레드커런트 글레이즈

**약 ½컵 분량**

체에 통과시킨 살구 프리저브
    또는 레드커런트 젤리 ½컵
그래뉴당 2TS
작은 소스팬
나무 스패출러 또는 스푼
선택: 당과용 온도계

체에 눌러 통과시킨 살구 프리저브나 레드커런트 젤리와 그래뉴당을 적당히 센 불에 2~3분 동안 가열합니다. 스푼을 얇은 막으로 한 겹 코팅할 만큼 걸쭉해지고, 스푼으로 떴을 때 마지막에 떨어지는 분량이 끈적해진 것이 느껴질 때(당과용 온도계로 약 105℃에 해당)까지 가열하면 됩니다. 그 이상으로 가열하면 식을 때 부서집니다.

요리에 따뜻한 상태의 글레이즈를 입힙니다. 남은 것은 밀폐용기에 무기한으로 보관할 수 있습니다. 다시 쓸 때 재가열하면 됩니다.

# 커스터드, 무스, 몰드
## *Crèmes et Mousses*

---

## 크렘 플롱비에르 프랄리네(*crème plombières pralinée*)‡
### 차가운 캐러멜 아몬드 크림

크렘 플롱비에르는 휘핑한 달걀흰자와 향미제 또는 생과일을 넣은 커스터드 필링입니다. 레이디핑거나 스펀지케이크 위에 스푼으로 얹어 차갑게 식혀서 먹는 디저트죠. 만드는 데 걸리는 시간에 비해 대단히 매력적인 디저트입니다.

**6인분**

건조한 스펀지케이크나
  레이디핑거(길이 약 4cm,
  두께 약 1cm) 6조각
깊이 약 10cm, 용량 약 2L의
  서빙볼 1개 또는 디저트 컵 6개
럼 2TS에 커피 2TS을 섞은 것

> 스펀지케이크나 레이디핑거가 건조한 상태가 아니라면 약 90℃의 오븐에 1시간 동안 넣고 말립니다. 케이크나 레이디핑거를 서빙볼에 담거나, 디저트 컵을 하나씩 채우세요. 럼과 커피를 끼얹습니다.

달걀노른자 4개
그래뉴당 ⅓컵
밀가루 3TS
뜨거운 우유 2½컵
바닐라 에센스 1TS 또는 바닐라
  에센스 2ts과 럼 3TS을 섞은 것
버터 1TS

> 691쪽 크렘 파티시에르 레시피를 따라 믹싱볼에 달걀노른자와 설탕을 넣고, 혼합물이 연한 노란색을 띠고 리본을 형성할 만큼 걸쭉해질 때까지 휘젓습니다(679쪽). 밀가루를 넣어 섞고 뜨거운 우유를 방울방울 넣으며 휘젓습니다. 깨끗한 소스팬에 옮겨 담고 거품기로 휘저으며 2분 동안 약한 불에 끓입니다. 불에서 내려 바닐라 에센스 또는 바닐라 에센스와 럼을 함께 넣고, 버터를 넣어 섞습니다.

달걀흰자 4개
소금 1자밤
그래뉴당 1TS
프랄랭 또는 마카롱 가루(684쪽)
  3TS

> 159쪽 설명대로 부드러운 봉우리가 생겨날 때까지 달걀흰자를 휘핑한 다음, 설탕을 뿌려 단단한 봉우리가 생겨날 때까지 휘핑합니다. 달걀흰자와 프랄랭 또는 마카롱 가루를 뜨거운 상태의 크렘 파티시에르에 섞습니다.

프랄랭 또는 마카롱 가루 2TS

> 크림을 서빙볼이나 디저트 컵에 스푼으로 떠 넣고 2~3시간 동안 또는 낼 때까지 냉장합니다. 식탁에 내기 직전에 프랄랭이나 마카롱 가루를 뿌립니다.

## ❖ 크렘 플롱비에르 오 쇼콜라(*crème plombières au chocolat*)
초콜릿 크림

앞서 소개한 기본 레시피의 조리법과 재료를 쓰되, 다음과 같이 프랄랭 일부 또는 전부를 초콜릿으로 대체합니다.

| | |
|---|---|
| 중간 단맛의 베이킹용 초콜릿 90g을 럼이나 진한 커피 3TS에 녹이고 바닐라 에센스 2ts을 섞은 것 | 거품기로 매끄럽게 녹은 초콜릿을 뜨거운 크렘 파티시에르 2½컵에 넣어 섞습니다. 그다음 휘핑한 달걀흰자를 섞습니다. |
| 중간 단맛의 베이킹용 초콜릿을 강판에 갈거나 잘게 간 것 28g | 식탁에 내기 직전에 초콜릿을 뿌립니다. |

## ❖ 크렘 플롱비에르 오 프뤼이(*crème plombières aux fruits*)
딸기나 라즈베리를 얹은 크림

앞서 소개한 기본 레시피의 재료를 쓰되, 프랄랭 대신 딸기나 라즈베리를 쓰면 됩니다. 케이크는 럼 대신 물에 희석한 키르슈나 코냑에 적시고, 키르슈나 코냑에 바닐라 에센스를 섞어 크림에 맛을 더합니다.

생과일 대신 냉동 과일을 써도 되지만, 냉동 과일은 특히 상단에 얹어 장식할 경우 모양이 제대로 나지 않습니다.

| | |
|---|---|
| 슬라이스한 딸기 또는 통라즈베리 1컵<br>아주 고운 설탕 2TS | 과일에 설탕을 뿌려 10분 동안 또는 사용할 때까지 둡니다. 휘핑한 달걀흰자와 함께 크림에 섞습니다. |
| 딸기 12~18개 또는 라즈베리 1컵<br>아주 곱게 간 그래뉴당 2TS | 딸기나 라즈베리에 설탕을 뿌려 10분 동안 두었다가 내기 직전 디저트 상단에 얹습니다. |

## ✣ 크렘 플롱비에르 아 라나나스(*crème plombières à l'ananas*)
파인애플 크림

앞서 소개한 기본 레시피와 재료를 따르되, 프랄랭 대신 파인애플을 씁니다. 케이크는 럼 대신 물에 희석한 키르슈나 코냑에 적시고, 키르슈나 코냑에 바닐라 에센스를 섞어 크림에 맛을 더합니다.

---

진한 시럽에 담긴 으깬 파인애플 통조림 1컵(약 1¼컵 용량의 통조림 1개 분량)

파인애플은 물기를 제거합니다. 작은 소스팬에 통조림 시럽 ⅓컵을 담고 5분 동안 끓입니다. 으깬 파인애플을 넣고 5분 더 끓입니다. 물기를 빼고 시럽 2테이블스푼을 크렘 파티시에르에 넣어 섞습니다. 파인애플 ¼컵을 남기고 휘핑한 달걀흰자와 나머지 파인애플을 넣습니다. 남은 파인애플은 내기 직전에 장식으로 얹습니다.

---

## 바바루아 아 로랑주(*bavarois à l'orange*)✣
차가운 오렌지 바바루아

바바루아는 틀에 크렘 앙글레즈와 젤라틴, 휘핑한 달걀흰자, 가볍게 휘핑한 크림, 향미제를 넣어 굳힌 것입니다. 차갑게 냉장한 다음 틀에서 빼내는, 맛도 모양도 좋은 디저트입니다. 제대로 만들면 감미롭고 가볍고 크리미하고 벨벳처럼 부드러워서 굳힌 디저트 중에서도 손꼽히는 맛을 자랑합니다.

우리는 짧은 조리 시간으로도 최고의 맛을 낼 수 있다고 자부하는 다양한 바바루아 레시피를 시도하며, 블렌더, 달걀노른자, 각얼음 등 다양한 재료를 써보았습니다. 또한 각얼음 대신 냉동 과일이나 아이스크림을 쓰는 등 기존 레시피를 다양하게 응용해보았죠. 그러나 결과물은 전부 보기에는 좋을지 몰라도 맛과 질감 면에서는 실망스러웠으며, 바바루아는 짧은 시간 안에 만들 수 있는 메뉴가 아니라는 결론을 내리게 되었습니다. 제대로 된 바바루아를 만들기 위해서는 익힌 커스터드와 잘 녹여낸 젤라틴, 단단하게 친 달걀흰자, 제대로 휘핑한 크림과 완벽한 향미제가 기본으로 들어가야 하며, 다양한 재료를 제대로 된 타이밍에 잘 섞어야만 했던 것입니다. 하지만 다음에 소개하는 클래식한 요리법은 전혀 어렵지 않으며, 식탁에 올리기 하루나 이틀 전에 미리 만들어둘 수 있습니다.

우리는 오렌지 바바루아를 가장 선호합니다. 바바루아에 다른 맛을 더하는 향미제는 레시피 끝에 있으니 참고하세요.

**8~10인분**

## 오렌지 향미제

상태가 좋은 오렌지(큰 것) 2개
각설탕(큰 것) 2개
약 4L 용량의 믹싱볼

오렌지는 씻어서 물기를 닦아냅니다. 한 번에 1개씩, 각설탕을 오렌지 껍질에 문질러서 모든 단면에 오렌지 기름이 배도록 합니다. 각설탕을 믹싱볼에 넣고 으깬 다음, 오렌지 껍질의 색깔 있는 부분을 갈아 넣습니다.

계량컵
체
젤라틴 1½TS

오렌지즙을 짜서 체에 걸러 ½~¾컵을 받습니다. 젤라틴을 오렌지즙에 뿌려넣고 잠시 한쪽에 두어 젤라틴을 갭니다.

## 커스터드 소스

달걀노른자 7개
거품기 또는 자동 휘핑기
그래뉴당 1컵
옥수수 전분 2ts

689쪽 크림 앙글레즈 레시피를 따라, 달걀노른자를 믹싱볼의 오렌지 설탕에 더합니다. 거품기로 그래뉴당을 천천히 섞고, 혼합물이 연한 노란색을 띠고 리본을 형성할 만큼 걸쭉해질 때까지 2~3분 동안 계속 휘젓습니다(679쪽). 옥수수 전분을 섞습니다.

뜨거운 우유 1½컵
약 2L 용량의 법랑 소스팬
나무 스푼
선택: 당과용 온도계

믹싱볼에 우유를 방울방울 흘려넣으며 거품기로 섞습니다. 소스팬에 옮겨 담고 중간 불로 가열합니다. 내용물이 스푼을 가볍게 한 겹 코팅할 정도로 걸쭉해질 때까지 나무 스푼으로 휘젓습니다(77℃). 지나치게 가열하면 달걀노른자가 멍울지며 익어버리니 주의하세요. 불에서 내려서 바로 젤라틴을 갠 오렌지즙을 넣고, 젤라틴이 완전히 녹을 때까지 거품기로 잠깐 휘저으세요. 믹싱볼을 씻어서 물기를 닦아낸 다음 만들어진 커스터드를 담습니다.

## 달걀흰자

달걀흰자 5개
소금 1자밤
그래뉴당 1TS
고무 스패출러
물을 얼음 높이까지 채운 얼음물을 담은 볼

217쪽 설명대로 부드러운 봉우리가 생겨날 때까지 달걀흰자와 소금을 휘핑한 다음, 설탕을 뿌려 단단한 봉우리가 생겨날 때까지 휘핑합니다. 스패출러를 사용해 이 휘핑한 달걀흰자를 뜨거운 커스터드에 넣어 섞습니다. 얼음물 위에 올려서 내용물이 냉각되는 동안 계속 스패출러로 조심스럽게 섞어 재료들이 분리되는 것을 막습니다. 차갑게 식되 굳지는 않은 상태가 되면 다음 과정으로 넘어갑니다.

## 크림 휘핑하고 풍미 더하기

차가운 휘핑크림 ½컵
약 3L 용량의 금속제 볼
지름이 큰 거품기
오렌지 리큐어 2TS
8컵 용량의 원통형 또는
　링 모양 틀(내용물을 쉽게 빼려면
　금속제가 더 좋음)

얼음물에 올린 볼에서 크림을 휘핑해, 680쪽에 제시된 것처럼 부피는 2배로 불어나고 표면에 거품기의 자국이 살짝 남을 정도로 걸쭉하게 만듭니다. 크림과 오렌지 리큐어를 커스터드에 섞습니다.

살짝 기름을 바른 유산지

찬물에 씻은 틀을 준비합니다. 바바루아를 틀에 담고 유산지를 덮어 3~4시간 동안 또는 하룻밤 냉장 보관합니다.

## 틀에서 빼내어 내기

길고 가느다란 칼
차가운 접시

유산지를 걷어냅니다. 아주 뜨거운 물에 틀을 1초 동안(도자기 틀이라면 1~2초 더) 담근 다음, 가장자리를 따라 칼날을 넣어 빙 돌려서 차가운 접시에 뒤집어 내용물을 빼냅니다. 내기 수 시간 전에 틀에서 빼내어 냉장 보관해도 좋습니다.

껍질을 벗겨 오렌지 리큐어와
　설탕을 뿌린 오렌지 조각

오렌지 조각으로 둘러싸서 장식한 뒤 냅니다.

## ❖ 바바루아 오 쇼콜라(*bavarois au chocolat*)
　　초콜릿 바바루아

바바루아 기본 레시피와 같은 재료 및 조리법을 쓰되, 오렌지 향미제를 넣지 말고 다음을 따릅니다.

달걀노른자 7개 대신 5개

커스터드에 초콜릿을 넣으면 달걀노른자를 덜 써도 됩니다.

진한 커피 ½컵
바닐라 에센스 2ts

오렌지즙 대신 커피와 바닐라 에센스에 젤라틴을 갭니다.

| | |
|---|---|
| 중간 단맛의 베이킹용 초콜릿<br>약 80g | 초콜릿을 강판에 갈아 크렘 앙글레즈에 들어갈 우유 1½컵에 섞습니다. 약한 불에 올려 거품기로 휘저어 초콜릿을 잘 녹이며 천천히 끓입니다. 크렘 앙글레즈를 만들어서 마지막에 커피에 갠 젤라틴을 넣습니다. 휘핑한 달걀흰자를 섞어 냉장합니다. 차가워지되 굳지는 않은 상태가 될 때까지 이따금 휘저어줍니다. |
| 다크 럼 또는 오렌지 리큐어 2TS | 초콜릿에는 보통 럼을 쓰지만, 취향에 따라 오렌지 리큐어를 써도 좋습니다. 크림에 섞고, 틀에 채웁니다. |
| 크렘 앙글레즈(689쪽) 또는<br>크렘 샹티이(680쪽) 2~3컵 | 초콜릿 바바루아를 크렘 앙글레즈나 크렘 샹티이와 함께 냅니다. |

## ❖ 바바루아 프랄리네(*bavarois praliné*)

아몬드 바바루아

698쪽 기본 바바루아 레시피와 같은 재료 및 조리법을 쓰되, 오렌지 향미제를 넣지 말고 다음을 따릅니다.

| | |
|---|---|
| 차갑고 진한 커피 ½컵 | 오렌지즙 대신 커피에 젤라틴을 갭니다. |
| 프랄랭 또는 마카롱 가루<br>(684쪽) ½컵 | 프랄랭 또는 마카롱 가루를 크림과 함께 커스터드에 넣어 섞습니다. 냉장고에 넣고 차가워지되 굳지는 않도록 이따금 섞어줍니다. |
| 향미제(①~② 중 택 1):<br>① 바닐라 에센스 1TS에 아몬드<br>에센스 ¼ts을 섞은 것<br>② 바닐라 에센스 1ts,<br>아몬드 에센스 ¼ts, 다크 럼<br>2TS을 섞은 것 | 향미제를 휘핑한 크림과 같이 커스터드에 넣어 섞습니다. |
| 프랄랭 또는 마카롱 가루 2TS<br>크렘 앙글레즈(689쪽) 또는<br>크렘 샹티이(680쪽) 2~3컵 | 내기 직전 바바루아 상단에 프랄랭이나 마카롱 가루를 뿌립니다. 소스는 필요 없지만, 크렘 앙글레즈나 크렘 샹티이를 곁들여 내도 좋습니다. |

## ❖ 바바루아 오 프뤼이(*bavarois aux fruits*)

딸기나 라즈베리 등 과일을 얹은 바바루아

이 레시피에서는 딸기나 라즈베리를 씁니다. 살구, 복숭아, 설탕에 조린 배 등 다른 과일 퓌레를 써도 좋습니다. 698쪽 기본 바바루아 레시피의 재료와 조리법을 쓰되, 오렌지 향미제를 넣지 말고 다음을 따릅니다.

| | |
|---|---|
| 달걀노른자 7개 대신 5개 | 과일 퓌레가 커스터드에 묵직함을 더하기 때문에 달걀노른자를 덜 써도 됩니다. |
| 딸기 주스나 라즈베리 주스 ½컵, 또는 오렌지 주스 ½컵 | 냉동 딸기나 냉동 라즈베리를 쓴다면 젤라틴을 해당 과일즙에 갭니다. 다른 경우에는 젤라틴을 오렌지즙에 갭니다. |
| 신선한 딸기나 신선한 라즈베리 약 450g 또는 해동시켜 물기를 뺀 냉동 딸기나 냉동 라즈베리 약 450g | 과일을 체에 눌러 통과시켜 퓌레 ¾~1컵을 만듭니다. 남은 퓌레는 소스에 넣어 활용하면 됩니다. 퓌레를 크림과 함께 커스터드에 섞어 바바루아를 만듭니다. |
| 딸기 소스나 라즈베리 소스 2~3컵 또는 꼭지를 따고 설탕을 뿌린 신선한 딸기나 신선한 라즈베리 470g | 바바루아에 딸기 소스나 라즈베리 소스를 끼얹거나, 바바루아 주위를 생과일로 장식해서 냅니다. |

## ❖ 차가운 수플레

차가운 수플레 레시피 중에는 사실 바바루아 레시피라고 해야 더 정확한 것들이 많습니다. 바바루아 역시 틀 위로 몇 센티미터 부풀어오른 것처럼 보이기 때문에 모양이 비슷한 수플레와 혼동해서 쓰는 것이죠. 이 효과를 주려면 틀 가장자리에 종이를 둘러 크림이 굳을 때까지 가만히 두었다가, 식탁에 내기 전에 종이를 떼어내면 됩니다. 이렇게 종이 두른 틀에 모양을 잡을 수 있는 내용물로는 앞서 소개한 모든 바바루아와 무슬린 오 쇼콜라(706쪽), 샤를로트 말라코프 오 프레즈(707쪽)가 있습니다. 수플레 데물레 오 마카롱(723쪽)과 일 플로탕트(724쪽)가 바바루아가 아닌 진짜 수플레에 해당합니다.

# 리 아 랭페라트리스(*riz à l'impératrice*)

### 쌀과 과일을 곁들인 차가운 바바루아

프랑스의 고전적인 디저트 메뉴로, 다행히 맛없는 미국식 쌀 푸딩과는 아무 관계가 없습니다. 부드러운 식감이 돋보이며, 언제나 과일 소스를 끼얹어서 내는 디저트입니다.

**8~10인분**

오븐을 약 150℃로 예열해둡니다.

체리, 안젤리카, 오렌지 필 등 설탕옷을 입힌 알록달록한 과일을 잘게 다진 것 ¾컵(110g)
키르슈 또는 코냑 4TS
젤라틴 1⅓TS

작은 볼에 설탕옷을 입힌 과일과 키르슈 또는 코냑을 섞습니다. 젤라틴을 뿌려 한쪽에 둡니다.

흰쌀 ½컵(약 110g)
끓는 물 4L

쌀을 끓는 물에 넣고 5분 동안 삶습니다. 물기를 완전히 제거합니다.

뜨거운 우유 1⅔컵
그래뉴당 ⅓컵
버터 2TS
약 1L 용량의 뚜껑이 있는 내열 캐서롤
바닐라 에센스 1ts
버터 바른 유산지

캐서롤에 우유, 그래뉴당, 버터를 가열해 끓입니다. 쌀과 바닐라 에센스를 넣고 다시 끓어오르면 쌀 위에 유산지와 뚜껑을 차례로 덮은 뒤 예열해둔 오븐에 넣어, 쌀이 우유를 전부 흡수해 푹 익은 상태가 되도록 35~40분 동안 뭉근히 가열합니다.

달걀노른자 5개

약 3~4L 용량의 믹싱볼

거품기 또는 자동 휘핑기

그래뉴당 ¾컵

옥수수 전분 1ts

뜨거운 우유 1½컵

바닥이 두꺼운 법랑 소스팬

나무 스푼

바닐라 에센스 1ts

체에 눌러 통과시킨 살구 프리저브
    3TS

물을 얼음 높이까지 채운 얼음물을
    담은 볼

689쪽 크렘 앙글레즈 레시피대로 달걀노른자를 믹싱볼에 넣고, 거품기로 그래뉴당을 천천히 섞은 뒤, 혼합물이 연한 노란색을 띠고 리본을 형성할 만큼 걸쭉해질 때까지 계속 휘젓습니다(679쪽). 거품기로 옥수수 전분을 넣고 뜨거운 우유를 방울방울 흘려넣습니다. 소스팬에 옮겨 담고, 중간 불로 가열하며 내용물이 스푼을 가볍게 한 겹 코팅할 정도로 걸쭉해질 때까지(약 77℃) 나무 스푼으로 휘젓습니다. 끓는 온도에 가까워지면 달걀노른자가 익으니 주의하세요. 불에서 내려서 안의 커스터드에 바로 설탕옷을 입힌 과일과 젤라틴을 섞고, 젤라틴이 완전히 녹을 때까지 거품기로 휘젓습니다. 바닐라 에센스와 살구 프리저브를 더합니다. 쌀을 커스터드에 섞습니다. 이때 쌀이 너무 뜨거운 상태라면 한 번에 1스푼씩 넣으세요. 얼음물에 올리고 차갑게 식되 굳지는 않도록 조심스럽게 섞습니다.

무향 무미의 식용유

깊이 약 9cm, 6컵 용량의 원통형
    또는 링 모양 틀(높이 약 9cm)

기름을 바른 유산지

틀 안쪽에 살짝 기름을 칠하고, 바닥에 기름을 바른 유산지를 깝니다.

차가운 휘핑크림 1컵

약 3L 용량의 금속제 볼

지름이 큰 거품기

기름을 바른 유산지

쌀을 넣은 커스터드가 차가워지면 얼음물에 올린 볼에 크림을 넣고 휘핑해, 580쪽에 제시된 것처럼 부피는 2배로 불어나고 표면에 거품기의 자국이 살짝 남을 만큼 걸쭉해지도록 만듭니다. 쌀 커스터드에 크림을 넣고 틀에 채운 다음, 그 위에 식용유를 바른 유산지를 덮습니다. 4시간 동안 또는 하룻밤 냉장합니다.

소스 오 프레즈 또는 소스 오
    프랑부아즈(694쪽) 2컵

차가운 접시

선택: 다지거나 모양을 내서 잘라
    키르슈나 코냑 1TS에 적신
    설탕옷을 입힌 과일 ⅓컵

유산지를 걷어내고 틀을 아주 뜨거운 물에 1초 동안(금속틀이 아닐 경우 몇 초 더) 담급니다. 가장자리를 따라 칼날을 넣어 빙 돌리고, 차가운 접시에 뒤집어 내용물을 빼냅니다. 소스를 뿌립니다.

참고: 내용물을 틀에서 뺀 뒤, 설탕옷을 입힌 과일을 얹어 장식해도 좋습니다.

## 무스 아 로랑주(*mousse à l'orange*)
얼린 오렌지 무스

오렌지를 반 갈라 과육을 제거한 다음, 빈 껍질을 그릇으로 쓰면 보기에 좋습니다.

**6인분**

오렌지 리큐어 3TS

약 1L 용량의 계량컵

오렌지 3~4개

레몬 ½개

오렌지 주스

리큐어를 계량컵에 따릅니다. 오렌지 3개와 레몬 ½개의 껍질에서 색깔이 있는 부분을 갈아서 계량컵에 넣습니다. 계량컵 안의 내용물이 총 2컵이 되도록 오렌지 주스를 붓습니다.

---

달걀노른자 6개

그래뉴당 ½컵

약 3L 용량의 믹싱볼

거품기 또는 자동 휘핑기

옥수수 전분 2ts

약 2.5L 용량의 바닥이 두꺼운
  법랑 소스팬

나무 스푼

선택: 당과용 온도계

달걀노른자와 그래뉴당을 믹싱볼에 넣고, 혼합물이 연한 노란색을 띠고 리본을 형성할 만큼 걸쭉해질 때까지 거품기로 휘젓습니다(679쪽). 옥수수 전분과 계량컵의 내용물을 넣어 섞습니다. 소스팬에 옮겨 담아 중간 불에 올려, 내용물이 전체적으로 데워져서 끓어오르지 않는 걸쭉한 상태가 될 때까지 나무 스푼으로 휘젓습니다. 온도계를 사용할 수 있다면 77℃를 넘지 않도록 하세요. 내용물이 스푼을 가볍게 한 겹 코팅할 정도로 걸쭉해지면 불에서 내려 잠깐 동안 휘저어서 온도를 낮추세요.

---

달걀흰자 6개

소금 1자밤

그래뉴당 1TS

물을 얼음 높이까지 채운
  얼음물을 담은 볼

다른 볼에 217쪽 설명대로 부드러운 봉우리가 생겨날 때까지 달걀흰자와 소금을 휘핑한 다음, 그래뉴당을 뿌려 단단한 봉우리가 생겨날 때까지 휘핑합니다. 소스팬의 뜨거운 내용물에 휘핑한 달걀흰자를 섞고, 얼음물에 올리고 볼에 넣어서 커스터드가 분리되지 않도록 완전히 차가워질 때까지 계속 저어줍니다.

---

차가운 휘핑크림 ½컵

반으로 자른 오렌지 껍질 그릇이나
  디저트 컵, 또는 서빙볼 6개

설탕옷을 입힌 오렌지
  필(688쪽)이나 나뭇잎 모양으로
  자른 안젤리카, 민트 잎사귀,
  휘핑크림

680쪽에 나온 대로 크림을 단단하게 휘핑한 다음, 차가워진 무스에 넣어 섞습니다. 용기에 담아내어 위에 뚜껑을 덮고 수 시간 동안 또는 하룻밤 냉동시킵니다. 내기 직전에 디저트를 장식합니다.

## 무슬린 오 쇼콜라(*mousseline au chocolat*)
## 마요네즈 오 쇼콜라(*mayonnaise au chocolat*)
## 퐁당 오 쇼콜라(*fondant au chocolat*)‡
### 차가운 초콜릿 무스

수많은 초콜릿 무스 가운데 최고로 손꼽히는 레시피를 소개합니다. 달걀노른자와 설탕, 버터가 들어가고, 크림 대신 휘핑한 달걀흰자가 들어갑니다. 선택 항목으로 제시된 오렌지 향미제는 초콜릿과 맛이 잘 어울립니다. 이 초콜릿 무스와 비슷한 디저트로는 버터와 초콜릿, 아몬드 가루로 만든 707쪽 샤를로트 말라코프가 있습니다. 둘 다 냉각한 다음 틀에서 빼내어 내거나, 아예 처음부터 볼이나 디저트 컵, 단지에 담아 내면 됩니다. 단지에 담아 내면 포 드 크렘 오 쇼콜라(*pots de crème au chocolat*)라는 잘못된 이름으로 불리기도 합니다. 하지만 프랑스 디저트 중 '크렘'이라 불리는 것은 712~714쪽에 소개된 것과 같은 커스터드로, 무스와는 다릅니다.

### 5컵 분량(약 6~8인분)

약 3L 용량의 도자기 또는
  스테인리스 믹싱볼
거품기 또는 자동 휘핑기
달걀노른자 4개
입자가 아주 고운 설탕 ¾컵
오렌지 리큐어 ¼컵
끓어오르기 전 단계로 팬에서
  가열 중인 물
찬물

달걀노른자와 설탕을 믹싱볼에 넣고, 연한 노란색을 띠고 리본을 형성할 만큼 걸쭉해질 때까지 휘젓습니다(679쪽). 오렌지 리큐어를 넣어 섞습니다. 믹싱볼을 끓어오르기 전인 물에 담가서 3~4분 동안 계속 휘저어, 거품이 생기며 손을 댔을 때 뜨겁다고 느껴질 때 멈춥니다. 그다음 믹싱볼을 찬물에 담가 내용물이 시원해질 때까지, 그리고 다시 리본을 형성할 만큼 걸쭉해질 때까지 휘젓습니다. 내용물이 마요네즈 정도의 점성을 띠면 됩니다.

중간 단맛의 베이킹용 초콜릿
  약 170g
진한 커피 4TS
작은 소스팬
말랑한 무가염 버터 약 170g
선택: 설탕 시럽을 입힌
  오렌지 필(597쪽)을 잘게 다진 것
  ¼컵

초콜릿을 커피에 넣고 뜨거운 물에 중탕해 녹입니다. 다 녹으면 뜨거운 물에서 꺼내 거품기로 버터를 조금씩 섞어 균일한 크림 질감이 되도록 합니다. 이것을 앞의 달걀노른자와 설탕, 오렌지 리큐어 혼합물에 섞고, 오렌지 필(선택)도 넣어 섞습니다.

| | |
|---|---|
| 달걀흰자 4개<br>소금 1자밤<br>그래뉴당 1TS | 217쪽 설명대로 부드러운 봉우리가 생겨날 때까지 달걀흰자와 소금을 휘핑한 다음, 그래뉴당을 뿌려 단단한 봉우리가 생겨날 때까지 휘핑합니다. 앞의 초콜릿 혼합물에 ¼을 섞고, 뒤이어 나머지도 넣어 섞습니다. |
| | 접시나 디저트 컵, 단지에 담습니다. 최소 2시간 또는 하룻밤 냉장 보관합니다. |
| 바닐라맛 크렘 앙글레즈(689쪽)<br>  또는 가볍게 휘핑한 크림에 슈거<br>  파우더를 섞은 것(680쪽) 2컵 | 크렘 앙글레즈나 휘핑한 크림을 따로 담아 곁들여 냅니다. |

## ❖ 틀에 채워 모양을 낸 무스

살짝 기름을 바른 6컵 용량의 링 모양 틀에 앞의 무스를 채웁니다. 기름을 바른 유산지를 덮고 3~4시간 동안 냉장해 단단하게 굳힙니다. 유산지를 걷어내고 틀을 1초 동안 아주 뜨거운 물에 담근 다음, 차가운 접시에 빼내세요. 무스 중앙에 크렘 앙글레즈나 가볍게 휘핑한 크림을 채워 냅니다.

---

## 샤를로트 말라코프 오 프레즈(*charlotte Malakoff aux fraises*)❖
### 딸기를 넣은 차가운 아몬드 크림

레이디핑거가 있다면 비교적 쉽고 빠르게 만들 수 있는 디저트입니다. 물론 앞서 언급한 바와 같이 레이디핑거는 품질이 좋아야 합니다. 살 수 없거나 직접 만들 시간이 없다면 레이디핑거를 아예 빼고, 앞서 소개한 레시피의 마지막 부분에 제시된 것과 같이 아몬드 크림을 링 모양의 틀이나 개별 디저트 컵에 채웁니다. 이러면 더 이상 샤를로트 말라코프라고 부를 수 없게 되지만 여전히 맛이 좋으며, 신선한 딸기를 얹어 멋지게 장식해서 낼 수도 있습니다.

**8~10인분**

## 딸기 다듬기 및 틀 준비하기

신선한 딸기 약 1L
체

딸기는 꼭지를 제거하고 재빨리 씻어내어 체에 받쳐서 물기를 뺍니다.

약 2L 용량의 원통형 틀
  (높이 약 10cm, 지름 약 18cm)
유산지

틀 바닥에 유산지를 깝니다.

오렌지 리큐어 ⅓컵
물 ⅔컵
오목한 수프 그릇
길이 약 10cm, 너비 약 5cm의
  레이디핑거(773쪽) 24개
식힘망

오렌지 리큐어와 물을 수프 그릇에 붓고 레이디핑거를 한 번에 하나씩 적신 다음 식힘망에 얹어 말립니다. 686쪽 설명대로 틀의 옆면에 레이디핑거를 빙 두릅니다. 남은 레이디핑거는 한쪽에 두세요.

## 아몬드 크림

약 4L 용량의 믹싱볼
거품기 또는 자동 휘핑기
말랑한 무가염 버터 220g
아주 곱게 간 그래뉴당 1컵
오렌지 리큐어 ½컵
아몬드 에센스 ¼ts
아몬드 가루(683쪽) 1⅓컵

버터와 설탕을 거품기로 섞어 색이 연해지고 질감이 푹신해질 때까지 3~4분 동안 휘젓습니다(681쪽). 오렌지 리큐어와 아몬드 에센스를 넣고 섞습니다. 설탕이 완전히 녹을 때까지 수 분 동안 더 휘저으세요. 아몬드 가루를 섞습니다.

차가운 휘핑크림 2컵
차가운 볼
차가운 거품기

680쪽에 나온 것처럼 크림을 휘핑해 크림의 표면에 거품기의 자국이 잠시 남았다가 사라질 정도로 만듭니다. 휘핑한 크림을 아몬드와 버터 혼합물에 섞습니다.

## 성형하기, 내기

버터를 바른 유산지
틀에 딱 들어맞는 오목한 그릇
약 450g의 물체

아몬드 크림의 ⅓을 유산지를 깐 틀 바닥에 채웁니다. 그 위에 딸기의 꼭지 부분이 아래로 가도록 한 층을 깝니다. 그 위에 레이디핑거를 한 층을 얹고, 다시 아몬드 크림, 딸기, 레이디핑거 순서로 쌓아올립니다. 나머지 아몬드 크림을 채워넣고, 레이디핑거가 아직 남아 있다면 레이디핑거를 올려 층 쌓기를 마무리합니다. 틀 바깥으로 삐져나온 레이디핑거를 잘라내고, 잘라낸 부분은 크림 위에 올리고 누릅니다. 틀을 유산지로 덮고, 그 위에 그릇을 얹어 무거운 물체를 올려놓습니다. 그 상태로 6시간 동안 또는 하룻밤 냉장합니다. 아몬드 크림이 단단히 굳어 틀에서 빼낸 뒤에도 모양이 유지되어야 합니다.

차가운 접시
남은 딸기(필요시 추가)
크렘 샹티이(680쪽) 또는
　소스 오 프레즈(694쪽) 2컵

유산지를 걷어냅니다. 틀의 테두리에 칼을 집어넣어 빙 둘러서 내용물을 분리하고, 차가운 접시에 뒤집어 빼냅니다. 유산지를 벗겨낸 다음 낼 때까지 냉장해둡니다. 딸기로 장식해 휘핑크림이나 소스 오 프레즈를 곁들여 냅니다.

## ❖ 샤를로트 말라코프 오 프랑부아즈(*charlotte Malakoff aux framboises*)
　라즈베리를 넣은 아몬드 크림

앞의 샤를로트 말라코프 기본 레시피의 요리법과 재료의 비율을 따르되, 딸기 대신 라즈베리를 씁니다.

## ❖ 샤를로트 말라코프 오 쇼콜라(*charlotte Malakoff au chocolat*)
　초콜릿을 넣은 아몬드 크림

기본 레시피의 재료(딸기만 제외)
중간 단맛의 초콜릿 약 110g을
　진한 커피 ¼컵에 녹인 것
아몬드 크림에 들어가는 오렌지
　리큐어는 ½컵 대신 ¼컵으로
　변경
크렘 샹티이(680쪽) 또는
　크렘 앙글레즈(689쪽) 2컵

기본 레시피에 따라, 물에 희석한 오렌지 리큐어에 적신 레이디핑거로 틀 옆면을 채웁니다. 아몬드 크림을 만들되 녹인 초콜릿을 섞고, 오렌지 리큐어는 ¼컵만 넣으세요. 크림을 섞기 전에 차갑게 만들어서 나머지 과정을 따릅니다. 크렘 샹티이나 크렘 앙글레즈를 곁들여 내세요.

## ❖ 샤를로트 바스크(*charlotte basque*)
초콜릿을 넣은 아몬드 커스터드

커스터드를 베이스로 한, 휘핑한 크림이 들어가지 않아 샤를로트 말라코프보다 가벼운 디저트입니다.

**8~10인분**

초콜릿으로 맛을 낸 크렘 앙글레즈
　(689쪽) 4컵

커스터드 소스를 만들고 초콜릿을 더해 맛을 낸 다음, 찬물에 담근 볼에 넣고 거의 차가워질 때까지 뒤섞거나 냉장합니다.

무가염 버터 약 220g
아몬드 가루(683쪽) 1⅓컵
아몬드 에센스 ½ts
럼이나 키르슈, 코냑, 오렌지 리큐어
　2~3TS
레이디핑거로 옆면을 채운 약 2L
　용량의 틀(레이디핑거는 기본
　레시피에서와 같이 몇 개 더 필요)
크렘 샹티이(680쪽) 2컵

버터와 아몬드 가루를 믹싱볼에 넣고 휘젓습니다. 거품기로 시원하게 냉각된 크렘 앙글레즈를 천천히 넣어 섞습니다. 아몬드 에센스와 럼 또는 키르슈, 코냑, 리큐어를 섞습니다. 레이디핑거로 옆면을 채운 틀 바닥에 덜어서 깔고, 레이디핑거와 번갈아 층층이 쌓아올립니다. 굳을 때까지 냉장한 다음 크렘 샹티이를 곁들여 냅니다.

---

## 샤를로트 샹티이, 오 프레즈(*charlotte chantilly, aux fraises*)
## 샤를로트 샹티이, 오 프랑부아즈(*charlotte chantilly, aux framboises*)
### 차가운 딸기 또는 라즈베리 크림

역시 틀에 넣어 만드는 멋진 디저트로, 만드는 데 비교적 시간이 적게 듭니다. 하지만 크림을 섞기에 앞서 달걀노른자를 제대로 걸쭉하게 만들어서 차갑게 식히지 않는다면 쉽게 무너지고 맙니다. 따라서 틀에서 빼낸 상태로 냈다가 디저트가 무너지는 모습을 보고 싶지 않다면, 처음부터 서빙볼이나 개별 디저트 컵에 담으세요. 생과일 대신 냉동 과일을 써도 되지만, 완전히 해동한 상태에서 물기를 잘 제거하지 않으면 퓌레가 너무 묽어지니 주의해야 합니다.

**8~10인분**

| | |
|---|---|
| 유산지<br>686쪽과 같이 레이디핑거로 옆면을<br>  채운 약 2L 용량의 원통형 틀(높이<br>  약 10cm, 지름 약 18cm) | 유산지를 틀 바닥에 깐 다음, 레이디핑거를 세워서 틀 옆면을 채웁니<br>다. 바닥에는 레이디핑거를 깔지 않습니다. |
| 신선한 딸기 또는 신선한 라즈베리<br>  약 750ml | 꼭지를 제거하고 물기를 뺀 다음, 체에 눌러서 통과시켜 퓌레 상태로<br>만듭니다. 1¼컵 분량이 나오도록 합니다. 냉장합니다. |
| 거품기 또는 자동 휘핑기<br>약 3L 용량의 스테인리스 믹싱볼<br>아주 곱게 간 그래뉴당 ⅔컵<br>달걀노른자 8개<br>끓어오르기 전 단계로 팬에서<br>  가열 중인 물<br>물을 얼음 높이로 채운 얼음물을<br>  담은 볼 | 믹싱볼에 설탕과 달걀노른자를 섞어, 연한 노란색을 띠고 리본을 형<br>성할 만큼 걸쭉해질 때까지 휘젓습니다(679쪽). 그다음 믹싱볼을 뜨<br>거운 물 위에 올려, 내용물이 크림 정도의 질감으로 걸쭉해지고 손가<br>락을 댔을 때 너무 뜨겁다고 느껴질 때까지 계속 휘젓습니다. 믹싱볼<br>을 얼음물에 얹고, 내용물이 차가워지고 다시 리본을 형성할 만큼 걸<br>쭉해질 때까지 휘젓습니다. 더욱 차가워질 때까지 스패출러로 섞어줍<br>니다. |
| 차가운 헤비 크림을 2½컵<br>약 4L 금속제 볼<br>차가운 거품기 | 휘핑한 달걀노른자가 차가워지면, 부피는 2배로 늘어나고 단단한 봉<br>우리가 생겨날 때까지 헤비 크림을 휘핑합니다. |
| 레이디핑거(필요시 추가)<br>유산지 | 차가워진 달걀노른자에 차가워진 딸기 또는 라즈베리 퓌레와 휘핑한<br>크림을 차례로 넣어 섞습니다. 틀에 채우고 빈 공간이 거의 남지 않도<br>록 그 위에 레이디핑거를 덮습니다. 틀 가장자리 바깥으로 삐져나온<br>레이디핑거는 잘라내고, 유산지로 덮어 최소 6시간 동안 또는 하룻<br>밤 냉장합니다. |
| 차가운 접시<br>신선한 딸기 또는 신선한 라즈베리<br>  1~3컵 | 식탁에 내기 직전에 유산지를 걷어내고, 가장자리를 따라 칼날을 넣<br>어 빙 돌려서 차가운 접시에 뒤집어 내용물을 빼냅니다. 윗면의 유산<br>지를 제거합니다. 윗면을 생과일로 장식하고, 원한다면 주위에 생과<br>일을 더 올려서 냅니다. |

# 크렘 랑베르세 오 카라멜(*crème renversée au caramel*)‡

### 틀에서 빼낸 차갑거나 따뜻한 캐러멜 커스터드

프랑스식 커스터드는 보통 틀에서 빼낸 상태로 내며, 구워낸 용기 그대로 내는 커스터드보다 달걀과 달걀노른자가 더 많이 들어갑니다.

**약 1L 용량의 틀을 채우는 분량(4~6인분)**

## 커스터드 혼합물 만들기

오븐을 약 175℃로 예열해둡니다.

585쪽에 나온 대로 캐러멜을 입힌
　약 1L 용량의 내열 원통형 틀
우유 2½컵
선택: 바닐라 빈 1개

틀 안쪽에 캐러멜을 입힙니다. 소스팬에 우유와 바닐라 빈(선택)을 넣고 끓어오르려고 할 때까지 가열한 다음, 뚜껑을 덮고 한쪽에 두어 커스터드를 만드는 동안 바닐라 빈이 우러나오도록 합니다.

그래뉴당 ½컵
달걀 3개
달걀노른자 3개
약 3L 용량의 믹싱볼
거품기
바닐라 에센스(앞에서 바닐라 빈을
　쓰지 않았을 때만)
고운 체

달걀, 달걀노른자를 믹싱볼에 넣고 거품기로 휘저으며 그래뉴당을 서서히 넣어 섞습니다. 거품이 일며 가벼운 질감으로 잘 섞일 때까지 휘저으세요. 앞서 가열해둔 우유를 방울방울 천천히 넣으며 계속 휘젓습니다. 앞에서 바닐라 빈을 쓰지 않았다면 바닐라 에센스를 넣으세요. 결과물을 체에 걸러 캐러멜을 입힌 틀에 붓습니다.

## 커스터드 굽기

틀을 팬에 넣고, 틀의 절반 높이까지 올라오도록 팬에 끓는 물을 붓습니다. 예열해둔 오븐 맨 아래 칸에 넣고, 다시 오븐의 내부 온도가 약 175℃로 올라갈 때까지 기다립니다. 5분 후 오븐의 온도를 약 165℃로 낮춥니다. 너무 뜨거우면 커스터드에 멍울이 생기기 때문에, 팬에 담긴 물은 언제나 끓어오르기 전 단계의 온도를 유지해야 합니다. 40분 동안 구우세요. 틀 가장자리에서 약 2.5cm 안쪽 지점은 다 익어서 조리용 바늘을 찔러넣으면 묻어 나오는 것이 없되, 중앙 부분은 살짝 흔들려야 합니다. 지나치게 오래 익히면 커스터드의 부드러움이 사라지고 퍽퍽해집니다.

**틀에서 빼서 식탁에 내기**

커스터드를 따뜻한 상태로 먹으려면, 찬물을 받은 팬에 틀을 통째로 넣어 10분 동안 내용물을 굳힙니다. 차갑게 먹으려면 냉장실에 넣어둡니다. 틀에서 빼내려면 가장자리를 따라 칼날을 넣어 빙 돌려낸 뒤, 위에 접시를 거꾸로 얹고 틀과 접시를 한 번에 뒤집습니다. 원한다면 틀에 물 2~3테이블스푼을 넣고 약한 불로 끓여서 안쪽에 남아 있는 캐러멜을 녹여낸 다음, 이를 커스터드 주위에 빙 둘러 뿌려내도 좋습니다.

☞ **변형 레시피**

작은 개별 틀에 커스터드를 굳힌 다음 틀에서 빼내어 내려면, 기본 레시피대로 커스터드를 만들고 다음과 같이 합니다.

## ❖ 프티 포 드 크렘(*petits pots de crème*)

프 틀에서 빼낸 컵 커스터드

앞선 기본 레시피의
    캐러멜 커스터드 혼합물
    약 1L 안쪽에 캐러멜을 입힌 ⅔컵
    용량의 래머킨(685쪽) 8개
래머킨이 전부 들어가는 크기의 팬

커스터드 혼합물을 8개의 래머킨에 나눠 담고, 팬에 래머킨이 반쯤 잠기도록 끓는 물을 붓습니다. 약 175℃로 예열해둔 오븐 맨 아래 칸에 넣습니다. 5분 후 오븐 온도를 약 165℃로 내린 다음, 20~25분 동안 또는 틀 가장자리에서 약 3mm 안쪽에 꼬챙이를 찔렀다가 빼면 아무것도 묻어 나오지 않을 때까지 더 굽습니다. 중앙 부분은 부드럽게 흔들리는 상태여야 합니다. 오븐에서 꺼낸 다음 물에서 틀을 빼내어 식힙니다. 식탁에 낼 준비가 되면 틀에서 빼냅니다.

## ❖ 크렘 생트안 오 카라멜(*crème Sainte-Anne au caramel*)

틀에서 빼낸 마카롱 컵 커스터드

버터 1TS
안쪽에 캐러멜을 입힌 ⅔컵 용량의
    래머킨(685쪽) 8개
마카롱 가루(684쪽) 1컵
기본 레시피의 캐러멜 커스터드
    혼합물 약 1L

캐러멜을 입힌 래머킨 안쪽에 버터를 바르고 가루로 만든 마카롱 2테이블스푼씩 넣습니다. 커스터드 혼합물을 채우고 앞의 컵 커스터드와 같이 오븐에 구워냅니다.

장식(①~③ 중 택 1):

① 크렘 앙글레즈(689쪽)

② 소스 오 프레즈 또는 소스 오
　 프랑부아즈(694쪽)

③ 반을 갈라 캐러멜 시럽을
　 입힌 복숭아 또는 통조림
　 복숭아(684쪽)

틀에서 빼낸 다음 선택하여 장식해서 내면 됩니다.

---

## 디플로마트(*diplomate*)
## 푸딩 드 카비네(*pouding de cabinet*)

틀에서 빼낸 따뜻하거나 차가운 커스터드와 설탕옷을 입힌 과일

가장 클래식한 이 프랑스식 디저트는 만드는 데 시간도 오래 걸리지 않으며, 파티에 선보이기 하루 전에 만들 수 있습니다. 커스터드를 레이디핑거로 옆면을 채운 틀에 넣고 구워내는데, 이때 레이디핑거는 건조하고 질감은 부드러운 최상급을 써야 합니다.

**8인분**

씨 없는 작은 건포도 ⅓컵
소스팬에 끓는 물
작은 볼
설탕옷을 입힌 다양한 과일
　 (체리, 안젤리카, 살구, 파인애플
　 등)을 잘게 다진 것 ⅔컵
다크 럼 또는 키르슈 3TS

건포도를 끓는 물에 넣고 5분 동안 둡니다. 물기를 빼고 볼에 넣은 다음 설탕옷을 입힌 과일과 다크 럼, 키르슈를 섞고 사용할 때까지 가만히 둡니다.

버터를 바른 유산지
6컵 용량의 원통형 틀
　 (높이 약 9cm)

유산지를 틀 바닥에 깝니다.

다크 럼 또는 키르슈 ⅓컵
물 ⅔컵
수프 그릇
길이 약 9cm, 너비 약 5cm의
　 레이디핑거(773쪽) 약 40개
식힘망

럼이나 키르슈, 물을 수프 그릇에 붓고 레이디핑거 20~25개(틀의 바닥과 옆면을 채울 만큼)를 하나씩 적십니다. 식힘망에 얹어 말린 후 686쪽 설명에 따라 틀의 바닥과 옆면을 레이디핑거로 채웁니다.

달걀 2개
달걀노른자 3개
그래뉴당 ½컵
약 3L 용량의 믹싱볼
거품기
우유 2컵에 오렌지 1개의 껍질을
   갈아넣고 끓인 것

달걀과 달걀노른자, 설탕을 믹싱볼에 넣고, 결과물의 질감이 가벼워지고 거품이 일 때까지 휘젓습니다. 오렌지 껍질을 넣어 끓인 우유를 천천히 섞습니다. 앞에서 건포도와 설탕옷을 입힌 과일에 넣었던 키르슈나 럼을 체에 걸러 넣습니다.

---

오븐을 약 175℃로 예열해둡니다.

---

체에 눌러 통과시킨
   살구 프리저브 ½컵

커스터드를 한 국자 떠서 틀에 넣습니다. 그 위에 설탕옷을 입힌 과일 혼합물 약간 흩뿌린 다음, 살구 프리저브 2~3테이블스푼을 얹습니다. 레이디핑거 2~3개로 덮고, 그 위에 스푼으로 커스터드를 약간 떠서 올립니다. 레이디핑거가 커스터드를 흡수하도록 잠깐 기다린 다음, 틀이 다 찰 때까지 다시 과일, 살구 프리저브, 레이디핑거, 커스터드 순으로 쌓아올립니다. 틀 바깥으로 삐져나온 레이디핑거는 잘라냅니다.

---

끓는 물이 담긴 팬

틀을 끓는 물이 담긴 팬에 넣고 예열해둔 오븐 맨 아래 칸에 넣습니다. 즉시 온도를 약 165℃로 내려 50~60분 동안 둡니다. 도중에 팬에 담긴 물이 절대 끓어오르지 않도록 합니다. 커스터드의 중앙 부분이 위로 살짝 부풀어오르고 틀의 바닥까지 찔러넣은 조리용 바늘이나 칼날에 아무것도 묻어나오지 않으면 완성입니다. 팬에서 꺼내 식힙니다. 살짝 따뜻한 상태로 또는 냉각해서 냅니다.

---

접시
소스 오 프레즈(694쪽) 2컵

틀 가장자리를 따라 칼날을 넣어 빙 돌린 뒤, 접시에 뒤집어서 커스터드를 빼냅니다. 유산지를 떼어낸 다음 소스를 뿌려 냅니다.

# 디저트 수플레
*Soufflés Sucrés*

달콤한 디저트 수플레를 프랑스 요리의 정수라고 생각하는 사람이 많습니다. 멋진 식사의 마지막을 장식하는 성대한 디저트라고 말이죠. 디저트 수플레는 앙트레로 먹는 수플레만큼 질감이 묵직하지는 않지만, 어쨌든 수플레는 맛을 낸 소스에 단단하게 휘핑한 달걀흰자를 넣어 섞은 요리입니다. 수플레 틀, 오븐에 넣는 위치, 익은 정도를 확인하고 내는 방법에 이르기까지, 216~222쪽에 나와 있는 수플레에 대한 설명은 디저트 수플레에도 똑같이 적용됩니다. 특히 달걀흰자를 휘핑하는 방법을 잘 참고해야 합니다. 무엇을 하든 일종의 수플레가 나오겠지만, 흰자가 원래 부피의 7배가 되도록 멍울지지 않게, 단단하게 휘핑한 다음 소스에 조심스럽게 섞어 부피가 줄어들지 않도록 해야만 멋진 결과물이 나올 수 있습니다.

## ✳✳ 소스 베이스 또는 부이

수플레의 베이스로 쓸 수 있는 3가지 기본 방법은 익힌 루가 들어가는 소스 베샤멜, 익힌 달걀노른자가 들어가는 크렘 파티시에르, 그리고 부이(*bouillie*)를 쓰는 것입니다. 여기서 소개할 모든 수플레 레시피는 이 셋 중 가벼움을 줄 수 있는 부이를 씁니다. 부이란 우유, 설탕, 밀가루나 전분을 몇 초 동안 끓여 걸쭉하게 만든 것으로, 살짝 식혀서 달걀노른자와 버터, 향미제를 섞고 휘핑한 달걀흰자를 섞으면 수플레가 만들어집니다. 밀가루가 들어간 부이를 선호하는 사람도 있고, 감자 전분이나 쌀 전분, 옥수수 전분을 선호하는 사람도 있습니다. 꼭 전분을 써야 하는 초콜릿 수플레를 제외하면 밀가루와 전분 중에서 선호하는 쪽을 선택하면 됩니다. 749~750쪽 타르트 오 시트롱과 같이 밀가루나 전분을 넣지 않고 만들 수 있는 수플레도 있지만, 질감과 부드러움에서 어딘가 부족함이 느껴지기 쉽습니다.

## ✳✳ 수플레 틀

221쪽 그림과 수플레 틀에 대한 설명을 꼭 읽으세요.

## ✳✳ 시간 재기

다음의 따뜻하게 먹는 수플레 레시피는 전부 6컵 용량의 틀을 기준으로 만들며, 초콜릿 수플레를 제외하면 굽는 데 30~35분이 걸립니다. 수플레 혼합물은 틀에 채우고 빈 냄비로 덮어둔 다음 굽기 전 1시간 동안 보관할 수 있기 때문에, 시간을 계산해 디저트를 낼 순서에 수플레가 완성되도록 코스 메뉴를 계획할 수 있습니다. 물론 예상한 시간보다 몇 분 더 걸리더라도, 오븐에 수플레가 구워지고 있다는 것을 알면 기다림을 마다할 손님은 없을 것입니다.

    수플레를 굽는 데 걸리는 시간은 3컵 용량 틀의 경우 15~20분, 8컵 용량 틀의 경우 40~45분 걸립니다. 8컵보다 큰 용량의 틀을 쓰면 굽는 데 적절한 시간을 어림잡기가 어려우며, 수플레도 너무 커져서 제대로 부풀지 않습니다.

---

# 수플레 아 라 바니유(*soufflé à la vanille*)‡
## 바닐라 수플레

초콜릿을 제외한 모든 디저트용 수플레는 다음의 바닐라 수플레 레시피를 기본으로 만듭니다. 재빨리 준비하면 오븐에 넣기까지 20분이면 됩니다.

**4인분**

### 수플레 틀 준비하기

|  |  |
|---|---|
|  | 오븐을 약 205℃로 예열해둡니다. |
| 말랑한 버터 ½TS<br>6컵 용량의 틀(되도록 샤를로트와<br>    같이 깊이 약 9cm인 것,<br>    221쪽 그림)<br>그래뉴당 | 틀 안쪽에 버터를 바릅니다. 그 위에 그래뉴당을 뿌려 옆면과 바닥이 균일하게 코팅되도록 합니다. 틀을 비스듬히 기울인 뒤 쳐서 남은 그래뉴당을 밖으로 빼냅니다. |

### 부이 베이스 만들기

| | |
|---|---|
| 거품기<br>체에 거른 중력분 3TS<br>약 2.5L 용량의 법랑 소스팬<br>우유 ¾컵<br>그래뉴당 ⅓컵 | 소스팬에 밀가루와 약간의 우유를 넣고 거품기로 잘 섞습니다. 나머지 우유와 그래뉴당을 차례로 넣어 섞습니다. 적당히 센 불에 올려 휘젓습니다. 내용물이 걸쭉해져서 끓어오르면 계속 휘저으며 30초 동안 더 끓이면 아주 걸쭉한 상태로 완성될 것입니다. 불에서 내려 2분 동안 휘저어 살짝 식힙니다. |
| 달걀 4개<br>달걀흰자를 휘핑할 볼<br>거품기 | 우선 달걀 1개의 흰자와 노른자를 분리해 달걀흰자는 볼에 넣고, 달걀노른자는 부이 중앙에 얹습니다. 즉시 거품기로 달걀노른자를 섞습니다. 나머지 달걀도 한 번에 하나씩 똑같이 합니다. |

717

말랑한 버터 2TS
고무 주걱

거품기로 버터 절반을 소스에 넣어 섞습니다. 소스팬 옆면에 묻은 소스를 주걱으로 긁어냅니다. 소스 윗면에 나머지 버터를 작게 조각내어 얹어서 표면에 막이 생기는 것을 방지합니다.
[*] 나머지 조리 과정에 앞서 만들 경우, 중간 불에 얹고 소스가 뜨겁지 않고 조금 따뜻해질 때까지만 휘젓습니다. 그다음 나머지 레시피대로 합니다.

## 달걀흰자 휘핑하기

달걀흰자 5개(앞의 달걀 4개에서
  분리한 것에 1개 추가)
소금 1자밤
그래뉴당 1TS

달걀흰자와 소금을 넣고 부드러운 봉우리가 생길 때까지 휘핑한 다음, 그래뉴당을 뿌리고 다시 단단한 봉우리가 생길 때까지 휘핑합니다(217쪽).

## 향미제 넣기

바닐라 에센스 2TS
  (바닐라 빈을 쓰려면 688쪽)

바닐라 에센스를 부이에 넣어 섞습니다. 먼저 휘핑한 달걀흰자의 ¼을 섞고, 나머지도 조심스럽게 넣어 섞습니다(219쪽).

## 틀 채우기

수플레 혼합물을 틀 높이보다 최소 약 3cm 이상 낮게 부어줍니다. 너무 꽉 차면 수플레가 부풀어오르며 틀 바깥으로 흘러넘치게 됩니다.
[*] 수플레를 바로 구울 것이 아니라면 텅 빈 냄비를 뒤집어서 틀 위에 엎어 놓으세요. 굽기 전 이 상태로 1시간 정도 보관할 수 있습니다.

## 수플레 굽기

셰이커에 넣은 슈거 파우더

예열해둔 오븐 맨 가운데 칸에 틀을 넣고 즉시 온도를 약 190℃로 낮춥니다. 20분이 지나 수플레가 부풀어오르며 노릇하게 구워지기 시작하면 즉시 윗면에 슈거 파우더를 뿌려주세요. 구운 지 총 30~35분이 지나면 수플레 윗면이 먹음직스럽게 갈색으로 변해 있을 것입니다. 바늘이나 얇고 긴 칼을 부풀어오른 부분의 옆면으로 비스듬하게 찔렀을 때 묻어나오는 것이 없어야 합니다.

바로 냅니다.

다음의 변형 레시피는 전부 앞의 기본 레시피에 기반을 둡니다. 재료와 조리법은 같으며, 향미제에 따라 맛이 달라집니다.

## ❖ 수플레 아 로랑주(*soufflé à l'orange*)

쿠앵트로, 퀴라소, 그랑 마르니에 등을 넣은 오렌지 수플레

| | |
|---|---|
| 오렌지 1개<br>각설탕(큰 것) 2개 | 기본 수플레 레시피대로 합니다. 부이 베이스를 만들기 전에 각설탕을 오렌지 껍질에 문질러 오렌지 기름을 흡수시킨 다음 뺍니다. 오렌지 껍질의 주황색 부분을 갈아 설탕과 함께 소스팬에 넣은 다음, 부이 베이스를 만듭니다. |
| 바닐라 에센스 2TS가 아닌 2ts<br>오렌지 리큐어 3~4TS | 부이 베이스에 휘핑한 달걀흰자를 섞기 직전에, 바닐라 에센스와 오렌지 리큐어를 먼저 넣어 섞습니다. 나머지는 기본 레시피대로 합니다. |

## ❖ 수플레 로스차일드(*soufflé Rothschild*)

설탕옷을 입힌 과일과 키르슈를 넣은 수플레

| | |
|---|---|
| 설탕옷을 입힌 다양한 과일들을<br>잘게 다진 것 ⅔컵<br>키르슈 ¼컵 | 설탕옷을 입힌 과일들을 키르슈에 담가 30분 동안 둡니다. |
| 바닐라 에센스 2TS가 아닌 2ts | 기본 수플레 레시피대로 부이 베이스를 만듭니다. 휘핑한 달걀흰자를 넣기 직전에 과일을 걸러낸 키르슈를 바닐라 에센스와 함께 부이에 섞습니다. 단, 바닐라 에센스 양은 기본 레시피와 다릅니다. |
| | 수플레 혼합물 ⅓을 틀에 채우고 과일 절반을 얹습니다. 남은 수플레 혼합물의 절반을 그 위에 붓고, 나머지 과일을 올린 다음, 남은 수플레 혼합물을 모두 붓습니다. |

### ❖ 수플레 오 카페(*soufflé au café*)
커피 수플레

717쪽 기본 수플레 레시피대로 하되, 부이 베이스를 만들기 전에 다음과 같이 합니다.

| | |
|---|---|
| 커피콩 3TS 또는 인스턴트 커피<br>1TS | 우유 ½컵에 커피콩을 넣어 가열합니다. 끓어오르면 뚜껑을 덮고 5분 동안 우려냅니다. 체에 걸러서 우유와 밀가루 혼합물에 넣고 고루 섞습니다. 인스턴트 커피를 쓴다면 뜨거운 우유 ½컵에 넣습니다. |
| 바닐라 에센스 2TS가 아닌 1TS | 나머지 레시피를 따라, 부이 베이스에 휘핑한 달걀흰자를 섞기 전에 먼저 바닐라 에센스를 넣습니다. |

### ❖ 수플레 프랄리네(*soufflé praliné*)
### 수플레 오 마카롱(*soufflé au macarons*)
캐러멜화된 아몬드나 마카롱을 곁들인 수플레

717쪽 기본 수플레 레시피를 씁니다.

| | |
|---|---|
| 바닐라 에센스 2TS가 아닌 1TS<br>프랄랭이나 마카롱 가루(684쪽)<br>½컵 | 부이 베이스에 휘핑한 달걀흰자를 섞기 직전, 바닐라 에센스와 프랄랭 또는 마카롱을 먼저 넣습니다. |

### ❖ 수플레 오 자망드(*soufflé aux amandes*)
아몬드 수플레

아몬드는 다른 모든 수플레에 추가해도 좋습니다. 특히 커피, 오렌지, 초콜릿, 기본 바닐라 수플레에 잘 어울립니다. 717쪽 기본 수플레 레시피를 따릅니다.

| | |
|---|---|
| 바닐라 에센스 2TS<br>아몬드 에센스 ¼ts<br>구운 아몬드 가루(683쪽) ½컵 | 부이 베이스에 휘핑한 달걀흰자를 넣기 직전, 바닐라와 아몬드 에센스, 아몬드 가루를 먼저 섞습니다. |

## ❖ 수플레 파나셰(*soufflé panaché*)
반반 섞인 수플레

틀 1개로 2가지 수플레를 구워내려면 바닐라와 커피, 프랄랭, 오렌지 중에서 고르세요. 초콜릿은 다른 방식으로 익기 때문에 함께 구울 수 없습니다.

| | |
|---|---|
| 기본 수플레 레시피의 부이<br>　베이스(716쪽)<br>약 2L 용량의 볼 2개 | 부이 베이스를 2개의 볼에 나눕니다. |
| 달걀흰자 5개<br>소금 1자밤<br>그래뉴당 1TS | 달걀흰자와 소금을 넣고 부드러운 봉우리가 생길 때까지 휘핑한 다음, 그래뉴당을 뿌리고 다시 단단한 봉우리가 생길 때까지 휘핑합니다(218쪽). |
| 바닐라 에센스 1TS | 바닐라 에센스를 한 쪽 볼에 넣고, 휘핑한 달걀흰자 절반을 섞습니다. |
| 바닐라 에센스 ½ts<br>인스턴트 커피 2ts을 끓는 물<br>　1TS에 섞은 것 | 바닐라 에센스와 커피를 다른 쪽 볼에 넣고, 나머지 휘핑한 달걀흰자를 넣어 섞습니다. |
| 기본 레시피에서와 같은 방식으로<br>　준비한 6컵 용량의 수플레 틀<br>마카롱 가루(684쪽) ½컵에<br>　오렌지 리큐어 2TS을 섞은 것 | 바닐라 수플레 혼합물을 틀에 채웁니다. 마카롱 가루 ⅓을 뿌리고 그 위에 커피 수플레 절반을 채웁니다. 마카롱 가루를 뿌립니다. 같은 방식으로 바닐라 수플레, 마카롱 가루, 남은 커피 수플레 순서로 틀을 채웁니다. |
| | 기본 레시피에서와 같이 예열해둔 190℃의 오븐에 30~35분 동안 구웁니다. |

---

## 수플레 오 쇼콜라(*soufflé au chocolat*)
초콜릿 수플레

초콜릿은 묵직한 재료이므로 수플레에 넣는다면 특별하게 다뤄야 합니다. 이 책의 초판에서 소개한 초콜릿 수플레 레시피는 잘 부풀어올라 보기에 좋았지만, 너무 약한 것이 흠이었습니다. 그리하여 개정판에서는 초콜릿 혼합물을 부이 대신 머랭에 섞는 방법을 쓰기로 했습니다. 즉 설탕을 부이 베이스에 넣는 대신, 달걀흰자와 섞어 더 단단하게 만드는 것입니다. 이렇게만 해도 수플레가 빠르게 무너져 푸딩처럼 가라앉지 않고 좀더 오래 형태를 유지하며 수플레의 특징을 지킬 수 있습니다.

### 6~8인분

---

오븐을 약 220℃로 예열해둡니다.

---

중간 단맛 또는 보통 단맛의
   베이킹용 초콜릿 약 200g
진한 커피 ⅓컵
끓어오르기 전 단계로 물을
   가열 중인 커다란 팬
커다란 팬에 들어가는 크기의
   뚜껑이 달린 작은 소스팬

초콜릿과 커피를 작은 소스팬에 넣고 뚜껑을 덮은 뒤, 약하게 끓는 물이 담긴 커다란 팬에 넣어 중탕합니다. 불에서 내려 초콜릿이 녹게 두고 다음 순서로 넘어갑니다.

---

말랑한 버터 ½TS
2~2.5L 용량의 수플레 용기
   또는 옆면이 수직이고 지름이
   19~20cm인 오븐용 용기

용기의 안쪽에 버터를 바릅니다. 버터를 바른 알루미늄 포일을 두 겹으로 겹쳐서, 용기 위 약 8cm 높이로 삐져나오도록 용기의 옆면에 두릅니다. 다음 순서에 필요한 재료를 전부 꺼내 놓습니다.

---

중력분 ⅓컵
약 2L 용량의 소스팬
거품기
우유 2컵
버터 3TS

밀가루를 소스팬에 담고 우유를 조금씩 흘려넣으며 거품기로 섞어, 균일한 크림 질감의 혼합물을 만들고 나서 마저 다 넣고 재빨리 휘젓습니다. 버터를 더하고 중간 불에 가열하며 젓습니다. 끓어오르면 계속 휘저으며 2분 동안 더 가열합니다. 불에서 내려 1분 정도 휘저으며 혼합물을 살짝 식힙니다.

---

달걀노른자 4개
바닐라 에센스 1TS

뜨거운 상태의 소스에 달걀노른자를 한 번에 1개씩 넣어 섞습니다. 그다음 녹은 초콜릿과 바닐라 에센스를 차례로 섞습니다.
[*] 5~10분 이내로 다음 순서로 넘어가지 않는다면 소스 윗면에 맞닿게 랩을 둘러 표면이 굳지 않도록 하세요.

---

달걀흰자 6개(¾컵)
소금 ⅛ts
설탕 ½컵

다른 볼에 달걀흰자와 소금을 넣고 부드러운 봉우리가 생길 때까지 휘핑한 다음, 설탕을 뿌리고 다시 단단한 봉우리가 생길 때까지 휘핑합니다(217쪽).

---

휘핑한 달걀흰자에 초콜릿이 섞인 혼합물을 주걱으로 전부 긁어 넣고 조심스럽게 섞습니다. 만들어진 수플레 혼합물을 틀에 채우고, 예열해둔 오븐 맨 아래 칸에 넣습니다. 온도를 약 190℃로 낮춥니다.

셰이커에 넣은 슈거 파우더
함께 내기: 단맛을 추가한
   휘핑크림이나 크렘 앙글레즈
   (689쪽), 바닐라 아이스크림 2컵

35~40분 뒤 수플레가 잘 부풀어오르고 상단이 갈라지면 재빨리 슈거 파우더를 뿌립니다. 다시 5~10분 동안 굽습니다. 표면이 갈라진 사이로 중앙에 꼬챙이를 찔러서 속이 살짝 묻어나오면 아직 가운데 부분이 크림 상태라는 것을 알 수 있습니다. 완전히 익어서 아무것도 묻어나오지 않으면 틀에서 빼내도 단단하게 모양을 유지할 것입니다. 원하는 익힘 정도에 따라 굽는 시간을 조절하세요. 즉시 휘핑크림 등을 곁들여 냅니다.

[*] 틀에 채운 뒤 포일로 대강 덮어 외풍이 안 드는 위치에 두면, 굽기 전 1시간 또는 그 이상 보관할 수 있습니다.

---

# 수플레 데물레 오 마카롱(*soufflé démoulé aux macarons*)

틀에서 빼낸 차가운 럼, 마카롱 수플레

**6~8인분**

---

오븐을 약 175℃로 예열해둡니다.

---

버터 1ts
안쪽에 캐러멜을 입힌 8컵 용량의
   내열 원통형 틀(685쪽)

캐러멜을 입힌 틀 안쪽에 버터를 바릅니다.

---

거품기 또는 자동 휘핑기
마카롱 가루(684쪽) 약 220g
다크 럼 ¼컵
약 3L 용량의 믹싱볼
그래뉴당 ¼컵을 넣고 끓인 우유
   ¾컵

믹싱볼에 마카롱 가루와 럼을 섞으며 뜨거운 우유를 붓습니다. 1분 간 계속 휘저으세요.

---

달걀노른자 4개

달걀노른자를 한 번에 1개씩 넣어 섞습니다.

---

달걀흰자 4개
소금 1자밤
그래뉴당 1TS

다른 볼에 달걀흰자와 소금을 넣고 부드러운 봉우리가 생길 때까지 휘핑한 다음, 설탕을 뿌리고 다시 단단한 봉우리가 생길 때까지 휘핑 합니다(217쪽).

| | |
|---|---|
| 고무 스패출러 | 휘핑한 달걀흰자를 마카롱 가루 혼합물과 섞습니다. 액체 상태에 가까운 마카롱 가루 혼합물과 달걀흰자를 조심스럽게 잘 섞어야 합니다. 이 혼합물을 틀 용량의 약 ⅔만큼 채웁니다. |
| 끓는 물을 담은 팬(물이 틀 높이의 절반까지 차야 함) | 끓는 물이 담긴 팬에 틀을 넣습니다. 약 175℃로 예열해둔 오븐 맨 아래 칸에 15분 동안 넣어둡니다. 그다음 온도를 약 160℃로 낮추고 35분 정도 더 굽습니다. 수플레가 틀 상단까지 부풀어오를 것입니다. 틀 옆면부터 수플레가 살짝 쪼그라들면 다 구워진 것입니다. |
| 접시 차가운 커피맛 크렘 앙글레즈 (689쪽) 3컵 | 3~4시간 동안 냉장합니다. 수플레는 식으면서 더욱 크기가 작아질 것입니다. 접시에 거꾸로 엎어 빼낸 다음, 틀에 물 2테이블스푼을 약한 불로 끓여 남은 캐러멜을 녹입니다. 잠시 식혔다가 만들어진 캐러멜 시럽을 수플레에 끼얹습니다. 소스로 주위를 빙 돌린 다음 내면 됩니다. |

---

## 일 플로탕트(*île flottante*)
### 틀에서 빼낸 차가운 캐러멜 아몬드 수플레

프랑스식 일 플로탕트는 휘핑한 크림을 덮은 레이어드 케이크 주위로 크렘 앙글레즈나 머랭을 담아낸 디저트입니다. 둘 중 이 레시피에서는 맛도 좋고 가벼우며 자동 휘핑기로 만들기 쉬운 머랭을 사용합니다. 머랭에 프랄랭을 더하면 식감과 맛이 한층 더 다채로워지며, 소스를 손쉽게 만들 수 있어 전통적인 크렘 앙글레즈를 만들 필요가 없습니다. 한편 이와 비슷하게 휘핑한 달걀흰자를 커스터드에 띄운 것은 외프 아 라 네주(*œufs à la neige*)입니다.

### 6~8인분

| | |
|---|---|
| 버터를 두껍게 바른 약 2L 용량의 오븐용 용기 또는 깊이 약 9~10cm의 샤를로트 틀 설탕 2~3TS | 오븐을 약 120℃로 예열해둡니다. 안쪽에 버터를 바른 틀에 설탕을 뿌려 골고루 한 겹 입히고 남은 설탕을 두드려 떨어냅니다. 틀을 한쪽에 둡니다. |

자동 휘핑기

2.5~3L 용량의 믹싱볼

실온 상태의 달걀흰자 8개(1컵)

소금 ⅛ts

타르타르 크림 ¼ts

입자가 아주 고운 설탕 1컵

바닐라 에센스 1ts

프랄랭(683쪽) 1컵

고무 스패출러

자동 휘핑기로 달걀흰자를 적당한 속도로 휘핑해서 거품이 잘 일어나면 소금과 타르타르 크림을 넣어 휘젓습니다. 점점 휘핑 속도를 높여, 달걀흰자가 부드러운 봉우리를 형성하면 설탕을 한 번에 2테이블스푼씩 넣어 섞습니다. 단단한 봉우리가 형성될 때까지 계속 휘핑한 다음 바닐라 에센스를 섞습니다. 프랄랭을 고무 스패출러로 한 번에 ¼컵씩 넣습니다.

오븐용 용기에 떠서 가볍게 펼칩니다. 위쪽으로 약 6mm 정도 넘치게 올라올 것입니다. 용기 바깥으로 노출된 표면을 주걱으로 완만하게 정리합니다. 약 120℃로 예열해둔 오븐 맨 아래 칸에 넣고, 머랭이 살짝 노릇해지고 약 1cm 정도 부풀어오를 때까지 약 25분 동안 굽습니다. 머랭이 이렇게 부풀어오르면 틀에서 빼내어도 모양이 유지될 만큼 속까지 익었다는 것을 의미합니다. 30분 동안 식힌 다음 최소 1시간 동안 냉장해 모양을 굳힙니다.

접시

프랄랭 2TS

선택: 소스 볼에 담은 차가운 크렘
  앙글레즈(689쪽) 2컵

틀 위에 뚜껑이나 접시를 비스듬히 덮어서 물에 녹은 캐러멜을 작은 볼에 따라냅니다. 틀에서 내용물을 빼내 접시에 담습니다. 윗면에 프랄랭을 뿌리고 캐러멜 소스를 주위에 뿌립니다. 크렘 앙글레즈(선택)는 따로 담아냅니다.

# 과일 디저트
## *Entremets aux Fruits*

---

## 샤를로트 오 폼(*charlotte aux pommes*)
### 틀에서 구운 따뜻하거나 차가운 사과 샤를로트

틀 안쪽을 버터에 적신 흰 빵으로 두르고, 럼과 살구로 맛을 입힌 걸쭉한 사과 퓌레를 채운 디저트입니다. 뜨거운 오븐에 빵이 노릇한 갈색이 될 때까지 구워낸 다음 틀에서 빼내어 냅니다. 보기 좋은 모양을 내려면 틀의 높이는 9~10cm 정도여야 합니다. 익히기에 적합한 사과를 쓰고, 퓌레를 아주 걸쭉하게 만들어야만 틀에서 빼도 무너지지 않습니다.

### 6~8인분

즙이 많지 않고 단단한 요리용
    사과(골든 딜리셔스 등의 품종)
    2.7kg
지름 30cm의 바닥이 두꺼운
    스테인리스 또는 법랑 팬
나무 스푼

사과는 4등분해서 껍질을 깎은 다음 씨를 도려냅니다. 대강 3mm 크기 조각으로 슬라이스합니다. 약 4L 분량이 나올 것입니다. 팬에 넣고 뚜껑을 덮은 채 아주 약한 불에 20분 정도 가열합니다. 가끔 휘저어 섞으며 푹 익힙니다.

---

체에 눌러 통과시킨 살구
    프리저브 ½컵
그래뉴당 1컵
바닐라 에센스 2ts
다크 럼 ¼컵
버터 3TS

뚜껑을 열고 살구 프리저브, 설탕, 바닐라 에센스, 럼, 버터를 넣어 섞습니다. 불을 더 세게 조절해 계속해서 휘저으며 끓이세요. 액체 상태의 혼합물이 전부 증발할 때까지 20분 이상 가열합니다. 퓌레는 아주 걸쭉한 상태로, 스푼으로 뜨면 모양을 유지할 정도여야 합니다.

---

오븐을 220℃로 예열해둡니다.

---

홈메이드 타입의 흰 빵(가로세로
    약 10cm, 두께 약 6mm로
    슬라이스한 것) 10~12개
6컵 용량의 내열 원통형 틀
    (높이 약 9cm)
정제 버터(55쪽) 1컵

빵은 껍질을 잘라냅니다. 틀 바닥에 맞게 빵을 네모난 것 1개와 반원 4개를 자릅니다. 아주 연한 갈색이 될 때까지 정제 버터 3~4테이블스푼에 구운 다음 틀 바닥에 딱 맞춰 배치합니다. 나머지 빵을 약 3cm 너비의 긴 조각으로 잘라, 정제 버터에 적셨다가 서로 겹쳐 틀의 옆면에 빙 두릅니다. 틀 바깥으로 삐져나온 부분은 잘라냅니다.

중앙이 약 2cm 솟아오른 돔 형태가 되도록 사과 퓌레를 틀에 채웁니다(나중에 식으면서 가라앉습니다). 버터에 적신 빵조각 4~5개를 그 위를 덮고 남은 버터를 틀 가장자리의 빵에 붓습니다.

팬
접시

버터가 흘러내릴 것을 대비해 틀을 팬에 올리고, 예열해둔 오븐 가운데 칸에 넣어 약 30분 동안 굽습니다. 빵과 틀 옆면 사이에 칼날을 끼워서 빵이 노릇한 갈색으로 변한 것이 확인되면 다 구워진 것입니다. 오븐에서 꺼내 15분 동안 식힙니다. 틀을 거꾸로 뒤집어 접시에 내용물을 빼낼 때, 틀을 살짝 들어올려서 내용물이 틀 없이도 모양이 유지되는지 확인합니다. 조금이라도 무너질 기미가 보이면, 식는 동안 더 굳을 수 있도록 다시 틀을 씌웁니다. 5분마다 같은 방식으로 확인해 틀에서 내용물을 빼냅니다.

체에 눌러 통과시킨 살구 프리저브
   ½컵
다크 럼 3TS
그래뉴당 2TS
선택: 크렘 앙글레즈(689쪽) 2컵
   또는 럼과 슈거 파우더로 맛을 낸
   크렘 샹티이(680쪽) 2컵

살구 프리저브와 설탕을 가열해 걸쭉하고 찐득하게 될 때까지 끓입니다. 틀에서 빼낸 샤를로트 위에 바릅니다. 뜨거운 상태 그대로 또는 따뜻하거나 차갑게 식혀서 냅니다. 크렘 앙글레즈(선택) 등을 곁들여서 내도 좋습니다.

---

## 폼 노르망드 앙 벨 뷔(*pommes normande en belle vue*)

캐러멜 틀에 담은 따뜻하거나 차가운 사과 소스

사과 샤를로트보다 훨씬 가볍고 만들기도 훨씬 쉬운 디저트입니다.

### 6인분

단단한 요리용 사과 약 1.8kg
지름 약 25cm의 바닥이 두꺼운 법랑
   팬(소스팬, 캐서롤, 스킬릿)
나무 스푼

사과는 껍질을 벗기고 씨를 제거한 다음 대강 3mm 크기의 조각으로 슬라이스합니다. 약 10컵 분량이 나올 것입니다. 팬에 넣고 뚜껑을 덮은 뒤 가끔 휘저으며, 사과가 푹 익을 때까지 아주 약한 불에 20분 동안 가열합니다.

오븐을 약 205℃로 예열해둡니다.

| | |
|---|---|
| 계피 ¼ts<br>레몬 껍질 1개를 강판에 간 것<br>그래뉴당 ½컵 | 계피와 레몬 껍질, 설탕을 사과에 넣어 섞습니다. 불을 더 세게 조절해 약 5분 동안 휘저으며 끓입니다. 스푼으로 떴을 때 모양을 유지할 만큼 걸쭉한 퓌레 상태가 되어야 합니다. 이렇게 만든 사과 소스는 4컵 정도가 나올 것입니다. |
| 럼, 코냑 또는 고급 사과 브랜디 ¼컵<br>버터 4TS<br>달걀 4개<br>달걀흰자 1개 | 불에서 내려 럼이나 코냑, 브랜디를 붓고, 버터를 휘저어 섞습니다. 달걀을 한 번에 1개씩 넣고, 뒤이어 달걀흰자를 넣어 젓습니다. |
| 안쪽에 캐러멜을 입힌 6컵 용량의<br>　내열 원통형 틀(685쪽)<br>뚜껑이나 접시<br>깊은 소스팬 또는 냄비<br>뜨거운 물 | 캐러멜을 입힌 틀에 앞의 사과 혼합물을 채웁니다. 뚜껑이나 접시로 덮은 틀을 소스팬에나 냄비에 담은 다음, 틀 안에 담긴 내용물의 높이까지 뜨거운 물을 붓습니다. 예열해둔 오븐 맨 아래 칸에 넣고, 팬에 담긴 물이 막 끓어오르기 전 상태를 유지하도록 계속 온도를 조절합니다. 1시간~1시간 30분이 지나면 틀 안 내용물의 크기가 줄어들기 시작하고, 정중앙을 제외하고 전부 익어서 모양이 잡혀 있을 것입니다. |
| 접시 | 따뜻한 상태로 내려면 틀을 팬에서 꺼내 20분 동안 식힙니다. 그다음 접시에 거꾸로 엎어 틀에서 빼냅니다. 차가운 상태로 내려면 4~5시간 또는 하룻밤 냉장합니다. 그다음 가장자리에 칼날을 넣어 빙 돌려서 접시에 뒤집어서 엎어놓습니다. 몇 분이 지나면 내용물이 자연스럽게 접시에 내려와 있을 겁니다. |
| 럼, 코냑 또는 사과 브랜디 4TS<br>슈거 파우더와 럼 또는 브랜디로<br>　맛을 낸 크렘 샹티이(680쪽) 2컵<br>　또는 크렘 앙글레즈(689쪽) 2컵 | 럼이나 브랜디를 틀에 넣고 약한 불로 끓여 남아 있는 캐러멜을 녹이고, 체에 걸러 디저트 위에 뿌립니다. 크렘 앙글레즈를 둘러서 냅니다. |

## 푸딩 알자시앵(*pouding alsacien*)
### 차갑게 먹는, 소테한 사과 그라탱

여러 맛이 서로 섞이는 데 24시간은 걸리기 때문에, 먹기 전날에 만들어두면 더 맛있습니다.

**6~8인분**

| | |
|---|---|
| 요리용 사과 약 1.1kg | 사과는 4등분하여 씨를 제거하고 껍질을 벗깁니다. 세로로 약 6mm 두께가 되도록 썹니다. 7컵 정도가 나올 것입니다. |

버터 4~5TS
지름 25~30cm의 스킬릿
버터를 살짝 바른 오븐용 용기
  (지름 20~23cm, 깊이 약 5cm)

스킬릿에 버터를 가열해 사과를 소테합니다. 사과가 한 번에 한 겹씩 깔리도록 넣습니다. 사과는 양쪽이 아주 살짝 갈색으로 변하고, 연하게 익되 모양이 유지되는 상태까지 소테합니다. 볶아내는 대로 오븐용 용기에 담습니다.

체에 눌러 통과시킨
  자두잼 ¾컵
럼 2TS
고무 스패츌러

스킬릿에 럼을 넣고 자두잼을 풉니다. 사과를 넣고 조심스럽게 섞습니다. 오븐용 용기에 사과를 바닥에 펼치듯 담습니다.

오븐을 약 165℃로 예열해둡니다.

버터 4TS
그래뉴당 ½컵
달걀노른자 3개
중력분 1TS
계피 ½ts
신선한 통밀빵 또는 호밀빵으로
  만든 습식 빵가루

믹싱볼에 버터와 그래뉴당을 넣고, 가볍고 푹신해질 때까지 휘핑합니다(681쪽). 달걀노른자를 넣고, 밀가루, 계피, 빵가루를 차례로 넣어 섞습니다.

달걀흰자 2개
소금 1자밤
그래뉴당 ½TS

달걀흰자와 소금을 부드러운 봉우리가 생길 때까지 휘핑한 다음, 그래뉴당을 뿌리고 다시 단단한 봉우리가 생길 때까지 휘핑합니다(217쪽). 휘핑한 달걀흰자를 앞의 빵가루 혼합물에 섞고 사과 위에 고르게 폅니다.

세이커에 든 슈거 파우더

예열해둔 오븐 가운데 칸에 넣고 20~25분 동안 또는 윗면이 살짝 부풀어오르고 막 노릇하게 변하기 시작할 때까지 굽습니다. 슈거 파우더를 듬뿍 뿌리고 다시 20~25분 동안 더 굽습니다. 윗면이 먹음직스러운 갈색으로 변해야 합니다.

실온에서 식힌 다음 되도록 24시간 동안 냉장합니다.

# 아스피크 드 폼(*aspic de pommes*)

틀에서 빼내어 차갑게 먹는, 럼으로 맛을 낸 사과 아스픽

사과를 진득한 설탕 시럽에 졸이기 때문에 냉장하면 젤리처럼 응고되어, 틀에서 빼내어 낼수 있는 디저트입니다. 설탕옷을 입힌 과일로 장식하면 보기에 좋습니다. 아스픽은 한번 만들어두면 틀에 넣은 채로 또는 틀에서 빼내어 최소 10일 동안 냉장 보관할 수 있습니다.

**6~8인분**

| | |
|---|---|
| 요리용 사과 약 1.4kg | 사과는 4등분해 씨를 제거하고 껍질을 깎습니다. 약 1cm 두께가 되도록 세로로 자릅니다. 약 8컵 분량이 나올 것입니다. |
| 지름 약 30cm의 묵직한<br>　법랑 스킬릿<br>물 ¾컵<br>설탕 3컵<br>레몬즙 1TS | 물, 설탕, 레몬즙을 스킬릿에 넣고 끓이며 젓습니다. 설탕이 다 녹으면 사과를 넣고, 스킬릿 바닥에 사과가 눌어붙어 타지 않도록 계속 휘저으며 약 20분 동안 적당히 센 불로 끓입니다. 거의 투명한 덩어리처럼 될 것입니다. |
| 약 1L 용량의 원통형 틀<br>무향, 무미의 샐러드유 1ts<br>유산지 | 사과가 익는 동안 틀 안쪽에 샐러드유를 발라둡니다. 유산지에도 샐러드유를 발라 틀 바닥에 깝니다. |
| 설탕옷을 입힌 과일<br>　(빨간 체리 및 초록 체리,<br>　안젤리카, 오렌지 필 등) 약 110g | 설탕옷을 입힌 과일 절반을 틀 바닥에 장식적으로 깝니다. 나머지는 다져서 스킬릿에 넣고 사과가 끓는 마지막 2~3분 동안 함께 끓입니다. |
| 다크 럼 3TS | 사과가 다 익으면 불에서 내려 럼을 섞고, 내용물을 스푼으로 떠서 틀에 채웁니다. 4~6시간 동안 또는 잘 응고되어 모양이 잡힐 때까지 냉장합니다. 다음과 같이 냅니다. |
| 차가운 접시<br>크렘 앙글레즈(689쪽) 2컵 | 뜨거운 타월로 틀을 10~15초 동안 감쌉니다. 칼날을 틀 가장자리에 넣어 빙 두른 다음 차가운 접시에 엎어 내용물을 뺍니다. 주위로 크렘 앙글레즈를 둘러 냅니다. |

# 폼 아 라 세비얀(*pommes à la sévillane*)

따뜻하거나 차갑게 먹는, 버터와 오렌지 소스에 브레이징한 사과

**6인분**

---

오븐을 약 165℃로 예열해둡니다.

---

홈 없는 요리용 사과 6개
물 2L, 레몬즙 2TS을 넣은 믹싱볼

사과는 1개씩 껍질을 깎고 가운데 씨를 제거해 레몬즙을 넣은 물에 담급니다.

---

사과가 한 층으로 넉넉히 깔리는
   면적의 뚜껑이 있는
   내열 오븐용 용기
버터 4TS
그래뉴당 ¾컵
드라이한 화이트 와인 또는
   화이트 베르무트 ½컵
물 ½컵
코냑 2TS
버터를 바른 유산지

오븐용 용기 안쪽에 버터 절반을 펴 바릅니다. 사과는 물기를 제거해 꼭지 부분이 위를 향하도록 용기에 담습니다. 그 위에 그래뉴당을 뿌리고 사과 중앙의 움푹 파인 부분마다 버터 1티스푼을 얹습니다. 사과 주위로 와인이나 베르무트, 물, 코냑을 붓습니다. 버터 바른 유산지를 위에 덮고 스토브에 올립니다. 끓어오르면 뚜껑을 덮고, 예열해둔 오븐 맨 아래 칸에 넣어 25~35분 동안 굽습니다. 액체가 아주 약하게 끓는 상태를 유지해야 사과가 터지지 않으니 계속 들여다보세요. 사과에 칼이 쉽게 들어가면 완성입니다. 지나치게 익히지 않도록 주의하세요.

---

오렌지 2~3개
채소 필러

사과가 오븐에서 익고 있을 때, 오렌지 껍질의 색깔 있는 부분을 채소 필러로 깎아냅니다. 길이 약 5cm, 너비 약 3mm 정도로 썰어 오렌지 필을 만들고, 물에 넣어 약한 불로 10~12분 동안 연해지도록 끓입니다. 물기를 빼고 찬물에 헹궈 말립니다.

---

카나페(263쪽) 6개
접시
구멍 뚫린 스푼

사과가 오븐에서 익고 있을 때, 카나페를 만들어 접시에 놓습니다. 사과가 다 익으면 물기를 제거해서 하나씩 카나페에 얹으세요.

---

레드커런트 젤리 ½컵
코냑 3TS

사과를 건져내고 남은 액체에 레드커런트 젤리를 섞어서 센 불에 재빨리 졸여냅니다. 스푼을 살짝 코팅할 정도로 걸쭉해지면 코냑과 익힌 오렌지 필을 넣고 잠시 동안 약한 불에 끓입니다. 소스와 오렌지 필을 사과에 끼얹습니다.

---

헤비 크림 또는 크렘 앙글레즈
   (689쪽) 1½~2컵

따뜻하거나 차갑게 내도 되며 크림이나 소스를 따로 나눠서 냅니다.

## 오랑주 글라세(*oranges glacées*)
### 설탕 시럽을 입힌 차가운 오렌지

껍질 벗긴 오렌지를 통째로 볼에 넣고 시럽으로 글레이징한 다음, 설탕옷을 입힌 오렌지 필을 얹어 장식한 디저트입니다. 오렌지를 조각내는 쪽이 더 좋다면, 오렌지를 가로로 슬라이스해서 접시에 원래 모양대로 다시 쌓아놓고 글레이징하면 됩니다.

**6인분**

| | |
|---|---|
| 네이블 오렌지 6개<br>채소 필러 | 오렌지의 껍질에서 색깔 있는 부분을 채소 필러로 깎아낸 다음 길이 약 5cm, 너비 약 3mm로 썹니다. 물에 넣고 약한 불로 10~12분 동안 또는 연해질 때까지 끓입니다. 물기를 빼고 찬물에 헹군 다음 키친타월로 물기를 닦아냅니다. |
| 약 5cm 깊이의 접시 | 오렌지는 남아 있는 껍질의 흰 부분을 깔끔하게 잘라서 과육을 드러냅니다. 오렌지가 제자리에 서 있을 수 있도록 한쪽을 평평하게 잘라낸 다음, 잘라낸 쪽이 아래로 가도록 접시에 담습니다. |
| 그래뉴당 2컵<br>물 ⅔컵<br>작은 소스팬<br>선택: 당과용 온도계<br>선택: 설탕을 입힌 과일(초록색)을<br>　잎사귀 모양으로 자른 것 | 소스팬에 설탕과 물을 끓여, 이 설탕 시럽이 단단한 공 단계(firm ball stage) 또는 118℃가 될 때까지 가열합니다. 준비한 오렌지 필을 넣고, 시럽이 다시 걸쭉해지도록 잠시 동안 더 끓입니다. 오렌지 필과 시럽을 스푼으로 떠서 오렌지에 끼얹고, 냉장해서 식탁에 올립니다. |

## 페슈 카르디날(*pêches cardinal*)
### 라즈베리 퓌레를 곁들인 차가운 복숭아 콩포트

복숭아와 라즈베리가 제철일 때 만들면 특히 좋은 디저트입니다. 복숭아만큼 맛이 좋지는 않더라도, 살구나 배, 통조림 복숭아를 대신 쓸 수 있습니다. 신선한 라즈베리만큼 걸쭉한 소스가 만들어지지 않지만 냉동 라즈베리를 써도 괜찮습니다.

**10인분**

물 6컵
그래뉴당 2 ¼컵
바닐라 에센스 2TS 또는
　바닐라 빈 1개
지름 약 30cm의 소스팬

물, 그래뉴당, 바닐라 에센스 또는 바닐라 빈을 소스팬에 넣고 그래뉴당이 다 녹을 때까지 휘저으며 약한 불에 끓입니다.

---

지름 약 6cm의 홈 없고 잘 익은
　복숭아 10개
구멍 뚫린 스푼
식힘망
5cm 깊이의 접시

복숭아는 껍질을 까지 않고 끓는 시럽에 통째로 넣습니다. 시럽은 약하게 끓기 시작한 때부터 같은 온도로 8분 동안 가열합니다. 불에서 소스팬을 내리고 복숭아를 시럽에 그대로 담근 채 20분 동안 식힙니다(이때 쓰고 남은 시럽은 다른 과일을 데치는 데 다시 활용할 수 있습니다). 복숭아를 식힘망에 얹어 시럽을 뺀 다음, 따뜻할 때 껍질을 벗겨 접시에 담아 냉장합니다.

---

라즈베리 약 1L와 그래뉴당 1¼컵,
　또는 완전히 해동시켜 물기를 뺀
　냉동 라즈베리 약 700g과
　설탕 ⅔컵
블렌더 또는 자동 휘핑기

라즈베리를 체에 눌러 만든 라즈베리 퓌레를 설탕과 함께 블렌더에 넣습니다. 뚜껑을 덮고 '강'으로 2~3분 동안 또는 퓌레가 걸쭉해지고 설탕이 완전히 녹을 때까지 갑니다. 자동 휘핑기를 쓴다면 퓌레와 설탕을 10분 동안 휘핑합니다. 냉장합니다.

---

선택: 민트 잎

라즈베리 퓌레와 복숭아가 차가워지면, 퓌레를 복숭아에 끼얹고 낼 때까지 다시 냉장해둡니다. 민트 잎으로 장식해서 내어도 좋습니다.

---

# 푸아르 오 그라탱(*poires au gratin*)
## 따뜻하거나 차갑게 먹는, 마카롱 가루를 곁들인 배 그라탱

**6인분**

오븐을 약 205℃로 예열해둡니다.

---

잘 익은 배 또는 물기를 제거한
　통조림 배 약 900g
깊이 약 5cm, 지름 약 20cm의
　오븐용 용기
버터 2TS

베이킹 용기에 버터를 바릅니다. 배는 껍질을 벗기고 4등분해 씨를 제거합니다. 너비 약 1cm가 되도록 세로로 썰어 오븐용 용기에 조금씩 겹쳐서 담습니다.

| | |
|---|---|
| 드라이한 화이트 와인이나<br>  드라이한 화이트 베르무트 또는<br>  통조림 배의 시럽 4TS<br>체에 눌러 거른 살구 프리저브 ¼컵 | 와인, 베르무트 또는 통조림 국물과 살구 프리저브를 잘 섞어 배에 끼<br>얹습니다. |
| 마카롱 가루(684쪽) ½컵<br>콩알만 한 크기로 조각낸 버터 3TS | 마카롱 가루를 뿌리고 그 위에 버터를 뿌립니다. |
| | 예열해둔 오븐 가운데 칸에 넣고 20~30분 동안 또는 윗부분이 살짝<br>노릇해질 때까지 굽습니다. 뜨거운 상태로 또는 따뜻하거나 차가운<br>상태로 냅니다. |

# 플랑 데 질(*flan des îsles*)

틀에서 빼낸 차가운 파인애플 커스터드

**6~8인분**

| | |
|---|---|
| 물기를 빼고 으깬 통조림 파인애플<br>  2½컵과 파인애플 통조림 시럽<br>  1⅔컵(약 840g)<br>6~8컵 용량의 소스팬 | 통조림 시럽을 소스팬에 붓고 5분 동안 끓입니다. 파인애플을 넣고<br>다시 끓어오르면 약한 불에 5분 더 끓입니다. |
| 거품기<br>밀가루 1TS<br>레몬즙 3TS<br>약 3L 용량의 믹싱볼<br>키르슈 또는 코냑 ¼컵<br>달걀 5개 | 밀가루와 레몬즙을 믹싱볼에 넣고 거품기로 잘 섞습니다. 그다음 키<br>르슈나 코냑, 달걀을 순서대로 섞습니다. 뜨거운 파인애플 시럽과 과<br>육 혼합물을 아주 조금씩 섞으며 파인애플 커스터드를 만듭니다. |
| 캐러멜을 입힌 6컵 용량의<br>  내열 원통형 틀(685쪽)<br>깊은 소스팬<br>끓는 물 | 캐러멜을 입힌 틀에 파인애플 커스터드를 붓고, 틀을 소스팬 안에 세<br>워놓습니다. 팬에 끓는 물을 부어 틀에 담긴 커스터드의 높이까지 차<br>오르게 한 다음, 스토브에 올려 약한 불로 가열합니다. 끓어오르면<br>아주 약하게 끓는 상태를 유지하며 1시간 15분~1시간 30분 동안 더<br>가열합니다. 커스터드가 틀 가장자리에서 살짝 줄어들면 완성입니다.<br>이때 중앙 부분은 크림 상태를 유지합니다. |

틀을 물에서 빼내어 식힌 다음 3~4시간 동안 또는 하룻밤 냉장합
니다.

접시
키르슈 또는 코냑 3TS
차가운 크렘 앙글레즈(689쪽) 2컵

접시에 뒤집어 빼냅니다. 키르슈나 코냑을 틀에 넣고 약한 불로 끓여
남아 있는 캐러멜을 녹입니다. 이렇게 만들어진 캐러멜 소스를 체에
걸러 차가운 크렘 앙글레즈에 넣고, 이것을 파인애플 커스터드 주위
에 둘러서 냅니다.

# 디저트 타르트
## Tartes Sucrées

프랑스의 디저트 타르트는 앙트레로 먹는 타르트, 키슈와 마찬가지로 내용물이 드러나는 형태이며, 오직 페이스트리 셸로 형태가 유지됩니다. 특히 과일을 장미꼴이나 포개지는 원형으로 놓아 장식한 과일 타르트는 보기에도 아름답습니다.

### ✳✳ 페이스트리
디저트 타르트의 셸이 되는 페이스트리 반죽은 플랑 링, 즉 바닥이 없는 케이크 틀에 성형해 구워 냅니다. 반죽으로는 파트 브리제(*pâte brisée*)에 설탕을 넣은 파트 브리제 쉬크레(*pâte brisée sucrée*)나, 밀가루와 버터 외에도 달걀과 많은 양의 설탕을 넣은 파트 사블레(*pâte sablée*)를 쓰면 됩니다. 이 2가지 반죽 레시피를 소개하니, 성형과 베이킹 과정은 제4장 '앙트레와 오찬 요리' 앞 부분에 제시된 그림과 설명을 참고하세요.

### ✳✳ 밀가루
밀가루 계량법은 반드시 54쪽 그림과 설명을 참고하도록 하세요. 모든 레시피는 이 계량법을 기반으로 하며, 다른 방법을 쓰면 결과물이 달라질 수 있습니다. 각 페이스트리 레시피에 나와 있듯, 반죽에 중력분을 쓸 경우 버터에 베지터블 쇼트닝을 살짝 넣으면 구워낸 타르트 반죽이 덜 부스러집니다. 그러나 박력분을 쓸 경우, 레시피에 제시된 쇼트닝의 양만큼 버터를 추가하세요.

### ❖ 파트 브리제 쉬크레(*pâte brisée sucrée*)

파트 브리제 쉬크레는 반죽에 설탕을 넣는 것만 빼면 파트 브리제를 만드는 방법과 같습니다.

### ✳✳ 필요한 양
   지름 20~23cm 틀은 밀가루 1½컵
   지름 25~28cm 틀은 밀가루 2컵

### 밀가루 1컵마다 필요한 재료

밀가루(평평하게 깎아서 계량,
54쪽) ⅔컵
믹싱볼
그래뉴당 1TS
소금 ⅛ts
지방 5½TS(차가운 버터 4TS에
차가운 베지터블 쇼트닝 1½TS을
더한 것)
찬물 2½~3TS

밀가루를 믹싱볼에 넣고, 그래뉴당과 소금을 섞습니다. 반죽 만들기로 넘어가서, 196~201쪽 설명에 따라 손으로 또는 푸드 프로세서를 써서 타르트 셸을 만듭니다.


## ❖ 파트 사블레(*pâte sablée*)

파트 사블레는 특히 744쪽 타르트 오 프레즈 등 생과일 타르트에 잘 어울립니다. 달걀이 들어가고 설탕을 더 넣어, 파트 브리제 쉬크레로 만든 틀에 비해 더 섬세합니다. 설탕은 넣을수록 끈적끈적해지고 잘 부서지기 때문에 반죽하고 성형하는 과정이 어려워지지만, 대신 쿠키와도 같은 맛있는 틀이 완성됩니다.


### 손과 푸드 프로세서로 반죽하기

다음은 손으로 파트 사블레를 만드는 방법입니다. 푸드 프로세서를 써서 만드는 방법은 196쪽 파트 브리제를 만드는 방법과 똑같습니다.


### 지름 23~25cm의 셸

밀가루(평평하게 깎아서 계량,
54쪽) 1⅓컵
그래뉴당 3~7TS
지속성 베이킹파우더 ⅛ts
지방 7TS(차가운 버터 5TS,
차가운 베지터블 쇼트닝 2TS)
3L 용량의 믹싱볼
물 1ts을 넣어 휘핑한 달걀 1개
바닐라 에센스 ½ts
페이스트리 보드
유산지

밀가루, 그래뉴당, 버터, 베지터블 쇼트닝, 베이킹파우더를 믹싱볼에 넣습니다. 지방이 귀리알 정도의 크기가 될 때까지 손가락 끝으로 유지류와 마른 재료를 빠르게 비빕니다. 달걀과 바닐라 에센스를 섞고 반죽을 빠르게 동그랗게 만든 다음, 페이스트리 보드에 놓고 손목 쪽의 손바닥을 써서 반죽을 한 번에 2테이블스푼 정도의 분량씩 앞으로 약 15cm쯤 쭉쭉 밀어내는 동작을 빠르게 반복합니다(유지류와 밀가루를 섞는 이 마지막 과정은 197쪽에 그림으로 설명되어 있습니다). 설탕을 많이 넣을수록 반죽이 끈적할 것입니다. 다시 원형으로 빚어 유산지에 감싼 뒤, 단단해질 때까지 수 시간 동안 냉장합니다.

반죽을 199쪽 그림과 같이 플랑 링 또는 바닥이 없는 케이크 틀에 성형합니다. 설탕을 많이 넣었을수록 반죽이 금방 질어지기 때문에 빨리 모양을 잡아야 합니다.

# 완전히 굽거나 반쯤 구운 타르트 셸

### 파트 브리제 쉬크레로 만든 타르트 셸

앞의 레시피에서 소개한 파트 브리제 쉬크레로 만든 셸은 202쪽에 나온 파트 브리제 셸과 똑같은 방법으로 굽습니다. 레시피마다 타르트 셸을 구워야 하는 정도가 다릅니다. 우선 반쯤 구운 타르트 셸은 필링을 채워넣은 뒤 다시 굽는 타르트를 만들 때 쓰입니다. 일차적으로 반죽을 익혀 모양을 잡고, 타르트 밑바닥이 눅눅해지는 것을 막기 위해서입니다. 이에 반해 완전히 구운 타르트 셸은 생과일 타르트를 만들 때 쓰이며, 파트 사블레로 만든 타르트 셸 대신 쓸 수 있습니다.

### 파트 사블레로 만든 타르트 셸

파트 사블레는 보통 완전히 구워서 쓰며, 특히 설탕을 많이 넣을수록 잘 타기 때문에 오븐에서 굽는 동안 계속 지켜봐야 합니다. 오븐에서 완전히 익어 단단해지기 전에 반죽 자체가 무너지기 쉬우므로, 201쪽 그림을 곁들인 설명대로 반죽 안쪽에 포일을 깔고 마른 콩을 올려서 반죽이 케이크 틀에 고정될 수 있도록 모양을 잡아줘야 합니다.

파트 사블레로 만든 타르트 셸을 구우려면 약 190℃로 예열해둔 오븐 가운데 칸에 5~6분 동안 넣어 모양이 굳어질 때까지 두세요. 그다음 포일을 걷고, 밑바닥을 여러 군데 포크로 찔러 구멍을 만든 다음 8~10분 동안 더 굽습니다. 반죽이 살짝 줄어든 것이 보이고 아주 연하게 노릇해지면 완성입니다. 즉시 케이크 틀에서 들어내어 식힘망에 얹어놓으세요. 식으면서 바삭해질 것입니다.

# 남은 반죽과 슈거 쿠키

타르트 셸을 만들고 남은 반죽은 랩으로 잘 감싸두면 수 일 동안 냉장 보관할 수 있으며, 아예 냉동해도 좋습니다. 또는 다음과 같이 슈거 쿠키를 만드는 데 활용할 수도 있습니다.

### 갈레트 사블레(*galettes sablées*)
슈거 쿠키

파트 브리제 쉬크레 셸 또는 파트
　사블레 셸을 만들고 남은 반죽
약 3cm 크기의 쿠키 커터
그래뉴당
베이킹 트레이
선택: 계피
작은 볼에 물 1ts을 넣고 휘핑한
　달걀 1개
브러시
식힘망

반죽을 약 6mm 두께가 되도록 밀어서, 지름 약 3cm 크기의 원으로 잘라냅니다. 페이스트리 보드에 설탕을 약 6mm 두께로 편 다음 그 위에 잘라낸 반죽을 얹고, 다시 반죽 위에 설탕을 도톰하게 얹습니다. 이렇게 양면에 설탕을 입힌 반죽을 밀어 약 6cm 길이의 타원형으로 만들고, 기름칠을 하지 않은 베이킹 트레이에 올립니다. 쿠키 성형이 다 끝나면 취향에 따라 위에 계피를 뿌려도 좋습니다. 쿠키 윗면에 페이스트리 브러시로 달걀물을 입힌 다음, 약 190℃로 예열해둔 오븐 가운데 칸에 넣고 살짝 노릇해질 때까지 10~15분 동안 굽습니다. 식힘망에 옮겨 식힙니다.

---

### 타르트 오 폼(*tarte aux pommes*)
따뜻하거나 차가운 사과 타르트

이 클래식한 프랑스식 타르트는 맛이 풍부하고 질감이 걸쭉한 사과 소스를 반쯤 구운 타르트 셸에 채우고, 그 위에 얇게 썬 사과를 원형으로 조금씩 겹쳐지도록 올려 다시 구워낸 디저트입니다. 다 구운 다음에 윗면에 살구 글레이즈를 입힙니다.

타르트 오 폼

**8인분**

지름 약 25cm의 반쯤 구운 타르트
   셸(738쪽)
베이킹 트레이

---

736쪽 파트 브리제 쉬크레로 만든 타르트 셸을 반쯤 구워 베이킹 트
레이에 올려놓습니다.

---

단단한 요리용 사과 약 1.8kg
레몬즙 1ts
그래뉴당 2TS
약 2L 용량의 믹싱볼

---

사과는 4등분해 씨를 제거하고 껍질을 깎습니다. 약 3mm 두께가 되
도록 세로로 균일하게 썰어서 약 3컵 분량을 볼에 넣고, 레몬즙과 그
래뉴당을 넣고 잘 섞습니다. 맨 마지막에 타르트에 얹을 때까지 한쪽
에 둡니다.

---

지름 약 25cm의 바닥이 두꺼운
   법랑 소스팬, 스킬릿 또는 캐서롤
나무 스푼
체에 눌러 통과시킨
   살구 프리저브 ⅓컵
칼바도스(사과 브랜디), 럼 또는
   코냑 ¼컵 또는
   바닐라 에센스 1TS
그래뉴당 ⅔컵
버터 3TS
선택: 계피 ½ts 또는 오렌지나
   레몬 1개 분량의 필을 간 것

---

나머지 사과를 대강 썰어 8컵 정도의 분량이 나오도록 합니다. 팬에
넣고 뚜껑을 덮어 약한 불에 올리고, 이따금 휘저으면서 연해질 때까
지 약 20분 동안 익힙니다. 나머지 재료를 전부 섞고 온도를 올려 휘
저으면서 끓입니다. 스푼으로 떴을 때 모양이 퍼지지 않을 만큼 사과
소스가 걸쭉해지면 완성입니다.

---

오븐을 약 190℃로 예열해둡니다.

---

사과 소스를 타르트 셸에 채웁니다. 그 위에 썰어둔 사과를 중앙에서
부터 시작해 서로 조금씩 겹치도록 나선 형태로 또는 앞의 그림과 같
은 원 형태로 올립니다.

---

식힘망 또는 접시
살구 글레이즈(695쪽) ½컵
헤비 크림 또는 크렘 프레슈(57쪽)
   2컵

---

예열해둔 오븐 맨 위 칸에 넣고 30분 동안, 또는 사과 윗면이 살짝 노
릇하고 연해질 때까지 굽습니다. 식힘망이나 접시에 옮겨서 그 위에
살구 글레이즈를 스푼으로 끼얹거나 페이스트리 브러시로 얇게 바
릅니다. 따뜻한 상태로 내어도 좋고, 차갑게 식혀서 내어도 좋습니다.
취향에 따라 크림과 함께 내세요.

## 타르트 노르망드 오 폼(*tarte normande aux pommes*)‡

### 따뜻한 커스터드 사과 타르트

차가울 때도 맛있지만, 뜨겁거나 따뜻할 때의 맛이 제일입니다. 미리 만들었다가 다시 데워서 내어도 됩니다.

**6인분**

| | |
|---|---|
| 지름 약 20cm의 반쯤 구운 타르트 셸(738쪽)<br>베이킹 트레이 | 736쪽 파트 브리제 쉬크레로 만든 타르트 셸을 반쯤 구워 베이킹 트레이 위에 올립니다. 오븐을 190℃로 예열해둡니다. |
| 단단한 요리용 사과 약 450g<br>그래뉴당 ⅓컵<br>계피 ½ts | 사과는 4등분해 씨와 껍질을 제거합니다. 약 3mm 두께가 되도록 세로로 썰면 약 3컵 분량이 나올 것입니다. 볼에 넣고 설탕과 계피에 골고루 버무린 다음 타르트 셸 바닥에 깝니다. 예열해둔 오븐 맨 위 칸에 넣고 20분 동안, 또는 노릇해지며 연하게 익기 시작할 때까지 굽습니다. 오븐에서 꺼내어 커스터드를 만드는 동안 식힙니다. |
| 달걀 1개<br>그래뉴당 ⅓컵<br>체에 친 밀가루 ¼컵<br>휘핑크림 ½컵<br>칼바도스(사과 브랜디) 또는 코냑 3TS | 달걀과 그래뉴당을 믹싱볼에 넣고, 혼합물이 연한 노란색을 띠고 리본을 형성할 만큼 걸쭉해질 때까지 휘젓습니다(679쪽). 밀가루와 휘핑크림, 브랜디나 코냑을 차례로 넣습니다. 이 커스터드 혼합물을 사과 위로 붓습니다. 타르트 셸의 상단까지 찰 것입니다. |
| 셰이커에 넣은 슈거 파우더 | 오븐에 넣어 10분 동안 또는 커스터드 혼합물이 부풀어오르기 시작할 때까지 굽습니다. 슈거 파우더를 듬뿍 뿌려 다시 오븐에 넣고 15~20분 동안 더 굽습니다. 윗면이 노릇해지고 커스터드에 꼬챙이나 칼을 찔렀을 때 묻어나오지 않으면 완성입니다. |
| 식힘망 또는 접시 | 타르트를 식힘망이나 접시에 올리고 낼 때까지 따뜻하게 보관합니다. |

❖ 타르트 오 푸아르(*tarte aux poires*)

배 타르트

앞의 레시피를 따르되, 사과 대신 배를 씁니다.

---

## 타르트 데 드무아젤 타탱(*tarte des demoiselles tatin*)
거꾸로 뒤집은, 따뜻하거나 차가운 사과 타르트

특히 맛 좋은 사과를 쓰기 좋은 메뉴입니다. 일반 타르트와는 달리 사과 위에 타르트가 얹힌 형태로 구워, 접시에 뒤집어 내면 캐러멜화된 사과가 먹음직스러운 모습을 자아냅니다.

**8인분**

| | |
|---|---|
| 단단한 요리용 사과 약 1.8kg<br>그래뉴당 ⅓ 컵<br>선택: 계피 1ts | 사과는 4등분해 씨와 껍질을 제거합니다. 약 3mm 두께가 되도록 세로로 썰면 약 10컵 분량이 나올 것입니다. 설탕과 계피가 골고루 버무려지도록 볼에 넣고 섞습니다. |
| 말랑한 버터 2TS<br>지름 23~25cm, 깊이 약 5~6cm의<br>　오븐용 용기(속이 보이는<br>　내열유리가 좋음)<br>그래뉴당 ½컵<br>녹은 버터 6TS | 오븐용 용기에 버터를 (특히 밑바닥에) 두껍게 바릅니다. 그래뉴당 절반을 오븐용 용기의 바닥에 뿌린 다음 그 위에 사과의 ⅓을 깝니다. 녹인 버터 ⅓을 끼얹습니다. 다시 남은 사과의 절반, 남은 버터의 절반을 올리고, 마지막 남은 사과와 버터를 순서대로 올립니다. 남은 그래뉴당을 맨 위에 뿌립니다. |
| | 오븐을 약 190℃로 예열해둡니다. |
| 차가운 파트 브리제 쉬크레<br>　(밀가루 1컵 분량, 736쪽) | 반죽을 약 3mm 두께로 밉니다. 오븐용 용기 상단에 딱 맞는 크기의 원으로 잘라낸 다음 사과 위에 얹고, 반죽의 테두리가 용기 안쪽으로 들어가도록 위치를 잡습니다. 구워지면서 증기가 빠져나올 수 있도록 상단에 약 3mm 길이의 칼집을 4~5개 내세요. |
| 알루미늄 포일(필요시) | 예열해둔 오븐 맨 아래 칸에 넣어 45~60분 동안 굽습니다. 지나치게 노릇하게 구워질 경우 위에 알루미늄 포일을 살짝 덮으세요. 용기를 한쪽으로 기울였을 때 반죽 밑에서 맑은 액체가 아닌 걸쭉한 갈색 시럽이 흘러나오면 완성입니다. |

| | |
|---|---|
| 내열 접시<br>슈거 파우더(필요시) | 즉시 타르트를 접시로 옮깁니다. 사과가 연한 갈색으로 변해 있지 않을 경우, 슈거 파우더를 듬뿍 뿌린 다음 적당히 뜨겁게 데운 브로일러 아래에 수 분 동안 두어, 표면에서 설탕이 약하게 캐러멜화되도록 하세요. |
| 헤비 크림 또는 크렘 프레슈(57쪽)<br>2컵 | 낼 때까지 따뜻하게 보관했다가 크림을 넣은 볼과 함께 냅니다. 차가워도 괜찮지만 따뜻할 때 더 맛있습니다. |

## 타르트 오 자브리코(*tarte aux abricots*)
## 타르트 오 페슈(*tarte aux pêches*)
### 따뜻하거나 차가운 살구 또는 복숭아 타르트

**6인분**

| | |
|---|---|
| 지름 약 20cm의 반쯤 구운<br>타르트 셸(738쪽)<br>베이킹 트레이 | 736쪽 파트 브리제 쉬크레로 타르트 셸을 만들고 반쯤 구워 베이킹 트레이 위에 올립니다. |
| 살구 8~10개 또는 씨가 쉽게<br>분리되는 복숭아 3~4개<br>끓는 물 | 과일을 끓는 물에 넣고 10~15초 동안 데칩니다. 껍질을 벗겨 반으로 자른 다음 씨를 제거합니다. 원한다면 과일을 슬라이스합니다. |
| | 오븐을 약 190℃로 예열해둡니다. |
| 그래뉴당 ⅔컵<br>콩알만 한 크기로 조각낸 버터 2TS | 그래뉴당 3테이블스푼을 타르트 셸 바닥에 뿌립니다. 그 위에 과일을 슬라이스했다면 서로 포개지도록 중심에서부터 나선형을 그리며 얹고, 과일을 반으로 잘랐다면 잘라낸 단면이 아래로 가도록 빼곡하게 얹습니다. 나머지 그래뉴당을 골고루 뿌리고 조각낸 버터를 올립니다. |
| | 예열해둔 오븐 가운데 칸에 넣고 30~40분 동안, 또는 과일이 살짝 노릇해지고 즙이 시럽처럼 끈적해질 때까지 굽습니다. |
| 세로로 채 썬 아몬드 ¼컵<br>살구 글레이즈(695쪽) ½컵 | 타르트를 식힘망에 옮기고 채 썬 아몬드로 장식한 다음 윗면에 살구 글레이즈를 펴 바릅니다. |
| | 따뜻한 상태로 또는 차갑게 식혀서 냅니다. |

☞ **변형 레시피**

자두나 배, 통조림 과일을 같은 방법으로 조리합니다. 통조림 살구 슬라이스를 바나나 슬라이스와 번갈아 얹으면 멋진 조합이 완성됩니다.

✢ **타르트 플랑베(*tartes flambées*)**

앞의 모든 타르트는 747쪽 타르트 오 스리즈 플랑베 레시피에 제시된 방법과 같이 리큐어를 끼얹고 불을 붙여 식탁으로 가져갈 수 있습니다.

---

## 타르트 오 프레즈(*tarte aux fraises*)
### 차가운 딸기 타르트

생과일 타르트는 만들기도 쉽고 보기에도 좋으며 맛도 좋습니다. 완전히 구운 타르트 셸에 리큐어로 맛을 낸 크렘 파티시에르를 채운 다음, 위에 생과일을 얹고 살구 또는 레드커런트 글레이즈를 바르면 됩니다. 끝에 나오는 변형 레시피도 참고하세요.

타르트 오 프레즈

**8인분**

| | |
|---|---|
| 지름 25cm의 완전히 구운 타르트 셸(738쪽) | 파트 브리제 쉬크레나 파트 사블레로 타르트 셸을 굽습니다(736~737쪽). |
| 잘 익은 딸기(큰 것) 약 1kg 체 또는 식힘망 | 딸기는 꼭지를 제거합니다. 재빨리 씻어내어 체나 식힘망에 밭치고 물기를 뺍니다. |

레드커런트 젤리 1컵
그래뉴당 2TS
키르슈 또는 코냑 2TS
선택: 당과용 온도계
페이스트리 브러시

레드커런트 젤리와 그래뉴당, 키르슈 또는 코냑을 작은 소스팬에 끓입니다. 스푼에서 떨어질 때 걸쭉한 상태가 되면 불을 끕니다(약 105℃). 이렇게 만든 글레이즈를 타르트 셸의 안쪽에 얇게 바른 다음 5분 동안 기다려 굳힙니다. 이렇게 하면 가벼운 방수막이 생깁니다. 나머지 글레이즈는 나중에 딸기에 써야 하니 한쪽에 두세요. 글레이즈가 굳으면 잠깐 데우면 됩니다.

키르슈나 코냑 2~3TS을 섞은
　차가운 크렘 파티시에르(691쪽)
　1½~2컵

크렘 파티시에르를 타르트 셸 바닥에 약 1cm 두께로 폅니다.

크렘 파티시에르 위에 딸기를 모양을 내어 올립니다. 꼭지 부분이 아래로 가게 놓고 가장 큰 딸기를 중앙에, 나머지 딸기는 바깥으로 갈수록 점점 작아지는 방식으로 빼곡하게 올립니다. 그 위에 남은 글레이즈를 스푼으로 끼얹거나 페이스트리 브러시로 얇게 바르면 완성입니다.
[*] 안쪽에 글레이즈를 발라 방수 처리를 했기 때문에, 타르트 셸에 크렘 파티시에르와 딸기를 채운 뒤 1시간 정도 후에 내도 됩니다.

☞ **변형 레시피**

앞의 타르트 오 프레즈와 같은 레시피를 쓰되, 딸기 대신 껍질을 벗기고 씨를 제거한 포도와 슬라이스한 바나나, 라즈베리, 포칭한 복숭아 또는 통조림 복숭아, 살구, 자두, 배를 쓰면 됩니다. 올리는 방법은 그림을 참고하세요.

혼합 과일 타르트

# 타르트 오 푸아르 아 라 부르달루(*tarte aux poires à la bourdaloue*)

미지근하거나 차가운 배와 아몬드 타르트

**6인분**

| | |
|---|---|
| 단단하고 흠 없이 잘 익은 배 670~900g<br>믹싱볼에 찬물 2컵과 레몬즙 1TS을 섞은 것 | 배는 껍질을 깎고 반으로 가릅니다. 꼭지를 깔끔하게 떼고 씨를 제거하는 대로 레몬즙을 넣은 물에 담가서 갈변을 막습니다. |

타르트 오 푸아르 아 라 부르달주

| | |
|---|---|
| 레드 보르도 와인 2컵<br>레몬즙 2TS<br>그래뉴당 ¾컵<br>계피 ½ts 또는 계피 스틱 1개<br>약 3L 용량의 법랑 소스팬<br>구멍 뚫린 스푼<br>체 | 소스팬에 레드 와인과 레몬즙, 그래뉴당, 계피를 넣고 가열합니다. 끓어오르면 물기를 뺀 배를 넣고, 끓어오르기 직전 상태로 불을 유지하며 8~10분 동안 또는 배에 칼날이 부드럽게 들어갈 때까지 은근히 끓입니다. 배의 형체가 흐물흐물해질 정도로 지나치게 익혀서는 안 됩니다. 소스팬을 불에서 내려 20분 동안 식힙니다. 배를 체에 밭쳐 여분의 시럽을 뺍니다. |
| 선택: 당과류 온도계<br>레드커런트 젤리 ¼컵<br>작은 소스팬<br>나무 스푼 | 앞에서 남은 시럽이 끈 단계 또는 약 110℃가 될 때까지 빠르게 끓여 졸입니다. 시럽 ¼컵을 레드커런트 젤리와 함께 소스팬에 넣고, 젤리가 다 녹고 내용물이 스푼을 얇게 코팅할 정도로 걸쭉해질 때까지 약한 불에서 끓입니다. |
| 완전히 구운 지름 약 25cm의 파트 사블레로 만든 타르트 셸 (737쪽) | 타르트 셸의 안쪽에 젤리를 녹인 글레이즈를 얇게 바릅니다. |
| 차가운 프랑지판(693쪽) 2½컵에 키르슈 2TS을 섞은 것 | 프랑지판을 타르트 셸에 채웁니다. 세로나 가로로 슬라이스한 배를 그 위에 올립니다. |

선택: 아몬드 ¼컵

아몬드(선택)로 장식합니다. 타르트 위에 글레이즈를 조금씩 떠서 끼얹어 윗면에 얇게 코팅합니다.

## 타르트 오 스리즈, 플랑베(*tarte aux cerises, flambée*)
### 불을 붙여서 내는 체리 타르트

강렬한 등장을 위해서라면 완성된 과일 타르트에 설탕을 끼얹은 뒤, 브로일러 아래에 넣어 설탕을 캐러멜화한 다음, 식탁에 낼 때 성냥으로 불을 붙입니다. 이 레시피는 체리 타르트지만, 743쪽 타르트 오 자브리코, 타르트 오 페슈, 그리고 끝에 나오는 변형 레시피 모두 이처럼 낼 수 있습니다.

### 체리

이 레시피에서는 생체리 대신 통조림된 빙(Bing) 체리나 해동시킨 냉동 체리를 써도 됩니다. 통조림이나 냉동 체리를 쓰는 경우 첫번째 단계를 건너뛰고, 체리의 물기를 잘 뺀 다음, 키르슈나 코냑 3테이블스푼과 적당한 양의 설탕에 최소한 30분 동안 담가두세요. 조리하기 직전에 다시 체리만 건져낸 다음, 남은 키르슈나 코냑을 크림 필링에 섞으면 됩니다.

### 6인분

블랙 체리 3컵
보르도 레드 와인 1컵
레몬즙 2TS
그래뉴당 6TS
약 2L 용량의 법랑 소스팬

체리는 씻어서 씨앗을 제거합니다. 와인과 레몬즙, 그래뉴당을 가열해 끓어오르면 체리를 넣고, 끓기 전 상태의 온도로 5~6분 동안 또는 체리가 형체를 유지하며 연하게 익을 때까지 계속 가열합니다. 불을 끄고 체리를 시럽에 그대로 담근 채 20~30분 동안 식힙니다. 여분의 시럽을 체에 밭쳐 뺍니다.

완전히 구운 지름 약 20cm의
　타르트 셸(738쪽)
내열 접시

파트 브리제 쉬크레나 파트 사블레로 타르트 셸을 굽습니다(736쪽). 내기 전 좀더 일찍 타르트 셸을 채우고 싶다면, 안쪽에 레드커런트 글레이즈(695쪽)를 얇게 펴 발라두세요.

키르슈나 코냑을 2TS 섞은
　차가운 크렘 파티시에르(691쪽)
　또는 프랑지판(693쪽) 1½컵

시럽을 뺀 체리를 커스터드에 섞고, 이것을 타르트 셸에 채웁니다.

브로일러를 적당히 센 온도로 예열해둡니다.

| | |
|---|---|
| 그래뉴당 3TS<br>작은 소스팬에 데운 키르슈나 코냑<br>¼컵 | 내기 직전에 타르트 표면에 그래뉴당을 뿌리고 브로일러 아래에 2~3분 동안 넣어 그래뉴당을 살짝 캐러멜화합니다. 타지 않게 조심하세요. 내갈 때 따뜻한 키르슈나 코냑을 끼얹고, 고개를 돌린 다음 성냥으로 불을 붙여 식탁에 올리세요. |

---

# 타르트 아 라나나스(*tarte à l'ananas*)
## 파인애플 타르트

**6인분**

| | |
|---|---|
| 약 2½컵 용량의 파인애플<br>   통조림(파인애플이 슬라이스<br>   형태 또는 조각내거나 으깬<br>   형태로 들어 있음) 1개(과육은<br>   1½컵, 시럽은 약 ¾컵을 씀) | 파인애플을 통조림 시럽에서 건져냅니다. 시럽은 소스팬에서 5분 동안 끓입니다. 파인애플 과육을 넣고 5분 동안 더 끓입니다. 파인애플을 건져내어 식힙니다. |
| 레드커런트 젤리 ½컵<br>키르슈 또는 코냑 2TS<br>선택: 당과용 온도계 | 파인애플 시럽에 레드커런트 젤리와 키르슈 또는 코냑을 넣고 끓여 졸입니다. 스푼에서 떨어질 때 걸쭉해지면 완성입니다(약 105℃). |
| 페이스트리 브러시<br>완전히 구운 지름 약 20cm의<br>   파트 사블레 타르트 셸(737쪽)<br>키르슈나 코냑을 2~3TS 섞은<br>   차가운 크렘 파티시에르(691쪽)<br>   1½~2컵 | 타르트 셸의 안쪽에 앞서 만든 파인애플 글레이즈를 바른 다음 크렘 파티시에르를 채웁니다. |
| 선택: 설탕옷을 입힌 과일(빨간색,<br>   초록색)을 잘게 썬 것 ¼컵과<br>   세로로 채 썬 아몬드 ¼컵 | 파인애플이 차가워지면 타르트 필링 위에 모양을 내서 얹습니다. 설탕옷을 입힌 과일과 채 썬 아몬드로 장식한 다음, 파인애플 글레이즈를 얇게 끼얹습니다. |

# 타르트 오 시트롱(*tarte au citron*)
# 타르트 오 리메트(*tarte aux limettes*)
### 뜨거운 레몬 또는 라임 수플레 타르트

이 타르트는 사실 수플레입니다. 타르트 셸을 작게 만들어 같은 필링을 채우면 애프터눈 티에 잘 어울립니다. 784쪽 크렘 오 시트롱도 참고하세요.

**8인분**

| | |
|---|---|
| 완전히 구운 지름 약 25cm의 파트 사블레 타르트 셸(737쪽, 설탕은 3TS만 넣을 것) 베이킹 트레이 | 타르트 셸을 나중에 다시 오븐에 넣어야 하기 때문에, 처음에 구울 때는 색깔의 변화가 크지 않도록 합니다. |
| | 오븐을 약 165℃로 예열해둡니다. |
| 거품기 또는 자동 휘핑기 3~4L 용량의 스테인리스 볼 그래뉴당 ½컵 달걀노른자 4개 레몬 껍질 1개 또는 라임 껍질 2개의 색깔 있는 부분을 간 것 레몬즙 또는 라임즙 3TS 끓기 전 상태의 물이 담긴 팬 나무 스푼 선택: 당과용 온도계 | 달걀노른자에 그래뉴당을 천천히 섞고, 혼합물이 연한 노란색을 띠고 리본을 형성할 만큼 걸쭉해질 때까지 휘젓습니다(679쪽). 껍질과 즙을 넣어 섞습니다. 볼을 끓어오르기 전 단계의 물에 올려 스푼으로 저으며 중탕합니다. 내용물이 스푼을 얇게 한 겹 코팅할 만큼 걸쭉한 상태가 되고, 손을 댔을 때 너무 뜨겁게 느껴지면(약 74℃) 완성입니다. 지나치게 높은 온도로 가열해 달걀노른자가 멍울지며 익지 않게 주의합니다. |
| 달걀흰자 4개 소금 1자밤 그래뉴당 ¼컵 | 달걀흰자와 소금을 부드러운 봉우리가 생길 때까지 휘핑한 다음, 그래뉴당을 뿌리고 다시 단단한 봉우리가 생길 때까지 휘핑합니다(217쪽). 이렇게 휘핑한 달걀흰자를 앞의 따뜻한 레몬 또는 라임 혼합물에 조심스럽게 섞어서 타르트 셸에 채웁니다. |
| 셰이커에 든 슈거 파우더 | 예열해둔 오븐 가운데 칸에 넣고 약 30분 동안 굽습니다. 타르트 셸이 부풀고 노릇하게 구워지기 시작하면 슈거 파우더를 뿌립니다. 윗면이 살짝 노릇해지고 중앙에 찔러넣은 꼬챙이나 칼에 묻어나오는 게 없으면 완성입니다. |

바로 낼 것이 아니라면 불이 꺼진 오븐 안에 그대로 두고 오븐의 문을 열어두세요. 식으면서 살짝 크기가 쪼그라들 것입니다. (뜨겁거나 따뜻하거나 차갑게 낼 수 있지만, 뜨거울 때 가장 맛있습니다.)

---

## 타르트 오 시트롱 에 오 자망드(*tarte au citron et aux amandes*)
### 차가운 레몬과 아몬드 타르트

**6인분**

| | |
|---|---|
| 완전히 구운 지름 약 20cm의 파트 사블레 타르트 셸(설탕은 3TS만 쓸 것, 737쪽)<br>베이킹 트레이 | 타르트 셸을 나중에 다시 오븐에 넣어야 하기 때문에, 처음에 구울 때는 색깔의 변화가 크지 않도록 합니다. |
| 레몬 3개<br>채소 필러 | 레몬 껍질의 노란색 부분을 채소 필러로 깎아서, 너비 약 2mm, 길이 약 6cm가 되도록 얇게 채를 썹니다. 물에 넣고 10~12분 동안 약한 불로 데칩니다. 물기를 잘 뺍니다. |
| 그래뉴당 2컵<br>물 ⅔컵<br>바닐라 에센스 1ts<br>작은 소스팬<br>선택: 당과류 온도계 | 물에 그래뉴당을 넣고 끈 단계 또는 약 110℃가 될 때까지 가열합니다. 바닐라 에센스와 레몬 필을 넣고 30분 동안 가만히 둡니다. |
| | 오븐을 약 165℃로 예열해둡니다. |
| 거품기 또는 자동 휘핑기<br>달걀 2개<br>그래뉴당 ½컵<br>약 3L 용량의 믹싱볼 | 달걀과 그래뉴당을 믹싱볼에서 4~5분 동안 또는 혼합물이 연한 노란색을 띠고 리본을 형성할 만큼 걸쭉해질 때까지 계속 휘젓습니다 (679쪽). |
| 아몬드 가루(683쪽) ¾컵(약 110g)<br>아몬드 에센스 ¼ts<br>레몬 1½개에서 짜낸 즙과 얇게 깎아서 갈아낸 껍질<br>식힘망 | 아몬드 가루, 아몬드 에센스, 레몬 껍질, 레몬즙을 혼합물에 섞습니다. 이것을 타르트 셸에 붓고 예열해둔 오븐 가운데 칸에 넣어 약 25분 동안 굽습니다. 필링이 부풀어오르고 살짝 노릇해졌을 때, 그리고 중앙에 찔러넣은 꼬챙이나 칼날에 묻어나오는 게 없으면 완성입니다. 식힘망에 옮겨 식히세요. |

준비한 레몬 필을 건져서 타르트 위에 얹습니다. 남은 시럽은 끓여서, 스푼에서 떨어지는 마지막 몇 방울이 끈적해질 때까지 졸입니다(약 105℃). 스푼으로 떠서 타르트 위에 얇게 끼얹습니다. 보통 차가운 상태로 먹는 타르트지만 원한다면 따뜻하게 먹어도 좋습니다.

# 타르트 오 프로마주 프레(*tarte au fromage frais*)‡
## 뜨겁거나 차가운 크림치즈 타르트

타르트라기보다는 키슈입니다. 만들기가 아주 간단합니다.

### 6인분

지름 약 20cm의 반쯤 구운
  타르트 셸(738쪽)
베이킹 트레이

736쪽 파트 브리제 쉬크레로 타르트 셸을 만들어 구우세요.

---

오븐을 약 190℃로 예열해둡니다.

---

크림치즈 약 220g(1컵)
말랑한 무가염 버터 약 110g
그래뉴당 ⅔컵
3L 용량의 믹싱볼
나무 스푼 또는 자동 휘핑기
달걀 2개
육두구 넉넉하게 1자밤

크림치즈와 버터, 설탕을 믹싱볼에 넣고 휘핑합니다. 달걀과 육두구를 넣어 섞습니다. 타르트 셸에 채우고, 예열해둔 오븐 맨 위 칸에 넣고 25~30분 동안 굽습니다. 타르트가 부풀어오르고 노릇해지면, 그리고 중앙에 찔러넣은 꼬챙이나 칼에 묻어나오는 게 없으면 완성입니다.

---

식으면서 크기가 살짝 줄어듭니다. 뜨겁고 부풀어올랐을 때 내도 좋고, 따뜻하거나 차갑게 식혀서 먹어도 좋습니다. 다시 데워도 필링이 다시 부풀어오르지는 않습니다.

## ❖ 타르트 오 프로마주 프레 에 오 프뤼노
### (*tarte au fromage frais et aux pruneaux*)
크림치즈와 프룬 타르트

건프룬 ½컵
아몬드 가루(638쪽) ½컵(약 80g)
아몬드 에센스 ¼ts

프룬을 5분 동안 뜨거운 물에 넣어 불립니다. 물기를 빼고 씨를 제거한 다음 잘게 썹니다. 타르트 필링에 달걀을 넣은 다음, 프룬과 아몬드, 아몬드 에센스를 섞으세요.

# 디저트 크레이프
*Crêpes Sucrées*

디저트 크레이프는 최대한 얇게 만들어야 합니다. 크레프 쉬제트를 만들 때면 특히 신경을 써야 합니다. 크레이프를 만드는 레시피는 많고도 다양합니다. 달걀노른자만 쓰는 레시피도 있고, 달걀 흰자와 노른자를 함께 쓰는 레시피도 있으며, 우유 대신 크림을 쓰는 레시피도 있습니다. 다음에 소개되는 레시피대로 물에 희석한 우유를 쓰면 크레이프가 한층 담백해집니다. 더 묵직한 느낌을 원한다면 우유를 희석하지 마세요. 우유 대신 가벼운 크림을 써도 좋습니다. 디저트 크레이프의 반죽은 앙트레 크레이프와 마찬가지로 굽기 전에 최소 2시간 휴지시켜야 합니다.

## ✱✱ 부치는 방법
크레이프를 부치는 방법은 254쪽에 그림과 함께 설명되어 있습니다. 일반 식용유나 버터 대신 55쪽에 나온 방법대로 정제 버터를 써서 부치는 것이 좋습니다. 디저트 크레이프는 얇은 만큼 찢어지기 쉽기 때문에, 손으로 뒤집어 반대쪽을 익히는 것이 가장 좋습니다.

크레이프는 내기 수 시간 전 미리 만들어두어도 됩니다. 접시에 쌓아올린 다음 유산지와 다른 접시로 덮어 수분이 마르지 않게 보관하세요.

---

## 크레프 핀 쉬크레(*crêpes fines sucrées*)
### 크레프 쉬제트를 위한 가벼운 크레이프 반죽

블렌더가 없다면, 우선 나무 스푼으로 달걀노른자를 밀가루에 서서히 섞은 뒤 액상 재료를 방울방울 넣고, 완성된 반죽을 고운 체에 거릅니다.

**지름 약 15cm의 크레이프 10~12개 또는 지름 10~13cm의 크레이프 16~18개 분량**

우유 ¾컵

찬물 ¾컵

달걀노른자 3개

그래뉴당 1TS

오렌지 리큐어, 럼,
  또는 브랜디 3TS

밀가루(평평하게 깎아서 계량,
  54쪽) 1컵

녹인 버터 5TS

블렌더

고무 주걱

재료를 나열된 순서대로 블렌더 통에 넣고 뚜껑을 덮은 뒤 1분 동안 '강'으로 갑니다. 통 옆면에 밀가루가 붙는다면 주걱으로 긁어내 밑으로 떨어뜨린 다음 3초 더 갑니다. 뚜껑을 덮고 최소한 2시간 동안 또는 하룻밤 냉장 보관합니다.

## 크레프 아 라 르뷔르(*crêpes à la levure*)
### 필링을 채운 크레이프를 위한, 이스트를 넣은 반죽

이스트를 넣으면 더 부드럽고 살짝 더 두꺼운 크레이프가 만들어집니다.

크레프 핀 쉬크레의 재료
생이스트 또는 드라이 이스트 1½ts

우유 ¾컵 중 ¼컵을 체온과 비슷한 약 36℃ 정도로 데운 다음 이스트를 풉니다. 블렌더에 재료와 함께 넣고 앞의 레시피대로 합니다.

반죽을 키친타월로 덮고 2시간 동안 또는 이스트가 발효되어 반죽 표면에 거품이 올라올 때까지 실온에 둡니다. 이때 바로 굽지 않으면 반죽이 지나치게 발효됩니다.

## 크레프 수플레(*crêpes soufflées*)
### 필링을 채운 크레이프를 위한 부푼 반죽

반죽에 휘핑한 달걀흰자를 섞어 크레이프가 살짝 부풀어오릅니다.

크레프 핀 쉬크레 또는
   크레프 아 라 르뷔르의 재료
달걀흰자 3개
소금 1자밤

반죽을 2시간 휴지시킨 다음, 크레이프를 굽기 직전에 달걀흰자와 소금을 넣어 단단한 봉우리가 생길 때까지 휘핑합니다. 휘핑한 혼합물의 절반을 먼저 반죽에 섞은 다음, 나머지 절반을 다시 섞어서 크레이프를 굽습니다.

---

## 크레프 쉬제트(*crêpes Suzette*)
### 불을 붙여서 내는 오렌지 버터 크레이프

셰프마다 크레프 쉬제트 레시피를 만드는 법이 다릅니다. 우리가 시도해본 여러 레시피 중 가장 맛이 좋았던 조리법을 소개합니다. 만약 다른 사람들 앞에서 즉석으로 크레이프를 만들어 낼 계획이라면 가족 앞에서 충분히 연습한 뒤에 시도하는 것이 좋습니다. 지름 10~13cm의 크레이프가 만들기 쉬우며, 1인당 3장이면 됩니다.

### 6인분

### 오렌지 버터 만들기

그래뉴당 ½컵(푸드 프로세서를
   쓸 경우)
큰 각설탕 4개와 설탕 ¼컵
   (손으로 섞거나 자동 휘핑기를 쓸
   경우)
오렌지 2개
채소 필러
고무 스패출러
무가염 버터 220g
체에 거른 오렌지즙 ½~⅔컵
오렌지 리큐어 3TS

**푸드 프로세서를 쓸 경우:** 설탕 ½컵과 오렌지 껍질에서 주황색 부분을 깎아낸 오렌지 필을 푸드 프로세서에 넣고 섞습니다. 1분 정도 작동시키고, 옆면에 붙은 것을 주걱으로 떼어내며, 오렌지 필과 설탕이 잘 섞이도록 합니다. 버터를 조각내어 넣고 혼합물이 골고루 섞여 부드러운 상태가 될 때까지 작동시킵니다. 오렌지즙 ½컵을 방울방울 넣고, 혼합물이 크림의 질감을 유지하는 한에서 남은 오렌지즙을 같은 방법으로 섞습니다. 뚜껑을 덮어 냉장합니다.
**손으로 섞고 자동 휘핑기를 쓸 경우:** 우선 각설탕을 오렌지 껍질에 문질러 설탕의 모든 표면에 오렌지 기름을 흡수시킵니다. 도마에 각설탕을 으깹니다. 그 위에 오렌지 필을 올리고, 설탕 ¼컵을 더해 아주 잘게 썹니다. 볼에 옮겨담아 자동 휘핑기로 버터와 섞고, 그다음 오렌지즙 ½컵과 리큐어를 섞습니다. 남은 오렌지즙은 가능한 선에서 더 넣어 섞습니다. 뚜껑을 덮어 냉장합니다.

### 체이핑 디시에 담아내기

지름 10~13cm의 크레이프 18개

753쪽 크레프 핀 쉬크레 레시피를 써서 만듭니다.

| 밑에 알코올램프를 세팅해 불을 붙인 체이핑 디시 | 앞서 만든 오렌지 버터 혼합물을 체이핑 디시에 올려 거품이 올라올 때까지 가열합니다. |
| --- | --- |
| 스푼과 포크 | 크레이프 양면을 버터에 담갔다 뺍니다. 더 보기 좋게 구워진 면이 밖에 오도록 우선 절반으로 접고, 다시 절반으로 접어 체이핑 디시 가장자리에 놓습니다. 모든 크레이프를 같은 방식으로 오렌지 버터에 담갔다 뺀 뒤 접어서 체이핑 디시에 올립니다. |
| 그래뉴당 2TS<br>오렌지 리큐어 ⅓컵<br>코냑 ⅓컵 | 크레이프에 그래뉴당을 뿌립니다. 그 위로 오렌지 리큐어와 코냑을 끼얹습니다. 고개를 다른 방향으로 돌리고 성냥으로 불을 붙입니다. 불이 꺼질 때까지 불붙은 술을 스푼으로 크레이프에 끼얹으며 체이핑 디시를 살살 앞뒤로 흔듭니다. 이제 먹으면 됩니다. |

## 크레프 푸레 에 플랑베(*crêpes fourrées et flambées*)
### 불을 붙여서 내는 오렌지 아몬드 버터 크레이프

오렌지로 맛을 낸 아몬드 버터를 필링으로 한 이 크레이프는 체이핑 디시에서 불을 붙여도 좋고, 레시피의 제안대로 불을 붙인 채로 식탁에 내도 좋습니다.

**6~8인분**

### 오렌지 아몬드 버터 만들기

| 아몬드 가루(683쪽) 또는<br>　마카롱 가루(684쪽) ½컵<br>아몬드 에센스 ¼ts<br>앞의 레시피대로 만든 오렌지 버터 | 아몬드나 마카롱 가루, 아몬드 에센스를 오렌지 버터에 넣어 섞어줍니다. |
| --- | --- |

### 크레이프 필링 채우기

| 지름 10~13cm의 크레프 18개<br>버터를 살짝 바른, 접시를 겸하는<br>　오븐용 용기 | 753쪽부터 소개된 3가지 레시피 중 하나를 골라 크레이프를 만듭니다. 앞서 만든 오렌지 아몬드 버터를 크레이프의 덜 예쁘게 익은 쪽에 바른 뒤, 2번씩 반으로 접거나 돌돌 말아서 버터가 밖으로 삐져나오지 않도록 합니다.<br>[*] 즉시 가열할 것이 아니라면 유산지를 덮어 냉장 보관하세요. |
| --- | --- |

## 크레이프에 불 붙이기

그래뉴당 3TS

내기에 앞서 그래뉴당을 뿌리고 약 190℃로 예열해둔 오븐에 넣습니다. 접시가 아주 뜨거워지고 크레이프에 뿌려진 그래뉴당이 캐러멜화되기 시작할 때까지 10~15분 동안 둡니다.

작은 소스팬에 데운 오렌지 리큐어
⅓컵과 코냑 ⅓컵
손잡이가 긴 서빙용 스푼

내기 직전, 데운 오렌지 리큐어와 코냑을 뜨거운 크레이프 위에 끼얹습니다. 고개를 다른 쪽으로 돌리고 성냥으로 불을 붙여 그대로 테이블로 가져갑니다. 불이 꺼질 때까지 접시를 기울여 고인 술을 스푼으로 크레이프 위에 끼얹습니다.

---

# 크레프 푸레, 프랑지판(*crêpes fourrées, frangipane*)
### 아몬드 크림을 곁들인 크레이프

아몬드 크림은 앞의 오렌지 아몬드 버터보다 훨씬 가벼운 필링입니다. 원한다면 불을 붙여서 내어도 좋고, 레시피의 제안대로 초콜릿을 곁들여 내도 좋습니다.

## 6인분

지름 15cm의 크레이프 12개

753쪽부터 소개된 3가지 레시피 중 하나를 골라 크레이프를 만듭니다.

프랑지판(693쪽) 1½컵
버터를 살짝 바른 접시를 겸하는
　오븐용 용기
중간 단맛의 베이킹용 초콜릿
　약 60g
녹인 버터 2TS
그래뉴당 1TS

크레이프마다 덜 예쁘게 구워진 쪽에 프랑지판을 2테이블스푼씩 바릅니다. 2번씩 반을 접거나 돌돌 말아 필링이 새어나오지 않도록 합니다. 서빙용 접시에 놓고 그 위에 초콜릿을 갈아서 뿌린 다음, 녹인 버터를 끼얹고 그래뉴당을 뿌립니다.

내기 약 20분 전, 약 175℃로 예열해둔 오븐에 초콜릿이 녹을 때까지 넣어둡니다. 뜨겁거나 따뜻한 상태로 냅니다.

# 가토 드 크레프 아 라 노르망드(*gâteau de crêpes à la normande*)
## 불을 붙여서 내는 사과 크레이프 케이크

크레이프에 개별적으로 필링을 채우는 대신, 크레프와 필링을 번갈아가며 쌓아 케이크처럼 만드는 레시피입니다.

**6~8인분**

| | |
|---|---|
| 단단한 사과 900g<br>3L 용량의 바닥이 두꺼운 소스팬,<br>　캐서롤 또는 스킬릿<br>나무 스푼<br>그래뉴당 ½컵(필요시 추가) | 사과는 4등분해 씨를 제거하고 껍질을 깎은 다음 대강 썹니다. 약 5컵 분량이 나올 것입니다. 소스팬에 넣고, 뚜껑을 덮고 중간중간 휘저으면서 사과가 푹 익을 때까지 약한 불에서 20분 동안 가열합니다. 뚜껑을 열고 그래뉴당을 넣은 다음 불을 더 세게 조절해, 계속 휘저으면서 5분 이상 더 끓입니다. 만들어진 사과 소스는 처음에 비해 양이 줄어들어야 하며, 스푼으로 떴을 때 제법 형태를 유지할 만큼 걸쭉해져야 합니다. 단맛이 더 필요하다고 생각되면 사과를 익히는 도중 그래뉴당을 더 넣습니다. |
| 휘핑크림 2TS<br>아몬드 에센스 ¼ts<br>칼바도스(사과 브랜디), 코냑 또는<br>　다크 럼 2TS | 휘핑크림과 아몬드 에센스, 술을 사과 소스에 넣어 섞습니다. |
| 지름 16cm의 크레이프 10~12개 | 754쪽에 있는 크레프 수플레를 만듭니다. |
| 버터를 살짝 바른, 접시를 겸하는<br>　오븐용 용기<br>아몬드 가루(683쪽) 또는<br>　마카롱 가루(684쪽) ½컵<br>세로로 채 썬 아몬드 또는<br>　아몬드 가루 2TS<br>녹인 버터 2TS<br>그래뉴당 2TS | 크레이프 1장을 접시에 얹고 사과 소스를 바른 다음 아몬드나 마카롱을 약간 뿌립니다. 그 위에 또 크레이프 1장을 얹고 같은 과정을 반복합니다. 마지막으로 얹는 크레이프 위에는 사과 소스를 바르지 말고, 아몬드나 마카롱만 뿌립니다. 녹인 버터를 끼얹고 그래뉴당을 뿌립니다. |
| | 내기 약 30분 전, 약 190℃로 예열해둔 오븐 맨 위 칸에 넣고 전체적으로 데웁니다. 가장 윗면에 뿌린 그래뉴당이 캐러멜화되기 시작할 때 꺼내어 다음과 같이 냅니다. |

작은 소스팬에 데운 칼바도스
   (사과 브랜디), 코냑 또는
   다크 럼 ½컵
손잡이가 긴 서빙용 스푼

내기 직전, 데운 술을 뜨거운 크레이프 위에 끼얹습니다. 고개를 다른 쪽으로 돌리고 성냥으로 불을 붙여 그대로 식탁으로 가져갑니다. 접시에 고인 술을 스푼으로 크레이프에 끼얹고 나서, 불이 꺼지면 케이크를 썰듯 크레이프를 조각냅니다.

# 크레이프에 채울 수 있는 다른 필링

앞서 소개된 모든 크레이프 레시피에 채울 수 있는 다양한 필링을 소개합니다. 취향에 따라 불을 붙여서 내도 됩니다.

### 생과일
키르슈나 오렌지 리큐어, 코냑에 설탕을 약간 넣고 딸기, 라즈베리, 슬라이스한 바나나를 담가둡니다. 1시간 뒤 필링으로 씁니다.

### 익힌 과일
다음을 크렘 파티시에르(691쪽)와 같은 양으로 섞어서 크레이프에 채워넣거나 크레이프 케이크 사이사이에 넣으면 됩니다.

   **사과**: 껍질을 벗겨 세로로 썬 다음 버터에 소테해서 설탕과 계피를 뿌립니다.

   **배**: 껍질을 벗겨 746쪽 타르트 오 푸아르 아 라 부르달루와 같이 레드 와인 시럽에 익힌 다음, 썰어서 마카롱 가루를 뿌립니다.

   **복숭아, 살구, 자두**: 732쪽 페슈 카르디날과 같이 시럽에 포칭한 다음 과육만 건져서 껍질을 벗겨 썹니다.

   **파인애플(으깬 통조림 파인애플)**: 파인애플을 건져내고 통조림 시럽을 5분 동안 끓였다가 다시 파인애플을 넣고 5분 동안 끓인 다음, 파인애플만 건져냅니다.

### 잼, 프리저브, 젤리
크레이프에 불을 붙여 낼 때 쓰기 좋은 단순한 필링입니다. 레드커런트 젤리, 라즈베리나 딸기, 살구, 체리 잼 또는 프리저브에 약간의 키르슈, 코냑 또는 오렌지 리큐어를 섞습니다. 원한다면 마카롱을 가루 내어 섞어도 좋습니다. 크레이프에 바른 다음 반으로 2번 접거나 돌돌 맙니다. 또는 케이크 모양으로 쌓아올려도 좋습니다. 내열 접시에 담고, 녹인 버터와 그래뉴당을 끼얹은 다음 약 190℃로 예열해둔 오븐에 넣어 전체적으로 데웁니다. 낼 때 데운 술을 끼얹어 불을 붙입니다.

# 과일 플랑
*Clafoutis*

---

## 클라푸티(*clafouti*)‡
### 체리 플랑

클라푸티는 프랑스 리무쟁 지방에서 체리가 제철일 때 만들어 먹는 전통 디저트입니다. 가족과 함께하는 식사에 내는 소박한 메뉴로, 만들기도 아주 간단합니다. 내열 용기에 과일을 넣고 그 위에 크레이프 반죽을 부은 다음 오븐에 구우면 끝입니다. 타르트와 비슷한 모습으로 완성되며 보통 따뜻할 때 먹습니다. 블렌더가 없다면 나무 스푼으로 달걀을 밀가루에 섞고, 액상 재료를 서서히 넣은 다음 고운체에 반죽을 거르면 됩니다.

**6~8인분**

---

오븐을 175℃로 예열해둡니다.

---

씨를 제거한 블랙 체리 3컵

신선하고 맛이 단 제철 블랙 체리를 씁니다. 구하기 힘들다면 씨를 제거한 통조림 빙 체리를 건져내어 쓰거나, 냉동 체리를 해동해서 물을 빼고 씁니다.

---

우유 1 ¼컵
그래뉴당 ⅓컵
달걀 3개
바닐라 에센스 1TS
소금 ⅛ts
밀가루(평평하게 깎아서 계량,
  54쪽) ½컵
블렌더

재료를 나열된 순서로 블렌더 용기에 넣고 뚜껑을 덮은 뒤 '강'으로 1분 동안 갑니다.

---

살짝 버터를 바른 7~8컵 용량의
  직화 가능한 오븐용 용기 또는
  약 4cm 깊이의 내열유리 파이
  접시
그래뉴당 ⅓컵

앞서 만든 반죽을 약 6mm 높이로 베이킹 용기나 파이 접시에 붓습니다. 적당한 세기의 불에 1~2분 올려 바닥에 반죽이 얇게 달라붙도록 합니다. 불에서 내려 그 위에 체리를 위에 얹고 그래뉴당을 뿌립니다. 나머지 반죽을 붓고 스푼 뒷면으로 표면을 고르게 다듬습니다.

셰이커에 든 슈거 파우더

예열해둔 오븐 가운데 칸에 넣고 약 1시간 동안 굽습니다. 부풀어오르고 노릇하게 구워진 상태가 됐을 때, 중앙에 꼬챙이나 칼을 찔러서 묻어나오는 것이 없으면 완성입니다. 내기 직전 윗면에 슈거 파우더를 뿌립니다. (뜨거운 상태에서 식탁에 올릴 필요는 없지만, 여전히 따뜻한 상태여야 합니다. 식으면서 크기가 조금 줄어듭니다.)

## ❖ 클라푸티 아 라 리쾨르(*clafouti à la liqueur*)
### 리큐어를 곁들인 체리 플랑

클라푸티 레시피에 들어가는 재료
키르슈 또는 코냑 ¼컵
그래뉴당 ⅓컵

기본 레시피를 따르되, 우선 체리를 키르슈나 코냑에 넣고 1시간 동안 둡니다. 체리를 건져내고 남은 액체로 반죽에 쓰이는 우유의 일부를 대체합니다. 기본 레시피에서는 그래뉴당이 ⅓컵씩 두 번 들어가지만 여기에서는 두번째 ⅓컵을 생략합니다.

## ❖ 클라푸티 오 푸아르(*clafouti aux poires*)
### 배 플랑

껍질을 벗기고 씨를 제거한
  뒤 세로로 썬 잘 익은 배
  3컵(560~700g)
스위트한 화이트 와인이나 키르슈,
  코냑 ¼컵
그래뉴당 ⅓컵
그 밖에 클라푸티 레시피에
  들어가는 재료

기본 레시피를 따르되, 체리 대신 1시간 동안 술과 그래뉴당에 담가둔 배를 씁니다. 배를 건져내고 남은 액체로 반죽에 쓰이는 우유의 일부를 대체합니다. 기본 레시피에서는 그래뉴당이 ⅓컵씩 두 번 들어가지만 여기에서는 두번째 ⅓컵을 생략합니다.

## ❖ 클라푸티 오 프뤼노(*clafouti aux pruneaux*)
### 자두 플랑

잘 익은 단단한 자두 약 450g
끓는 물
오렌지 리큐어, 키르슈 또는
　코냑 ¼컵
그래뉴당 ⅓컵
그 밖에 클라푸티 레시피에
　들어가는 재료

기본 레시피를 따르되, 체리 대신 자두를 씁니다. 자두는 끓는 물에 10초 담갔다가 꺼내어 껍질을 벗기고, 세로로 슬라이스하여 또는 통째로 술과 그래뉴당에 1시간 동안 담가둡니다. 자두를 건져내고 남은 액체로 반죽에 쓰이는 우유의 일부를 대체합니다. 기본 레시피에서는 그래뉴당이 ⅓컵씩 두 번 들어가지만 여기에서는 두번째 ⅓컵을 생략합니다.


## ❖ 클라푸티 오 폼(*clafouti aux pommes*)
### 사과 플랑

단단한 사과 약 560g
버터 3~4TS
법랑 스킬릿
칼바도스(사과 브랜디), 다크 럼
　또는 코냑 ¼컵
계피 ⅛ts
그래뉴당 ⅓컵
그 밖에 클라푸티 레시피에
　들어가는 재료

기본 레시피를 따르되, 체리 대신 사과를 씁니다. 사과는 껍질을 벗겨 씨를 제거하고 약 6mm 두께가 되도록 세로로 잘라냅니다. 약 3컵 분량이 나올 겁니다. 뜨겁게 가열한 버터에 아주 살짝 노릇해지도록 소테한 다음 스킬릿에 술과 그래뉴당을 넣고 30분 동안 담가둡니다. 사과를 건져내고 남은 액체로 반죽에 쓰이는 우유의 일부를 대체합니다. 기본 레시피에서는 그래뉴당이 ⅓컵씩 두 번 들어가지만 여기에서는 두번째 ⅓컵을 생략합니다.


## ❖ 클라푸티 오 뮈르(*clafouti aus mûres*)
## 클라푸티 오 미르티유(*clafouti aux myrtilles*)
### 블랙베리 또는 블루베리 플랑

꼭지를 따고 썻어낸 블랙베리 또는
　블루베리 3컵(약 560g)
그 밖에 클라푸티 레시피에
　들어가는 재료

기본 레시피를 따르되, 체리 대신 블랙베리나 블루베리를 씁니다. 자체적으로 즙이 많이 나오므로 반죽에 들어가는 밀가루를 ⅔컵 대신 1¼컵으로 늘립니다.

## ❖ 클라푸티 아 라 부르달루(*clafouti à la bourdaloue*)
아몬드를 곁들인 체리 또는 배 플랑

클라푸티, 클라푸티 아 라 리쾨르
   또는 클라푸티 오 푸아르에
   들어가는 재료 중 하나
데쳐서 껍질을 깐 아몬드 ½컵
아몬드 에센스 1ts

클라푸티 레시피나 그다음에 제시된 클라푸티 아 라 리쾨르 또는 클라푸티 오 푸아르 레시피를 따르되, 반죽에 들어가는 우유에 아몬드를 넣고 블렌더로 갑니다. 여기에 아몬드 에센스를 넣고 나머지 레시피대로 합니다.

# 바바, 사바랭
## *Babas et Savarins*

바바와 사바랭은 손님들을 즐겁게 하는 디저트로, 반죽을 하고 굽는 과정을 조금이라도 즐길 수 있다면 만들기도 어렵지 않습니다. 대접하기 하루나 이틀 전에 만들어놓아도 좋습니다. 얼려서 보관하기도 편리합니다. 냉동했다가 식탁에 낼 때 시럽을 잘 흡수하게 하려면, 냉동실에서 꺼내 약 150℃로 예열한 오븐에 5분 동안 넣어서 전체적으로 데우기만 하면 됩니다.

이스트를 넣은 반죽은 찬바람이 들어오지 않는 따뜻한 곳에서 만들어야 합니다. 갑자기 찬 기운이 닿으면 반죽이 가라앉고 맙니다. 반죽을 1~2시간 내로 부풀어오르게 하려면 젖은 타월로 덮어 온도가 26~38℃로 유지되는 곳에 두세요. 만약 온도를 조절할 수 있고 오븐용 온도계가 있다면, 접시를 오븐이나 베이킹용 오븐에 넣은 뒤, 오븐을 껐다 켜면서 알맞은 온도를 유지하세요. 아니면 반죽이 담긴 볼에 뚜껑을 덮고 라디에이터에 올려둔 베개 위에 놓아두어도 좋습니다. 반죽이 너무 많이 부풀어오르거나, 반죽을 너무 오래, 너무 더운 곳에 놔두면 지나치게 발효된 이스트 특유의 맛이 납니다.

---

## 파트 아 바바 에 바바(*pâte à baba et babas*)‡
### 바바 반죽과 바바

**바바 약 12개 분량**

**반죽 만들기**

| | |
|---|---|
| 버터 4TS | 버터를 녹인 다음, 다른 재료를 준비하는 동안 시원하거나 미지근한 온도로 식게 놔둡니다. |
| 활성 드라이 이스트 1TS<br>미지근한 물 3TS<br>약 3L 용량의 믹싱볼<br>거품기<br>그래뉴당 2TS<br>소금 ⅛ts<br>달걀(큰 것) 2개 | 거품기로 믹싱볼에서 이스트와 물을 섞은 다음 이스트가 완전히 풀어질 때까지 그대로 둡니다. 설탕과 소금, 달걀을 섞습니다. |

밀가루(평평하게 깎아서 계량, 54쪽) ⅓컵
나무 스푼

부드럽고 폭신한 반죽이 나오려면 밀가루 계량을 잘해야 합니다. 나무 스푼으로 밀가루와 앞서 녹인 버터를 이스트에 넣어 섞습니다.

## 반죽하기

한쪽 손가락을 모아서 살짝 구부린 상태로, 반죽을 볼의 옆면에 강하게 치대고 당기며 5분 동안 반죽합니다. 처음에 반죽은 아주 끈적끈적했다가, 조금씩 볼과 손에 덜 들러붙게 될 것입니다. 두 손으로 잡아서 25~30cm 길이로 늘인 다음 한 바퀴 꼬아도 반죽이 끊어지지 않으면 완성입니다.
참고: 2배의 재료를 쓸 경우, 볼의 옆면에 반죽하는 대신 양손으로 늘이고 치대며 반죽해야 합니다.

## 볼에서 1차 부풀리기

밀가루 1ts

반죽을 볼에 동그랗게 뭉쳐서, 위쪽에 십자로 약 2.5cm 깊이의 칼집을 낸 다음 표면에 밀가루를 뿌립니다. 젖은 타월을 몇 겹 겹쳐서 볼을 덮은 다음 온도가 26~38℃로 유지되는 곳에 약 1시간 30분~2시간 동안, 또는 반죽이 2배로 부풀어오를 때까지 둡니다.

이번에도 한쪽 손가락을 모아 살짝 구부린 상태로, 반죽을 볼의 옆면에서 중앙으로 모으듯 살살 치대며 납작하게 만듭니다.

## 틀에서 2차 부풀리기

말랑한 버터 1TS
깊이, 지름 약 5cm인 머핀 틀 12개

틀 안쪽에 버터를 바릅니다. 반죽을 1테이블스푼 정도(틀에 ⅓ 정도 들어찰 만큼) 떼어 틀 바닥에 살짝 눌러줍니다. 부풀어오르면서 울퉁불퉁한 표면이 균일해지므로 윗면을 고르게 다듬지 않아도 됩니다.

깊이, 지름 약 5cm인 원통형의 틀

틀은 위에 아무것도 덮지 말고 따뜻한 곳에 둡니다. 1~2시간 또는 반죽이 컵 가장자리 위 약 6mm 높이로 올라올 때까지 기다립니다.

## 굽기

약 190℃로 예열해둔 오븐 맨 위 칸에 넣고 15분 정도 굽습니다. 알맞게 부푼 즉시 굽지 않으면 반죽이 꺼지니 주의하세요. 다 구워지면 표면이 노릇하고 크기는 살짝 줄어들 것입니다. 완성된 바바를 틀에서 빼내어 식힘망에 옮겨 식히세요.

## ❖ 바바 오 럼(*babas au rhum*)

럼 바바

조리를 시작할 때 바바와 럼 시럽 모두 뜨겁지 않고 미지근한 상태여야 합니다. 바바가 차가운 상태라면 오븐에 잠시 데우고, 시럽도 필요한 경우 데우도록 하세요.

**참고:** 물 2컵에 설탕 1½컵을 넣어 만든, 더 진한 설탕 시럽을 쓰는 레시피도 있습니다. 이 레시피의 시럽은 그보다 묽습니다.

### 바바 12개 분량

#### 설탕 시럽

물 2컵
그래뉴당 1컵
약 1L 용량의 소스팬
다크 럼(자메이카산 추천) ½컵
　(필요시 추가)

물과 그래뉴당을 가열해 끓어오르면 불에서 내려 그래뉴당이 다 녹을 때까지 휘젓습니다. 만들어진 설탕 시럽이 미지근하게 식으면 럼을 섞으세요. 취향에 따라 몇 스푼을 더 넣어도 됩니다.

#### 바바에 시럽 흡수시키기

앞의 기본 레시피를 따라 완성된
　미지근한 상태의 바바 12개
바바가 알맞게 담길 만한 깊이
　약 5cm의 접시
꼬챙이 또는 뾰족한 포크
선택: 조리용 스포이트
쟁반에 올린 식힘망

미지근한 바바를 부풀어오른 쪽이 위로 가도록 접시에 세워서 담습니다. 윗면을 꼬챙이로 여러 군데 찌르고 그 위에 미지근한 시럽을 끼얹은 뒤 30분 동안 둡니다. 밑으로 흘러내린 시럽을 떠서 계속 위에 끼얹습니다. 바바는 시럽을 흡수해 촉촉해지되 형태를 유지해야 합니다. 식힘망에 30분 동안 얹어 여분의 시럽을 빼냅니다.

### ❖ 바바 오 럼, 클라시크(*babas au rhum, classique*)
클래식 럼 바바

다크 럼 2TS
페이스트리 브러시
살구 글레이즈(695쪽) ½컵
설탕옷을 입힌 체리 12개
유산지컵 여러 개 또는 접시

바바에서 시럽을 빼낸 뒤, 윗면에 럼을 몇 방울씩 뿌립니다. 살구 글레이즈를 바르고 위에 체리를 하나씩 올립니다. 접시나 유산지컵에 담아서 냅니다.

### ❖ 바바 오 프뤼이(*babas aux fruits*)
과일을 곁들인 럼 바바

접시
블루베리 또는 딸기 3~4컵
바바에 끼얹고 남은 설탕 시럽
럼과 슈거 파우더로 맛을 낸 크렘
  샹티이(680쪽) 2~3컵

바바를 접시에 담습니다. 남은 설탕 시럽에 10~15분 담가둔 블루베리나 딸기를 그 주위에 두릅니다. 크림은 따로 담아서 냅니다.

## 사바랭(*savarin*)❖
사바랭

지름 약 18~23cm의 사바랭 틀 또는 링 틀(대)
지름 약 6~10cm의 사바랭 틀 또는 링 틀(소)

사바랭은 바바와 같은 반죽으로 만들지만 머핀 틀 대신 링 모양 틀을 쓰며, 설탕 시럽은 럼 대신 키르슈를 넣어 맛을 냅니다. 비어 있는 중앙에는 크림이나 리큐어 등에 담가둔 과일을 채웁니다.

## 6인분

### 틀 채우기

말랑한 버터 1TS
깊이 약 5cm, 4~5컵 용량의 링 틀
파트 아 바바(765쪽)

링 틀에 버터를 바릅니다. 파트 아 바바 레시피에 따라 반죽을 만든 다음, 부피가 2배로 불어날 때까지 볼에서 부풀어오르게 둡니다. 한쪽 손가락을 모아 반죽의 몇 군데를 눌러서 재빨리 부피를 줄인 다음, 2테이블스푼 정도의 양을 떼어내 틀 바닥에 가볍게 눌러 붙입니다. 나머지 반죽도 재빨리 같은 방법으로 틀에 담습니다. 부풀어오르며 울퉁불퉁한 표면이 균일해지므로 윗면을 고르게 다듬지 않아도 됩니다. 뚜껑을 덮지 않은 채로 26~38℃의 따뜻한 곳에 1~2시간 동안, 또는 반죽이 틀에 가득 찰 만큼 부풀어오를 때까지 둡니다. 즉시 다음 과정으로 넘어갑니다.

### 사바랭 굽기

알루미늄 포일
식힘망

이 단계에서 바로 오븐을 쓸 수 있도록 미리 오븐을 약 190℃로 예열해둡니다.

원통 모양으로 만든 알루미늄 포일을 틀 중앙의 구멍에 삽입해, 사바랭 반죽이 오븐에서 구워지며 균일한 모양으로 부풀어오를 수 있도록 합니다. 오븐 가운데 칸에 넣고 30분 동안 굽습니다. 굽는 도중 윗면이 너무 진한 갈색으로 변할 경우 알루미늄 포일을 살짝 덮어주세요. 잘 익은 갈색으로 변하고 틀에서 살짝 줄어들면 완성입니다. 오븐에서 꺼내 5분 동안 식히세요. 식힘망을 틀 위에 얹고 틀과 식힘망을 한꺼번에 뒤집은 다음, 틀을 들어내 빼냅니다. 사바랭이 미지근해지면 다음 과정으로 넘어가세요.
[*] 식탁에 내기 하루에서 이틀 전에 만든 다음, 약 150℃의 오븐에서 잠깐 데워 미지근한 상태로 만들어도 됩니다.

## 사바랭에 시럽 흡수시키기

바바 오 럼(767쪽) 레시피에
　따르되, 럼 대신 키르슈 ½컵으로
　맛을 낸 설탕 시럽 2컵
꼬챙이 또는 뾰족한 포크
사바랭이 알맞게 담길 만한 깊이
　약 5cm의 접시
조리용 스포이트
쟁반, 식힘망

사바랭이 구워지는 동안 바바 오 럼 레시피에 나온 것과 같은 방법
으로 설탕 시럽을 만들되, 럼 대신 키르슈를 씁니다. 역시 미지근하게
식은 사바랭의 부풀어오른 상단을 여러 군데 찌른 다음, 부푼 쪽이
아래로 가도록 뒤집어 접시에 담습니다. 그 위에 미지근하게 식은 설
탕 시럽을 끼얹고 30분 동안 밑으로 흘러내린 시럽을 계속 떠서 끼얹
습니다. 사바랭은 촉촉하되, 모양을 유지할 수 있어야 합니다. 그다음
접시를 기울여 여분의 시럽을 따라냅니다(이 시럽은 과일을 절이는
용도로 써도 좋습니다). 식힘망을 접시에 거꾸로 뒤집어 얹고, 접시와
식힘망을 동시에 뒤집어 사바랭을 식힘망에 빼냅니다. 30분 동안 쟁
반 위에 얹어 여분의 시럽을 뺍니다.

접시

이제 사바랭은 부풀어오른 쪽이 위쪽을 향하게 놓여 있지만, 보통은
그 반대로 뒤집어서 냅니다. 사바랭을 접시에 얹는 가장 간단한 방법
은 다음과 같습니다. 접시를 거꾸로 사바랭에 얹은 다음, 식힘망과 접
시를 동시에 뒤집으면 됩니다.

키르슈 1TS

사바랭에 키르슈를 방울방울 뿌린 다음, 다음 중 1가지 방법을 선택
해서 장식해서 냅니다.


## ✳✳ 식탁에 내기

사바랭은 보통 글레이즈를 입히고, 그 위에 아몬드와 설탕옷을 입힌 과일, 또는 딸기나 라
즈베리를 모양새 있게 얹은 뒤 살짝 눌러서 고정합니다. 중앙의 빈 공간에는 휘핑한 크림이
나 커스터드, 과일을 채웁니다. 사바랭을 글레이징하고 장식하는 방법, 그리고 중앙을 채워
넣는 일반적인 방법을 소개합니다. 끝에 소개되는 변형 레시피도 참고하세요.

## ❖ 사바랭 샹티이(*savarin chantilly*)

휘핑한 크림을 얹은 사바랭

앞의 레시피로 만든 사바랭
살구 글레이즈(695쪽) ¾컵
페이스트리 브러시
설탕옷을 입힌 체리 6~8개
안젤리카 조각
데쳐서 껍질을 벗긴 아몬드
  8~12개
슈거 파우더와 키르슈로 맛을 낸
  크림 샹티이(680쪽) 2컵

사바랭에 살구 글레이즈를 얇게 입힙니다. 체리는 반으로 썰고 안젤리카는 작은 마름모꼴로 자릅니다. 사바랭 윗면에 과일과 아몬드를 모양을 내어 얹고, 글레이즈에 살짝 눌러서 고정시킵니다. 그 위에 다시 살구 글레이즈를 입힙니다. 내기 직전에 중앙 부분에 크렘 샹티이를 채웁니다.

## ☞ 다른 필링

사바랭의 중앙에는 휘핑한 크림 외에도 커스터드나 과일을 채울 수 있습니다. 과일을 채워 넣을 경우, 글레이즈를 입힌 사바랭 상단을 장식할 때 아몬드와 설탕옷을 입힌 과일 대신 해당 과일을 쓰세요. 커스터드는 1½~2컵이면 충분합니다. 과일을 채울 때는 그보다 더 넉넉한 양을 준비해, 사바랭 둘레에도 흩뿌려 장식하도록 하세요. 보통 3~4컵의 과일마다 3~4테이블스푼의 키르슈와, 취향에 따라 설탕 몇 스푼을 섞어 맛을 냅니다. 설탕 대신 사바랭에 끼얹고 남은 시럽을 써도 좋습니다.

프랑지판(693쪽)

크렘 생토노레(692쪽)

마세두안 드 프뤼이(*macédoine de fruits*). 체리, 배, 살구, 파인애플 등 다양한 과일을 썰어서 섞은 것. 생과일은 732쪽 페슈 카르디날처럼 시럽에 끓이고, 통조림 과일은 그냥 쓰면 됩니다. 키르슈와 필요한 만큼의 설탕에 넣고 30분 동안 기다린 다음 사용하세요.

딸기 또는 라즈베리를 설탕과 키르슈에 30분 담가둔 것.

타르트 오 스리즈, 플랑베(747쪽)

☞ 변형 레시피

### ✥ 프티 사바랭(*petits savarins*)
작은 사바랭

작은 사바랭은 사바랭 레시피 앞쪽에 제시된 그림의 작은 틀로 만듭니다. 티 파티에 어울리는 지름 약 6cm 크기에서부터 개별 디저트로 내기 좋은 8~10cm 크기까지 다양합니다.

### ✱✱ 성형하기, 굽기, 시럽 끼얹기
768쪽 큰 사바랭 레시피와 똑같이 하되, 틀 가운데에 알루미늄 포일을 끼우지 말고 굽는 시간은 10~15분으로 합니다. 큰 사바랭과 같이 키르슈로 맛을 낸 시럽을 끼얹어 흡수시킵니다. 해당 레시피에 나열된 재료로 지름 약 6cm짜리 사바랭 12개, 지름 약 8cm짜리 사바랭 6개를 만들 수 있습니다.

### ✱✱ 식탁에 내기
작은 사바랭 역시 695쪽과 같이 살구 글레이즈를 입히고 설탕옷 입힌 과일을 마름모꼴로 잘라 장식해서 내거나, 중앙 부분을 채워서 내면 됩니다. 중앙 부분을 채우되 개별 디저트 접시에 낼 것이 아니라면, 737쪽 파트 사블레 반죽으로 구운 작은 원형 크러스트에 얹어서 내는 것이 좋습니다. 우선 크러스트에 살구 글레이즈를 입힌 다음, 사바랭에도 글레이즈를 입히고 장식합니다. 앞서 제시된 다양한 필링 중 하나를 택해 사바랭을 채웁니다.

# 레이디핑거

*Biscuits à la cuiller*

레이디핑거를 뜻하는 비스퀴이 아 라 퀴이예르는 프랑스의 건조한 과자류 중 가장 오래된 것입니다. 짤주머니가 없던 옛날, 스푼으로 대강 떠서 모양을 내 구운 것에서 이름이 유래 했습니다.

보통 밖에서 살 수 있는 완제품은 맛도 질감도 너무 떨어져서 맛있는 요리에 활용할 수 없으므로 직접 만드는 법을 알아두는 것이 좋습니다. 한번 익혀두면 금세 만들 수 있고, 밀봉한 채 최소 열흘 동안 보관이 가능하며, 냉동해서 보관하기도 좋습니다. 홈메이드 레이디핑거를 가지고 있으면 680쪽 샤를로트 샹티이와 707쪽 샤를로트 말라코프, 714쪽 디플로마트 등 앞서 소개된 여러 멋진 디저트를 어렵지 않게 만들 수 있습니다. 또한 696쪽 크렘 플롱비에르는 커스터드 필링과 휘핑한 달걀흰자, 리큐어에 적신 레이디핑거를 조합하기만 하면 손쉽게 만들 수 있습니다. 애프터눈 티에 레이디핑거를 낼 때에는 790쪽에 나온 것처럼 약간의 버터크림으로 2개씩 고정시키면 됩니다.

레이디핑거 반죽은 달걀노른자와 설탕을 걸쭉하게 휘핑한 것에 밀가루와 단단하게 휘핑한 달걀흰자를 섞은 것으로, 스펀지케이크 반죽과 비슷합니다. 짜냈을 때 모양을 유지할 만큼 걸쭉한 반죽이 나와야 하는데, 이는 숙달된 휘핑 솜씨가 필요하다는 의미입니다. 너무 묽은 반죽을 구우면 둥그스름하지 않고 납작한 결과물이 나옵니다. 달걀흰자를 휘핑하는 방법에 대한 설명은 217쪽부터 나와 있으니 꼭 참고하세요.

## 비스퀴이 아 라 퀴이예르(*biscuits à la cuiller*)

레이디핑거

**24~30개 분량**

오븐을 약 150℃로 예열해둡니다.

베이킹 트레이(가로 약 30cm,
　세로 약 60cm) 2장
말랑한 버터 1TS
밀가루
입구가 동그란 지름 약 1cm의
　깍지를 낀 짤주머니
셰이커에 담은 슈거 파우더 1½컵

베이킹 트레이에 얇게 버터를 바르고 밀가루를 뿌린 뒤 여분의 밀가루를 떨어냅니다. 짤주머니와 슈거 파우더를 준비합니다. 레시피에 필요한 나머지 재료를 계량해 준비합니다.

## 반죽하기

거품기 또는 자동 휘핑기
그래뉴당 ½컵
달걀노른자 3개
바닐라 에센스 1ts
약 3L 용량의 믹싱볼

설탕을 달걀노른자에 서서히 섞고, 바닐라 에센스를 더해 몇 분간 휘핑합니다. 혼합물이 연한 노란색을 띠고 리본을 형성할 만큼 걸쭉해질 때까지 휘젓습니다(679쪽).

달걀흰자 3개
소금 1자밤
그래뉴당 1TS

다른 볼에 달걀흰자와 소금을 넣고 부드러운 봉우리가 생길 때까지 휘핑한 다음, 그래뉴당을 뿌리고 다시 단단한 봉우리가 생길 때까지 휘핑합니다(217쪽).

고무 스패출러
체에 담은 중력분(평평하게 깎아서
　계량, 17쪽) ½컵

달걀노른자와 그래뉴당을 섞은 것에 휘핑한 달걀흰자의 ¼을 떠서 올립니다. 그 위에 밀가루의 ¼을 체에 쳐서 뿌리고, 조심스럽게 휘저어 대강 섞습니다. 그다음 같은 방법으로 남은 달걀흰자와 밀가루를 ⅓, ½씩, 그리고 마지막 남은 분량을 차례로 대강 섞습니다. 너무 고르게 섞으면 반죽이 가라앉으므로 주의하세요. 반죽은 가볍고 폭신한 상태여야 합니다.

## 레이디핑거 성형하기

반죽을 짤주머니에 넣고 앞서 준비해둔 베이킹 트레이에 간격 약 2.5cm을 두고 길이 약 10cm, 너비 약 3cm로 곧게 짜냅니다. 그 위에 약 2mm 두께로 슈거 파우더를 뿌립니다. 여분의 슈거 파우더를 떨어내려면 베이킹 트레이를 거꾸로 들고 뒷면을 살살 치면 됩니다. 세게 치지 않는 한 레이디핑거는 제자리에 붙어 있을 것입니다.

**레이디핑거 굽기**

예열해둔 오븐 가운데 칸 또는 맨 위 칸에 넣고 약 20분 동안 굽습니다. 슈거 파우더 밑으로 레이디핑거가 아주 연한 갈색으로 익으면 완성입니다. 겉면은 살짝 딱딱하고, 안쪽은 부드럽되 건조해야 합니다. 덜 구워지면 식으면서 습기가 차고, 지나치게 구우면 너무 건조해지니 유의하세요. 다 구워지는 즉시 스패출러로 베이킹 트레이에서 떼어 식힘망에 얹고 식힙니다.

**식탁에 내기**

레이디핑거는 그대로 차나 과일 디저트에 곁들여서 내어도 됩니다. 또는 살구 글레이즈(695쪽)나 다양한 버터크림(790쪽부터 시작) 중 하나를 발라 2개씩 붙여서 내어도 좋습니다.

디저트와 케이크

# 5가지 케이크
## Cinq Gâteaux

전형적이면서도 맛이 돋보이는 프랑스식 케이크 레시피 5가지를 소개합니다. 전부 비슷한 방법으로 만들지만, 재료를 섞는 과정과 오븐에서 구워지는 모습이 조금씩 다르기 때문에 모든 레시피를 처음부터 끝까지 안내했습니다. 1~2가지를 만들어보면, 전부 만드는 데 오랜 시간이 걸리지 않는다는 것을 알 수 있습니다. 모두 오븐에 넣기까지 약 20분이면 충분합니다. 자동 휘핑기가 있으면 반죽을 섞을 때 편리하기는 하지만 필수품은 아닙니다. 지름이 큰 거품기 하나면 비슷한 시간 내에 같은 결과물을 낼 수 있기 때문입니다.

## ** 유의할 점

### 시작하기 전에

오븐을 예열해두고, 케이크 틀을 준비해두고, 모든 재료를 계량해둡니다. 이렇게 하면 물 흐르듯 반죽을 섞고 오븐에 넣을 수 있습니다.

### 케이크 틀 준비하기

케이크 틀에 반죽을 넣기 전에, 말랑한 버터를 얇게 발라둡니다. 그다음 밀가루를 넣고 흔들어 옆면과 밑면에 골고루 입힙니다. 여분의 밀가루는 틀을 거꾸로 뒤집어 단단한 표면을 두드려서 떨어냅니다. 안쪽 표면에 밀가루가 얇게 입혀진 상태여야 합니다. 이렇게 하면 케이크를 다 구운 뒤 틀에서 빼내기가 쉬워집니다.

### 밀가루

케이크를 만들 때는 밀가루를 최대한 정확하게 계량하는 것이 중요합니다. 54쪽에 소개된 계량법을 꼭 참고하세요.

### 달걀노른자, 설탕, 버터

달걀노른자와 설탕이 '리본을 형성할 때까지' 휘젓는 방법은 679쪽에 나옵니다. 버터와 설탕을 휘핑하는 방법은 681쪽에 있습니다.

### 달걀흰자

이 책의 케이크 레시피에는 베이킹파우더가 들어가지 않습니다. 완벽하게 휘핑한 달걀흰자를 반죽에 조심스럽게 섞어서 케이크의 폭신한 질감을 살리는 것이죠. 케이크를 성공적으로 굽는 데 가장 중요한 요소로 손꼽히는 만큼, 217쪽에 그림과 함께 소개된 달걀흰자 휘핑 방법을 꼭 읽어보세요.

## 온도
케이크가 제대로 부풀어오르며 구워지려면 정확한 오븐 온도 조절이 필수입니다. 오븐용 온도계로 온도를 체크하도록 하세요.

## 틀에서 빼기
케이크를 다 구우면 일반적으로 몇 분 동안 틀에서 빼지 말고 그대로 두라는 말이 뒤따를 것입니다. 케이크는 식으면서 모양이 잡히고 크기가 약간 줄어들어 틀 안쪽에 틈새가 생깁니다. 케이크를 일체형 틀에 구웠다면 식힘망을 틀 위에 거꾸로 얹고, 틀과 식힘망을 동시에 뒤집은 다음, 아래쪽으로 짧고 강하게 흔들어 케이크를 식힘망에 빼냅니다. 분리형 케이크 틀을 썼다면 일체형 틀과 같은 방법을 써서 케이크를 빼내도 좋고, 틀보다 지름이 작은 주둥이의 병 위에 틀을 올리고 틀 옆면을 분리한 다음, 스패츌러를 써서 케이크를 틀 바닥에서 떼어내거나 식힘망에 뒤집어 얹어도 됩니다. 이 책의 케이크 레시피는 전부 일체형 틀을 기준으로 합니다.

## 아이싱
아이싱을 얹으려면 케이크가 완전히 차가운 상태여야 합니다. 따뜻하거나 미지근한 상태의 케이크에 버터크림 아이싱을 얹으면 버터크림이 녹아 흘러내리고 맙니다. 케이크의 단을 나누어 그 사이에 필링을 채워넣는 방법, 그리고 겉면에 아이싱을 얹는 방법은 781쪽부터 나오는 2가지 레시피에 그림과 함께 소개되어 있습니다.

## 보관하기
완전히 식혀 아이싱을 얹지 않은 케이크는 밀폐용기에 넣어 수 일 동안 보관하거나 잘 싸서 냉동 보관할 수 있습니다. 버터크림 아이싱을 얹은 케이크는 냉장보관해야 합니다.

# 비스퀴이 오 뵈르(*biscuit au beurre*)†

## 버터 스펀지케이크

이 가벼운 스펀지케이크는 슈거 파우더를 뿌려서 내기 좋으며, 차나 과일을 곁들이면 잘 어울립니다. 스트로베리 쇼트케이크로 만들어도 맛이 좋으며, 레시피 끝에 제시된 것과 같이 단을 나누어 그 사이에 필링을 넣고 장식해서 낼 수도 있습니다.

### 지름 약 25cm짜리 케이크(10~12인분)

| | 오븐을 약 175℃로 예열해둡니다. |
|---|---|
| 지름 약 25cm, 깊이 약 5cm의 동그란 케이크 틀 | 케이크 틀에 버터와 밀가루를 입힙니다(776쪽). 기타 재료를 계량해 준비해놓습니다. |
| 버터 4TS | 버터를 녹여 식힙니다. |
| 3L 용량의 믹싱볼<br>자동 휘핑기 또는 지름이 큰 거품기<br>그래뉴당 ⅔컵<br>달걀노른자 4개<br>바닐라 에센스 2ts | 설탕을 달걀노른자에 서서히 섞고, 바닐라 에센스를 더해 몇 분간 휘젓습니다. 혼합물이 연한 노란색을 띠고 거품기에서 떨어지며 리본을 형성할 만큼 걸쭉해질 때까지 휘젓습니다(679쪽). |
| 달걀흰자 4개<br>소금 1자밤<br>그래뉴당 2TS<br>고무 스패출러<br>박력분(평평하게 깎아서 계량, 54쪽) ¾컵<br>체 | 다른 볼에 달걀흰자와 소금을 넣고 부드러운 봉우리가 생길 때까지 휘핑한 다음, 그래뉴당을 뿌리고 다시 단단한 봉우리가 생길 때까지 휘핑합니다(217쪽). 달걀노른자와 그래뉴당을 섞은 것에 휘핑한 달걀흰자의 ¼을 떠서 올립니다. 그 위에 밀가루의 ¼을 체에 쳐서 뿌리고, 조심스럽게 휘저어 대강 섞습니다. 그다음 같은 방법으로 남은 달걀흰자와 밀가루를 ⅓, ½씩 차례로 대강 섞습니다. 마지막 남은 달걀흰자와 밀가루는 미지근한 상태의 녹인 버터 ½과 함께 섞습니다. 대강 섞은 상태에서 나머지 버터를 넣습니다. 이때 버터 바닥에 가라앉아 있는 희끄무레한 침전물은 넣지 마세요. 너무 고루 섞지 않도록 주의하며, 휘핑한 달걀흰자가 최대한 부피감을 유지하도록 합니다. |
| | 버터와 밀가루를 입힌 케이크 틀 위에서 볼을 기울여, 반죽이 틀 안에 골고루 퍼지도록 붓습니다. 예열해둔 오븐 가운데 칸에 넣고 30~35분 동안 굽습니다. 케이크가 부풀어오르며 살짝 갈색으로 변하고 틀에서 크기가 미세하게 줄어들어 틀 안쪽에 틈새가 생기면 완성입니다. |

| | |
|---|---|
| 식힘망 | 오븐에서 꺼내 틀에 넣은 채로 6~8분 동안 식힙니다. 식으면서 케이크의 크기가 더욱 줄어들 것입니다. 케이크 틀의 가장자리에 칼을 넣고 빙 돌린 다음, 식힘망에 뒤집어 엎고 아래쪽으로 짧고 강하게 흔들어 케이크를 빼냅니다. 아이싱을 얹지 않을 계획이라면 바로 케이크를 뒤집어 부풀어오른 쪽이 위로 향하게 합니다. 1시간 정도 식힙니다. |

## ❖ 쉬크르 글라스(*sucre glace*)
슈거 파우더

식탁에 내기 전에 슈거 파우더를 케이크 상단에 뿌립니다.

## ❖ 글라사주 아 라브리코(*glaçage à l'abricot*)
아몬드나 설탕옷을 입힌 과일을 곁들인 살구 글레이즈

| | |
|---|---|
| 페이스트리 브러시<br>살구 글레이즈(695쪽) ½컵<br>아몬드 가루(683쪽) 1컵<br>세로로 채 썬 아몬드 또는<br>　설탕옷을 입힌 과일 ¼컵 | 781쪽에 소개된 케이크에 아이싱을 얹는 방법대로 합니다. 케이크의 윗면과 옆면을 훑어 부스러기를 떼어낸 다음 살구 글레이즈를 입힙니다. 옆면에 아몬드 가루를 입히고, 윗면은 채 썬 아몬드 또는 설탕옷을 입힌 과일을 다지거나 모양을 내어 자른 것으로 장식합니다. |

## ❖ 글라사주 아 라 크렘(*glaçage à la crème*)
## 　글라사주 오 쇼콜라(*glaçage au chocolat*)
버터크림 또는 초콜릿 아이싱

스펀지케이크는 아이싱만 얹어도 되고, 단을 갈라 사이에 필링을 바른 다음 맨 위에 아이싱을 얹어도 됩니다. 781쪽 레시피대로 오렌지 버터 필링을 쓰거나, 783쪽 레시피대로 오렌지 버터크림을 만들어 씁니다. 또는 790쪽부터 소개된 버터크림 레시피 중 하나를 만들거나, 794쪽 레시피대로 초콜릿 버터를 만들어 아이싱으로 씁니다.

# 가토 아 로랑주(*gâteau à l'orange*)

### 오렌지 스펀지케이크

**지름 약 23cm짜리 케이크(8인분)**

오븐을 약 175℃로 예열해둡니다.

지름 약 23cm, 깊이 약 4cm의 원형
  케이크 틀

776쪽에 따라 케이크 틀에 버터와 밀가루를 입힙니다. 나머지 재료를 계량해 준비해둡니다.

거품기 또는 자동 휘핑기
그래뉴당 ⅔컵
달걀노른자 4개
약 3L 용량의 믹싱볼
오렌지 1개의 껍질에서 색깔 있는
  부분을 간 것
체에 거른 오렌지즙 ⅓컵
소금 1자밤
박력분(평평하게 깎아서 계량,
  54쪽) ¾컵
체

그래뉴당을 달걀노른자에 천천히 섞고 혼합물이 연한 노란색을 띠고 리본을 형성할 만큼 걸쭉해질 때까지 계속 휘젓습니다(679쪽). 간 오렌지 껍질과 오렌지즙, 소금을 넣습니다. 혼합물이 가벼운 질감으로 섞이고 거품이 생길 때까지 더 휘젓습니다. 그다음 밀가루를 넣어 섞습니다.

달걀흰자 4개
소금 1자밤
그래뉴당 1TS

다른 볼에 달걀흰자와 소금을 넣고 부드러운 봉우리가 생길 때까지 휘핑한 다음, 그래뉴당을 뿌리고 다시 단단한 봉우리가 생길 때까지 휘핑합니다(217쪽). 휘핑한 달걀흰자의 ¼을 만들어둔 반죽에 섞고, 나머지 달걀흰자를 조심스럽게 넣어 섞습니다.

즉시 준비해둔 케이크 틀에 고르게 차오르도록 붓습니다. 예열해둔 오븐 가운데 칸에서 30~35분 동안 굽습니다. 케이크가 부풀어오르고 갈색으로 변하며 살짝 줄어들어 틀 안쪽에서 틈새가 생기면 완성입니다.

식힘망

6~8분 동안 식힙니다. 틀 둘레에 칼을 넣고 빙 돌린 다음 식힘망에 케이크를 뒤집어 빼냅니다. 아이싱을 얹을 것이 아니라면 즉시 뒤집어 부풀어오른 쪽이 위로 가게 합니다. 1~2시간 동안 식힙니다. 케이크가 다 식으면 슈거 파우더를 뿌리거나, 다음 중 1가지 방법대로 필링을 채우고 아이싱합니다.

# 케이크에 필링을 넣고 아이싱을 올리는 방법

---

## 가토 푸레 아 라 크렘 도랑주(*gâteau fourré à la crème d'orange*)‡
### 오렌지 버터 필링을 넣은 스펀지케이크

오렌지 버터 필링은 케이크 말고도 작은 타르트나 쿠키를 채우는 데도 활용할 수 있습니다. 변형 레시피에 나온 제안대로 말랑한 버터를 섞으면 아이싱으로 쓸 수도 있습니다.

**약 2컵 분량**(지름 23~25cm짜리 케이크에 사용 가능)

### 오렌지 버터 필링 만들기

| | |
|---|---|
| 무가염 버터 6TS<br>그래뉴당 1 ⅔컵<br>달걀 2개<br>달걀노른자 2개<br>오렌지 1개의 껍질에서 색깔 있는<br>　부분을 간 것<br>오렌지 리큐어 1TS<br>6컵 용량의 법랑 소스팬<br>거품기<br>선택: 당과류 온도계 | 모든 재료를 소스팬에 넣고 약한 불이나 끓기 전 단계의 물에 올려 내용물이 꿀과 비슷하게 걸쭉해질 때까지 거품기로 휘젓습니다. 혼합물이 가열되면서 표면에 올라왔던 거품이 가라앉고, 약간의 김이 올라오며, 손을 댔을 때 너무 뜨거우면 제대로 되고 있는 것입니다. 걸쭉해질 때까지 가열하되, 지나치면 달걀노른자가 멍울지며 익으니 주의하세요. |
| 찬물을 담은 팬 | 소스팬을 찬물에 담그고, 내용물이 시원해질 때까지 3~4분 동안 거품기로 휘저으세요.<br>[*] 열흘 동안 냉장 보관하거나 냉동실에 넣어 보관할 수 있습니다. |

### 케이크에 필링 넣기

| | |
|---|---|
| 지름 23~25cm짜리 케이크<br>　(앞의 가토 아 로랑주 또는<br>　778쪽 비스퀴이 오 뵈르)<br>잘 드는 길고 얇은 칼 | 케이크 옆면 한쪽에 수직으로 작게 홈을 파듯 잘라냅니다. 이는 나중에 잘라낸 케이크 단을 맞출 때 가이드라인이 되어줍니다. 그다음 케이크를 수평으로 자릅니다. |

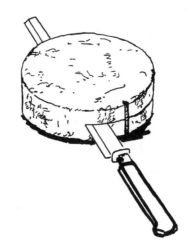

케이크 반으로 자르기

칼날 모양의 유연한 스패출러

스패출러를 써서 아래쪽 단에 오렌지 버터 필링을 약 3mm 두께로 펴 바릅니다.

아래쪽 단에 필링 바르기

홈에 맞추어 위쪽 단 얹기

## 살구 글레이즈와 아몬드로 케이크 장식하기

페이스트리 브러시
살구 글레이즈(695쪽) ⅔컵
아몬드 가루 또는
　구운 아몬드 가루(683쪽)
아몬드 가루를 담을 접시
케이크 접시
선택: 설탕 시럽을 입힌 오렌지
　필(688쪽) ¼컵

케이크 표면의 부스러기를 떼어내고, 살구 글레이즈를 입힙니다. 글레이즈가 살짝 흡수되었을 때 아몬드 가루를 케이크 옆면에 입힙니다. 달라붙는 아몬드 가루는 ¼이 채 안 될 것이지만, 많은 양을 준비해두어야 이 단계가 쉬워집니다. 케이크를 접시에 올리고 윗면을 오렌지 필로 장식하세요.

아몬드 가루가 담긴 접시 위로 케이크를 들고 가서 한 손으로 아몬드 가루를 입힙니다.

## ❖ 크렘 오 뵈르 아 로랑주(*crème au beurre à l'orange*)
### 오렌지 버터크림 아이싱

더 진한 필링을 원하거나 오렌지 버터를 아이싱으로 활용하고 싶다면, 792쪽 크렘 오 뵈르 아 랑글레즈처럼 만들면 됩니다. 이 레시피에서는 케이크 단 사이의 필링에 오렌지 버터를 절반만 쓰고, 남은 오렌지 버터에 버터를 섞어 버터크림 아이싱을 만듭니다.

### 오렌지 버터 필링 1컵, 오렌지 버터크림 아이싱 2컵 분량(지름 23~25cm짜리 케이크에 사용 가능)

앞의 레시피에 따라 만든
　오렌지 버터 필링 2컵
약 3L 용량의 믹싱볼
거품기 또는 자동 휘핑기
말랑한 무가염 버터 약 110g
　(필요시 2~3TS 추가)

케이크 단 사이에 오렌지 버터 필링 1컵을 펴 바르고 양쪽 케이크 단을 맞춥니다. 나머지 필링을 믹싱볼에 넣고 말랑한 버터를 서서히 잘 섞습니다. 마요네즈 정도의 걸쭉함을 띠어야 합니다. 입자가 보인다면 버터를 한 번에 1테이블스푼씩 더 넣어 섞습니다. 단단해지되 펴 바를 수 있을 정도의 질감이 될 때까지 냉장합니다.
참고: 다음 단계로 넘어가려면 케이크가 완전히 차가워야 합니다.

## 케이크에 아이싱 올리기

칼날 모양의 유연한 스패출러
케이크 접시
선택: 설탕 시럽을 입힌 오렌지
 필(688쪽) ¼컵

케이크 표면을 훑어 부스러기를 제거합니다. 그림과 같이 케이크를 한쪽 손바닥에 얹거나 접시에 올립니다. 스패출러로 윗면에서 시작하여 옆면으로 아이싱을 펴 바릅니다. 케이크를 접시에 올린 다음, 취향에 따라 설탕 시럽을 입힌 오렌지 필로 장식합니다. 낼 때까지 냉장합니다.

[*] 남은 버터크림은 일주일 동안 냉장 보관이 가능하며, 냉동실에 보관해도 됩니다. 사용하기 전에 실온에 두어 펴 바를 정도가 되도록 합니다.

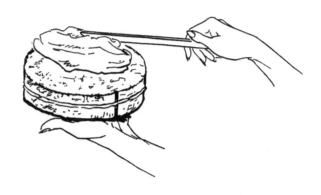

아이싱을 케이크 윗면에 펴 바르고
옆면으로 옮겨갑니다.

❖ 크렘 오 시트롱(*crème au citron*)

 레몬 버터 필링

❖ 크렘 오 뵈르 오 시트롱(*crème au beurre au citron*)

 레몬 버터크림 아이싱

앞의 2가지 레시피와 같은 재료와 방법을 쓰되, 오렌지 껍질과 오렌지즙 대신 레몬 껍질과 레몬즙을 씁니다.

# 가토 아 로랑주 에 오 자망드(*gâteau à l'orange et aux amandes*)

### 오렌지 아몬드 스펀지케이크

슈거 파우더를 뿌려서 내거나 살구 글레이즈를 발라서, 또는 필링과 아이싱을 얹어 내면 됩니다.

**지름 약 23cm짜리 케이크(8인분)**

|  |  |
|---|---|
|  | 오븐을 175℃로 예열해둡니다. |
| 지름 약 23cm, 깊이 약 4cm의 원형 케이크 틀 | 케이크 틀에 버터와 밀가루를 입힙니다(776쪽). 기타 재료를 계량해 준비합니다. |
| 버터 약 110g | 버터를 녹여 한쪽에 둡니다. |
| 거품기 또는 자동 휘핑기<br>그래뉴당 ⅔컵<br>달걀노른자 3개<br>약 3L 용량의 믹싱볼<br>오렌지 1개의 껍질을 간 것<br>체에 거른 오렌지즙 ⅓컵<br>아몬드 에센스 ¼ts<br>아몬드 가루(683쪽) ¾컵(약 110g)<br>박력분(평평하게 깎아서 계량, 54쪽) ½컵 | 그래뉴당을 달걀노른자에 서서히 넣어 섞은 혼합물이 연한 노란색을 띠고 리본을 형성할 만큼 걸쭉해질 때까지 계속 휘젓습니다(679쪽). 간 오렌지 껍질과 오렌지즙, 아몬드 에센스를 넣어 섞습니다. 내용물이 가벼운 질감으로 섞이고 거품이 일 때까지 좀더 휘젓습니다. 그다음 아몬드 가루를 섞고, 마지막으로 박력분을 넣어 섞습니다. |
| 달걀흰자 3개<br>소금 1자밤<br>그래뉴당 1TS | 다른 볼에 달걀흰자와 소금을 넣고 부드러운 봉우리가 생길 때까지 휘핑한 다음, 그래뉴당을 뿌리고 다시 단단한 봉우리가 생길 때까지 휘핑합니다(217쪽). |
| 고무 스패출러 | 이제 다 녹인 버터를 고무 스패출러로 케이크 반죽에 넣어 섞습니다. 버터 밑바닥에 가라앉은 희끄무레한 침전물은 넣지 마세요. 휘핑한 달걀흰자의 ¼을 반죽에 넣고, 나머지 달걀흰자를 조심스럽게 넣어 섞습니다. |

바로 준비해둔 케이크 틀에 고르게 차오르도록 붓습니다. 예열해둔 오븐 가운데 칸에 넣어 30~35분 동안 굽습니다. 케이크가 부풀어오르고 살짝 갈색으로 변했을 때, 그리고 윗면을 누르면 탄력이 느껴지고 중앙에 찔러넣은 꼬챙이에 묻어나오는 것이 없을 때 완성입니다.

식힘망

오븐에서 꺼낸 다음, 케이크가 줄어들어 틀 안쪽에 틈새가 생기기 시작할 때까지 10분 동안 그대로 둡니다. 틀 가장자리에 칼날을 넣고 빙 돌린 다음, 식힘망에 뒤집어 얹고 아래쪽으로 한 번 쳐서 케이크를 빼냅니다. 아이싱을 얹을 것이 아니라면 부풀어오른 쪽이 위로 가도록 즉시 뒤집으세요. 1~2시간 동안 식힙니다.


**\*\* 식탁에 내기**

슈거 파우더를 뿌려서 내거나, 살구 글레이즈(695쪽)를 입혀서 냅니다. 또 781쪽부터 소개된 방법처럼 단을 나누어 그 사이에 오렌지 버터 필링을 바르거나 오렌지 스펀지케이크처럼 버터크림 아이싱을 발라서 냅니다.


---

## 렌 드 사바(*reine de saba*)
### 초콜릿 아몬드 케이크

중앙이 살짝 덜 익은 상태로 먹는 대단히 맛있는 초콜릿 케이크입니다. 너무 익혔다가는 특유의 크림 같은 질감이 사라지고 마니 주의하세요. 초콜릿 버터 아이싱을 얹어 아몬드로 장식해서 냅니다. 부드러운 중앙 부분이 있으니 단을 나누어 필링을 바르지 않아도 됩니다. 우선 달걀노른자와 설탕을 휘핑한 다음 나머지 재료를 넣는 식으로, 앞서 소개한 다른 케이크들과 같은 방법으로 만듭니다. 대신 초콜릿과 아몬드가 들어간 반죽은 빡빡해져서 달걀흰자를 섞기가 힘들기 때문에, 여기서는 버터와 그래뉴당을 휘핑한 다음 나머지 재료를 섞는 방식을 씁니다.

**지름 약 20cm짜리 케이크(6~8인분)**

오븐을 약 175℃로 예열해둡니다.

| | |
|---|---|
| 지름 약 20cm, 깊이 약 4cm의 케이크 틀<br>럼이나 커피 2TS에 녹인 중간 단맛의 초콜릿 약 110g | 케이크 틀에 버터와 밀가루를 입힙니다(776쪽). 럼이나 커피를 작은 팬에 넣고 뚜껑을 덮어, 끓기 직전 불을 끈 물에 넣어 중탕합니다. 나머지 조리 과정을 따르는 동안 녹게 둡니다. 나머지 재료를 계량해 준비합니다. |
| 3L 용량의 믹싱볼<br>나무 스푼 또는 자동 휘핑기<br>말랑한 버터 약 110g<br>그래뉴당 ⅔컵 | 버터와 설탕을 섞어 연한 노란색을 띠고 부드럽게 변할 때까지 몇 분간 휘핑합니다(681쪽). |
| 달걀노른자 3개 | 달걀노른자를 넣어 잘 섞습니다. |
| 달걀흰자 3개<br>소금 1자밤<br>그래뉴당 1TS | 다른 볼에 달걀흰자와 소금을 넣고 부드러운 봉우리가 생길 때까지 휘핑한 다음, 그래뉴당을 뿌리고 다시 단단한 봉우리가 생길 때까지 휘핑합니다(217쪽). |
| 고무 스패출러<br>아몬드 가루(683쪽) ⅓컵<br>아몬드 에센스 ¼ts<br>박력분(평평하게 깎아서 계량, 54쪽) ½컵<br>체 | 녹은 초콜릿을 고무 스패출러를 써서 버터와 그래뉴당을 휘핑한 것에 넣어 섞습니다. 아몬드 가루와 아몬드 에센스도 차례로 넣고, 즉시 휘핑한 달걀흰자 ¼을 섞어 걸쭉함을 덜어냅니다. 그다음 남은 달걀흰자 ⅓을 조심스럽게 섞기 시작하여, 대강 섞이면 박력분 ⅓을 체에 쳐서 넣고 계속 섞습니다. 나머지 달걀흰자와 박력분도 같은 방법으로 번갈아가며 조금씩, 재빨리 넣어 섞습니다. |
| | 반죽을 케이크 틀에 부어넣으며 고무 스패출러로 안쪽 면까지 고르게 펴지도록 합니다. 예열해둔 오븐 가운데 칸에 넣어 약 25분 동안 굽습니다. 케이크가 부풀어오르고, 바깥쪽 둘레의 6~8cm는 다 익어서 꼬챙이를 찔러넣어 묻어나오는 것이 없으면 완성입니다. 중앙 부분은 케이크 틀을 흔들면 함께 살짝 흔들려야 하며, 찔러넣은 꼬챙이에 기름기가 묻어나와야 합니다. |
| 식힘망 | 식힘망에 케이크 틀을 올려 10분 동안 식힙니다. 틀 가장자리에 칼날을 넣고 빙 돌려 케이크를 식힘망에 뒤집어 빼냅니다. 1~2시간 동안 식힙니다. 아이싱을 얹으려면 전체적으로 차갑게 식은 상태여야 합니다. |

**\*\* 식탁에 내기**

794쪽 초콜릿 버터 아이싱을 얹고, 윗면을 아몬드로 장식합니다.

# 르 마르키(*le marquis*)

## 초콜릿 스펀지케이크

**지름 약 20cm의 케이크(6~8인분)**

오븐을 약 175℃로 예열해둡니다.

지름 20cm에 깊이 약 4cm인
케이크 틀

케이크 틀에 버터와 밀가루를 입힙니다(776쪽). 나머지 재료를 계량해 준비합니다.

중간 단맛의 베이킹용 초콜릿
약 100g
진한 커피 2TS
뚜껑이 있는 작은 팬
끓는 물이 담긴 팬
나무 스푼
말랑한 버터 3½TS

초콜릿과 커피를 작은 팬에 넣고 뚜껑을 덮은 뒤, 그보다 큰 팬에 물을 끓여 그 안에 넣습니다. 불에서 내려서, 다음 조리 과정을 거치는 동안 초콜릿이 중탕되도록 가만히 둡니다. 5분이 지나면 버터를 넣어 섞습니다.

거품기 또는 자동 휘핑기
달걀노른자 3개
약 3L 용량의 믹싱볼
그래뉴당 ½컵

믹싱볼에 달걀노른자를 풀고, 서서히 그래뉴당을 섞어 혼합물이 연한 노란색을 띠고 리본을 형성할 때까지 계속 휘젓습니다(679쪽).

달걀흰자 3개
소금 한 자밤
그래뉴당 1TS

다른 볼에 달걀흰자와 소금을 넣고 부드러운 봉우리가 생길 때까지 휘핑한 다음, 그래뉴당을 뿌리고 다시 단단한 봉우리가 생길 때까지 휘핑합니다(217쪽).

고무 스패출러
박력분(평평하게 깎아서 계량,
54쪽) ⅓컵
체

미지근한 초콜릿과 버터를 반죽에 섞은 다음, 달걀흰자의 ¼을 넣어 섞습니다. 대강 섞이면 박력분의 ¼을 체에 쳐서 넣고 계속 섞습니다. 나머지 달걀흰자와 박력분도 같은 방법으로 번갈아가며 조금씩, 재빨리 넣어 섞습니다.

즉시 반죽을 케이크 틀의 안쪽 면까지 고르게 채웁니다. 예열해둔 오븐 가운데 칸에 25분 동안, 또는 케이크가 틀 위로 약 6mm 부풀어 오르고 윗면에 금이 갈 때까지 굽습니다. 틀에서 안쪽으로 약 4cm 지점에 꽂아 넣은 꼬챙이에 묻어나오는 것이 없되, 중앙 부분에 꽂아 넣었을 때는 약간의 초콜릿과 기름기가 묻어나와야 합니다.

식힘망

10분 동안 식히면 케이크가 살짝 줄어들 것입니다. 틀 가장자리에 칼날을 넣고 빙 돌린 다음, 식힘망에 뒤집어서 케이크를 빼냅니다. 아이싱을 얹기 전 2시간 동안 식힙니다.


## ** 식탁에 내기

슈거 파우더 약간을 뿌려서 내거나, 단을 나누어 다음의 버터크림 중 하나로 필링과 아이싱을 얹거나, 필링은 버터크림으로 하고 아이싱은 794쪽 초콜릿 버터로 얹어 내어도 좋습니다. 필링과 아이싱을 얹는 방법은 781쪽부터 그림과 함께 설명되어 있습니다.

# 3가지 버터크림
*Trois Crèmes au Beurre*

버터크림은 달걀노른자, 설탕, 버터, 향미제를 펴 바를 수 있는 농도로 섞은 것입니다. 만드는 방법은 다양하며, 이미 783쪽에 크렘 오 뵈르 아 로랑주에 소개한 적 있습니다. 여기에서 3가지 방법을 더 소개합니다. 첫번째 레시피는 시간도 적게 들고 따라하기도 쉬우나, 설탕이 완전히 녹지 않아 살짝 알갱이가 느껴지는 버터크림이 만들어집니다. 두번째 레시피는 버터를 섞기 전 설탕 시럽에 달걀노른자를 중탕하는 방법으로, 특히 더운 날씨에 쓰기 좋은 단단한 버터크림이 만들어집니다. 세번째 레시피는 커스터드 소스와 버터를 써서 앞의 2가지 레시피보다 질감이 가벼운 버터크림이 만들어지며, 더운 날보다 추운 날에 적합합니다. 3가지 버터크림 모두 필링과 아이싱으로 활용할 수 있습니다.

## ✱✱ 필요한 양

버터크림으로 케이크의 필링과 아이싱을 얹을 경우 다음의 양이 필요합니다.

| 케이크 지름 | 필요한 양 |
| --- | --- |
| 약 20cm | 1½컵 |
| 약 23cm | 2컵 |
| 약 25cm | 2½컵 |

## ✱✱ 보관 및 재사용 방법

버터크림은 냉장 보관은 수 일, 냉동 보관은 수 주 동안 가능합니다. 냉장고에 보관해두었던 버터크림을 다시 사용하려면 펴 바를 만해질 때까지 실온에 두면 됩니다. 버터크림이 분리되거나 속에 알갱이가 형성되기 시작하면 미지근한 상태로 녹인 무가염 버터 1~2테이블스푼을 넣어 섞으세요.

## ✱✱ 필링 및 아이싱

781쪽부터 그림과 함께 케이크에 필링 및 아이싱을 얹는 법이 제시되어 있습니다.

## 크렘 오 뵈르, 메나제르(*crème au beurre, ménagère*)
### 슈거 파우더가 들어간 버터크림

손으로 휘핑하려면 너무 힘들어서, 자동 휘핑기가 필요한 레시피입니다.

**약 1½컵 분량**

약 2.5L 용량의 믹싱볼
달걀노른자 2개
체에 친 슈거 파우더 ⅔컵
키르슈, 럼, 오렌지 리큐어나
   진한 커피 2TS, 또는 바닐라
   에센스 1TS, 또는 녹인 중간
   단맛의 베이킹용 초콜릿 약 60g
말랑한 무가염 버터 약 170g
자동 휘핑기(또는 거품기)

믹싱볼을 뜨거운 물에 데운 뒤 물기를 닦아내고 그 안에 모든 재료를 넣습니다. 중간 속도로 약 5분 동안 휘핑해 부드러운 크림을 만듭니다. 차가워지되 단단하게 굳은 상태가 되지는 않을 때까지 냉장한 다음, 케이크에 필링과 아이싱으로 얹습니다.


## 크렘 오 뵈르, 오 쉬크르 퀴이(*crème au beurre, au sucre cuit*)
### 설탕 시럽을 넣은 버터크림

거의 모든 과정에서 거품기나 자동 휘핑기가 쓰입니다. 달걀노른자와 설탕 시럽을 섞는 단계에서는 218쪽 그림에 나온 것과 같이 지름이 큰 거품기가 가장 빠르고 효율적입니다.

**약 2컵 분량**

**준비 과정**

나무 스푼 또는 자동 휘핑기
약 2.5L 용량의 믹싱볼
무가염 버터 약 220g

버터가 가볍고 부드러워질 때까지 휘핑해(152쪽) 한쪽에 둡니다.

달걀노른자 5개 또는 달걀 1개와
   달걀노른자 3개
약 2.5L 용량의 믹싱볼
큰 거품기(또는 자동 휘핑기)

달걀노른자 또는 달걀과 달걀노른자를 볼에 넣고 몇 초 동안 휘핑해 잘 섞습니다.

## 설탕 시럽

그래뉴당 ⅔컵
물 3TS
작고 묵직한 소스팬
선택: 당과용 온도계

설탕과 물을 소스팬에 넣고, 연달아 소스팬을 흔들며 끓입니다. 혼합물이 말랑한 공(soft ball) 단계 또는 113~114℃가 될 때까지 가열합니다.

## 달걀노른자와 시럽 섞기

거품기나 자동 휘핑기를 써서, 즉시 끓는 시럽을 달걀노른자에 아주 조금씩 넣어 섞습니다.

끓기 전 단계의 물이 담긴,
　볼이 들어가는 크기의 팬
찬물

끓기 전 단계의 물이 담긴 팬에 믹싱볼을 넣고, 달걀노른자와 설탕 혼합물을 계속 중간 속도로 휘핑합니다. 최대한 공기를 많이 넣어 섞습니다. 4~5분이 지나면 내용물은 가볍고도 거품이 가득한 상태가 되고, 부피는 2배 이상으로 불어날 것입니다. 또 손을 대면 아주 뜨겁게 느껴질 것입니다.

## 버터와 섞기

나무 스패츌러나 나무 스푼,
　자동 휘핑기
키르슈나 럼, 오렌지 리큐르,
　진한 커피 2TS 또는
　바닐라 에센스 1TS 또는
　중간 단맛의 베이킹용 초콜릿
　약 60g을 녹인 것
말랑한 무가염 버터 2~4TS
　(필요시)

휘핑한 버터가 담긴 볼에 달걀 혼합물을 한 번에 1스푼씩 떠서 섞습니다. 향미제를 넣습니다. 이렇게 만든 버터크림은 고르게 섞여 질감이 매끄럽고 크림 같아야 합니다. 멍울져 있거나 쉽게 분리되려 한다면, 말랑한 버터를 1테이블스푼씩 넣어 섞으세요. 차갑게 식되 단단해지지 않을 때까지 냉각한 다음, 케이크에 필링이나 아이싱으로 씁니다.

---

# 크렘 오 뵈르, 아 랑글레즈(*crème au beurre, à l'anglaise*)
### 커스터드를 넣은 버터크림

이 마지막 버터크림 레시피는 바로 앞의 레시피에 비해 더 간단합니다. 버터크림의 베이스가 되는 커스터드는 우리에게 너무나 익숙한 크렘 앙글레즈로, 식혀서 버터를 섞으면 됩니다.

**약 2½컵 분량**

## 크렘 앙글레즈 만들기

거품기 또는 자동 휘핑기
그래뉴당 ⅔컵
달걀노른자 4개
약 2.5L 용량의 믹싱볼
뜨거운 우유 ½컵
약 1L 용량의 바닥이 두꺼운
   법랑 소스팬
나무 스푼
선택 사항: 당과용 온도계
찬물
체

689쪽 크렘 앙글레즈 기본 레시피에 따라, 믹싱볼에 달걀노른자를 풀고, 서서히 그래뉴당을 섞어 혼합물이 연한 노란색을 띠고 리본을 형성할 때까지 계속 휘젓습니다(679쪽). 그다음 뜨거운 우유를 방울 방울 넣어 섞습니다. 소스팬에 옮겨 담고 나무 스푼으로 휘저으며, 내용물이 스푼을 얇게 코팅할 정도로 걸쭉해질 때까지 적당히 낮은 불로 가열합니다(약74℃). 즉시 소스팬을 찬물에 넣고 커스터드가 미지근한 상태로 식을 때까지 계속 휘핑합니다. 커스터드를 체에 걸러, 씻어낸 믹싱볼에 다시 담습니다.

## 버터 섞기

거품기 또는 자동 휘핑기
말랑한 무가염 버터 약 220g
   (필요시 추가)
키르슈나 럼, 오렌지 리큐르,
   진한 커피 2~3TS 또는
   바닐라 에센스 1TS 또는
   중간 단맛의 베이킹용 초콜릿
   약 60g을 녹인 것

미지근한 커스터드에 말랑한 버터를 한 번에 1스푼씩, 거품기나 자동 휘핑기로 섞습니다. 향미제를 넣습니다. 혼합물이 멍울져 있거나 분리되려 한다면, 버터를 1테이블스푼씩 넣어 섞으세요. 이렇게 만든 버터크림은 고르게 섞여 질감이 매끄럽고 크림 같아야 합니다. 차갑게 식되 단단해지지 않을 때까지 냉각한 다음, 케이크에 필링이나 아이싱으로 씁니다.

# 초콜릿 아이싱
### Glaçage au Chocolat

이 간단한 초콜릿 아이싱은 녹인 초콜릿에 버터를 넣어 섞은 것으로, 화이트 케이크나 초콜릿 케이크, 또는 차갑게 식힌 버터크림 아이싱 위에 얹을 수 있습니다.

---

## 글라사주 오 쇼콜라(*glaçage au chocolat*)
### 초콜릿 버터 아이싱

**지름 약 20cm의 케이크에 사용 가능한 분량**

중간 단맛의 베이킹용 초콜릿
  약 60g
럼이나 커피 2TS
뚜껑이 있는 작은 팬
끓어오르기 전 단계의 물이 담긴
  더 큰 팬
무가염 버터 5~6TS
나무 스푼
얼음 높이까지 물을 채운 얼음물을
  담은 볼
날이 유연한 작은 금속 스패출러
  또는 버터나이프

초콜릿과 럼 또는 커피를 작은 팬에 넣고 뚜껑을 덮은 뒤, 약하게 끓는 물이 담긴 큰 팬에 넣습니다. 큰 팬을 불에서 내려 약 5분 동안 초콜릿이 완전히 매끄러워질 때까지 초콜릿을 녹입니다. 초콜릿이 담긴 작은 팬을 뜨거운 물에서 꺼내, 한 번에 1스푼씩 버터를 넣어 섞습니다. 초콜릿 혼합물을 얼음물을 담은 볼 위로 옮겨서 계속 섞으며 식혀, 펴 바르기 쉬운 정도가 되면 멈춥니다. 즉시 스패출러나 버터나이프로 케이크에 펴 바르세요.

# 옮긴이 주

**그랑드 퀴이진(grande cuisine)** 16~19세기 동안 프랑스 상류 사회의 연회에서 즐기던 최고급 요리. 오트 퀴이진과 거의 비슷한 개념으로 통한다.

**끈 단계(thread stage)** 설탕 시럽을 찬물에 흘려 넣었을 때 물속에서 설탕 시럽이 가는 끈처럼 굳어지는 상태.

**누벨 퀴이진(nouvelle cuisine)** 기름지거나 소스의 맛이 강하고 조리 과정이 복잡한 고전적 프랑스 요리에서 벗어난 새로운 요리 경향. 고기보다는 채소 위주로 가볍게 조리하며, 재료 본연의 맛을 추구한다.

**단단한 공 단계(firm ball stage)** 설탕 시럽을 찬물에 흘려넣었을 때 물속에서 설탕 시럽이 단단한 공처럼 굳어지는 상태.

**디글레이징(deglazing)** 육류나 가금류를 로스팅한 뒤 팬에 눌어붙은 육즙에 소량의 와인, 코냑, 육수 등을 붓고 끓여서 육즙을 녹이는 조리 기법. 디글레이징 소스를 만들 때 쓴다. 49쪽 '데글라세' 참고.

**라이트 크림(light cream)** 유지방 함유량 5~6퍼센트의 진하지 않은 크림.

**레 프레 살레(les prés salés)** 소금기가 스며든 목초지를 말한다.

**로스팅(roasting)** 건조한 열풍으로 재료를 데우는 조리 기법. 오븐을 활용하는 방법이 대표적이다. 직화의 경우 용기가 열원에 직접 닿아 달궈지면 용기 안의 공기가 뜨거워지면서 재료를 익히는 것이다. 재료의 겉면만 소테한 뒤 캐서롤에 넣어 완전히 익히는 것은 캐서롤 로스팅이라고 한다.

**로크포르 치즈(roquefort cheese)** 맛과 향이 강한 프랑스산 블루치즈.

**리에종(liaison)** 달걀노른자, 밀가루, 전분 등을 넣어 소스나 수프의 농도를 진하게 만드는 것.

**리큐어(liqueur)** 알코올에 각종 식물성 향료와 설탕을 가미한 혼성주.

**마데이라(Madeira)** 포르투갈 마데이라제도에서 생산된 와인. 독특한 향미와 뛰어난 저장성이 특징이며, 요리할 때 많이 쓴다.

**마르 드 부르고뉴(Marc de Bourgogne)** 와인을 만들고 남은 포도 찌꺼기로 제조한 증류주.

**마르살라(Marsala)** 이탈리아 시칠리아섬에서 생산된 강화 와인으로, 알코올 도수가 높은 편이다. 단맛이 강해서 주로 티라미수 같은 디저트를 만들 때 쓴다.

**말랑한 공 단계(soft ball stage)** 설탕 시럽을 찬물에 흘려넣었을 때 물속에서 설탕 시럽이 말랑한 공처럼 굳어지는 상태.

**멜바 토스트(Melba toast)** 흰 식빵을 얇게 썰어 갈색이 나게 구운 바삭바삭한 토스트. 보통 시판 제품을 사용한다.

**미트 글레이즈(meat glaze)** 브라운 스톡을 바짝 졸여서 걸쭉한 시럽 상태로 만든 것.

**뱅 드 페이(*vins de pays*)** 프랑스 정부의 농산물·식료품 품질 관리 제도인 원산지 명칭 통제(*Appellation d'Origine Contrôlée*)의 분류상 3등급에 해당하는 와인. 기본적으로 포도의 재배 지역과 품종 정도만 규제한다. 가장 우수한 1등급은 원산지 명칭 통제 와인(AOC), 2등급은 우수 품질 제한 와인(VDQS), 4등급은 테이블 와인(*vin de table*)이다.

**버터밀크(buttermilk)** 크림에서 버터를 분리하고 남은 액체에 유산균을 넣어 발효시킨 것. 그대로 마실 수도 있지만, 주로 제과·제빵에 사용한다.

**볼로방(*vol-au-vent*)** 닭고기나 생선 스터핑을 페이스트리 반죽에 싸서 구운 일종의 파이.

**뵈르 마니에(*beurre manié*)** 버터와 밀가루를 1:1 비율로 섞어 반죽한 것.

**부리드(*bourride*)** 프로방스식 생선 수프.

**브레이징(braising)** 재료를 먼저 높은 온도에서 소테한 후에 액체를 자작하게 붓고 뚜껑을 덮어 재료가 푹 무를 때까지 뭉근히 익히는 것을 말한다. 50쪽 '브레제' 참고.

**브로일링(broiling)** 재료를 고온의 열원에 직접 노출해서 복사열로 익히는 조리 기법. 팬 브로일링과 숯불 브로일링, 브로일러를 이용한 브로일링이 있다. 브로일러는 열원이 위쪽에 있다는 점에서 그릴과 다르다.

**비프 드리핑(beef dripping)** 소고기의 지방이나 쓸모없는 자투리 부위를 녹여서 돼지고기의 라드와 비슷하게 만든 유지류.

**삶기용(boiling) 감자** 탄수화물 성분이 적고, 익혔을 때 형태가 잘 유지되는 점질성 감자로, 햇감자나 붉은 감자, 짧고 굵은 손가락처럼 생긴 '핑걸링 감자' 등이 대표적이다.

**셰리(sherry)** 스페인 남서부 헤레스 지역에서 생산되는 화이트 와인. 브랜디가 섞여 있어 알코올 도수가 약간 더 높으며, 최고의 식전주로 꼽힌다.

**소렐(sorrel)** 시금치와 비슷한 모양의 유럽 원산 채소로 수영이라고도 한다. 독특한 신맛이 특징이다. 연육 효과가 있으며 조리듯 요리할 때 향미제로 많이 쓴다.

**소테(*sauté*)** 버터나 기름 같은 유지류를 매우 뜨겁게 달구고 그 안에 재료를 넣어 단시간에 겉면에 색이 나도록 익히는 것. 50쪽 '소테' 참고.

**스터핑(stuffing)** 재료를 잘게 다져서 양념한 소. 속을 비운 가금류, 육류, 달걀, 채소 안에 채워넣거나 카나페 위에 얹는 용도로 쓴다. 필링(filling)과 비슷한 의미이다.

**스피릿(spirit)** 한번 만든 술을 증류해 알코올 성분을 강화한 술. 위스키, 브랜디, 보드카, 고량주 등이 대표적이다.

**애로루트(arrowroot)** 남아메리카 열대 지방 원산의 생강과 식물. 녹말 성분이 풍부한 뿌리줄기를 식용한다.

**안젤리카(angelica)** 미나리과의 여러해살이풀로 줄기와 잎, 뿌리, 열매를 모두 먹을 수 있다. 특히 설탕에 조린 줄기는 케이크 장식용으로 많이 쓴다.

옮긴이 주

**오렌지 비터스(orange bitters)** 오렌지 껍질에서 추출한 쌉쌀한 맛의 착향제. 오렌지 향이 진해서 칵테일 등을 만들 때 쓴다.

**오르되브르(*hors d'œuvre*)** 정찬 코스의 시작 전에 입맛을 돋우기 위해 내는 가벼운 요리. 앙트레가 따로 있을 경우 앙트레보다 먼저 낸다. 영미권의 스타터 또는 애피타이저와 같은 개념이다. 한입 크기로 만든 오르되브르를 '아뮈즈부슈(*amuse-bouche*)'라고도 부른다.

**오트 퀴이진(*haute cuisine*)** 프랑스 왕실에서 비롯된 전통 고급 요리.

**주니퍼 베리(juniper berry)** 노간주나무 열매. 쌉쌀하면서도 달고, 약간 얼얼한 맛이 나서 북유럽 요리에 자주 이용되며, 특히 진의 향료로 쓰인다.

**쥘리엔(*julienne*)** 성냥개비 모양으로 써는 것.

**체이핑 디시(chafing dish)** 음식을 따뜻하게 유지하기 위한 보온 장치가 달린 그릇. 보통 뷔페에서 많이 사용한다.

**카나르 아 라 프레스(*canard à la presse*)** 프랑스 루앙 지방의 전통 요리로, 먼저 오리고기를 살짝 로스팅해서 다릿살과 가슴살을 잘라낸 뒤, 나머지 몸통을 압착기로 눌러서 즙을 낸다. 이 즙과 오리 간을 섞어 만든 소스를 완전히 로스팅한 다릿살과 가슴살에 곁들여 먹는다. 영어로는 '프레스트 덕(pressed duck)'이라고 한다.

**카옌 페퍼(cayenne pepper)** 남아메리카 원산의 작은 고추. 매운 맛이 강하며 가루 형태로 요리에 사용하거나 약용으로 쓴다.

**캐러웨이 씨(caraway seeds)** 달콤한 맛이 나는 레몬 향의 향신료. 제과·제빵에서 단맛을 내기 위한 용도로 자주 쓴다.

**캐서롤(casserole)** 오븐에서 조리할 수 있는 자기, 강화유리, 법랑 재질의 크고 우묵한 냄비. 또는 이러한 냄비로 만든 요리. 불에 올릴 수 있는 것도 있다.

**코니시 헨(Cornish game hen)** 부화된 지 4~6주의 작은 암탉. 손질된 무게는 900g 이하이다.

**콩디망(*condiment*)** 조미료 같은 양념.

**클리버(cleaver)** 사각형 칼날이 달린 커다란 칼.

**타르타르 크림(cream of tartar)** 제과·제빵에서 팽창제 역할을 해서 소화를 돕고 맛을 좋게 하는 식품 첨가물 '주석산수소칼륨'의 다른 명칭.

**투르네 앙 구스(*tourner en gousses*)** 콩 꼬투리 모양으로 다듬다.

**투르네 앙 올리브(*tourner en olives*)** 올리브 모양으로 다듬다.

**튜린(tureen)** 뚜껑이 딸린 우묵한 수프 전용 그릇.

**팬 브로일링(pan broiling)** 프라이팬에서 브로일링을 하는 것인데, 기름을 넣지 않거나 소량만 넣고 재료를 익힌다는 점에서 소테와 다르다.

**포스미트(forcemeat)** 다진 고기와 채소, 과일 등에 각종 양념과 빵가루를 섞은 것. 닭고기 등에 채워넣거나, 미트볼로 만든다.

**포칭(poaching)** 생선이나 뇌, 크넬처럼 부서지기 쉬운 재료를 약하게 끓는 액체에 넣어 천천히 익히는 조리 기법. 액체의 양은 재료와 레시피에 따라 달라진다. 51쪽 '포셰' 참고.

**포테이토 라이서(potato ricer)** 감자를 으깰 때 사용하는 조리 도구. 삶은 감자를 담고 위에 달린 손잡이를 누르면 바닥에 뚫린 구멍으로 쌀알 모양의 으깨진 감자가 나온다.

**푸아그라 블록(*bloc de foie gras*)** 완전히 익힌 푸아그라에 양념을 섞은 뒤 틀에 넣어 굳힌 것.

순수한 푸아그라 함유량이 90퍼센트 이상.

**프리카세(*fricassée*)** 고기를 잘게 썰어 가볍게 소테한 뒤 밀가루를 뿌리고 채소와 스톡을 넣어 걸쭉하게 조린 요리를 말한다.

**플랑베(*flambé*)** 조리 중에 브랜디 같은 독주를 뿌리고 불을 붙여서 잡냄새를 날리고 술의 향이 배게 하는 조리 기법.

**햄(ham)** 이 책에서 햄은 돼지 뒷다리 윗부분(넓적다리)을 가리키는 말이지만, 이 부위를 염장한 후 훈연한 가공육으로 더 알려져 있다.

**헤비 크림(heavy cream)** 유지방 함유량이 36퍼센트 이상인 진한 크림.

# 요리 목록

## 제1장 수프

포타주 파르망티에 (리크나 양파를 넣은 감자 수프) 80

　　　포타주 오 크레송 (워터크레스 수프)

　　　차가운 워터크레스 수프

　　　비시수아즈 (차가운 리크와 감자 수프)

포타주 블루테 오 샹피뇽 (양송이버섯 크림수프) 82

포타주 크렘 드 크레송 (워터크레스 크림수프) 84

　　　포타주 크렘 도제유, 포타주 제르미니 (수영 크림수프)

　　　포타주 크렘 데피나르 (시금치 크림수프)

수프 아 로뇽 (양파 수프) 85

　　　　　크루트 (바싹 구운 바게트)

　　　　　크루트 오 프로마주 (치즈 크루트)

　　　수프 아 로뇽 그라티네 (치즈를 얹어 그라탱을 한 양파 수프)

　　　수프 그라티네 데 트루아 구르망드 (치즈를 얹어 그라탱을 한 고급 양파 수프)

수프 오 피스투 (마늘과 바질, 허브를 넣은 프로방스풍 채소 수프) 88

아이고 부이도 (마늘 수프) 89

　　　수프 아 뢰프 프로방살 (포치드 에그를 곁들인 마늘 수프)

　　　수프 아 라유 오 폼 드 테르 (사프란으로 맛을 낸 감자 마늘 수프)

수프 오 슈, 가르뷔르 (메인 코스용 양배추 수프) 91

수프 드 푸아송 (맑은 생선 수프) 94

부야베스 (부야베스) 96

# 제2장 소스

**화이트소스** 100

소스 베샤멜, 소스 블루테 (루로 만든 기본적인 화이트소스) 101

화이트소스에 풍미 더하기 103

소스 베샤멜과 소스 블루테에서 파생된 소스 106

　　소스 모르네 (치즈를 더한 소스)

　　소스 오로르 (토마토로 맛을 더한 소스 베샤멜 또는 소스 블루테)

　　소스 시브리, 소스 아 레스트라공 (허브를 넣은 화이트 와인 소스와 타라곤 소스)

　　소스 오 카리 (연한 카레 소스)

　　소스 수비즈 (양파로 맛을 낸 소스)

소스 바타르드, 소스 오 뵈르 (유사 소스 올랑데즈) 109

　　소스 오 카프르 (케이퍼로 맛을 낸 화이트소스)

　　소스 아 라 무타르드 (머스터드를 넣은 화이트소스)

　　소스 오 장슈아 (앤초비로 맛과 향을 더한 화이트소스)

**브라운소스** 112

소스 브륀 (밀가루 베이스의 브라운소스) 113

소스 라구 (내장을 넣은 밀가루 베이스의 브라운소스) 115

　　소스 푸아브라드 (수렵육에 어울리는 브라운소스)

　　소스 브네종 (사슴 고기에 어울리는 브라운소스)

쥐 리에 (전분을 넣은 브라운소스) 116

브라운소스에서 파생된 소스 117

　　소스 디아블 (후추를 듬뿍 넣은 브라운소스)

　　소스 피캉트 (소스 디아블에 피클과 케이퍼를 넣은 브라운소스)

　　소스 로베르 (머스터드를 넣은 브라운소스)

　　소스 브륀 오 핀 제르브, 소스 브륀 아 레스트라공 (허브나 타라곤을 넣은 브라운소스)

　　소스 브륀 오 카리 (카레를 넣은 브라운소스)

　　소스 뒥셀 (버섯을 넣은 브라운소스)

　　소스 샤쇠르 (신선한 토마토, 마늘, 허브로 맛을 낸 버섯 브라운소스)

　　소스 마데르, 소스 오 포르토 (마데이라 와인 또는 포트와인을 넣어 맛을 낸 브라운소스)

　　소스 페리괴 (트러플과 마데이라 와인을 넣은 브라운소스)

**토마토소스** 123

소스 토마트 (가장 기본적인 토마토소스)   123

쿨리 드 토마트 아 라 프로방살 (마늘과 허브를 넣은 신선한 토마토퓌레)   124

**소스 올랑데즈 계열**   126

소스 올랑데즈 (레몬즙으로 맛을 더한 달걀노른자 버터 소스)   126

소스 올랑데즈 계열의 다양한 소스들   130

　　올랑데즈 아베크 블랑 되프 (휘핑한 달걀흰자를 넣은 소스 올랑데즈)

　　소스 무슬린, 소스 샹티이 (휘핑한 크림을 넣은 소스 올랑데즈)

　　소스 말테즈 (오렌지로 맛을 낸 소스 올랑데즈)

생선 요리에 어울리는 소스 올랑데즈   131

　　소스 뱅 블랑 (화이트 와인 생선 퓌메를 넣은 소스 올랑데즈)

　　소스 무슬린 사바용 (크림과 화이트 와인 생선 퓌메를 넣은 소스 올랑데즈)

소스 베아르네즈   132

　　소스 쇼롱 (토마토로 맛을 낸 소스 베아르네즈)

　　소스 콜베르 (미트 글레이즈를 넣은 소스 베아르네즈)

**마요네즈 계열**   134

마요네즈 (달걀노른자와 기름으로 만든 소스)   134

　　마요네즈 오 핀 제르브 (녹색 허브를 더한 마요네즈)

　　마요네즈 베르트 (녹색 허브 퓌레를 더한 마요네즈)

　　소스 리비에라, 뵈르 몽펠리에 (버터나 크림치즈, 피클, 케이퍼, 앤초비를 더한 허브 마요네즈)

　　소스 타르타르 (완숙 달걀노른자로 만든 마요네즈)

　　소스 레뮬라드 (앤초비, 피클, 케이퍼, 허브를 넣은 마요네즈)

　　마요네즈 콜레 (차가운 요리 장식용 젤라틴 마요네즈)

　　소스 아욜리 (프로방스풍 갈릭 마요네즈)

　　생선 수프용 아욜리

　　소스 알자시엔, 소스 드 소르즈 (반숙 달걀로 만든 허브 마요네즈)

**오일과 식초 소스 계열**   143

소스 비네그레트 (프렌치드레싱)   143

　　소스 라비고트 (허브, 케이퍼, 양파를 넣은 비네그레트)

　　비네그레트 아 라 크렘 (사워크림 드레싱, 딜 소스)

　　소스 무타르드 (허브를 넣은 차가운 머스터드 소스)

**따뜻한 버터 소스 계열**   146

뵈르 블랑, 뵈르 낭테 (화이트 버터 소스)   146

뵈르 오 시트롱 (레몬 버터 소스)

뵈르 누아르, 뵈르 누아제트 (브라운 버터 소스) 149

**차가운 향미 버터** 151

뵈르 앙 포마드 (크림화한 버터) 152

뵈르 드 무타르드 (머스터드 버터)

뵈르 당슈아 (앤초비 버터)

뵈르 다유 (마늘 버터)

뵈르 아 뢰프 (달걀노른자 버터)

뵈르 메트르 도텔, 뵈르 드 핀 제르브, 뵈르 데스트라공 (파슬리 버터, 허브 버터, 타라곤 버터)

뵈르 콜베르 (고기 향미를 더한 타라곤 버터)

뵈르 푸르 에스카르고 (달팽이 요리용 버터)

뵈르 마르샹 드 뱅 (레드 와인을 넣은 셜롯 버터)

뵈르 베르시 (화이트 와인을 넣은 셜롯 버터)

뵈르 드 크뤼스타세 (갑각류를 넣은 버터)

**기타 소스** 158

**스톡과 아스픽** 159

퐁 드 퀴이진 생플 (간단한 육류 스톡) 160

퐁 블랑 (송아지고기와 뼈로 만든 화이트 스톡)

퐁 블랑 드 볼라유 (가금류로 만든 화이트 스톡)

퐁 브룅 (브라운 스톡)

퐁 브룅 드 볼라유 (가금류로 만든 브라운 스톡)

글라스 드 비앙드 (미트 글레이즈)

**스톡 정제하기** 165

**젤리형 스톡** 166

홈메이드 젤리형 스톡 166

**피시 스톡** 168

퓌메 드 푸아송 오 뱅 블랑 (화이트 와인을 넣은 피시 스톡) 168

비상용 피시 스톡 — 대합 주스

# 제3장 달걀

외프 포셰  (포치드 에그)  170

    외프 몰레  (6분 동안 삶은 달걀)

외프 쉬르 카나페, 외프 앙 크루스타드  (카나페, 아티초크 밑동, 버섯, 타르트 등에 얹은 포치드 에그)  173

    외프 아 라 퐁뒤 드 프로마주  (치즈 퐁뒤 소스를 얹은 포치드 에그 카나페)

    외프 앙 크루스타드 아 라 베아르네즈  (양송이버섯과 소스 베아르네즈를 곁들인 포치드 에그)

    외프 아 라 부르기뇬  (레드 와인에 익힌 포치드 에그)

    외프 앙 줄레  (아스픽으로 감싼 포치드 에그)

외프 쉬르 르 플라, 외프 미루아르  (셔드 에그)  176

    오 뵈르 누아르  (브라운 버터 소스를 끼얹은 것)

    오 핀 제르브  (허브 버터를 끼얹은 것)

    아 라 크렘  (크림을 끼얹은 것)

    그라티네  (치즈를 뿌려 그라탱을 한 것)

    피페라드  (토마토, 양파, 피망을 곁들인 것)

외프 앙 코코트  (래머킨에 구운 달걀)  178

    외프 앙 코코트 오 핀 제르브  (허브를 넣어 래머킨에 구운 달걀)

외프 브루예  (스크램블드에그)  180

    오 핀 제르브  (허브를 넣은 것)

    오 프로마주  (치즈를 넣은 것)

    오 트뤼프  (트러플을 넣은 것)

## 오믈렛  183

오믈레트 브루예  (스크램블드 오믈렛)  186

오믈레트 룰레  (말이식 오믈렛)  188

    오 핀 제르브  (허브를 넣은 것)

    오 프로마주  (치즈를 뿌린 것)

    오 제피나르  (시금치를 넣은 것)

오믈레트 그라티네 아 라 토마트  (속에 토마토를 넣고 크림과 치즈를 얹어 그라탱을 한 오믈렛)  193

피페라드  (양파, 피망, 토마토, 햄을 곁들인 오픈형 오믈렛)  193

# 제4장 앙트레와 오찬 요리

파트 브리제 (타르트 셸과 페이스트리 반죽)  195

**키슈 (오픈 타르트)**  203

키슈 로렌 (크림과 베이컨을 넣은 키슈)  203

　　　키슈 오 프로마주 드 그뤼예르 (스위스 치즈를 넣은 키슈)

키슈 오 로크포르 (로크포르 치즈를 넣은 키슈)  205

　　　키슈 오 카망베르 (카망베르를 넣은 키슈)

키슈 아 라 토마트, 니수아즈 (앤초비와 올리브로 맛을 낸 토마토 키슈)  205

키슈 오 프뤼이 드 메르 (새우나 게, 바닷가재를 넣은 해산물 키슈)  206

키슈 오 조뇽 (양파를 넣은 키슈)  207

피살라디에르 니수아즈 (앤초비와 블랙 올리브를 넣은 양파 타르트)  208

플라미슈, 키슈 오 푸아로 (리크를 넣은 키슈)  209

　　　키슈 오 장디브 (엔다이브를 넣은 키슈)

　　　키슈 오 샹피뇽 (양송이버섯을 넣은 키슈)

　　　키슈 오 제피나르 (시금치를 넣은 키슈)

**그라탱**  211

라페 모르방델 (햄, 달걀, 양파를 넣은 감자 그라탱)  211

그라탱 드 폼 드 테르 오 장슈아 (감자, 양파, 앤초비 그라탱)  212

　　　그라탱 드 폼 드 테르 에 소시송 (감자, 양파, 소시지 그라탱)

　　　그라탱 드 푸아로 (햄, 리크 그라탱)

　　　그라탱 당디브 (햄과 엔다이브 그라탱)

그라탱 오 프뤼이 드 메르 (크림에 조린 연어 또는 기타 생선 그라탱)  214

　　　그라탱 드 볼라유, 그라탱 드 세르벨, 그라탱 드 리 드 보 (양송이버섯과 닭고기, 칠면조고기, 뇌
　　　또는 스위트브레드 그라탱)

**수플레**  216

수플레 오 프로마주 (치즈 수플레)  222

　　　수플레 방돔 (포치드 에그를 올린 수플레)

수플레 오 제피나르 (시금치를 넣은 수플레)  224

수플레 드 소몽 (연어를 넣은 수플레)  225

수플레 드 푸아송 (생선 수플레)  227

　　　수플레 드 오마르, 수플레 드 크라브, 수플레 오 크르베트 (바닷가재, 게, 새우 수플레)

필레 드 푸아송 앙 수플레  (접시에 구운 생선 수플레)

수플레 데뮬레, 무슬린  (틀 없는 수플레)  230

수플레 오 블랑 되프  (달걀흰자만 넣은 치즈 수플레)  232

탱발 드 푸아 드 볼라유  (틀 없는 닭 간 커스터드)  233

**슈, 뇨키, 크넬**  236

파트 아 슈  (슈 반죽, 슈 페이스트리)  236

슈  238

프티 슈 오 프로마주  (치즈 슈)  241

뇨키 드 폼 드 테르  (감자 뇨키)  242

뇨키 그라티네 오 프로마주  (치즈를 뿌려 그라탱을 한 뇨키)

뇨키 모르네  (치즈 소스를 얹어 구운 뇨키)

뇨키 드 스물 아베크 파트 아 슈, 파탈리나  (세몰리나 뇨키)  244

크넬 드 푸아송  (생선 크넬)  247

그라탱 드 크넬 드 푸아송  (화이트 와인 소스를 얹어 그라탱을 한 크넬)

크넬 오 쥐이트르  (굴을 넣은 생선 크넬)

크넬 드 소몽  (연어 크넬)

크넬 드 크뤼스타세  (새우살, 바닷가재살, 게살 크넬)

크넬 드 보, 크넬 드 볼라유  (송아지고기, 닭고기, 칠면조고기 크넬)

**크레이프**  253

파트 아 크레프  (크레이프 반죽)  253

가토 드 크레프 아 라 플로랑틴  (크림치즈, 시금치, 양송이버섯으로 속을 채워 겹겹이 쌓은 크레이프)  255

탱발 드 크레프  (다양한 필링을 넣어 틀에 구운 크레이프)

크레프 파르시 에 룰레  (필링을 넣어 둥글게 만 크레이프)

**오르되브르**  259

아뮈즈괼 오 로크포르  (차갑게 먹는 로크포르 치즈볼)  259

**부셰, 갈레트, 바게트**  260

갈레트 오 프로마주  (치즈 갈레트)  260

갈레트 오 로크포르  (로크포르 치즈 갈레트)

갈레트 오 카망베르  (카망베르 치즈 갈레트)

부셰 파르망티에 오 프로마주  (감자 치즈 스틱)  262

**카나페, 크루트, 타르틀레트**  263

카나페, 크루통  (버터에 굽거나 아무것도 첨가하지 않은 둥근 빵)  263

요리 목록

크루트 (구운 빵 틀)  264

타르틀레트 (소형 타르트 셸)  264

**파르스**  265

퐁뒤 오 그뤼예르 (스위스 치즈로 만든 크림 필링)  265

마늘과 와인

햄

양송이버섯, 닭 간

퐁뒤 드 크뤼스타세 (갑각류살이나 대합살을 넣은 크림 필링)  267

퐁뒤 드 볼라유 (닭고기나 칠면조고기를 넣은 크림 필링)

**크렘 프리트, 퐁뒤, 크로메스키**  268

**쇼송**  269

프티 쇼송 오 로크포르 (로크포르 치즈를 넣은 미니 쇼송)  269

## 제5장 생선

**생선 필레**  273

필레 드 푸아송 포셰 오 뱅 블랑 (화이트 와인에 포칭한 생선 필레)  273

필레 드 푸아송 베르시 오 샹피뇽 (양송이버섯과 함께 화이트 와인에 포칭한 생선 필레)

필레 드 푸아송 아 라 브르톤 (채소와 함께 화이트 와인에 포칭한 생선 필레)

필레 드 푸아송 그라티네, 아 라 파리지엔 (화이트 와인에 포칭한 생선 필레와 달걀노른자를 넣은 크림소스)

**갑각류 가니시**  278

**소스와 생선 필레의 고전적인 조합**  280

솔 아 라 디에푸아즈 (홍합과 새우를 곁들인 생선 필레)  280

솔 아 라 노르망드 (해산물과 양송이버섯을 곁들인 생선 필레)

솔 발레브스카 (갑각류와 트러플을 곁들인 생선 필레)

솔 아 라 낭튀아 (민물가재를 곁들인 생선 필레)

솔 본 팜 (양송이버섯을 곁들인 생선 필레)

필레 드 솔 파르시 (속을 채워넣은 생선 필레)

코키유 생자크 아 라 파리지엔 (양송이버섯과 함께 화이트 와인에 포칭한 가리비 관자)  283

**프로방스식 레시피 2가지**  285

코키유 생자크 아 라 프로방살 (와인, 마늘, 허브를 곁들여 그라탱을 한 가리비 관자)  285

통 아 라 프로방살 (와인, 토마토, 허브를 더한 참치 또는 황새치 스테이크)  286

**유명 바닷가재 레시피 2가지**  288

오마르 테르미도르 (껍데기에 담아 그라탱을 한 바닷가재)  288

　　오마르 오 자로마트 (허브 소스를 곁들인 와인에 찐 바닷가재)

오마르 아 라메리켄 (와인, 토마토, 마늘, 허브와 함께 익힌 바닷가재)  291

**홍합**  294

물 아 라 마리니에르 I (각종 향미제로 맛을 낸 홍합 와인 찜)  295

물 아 라 마리니에르 II (각종 향미제와 빵가루로 맛을 낸 홍합 와인 찜)  296

물 오 뵈르 데스카르고, 물 아 라 프로방살 (껍데기에 그라탱을 한 홍합)  296

샐러드 드 물 (허브 오일로 마리네이드한 홍합)  297

물 앙 소스, 무클라드, 물 아 라 풀레트, 물 아 라 베아르네즈 (소스에 버무려 가리비 껍데기에 담은 홍합살)  298

　　필라프 드 물 (홍합 필라프)

　　수프 오 물 (홍합 수프)

**기타 소스와 레시피**  301


**제6장 가금류**


**닭고기**  303

**치킨 스톡**  305

브라운 치킨 스톡  305

화이트 치킨 스톡  306

**로스트 치킨**  310

풀레 로티 (로스트 치킨)  310

　　풀레 아 라 브로슈 (꼬챙이에 끼워 구운 로스트 치킨)

　　풀레 로티 아 라 노르망드 (허브와 닭 내장을 채워서 크림을 끼얹은 로스트 치킨)

　　풀레 오 포르토 (양송이버섯을 넣은 포트와인 크림소스를 끼얹은 로스트 치킨)

　　코클레 쉬르 카나페 (닭 간 카나페와 양송이버섯을 곁들여 로스팅한 스쿼브 치킨)

**캐서롤 로스트 치킨**  319

풀레 푸알레 아 레스트라공 (타라곤으로 맛을 낸 캐서롤 로스트 치킨)  319

807

파르스 뒤셀 (양송이버섯 스터핑)

풀레 앙 코코트 본 팜 (베이컨, 양파, 감자를 곁들인 캐서롤 로스트 치킨)

## 치킨 소테  324

풀레 소테 (버터에 소테한 닭고기)  324

풀레 소테 아 라 크렘 (디글레이징한 크림소스를 곁들인 치킨 소테)

풀레 소테 샤쇠르 (토마토 양송이버섯 곁들인 치킨 소테)

풀레 소테 오 제르브 드 프로방스 (허브와 마늘로 맛을 낸 치킨 소테와 소스 파리지엔)

## 치킨 프리카세  329

프리카세 드 풀레 아 랑시엔 (와인을 넣은 크림소스와 양파, 양송이버섯을 곁들인 옛날식 치킨 프리카세)  329

프리카세 드 풀레 아 랭디엔 (인도식 치킨 프리카세)

프리카세 드 풀레 오 파프리카 (파프리카 소스를 곁들인 치킨 프리카세)

프리카세 드 풀레 아 레스트라공 (타라곤 소스를 곁들인 치킨 프리카세)

퐁뒤 드 풀레 아 라 크렘 (양파와 함께 크림소스에 푹 익힌 닭고기)  333

코크 오 뱅 (양파, 양송이버섯, 베이컨을 곁들인 닭고기와인 찜)  334

## 브로일드 치킨  336

풀레 그리예 아 라 디아블 (머스터드, 허브, 빵가루를 입혀서 브로일링한 닭고기)  336

## 닭가슴살  338

쉬프렘 드 볼라유 아 블랑 (크림소스를 끼얹은 닭가슴살)  339

쉬프렘 드 볼라유 아르시뒤크 (양파와 파프리카, 크림소스를 곁들인 닭가슴살)

쉬프렘 드 볼라유 아 레코셰즈 (향미 채소와 크림소스를 곁들인 닭가슴살)

쉬프렘 드 볼라유 오 샹피뇽 (양송이버섯과 크림소스를 곁들인 닭가슴살)

쉬프렘 드 볼라유 아 브룅 (버터에 소테한 닭가슴살)  341

쉬프렘 드 볼라유 아 라 밀라네즈 (파르메산 치즈와 신선한 빵가루를 입혀서 구운 닭가슴살)

## 오리고기  344

칸통 로티 (새끼오리고기 로스트)  346

칸통 로티 아 랄자시엔 (소시지와 사과 스터핑을 채운 새끼오리고기 로스트)

칸통 아 로랑주 (오렌지 소스를 곁들인 오리고기 로스트)  348

칸통 오 스리즈, 칸통 몽모랑시 (체리를 곁들인 오리고기 로스트)

칸통 오 페슈 (복숭아를 곁들인 오리고기 로스트)

칸통 푸알레 오 나베 (순무를 곁들인 오리고기 로스트)  352

카나르 브레제 아베크 슈크루트—아 라 바두아즈 (자우어크라우트와 함께 브레이징한 오리고기)

카나르 브레제 오 슈 루주 (적채와 함께 브레이징한 오리고기)

**요리 목록**

칸통 브레제 오 마롱 (밤과 소시지를 채워서 브레이징한 오리고기)  354

카나르 앙 크루트 (스터핑을 채우고 페이스트리 반죽을 입힌 오리고기 로스트)  354

**거위고기**  355

우아 로티 오 프뤼노 (프룬과 푸아그라를 채워넣은 거위고기 로스트)  357

우아 브레제 오 마롱 (밤과 소시지를 채워넣어 브레이징한 거위고기)  359


**제7장 육류**


**소고기**  362

**스테이크**  363

비프테크 소테 오 뵈르 (팬 브로일링한 스테이크)  367

    비프테크 소테 베르시 (셜롯과 화이트 와인 소스를 곁들인, 팬 브로일링한 스테이크)

    비프테크 소테 마르샹 드 뱅, 비브테크 소테 아 라 보르들레즈 (레드 와인 소스를 곁들인,

    팬 브로일링한 스테이크)

    비프테크 소테 베아르네즈 (소스 베아르네즈를 곁들인, 팬 브로일링한 스테이크)

    스테크 오 푸아브르 (브랜디 소스를 곁들인 후추 스테이크)

**안심 스테이크**  371

투르느도 소테 오 샹피뇽, 투르느도 소테 샤쇠르 (양송이버섯과 소스 마데르를 곁들인 안심 스테이크)  372

    투르느도 앙리 카트르 (아티초크와 소스 베아르네즈를 곁들인 안심 스테이크)

    투르느도 로시니 (푸아그라, 트러플, 소스 마데르를 곁들인 안심 스테이크)

**햄버그스테이크**  375

비프테크 아세 아 라 리오네즈 (양파와 허브를 넣은 햄버그스테이크)  376

    비토크 아 라 뤼스 (크림소스를 곁들인 햄버그스테이크)

**소고기 필레**  378

필레 드 뵈프 브레제 프랭스 알베르 (푸아그라와 트러플 스터핑을 채워 브레이징한 소고기 필레)  378

    소고기 필레 마리네이드

**삶은 소고기**  382

포토푀, 포테 노르망드 (돼지고기, 닭고기, 소시지, 채소와 함께 삶은 소고기)  382

**브레이징한 소고기**  385

뵈프 아 라 모드 (레드 와인에 브레이징한 소고기)  385

    브레이징한 차가운 소고기

피에스 드 뵈프 아 라 퀴이예르  (소고기 틀에 담아 브레이징한 다진 소고기)

**소고기 스튜**  390

뵈프 부르기뇽, 뵈프 아 라 부르기뇬  (베이컨, 양파, 양송이버섯, 레드 와인을 넣고 끓인 소고기 스튜)  391

카르보나드 아 라 플라망드  (맥주에 브레이징한 소고기와 양파)  393

포피에트 드 뵈프, 룰라드 드 뵈프, 프티트 발로틴 드 뵈프  (스터핑을 채워 브레이징한 소고기 말이)  395

뵈프 아 라 카탈란  (쌀과 양파, 토마토를 넣은 소고기 스튜)  397

도브 드 뵈프, 에스투파드 드 뵈프, 테린 드 뵈프  (따뜻하게 또는 차갑게 먹는, 와인과 채소로 조리한 소고기

캐서롤 요리)  399

도브 드 뵈프 아 라 프로방살  (마늘과 앤초비 소스로 맛을 낸 소고기 스튜)

**소고기 소테**  402

소테 드 뵈프 아 라 파리지엔  (크림 양송이버섯 소스를 곁들인 소고기 소테)  402

소테 드 뵈프 아 라 부르기뇬  (양송이버섯, 베이컨, 양파를 곁들여 레드 와인 소스를 끼얹은 소고기 소테)

소테 드 뵈프 아 라 프로방살  (올리브와 허브, 신선한 토마토소스를 곁들인 소고기 소테)

**양고기**  405

**새끼양의 뒷다리 또는 어깨 부위**  406

지고 드 프레살레 로티  (새끼양 다리 로스트)  410

소스 스페시알 아 라유 푸르 지고  (양고기 로스트에 곁들이는 마늘 소스)

지고 아 라 무타르드  (허브 머스터드를 발라서 구운 양고기 로스트)

지고 우 에폴 드 프레살레, 파르시  (스터핑을 채운 새끼양 뒷다리 또는 어깨 로스트)  413

파르스 오 제르브  (마늘과 허브 스터핑)

파르스 드 포르  (돼지고기와 허브 스터핑)

파르스 오 로뇽  (쌀과 콩팥 스터핑)

파르스 뒤셀  (햄과 양송이버섯 스터핑)

파르스 오 졸리브  (간 양고기와 올리브 스터핑)

파르스 망토네즈  (연어와 앤초비 스터핑)

지고 우 에폴 드 프레살레 브레제 오 자리코  (콩을 넣고 브레이징한 새끼양 다리 또는 어깨)  416

지고 앙 슈브뢰유  (레드 와인에 마리네이드한 양 다리)  419

마리나드 퀴이트  (끓인 와인 마리네이드)

마리나드 오 로리에  (월계수 잎을 넣은, 끓이지 않은 와인 마리네이드)

새끼 양고기 마리네이드해서 로스팅하기

지고 아 랑글레즈  (양파, 케이퍼 또는 토마토소스를 곁들인 삶은 양고기)  422

**양고기 스튜**  423

요리 목록

나바랭 프랭타니에 (봄채소 양고기 스튜) 425

시베 드 무통 (레드 와인, 양파, 양송이버섯, 베이컨을 넣은 양고기 스튜)

필라프 드 무통 아 라 카탈란 (쌀, 양파, 토마토를 넣은 양고기 스튜)

도브 드 무통 (와인, 양송이버섯, 당근, 양파, 허브를 넣은 양고기 캐서롤)

블랑케트 다뇨 (양파와 양송이버섯을 넣은 새끼양고기 스튜)

램 섕크 (새끼양 앞다리 정강이)

**양고기 패티** 428

**무사카** 429

무사카 (다진 양고기와 가지를 층층이 쌓아 구운 요리) 429

**송아지고기** 431

**송아지고기 캐서롤 로스트** 431

보 푸알레 (송아지고기 캐서롤 로스트) 434

보 푸알레 아 라 마티뇽 (깍둑썰기한 채소를 넣은 송아지고기 캐서롤 로스트)

보 프랭스 오를로프 (양파와 양송이버섯을 넣은 송아지고기 그라탱) 436

보 실비 (햄과 치즈를 곁들인 송아지고기 로스트) 438

**송아지고기 스튜** 440

소테 드 보 마랭고 (토마토와 양송이버섯을 넣은 송아지고기 브라운 스튜) 441

블랑케트 드 보 아 랑시엔 (양파와 양송이버섯을 넣은 송아지고기 스튜) 443

**송아지고기 에스칼로프** 446

에스칼로프 드 보 아 라 크렘 (버섯과 크림을 곁들인 에스칼로프) 447

에스칼로프 드 보 아 레스트라공 (브라운 타라곤 소스를 끼얹은 에스칼로프)

에스칼로프 드 보 샤쇠르 (양송이버섯과 토마토를 곁들인 에스칼로프)

**송아지 갈비** 451

코트 드 보 오 제르브 (허브를 넣고 브레이징한 송아지고기) 451

송아지고기 스테이크

**송아지고기 패티** 453

프리카델 드 보 아 라 니수아즈 (토마토, 양파, 허브를 넣은 송아지고기 패티) 454

프리카델 드 보 아 라 크렘 (크림 허브 소스를 곁들인 송아지고기 패티)

프리카델 드 보 뒤셀 (양송이버섯을 넣은 송아지고기 패티)

프리카델 드 보 망토네즈 (참치와 앤초비를 넣은 송아지고기 패티)

익힌 송아지고기 분쇄육으로 만든 패티

팽 드 보 (송아지고기 빵)

**요리 목록**

**돼지고기** 458

**마리네이드** 458

마리나드 세슈 (소금, 허브, 향신료 마리네이드) 458

마리나드 생플 (레몬즙과 허브 마리네이드) 459

마리나드 오 뱅 (와인 마리네이드) 460

**로스트 포크** 460

로티 드 포르 푸알레 (돼지고기 캐서롤 로스트) 463

    소스 무타르드 아 라 노르망드 (크림을 넣은 머스터드 소스)

    로티 드 포르 그랑메르 (감자와 양파를 넣은 돼지고기 캐서롤 로스트)

    로티 드 포르 오 나베 (순무를 넣은 돼지고기 캐서롤 로스트)

    로티 드 포르 오 슈 (양배추를 넣은 돼지고기 캐서롤 로스트)

포르 브레제 오 슈 루주 (적채와 함께 브레이징한 돼지고기) 468

    포르 브레제 아베크 슈크루트 (자우어크라우트와 함께 브레이징한 돼지고기)

포르 실비 (치즈 스터핑을 넣은 돼지고기) 469

**포크 찹과 스테이크** 469

코트 드 포르 푸알레 (캐서롤에 소테한 포크 찹) 470

    코트 드 포르 소스 네네트 (머스터드, 크림, 토마토소스를 곁들인 포크 찹)

    코트 드 포르 로베르, 코트 드 포르 샤르퀴티에르 (신선한 토마토소스에 브레이징한 포크 찹)

**돼지고기 스튜** 473

**햄** 473

장봉 브레제 모르방델 (와인에 브레이징한 햄과 양송이버섯 크림소스) 475

    장봉 브레제 오 마데르 (마데이라 와인에 조린 햄)

장봉 파르시 에 브레제 (양송이버섯을 채워서 브레이징한 햄) 478

    장봉 파르시 앙 크루트 (햄 스터핑을 채운 페이스트리 반죽)

**햄 슬라이스** 480

트랑슈 드 장봉 앙 피페라드 (토마토, 양파, 피망과 함께 구운 햄 슬라이스) 480

트랑슈 드 장봉 모르방델 (크림과 소스 마데르를 곁들여 소테한 햄 슬라이스) 481

트랑슈 드 장봉 아 라 크렘 (소테한 햄 슬라이스와 신선한 크림소스) 482

**카술레** 484

카술레 드 포르 에 드 무통 (돼지고기 등심, 양고기 어깨 부위, 소시지를 넣은 베이크트 빈) 486

**송아지 간 소테** 490

푸아 드 보 소테 (송아지 간 소테) 490

소스 크렘 아 라 무타르드  (크림 머스터드 소스)

푸아 드 보 아 라 무타르드  (머스터드, 허브, 빵가루를 곁들인 송아지 간)  491

**스위트브레드와 뇌**  493

**스위트브레드**  495

리 드 보 브레제  (브레이징한 스위트브레드)  495

리 드 보 브레제 아 리탈리엔  (브레이징한 스위트브레드와 양송이버섯 브라운소스)

리 드 보 아 라 크렘, 리 드 보 아 라 마레샬  (스위트브레드와 크림소스)

리 드 보 아 라 크렘 에 오 샹피뇽  (스위트브레드와 양송이버섯 크림소스)

리 드 보 오 그라탱  (스위트브레드 그라탱)

에스칼로프 드 리 드 보 소테  (버터에 소테한 스위트브레드 에스칼로프)  498

**뇌**  499

세르벨 오 뵈르 누아르  (브라운 버터 소스를 곁들인 송아지 뇌)  499

세르벨 브레제  (브레이징한 송아지 뇌)  501

세르벨 앙 마틀로트  (양송이버섯, 양파와 함께 레드 와인에 익힌 송아지 뇌)  501

**송아지와 새끼양 콩팥**  503

로뇽 드 보 앙 카스롤  (버터에 익힌 콩팥과 머스터드 파슬리 소스)  504

로뇽 드 보 플랑베  (브랜디를 붓고 불을 붙여 내는 송아지 콩팥과 양송이버섯 크림소스)

로뇽 드 보 아 라 보르들레즈  (송아지 콩팥과 골수를 넣은 레드 와인 소스)

**제8장 채소**

**녹색 채소**  510

**아티초크**  510

아르티쇼 오 나튀렐  (통째로 익혀 따뜻하게 또는 차갑게 내는 아티초크)  512

아르티쇼 브레제 아 라 프로방살  (와인, 마늘, 허브와 함께 브레이징한 아티초크)  513

아르티쇼 프랭타니에  (당근, 양파, 순무, 양송이버섯과 함께 브레이징한 아티초크)

**아티초크 하트와 밑동**  515

퐁 다르티쇼 아 블랑  (아티초크 밑동 밑작업)  517

퐁 다르티쇼 오 뵈르  (통째로 버터에 익힌 아티초크 밑동)  518

카르티에 드 퐁 다르티쇼 오 뵈르  (4등분해 버터에 익힌 아티초크 밑동)

퐁 다르티쇼 미르푸아  (잘게 썬 채소를 곁들여 버터에 익힌 아티초크 밑동)

퐁 다르티쇼 아 라 크렘 (크림에 익힌 아티초크 밑동)

퐁 다르티쇼 모르네 (치즈 소스를 올린 아티초크 밑동 그라탱)

퐁 다르티쇼 오 그라탱 (스터핑을 채운 아티초크 밑동 그라탱) 521

냉동 아티초크 하트 521

**아스파라거스** 522

아스페르주 오 나튀렐 (따뜻하게 또는 차갑게 먹는 삶은 아스파라거스) 525

**아스파라거스 순** 526

푸앵트 다스페르주 오 뵈르 (버터에 익힌 아스파라거스 순) 527

냉동 아스파라거스

탱발 다스페르주 (틀에서 구운 아스파라거스) 528

**껍질콩** 530

아리코 베르 블랑시 (데친 껍질콩 밑작업) 531

버터에 익힌 껍질콩 레시피 2가지 532

아리코 베르 아 랑글레즈 (버터에 익힌 껍질콩)

아리코 베르 아 라 메트르 도텔 (버터에 익혀 레몬즙과 파슬리를 섞은 껍질콩)

크림에 익힌 껍질콩 레시피 2가지 533

아리코 베르 아 라 크렘 (크림에 익힌 껍질콩 1)

아리코 베르, 소스 크렘 (크림에 익힌 껍질콩 2)

아리코 베르 그라티네, 아 라 모르네 (치즈 소스를 올린 껍질콩 그라탱) 534

아리코 베르 아 라 프로방살 (토마토, 마늘, 허브를 넣은 껍질콩) 535

**노란 껍질콩** 536

아리코 망주투 아 레튀베 (양파, 상추를 곁들여 크림에 브레이징한 노란 껍질콩) 536

냉동 초록 껍질콩, 노란 껍질콩

**방울양배추** 538

슈 드 브뤼셀 블랑시 (데친 방울양배추 밑작업) 539

슈 드 브뤼셀 에튀베 오 뵈르 (버터에 브레이징한 방울양배추) 540

슈 드 브뤼셀 에튀베 아 라 크렘 (크림에 브레이징한 방울양배추)

슈 드 브뤼셀 오 마롱 (밤을 넣고 브레이징한 방울양배추)

슈 드 브뤼셀 아 라 모르네, 그라티네 (치즈 소스를 올린 방울양배추 그라탱)

슈 드 브뤼셀 아 라 밀라네즈 (치즈를 올린 방울양배추 그라탱)

슈 드 브뤼셀 아 라 크렘 (썰어서 크림에 익힌 방울양배추) 542

탱발 드 슈 드 브뤼셀 (틀에서 구운 방울양배추) 543

　　　　　냉동 방울양배추

**브로콜리** 544

**콜리플라워** 545

슈플뢰르 블랑시 （데친 콜리플라워 밑작업） 546

　　　　　소스 아 라 크렘 （휘핑크림 소스）

슈플뢰르 아 라 모르네, 그라티네 （치즈를 올린 콜리플라워 그라탱） 548

슈플뢰르 오 토마트 프레슈 （치즈와 토마토를 올린 콜리플라워 그라탱） 549

슈플뢰르 앙 베르뒤르 （크림을 곁들인 콜리플라워와 워터크레스 퓌레） 550

탱발 드 슈플뢰르 （틀에서 구운 콜리플라워） 551

**완두콩** 551

버터에 익힌 완두콩 레시피 4가지 552

　　　　　프티 푸아 프레 아 랑글레즈 （버터에 익힌 아주 연하고 달콤한 완두콩）

　　　　　프티 푸아 에튀베 오 뵈르 （버터에 익힌 크고 연한 완두콩）

　　　　　프티 푸아 오 조뇽 （양파를 넣고 버터에 익힌 완두콩）

　　　　　푸아 프레 앙 브레자주 （버터에 익힌 크고 단단한 완두콩）

프티 푸아 프레 아 라 프랑세즈 （상추와 양파를 곁들여 브레이징한 중간 크기의 연한 완두콩） 554

　　　　　냉동 완두콩

　　　　　통조림 완두콩

**시금치** 556

에피나르 블랑시 （데쳐서 썬 시금치 밑작업） 558

퓌레 데피나르 생플 （데쳐서 썬 시금치 또는 시금치 퓌레） 558

　　　　　에피나르 에튀베 오 뵈르 （버터에 브레이징한 시금치）

　　　　　에피나르 오 장봉 （햄을 곁들인 시금치）

　　　　　에피나르 오 쥐 （스톡에 브레이징한 시금치）

　　　　　에피나르 아 라 크렘 （크림에 브레이징한 시금치）

　　　　　에피나르 그라티네 오 프로마주 （치즈를 얹은 시금치 그라탱）

　　　　　카나페 오 제피나르 （시금치와 치즈 카나페）

　　　　　에피나르 아 라 모르네, 그라티네 （치즈 소스를 올린 시금치 그라탱）

　　　　　에피나르 앙 쉬르프리즈 （커다란 크레프 밑에 숨긴 시금치）

프티 크레프 데피나르 （시금치 크레이프） 563

탱발 데피나르 （틀에서 구운 시금치） 563

에피나르 아 라 바스케즈 （앤초비를 곁들인 시금치와 얇게 썬 감자 그라탱） 564

　냉동 시금치

**당근** 566

카로트 에튀베 오 뵈르 (버터에 브레이징한 당근) 567

　　카로트 오 핀 제르브 (허브와 함께 브레이징한 당근)

　　카로트 아 라 크렘 (크림에 익힌 당근)

　　카로트 아 라 포레스티에르 (아티초크 밑동, 양송이버섯과 함께 브레이징한 당근)

카로트 글라세 (글레이징한 당근) 569

카로트 비시 (비시 당근) 569

카로트 아 라 콩시에르주 (양파, 마늘과 함께 크림에 익힌 당근 캐서롤) 570

**양파** 571

오뇽 글라세 아 블랑 (색깔이 나지 않게 글레이징한 양파) 571

　　프티 조뇽 페르시예 (파슬리를 뿌린 양파)

　　프티 조뇽 아 라 크렘 (크림에 익힌 양파)

오뇽 글라세 아 브룅 (갈색이 나도록 브레이징한 양파) 573

　　프티 조뇽 페르시예 (파슬리를 뿌린 양파)

　　프티 조뇽 앙 가르니튀르 (다양한 채소)

　　통조림 양파

수비즈 (쌀과 함께 브레이징한 양파) 575

**순무** 576

나베 아 레튀베 (버터에 브레이징한 순무) 577

　　나베 페르시예 (파슬리를 뿌린 순무)

　　퓌레 드 나베 파르망티에 (순무와 감자 퓌레)

나베 글라세 아 브룅 (글레이징한 순무) 578

나베 아 라 샹프누아즈 (순무 캐서롤) 579

**상추, 셀러리, 엔다이브, 리크** 581

레튀 브레제 (허브와 스톡에 브레이징한 상추) 581

셀리 브레제 (허브와 스톡에 브레이징한 셀러리) 583

　　브레이징하여 차갑게 식힌 셀러리

셀리라브 브레제 (스톡에 브레이징한 셀러리악) 584

앙디브 아 라 플라망드 (버터에 브레이징한 엔다이브) 586

　　앙디브 그라티네 (치즈를 올린 엔다이브 그라탱)

푸아로 브레제 오 뵈르 (버터에 브레이징한 리크) 587

**요리 목록**

푸아로 그라티네 오 프로마주 (치즈를 올린 리크 그라탱)

푸아로 아 라 모르네, 그라티네 (치즈 소스를 올린 리크 그라탱)

**적채와 자우어크라우트** 589

슈 루주 아 라 리무진 (레드 와인에 밤과 함께 브레이징한 적채) 589

슈크루트 브레제 아 랄자시엔 (브레이징한 자우어크라우트) 590

슈크루트 가르니 (고기 가니시를 올린 자우어크라우트)

**오이** 593

콩콩브르 오 뵈르 (구운 오이) 593

콩콩브르 페르시예 (파슬리를 뿌린 오이)

콩콩브르 아 라 크렘 (크림에 익힌 오이)

콩콩브르 오 샹피뇽 에 아 라 크렘 (양송이버섯과 함께 크림에 익힌 오이)

콩콩브르 아 라 모르네 (치즈 소스를 곁들인 오이)

**가지** 595

오베르진 파르시 뒥셀 (양송이버섯을 채워넣은 가지) 595

라타투유 (토마토, 양파, 피망, 주키니를 넣은 가지 캐서롤) 596

**토마토** 599

토마트 그리예 오 푸르 (통째로 구운 토마토) 600

토마트 아 라 프로방살 (빵가루, 허브, 마늘로 속을 채운 토마토) 601

토마트 파르시 뒥셀 (양송이버섯으로 속을 채운 토마토)

**양송이버섯** 603

샹피뇽 아 블랑 (삶은 양송이버섯) 606

퓌메 드 샹피뇽 (양송이버섯 원액) 606

샹피뇽 그리예 (구운 양송이버섯 갓) 606

샹피뇽 소테 오 뵈르 (버터에 소테한 양송이버섯) 607

샹피뇽 소테 아 라 보르들레즈 (셜롯, 마늘, 허브와 함께 소테한 양송이버섯)

샹피뇽 소테 아 라 크렘 (크림에 익힌 양송이버섯)

샹피뇽 소테, 소스 마데르 (소스 마데르에 소테한 양송이버섯)

뒥셀 (버터에 소테한 다진 양송이버섯) 610

샹피뇽 파르시 (속을 채운 양송이버섯) 611

통조림 버섯

**밤** 613

퓌레 드 마롱 (밤 퓌레) 614

마롱 브레제 (브레이징한 밤) 614

**감자** 616

퓌레 드 폼 드 테르 아 라유 (마늘을 넣은 매시트포테이토) 616

크레프 드 폼 드 테르 (강판에 간 감자 크레프) 617

그라탱 도피누아 (우유, 치즈, 마늘을 넣은 감자 그라탱) 619

    그라탱 사부아야르 (스톡과 치즈를 넣은 감자 그라탱)

    그라탱 쥐라시앵 (헤비 크림과 치즈를 넣은 감자 그라탱)

    그라탱 드 폼 드 테르 크레시 (크림을 넣은 당근과 감자 그라탱)

    그라탱 드 폼 드 테르 프로방살 (양파, 토마토, 앤초비, 허브, 마늘을 넣은 감자 그라탱)

폼 드 테르 소테, 폼 드 테르 푸르 가르니튀르, 폼 드 테르 샤토 (버터에 소테한 감자) 622

    폼 드 테르 파리지엔 (버터에 소테한 포테이토볼)

    폼 드 테르 소테 앙 데 (썰어서 버터에 소테한 주사위 모양의 감자)

**쌀** 625

리 아 랭디엔, 리 아 라 바푀르 (쌀밥) 626

    리 아 랑글레즈, 리 오 뵈르 (버터에 소테한 쌀밥)

    리 뒥셀 (버터에 소테한 양송이버섯 쌀밥)

리 아 로리앙탈 (채식 라이스 볼) 628

살라드 드 리 (라이스 샐러드) 628

리소토, 필라프, 필라우 (리소토) 629

    리 앙 쿠론 (라이스 링)


**제9장 콜드 뷔페**


**차갑게 먹는 채소** 634

레귐 아 라 그레크 (쿠르 부용에 익힌 채소) 634

    쿠르 부용 (채소로 만든 향긋한 브로스)

    샹피뇽 아 라 그레크 (쿠르 부용에 익힌 양송이버섯)

    퐁 다르티쇼 아 라 그레크 (쿠르 부용에 익힌 아티초크 밑동)

    셀리 아 라 그레크 (쿠르 부용에 익힌 셀러리)

    콩콩브르 아 라 그레크 (쿠르 부용에 익힌 오이)

    오베르진 아 라 그레크 (쿠르 부용에 익힌 가지)

앙디브 아 라 그레크 (쿠르 부용에 익힌 엔다이브)

프누유 아 라 그레크 (쿠르 부용에 익힌 펜넬)

푸아로 아 라 그레크 (쿠르 부용에 익힌 리크)

오뇽 아 라 그레크 (쿠르 부용에 익힌 양파)

푸아브롱 아 라 그레크 (쿠르 부용에 익힌 피망)

셀리라브 레뮬라드 (머스터드 소스를 뿌린 셀러리악)  638

폼 드 테르 아 뤼일 (슬라이스한 감자에 오일과 식초 드레싱을 뿌린 프랑스식 샐러드)  639

**섞지 않고 재료별로 가지런히 담아낸 샐러드**  640

살라드 니수아즈 (지중해풍 콤비네이션 샐러드)  640

살라드 드 뵈프 아 라 파리지엔 (차가운 소고기와 감자 샐러드)  641

살라드 아 라 다르장송 (쌀이나 감자를 곁들인 비트 샐러드)  641

**아스픽**  643

외프 앙 줄레 (젤리에 넣은 포치드 에그)  645

푸아 드 볼라유 앙 아스피크 (젤리에 넣은 닭 간)  646

오마르, 크라브, 크르베트 앙 아스피크 (아스픽에 넣은 바닷가재살, 게살, 새우살)

풀레 앙 줄레 아 레스트라공 (젤리에 넣은 닭고기와 타라곤)  647

쉬프렘 드 볼라유 앙 쇼프루아, 블랑슈네주 (소스 쇼프루아를 끼얹은 닭가슴살)  649

쉬프렘 드 볼라유 앙 쇼프루아 아 레코세즈 (다진 채소를 곁들여 소스 쇼프루아를 끼얹은 닭가슴살)

쉬프렘 에 무스 드 볼라유 앙 쇼프루아 (소스 쇼프루아를 끼얹은 닭가슴살과 닭고기 무스)

크라브 우 오마르 앙 쇼프루아, 블랑슈네주 (소스 쇼프루아를 끼얹은 게 또는 바닷가재)

볼라유 앙 에스카베슈 (레몬 젤리에 넣은 차가운 가금류)  653

뵈프 모드 앙 줄레 (젤리에 넣어 브레이징한 차가운 소고기)  655

**틀로 모양을 낸 무스**  656

무스 드 푸아 드 볼라유 (닭 간 무스)  658

무슬린 드 볼라유 (닭고기, 칠면조고기, 오리고기 또는 수렵 가금류 무스)  659

무스 드 장봉 (햄 무스)

무스 드 소몽 (연어 무스)

무슬린 드 푸아송, 블랑슈네주 (갑각류와 소스 쇼프루아를 곁들인 생선 무스)  661

무슬린 드 크뤼스타세, 블랑슈네주 (갑각류 무스)

**파테와 테린**  663

파르스 푸르 파테, 테린, 에 갈랑틴 (돼지고기와 송아지고기 스터핑)  665

테린 드 포르, 보, 에 장봉 (햄을 곁들인 돼지고기와 송아지고기 파테)  666

파테 드 보 에 포르 아베크 지비에 (수렵육을 넣은 돼지고기와 송아지고기 파테)

파테 드 보 에 포르 아베크 푸아 (간을 넣은 돼지고기와 송아지고기 파테)

파테 앙 크루트 (페이스트리 반죽에 넣어 구운 파테)  669

파테 드 카나르 앙 크루트 (뼈를 발라 속을 채우고 페이스트리 반죽에 넣어 구운 오리고기)  670

**차갑게 먹는 기타 요리**  676


# 제10장 디저트와 케이크

**기본 요리법과 정보**  679

크렘 샹티이 (가벼운 휘핑크림)

프랄랭 (캐러멜을 입힌 아몬드)

마카롱 가루

카라멜 (캐러멜)

틀 안쪽에 캐러멜 입히기  685

물 카라멜리제 (캐러멜을 입힌 틀)

틀 안쪽에 레이디핑거 깔기  686

틀에서 빼내기  688

바닐라

설탕 시럽을 입힌 오렌지 필, 레몬 필

밀가루

**달콤한 소스 및 필링**  689

크렘 앙글레즈 (가벼운 커스터드 소스)  689

크렘 브륄레

크렘 파티시에르 (커스터드 필링)  691

크렘 생토노레 (휘핑한 달걀흰자를 넣은 커스터드 필링)  692

프랑지판 (아몬드 커스터드 필링)  693

과일 소스  694

소스 오 프레즈 (신선한 딸기 소스)

소스 오 프랑부아즈 (신선한 라즈베리 소스)

체에 거른 살구 프리저브  695

글레이즈  695

아브리코 (살구 글레이즈)

줄레 드 그로제유 (레드커런트 글레이즈)

**커스터드, 무스, 몰드** 696

크렘 플롱비에르 프랄리네 (차가운 캐러멜 아몬드 크림) 696

크렘 플롱비에르 오 쇼콜라 (초콜릿 크림)

크렘 플롱비에르 오 프뤼이 (딸기나 라즈베리를 얹은 크림)

크렘 플롱비에르 아 라나나스 (파인애플 크림)

바바루아 아 로랑주 (차가운 오렌지 바바루아) 698

바바루아 오 쇼콜라 (초콜릿 바바루아)

바바루아 프랄리네 (아몬드 바바루아)

바바루아 오 프뤼이 (딸기나 라즈베리 등 과일을 얹은 바바루아)

차가운 수플레

리 아 랭페라트리스 (쌀과 과일을 곁들인 차가운 바바루아) 703

무스 아 로랑주 (얼린 오렌지 무스) 704

무슬린 오 쇼콜라, 마요네즈 오 쇼콜라, 퐁당 오 쇼콜라 (차가운 초콜릿 무스) 706

틀에 채워 모양을 낸 무스

샤를로트 말라코프 오 프레즈 (딸기를 넣은 차가운 아몬드 크림) 707

샤를로트 말라코프 오 프랑부아즈 (라즈베리를 넣은 아몬드 크림)

샤를로트 말라코프 오 쇼콜라 (초콜릿을 넣은 아몬드 크림)

샤를로트 바스크 (초콜릿을 넣은 아몬드 커스터드)

샤를로트 샹티이, 오 프레즈, 샤를로트 샹티이, 오 프랑부아즈 (차가운 딸기 또는 라즈베리 크림) 710

크렘 랑베르세 오 카라멜 (틀에서 빼낸 차갑거나 따뜻한 캐러멜 커스터드) 712

프티 포 드 크렘 (틀에서 빼낸 컵 커스터드)

크렘 생트안 오 카라멜 (틀에서 빼낸 마카롱 컵 커스터드)

디플로마트, 푸딩 드 카비네 (틀에서 빼낸 따뜻하거나 차가운 커스터드와 설탕옷을 입힌 과일) 714

**디저트 수플레** 716

수플레 아 라 바니유 (바닐라 수플레) 717

수플레 아 로랑주 (쿠앵트로, 퀴라소, 그랑 마르니에 등을 넣은 오렌지 수플레)

수플레 로스차일드 (설탕옷을 입힌 과일과 키르슈를 넣은 수플레)

수플레 오 카페 (커피 수플레)

수플레 프랄리네, 수플레 오 마카롱 (캐러멜화된 아몬드나 마카롱을 곁들인 수플레)

수플레 오 자망드 (아몬드 수플레)

821

**요리 목록**

수플레 파나셰 (반반 섞인 수플레)

수플레 오 쇼콜라 (초콜릿 수플레) 721

수플레 데물레 오 마카롱 (틀에서 빼낸 차가운 럼, 마카롱 수플레) 723

일 플로탕트 (틀에서 빼낸 차가운 캐러멜 아몬드 수플레) 724

**과일 디저트** 726

샤를로트 오 폼 (틀에서 구운 따뜻하거나 차가운 사과 샤를로트) 726

폼 노르망드 앙 벨 뷔 (캐러멜 틀에 담은 따뜻하거나 차가운 사과 소스) 727

푸딩 알자시앵 (차갑게 먹는, 소테한 사과 그라탱) 728

아스피크 드 폼 (틀에서 빼내어 차갑게 먹는, 럼으로 맛을 낸 사과 아스픽) 730

폼 아 라 세비얀 (따뜻하거나 차갑게 먹는, 버터와 오렌지 소스에 브레이징한 사과) 731

오랑주 글라세 (설탕 시럽을 입힌 차가운 오렌지) 732

페슈 카르디날 (라즈베리 퓌레를 곁들인 차가운 복숭아 콩포트) 732

푸아르 오 그라탱 (따뜻하거나 차갑게 먹는, 마카롱 가루를 곁들인 배 그라탱) 733

플랑 데 질 (틀에서 빼낸 차가운 파인애플 커스터드) 734

**디저트 타르트** 736

파트 브리제 쉬크레

파트 사블레

완전히 굽거나 반쯤 구운 타르트 셸 738

파트 브리제 쉬크레로 만든 타르트 셸

파트 사블레로 만든 타르트 셸

남은 반죽과 슈거 쿠키 739

갈레트 사블레 (슈거 쿠키)

타르트 오 폼 (따뜻하거나 차가운 사과 타르트) 739

타르트 노르망드 오 폼 (따뜻한 커스터드 사과 타르트) 741

타르트 오 푸아르 (배 타르트)

타르트 데 드무아젤 타탱 (거꾸로 뒤집은, 따뜻하거나 차가운 사과 타르트) 742

타르트 오 자브리코, 타르트 오 페슈 (따뜻하거나 차가운 살구 또는 복숭아 타르트) 743

타르트 플랑베

타르트 오 프레즈 (차가운 딸기 타르트) 744

타르트 오 푸아르 아 라 부르달루 (미지근하거나 차가운 배와 아몬드 타르트) 746

타르트 오 스리즈, 플랑베 (불을 붙여서 내는 체리 타르트) 747

타르트 아 라나나스 (파인애플 타르트) 748

**요리 목록**

타르트 오 시트롱, 타르트 오 리메트 (뜨거운 레몬 또는 라임 수플레 타르트)  749

타르트 오 시트롱 에 오 자망드 (차가운 레몬과 아몬드 타르트)  750

타르트 오 프로마주 프레 (뜨겁거나 차가운 크림치즈 타르트)  751

타르트 오 프로마주 프레 에 오 프뤼노 (크림치즈와 프룬 타르트)

**디저트 크레이프**  753

크레프 핀 쉬크레 (크레프 쉬제트를 위한 가벼운 크레이프 반죽)  753

크레프 아 라 르뷔르 (필링을 채운 크레이프를 위한, 이스트를 넣은 반죽)  754

크레프 수플레 (필링을 채운 크레이프를 위한 부푼 반죽)  754

크레프 쉬제트 (불을 붙여서 내는 오렌지 버터 크레이프)  755

크레프 푸레 에 플랑베 (불을 붙여서 내는 오렌지 아몬드 버터 크레이프)  756

크레프 푸레, 프랑지판 (아몬드 크림을 곁들인 크레이프)  757

가토 드 크레프 아 라 노르망드 (불을 붙여서 내는 사과 크레이프 케이크)  758

크페이프에 채울 수 있는 다른 필링  759

**과일 플랑**  761

클라푸티 (체리 플랑)  761

클라푸티 아 라 리쾨르 (리큐어를 곁들인 체리 플랑)

클라푸티 오 푸아르 (배 플랑)

클라푸티 오 프뤼노 (자두 플랑)

클라푸티 오 폼 (사과 플랑)

클라푸티 오 뮈르, 클라푸티 오 미르티유 (블랙베리 또는 블루베리 플랑)

클라푸티 아 라 부르달루 (아몬드를 곁들인 체리 또는 배 플랑)

**바바, 사바랭**  765

파트 아 바바 에 바바 (바바 반죽과 바바)  765

바바 오 럼 (럼 바바)

바바 오 럼, 클라시크 (클래식 럼 바바)

바바 오 프뤼이 (과일을 곁들인 럼 바바)

사바랭  768

사바랭 샹티이 (휘핑한 크림을 얹은 사바랭)

프티 사바랭 (작은 사바랭)

**레이디핑거**  773

비스퀴이 아 라 퀴이예르 (레이디핑거)  773

**5가지 케이크**  776

**요리 목록**

비스퀴이 오 뵈르 (버터 스펀지케이크) 778

쉬크르 글라스 (슈거 파우더)

글라사주 아 라브리코 (아몬드나 설탕옷을 입힌 과일을 곁들인 살구 글레이즈)

글라사주 아 라 크렘, 글라사주 오 쇼콜라 (버터크림 또는 초콜릿 아이싱)

가토 아 로랑주 (오렌지 스펀지케이크) 780

가토 푸레 아 라 크렘 도랑주 (오렌지 버터 필링을 넣은 스펀지케이크) 781

크렘 오 뵈르 아 로랑주 (오렌지 버터크림 아이싱)

크렘 오 시트롱 (레몬 버터 필링)

크렘 오 뵈르 오 시트롱 (레몬 버터크림 아이싱)

가토 아 로랑주 에 오 자망드 (오렌지 아몬드 스펀지케이크) 785

렌 드 사바 (초콜릿 아몬드 케이크) 786

르 마르키 (초콜릿 스펀지케이크) 788

**3가지 버터크림** 790

크렘 오 뵈르, 메나제르 (슈거 파우더가 들어간 버터크림) 791

크렘 오 뵈르, 오 쉬크르 퀴이 (설탕 시럽을 넣은 버터크림) 791

크렘 오 뵈르, 아 랑글레즈 (커스터드를 넣은 버터크림) 792

**초콜릿 아이싱** 794

글라사주 오 쇼콜라 (초콜릿 버터 아이싱) 794

옮긴이 김현희

한국외국어대학교에서 프랑스어와 영어를 공부하고, 출판사에서 책 만드는 일을 하며 책에 대한 관심과 애정을 키웠다. 지금은 전문 번역가로서 프랑스어와 영어로 된 책을 우리말로 쉽고 바르게 옮기는 일을 하고 있다. 옮긴 책으로는 《앵스티튀 폴 보퀴즈》《언니들의 세계사》《아이스크림의 지구사》《질투》《놀라운 뇌 여행》《러브 인 프렌치》 등이 있다.

옮긴이 마효주

고려대학교 영어영문학과와 한국외국어대학교 통번역대학원 한영과(번역 전공, 석사)를 졸업한 후, 현재 전문 번역가로 활동하고 있다. 옮긴 책으로는 《파리의 일요일》이 있다.

# 프랑스 요리의 기술

Mastering the Art of French Cooking

1판1쇄 펴냄 2021년 7월 12일
1판4쇄 펴냄 2023년 3월 27일

**지은이** 줄리아 차일드, 시몬 베크, 루이제트 베르톨   **일러스트** 시도니 코린

**펴낸이** 김경태   **편집** 홍경화 성준근 남슬기 한홍비   **디자인** 박정영 김재현
**마케팅** 유진선   **경영관리** 곽라흔
**펴낸곳** (주)출판사 클
출판등록 2012년 1월 5일 제311-2012-02호
주소 03385 서울시 은평구 연서로26길 25-6
전화 070-4176-4680   팩스 02-354-4680   이메일 bookkl@bookkl.com

ISBN 979-11-90555-59-3 13590

Photograph by Paul Child © The Julia Child Foundation for Gastronomy and the Culinary Arts